Paul Sorauer, Gustav Lindau

Die tierischen Feinde der Pflanzen

Verlag
der
Wissenschaften

Paul Sorauer, Gustav Lindau

Die tierischen Feinde der Pflanzen

ISBN/EAN: 9783957008909

Auflage: 1

Erscheinungsjahr: 2016

Erscheinungsort: Norderstedt, Deutschland

Hergestellt in Europa, USA, Kanada, Australien, Japan
Verlag der Wissenschaften in Hansebooks GmbH, Norderstedt

Verlag
der
Wissenschaften

Handbuch

der

Pflanzenkrankheiten

von

Prof. Dr. Paul Sorauer.

—

Dritte, vollständig neubearbeitete Auflage

in Gemeinschaft mit

Prof. Dr. G. Lindau, und **Dr. L. Reh,**
Privatdozent an der Universität Berlin   Abteilungs-Vorstand am Naturhistor. Museum in Hamburg

herausgegeben

von

Prof. Dr. P. Sorauer,
Geh. Regierungsrat in Berlin.

BERLIN

VERLAGSBUCHHANDLUNG PAUL PAREY

Verlag für Landwirtschaft, Gartenbau und Forstwesen

SW 11, Hedemannstraße 10 u. 11

1913.

Handbuch

der

Pflanzenkrankheiten

von

Prof. Dr. Paul Sorauer.

Dritter Band.

Die tierischen Feinde.

Bearbeitet

von

Dr. L. Reh,

Abteilungs-Vorstand am Naturhistor. Museum in Hamburg.

Mit 306 Textabbildungen.

BERLIN

VERLAGSBUCHHANDLUNG PAUL PAREY

Verlag für Landwirtschaft, Gartenbau und Forstwesen

SW. 11, Hedemannstraße 10 u. 11

1913.

Vorwort.

—

Ein Handbuch der tierischen Pflanzenfeinde zu schreiben, sollte
nicht von einem Einzelnen unternommen werden. Wenn man die grofse
Zersplitterung der Systematiker in unzählige Spezialisten sieht und be-
denkt, dafs der Phytopathologe aufser der Systematik noch die ganze
Biologie der in Betracht kommenden Tiere berücksichtigen mufs, also
ihre Entwicklung, ihre Lebensweise, ihr Verhältnis zu anderen Tieren
und zu Pflanzen, ihre Schädlichkeit und Bekämpfung, ihre Abhängigkeit
von Klima-, Witterungs-, Boden- und Kulturverhältnissen, so ist es ein-
leuchtend, dafs dem allen nur ein ganzer Stab von Spezialisten gerecht
werden kann.

Wenn ich es dennoch unternommen habe, in der Hauptsache
wenigstens, vorliegenden Band allein zu bearbeiten, so geschah es nicht
aus Überschätzung der eigenen Kraft, sondern aus Unterschätzung des
vorhandenen Materiales, und weil zu Beginn dieses Werkes deutsche
Kollegen, die ich zur Hilfeleistung hätte heranziehen können, kaum
vorhanden waren.

Den ungeheuren Umfang des vorliegenden Materiales dürften wohl
die Wenigsten richtig einschätzen. Gerade in den letzten zehn Jahren
ist die zoologisch-phytopathologische Literatur ganz unerwartet angeschwollen. Neue Stationen wurden begründet, an älteren Zoologen
angestellt, neue Zeitschriften begannen zu erscheinen, zahlreiche neue
Hand- und Lehrbücher wurden veröffentlicht.

Zu den sich hieraus ergebenden, an sich ja erfreulichen Schwierigkeiten kamen aber dann noch mehrere unerfreuliche. Erstens die fast
beispiellose Zersplitterung der Literatur, zu der ja nicht nur
die ganze zoologische, sondern auch die ganze phytopathologische,
forst-, landwirtschaftliche und gärtnerische gehört. Auch das reichst
ausgestattete Institut ist heute nicht mehr imstande, diese Literatur in
einigermafsen wünschenswerter Vollständigkeit anzuschaffen; und der
fleifsigste Arbeiter dürfte kaum imstande sein, alles auch nur zu lesen. —
Zweitens die viel verbreitete Angewohnheit, besonders der englisch
sprechenden Völker, Tiere und Pflanzen mit Vulgärnamen zu
nennen, die so wechseln, dafs dasselbe Objekt oft schon in benachbarten Gegenden verschiedene Namen hat, und derselbe Namen ebenso
verschiedene Objekte bezeichnet. — Drittens die leider bei uns Deutschen
besonders grofsen Ungenauigkeiten der zoologischen Bo-

stimmungen. Zahlreiche der phytopathologischen Bezeichnungen
sind Sammelnamen, die oft mehrere Arten oder sogar Gattungen umfassen. In Deutschland lag die zoologische Phytopathologie seit
Taschenbergs Zeiten fast ausschliefslich in den Händen der Botaniker;
und so darf es weiter nicht wundern, dafs ein Name nicht selten
Tiere aus verschiedenen Familien, selbst Ordnungen bezeichnet. Um
nur ein Beispiel für die grofsen Schwierigkeiten zu erwähnen: ich habe
mich über ein Vierteljahr eifrigst bemüht, in den Begriff „*Rote Spinne*"
Ordnung zu schaffen, leider ohne Erfolg. Dafs auch bei anderen
Völkern Ungenauigkeiten vorkommen, dafür ist gerade die Gattung
Tetranychus ein vorzügliches Beispiel. — Viertens endlich die herrschende
Nomenklatur-Epidemie, die ein ewig wechselndes Tohuwabohu
hervorgerufen hat, aus dem selbst der Spezialist sich oft nur unter
grofsen Schwierigkeiten wieder herausfindet.

Es wird wohl Niemand im folgenden eine andere als in der Hauptsache kompilatorische, aber dabei doch möglichst kritische Zusammenstellung des mir Erreichbaren erwarten; Eigenes habe ich nur da ein-
gefügt, wo mir persönliche Erfahrungen zu Gebote standen.

Kein Kritiker weifs besser als ich, dafs der Inhalt meines Bandes
nicht fehlerfrei ist, abgesehen von den zahlreichen sachlichen und noch
mehr literarischen Auslassungen. Wer aber die angedeuteten Schwierigkeiten berücksichtigt, insbesondere auch, dafs die ganze Arbeit in der
Hauptsache neben einer ganz anders gearteten dienstlichen Tätigkeit
zu leisten war, wird wohl persönlich milde Beurteilung walten lassen.
Sachlich allerdings bitte ich um strengste, ausgiebigste Kritik; denn
Irrtümer und Fehler in Handbüchern wiegen naturgemäfs besonders
schwer.

Der gröfste Fehler ist der der ungleichmäfsigen Behandlung der ersten und der späteren Kapitel, ein Fehler, der bekanntlich
in Handbüchern nur allzuweit verbreitet ist. Der Verleger mufste,
aus zwingenden und überzeugenden Gründen, immer dringender baldigen
Abschlufs und räumliche Beschränkung fordern. Dafs ich dabei auf
Abbildungen verzichten mufste, tat ich nur ungern; die Weglassung
der Beschreibungen wird Jeder verstehen, der den problematischen
Wert aller solcher aus dem systematischen Zusammenhange gerissener
Einzelbeschreibungen kennt. Es sei auch hier nochmals allen Phytopathologen dringend ans Herz gelegt, überall da, wo sie nicht selbst
Spezialisten sind, deren Hilfe bei allen nicht ganz zweifelsfreien Be-
stimmungen zu erbitten; der Wust falscher und ungenauer Bestimmungen
ist schon grofs genug.

Eines hat sich mir bei der Bearbeitung und eigenen Benutzung
dieses Bandes immer wieder aufgedrängt, dafs nämlich selbst das ausführlichste Handbuch noch nicht den Anforderungen der Praxis genügt.
Was not tut, sind monographische Bearbeitungen einzelner

Gattungen, kleinerer Familien usw., in denen alle, auch die vorläufig noch nicht schädlichen Arten in ihren Kennzeichen, ihrer geographischen Verbreitung, wage- und senkrecht, in ihrer ganzen Entwicklung, mit Beschreibung und Dauer der einzelnen Stadien, mit der gesamten Lebensweise, wie eingangs angedeutet, ausführlich, aber übersichtlich dargestellt sind. Nur dann ist es möglich, jeden Schädling richtig zu bestimmen, die Lücken, die in der Kenntnis einer Art vorhanden sind, aus dem in anderen Ländern oder bei anderen Arten Erforschten mehr oder minder auszufüllen oder aber zu erkennen, und nur dann kann eine zweckmäfsige, zielbewufste Bekämpfung einsetzen. Beispiele solcher Monographien bilden bis zu gewissem Grade die amerikanischen „Locust Reports", abgesehen von der allzu grofsen amerikanischen Weitschweifigkeit; Anfänge zu solchen liegen bereits vielfach vor. Jede derartige Monographie würde einen unschätzbaren Gewinn bedeuten.

Dank habe ich in erster Linie Herrn Geh. Regierungsrat Prof. Dr. SORAUER abzustatten, nicht nur dafür, dafs er mir den ehrenvollen Auftrag zur Bearbeitung des dritten Bandes seines Handbuches erteilte, sondern auch für die unermüdliche Geduld und Nachsicht, mit der er die unaufhörlichen Bitten um Verzögerungen nicht nur selbst aufnahm, sondern auch beim drängenden Verleger vertrat, und schliefslich für die vielen Hilfen, guten Ratschläge usw., mit denen er mich unterstützte. In zweiter Linie habe ich dem Inhaber der Verlagsbuchhandlung PAUL PAREY, Herrn ARTHUR GEORGI, Dank abzustatten, ebenfalls für die grofse Geduld, mit der er meinen Bitten um Aufschub so lange entsprach wie irgend möglich, für die Erlaubnis, den vorgeschriebenen Raum um mehr als das Doppelte zu überschreiten, und für das betreffs der Ausstattung bewiesene grofse Entgegenkommen. Ganz besonders habe ich meinem verehrten Chef, Herrn Prof. Dr. KRÄPELIN, für mannigfache Unterstützung und Förderung meiner Arbeiten herzlichst zu danken. Grofser Dank gebührt auch meinen Mitarbeitern, den Herren Dr. BÖRNER, Dr. LINDINGER und Dr. SCHWARTZ, ohne deren freundliche Bereitwilligkeit es nicht möglich gewesen wäre, den Band so rasch zu vollenden. Auch den zoologischen und entomologischen Kollegen und Spezialisten, die mich bei der Bearbeitung einzelner Kapitel unterstützt haben, möchte ich an dieser Stelle nochmals bestens danken. — Nicht vergessen darf ich die Firma VOIGTLÄNDER & Co. in Braunschweig, die mir bei der Auswahl eines für meine vielseitigen Zwecke geeigneten Photo-Objektivs (Kollinear) bereitwilligst entgegenkam; auch ihr verbindlichsten Dank!

Fast neun der besten Jahre meines Lebens hat die Bearbeitung des vorliegenden Bandes gedauert: möge die Arbeit nicht vergeblich gewesen sein!

Hamburg, Juli 1913.

L. Reh.

Der vorliegende Band ist wie folgt erschienen:

Bogen 1— 5 . . . . im Mai 1906,
  „   6—10 . . . . „ November 1907,
  „   11—15 . . . . „ März 1909,
  „   16—20 . . . . „ September 1909,
  „   21—25 . . . . „ Mai 1910,
  „   26—30 . . . . „ März 1911,
  „   31—35 . . . . „ Mai 1912,
  „   36—40 . . . . „ Mai 1913.
  „   41 bis Schluſs . . . . . „ August 1913.

Inhalt.

Druckfehler und Verbesserungen.

Seite 154, Textzeile 24 v. o. lies: aegyptium statt: aegyptiacum.
  „ 162, Textzeile 6 v. u. lies: sie in statt: in sie.
  „ 164, Textzeile 6 v. o. lies: ähnliches statt: ähnlichem.
  „ 185, Textzeile 4 v. o. lies: Hesperiden statt: Hesperideen.
  „ 277, Anmerkungszeile 1 v. u. lies: 435 statt: 425.
  „ 283, Textzeile 13 v. u. lies: rostgelbem statt: rostgelben.
  „ 346, Textzeile 7 v. u. lies: Aufbaumen statt: Aufbäumen.
  „ 363, Textzeile 15 v. o. lies: insbesondere statt: insbesodere.
  „ 376, Textzeile 20 v. o. lies: D. statt: B.
  „ 408 u. Kopf von Seite 409 lies: Hydrelliden statt: Hydrellinen.
  „ 465, Anmerkungszeile 6 v. u. lies: Bull. 190 statt: Bull. 150.
  „ 466, Textzeile 1 v. u. lies: Moltebeeren (Rubus chamaemorus) statt: Maulbeer-
      bäumen.
  „ 486, Textzeile 7 v. o. lies: decastigma statt: decostigma.
  „ 488, Textzeile 7 v. u. hinter chrysoderes einfügen: Ab.
  „ 509, Textzeile 1 v. o. lies: Donaciinen statt: Donacinen.
  „ 525, Anmerkungszeile 9 u. 12 v. o. lies: prakt. statt: prat.
  „ 564, Textzeile 13 v. u. hinter oder ein Komma einfügen.
  „ 565, Anmerkungszeile 5 v. o. lies: 1911 statt: 1912.
  „ 579, Textzeile 5 v. u. lies: Diphucephala statt: Diphucephela.
  „ 585, Textzeile 14 v. u. lies: carrot statt: carott.
  „ 587, Anmerkungszeile 5 v. o. lies: 1911 statt: 1912.
  „ 603 über Cynipiden einfügen: Entophagen, Parasiten.
  „ 608 über Formiciden einfügen: Aculeaten, Stechimmen.

Lepidopteren, Schmetterlinge.

Dipteren, Zweiflügler.

Coleopteren, Käfer.

Rhynchoten, Schnabelkerfe.

Handbuch

der

Pflanzenkrankheiten

von

Prof. Dr. Paul Sorauer.

Dritte, vollständig neubearbeitete Auflage

in Gemeinschaft mit

Prof. Dr. G. Lindau,   und   **Dr. L. Reh,**

Privatdozent an der Universität Berlin   Assistent am Naturhistor. Museum in Hamburg

herausgegeben

von

Prof. Dr. P. Sorauer,

Berlin.

Mit zahlreichen Textabbildungen.

BERLIN.

VERLAGSBUCHHANDLUNG PAUL PAREY.

Verlag für Landwirtschaft, Gartenbau und Forstwesen.

SW., Hedemannstrasse 10.

1906.

Erscheint in 16—18 Lieferungen à 3 Mark.

A. Einleitung.

Im Haushalte der unberührten Natur herrscht überall ein durch den Kampf ums Dasein hergestelltes Gleichgewicht, in dem jeder einzelne Organismus seine Stelle ausfüllt. Allerdings ist das Gleichgewicht nur labil, aber seine Schwankungen sind so gering, dafs es uns doch als solches erscheint. Nur dann werden sie gröfser, wenn irgendwelche elementare Ereignisse ungewohnter Art eintreten. Aber selbst dann stellt sich allmählich wieder ein scheinbarer Ruhezustand her, der alte oder ein neuer, je nach des Natur des Ereignisses.

Wie ein solches elementares Ereignis wirkt auch das Eingreifen des Menschen, nur mit dem Unterschiede, dafs es in der Mehrzahl der Fälle nicht bei dem einmaligen Eingriffe bleibt, sondern dafs dieser sich ständig wiederholt in mehr oder minder wechselnder Form und Stärke, so dafs also nie wieder ein Ruhezustand erreicht wird.

Machen wir ein ursprüngliches Feld, einen Urwald urbar, so berauben wir zahlreiche Tiere ihrer Lebensbedingungen und schaffen dafür anderen um so günstigere. Erstere werden zum gröfsten Teile untergehen, zum kleineren sich den neuen Verhältnissen mehr oder minder anpassen. Alle Überlebenden aber werden in irgendwelche Beziehungen zum Menschen bezw. zu der von ihm neugeschaffenen Flora treten. Nach der Art und der Innigkeit dieser Beziehungen erscheinen sie uns dann als nützliche, schädliche und unschädliche, worunter auch die nur unnützlichen einbegriffen sind.

In der Natur selbst gibt es keine schädlichen Tiere. Jedes füllt seine Stelle aus und ist insofern, als es zur Erhaltung des Gleichgewichtes beiträgt, eher noch als nützlich zu bezeichnen.

Sehr schön setzt das SCHRANK [1]) auseinander. Er geht davon aus, dafs alle schädlichen Insekten irgendeiner, auch der langsamst sich vermehrenden Baumart, plötzlich verschwinden würden. Diese einzige Baumart „würde in einem einzigen Menschenalter eine grofse Landesstrecke in einen stetigen, dichten Wald verwandeln, und nach einigen Jahrhunderten würde es das Ansehen haben. die ganze Welt sei nur ihretwegen geschaffen, weil sie allein das ganze trockene Land bedecken würde.

Verschwunden wäre dann die grofse Mannigfaltigkeit der organischen Wesen, welche die Welt, wie wir sie haben, so schön macht: verschwunden das Ebenmafs, welches dieser Mannigfaltigkeit jenen Zauber

---

erteilt, welcher den Betrachter der Natur in hohe Begeisterung hinreifst. Bald würde auf der bewohnbaren Erde alles tierische Leben dahin sein; einen grofsen Teil der Vögel, welcher sich lediglich von holzfressenden Insekten nährt, haben wir bereits durch unsere Voraussetzung, dafs diese Insekten nicht seien, vertilgt; der dichte, undurchdringliche Wald, den unsere Baumart bilden würde, müfste bald jedes Gräschen verdrängen, töten jedes Insekt, das von diesem Gräschen zu leben bestimmt ist, töten jeglichen Vogel, dem dieses Insekt Nahrung geben soll, töten jedes kräuterfressende Tier, das mit seinem Munde die Kronen unserer hohen Waldbäume nicht erreichen könnte, töten endlich jedes Raubtier, das am Ende auch kein Aas mehr finden könnte, seinen verzehrenden Hunger zu stillen."

Mit den Begriffen der Schädlichkeit und Nützlichkeit tragen wir also nur unsere wirtschaftlichen Gesichtspunkte in die Natur hinein. Wie diese ständig wechseln, so ist auch der Begriff der Schädlichkeit kein feststehender. Geben wir die Kultur einer Pflanze auf, so werden viele ihrer Feinde ihre Bedeutung für uns verlieren; führen wir eine neue Kulturpflanze ein, so können seither bedeutungslose Tiere zu ernsten Schädlingen werden.

Verstehen wir unter Phytopathologie die Lehre von den Krankheiten aller Pflanzen überhaupt, so gibt es, bei der bekannten Abhängigkeit des Tierlebens von der Pflanzenwelt, kein Tier, das nicht direkt oder indirekt Gegenstand der phytopathologischen Zoologie wäre. Aber selbst vom rein wirtschaftlichen Standpunkte aus können wir fast jedes Tier mindestens als potentiellen Pflanzenschädling betrachten. Für die Zwecke dieses Buches müssen wir daher unsere Aufgabe, die Behandlung der schädlichen Tiere, enger umgrenzen.

Einerseits müssen wir uns auf die Pflanzen beschränken, die vom Menschen zwecks ihrer Nutzniefsung in gröfseren Mengen angebaut oder mindestens gepflegt werden, anderseits auf die Tiere, die den Kulturzweck dieser Pflanzen auf Grund ihrer Lebensweise und mit einer gewissen Regelmäfsigkeit beeinträchtigen. Es mufs dabei ein bestimmtes Verhältnis zwischen Tier und Pflanze bestehen, und der Schaden darf nicht eine zufällige Begleiterscheinung anderer Zufälligkeiten sein.

Von den Feinden der Kulturpflanzen, die nur deren Selbstzweck, nicht aber den Kulturzweck bedrohen, und von den Feinden aller wildwachsenden Pflanzen seien daher nur die erwähnt, die aus irgendwelchen Gründen besonderes Interesse verdienen.

Als weitere Einschränkung seien nur die Feinde der lebenden Pflanzen behandelt, die der Produkte aus dem Pflanzenreiche, einschliefslich des Lagergetreides, beiseite gelassen.

Es erhebt sich nun die Frage: Von welchen Umständen hängt die Schädlichkeit eines Tieres ab?

Von Bedeutung ist vor allem die Art der Nahrung eines Tieres. Der Blattkäfer *Gallerucella nymphaeae* ist so lange ein unschädliches Insekt, als er sich mit den Blättern der gelben Wasserrose (*Nuphar luteum*) oder des Wasserampfers (*Rumex aquaticus*) begnügt. Wenn er aber, wie in den Vierlanden bei Hamburg, auf Erdbeeren übergeht, gehört er zu den allerschlimmsten Feinden derselben.

Die mäfsig auftretende Frostspannerraupe vermag einem in vollem Triebe stehenden Kirschbaum nicht ernstlich zu schaden, solange sie nur seine Blätter frifst. Sowie sie aber zahlreiche junge Früchte ihrer

Kerne beraubt, kann selbst eine geringe Zahl von Raupen den Ertrag eines Baumes ganz wesentlich beeinträchtigen.

Fast alle Laufkäfer gehören normalerweise zu den allernützlichsten Insekten. Wenn aber einige Arten an saftigen Früchten Gefallen finden, können sie ernstliche Schädlinge werden. — Dasselbe gilt von den Meisen.

Über den Maulwurf sind die Akten noch nicht geschlossen. Wo er in Wiesen Engerlinge und Drahtwürmer jagt, ist er sicher außerordentlich nützlich. Wenn er aber in Gemüsebeeten nur seiner Lieblingsnahrung nachgeht, den Regenwürmern, ist seine Verfolgung durchaus angebracht.

War in allen diesen Fällen der Entscheid darüber, ob schädlich oder nicht, verhältnismäßig einfach, so gibt es aber auch zahlreiche Fälle, in denen er recht schwer ist. Wenn wir die Klagen der Obstzüchter lesen, daß Buchfinken die Knospen der Obstbäume abpicken, so müssen wir, bevor wir die Berechtigung dieser Klagen anerkennen, erst untersuchen, ob der Fink die Knospen ihrer selbst wegen zerstört oder nur, um etwa an in ihnen eingeschlossene Insektenlarven zu gelangen. — Wenn der Bauer sieht, wie Krähen das aufgehende Getreide mit der Wurzel herausziehen, so ist er mit seiner Verurteilung derselben schnell bei der Hand. Dennoch wäre zuerst zu prüfen, ob nicht etwa an den Wurzeln der ausgezogenen Pflänzchen Engerlinge, Drahtwürmer oder ähnliches gesessen hätten, was uns das Benehmen der Krähen in ganz anderem Lichte erscheinen lassen würde.

Nur kurz sei auch noch darauf hingewiesen, daß viele Vögel ihre Nahrung in den verschiedenen Jahreszeiten ändern, daß sie im Frühjahre mehr Insekten, im Herbste mehr Körner usw. verzehren, daß wir selbst bei den Vögeln, die fast ausschließlich von Insekten leben, nicht genau wissen, welchen Teil ihrer Nahrung schädliche und welchen nützliche Insekten ausmachen, und schließlich darauf, daß die so schädlichen Mäuse mit Vorliebe auch Engerlinge und Maikäfer fressen.

Man teilt gewöhnlich die Tiere nach ihrer Nahrung ein in **Fleisch-** und in **Pflanzenfresser.** Diese Einteilung gibt aber ein ganz schiefes Bild der Sachlage. Der Grasfresser ist z. B. vom Fruchtfresser weit mehr verschieden als dieser vom Insektenfresser, und dieser ist es wieder mehr vom eigentlichen Fleischfresser. Ohne den Versuch machen zu wollen, eine bessere Einteilung zu geben, wollen wir für unsere Zwecke nur feststellen, daß die einen mehr Bedürfnis nach eiweiß-, die anderen mehr nach kohlenhydrathaltiger Nahrung haben, daß die einen mehr trockene, die anderen mehr saftige Nahrung lieben, wobei es den meisten ziemlich einerlei zu sein scheint, aus welchem Reiche die Nahrung stammt. Die Wurzelfresser verzehren auch Insekten recht gerne; den Affen sind saftige Früchte ebenso lieb als saftige Insekten; die Ameisen fressen gleicherweise Pollen, Pflanzensäfte und weiche Tiere; die raubgierigen Laufkäfer beißen sich auch von Beerenfrüchten die Samen ab oder holen sich solche aus dem reifenden Getreide; die Pentatoma-Wanzen saugen ebenso gerne saftige Früchte als saftige Raupen aus; viele Vögel fressen Körner, Insekten, Würmer usw. mit gleicher Lust. Gerade diese verschiedenartige Nahrung so vieler Tiere macht es oft so außerordentlich schwierig, sich über ihre Schädlichkeit bezw. Nützlichkeit ein Urteil zu bilden, und ist die gewöhnlichste Ursache der Meinungsverschiedenheiten über diese Frage.

Die vorzugsweise Pflanzenstoffe fressenden Tiere teilt man gewöhnlich ein in Mono-, Poly- und Pantophagen[1]), je nachdem sie ihre Nahrung von einer Pflanze oder von vielen nehmen, oder alles fressen. Da die beiden letzteren Begriffe allzu willkürlich sind, unterscheidet man besser nur zwischen monophagen und heterophagen Tieren.

Bei letzteren hat man wieder zu unterscheiden zwischen Lieblings- und Gelegenheitsnahrung, womit aber keineswegs unveränderliche Begriffe verbunden sind. Zahllose Beispiele sind bekannt für Nahrungswechsel von Tieren auf Grund verschiedenster Ursachen. Namentlich die Einführung von Kulturpflanzen veranlaßt viele Tiere, ihre seitherige Lieblingsnahrung aufzugeben und mit der neuen, so bequem dargebotenen zu vertauschen. Auch die Überführung eines Tieres aus einem Gebiete in ein anderes führt sehr häufig zu einem Nahrungswechsel.

Bei zahlreichen Fällen von Nahrungswechsel verläßt das betreffende Tier eine wildwachsende Pflanze, um an eine Kulturpflanze überzugehen. Das führt uns auf eine der Hauptursachen der Tierschäden, die Vorliebe der meisten Pflanzenfresser für Kulturgewächse. Die Gründe hierfür sind, soweit wir sie überhaupt durchschauen können, verschiedene. Durch die überreiche Ernährung werden die Kulturpflanzen saftiger, kräftiger, weicher, geben also eine nahrhaftere, schmackhaftere und bequemere Nahrung. Ihr Massenanbau bietet den von ihnen lebenden Tieren Nahrung in Hülle und Fülle, so daß sie sich leicht vermehren können. Wenn mehrere Generationen an derselben Pflanze gelebt haben, so gewöhnt sich die Tierart so sehr an die betreffende Pflanzenart bezw. -rasse, daß sie unter Umständen selbst ihre ursprüngliche Nährpflanze nicht mehr mag (Nematoden). Viele Schutzmittel der wilden Pflanzen gegen Tierfraß gehen den Kulturpflanzen allmählich verloren, einesteils weil sie die Nutznießung durch den Menschen erschweren, anderesteils weil der Mensch die Zucht in die Hand nimmt und so die natürliche Zuchtwahl mehr oder minder ausschaltet. Ob gerade die agame Vermehrung, wie Cuboni[2]) will, eine der Hauptursachen dieser Ausmerzung sei, erscheint mindestens fraglich, da wir bei den geschlechtlich vermehrten Pflanzen dieselbe Erscheinung treffen. Wohl aber dürfte die fortgesetzte Inzucht der meisten unserer Kulturgewächse ihre Widerstandskraft auch gegen tierische Feinde herabmindern.

In praktischer Hinsicht ist dieser Punkt größerer Beachtung wert. Durch Fruchtwechsel und Bebauung nicht zu großer Flächen mit derselben Pflanze können wir manchen Schäden vorbeugen. Der Zucht widerstandsfähiger Sorten dürfte unzweifelhaft in der Phytopathologie der Zukunft eine hervorragende Rolle zufallen.

Nächst der Nahrung ist vor allem die Häufigkeit eines Tieres wichtig zur Beurteilung seiner eventuellen Schädlichkeit. Massenhaftes Auftreten kann selbst ein sonst nützliches Tier zu einem schädlichen umwandeln.

---

[1]) Es gibt wohl ebensowenig mono- als pantophage Tiere; in der Not wird auch ein monophages Tier andere Nahrung zu sich nehmen, und kein Tier frißt wirklich alles. Aber die sogenannten monophagen Tiere vermögen nur bei der für sie typischen Nahrung sich erfolgreich fortzupflanzen.

[2]) Staz. speriment. agr. Ital. 29, p. 101—111; Ausz.: Zeitschr. Pflanzenkrankh. Bd. 6, S. 96, 157.

Wir brauchen nur an den Regenwurm zu denken, der in übergrofser Zahl dadurch, dafs er die Blätter von Sämlingen in seine Löcher zieht, recht unangenehm werden kann.

Auch durch seine sonstige Tätigkeit kann ein Tier schaden, und zwar erstens mechanisch. Der Maulwurf erschwert durch seine aufgeworfenen Haufen das Mähen der Wiesen; in Gärten kann er durch seine Wühlarbeit die Wurzeln der Pflanzen so lockern, dafs empfindlichere Gemüse absterben. Das Wildschwein, das in einen Weinberg einbricht, schadet vor allem durch sein Wühlen; der Hirsch, der in ein Kornfeld eintritt, zerstört fast ebenso viel durch das Gewicht seines Körpers als durch Fressen. Die auf der Weide befindliche Kuh erstickt unter ihren Exkrementen eine nicht unbeträchtliche Zahl von Grasbüscheln.

Die bekanntesten dieser mechanischen Schädigungen sind die von Hirschen und Rehen durch das Fegen ihrer Geweihe verursachten. Ihnen können wir anreihen die Tätigkeit des Bibers, der zu seinen Bauten starke Stämme fällt, der Amsel, die für ihr Nest die Rebstöcke ihrer Rinde beraubt, der Spechte, die Löcher in die Bäume hacken, usw.

Aber auch von chemischen Schädigungen können wir bei Tieren reden. Der Forstmann sieht nur ungern in seinem Reviere Kolonien von Krähen oder gar Reihern, weil er weifs, dafs sie durch ihre ätzenden Exkremente die von ihnen bewohnten Bäume verhältnismäfsig schnell töten. Viele saugende Insekten ergiefsen ihren Speichel in die von ihnen erzeugte Wunde, der durch seine Giftigkeit für das Protoplasma der Pflanzen diesen oft mehr schadet als der direkte Saftentzug. Der Regenwurm soll in Blumentöpfen die Erde derart ansäuern, dafs die Pflanzen darunter leiden.

Eine überaus schwierige Frage ist die Beurteilung der Gröfse der Schädlichkeit eines Tieres, leichter nach ihrer quantitativen, schwieriger nach der qualitativen Abschätzung. Sie ist abhängig von der Art des betreffenden Tieres, seiner Grösse bezw. seinem Alter, der Menge, in der es auftritt, der Zahl seiner Generationen, der Empfindlichkeit der betreffenden Pflanze gegen Verletzungen, von den befallenen Teilen derselben, von ihrem Alter, ihrer Gesundheit, dem Standorte, der Jahreszeit, Witterung usw. Um nur einige Erläuterungen hierzu zu geben, so ist es eine bekannte Sache, dafs die Nadelhölzer gegen Tierfrafs empfindlicher sind als die Laubhölzer. Es ist ferner verständlich, dafs ein Knospen- oder Wurzelfresser viel eingreifendere Verletzungen herbeiführt als ein Blattfresser, dafs die Bohrlöcher eines Splintkäfers einem Baume viel leichter verhängnisvoll werden als die eines Holz- oder gar nur Rindenbohrers, dafs eine auf kümmerlichem Boden stehende Pflanze tierischen Angriffen viel leichter unterliegt als eine in kräftigem, nahrhaftem Boden wachsende, dafs Pflanzen um so empfindlicher sind, je jünger sie sind, dafs Frühjahrsfrafs, der die treibenden Keime zerstört, viel schlimmer ist als Sommer- oder Herbstfrafs, der oft nur Organe betrifft, die ihre Rolle im Haushalte der Pflanze schon erfüllt haben, usw. usw.

Die Beschädigungen durch Tiere kann man auf die verschiedenste Weise einteilen, woraus schon erhellt, dafs keine Einteilung ganz befriedigt.

A. **Einteilung der Tiere nach ihren Mundteilen**[1]).

1. **Mordive oder beißende Tiere**; sie fressen die ganzen Pflanzen oder wenigstens ganze Organe derselben ab oder beißen größere Stücke aus ihnen heraus: die meisten Säugetiere. Raupen. viele Käfer usw.;

2. **rodive oder nagende Tiere**; sie verletzen die Pflanzen oder ihre Teile nur oberflächlich durch flache, nicht tief gehende Wunden: Nagetiere, Skeletierer. usw.:

3. **sugive oder saugende Tiere**: sie saugen den Saft der von außen angebohrten Pflanzenteile: Pflanzenläuse, Wanzen usw.;

4. **bohrende oder forive Tiere**: sie dringen selbst in die Gewebe der Pflanzen, um sich die Nahrung zu holen: Borkenkäfer, Holzraupen. Minierer usw.

B. **Einteilung nach der Richtung, in der die Verletzungen verlaufen.**

Es ist für manche Fälle praktisch, die sonst in der Morphologie der Organismen üblichen Ausdrücke: longitudinal, sagittal, radial, transversal usw. zu gebrauchen.

C. **Einteilung nach den Teilen der Pflanzen.**

Wir können hier nach zwei Prinzipien unterscheiden:

I. **nach der Lage im Raume**, je nachdem die Beschädigungen außen (extra) oder innen (intra). oberhalb (supra) oder unterhalb (infra) bestimmter Organe stattgefunden haben. Besser als die beiden letzteren dürften vielfach die Ausdrücke distal und proximal zu verwenden sein, wenn wir sie auf den Stamm oder das Herz einer Pflanze als Mittelpunkt beziehen;

II. **nach den einzelnen Pflanzenteilen oder Organen.** — Auch hier tut es nicht nötig, die Einteilung völlig auszuführen. Es genügt als Beispiel zu erwähnen, daß wir Beschädigungen an der Wurzel (radikal). am Stamme (stipal), an den Blättern (folial). den Blüten (floral). der Frucht (fruktikal) usw. haben. so viele, als wir überhaupt Organe oder Teile an Pflanzen unterscheiden. Es ist klar. daß die Bedeutung der Angriffe abhängig ist von der physiologischen Bedeutung der betreffenden Teile für das Leben der befallenen Pflanze. Eine recht gute Einteilung der Insektenschäden nach diesen Prinzipien hat SOLLA in verschiedenen Publikationen gegeben.

Noch nach vielen anderen Prinzipien können wir die Pflanzenfeinde einteilen. Wir wollen hier nur einige der gebräuchlichsten Ausdrücke kurz erläutern.

Kulturverderber nennen wir solche, die die jungen Pflänzchen, noch bevor sie den vom Menschen genützten Zustand erreicht haben, zerstören: alle Feinde von Keimlingen, von Baumschulen, Saatbeeten usw.

Bestandesverderber sind solche. die die erwachsenen bezw. in nutzbarem Zustande befindlichen Pflanzen zerstören: alle Borkenkäfer, die Kohlraupen, Apfelmade usw.

---

[1]) Wir folgen in A bis C vorwiegend dem Beispiele von E. REUTER in der Einleitung zu seiner Abhandlung „Über die Weißährigkeit der Wiesengräser in Finnland“ (Act. Soc. pro Fauna et Flora fennica XIX, Nr. 1).

Physiologisch schädlich sind diejenigen Tiere, die die Funktionen der lebenden Pflanzen beeinträchtigen: alle uns hier interessierenden Tiere.

Technisch schädlich sind die Feinde der aus den Pflanzen gewonnenen technisch verwerteten Produkte, des geschlagenen Holzes, der Pflanzengewebe usw.

Unmittelbar oder direkt schädliche Tiere zerstören die Nutzteile der Pflanzen direkt (Kohlraupen); mittelbar oder prospektiv schädliche verhindern die Entwicklung der Nutzteile (Blütenstecher).

Primäre Schädiger sind solche, die eine gesunde oder wenigstens nicht eigentlich kranke Pflanze befallen, wie Maikäfer oder Gemüseraupen, die das frische Laub abfressen, Mäuse, die die gesunde Rinde abnagen, Engerlinge, die kräftige Wurzeln abbeißen usw.

Sekundäre Schädiger befallen anderweitig, durch andere organische Feinde, Windbruch, übergroße Nässe oder Trockenheit usw., geschwächte oder gar schon krank gemachte Pflanzen.

Nach der Art, wie die Pflanzen geschädigt werden, kann man Tiere unterscheiden, die Pflanzensubstanz zerstören (die häufigsten und schädlichsten), wie die meisten Pflanzenfresser, solche die Verletzungen herbeiführen (direkt weniger, indirekt mehr schadend), wie die meisten saugenden Tiere, die offene Wunden hinterlassen, und solche, die Hypertrophien hervorrufen (am wenigsten schadend), wie in erster Linie alle Gallenerzeuger.

Sehr viele Schädigungen werden von typischen, charakteristischen Krankheitserscheinungen begleitet, die entweder den Tod einleiten oder von Heilungsvorgängen gefolgt werden, die wieder zu normalen Verhältnissen oder zu Mißbildungnn überführen können.

Die eigenartigste Mißbildung ist die Galle. Der Begriff einer solchen ist außerordentlich schwierig zu definieren. Wir bezeichnen mit Ross[1]), dem wir eine vorzügliche Übersicht über die Gallenbildungen verdanken, jede durch den Eingriff eines tierischen Parasiten hervorgerufene Bildungsabweichung einer Pflanze, die durch außergewöhnliches Wachstum oder Vermehrung der Zellen bedingt wurde, als tierische Galle, Zoocecidium oder Zoomorphose. Wodurch Gallen entstehen, ist noch nicht völlig aufgeklärt. Da aber für jede Vereinigung einer bestimmten Pflanze oder eines bestimmten Pflanzenteiles mit einem bestimmten Tiere eine bestimmte Galle charakteristisch ist, müssen wir sie auf spezifische Ausscheidungen des betreffenden Tieres und auf spezifische Reaktion der betreffenden Pflanze oder des betreffenden Pflanzenteiles auf diese Ausscheidung zurückführen. Nach einer Arbeit von Rössig[2]) scheinen bei den Gallwespenlarven die Malpighischen Gefäße dieses Sekret zu liefern. — Näher auf die Gallenbildungen einzugehen, liegt nicht im Rahmen dieses Buches; es sei nur nochmals auf die Broschüre von Ross verwiesen, der auch die wichtigste Literatur anführt.

Es ist eine von Praktikern oft nur zu sehr betonte Erfahrung, daß sich der Pflanzenbau im ganzen lohnt auch ohne besonderen Pflanzenschutz, daß ernstlichere Schädigungen der Kultur-

---

[1]) Die Gallenbildungen der Pflanzen usw., Stuttgart, E. Ulmer 1904.
[2]) Zool. Jahrb. Abt. Syst. usw., Bd. 20, 1904, p. 19—90, 4 Taf.

pflanzen durch Krankheiten doch nur die Ausnahme bilden und immer nach einiger Zeit von selbst vorübergehen. Abgesehen davon, daſs eben die zahllosen kleinen, sich nur in ihrer Summe fühlbar machenden Krankheiten meist übersehen werden, liegt jener Erfahrung die Tatsache zugrunde, daſs ein Überhandnehmen einer Tierart, selbst unter ihr scheinbar günstigsten Verhältnissen, doch nur selten vorkommt und durch die Selbststeuerung der Natur bald wieder ihre Zahl auf ein bescheidenes Maſs zurückgeführt wird. Welches sind nun die Maſsnahmen dieser Selbststeuerung der Natur?

Daſs der Kampf ums tägliche Brot nur eine sehr untergeordnete Rolle spielt, zeigt die einfache Tatsache, daſs für die meisten pflanzenfressenden Tiere, besonders für die Feinde der Kulturpflanzen, Nahrung fast immer in Hülle und Fülle vorhanden ist. Die Fälle, in denen eine Hungersnot die Anzahl einer Tierart dezimiert hat, sind sehr selten und beruhen meist auf abnormen Verhältnissen. Bei Epidemien mancher Tiere (Mäuse, Forstraupen) kann es vorkommen, daſs die Nahrung plötzlich alle wird, während die betreffenden Tiere noch in Unmassen vorhanden sind. Überschwemmungen, Trockenheit und ähnliche Einflüsse können die Zahl einer Pflanzenart so verringern, daſs die von ihr sich nährenden Tiere an Nahrungsmangel zugrunde gehen müssen, soweit sie nicht selbst den gleichen ungünstigen Einflüssen direkt erlegen sind.

Bedeutend wichtiger für die Beschränkung der Individuenzahl einer Tierart sind ihre natürlichen Feinde. Da wir in einem späteren Kapitel näher auf deren Bedeutung eingehen werden, sei hier nur erwähnt, daſs wir zweierlei solcher unterscheiden können: äuſsere Raubfeinde, die ihre Opfer von auſsen verzehren, und innere Parasiten, die in ihrem Opfer leben. Nach Ritzema Bos[1]) sollen erstere den Epidemien vorbeugen, letztere sie beenden; uns scheint, als ob beide Gruppen sich in beiden Tätigkeiten vereinigten.

Von nichts aber ist die Individuenzahl einer Tierart derart abhängig wie von der Witterung. Allerdings wissen wir über ihre Wirkung sehr wenig Bestimmtes. Einmal ist diese ja immer eine dreifache: eine auf die Tiere direkt, eine auf deren Feinde und eine auf die Pflanze und so indirekt auf die Tiere. Dann verhält sich auch jede Tierart verschieden gegen die Wirkung der Witterung; ja selbst die verschiedenen Stadien eines Tieres sind verschieden empfindlich.

Dennoch wollen wir hier versuchen, die Abhängigkeit des Tierlebens von der Witterung kurz zu skizzieren.

Kälte schadet, im Gegensatze zur herrschenden Ansicht, den meisten Tieren nicht, wenn sie zur richtigen Zeit kommt, also dann, wann diese ihr Überwinterungsstadium erreicht haben, und wenn sie nicht eine Höhe erlangt, die für die betreffende Breite abnorm ist. Allerdings trotzen auch dann ihr die meisten einheimischen Tiere; von den zahlreichen eingewanderten, aber inzwischen einheimisch gewordenen erliegt ihr ein groſser Teil. Die meisten Tiere sind der für ihre Heimat normalen Kälte so sehr angepaſst, daſs sie ihrer zur normalen Entwicklung ebenso bedürfen wie die einheimischen Pflanzen. Jeder Insektenzüchter weiſs, daſs er viel bessere Exemplare erhält, wenn er die Überwinterungsstadien im Freien jeder Kälte aussetzt, als

---

[1]) Tierische Schädlinge und Nützlinge. Berlin 1891. S. 13.

wenn er sie in geschlossenen Räumen aufbewahrt; in geheizten Räumen geht ihm die Mehrzahl sogar zugrunde.

Wohl aber kann un zeitgemäfse Kälte, zu früh im Herbste oder zu spät im Frühling dem Tierleben beträchtlich schaden, wenn das Überwinterungsstadium noch nicht erreicht oder schon wieder verlassen ist. Namentlich die Frühjahrsfröste schaden ebensosehr dem Tier- als dem Pflanzenleben.

Kühle Nächte im Frühjahre hindern alle diejenigen Tiere, die vorwiegend in der Dämmerung oder der Dunkelheit ihrer Nahrung nachgehen, an deren Gewinnung; da sie zugleich das Pflanzenleben nur wenig beeinträchtigen, ist also ihr Nutzen ein doppelter.

Auch ein Sinken der Temperatur im Sommer um wenige Grade, das die Pflanzen kaum bemerkbar zu beeinflussen braucht, versetzt viele der sogenannten kaltblütigen Tiere in einen lethargischen Zustand, in dem sie weder Nahrung aufnehmen noch bedürfen, und kann ferner die Generationsfolge und Vermehrung recht wesentlich verzögern.

Schroffe Wechsel zwischen Wärme und Kälte werden namentlich im Herbste und Frühjahre vielen Tieren verhängnisvoll, indem die Wärme sie aus ihren Verstecken hervortreibt, so dafs sie von der Kälte ungeschützt überfallen werden.

Während trockene Kälte den meisten Tieren unter obengenannten Bedingungen nicht schadet, ist nasse Kälte einer ihrer schlimmsten Feinde. Der in lethargischem Leben befindliche Tierkörper, dessen Säfte sich in konzentriertestem Zustande befinden, kann bei vielen Formen völlig steif und hart gefrieren, ohne dadurch getötet zu werden. Ist der Körper aber prall von Säften starker Verdünnung erfüllt, so werden beim Gefrieren seine Gewebe zerrissen. — Wenn die stark durchfeuchtete Baumrinde sich mit Glatteis überzieht oder der durchnäfste Boden fufstief hart gefriert, sterben Tausende hier verborgener Tiere teils durch Erstickung, teils direkt durch Erfrieren.

Alle diese Kältewirkungen beeinflussen natürlich auch die Pflanzen ungünstig; werden sie getötet, so mufs auch ein Teil der auf sie angewiesenen Tiere sterben; werden sie nur geschwächt, so werden sie in einen vielen Feinden günstigeren Zustand versetzt und unterliegen leichter späteren Angriffen.

Wärme ist eine der wichtigsten Vorbedingungen für reiches Tierleben, namentlich für die Fortpflanzung der meisten kaltblütigen Tiere. Wird sie aber übergrofs, und herrscht zugleich Trockenheit, so wird sie ihm geradezu verderblich. Das Wasserbedürfnis der meisten Tiere ist ein recht grofses, besonders bei denen mit zarter, dünner Haut und infolgedessen starker Ausdünstung. Indes gibt es einige Insekten, denen hohe Temperatur und bis zu gewissem Grade auch Trockenheit geradezu Bedürfnis ist, wie die rote Spinne, die Blasenfüfse und zum Teil auch die Pflanzenläuse. Indes sind letztere gegen allzu hohe Temperaturgrade und Trockenheit doch recht empfindlich. entgegen der herrschenden Meinung. Berichtet doch HOWARD[1]) einen Fall. dafs Blattläuse an Schattenbäumen überaus zahlreich waren; als aber die Temperatur eines Tages auf 101 ° F. (38,5 ° C.) stieg, verschwanden sie wie durch Zauber.

Auch die Parasiten vieler Tiere sind gegen Wärme und Trockenheit recht unempfindlich, namentlich die parasitischen Hautflügler.

---

[1]) Bull. Div. Ent., U. S. Dep. Agric., N. S., Nr. 9, p. 19.

Sie vermehren sich dann so ungeheuer, dafs sie rascher an Zahl zunehmen als ihre Wirtstiere und daher unter diesen sehr aufräumen.

Wohl empfindlich gegen Hitze und Trockenheit, durch ihre Lebensweise diesen aber nicht ausgesetzt, sind die Tiere, die im Innern von Pflanzen oder in Gallen leben, daher man ihre Zahl in entsprechenden Jahren stark wachsen sieht.

Dafs die trockene Hitze den Tierschaden vergröfsert dadurch, dafs die Pflanzen sowieso langsamer wachsen und durch gesteigerte Transpiration noch mehr Wasser verlieren, ist leicht einzusehen.

In Verbindung mit Feuchtigkeit ist die Wärme allem organischen Leben besonders förderlich, also auch den parasitischen Pilzen, die in entsprechenden Jahren denn auch zahllose Tiere vernichten.

Trockenheit kann den Erdboden so hart machen, dafs die in der Erde sich entwickelnden Insekten nicht ausschlüpfen können; sie wirkt verzögernd auf Tier- und Pflanzenleben und verschlimmert die Bedeutung offener gröfserer Wunden, indem die blofsgelegten Gewebe austrocknen, Sprünge und Risse bekommen.

Auch Nässe verschlimmert gröfsere Wunden; indem sie die Vegetation aller Pilze befördert, aber nicht nur der Parasiten von Pflanzen, sondern auch der von Tieren, kann namentlich kalte Nässe diesen verhängnisvoll werden. — An sich ist ein gewisses Mafs von Feuchtigkeit sonst wohl mit das dringendste Bedürfnis tierischen Lebens; im Übermafs wird sie ihm aber fast noch verderblicher als Trockenheit. Interessante Beobachtungen über den Einflufs nasser Jahre auf die Insekten, besonders die Käfer, veröffentlichte Alisch[1]). Von gröfster Wichtigkeit sind danach die Monate Mai bis Juli, weil sich in ihnen die meisten Insekten im Eier- oder Larvenzustande befinden, die gegen Nässe ganz besonders empfindlich sind. Steigt in diesen drei Monaten zusammen die Zahl der Regentage auf über 30, so ist nach ihm die Käferernte im nächsten Jahre schlecht. Auch Altum[2]) betont die verderbliche Wirkung nasser Frühjahre auf das Insektenleben durch die Empfindlichkeit namentlich der vor dem Ausschlüpfen stehenden Eier und Puppen.

In höchstem Mafse schädlich sind stärkere und länger andauernde Regen, namentlich Platzregen und Wolkenbrüche. Ungezählte Insekten werden durch solche von den Pflanzen herabgespült und weggeschwemmt oder sie ertrinken. Namentlich fliegende Insekten erliegen dem Regen in gröfster Zahl, unter ihnen aber auch die parasitischen Hymenopteren und Fliegen, die dann nicht ihre Wirtstiere zur Eiablage aufsuchen können, so dafs deren Zahl viel weniger durch sie dezimiert wird als in trockenen Jahren.

Manche Tiere, wie Schnecken und Regenwürmer, werden durch reichliche Feuchtigkeit in ihrem Gedeihen gefördert.

Winde sind nicht ohne Einflufs auf das Tierleben; sie können Tiere von den Bäumen herabschleudern oder an Plätze verwehen, an denen sie keine Nahrung finden. Fliegende Tiere leiden besonders von ihnen, wenn sie anderseits auch wieder durch Winde leichter verbreitet werden. — Fälle, in denen Wanderzüge fliegender Insekten (Heuschrecken, Kohlweifslinge usw.) in das Meer geweht wurden, sind mehrfach beobachtet worden.

---

[1]) Ent. Jahrb. 1901, S. 205—213.
[2]) Zeitschr. Forst- u. Jagdwesen Bd. 31. 1899, S. 307—309.

Wie weit das Licht auf die Tiere Einfluſs hat, ist schwer zu sagen. Sehr viele von ihnen fliehen es und gehen ihrer Nahrung lieber im Dunkeln nach. Doch ist die Zahl der Tiere, denen das Licht verderblich wird, sehr gering.

Von gröſstem Einflusse ist es dagegen auf die Pflanzenwelt. Ist daher das Frühjahr hell, so treiben die Pflanzen kräftig, selbst wenn die Wärme nicht diejenige Höhe erreicht, die für die Tiere das Optimum darstellt. Die Folge ist, daſs die Tierschäden klein bleiben. Herrscht dagegen im Frühjahre viel trübe Witterung, so wachsen die Pflanzen nur wenig; kommt dann noch genügend Wärme hinzu, so entwickelt sich das Heer der tierischen Schädlinge schnell, und die Pflanzen leiden doppelt.

Die Bedeutung der Jahreszeiten können wir kurz dahin zusammenfassen:

Ein gleichmäſsig kalter, schneereicher Winter ist am günstigsten für Pflanzen und Tiere. Wechseln aber häufiger Frost und Tauwetter, so leiden Pflanzen und Tiere gleichermaſsen. Für alle Tiere bedeutet er einen Stillstand in der Entwicklung.

Ein nicht zu warmer, sonnenreicher Frühling ist am besten für die Pflanzen; für die Tiere dagegen ein warmer, mit häufig, besonders bei Nacht bedecktem Himmel. Frühjahrsfröste sind beiden Organismen schädlich. Reichlich Regen begünstigt das Wachstum der Pflanzen, beeinträchtigt die Tiere.

Der Sommer ist für beide am günstigsten, wenn er warm und mäſsig feucht ist. Allzu groſse Trockenheit schadet mehr den Pflanzen, allzu groſse Nässe den Tieren. Besonders wichtig ist der Sommer für das Tierleben des nächsten Jahres, weil sich vorzugsweise in ihm die Fortpflanzung vollzieht, bezw. die im Frühjahr ausgeschlüpften Stadien die nötige Kraft zur Überwinterung sich erwerben müssen.

Der Herbst darf nicht zu feucht und nicht zu warm sein. Viele Tiere wachsen oder vermehren sich sonst weiter, so daſs sie der Winter in noch allzu aktiven oder empfindlichen Stadien überrascht. Frühe Fröste schaden sowohl Pflanzen wie Tieren.

Das Klima einer Gegend ist bestimmend für die Zusammensetzung seiner Fauna; von den genaueren Beziehungen wissen wir nur sehr wenig. Von gröſserer Bedeutung sind wohl die Summe der Jahrestemperatur und die mittlere Temperatur während der heiſsesten Zeit, ferner die Niederschlagsmengen. Wie diese Gröſsen ständig wechseln, so ändert sich auch ständig die Fauna einer Gegend. Von allen Seiten wandern stets neue Elemente ein, je nachdem sich das Klima gerade dem ihrer Heimat nähert, um bei entgegengerichteten Schwankungen wieder zu verschwinden.

Auch Boden-, Anbau- und ähnliche Verhältnisse sind bestimmend für die Fauna einer Gegend.

Es bleibt uns nun noch als letzte Frage zu beantworten: die nach den Ursachen der gröſseren Tierschäden, der Epidemien.

Selbst auf unseren Kulturländereien ist für gewöhnlich die Zahl der tierischen Pflanzenfeinde keine übermäſsige, so daſs weitaus die meisten von ihnen sich nicht wesentlich bemerkbar machen. Dafür sorgt gerade eben wieder die Kultivierung, die Nutznieſsung des Bodens und der Pflanzen, indem ersterer ständig umgearbeitet wird, letztere verbraucht werden, bevor alle auf sie angewiesenen Tiere ihre Entwicklung beendigt haben.

Immerhin aber sehen wir fast in jedem Jahre, je nach den herrschenden Witterungs-, Anbau- usw. Verhältnissen eine oder mehrere Arten sich stärker vermehren; denn nur darum handelt es sich in den meisten Fällen, und nicht, wie der Laie meint, darum, daſs die betreffenden Arten plötzlich neu erschienen seien. Allerdings gibt es auch Epidemien solchen Ursprunges, die auf Wanderungen (Heuschrecken, Kohlweiſslinge, Mäuse usw.) zurückzuführen sind; doch sind sie viel seltener als die am Orte entstandenen.

Beide haben das gemeinsam, daſs die Epidemie meist auch den Höhepunkt der Erscheinung darstellt, daſs nach ihr ziemlich rasch wieder normalere Verhältnisse zurückkehren. Bei den Wanderzügen ist das leicht verständlich: mit der Vernichtung der Nahrung müssen die Züge zugrunde gehen oder weiterwandern.

Aber auch bei den am Orte entstandenen Epidemien ist diese Erscheinung aus ihrer Entstehungsgeschichte zu erklären. Die Epidemie stellt eben nur den Höhepunkt, gleichsam die Explosion einer Entwicklung dar (s. Bd. I, S. 18). Wenn durch lange andauernde ungünstige Witterung, durch ungenügende Düngung usw. die Mehrzahl der vorhandenen Pflanzen geschwächt wird, bieten diese ihren Feinden immer günstigere Lebensbedingungen dar. Die Zahl der Tiere wird, unter ihnen sonst günstigen Verhältnissen, in geometrischer Progression zunehmen, bis sie scheinbar plötzlich riesige Verhältnisse erreicht.

Selbstverständlich können auch andere Umstände, die den Tieren günstig sind, ohne daſs sie den Pflanzen gerade ungünstig zu sein brauchen, dieselbe Wirkung herbeiführen. Immer aber wird die Epidemie in dem Augenblicke, in dem die Zahl der Tiere eine übergroſse wird, auch den Todesstoſs erhalten und nun mehr oder minder rasch ihrem Ende zugehen.

B. Systematischer Teil.

Unter den niederen Tieren, den Protozoen und Coelenteraten, sind keine Pflanzenschädiger bekannt; es erscheint aber zweifellos, daſs unter ersteren zahlreiche solcher sein werden. Es fehlen wohl nur noch die geeigneten Untersuchungsmethoden.

Nematoden, Rundwürmer.

Die Nematoden[1]) sind nahezu mikroskopisch kleine, drehrunde, hinten und vorn meist zugespitzte Würmer ohne segmentale Gliederung. Die von dünner Cuticula bedeckte Haut ist durchscheinend, mit Querlinien oder -flecken, seltener mit Längszeichnungen versehen, oder ganz glatt. Die Unterhaut weist vier Längsverdickungen auf, von denen die beiden seitlichen als Seitenlinien deutlich durchschimmern, während die dorsale und ventrale Medianlinien minder deutlich sind. Einige Arten haben Borsten um den Kopf oder — spärlicher — an anderen Körperteilen.

Der Mund ist endständig, von zwei bis sechs Lippen oder Papillen umgeben; er führt gewöhnlich in eine erweiterte Mundhöhle, die meist unbewaffnet ist, bei einigen Gattungen aber hinten durch einen hohlen, nach vorn ragenden Chitinstachel abgeschlossen ist, der durch eigene Muskeln vor- und zurückgeschoben werden kann. Die stumpfe Öffnung des Stachels oder die Mundhöhle direkt führt in die meist stark muskulöse Speiseröhre (den Ösophagus), von engem, mit Chitin ausgekleidetem, dreieckigem Lumen; sie verläuft gleichmäſsig nach hinten oder weist eine bis mehrere muskulöse Anschwellungen auf, die man, wenn sie scharf abgesetzt sind, Pharyngealbulben nennt. Die ganze Speiseröhre, namentlich aber diese Anschwellungen, dienen als Saugrohr. In der hinteren Anschwellung sind bei wenigen Formen (Rhabditis usw.) hornige Platten oder Zähne. An die Speiseröhre setzt sich der einfache, gerade verlaufende Darm an, der auf der Bauchseite, vor dem Hinterende, durch einen kurzen Enddarm nach auſsen mündet.

Jederseits verläuft in der Seitenlinie ein bei den Anguillhuliden öfters durch eine Bauchdrüse ersetztes Exkretionsorgan; beide münden kurz hinter dem Munde in der ventralen Mittellinie mit gemeinsamer Öffnung nach auſsen.

Das Männchen ist meist kleiner als das Weibchen und gewöhn-

---

[1]) Man vergleiche die folgenden Abbildungen.

lich an dem ventralwärts umgebogenen Hinterende kenntlich. Seine Geschlechtsorgane sind bei den Land-Nematoden fast immer unpaar. Der Samenleiter mündet nahe dem hinteren Ende mit dem Darme in einer Kloake aus, die oft mit einer bis zwei, durch eignen Muskelapparat beweglichen Spicula (Begattungsapparaten) bewehrt ist. Das Schwanzende weist oft jederseits eine Hautfalte auf, die Bursa, die zum Festhalten des Weibchens bei der Begattung dient und manchmal noch Papillen trägt. — Die Samenkörper sind kegelig, kugelig oder amöboid.

Das — gröfsere — Weibchen hat mit wenigen Ausnahmen paarige Geschlechtsorgane, die in der Bauchmittellinie, hinter der Körpermitte, in einer oft deutlich vorspringenden Vulva gemeinsam ausmünden.

Trotzdem beide Geschlechter vorhanden sind, findet doch oft, wahrscheinlich sogar mehr, als bekannt, Parthenogenese statt; auch Hermaphroditismus ist nicht gerade selten.

Die meisten Nematoden sind ovipar; bei manchen parasitischen Arten entwickeln sich die Embryonen in den von dem Leibe der abgestorbenen Mutter bedeckten Eiern.

Die Nematoden leben entweder frei in feuchter Erde oder in Wasser (süfsem und salzigem) oder an oder in Pflanzen oder Tieren als Ekto- oder Endoparasiten. Sie nähren sich von Säften, die sie entweder — bei zerfallenden Stoffen — direkt mit ihrem Ösophagus aufsaugen, oder zu denen sie sich durch Anbohren lebender Gewebe und Zellen mit ihrem Stachel Zutritt verschafft haben.

Phytopathologisch wichtig können natürlich nur die Arten werden, die ektoparasitisch zwischen Pflanzenwurzeln in der Erde oder in Wasser leben, sowie diejenigen, die Endoparasiten von Pflanzen sind. Von den letzteren sind nur wenige Arten bekannt, die allerdings auch meist Schädlinge ersten Grades sind. Die zwischen Pflanzenwurzeln lebenden werden sich teils nur von zerfallenden Stoffen nähren, also saprophytisch sein: ein Teil von ihnen lebt aber sicher ektoparasitisch, von den Wurzeln selbst. Man hat erst seit wenigen Jahren begonnen, auf diese ektoparasitischen Formen zu achten. Genauere darauf gerichtete Untersuchungen dürften zweifellos nicht nur ihre Zahl vermehren, sondern auch erkennen lassen, dafs ihre phytopathologische Bedeutung seither unterschätzt worden ist.

Alle diese Nematoden schaden den Pflanzen einmal durch Nahrungsentzug, der bei ihrem oft massenhaften Auftreten nicht zu unterschätzen ist, dann, indem sie Wunden an den Pflanzen erzeugen, die anderen Parasiten, Fäulnisstoffen, Wasser und Luft Eintritt gewähren; die endoparasitischen Formen zum Teil noch besonders dadurch, dafs sie Gallen erzeugen, die die normalen Funktionen der Gewebe stören.

Die Wirkung der Nematoden auf die Pflanze ist durchaus verschieden. Sie hängt ab von der Art der Pflanze, der Art des Nematoden, dem befallenen Pflanzenteile, der Zahl der vorhandenen Würmer und dem Alter der Pflanze zur Zeit der Infektion.

Die meisten Pflanzen-Nematoden sind aufserordentlich polyphag. Dabei aber haben viele die Eigenschaft, sich in biologische Rassen zu sondern. Älchen, die mehrere Generationen in einer Pflanzenart gelebt haben, haben sich so an diese gewöhnt, dafs sie ungern oder gar nicht an andere Pflanzen übergehen und günstigstenfalls mehrere Generationen brauchen, bis sie sich wieder völlig an die neue Pflanze gewöhnt haben. Morphologische Unterschiede sind dabei entweder gar nicht zu erkennen oder nur ganz geringe und unregelmäfsige in Gröfse und Körperform. Aber solche finden sich selbst bei den Bewohnern einer Pflanze. Wenigstens sollen nach DEBRAY und MAUPAS[1]) die in Stengelknötchen einer Pflanze lebenden Stengelälchen gröſser sein als die in Stengel- und Blattflecken derselben Pflanze gefundenen.

Wegen ihrer Kleinheit sind Älchen auſserordentlich leicht zu verschleppen. Wasser und Wind können sie leicht von einem Acker auf andere überführen; an Wurzeln von Setzpflanzen können sie überall hingebracht werden; namentlich sind aber die Ackergeräte, die Füſse und Fuſsbekleidungen der auf infizierten Äckern arbeitenden Menschen, die Hufe des Arbeits- und Weideviehes sowie Wagenräder und ähnliches sehr gefährliche Verbreiter derselben.

Von allgemeinen Bekämpfungsmaſsregeln sei in erster Linie gute und reinliche Kultur genannt, d. h. Vermeidung alles, was Älchen auf ein Feld bringen kann, entsprechende Fruchtfolge mit von den betreffenden Älchen nicht oder nur wenig angegangenen Pflanzen und möglichste Kräftigung und Stärkung der angebauten Pflanzen. Von Chemikalien hat sich in kleineren Verhältnissen namentlich der Schwefelkohlenstoff bewährt, ist aber für gröſsere Verhältnisse zu teuer. Manche Arten lassen sich durch die von KÜHN erfundene und erprobte Methode der Fangpflanzensaaten so vermindern, daſs sie wenigstens auf mehrere Jahre hin keinen ernstlichen Schaden tun.

Von natürlichen Feinden kommen in erster Linie ungünstige Witterungsverhältnisse in Betracht. Während tierische Feinde noch kaum baobachtet wurden, liegen mehrere Berichte über pilzliche vor. Nach KÜHN[2]) dringt ein von ihm *Tarichium auxiliare* benannter Pilz durch den After in das Weibchen des Rübennematoden ein und zerstört die Eier und Embryonen.

Im Jahre 1888 veröffentlichte ZOPF[3]) Beobachtungen, nach denen von *Arthrobotrys oligospora*, einem Schimmelpilze, in eigentümlichen Ösen Nematoden gefangen werden. Von einem Teile der Öse sprossen dann Hyphen hervor, die in den gefangenen Wurm eindringen, ihn der Länge nach durchwachsen und seine Gewebe unter fettiger Degeneration derselben resorbieren. Etwa zehn Stunden nach der Gefangennahme ist der Wurm von dem Pilze völlig ausgefüllt, nach wenigen Monaten sein ganzer Inhalt aufgezehrt.

Im Jahre 1900 berichtete LAGERHEIM[4]) über Radekörner von *Poa alpina*, erzeugt von *Tylenchus agrostidis* Bastian, in denen von den Nematoden nur Hautreste vorhanden waren, während sie sonst völlig von einem bakterienähnlichen Organismus, vielleicht einer Actinomycete, erfüllt waren, der nach seiner Ansicht die Würmer aufgezehrt hatte.

Von praktischer Bedeutung scheinen aber alle diese Pilze nicht zu sein. Man kann etwa sieben Familien von Nematoden unterscheiden, von denen uns aber hier nur zwei interessieren, die Anguilluliden mit zwei Ösophagealbulben, die Enopliden mit einem. Ihre Kenntnis verdanken wir hauptsächlich BASTIAN[5]), SCHNEIDER[6]) und BÜTSCHLI[7]); die

---

1) L'Algérie agricole; Alger. 1896.
2) Ber. physiol. Labor. landw. Inst. Halle, Heft 4, 1882.
3) Biolog. Centralbl. Bd. 8, S. 705.
4) Bih. Svensk. Akad. Handl. Bd. 26, Afd. 3, Nr. 4.
5) Monograph of the Anguillulidae; Trans. Linn. Soc. London, Zool., Vol. 25, 1865, p. 73—184.
6) Monographie der Nematoden. Berlin 1866. gr. 8°.
7) Beiträge zur Kenntnis der freilebenden Nematoden. Nov. Act. Ksl. Leop. Carol. Deutsch. Akad. Nat. Bd. 36, Nr. 5, 1873.

der parasitischen Arten wurde von Kühn und ganz besonders von Ritzema Bos gefördert[1]).

Bastian beschrieb schon 1865 13 Gattungen und 50 Arten von Land-Nematoden aus England, Bütschli 1873 13 Gattungen und 61 Arten (meist neu) aus Deutschland, Cobb 1893 über 80 Arten aus Australien und den Fidschi-Inseln.

Anguilluliden, Älchen.

Körperform bei den Weibchen der endoparasitischen Arten zum Teile sehr von der normalen Nematodenform abweichend. Mund auf knopfartig abgesetztem Vorderteil, das aus den verschmolzenen Lippen besteht. Speiseröhre mit zwei Pharyngealbulben. Seitenkanäle oft durch Bauchdrüse ersetzt. Männchen mit zwei gleichen Spicula.

Die meisten Anguilluliden leben frei in der Erde oder im Wasser, sehr häufig zwischen Pflanzenwurzeln, von denen sie sich direkt oder indirekt nähren, nur wenige in Pflanzen als Endoparasiten.

Von den zahlreichen Gattungen sind bis jetzt nur fünf als ernstlichere Pflanzenschädlinge beobachtet worden, auf die wir uns daher hier beschränken müssen. Nach Bütschli können wir sie folgendermafsen unterscheiden:

A. mit Mundstachel
    1. Männchen mit Bursa   *Tylenchus*
    2.   „   ohne „
        a) mit Metamorphose   *Heterodera*
        b) ohne   „   *Aphelenchus*
B. ohne Mundstachel; hinterer Bulbus mit Klappenapparat
    1. Männchen mit Bursa (oder ohne Bursa
       und Klappenapparat)   *Rhabditis*
    2. Männchen ohne Bursa   *Cephalotus*

Tylenchus Bastian.

Körper an beiden Enden zugespitzt; Haut fein quergestreift, niemals mit Haaren oder Borsten. Mundstachel klein, scharf, hinten mit dreilappigem Knopfe. Speiseröhre undeutlich, mit kräftigem ovalem Bulbus in der Mitte und röhriger Anschwellung des hinteren Teiles, der sich dem Darme mit breiter Basis aufsetzt. Mündung der Bauchdrüse gegenüber dem hinteren Teile der Speiseröhre. Männchen mit unpaarem Hoden, zwei kräftigen Spicula und papillenloser Bursa. Bei den Weibchen die eine Seite der inneren Geschlechtsorgane meist rudimentär bis fehlend; Vulva weit hinter der Körpermitte.

Wahrscheinlich mehr parasitische als frei lebende Arten.

    1. Tylenchus devastatrix Kühn, Stock- oder Stengelälchen.
Synonymie: *Tyl. dipsaci* Kühn = *putrefaciens* Kühn = *hyacinthi* Prillieux = *allii* Beyer = *Havensteinii* Kühn = *Askenasyi* Bütschli = *intermedius* de Man, wahrscheinlich auch = *fucicola* de Man.

---

[1]) Eine sehr ausführliche Monographie der ungarischen Anguillulinen veröffentlichte L. Örley im Termesz. füzet. Bd. 4, 1880, S. 16—150, 7 Tafeln, leider magyarisch. Der deutsche Auszug, S. 154—177, kann natürlich die ganze Monographie nicht entfernt ersetzen. Von besonderem Werte ist die ausführliche Literaturzusammenstellung.

Geschichte: Im Jahre 1851 entdeckte J. Kühn Älchen in kernfaulen Blütenköpfen der Weberkarde, *Dipsacus Fullonum*, und beschrieb sie als *Anguillula dipsaci*. 1867 fand Kamrodt älchenartige Würmer in Roggenpflanzen, die an der bereits 1825 von Schwerz beschriebenen „Stockkrankheit" litten. 1868 wies Kühn nach, daß die Karden- und Roggenälchen identisch und die Erreger der Stockkrankheit des Roggens seien. Als er dann im nächsten Jahre dieselbe Art auch als den Erreger der Stockkrankheit des Hafers, Buchweizens und Klees erkannte, änderte er ihren Namen in *Anguillula devastatrix*; Ritzema Bos reihte sie später in die Gattung *Tylenchus* ein.

Beschreibung: Länge (0.94 —) 1,20 — 1,55 (— 1,73) mm. Nach beiden Enden, besonders dem hinteren zu verschmälert. Körperlänge verhält sich zur Breite wie (31 —) 40 — 45 (— 51) : 1; Schwanzlänge $^1/_{16}$—$^1/_{17}$ der Körperlänge. Kopfende ohne Anhänge. Beim Männchen verschmälert sich das Hinterende plötzlich hinter der Kloake, beim Weibchen langsam von der Vulva ab; diese weit hinten, so daß Körper fünfmal so lang als Abstand der Vulva von der Schwanzspitze. Die Bursa des Männchens beginnt vor dem After und umgibt einen Teil oder die ganze Länge des Schwanzes; ohne Papillen. Spicula gleich. Ovarium einfach. (Fig. 1; S. 18).

Verbreitung: Bis jetzt gefunden in Schweden und Norwegen (bis 61. Grad n. Br.; nur an Klee), Dänemark, Deutschland, den Niederlanden, Belgien, England und Schottland, Frankreich, Algier, Australien (Mc Alpine).

Lebensweise: Das Stengelälchen kommt, wie sein Name sagt, fast ausschließlich in Stengelteilen und ihren Organen, nur beim Hopfen in Wurzeln, vor. Die Larven wandern meist von der Erde aus in die Pflanzen ein und in diesen mehr oder weniger weit nach oben, bei der Zwiebel bis in die Samen. In den Geweben werden sie geschlechtsreif und pflanzen sich fort; die Larven gehen in den meisten Fällen wieder in den Boden, um hier neue Nährpflanzen zu suchen. Die Weibchen sind ovipar; der Embryo verläßt die Eischale etwa sieben Tage nach der Ablage des Eies. Das heranwachsende Älchen häutet sich viermal; die ganze Entwicklung dauert vier bis fünf Wochen, so daß sich im Jahre fünf bis sechs Generationen folgen können.

Die Älchen können längere Zeit im Boden leben, aber nur in oberen, trockneren Schichten, in denen sie scheintot liegen. In feuchteren, tieferen Schichten bleiben sie aktiv und müssen dann an Nahrungsmangel zugrunde gehen. Austrocknen können sie gut vertragen; man hat sie sogar nach zwei Jahre langem Scheintode wieder ins Leben zurückgerufen. Auch wiederholtes Austrocknen und Anfeuchten ertragen sie (nach Debray und Maupas bis fünfundzwanzigmal); jedoch werden sie dabei ständig weniger widerstandsfähig, besonders wenn die aktiven Perioden längere Zeit andauern. Auch Fäulnisstoffe können sie in lethargischen Zustand versetzen, wohl durch Absorption des Sauerstoffes. — Gegen Frost sind sie sehr widerstandsfähig; Kälte von 19° C. schadet ihnen nichts. — Nach Nypels[1]) sollen sie selbst dem Verdauungssafte von Schafen widerstanden haben. — Es scheint, als ob das Stengelälchen durch andere Krankheiten geschwächte Pflanzen vorziehe; wenigstens fand Jungner[2]) es im Getreide fast immer mit Frit-

---

[1]) Ann. Soc. belge Microsc. T. 23, 1899, p. 7 ff.
[2]) Zeitschr. Pflanzenkrankh. Bd. 13, 1903, S. 45, 333 ff.

oder Blumenfliegen vergesellschaftet. Wenn er aber im Hinterleibe von Fritfliegen Älchen fand, so handelte es sich dabei ziemlich sicher nicht um Stengelälchen, sondern um andere, tierparasitäre Arten.

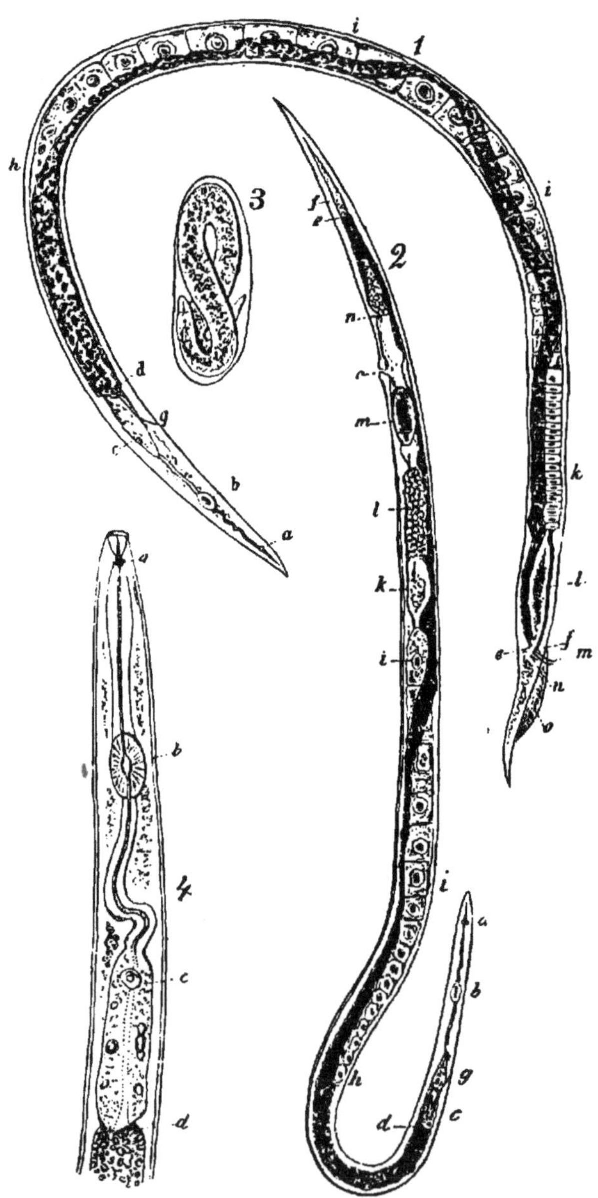

Fig. 1. Tylenchus devastatrix (aus RITZEMA BOS).

1 Männchen,	a Mundstachel,	h—o Geschlechtsorgane,
2 Weibchen,	b Bulbus,	m (Fig. 1) Spicula,
3 Ei mit Embryo,	c—f Darmkanal,	o (Fig. 1) Bursa,
4 Vorderende,	g Exkretionsorgan,	o (Fig. 2) Vulva.

Nährpflanzen. RITZEMA BOS gab im Jahre 1891 40 Arten aus 16 Familien an, während NYPELS[1]) 1899 44 Arten aus 18 Familien anführte. Ihre Zahl ist noch ständig in, wenn auch langsamem Wachstume begriffen. Bevorzugte Nährpflanzen sind: *Hypnum cupressiforme; Scilla sibirica, campanulata* und *cernua; Hyacinthus orientalis* und *praecox; Galtonia candicans; Allium Cepa* und *proliferum; Secale cereale; Avena sativa; Anthoxanthum odoratum; Polygonum Fagopyrum; Dianthus caryophyllus; Medicago sativa; Trifolium pratense; Solanum tuberosum; Dipsacus Fullonum.*

Pflanzen mit sehr dicken Zellwänden, die die Älchen nicht durchbohren können, sind gegen Befall geschützt.

Die Einwirkung der Älchen auf die Pflanzen richtet sich sehr nach den letzteren: im allgemeinen besteht sie in einer Hypertrophie der Gewebe, die offenbar auf eine von den Älchen ausgeschiedene Flüssigkeit zurückzuführen ist. In den Stengel- und Blattteilen vergröfsern sich zuerst die Parenchymzellen in abnormer Weise; später findet vermehrte Zellteilung statt. Die Gefäfsbündel vergröfsern sich nur wenig; namentlich ist das Längenwachstum gering oder hört ganz auf. Es entstehen so auffällig kurze, stark verbreiterte Glieder.

Die wichtigsten der vom Stengelälchen hervorgebrachten Krankheiten sind folgende:

a) Stockkrankheit des Roggens, auch „Rüb", „Knoten" oder „Kropf" genannt. Diese Krankheit tritt ganz besonders in Deutschland auf, wo sie schon 1825 von SCHWERZ beschrieben wurde. In Frankreich und England ist sie bis jetzt noch nicht beobachtet.

Fig. 2. Stockkranke Roggenpflanze (aus RITZEMA BOS).

Im Frühjahre bemerkt man auf den befallenen Äckern, besonders an den Rändern, Stellen, auf denen alle jungen Pflänzchen abgestorben sind. Ringsherum stehen kranke, um so weniger auffällig, je weiter man vom Zentrum der betreffenden Stelle wegkommt. Die kranken Pflänzchen werden zum Teil rasch gelb und sterben ab, zum Teil scheinen sie sich recht üppig zu entwickeln, zeigen fast bläulichgrüne Farbe und starke Bestockung, so dafs jedes Pflänzchen eine unverhältnismäfsig grofse Bodenfläche bedeckt. (Fig. 2). Die Stengelbasis schwillt mehr oder minder zwiebelartig an, indem die unteren Halmglieder sehr kurz bleiben und sich stark verdicken, wobei auch die sie umhüllenden Blattscheiden dicker und breiter werden. Die Gefäfsbündel wachsen

---

[1]) l. c.

wenig in die Länge; das Parenchym nimmt durch Zellstreckung und später auch Zellteilung stark zu. Die Bewurzelung ist auffallend schwach. Die Blätter sind gewöhnlich kürzer und dicker als normal, oft wellenförmig gekräuselt oder gebogen, je nach der Verteilung der Älchen an ihrer Oberfläche: je mehr Älchen, um so stärkeres Dickenwachstum. Nicht alle Blätter sind derart mißgestaltet; einige bleiben normal, andere sind dick und schmal, mittellang, sehr ähnlich denen wildwachsender Gräser. Die Ähre kann ganz in den Blattscheiden stecken bleiben; sie kann aber auch herauskommen, bleibt aber klein und verkrüppelt wie der ganze Halm, ebenso die sich manchmal noch bildenden Körner, die zwar auch normal groß werden können, jedoch ungewöhnlich leicht bleiben. Stark befallene Pflanzen sterben früh ab; schwächere können durch den Sommer hindurchkommen, werden indes selten mehr als 10 bis 15 cm hoch.

Die Krankheit entsteht dadurch, daß die Älchen aus der Erde in die jungen Pflänzchen eindringen, wenn diese zwei bis drei Blättchen besitzen. Sie bleiben im allgemeinen im Parenchym der unteren Halmteile und der diese umgebenden Blattscheiden, steigen auch gelegentlich in die Höhe, nie aber, wie es scheint, bis in die Ähre. Wenn die Pflanzen absterben, gehen die Älchen in die Erde, wo sie sich am meisten im Spätsommer und Herbste, auch noch im Winter finden.

Der Hauptträger der Infektion ist daher der Boden. Mit diesem werden sie verbreitet durch Wind bei Sandboden, durch Wasser, daher die tiefstliegenden Teile eines Ackers am meisten befallen sind und Regenwetter ihre Ausbreitung begünstigt, durch den Menschen, das Vieh und die Ackergeräte, die infizierte Erde auf gesunde Äcker verschleppen.

Beim Absterben der Pflanzen, namentlich bei raschem Austrocknen des reifen Halmes, können nicht alle Älchen diesen rasch genug verlassen; besonders sehr junge Älchen und Eier bleiben in der Pflanze, trocknen ein und können dann mit dem Stroh verschleppt werden.

Sommerroggen leidet weniger als Winterroggen, da er schneller wächst und die meisten Älchen zur Zeit seines Aufgehens schon in andere Pflanzen eingewandert sind. Über Bevorzugung besonderer Sorten scheinen bis jetzt keine Beobachtungen vorzuliegen. Aus der Biologie der Älchen ist es erklärlich, daß sie leichteren Boden schwerem vorziehen sollen.

Um dem Auftreten des Stockälchens vorzubeugen, vermeide man die Verschleppung von Erde von kranken Äckern, indem man das dort gebrauchte Ackergeräte, die Hufe der Zugtiere und die Schuhe der Menschen beim Verlassen des Ackers gründlich reinigt. Als Streu nehme man nie Stroh von kranken Äckern. Auch angemessener Fruchtwechsel mit Möhren, Rüben, Kartoffeln, Lupinen, Serradella und Mais vermag stärkeres Auftreten des Stockälchens zu verhindern. Da ein in Moos recht häufiger Nematode wahrscheinlich identisch ist mit *T. devastatrix*, so vermeide man, mit der Waldstreu Moos auf die Äcker zu bringen.

Die am meisten Erfolg versprechende Bekämpfung ist die durch Fangpflanzen, namentlich, wenn sie gleich beim ersten Auftreten der Krankheit erfolgt. Als solche nimmt man Buchweizen oder Roggen, letzteren da, wo intensive Roggenkultur vorherrscht. Man säe den Winterroggen möglichst früh, damit im Herbste noch möglichst viele Älchen in ihn einwandern, schauflle ihn im Frühjahre ab und säe

Sommerroggen. Die abgeschaufelten Pflanzen sind gut mit Ätzkalk zu durchsetzen.

Auch tiefes Umarbeiten des befallenen Bodens vermag die Mehrzahl der Älchen unschädlich zu machen. Ebenso ist auf stark gekalkten Parzellen der Schaden geringer.

Zur Kräftigung befallener Pflanzen dünge man die jungen Pflänzchen früh, sobald das Schossen beginnt, mit Chilisalpeter, bis zu 100 kg auf einen Hektar. Je später gedüngt wird, um so geringer ist die Wirkung.

b) Die Stockkrankheit des Hafers (Fig. 3) verläuft ähnlich, nur sind die Symptome ausgeprägter. Biologie und Bekämpfung bleiben dieselben. Diese, ebenfalls zuerst von Schwerz beobachtete Krankheit tritt auch in England und Schottland, namentlich am Winterhafer, unter dem Namen *„tulip root"* auf. Nach Miss Ormerod haben sich besonders schwefelsaures Kali allein oder mit schwefelsaurem Ammonium und Phosphate nützlich erwiesen.

Jensen[1]) machte die Beobachtung, daß früh gesäter Hafer besser widerstand als später, vielleicht, weil die Älchen erst bei höherer Wärme aktiv genug werden.

Gerste galt früher als immun. In neuerer Zeit wurde öfters aus Deutschland Befall von solcher[2]) gemeldet. Vielleicht könnte es sich hierbei um *Tyl. hordei* (siehe daselbst) gehandelt haben.

Auch in Weizen, *Anthoxanthum odoratum, Holcus lanatus, Poa annua* verursacht das Stockälchen ähnliche Krankheitserscheinungen wie beim Hafer, jedoch so selten, daß es praktisch nicht schädlich wird. Nur in England leidet der Weizen öfters, namentlich der Sommerweizen; die Älchen finden sich hier weniger in den Halmen als in den inneren Blättern.

Fig. 3. Stockkranke Haferpflanze (aus Ritzema Bos).

c) Die „Stockkrankheit des Klees und der Luzerne" wurde schon 1825 von Schwerz beobachtet; Kühn wies das Stockälchen als Urheber nach, das nach Jensen[3]) aber auf Klee nur halb so lang werden soll als auf Hafer. Die befallenen Pflanzen entwickeln zahlreiche verkümmerte Triebe, die verkürzt, verkrümpft und ungleich verdickt (bis viermal), und mehr oder weniger weißlich sind. Die Blätter bleiben klein, schuppenförmig. Manchmal werden überhaupt keine Triebe gebildet, sondern die Knospen entwickeln sich zu rundlichen, gallenähnlichen Gebilden. — Die Krankheit ist am deutlichsten von Ende März bis Anfang April; manchmal zieht sie sich aber auch bis in den Mai hin. Später sterben die kranken Pflanzen rasch ab, und die Älchen wandern in den Boden.

Die Krankheit ist besonders häufig in England, wo sie eine der Ursachen der *„clover sickness"* ist, und in Deutschland, wo sie die „Kleemüdigkeit des Bodens" mit verursacht. Beobachtet wurde sie ferner in Dänemark, Norwegen und einmal in Holland.

Durch Klee, der als Futter für Pferde, Schafe usw. auf andere Felder kommt, kann die Krankheit leicht verschleppt werden. Stallmist-

---

[1]) s. Zeitschr. Pflanzenkrankh. Bd. 4, 1894, S. 182.
[2]) Jahresber. Sonderaussch. Pflanzensch. D. L.-G.
[3]) l. c.

düngung soll sie begünstigen, Kainit und Thomasmehl sie unterdrücken. In England wurden schwefelsaures Kalium und Ammonium oder Eisenvitriol mit bestem Erfolge angewandt. Sonst ist Ausjäten der kranken Pflanzen beim ersten Auftreten und Fruchtwechsel anzuraten.

Rotklee soll für die Krankheit besonders empfänglich sein.

d) Beim S t o c k   d e s   B u c h w e i z e n s bleiben die Stengelglieder kurz, dick, sind mürbe, leicht zerbrechlich, innen mit mulmiger, mehliger Substanz angefüllt und, ebenso wie die meist kurzen Äste, oft gekrümmt. Vom unteren Stengelteile, von einer Anschwellung aus, verästelt sich die Pflanze meist mehr oder minder stark. Sehr häufig entwickeln sich keine Blüten, oder die Blütenstände sind sehr zusammengedrängt. Manchmal kommt es aber doch zu reifen Früchten. Stark befallene Pflanzen sterben früh ab.

Als Fangpflanze ist im Herbste Winterroggen, im Frühjahre Sommerroggen zu säen, nachher Buchweizen.

e) Die Nematodenkrankheit der P f e r d e b o h n e (*Vicia Faba*) ist aus England und Algier[1]) bekannt. Der Stengel schwillt besonders unten an und wird flach; das Längenwachstum ist sehr gering, die Verzweigung dagegen übermäßig, buschig; zugleich sind auch die Seitenzweige deformiert. Statt drei bis vier Fuß wird die Pflanze nur vier bis zwölf, gewöhnlich kaum acht (engl.) Zoll hoch. In England tritt die Krankheit gewöhnlich im Fruchtwechsel mit Hafer und Klee auf.

Die Besiedlung geschieht durch Larven, die in die Luftspalten der Zweige eindringen. Die Älchen finden sich bei der kranken Pflanze in braunem, trocknem Staube im Innern der Stengel; sie verlassen erst die absterbenden Pflanzen; nur Larven und Eier bleiben im Stroh zurück und können mit diesem verschleppt werden.

f) Die „W u r m f ä u l e   d e r   K a r t o f f e l n“ wurde 1888 von KÜHN[2]) beschrieben und in demselben Jahre von RITZEMA BOS in Holland beobachtet. Später hat HENNIG sie auch in Dänemark festgestellt.

An den kranken Pflanzen bleiben die Blätter klein, kräuseln und krümmen sich. Die Stengelglieder sind kurz, dick, oft gekrümmt, brüchig. An den Knollen entstehen mißfarbige und faulige, oberflächliche Flecke, die in der Mitte hell, fast weißlich, porös und körnig, ringsherum braun erscheinen. Fließen die Flecke zusammen, dann wird die ganze Oberfläche der Kartoffel schwärzlichgrau, unregelmäßig gebogen und gefaltet, eingesunken und reißt leicht ein. Unter den Flecken liegen Höhlen mit weißen Massen, die aus verknäulten Älchen bestehen. Die Knollen befallener Pflanzen bleiben meist klein und enthalten wenig Stärke, oder aber sie werden normal groß und erhalten Flecke. Da die Älchen von den Blättern und Stengeln aus in die Knollen eindringen, beginnt die Krankheit bei diesen zuerst am Nabel und entwickelt sich hier auch am stärksten. Die Fäulnis ist normalerweise eine trockene; werden die Flecke durch Witterungseinflüsse feucht, so gehen die Älchen zugrunde.

Außer dem Stengelälchen finden sich in den Flecken noch mehr oder weniger Fäulisälchen, *Leptodera*, *Rhabditis*, *Cephalotes*, *Diplogaster*, *Dorylaimus* usw., besonders in älteren, von den Parasiten schon verlassenen Flecken.

---

[1]) DEBRAY und MAUPAS, L'Algérie agricole 1896.
[2]) Biolog. Centralbl. Bd. 9, 1890, S. 670—672.

Die Älchen bleiben meist in den Knollen und Stolonen und gehen wenig in die Erde. Es kann eine Pflanze neben kranken auch gesunde Knollen hervorbringen.

Nicht alle Kartoffelsorten scheinen den Älchen gleich ausgesetzt zu sein. Kühn beobachtete sie besonders an Eos, Ritz. Bos an Champion, Rosalie, Türken und Amerikanern.

Die kranken Kartoffeln sind bei der Ernte abzusondern und gekocht zu verfüttern oder aufzubewahren, auf keinen Fall zur Aussaat zu benutzen. Da in den Stärkefabriken die Älchen nicht getötet werden, sei man mit dem Abfall derselben vorsichtig.

Entsprechender Fruchtwechsel beugt der Krankheit vor.

g) An Hauszwiebeln wurden Stengelälchen besonders in Holland beobachtet. Sie wandern schon in das erste Blatt der jungen Keimpflanzen, gleich beim Bersten der Samenschale, oder, wenn es aus der Erde herauskommt. Es schwillt an einigen Stellen kolossal an und biegt sich hin und her. Stark befallene Pflänzchen sind gelblich und sterben bald ab. Schwächer befallene wachsen wenig in die Länge, werden aber enorm dick. (Fig. 4).

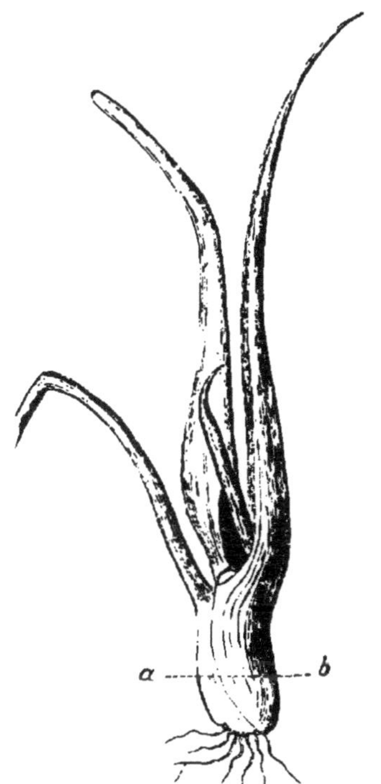
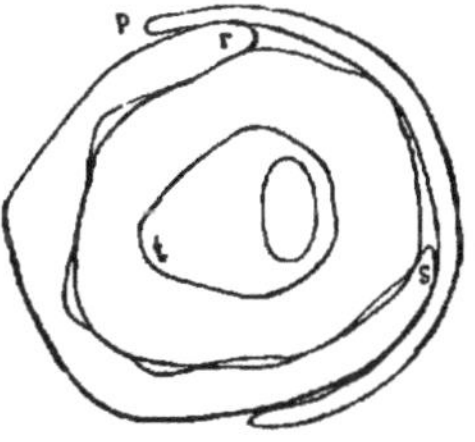

Fig. 4.

1 Älchenkranke Zwiebel. *2* Querschnitt durch *1 a—b* (aus Ritzema Bos).

Die Blattscheiden bleiben kurz, stark verdickt, mit warzenförmigen Anschwellungen; die jungen Blätter können daher häufig nicht herauskommen. Die inneren Zwiebelschuppen verdicken sich mehr als die äußeren, die daher platzen und die Zwiebel nur zum Teil umschließen. Auch diese Pflanzen sterben früher oder später ab. Je älter die Zwiebel bei der Infektion ist, um so weniger leidet sie unter ihr. Findet sie erst bei einen Monat alten Pflänzchen statt, so werden diese wohl mißgebildet, bleiben aber noch ziemlich lange am Leben; findet sie erst nach zwei Monaten statt, so lebt die befallene Zwiebel meist noch zur Zeit der Ernte.

Bei Samenzwiebeln bleiben die Älchen in diesen; von Steckzwiebeln sterben zu viele ab, aus denen dann die Älchen in die Erde gehen. Die Älchen wandern in den Pflanzen nach oben und können bis in die Samen gelangen: Ritz. Bos fand etwa 3 % derselben befallen. Man soll daher Samen von kranken Äckern vor der Aussaat 24 Stunden lang in einer Lösung von 1 kg Schwefelsäure in 150 l Wasser beizen.

Das Zwiebelälchen wurde von Kühn[1] zuerst als *Tyl. putrefaciens,* von Beijerinck[2] als *Tyl. allii* beschrieben; seine eingehende Schilderung verdanken wir Chatin[3]).

Es wurde ferner noch beobachtet in Rußland und in Australien, wo es nach Mc Alpine[4] die Küchenzwiebeln unregelmäßig gedunsen macht, mit gelben Blättern.

h) In Holland ist schon seit Mitte des 18. Jahrhunderts die „Ringelkrankheit der Hyazinthen"[5]) bekannt, die auch bei Berlin beobachtet wurde. Sie hat ihren Namen daher, daß die Hyazinthenzwiebel beim Querschnitte dunkle Ringe aufweist, die daher rühren, daß einige Schuppen in dunkelbraune Masse zerfallen sind. In diesen haben die Älchen gehaust. Die befallenen Schuppen werden zuerst durch übermäßiges Wachstum und starke Vermehrung ihrer Zellen dicker; manchmal platzen auch die äußeren Schuppen dadurch auf. Diese übergroßen Zellen bersten später, und die betreffenden Schuppen werden braun. Die Krankheit beginnt immer am Gipfel der Zwiebel, nie in der Scheibe, die erst später befallen wird und unter Braunwerden abstirbt. Auch *Galtonia candicans* und *Scilla*-Arten zeigen dieselbe Krankheit.

Die Krankheit macht sich im Frühjahr zuerst durch charakteristische gelbe Flecke an den Blättern bemerkbar (Fig. 5), die allmählich deutlicher, zuletzt durch das Absterben der Gewebe braun werden. Die Blätter biegen und krümmen sich, die Ränder bilden Wellen, es können Risse und Spalten entstehen. Wenn die Blätter absterben, wandern die Älchen in die Zwiebel; hier dringen sie bei Zwiebeln mit fleischigen äußeren Schuppen *(Scilla)* aus einer Schuppe in die andere; bei solchen mit trockenen Schuppen *(Hyacinthus)* immer erst in die Scheibe und aus ihr wieder in eine andere Schuppe. Die Älchen überwintern in den Schuppen und wandern im Frühjahre wieder in die Blätter.

Die Verbreitung erfolgt aus den alten Zwiebeln in die jungen; in die Erde gehen die Älchen nur, wenn die kranke Zwiebel im Beete abstirbt, daher man im Entfernen der kranken Pflanzen ein genügendes Gegenmittel hat. Durch andere Krankheiten geschwächte Hyazinthen werden von den Älchen vorgezogen, daher die Ringelkrankheit gewöhnlich eine Begleiterscheinung der Gummosis ist[6]).

Fig. 5. Blatt einer ringelkranken Hyazinthe (aus Ritzema Bos).

[1]) Hallesche Zeitung 1877 u. 1879.
[2]) Maandblad Holland. Maatschap Landbouw V, 1883, Nr. 9.
[3]) C. r. Acad. Sc. Paris 1884 ff.
[4]) Victorian Dep. Agric., Bull. 18, 1895.
[5]) s. auch: Prillieux, Journ. Soc. nation. Hortic. 3. Sér. T. 3, 1881, p. 253.
[6]) Sorauer beschreibt auch eine Ringelkrankheit, die aber nicht auf der Anwesenkeit von Älchen beruht. Hier tritt infolge mangelhaften Ausreifens der Zwiebelschuppen, welche einen größeren Zuckerreichtum und geringeren Stärkegehalt besitzen, eine Zersetzung des Schuppengewebes ein, die vom Zwiebelhalse ausgeht und bei der besonders *Penicillium glaucum* zerstörend sich ausbreitet.

i) Bei der Ananaskrankheit der Nelken bleiben die Stengelglieder kurz, die Blätter entweder ebenfalls, oder sie können sehr grofs oder sehr schmal werden. Ihre Basis ist meist verdickt, die Ränder sind gewellt und kraus, fast gezähnt. Die ganze Pflanze kann so Ähnlichkeit mit einer Ananas oder einem Hexenbesen erhalten. Auf den Blättern treten gelbe Flecke auf, in denen, noch mehr allerdings in den verdickten Blattbasen, die Älchen sitzen, auch in den verdickten Stengelteilen. Die befallenen Blätter sterben bald ab.

Die Krankheit ist bis jetzt nur in England beobachtet.

Die Erscheinungen bei Phlox[1] sind ähnlich wie bei Nelken. Die Verzweigung ist abnorm stark; zwischen normalen Stengeln stehen kurze, starre und brüchige, mit kurzen Internodien; die Blätter stehen dicht gedrängt, sind faltig, runzlig, oft unsymmetrisch, spröde; ihre Oberfläche ist verkleinert, so dafs sie wie gestielt aussehen; sie vertrocknen leicht. Die Älchen finden sich besonders in der Stengelbasis, weniger in den Blättern. — Nicht alle Varietäten werden befallen.

Die befallenen Teile sind zu zerstören; das Land ist tief umzupflügen.

Ähnliche Erscheinungen ruft das Stengelälchen an *Primula chinensis*[2], Hanf, Erbsen usw. hervor.

k) Die „Kernfäule der Weberkarde" ist die Krankheit, bei der zuerst das Stengelälchen als Ursache nachgewiesen wurde[3]. Sie besteht aus Verfärbung und Vertrocknen der Blütenköpfe. Die Blütchen welken und sterben frühzeitig ab, wobei das Zellgewebe im Inneren der Köpfe sich bräunt und vertrocknet, so dafs die Köpfe hohl werden. Die Bräunung beginnt am Blütenboden und schreitet nach innen zu fort, bis das ganze Mark ergriffen ist. Die Gefäfsbündel bleiben noch einige Zeit frisch, so dafs noch Früchte reifen können, die aber nur halbe Gröfse erreichen. Die bei gesunden Früchten gestielte Haarkrone ist bei den befallenen sitzend und erreicht doppelte Gröfse.

Es liegt hier der einzige Fall vor, in dem die Älchen regelmäfsig in Blüten vorkommen und sogar nur in solchen.

In nassen Jahren tritt die Kernfäule häufiger auf als in trockenen.

l) Bemerkenswert ist noch die bis jetzt nur in England, Italien[4] und neuerdings ähnlich auch bei Brüssel beobachtete Erkrankung des Hopfens[5] durch *Tyl. devastatrix* im Vereine mit *Heterodera Schachtii*. Die Pflanzen wachsen zuerst normal. Etwa Ende Juni wird der Endtrieb schlaff, verliert die Fähigkeit zu winden und hängt herab. Der Stamm der Pflanze, die Zweige und jungen Triebe sind sehr dünn; die Internodien bleiben kurz. Die späteren Blätter sind kleiner, dunkler grün, nach oben eingerollt, mit unten stark hervortretenden Nerven, meist gefaltet und gezähnt, ähnlich denen von Brennesseln; in den Nervenwinkeln befinden sich durchscheinende Flecke. In einem der nächsten Jahre stirbt die Pflanze ab. Die Älchen finden sich nur in den Wurzeln, und zwar *Tyl. devastatrix* in der Rinde der stärkeren, *Heterodera Schachtii* in den kleineren; beide Arten sind kleiner als in anderen Pflanzen und erzeugen keinerlei Hypertrophie, sondern nur Zerfall der Gewebe.

---

[1] Nypels, Ann. Soc. belge Microsc. T. 23, 1899, p. 7—32, 1 Pl.
[2] Ritz. Bos, Zeitschr. Pflanzenkrankh. Bd. 3, 1893, S. 70 ff.
[3] Kühn, Zeitschr. wiss. Zool. Bd. 9, 1858, S. 129—137.
[4] Peglion, Staz. esperim., T. 34, 1901, p. 787.
[5] Percival, Natural Science Vol. 6, 1895, p. 187—197, Pl. 3.

Frühe Sorten und toniger Boden begünstigen die Krankheit.

Fangsaaten von Weizen und Hafer bleiben nach PEGLION ohne Wirkung, dagegen soll sich Natriumnitrat bewährt haben.

m) In neuerer Zeit soll das Stengelälchen ernstlicheren Schaden an *Aucuba japonica*[1]) und *Coleus*pflanzen[2]) angerichtet haben.

n) BÜTSCHLI[3]) erhielt seine *Tyl. Askenasyi* aus gallenartig angeschwollenen und verfärbten Endknospen von *Hypnum cupressiforme* auf dem Feldberg im Taunus. Die Älchen drangen nicht in die Gewebe der Knospen ein, sondern lebten frei zwischen deren inneren Blättern.

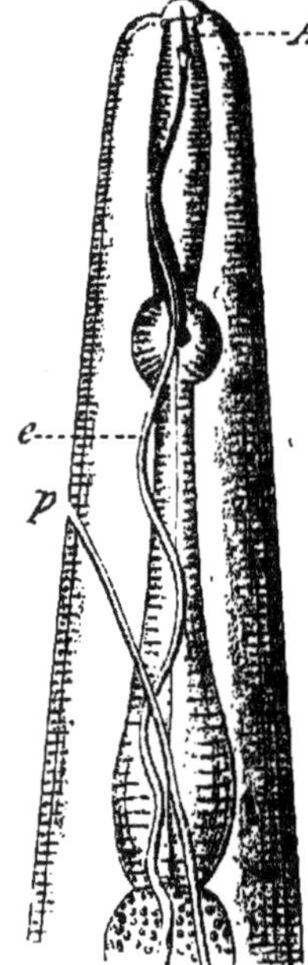
Fig. 6. Vorderende von Tyl. scandens (aus OEHLEY)

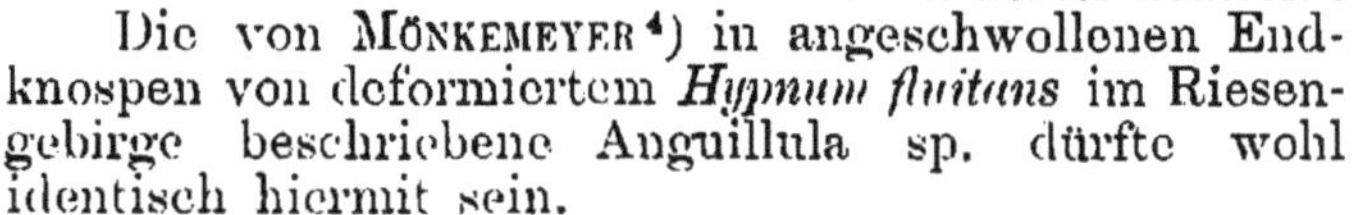
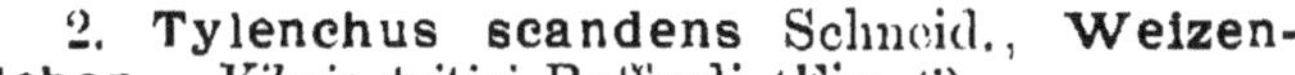

Die von MÖNKEMEYER[4]) in angeschwollenen Endknospen von deformiertem *Hypnum fluitans* im Riesengebirge beschriebene Anguillula sp. dürfte wohl identisch hiermit sein.

o) Besonders interessant ist *Tyl. fucicola*, von DE MAN aus Gallen an *Fucus nodosus* an den schottischen Küsten beschrieben[5]) als der einzige Nematode, der in Meerespflanzen Gallen erzeugt.

2. Tylenchus scandens Schneid., Weizenälchen. *Vibrio tritici* Roffredi (Fig. 6).

Das Weizenälchen wurde schon 1745 von NEEDHAM in seinen „New microscopical discoveries" aus Weizenkörnern beschrieben und abgebildet; die Literatur darüber ist nach BASTIAN überhaupt eine recht große; seine Lebensgeschichte wurde besonders von DAVAINE[6]) erforscht, die Galle von PRILLIEUX[7]) eingehend geschildert.

Männchen: 2 bis 2,3 mm lang, hinter der Kloake plötzlich verschmälert. Breite $\frac{1}{18}$ bis $\frac{1}{20}$, Schwanzlänge $\frac{1}{26}$ der Länge. Spicula ziemlich kurz, aber breit. Bursa umschließt den ganzen Schwanz; jederseits der Kloake gewöhnlich mit kleinem Höcker, der oft mit fettglänzender, kittähnlicher Masse bedeckt ist.

Weibchen: 2,5 bis 5 mm lang, von der Vulva ab sich allmählich verschmälernd. Breite $\frac{1}{8}$ bis $\frac{1}{17}$, Schwanzlänge $\frac{1}{35}$ der Körperlänge. Vulva deutlich vorstehend. Körper neunmal so lang als Abstand von Vulva bis Schwanzende.

Die Tiere aus den unteren Gallen einer Ähre sind gewöhnlich größer als die aus den oberen.

Die Verbreitung erstreckt sich bis jetzt über Schweden, England, Holland, Deutschland, Österreich-Ungarn, die Schweiz, Frankreich, Italien, Nordamerika und Australien (?).

[1]) OSTERWALDER, Gartenflora, Bd. 50. 1901, S. 337 ff.
[2]) LÜSTNER, Mitteil. Obst- und Gartenbau, Geisenheim a. Rh., 1899, S. 153—154, 1 Fig.; Ber. kgl Lehranst. Geisenheim a. Rh. 1899/1900, S. 27, 1 Fig. — WEISS, Prakt. Blätter f. Pflanzenschutz, Bd. 3, 1900, S. 31.
[3]) l. c. S. 39, Taf. 2, Fig. 8.
[4]) Hedwigia 1902, Beiblatt S. 22, Figur.
[5]) Festschr. 70. Geburtst. LEUCKART's, 1892, S. 121 ff., 1 Taf., 3 Fig.; Galle beschrieben von Miss BARTON in Brit. Mus. phycol. Mem. Pt. 1, 1892.
[6]) C. r. Acad. Sc. Paris, T. 41, 1855, p. 435—438; T. 43, 1856, p. 148.
[7]) Ann. Inst. nation. agron., T. 4 Nr. 5, 1882, p. 159.

Fig. 7. Von Tylenchus scandens befallene Weizenpflanze
(nach Jablonowski).

Biologie: Zur Zeit der Weizenreife sieht man zwischen den normalen Körnern kleinere, nur halb so lang, aber dicker als normale, dunkelbraun bis schwarz, hart, ähnlich den Radekörnern. Sie bestehen aus dicker brauner Schale und gelblichweifsem, mehligem Inhalte: Tausenden von Älchenlarven von 0,8 bis 0,9 mm Länge. Solange die Körner trocken bleiben, sind die Älchen bewegungslos. Kommen aber diese Körner auf den Boden und werden feucht, so fault die Schale, die Älchen werden lebendig, dringen in den Boden und von da in junge Weizenpflanzen ein. Zuerst leben sie hier zwischen Blattscheiden und Halm, auch in der Endknospe. Sind sie zahlreich, so erhält die junge Pflanze ein ähnliches Aussehen wie eine stockkranke Roggenpflanze, nur minder ausgeprägt: der Halm bleibt kurz, die Blätter, besonders die oberen, sind geknickt und gedreht, mit wellig gebogenen Rändern und treten nicht immer ganz aus der Blattscheide heraus (Fig. 7). Mit der Bildung der Ähre bohren sich die Älchen in diese ein, namentlich in die Fruchtknoten, seltener in die Staubgefäfse. Die befallenen Organe

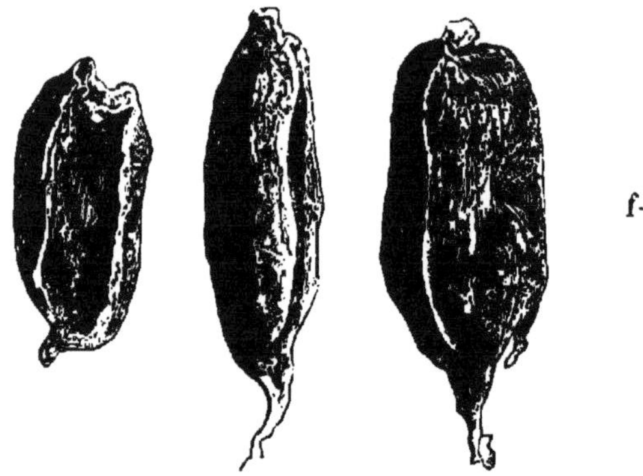

Fig. 8. Alte Gichtkörner des Weizens: stark vergrössert (nach Jablonowski).

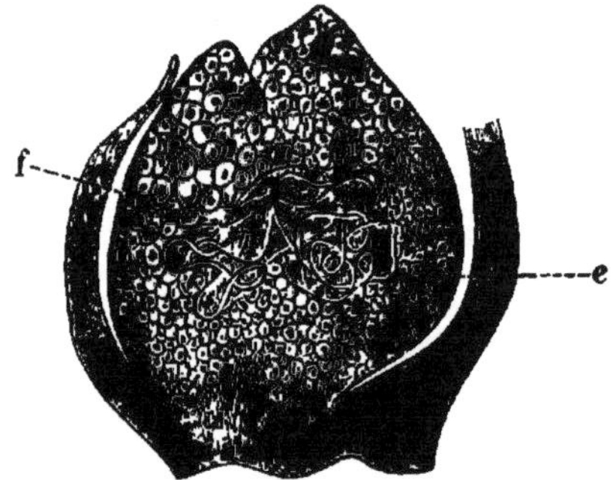

Fig. 9. Längsschnitt durch ein junges Gichtkorn des Weizens (nach Prillieux).

schwellen nun zu kleinen Gallen an, die bei den Samen schliefslich jene Rade- oder Gichtkörner (Fig. 8) ergeben.

Sorauer beschreibt die Galle nach Prillieux (Fig. 9) folgendermafsen: „Die Wand der unregelmäfsig kugeligen Galle besteht aus sehr grofskernigen, noch in Vermehrung begriffenen Zellen mit plasmatischem, stärkelosem Inhalte. Die Zellmembran ist dünn; nur bei den warzenartig in das Innere vorspringenden, mit den Älchen direkt in Berührung kommenden Höckern verdickt sich und vergallert die Zellmembran. Diese verschleimte Membranpartie dient jedenfalls den noch im Laufe des Monates Juni geschlechtsreif werdenden, über- und durcheinander gewickelten Älchen zur Nahrung. Später, wenn die Galle ihre definitive Gröfse erreicht hat, bräunen und verdicken sich die Zellwandungen in um so stärkerem Mafse, je mehr die Zellen sich der Peripherie nähern, so dafs zur Zeit der Ernte das Gewebe sich dem collenchymatischen Charakter stark zuneigt."

Anfang Juni werden die Älchen reif und legen in einem Zeitraume von sechs bis acht Tagen je 550 bis 600 Eier, aus denen Anfang Juli die Larven auskriechen, die dann unverändert in den Samen bleiben, bis diese wieder zur Erde kommen.

In diesem Zustande sind die Larven sehr widerstandsfähig bezw. langlebig: BAKER sah aus 27 Jahre alten Samen die Älchen beim Anfeuchten wieder aufleben. Erhitzen der Körner auf 75°, Frost, narkotische und alkalische Gifte schaden ihnen nichts; nur mit Säuren ist ihnen beizukommen.

Die von den Älchen verursachte Krankheit heißt in Deutschland Gicht oder Radekrankheit, auch Kaulbrand (Sachsen), in England wheat ear cockles, purples, false ergot, in Frankreich blé niellé.

Die Krankheit ist jedenfalls weiter verbreitet und häufiger, als man im allgemeinen annimmt. HABERLANDT[1] fand in Österreich bei 43 Proben aus verschiedenen Provinzen die große Anzahl von 20 Proben mit Gichtkörnern. Wie leicht sich die Krankheit verbreitet und vermehrt, erhellt aus Versuchen desselben Verfassers. Durch 20 ausgesäte Gichtkörner wurden 1497 neue Gallen erzeugt, und zwar fanden sich von der Infektionsstelle aus bis auf 20 cm Entfernung hin noch Gallen vor.

Nach MAIRE[2] und JUNGNER[3] tritt die Radekrankheit vielfach mit *Tilletia Caries* zusammen auf. STÖRMER[4] beobachtete sie in Gemeinschaft mit *Dilophospora graminis* an Spelz.

Nach RITZ. Bos[5] verursacht das Weizenälchen wahrscheinlich auch die Radekrankheit von *Holcus lanatus* und *Phleum pratense*.

Wie zahlreich Nematoden in Grassamen, wahrscheinlich alle das Weizenälchen, vorkommen, ergibt sich aus den Jahresberichten der dänischen Samenkontrollstation, von ROSTRUP und DORPH-PETERSEN. Ersterer fand z. B. im Jahre 1899 bis 1900 in vier Samenproben von *Holcus lanatus* pro Kilo je 500, 10000, 2000, 72000 Nematodenkörner, in dem dem australischen Hundgrassamen so häufig beigemengten Samen derselben Pflanze in 20 Proben 300 bis 1500, im Durchschnitte 700 Nematodenkörner pro 1 kg, in 10 Proben von *Dactylis glomerata* 500 bis 1000 (im Durchschnitte 730) Nematodenkörner pro 1 kg; letzterer fand in einer Probe von *Festuca rubra* 1500, in zwei Proben von *Holcus lanatus* 6000 bis 115000 Nematodenkörner pro 1 kg. Außer bei den genannten Pflanzen wurden solche Körner noch gefunden bei *Festuca duriuscula, Avena elatior, Bromus erectus* usw.

Nach „Insect Life“, Vol. 4 p. 32 wurde eine Tylenchus-Art an Gräsern in Colorado gefunden. Neuerdings macht BESSEY[6] auf eine entsprechende Krankheit aufmerksam, die in Texas, Oregon und Alaska an Gräsern der Gattungen *Chaetochloa, Agropyron, Elymus, Calamagrostis* und *Trisetum* beobachtet wurde und von zwei bis drei noch unbestimmten Tylenchusarten verursacht wird. Beide Male wird darauf hingewiesen, daß es sich wohl um *Tyl. scandens* handeln könne.

Bekämpfung: Außer rationellem Fruchtwechsel ist vor allem darauf zu achten, daß unter dem Saatgute sich keine Radekörner befinden. Verdächtige Saat ist deshalb durchzusieben, wobei die kleineren Radekörner durchfallen, oder in einer Lösung von 1 kg Schwefelsäure in 150 l Wasser 24 Stunden lang einzuweichen. Selbstverständlich ist,

---

[1] Wien. landw. Zeitg. 1877, Nr. 40.
[2] Bull. Soc. mycol. France, T. 18, 1902, p. 130.
[3] Zeitschr. Pflanzenkrankh., Bd. 13, 1903, S. 177.
[4] Prakt. Blätter Pflanzenschutz, Bd. 2, 1904, S. 75—78.
[5] Zeitschr. Pflanzenkrankh., Bd. 12, 1902, S. 167.
[6] Science, N. S. Vol. 21, 1905, Nr. 532, p. 391—392.

dafs alle Radekörner enthaltende Abfälle zu verbrennen oder sonstwie unschädlich zu machen sind.

3. **Tylenchus hordei** Schöyen[1]) verursacht in Skandinavien Wurzelknollen an Hafer, Gerste, *Elymus arenarius* (auch in Schottland) und *Poa pratensis*. Von C. MÜLLER und ERIKSON war es irrtümlich für *Heterodera radicicola* gehalten worden.

4. 5. **Tyl. coffeae** Zimmermann[2]) und **Tyl. acutocaudatus** Zimmermann[3]) schaden auf Java beträchtlich dem Kaffee und zwar fast ausschliefslich dem Javakaffee. Die jungen Älchen wandern in die zarten, noch nicht verkorkten Faserwurzeln ein, verteilen sich dann aber in der ganzen Wurzel bis in ihren Hals. Unter Braunwerden stirbt diese ab, wobei noch zahlreiche saprophytische Nematoden den Zerfall beschleunigen. Die Blätter vertrocknen, und die jungen, 7 bis 15 cm hohen Pflänzchen gehen ein.

Die Gallen von *Tyl. acutocaudatus* unterscheiden sich von denen des *Tyl. coffeae* durch ihre knorrige Oberfläche.

Diese Älchen sind so widerstandsfähig, dafs Gifte nichts gegen sie vermögen; auch in Wasser können sie lange aushalten. Sie gehen in den Boden bis $\frac{1}{2}$ m tief hinab.

Versuche, Java- auf Liberiakaffee zu pfropfen, schlugen fehl: es bleibt nichts übrig, als Liberiakaffee oder Tee zu pflanzen. Doch geht die zweite der genannten Arten auch an letzteren über und tötet die $\frac{1}{4}$ bis $\frac{1}{2}$ Fufs hohen Pflanzen nach Verfaulen der Wurzel.

Tyl. coffeae ist auch auf Martinique und Sumatra gefunden worden.

6. **Tyl. oryzae** Breda de Haan[3]) lebt in dem weitmaschigen Rindengewebe der Reiswurzeln auf Java. Die Wurzeln verschrumpfen und faulen; die Blätter vertrocknen von der Spitze aus und bekommen sehr charakteristische gelbrote Längsstreifen.

7. **Tyl. sacchari** Soltwedel[4]) ist an der Entstehung der *Sereh*krankheit des Zuckerrohrs auf Java beteiligt; es kommt nur in den zarten, vom Stamme ausgehenden Würzelchen vor. Gefunden wurde es auch in Sorghumwurzeln.

8. **Tyl. arenarius** Neal bildet nach MOUSSON[5]) in Neu-Südwales Wurzelgallen an *Vicia Faba*, kommt aber auch auf Unkräutern, Obstbäumen, Zuckerrüben und Kartoffeln vor.

9. Biologisch interessant ist **Tyl. follicola** Zimmermann[6]), das gelbe Blattflecke auf einer japanischen Aralia erzeugt, eine der wenigen Nematoden, die auf Bäumen vorkommen.

[1]) Christiania Vid. Selsk. Forh. 1885, Nr. 22; Zeitschr. Pflanzenkr., Bd. 8, 1898, S. 67–68; HENNIG, s. Zeitschr. Pflanzenkr., Bd. 9, 1899, S 170.
[2]) Teysmannia und Meded. s'Lands Plantentuin 1898 ff.
[3]) Meded. s'Lands Plantentuin D. 53, 1902; s. Zeitschr. Pflanzenkrankh., Bd. 13, S. 288.
[4]) Agric. et hortic. Review, 1. VIII. 1887; s. Insect Life, Vol. 2, p. 85.
[5]) Agric. Gaz. N. S. Wales, Vol. 14, 1903, p. 262—263, 1 Fig.; nach ATKINSON (Insect Life, Vol. 2, p. 134) = Heterodera radicicola.
[6]) Ann. Jard. bot. Buitenzorg (2), T. 2, p. 122—125. Die Ansicht des Autors, dafs nur diese Nematode auf Bäumen vorkomme, trifft nicht zu. BÜTSCHLI erwähnt (N. Acta Caes. Leop., Bd. 36, Nr. 5, p. 36) einen bei Darmstadt in Lindenknospen gefundenen, wahrscheinlich zu Tylenchus gehörigen Nematoden; NEGER hat in Chile eine Gallen an Buchenblättern hervorrufende *Anguillula sp.* beobachtet (Forstl. nat. Zeitschr. Bd. 6, S. 70, Anm.).

Nach Vaňha[1]) sind mehrere unbestimmte *Tylenchus*-Arten an der Entstehung der Rübenfäule beteiligt.

Von den zahlreichen anderen benannten, meist aber nicht hinreichend genau beschriebenen Tylenchus-Arten[2]) seien nur folgende kurz erwähnt:

Tyl. agrostidis Bast.[3]), in Gallen der Fruchtknoten von *Agrostis spp.*, nach v. Schlechtendal[4]) auch von *Festuca ovina* und *Poa annua*.

Tyl. millefolii F. Löw[5]), in hanfkorngroſsen Gallen auf Blättern und Blattspindeln von *Achillea magna* und *Millefolium*.

Tyl. nivalis Kühn[6]), in Anschwellungen von Stengeln und Blättern vom Edelweiſs *(Gnaphalium Leontopodium)*.

Tyl. phalaridis Bastian[7]), in verdickten und vergröſserten rotbraunen Fruchtknoten von *Phleum Böhmeri* und *pratense*.

Heterodera Schmidt[8]).

Charakteristisch für die Gattung ist, daſs das Männchen eine Metamorphose durchmacht, während das Weibchen morphologisch auf dem Stadium der Larve stehen bleibt, hierbei aber geschlechtsreif wird unter völliger Aufgabe der für Nematoden charakteristischen Gestalt, indem es zu einem dicken Sacke anschwillt.

Die junge Larve ist aalförmig, nach beiden Enden hin verschmälert: nach der Häutung wird sie dicker, vorn verschmälert, hinten abgerundet oder spitz. Das Männchen bildet sich, indem sich die Larve von der Haut des zweiten Stadiums zurückzieht und unter Aufhören der Nahrungsaufnahme eine echte Metamorphose eingeht. Es wächst in der als Cyste dienenden alten Haut, indem es sich in drei bis vier Schlingen hin und her biegt. Ist es erwachsen, so durchbricht es die Cyste und dringt nach auſsen, um ein Weibchen zu suchen. Im erwachsenen Zustande ist es aalförmig, mit stumpf abgerundetem Hinterende, ohne Bursa.

Das Weibchen entsteht, indem die Larve immer dicker wird. Zuerst schwillt namentlich der Darm infolge der reichlichen Nahrungsaufnahme ungeheuer an, später, nach der Befruchtung, nehmen die inneren Geschlechtsorgane immer mehr an Gröſse zu, indem zugleich der Darm mit seinem Inhalte sowie die Muskulatur resorbiert werden, bis zuletzt die dick und braun gewordene Haut des abgestorbenen Weibchens nur noch die Eier und die sich in ihnen entwickelnden Embryonen als Cyste oder Brutkapsel umhüllt. Das reife Weibchen ist flaschen- oder zitronenförmig, mit doppelten inneren Genitalien.

Beide Geschlechter haben einen Mundstachel mit dreilappigem Knopfe.

---

1) Vaňha und Stoklasa, Die Rübennematoden usw. Berlin 1896.
2) Eine gute Übersicht der Tylenchus-Arten gibt A. Braun in Sitzber. Ges. nat. Frde., Berlin 1875, S. 39—43.
3) l. c. p. 128 (= *Vibrio graminis* Steinb.).
4) Jahresber. Ver. Nat., Zwickau 1885.
5) Verh. zool. bot. Ges. Wien, Bd. 24, 1874, S. 17—24; Reuter, Meded. Soc. Fauna et Flora fennica, Vol. 30, 1904, p. 25—26.
6) Massalongo, Nuov. Giorn. bot. ital., Vol. 23, 1892, p. 375.
7) Massalongo, Bull. Soc. ital. bot., Vol. 1, 1894, p. 42—43.
8) Zeitschr. Ver. Rübenzuckerindustrie, Bd. 11, 1859.

1. Het. radicicola Greef, **Wurzelälchen.**

Geschichte. Das Wurzelälchen wurde unverhältnismäſsig spät
bekannt. Zwar hat schon 1855 BERKELEY[1]) seine Gallen und Cysten
abgebildet und ihre tierische Natur erkannt, aber erst 1872 wurde es
von GREEF[2]) aus Wurzelknollen von *Dodartia orientalis* beschrieben,
nachdem er es allerdings schon früher an *Poa, Triticum, Sedum* usw.
gefunden hatte. 1883 hat C. MÜLLER[3]) das zoologische, 1885 FRANK[4])
das biologische Verhalten dieser Älchen eingehend geschildert. Die
ausführlichste Monographie gaben 1898 STONE und SMITH[5]).

Beschreibung. Männchen aalförmig, 1,5 mm lang, 0,45 mm
breit, vorn wenig verschmälert, mit Kopflappen, hinten nicht verschmälert. Deutlich quergestreift. Stachel sehr groſs, mit dreilappigem
Knopfe. Ohne Bursa. Hoden unpaar[6]).

Weibchen birn- oder flaschenförmig, vorn spitz zulaufend, hinten
breit gerundet, deutlich quergestreift. 1 mm lang, über $1\frac{1}{2}$ mm breit.
Lebt in Gallen.

Nährpflanzen. FRANK führt 1884
50 Arten aus 20 Familien an. NEAL[7]) berichtet aus Florida über 60 Arten. Ich konnte
in der Literatur auſser den von FRANK angeführten noch wei-
tere 22 Arten und
12 Familien ausfindig
machen. Bei genau-
eren Untersuchungen
dürften sich zweifel-
los noch mehr heraus-

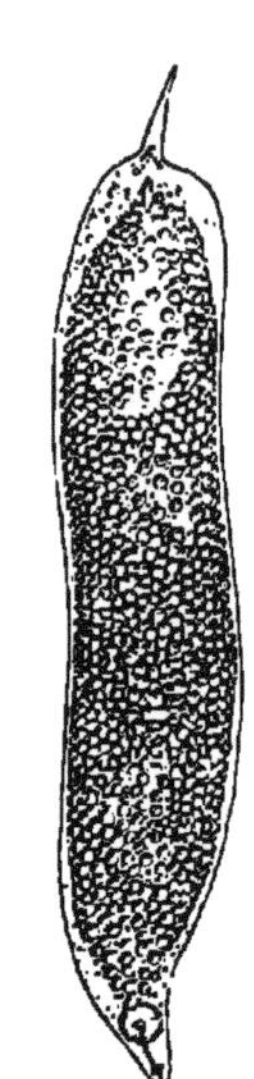

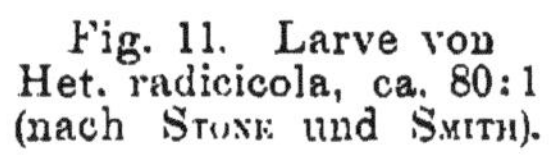

Fig 10. Frisch aus-
geschlüpfte Larve von
Het. radicicola, ca. 80:1
(nach STONE und SMITH).

Fig. 11. Larve von
Het. radicicola, ca. 80:1
(nach STONE und SMITH).

Fig. 12. Ältere Larve
von Het. radicicola, ca. 80:1
(nach STONE und SMITH).

stellen. Das Wurzelälchen ist offenbar sehr polyphag. Wie die übrigen
Pflanzennematoden bildet es biologische Rassen[8]).

[1]) Garden. Chronicle 7. IV. 1855.
[2]) Sitzber. Ges. Beförd. Nat. Marburg 1872, S. 169.
[3]) Neue Helminthocecidien und deren Erzeuger. Inaug.-Dissert., Berlin; s. auch
Landw. Jahrb., Bd. 13, S. 1—42, Taf. 1.—4.
[4]) Landw. Jahrb., Bd. 14, S. 149—176, 1 Taf.
[5]) Hatch Exper. Stat. Bull. 55, 1898.
[6]) Nach Conn, Agric. Gaz. N. S. Wales, Vol. 12, p. 1031, soll das Männchen
eine rudimentäre Bursa und doppelten Hoden haben, eine Angabe, die einstweilen
völlig allein steht. Allerdings ist gerade das Wurzelälchen zoologisch noch sehr
wenig untersucht.
[7]) U. S. Dep. Agric Div. Ent., Bull. 20, 1889.
[8]) S. auch: ZIMMERMANN, Teysmannia Vol. 12, p. 12.

Verbreitung. Genauere Angaben fehlen. Doch dürfte sich die Verbreitung über alle gemäßigten und tropischen Klimata erstrecken. In Europa kommt das Wurzelälchen wohl überall vor. In Nordamerika schadet es besonders in Warmhäusern, bezw. in den Südstaaten im Freien an Obstbäumen, in Brasilien an Kaffee; in Algier befällt es die Pferdebohnen und die Reben, in Ägypten die Banane. In Deutsch-Ostafrika und auf Madagaskar richtet es große Verheerungen an Kaffee an; in Südafrika verbildet es die Kartoffeln; in Vorder- und Hinter-indien, auf Java und Sumatra lebt es an allen möglichen Pflanzen, selbst im Urwalde; in Japan und China ist es bis jetzt nur von der Yamswurzel bekannt. In Australien schadet es an vielen Pflanzen, besonders Obstbäumen.

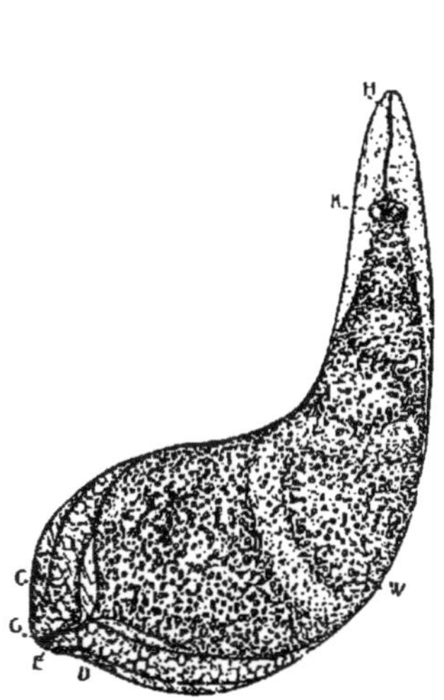

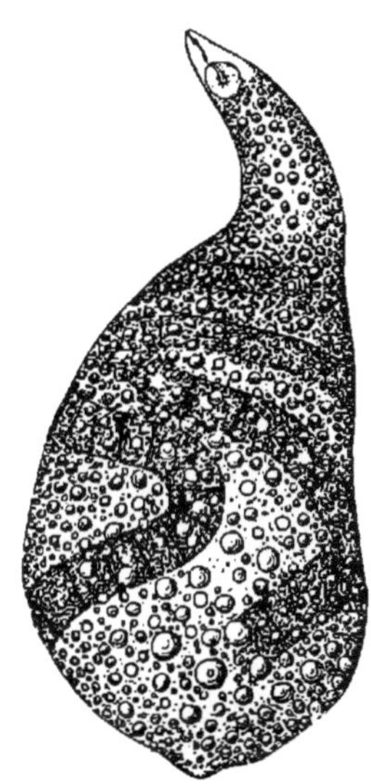

Fig. 13. Befruchtungsfähiges Weibchen von Het. radicicola, ca. 80:1 (nach Stone und Smith).

H Stachel; *K* Bulbus; *G* Vulva: *E* Anus.

Fig. 14. Reifes Weibchen von Het. radicicola mit den Schlingen des Eier-stockes, ca. 80:1 (nach Stone und Smith).

Biologie. Das von sehr dünner, aber überaus zäher Haut um-gebene, daher gegen äußere Einflüsse sehr widerstandsfähige Ei ent-wickelt sich in der abgestorbenen Mutter zur Larve mit deutlich ab-gesetztem, zugespitztem Schwanzende (Fig. 10). Schlüpft diese noch in der Galle aus, so kann sie darin bleiben und sie vergrößern, oder an anderer Stelle der Wurzel eine neue Galle erzeugen. Die große Masse aber der Larven wird erst frei, wenn die sie umschließende Hülle verfault. Die so in die Erde gelangenden Larven können längere Zeit, unter Umständen monatelang, in der Erde leben, allerdings ohne sich weiter zu entwickeln. Findet aber die Larve eine geeignete Wurzel, so bohrt sie sich in deren jüngstes Ende ein, einige Millimeter hinter der Wurzelspitze, da, wo die Zellen noch wachsen und sich vermehren. Mit dem Wachstum der Wurzeln werden also ständig neue Infektions-stellen geschaffen. Die eingewanderten Älchen (Fig. 11) dringen ziemlich schnell bis in die Mitte der Wurzel, wo sie sich meist in deren Längsrichtung einstellen. Hier entwickeln sie sich in einer selbst-erzeugten Galle. Die Entwicklung ist im einzelnen noch wenig aufgehellt; doch verläuft sie wohl ebenso wie bei folgender Art. Die Larve wächst nur wenig in die Länge, dafür aber um so mehr in die Dicke, bis sie zylindrisch ist mit allmählich zugespitztem Vorder- und plötzlich zugespitztem Hinterende (Fig. 12). Dann schwillt sie rasch bis zur Schinkenform an.

Nun trennen sich die Wege von Weibchen und Männchen. Ersteres wird durch Anschwellen des Darmes, später auch der doppelten Eiröhren immer dicker, wobei After und Vulva dicht beieinander an das Hinterende zu stehen kommen (Fig. 13, 14). Nach der Befruchtung beginnen die Eier sich auf Kosten des Darmes und der Muskeln zu entwickeln. Sind sie reif, so stirbt das Weibchen ab, und seine Haut bildet eine Hülle für die Eier, deren Zahl nach FRANK 50 und mehr, nach COBB 300 bis 400 beträgt. Die Dauer der Entwicklung beträgt etwa sechs Wochen.

Das Männchen zieht sich von der Larvenhaut zurück (Fig. 15) und macht seine Metamorphose (Fig. 16) durch,

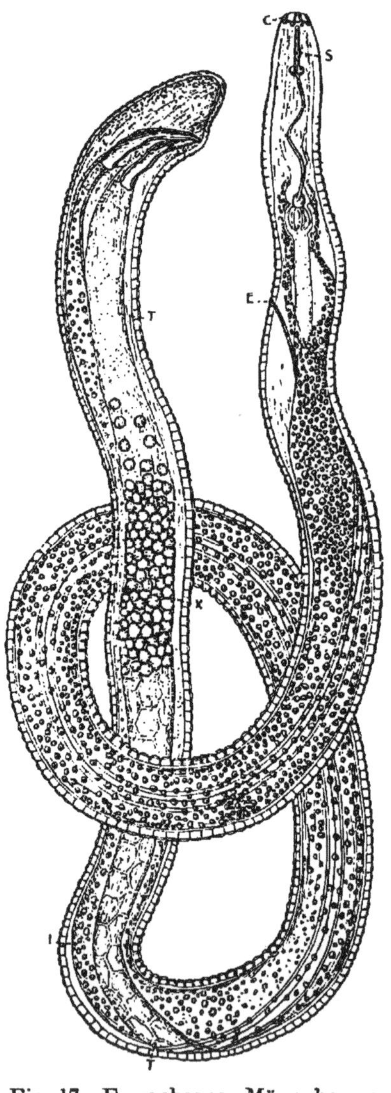

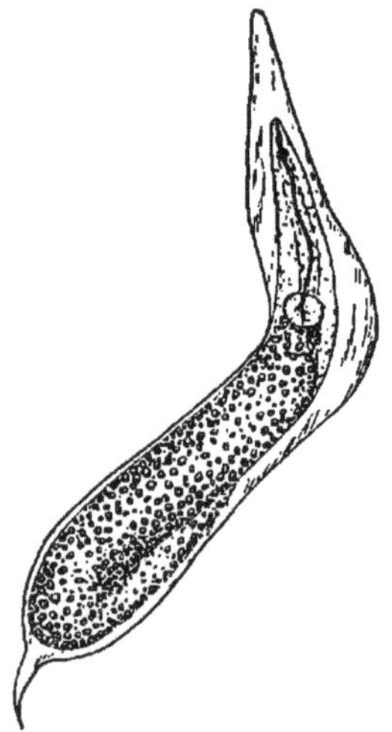

Fig. 16 Männliches Ruhestadium von Het. radicicola, kurz vor dem Ausschlüpfen, ca. 80:1 (nach STONE und SMITH).

Fig. 15. Junges Männchen von Het. radicicola, kurz vor der Häutung, ca. 130:1 (nach STONE und SMITH).

Fig. 17. Erwachsenes Männchen von Het. radicicola, ca. 400:1.
C Mundkappe; S Stachel; E Porus; T Hoden; X Spermatozoen.

nach deren Beendigung es die Larvenhaut durchbricht und sich auf die Suche nach dem Weibchen begibt (Fig. 17). Da diese Aufgabe durch das versteckte Leben des Weibchens sehr erschwert ist, wird das Männchen einige Zeit vor diesem reif; nach der Begattung stirbt es bald ab.

Die Widerstandsfähigkeit der Wurzelälchen gegen äufsere Einflüsse scheint nicht sehr grofs zu sein. Frost soll ihnen nach STONE und SMITH tödlich sein, daher sie in Nordamerika im Freien nicht ausdauern können. Hitze dagegen soll sie erst von 60° an töten. Feuchtigkeit schadet ihnen nicht viel, Trockenheit wird ihnen rasch verderblich.

Leichter Boden ist ihnen bekömmlicher als schwerer.

Galle[1]). Sie entsteht dadurch, dafs die Zellen des Wurzelparenchyms sich vermehren und vergröfsern. Durch anfänglich mitotische, später amitotische Kernteilung entstehen plasmareiche Riesenzellen mit mehreren Kernen. Die Gefäfsbündel des Zentralstranges weichen auseinander und verlieren ihren regelmäfsigen Verlauf (Fig. 18); die Gefäfse werden rechtwinklig umgebogen. Ist der Wurm in der Mitte eines Zentralstranges, so umwachsen ihn die Gefäfse derart, dafs sie ihn in unregelmäfsiger Masse völlig einschliefsen. Alle Funktionen des Gefäfsbündels werden unterbrochen, namentlich aber der Saftflufs,

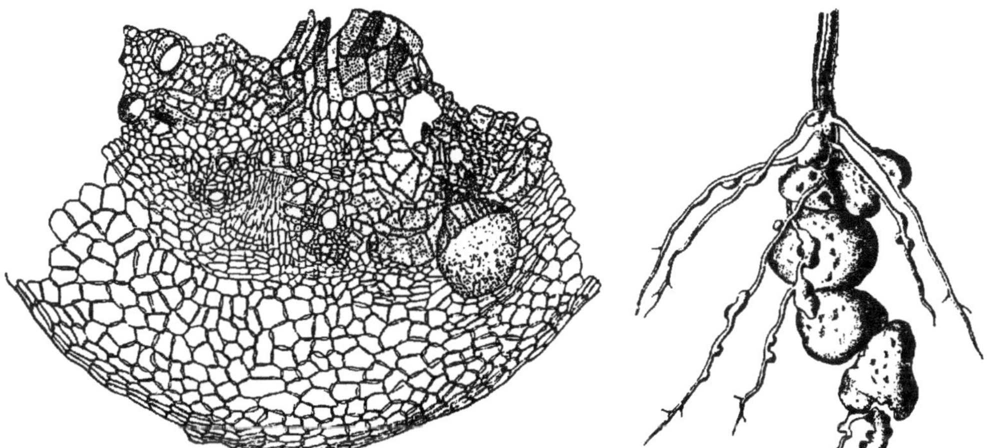

Fig. 18. Querschnitt durch eine reife Galle von Het. radicicola an Gurkenwurzel, ca. 16:1 (nach STONE und SMITH).

Fig. 19. Wurzelgallen von Het. radicicola an Gurken (nach M. J. BERKELEY).

die Wasserleitung wird gestört. Die Galle wächst natürlich mit dem Wurm, der zuletzt wie eine grofse Höhlung in der Wurzel liegt. Sie befindet sich meist zentral, selten seitlich in der Wurzel.

Ihre Gröfse und Form hängen ab von der Anzahl der eingewanderten Älchen und der Natur der Pflanze. Sie sind gewöhnlich hanfkorn- bis erbsengrofs, am kleinsten beim Veilchen, gröfser bei Gurke und Tomate. An Rose sind solche von Enteneigröfse gefunden; doch ist dies ganz abnorm. Aber namentlich, wenn mehrere Generationen von Älchen in einer Galle leben, kann diese die Gröfse einer Walnufs erreichen, aber von unregelmäfsiger Form. Während sie bei den Dikotyledonen mehr kurz und scharf abgesetzt knollenförmig ist (Fig. 19), verläuft sie bei den Monokotyledonen mehr spindelförmig schlank.

---

¹) Die Galle wurde u. a. beschrieben von BREDA DE HAAN in Meded. s'Lands Plantentuin D. 35, 1899; von MOLLIARD in Rev. gen. Botan., T. 12, 1900, p. 157—165; von TISCHLER in Ber. Deutsch. bot. Ges. 1901, S. 95 ff.

Hier leben die Älchen mehr in der Wurzelrinde, in der sie sich längs
ausbreiten.

In der Galle entstehen gewöhnlich, mit Ausnahme der Monokotyledonen, eine bis fünf und mehr Seitenwurzeln (Fig. 20). so daß auch
hier die Wurzelverzweigung büschelig wird.

Nach FRANK soll die lebende Galle der Pflanze nicht schaden,
nur die faulende. Daher sollen auch einjährige Pflanzen nicht unter
ihnen leiden, da sie ja ohnehin mit ihrem Zerfall zugrunde gehen;
auch perennierende Pflanzen mit Rhizom. dessen eines Ende sich
immer von neuem verjüngt, sollen nicht von den Gallen geschädigt
werden. Dagegen sterben an Pflanzen mit Pfahlwurzeln, deren
Kopf sich jährlich neu durch Triebe bestockt (Klee. Kümmel),
die Wurzeln jedes Frühjahr ab, was die Pflanzen natürlich ganz
beträchtlich zurück bringt, daher sie sich im zweiten Jahre merklich dürftiger entwickeln als im ersten. — Nach BREDA DE HAAN und
STONE und SMITH ist dagegen der Schaden ein dreifacher für jede
Pflanze. Erstens entziehen die Älchen diesen Nahrung: zweitens
stören die Gallen die ganze Ernährung; drittens bieten die Wunden zahlreichen anderen Parasiten, Tieren und Pflanzen, bequeme
Angriffspunkte.

Bei einjährigen Pflanzen verlassen die Larven gegen Ende
der Vegetationsperiode die Gallen; bei ausdauernden überwintern
reife, aber noch nicht trächtige Weibchen, in denen sich im
Winter und Frühjahr die Eier und Embryonen entwickeln. Am
1. Mai fand FRANK die meisten vorjährigen Gallen im Absterben
und schon viele diesjährige Gallen vorhanden: die Entstehung solcher
dehnt sich über einen Teil des

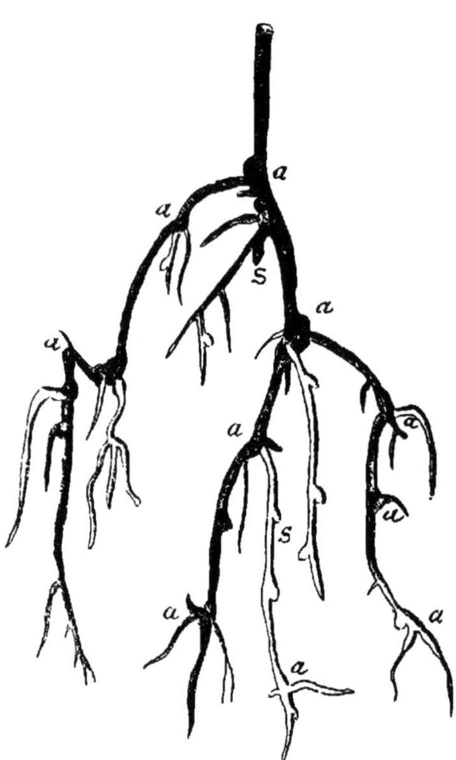

Fig 20. Gallen von Het. radicicola an
Rotkleewurzel (aus RITZEMA BOS).

Sommers aus. Bei einjährigen Pflanzen faulen nach FRANK die Gallen
im Sommer oder wenigstens vor Winter, bei ausdauernden im Frühjahre. zur Zeit der Reife der Embryonen der Älchen. Kulturpflanzen
sollen nach FRANK gewöhnlich nicht eingehen. ihrer hohen Wurzel-
tüchtigkeit halber, die sie befähigt, stets neue Wurzeln schnell aus
gesunden Teilen zu bilden. Zahlreichen ausländischen Pflanzen fehlt
diese Eigenschaft, namentlich Monokotyledonen. die daher rasch absterben.

Gewisse Pflanzen (Rose, Veilchen, Tomaten) scheinen mehr, andere
(Gurke, Clematis, Plectranthus, wahrscheinlich auch Kaffee) weniger
widerstandsfähig zu sein. Es hängt dies wohl mit den festeren oder
weicheren Geweben zusammen.

Interessant ist das von VUILLEMIN und LEGRAIN[1]) berichtete Gegenseitigkeitsverhältnis zwischen den Wurzelnematoden und gewissen Pflanzen (Runkelrüben, Eierpflanzen, Tomaten, Sellerie) in der Oase El Oued in Algier. In der Umgebung der Nematoden verwandelt sich ein Teil der Gefäßanlagen des Holzes in stark aufgeblähte Schläuche mit dicker Wand. Diese Schläuche dienen als Wasserreservoire und ermöglichen den betreffenden Pflanzen üppiges Wachstum selbst während der Trockenzeit. An Kohlrüben und Möhren schwinden diese Riesenzellen bald, daher sie nicht im Wachstum begünstigt werden. — Merkwürdig ist, daß nach MOLLIARD[2]) das Wurzelälchen an *Scabiosa Columbaria* gefüllte Blüten hervorrufen soll.

An tiefwurzelnden Pflanzen geht *H. radicicola* im Gegensatze zu der mehr oberflächlichen *Het. Schachtii* in recht ansehnliche Tiefen; so ist sie an *Onobrychis sativa* bei 33 cm Tiefe gefunden worden.

In Deutschland schadet das Wurzelälchen besonders an Getreide. Die Symptome sind: Kränkeln und Vergilben der jungen Pflanzen, gesteigerte Wurzelbildung, bei eingekrümmten, angeschwollenen Wurzelspitzen. Auch in Schweden leidet am meisten das Getreide, besonders der Hafer, an dem Schäden bis zu 75% vorkommen, namentlich in Gemeinschaft mit den Fritfliegen[3]). Sommer- und Winterweizen werden dort gleich befallen; das Krankheitsbild ist aber am deutlichsten bei letzterem, der jedoch infolge kräftigeren Wachstums auch widerstandsfähiger ist; der Hauptausfall betrifft immer den Sommerweizen. Aber auch andere Pflanzen leiden bei uns gelegentlich unter diesem Parasiten, wie Umbelliferen, Papilionaceen, Salat, Kohlarten, Tabak, die Weinrebe (Königreich Sachsen und Elsaß), Kartoffel, auch Lein usw. und viele Warmhauspflanzen (*Dracaena*, *Musa*, *Strelitzia*, *Heliconia* usw.), seltener Obstbäume, wie Birnbaum und Pfirsich.

In Italien werden besonders Weinrebe, Tomate, Haselnuß, Rosen, Nelken und andere Zierpflanzen befallen.

Die Zahl der von dem Wurzelälchen in den Vereinigten Staaten von Nordamerika befallenen Pflanzen ist sehr groß. Wie oben erwähnt, führt NEAL allein aus Florida über 60 Arten auf. Die meisten der in den Nordstaaten befallenen Pflanzen sind Warmhauspflanzen; in den Südstaaten leiden besonders Weinrebe, Pfirsichbaum, Baumwollenstaude, Tomate, Kartoffel, Kohlarten usw.

In Südamerika wird außer der Weinrebe, Lupinen und Salat besonders der Kaffee[4]) befallen; nach NOACK[5]) werden seine Blätter an der Spitze schlaff und schwarz, dann ebenso die jungen Triebe usf. bis der ganze Baum tot ist.

In Afrika, Liberia, auf Martinique und Guadeloupe leidet besonders der Kaffee[6]); doch wird der Liberia-Kaffee hier verschont. Auch in Usambara ist der Kaffee nach ZIMMERMANN[7]) so widerstandsfähig, daß

---

[1]) C. r. Acad. Sc., Paris, T. 118, p. 549—551.
[2]) C. r. Acad. Sc. Paris 1902, II p. 548.
[3]) Nach NILSON-EHLE, s. Nat. Zeitschr. Land- u. Fortwissensch., Bd. 2, 1904, S. 426.
[4]) JOBERT, C. r. Acad. Sc., Paris. T. 87, 1878, S. 941. — GÖLDI, Arch. Mus. nacion. Rio de Janeiro, Vol. 8, 1892, p. 9—123, 4 Taf.
[5]) Zeitschr. Pflanzenkr. Bd. 8, 1898. Nach ZIMMERMANN (Ber. Land-Forstwirtsch. Deutsch-Ostafrika, I p. 372 Anm.) soll es sich um eine Aphelenchus sp. handeln.
[6]) DELACROIX, Sur quelques maladies vermiculaires des plantes tropicales, dues à l'Heterodera radicicola Greef. Paris 1903 (?, 8°.
[7]) Zeitschr. Pflanzenkr. Bd. 12, 1902, S. 269. — Ber. Land-Forstwirtsch. Deutsch. Ostafrika, I, 1903, p. 372—76; II, 1904, p. 33—34.

befallene Bäume sich ebensogut entwickeln als andere. — In Ägypten werden namentlich die Bananen[1]) mitgenommen, aber auch Rüben und andere Pflanzen. — Dafs in Algier die Pferdebohnen und andere Pflanzen aus dem Befalle Nutzen ziehen, wurde schon erwähnt; die Reben sterben aber auch hier ab[2]). — Im Kaplande[3]) richtet das Wurzelälchen seit einigen Jahren an manchen Orten recht beträchtlichen Schaden an Kartoffeln an, indem es sie beulig und rissig macht (Fig. 21). Auch an zahlreichen anderen Pflanzen kommt es dort vor. Auf Madagaskar[4]) soll es seit einigen Jahren grofse Verheerungen an Kaffee anrichten.

Auf Java schadet das Wurzelälchen oder eine sehr nahverwandte Art neuerdings beträchtlich an Betelpfeffer (*Piper Betle*)[5]). Die Blätter hängen herab, werden erst gelb, dann schwarz; später sterben die Sprosse ab. Auch Baumwolle, *Piper nigrum*, Tabak, Tomaten und Unkräuter werden hier befallen, Tee nur lokal. Kaffee soll früher darunter gelitten haben; doch gelang es Zimmermann[6]) weder diese Angaben zu bestätigen noch Java-Kaffee damit zu infizieren.

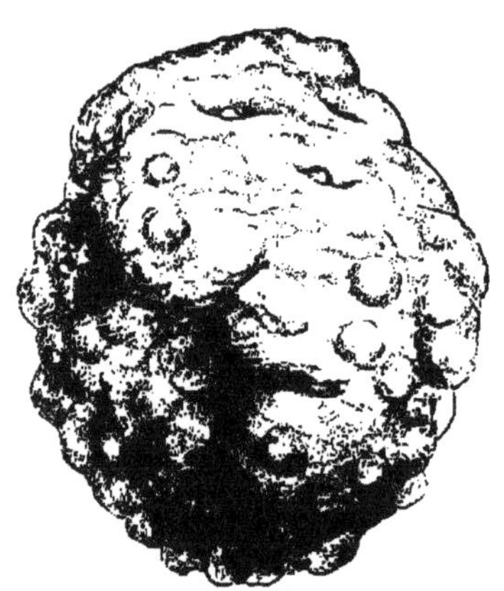

Fig. 21. Durch Het. radicicola verunstaltete Kartoffel (nach Lounsbury).

Auf Deli[7]) finden sich die Wurzelgallen an Tabak und anderen Pflanzen selbst im Urwalde. Blätter und Stengel der Tabakpflanzen bleiben schwächlich; erstere vergilben abnormal schnell, die unteren fallen frühzeitig ab. Bei Madras[8]) werden besonders die jungen Teepflanzen befallen, aber auch Leguminosen, Chinarindenbäume (Schaden zunehmend) und viele wilde Pflanzen. In Cochinchina[9]) leidet *Piper nigrum*.

Bekämpfung. Die beste Methode ist auch hier die mit Fangpflanzen, als welche Kühn *Brassica Rapa rapifera*, Frank Kleearten und Gartensalat empfehlen, die im Mai und Juni zu entfernen sind.

Austrocknen fanden Stone und Smith im kleinen als durchaus geeignetes Gegenmittel. Nach Nilson-Ehle[10]) soll es aber die Nematoden nur schwächen, nicht töten.

Cobb[11]) empfiehlt Aushungern, indem man einige Jahre auf den befallenen Feldern immune Pflanzen ziehe, etwa Mais.

Chemikalien, wie Schwefelkohlenstoff, Ammoniakwasser, schwefelsaures Kali sollen wohl die frei in der Erde, nicht aber die in Gallen lebenden Nematoden und ihre Eier töten, Kalk aber selbst die freilebenden nicht.

[1]) Delacroix, l. c.   Preyer hielt den Schädiger irrtümlich für einen Tyl. aff. acutocaudatus (Tropenpflanzer Bd. 6, 1902, S. 240—242).
[2]) Ravaz et Vidal, Progr. agric. vitic. T. 42, 1904, S. 612—615, 5 Fig.
[3]) Lounsbury, Agric. Journ. Cape of Good Hope, Oct. 1904.
[4]) Rev. Cult. colon. 1902, Nr. 92; s. Zeitschr. Pflanzenkr. Bd. 13. S. 162.
[5]) Zimmermann, Teysmannia 1899.
[6]) Meded. s'Lands Plantentuin Nr. 37.
[7]) Breda de Haan, Meded. s'Lands Plantentuin Nr. 35.
[8]) Barber, A Tea-Eelworm disease in South India. Madras 1901.
[9]) Delacroix l. c.
[10]) l. c.
[11]) Agric. Gaz. N. S. Wales, Vol. 12, 1901, S. 1041—1052, 8 Fig.

Die beste, leider nur in Warmhäusern anzuwendende Methode ist nach STONE und SMITH Sterilisation des Bodens mittels Hitze. Die Verfasser empfehlen ein System von parallel laufenden Eisenröhren von je etwa 3 mm freiem Durchmesser und mit zahlreichen feinen Löchern, durch die nach Bedeckung mit der zu sterilisierenden Erde Wasserdampf unter hohem Drucke hindurchgepreſst wird. Hierdurch werden selbstverständlich auch andere Parasiten getötet, ferner wird die Erde poröser gemacht und der Humus zersetzt.

Junge Bäume schützt COBB[1]) durch Barrieren aus Steinen, Zinn, Blech, Rinde usw., die von 1 Zoll über bis 18 Zoll unter der Erdoberfläche um die Wurzeln herumgelegt werden.

Übrigens beobachteten STONE und SMITH Fälle, in denen der Boden von den Nematoden frei wurde ohne irgend eine Behandlung oder einen anderen ersichtlichen Grund.

Vorbeugung. Hierzu empfiehlt NILSON-EHLE[2]) einige Kulturalmaſsregeln. Man soll den Boden nicht so tief pflügen, aber möglichst tief säen, und zwar möglichst früh, so daſs die Pflanzen schon über die erste Entwicklung hinaus sind, wenn die Älchen aktiv werden. Spätsommersaaten sollen weniger leiden als solche im Frühsommer. Chilisalpeterdüngung hilft den Pflanzen über die Schäden leichter hinweg. Winterweizen nach Schwarzbrache blieb verschont, nach Johannisbrache wurde reichlich befallen.

2. Het. Schachtii Schmidt; Rübennematode.

Geschichte. Der Rübennematode wurde 1859 von SCHACHT[3]) an Wurzeln junger, kranker Rübenpflanzen entdeckt und als Ursache der Krankheit angesprochen, 1871 von SCHMIDT[4]) beschrieben, 1881, 1882 und 1886 von KÜHN[5]) endgültig als Ursache der „Rübenmüdigkeit" nachgewiesen. 1888 gab STRUBELL[6]) eine sehr genaue und ausführliche zoologische Beschreibung; 1896 schilderten VAŇHA und STOKLASA[7]) ebenso ausführlich seine phytopathologische Bedeutung. In Frankreich hat besonders CHATIN[8]) ihn eingehend studiert[9]).

Beschreibung. Männchen 0,8 bis 1 mm lang, zylindrisch, deutlich geringelt. Auf der Vorderspitze eine sechsstrahlige, cuticuläre, calottenartige, durch eine Ringfurche abgesetzte Erhebung, die Kopfkappe. Hinterende in zapfenförmigen, flach abgerundeten, vorn durch eine leichte Einbuchtung abgegrenzten Fortsatz auslaufend. Schwanzteil hakig nach der Bauchseite gekrümmt. Darm und einfacher Hodenschlauch gerade. Mundstachel groſs, ebenso die beiden gleichen Spicula.

Weibchen 0,8 bis 1,3 mm lang, gelblichweiſs, zitronenförmig, mit halsartig abgesetztem Vorderende, hinten zu zapfenartiger Hervorragung verjüngt, auf der die Vulva aufsitzt. After dorsal. Cuticula verdickt, nicht geringelt, aber mit unregelmäſsigen, queren Höckerchen. Körper von alter, dünner, glasartiger, an manchen Stellen lose in Fetzen hängender Larvenhaut bedeckt. Kopfende ohne Kopfkappe, aber oft

---

[1]) l. c.
[2]) l. c.
[3]) Zeitschr. Rübenzuckerindustrie.
[4]) Ebenda.
[5]) Ber. physiol. Labor. landw. Inst. Halle a. S.
[6]) Biblioth. zoologica, Heft 2.
[7]) Berlin, Paul Parey.
[8]) C. r. Acad. Sc., Paris 1887–1902.
[9]) s. auch: STIFT, Die Krankheiten und tierischen Feinde der Zuckerrübe. Wien 1900, p. 181 ff.

von vielen gelblichen bis rötlichen, gallertigen Tropfen umgeben (Kopf-
futteral), die von ausgeschiedenem Safte der Rübe herrühren. Stachel
kleiner als beim Männchen. An der Vulva hängt oft ein gallertiger,
elastischer Pfropf von der Gröfse des Tieres (Eiersack), der Eier enthält und aus erhärtetem Sekrete der inneren Geschlechtsteile besteht.

Verbreitung. Deutschland, Österreich - Ungarn, Westrufsland,
Holland, Belgien, Frankreich, Dänemark, Schweden, Azoren.

Fig. 22. Trächtiges Weibchen
von Het. Schachtii (aus Vaňha
und Stoklasa).

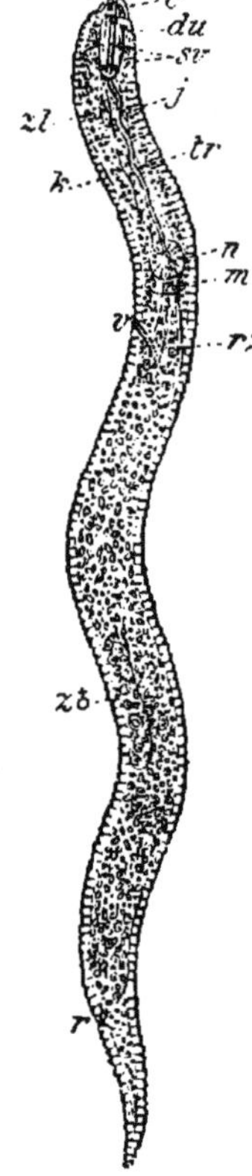

Fig. 23. Larve
v. Het. Schach-
tii (aus Vaňha
und Stoklasa).

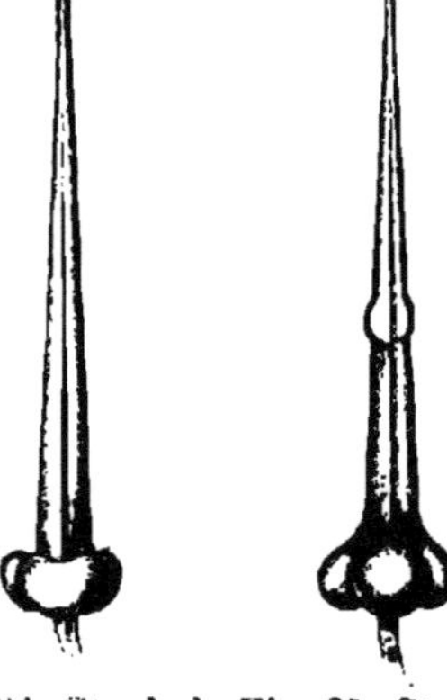

Fig. 24. Stachel Fig. 25. Stachel
einer Larve von d. erwachsenen
Het. Schachtii   Het. Schachtii
(aus Strubell). (aus Strubell).

Nährpflanzen. Ritzema
Bos führte 1891 nach Kühn
28 Arten aus zehn Familien
an, Vaňha 1896 40 Arten;
ihre Zahl dürfte sich langsam vermehren. Besonders
befallen werden Kohlarten,
Raps, Rüben, Kohl- und
weifse Rüben, Acker-,
weifser und schwarzer Senf,
Gartenkresse, Rettich, Rade
(*Agrostemma Githago*),
Runkelrübe (Mangold usw.),
Spinat. — Kohl, Raps und
Rüben können sehr stark
befallen sein, ohne Krankheitserscheinungen zu zeigen, eine Erscheinung, die
auf die Menge der feinen
Wurzelzweige zurückzu-
führen ist. Hafer kann auf
demselben Felde in
einem Jahre gar nicht,
im anderen so stark befallen
sein, dafs er grün gemäht
werden mufs. Frei sind nach
Hollrung[1]): Solaneen, Papa-
veraceen, Compositen, Um-
belliferen.

Nach Voigt[2]) sind die
Älchen je nach den Nähr-
pflanzen verschieden grofs.

Biologie. In dem reifen absterbenden Weibchen (Fig. 22) finden sich
bis zu 350 bohnen- oder nierenförmige Eier von 0,08 mm Länge und
0,04 mm Breite, bezw. Embryonen. Unter dem Einflusse der Hitze und
Feuchtigkeit schwellen im Juli und August die Leichen der Weibchen so
an, dafs sich rein mechanisch die Vulva öffnet und die Larven austreten können. In trocknen Sommern kann sich dieses bis September
und noch länger verzögern[3]). Die aalförmige, 0,36 mm lange Larve

[1]) Zweiter Jahresber. Versuchsstat. Nematoden-Vertilg. Halle a. S., für 1890.
[2]) Sitzber. niederrhein. Ges. Nat. Heilkunde, 1894, S. 94—97.
[3]) Willot, C. r. Acad. Sc., Paris, T. 133, 1901, p. 703.

(Fig. 23) trägt eine Kopfkappe wie das Männchen; das hintere Ende ist in eine lange, abgerundete, kegelförmige Spitze ausgezogen. Der verhältnismäfsig grofse Stachel (Fig. 24) hat an seiner Basis drei knopfartige, nach vorn hakig umgebogene Anschwellungen. Die Geschlechtsorgane sind bereits in erster Anlage vorhanden. Die Larve sucht sich

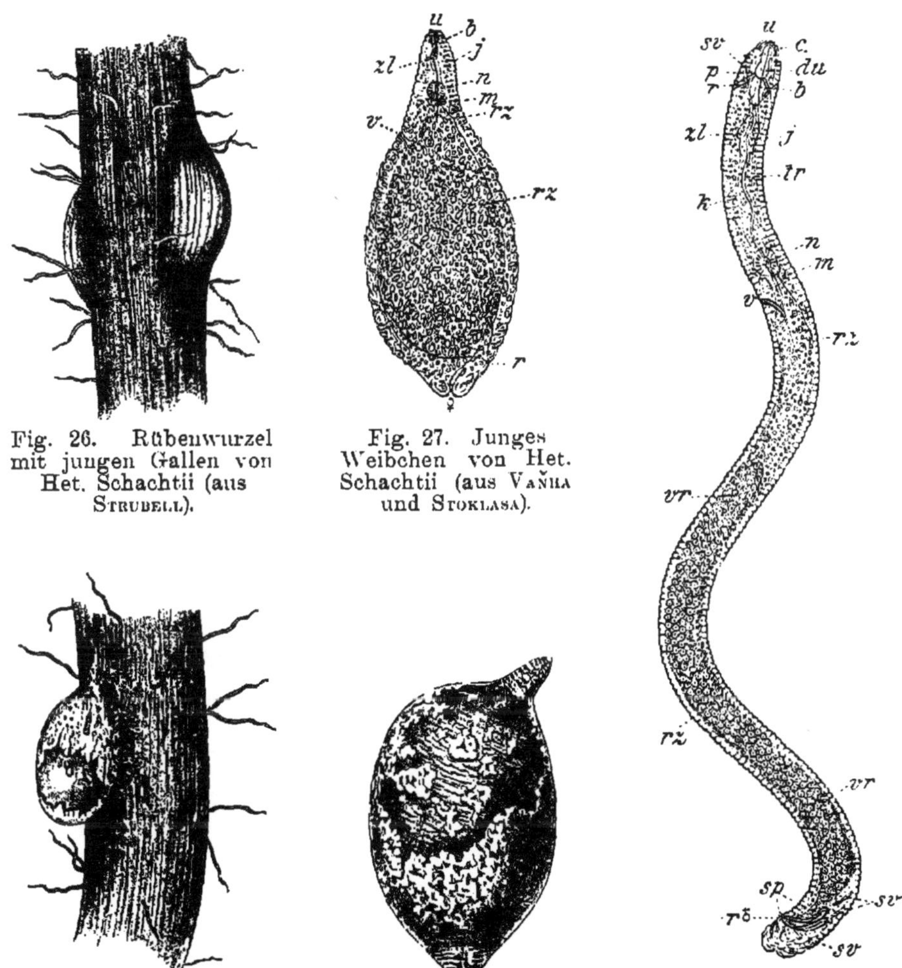

Fig. 26. Rübenwurzel mit jungen Gallen von Het. Schachtii (aus Strubell).

Fig. 27. Junges Weibchen von Het. Schachtii (aus Vaňha und Stoklasa).

Fig. 28. Het. Schachtii an Rübenwurzel; mit d. Körper aus deren Gewebe herausgetreten (aus Strubell).

Fig. 29. Weibchen von Het. Schachtii, mit den Überresten d. Larvenhaut (aus Strubell).

Fig. 30. Männchen von Het. Schachtii (aus Vaňha und Stoklasa).

nun eine etwa 1 mm dicke Seitenwurzel einer Nährpflanze aus und bohrt sich in deren peripheren Teilen vorwärts, das zentrale Gefäfsbündel unberührt lassend. Bald nach der Einwanderung findet die erste Häutung statt. Die Kopfkappe wird durch einen kleinen, die Mundöffnung ringförmig umgebenden Chitinwulst ersetzt, der Larvenstachel durch einen kleineren, ohne die hakigen Umbiegungen der Basalknöpfe.

Nach einer Häutung schwillt das Tier zu einem plumpen, dicken Sacke
an, von der Form einer Flasche oder einer Keule mit verjüngtem
Vorderteile und abgerundetem Hinterende, in dessen Mitte der After
liegt. Auch die Oberhaut der Wurzel wölbt sich über dem anschwellenden Nematoden vor (Fig. 26).

Nun trennen sich die Wege des Weibchens und Männchens.
Ersteres schwillt immer mehr an bis zur Zitronenform, an der Vorder-
und Hinterteil sich ziemlich scharf absetzen (Fig. 27). Die doppelten

Fig. 31. Zwei nematodenkranke Rüben im Vergleich mit einer gesunden Rübe
(aus Vaňha und Stoklasa).

Ovarien bilden sich aus, der Darm nimmt riesig an Größe zu, die Vulva
rückt von der Bauchseite an das Hinterende, wulstet sich auf und
springt deutlich vor; der After wandert entsprechend auf den Rücken.
Bald platzt die Wurzelhaut über dem anschwellenden Weibchen, dessen
Hinterende nun aus der Wurzel heraustritt, um dem Männchen die
Befruchtung zu ermöglichen. Nun beginnen Muskulatur und Darm
sich unter dem Drucke der sich immer mehr ausdehnenden Eierstöcke
zurückzubilden. Das immer mehr anschwellende Weibchen tritt mit
dem ganzen Körper, mit Ausnahme des festgesaugten Mundes, aus der
Wurzel heraus (Fig. 28). Nach voller Reife (Fig. 29) der Eier stirbt es

und fällt von der Wurzel ab; seine Haut wird braun und fest und
schützt nun noch die Eier und die sich in ihnen entwickelnden
Embryonen.

Bei dem Männchen zieht sich der Körperinhalt der Flaschenform
von der Larvenhaut zurück; bei der nun folgenden Metamorphose wird
der schwächere Larvenstachel wieder durch einen stärkeren (Fig. 25)
ersetzt. Das reife Männchen (Fig. 30) durchbricht Larven- und Wurzelhaut und dringt ins Freie, um ein Weibchen aufzusuchen. Nach der
Begattung stirbt es bald ab.

Die Entwicklung des Weibchens dauert vier bis fünf Wochen, so
dafs sich in einem Jahre etwa sechs bis sieben Generationen folgen
können.

Namentlich bei dünnen Wurzeln kommt es nach Strubell nicht
selten vor, dafs die Nematoden nur mit dem Kopfe in die Wurzel eindringen, mit dem Körper aber
von Anfang an draufsen bleiben.

Auch der Rübennematode
bildet biologische Rassen, so
dafs z. B. Rübennematoden
nicht auf Hafer und Hafer-
nematoden nicht auf Rüben
übergehen.

Rübenmüdigkeit. Ende
Juli, Anfang August treten in
den Rübenfeldern einzelne
Stellen von lichterer Farbe, mit
matten, schlaffen Blättern auf.
Die äufseren Blätter der Pflanzen werden gelblich, fleckig und
mifsfarben, legen sich platt auf
den Boden und sterben ab. Die
inneren Blätter erreichen nicht
die normale Gröfse und sterben
bei stärkerem Befalle auch ab.
Der Kopf der Rübe wird schwarz,
ihr Körper schlaff, biegsam; das
Fleisch bräunt sich und beginnt

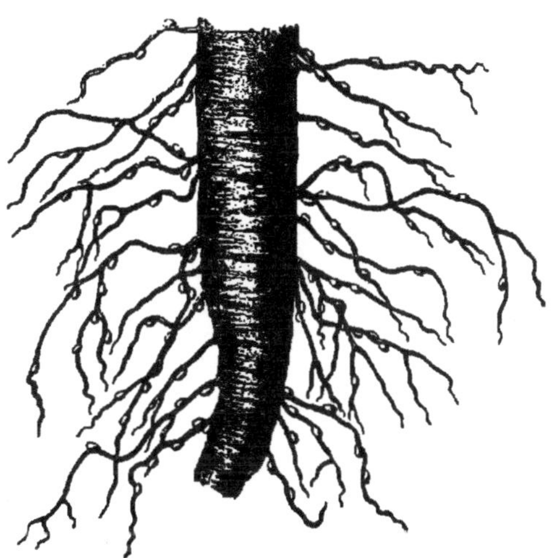

Fig. 32. Rübenwurzel mit erwachsenen
Weibchen von Het. Schachtii in natürlicher
Gröfse (nach Strubell)

vom Kopfe an zu faulen. Ist der Befall nicht so stark, so kann sich die
Rübe zum Herbste erholen; sie bildet neue Herzblätter, die aber nicht
normal grofs werden und dunkelgrün sind. Da alle alten Blätter zu
dieser Zeit abgestorben sind, fallen die kranken Pflanzen durch ihre
kleineren, intensiv grünen Blattrosetten um so mehr auf, als die gesunden sich bereits lichter färben. Bei ganz starkem Befalle treten
die ersten Anzeichen bereits Anfang Juni auf, und Ende Juni können
ungünstigenfalls die Pflanzen schon abgestorben sein.

Die befallenen Rüben (Fig. 31) bilden viele Seitenwurzeln, sogenannte
Hungerwurzeln, die absterben, von neuen ersetzt werden usf., daher
sie meist einen abnorm starken Wurzelbart haben. Man sieht dann an
den feinen Wurzeln zahlreiche kleine milchweifse Perlen von 0,8 bis
1,3 mm Gröfse, die Weibchen des Nematoden (Fig. 32).

Die Krankheit tritt im allgemeinen zunächst nur an einzelnen
Stellen auf, von denen aus sie sich ausbreitet. Manchmal wird aber
auch plötzlich ein ganzes Feld befallen, was wohl auf Düngung mit

infiziertem Fabrikkompost zurückgeführt werden kann. Tritt die Krankheit auf einem Felde auf, das früher nie Rüben getragen hat, so ist die Ursache gewöhnlich darin zu suchen, dafs früher hier Gemüse (Kohl usw.) gebaut wurde, das sehr stark befallen gewesen sein konnte, ohne äufserliche Merkmale zu zeigen.

Die Krankheit zeigt zwei Perioden gröfster Heftigkeit: Anfang Juni und Anfang August.

Die Schädigung durch die Nematoden besteht in der Verminderung der Nährstoffaufnahme, die natürlich ganz besonders die Rübe selbst beeinflufst. Da diese kleiner bleibt, sinkt auch der absolute Zuckergehalt, der relative nur dann, wenn nicht genügend Kali im Boden ist. Es ist nur natürlich, dafs in trockenen Jahren der Schaden merkbarer ist als in feuchten.

Nach WILFARTH und WIMMER sind die einzelnen Rübensorten verschieden widerstandsfähig gegen die Nematoden.

Vorbeugung: Man bringe keinen Fabrikkompost auf die Rübenfelder; alle Abfälle nematodenhaltiger Rüben sind mit Ätzkalk (6 : 1) zu mischen. Von kranken Feldern stammende Rüben sind nur dann zu verfüttern, wenn der Stallmist nicht auf rübenfähigen Boden kommen soll; eventuell kann man sie auch vor der Verfütterung dämpfen oder säuern. Auch kann man den Stallmist durch viel Jauche desinfizieren. Die Samenrüben sind nur ganz gesunden Feldern zu entnehmen. Verschleppung durch anhaftende Erde an Arbeitsvieh oder -geräte oder an den Füfsen der Feldarbeiter ist durch sorgfältige Reinigung zu verhindern. Damit Regen nicht nematodenhaltigen Boden verschwemmt, sind Wasserfurchen anzulegen. — Aufser entsprechendem Fruchtwechsel ist besonders die Entfernung von Hederich und Ackersenf anzustreben.

Bekämpfung. Auch hier ist die beste Methode die mit Fangpflanzen. Als solche empfiehlt KÜHN[1]) wegen ihrer zarten Wurzeln Sommerrübsen, die in einem Sommer viermal hintereinander zu säen sind. Besonders wichtig ist dabei die zweite Saat, weil im Hochsommer die Nematoden sich besser entwickeln. Zum Zwischenfruchtbau empfiehlt KÜHN Sandwicken mit Winterroggen.

HOLLRUNG rät an, als Schutz gereinigter Äcker vor Überhandnahme der Nematoden Fangpflanzen und Kartoffeln zugleich anzubauen. Die erste Fangpflanzensaat säe man nicht zu früh, etwa 10. bis 15. April, wobei weniger frühe als widerstandsfähige Sorten zu verwenden sind. Von Kartoffeln nehme man mittelspäte und späte Sorten. Zwischen ihrem Auslegen und dem Einbringen der ersten Fangpflanzen lasse man acht bis zehn Tage verstreichen, bis die aufgegangenen Kartoffeln sich in Reihen bemerkbar machen.

Nach WILFARTH und WIMMER sei allerdings die Fangpflanzenmethode zu schwierig für richtige Ausführung durch einen einfachen Landwirt.

Von chemischen Agentien hat Staubkalk sich bis zu gewissem Grade bewährt, da er die Nematoden, mit denen er in Berührung kommt, tötet. Auch der Schlamm der Klärbassins der Zuckerfabriken ist durch Zusatz von Ätzkalk nematodenfrei zu machen.

Schwefelkohlenstoff hat sich als gutes Tötungsmittel erwiesen, ist aber für grofse Verhältnisse zu teuer. Gaswasser, von dem man sich früher viel versprach, ist ohne Wirkung auf die Nematoden, schadet

---

[1]) Flugblatt 11 der Biol. Abt. Land- u. Forstwirtschaft, K. Gesundheitsamt, Berlin 1901.

aber den Pflanzen. Kalisalze bleiben auf die Nematoden ohne Wirkung, paralysieren aber bis zu gewissem Grade ihren schädlichen Einfluß, ebenso wie überhaupt reichlichste Gesamtdüngung.

Nach STRUBELL töten Kalk- und Alaunlösungen sowie Kälte und hohe Wärme ($+35°$ C.) die Würmer. Wasser schadet ihnen nichts; Trockenheit tötet sie rasch.

Austrocknen des Bodens zu Zeiten großer Hitze, durch entsprechende Bodenbearbeitung unterstützt, sowie da, wo möglich, mehrtägiges Überfluten desselben dürfte ebenfalls von guter Wirkung sein.

WILFARTH schlägt vor, nematodenfreie Rüben zu züchten, dadurch, daß man auf einem verseuchten Felde die besten Rüben zur Samenzucht heraussucht, wobei man der üblichen Beurteilung gemäß nach Größe, guter Form und Zuckergehalt auswählt.

Außer an Rüben schadet *Het. Schachtii* ernstlicher nur an Hafer, besonders in Holland, Dänemark und Schweden. Die Wurzeln werden dick, breit, stark hin und her gebogen, struppig. Die Pflanzen selbst, namentlich aber die Rispen, entwickeln sich mangelhaft. — Bekämpfung usw. wie vorher.

Über das Auftreten des Rübennematoden an Hopfen siehe VOIGT[1]) und S. 25 bei *Tylenchus devastatrix.*

CHATIN[2]) beobachtete 1892 ein stärkeres Auftreten an Nelken bei Nizza.

3. Heterodera javanica Treub.

An serehkrankem Zuckerrohr fand TREUB[3]) Älchen, etwas kleiner als das Wurzelälchen, in ebensolchen Gallen mit kernreichen Riesenzellen. Die Frage, ob diese Älchen mit der Serehkrankheit in ursächlichem Zusammenhange stehen, wagte TREUB nicht zu entscheiden.

4. Heterodera göttingiana Liebscher[4]).

Der Autor beobachtete bei Göttingen auf erbsenmüdem Boden kümmerlich entwickelte Pflanzen, an denen, ohne Gallen zu erzeugen, sich Nematoden jedes Stadiums befanden, die kleiner waren als *Het. radicicola* von Hafer. Sie ließen sich nur auf Leguminosen, nicht aber auf Gräser oder Kreuzblütler übertragen, ebensowenig wie Wurzelälchen von Hafer auf Erbsen übergingen. LIEBSCHER hielt sie daher für eine besondere Art.

Aphelenchus Bastian.

Mund wie bei Tylenchus, mit Stachel. Ösophagus deutlich, kurz, endigt in großen, runden Bulbus; der vordere Bulbus kleiner. Exkretionsorgan mündet gleich hinter dem Ösophagus. Männchen ohne Bursa. Deutlich quergestreift. Vulva ungefähr am Anfange des letzten Drittels.

1. A. olesistus Ritz. Bos[5]).

Dieses Älchen ist ein schlimmer Feind von Warmhauspflanzen, von denen es eine ganze Menge befällt, namentlich Farne (*Pteris spp.,*

---

[1]) l. c.
[2]) C. r. Acad. Sc. Paris, T. 113, p. 1066—1067.
[3]) Ann. Jard. bot. Buitenzorg, Vol. 6, 1885. — Meded. s'Lands Plantentuin. Nr. 2, 1885. — SOLTWEDEL, Agric. hortic. Review 1. VIII, 1887; s. Insect Life, Vol. 2, p. 85.
[4]) Journ. Landwirtsch., 1892, S. 357—368, 1 Taf.
[5]) RITZEMA BOS, Zeitschr. Pflanzenkr., Bd. 3, 1893, S. 70. — ATKINSON. Insect Life, Vol. 4, 1891, p. 31—32. — OSTERWALDER, Gartenflora. Bd. 50, 1901. S. 337—346; Schweizer Gartenbau, 1900: Zeitschr. Pflanzenkr., Bd. 12, 1902, S. 338—342. 5 Fig.

Asplenium spp.), *Begonia*, *Chrysanthemum*, *Ficus*, *Coleus*, *Saintpaulia jonantha* usw., in Holland, Deutschland, der Schweiz, Frankreich, England und den Vereinigten Staaten von Nordamerika, in südlichen Ländern (Schweiz usw.) auch von Freilandpflanzen. Es entstehen mißfarbene Flecke an den Blättern, die beim Umsichgreifen die ganze Pflanze abtöten können. Die Älchen finden sich teils in den Flecken, teils an den Wurzeln und scheinen teils aus der Erde durch die Wurzel, teils direkt in die Blätter durch die Spaltöffnungen einzudringen. Im Gegensatze zu den anderen parasitischen Nematoden erzeugt *A. olesistus* keine Hypertrophie, sondern tötet sofort die Gewebe.

2. A. fragariae Ritz. Bos[1]).

Dieses von Miss Ormerod in Kent gefundene Älchen ruft dort im Mai und Juni die „*Cauliflower disease*" (Blumenkohl-Krankheit) der Erdbeeren (Fig. 33) hervor. Die Gefäßbündel hören auf, in die Länge zu wachsen und verästeln sich sehr stark; die Parenchymzellen der Stengel, Äste und Blätter hypertrophieren und teilen sich zuletzt. Alle Stengelteile der Pflanzen sind stark verdickt und verästelt; viele neue Knospen werden gebildet, namentlich in den Achseln der niederen, normal entwickelten Blätter; am Stengel findet Verbänderung statt. Blätter und Blüten entwickeln sich abnorm. Die Älchen befinden sich in den abnormen Geweben.

Im Jahre 1903 trat diese Krankheit plötzlich bei Hardanger in Norwegen auf und befiel 5 Ar Erdbeeren, besonders Laxton Noble[2]).

3. A. ormerodis Ritz. Bos[1]).

Fig. 33 Blumenkohlkrankheit der Erdbeeren, hervorgerufen von Aphel. fragariae (nach Ritzema Bos).

Bei einer an demselben Orte im September und Oktober an Erdbeeren auftretenden ähnlichen Krankheit beobachtete R. Bos zwischen Stengel und Blattscheiden ein von dem vorigen etwas verschiedenes Älchen (Fig. 34), das er mit diesem Namen belegte.

Bd. 14, 1904, S. 43—46. — Sorauer, Gartenflora, Bd. 50, S. 35; Zeitschr. Pflanzenkr., Bd. 12, 1902, S. 189—191. — Cattie, Zeitschr. Pflanzenkr., Bd. 11, 1901. S. 34. — Hofer, ibid. S. 34—35. — Chifflot, C. r. Acad. Sc. Paris, T. 134, 1902, p. 196. — Lüstner, Ber. Geisenheim 1902, S. 206—208, Fig. 51.

[1]) Zeitschr. Pflanzenkrankh., Bd. 1, S. 1—11.

[2]) Schöyen, Beretn. Skadeinsekt. Plantesygd. 1903 p. 3, 17—20.

4., 5. **A. coffeae.**

Mit diesem Namen bezeichneten zuerst ZIMMERMANN[1]), später NOACK[2]) zwei verschiedene Nematoden, ersterer aus Java, letzterer aus Brasilien, die Pfahlwurzelfäule erzeugten. NOACK konnte nachweisen, daſs die von ihm gefundene Art nicht nur krankes Gewebe befalle, sondern auch in gesundem charakteristische, gallenartige Zellstreckungen hervorrufe.

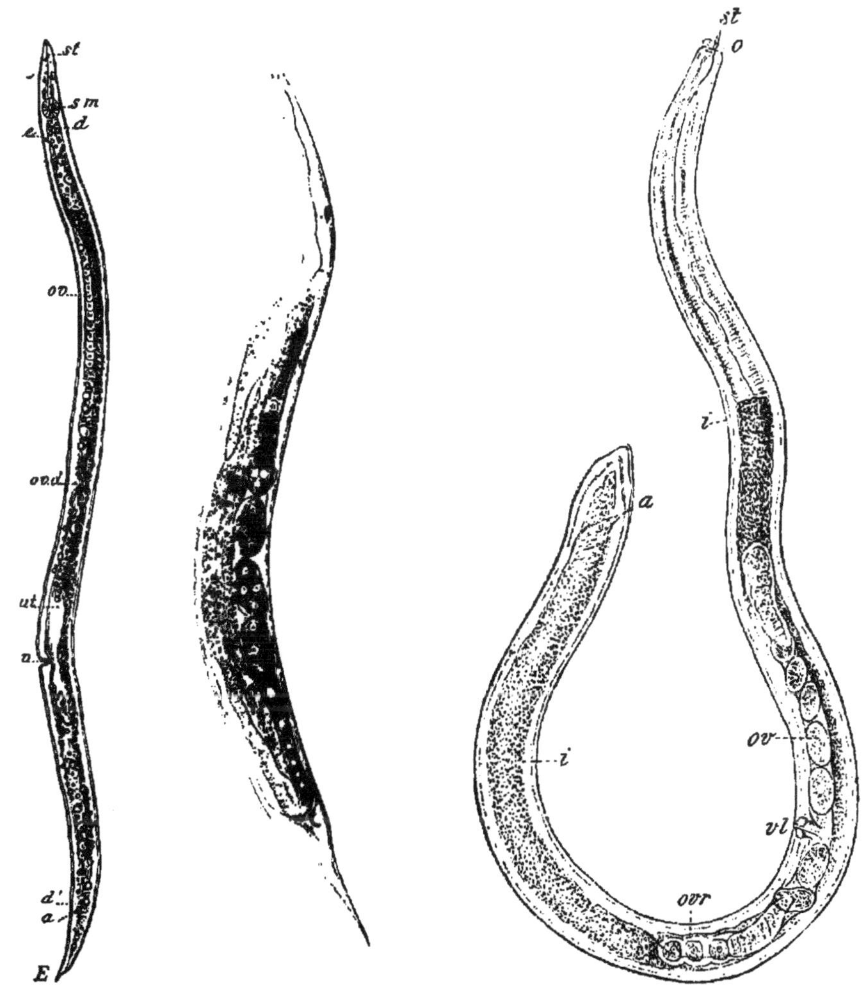

Fig. 34. Aphelench. ormerodis (nach RITZEMA BOS).

Fig. 35. Rhabditis brevispina (nach BÜTSCHLI).

Fig. 36. Dorylaimus condamni (Vaňha) (aus VAŇHA und STOKLASA).

BASTIAN beschrieb einen **A. avenae** aus den Blattscheiden von Hafer, ohne aber Angaben über Schädigung zu machen.

Betreffs *A. tenuicaudatus* siehe *Rhabditis coronata.*

Als verdächtig sind die Arten einiger anderer Gattungen von Anguilluliden zu bezeichnen, die wir daher kürzer behandeln können.

---

[1]) Meded. s'Lands Plantentuin, Nr. 27, 1898.
[2]) Zeitschr. Pflanzenkr., Bd. 8, 1898, S. 137, 202, 1 Taf.

Rhabditis brevispina Claus (Fig. 35) fand METCALF[1]) in Wunden unterirdischer Teile von verwelkenden *Crocus, Petunia, Coleus* und *Geranium*. Durch ihr Saugen verschlimmern die Nematoden die Wunden; außerdem schleppen sie leicht pathogene Organismen in sie ein.

DE MAN[2]) erhielt **Rh. oxycerca n. sp.** und **coronata** Cobb zusammen mit **Aphelenchus tenuicaudatus n. sp.** aus kranken Pseudobulben tropischer, aber in England gezogener Orchideen.

Rhabd. (Pelodera) strongyloides Schn. und **Rhabd. (Leptodera) terricola** Duj. kommen neben *Tyl. devastatrix* in kranken Nelken vor[3]); sie standen ferner im Verdachte, eine Krankheit der Trüffeln hervorzurufen. Nach CHATIN[4]) leben sie aber in Symbiose mit diesen.

FRANK[5]) fand eine **Leptodera sp.** in trockenfaulen Kartoffeln, hält sie aber für saprophytisch. Auch GREEF[6]) berichtet über eine Krankheit der Kartoffeln: graue und schwärzliche Flecken nahe der Oberfläche, die er auf *Rhabditis* und *Pelodera spp.* zurückführt.

Cephalobus cephalotus beobachtete COBB[7]) in New South Wales zahlreich in Wurzelrinde und umgebender Erde von kranken Passionsblumen, die ursprünglich von *Heter. radicicola* geschädigt waren; er möchte sie für saprophytisch halten.

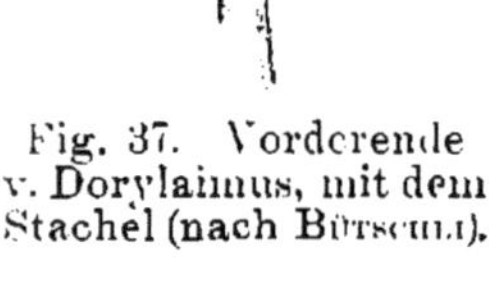

Ceph. longicaudatus Bütschli kommt nach KRAMERS[8]) in Sumatra an Wurzeln kümmernder Kaffeebäume vor.

Ceph. rigidus Schn. erhielt DE MAN von MISS ORMEROD in Hafer aus England, der stockähnlich erkrankt war[9]). Die Stengelbasis war allerdings nicht merkbar angeschwollen, aber die Blätter zeigten dieselbe Mißbildung.

Fig. 37. Vorderende v. Dorylaimus, mit dem Stachel (nach BÜTSCHLI).

Enopliden.

Speiseröhre ohne Bulbus, nur hinteres Drittel angeschwollen. — In Betracht kommt nur eine Gattung:

Dorylaimus Dujardin.

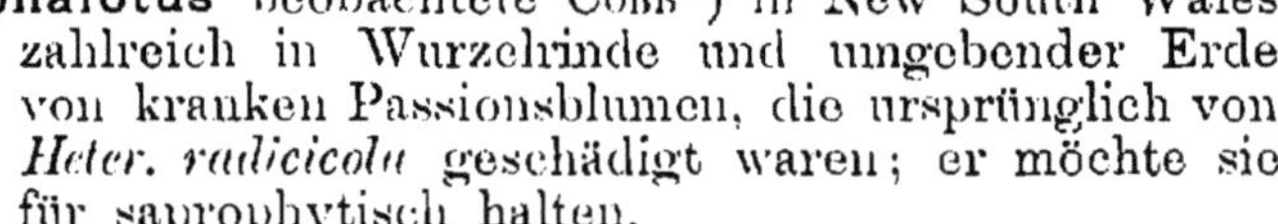

Nematoden ziemlich groß (Fig. 36). Haut nicht geringelt. Mund mit sechs Lippen, durch Ringfurche deutlich vom Körper abgesetzt. Stachel kräftig, mit schiefer Öffnung und drei Anschwellungen in seinem Verlaufe, in denen je der vordere Teil dem hinteren aufgesetzt ist (Fig. 38); ohne Basalanschwellung; mit der kleinen Mundhöhle durch dünne Chitinhaut verbunden. Larven mit Reservestachel. Ösophagus ohne Bulbi; hinteres Drittel stark verdickt. Weibchen mit unsymmetrischem Ovarium, behält zeitlebens die schlanke Gestalt und legt die Eier einzeln ab. Männchen mit symmetrischem Hoden und zwei Spicula.

[1]) Trans. Amer. micr. Soc., Vol. 24, 1903, p. 89—102, 1 Pl.
[2]) Proc. Trans. Liverpool biol. Soc., Vol. 9, 1895, p. 76—94, Pl. 3—5.
[3]) CHATIN, C. r. Acad. Sc Paris, T. 106, 1888, p. 1431—1433.
[4]) C. r. Acad. Sc. Paris, T. 124, 1897, p. 903—905.
[5]) Zeitschr. Spiritusindustrie, 1896, Nr. 17: s. Zeitschr. Pflanzenkr., Bd. 7, S. 248.
[6]) Sitzber. niederrh. Ges. Heilkde., Bd. 26, 1869, S. 71—72.
[7]) Agric. Gaz. N. S. Wales, Vol. 12, 1901, p. 1115—1117. 1 Fig.
[8]) Rev. Cult. colon., Nr. 123, 1903, p. 247 ff.
[9]) RITZ. BOS, Arch. Mus. Teyler (2), T. 3, 7te ptie, 1887—1890, p. 9.

Die Älchen dieser Gattung sind sehr verbreitet im süfsen Wasser und in der Erde, meist zwischen Pflanzenwurzeln (Wasserpflanzen, Pilze, Moose, Gräser, Erdbeeren usw.); sie dringen nicht in die Wurzeln ein, sondern saugen nur von aufsen an ihnen, daher beide Geschlechter immer beweglich bleiben.

Vaňha und Stoklasa[1]) fanden sechs Arten an Wurzeln von Rüben, Kartoffeln, Hafer, Weizen, Wiesengräsern, Reben und verschiedenen Unkräutern. Sie halten sie für schädlich, da sie sich vom Safte der feinsten Wurzelfasern und des jüngsten Gewebes nähren, so dafs anfänglich ganz gesunde Pflanzen infolge des Befalles verkümmern.

Von Tarnani[2]) wurden Angehörige dieser Gattung an Zuckerrüben in Rufsland beobachtet.

Zur Bekämpfung empfehlen Vaňha und Stoklasa Ätzkalk und Saturationsschlamm.

Es ist zweifellos, dafs sich bei genaueren Untersuchungen noch manche andere Älchenarten, namentlich aus den Gattungen mit bewehrtem Munde (Stachel oder Ösophagealzähne) als mehr oder minder schädlich herausstellen werden. Die grofse Masse der sich überall an feuchten Orten und in zerfallenden Pflanzenstoffen findenden Älchen ohne solche Organe ist aber sicher saprophytisch. Allerdings dürften auch sie durch Vergröfserung und Verschlimmerung von Wunden, oder auch nur durch Verhinderung des Ausheilens derselben, namentlich aber durch Übertragung pathogener Organismen indirekt schädlich werden.

Annulaten, Ringelwürmer.

Äufsere Gliederung; Hautmuskelschlauch; auch die wichtigsten inneren Organe (Nerven-, Exkretions- und geschlossenes Blutgefäfssystem) metamer, d. h. in der Längsrichtung gegliedert. — In der Mehrzahl Wasserbewohner.

Für uns kommt nur eine Ordnung in Betracht.

Oligochaeten[3]).

Körper wurmförmig, Vorderende meist zugespitzt, von dünner Cuticula umgeben. Zwischen 8 und 770 Ringel (Segmente), getrennt durch Intersegmentalfurchen. Zahl der Ringel auch bei den einzelnen Arten sehr wechselnd. Vorderster Ringel meist in einen den Mund überragenden, zum Greifen und Tasten dienenden Kopflappen ausgezogen; Mund also bauchständig. After endständig. In jedem Segmente vom zweiten an meist einfache, direkt aus der Haut hervortretende Borsten, in Paaren oder zu mehreren in Bündeln, meist in zwei lateralen und zwei ventralen Reihen; selten fehlend; einige öfters zu ornamentierten Geschlechtsborsten ausgebildet. Einige Ringel im vorderen Körperteile zu einem mit der Fortpflanzung in Zusammenhang stehenden drüsigen Gürtel (*clitellum*) (Fig. 39, 40)

[1]) l. c. S. 63—75, Taf. 3.
[2]) Centralbl. Bakter. Parasitenkunde, 2. Abt., Bd. 4, 1898, S. 87 ff.
[3]) Für viele Angaben in diesem Kapitel bin ich meinem Kollegen Dr. W. Michaelsen zu Danke verpflichtet, der auch die Güte hatte, das Manuskript durchzusehen. Als Grundlage des zoologischen Teiles diente seine Bearbeitung der Oligochaeten im „Tierreiche", Berlin, Friedländer & Sohn, 1900, 8°. 29, 575 S.

verdickt, der den Körper ganz umfaßt (ringförmig) oder ventral unterbrochen ist (sattelförmig). Auf der dorsalen Mittellinie häufig eine Anzahl willkürlich zu öffnender und schließender Poren, durch die die Leibeshöhle mit der Außenwelt in Verbindung steht.

Blut farblos bis rot. Zwitter; männliche Geschlechtsorgane stets vor den weiblichen liegend, durch Genitalporen nach außen mündend, zu denen meist noch Samentaschenporen kommen, die in die zur Aufnahme des bei der Begattung empfangenen Samens bestimmten Samentaschen führen. — Augen meist fehlend; dafür zahlreiche lichtempfindliche Sinneszellen in der Haut, besonders am Vorder- und Hinterende. Von anderen Sinnesorganen nur Tastzellen mit Sicherheit nachgewiesen. Geschmacks- und Geruchssinn vorhanden, namentlich ersterer ziemlich gut ausgebildet.

Darmkanal besteht aus Munddarm, Pharynx mit drüsigem oder drüsig-muskulösem, ausstülpbarem Schlundkopfe, durch den auch die Speichel- bezw. Septaldrüsen ausmünden, dünnwandiger Speiseröhre u. dem einfachen oder mit Hautfalte oder Blinddärmen versehenen Mittel- und Enddarm.

Atmung bei den Land-Oligochaeten durch die Haut.

Fortpflanzung meist geschlechtlich. Eier in wechselnder Zahl in Kokons (Fig. 41) abgelegt, von denen zur Zeit immer nur einer, im Laufe eines Jahres wahrscheinlich aber mehrere gebildet werden. Entwicklung

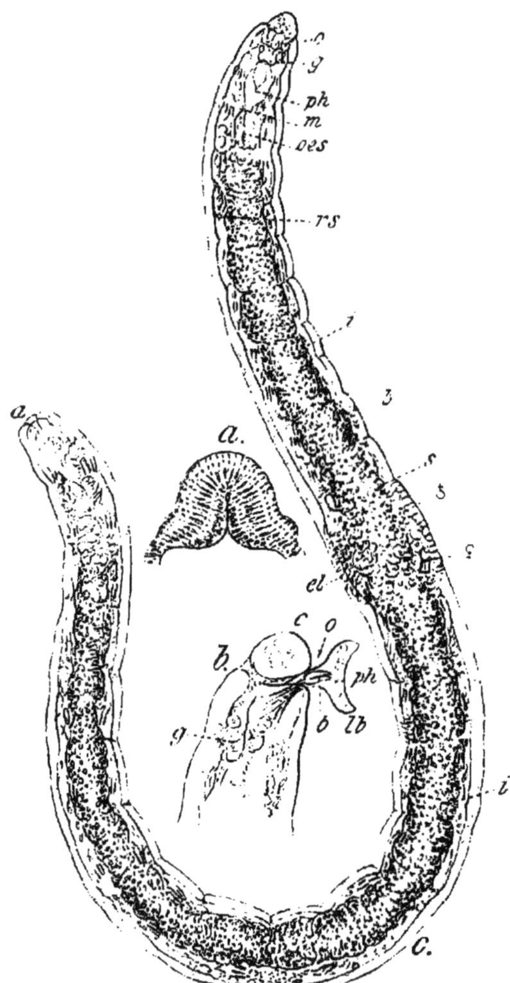

Fig. 38.   Enchytraeus buchholzi (Vejd.) aus VAŇHA und STOKLASA.

a Querschnitt durch Pharynx.
b Längsschnitt durch Kopf.
   o Mund.   c Kopflappen.   lb Unterlippe.
   ph Pharynx.   g Gehirn.   b Stacheln.
c Tier von der Bauchseite.
   o Mund.   b Borsten.
   g Gehirn.   s Samentrichter.
   ph Pharynx.   ♂ ♀ männliche bezw. weib-
   m Speicheldrüsen.   liche Geschlechtsöff-
   oes Ösophagus.   nungen.
   rs Samentaschen.   d Gürtel.
   i Darm.   a After.

direkt; die Jungen unterscheiden sich von den Alten durch geringere Segmentzahl.

Systematisch wichtig: Lage der Geschlechtsorgane und Poren,

Verteilung der Borsten und besonders die innere Anatomie. Größe schwankt bei den einzelnen Arten; Färbung bei den einen konstant, bei den anderen wechselnd, ändert sich meist bei der Konservierung.

Von den zwölf Familien kommen für uns hauptsächlich zwei in Betracht:

Enchytraeiden. (Fig. 38.)

Klein. 0,5—3 mm lang, meist weißlich. Borsten in vier Reihen, einfach, gerade, stiftförmig oder schwach S-förmig gebogen, meist zu mehreren (drei bis zwölf) in fächerförmigen Bündeln, selten zu zweien, einzeln oder fehlend. Ein Kopfporus vorhanden. Gürtel am 12. und den benachbarten Ringeln. Ein Paar männlicher Poren am 12., ein Paar weiblicher am 13. Segmente. Ein Paar Samentaschenporen in Intersegmentalfurche 4/5. Schlundkopf drüsig; davor ventral eine rauhe Schabeleiste oder zwei Haken mit scharfen, chitinigen Spitzen, zum Verwunden der Pflanzenteile, die dann ausgesaugt werden.

Kokons bei den terrestrischen Arten im Boden; Entwicklung vom reifen Ei bis zum reifen Wurm in etwa sechs Wochen.

Den Gärtnern sind die „kleinen weißen Würmer" schon längst als Schädlinge, namentlich in Blumentöpfen und Treibkästen, bekannt, ohne daß sie natürlich ihre wahre Natur erkannt hätten. Dies scheint zum ersten Male von HARKER, 1889[1]), geschehen zu sein, der *Enchytraeus buchholzi* Vejd. an Wurzeln von Klee und verwelkten Blumen vorfand und als Ursache des Verwelkens erklärte.

Anfang der neunziger Jahre des vorigen Jahrhunderts haben dann VEJDOVSKY[2]) und VAŇHA[3]) in Böhmen die Schädlichkeit der Enchytraeiden klar erkannt und mehrfach auf sie hingewiesen. Ausführlich werden sie von VAŇHA und STOKLASA[4]) behandelt. In Irland wurden sie öfters von FRIEND[5]) und CARPENTER[6]) beobachtet[7]).

Alle Enchytraeiden verlangen eine gewisse Menge Feuchtigkeit; einige leben direkt im Wasser. Alle terricolen Arten sind gegen Trockenheit außerordentlich empfindlich, manche vielleicht auch gegen allzu große Nässe.

In Europa kommen Enchytraeiden an geeigneten Stellen meist in sehr großen Mengen vor. BRETSCHER[7]) fand auf Alpenwiesen in 1 qm bis zu 34 000 Stück, aus mehreren Arten. Daß sie trotzdem so wenig als Schädiger erkannt sind, dürfte darauf hinweisen, daß sie normalerweise entweder lebende Pflanzenteile wenig angreifen oder ihnen wenigstens nicht besonders schaden. Da aber, wo sie dies tun, ist ihre Schädlichkeit meist beträchtlich. Für gewöhnlich saugen sie die zarteren Wurzeln aus, was natürlich ein Kümmern der ganzen Pflanze zur Folge hat. Wenn sie in die Wurzeln eindringen, bringen sie deren Gewebe zum Zerfall.

Am meisten sind sie bis jetzt an Rüben beobachtet worden[8]), wo sie an alten Pflanzen die Wurzeln, an jungen auch die Stengel angehen,

---

[1]) Nature, Vol. 40, p. 11—12.
[2]) Zeitschr. Zuckerindustr., Böhmen, Bd. 16, 1892.
[3]) ibid. Bd. 17, 1893.
[4]) Die Rübennematoden. Mit Anhang über die Enchytraeiden. Berlin 1896.
[5]) Zoologist 1897, p. 349; Irish Naturalist 1902, p. 110.
[6]) Injurious insects etc. in Ireland 1902, 1904.
[7]) Revue Suisse Zool., T. 10, 1902, p. 1—29.
[8]) s. auch: STIFT, Die Krankheiten und tierischen Feinde der Zuckerrübe. Wien 1900, p. 204 ff.

sogar die keimenden Samen aus den gequollenen Knäueln herausfressen. Nach den Untersuchungen von Fr. Krüger[1]) gehören sie zu den direkten und indirekten Erregern des Gürtelschorfes der Rüben.

An Kartoffeln befallen sie die Wurzeln, an Setzkartoffeln fressen sie die Knospen aus. — Außerdem werden noch genannt: Getreide, (besonders schwarzer und weißer Hafer), Wiesengräser, Unkräuter (*Centaurea Cyanus, Polygonum lapathifolium, Stachys, Galeopsis)*, Astern, Fritillarien, Tulpen, Sellerie, Tomaten, Kohl usw.; ich selbst beobachtete sie an jungen Gurkenpflanzen.

Zweifellos dürften die meisten Arten schädlich werden können, selbst ein Teil der im Wasser lebenden, die sich zwischen den Wurzeln von Wasserpflanzen finden. Erwähnenswert sind: *Henlea nasuta* (Eisen), *Enchytraeus albidus* Henle, *buchholzi* Vejd. und *parvulus* (Friend), *Fridericia leydigi* (Vejd.).

Zimmermann[2]) beobachtete Enchytraciden an verfaulten Wurzeln von Kaffee in Java, hält sie aber für Saprophyten. Andere Beobach-

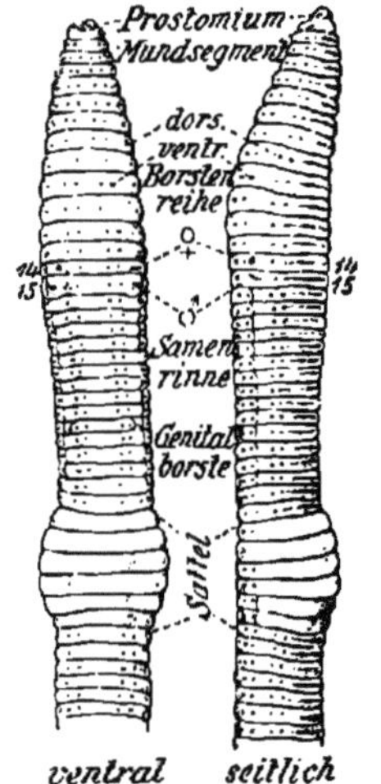

Fig. 39. Vorderende von Lumbricus terrestris (aus Hatschek und Cori).

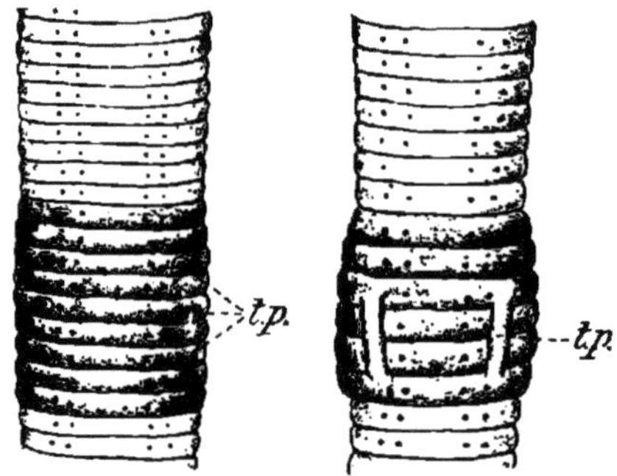

Fig. 40. Gürtel von Regenwürmern mit Pubertätshöckern (links); Helodrilus chloroticus bezw. Pubertätswällen (rechts). Nach Beddard.

tungen aus außereuropäischen Ländern scheinen nicht vorzuliegen, trotzdem manche Arten weithin verschleppt sind.

Als Gegenmittel empfehlen Vanha und Stoklasa: Vermeidung organischen Düngers, statt dessen künstlichen, der den Pflanzen leichter über die Schädigung hinweghilft, bei trockener Witterung entsprechende Bearbeitung des Bodens, um ihn noch mehr auszutrocknen; sonst starke Düngung mit dem Saturationsschlamm der Zuckerfabriken und Ätzkalk. Auch Versuche mit den gegen Regenwürmer angewandten Mitteln sowie mit Tabakstaub dürften sich empfehlen.

Gute Bodenlockerung und Verhütung jeglicher stauenden Nässe dürften ihrer allzu starken Vermehrung vorbeugen.

---

[1]) Arb. Biol. Abt. Land- u. Forstwirtsch., Kais. Gesundheitsamt, Bd. 4, 1904, S. 302—309.
[2]) s. Zeitschr. Pflanzenkrankh., Bd. 9, S. 170.

Lumbriciden, Regenwürmer.

Acht einfache, S-förmig gebogene Borsten an jedem Segmente; Rückenporen vorhanden. Gürtel meist sattelförmig, ventral meist mit Pupertätswällen oder -tuberkeln, d. s. mit der Begattung in Beziehung stehende Wälle oder Höckerchen (Fig. 39, 40). Ein Paar männliche Poren an 15., ein Paar weibliche am 14. Segmente. Häufig Geschlechtsborsten. Ösophagus mit Kalkdrüsen und wohlentwickeltem Muskelmagen. Rotes Blut.

Eier in wechselnder Zahl (eins bis über zwanzig) in Kokons (Fig. 41) in die Erde abgelegt; bei größerer Eierzahl kommen doch nur einige Embryonen zur Entwicklung.

Meist terrestrisch, nur wenige in Süßwasser. Ursprünglich in den gemäßigten und kalten Zonen der nördlichen Erdhälfte heimisch; einige Arten nach den entsprechenden Teilen der südlichen Halbkugel, seltener nach den Tropen verschleppt; zum Teil durch Verschleppung fast kosmopolitisch.

Systematische Merkmale vorwiegend: Lage, Form und Zahl der äußeren und inneren Genitalorgane.

In Deutschland 15 Arten, von denen die wichtigsten sind:

1. **Eisenia foetida** (Sav.). Rot, purpurn- oder braungeringelt. 1. Rückenporus auf Intersegmentalfurche [1]) 4/5. Gürtel vom 24., 25., 26. Segmente bis zum 32. Zwei Paare Samentaschenporen auf Intersegmentalfurche 9/10 und 10/11, nahe der dorsalen Mittellinie. Länge 60 bis 90 mm, Segmentalzahl 80 bis 110. In Dünger und fetter Ackererde; fast kosmopolitisch.

2. **Helodrilus (Allolobophora) caliginosus** (Sav.). Grau, fleischfarben, braun, gelblich, schieferblau, nie purpurn. 1. Rückenporus auf Isf. 9/10 oder 8/9. Gürtel vom 27. oder 28. bis 34. oder 35. Segmente. Zwei Paare Samentaschenporen auf Isf. 9/10 und 10/11,

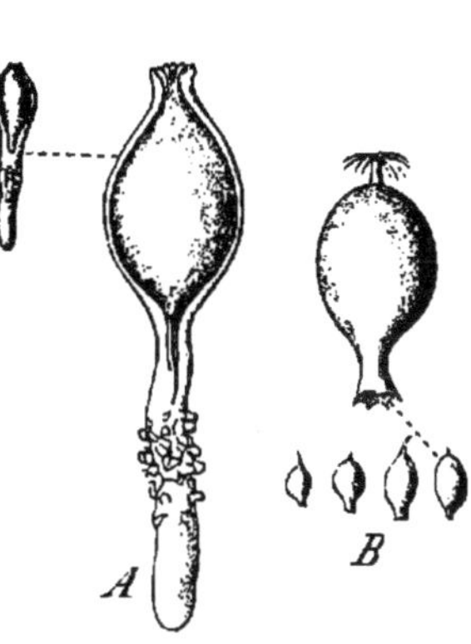

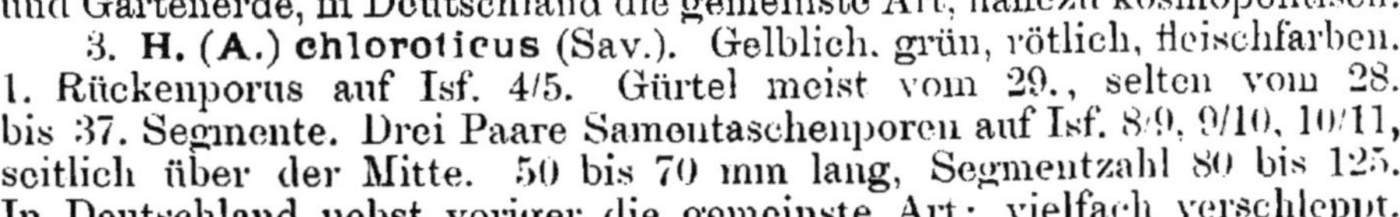

Fig. 41. Eierkokons von Regenwürmern (nach Vejdovsky).

A Lumbricus rubellus, *B* Eisenia foetida. Natürl. Größe und 3 : 1.

seitlich über der Mitte. Vorzugsweise in Acker- und Gartenerde, in Deutschland die gemeinste Art, nahezu kosmopolitisch.

3. **H. (A.) chloroticus** (Sav.). Gelblich, grün, rötlich, fleischfarben. 1. Rückenporus auf Isf. 4/5. Gürtel meist vom 29., selten vom 28. bis 37. Segmente. Drei Paare Samentaschenporen auf Isf. 8/9, 9/10, 10/11, seitlich über der Mitte. 50 bis 70 mm lang, Segmentzahl 80 bis 125. In Deutschland nebst voriger die gemeinste Art; vielfach verschleppt.

4. **Lumbricus terrestris L.** Dorsal vorn dunkelbraunviolett, hinten mit dunklerem dorso-medianen Längsstreifen. Hinterende abgeplattet. 1. Rückenporus auf Isf. 7/8. Gürtel vom 31. oder 32. bis 37. Segmente. Zwei Paare Samentaschenporen auf Isf. 9/10, 10/11, seitlich über der Mitte. 90 bis 300 mm lang, Segmentzahl 110 bis 180. Europa, Amerika, nicht so häufig wie vorige Arten, nur in reiner, guter Ackererde.

---

[1]) Später abgekürzt: Isf.

Die Regenwürmer leben in selbstgegrabenen Röhren, die sie des
Nachts zur Begattung (Juni, Juli), Nahrungssuche oder aus Wandertrieb verlassen. Bei Tag kommen sie nur nach warmem Regen oder
auf der Flucht vor Feinden hervor. Im Sommer halten sie sich mehr
nahe der Oberfläche auf; im Winter ziehen sie sich bis zu drei Meter
Tiefe zurück, um in kammerartigen Erweiterungen ihrer Röhren zu überwintern. Sie ziehen humusreiche, lockere, feuchte Erde vor; in torfiger,
fester Erde sind sie nur selten, in trockener, sandiger (Heide) fast nie.
Sie nähren sich vorzugsweise von humusreicher Erde und von zerfallenden pflanzlichen und auch tierischen Stoffen. Indes fressen sie
gelegentlich andere, schwächere lebende Tiere und lebende, saftige und
weiche Pflanzen. Sie fassen diese mit ihrem Mundlappen, ziehen sie
in ihre Röhren hinab und befeuchten sie mit den Ausscheidungen der
Speicheldrüsen, um den Zerfall der Gewebe zu beschleunigen. Gelingt
es ihnen, die ergriffenen Teile mit ihrem Muskelmagen zu fassen, so
können sie sie sogar von den Pflanzen abreifsen.

Im allgemeinen sind die Regenwürmer aufserordentlich nützlich.
Dadurch, dafs sie Keimpflanzen in ihre Löcher ziehen, können sie unter
Umständen sicher beträchtlich schaden; doch dürfte man dem vor-
beugen können, wenn man um jedes Pflänzchen etwas Mist herumlegt.

Ob die Klagen der Gärtner über Ansäuern der Erde und Lockerung
der Wurzelballen wirklich berechtigt sind, dürfte noch zu untersuchen
sein. Die Versuche, die DJÉMIL[1]), WOLLNY[2]), DUSERRE[3]) usw. anstellten,
widersprechen dem; denn alle ihre Versuchspflanzen wuchsen in Töpfen
mit zum Teil recht vielen Würmern. Immerhin sind die Klagen der
Gärtner, solange sie nicht positiv widerlegt sind, mindestens zu berücksichtigen[4]). Vielleicht dürften sich hierbei die verschiedenen Arten
verschieden verhalten.

Der Säurebildung im Boden kann man wohl durch Kalkgaben abhelfen.

Bekämpfungsmittel: Auflesen der Würmer des Nachts mit
der Laterne oder des Tags nach warmem Regen, eventuell durch ein-
getriebene Hühner oder Enten. Dadurch, dafs man einen Spaten tief
in die Erde stöfst und kräftig hin und her bewegt, treibt man die
Würmer an die Oberfläche. Zusammenziehende und ätzende Flüssigkeiten (Abkochungen von wilden Kastanien, Walnufsblättern oder
-schalen, Kalkwasser usw.) töten sie teils, teits treiben sie sie aus ihren
Röhren. Blumentöpfe stellt man in Wasser von 40 bis 42° C., worauf
die Würmer herauskommen. — Auch an Köder kann man sie fangen,
an ausgelegten oder frisch untergegrabenen Misthäufchen, faulenden
Äpfeln und anderen zerfallenden Stoffen.

<hr>

[1]) Ber. physiol. Labor. landw. Inst. Halle, 1897, Heft 13.
[2]) Forschungen a. d. Geb. d. Agrik.-Physik, Bd. 13, Heft 3.
[3]) Journ. d'Agric. pratique, Paris, 29. V. 1902.
[4]) SORAUER schreibt hierzu: „Wenn man Blumentöpfe untersucht, in deren
humusreicher Erde mehrere grofse Regenwürmer seit l a n g e r Zeit sich aufhalten,
findet man die Erde wesentlich verändert. Abgesehen von den geglätteten Gängen
der Würmer nimmt man auch eine eigentümliche Ballung der Erdpartikelchen an
der Topfoberfläche wahr: die durch Schleim zusammengeklebten Exkremente der
Würmer. Es findet dadurch eine Bodenverdichtung statt, der nicht durch die
Wurmröhren abgeholfen wird. Sei es durch die schleimigen Ausscheidungen der
Tiere direkt oder indirekt durch die Bodenverdichtung und Säurebildung, jedenfalls beobachtet man kranke Wurzeln, die den Gärtnern zu ganz berechtigten
Klagen Veranlassung geben. Experimente in feinem Sande oder in Blumentöpfen,
in denen die Würmer nur wenige Monate sich befinden, sind daher nicht aus-
schlaggebend."

Feinde: Zahlreiche Tiere, wie insektenfressende Säuger und Vögel, Amphibien und Reptilien, Laufkäfer und ihre Larven, parasitische Fliegenlarven (*Tachina sp.*, *Sarcophaga hämorrhoidalis*) Limaciden, nacktschneckenähnliche Weichtiere (*Daudebartia*, *Testacella* usw.), Tausendfüſse, Eingeweidewürmer verzehren meist mit besonderer Vorliebe, zum Teil fast ausschlieſslich Regenwürmer.

In auſsereuropäischen Ländern werden unsere Regenwürmer ersetzt von den biologisch sich ebenso verhaltenden Familien der Moniligastriden (Japan, Philippinen, Sunda-Inseln, Indien, Ceylon), Megascoleciden (wärmere Gegenden aller Erdteile) und Glossoscoleciden (Süd- und Mittelamerika, Antillen, Südeuropa, Südafrika, Madagaskar).

Mollusken, Weichtiere.

Ursprünglich bilateral-symmetrische, durch Anpassung aber meist mehr oder weniger unsymmetrisch gewordene Tiere ohne segmentale Gliederung des Körpers, ohne Gliedmaſsen und ohne inneres oder äuſseres Skelett. Haut mit vielen groſsen, einzelligen Schleimdrüsen, die besonders reichlich am Mantelrande sitzen; Bauchwand zu stark muskulösem Fuſse verdickt. Körper von einer Hautfalte, dem Mantel, mehr oder weniger weit umhüllt, von dem die meist der Atmung dienende Mantelhöhle umschlossen und öfters eine Schale ausgeschieden wird. Getrennt geschlechtlich oder hermaphroditisch, wobei aber eine Selbstbefruchtung nur in seltensten Fällen stattfindet[1]). Meist werden männliche und weibliche Geschlechtsprodukte eines Tieres zu verschiedenen Zeiten reif. Eier legend, vereinzelt ovovivipar.

Weitaus die Mehrzahl der Mollusken sind Wasser-, und zwar Meeresbewohner; Süſswasser-Mollusken sind in viel geringerer Zahl vorhanden; nur ein Bruchteil lebt auf dem Lande. — Die Nahrung besteht aus lebenden oder toten, zerfallenden tierischen oder pflanzlichen Stoffen; die Schalen tragenden Weichtiere verzehren alle auch gerne Kalk, anorganischen (Kalksteine) sowohl als organischen (Schalen anderer Weichtiere, Eierschalen, Knochen usw.).

Verbreitet sind die Weichtiere über fast die ganze Erde. Von den fünf Klassen (Cephalopoden, Gastropoden, Scaphopoden, Pelecypoden, Amphineuren) kommt für uns nur eine in Betracht.

Gastropoden, Bauchfüſser, Schnecken.

Meist asymmetrisch, nur in einigen Formen nachträglich wieder symmetrisch geworden. Ein Kopf meist vom Körper gesondert, mit Fühlern und Augen. Fuſs wohl entwickelt, meist mit flacher Kriechsohle. die aus einer groſsen Fuſsdrüse vorne vor dem Kopfe reichlich Schleim zur Verminderung der Reibung ausscheidet, so daſs die Schnecke auf einer selbstgeschaffenen, glatten Bahn vorwärts gleitet. Der Mantel scheidet eine aus einem Stück bestehende Schale aus und umhüllt den in dieser geborgenen Eingeweidebruchsack. Mit der Rückbildung des Mantels werden bei manchen Formen auch diese beiden Organe rückgebildet, öfters bis zu völligem

---

[1]) Woltos, Journ. Conchol., Vol. 7, 1893, p. 158—167.

Schwunde. Mund am Vorderende, von Lippen umgeben, führt in eine Mundhöhle, auf die ein starker, muskulöser Schlundkopf (Pharynx) folgt (Fig. 42). In diesem dorsal meist ein starker Kiefer (Fig. 43) aus Conchiolin, ventral eine auf der knorpeligen, durch eigene Muskeln beweglichen Zunge liegende Reibeplatte, die Radula, eine feine Haut, die mit sehr vielen, gewöhnlich in Längs- und Querreihen angeordneten Zähnchen aus chitiniger Substanz besetzt ist (Fig. 44, 45). Jede Querreihe besteht aus einem oft kleineren Mittelzahn, symmetrisch angeordneten Seiten- und Randzähnen. Die Form dieser Zähnchen ist sehr verschieden: lanzettförmig, stachelig, sichelartig, pfriemenförmig, höckerig, oder sägeförmig, immer mit nach hinten gerichteter Spitze. Ihre Form und Zahl (bis über 75 000) ist für jede Art charakteristisch, während die Bildung des meist halbmondförmigen, bandartigen Kiefers (s. Fig. 43) mehr für die Unterscheidung der Gattungen und größeren systematischen Gruppen von Wert ist. An den Schlundkopf schliefst sich die meist dünnhäutige Speiseröhre (der Ösophagus), der

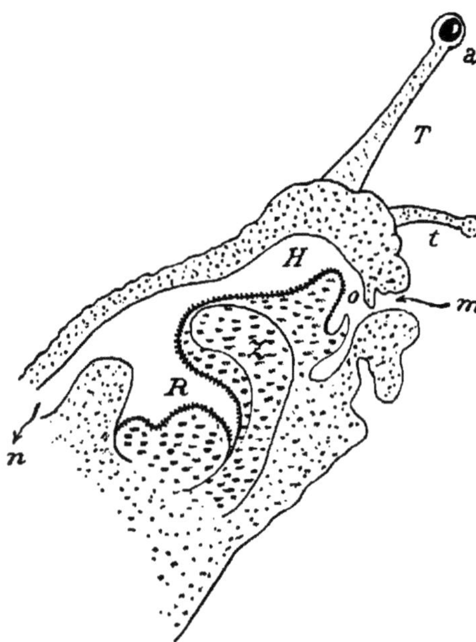

Fig. 42. Schematischer Längsschnitt durch den Kopf der Weinbergsschnecke (nach v. Schilling).
T, t Fühler, *a* Auge, *m* Mund, *o* Kiefer, *H* Schlund, *Z* Zungenknorpel, *R* Radula, *u* Darm.

Mitteldarm mit dem sog. Magen und der Enddarm an. Der After befindet sich gewöhnlich vorne rechts, so dafs der ganze Darmkanal U-förmig verläuft. Der Mitteldarm liegt in einer umfang-

Fig. 43. Kiefer von Schnecken (nach Troschel aus Bronn).
a Helix pomatia, *b* Arion, *c* Succinea putris, *d* Limax cinereus, *e* Clausilia perversa.

Fig. 44. Zunge der Weinbergschnecke (nach Wossidlo; aus Eckstein, Forstl. Zoologie).

reichen Leber eingebettet, deren Sekrete bei der Verdauung eine grofse Rolle spielen (s. Stylommatophoren).

Die Mehrzahl der Schnecken bewohnt das Meer oder das Süfswasser, nur eine Ordnung, allerdings weitaus die gröfste, fast ausschliefslich das Land[1]). Sie sind vorwiegend Pflanzenfresser, von denen sich die typischen Fleischfresser meist durch Besitz eines Rüssels unterscheiden. Sie ergreifen ihre Nahrung mit den Lippen, fassen sie dann mit dem Kiefer und zerreiben sie durch Vor- und Rückwärtsbewegungen der Zunge mit der Radula. Können sie die Nahrung nicht fassen, so stülpen sie den Schlundkopf mit der Zunge vor und schaben mit der Radula von der Oberfläche ab. Bei allen Vorwärtsbewegungen spreizen und stellen sich die Zähnchen, um beim Zurückziehen wieder zusammenzufallen und sich zu legen. So werden die Nahrungsteile von den Pflanzen abgeschabt und zugleich nach hinten befördert.

Von den vier Ordnungen der Gastropoden sind drei marin, so dafs nur eine für uns in Betracht kommt.

Pulmonaten, Lungenschnecken.

Die rechts gelegene Mantelhöhle ist mit wenigen Ausnahmen innen mit einem feinen Gefäfsnetze ausgekleidet und funktioniert derart als Lunge. Sie mündet vorne rechts durch das Atemloch, Spiraculum (Fig. 46), nach aufsen, öfters in Gemeinschaft mit After und Harnröhre. Der Eingeweidesack ist bei manchen Formen geschwunden; dann ist auch die Schale rudimentär.

Über die ganze Erde verbreitet, soweit diese Pflanzen trägt. Feuchte Wärme begünstigt sie, daher

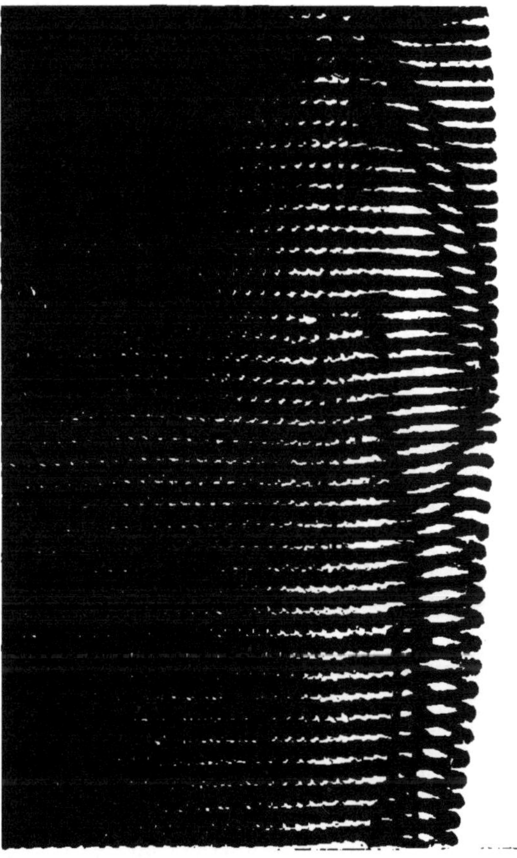

Fig. 45. Seitenrand der Radula der Weinbergschnecke (Original: R. Volk phot.).

am meisten in den Tropen entwickelt. Doch können sie zum Teil auch Kälte gut ertragen. Die meisten Süfswasser-Pulmonaten können im Wasser einfrieren; eine *Physa*-Art geht in Sibirien bis über 73° n. Br.; *Buliminen*, *Limnäinen* und *Limacinen* gehen in den Anden und dem Himalaja bis über 16000 Fufs hoch.

Fast ausschliefslich Süfswasser- oder Landschnecken, wonach man sie in der Hauptsache in zwei Unterordnungen einteilen kann.

---

[1]) Auch zwei Gruppen der **Prosobranchier,** die rein tropischen **Helicinaceen** und die vorwiegend tropischen **Cyclostomaceen,** sind Landbewohner. Sie treten meist in solchen Massen auf, dafs sie sicher schädlich sein werden. Doch scheinen diesbezügliche Berichte nicht vorzuliegen.

Basommatophoren, Sitzäugige, Wasserschnecken.

Nur ein Paar massiver, nicht einstülpbarer Fühler, an deren Basis die Augen sitzen.

Hierhin gehören alle unsere Süfswasserschnecken, die *Limnäen*, *Physa, Planorbis, Ancylus.* Phytopathologisch scheinen sie noch nicht die Beachtung gefunden zu haben, die sie, wenigstens vom gärtnerischen Standpunkte aus, sicher verdienen. An Wasserpflanzen, namentlich an solchen mit dicken, saftigen Blättern, wie Seerosen usw., können sie recht beträchtlich schaden, indem sie die Blätter so durchlöchern, dafs sie absterben oder die Stiele derart benagen, dafs ebenfalls Blätter und auch Blüten zugrunde gehen.

In Aquarien werden sie allerdings als Reiniger des Wassers von zerfallenden Pflanzenstoffen und der Glaswände von Algen meist gerne gesehen.

Stylommatophoren. Stieläugige, Landschnecken.

Meist zwei Paare hohler, wie Handschuhfinger ein- und durch Einpressen von Blut ausstülpbarer Fühler; das hintere, gröfsere trägt die Geruchsorgane und an der Spitze die Augen (Augenträger), deren Sehvermögen allerdings ein sehr geringes ist.

Die Lebensweise der Landschnecken ist vorzugsweise nächtlich; nur nach Regen und bei trübem Wetter kommen sie auch bei Tage zum Vorschein. Sonst verbergen sie sich tagsüber in der Erde (Nacktschnecken) oder unter Laub. Steinen, Ästen, Blättern, in Gebüschen

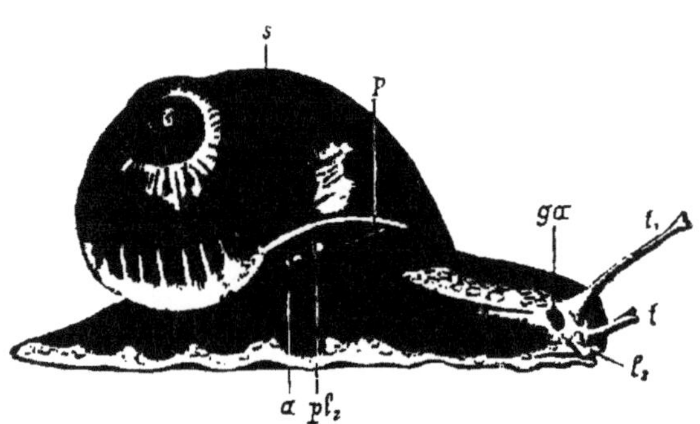

Fig. 46. Helix aspersa Müll. (nach Howes; aus Lang).
a After im Atemloch *pk*, *s* Schale. *p* deren Mündungsrand.
ga Geschlechtsöffnung, *t* u. *t* Fühler, *ls* Oberlippe.

usw. Dabei hat nicht selten jedes Individuum seinen bestimmten Ruheplatz, zu dem es jeden Morgen zurückkehrt. um ihn gegen Abend auf demselben Wege zur Nahrungssuche wieder zu verlassen.

Ihre Nahrung besteht aus weichen, saftigen Stoffen. Wenn auch alle Schnecken mehr oder weniger wählerisch sind, so fressen sie doch gelegentlich alles, ob pflanzlicher oder tierischer Art, ob lebend, tot oder schon zerfallen. Sie fressen fast alle Pflanzen, chlorophyllhaltige sowohl wie -freie. am wenigsten gerne wohl Nadelhölzer, lebende Tiere, soweit sie sie bewältigen können, wie Regenwürmer. schwächere Insekten. andere Schnecken. selbst der eigenen Art. ihre eigenen Eier, Schneckenschleim. den sie oft vom Rücken anderer Schnecken abweiden, dabei deren Epidermis so verletzend, dafs die betreffenden Tiere sterben müssen. Aas. Exkremente, Moder, Seife, Zeitungspapier usw.

Die Frafsbilder (Fig. 47) der Schnecken sind sehr charakteristisch: an Blättern grofse. unregelmäfsig gerundete Löcher vorwiegend in der Blattspreite, seltener am Rande; an Früchten ebenfalls grofse Löcher, mehr breit als tief. An härteren Gegenständen (Obst, Kürbissen usw.) kann man mit der Lupe gewöhnlich noch die feinen, von der Radula herrührenden Streifen sehen (Fig. 48). Auch der zurückgelassene Schleim verrät gewöhnlich den Missetäter.

Die Ausnutzung der Nahrung, wenigstens der pflanzlichen Stoffe, ist sehr gering. Allerdings wird durch ein von der Leber ausgeschiedenes Enzym die Cellulose, soweit sie nicht schon verholzt ist, in lösliche Mannose und Galaktose übergeführt[1]). Aber anderseits hat man im Kote von Schnecken lebende Moosprotoneme und Fragmente von Moosblättern, Konidien von Flechten und zahlreiche Pilzsporen gefunden[2]). Ja, manche Befunde[3]) sprechen sogar dafür, dafs viele der letzteren nur dann zu keimen vermögen, wenn sie erst den Darmkanal

Fig. 47. Radieschen, von d. Ackerschnecke befressen (Original).

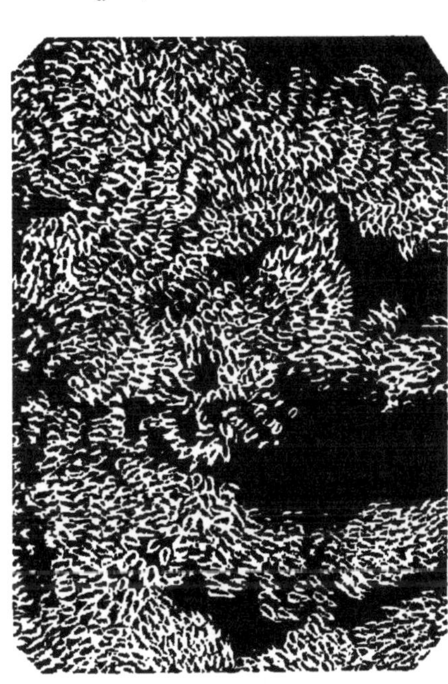

Fig. 48. Frafsbild der Ackerschnecke (nach Seidel).

von Schnecken passiert haben. Da es sich hierbei häufig um parasitische Pilze handelt (Plasmopara, Bremia, Peronospora, Cystopus), so sind viele Schnecken direkt als Verbreiter solcher Pilze anzusehen.

Trotz dieser Polyphagie haben doch die meisten Schnecken einen wohlausgeprägten Geschmack. Die einen ziehen Pilze jeder anderen Nahrung vor, andere grüne Nahrung, wobei wieder die einen mehr Blätter von Bäumen oder Büschen, andere solche von Gemüsen lieben. Dabei suchen sie immer möglichst junge, zarte Triebe bezw. Keim-

<hr>

[1]) Biedermann und Moritz, Arch. ges. Physiol., Bd. 73, 1898, S. 219—287, 2 Taf.; Bd. 75, 1899, S. 1—86, 3 Taf. — Yung, Mém. cour. et Mém. Sav. étrang. Acad. R. Belg. T. 49, 1887. — Voglino, Nuov. Giorn. bot. ital., N. S., T. 2, 1895, p. 181—185.

[2]) Stahl, Jenaische Zeitschr., Bd. 22 (N. S. 15), 1888, S. 557—684.

[3]) Wagner, Zeitschr. Pflanzenkrankh., Bd. 6, 1896, S. 144—150. — Hesse, Jahresh. Ver. vaterl. Nat. Württemberg, Jahrg. 60, 1904, S. CXV.

pflanzen zu erlangen. Da manche Arten in grofsen Massen auftreten können und entsprechend ihrer aufserordentlich grofsen Muskelkraft und der geringen Ausnutzung der Nahrung sehr viel von dieser verbrauchen, so können sie ungemein schädlich werden.

Ganz besonders gerne mögen die meisten Schnecken Süfsigkeiten, daher sie grofse Feinde aller süfsen, weichen, saftigen Früchte (Kürbisse, Erdbeeren usw.) sind.

Noch besser ist der Geruch ausgebildet. Sie können ihnen zusagende Nahrung auf mehrere Meter Entfernung riechen und kriechen dann immer geradewegs auf sie zu. Bekannt ist, dafs sie sich an Köderstellen für Nachtschmetterlinge oft in grofsen Mengen ansammeln.

Lebhaftigkeit, Frefslust usw. der Schnecken sind abhängig vom Wetter; doch verhalten sich die einzelnen Arten verschieden. Die Limaciden sind die lebhaftesten; dann kommen die kleineren Heliciden, dann die gröfseren, am trägsten sind die Arioniden. Ihre Geschwindigkeit wächst im allgemeinen mit der verhältnismäfsigen Länge und Schmalheit des Fufses.

In den gemäfsigten Zonen halten die meisten Schnecken einen Winterschlaf. Die Nacktschnecken verkriechen sich hierzu einzeln in die Erde, ziehen sich kugelig zusammen und umhüllen sich mit Schleim. Die Gehäuseschnecken gehen zum Teil auch in die Erde, zum Teil unter Laub usw.; die einen schliefsen ihre Schale mit dem kalkigen Winterdeckel, Epiphragma, die anderen nur mit zu fester Haut erhärtendem Schleime. Je kälter es wird, um so tiefer ziehen sie sich in ihre Schale zurück, von Zeit zu Zeit eine neue häutige Scheidewand bildend. Sie überwintern meist gesellig und kleben sich dabei oft mit den Schalen aneinander. In den Tropen halten die Schnecken einen entsprechenden Sommerschlaf; aber auch bei uns verfallen sie in trockenen, heifsen Sommern, bei Nahrungsmangel usw., in einen solchen.

Im Winter können die Schnecken beträchtliche Kälte vertragen[1]; ja, THEOBALD[2] hat sogar beobachtet, dafs die schlimmsten Schneckenjahre auf sehr strenge Winter folgten, was er allerdings nur auf Abnahme ihrer Feinde infolge der Kälte zurückführen will. In milden Wintern werden sie leicht aus ihren Verstecken hervorgelockt und fallen dann plötzlich eintretender Kälte zum Opfer.

Auch sonst ist die Lebenszähigkeit der meisten Schnecken eine recht grofse. So nötig ihnen Wasser zum aktiven Leben ist, so können sie doch Trockenheit und Nahrungsentzug so gut vertragen, dafs häufig Schnecken, die schon jahrelang (bis sechs Jahre) in Sammlungen aufbewahrt worden waren, bei genügender Feuchtigkeit wieder lebendig wurden[3]. Im aktiven Zustande, bei genügender Feuchtigkeit und Wärme, können sie allerdings Nahrungsentzug nur einige Tage bis Wochen aushalten.

Während Gehäuseschnecken Verletzungen der Teile, die am meisten solchen ausgesetzt sind, der Fühler, des Kopfes, meist ohne weiteres wieder regenerieren, bei einer Nacktschnecke sogar Selbstamputation eines Teiles des Fufses statthat, sind sonst die Schnecken, besonders

---

[1] Ich selbst fand am 23. Nov. 1905 an Rettichpflanzen unter Schnee lebende fette Ackerschnecken, trotzdem schon seit mehreren Tagen Frost (bis —5° C.) geherrscht hatte.

[2] Zoologist, Juni 1895.

[3] COOKE, Cambridge nat. History, Vol. III, 1895, p. 37—39.

die nackten, gegen Verletzungen ihres Mantels aufserordentlich empfindlich, worauf ihre Bekämpfung durch Salze usw. beruht.

Die Lebensdauer der Schnecken scheint eine recht beträchtliche zu sein; ein Alter von fünf bis sechs bis acht Jahren ist namentlich bei gröfseren Arten (Weinbergschnecke) beobachtet, während die kleineren allerdings kaum mehr als zwei, höchstens vier, manche sogar nur ein Jahr alt werden dürften.

Die Fortpflanzung der Schnecken findet im allgemeinen im Sommer statt, wobei jedes Tier sowohl als Männchen wie als Weibchen zu funktionieren imstande ist: daher ihre grofse Fruchtbarkeit. Eine Begattung scheint für mehrere Eiablagen, sogar vielleicht für mehrere Jahre zu genügen. Die Eier werden einige Wochen danach

Fig. 49. Eierhäufchen der Weinberg-schnecke (nach v. Schilling).

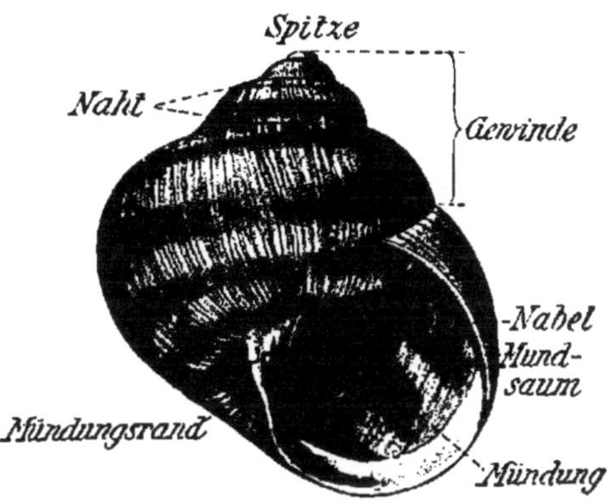

Fig. 50. Schale der Weinbergschnecke.

in die Erde (Fig. 49), unter Laub usw. in Häufchen von 20 bis 60 abgelegt; die Zahl aller Eier eines Weibchens in einem Jahre schwankt bei den verschiedenen Arten zwischen etwa 50 und 500. Zum Teil noch im Herbste, zum Teil erst im nächsten Frühjahre schlüpfen die Jungen aus. Im einzelnen widersprechen sich die Zeitangaben betr. der Fortpflanzung sehr, so dafs zukünftiger Forschung hier noch viel festzustellen bleibt.

Wie nicht anders zu erwarten, ist die Zahl der Feinde solch wehrloser Geschöpfe sehr grofs. Von Säugetieren sind namentlich hervorzuheben: alle Insektenfresser, Schweine, Mäuse (H.) [1] (besonders im Winter); von Vögeln: Krähen, Dohlen, Elstern (H.), Stare, Tauben (H.), Amseln und Drosseln (H.), Würger, Hühner (H.), Fasanen, Enten, Kiebitze. Dazu gehören ferner alle Eidechsen, die Blindschleiche: alle Landamphibien: von Gliedertieren: manche Spinnen, Tausendfüfse, Laufkäfer und ihre Larven (H.), Staphiliniden (H.), die Larven der Glühwürmchen, Lampyris (H.) und andere Weichkäfer.

---

[1] Ein (H.) bedeutet, dafs die betreffenden Tiere besonders auch Heliciden und anderen Gehäuseschnecken nachstellen.

gelegentlich auch Silphiden. Die Larven der *Drilus*-Arten beifsen sich am Kopfe von Gehäuseschnecken, namentlich *Helix*-Arten, fest, lassen sich von den Tieren mit ins Innere der Schale ziehen und fressen sie dann vollständig auf. Im leeren Gehäuse verpuppen sie sich. Verschiedene Milben, besonders *Philodromus Limacum* L.[1], bilden den Übergang zu den Parasiten: man findet sie in Darm und Lungenhöhle sowie äufserlich auf gröfseren Nacktschnecken und Heliciden.

An inneren Parasiten sind die Schnecken überreich, die Wasserschnecken allerdings noch mehr als die Landschnecken. Zahlreiche Bandwürmer, Trematoden, Nematoden usw., leben in gewissen Stadien auch in Landschnecken, vorwiegend in Nacktschnecken, namentlich in Leber, Darm und Lungenhöhle, wie es scheint jedoch, ohne ihren Wirten ernstliche Beschwerden zu verursachen. Gefährlicher sind einige Dipteren[2], die ihre Eier in die von Heliciden und Limaciden legen.

Leuchs berichtet in seiner vorzüglichen „Naturgeschichte der Ackerschnecke"[3] über von ihm an gefangenen Schnecken beobachtete Krankheiten. Der Durchfall entsteht bei zu wässerigem Futter, z. B. wenn sie ganz junges, im Schatten gewachsenes Getreide fressen. Die Faulkrankheit tritt auf, wenn zuviel Schnecken an einem Orte beisammen sind und an reinem Wasser Mangel leiden: die Krankheit ist ansteckend. Die Tiere erschlaffen dabei und beginnen zu faulen. Der schwarze Brand ist der vorigen Krankheit ähnlich: nur wird der Körper schwarz, und zwar faulig oder trocken. Wie weit diese Krankheiten in der Natur vorkommen und vielleicht zur Erzeugung künstlicher Epidemien zu gebrauchen wären, ist noch zu erforschen.

Die Verbreitung der Landschnecken entspricht der oben bei den Pulmonaten erwähnten. Durch Verschleppung, z. B. durch Überschwemmungen, an den Füfsen von Vögeln usw., ganz besonders aber durch den Menschen ist eine grofse Zahl von Schnecken und gerade schädlichen Arten fast oder ganz kosmopolitisch geworden[4]. Namentlich bewurzelte Pflanzen führen sehr häufig in der den Wurzeln anhängenden Erde Schnecken oder ihre Eier mit.

Für die Bestimmung der Gehäuseschnecken ist die Schale von gröfster Wichtigkeit, daher wir kurz ihre Terminologie auseinandersetzen müssen (Fig. 50). Zur Bestimmung stellt man sie so vor sich, dafs die Spitze (Apex) nach oben gerichtet ist, die Mündung (Apertura) nach dem Beschauer. Liegt letztere dann rechts von der senkrechten Achse, so ist die Schale rechts gewunden, liegt sie links, dann links gewunden. Oben, unten, rechts, links beziehen sich auf die Lage der Teile von dem Beschauer aus. Jeder Umgang der Schale wird als Windung bezeichnet; die zwischen der Spitze und dem oberen Rande der Mündung liegenden Windungen bilden das Gewinde, die

---

[1] Herr Prof. Ant. Berlese hatte die Liebenswürdigkeit, mir über diese Milbe mitzuteilen, dafs sie zuletzt von Canestrini (Acarofauna italica, Padova 1886 p. 231, unter dem Namen *Ereynetes limacum*) in wenigen Exemplaren in Nacktschnecken, mehr in *Helix cellaria* gefunden, und dafs sie nach seiner (Berleses) Ansicht kein Parasit sei.

[2] Es scheint, als ob diese Dipteren den Entomologen noch unbekannt seien.

[3] Nürnberg 1820, 8°; mir leider im Original nicht zugänglich; hier wiederholt nach dem Auszuge in: Johnston, Einleitung in die Conchyologie. Übersetzt von Bronn. Stuttgart 1853, S. 458.

[4] Kew, The dispersal of Shells. London 1893. Internat. scient. Ser.

Grenzen der Windungen die Naht (Sutur). Die Achse der Schale, um die sich die Umgänge herumwinden, heifst Spindel (Columella); ist sie unten offen, so spricht man von einem Nabel. Der äufsere Rand der Mündung heifst Mundsaum (Peristom), der innere Mündungs-rand, Innenlippe, Spindelrand usw. Die Windungen werden von oben nach unten gezählt.

Man unterscheidet ungefähr 15 Familien der Stylommatophoren, gröfstenteils nach anatomischen Merkmalen und nach der Bildung der Radula[1]).

Vorbeugung. Die Einschleppung von Schnecken, namentlich in Treibhäuser, ist dadurch zu verhindern, dafs alle Wurzeln neu an-bezw. eingepflanzter Gewächse gründlich von Erde gereinigt werden. Die Schlupfwinkel der Schnecken: feuchte Grabenränder, dichte Hecken, Buchsbaumeinfassungen usw., sind, soweit tunlich, zu beseitigen. Das Walzen des Bodens vor der Bestellung tötet nicht nur direkt viele Schnecken, sondern zerstört auch die als Schlupfwinkel dienenden grofsen Erdschollen und erschwert den Schnecken das Eindringen in die Erde zum Verstecken und zur Eiablage. Durch gute Drainage nimmt man dem Boden die sie begünstigende Feuchtigkeit.

Bedrohte Kulturen oder einzelne Pflanzen schützt man dadurch vor ihnen, dafs man sie mit einem Schutzwall von ätzenden oder scharfen Stoffen, ungelöschtem oder frisch gelöschtem Kalk, Kalk mit 4 % Soda, Eisenvitriol, Asche, besonders Holzasche, Calciumhydrat, Kainit, Chilisalpeter oder ähnlichem umgibt, oder mit feinen Pulvern, wie Rizinusmehl, Rufs, feinkörnigem Sande usw., oder mit trockenen Fichtennadeln, Gerstenspreu, Flachsschalen usw. Aus Abfallbrettern kann man auch eine niedrige Wand errichten, die man aufsen mit einem Gemisch von Vitriolöl und Rebenschwarz anstreicht. Bäume werden durch die üblichen Leimringe vor dem Aufkriechen der Schnecken geschützt. Es braucht kaum betont zu werden, dafs viele der oben-genannten Mittel bei Regen dauernd (die Salze) oder vorübergehend (die Spreumittel) ihre Wirkung verlieren, die ersteren also öfters er-neuert werden müssen. Keimpflanzen sollen dann unberührt bleiben, wenn die Samen mit einer Abkochung von Jauche und Schafkot, der etwas Asa fötida beigefügt wird, gebeizt wurden[2]).

Gegenmittel. Aufser Begünstigung der natürlichen Feinde bezw. Eintrieb von Schweinen, Hühnern oder Enten ist besonders das Ablesen anzuraten, das am besten abends oder morgens an trüben, regnerischen Tagen stattfindet, unter ganz besonderer Berücksichtigung der Unterseiten gröfserer Blätter. Man bedient sich hierzu zweck-mäfsig einer Zange (Feuerzange, Handschuhdehner, Brennschere oder ähnlichem) und wirft die aufgelesenen Schnecken in einen Topf mit konzentriertem Salzwasser, in dem sie sehr rasch sterben; der Inhalt kommt dann auf den Komposthaufen. Als Schneckenfallen legt man grofse, alte Blätter (Rhabarber, Gurken, Reben), hohlliegende Bretter, Ziegel usw. aus, deren Wirksamkeit man noch bedeutend er-

---

[1]) Es ist hier unmöglich, auch nur einigermafsen vollständig die Gruppe zu behandeln; es seien nur die wichtigsten Familien und Arten herausgegriffen; be-züglich der anderen ist auf die bekannten Handbücher der Weichtierkunde zu verweisen. In Anordnung, Terminologie, Merkmalen usw. richten wir uns im folgenden vorwiegend nach: GOLDFUSS, Die Binnenmollusken Mitteldeutschlands. Leipzig, W. Engelmann 1900.

[2]) RITZEMA BOS, Tierische Schädlinge usw., S. 699.

höht, wenn man sie auf der Unterseite mit Schweineschmalz, Sirup,
Fruchtgelee usw. bestreicht. Die Schnecken ziehen sich bei Tages-
anbruch unter diese Verstecke zurück und müssen dann abgelesen
werden. Auch Drainröhren, in den Boden gesteckt und mit Küchenabfällen gefüllt, sind vorzügliche Schneckenfallen, ebenso wie bis zum
Rande in die Erde gegrabene und abends etwa 1 cm hoch mit
Bier gefüllte Blumenuntersätze, in denen die Schnecken zugleich
ertrinken. Grüne Weidenruten entrindet man, schneidet die sich zu-
sammenrollende Rinde in Stücke von 30 bis 40 cm Länge und legt
sie aus: die Schnecken kriechen in diese Röhren, um die cambiale
Innenseite abzufressen[1]). Auch an einfachen Ködern, wie Rindenstücken von Kürbissen, Melonen, Kleiehäufchen usw., kann man Schnecken
fangen. Namentlich in Gewächshäusern empfiehlt es sich, bedrohte
wertvolle Pflanzen dadurch zu schützen, dafs man Blätter von Salat,
Kohl oder anderen Köder um sie herumlegt.

Das empfehlenswerte Mittel gegen Nacktschnecken im grofsen ist,
sie mit einem der obengenannten ätzenden Salze zu bestreuen. Am
besten nimmt man hierzu frischgelöschten, zu Staub zerfallenen Kalk
oder Calciumhydrat, zerstäubt ihn mit einem Blasebalge frühmorgens
oder spätabends etwa 1 m hoch über dem Felde, immer mit dem Winde
gehend, die Hände und Augen durch Einreiben mit Fett oder Öl geschützt. Die von dem Staube getroffenen Schnecken scheiden sofort
grofse Mengen Schleim ab: die meisten sterben; andere kriechen nach
einiger Zeit aus der Schleimhülle heraus. Werden sie nun von neuem
von ätzendem Staube getroffen, so vermögen sie sich nicht mehr durch
Schleimabsonderung zu schützen und gehen zugrunde. Man mufs daher
die Stäubung nach $1/4$ bis $1/2$ Stunde wiederholen.

Auf nahezu abgefressenen Feldern tötet man die Schnecken durch
Walzen bei trockenem, Eggen bei feuchtem Wetter[2]). Auch mehr-
maliges Eggen bei starker, trockener Mittagshitze kann bei geeignetem
Boden alle Schnecken vernichten[3]).

Kompost-, Laub- und ähnliche Haufen sind zur Vertilgung der
Eier gut mit Ätzkalk zu versetzen.

Limaciden, Egelschnecken[4]).

Nackt, äufsere Schale und Eingeweidesack fehlen. Mantel bedeckt
als „Schild“ (Fig. 51) den vorderen Teil des Rückens; unter ihm
als Rudiment der Schale eine dünne, länglichovale, konzentrisch ge-
streifte Kalkplatte. Atemöffnung hinter der Mitte des Schildes. Sohle
in drei Längsfelder geteilt. Kiefer glatt, halbmondförmig. Seitenzähne
der Radula spitzig, schlank.

Von allen Schnecken haben die Limaciden das stärkste Bedürfnis
nach Wasser, das sie durch Mund und Haut aufnehmen, in solchen
Mengen, dafs sich ihr Volumen um das Dreifache vergröfsern kann[5]).

---

[1]) Prakt. Ratgeber in Obst- u. Gartenbau, Bd. 3, 1888, S. 331.
[2]) Ritzema Bos, l. c. S. 700.
[3]) Jahresber. Sonderaussch. Pflanzenschutz, D. L.-G. 1900, S. 81.
[4]) Simroth, Zeitschr. wiss. Zool., Bd. 42, 1885, S. 203—366, 3 Taf. — Nackt-
schnecken-ähnlich sind gewisse **Testacelliden,** nur dafs Schild und Mantel ganz
am hinteren Ende des Körpers liegen. Sie sind Raubschnecken, die mit Vorliebe
Regenwürmer verzehren.
[5]) Künkel, Verh. Deutsch. zool. Ges., X, 1900, S. 22—31.

Wenn auch manche Limaciden chlorophylllose Nahrung vorziehen,
so sind sie doch im allgemeinen die schlimmsten Schädlinge unter den
Schnecken, und zwar in Wald, Feld, Garten und Treibhäusern, in
letzteren besonders im Winter. Sie fressen namentlich zarte Keimpflanzen, saftige, süfse Früchte, in Warmhäusern die verchiedensten
Pflanzen, selbst Kakteen, mit Vorliebe aber Farfugien[1]) und die Blüten
von Orchideen. Mit Gemüse werden sie häufig in Keller geschleppt, wo
sie alle mögliche Vorräte, auch Milch und Sahne, angehen, besonders
aber auch leere, ungereinigte Bierflaschen, in denen sie sich verkriechen,
und tropfende Hähne von Fässern mit Alkoholien. Selbst in Bienen-
stöcke dringen sie ein, um Honig zu naschen[1]). Im Freien sind
manche Arten beobachtet worden, wie sie von Pflanzen die Blattläuse
abweideten[2]).

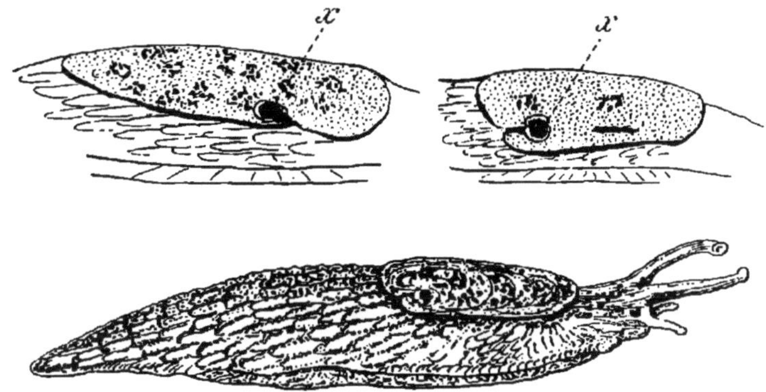

Fig. 51. Nacktschnecken.
Oben links: Schild von Arion; rechts: Schild von Limax (r Atemloch);
unten Ackerschnecke (nach Theobald).

Da sie als Verstecke den Boden bevorzugen, auch zur Eiablage in
diesen eindringen, finden sie sich mehr in leichtem, offenem Boden,
seltener in schwerem, kompaktem.

Im allgemeinen sind es namentlich die kleineren Arten und die
Jungen der gröfseren, die den meisten Schaden tun.

Limax Müller.

Schild mit konzentrischen Wellenlinien; Schalenrudiment rundlich,
flach, mit seitlichem Kerne. Rücken hinten zugespitzt und gekielt.
Atemloch rechts hinter der Mitte des Schildes.

L. maximus Müll., höckerig, schwarz, gelblichgrau (var. *cinereus*
List.) oder schwarz und weifs gestreift. Bis 15 cm lang. Radula etwa
mit 160 Quer- und 180 Längsreihen, zusammen ca. 26 800 Zähnen. —
Namentlich in Wäldern und Kellern (var. *cinereus*); im Winter oft in
Warmhäusern schädlich, an Petunien, Lobelien, Hyacinthen, Tulpen,
Fuchsien, Cyclamen, Primula chinensis, Begonien, selbst Kakteen, be-
sonders an Keimpflanzen[3]). — Europa, Nordamerika.

---

[1]) Cooke, l. c. p. 36.
[2]) Insect Life, Vol. 4, 1892, p. 348; Vol. 5, 1892, p. 128—130; Theobald, Zoologist (3),
Vol. 20, 1891, p. 307—308.
[3]) Läss, Nachrichtsbl. deutsch. malak. Ges., Bd. 23, 1891, S. 3—5.

Agriolimax Simroth.

Nur anatomisch von Limax unterscheidbar.

A. agrestis *L.*, **Ackerschnecke** (s. Fig. 51). Hell- bis dunkelgrau, meist mit feinen schwarzen Strichen; schmal, nach hinten stark ausgezogen, stark gekielt. Am besten an dem weifsen, kalkhaltigen Schleime kenntlich. Radula mit ungefähr 110 Längs-, 120 Querreihen, zusammen 13200 Zähnen. 30 bis 60 mm lang, 6 mm breit; in Garten, Feld und Wald.

Die Ackerschnecke ist die schädlichste aller Schnecken, durch die ungeheuren Mengen, in denen sie in für sie günstigen Jahren auftritt, und durch ihre Vorliebe für keimende Pflanzen, besonders Getreide. Die Fortpflanzung findet wohl den ganzen Sommer über statt; die etwa 500 Eier werden in Häufchen von 20 bis 30 in die Erde, unter Moos usw. abgelegt. Nach etwa zwei bis drei Wochen kriechen im Sommer die Jungen aus; die im Herbste abgelegten Eier überwintern und sind gegen Kälte und Trockenheit unempfindlich. Da die Jungen nach etwa sechs Wochen fortpflanzungsfähig werden, vermehrt sich die Zahl der Tiere nach dem Herbste zu ständig, daher auch der gröfste Schaden am keimenden Wintergetreide verursacht wird. Aber auch Klee, Kartoffeln (Knollen und Blätter), Rüben, Gemüse, Früchte, Blumen (Veilchen, Nelken, Dahlien) leiden sehr unter ihr, auch Tabak, Reben. Desgleichen schadet sie beträchtlich in Warmhäusern und Frühbeeten.

Die Ackerschnecke wird einige Jahre alt. Sie ist fast kosmopolitisch, vom Menschen überallhin verschleppt.

Besonders schlimme Jahre waren für Deutschland: 1768—1771, 1816—1817, 1888, 1896, 1898.

Amalia carinata Mocq. Tand., in England oft schädlich, besonders an Zwiebelgewächsen [1]).

Limaciden sollen nach Watt and Mann [2]) auf den Teeplantagen Indiens beträchtlichen Schaden tun, besonders **Helicarion salius** Bens. auf Saatbeeten.

Arioniden, Wegschnecken.

Nackt: wie Limaciden, aber Schale aus unzusammenhängenden Kalkkörperchen bestehend; hinterer Teil des Rückens nicht gekielt, rund. Atemöffnung vor Mitte des Schildes (s. Fig. 51). Sohle mit undeutlicher Längsfelderung. Kiefer gerippt. Seitenzähne der Radula stumpf, breit.

Biologisch verhalten sich die Wegschnecken ähnlich wie die Egelschnecken; nur sind sie träger und treten seltener in grofsen Mengen auf. Auch sind sie widerstandsfähiger, namentlich gegen Kälte, so dafs man nicht selten einzelne selbst bei Frost tätig findet.

Arion Férussac.

Am hinteren Ende des Fufses eine Schleim-, die „Schwanzdrüse". Seitenzähne lanzett- oder messerförmig; ein dreispitziger Mittelzahn. Junge Tiere mancher Arten längere oder kürzere Zeit am hinteren Ende gekielt.

Arion empiricorum Fér. (= ater *L.* = rufus *L.*). Farbe wechselnd, von schwarz bis rötlich, von dunkelbraun bis lehmgelb, junge Tiere oft grünlichweifs bis rahmfarben. Sohle weifs bis schwärz-

---

[1]) Cooke, l. c. p. 31.
[2]) The pests and blights of the Tea plant. 2. ed. Calcutta 1903 p. 376—377.

lich. Rand von quergestreiftem, gelblichweitsem Saume eingefalst.
Schild vorn und hinten abgerundet. Bis 150 mm lang, 20 bis 25 mm
breit, grob gerunzelt.

Die grofse Wegschnecke ist in Deutschland überall verbreitet,
namentlich im Walde, viel in Gärten, seltener im Felde. Sie frifst
alles. Die 400 bis 500 Eier werden den ganzen Sommer über
in verschieden grofsen Häufchen abgelegt; nach zwei bis drei Monaten schlüpfen die Jungen aus. Wird kaum mehr als ein oder
zwei Jahre alt. Schleim gelblich, Radula mit 160 Quer-, 110 Längsreihen,
zusammen 17600 Zähnen.

A. bourguignati Mab., grau bis olivenfarben, bräunlich, mit scharf
begrenzten Seitenstreifen. Schleim wasserhell, Sohle hell. 50 mm
lang, 5 mm breit. In Gärten und Wäldern, an Gemüse schadend.

A. hortensis Fér., schlank, walzig. Schmutziggrau bis schwärzlich,
an den Seiten nicht scharf begrenzte Längsbänder. Sohle und Schleim
orangefarben. 40 bis 50 mm lang, 4 bis 5 mm breit. Vorwiegend in
Gärten schädlich, in England an Veilchen und Pensées [1]).

Heliciden, Schnirkelschnecken.

Gehäuse kugelig, plattgedrückt oder konisch, geräumig, so dafs
das Tier sich ganz in dasselbe zurückziehen kann. Kiefer halbmondförmig, gerippt. Zähne mit breiter Basis, meist dreispitzig. Mit Pfeil-
sack, der ein bis zwei sogenannte „Liebespfeile" enthält, deren Form
spezifisch charakteristisch ist.

In über 5000 Arten über die ganze Erde verbreitet. Am häufigsten
finden sie sich auf Kalkboden, da sie zur Bildung ihrer Schale Kalk
benötigen (s. oben S. 55).

Nicht so schädlich wie die Nacktschnecken, zumal sie sich viel
langsamer vermehren. Sie ziehen grüne Nahrung vor: im Felde junges
Getreide (Weizen), in Gärten Gemüse und Blumen; einige Arten klettern
auf Reben und Bäume und benagen ihre Knospen, Blätter und selbst
Früchte. — Die Eier werden meist in selbst gegrabene Gänge in die
Erde gelegt, in Haufen.

Helix Linné.

Tier halbstielrund, schlank. Geschlechtsöffnungen gemeinsam
hinter rechtem Augenträger. Atemöffnung rechts unter dem Mantelrande. Radula lang, schmal, nicht in Längsfelder geteilt; mittlere
Zähne drei-, Seitenzähne zweispitzig. Gehäuse bei einheimischen Arten
normaler Weise immer rechts gewunden.

Die über 3000 Arten werden in zahlreiche Untergattungen gruppiert.

H. (Trichia) hispida L. Tier aschgrau bis schwärzlich, Sohle und
Seiten grauweifs. Schale niedergedrückt, fein und kurz behaart, genabelt, hornfarben oder bräunlich, 4 bis 5 mm hoch, 8 bis 9 mm breit.
Nach GOLDFUSS in Gärten oft in grofsen Mengen, namentlich an frisch
aufgegangenen Sämereien [2]). — Europa, Nordamerika.

H. (Trichia) rufescens Penn. Tier gelblichbraun mit dunkelbraunen
Streifen an Nacken und Tentakeln, Fufs blafs, schmal. Schale niedergedrückt, blafs schmutziggrau, manchmal braun quergestreift, Mund

---

[1]) COLLINGE, Report on the injurious insects and other animals etc. during
1904, p. 57.
[2]) l. c. S. 21.

innen mit breiter weißer Lippe. 6,5 mm hoch, 12 mm breit. — Gehört in Südengland[1]) zu den schlimmsten Gartenplagen, besonders an Erdbeeren („Strawberry-snail"), Veilchen und Iris. Überwintert in Efeu; legt im August bis November 40 bis 60 Eier. Auch in Westdeutschland, Belgien, Frankreich, Schweden und Nordamerika vorkommend.

H. (Eulota) fruticum Müll. Tier rötlichbraun bis fleischfarben, Mantel mit braunschwarzen Flecken, die bei helleren Gehäusen durchschimmern. Letztere kugelig, genabelt, dicht und fein spiralgestreift, weißlich, braunrot bis fleischfarben; Mundsaum scharf, innen mit weißlicher oder rötlicher Lippe. 14 bis 18 mm hoch, 17 bis 20 mm breit. Die „Buschschnecke" hat im Jahre 1899 bei Greiz sehr stark mit Mehltau befallenen Hopfen völlig entblättert[2]). — Im Elsaß gemeinsam mit H. nemoralis massenhaft in Weinbergen, wo sie junge würzige Triebe allem anderen vorzieht und daher viele Gescheine zerstört[3]).

H. (Arionta) arbustorum *L.* Tier graublau bis schwarz. Gehäuse kastanienbraun. Mundsaum scharf, innen stark weiß gelippt. In Gärten, Hecken, an feuchten Stellen, meist gesellig lebend.

H. (Xerophila) ericetorum Müll. Tier schmutziggelblich. Schale niedergedrückt, fast scheibenartig, einfarbig, gelblichweiß oder mit braunen Bändern; Nabel sehr weit. 6 bis 8 mm hoch, 12 bis 17 mm breit. Radula mit 115 Quer-, 60 Längsreihen, zusammen 6900 Zähnen. — Liebt trockene Gegenden; überfiel 1899 in Calvados zu Millionen die Getreide- und andere Felder[5]); in Posen 1900 an Esparsettestoppeln sehr schädlich geworden[4]). Wird besonders gerne von Tauben gefressen; Löns fand im Kropfe einer Brieftaube 67 Stück, in einer Gegend, wo die Schnecke selten ist[6]).

H. (Helicella) obvia Hartm., ähnlich voriger Art, besonders in Südosteuropa. Nach Goldfuss namentlich auf Esparsette, Luzerne und Klee in großen Mengen[7]).

H. (Striatella) intersecta Poir. (= caperata Mtg.). Tier gelblichgrau. Schale niedergedrückt, beiderseits fein gerippt, grauweiß mit braunrötlichen Bändern. Nabel tief, Mundrand innen mit weißer Lippe. — Hauptverbreitungsgebiet England, Belgien, Frankreich, Nordspanien, hier oft sehr schädlich, besonders in Kornfeldern[8]). In Deutschland nur an einzelnen Orten, offenbar durch Sämereien eingeschleppt[9]).

H. (Tachea) nemoralis *L.*, Hainschnecke. Tier gelbgrau, gerunzelt. Schale kugelig, ungenabelt, glänzend, gelb, rot oder braun, einfarbig oder gebändert; Mundsaum kastanienbraun mit fast schwarzer Lippe. 16 bis 17 mm hoch, 13 mm breit. — In Mittel- und Nordeuropa überall in Gärten und Weinbergen, seltener im Walde; erscheint zuerst im Jahre, oft schon im Februar. Frißt besonders Baumblätter und benagt Früchte; in England auch an Klee, jungen Rüben und Salat schädlich[10]). — Auch in Nordamerika.

---

[1]) Theobald, Zoologist, June 1895; Collinge, l. c.
[2]) Jahresber. Sonderaussch. Pflanzenschutz D. L.-G. 1899, S. 108.
[3]) Ibid. 1898, S. 176.
[5]) Ibid. 1900, S. 147.
[4]) Feuille jeun. Nat. T. 29, 1899, p. 192.
[6]) Nachrichtsbl. deutsch. malak. Ges., Bd. 22, 1890, S. 193—195.
[7]) l. c. S. 22.
[8]) Theobald, l. c.
[9]) Goldfuss, l. c. S. 132.
[10]) Theobald, l. c.

H. (Tachea) hortensis Müll., ähnlich, nur Mundsaum weiſs. Im Gegensatze zu ihrem Namen nicht in Gärten, sondern in Wäldern und Gebüschen.

H. (Helicogena) pomatia *L.*, **Weinbergschnecke.** Tier gelblichgrau, grob gekörnelt. Schale (s. Fig. 50) kugelig, stark und regelmäſsig gestreift, hell bis dunkelbraun, mit fünf nicht immer deutlichen Streifen; Mundsaum schwach verdickt. 30 bis 45 mm hoch, 20 bis 40 mm breit. — Vorzugsweise in Gärten und Weinbergen, friſst besonders gerne Knospen und Blätter der Reben. Legt im Sommer 20 bis 80 Eier in die Erde (s. Fig. 49), am liebsten in verlassene Maulwurfs- oder Mäusegänge[1]). Nach 20 bis 30 Tagen kriechen die Jungen aus, die nach 9 bis 10 Monaten erwachsen sind. Wird 6 bis 8 Jahre alt. Geht im Winter in die Erde und schlieſst ihre Schale mit einem Epiphragma. Radula mit 140 Quer-, 150 Längsreihen, zusammen 21 000 (nach GOLDFUSS 19 000) Zähnen. Man schützt die Reben, indem man sie mit Eisenvitriol umgibt oder das alte Holz mit einer 50 %igen Lösung davon bestreicht[2]).

H. (Pomatia) aspersa. Müll. (s. Fig. 46). Tier ähnlich dem der vorigen Art. Schale braun mit blassen Zickzackstreifen. Kleiner als vorige Art. Radula mit 135 Quer-, 165 Längsreihen, zusammen 14 175 Zähnen. — In den Mittelmeerländern und England heimisch, in Gärten sehr schädlich, verzehrt die zartesten Gemüse und hat schon oft ganze Pfirsich- und Aprikosenbäume entblättert, von denen sie auch die Blüten und selbst die Früchte abfriſst[3]). Weit verbreitet, verschleppt nach Amerika von Neuschottland bis Argentinien, Westindien, Kapland, den Azoren, St. Helena, Mauritius und Australien[4]).

Von der Familie der

Pupiden

(Gehäuse immer höher wie breit) soll **Buliminus detritus** Müll. namentlich in Thüringen und den Rheingegenden schädlich sein[5]), in Weinbergen und Getreidefeldern, selbst an Schwarzkiefern.

Von der Familie der

Stenogyriden

(Gehäuse höher wie breit, Spindel abgestutzt) ist namentlich **Stenogyra (Bulimus) decollata** *L.* vielfach schädlich geworden sowohl in ihrer Heimat, den westlichen Mittelmeerländern, als auch in Nordamerika und Westindien, wohin sie verschleppt worden ist. Besonders in Westindien hat sie Felder von Amaryllis und Kartoffeln, auch Gärten oft derart verwüstet, daſs deren Anbau aufgegeben werden muſste[6]).

Vaginuliden.

Geschlechtsöffnungen getrennt, männliche vorne, weibliche hinten rechts. Vorwiegend tropisch und subtropisch, weit verschleppt. In Westindien und Indien an Kaffee und Tabak schädlich; in neuerer

---

[1]) GOLDFUSS, l. c. S. 143.
[2]) DEGRULLY, Progr. agr. vitic., T. 39, 1903, p. 356.
[3]) COOKE, l. c. p. 279.
[4]) THEOBALD, l. c.
[5]) ECKSTEIN, Forstzoologie, S. 346.
[6]) Insect Life, Vol. 4, 1892, p. 334; Vol. 5, 1893, p. 269.

Zeit auch nach Australien verschleppt, wo sie sich von Brisbane aus
rasch ausbreiten und an verschiedenen Gemüse- und Zierpflanzen sehr
viel Schaden tun, indem sie die ganzen Pflanzen, von den Wurzeln
bis zu den Früchten, verzehren. Nur Gräser und Erbsen bleiben hier
verschont [1]).

Succineiden, Bernsteinschnecken.

Tier im Verhältnis zur Schale sehr grofs; letztere mit wenigen,
rasch an Gröfse zunehmenden Windungen, durchsichtig, mit scharfem
Mundsaume. Kiefer nach hinten mit flügelartigen Fortsätzen.

Succinea putris L. Tier gelblichgrau bis schwarz, gekörnelt.
Lebt an feuchten Orten, auf Wiesen, an Rändern von Gewässern. Von
hier aus kann sie auf benachbarte feuchte Felder übergehen. So berichtet ECKSTEIN [2]), dafs sie sich aus feuchten Wiesen in ein Roggenfeld
verzogen und hier die Ähren ausgefressen hatten. Nach RITZEMA BOS [3])
traten sie in Holland sogar im trockenen Sommer 1904, allerdings nach
dem nassen Jahre 1903, auf trockenen Weizen- und Kleefeldern in
solchen Mengen auf, dafs auf 1 qm mehr als hundert, selbst hunderte
gezählt wurden.

Arthropoden, Gliederfüfsler.

Körper aufsen und innen segmental gegliedert. Die äufsere Haut
in eine Anzahl von durch Einlagerung von Chitin und zum Teil auch
Kalk erhärteten Ringen zerfallen, die durch weiche Gelenkhäute miteinander verbunden sind. Aufserdem deutlich unterschieden: Kopf
(caput), Brust (thorax) und Hinterleib (abdomen). Jeder Teil besteht
aus mehreren Ringen; diese, sowie die ganzen Körperteile können
mehr oder weniger weit verschmelzen. Ursprünglich an allen Körper-
ringen gegliederte und gelenkige Anhänge, die sich am Kopfe zu
Antennen und Mundgliedmafsen umwandeln, am Körper als Beine
dienen.

Unter der harten Haut ein Hautmuskelschlauch; innere Organe
mehr oder minder hoch entwickelt und spezialisiert.

Atmung äufserlich durch Kiemen oder innerlich durch Tracheen
oder verwandte Organe.

Geschlechter meist getrennt. Fortpflanzung geschlechtlich. Parthenogenese weit verbreitet. Die postembryonale Entwicklung meist in Form
einer Metamorphose (Verwandlung). Das Wachstum immer
von einer Anzahl Häutungen begleitet.

Die Arthropoden sind die verbreitetsten und zahlreichsten aller
Tiere. Von den beschriebenen 360000 Tierarten gehören ihnen allein
263000 (ca. [2/3]) an.

Man unterscheidet zwei Abteilungen und etwa fünf Klassen:

Branchiaten, Kiemenatmer: Crustaceen.

Tracheaten, Tracheenatmer: Protracheaten, Myriapoden, Arachno-
ideen, Insekten.

---

[1]) TRYON, Queensland agr. Journ., Vol. 5, 1899, Pt. 1.; s. Zeitschr. Pflanzenkr.
Bd. 12, S. 51—52.

[2]) Centralbl. ges. Forstwes. 1893 S. 457.

[3]) Tijdschr. Plautent. X, 1904, p. 148—151, Pl. 9.

Crustaceen, Krustentiere.

Hautpanzer mit Kalk durchsetzt, spröde. Beine beginnen mit einreihiger Basis und spalten sich dann in je einen Aufsen- und Innenast: Spaltfüfse; der äufsere Ast bei den Landformen meist umgewandelt oder fehlend. Zwei Paar Antennen. Atmen durch meist an den Beinen sitzende Kiemen, daher ganz vorwiegend Wassertiere.

Es tut nicht nötig, hier die Systematik weiter zu verfolgen; wir können uns sofort zu den uns näher interessierenden Ordnungen wenden.

Isopoden, Asseln.

(Fig. 52—56.) Körper breit, flach gewölbt. Der erste Brustring mit dem Kopfe zu einer Kopfbrust (Cephalothorax) verschmolzen, mit zwei Paar Fühlern, drei Paar kauenden Mundteilen und sitzenden Augen. Sieben freie Brustringe; an jedem ein Paar siebengliedriger, in Klauen endigender Schreitbeine. Hinterleib verkürzt, sechsgliedrig, das letzte Glied zu einem platten Schwanzschilde umgebildet. An jedem Segmente ein Paar Spaltfüfse, Pedes spurii, deren letztes, die Analbeine, gewöhnlich nach hinten frei vorragt.

Darm gerade, After am hinteren Ende des Körpers. Speiseröhre eng, starker Muskelmagen mit Chitinleisten.

Weibliche Geschlechtsöffnung am fünften Brustringe, männliche im äufseren Begattungsorgane an den letzten Brust- oder den ersten Abdominalbeinen.

Die Asseln (etwa 30 Familien) sind vorwiegend Meerestiere; nur wenige leben im Süfswasser und nur eine Familie auf dem Lande.

Onisciden, Landasseln.

Innere (vordere) Fühler verkümmert und unter dem Kopfschilde versteckt; äufsere (hintere) lang, gegeifselt, mit fünfgliedrigem Schafte. Augen seitlich. Hinterleibsringe frei, Schwanzschild klein, seitlich von dem vorletzten Segment umfafst. Die fünf ersten Pedes spurii (siehe Fig. 52) decken sich dachziegelförmig, mit verhornter Aufsen- und häutiger Innenlamelle; erstere zum Teil mit Luftkammern (Atmungsorganen), die äufserlich als weifse Flecke sichtbar sind. Der äufsere Ast der Analfüfse tritt bei den uns angehenden Formen zwischen dem vorletzten Segmente und dem Schwanzschilde frei hervor, der innere ist gröfstenteils unter letzterem verborgen. Männchen meist schmäler, mit längeren Analbeinen.

Man kennt etwa 60 Gattungen von Landasseln. Die Unterscheidung der Formen ist nicht immer ganz leicht, daher die wenigen Berichte über schädliche Asseln nur die gewöhnlichen Arten nennen oder ganz unbestimmt lauten. Genauere Bestimmung würde sicher feststellen, dafs viele Arten gelegentlich oder selbst häufiger schädlich werden können.

Dafs überhaupt so wenig Berichte über Schäden durch Asseln vorliegen, rührt wohl einerseits von ihrem versteckten Leben und ihrem unscheinbaren, der Beobachtung sich leicht entziehenden Äufseren, andererseits davon her, dafs sie selten in solchen Massen auftreten um ernstlich schaden zu können.

Alle Landasseln lieben Dunkelheit, Feuchtigkeit und mäfsige Wärme. Tagsüber halten sie sich versteckt, nachts gehen sie ihren Geschäften nach. In warmen Nächten Ende April, Anfang Mai, in Treibhäusern etwas früher als im Freien, findet die Begattung statt. Sie genügt für zwei, durch längeren (wie grofsen?) Zeitraum getrennte innere Befruchtungen [1]), wobei sich am Weibchen höchst interessante morphologisch-anatomische Vorgänge vollziehen. Die reifen Eier (wieviel?) werden vom Weibchen in einer von den Lamellen der vorderen Brustbeine gebildeten Bruttasche getragen (Fig. 53), in der auch die Jungen noch die erste Zeit nach dem Ausschlüpfen bleiben. Diese sind den Alten ähnlich; nur fehlt ihnen noch das letzte Brustbein-Paar.

Über das Alter, das Asseln erreichen und in dem sie fortpflanzungsfähig werden, scheinen Beobachtungen nicht vorzuliegen. Sie sollen sich jährlich einmal häuten.

Ihre Nahrung besteht aus weichen saftigen Stoffen, vorwiegend zerfallenden pflanzlichen, seltener tierischen Teilen. Aber auch lebende Pflanzenteile, wenn sie nur weich und saftig sind, verzehren sie sehr

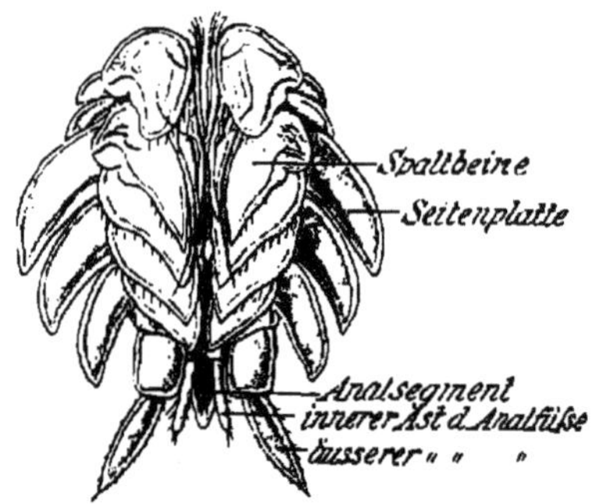

Fig. 52. Hinterteil der Kellerassel (♂) von unten (aus Sars).

Fig. 53. Weibchen der Kellerassel von unten, mit Eiern (aus Brandt und Ratzeburg).

gerne, besonders keimende Samen, Keimlinge, Blütenteile, zarte Wurzeln, Kartoffeln, Stengel, Blätter und Früchte. Schöbl [2]) fütterte die von ihm gezüchteten Kellerasseln mit frischem Grünzeug, besonders Blättern von Radieschen und Salat. Schäden, und zwar zum Teil recht beträchtliche, werden u. a. berichtet aus Europa an abgefallenem und an Spalierobste, an keimenden Bohnen, Tabaks- und Maispflanzen, Primulaceen, Petunien, Selaginellen, Farnwedeln, Orchideen, Saxifrageen, besonders Sedum acre; aus Nordamerika an Salat, Erbsen, Blumen, besonders Veilchen, Geranien, Wistaria, Rosen, Mammillarien; von Deutsch-Ostafrika an Keimlingen der Kokospalme [3]).

Mehr wie im Freien schaden in Treibhäusern einheimische und eingeschleppte Arten an den verschiedensten Keimlingen und zarten Pflanzenteilen. Auch in Champignonkulturen sind sie schon öfters recht schädlich geworden. Sie finden hier, wie auch in Kellern, einerseits die günstigsten Lebensbedingungen, andererseits zahlreiche sichere Verstecke.

[1]) Die zweite Brut kommt nach De Geer im August zum Vorschein.
[2]) Arch. mikr. Anat. Bd. 17, 1880, S. 125—140, Taf. 9—10.
[3]) Vosseler, Ber. Land- u. Forstwirtsch. Deutsch-Ostafrika Bd. 2, 1905, S. 413.

Die **Fra[f]sbilder** an Blättern und Früchten sind ähnlich denen der Schnecken; nur sind die Löcher an ersteren gewöhnlich nicht so grofs, an letzteren tiefer. Auch fehlen natürlich Schleim und die grofsen Kotklumpen

Vorbeugungs- und **Bekämpfungsmittel** sind ziemlich dieselben wie bei Schnecken: Ködern an frisch geschnittenen Scheiben von Rüben oder Kartoffeln, Kartoffelbrei. Brei von Sirup und Mehl (beide ev. vergiftet!), Fangen unter ausgelegten, mit Köder versehenen Schlupfwinkeln, Bedecken gefährdeter Kulturen in Töpfen mit Glasscheiben usw. THEOBALD[1]) hat in Gewächshäusern eine Räucherung mit Blausäure als sehr wirksam erprobt; in Amerika[2]) wurden in Warmhäusern durch Kartoffelscheiben, die mit Pariser Grün bestreut und an jede zweite Pflanze gelegt waren, in zwei Nächten 24000 Stück getötet.

Als **natürliche Feinde** kommen in erster Linie die Spitzmäuse in Betracht, dann alle übrigen Insekten fressende Säugetiere, das Geflügel, Eidechsen und Amphibien. Nach WHEELER[3]) nährt sich in Texas eine Ameise, *Leptogenys elongata* Buckley, fast ausschliefslich von Asseln der Gattungen Armadillidium und Oniscus. Ob man diese Ameise vielleicht in Gewächshäusern ansiedeln könnte?

Onisciden finden sich auf der Erde überall, wo Pflanzenwuchs ist. Mehrere Arten sind durch den Schiffsverkehr mehr oder minder Kosmopoliten geworden.

Die einzelnen Arten variieren an den verschiedenen Fundorten sehr nach Gröfse und Farbe. — Die wichtigsten bei uns vorkommenden Gattungen und Arten[4]) sind folgende:

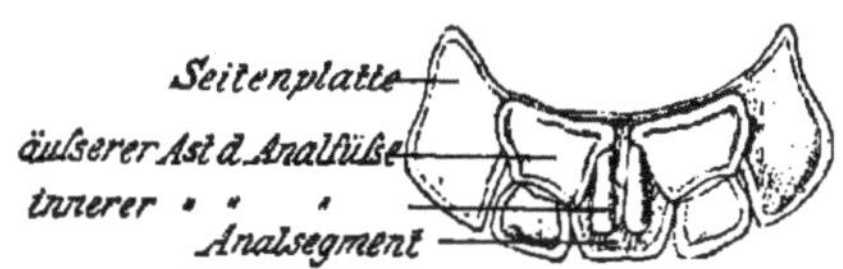

Fig. 54. Letztes Segment der Rollassel, von hinten (aus SARS).

Armadillidium Brandt, **Rollassel.**

Stumpf elliptisch, hochgewölbt; kann sich vollkommen zusammenkugeln[5]). Geifsel der äufseren Fühler zweigliedrig. Luftkammern an den beiden vorderen Abdominalbeinpaaren, scharf begrenzt. Analbeine breit, plattenförmig (Fig. 54). Etwa 100 Arten.

A. vulgare Latr., **gemeine Roll-** oder **Kugelassel** (Fig. 55). Stahlgrau bis graubraun, einfarbig oder gelblich gefleckt, glatt, glänzend, fein und sehr dicht punktiert; 10—20 mm lang. In ganz Europa und den angrenzenden Teilen Asiens und Afrikas und in ganz Amerika verbreitet. Auch auf Madeira, den Azoren, Canaren, Bermudas, auf Ceylon und bei Melbourne gefunden. Am wenigsten an Feuchtigkeit gebunden.

---

[1]) First Rep. econ. Zool., London 1903, p. 38.
[2]) U. S. Dept Agric., Div. Ent., Bull. 18, N. S., p. 98—99.
[3]) Biol. Bull. Woods Holl Vol. 6, 1904, p. 251—259, 1 fig.
[4]) Eine Übersicht über die norddeutschen Landasseln, mit guten Bestimmungstabellen, gibt W. MICHAELSEN, Mitt. nat. Mus Hamburg XIV, 1896, S. 121—134. Hier ist auch die wichtigste Literatur zusammengestellt. Die süddeutschen Asseln behandelt L. KOCH, Die Isopoden Süddeutschlands und Tirols. Festschr. Säkularfeier nat. Ges. Nürnberg 1801—1901. S. 17—72. Eine vorzügliche Übersicht mit zahlreichen vortrefflichen Bildern gibt G. O. SARS, An account of the Crustacea of Norway, Vol. 2, Isopoda, Bergen 1899.
[5]) Aus diesem Grunde wird sie leicht mit der Schalenassel, *Glomeris*, verwechselt, einem Tausendfufse mit 17—19 Beinpaaren (s. S. 80).

Porcellio Latr., Körnerassel.

Oval, flacher. Gekörnelt. Brustsegmente mit seitlichen, nach hinten ausgezogenen Fortsätzen: erstes vorne, letztes hinten stark ausgerandet. Äufsere Fühler mit zweigliedriger Geifsel. Luftkammern an den beiden vorderen Abdominalbeinpaaren, scharf begrenzt. Analfüfse griffelförmig, hervorstehend (s. Fig. 52). Etwa 150 Arten.

P. scaber Latr., **Kellerassel** (Fig. 56). Matt schiefergrau oder gelblich, einfarbig oder mit schwarzen oder weifslichen bis gelblichen Flecken. Rauh gekörnelt. Kann sich teilweise zusammenkugeln. 12—16 mm. l. Gemein in Nord- und Mitteleuropa und in Amerika von Mexiko bis Grönland. Auf St. Cruz, St. Paul, Ascension, in Kapland, Ceylon, Kamtschatka, bei Melbourne und in Neu-Seeland gefunden. Etwas mehr wie vorige Art an Feuchtigkeit gebunden.

Fig. 55. Weibchen der Rollassel (aus Sars).

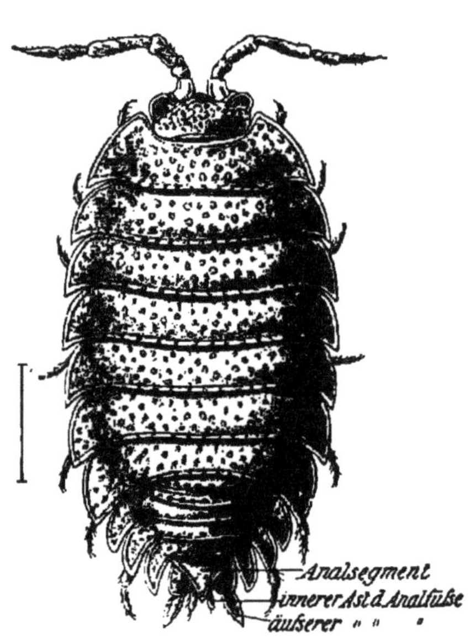

Fig. 56. Weibchen der Kellerassel (aus Sars).

Oniscus L., Mauerassel.

Oval, flacher. Glatt. Brustsegmente und Analbeine wie bei Porcellio. Äufsere Fühler mit dreigliedriger Geifsel. Luftkammern fehlen. Etwa zwölf Arten.

O. asellus L. (= **murarius** Cuv.), **gemeine Mauerassel.** Hellbraun, glänzend. Oben mit zwei Längsreihen gelber Flecke jederseits; Seitenrand ebenfalls gelblich. 15—18 mm. l. Europa, Nordamerika, Grönland, Azoren. Am meisten an Feuchtigkeit gebunden.

Decapoden, Zehnfüfsige Krebse.

Kopf und Brust zu Kopfbrust (Cephalothorax) verschmolzen, von starkem, chitinigen, mit Kalk durchsetztem Rückenschilde bedeckt, das an den Seiten zwischen sich und dem Körper die Kiemenhöhle frei läfst..

Augen gestielt. Acht Beinpaare, von denen aber die drei vordersten zu Kieferfüfsen umgebildet sind, so dafs nur fünf Paare Gehbeine übrig bleiben.

Die Decapoden sind fast ausschliefslich Wasser-, bezw. Meerestiere. Am bekanntesten sind die Langschwänzer, Macruren, wozu der echte Flufskrebs gehört, deren Hinterleib lang, wohl entwickelt und rund ist. Für uns haben nur die beiden anderen Unterordnungen bezw. Familien Interesse.

Paguriden, Bernhards- oder Einsiedlerkrebse.

Hinterleib langgestreckt, mäfsig grofs, weichhäutig, mit schmaler Afterflosse und stummelförmigen Bauchfüfsen.

Die Einsiedlerkrebse sind Wassertiere. In den Schneckenschalen, in denen die meisten von ihnen ihren Hinterleib bergen, können sie sich einen kleinen Wasservorrat zum Atmen aufsammeln, mit dem sie an Land gehen können. Hier erklettern sie die Büsche, um deren Laub, Blüten und Früchte zu fressen. So berichtet SCHNEE[1]), dafs sie auf Jaluit selbst meterhohe glatte Stengel von Lilien erklettern, um sie ihrer Blüten zu berauben. Nach KINDT[2]) können Einsiedlerkrebse den Kakao empfindlich schädigen (wo?), indem sie die jungen Pflänzchen 12 cm über der Erde abweiden.

Zu den Einsiedlerkrebsen gehört auch der Palmendieb, **Birgus latro** *Hbst.*, der auf Ostindien ausschliefslich auf dem Lande lebt und seinen oben harten Hinterleib nicht in einer Schneckenschale zu verbergen braucht. Er klettert auf die Kokospalmen und holt sich die jungen Früchte herunter[3]), um sie mit seinen gewaltigen Scheren zu öffnen und ihren saftigen Inhalt zu verzehren. Aber auch andere Früchte verzehrt er, ferner Mark und Früchte der Sago-Palme, von Pandanus[4]) usw.

Gecarciniden, Landkrabben.

Hinterleib klein, zu nach unten eingeschlagener dünner Platte verkümmert. Kopfbrust viereckig, stark gewölbt.

Die Landkrabben sind auf die Tropen beschränkt. Sie leben meist auf dem feuchten Lande, in Erdlöchern, in feuchten Gebüschen usw. und gehen nur zur Eiablage in das Meer. Ihre Nahrung bilden namentlich frische saftige Vegetabilien und zerfallende tierische Stoffe.

Berichte über Schädigungen durch Landkrabben findet man nicht selten, gewöhnlich aber ohne nähere spezifische Angabe des Schädigers.

Schon im 6. Jahrhundert meldete ein chinesischer Vizekönig[5]), dafs in seiner Provinz die Reiskrabben („Tau Hiai") nicht ein Reiskorn für den Menschen übrig gelassen hätten. Ähnliche Berichte sollen sich in der späteren chinesischen Literatur öfters wiederholen. Die betr. Krabben leben für gewöhnlich zwischen den Wurzeln des Schilfes; erst später, wenn Reis und Hirse reif würden, gingen sie an diese über.

---

[1]) Zool. Gart. Bd. 43, 1902, S. 138.
[2]) Die Kultur des Kakaobaumes und seine Schädlinge. Hamburg 1904, S. 136.
[3]) HORST, Not. Leyden Mus. Vol. 23, 1902, p. 143—146.
[4]) ANDREWS, Monograph of Christmas Island, London 1900. p. 165.
[5]) s. KUMAGUSU MINIKATA, Nature Vol. 61, 1900, p. 491.

F. Leguat[1] erzählt in seinen „Voyages", dafs Ende des 17. Jahrhunderts Landkrabben auf Rodriguez ähnlich schadeten wie die chinesischen.

de Rochefort[2] berichtet in seiner „Histoire naturelle . . . . des Antilles", dafs Landkrabben („crabes peintes") in dortigen Gärten die Erbsen und jungen Tabakpflanzen fräfsen.

Nach Guérin[3], Culture du Cacoyer, beschädigen auf Guadeloupe Landkrabben die jungen Kakao-Pflanzen, desgleichen nach Preuss[4] in Deutsch-Ostafrika.

Von anderen Taschenkrebsen schadet nach Zehntner[5] **Paratelphusa maculata** de Man auf Java beträchtlich am Zuckerrohr durch Abweiden der jungen Sprosse.

Gegen alle diese höheren Krebse dürfte als Gegenmittel nur Abfangen und Zerstörung ihrer Schlupfwinkel in Betracht kommen.

Myriapoden, Tausendfüfse.

Körper besteht aus dem, aus vier Ringen verschmolzenen Kopfe und einer mehr oder minder grofsen Zahl fast gleicher Ringe. Diese sind meist aus einem Rücken- und einem Bauchstücke (-schild oder -schiene), seltener noch aus Seitenstücken zusammengesetzt, die stark chitinisiert, oft auch verkalkt und durch dünne Gelenkhäute verbunden sind. Am Kopfe sitzen ein Paar Antennen, mehrere Punktaugen und die meist kauenden Mundwerkzeuge. Die Rumpfsegmente tragen am Bauchschilde mit Ausnahme des ersten und letzten je ein oder zwei Paar sechs bis siebengliedriger, in Klauen endigender Beine. — Die Atmung geschieht durch Tracheenbüschel, die paarig in jedem Körpersegmente liegen und durch je ein Stigma nach aufsen münden. Der Darm verläuft gerade.

Die Tausendfüfse sind geschlechtlich getrennt. Die Begattung findet im Frühjahre, April bis Juli, meist aber auch noch im Sommer und Herbste statt. Die Eier werden in die Erde, unter Laub usw., oft in eigens hierzu vom Weibchen angefertigte Nester gelegt. Nach etwa zwei Wochen kriechen die Jungen aus, die zuerst nur drei Beinpaare und wenige Körperringe haben. Mit jeder Häutung wächst beider Zahl.

Im allgemeinen lieben die Tausendfüfse Dunkelheit und Feuchtigkeit und sind daher nächtliche Tiere. Man findet sie am meisten unter Laub, Moos, Rinde, Steinen, in Komposthaufen und an ähnlichen Stellen. Wenn auch die bei uns vorkommenden Arten der Trockenheit und noch mehr der Hitze schnell erliegen, so hat man doch selbst in den Wüsten Tausendfüfse. Sie finden sich auch in den nördlichsten Gegenden, wenn auch ihre Arten- und Individuenzahl, ebenso wie ihre Gröfse nach den Tropen hin zunehmen.

Die Zahl aller Myriapoden dürfte etwa 10 000 Arten sein, die der in Europa vorkommenden etwa 1000[6].

Man unterscheidet fünf Ordnungen, von denen nur zwei, vielleicht sogar nur eine für uns in Betracht kommen.

---

[1] s. Anm. auf S. 75.
[2] 2de édit., Rotterdam 1665, p. 255.
[3] s. Zimmermann, Zentralbl. Bakteriol. Parasitenkunde II, Bd. 7 S. 921.
[4] Tropenpflanzer Bd. 7, 1903, S. 349.
[5] Arch. Java-Suikerindustr. 1897, Afl. 10.
[6] Verhoeff, Verh. d. nat. Ver. Rheinpreufsen Bd. 53, 1897, S. 187.

Chilopoden, Hundertfüfse.

Dorso-ventral abgeflacht. Kopf wagerecht. Fühler lang, Zahl der Körperringe mäfsig, mit nur einem Beinpaare an jedem Ringe. Mundteile mit starken Giftklauen.

Die Hundertfüfse sind ausgeprägte Raubtiere. Nur von einer mitteleuropäischen Form, **Geophilus longicornis** Leach, wird behauptet, dafs sie schädlich werde. Man findet sie gewöhnlich mit kleineren Diplopoden in zerfressenen Wurzeln, Knollen usw. Nach Kirby [1]), E. Taschenberg [2]), Stift [3]), Guénaux [4]) sollen sie selbst an dem Frafse beteiligt sein, nach Theobald [5]) dagegen nur von den anderen Tausendfüfsen leben. Die Frage kann wohl nur durch Versuche entschieden werden.

Leach [6]) nannte eine in englischen Gärten gefundene Art **G. carpophagus** und fügt hinzu: „Fructibus victicans" (sich von Früchten nährend).

Keller [7]) will die Geophiliden, Lithobius-Arten usw. als Schädlinge ansehen, weil sie Feinde der Regenwürmer sind.

Diplopoden, Tausendfüfse.

Kopf senkrecht, Fühler kurz; Mundteile (Fig. 57) aus Oberlippe, einer grofsen, durch Verwachsung der beiden Maxillen entstandenen Mundklappe und zwei grofsen zum Kauen dienenden Mandibeln zusammengesetzt. Körperringe zahlreich (bis etwa 150), aus grofser, stark mit Kalk durchsetzter, mehr oder weniger ringförmiger Rücken- und sehr kleiner Bauchschiene gebildet. Die Körperringe der Diplopoden sind als durch Verschmelzung je zweier Segmente entstanden anzusehen. Die Beine, von denen am zweiten bis vierten Ringe nur je ein Paar, an den folgenden, mit Ausnahme des beinlosen letzten, je zwei Paare sitzen, sind hierdurch sehr genähert. Da sie aufserdem sehr kurz sind, ragen sie kaum an den Seiten hervor. An jedem Ringe, unter den Basalgliedern der Beine, zwei Paar Stigmen. Die Punkte an den Seiten oder am Rücken sind Wehr-

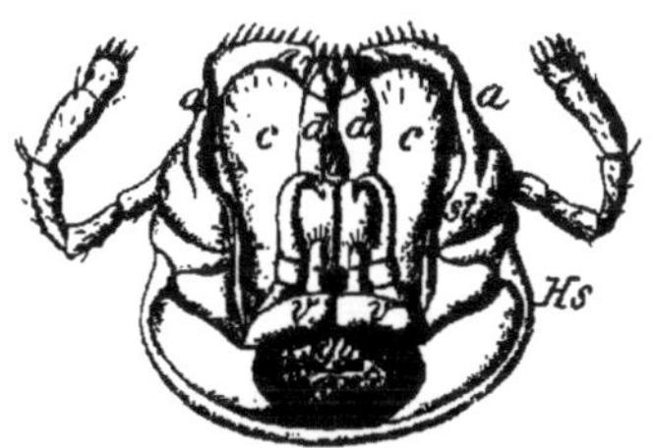

Fig. 57. Kopf von Sch. sabulosum von unten (aus Latzel).

a Fortsatz des Oberkiefers.
b Vorderkinn.
c Unterkiefer.
d Zunge der Gnathochilarium.
gg Ganglion.
Hs Halsschild.
œ Speiseröhre.
sti Oberkiefer.
t Tracheen.
v Ventralplatte
d. Oberkiefers
Zwischen *v* und *d* das hakenförmige erste Beinpaar.

drüsen, aus denen in Gefahr ein ätzender Saft ausgeschieden wird. Geschlechtsöffnungen hinter dem zweiten Beinpaare (am dritten Ringe). Beim Männchen am siebenten Ringe ein oder zwei Beinpaare zu Kopulationsfüfsen umgewandelt.

---

[1]) Introduction to Entomology. Deutsche Ausgabe, Stuttgart 1823, Bd. 1 S. 204.
[2]) Brehms Tierleben, 3. Aufl., Bd. 9, S. 664.
[3]) Krankheiten und Feinde der Zuckerrübe, S. 180, und: Über die im Jahre 1902 beobachteten Schädiger und Krankheiten der Zuckerrübe usw., Österr.-ungar. Zeitschrift f. Zuckerindustrie usw. 1903, Heft 1, Sep. S. 18—19.
[4]) Entomologie agricole. Paris 1904, p. 528.
[5]) First Rep. econ. Zoology, London 1903, p. 32.
[6]) Zool. Miscell. Vol. 3, 1817, p. 45.
[7]) s. Judeich und Nitsche, Lehrb. mitteleurop. Forstinsektenkunde, Bd. 2, S. 1278 bis 1279.

Die meisten Diplopoden können sich nur spiralig einrollen, nur wenige Formen (Glomeriden) sich zusammenkugeln.

Die Tausendfüfse sind, ähnlich wie die Asseln, ursprünglich Moderfresser. Von zerfallenden Pflanzenteilen gehen sie einerseits über an zerfallende tierische Stoffe (Aas, Exkremente), tierischen Schleim (Schnecken) und schliefslich lebende Tiere (Schnecken, Regenwürmer, kleine Insekten, namentlich Poduriden, Milben), andererseits an zarte, weiche Teile lebender Pflanzen, namentlich von Kulturpflanzen. Hier scheinen sie zuerst von den zerfallenden Teilen keimender Samen angelockt zu werden, von denen sie dann auf die Samen selbst, die jungen Keimpflänzchen, und schliefslich an Teile älterer Pflanzen, namentlich den weichen, saftigen Stengel gerade über der Erde übergehen. Ebenso werden sie von abgefallenem Obste, überreifen, auf der Erde liegenden und hier zu fäulen beginnenden Früchten, Erdbeeren, Gurkenfrüchten usw. angelockt, bis sie dann schliefslich wieder an der reifen Frucht selbst Gefallen finden. Chlorophyllhaltige ältere Teile werden im allgemeinen verschmäht; doch stellt Verhoeff als eine seiner biologischen Gruppen von Diplopoden die der „Pflanzentiere"[1] auf, die, selbst am Tage, auf Pflanzen klettern und das Parenchym der Blattoberseite abnagen, bezw. Pollen fressen.

Am gefährlichsten werden die Tausendfüfse den keimenden Samen und den Keimlingen, im Felde namentlich an Getreide und Rüben, in Gärten an gröfseren saftigen Samen, wie Leguminosen, Cucurbitaceen usw. Besonders da, wo feuchte, kalte Witterung das Keimen verzögert, treten die Tausendfüfse auf. Nächst der keimenden Saat tun sie an saftigen Wurzeln (Salat), Rüben aller Art und Knollen (Kartoffeln[2]) Schaden, die sie besonders dann angehen, wenn sie schon von anderen Feinden, Engerlingen, Drahtwürmern usw., verletzt oder durch nafskaltes Wetter faulig geworden sind. Vom Obst haben am meisten die Erdbeeren zu leiden, namentlich die grofsfrüchtigen Sorten; aber auch saftige andere Früchte, wie Cucurbitaceen und Tomaten werden gerne angefressen.

Wie nicht anders zu erwarten, dringen Tausendfüfse auch in Gewächshäuser ein, wo sie an empfindlichen Pflanzen ganz bedeutend schaden können. Unterstützt werden die einheimischen Arten hier noch durch zahlreiche eingeschleppte, wie ja überhaupt Myriapoden sich leicht zur Verschleppung in Wurzelballen, Packmaterial usw. eignen[3].

Aufser direkt durch ihren Frafs können Tausendfüfse noch indirekt schaden durch Übertragung von Pilzsporen[4], wenigstens die Arten, die nicht runde glatte, sondern flache, rauhe oder behaarte Rückenschilde haben.

---

[1] Er nennt als solche *Brachydesmus Attemsi* Verh., *Atractosoma athesinum* Fedr., *Strongylosoma pallipes* Oliv., wahrscheinlich auch *Julus foetidus* C. K., *J. spinifer* Verh. und beobachtete sie an *Anthriscus, Galeopsis, Rubus, Cicendia, Gentiana* und einem Farnkraute. *Schizophyllum sabulosum* Latz. frafs den Blütenstaub von Ranunculus. Arch. Nat. Jahrg. 62, 1896, Bd. 1 S. 82, und Zool. Anz. Bd. 18, 1895, S. 203.

[2] Nach Jahresber. Sonderaussch. Pflanzenschutz D. L. G. 1896, S. 70, litten in dem Berichtsfalle am meisten Simson und Magnum bonum, während Reichskanzler und Rosen nicht annähernd so befallen wurden

[3] Broelemann, Bull. Mus. Hist. nat. Paris., T. 2, 1896, p. 25—27. — Kräpelin, Mitt. nat. Mus. Hamburg XVIII, 1900, S. 201. — Attems, ibid., S. 109—116.

[4] v. Schilling, Prakt. Ratgeber f. Obst- u. Gartenbau 1887, S. 546; Durch des Gartens kleine Wunderwelt, Frankfurt a. O., 1896, S. 33. — Felt, Rep. injur. Insects New-York 1899, p. 599. Bei allen drei Angaben handelt es sich um Übertragung der Kartoffelkrankheit.

Diplopoden treten manchmal in riesigen Mengen auf, wobei sie meist wandern und schon öfters Eisenbahnzüge aufgehalten haben. Nach Verhoeff[1] ist diese Erscheinung auf Überfüllung eines Ortes mit geschlechtsreifen, neue Plätze zur Eiablage suchenden Weibchen zurückzuführen.

Als natürliche Feinde der Diplopoden nennt Verhoeff[2] *Bufo vulgaris*, *Ocypus*-Larven, eine noch unbestimmte Dipteren-Larve[3] und Milben, die namentlich den Eiern und Jungen, aber auch alten Tieren gefährlich werden können. Nach vom Rath[4] verschmähen insektenfressende Vögel und Eidechsen die Tausendfüfse, wozu allerdings Bertkau[5] bemerkt, dafs A. König im Magen der Blaudrossel (*Monticola cyanus*) zahlreiche Juliden gefunden habe.

Man findet Tausendfüfse vorwiegend in Laubwäldern, namentlich in gebirgigen Gegenden. Gegen Hitze und Trockenheit sind die meisten unserer einheimischen Diplopoden sehr empfindlich, die in wärmeren Gegenden wenig bis gar nicht. Nach vom Rath[6] töten im Sommer direkte Sonnenstrahlen Juliden und Polydesmiden in wenigen Minuten.

Nach vom Rath[7] und Rossi[8] können Juliden bis zu 40 Stunden unter Wasser aushalten, tagelang in einer Atmosphäre von reinem Stickstoff, Wasserstoff oder Sauerstoff, sowie in verdünnter Luft, während Chlor, Kohlensäure und Salzwasser sie rasch töten.

Die Bekämpfung der Tausendfüfse ist im wesentlichen dieselbe wie die der Asseln: Fangen und Töten an demselben, eventl. vergifteten Köder. Doch hat man im Kalk ein ganz spezifisches Mittel gegen sie. Man wendet ihn am besten ungelöscht an (eventl. vor der Aussaat), sonst als Kalkwasser.

Auch Salz, Salpeter und Rufs ist ihnen tödlich oder vertreibt sie. Mit Petroleum getränkter Torfmull oder Rizinusmehl halten sie von den damit umgebenen Pflanzen ab. Einweichen der Saat in Petroleum soll diese vor Befall schützen. In Warmhäusern wurden durch Auslegen von Tabaksrippen Tausendfüfse in Massen getötet[9].

Die Anschauungen betr. die Einteilung der Diplopoden sind noch keineswegs geklärt, wenn auch die neueren Arbeiten von Latzel[10] und Verhoeff[11] wenigstens für die europäischen Formen unsere Kenntnisse ebenso bereichert wie vertieft haben. Namentlich ist durch sie auch die Festlegung der Arten bedeutend gefördert worden, wobei sich herausgestellt hat, dafs deren Bestimmung keineswegs so leicht ist, wie man früher glaubte. Es spielen bei ihr namentlich die Kopulationsfüfse eine wichtige Rolle. — Dem Phytopathologen kann nur geraten werden, sich zwecks Bestimmung an einen Spezialisten zu wenden.

Über Schäden durch Diplopoden liegen zahlreiche Berichte vor, namentlich aus Europa, doch auch eine nicht geringe Zahl aus Amerika,

---

[1] Zool. Anz. Bd. 23, 1900, S. 465—473.
[2] Verh. d. nat. Ver. Rheinpreufsen Bd. 53, 1896, S. 194.
[3] Haase, Zool. Beitr. A. Schneider Bd. I, 1885, S. 252—256. Auch von Verhoeff bestätigt.
[4] Ber. d. nat. Ges. Freiburg i. Br. Bd. 5, 1891, S. 190.
[5] Arch. Nat. Jahrg. 58, 1892, Bd. 2, Heft 2 S. 71.
[6] l. c. S. 191.
[7] l. c. S. 192.
[8] Bull. Soc. ent. Ital. T. 33, 1901.
[9] Scott, U. S. Dept. Agr., Div. Ent., Bull. 44 N. S., 1904, p. 93.
[10] Die Myriapoden der österr.-ungar. Monarchie. 2 Bde. Wien 1880 u. 1884.
[11] Zahlreiche Arbeiten in Arch. Nat., Zool. Anz. usw.

den Tropen usw. Insbesondere bei den letzteren fehlt oft eine nähere
Angabe der betreffenden Art; aber selbst da, wo sich diese findet, wie
bei den meisten europäischen bezw. deutschen Berichten, ist ihr meistens,
aus den oben angeführten Gründen, mit gewissem Mifstrauen zu be-
gegnen. Es ist daher auch unnötig, hier alle die berichteten Arten
anzuführen, zumal die Anzahl der gelegentlich oder regelmäfsig schädlich auftretenden Arten sicher gröfser ist als die der berichteten.

Von der ersten Familie, den

Polyxeniden

(Fühler achtgliedrig, 11 weiche, mit Haaren besetzte Ringe, 13 Beinpaare), berichtete v. SCHILLING[1]), wie schon erwähnt, dafs die einzige
deutsche Art, **Polyxenus lagurus** L. ($2^1/_2$—$3^1/_2$ mm lang)
(Fig. 58), die Sporen der Kartoffelkrankheit übertrage; sie
soll übrigens ein Feind der Reblaus sein[2]).

Von der zweiten Familie, den

Glomeriden

(13 hochgewölbte Ringe, 17 Beinpaare, Kopulationsfüfse
am Ende des Körpers; können sich vollkommen zusammenkugeln), soll **Glomeris marginata** Vill. nach ECKSTEIN[3])
Saateicheln ausfressen.

Polydesmiden.

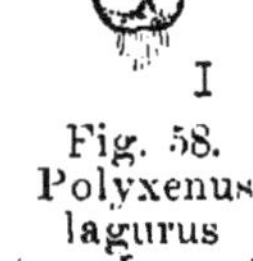
Fig. 58.
Polyxenus
lagurus
(aus LATZEL).

Körper kurz, durch flügelartige Erweiterung der
Rückenschilde oft scheinbar flachgedrückt. Augen fehlen.
19—20 Ringe. Beine lang. Nur das linke Beinpaar des
siebenten Ringes zu Kopulationsfüfsen umgewandelt.
Die sehr gattungs- und artenreiche Familie dürfte
wohl mehrere Schädlinge stellen.

Vereinzelt werden Angehörige der Gattung *Brachydesmus* (19 Ringe,
28—29 Beinpaare) als solche genannt. Weitaus der gröfste Schädling
aus dieser Familie ist aber sicher **Polydesmus complanatus** L. (Fig. 59).
Gedrungen, breit und flachgedrückt, bräunlich, Rücken warzig-höckerig,
glänzend. 20 Ringe, deren Hinterrand keine oder nur schwache
Borsten trägt. 20—25 mm lang. Männchen kleiner und schlanker als
das Weibchen, letzteres mit 31, ersteres mit 30 Beinpaaren und den
Kopulationsfüfsen. Weit verbreitet, namentlich unter Laub und Rinde.
Schadet meistens mit *Blanjulus guttulatus* zusammen. Aufser an den
allgemein den Tausendfüfsern zum Opfer fallenden Kulturpflanzen
wurde diese Art noch beobachtet an den Wurzeln von Raps
(ECKSTEIN), Nelken, Pensées und Anemonen (CURTIS), Pastinak (KIRBY,
GUÉNAUX) und den Keimlingen von *Cheiranthus Cheiri* (COLLINGE). Nach
v. SCHILLING überträgt sie die Kartoffelkrankheit[1]). — Begattung im
Frühjahre und Herbste. 28—30 Tage danach Ablage der Eier (bis 100)
in vorher fertig gestelltes glockenförmiges Nest; nach 12—15 Tagen
die siebenringeligen, sechsbeinigen Jungen.

[1]) s. oben S. 78.
[2]) s. LATZEL l. c. S. 74.
[3]) Forstl. Zoologie S. 372.

Verlag von Paul Parey in Berlin SW., Hedemannstrafse 10.

Jahresbericht

über die Neuerungen und Leistungen

auf dem Gebiete der

Pflanzenkrankheiten.

Unter Mitwirkung von

Dr. K. Braun-Amani (Deutsch-Ostafrika), **Dr. M. Fabricius**-München,
Dr. E. Küster-Halle a. S., **Dr. E. Reuter**-Helsingfors und **A. Stift**-Wien

herausgegeben von

Professor **Dr. M. Hollrung,**

Vorsteher der Versuchsstation für Pflanzenkrankheiten der Landwirtschaftskammer für die Provinz Sachsen.

Erster Band. Das Jahr 1898. Preis 5 M.   Fünfter Band. Das Jahr 1902. Preis 15 M.
Zweiter Band. Das Jahr 1899. Preis 10 M.   Sechster Band. Das Jahr 1903. Preis 15 M.
Dritter Band. Das Jahr 1900. Preis 10 M.   Siebenter Band. Das Jahr 1904. Preis 15 M.
Vierter Band. Das Jahr 1901. Preis 12 M.

Die Züchtung

der

landwirtschaftlichen Kulturpflanzen.

Von

C. Fruwirth,

Professor an der Königl. Landwirtschaftlichen Hochschule Hohenheim.

Band I. Allgemeine Züchtungslehre.
Zweite, gänzlich neubearbeitete Auflage. Mit 27 Textabbildungen. Preis 9 M.

Band II. Die Züchtung von Mais, Futterrüben und anderen Rüben, Ölpflanzen und Gräsern.
Mit 29 Textabbildungen. Preis 6 M.

**Band III. Die Züchtung von Kartoffeln, Erdbirne, Lein, Hanf, Tabak, Hopfen,
Hülsenfrüchten und kleeartigen Futterpflanzen.**
Mit 25 Textabbildungen. Preis 6 M. 50 Pf.

Der vierte (Schlufs-)Band wird die
Züchtung der vier Hauptgetreidearten und der Zuckerrübe
behandeln und Ende 1906 erscheinen.

Zu beziehen durch jede Buchhandlung.

Handbuch

der

Pflanzenkrankheiten

von

Prof. Dr. Paul Sorauer.

Dritte, vollständig neubearbeitete Auflage

in Gemeinschaft mit

Prof. Dr. G. Lindau,   und   **Dr. L. Reh,**
Privatdozent an der Universität Berlin   Assistent am Naturhistor. Museum in Hamburg

herausgegeben

von

Prof. Dr. P. Sorauer,
Berlin.

Mit zahlreichen Textabbildungen.

BERLIN.
VERLAGSBUCHHANDLUNG PAUL PAREY.
Verlag für Landwirtschaft, Gartenbau und Forstwesen.
SW., Hedemannstrasse 10.
1907.

In Nordamerika schadet vorige Art an Kohl und **P. monilaris** C. K. an Radieschen [1]).

Juliden.

Langgestreckt, drehrund, nur spiralig zusammenrollbar. Mehr als 30 Ringe. Die beiden Beinpaare des siebenten Ringes zu Kopulationsfüfsen umgewandelt. Wehrdrüsen immer vorhanden.

Die Juliden bilden die zahlreichste und verbreitetste Familie der Tausendfüfse, infolgedessen auch die schädlichste. Jedoch sind gerade hier die Artnamen mit besonderer Vorsicht aufzunehmen, namentlich in Deutschland, wo jeder beobachtete Julide „communis" oder „terrestris" genannt wird. — Die Engländer geben den Juliden denselben Namen wie den Drahtwürmern: „wire worms".

Die Biologie der Juliden ist ähnlich der der vorigen Familie. Begattung und Eiablage finden im Frühjahre und Herbste statt, in wärmeren Gegenden selbst im Winter, in glockenförmige, in die Erde, an Steine, Blätter usw. befestigte Nester. Nach 14—15 Tagen schlüpfen die madenartigen, bewegungslos in einer Haut eingeschlossenen Jungen aus, die erst nach Abstreifung dieser Haut bewegungsfähige Beinpaare erhalten. Gerade die heranwachsenden Jungen schaden verhältnismäfsig am meisten.

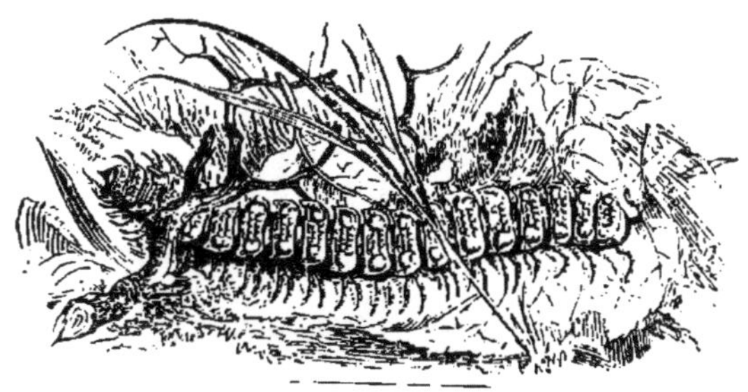

Fig. 59. Polydesmus complanatus
(nach E. Taschenberg).

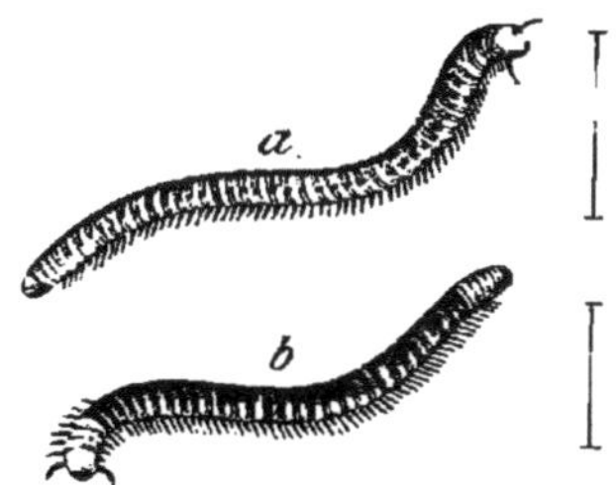

Fig. 60. *a* Blanjulus venustus,
b Blanjulus guttulatus
(aus C. Koch).

Blanjulus Gervais.

Dünn, fadenförmig. Augen fehlen oder in einer Längsreihe am Rande des Vorderkopfes. Dorsalplatten der Hinterringe an den Seiten längsgefurcht, oben ganz glatt. 30—60 Ringe; dritter Ring beinlos; das erste Beinpaar des Männchens klein, 5—6gliedrig, zangenförmig. Kopulationsfüfse deutlich, ebenso die langen schmalen Ruten.

In Europa in mehreren Arten, von denen die wichtigsten sind:

Bl. (Typhloblanjulus) guttulatus Gerv. (= **pulchellus** Leach), **getüpfelter Tausendfufs** (Fig. 60*b*). Augen fehlen. Weifslich bis gelblich, seltener dunkler: an den Seiten je eine Reihe kleiner runder Flecke (Wehrdrüsen), die von Orange durch Blutrot in Dunkelbraun übergehen; ihre meist rote Farbe wird in Alkohol ausgezogen: während dieser sich rot färbt, werden die Flecke braun. 14—18 mm lang, 0.4—0.6 mm dick; 80—90 Beinpaare.

Bl. (Ophthalmoblanjulus) venustus Mein. (= **pulchellus** (C. Koch). (Fig. 60 *a*, 61.) Augen vorhanden. Blafsgelb bis schmutzig

---

[1]) Harvey, 14. Rep. Maine agr. Exp. Stat. 1898, p. 118—119.

rostbraun: jederseits eine Reihe grofser, ovaler, dunkelbrauner Flecke.
8—13 mm lang, 0,3—0,8 mm dick. 52—89 Beinpaare.

Beide Arten, wie auch die übrigen Blanjulus-Arten, scheinen sich
biologisch sehr ähnlich zu verhalten. Man findet sie namentlich da,
wo organische Stoffe in Zersetzung übergehen, insbesondere auch an
tierischen Exkrementen und Leichen. Doch stellen sie auch Schnecken
und Regenwürmern[1] nach. *Bl. venustus* wurde von VERHOEFF[2] massenhaft in Ameisenhaufen gefunden. In Feldern, namentlich aber in
Gärten sehr häufig und gemein, und meist auch recht schädlich. Aufser
den oben für alle Tausendfüfse genannten Nährpflanzen ist *Bl. guttu-*
latus noch als schädlich beobachtet an Reben und Hopfen, an denen
er die in der Erde befindlichen Knospen der Fechser abfrafs (DURAND,
FONTAINE, THOMAS, BOUDOL), an Zwiebeln der Küchenzwiebel (WAGNER),
Tulpen und Hyazinthen (GUÉNAUX), von Lilium, Eucharis und Vallota
(THOMAS), an jungen Rübensaaten (STIFT, GAILLARD), Genista anglica,
Tomaten (LUCAS), Salat (FONTAINE), Kohlwurzeln (CURTIS), Rettich

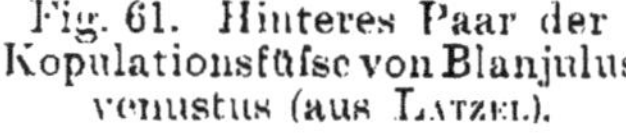

Fig. 61. Hinteres Paar der
Kopulationsfüfse von Blanjulus
venustus (aus LATZEL).

Fig. 62. Erdbeeren, von Blanjulus guttulatus befallen (nach v. SCHILLING).

(ECKSTEIN), an älteren fruchttragenden Gurkenpflanzen, deren Stengel
an der Erdoberfläche vollständig durchnagt wurden (THOMAS), an
keimender Lärchen- und Kiefernsaat, in deren Schalenspalte die
Tausendfüfse eindrangen und so über 12 qm derselben zerstörten
(NITSCHE), an Keimlingen von *Cheiranthus Cheiri* in England, von
denen die ganzen Nebenwurzeln abgefressen, die Hauptwurzel fast ganz
ihrer Epidermis beraubt und die aufserdem durchlöchert wurden
(COLLINGE). Ihre Lieblingsnahrung sind allerdings die Erdbeeren[3],
an denen sie sich nach v. SCHILLING gerne unter den Kelchblättern
aufhalten (Fig. 62).

Nach LATZEL[4] ist es allerdings fraglich, ob in allen den berichteten
Fällen wirklich die genannte Art der Schädling gewesen sei, da er sie
vorwiegend in Wäldern, unter verwesendem Laube, und in Höhlen

[1] CURTIS, Farm Insects p. 201.
[2] Berl. ent. Zeitschr. Bd. 36, 1891, S. 153.
[3] LAMARCK gab ihnen deswegen den Namen *Julus fragariarum*.
[4] Bull. Soc. Amis Sc. nat. Rouen 1885 p. 176.

gefunden hat. Er glaubt, daſs in vielen Fällen eine Verwechselung mit *J. luscus* Mein. var. *homalopsis* Latz. (s. daselbst) stattgefunden habe.

v. Linstow[1]) nimmt an, daſs *Bl. guttulatus* auch den Spulwurm übertragen könne, indem er dessen im Dunge befindliche Eier verzehre, von denen er in einem Exemplare tatsächlich über 30 Stück gefunden hat. Da *Bl. g.* sich gerne tief in Erdbeeren, Wurzeln und Fallobst hineinfriſst, kann er mit diesen unbemerkt verzehrt werden[2]). Wenn nun auch Grassi nachgewiesen hat, daſs der Spulwurm einen Überträger nicht braucht, ist damit doch nicht gesagt, daſs nicht trotzdem eine solche Übertragung stattfinden könne.

Wegen seiner Vorliebe für Regenwürmer schlägt Thomas[3]) vor, *Bl. guttulatus* mit solchen zu ködern. Man tötet diese erst durch kurzes Übergieſsen mit heiſsem Wasser und legt sie dann mit Erde bedeckt aus. — Erdbeeren soll man nach v. Schilling[4]) durch untergelegte Holzwolle vor Befall schützen können.

Julus Brandt.

Augen gehäuft. Fühler kurz; zweites Glied am gröſsten. Hinterer Teil der Ringe längsgestreift. Dritter Ring beinlos. Erstes Beinpaar des Männchens zweigliedrig, hakenförmig. Ruthen und Kopulationsfüſse meist verborgen. Saftlöcher beginnen am sechsten Ringe. Weibchen immer gröſser als Männchen.

Die alte Gattung Julus ist inzwischen namentlich von Verhoeff, in zahlreiche Gattungen, Untergattungen usw. zerspalten worden. Wir brauchen hierin nicht zu folgen, zumal der Besitzstand jeder dieser Gruppen noch keineswegs endgültig und allseitig befriedigend abgegrenzt zu sein scheint. Betreffs der anzuführenden Arten können wir uns auf ganz wenige beschränken. Die angeführten Merkmale sollen mehr der allgemeinen Orientierung als einer eventl. Bestimmung dienen. Letztere ist in den meisten Fällen nur durch einen geübten Spezialisten sicher ausführbar.

Die Gröſse der hier behandelten Arten, mit Ausnahme der letzten, schwankt zwischen 15—50 mm, ihre Ringzahl je nach Alter und Geschlecht zwischen 40 und 60, ihre Beinzahl zwischen 60 und über 100 Paaren.

J. (Schizophyllum) sabulosus(um) L. (Fig. 63). Gedrungen, glatt, glänzend, dunkelbraun bis schwarz; zwei dorsale gelbe bis gelbrote Längsstreifen, die manchmal in Flecke aufgelöst sind, selten fehlen; auch untere Teile der Seiten meist mehr oder weniger gelblich. Jederseits am Kopfe 32—48 Augen, in fünf bis sieben Querreihen. Fühler etwas kürzer als Körper dick. Vorderhälfte der Ringe nicht oder fein quergestreift. Erstes Beinpaar des Männchens sehr dick und kräftig, zweites in beiden Geschlechtern sehr verdünnt. Analschild in dick kegelförmiges, nach oben aufgebogenes Schwänzchen ausgezogen. — Besonders auf Sandboden, wo er gern auf die Sträucher

---

[1]) Arch. Nat. Jahrg. 52, 1886, Bd. 1 S. 134—135.
[2]) s. auch Rossr. Insektenbörse Bd. 18, 1901, S. 371—372.
[3]) Nat. Zeitschr. f. Land- u. Forstwirtsch. Bd. 2, 1904, S. 287—292, 1 Fig.
[4]) Gemüseschädlinge S. 54.

klettert und das Blattparenchym. bezw. Blüten frifst (Verhoeff). Nach vom Rath[1]) scheint er sehr Pilze zu lieben.

J. (Leptojulus) fallax Mein. (Fig. 64). Dünn. schlank, schwarzbraun bis glänzend schwarz, am Bauch heller; manchmal ein schmaler schwarzer Rückenstreif. Kopf oft rostbräunlich. Fühler nur wenig länger als Körper dick. Jederseits 35—60 Augen in fünf bis sieben Querreihen. Hinterringe recht tief und mäfsig dicht längsgestreift. Schwanzschild in langes. gerades, spitzes Schwänzchen ausgezogen.

J. (Micropodojulus) liguliſer Latz. (= **scandinavicus** Latz.). Sehr ähnlich der vorigen Art. Braunschwarz. an den Seiten etwas

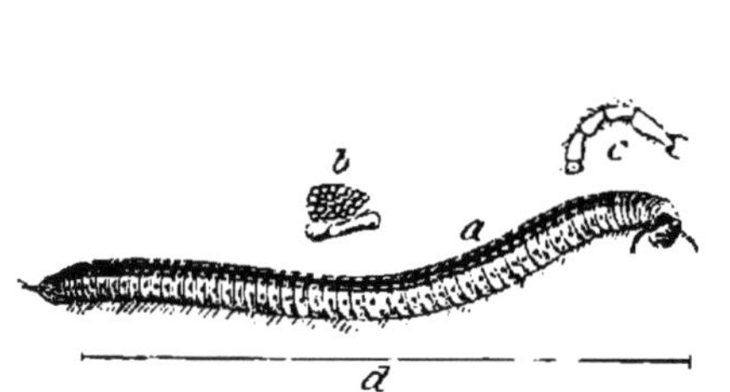

Fig. 63. Julus sabulosus. *b* Augen, *c* Fühler (aus C. Koch).

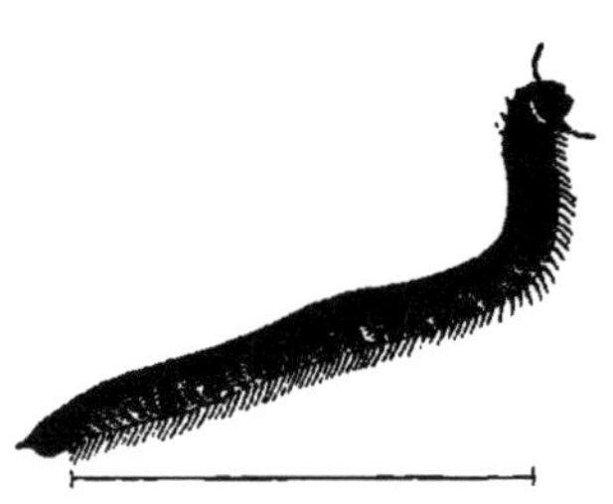

Fig. 64. Julus fallax Mein. (aus C. Koch).

fleckig aufgehellt, Beine hell rost- oder dunkelbraun. Fühler kaum länger als Körper dick. Jederseits 40—50 Augen in sieben Reihen. Zweites Beinpaar des Männchens mit langem, geradem, am Ende löffelförmig ausgehöhltem Fortsatze. Schwanzschild in gerade. scharfe. stark beborstete Spitze ausgezogen.

J. londinensis Leach. (Fig. 65). Ziemlich dick, glatt, glänzend. Schwarzbraun oder grauschwarz. nach unten zu heller. Rand der Rückenschilder rostbraun, wodurch eine dunkle und helle Ringelung hervorgerufen wird. Fühler schlank, kürzer als der Leib dick, schwärzlich; Beine hell rötlichbraun. Am Kopfe jederseits 40—50 Augen in fünf bis sieben Querreihen. Hinterer Teil der Ringe deutlich. aber nicht dicht längsgestreift. Die zwei letzten Ringe beinlos. Schwanzschild abgerundet oder mit kaum vorspringender stumpfer Spitze. — Eine mehr nordische Art, die besonders bei London häufig ist, aber auch überall in Deutschland vorkommt, auf Äckern, in Gärten usw.

Fig. 65. Julus londinensis (aus Leach).

J. luscus Mein. (Fig. 66). Schlank, glatt, glänzend. Weifslich oder gelblich bis rötlich graubraun: durch Verteilung des Pigmentes fein marmoriert oder geringelt erscheinend. Jederseits eine Reihe schwarzbrauner Flecke (Wehrdrüsen). Fühler und Beine hell. Jederseits 24—34 Augen in fünf bis sieben Reihen. Die drei letzten Ringe beinlos. Kopulationsfüfse ganz verborgen. Analschild ohne Fortsatz. 34—46 Ringe. 60—81 Beinpaare. 10—15 mm lang, 0,7—1,3 mm dick. — Über Schäden an Kartoffeln berichtet Lampa[2]).

---

[1]) Ber. d. nat. Ges. Freiburg i. Br. Bd. 5, 1891, S. 13.
[2]) Ent. Tidskrift 1898, p. 47.

Die var. homalopsis, mit wenig deutlichen Augen, erhielt LATZEL namentlich aus Gärtnereien; in einem Garten Hamburgs schienen die Tiere sich von Spinat genährt zu haben[1]. Er selbst fand sie in frischen Kohlköpfen.

J. terrestris Porat ist osteuropäisch und kommt in Deutschland nicht vor. Gemeint ist unter ihm gewönlich *J. fallax* oder *ligulifer*, seltener *J. sabulosus*.

J. communis Say (flavipes C. Koch) ist eine südeuropäische Art und in Italien öfters schädlich[2].

E. HAASE[3] führt aus Gärten von deutschen Arten noch an: **J. pusillus** Leach (an Rüben). Die englischen Autoren nennen noch eine ganze Reihe weiterer Arten als schädlich. Aus Nordamerika werden **J. hortensis** Wood[4] an Radieschen, **J. coeruleocinctus** Wood[5] an Melonen und **J. impressus** Say (?)[6] an Korn namentlich angeführt. Eine ungenannte Art schadete in Warmhäusern an Farnen, Spargelsaat und Rosenbeeten[7].

Fig. 66. Kopulationsapparat von J. luscus. *A* vorderes, *B* hinteres Paar (aus LATZEL).

Aus den Tropen liegen Berichte vor über Schädigungen an ausgelegtem Castilloa-Samen aus Costa Rica[8], an Ginseng-Sämlingen aus Newyork[9], an Teepflanzen aus Assam und an Baumwollsämlingen aus Amani[10].

Nach einem Berichte von W. BUSSE nahm ein Julide, **Odontopyge Attemsi** Verh.[11], auf der Insel Kwale bei Deutsch-Ostafrika so überhand, dafs die Eingeborenen genötigt wurden, ihre Kulturen auf das nahe Festland zu verlegen. Die Tausendfüfse hatten alle keimenden Getreide- und Leguminosen-Samen, die ausgelegten Knollen, selbst Maniokstecklinge abgefressen.

Arachnoideen, Spinnentiere.

Luftatmende Gliedertiere ohne Fühler und Flügel. Kopf und Brust zu Kopfbrust (Cephalothorax) verschmolzen, an der normalerweise sechs Paar Gliedmafsen sitzen. Die beiden vorderen sind gewöhnlich saugende Mundwerkzeuge, und zwar ein Paar Kieferfühler (Cheliceren) und ein Paar Kiefertaster (Pedi- oder Maxillarpalpen). Die vier übrigen Gliedmafsenpaare sind meist siebengliederige, in zwei Klauen endigende Beine. Hinterleib immer ohne Gliedmafsen.

[1] Mitt. nat. Mus. Hamburg XII, 1894, S. 105.
[2] BERLESE, Bull. Ent. agr. T. 6, 1899, p. 101—103; STROZZI, ibid., p. 140
[3] Zeitschr. Ent., N. F., Heft XII, 1887, S. 21.
[4] HARVEY l. c.
[5] FELT, l. c. p. 620.
[6] WEBSTER, Canad. Ent. Vol. 37, 1905, p. 172.
[7] SCOTT, l. c.
[8] Tropenpflanzer, Beih. 2, 1901, S. 132.
[9] VAN HOOK, Cornell Univ. agr. Exp. Stat. Bull. 219, 1904, p. 168—186. — Siehe HOLLRUNG, Jahresbericht 1904, S. 142.
[10] ZIMMERMANN, Ber. Land- u. Forstw. Deutsch-Ostafrika Bd. 2, 1906, S. 413.
[11] BUSSE, Beih. 3, Tropenpflanzer, 1902, S. 94; VERHOEFF, Zool. Anz. Bd. 24, 1901, S. 665—672, 3 Fig.

Darmkanal gerade. Auf den Mund folgt ein muskulöser, als Saugpumpe dienender Schlundkopf (Pharynx). Speiseröhre eng, zu Saugmagen erweitert, fast immer mit Speicheldrüsen. Magen und Darm mit blindsackartigen Ausstülpungen, die sich oft bis in die Beine erstrecken. Am Enddarm malpighische Gefäße.

Atmung durch Röhren- oder Fächertracheen, letztere auch Tracheenlungen genannt. Es sind dies Tracheen, die statt röhrenförmig in die Länge gezogen, blattartig erweitert, wie die Blätter eines Buches, in runder Höhlung nebeneinanderliegen. Die Stigmen münden fast stets im Hinterleibe, sehr selten in der Kopfbrust nach außen.

Mehrere nicht facettierte Einzelaugen.

Geschlechter gewöhnlich getrennt. Geschlechtsorgane paarig, mit unpaarer Mündung an Basis des Hinterleibes. Sehr häufig sind die Geschlechter auch äußerlich verschieden. Meist Eier legend: Entwickelung gewöhnlich direkt.

Sie nähren sich fast ausschließlich von tierischen, seltener von pflanzlichen Säften und sind daher vorwiegend nützlich. Häufig kommen Spinndrüsen vor, mit deren Hilfe Netze und Gewebe angefertigt werden.

Die Spinnentiere sind mit ganz vereinzelten Ausnahmen auf das Land beschränkt. Sie kommen überall vor, besonders häufig in den Tropen, wo sie auch am größten werden.

Man unterscheidet zwei Unterklassen mit acht Ordnungen:

Arthrogastra, Hinterleib gegliedert: Solifugen, Pedipalpen, Skorpione, Pseudoskorpione, Phalangiden.

Sphaerogastra, Hinterleib ungegliedert: Aranciden, Acariden, Linguatuliden.

Für uns kommt nur eine Ordnung in Betracht.

Acariden, Milben.

Kopfbrust und Hinterleib zu einheitlicher, ungegliederter Körpermasse verschmolzen. Ist ein Kopf vorhanden, dann ist er sekundär. Abdomen oft fein geringelt, aber nie segmentiert. Mundteile stechend und saugend, oder beißend, im einzelnen sehr verschieden gebaut. Auch Beine sehr verschieden, zum Kriechen, Anklammern oder Schwimmen eingerichtet oder verkümmert: meist vier, seltener zwei Paare; sie enden gewöhnlich mit zwei Klauen, neben denen öfters blasige Haftlappen oder Haftscheiben stehen. Am Darme oft zwei bis drei Paare Blindsäcke, fast immer Speicheldrüsen und vielfach malpighische Schläuche vorhanden. After als ventrale Längsspalte am Hinterende. — Augen fehlend, in ein oder zwei Paaren. Atmungsorgane fehlen häufig; wenn vorhanden, dann bestehen sie aus einem Paar büschelförmiger Tracheen, die in je einem Stigma, meist zwischen drittem und viertem Beinpaare, nach außen münden.

Geschlechtsorgane paarig oder unpaar, münden in gemeinsamer Öffnung auf der Bauchseite, vor dem After, ja selbst zwischen den Beinpaaren, nach außen, nicht selten in Penis bezw. Legeröhre. Meist ovi-, seltener ovovivipar. Geschlechter meist äußerlich kenntlich, an Größe, Gestalt der Gliedmaßen usw.

Entwickelung häufig mit komplizierter Verwandlung; mindestens fehlt den Larven fast immer das letzte Beinpaar.

Mit Ausnahme einer Familie leben alle Milben auf dem Lande,

zum Teil frei vom Raube oder von lebenden oder toten pflanzlichen
oder tierischen Stoffen, zum anderen Teile parasitisch an oder in
Pflanzen oder Tieren, hierbei oft Verunstaltungen ihrer Wirte (Gallen
usw.) hervorrufend.

Im einzelnen ist die Biologie der Milben noch recht wenig erforscht; auch in der Systematik scheinen unsere Kenntnisse noch nicht
immer befriedigend festgelegt.

Während man gewöhnlich zehn bis zwölf Familien unterscheidet,
kennt BERLESE[1]) deren 39, die er in fünf Unterklassen verteilt.

Bestimmungstabelle der hier behandelten Milbenfamilien.

1. Körper wurmartig verlängert, geringelt, zwei Paar
   Beine . . . .　Eriophyiden.
   Körper kugelig, nicht geringelt, vier Paar Beine .　2
2. Stigmen fehlend: Keulenhaar an Tarsus I und II　Tyroglyphiden.
   Stigmen bei beiden Geschlechtern deutlich . . .　3
   Stigmen nur bei Weibchen deutlich, bzw. vor-
   handen . . . .　5
3. Stigmen seitlich, über dem dritten und vierten
   Beinpaare . . . .　Uropodiden.
   Stigmen dorsal, an Schnabelwurzel .　4
4. Penis undeutlich: Mandibeln scherig . . . . .　Bdelliden.
   Penis deutlich, vorstreckbar: Mandibeln dolch-
   förmig. . . . .　Tetranychiden.
5. Haut lederig; an jeder Hinterecke der Kopfbrust
   eine starke, aus einer Pore entspringende Borste　Oribatiden.
   Haut weich, ohne solche Borsten . . . . . .　6
6. Beim Weibchen alle Beine mit Saugnäpfen; Hinterleib des befruchteten Weibchens schwillt sackartig an . . . .　Pediculoiden.
   Beim Weibchen Hinterbeine mit langen Borsten;
   Hinterleib des befruchteten Weibchens normal .　Tarsonemiden.

Tetranychiden. Fig. 67, 70.

Körper oval, weißlich bis rot, wenig lebhaft gefärbt, mit Reihen
von Borsten oder Haaren auf dem Rücken. Haut weich. Kopfbrust
und Hinterleib durch eine Querfurche äußerlich geschieden. An jeder
Seite ein bis zwei Augen. Stigmen dorsal am Vorderrand der Kopfbrust. Kiefertaster oder Palpen viergliederig; vorletztes Glied mit stark
vorgezogener Klaue, letztes daumenartig, mit einem oder mehreren finger-
ähnlichen Fortsätzen. Kieferfühler oder Mandibeln zweigliederig:
beide Basalglieder zu stumpfem, fleischigem, zurückziehbarem Zapfen,
der Mandibularplatte, verschmolzen, aus der die sehr langen, S-förmig
gebogenen, zu Stechborsten umgewandelten Endglieder hervorragen.
Beine mäßig lang, sechsgliederig, erstes Paar am längsten; sie endigen
in ein oder zwei Klauen, zwischen denen sich Hafthaare befinden.
After ein ventraler Längsspalt. Geschlechtsöffnungen ebenfalls
ventral; weibliche meist quer, männliche längs gestellt; letztere lassen
oft den schlanken, stilettförmigen, gekrümmten Penis hervortreten.
Einige Formen vermögen mit den Kiefertastern zu spinnen.

---

[1]) Gli Acari agrarii. Riv. Patol. veget. Ann. VI. 1897 — VIII. 1899.

Die Entwickelung der Tetranychiden ist von v. Hanstein[1]) für die Weibchen wenigstens klargestellt worden. Aus dem Sommerei (1. Stadium) schlüpft durch Spalten seiner Schale eine sechsbeinige, der erwachsenen Milbe aber sonst recht ähnliche Larve (2. Stadium). Nach kurzer Zeit hebt sich deren Haut ab: es entsteht ein Ruhestadium, die Nymphochrysallis (3. Stadium), die durch die unter der alten Larvenhaut eingeschlossene Luft glänzend weiß aussieht. Durch Platzen der Haut quer über den Rücken wird die achtfüßige Nymphe (4. Stadium) frei. Diese geht durch ein weiteres Ruhestadium, die Deutochrysallis (5. Stadium) in die Deutonymphe (6. Stadium) über. Nach einem letzten Ruhestadium, der Teleiochrysallis (7. Stadium), entsteht das geschlechtsreife Tier, das Prosopon (8. Stadium). — Zwischen Ei und entwickelte Milbe schieben sich also drei bewegliche und drei Ruhestadien, die alle nur von kurzer Dauer, 1—3 Tage, sind. In jedem Ruhestadium werden die Gliedmaßen neu gebildet. — Nach Perkins[2]) soll eine Begattung für Lebenszeit genügen: fehlen Männchen, so sollen die Weibchen unbefruchtet Eier legen, aus denen nur Männchen entstünden. Aus befruchteten Eiern entstünden mehr Weibchen.

Die Tetranychiden sind im allgemeinen echte Pflanzenfresser. Sie leben fast ausschließlich von grünen Pflanzenteilen, deren Oberhaut sie mit ihren Mandibeln verletzen, um in die erzeugte Wunde ihre Saugborsten einzuführen und die einzelnen Zellen auszusaugen.

Indes sind zahlreiche Fälle bekannt, in denen Tetranychiden oder, wahrscheinlicher, ihre Larven, auf Menschen übergegangen sind und, ebenso wie die Herbstgrasmilbe, *Leptus autumnalis*, die Larve von *Trombidium fuliginosum*, eigentümliche Hautentzündungen hervorgerufen haben.

Die Tetranychiden lieben heißes, mäßig trockenes Wetter. Ihre Vermehrung wird dadurch sehr beschleunigt, so daß sich in kurzer Zeit ungeheure Mengen von ihnen entwickeln können. Da zu gleicher Zeit die Pflanzen ohnehin an Saftmangel leiden, werden die Schäden der Milben dann besonders fühlbar. Auch in Treibhäusern, Mistbeeten usw. treten sie oft in unglaublichen Mengen auf.

Regen vermindert ihre Zahl im Verhältnis zu seiner Stärke; nach Platzregen sind sie oft für kurze Zeit so gut wie verschwunden. Ebenso verhindert kühles Wetter ihre Vermehrung. Große Trockenheit ist nach v. Hanstein ihr schlimmster Feind. Auch direktes Sonnenlicht meiden sie.

Die besten Vorbeugungsmittel sind, wo durchführbar, öfteres Gießen oder Überbrausen und Beschatten der Pflanzen, letzteres durch Bedecken mit Fichtenreisig oder, in Glashäusern, durch Bestreichen der Glasdächer mit Kalkmilch.

Auch als Bekämpfungsmittel sind beide Maßregeln, namentlich zu Anfang der Plage, zu empfehlen. Später ist allerdings zu energischeren Mitteln zu greifen. Tabaks-, Quassia-, Wermutabkochungen, Seifenwasser und ähnliches sind mit verschiedenem Erfolge angewandt worden. Sicherer wirkt schon Petroleum-Emulsion. Das Spezifikum gegen Tetranychiden ist aber Schwefel, den man als Pulver an die nassen Pflanzen stäubt, als gelöste Schwefelleber oder in Verbindung

---

[1]) Zeitschr. f. wiss. Zool. Bd. 70, 1901, S. 58—108, 1 Taf.
[2]) Siehe Exp. Stat. Rec. Vol. 9, p. 859.

mit Seifenwasser. Kalkmilch, Mehlkleister. Glyzerin usw. auf die Pflanzen spritzt, wobei natürlich immer darauf zu achten ist, dafs die betreffenden Mittel auch auf die Milben, nicht nur auf die Pflanzen gelangen.

In Treibhäusern kann man durch Räuchern mit Tabak, oder besser Cyankalium, oder durch Bestreichen der Heizröhren mit einem Brei von Kalk oder Lehm mit Schwefel die Plage in Schranken halten oder selbst beseitigen. Kakteen, die sehr unter den Milben leiden. taucht man in einen Brei von flüssigem Leim; wenn dieser trocknet. ersticken die Milben. Später entfernt man ihn wieder durch öfteres Spritzen mit lauwarmem Wasser. Auch Halali hat sich hier sehr gut bewährt.

Befallene Rebstöcke behandelt man im Winter mit heifsem Wasser[1], oder man bestreicht sie mit 40 %igem Eisenvitrol, bezw. 10 %iger Schwefelsäure[2]. An der Basis von Bäumen bedeckt man die überwinternden Milben mit nassem Schlamme.

Als Feinde der Tetranychiden sind beobachtet: die Larven von Coccinelliden, von Scymnus minimus, Chrysopa-, Hemerobius-Arten und von Syrphiden, ferner Telephorus fuscus und andere Käfer, Anthocoris cursitans und andere Wanzen, Trombidiiden und Gamasiden und frei lebende Gallmückenlarven[3]. PERGANDE[4] beobachtete in Amerika auf Platane eine Thrips-Art. WOODWORTH[5] auf Zitronen aufser Coccinelliden und Chrysopa noch eine Diptere (Coniopteryx sp.), die alle Stadien der Milben verzehrten. Doch vermögen diese alle der Vermehrung der Milben nicht Einhalt zu tun.

Die für uns in Betracht kommenden drei Gattungen sind:
Stirne mit vier schuppigen Fortsätzen . . . . . Bryobia.
Stirne ohne solche, Kiefertaster in Daumen endigend Tetranychus.
Stirne ohne solche, Kiefertaster nicht in Daumen
endigend . . . . Tenuipalpus.
Die ähnlichen Trombidiiden (Laufmilben) sind meist gröfser und unterscheiden sich leicht durch die keuligen, scheerenförmigen Kieferfühler.

Bryobia C. L. Koch.

Vorderer Rückenrand in dachförmige Platte ausgezogen, an deren vier Zipfeln je ein blattähnliches, hyalines Haar sitzt. Rücken mit schuppigen Haaren, die bei den Larven schlank, gesägt sind. Jederseits ein Auge. Stigmen auf beweglichen Stielen. Drittes Glied der Kiefertaster mit starker Kralle, an deren Basis das kolbige letzte Glied eingelenkt ist. Erstes Beinpaar viel länger als die übrigen und als der Körper. An den Haftlappen der Füfse viele Klebhaare. Spinnvermögen nur sehr gering.

Bryobia ribis Thomas[6]. **rote Stachelbeermilbe** (Fig. 67).

0,7 mm lang; Rumpf infolge der durchscheinenden Nahrung schmutzig dunkelrot, alle anderen Teile fleischrot. Auf dem Rücken

[1] BARBUT, J., Rev. vitic. T. 13. 1900, p. 167 169.
[2] TULLGREN, A., Ent. Tidskr. Årg. 25, 1904, p. 82.
[3] VON SCHLECHTENDAL, Zeitschr. Nat. Bd. 70, p. 229.
[4] Psyche Vol. 3, p. 369; s. Insect Life Vol. I, 1888, p. 139.
[5] Bull. 145, Univ California agr. Exp. Stat., 1902, p. 10—14.
[6] Gartenflora Bd. 43, 1894, S. 488—490, 7 Fig; Zeitschr. f. Pflanzenkrankh. Bd. 6, 1896, S. 80—84, usw. — v. HANSTEIN. Sitzungsber. d. Ges. nat. Frde., Berlin, 1902, S. 128—136.

drei Paare blattähnlicher Haare, deren Länge sich zur Breite wie 4 : 3 verhält.

Die erste mir bekannt gewordene Erwähnung dieser Milbe ist eine Frage im Praktischen Ratgeber im Obst- und Gartenbau vom 30. Jan. 1887 (S. 47), leider ohne Angabe, woher. Auf S. 102 und 139 finden sich mehrere Antworten, aus denen hervorgeht, daß die Milbe den Praktikern schon seit Jahren bekannt war und von ihnen mit mehr oder minder Erfolg bekämpft wurde. Anfangs der 90er Jahre erregte sie die Aufmerksamkeit der englischen Stachelbeerzüchter, die sich an Miß Ormerod[1]) wandten, und kurz danach beschrieb Fr. Thomas diese ihm schon seit 1889 bekannte Milbe. Von Schöyen[2]) wurde sie 1904 in Norwegen festgestellt.

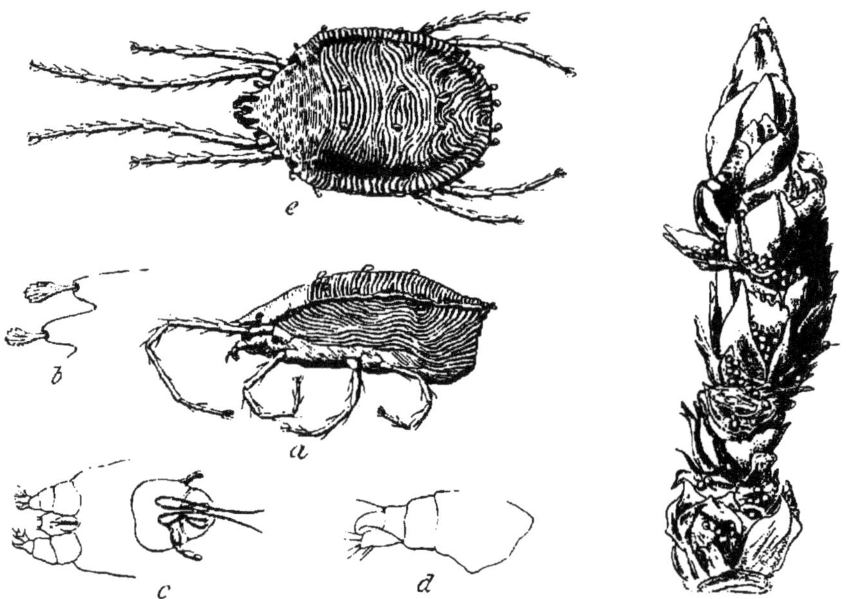

Fig. 67. Bryobia ribis, nach Thomas.
a von der Seite. *b* von oben. *c* Vorderende. *d* Maxille.
b Blatthaare der rechten Kopfseite.

Fig. 68.
Eier von Bryobia ribis.
ca. 5 : 1.

In Deutschland ist der Schädling sicher überall verbreitet, wenn ihm auch, namentlich infolge seiner merkwürdigen Lebensweise, nicht immer die gebührende Beachtung geschenkt wird.

Ende März etwa, zugleich mit der Streckung der Knospen, kriechen aus den unter Knospen-, Rindenschuppen, Flechten usw. versteckten Eiern die sechsbeinigen, hellroten Larven, deren Rückenhaare schmal, gefiedert sind, aus. Sie beginnen sofort an den zuerst entfalteten Blättchen zu saugen. Gegen Ende April erscheint die Nymphe, die auf dem Rücken lange, schmale Blatthaare (Länge zu Breite wie 5 : 2) trägt. Anfangs Mai treten die ersten reifen Weibchen auf, die gegen Ende Mai ihre Eier (Fig. 68) an die genannten Stellen legen und dann ab-

---

[1]) Handbook of Insects injurious to Orchard and Bush fruits. London 1898, p. 94—101, 2 figs.

[2]) Beretn. Skadeinsekt. etc. 1904, p. 18.

sterben, so daſs der Uneingeweihte, der meist jetzt erst die Schädigung bemerkt, vergebens nach ihrer Ursache sucht. — Männchen bis jetzt unbekannt.

Die Stachelbeermilbe ist in Deutschland bis jetzt nur an *Ribes Grossularia* und *alpinum* gefunden, in England auch an Johannisbeeren. Sie befällt namentlich das Innere alter, groſser oder im Schatten stehender Stöcke, da sie Nässe ebensowenig wie direktes Sonnenlicht vertragen kann. Am liebsten ist ihr warme, mäſsig trockene Witterung. Sie tritt dann, aber auch sonst an geeigneten Stellen, in solchen Massen auf, daſs die befallenen Stöcke schon von weitem durch ihr kleines, fahles, weiſsfleckiges Laub auffallen (Fig. 69).

Die hierdurch herabgesetzte Ernährung der Stöcke bedingt vorzeitiges Reifen oder selbst Abfallen der Früchte. Ja, es können sogar die Blätter abfallen, nachdem ihre Ränder vorher dürr geworden waren, so daſs schlieſslich der ganze Stock absterben kann, wenn auch öfters erst im nächsten Jahre.

Für gewöhnlich findet man die Stachelbeermilbe, im Gegensatz zur „roten Spinne", vorwiegend oder nur auf der Oberseite der Blätter; nur bei Regen zieht sie sich auf deren Unterseite oder an geschützte Stellen am Stamme zurück.

Als Bekämpfungsmittel haben sich nach den erwähnten Antworten im Praktischen Ratgeber bewährt: Kalkmilch, der auf den Eimer etwa 12—34 Pfund Chlorkalk zugesetzt wurde, sowie Petroleum-Emulsion. SCHÖYEN beseitigte sie durch $^{1}/_{2}$—$^{3}/_{4}$ %ige Lysollösung. Ich habe mit Schwefelstäubung vorzüglichen Erfolg gehabt.

v. HANSTEIN fand auf Moos Bryobia-Milben, die morphologisch völlig identisch mit Br. ribis waren, auch auf Stachelbeerblättern leben konnten.

Bryobia pratensis (Garm. [1]). **Clover Mite** der Amerikaner.

Dorsal mit 28 Schuppenhaaren, davon drei Paare auf dem Rücken, ein Paar auf der Kopfbrust, die übrigen an den Seiten.

Fig. 69. Von Bryobia ribis ausgesaugter Stachelbeerzweig.

Die in den meisten englischen Kolonien, in Amerika von Kanada bis Neumexiko, in Australien, Neuseeland und Südafrika, an den verschiedensten Pflanzen vorkommenden Bryobia-Milben werden alle unter diesem Namen geführt, dürften aber wohl mehrere Arten umfassen. In Nordamerika treten sie namentlich gegen Ende des Sommers in groſsen Massen am Klee auf — daher ihr dortiger Vulgärname — seltener an Gras. Von Bäumen werden Apfel, Ulme und Pfirsich bevorzugt, aber auch andere Obst- und Zierbäume befallen. Aus den Kolonien sind die Milben nur von Bäumen bekannt, in Australien von Steinobst im allgemeinen, in Südafrika als besonders schädlich von Pflaumenbäumen.

---

[1] RILEY and MARLATT, Insect Life Vol. III, 1890, p. 45—52. 2 figs.

In den nördlichen Vereinigten Staaten überwintern sie als Ei, in den südlichen in allen Stadien unter Knospen, Rinde usw., namentlich aber unter den Abzweigungen der Äste, hier oft in dicken, grofsen, roten Polstern zusammensitzend. Im Kapland stellte Lounsbury[1]) mindestens vier Generationen fest: in den Vereinigten Staaten soll die Vermehrung die ganze gute Jahreszeit über vor sich gehen, ohne bestimmt abgegrenzte Generationen.

Im Herbste dringen die Milben oft in Scharen in Häuser ein.

Riley und Marlatt beobachteten in Amerika eine die Baummilben fressende Mottenraupe.

Auch in Europa kommen Bryobia-Milben an den verschiedensten Bäumen vor, wie an Obstbäumen, Reben, Linden, Efeu usw. v. Schlechtendal[2]) bezeichnet sie als **Br. nobilis** C. L. Koch, die

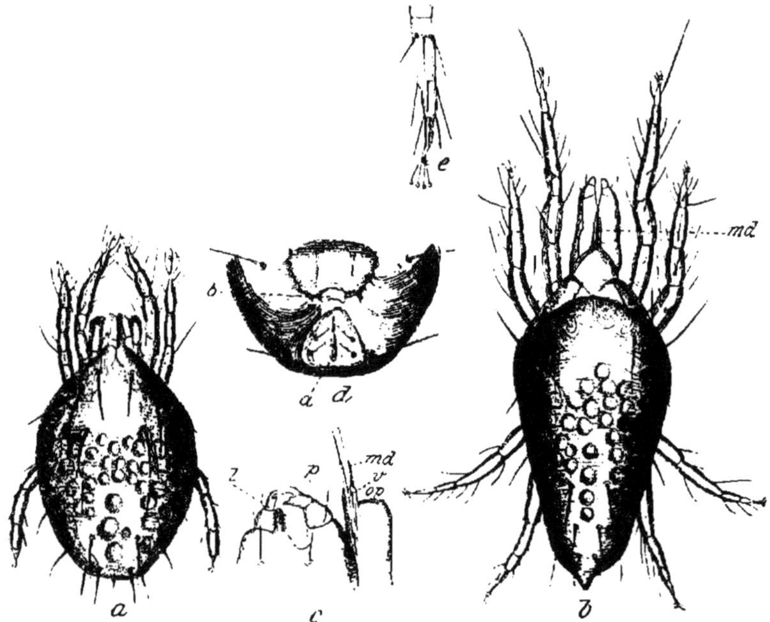

Fig. 70. Tetranychus telarius (aus Claparède).
a Larve, b Männchen, c Rüssel v. d. Seite, d Abdomen des Weibchens v. unt., e Endglied eines Fufses.
a Afterpapille } zu d. l Ligula und Mandibel r Mandibelscheide } zu c, bzw. b.
b Vulva p Taster ov Epistom

Engländer nennen sie **Br. praetiosa** C. L. Koch oder **speciosa** C. L. Koch, was nach ihnen synonym ist, während die Italiener zwei Arten darunter verstehen. Biologisch verhalten sich diese Bryobia-Milben auf jeden Fall anders als Br. ribis. Canestrini[3]) fand Larven und Nymphen im Juni und Juli, ich noch anfangs Juli reife Weibchen. Es bleibt hier der systematischen Forschung noch fast alles zu tun übrig.

<hr>

[1]) Agric. Journ. Cape Good Hope Vol. 23, 1903, p. 179—184, 1 fig.
[2]) Zeitschr. Nat. Halle. Bd. 70, 1898, S. 228.
[3]) Nach v. Hanstein, l. c. S. 136.

Tetranychus Dufour[1]).

Rote Spinne, Milbenspinne, Spinnmilbe, *red spider*, *Tetranyque tisserand* (Fig. 70).

Rot, gelb oder grünlich; Körper oval, mit mehreren langen, in Längsreihen stehenden Borsten. Haut weich, mit feiner Chitinstreifung. Beine verschieden lang, behaart. Schnabel groß, konisch. Nur ein Stigma, am Vorderrande des Rückens. Tarsus in vier Klauen und Hafthaare endend. Männchen kleiner, schlanker, hinten zugespitzt; After kurz, an Leibesspitze; unmittelbar davor der von vorn kurz kegelförmige, von der Seite hakig nach vorn gebogene Penis. Weibchen größer, plumper; After auf vorstehender Papille, mit zwei Haaren jederseits; unmittelbar davor das ovale, quere und quergestreifte Geschlechtsfeld, in dessen hinterem Ende die quere Vulva liegt. Eier einzeln reifend.

Spinnmilben sind aus fast allen Erdteilen bekannt. In allen Teilen Europas schaden solche, ebenso in Amerika, wo sie nur in den regenreichen Gebieten Südchiles fehlen[2]). Aus der orientalischen Region, aus Australien und Neuseeland sind mehrere Arten beschrieben. Nur aus Afrika wird über schädliche Arten wenigstens nichts berichtet.

Man findet Tetranychus-Arten so ziemlich an allen Kultur- und wilden Pflanzen, an Bäumen, Sträuchern und Kräutern, Mono- und Dikotyledonen, im Freien und in Gewächshäusern. — Wie weit die verschiedenen Arten wirklich polyphag sind, muß bei dem gegenwärtigen Stande unserer Kenntnis ihrer Systematik unentschieden gelassen werden.

Im Gegensatz zu den Bryobia-Arten halten sich die T.-Arten vorwiegend auf der Unterseite der Blätter auf; doch befallen sie schließlich alle grünen Teile, Stengel, Blütenknospen und unreife Früchte. Die meisten Arten überziehen dabei alle befallenen Teile mit einem feinen, dichten Gespinste, dessen Fäden nach Voss[3]) 4—5 μ dick sind. Die Bedeutung dieses Gespinstes ist eine mehrfache: Festhalten der Tiere und ihrer Eier auf den Pflanzen, Erleichterung der Bewegung, Schutz vor Feuchtigkeit.

Zuerst treten die Milben gewöhnlich in den Winkeln von Haupt- und Nebennerven auf, breiten sich von da die Nerven entlang aus und bedecken zuletzt die ganze Blattfläche. Die Folge ihres Saugens ist ähnlich wie bei Bryobia: gewöhnlich werden die Blätter an den den Saugstellen gegenüberliegenden oberen Teilen, also zuerst in den Nervenwinkeln, weißfleckig, daher die Krankheit in Frankreich „la grise" heißt. Die Entfärbung breitet sich über das ganze Blatt aus, bis es zuletzt trocken, rostfarbig wird („Blattdürre" in Deutschland). Oft rollen sich bei stärkerem Befalle die Blattränder nach oben ein. Schließlich fallen die Blätter frühzeitig, oft schon im August, ab.

Nicht überall sind die Erscheinungen die gleichen. So röten sich z. B. die Blätter des Hopfens („Kupferbrand") und der Rebe („la maladie rouge, il rossore") sehr rasch und intensiv. v. Schlechtendal[4]) beschreibt Ausbauchungen der Blattfläche nach oben,

---

[1]) Siehe v. Hanstein, l. c., und Zeitschr. f. Pflanzenkrankh. Bd. 12, 1902, S. 1—7; ferner Claparède, Zur Entwickelung der Gattung Tetranychus, Zeitschr. wiss. Zool. Bd. 18, 1839, S. 480—490, Taf. 40.

[2]) Philippi, Festschrift d. Ver. f. Nat. Kassel, 1866, S. 17.

[3]) Verh. d. zool.-bot. Ges. Wien Bd. 25, 1876, S. 613.

[4]) Zeitschr. Nat. Bd. 61, 1888, S. 93.

besonders bei *Phaseolus* und *Fraxinus*, ARCANGELI [1] solche bei Hesperideen.
Nach STIFT [2] werden die befallenen Rübenblätter manchmal glasig, wie
bei Frost, mit lockerem, breiigem Gewebe. Nach v. TUBEUF [3] werfen
befallene Weißerlen und Ulmen die Blätter noch lebend und grün, nur
mit einigen braunen Flecken, ab. Derselbe Autor führt die Holz-
kröpfe an Weiden auf T. telarius zurück [4]. MANGIN [5] beschreibt
einen Befall von Nelken zu Antibes, bei dem deren Blätter pinselartig
wurden. Die Stiche der Milben reizten die Zellen zu Ausscheidungen
von Kork, wodurch die Wirkung der Milben zum Stillstande gebracht,
allerdings auch die Assimilation geschwächt wurde. Über die von
Tetr. bioculatus erzeugten Flecken an Kaffeeblättern berichtet ZIMMER-
MANN [6]: Außer einzelnen Epidermiszellen sterben ganze Gruppen von
Palissadenparenchymzellen ab und füllen sich teils mit Luft, teils mit
gelbbrauner, schleimartiger Substanz. Vom Schwammparenchym aus
wachsen große, kallusartige Zellen zwischen die abgestorbenen hinein.

Der von den Milben verursachte Schaden besteht im Saftentzuge
und in verminderter Assimilation; die Blätter bleiben klein, die Blüten
und Früchte verkümmern [7] oder werden überhaupt nicht ausgebildet
(„Castration parasitaire" nach MANGIN [5]). Nach STIFT [8] erreichten
auf stark befallenen Rübenfeldern die Rüben nur 9—87 g statt 175
bis 405 g Gewicht. SAJO [9] beobachtete, daß die Früchte befallener
Pflaumenbäume auffallend weniger süß waren.

Am schlimmsten treten die Milben in heißen trockenen Jahren
auf. Auch in Treibhäusern, Mistbeeten usw. vermehren sich die Milben
oft ins Ungemessene und schaden hier den durch die unnatürlichen
Verhältnisse in ihrer Widerstandskraft geschwächten Pflanzen ganz
besonders. An Bäumen ist der Befall gewöhnlich am stärksten im
Innern der Krone oder an vom Winde geschützten Stellen [10], weshalb
Spalierbäume ganz besonders bevorzugt werden, da die Milben eben
die eingeschlossene Luft lieben.

Zur Überwinterung verkriechen sich die an Bäumen lebenden
Formen zum Teil in Rindenrisse, vorzugsweise aber in die Erde um
den Wurzelhals herum. Bei dem Herabkriechen überziehen sie dabei
den Stamm an der der Sonne abgewandten Seite mit einem dichten,
wie Eis glänzenden Gespinste. Legt man Heuseile, Fanggürtel usw.
um den Stamm, so sammeln sie sich in Massen unter diesen. Die an
Kräutern lebenden Formen scheinen unter abgefallenen Blättern, an
stehengebliebenen Stengeln und Ähnlichem zu überwintern [11]. Auch die
Stützpfähle an Hopfen, Bohnen, Reben, Rosen, Spalierobst usw., noch
mehr die zur Befestigung daran dienenden Seile, die Wände der Mistbeete usw. dienen als Überwinterungsplätze, wenn auch die Milben

[1]) Siehe Zeitschr. f. Pflanzenkrankh. Bd. 15, 1905, S. 169.
[2]) Über die im Jahre 1904 beobachteten Schädiger ... der Zuckerrübe, S. 15.
[3]) Forstl. naturw. Zeitschr. Bd. 7, 1898, S. 249—256.
[4]) Naturw. Zeitschr. f. Land- u. Forstw. Bd. 3, 1904, S. 330—337.
[5]) C. r. Soc. Biol. Paris, T. 46, 1894, p. 466—468.
[6]) Ann. Jard. Bot. Buitenzorg (s.) Vol. 2, 1900, p. 119.
[7]) Siehe z. B. NOACK, Jahresber. d. Sonderaussch. f. Pflanzensch. D. L. G. 1904,
S. 125.
[8]) l. c.
[9]) Nach TASCHENBERG, Schutz der Obstbäume gegen feindliche Tiere. 3. Aufl.
S. 261, Stuttgart 1901.
[10]) REH, Jahrb. Hamb. wiss. Anst. Bd. 19, 1903, 3. Beiheft S. 209 u. 210.
[11]) Siehe FRANK, Die tierparas. Krankh. d. Pflanzen, S. 38.

mit Vorliebe in den Winkeln an der Erde sich verkriechen. Nach v. HANSTEIN scheinen nur Weibchen zu überwintern. Bei den meisten Arten findet aber auch eine Überwinterung in Form von roten, hartschaligen Wintereiern (Fig. 71) statt, die v. SCHILLING[1]) an oben genannten Schlupfwinkeln in Mistbeeten, v. TUBEUF[2]) an Stämmchen und Zweigen junger Ulmen, sie ganz überziehend, besonders massenhaft aber an den faltigen Partien um die Blattnarben, auch sonst an glatten Stämmen und Ästen der Gehölze fand. ZIRNGIEBL[3]) beobachtete rote Wintereier der Hopfenspinne, RITZEMA BOS[4]) solche an Obst- und anderen Bäumen. ich selbst schon im September massenhaft an Schwarzdorn, unter den Abzweigungen der Zweige und Dornen. Sie scheinen aber bei Tetr. telarius zu fehlen.

Auch die Milben selbst sind gegen Kälte sehr widerstandsfähig. v. HANSTEIN fand lebende T. althaeae noch bei — 13° im Dezember im Freien auf Blättern. Wenn trotzdem die Mehrzahl der überwinternden Individuen zugrunde zu gehen scheint, so dürfte dies wohl Folge der Nässe sein.

In der guten Jahreszeit ist die Vermehrung der Spinnmilben von der Witterung abhängig. In den heißen Sommermonaten braucht nach v. HANSTEIN eine Generation 14—18 Tage: im ganzen folgen sich bei uns etwa fünf Generationen im Jahre. In wärmeren Ländern ist ihre Folge natürlich rascher und ihre Zahl größer. Die Vermehrung geschieht im Sommer durch weißliche oder gelbliche Eier, deren jedes Weibchen etwa 20 legt.

Es erscheint zweifellos, daß stärkerer Befall durch die rote Spinne Folge einer bestimmten

Fig. 71. Wintereier von Tetranychus sp. an Schwarzdorn (stark vergrößert).

Disposition oder wenigstens Schwächung der betreffenden Pflanze ist. sei es durch die Trockenheit, sei es infolge des verweichlichenden Aufenthalts in Warmhäusern. Auch die verschiedenen Arten und Sorten der Pflanzen scheinen ihr nicht gleich ausgesetzt zu sein. So machte schon KOLLAR[5]) darauf aufmerksam, daß *Tilia grandifolia* sehr stark befallen wird, *T. parvifolia* nicht oder sehr wenig. Auch RITZEMA BOS[6]) erwähnt, daß *Kentia balmoreana* stark befallen wird, *K. forsteriana* nicht.

Wie nicht anders zu erwarten, bereitet die Schwächung der Pflanzen durch die rote Spinne jene für andere Krankheiten vor. So siedelt sich nach NOACK[7]) an den Saugstellen an Klee gerne *Phacidium Medicaginis* an, und die von T. bioculatus befallenen Teeblätter sind besonders empfänglich für *Pestalozzia Guepini*.

[1]) Die Schädlinge des Gemüsebaues, S. 55, Fig. 75 b 1.
[2]) Naturw. Zeitschr. f. Land- u. Forstw. Bd. 3, 1905, S. 249.
[3]) Die Feinde des Hopfens, S. 50, Berlin, Parey, 1902.
[4]) Nach mündlicher Mitteilung.
[5]) Naturgesch. d. schädl. Insekten, Wien 1837, S. 191.
[6]) Tijdschr. Plantent. Jaarg. 11, 1905, p. 54.
[7]) l. c.

Die Anzahl und Abgrenzung der Arten ist noch sehr unsicher. CANESTRINI [1]) und BERLESE [2]) haben eine Anzahl Arten in Italien, BANKS [3]) in Nordamerika mehr oder weniger genau beschrieben. Die von den älteren deutschen und französischen Autoren beschriebenen Arten sind sehr unsicher; erst neuerdings hat v. HANSTEIN die seitherige einzige deutsche Art T. telarius in zwei Arten aufgelöst. Englische und holländische Zoologen haben aus ihren Kolonien mehrere Arten beschrieben. Eine umfassende Monographie der Gattung dürfte sicherlich einerseits noch manche neue Arten erkennen, andererseits manche der beschriebenen zusammenfassen lassen.

T. telarius GACHET. Gelb oder grünlich, überwinternde Weibchen tief orangegelb, sehr selten rot. Jederseits nur ein einfacher, unregelmäßig begrenzter, roter Augenfleck. Weibchen an den Seiten leicht eingebuchtet, bis zu 420 μ, Männchen bis zu 330 μ lang. Vorwiegend auf Linde, besonders *Tilia grandifolia*.

T. althaeae v. Hanstein. Grünlich braun mit deutlichen dunklen Seitenflecken, überwinternde Weibchen intensiv rot. Jederseits ein doppelter, etwa achtförmiger Augenfleck (Fig. 72). Weibchen ohne seitliche Einbuchtung, bis zu 570 μ. Männchen bis zu 430 μ lang. An *Althaea rosea*, *Lycium barbarum*, *Phaseolus multiflorus*, *Bryonia alba*, *Humulus Lupulus*.

Letztere Art ist der Erzeuger des „Kupferbrandes" des Hopfens [4]), der gewöhnlich im Juli, zuerst in trockenen Lagen, sich durch rote Flecke in den Winkeln der Blattnerven bemerkbar macht. Nach wenigen Tagen ist das ganze Blatt gerötet, hängt schlaff herab und fällt meist bald ab. Nicht selten gehen die Milben auch an die Dolden und Fruchtzapfen über, die dann in der Entwicklung sehr zurückbleiben. Bei starkem Befalle hängt das Gespinst, mit Eiern und Kotklumpen durchsetzt,

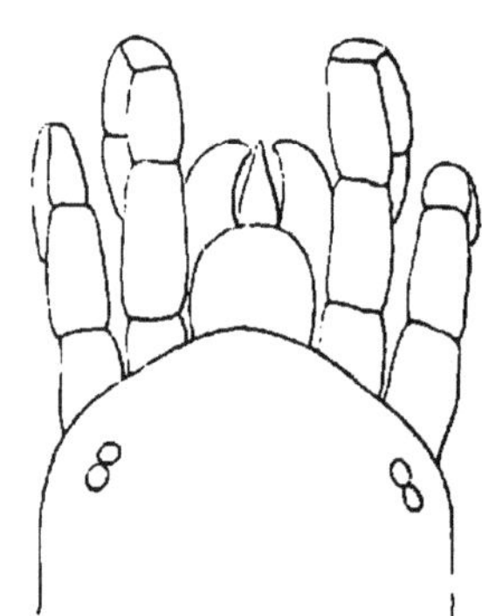

Fig. 72. Vorderende von Tetranychus althaeae (nach v. HANSTEIN).

schnurförmig von den Ranken herab. Die überwinternden Tiere finden sich am Boden unter abgefallenem Laube in dichtem Gespinste, die Wintereier an dürren Blättern am Boden, an den Abzweigungsstellen der Ranken vom Hauptstamme und, zugleich mit überwinternden Tieren, in Ritzen und unter Rinde der Hopfenstangen. Zur Bekämpfung sind daher die Stangen zu entrinden, jeden Winter mit Petroleum zu reinigen, besser noch durch Drahtanlagen zu ersetzen, alle Blätter usw. vom Boden zu entfernen. Zwischen die Hopfenreihen gepflanzte Bohnen oder Kartoffeln sollen die Milben von dem Hopfen ableiten.

T. lintearius Duf. In der weiteren Umgebung von Paris häufig an *Ulex europaeus*, ihn oft völlig überspinnend; von GIARD [5]) in Algier auch an *Calycotoma spinosa* gefunden.

T. ununguis Jacobi [6]). Von seinem Autor in Sachsen an jungen

---

[1]) Acarofauna italica. 1883—1890; etc.
[2]) Verschiedene Publikationen.
[3]) U. S. Dept. Agric., Div. Ent., Techn. Ser. Bull. 8, 1900, p. 65—77, 15 figs.
[4]) Siehe VOSS, l. c.
[5]) Bull. Soc. ent. France 1903, p. 159—160.
[6]) Naturw. Zeitschr. f. Land- u. Forstw. Bd. 3, 1905, S. 239—247. 3 Fig.

Picea excelsa, ganz besonders stark aber an jungen *P. sitchensis* beobachtet, die von der Milbe übersponnen, und deren Nadeln durch das Saugen derselben zum Abfallen gebracht waren. Die schon früher von Nitsche[1]), Boas[1]), Schöyen[2]) (Kiefern) und v. Tubeuf[1]) an Nadelhölzern, meist Fichten, beobachteten Milbenspinnen dürften derselben Art angehören[3]) Bei starkem Befalle bringt sie die Nadeln zum „Schütten" und kann kleinere Pflanzen gänzlich, gröfsere zum Teil abtöten. Die Überwinterung scheint nach v. Tubeuf und Jacobi nur in Form von Wintereiern zu erfolgen. — Zur Bekämpfung liefs Jacobi die Zweige zwischen zwei mit einer Mischung von Schmierseife in 5—10 Teilen Wasser benetzten Bürsten hindurchziehen; der Erfolg war durchschlagend.

In Nordamerika[4]) schaden **T. sexmaculatus** Riley[5]) und **T. mytilaspidis** Riley[6]) mäfsig an Hesperideen (Florida und Kalifornien), **T. gloveri** Banks[7]) recht beträchtlich an Baumwolle (S. Carolina) und **T. bimaculatus** Harvey[8]) (vielleicht identisch mit **T. cucumeris** Boisd.) ebenfalls bedeutend an Blumen (Canada, Vereinigte Staaten, Bermudas).

T. bioculatus Wood-Mason (**T. coffeae** Nietn.)[9]). Seit der Mitte des vorigen Jahrhunderts an Tee in Indien, später auch an Teo und Kaffee auf Ceylon und Java mehr oder minder schädlich auftretend, aber auch an anderen Pflanzen (Tomaten, *Firmiana colorata*, *Anthocephalus cadamba*) beobachtet. Von Zimmermann[10]) auch an Tee in Amani gefunden. Besonders schlimm im Frühjahre, als den heifsesten trockensten Monaten, und auf trockenen Böden. Mit dem Beginne des Monsuns nimmt die Plage gewöhnlich ab. Gröfser als der direkte Schaden ist der indirekte, indem sich auf den befallenen Blättern besonders leicht *Pestalozzia Guepini* („Grey blight") ansiedelt. Von Tee werden die Sorten Hybrid und China am meisten befallen, weniger die einheimischen Assam-Sorten, noch weniger Manipuri und Verwandte. Die Ausbreitung geschieht entlang den Kuli-Wegen, Strafsen usw., scheinbar also an den Kleidern der Arbeiter. Spätes Beschneiden, nicht vor 1. April, ist ein gutes Vorbeugungsmittel. Diese Art sitzt im Gegensatze zu den anderen vorwiegend auf der Blattoberseite.

T. exsiccator Zehntn.[11]). Auf den Blättern des Zuckerrohres in Java, lange, rostfarbene Flecke hervorrufend. Stark befallene Pflanzen bleiben im Wachstume zurück oder gehen ein. Vom Rost befallene Pflanzen werden bevorzugt. Die Entwicklung dauert nur 9—11 Tage, so dafs sich in einem Monate drei Generationen folgen können.

[1]) Siehe v. Tubeuf, ibid. S. 247—249.
[2]) Beretning om . . . 1896; s. Zeitschr. f. Pflanzenkrankh. Bd. 8, S. 213.
[3]) König, Tierwelt u. Landwirtschaft, Stuttgart 1906, S. 283.
[4]) Bezüglich der folgenden amerikanischen Arbeiten s. auch Banks, l. c. und Proc. U. S. Nation. Mus. Vol 28, 1905, p. 23—28, figs.
[5]) Insect Life Vol. 2, 1890, p. 225—226, Fig. 44. — Marlatt, Yearb. U. S. Dept Agric. 1900, p. 289—290, Fig. 33.
[6]) Woodworth, l. c.
[7]) Morgan, Bull. 48, Louisiana agric. Exp. Stat., 1897, p. 130—135; Titus, Bull. 54, U. S. Dept. Agric., Bur. Ent.. p. 87—88.
[8]) Chittenden, Bull. 27, ibid., p. 35—42; Jarvis, Rep. ent. Soc. Ontario 1905, p. 122.
[9]) Watt and Mann, Tea-Insects, 2. ed. p. 348—359, Fig. 40. — Cotes, Ind. Mus. Notes Vol. 3, 1896, p. 4—56, 2 figs. — Über die von T. bioculatus hervorgerufenen Blattflecken s. S. 94.
[10]) Ber. d. biol.-landw. Inst. Amani Bd. 2, 1904, S. 27.
[11]) Med. Proefst. Suikerriet West-Java No. 51, 1901. — Arch. Java-Suikeriet. Jaarg. 9, 1901, S. 193.

ZEHNTNER beobachtete auch Parthenogenese.   Eine Coccinellide und
Diplosis acarivora verzehren die Milben.

Eine unbestimmte ziegelrote kleine Milbe[1]) befällt auf Java Blätter
und andere grüne Teile vom Tee und bringt die jungen Triebe zum
Absterben.

Eine ebenfalls unbestimmte Art[2]) verursacht auf den Bananen-
früchten auf Hawaii bräunlichen Schmutz, schadet sonst aber nicht
ernsthaft.

Von anderen verwandten Gattungen seien noch folgende erwähnt:
Stigmaeus floridanus Banks[3]). Körper länglich, in der Mitte eingeschnürt, ohne Haarreihen. An den schuppigen Blättern von Ananas
in Florida. Durch die Saugwunden dringen Pilze ein.

Tetranychopsis horrida C. u. F.[4]). Rücken ohne Querfurche,
mit zahlreichen langen und dicken Borsten. In Italien auf Frucht-
bäumen.

Tenuipalpus Donnad. = Brevipalpus Donnad.

Haut rauh, hart. Kopfbrust vorne in hyalinen Fortsatz ausgezogen.
Palpen klein, schlank, enden in drei bis vier kurze Borsten. Beine
kurz, stämmig.

T. obovatus Donnad. In Italien[5]) auf Phytolacca und anderen
dickblätterigen Pflanzen. In Assam und auf Ceylon[6]) an Tee („scarlet
mite"). namentlich an Basis der Blätter, längs der Mittelrippe; sehr
schädlich; Zweige und ganze Büsche werden entblättert, die Rinde
schrumpft, die Endknospen hören auf zu wachsen.

T. californicus Banks[7]). Sehr häufig auf Orangenblättern
in Kalifornien; recht schädlich.

Bdelliden.

Ähnlich den Trombidiiden, aber vorderer Kopfteil schnabelartig
verlängert. Soweit bekannt, räuberisch lebend.

Nach HOLLRUNG[8]) soll eine mit **Bdella lignicola** identische oder
nahe verwandte Form auf Neuguinea linienförmigen, langgestreckten
Fraß zwischen den Nerven der Fiederblätter der Kokospalme bewirken.
ANASTASIA[9]) führt unter den Schädlingen des Tabaks in Italien eine
Bdella sp. auf.

Uropodiden.

Verwandt mit den Gamasiden. Kurz, breit, konvex. Haut braun,
lederig. Augen fehlen. Mandibeln bis zweimal so lang als Körper,
schlank, enden in zarte Scheren. Beine kurz, mehr oder weniger
unter Körper verborgen. Leben vorwiegend von Pilzen, Bakterien[10]),

---

[1]) KONINGSBERGER, Meded. Land's Plantent. 64, 1903, p. 67.
[2]) HIGGINS, Bull. 7, Hawaii agr. Exp. Stat., p. 32.
[3]) BANKS, Proc. U. S. Nation. Mus. Vol. 28, 1905, p. 27.
[4]) BERLESE, l. c. p. 155.
[5]) BERLESE, l. c. p. 147.
[6]) WATT und MANN, l. c. p. 359—360.
[7]) BANKS, l. c. p. 28.
[8]) Tropenpflanzer Bd. 7, 1903, S. 136.
[9]) Siehe HOLLRUNG, Jahresber. Pflanzenkrankh. Bd. 7, S. 143.
[10]) CUMMINS, Journ. Linn. Soc. London, Zool., Vol. 26, 1898, p. 623—625.

modernden pflanzlichen Stoffen und kleineren Milben [1])(?). Die Nymphen finden sich häufig auf Insekten und anderen Gliedertieren, die sie aber nur als „Reittiere" benutzen. Nach BERLESE [2]) sollen sie mit Dung auf die Felder verschleppt werden und dort an Pflanzenwurzeln übergehen. Nach SCHÖYEN [3]) benagten die Nymphen von **Uropoda vegetans** Geer in Norwegen in Mistbeeten gerade über der Erdoberfläche die Stengel von Blumenkresse, Lauch, Astern usw., so dafs die Pflanzen welkten und abstarben. E. REUTER [4]) berichtet, dafs Nymphen von **Uropoda obnoxia** Reut. in Finland auf Mistbeeten an Radieschen und Gurkenpflanzen schadeten, indem sie klumpenweise am Wurzelhalse safsen und den Stengel zernagten. Später fand er sie auch an Salat, selbst auf dem Markt in Helsingfors. Erst im Spätherbst traten die Geschlechtstiere auf. Zur Abhaltung empfiehlt REUTER, die Rahmenbretter der Mistbeete an beiden Seiten unten mit Raupenleim zu bestreichen und besonders bedrohte Pflanzen mit derart behandelten Brettern zu umgeben.

Tarsonemiden.

Länglich; Kopfbrust und Hinterleib deutlich geschieden. Augen fehlen. Mundwerkzeuge klein. After endständig. Beine fünf- bis sechsgliederig.

Tarsonemus Can. et Fanz.

Sehr ausgeprägter sexueller Dimorphismus. Männchen ohne Tracheen und Stigmen, kurz. Erstes Beinpaar mit einer Klaue und einem Sauger, zweites und drittes Paar mit zwei Klauen und einem Sauger, viertes Paar ganz ans Hinterende gerückt, dick und schwer, mit einer sehr grofsen Klaue. Genitalapparat springt hinten zwischen den Hinterbeinen als eine den Mundwerkzeugen sehr ähnliche Papille vor. Weibchen mit Tracheen und Stigmen. die ventral, nahe der Basis des Schnabels liegen. Hinterleib auf dem Rücken durch übereinandergreifende Hautfalten scheinbar fünfgliederig. An Kopfbrust, zwischen erstem und zweitem Beinpaare, jederseits ein keuliges Haar. Erstes bis drittes Beinpaar wie beim Männchen; viertes nicht so weit nach hinten gerückt, schlank, zart, endet in zwei Borsten, deren eine oft so lang ist als das ganze Bein. Genitalöffnung klein, länglich, zwischen den Hinterhüften. — Leben alle auf oder in Pflanzen, an Stamm, Halmen oder Blättern, oft in grofsen Kolonien, zum Teil Gallen bildend, zum Teil in von anderen Tieren erzeugten Gallen. Wahrscheinlich werden mit der Zeit noch mehr Schädlinge unter ihnen gefunden werden.

T. ananas Tryon [5]). Einzelne Segmente der Ananas-Frucht bleiben grün, darunter ist alles faulig. Die Milbe hat die Einzelfrüchte von aufsen verwundet; durch die Wunden dringt ein mit Monilia verwandter Pilz ein.

T. bancrofti Mich [6]). An Zuckerrohr in Queensland und auf

---

[1]) TROUESSART, Bull. Soc. zool. France T. 27, 1902, p. 29—45.
[2]) Riv. Patol. veget. Vol. 6.
[3]) Beretning om . . . 1897.
[4]) Berättelse öfver . . . 1903; s. Zeitschr. f. Pflanzenkrankh. Bd. 15, S. 152; Acta Soc. Fauna Flora fennica Bd. 27, 1906, No. 5, 17 pp., 1 Taf.
[5]) Queensland agric. Journ. Vol. 3, 1898, p. 458—467, 4 Pls.
[6]) ZEHNTNER, Arch. Java Suikerind. Afl. 18, 1897.

Barbados. Die Schöfslinge 24 Stunden lang in Lösung von ein Pfund Karbolsäure in 100 Gallonen Wasser legen. Zwei bis dreimal in 14 tägigen Pausen mit einer Mischung von Schwefelpulver, Seife und Wasser spritzen. Alle Abfälle verbrennen.

T. brevipes Sicher e Leonardi [1]). Schadet an Tabak bei Salerno.

T. canestrinii Massalongo [2]). Verursacht kleine Rauhigkeiten an den Stengeln von Stipa-Arten und Triticum repens, in Italien und Deutschland.

T. chironiae Warburt [3]). An *Chironia exigera* in Warmhäusern in England. Die fleischigen Blätter sind verkrümmt und verdreht, die

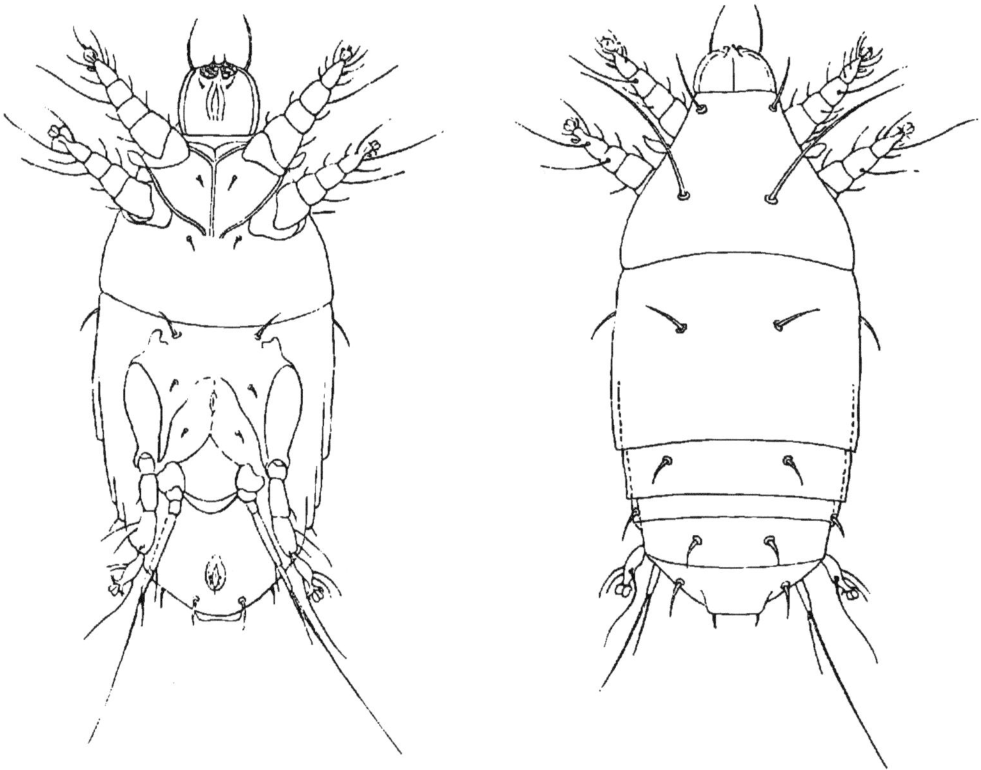

Fig. 73.

<table>
<tr><td>Weibchen von Tarsonemus culmicolus
von unten (nach Reuter).</td><td>Weibchen von Tarsonemus culmicolus
von oben (nach Reuter).</td></tr>
</table>

Knoten, an denen die Blätter entspringen, werden braun und zerfallen; in ihrer Nachbarschaft die Milben.

T. culmicolus E. Reut. [4]) (Fig. 73). Verursacht in Finland etwa 18,27 % der totalen Weifsährigkeit an Wiesengräsern (*Phleum pratense*,

---

[1]) Siehe Hollrung, Jahresber. Pflanzenkrankh. Bd. 7, S. 143.

[2]) Nuovo Giorn. bot. ital. Vol. 4, N. S., 1897, p. 103—110; v. Schlechtendal, Jahresber. Ver. Nat. Zwickau für 1897.

[3]) Ann. Rep. 1904, p. 14—15.

[4]) Acta Soc. Fauna Flora fennica T. 19, 1900, No. 1, p. 77—83, Pl. 2; Zeitschr. f. Pflanzenkrankh. Bd. 14, S. 155—156.

Calamagrostis epigeios, *Poa pratensis*, *Festuca rubra*, *Agropyrum repens*, *Deschampsia caespitosa* usw.). — Der Halm wird ohne sichtbare Ursache mifsfarbig, morsch, erscheint schliefslich dünn, strangartig verschrumpft, und läfst sich leicht aus der Blattscheide herausziehen. Die Milben sitzen am Halm oberhalb des ersten Knotens und saugen ihn aus, so dafs der Blütenstand verwelkt und abstirbt. Die Weibchen überwintern. Die befallenen Gräser sind möglichst sorgfältig abzumähen und bald wegzubringen.

T. fragariae H. Zimmermann [1] (destructor E. Reuter). Verursacht Kräuselung und Verkrümmung der Erdbeerblätter und jungen Triebe. Er befällt die ganz jungen, noch von den Niederblättern eingeschlossenen Blätter, auch die der Ranken, durch die er sich ausbreitet; die ganzen Pflanzen verkümmern und tragen keine Frucht, da auch die jungen Blüten befallen werden. Als einziges wirksames Bekämpfungsmittel ergab sich das Beseitigen der befallenen Pflanzen. E. Reuter [2] beobachtete ihn in Finland seit 1892 an Gartenerdbeeren im freien Land und erhielt ihn aus Pelargonien-Blüten und von Begonia-Sprossen aus Gewächshäusern; letztere welkten schon in der Knospe hin. Es scheint sich also um eine weitverbreitete Art zu handeln, für die nach Reuter besonders charakteristisch sind die fast halbzirkelförmig, lappenartige Erweiterung an der Innenseite des zweiten, und die ungewöhnlich lange und biegsame Borste an dem dritten Gliede des vierten Beinpaares des Männchens, beim Weibchen die runde Gestalt des Pseudostigmalorganes (Fig. 74).

T. krameri Kühn [3]. An Fioringras (*Agrostis alba*). Einzelne Blüten zeigen zwischen den Spelzen statt normaler Früchte 2 mm lange, 1 mm dicke violette, an der Spitze und am Grunde weifse Gallen.

T. latus Banks [4]. Verursacht Gallen an den Haupttrieben von Mango.

T. oryzae Targ. Tozz [5]. Soll in Italien die Ursache der „Bianchella“ genannten Krankheit an Reis sein, bei der die Ähre in zahlreiche feine Fäden zerspaltet.

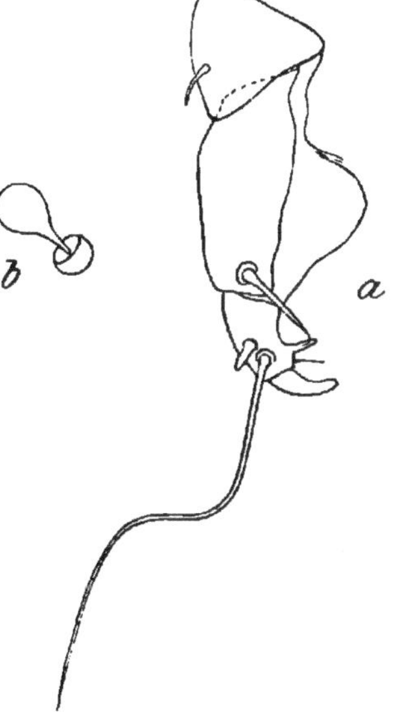

Fig. 74. Tarsonemus fragariae (nach H. Zimmermann).
a Viertes Bein des Männchens, v. u.
b Pseudostigmalorgan des Weibchens.

T. pallidus Banks [4]. An Gewächshauspflanzen in Amerika.

T. phragmitidis v. Schlechtend. [6]. An Schilfrohr in Deutschland. Die letzten Internodien sind verkürzt, die Blattscheiden aufgetrieben und gefaltet.

T. spirifex Marchal [7] (Fig. 75). An Hafer in Frankreich, Süddeutschland und Schonen (Schweden) beobachtet. Die von Marchal und

[1] Zeitschr. d. mähr. Landesmus. Brünn Bd. 5, 1905, S. 91—103, 1 Taf.
[2] Medd. Soc. Fauna Flora fennica Bd. 31, 1905, p. 136—140.
[3] Kirchner, Krankh. und Beschädigungen usw., 2. Aufl., S. 150.
[4] Journ. New York ent. Soc. Vol. 12, 1904, p. 55, Pl. 2, Fig. 3.
[5] Ann. Agric. Vol. 1, 1878.
[6] Zeitschr. Nat. Halle Bd. 70, 1898, S. 428.
[7] Bull. Soc. ent. France 1902, p. 98—104, 3 figs.

später von Lampa[5]) beschriebene Krankheitserscheinung ist folgende:
Ende Juni etwa ist das oberste, noch in der Blattscheide steckende

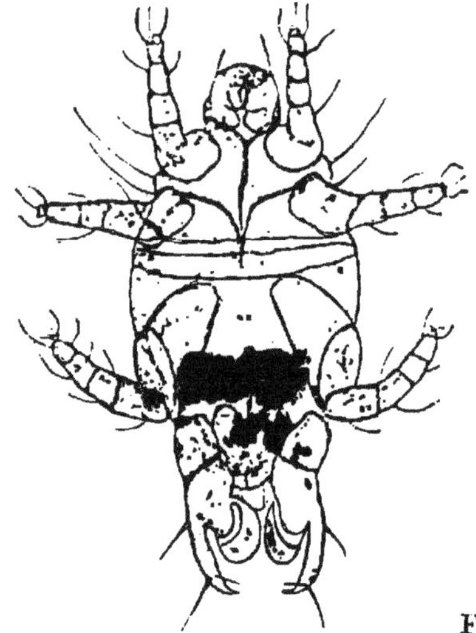

Fig. 75.

Tarsonemus spirifex, Männchen   Tarsonemus spirifex, Weibchen
(nach Korff).   (nach Korff).

Fig. 76.
Von Tarsonemus spir.
befallene Haferrispe
(nach Marchal).

Spindel-Internodium etwas über dem obersten Knoten
2—3 cm lang in fünf bis sieben Windungen korkzieher-
artig gedreht (Fig. 76), desgl. oft die Stielchen der Rispe;
die Folge ist, dafs der Hafer sich schlecht entwickelt.
Die Krankheit zeigte sich namentlich an den im Schatten
von Hecken stehenden Pflanzen.

Etwas anderes ist die von Kirchner[6]) anfangs August
beobachtete Erscheinung: Die Rispen waren ebenfalls
nicht genügend entwickelt; sie steckten mit den unteren
Ästen noch in der Blattscheide; die obersten drei bis
vier Internodien hatten sich nicht genügend gestreckt,
so dafs die ganze Rispe nur die Hälfte ihrer natürlichen Länge erreichte. An den unteren Teilen der
betr. Halmglieder bemerkte man bräunliche Längsstreifen
und feine, kleieartige, weifsliche Massen: die Milben.

Wieder anders ist das von Behrens[7]) als „Senger"
beschriebene Krankheitsbild: Die schmutzig karminroten
Pflanzen bleiben im Wachstume auffallend zurück. Die
Ähre ist spärlich. an den Spelzen befinden sich meist
rostartige Flecke; sie enthalten nur unvollkommen aus-
gebildete Körner. In der Blattscheide findet man die
Milben in Massen, wie sie an den von ihr umhüllten
Organen saugen.

KORFF[8]) beobachtete in Bayern beide Krankheitsbilder.

<hr>

[5]) Berättelse öfver... 1902, p. 54; s. Zeitschr. f. Pflanzenkrankh. Bd. 15, S. 154,
Anm. 2.
[6]) Zeitschr. f. Pflanzenkrankh. Bd. 14, S. 13—18, Taf. I.
[7]) Ber. d. Bad. landw. Versuchsstat. Augustenberg 1903.
[8]) Prakt. Blätter f. Pflanzenb. usw. Jahrg. 3, 1905, S. 109—113, 122—126, 2 Fig.;
Jahrg. 5, 1907, S. 39—42, Fig.

Als Gegenmittel empfiehlt Behrens Fruchtwechsel und gute Düngung. Kirchner beobachtete eine die Milbe befallende *Sporotrichum*-Art.

T. translucens Green [1]. „Yellow Mite", „Apple-foliage Blight". Befällt die Unterseite der Blätter und die Knospen von Tee in Indien und auf Ceylon. Die Blätter bleiben klein, werden rauh und runzelig. Die Triebkraft der Sträucher wird immer geringer und hört zuletzt ganz auf. Während die Milbe bestimmte Sorten nicht vorzuziehen scheint, befällt sie mehr alte als junge, mehr kränkliche als gesunde Sträucher. Die befallenen Zweige bezw. Büsche müssen verbrannt, bezw. abgebrannt werden.

T. trepidariorum Warburton [2]. Auf der Unterfläche von Farnblättern in Treibhäusern in England. Blausäure und Schwefelkohlenstoff halfen nicht.

Pediculoiden.

Ähnlich den Tarsonemiden, aber der Hinterleib des befruchteten Weibchens schwillt zu einem riesigen Sacke an, in dem sich die Eier

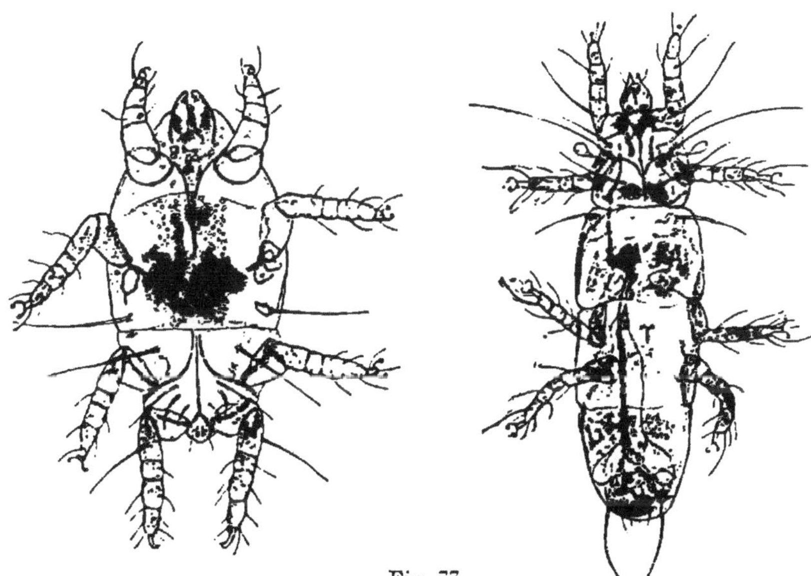

Fig. 77.

Pediculoides graminum, Männchen (nach Korff). — Pediculoides graminum, junges Weibchen (nach Korff).

weiter entwickeln bis zur sechs- oder sogar zur achtfüßigen Form. — Die meisten Arten parasitisch auf anderen Tieren, besonders Insekten.

Pediculoides Targ. Tozz.

Männchen ähnlich dem von Tarsonemus. Ohne Stigmen.

Weibchen mit zwei aus Gruben auf der Kopfbrust entspringenden keuligen Haaren. Stigmen an den Seiten des Schnabels. Beine alle

---

[1] Watt und Mann. Tea-Insects etc., p. 360—364, 4 figs.
[2] l. c. p. 13—14, 2 figs.

gleichartig, die vorderen mit einer Klaue, die übrigen mit zwei Klauen, alle mit hyaliner Membran.

Nach BRUCKER [1] fehlt der After, wenigstens bei P. ventricosus; der Darm endet hinten blind.

P. avenae J. Müller [2]. An Hafer in Schlesien beobachtet. Die befallenen Pflanzen bleiben klein, bilden nur ein bis zwei nahe bei einanderstehende Halmknoten und ein nicht entfaltetes Blatt. In diesem die nicht entfaltete Rispe, an der alles rudimentär bleibt. Die Milben sitzen am Grunde dieses Blattes, in dessen Gewebe sie sogar zum Teil eindringen. Im Sacke entwickelt sich die achtfüfsige Form.

P. graminum E. Reuter [3] (Fig. 77). Verursacht in Finland etwa 54,30 % der totalen Weifsährigkeit an Wiesengräsern (*Phleum, Poa, Agropyrum, Festuca, Deschampsia, Arena, Agrostis, Apera, Anthoxanthum, Alopecurus*). Auch an Roggen, Gerste, Weizen und Hafer in Finland und Bayern [4] beobachtet. Wenn die Halme aus der Blattscheide herauszutreiben beginnen, zeigen sie Spuren des Verwelkens. Die weichen Teile oberhalb des ersten Knotens sind kreuz und quer verletzt, gebräunt oder gerötet. Die benagten Teile welken und schrumpfen; der Halm wird morsch, braun, dünn. Die Milben sitzen oberhalb des obersten und zweitobersten Knotens, meist am Halme, seltener an der Scheide. Hier überwintern auch die Weibchen. Im Sacke entwickelt sich nur die sechsfüfsige Form.

Bereits AMERLING [5] beobachtete zwei, Weifsährigkeit erzeugende Milben-Arten am Getreide, die nach E. REUTER **Pediculoides**-Arten waren; die eine verhielt sich ähnlich der vorigen; die andere safs gleich über dem Rhizom.

Oribatiden [6].

Haut stark chitinisiert, hart, gelegentlich lederig. Kopfbrust und Hinterleib gewöhnlich gelenkig geschieden. Stigmen, wenn vorhanden, in Höhlen an den Hüften. Augen fehlen. Nahe dem Hinterrande der Kopfbrust zwei Poren (Pseudostigmata) mit je einer Borste (pseudostigmatisches Organ). Beine mit fünf freien Gliedern, mit einer oder drei Klauen, ohne Sauger. Mandibeln scherig. Geschlechter äufserlich gleich, dagegen Larven und Nymphen den Erwachsenen sehr unähnlich.

Meist Pflanzenfresser (Flechten, Pilze, zerfallendes Holz).

MICHAEL unterscheidet 7 Unterfamilien, 23 Gattungen, 199 gute und 115 zweifelhafte Arten.

Oribata Latr.

Abdomen mit flügelartigen Verbreiterungen. Mandibeln dick, stämmig.

· **O. agilis Nic.** machte nach E. MARCHAND [7] in einem Garten zu Nantes alle Himbeeren ungeniefsbar; in jeder Beere safs etwa ein halbes,

---

[1]) Bull. sc. France Belg. T. 35, 1901, p. 365—452, Pls. 18—21, 12 figs.
[2]) Zeitschr. f. Pflanzenkrankh. Bd. 15, 1905, S. 23—29, 2 Tafeln.
[3]) l. c. p. 45–68, Taf. 1.
[4]) KORFF, l. c.
[5]) Lotos, Prag, Bd. 11, 1891, S. 24, 1 Taf.
[6]) MICHAEL, A. D., Oribatidae. Das Tierreich, 3. Liefg. Berlin 1898.
[7]) Bull. Soc. Sc. nat. Ouest France, Ann. 14, 1904, p. XXIII—XXIV.

aufsenau ein ganzes Dutzend der Milben. Auch Aprikosen wurden befressen. Die Tiere stammten aus benachbartem, morschem Holze.

O. dorsalis C. L. Koch (= **elimatus** C. L. Koch) nagt nach Leonardi[1]) und Kirchner[2]) die Wintersaat von Weizen vor dem Auskeimen an. Beizen der Saat mit Bordeläser Brühe hat nicht geholfen, wohl aber Einweichen in Petroleum[1]).

O. lapidaria H. Luc. (= **humeralis** Berl.) kommt nach Warburton[3]) und Ribaga[4]) oft in Massen an Ästen und Zweigen von Bäumen (Linden usw., Oliven und Apfelsinen) vor und erzeugt auf deren Rinde eine Art Krebs, so dafs Zweige absterben. Nach Theobald[5]) sollen diese und verwandte Arten jedoch von Pilzsporen, u. a. auch von *Nectria* leben. Vielleicht könnte der Pilz von den Milben übertragen werden.

O. lucasii Nic. beschädigte nach Poppins[6]) und E. Reuter[7]) in Finland Gurkenfrüchte.

O. oviformis Dementjew[8]) benagt nach ihrem Entdecker mit anderen Milbenarten die Wurzeln der Weinrebe und verursacht die Chlorose derselben.

Notaspis Herm.

Hinterer Teil der Kopfbrust mit vorstehenden Längsfalten („Lamellen"). Körper glatt, zweites bis viertes Beinpaar am Körperrande entspringend.

N. lucorum C. L. Koch, **N. plantivaga** Berl. und andere Arten beteiligen sich an dem von Oribata lapidaria angerichteten Schaden.

Damaeus C. L. Koch.

Ohne Lamellen. Beine länger als Körper, dünn.

D. geniculatus L. findet man nach Judeich-Nitsche[9]) im hohlen Inneren von bohnengrofsen, schwammigen Anschwellungen des Rindengewebes schlechtwüchsiger Kiefern. Doch vermutet Nitsche, dafs es sich um eine Eriophyidengalle (Er. pini; s. S. 116) handele. Nach Murray[10]) lebt die Milbe von Thrips, kleineren Milben usw.

D. radiciphagus Dementj. und **carabiformis** Dementj. beteiligen sich bei der Erzeugung der Chlorose des Weinstockes[8]).

Lohmannia Michael.

Kopfbrust und Hinterleib nur durch Linie getrennt. Letzterer zylindrisch, oben völlig chitinisiert; die Chitinplatte biegt sich auf die Ventralfläche um. Beine kurz, dick.

L. insignis Berl. benagte nach Carpenter[11]) in Irland zusammen

---

[1]) Boll. Ent. agrar. Anno 8, 1901, p. 82—84.
[2]) l. c. S. 43.
[3]) l. c. p. 11—12.
[4]) Insetti nocivi all' Olivo ed agli Agrumi, Portici 1901.
[5]) First Rep. econ. Zool., London 1903, p. 78.
[6]) Medd. Soc. Fauna Flora fennica Hft 27. 1901, p. 74—76.
[7]) Zeitschr. f. Pflanzenkrankh Bd. 13, 1903, S. 224.
[8]) Zeitschr. f. Pflanzenkrankh. Bd. 13, 1903, S. 65—82, 19 Fig.
[9]) Lehrbuch usw. S. 23.
[10]) Economic Entomology, Aptera, p. 213.
[11]) Econ. Proc. R. Dubl. Soc. Vol. 1, 1905, p. 294—295, 1 Pl.: Irish Natural. Vol. 14. 1905, p. 249—251, 1 Pl

mit Springschwänzen an Keimlingen von Schminkbohnen (*Phaseolus vulgaris*) die Wurzeln.

Hoploderma ellipsoidalis Dementj. ist Begleiter von Oribata oviformis usw. [1])

Tyroglyphiden [2]).

Körper kugelig; Haut weich, glatt, körnig oder mit Wülsten oder Dornen und Borsten, nie mit gleichlaufenden groben Falten wie bei den nahe verwandten Sarcoptiden. Blaß gefärbt. Augen, Tracheen und Stigmen fehlen. Palpen klein, dreigliederig, fadenförmig, Mandibeln zweigliederig, scherig. Kopfbrust und Hinterleib meist durch Furche geschieden. Beine mäßig lang, fünfgliederig, mit je einer Klaue und ungestielten Haftlappen; an den Tarsen der beiden ersten Beinpaare

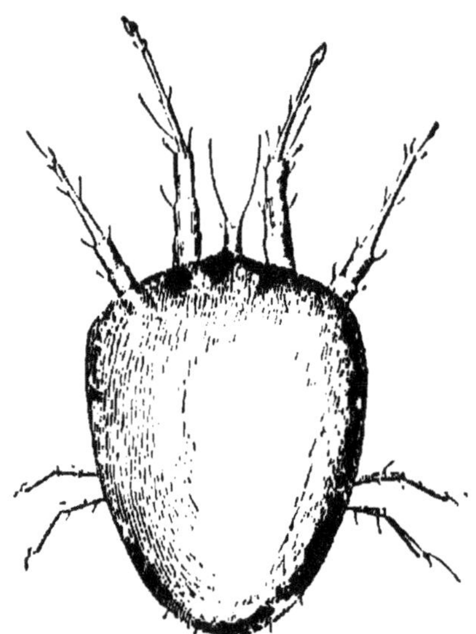

Fig. 78. Wanderlarve (Hypopus) einer Tyroglyphide (nach Kramer).

je ein keuliges Haar. Genitalöffnung länglich, zwischen Hinterhüften; daneben jederseits zwei U-förmige Haftnäpfe. Beim Weibchen dient die Scheide nur zur Geburt; die Begattung findet durch eine am Hinterende gelegene Kopulationsöffnung statt. After länglich, ventral oder endständig; beim Männchen daneben Haftnäpfe. Geschlechter nicht immer deutlich verschieden. Eier legend.

In die Verwandlung schiebt sich häufig zwischen zwei Nymphenstadien eine Wanderlarve (Hypopus) (Fig. 78) ein, mit harter, chitiniger Haut, ohne Mundwerkzeuge und -öffnung, mit kurzen, schlecht zur Fortbewegung tauglichen Beinen. Am Bauche kurz vor dem Hinterende eine Haftscheibe mit mehreren Haftnäpfen.

Die erwachsenen Milben leben fast alle von pflanzlichen, seltener tierischen Stoffen. Man findet sie oft in ungeheueren Mengen an den verschiedensten Vorräten animalischen oder vegetabilischen Ursprungs, namentlich aber an stickstoff- oder stärkehaltigen. Nur verhältnismäßig wenige Formen gehen an lebende Pflanzen: Wurzeln, Zwiebeln, Bulben, Pilze usw. über.

Die Wanderlarven heften sich an andere Tiere, vorwiegend Insekten (Stubenfliege!), an und lassen sich von ihnen an andere Orte verschleppen.

Die Bekämpfung der Tyroglyphen ist recht schwierig. Da Tracheen fehlen, sind Räucherungsmittel meist ohne Wirkung. Schwefelblüte und Karbolsäure halfen manchmal. Oft bleibt aber nichts anderes

[1]) Siehe vorige Seite.

[2]) Canestrini, G. u. P. Kramer, Demodicidae und Sarcoptidae. Das Tierreich, 7. Liefg., Berlin 1899; Michael, A. D., British Tyroglyphidae, 2 Vols, London, Ray Soc. 1901—1903. — Die allgemeinen biologischen Bemerkungen nach Banks, Proc. U. S. Nation. Mus. Vol. 28, 1905, p. 78—86, und A revision of the Tyroglyphidae of the United States; U. S. Dept. Agric., Bur. Ent., Bull. 13, Techn. Ser., 1906.

übrig, als die befallenen Gegenstände zu vernichten. Fliegennetze schützen bis zu gewissem Grade vor Befall.

CANESTRINI führt 16 Gattungen, 47 sichere und 7 unsichere Arten auf.

Histiostoma P. Kramer.

Mandibeln bilden keine Schere, sondern eine Bohrplatte, die an dem dorsalen Vorderende in einen Bohrstachel ausläuft.

H. feroniarum (Duf.) (= Tyroglyphus rostroserratus Mégn.) (Fig. 79, 80). Bohrstachel gesägt. Auf dem Hinterleibe elf stark hervortretende,

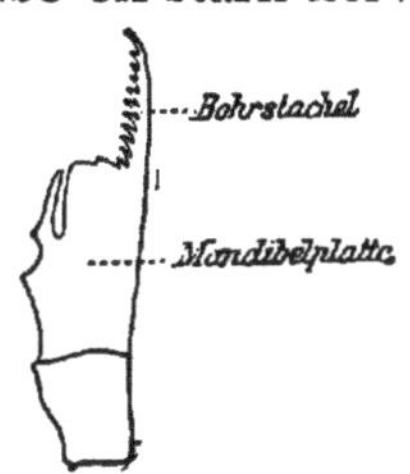

Fig. 79. Histiostoma feroniarum (nach MÉGNIN).

Fig. 80. Bohrstachel von Histiostoma feroniarum (aus MICHAEL).

halbkugelige Wülste mit je einer nach hinten gekrümmten Borste. Nach BUBÁK[1]) soll sie den Wurzelkropf der Zuckerrübe hervorrufen, während sie nach STIFT[2]) erst bei sich zersetzenden Kröpfen auftrete. Im allgemeinen ist sie entschieden saprophytisch und findet sich sehr häufig in sich zersetzenden pflanzlichen Stoffen. Doch fand MÉGNIN[3]) sie bei Paris massenhaft an Champignons und anderen Pilzen.

Aleurobius Can.

Erstes Vorderbein beim Männchen stark verdickt, mit großem Sporn am zweiten Gliede.

A. (Tyroglyphus) farinae (Geer). Weiß, distale Enden der Beine hellviolett. Oft massenhaft an trockenen stärkehaltigen Stoffen. Soll mit anderen Arten zusammen in Italien die Qualität des Tabaks „Gelber Virginier" verschlechtern[4]).

Tyroglyphus Latr.

Mandibeln scherig. Palpus dreigliederig, Kopfbrust mit vier langen Borsten nahe dem Hinterrande. Genitalnäpfe bei beiden Geschlechtern; beim Männchen Analnäpfe und Haftnäpfe am Endgliede des zweiten Hinterbeines. Tarsen der beiden ersten Beinpaare doppelt so lang als vorhergehendes Beinglied. Wanderlarve mit Haftnäpfen am Hinterende. Sehr häufig an sich zersetzenden Pflanzenknollen und Ähnlichem.

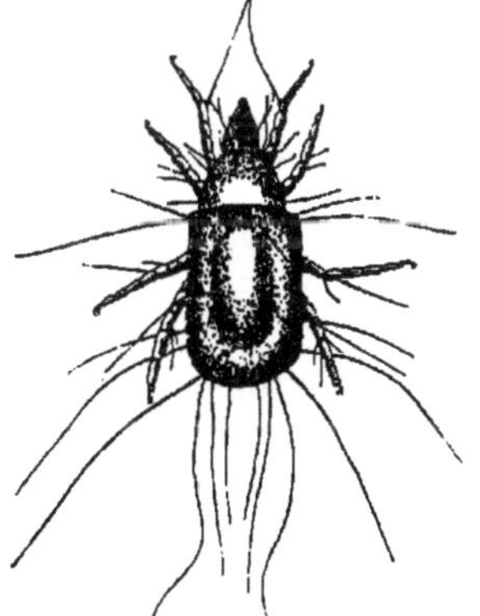

Fig. 81. Tyroglyphus longior (nach FUMOUZE et ROBIN).

---

[1]) Zeitschr. f. d. Zuckerindustrie in Böhmen Bd. 24, 1900, S. 355; Zeitschr. f. landw. Versuchsw. in Österreich Bd. 3, 1900, S. 622—625; Österr.-ungar. Zeitschr. f. Zuckerind. u. Landwirtsch. Bd. 30, 1901, S. 237.

[2]) Ibid. Bd. 29, 1900, S. 159—160, Bd. 30, 1901, S. 929—936.

[3]) Siehe MURRAY, l. c. p. 261.

[4]) Siehe oben bei Tarsonemus brevipes. — Auch MOHR erwähnt (Zeitschr. f.

T. mycophagus Mégn. Eine der gröfsten Tyroglyphiden; Männchen 950 μ, Weibchen 2,60 mm lang. Am Ende jedes Beines zwei grofse, sichelförmig gebogene, vorn plattenförmig verbreiterte Haare, zwischen denen die Kralle steht. Auf Champignons in Italien und Frankreich.

T. longior Gerv. (Fig. 81). Auf hinterer Hälfte der Kopfbrust zwei gleichlange Borstenpaare; Rückenborsten alle mit scharfer Spitze endend. Endglied des zweiten Hinterbeines sehr schlank, länger als die beiden vorhergehenden Glieder zusammen. Oft massenhaft in Vorräten. Nach Oudemans [1]) in Champignonzuchten in Berlin sehr schädlich.

T. Lintneri Osb. In Amerika sehr schädlich in Champignonkulturen, frifst alle Teile der Pilze. Zu vertilgen nur durch Vernichtung der Kulturen und Übergiefsen der Erde mit kochendem Wasser. Feuchtigkeit ist den Milben nicht zuträglich. Ein Korrespondent will mit Tabaksräucherung einigen Erfolg gehabt haben.

T. heteromorphus Felt [2]) beschädigte nach ihrem Autor in Massachusetts Nelkenwurzeln in Treibhäusern. Banks fand dieselbe oder eine verwandte Art an Spargelwurzeln.

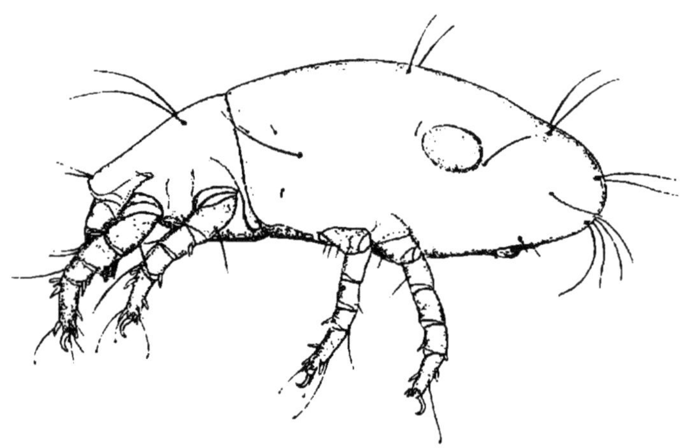

Fig. 82. Rhizoglyphus echinopus, von der Seite (nach Börner).

Collinge [3]) machte die gleichen Erfahrungen mit einer unbestimmten T.-Art in England.

Nach Sajo [4]) zerstörte eine T.-Art Wurzelveredelungen an Rose, indem die Milben sich zwischen die Schnittflächen drängten.

Rhizoglyphus Clap.

Nur zwei lange Borsten auf der Kopfbrust nahe dem Hinterrande, selten dazwischen noch zwei kleine. Beine sehr gedrungen, mit starken Dornen besetzt. Tarsen kurz, mit kräftigen Dornen. Zwei Männchen-

---

Pflanzenkrankh. Bd. 4, S. 20—21) eine Milbe, die in Belgien im Parenchym der Tabakblätter frafs, wodurch diese gelbe, rote und schwarze Flecke bekamen, welk wurden und schrumpften.

[1]) Tijdschr. Ent. D. 43, 1900, p. 128.

[2]) 10th Rep. Stat. Entom. New York: Busk, Bull. 38, U. S. Dept. Agric., Div. Ent., 1902, p. 32—34.

[2]) 11th Rep. injur. Insects New York, 1891, p. 254—256.

[3]) Rep. . . . 1904, p. 12.

[4]) Zeitschr. f. Pflanzenkrankh. Bd. 5, 1895, S. 363.

formen; das dritte Beinpaar der heteromorphen Männchen ohne Kralle, zu Greiforgan umgestaltet, stark geschwollen. Weiſs, distales Ende der Beine hellviolett.

Rh. (Coepophagus) **echinopus** Fumouze et Robin (= Robini Clap. = hyacinthi Boisd.) (Fig. 82, 83). Kopfbrust mit je zwei Haaren am Vorder- und Hinterrande. Je eine lange Schulterborste, zwei kurze Haare etwas hinter der Mitte des Abdomens, acht nahe dessen Hinterende. Auf Tarsen des ersten Beinpaares (Fig. 84) ein kräftiger Dorn und dicht dabei ein kolbiges Sinnenhaar; Endhaare länger als Tarsus. Borste an der Spitze des vorletzten Fuſsgliedes überragt an den drei ersten Beinpaaren den Tarsus. Weiſs mit bräunlichem Kopf und Beinen und dunklem Fleck jederseits am Abdomen. Alle Beinpaare des heteromorphen Männchens mit starken Zapfen und Dornen. Männchen 720, Weibchen 770 µ lang.

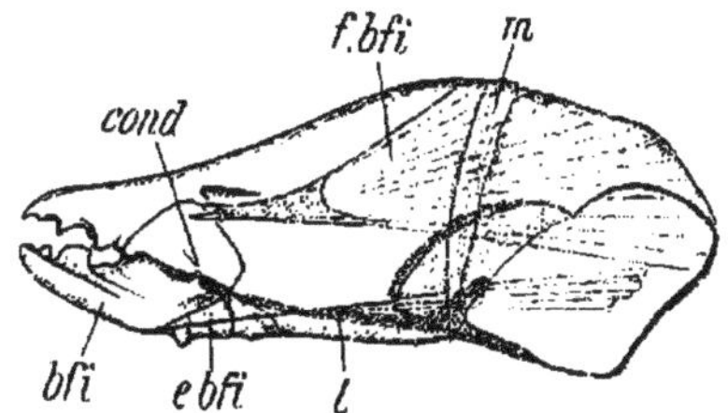

Fig. 83. Rechte Chelicere von Rhizoglyphus echinopus, von auſsen (nach Börner). m Kopf, bfi bewegliches Scherenglied, cond Gelenkkopf des Scherengelenks.

Diese Art ist nächst der „roten Spinne" unzweifelhaft die schädlichste Milbe durch ihre Lebensweise, ihre Polyphagie, Häufigkeit und weite Verbreitung. Allerdings ist das Bedenken Reuters[1]) durchaus gerechtfertigt, ob wir es bei allen hierhergezogenen Synonymen und Berichten wirklich immer nur mit einer Art zu tun haben.

Schon von Boisduval wurde diese Milbe an Blumenzwiebeln[2]) („bulb mite", „tulip mite", „Eucharis mite") gefunden, von denen sie Hyacinthe und Tulpe zu bevorzugen scheint. Doch findet man sie auch an anderen Liliaceen (Eucharis, Amaryllis, Lilium usw.). Sie friſst Gänge zwischen den Schuppen, und zwar nicht nur bei kränkelnden oder verletzten Zwiebeln, sondern auch bei gänzlich gesunden. Die Pflanze widersteht lange ohne Krankheitserscheinungen, bis sie dann meist plötzlich zugrunde geht. Beobachtet ist diese Krankheit namentlich in Frankreich, Holland, England, auf den Bermudasinseln und in Japan. Zur Bekämpfung wird empfohlen, die Pflanzen aus der Erde zu nehmen und entweder 48 Stunden lang mit Schwefelkohlenstoff zu räuchern oder in eine Abkochung von Kali- (nicht Natron-)seife und Tabak einen halben Tag lang einzulegen, dann gründlich darin zu waschen, mit reinem Wasser abzuspülen und in frische Erde zu pflanzen. Die alte Erde darf nur nach kräftiger Desinfektion, am besten durch heiſses Wasser, wieder benutzt werden.

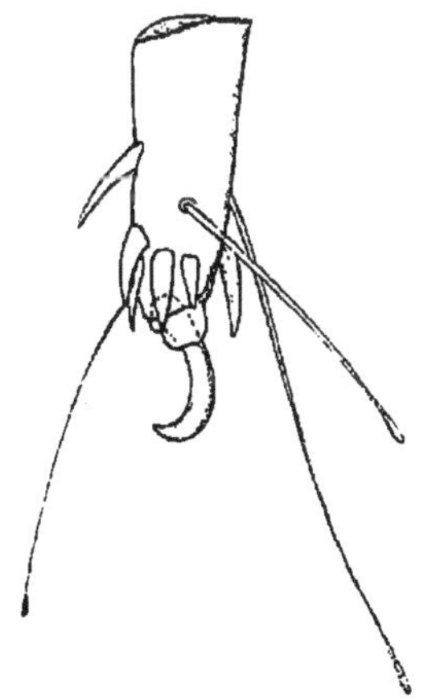

Fig. 84. Fuſs und Klaue des ersten Beines von Rhizoglyphus echinopus, von innen (nach Börner).

Nächstdem schadet die Wurzelmilbe wohl am

---

[1]) Med. Fauna Flora fennica Bd. 27, 1902, p. 123.

[2]) Boisduval, Ent. hort. 1867, p. 86; Fumouze et Robin, Journ. Anat. Physiol. Paris, T. V, 1868, p. 287—304, Pls. 20—21; Michael, Journ. R. micr. Soc. London, 2. Ser, Vol. 5, 1888, p. 26; Klamberg, Prakt. Ratg. i. Obst- u. Gartenbau, Jahrg. 1890, S. 764; Woods, U. S. Dept. Agric., Div. veget. Physiol. Pathol., Bull. 14, 1897.

meisten an Weinstöcken[1], von denen zuerst nur kränkelnde Stöcke, namentlich in undurchlässigen Böden, später aber auch ganz gesunde angegangen werden. Man findet sie namentlich an den von der Reblaus hervorgerufenen Nodositäten und Tuberositäten und an zarten, saftreichen Wurzeln. Die Milben fressen immer tiefer dringende und sich immer mehr verbreiternde Gänge in die Wurzeln. Die Stöcke zeigen zuerst unregelmäfsige Entwickelung und Länge der Triebe, die sich zuletzt leicht herausreifsen lassen. Die Blätter bleiben klein, dünn und zerbrechlich; die Früchte werden im ersten Jahre nicht vollreif, in den folgenden immer weniger ausgebildet. Wenn die Milbe bis zu den Markstrahlen vorgedrungen ist und sich im Holze einnistet, geht der Stock zugrunde, meist im dritten bis fünften Jahre des Befalles. Istvanffy[2] hat die Milbe oft im Gefolge von *Ithyphallus impudicus* beobachtet. Die verschiedenen Rebsorten werden verschieden, amerikanische gar nicht beschädigt. Die Krankheit tritt auf in Frankreich, Italien, Portugal, Palästina, Kalifornien, Chile und Australien. — Als Gegenmittel haben sich nur Kaliumsulfokarbonat und Schwefelkohlenstoff, 200 kg auf 1 ha Land, zweimal im Jahre angewandt, bewährt.

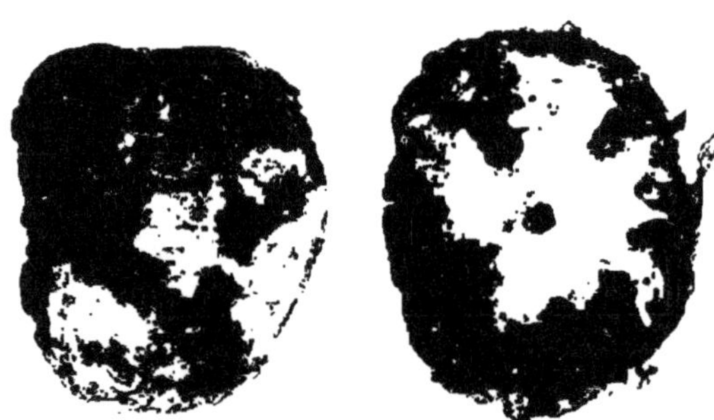

Fig. 85. Von Rhizoglyphus echinopus zerstörte Kartoffeln (nach Appel und Börner).
a aufsen, *b* Durchschnitt.

Auch an Knollen von Dahlien und Kartoffeln[3] (Fig. 85) schadet die Milbe; an letzteren ist sie eingehend von Appel und Börner[4] studiert. Sie greift das gesunde Gewebe an, häufig von Schorfstellen oder Verletzungen aus; bei Sorten mit dünner Schale bietet diese kein Hindernis. An befallenen Knollen ist die Schale an einzelnen Stellen verletzt, oft rauh, kaum verfärbt. Darunter verlaufen unregelmäfsige Gänge nach innen, die mit feinem, meist gebräuntem, lockerem Mehle erfüllt sind, in dem sich die Milben befinden. Sie befallen ebensowohl Kartoffeln im Felde wie in den Mieten, gedeihen aber am besten in faulig zerfliefsenden Knollen, daher unter befallenen Stöcken oft die ganze Erde mit ihnen erfüllt ist. Besonders bevorzugt scheinen die Sorten: Richters Imperator, Gelbfleischige Speisekartoffel, Irene und Sophie zu sein. — Die Bekämpfung kann nur in Beseitigung aller kranker Kartoffeln aus dem Felde und in Fruchtwechsel bestehen.

Carpenter[5] hat die Milben an den Knollen von Knoblauch gefunden, die sie mitsamt der Basis der Blätter im August in Zerfall brachten.

---

[1] Mangin et Viala, Boll. Ent. agr. T. 7, 1900, p. 245—249; C. r. Acad. Paris T. 134, p. 251—253; L'acarien des racines de la vigne, Paris 1902, 8°, 23 pp., 2 Pls. — Silvestri, Boll. Ent. agr. Anno 9, 1902, p. 49—56, 5 figs.
[2] Siehe Zeitschr. f. Pflanzenkrankh. Bd. 14, S. 300—301.
[3] Claparède, Zeitschr. f. wiss. Zool. Bd. 18, 1869, S. 506. — Mégnin, Bull. Soc. ent. France 1881, p. CXXXIX—CXXXI.
[4] Arb. d. biol. Anst. f. Land- u. Forstwirtsch., Kais. Gesundheitsamt Bd. 4, 1905, S. 443—445, 11 Figuren.
[5] Injurious insects . . . in Irland during 1903, p. 258—260, fig.

Neuerdings hat E. Reuter[1]) sie auch an Getreide in Finland festgestellt. Er bemerkte anfangs August mitten unter den grünen
schon einige verwelkte und abgestorbene Pflanzen, die
gerade an der Erdoberfläche fein benagt oder zerfetzt und
bräunlich mifsfarben waren. Hier oder zwischen den
untersten Blattscheiden sitzen die Wurzelmilben und, in
geringerer Anzahl, eine wahrscheinlich unbeschriebene
Tyroglyphus-Art. Er fand sie schliefslich auch an Unkräutern, wie *Centaurea jacea* und *Tragopogon pratensis*.

Fast immer dringen in die Gänge dieser Milbe, namentlich bei genügender Feuchtigkeit, Bakterien und Pilze ein,
die meistens mehr schaden als die Milbe selbst.

Nach Banks[2]) schadet sie auch beträchtlich in Warmhäusern an Orchideen.

Als Gegenmittel gibt letzterer an: Erde trocken werden
lassen, Knollen herausnehmen und in einer Lösung von
Tabak, Seife und etwas Soda waschen. Dann mit frisch
gelöschtem Kalk spritzen und zwei Tage liegen lassen.
Nun nochmals mit der genannten Lösung und etwas Petroleum spritzen und wieder einpflanzen.

Als **T. dauci**, die unter der Rinde von Mohrrüben
frifst, so dafs sich letztere mit braunem, borkigem Schorfe
von oben nach unten bedecken (Fig. 86), beschrieb
v. Schilling[3]) offenbar die Wurzelmilbe.

Dementjew[4]) beobachtete unter den Erzeugern der Chlorose des
Weinstockes in der Krim zwei neue **Rhizoglyphus**-Arten: **caucasicus**
(Fig. 87, 88) und **minor**.

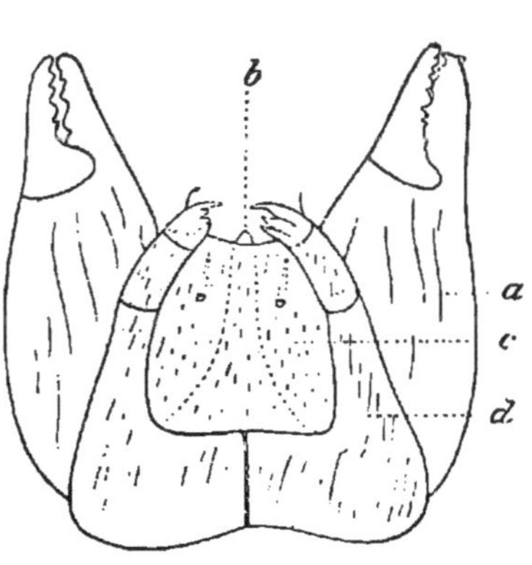

Fig. 86. Von
Wurzelmilben
befallene
Mohrrübe
(nach v. Schil-
ling).

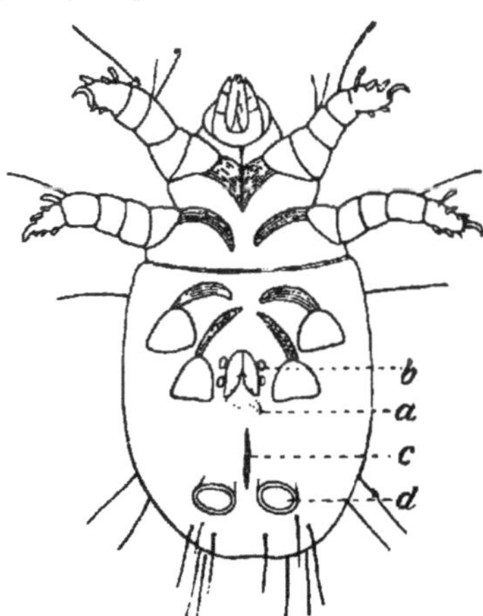

Fig. 87. Männchen von Rhizoglyphus
caucasicus, von unten (nach Dementjew).
a Penis, *b* Genitalnäpfe, *c* Analöffnung,
d Analnäpfe.

Fig. 88. Mundwerkzeuge von Rhizoglyphus caucasicus (nach Dementjew).
a Mandibel, *b* Oberlippe, *c* Unterlippe,
d Palpen.

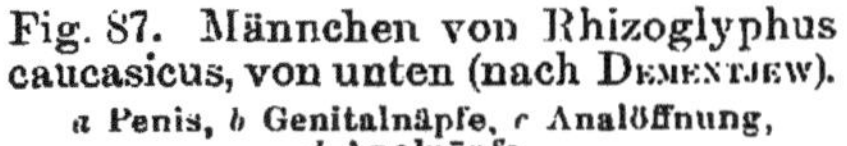

---

[1]) Med. Fauna Flora fennica Hft. 27, 1901, p. 121—125, fig.; Zeitschr. f.
Pflanzenkrankh. Bd. 12, S. 326.

[2]) l. c. p. 84—85.

[3]) Prakt. Ratg. i. Obst- u. Gartenbau Jahrg. 1892, S. 381, Fig.; Schädlinge des
Gemüsebaues S. 56, Fig. 76.

[4]) l. c.

HALLER[1]) beschrieb als **Tyroglyphus crassipes** eine zu dieser Gattung gehörige Art an Reben aus Amerika.

Ob die von TRYON[2]) an Banane in Australien gefundene Art hierher gehört, ist aus der Beschreibung nicht ersichtlich. Sie gräbt am untersten Teile des Stammes und an der Wurzel Gänge unter die Epidermis und dringt bis zum Zentralstrange vor.

Rh. phylloxerae Riley ist nach BANKS eine gute Art, die er an Wurzeln von Erbsen, an jungen Kartoffelpflanzen und an Fichtenzapfen fand. Sonst ist sie in Amerika viel verbreitet an Rebwurzeln, und RILEY glaubte, daſs sie der Reblaus nachstelle. Obwohl deshalb in Frankreich eingeführt, dürfte sie nach BANKS doch nicht mehr in Europa vorkommen.

BANKS beschreibt noch mehrere Rhizoglyphus-Arten von Pflanzenwurzeln, ohne aber zu erwähnen, ob sie schädlich werden. Eine unbestimmte amerikanische Art friſst sich an Veredelungen durch das Baumwachs hindurch und bohrt unter der Rinde, so das Zusammenwachsen verhindernd.

Hierher scheint auch der von PERRAUD[3]) beschriebene **Giardius vitis** zu gehören, dessen Stiche auf Rebblättern eine partielle Verhärtung der Epidermis herbeiführen; bei starkem Befalle vertrocknet das Blatt. Die Eier sollen sich auf den Blättern in Häufchen als kleine, hellgelbe Flecke finden.

NÖRDLINGER[4]) erwähnt, daſs junge Nadelholzpflänzchen dadurch zugrunde gingen, daſs weiſse Milben ihre Stengelchen aussaugten.

Eriophyiden (Phytoptiden), Gallmilben[5]).

Länge 80—280 μ (Fig. 89—91). Kopfbrust der ganzen Breite nach mit Hinterleib verwachsen; erstere dorsal von dem Schilde bedeckt; dieses oft über das Vorderende vorgezogen, hinten nur in der Mitte scharf abgegrenzt, mit charakteristischer Struktur, in der Regel mit einem Paar „Rückenborsten". An der Ventralseite der Kopfbrust die Beine stützende Skelettspangen, Epimeren. Maxillen bilden eine schnabelartige Rinne; Palpus frei, dreigliederig; Mandibeln eingliederig, nadelförmig. Zwei Paar nach vorn gerichteter fünfgliederiger Beine, deren Endglied eine Kralle und eine Fiederborste trägt. Hinterleib wurmförmig, verlängert, mit 40—80 oberflächlichen Ringeln, die dorsal, vom Hinterrande des Schildes an, gezählt werden. Ein Paar Borsten vorn seitlich am Hinterleibe, drei Paare weiter hinten, ventral. Am Hinterende als Haftorgane und Nachschieber dienende Schwanzlappen und zwei geiſselartige Schwanzborsten. Die letzten vier bis fünf Ringe lassen sich fernrohrartig einziehen. Augen fehlen (aber dennoch lichtempfindlich), ebenso Tracheen und Stigmen. Darm gerade, mit zwei Speichel- und zwei Rektaldrüsen.

Äuſsere Geschlechtsorgane an Grenze zwischen Kopfbrust und Hinterleib; beim Männchen ein Spalt mit wulstig verdickten Rändern,

[1]) Arch. Nat. Bd. 50, I, S. 218, Taf. 15, Fig. 1.
[2]) Proc. R. Soc. Queensland, Vol. 4, 1887, p. 106—109.
[3]) C. r. Soc. Biol. Paris (10.) T. 3, 1896, p. 1123—1124.
[4]) Die kleinen Feinde usw., 2. Aufl., S. 37.
[5]) NALEPA, A., 1898, Eriophyidae. Das Tierreich, 4. Liefg., Berlin 1898; s. auch zahlreiche Arbeiten desselben Autors in den Schriften der Wiener Akademie; ferner die zahlreichen Gallenwerke, die Arbeiten von THOMAS, v. SCHLECHTENDAL, LOEW usw.

beim Weibchen komplizierter gebaut. Männchen sehr gering an Zahl, kleiner und gedrungener als Weibchen. Letztere legen sehr viele und unverhältnismäfsig grofse Eier. Die Entwickelung vollzieht sich mit zwei Häutungen und je einem Ruhestadium davor, und mit zwei vierbeinigen Larvenstadien.

Gallmilben gehören zu den häufigsten aller Tiere, zumal sie gewöhnlich auch in sehr grofsen Mengen auftreten. Wenn bis jetzt eigentlich nur die europäischen Arten, durch die Untersuchungen NALEPAS, genauer bekannt sind, so ist doch anzunehmen, dafs sich solche überall finden, wo grüne Pflanzen vorkommen, wenn auch die Verbreitung der

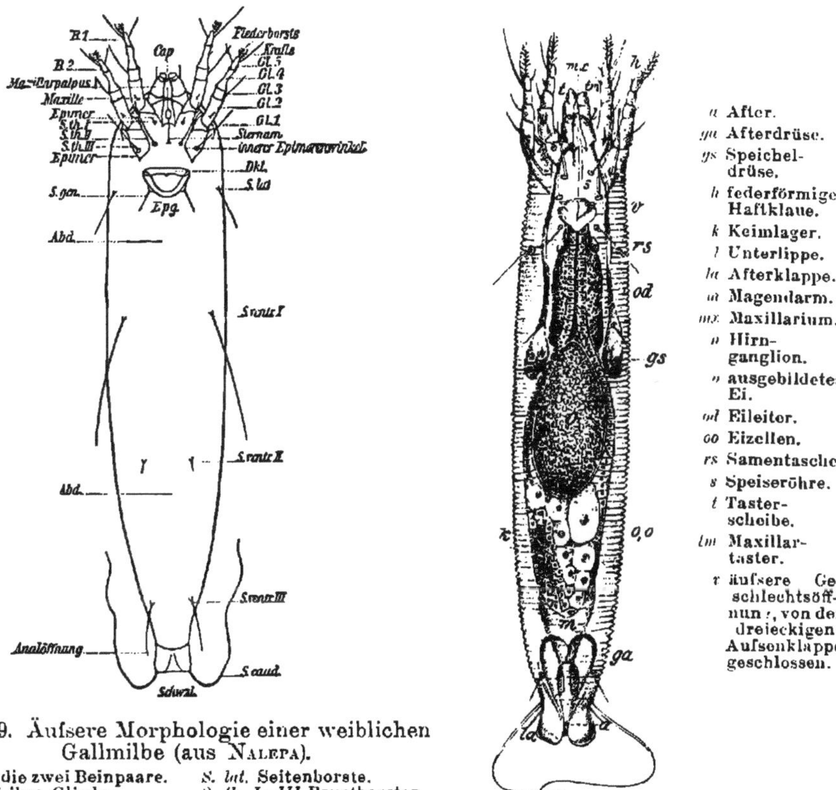

Fig. 89. Äufsere Morphologie einer weiblichen Gallmilbe (aus NALEPA).

B 1, B 2 die zwei Beinpaare.
Gl. 1—5 ihre Glieder.
Cap. Capitulum (Kopf).
Dkl., Epg. weiblicher Geschlechtsapparat.
S. gen. Genitalborste.

S. lat. Seitenborste.
S. th. I—III Brustborsten.
S. ventr. I—III Bauchborsten.
S. caud. Schwanzborsten.
Schnl. Schwanzlappen

a After.
ga Afterdrüse.
gs Speicheldrüse.
h federförmige Haftklaue.
k Keimlager.
l Unterlippe.
la Afterklappe.
m Magendarm.
mx Maxillarium.
n Hirnganglion.
o ausgebildetes Ei.
od Eileiter.
oo Eizellen.
rs Samentasche.
s Speiseröhre.
t Tasterscheibe.
tm Maxillartaster.
r äufsere Geschlechtsöffnung, von der dreieckigen Aufsenklappe geschlossen.

Fig. 90. Eriophyes pini Nal., Weibchen (aus NALEPA).

Milben nicht so weit geht als die ihrer Nährpflanzen. So scheinen sie nach KELLER[1]) in der Schweiz nicht höher als höchstens 1000—1800 m zu gehen.

Weitaus die meisten Gallmilben leben an ausdauernden Gewächsen. Es mag das mit ihrer Überwinterung zusammenhängen, die, soweit bekannt, immer in Knospen stattfindet, die im Herbste bezogen, im Frühjahre verlassen, bezw. zu Gallen umgewandelt werden.

Ihre geringe Beweglichkeit bringt es mit sich, dafs sie oft jahrelang auf eine **Pflanze** oder sogar nur einen Ast oder Zweig beschränkt bleiben, diesen bzw. jene dann allerdings jahraus jahrein befallend.

Als Feinde der Gallmilben kennt man bis jetzt Gamasiden, Tyroglyphiden, Pilze, direktes Sonnenlicht, heftigen Regen.

Nur wenige Gallmilben leben frei, höchstens durch ihr Saugen die Blätter bräunend, die meisten in Gallen, einige allerdings nicht in selbsterzeugten, sondern als **Einmieter** (**Inquilinen**) in denen anderer Gallmilben; die meisten rufen Gallen hervor.

Die Form der Milbengallen ist eine sehr mannigfaltige, aber für jede Milbe und für jede Pflanze charakteristisch. Gemeinsam ist allen, daß sie nie völlig geschlossen sind, sondern mit der Außenwelt in Verbindung stehen. Die häufigste und wohl auch zweckmäßigste Einteilung ist die in Gallen der Achsen- und der Seitenorgane.

A. **Acrocecidien. Stamm- oder Achsengallen.** Das Ende eines Sprosses und seine nächste Umgebung werden befallen und kommen nicht zur normalen Entwickelung. Das Wachstum wird aufgehalten oder in andere Richtung geleitet; die Internodien bleiben kurz. Neue, kaum zur Entwickelung gelangende Triebe werden in mehr oder minder großer Zahl gebildet, ebenso neue, schuppenartig bleibende Blättchen.

1. **Triebspitzen-Deformationen.** Bei *Thymus Serpyllum* werden z. B. die obersten Laubblätter in dicke, schuppige, kreisrunde Schuppenblätter umgewandelt, die sich dicht zu einem Knopfe zusammenschließen. Die nächsten Blätter verfilzen.

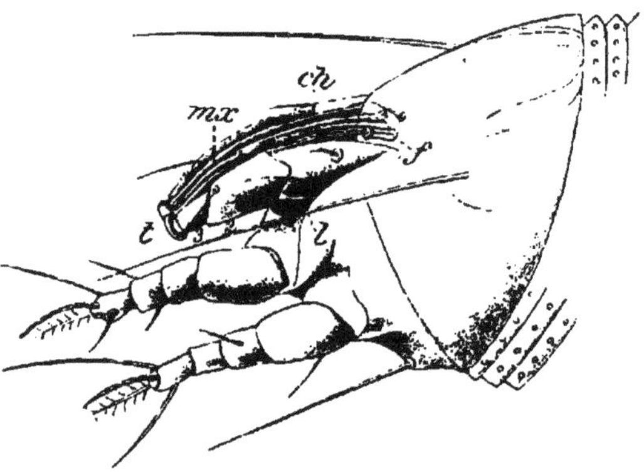

Fig. 91. Kopf und Kopfbrust von Eriophyes pini von der Seite (nach Nalepa).
ch Kieferfühler.   *f* Tasterscheide.
mx Maxillen.   *l* Unterlippe.
1—3 1.—3. Glied des Maxillartasters.   *f* Mundöffnung.

2. **Knospen-Deformationen.** Die Achsenspitze stirbt ab, alle Knospenteile verdicken sich zu Schuppen, die innen warzige Auswüchse erhalten. Zwischen den Schuppen bilden sich Adventivknospen, die jene auseinanderdrängen und schließlich abstoßen[1]. Selten kommen die Blätter zur Entwickelung, bleiben aber klein und kümmerlich (*Corylus*, *Ribes*). Oft bilden sich neue Triebspitzen, die ebenfalls deformiert werden, so daß hexenbesenähnliche Gebilde entstehen (*Syringa*, *Betula*), Fig. 93, 97.

3. **Vergrünung der Blüten.** Die Blütenteile degenerieren zu schuppenähnlichen, mehr oder minder grünlichen Blättchen. Oft werden auch die Deckblätter mit in die Verwandlung einbezogen (*Gentiana*, *Valeriana*, Cruciferen).

4. **Füllung der Blüten.** Bei Rhododendron schiebt sich zwischen Blumenkrone und Staubgefäße ein Kreis blumenkronähnlicher Blätter ein; an Stelle des Fruchtknotens treten kronenartige Blätter

[1] Gössow, Naturw. Zeitschr. f. Land- u. Forstwirtsch. Bd. 4, 1906, S. 422.

mit zahlreichen Staubgefäßen auf. Ähnlich bei *Veronica officinalis* und *Valeriana*-Arten.

5. Kastration. GERBER[1]) beschreibt, daß bei *Passerina hirsuta* und *Thymalaea Sanamunda* infolge des Saugens von Gallmilben entweder die Ovarien oder die Staubgefäße verkümmern. Die Blüten vergrünen etwas.

B. Pleurocecidien. Gallen an Seitenorganen.

6. Filzbildung, Erineum, Phyllerium. Früher für Pilze gehalten und selbständig beschrieben. Fleckenweise wachsen die Epidermiszellen zu Haaren aus, wobei spärlich stehende normale Haare unverändert bleiben, dicht stehende Haare mit verändert werden. Die Haare sind farblos, weiß, gelblich, rot oder braun, einzellig, nur bei Erineum populinum mehrzellig, schlauchförmig wenn sie dicht stehen, pilzförmig bei lockerem Stande. Am Rande des Filzes sind sie kürzer, ihn auch hier mehr oder minder schließend. So gibt er den Milben guten Schutz nicht nur gegen Sonne und Regen, sondern auch gegen natürliche Feinde (Gamasiden). Meist stehen die Filze auf der Unterseite, seltener der Oberseite oder beiden Seiten der Blätter. Befinden sie sich auf der Spreite, so ist diese öfters nach der entgegengesetzten Seite ausgebuchtet; oft folgen sie in schmalen Strecken den Nerven. Weitaus die häufigste Form der Milbengallen und ihnen allein eigentümlich. Nach RÜBSAAMEN[2]) schon aus Kreide und Jura bekannt. (Fig. 94, 95.)

7. Knötchen-, Hörnchen-, Keulen-, Beutel-, Taschen- oder Kugelgallen, Ceratoneon, Cephaloneon. Sie entstehen durch Ausstülpung der Blattfläche, meist nach oben, und sind von der übrigen Blattfläche scharf abgegrenzt. Innen bilden sich öfters erineumähnliche Haare. Gerade über der Blattfläche ist die Galle gewöhnlich halsartig eingeschnürt; die auf der anderen Fläche des Blattes liegende Mündung wird durch steife Borsten verschlossen und liegt oft spaltartig auf einem durch Verdickung entstandenen Walle. (Fig. 101, 102.)

8. Rollungen und Faltungen der Blätter, Legnon. Es entstehen Falten, in deren Konkavität die Milben wohnen. Oft entsprechen diese Falten denen der Knospenlage (*Carpinus Betulus*); häufiger ist aber nur der Blattrand eng oder gewellt eingerollt, nach oben (*Fagus silvatica*) oder unten (*Crataegus*). Die gerollten oder gefalteten Teile brauchen sich in ihrem Bau nicht von dem des übrigen Blattes zu unterscheiden, sie können aber auch verdickt oder verfärbt sein (*Tilia, Rhododendron*). In vielen Fällen umziehen sie den ganzen Blattrand, seltener bilden sie nur einzelne Knoten (*Salix spp.*). Öfters sind die Falten von Haarbildungen begleitet.

9. Veränderung der Blattform. Zusammenziehung (Wurzelblätter von *Aquilegia atrata*) oder Zerteilung der Blattspreite, manchmal von Randrollung, Verkrümmung oder Filz begleitet (Verkräuselung bei *Lotus corniculatus*; moosartige Zerteilung bei *Pimpinella Saxifraga*). Ist der ganze Trieb befallen, so kann er in eine grauhaarige, verfilzte Masse unregelmäßiger Gebilde (Blätter) umgewandelt werden (*Scabiosa Columbaria*).

10. Mißfärbung der Blätter. Freilebende Gallmilben zerstören durch ihr Saugen das Chlorophyll; die Blätter bleiben klein und behalten öfters die Faltung der Knospenlage.

[1]) C. r. Soc. Biol. Paris (10.) T. 1, 1899, p. 205—208, 2 figs, 505—507, 2 figs. Prakt. Ratg. i. Obst- u. Gartenbau 1903, S. 141.

11. Pocken. Durch Wucherung des Mesophylles, dessen Zellen sich lang strecken und grofse Intercellularräume lassen, entstehen aufgedunsene, mifsfarbene Flecke an Blättern, die unten eine kleine Öffnung haben. Zwischen den Mesophyllzellen leben die Milben (*Pirus communis, Sorbus aucuparia*). Nur von Gallmilben bekannt. (Fig. 98—100.)

12. Mifsbildungen von Früchten. An Pflaumen (s. *Er. similis*); an *Juniperus communis* (*Er. quadrisetus*) werden die Zapfen etwas vergröfsert, abgeplattet und bleiben offen; die Samen sind aufgetrieben.

13. Rindengallen. Bekannt von *Prunus* (s. *Er. phlococoptes*) und Kiefer (s. *Er. pini*, Fig. 92).

Nur selten werden die Milbengallen ernstlich schädlich, nur da, wo sie in grofsen Massen auftreten und ganze Pflanzen oder, was häufiger ist, Äste oder Teile der Pflanzen bedecken; am schädlichsten sind natürlich die Acrocecidien, besonders die Knospengallen.

NALEPA unterschied 1898 zwei Unterfamilien, neun Gattungen und 232 Arten von Gallmilben.

Auf Beschreibungen können wir bei den Gallmilben verzichten, da ihre Gallen genügend charakteristisch sind und zur sicheren Bestimmung doch das angeführte Werk NALEPA's unentbehrlich ist.

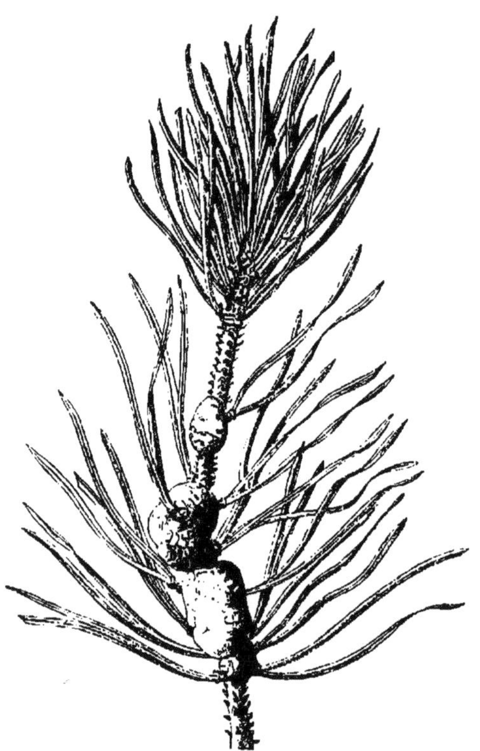

Fig. 92. Galle von Eriophyes pini (nach NALEPA).

Eriophyinen.

Zahl der Rücken- und Bauchhalbringe fast gleich: daher Abdomen gleichartig geringelt.

Eriophyes Sieb. em. Nal. = **Phytoptus** Duj.

Mit den Merkmalen der Unterfamilie. NALEPA zählte 1898 etwa 150 Arten auf.

Er. pini Nal.[1] (Fig. 92). Erbsen- bis bohnengrofse Galle mit runzeliger oder zerissener Rinde an zwei- oder dreijährigen Zweigen der Kiefer (*Pinus silvestris, montana* und *Mughus*). Gewöhnlich geht der kaum veränderte Holzkörper als Achse durch die Galle hindurch; nur wenn diese einseitig ist, wird auch er insoweit verändert, als reichlicher Holz

---

[1] HARTIG, Forstl. Konversationslex., 2. Aufl., 1836, S. 737; NALEPA, Sitzungsber. d. Akad. d. Wiss. Wien, Abt. I, Bd. 98, 1889, S. 122, Taf. 1; v. TUBEUF, Forstl. nat. Zeitschr. Bd. 7, 1898, S. 252—253, 1 Fig.; MOLLIARD, C. r. Acad. Paris T. 129, 1899, p. 841—844: id. MARCELLIA, Vol. 1, 1902, p. 21; HOUARD, C. r. Acad. Paris T. 136, 1903, p. 1338.

gebildet wird und namentlich sehr dickwandige, holzfaserähnliche Gefäfse auftreten. Die eigentliche Galle besteht aus undifferenzierter, in
homogenes, weiches, schwammiges Gewebe, in dessen Hohlräumen die
Milben leben, umgewandelte Rinde. Die befallenen Zweige wachsen
abnorm in die Länge, lassen die Nadeln fallen und scheinen nach
einiger Zeit unter Trockenwerden abzusterben.

Er. laricis v. Tub.[1]) Die Endknospen, seltener die Blattachsel-
knospen der jungen Langtriebe von *Larix europaea* sind verdickt,
kugelig oder eiförmig angeschwollen, braun und trocken[2]). Die Milbe
selbst ist nach Nalepa ungenügend beschrieben und nahe verwandt mit
voriger oder identisch mit **Er. quadrisetus** F. Thom. (Frucht- und Nadel-
deformation an *Juniperus communis*).

Er. tenuis Nal.[3]) Vergrünung einzelner Ährchen
unter Verlängerung und
Vermehrung der Spelzen
an *Avena pratensis*, *Bromus
arvensis*, *erectus*, *mollis*,
Dactylis glomerata. E. Rei-
ter[4]) beobachtete sie über
dem obersten Halmknoten
von *Phleum pratense* und
Agropyrum repens saugend
und dadurch gelegentlich
Weifsährigkeit hervor-
rufend.

Er. cornutus E. Reut.[5])
Wie vorige und oft mit ihr
zusammen Weifsährigkeit
erzeugend an den genann-
ten Gräsern, an *Avena pubescens* und Weizen.

Er. rudis Can.[6]) Die
typische Form erzeugt
an Birke (*Betula alba*,
pubescens und *odorata*)
Knospenanschwellungen
und Erineum an Blättern
und Zweigen; manchmal
allerdings bleiben die befallenen Knospen ganz

Fig. 93. Von Eriophyes avellanae mifsgebildete
Haselnufsknospen.

klein, schlank kegelförmig und dicht geschlossen. Auch die Hexenbesen der Birke scheinen auf diese Milbe allein oder in Gemeinschaft mit Taphrina zurückzuführen zu sein. Sie sind überaus häufig

[1]) v. Tubeuf, Forstl. naturw. Zeitschr. Bd. 6, 1897, S. 120—124, 3 Fig.
[2]) Bezüglich der ähnlichen Gallen von Cecidomyia kellneri vergleiche daselbst.
[3]) Nalepa, Denkschr. d. Akad. d. Wiss. Wien Bd. 58, 1891, S. 871, Taf. I.
[4]) l. c. p. 84—85.
[5]) l. c. p. 85—86.
[6]) Ormerod, Manual of injur. Insects, London 1881, p. 179—181, fig.; E. Reuter,
Med. Fauna Flora fennica Hft 30, 1903, p. 34—47; Collinge, Rep. injur. Insects ...
1904, p. 8—9, figs 2, 3; Gessow, Naturw. Zeitschr. f. Land- u. Forstwirtsch. Bd. 4,
1906, S. 421—429, 2 Tfln., 10 Fig.

in der Umgebung von London und scheinen hier überall die Birken zu vernichten, soweit als der „Londonton" reicht (Güssow).

Er. (Calycophthora) avellanae Nal. (= **coryligallarum** Targ. Tozz.). Knospenanschwellungen an *Corylus Avellana* (Fig. 93) und *tubulosa*. Hat nach WARBURTON [1]) zwei Wanderzeiten, im Mai in die Frühlings-, im Juli und August in die Sommerknospen. Gewöhnlich in Gemeinschaft mit **Er. vermiformis** Nal. Nach KIRCHNER [2]) trugen in Böhmen im Jahre 1863 800—1000 Büsche infolge starken Befalles keine einzige Frucht, gegen 10—20 hl in normalen Jahren.

Er. tristriatus Nal. Die typische Form erzeugt auf beiden Seiten der Walnußblätter vorspringende Knötchen (*Cephaloncon bifrons* Bremi). die **var. erinea** Nal. das *Erineum juglandinum* Pers., einen dichten weißlichen Filz in stark vertieften viereckigen Stellen der Blattunter-

Fig. 94. Rebenblatt (Oberseite) mit Erineum vitis (nach BIOLETTI und TWIGHT).

seite, denen schwach behaarte Vorwölbungen der Oberseite entsprechen. Auch auf den Fruchtschalen entstehen kleine grüne, später rote oder braune Wärzchen.

Er. populi Nal. Knospenwucherungen und Wirrzöpfe an *Populus tremula* und *nigra*; Europa, Nordamerika.

Er. salicis Nal. Blattknötchen und Wirrzöpfe an *Salix alba*.

Er. triradiatus Nal. Wirrzöpfe an *Salix alba* und *purpurea*.

Er. gossypii Bks. [3]) Innen dicht behaarte Blattgallen an Baumwolle in Westindien. Bei starkem Befalle verkrümmen und verkrüppeln die Blätter.

[1]) Ann. Rep. Zool. 1902, p. 11—12.
[2]) JUDEICH-NITSCHE, Lehrbuch usw., Bd. 1, S. 23.
[3]) Journ. N. Y. ent. Soc. Vol. 12, 1904, p. 59.

Er. vitis Land.[1]) *Phyllerium (Erineum) vitis* Fries (Fig. 94) an *Vitis vinifera*, nach Löw[2]) auch an *Vitis vesuviana, carinthiaca, arizonica* und *aestivalis;* in Europa, Nordamerika, Armenien. Der weiße bis rötliche oder braune Filz besteht aus zylindrischen, stark gebogenen und verwickelten Haaren (Fig. 95). die nach Landois mit Querwänden versehen und verästelt sein können. Gewöhnlich befindet er sich auf der Unterseite der Blätter, in mehr oder weniger tiefen, nach oben aufgetriebenen runden Einsenkungen, seltener auf der Blattoberseite; bei ganz starkem Befalle geht er auch auf die Knospen, Blüten, Blütenstiele und jungen Beeren über und verhindert den Fruchtansatz. In Elsaß-Lothringen[3])

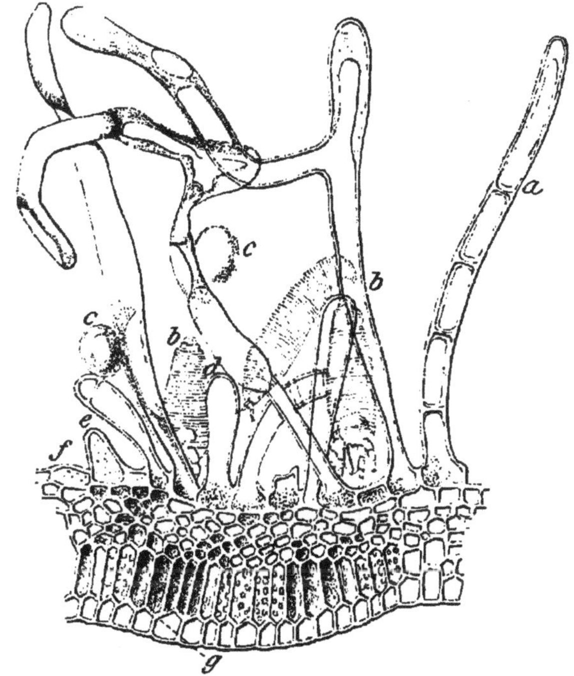

Fig. 95. Erineum vitis mit Eriophyes vitis (nach Briosi).
a. d. c. f Haare, *b* Milben, *c* deren Eier.

wurden Gutedelstöcke am meisten befallen, bei Aachen[4]) amerikanische Sorten auffallend weniger, im Königreich Sachsen[5]) vielfach auch ganz besonders gut gepflegte und gedüngte Weinberge. Der Schaden ist im allgemeinen gering: ja, es wird sogar festgestellt, daß befallene Stöcke reich trugen[6]). Indes sollen befallene Blätter zu Zeiten großer Trockenheit zuerst welk werden und abfallen[5]). Auch kann durch ungenügendes Ausreifen der Zuckergehalt der Trauben herabgesetzt

[1]) Landois, Zeitschr. f. wiss. Zool. Bd. 14, 1864, S. 353—364, Taf. 30—31.
[2]) Verh. d. zool.-bot. Ges. Wien, Bd. 24, 1874, S. 12.
[3]) Barth, Jahresber. d. Sonderaussch. f. Pflanzenschutz D. L. G. 1896, S. 115—116.
[4]) Sorauer, ibid., 1897, S. 145.
[5]) 27. Reblaus-Denkschrift 1904/05, S. 135.
[6]) Frank, Jahresber. d. Sonderaussch. f. Pflanzenschutz D. L. G. 1897, S. 145.

bleiben. Als Vorbeugung[1] empfiehlt es sich, die Fechser zehn Minuten lang in Wasser von 50° zu legen, wodurch selbst die Eier getötet werden. Bei der Bekämpfung[1] hat man aufser Entfernen der befallenen Blätter und Spritzen zur Wanderzeit der Milben namentlich mit Übergiefsen der Stöcke im Winter mit kochendem Wasser gute Erfolge erzielt. Regelmäfsiges Schwefeln soll gegen Befall schützen, und in Frankreich hat sich Räuchern mit Schwefel zu Ende Frühling, Anfang Sommer bewährt.

Er. gibbosus Nal. An Himbeeren: Blätter mit abnormer, weifslich-grauer, filzig seidenglänzender Behaarung. *Erineum rubeum* Pass., *Phyllerium rubi* Fries. Hierher auch der von Sorauer[2] aus Brandenburg beschriebene Fall: „Die wilden Himbeeren sind nesterweise an den jüngeren Trieben von Phytoptus befallen. Die Blätter zeigen, vorzugs-weise auf der Oberseite, breite, seidenglänzende Stellen aus Polstern kegelförmiger Haare, zwischen denen vereinzelt Milbeneier zu finden sind. Vielfach erscheinen jüngere Blätter verkümmert."

Er. gracilis Nal. An wilden und angebauten Himbeeren, bleiche, haarlose Flecke an der Unterseite der Blätter, Verdrehung der Blattnerven.

Er. violae Nal. Von Theobald[3] in England an Veilchen beobachtet, deren Blätter jederseits eingerollt und deformiert waren. Die grünen Milben safsen bis zu 50 auf einem Blatte, besonders dicht nach der Spitze zu.

Er. theae Watt.[4] „Pink mite". In einigen Teilen Indiens auf Teeblättern. Die jung weifse, später fleischfarbene Milbe hält sich mehr auf der Oberseite als auf der Unterseite der Blätter auf, besonders den Rippen und Rändern entlang. Die Blätter krümmen sich nach oben, werden blafs bis selbst weifs, mit fleischfarbenen Adern und ebensolchen, verdickten Rändern, zuletzt bronzefarben, trocken, fallen aber nicht ab. Besonders schädlich auf den einheimischen Assam-Sorten, weniger auf Manipuri, fast gar nicht auf den China-Sorten. Auch auf gutem Boden, besonders zur Trockenzeit, schadend. Spritzen mit Bordeauxbrühe, Kalk und Schwefel helfen nur da etwas, wo die Milben davon getroffen werden.

Er. carinatus Green.[5] In Vorderindien und Ceylon freilebend auf Teeblättern, für gewöhnlich auf der Blattoberseite, in ruhendem Zustande auf der Unterseite, am häufigsten auf Saatbeeten. Die junge Milbe ist grünlich, die alte purpurrot, mit fünf Rippen weifser, wachs-ähnlicher Substanz auf dem Rücken, mit einer ähnlichen vorn am Körper. Die befallenen Blätter werden bronzefarben, wie von der Sonne verbrannt, behalten aber ihre Form. Am schlimmsten im Juni, in dem auch die befallenen Blätter abfallen. Manipuri scheint weniger befallen zu werden als die einheimische Assam-Sorte. Spritzen mit Petroleum und Wasser (1:80) oder Phenyl und Wasser (1:240), am nächsten Morgen mit reinem Wasser nachspritzen, hat sich bewährt. Nur etwa den hundertsten Teil so häufig wie vorige. — Zimmermann[6] fand sie auch auf Java: doch scheint sie hier von einem Pilze getötet zu werden.

---

[1] Bioletti and Twight, Bull. 136, California agr. Exp. Stat., 1901; Tullgren, Ent. Tidskr. Bd. 5, 1904. p. 227.
[2] Jahresber. d. Sonderaussch. f. Pflanzenschutz D. L. G. 1903, S. 183.
[3] First Rep. etc. p. 106—107.
[4] Watt and Mann, The pests and blights of the Tea plant. 2th ed., p. 368—371, 1 fig.
[5] Ibid. p. 365—368. 1 fig.
[6] Centralbl. f. Bakt. u. Parasitenkunde Abt. II, Bd. 8, 1902, S. 49.

Er. oleivorus Ashm.[1]) „Rust mite of the Orange“, „Silver mite of the Lemon“. An Citrusfrüchten und -blättern in Nord- und Südamerika[2]), auf den Bermudas und in Australien. Die befallenen Blätter verlieren ihren Glanz und krümmen sich etwas, leiden aber sonst nicht bedeutend. Die Schale der befallenen Orangen wird rostfarben oder bräunlich, verdickt und verhärtet. Wenn auch dadurch das Aussehen der Früchte leidet, so werden sie doch gegen das Verschiffen widerstandsfähiger und bleiben länger frisch. Sie können besser nachreifen, werden saftiger und süfser, so dafs die Nachfrage nach rostigen Früchten und ihr Preis stiegen.

Bei der Zitrone ist die Wirkung der Milbe auf die Schale die gleiche; da aber hier vornehmlich diese benutzt wird, ist die Folge entgegengesetzt; die Frucht wird weniger verkäuflich, zumal auch der Saft hier nicht weiter günstig beeinflufst wird.

Durch das Saugen der Milben läuft das Öl aus den Schalen aus. Dadurch werden diese, besonders wenn die Früchte grün gepflückt wurden, weifslich, namentlich bei der Zitrone. Später gerinnt das Öl

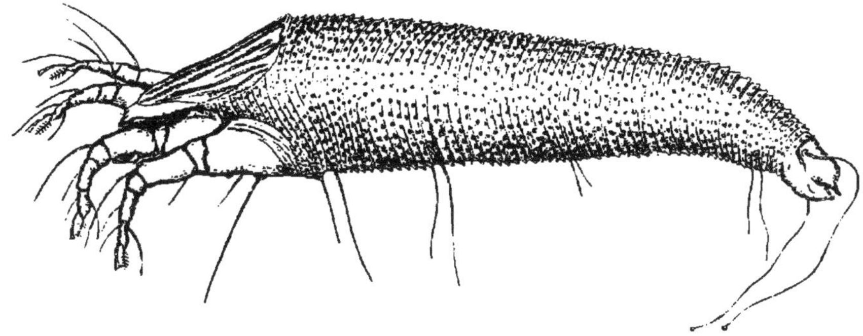

Fig. 96. Eriophyes ribis (nach Lewis).

und oxydiert, was der Schale die rostige Farbe gibt. Da die Milbe die direkte Sonne flieht, äufsert sich ihre Wirkung vorzugsweise auf der Unterseite der Früchte.

Hubbard zählte im Winter, trotzdem sie dann verhältnismäfsig spärlich sind, auf einem Blatte etwa 75 000 Milben bzw. Eier. Die Schnelligkeit der Milben stellte er auf zehn bis zwölf Fufs in der Stunde fest.

Obgleich fast alle Insektizide die Milbe töten, empfiehlt Marlatt das Stäuben von Schwefel, weil dieser haften bleibt und so auch noch die in der nächsten Zeit aus den selbst unzerstörbaren Eiern auskommenden Jungen tötet.

Er. ribis Nal. (Fig. 96, 97). Verursacht nach Nalepa Knospenanschwellungen an *Ribes nigrum, rubrum* und *alpinum*. Nach Warburton und Embleton[3]) wird *R. rubrum* zwar befallen, wenn es dicht bei stark infiziertem *R. nigrum* steht, aber ohne dafs die Knospen deformiert werden. Nach Schöyen[4]) erzeugt die Milbe auch auf Blättern durchscheinende

<hr>

[1]) Marlatt, Yearb. U. S. Dept. Agric. 1900, p. 285—289, Pl. 31.
[2]) Hempel, Bol. Agricoltura, São Paulo, 1902, p. 87.
[3]) Journ. Linn. Soc. London, Zoology, Vol. 28, 1902, p. 375.
[4]) Beretn. Skadeinsekter . . . 1904, p. 19—20.

Flocke, auf deren Unterseite man sie in kleinerer oder größerer Zahl antrifft.

Bei schwachem Befalle können die Knospen austreiben, bringen aber nur schwächliche Triebe hervor. Werden durch sehr starken Befall alle diesjährigen Knospen am Austreiben verhindert, so beginnen die nächstjährigen vorzeitig zu treiben; dadurch wird die Lebenskraft der Stöcke natürlich sehr geschwächt bzw. bei öfterer Wiederholung erschöpft.

Am häufigsten ist die Milbe in England, namentlich in den Midland Counties, wo sie schon seit den vierziger Jahren des vorigen Jahrhunderts bekannt ist und sich inzwischen so ausgebreitet hat, daß an vielen Stellen ihrethalben der Anbau der schwarzen Johannisbeere aufgegeben werden mußte. In Holland[1] tritt sie seit den siebziger Jahren in einigen Provinzen verheerend auf und breitet sich immer mehr aus; nach LINDEMAN[2] war sie 1889 bei Moskau sehr schädlich. In Deutschland habe ich sie 1904[3] und 1906 an drei Stellen der Umgegend von Hamburg nachgewiesen.

Ihre Naturgeschichte ist namentlich in England, von NEWSTEAD[4], WARBURTON[5], LEWIS[6] und COLLINGE[7], sehr eingehend studiert worden.

In den befallenen Knospen überwintern ganz oder nahezu erwachsene Tiere in großer Zahl (NEWSTEAD fand 3000 in einer Knospe), und vereinzelte Eier. Von Mitte Februar bis in den Mai hinein nehmen letztere an Zahl merkbar zu; NEWSTEAD behauptet das auch von ersteren, ohne aber zu erklären, woher die neuen Tiere kommen sollen. Von Mitte März an beginnen Milben (junge Weibchen?) aus den Knospen auszuwandern; man trifft sie vorwiegend auf Blättern und Blüten. Das nimmt immer mehr zu, während zugleich die in den alten Knospen gebliebenen Tiere (abgelaichte Weibchen?) mit diesen absterben.

Fig. 97. Johannisbeerzweig mit den Gallen von Er. ribis (nach LEWIS).

Im Mai und Juni findet man Milben vorwiegend außen am Stocke, namentlich zwischen Blattstielen und Knospen. Vom Juni an trifft man sie, und nun bald auch Eier, in den neuen Knospen, und zwar zuerst in

---

[1] RITZEMA BOS, Tierische Schädlinge u. Nützlinge, S. 689; Tijdschr. Plantent. div. loc.

[2] Insect Life Vol. 3, 1891, p. 393.

[3] Jahresber. d. Sonderaussch. f. Pflanzenschutz D. L. G. 1904 S. 200.

[4] Journ. R. hortic. Soc. Vol. 25, 1901, p. 1—15, 7 figs.

[5] l. c. p. 366—378, Pls. 33, 34.

[6] Rep. South East. Agric. Coll. Wye 1902, p. 1—26, 1 Pl. 1 fig.

[7] Rep. econ. Zool. No. 1, Birmingham 1904, p. 1—12, 1 Pl., 1 fig.; Journ. Board Agric. Vol. 13, 1907, p. 585—596.

deren Mitte, von der aus sie sich allmählich in die äufseren Teile derselben ausbreiten. Ende August, Anfang September beginnen die befallenen neuen Knospen zu schwellen, und damit nimmt die Lebenstätigkeit und Vermehrung der Milben ab.

Wenn die Milbe auch gewisse Sorten bevorzugt (Baldwin), so hat sich die Hoffnung auf immune Sorten doch als trügerisch erwiesen. Nur die alten, in den Midland Counties einheimischen Lokalsorten scheinen verschont zu bleiben. — Gesunde Pflanzen werden ebenso befallen als kränkelnde.

In den Gallen findet man zahlreiche andere Milben, wie Tetranychiden, Tyroglyphiden, Gamasiden, Oribates orbicularis, eine Actineda, von denen wohl nur die zwei bis drei letztgenannten als Feinde in Betracht kommen, ferner Thripiden, Larven von Chrysopa, Syrphus, einer Cecidomyide, die wohl alle von der Gallmilbe leben. Auch Coccinellidenlarven verzehren sie gierig; Collinge glaubt sogar, dafs man sie durch künstliche Zucht der Larven von C. septempunctata besser ausrotten könne als durch alle anderen Bekämpfungsmittel. Allerdings gehen die Coccinellidenkäfer nicht gerne auf schwarze Johannisbeeren.

Die Ausbreitung der Milbe geht ziemlich rasch vor sich, auf demselben Stocke vorwiegend durch Kriechen, wobei in der Minute 3—4 mm zurückgelegt werden. Von Stock zu Stock dienen Vögel (Meisen, die die Fliegenlarven aus den Gallen suchen, beladen sich die Schnabelwurzel mit den Milben), Insekten (Bienen, Lasius niger, Raupe von Abraxas grossulariata, Coccinellidenlarven, ganz besonders aber die Blattläuse), Spinnen und die Kleider der Menschen als Überträger. Auch der Wind verweht diese leichten Tierchen sicherlich in Menge.

Von Bekämpfungsmitteln hat man alle nur denkbaren versucht, ohne entscheidenden Erfolg. In kleinen isolierten Anlagen kann man mit dem Abpflücken der befallenen Knospen etwas erreichen; in gröfseren Anlagen versagte sogar das Abschneiden der befallenen Stöcke

Fig. 98. Birnenblatt mit den von Er. piri verursachten Pocken (v. oben).

dicht über der Erde. Entfernen der ganzen Stöcke mit ihren Wurzeln und Neupflanzung von milbenfreien Stöcken ergab meistens, aber auch nicht immer, gesunde Pflanzen. Dabei ist es ratsam, die neu zu pflanzenden Stecklinge erst fünf Minuten lang in Wasser von 40° einzulegen.

Collinge hat durch Stäuben von einem Teil Kalk und zwei Teilen Schwefelblume, dreimal im Frühjahre (31. März, 14. April, 5. Mai), die Milben auf sehr stark befallenen Stöcken fast ausgerottet. Da aber hierdurch nur die Tiere selbst, nicht ihre Eier getötet werden, mufs die Stäubung alle paar Jahre wiederholt werden.

Er. (Typhlodromus) **piri** Pagst., Birnblatt-Gallmilbe, blister-mite. Die typische Form verursacht Blattpocken (Fig. 98) auf *Pirus communis, Malus, Amelanchier vulgaris, Sorbus Aria, aucuparia, torminalis*. In den Pocken der *Sorbus*-Arten findet sich noch die var. **variolata** Nal.

Europa, Nordamerika, Australien, Tasmanien.

Die Gallen (Fig. 99, 100) sind am eingehendsten von Sorauer, Berlese[1] und Slingerland[2] beschrieben. Sie treten mit den ausbrechenden Blättern auf, sind zuerst rund, gewölbt, gelblich oder graugrünlich, bei einigen Sorten (nach Slingerland aber immer) lebhaft rot. Später werden sie grün. Mit dem Wachstume des Blattes strecken sie sich; dadurch, daß sie selbst wachsen, verfließen sie miteinander. Sie finden sich am meisten zu beiden Seiten der Mittelrippe, also an dem Teile des Blattes, der zuerst aus der Knospe frei heraustritt, oft in mehreren

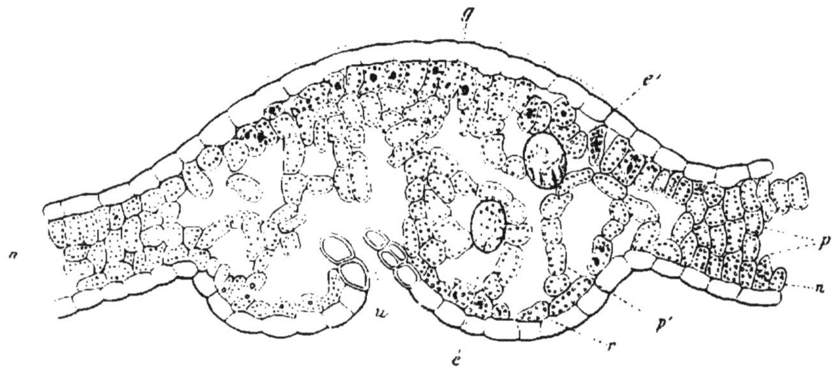

Fig. 99. Durchschnitt einer jungen Pocke von einem Birnenblatt (nach Sorauer).
n normale Parenchymzellen, *p* pathologisch verlängerte Parenchymzellen, *r* abgehobene Oberhaut, *g* Galle, *u* deren Öffnung, *e, e'* Milbeneier.

Fig. 100. Durchschnitt einer alten Pocke (nach Slingerland).
g Galle, *o* Eingang in dieselbe, *n* gesunder Blatteil.

Längsreihen; bei stärkerem Befalle bedecken sie aber das ganze Blatt. Auf der Unterseite sind sie flach, auf der Oberseite zuerst kegelförmig rundlich erhaben. In der Mitte der Unterseite ist die meist längliche, eingesunkene Öffnung. Im Innern sind die Parenchymzellen stark gelockert, oft fadenförmig verlängert, mit roten Farbkugeln in den Zellen oder mit ganz rotem Zellsafte. In den Höhlungen des Parenchyms leben die Milben. Durch ihre Tätigkeit sterben die Parenchymzellen ab, werden braun und schwarz, ebenso wie hierdurch auch die ganzen Gallen, die nun auch ihre Wölbung verlieren, ja schließlich sogar in der Mitte wenigstens etwas einsinken können. Die Milben verlassen die absterbenden Gallen, um neue Knospen aufzusuchen. Man findet

[1] Riv. Patol. veg. Vol. I, 1892, p. 91—95, tav. 4.
[2] Bull. 61, Cornell. Univ. agric. Exp. Stat., 1893, p. 317—328, 5 figs.

daher noch bis in den September hinein, solange sich neue Blätter bilden, auch neue Gallen. Die Überwinterung erfolgt in den geschlossenen Knospen, in Kolonien bis zu 20 Stück, an den Zweigachseln und an anderen geschützten Stellen. Schon Mitte April fand ich deutliche Pocken an den Spitzen halbentfalteter Ebereschenblätter und noch im September frische grüne Pocken an Birnblättern.

E. REUTER[1]) beobachtete neuerdings in Finland einen Fall, in dem die Milben auch die jungen Früchte befallen und fast vollständig zerstört hatten.

Ob es immune Sorten gibt, erscheint fraglich. Bevorzugt werden alle Sorten Form-, Zwerg- und Spalierobst, wenn man auch nicht selten grofse Freiland-Hochstämme stark befallen sieht. Nach SLINGERLAND leidet in Amerika die sonst von Insekten ziemlich verschonte Kieffer-birne am meisten, nach seiner Ansicht wegen ihres saftigen Laubes, ein Grund, der wohl auch die Bevorzugung des Formobstes erklären dürfte.

Wie die Milben in das Blatt eindringen, ist noch nicht sicher fest-gestellt. Nach SORAUER geschieht es durch Verletzen einer Epidermis-zelle da, wo das ausbrechende Blatt die gröfste Spannung aufweist, wodurch die Öffnung rasch vergröfsert wird, nach THEOBALD[2]) durch die Spaltöffnungen.

Die Ausbreitung der Milben geht sehr langsam vor sich, wenn sie auch nach HOFER[3]) immerhin 5 mm in der Minute kriechen können. Aber oft bleibt ein einziger Baum in einer Pflanzung oder sogar nur ein Teil eines solchen jahrelang allein befallen. Auf die Ferne hin dürfte wohl der Wind, durch Verwehen welkender Blätter mit Eiern in den Gallen, der Hauptverbreiter sein.

Während im allgemeinen der Schaden nicht erheblich ist, sieht man doch Fälle, wo jedes Blatt eines Baumes völlig von den Pocken bedeckt ist und so seinen Funktionen frühzeitig entzogen wird. Zu früher Blattfall, unter Umständen schon bevor die Früchte reif sind[4]), nach THEOBALD[5]) Rissig-, Hart- und Deformiertwerden derselben sind dann die Folgen.

Als Bekämpfung rät SORAUER, kurz vor Beginn des Sommer-triebes die unteren, meist allein befallenen Blätter der Frühjahrstriebe abzupflücken. Überhaupt dürfte an Formobst das Entfernen der kranken Blätter das einfachste und zweckdienlichste Mittel sein. SLINGERLAND hat durch Spritzen mit etwa 8⁰/₀iger Petroleum-Seifenbrühe im März geradezu glänzende Erfolge erzielt. Auch mir gelang es, durch starkes Zurückschneiden und nachfolgendes Spritzen mit dem v. SCHILLING-schen Halali einen stark befallenen Baum völlig zu reinigen. — Ver-schiedene Tyroglyphiden stellen der Birnblatt-Gallmilbe nach.

Er. malinus Nal. *Erineum malinum* DC. auf Blättern und Blatt-stielen des Apfelbaumes, meist auf der Blattunterseite, zuerst weifslich bis hübsch rosarot, später ockergelb bis braun, aus geschlängelten, fadenförmigen, stumpfen Haaren bestehend.

Er. phloeocoptes Nal. (*Cecydoptes pruni* Amerl.). Erzeugt in Europa und Nordamerika an *Prunus domestica*, *insititia* und *spinosa* bis

---

[1]) Medd. Soc. Fauna Flora fennica 31, 1906, p. 14—17, 215.
[2]) First Report etc. p. 78.
[3]) 10.—12. Jahresber. . . . Wädensweil, 1902, S. 116.
[4]) BANKS, l. c. p. 104.
[5]) l. c.

2 mm grofse, rote, einkammerige, aus Hypertrophie des Korkes bestehende Rindengallen, besonders an den durch das Abfallen der Knospenschuppen entstandenen Narbenringeln, hier oft in Haufen sitzend.

Er. similis Nal. Cephaloneon hypocrateriforme und confluens Bremi (Volvulifex pruni Am.). Beutelgallen (Fig. 101) an den Blättern von *Prunus armeniaca, chamaecerasus, domestica, insititia, spinosa*, die FRANK[1]) folgendermaßen beschreibt: „Der loch- oder spaltenförmige Eingang liegt an der Oberseite des Blattes und ist hier von einer Überwallung gebildet; die buckelförmige Ausstülpung liegt auf der Unterseite des Blattes. Die Wand dieser Galle ist fast dreimal dicker als die normale Blattfläche und von fast knorpelartiger Festigkeit. Aus der Blattfläche setzen sich Parenchym und Gefäfsbündel sowohl in die Ausstülpung als auch in den Mündungswall fort. Von dem Parenchym ist nur eine

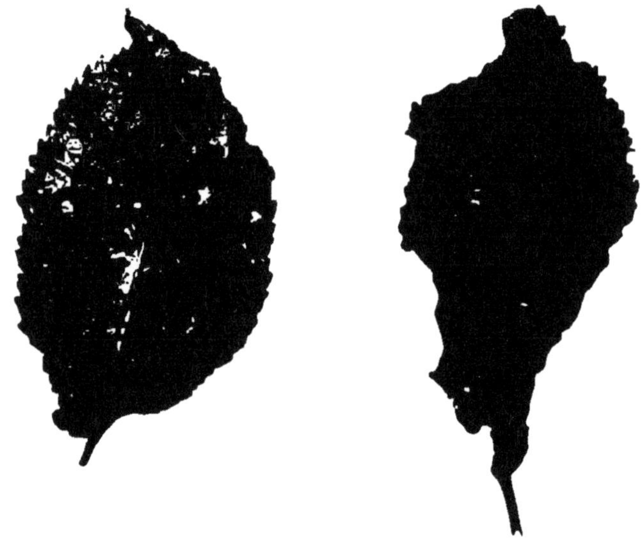

Oberseite   Unterseite

Fig. 101. Beutelgallen von Er. similis an Pflaumenblättern.

dünne Schicht unter der äufseren Epidermis der Gallenwände durch Chlorophyll grün gefärbt, der übrige Teil fast chlorophylllos; die ganze Epidermis der Innenseite ist mit sehr grofsen, keulenförmigen, dünnwandigen Haaren besetzt, während die Aufsenfläche der ganzen Galle kurze, kegelförmige, dickwandige Haare hat, die an der Mündung etwas länger und zahlreicher sind und hier den gewöhnlichen Mündungsbesatz bilden." SORAUER[2]) beobachtete öfters geweihartige Fortsätze und ihnen entsprechend innere Seitenhöhlungen. Die knötchenförmige, hanfkorngrofse, weifsliche oder rote Galle, an der spaltförmigen Mündung auf der Oberseite leicht kenntlich, sitzt meist am Rande der Blätter, die dadurch gekräuselt werden. Sie tritt oft in ungeheurer Menge auf. LEWIS[3]) beobachtete *Oribata orbicularis* beim Verzehren der Gallen.

[1]) Die tierparasitären Krankheiten usw. S. 55.
[2]) Jahresber. d. Sonderaussch. f. Pflanzenschutz D. L. G. 1899, S. 193.
[3]) The Black Currant Gall mite, l. c., p. 11.

Nach Frank und Amerling treten die nur wenig umgeformten Gallen auch an jungen Pflaumenfrüchten (wulstig umrandete Einsenkungen). Blattstielen und Zweigen (kleine näpfchenförmige Auswüchse mit filzig behaartem, wallartigem Rande) auf.

Er. padi Nal. (= Bursifex pruni Am.) (Fig. 102). Ruft auf *Prunus Padus* das *Ceratoneon attenuatum Bremi* und das *Erineum Padi Rebent.* hervor, auf *Prunus domestica* und *spinosa* das *Cephaloneon molle*. Auf *Prunus Padus* sind es hornförmige, 3—4 mm grofse, fast glatte, auf den übrigen *Prunus*-Arten kugelige oder keulige, 1—2 mm grofse, stärker behaarte Gallen auf der Blattoberseite, mit unterseitigem Eingange, ohne Mündungswall. Europa und Nordamerika.

Er. euaspis Nal. An *Lotus corniculatus* und *Dorycnium pentaphyllum*, Vergrünung der Blüten. Rollung und Faltung des Blattrandes bei abnormer Behaarung der Unterseite, Verdickung und Gelb- bis Braunwerden des Blattes.

Er. plicator Nal. Die typische Form ruft an *Medicago falcata* und *lupulina* Blattfaltung hervor, die var. **trifolii** Nal. an *Trifolium arvense* und *Ervum hirsutum* Vergrünung der Blüten und Deformation der Blätter. Nach Kirchner auch an (Rot-, Inkarnat-, Bastard- und Weifs-) Klee und an Luzerne und Saatwicke.

Er. fraxini Nal. Ruft die „Klunkern" an *Fraxinus excelsior* und *viridis* in Europa und Mexiko hervor. Sorauer beschreibt sie: „Die milsbildeten Blütenstände bilden knäulig-gehäufte, anfangs bräunlich- grüne, später dunkelbraune, auf der Oberfläche höckerige Massen, die in ihrer äufseren Form grofse Ähnlichkeit mit der Oberfläche der Rose

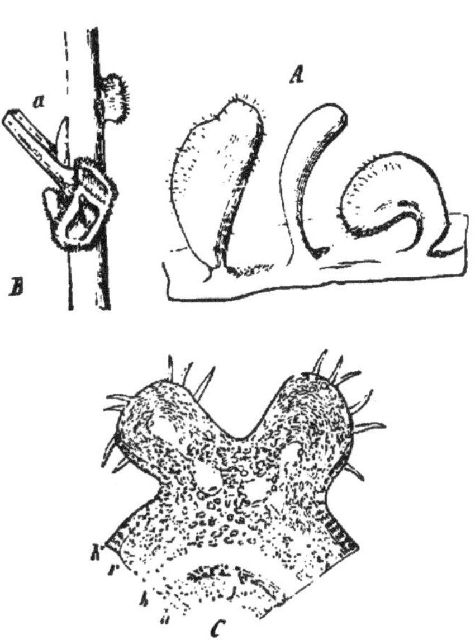

Fig. 102. Gallen von Er. Padi auf Prunus padus (aus Frank).
A Beutelgallen auf Blatt; *B* Galle auf Zweig (*a* Blattstiel mit Achselknospe): *C* Querschnitt durch *B* (*k* Korkschicht, *r* Aufsenrinde, *b* Bast, *h* Holz).

vom Blumenkohl haben. Ihre Oberfläche ist mit einer äufserst kurzen, fast farblosen, dichten Haardecke bekleidet, welche aus stäbchenförmigen Haaren besteht. Diese Klunkern sind im Frühjahr noch frisch, im August aber bereits meist vertrocknet. In manchen Jahren sind sie häufig und an denselben Bäumen in anderen Jahren sehr sparsam. Dieser Wechsel im Auftreten dürfte sich daraus erklären, dafs die Blütenknospen, die von Milben besiedelt sind, schon im November bei milder Witterung stark angeschwollen und schon so weit aufgebrochen sind, dafs man die bräunlichen Staubbeutel bisweilen stäubend findet. Stärkere Winterfröste werden diese hypertrophierten Knospen leicht töten. Beschränkt sich die Einwirkung der Milben hauptsächlich auf die gemeinsamen Blütenstiele, dann kommen die Blüten zur Ausbildung, wenn auch in verkrüppelter Form. Bei den männlichen Blüten verkümmern die Staubbeutel, bei den weiblichen und Zwitterblüten zeigt sich Sterilität. — *Ornus europaea* zeigt ebensolche Klunkern; dieselben

erscheinen aber oft mehr schopfig, weil die hier vorhandenen Kelch-
und Blumenblätter mit in die Deformation hineingezogen werden."

Er. löwi Nal.[1]) Knospendeformationen an *Syringa vulgaris*, die
sich zu hexenbesenähnlichen Gebilden häufen können.

Er. cladophthirus Nal. Nach NALEPA abnorm behaarte Triebspitzen-
deformationen an *Solanum Dulcamara*, nach KIRCHNER desgleichen an
Tomate, wobei sich an Stelle der Blüten Zweige mit eingerollten, ver-
bogenen, abnorm behaarten Blättern bilden.

Er. calcladophorus Nal.[2]) In Nordamerika an Tomatenknospen,
deren Teile weiß pelzig erscheinen. Auch in Spanien und Italien.

Phyllocoptinen.

Fig. 103. Von Ph. vitis befallener Rebstock
(nach einer von Herrn Dr. FAES gütigst zur
Verfügung gestellten Photographie).

Diese Unterfamilie unter-
scheidet sich von den Erio-
phyinen dadurch, daß mit
Ausnahme der letzten Hinterleibsringe Rücken und Bauch
des Hinterleibes ungleich geringelt sind, und zwar hat
ersterer weniger, aber dafür
breitere Ringe.

NALEPA unterschied 1898
sieben Gattungen. Da die
meisten Angehörigen derselben für die praktische Phytopathologie ohne Bedeutung
sind, genügt es, die wichtigsten Gattungen mit ihren einfachsten Merkmalen hier anzuführen.

a) Rücken gleichmäßig ge-
wölbt:

Anthocoptes Nal., Hinterleibsende deutlich
abgesetzt.

Phyllocoptes Nal., Hinterleibsende nicht
deutlich abgesetzt.
Dorsalseite glatt oder
punktiert.

b) Rücken in der Mitte stark gewölbt:

Epitrimerus Nal., Abdomen oben mit zwei flachen Längsfurchen.

Callyntrotus Nal., Abdomen oben mit Längsreihen von Chitin-
stiften.

Oxypleurites Nal., Rückenhalbringe seitlich zahnartig vorspringend.

[1]) v. TUBEUF, Prakt. Blätt. f. Pflanzenbau usw. Bd. 3, 1905, S. 37—39, 2 Fig.
[2]) ROLFS, Florida agric. Exp. Stat., Bull. 47, 1898; Ausz. Zeitschr. f. Pflanzenkrankheiten Bd. 10, 1900, S. 115.

Von einiger Wichtigkeit ist allein die Gattung **Phyllocoptes** mit über 50 Arten. Sie erzeugen ähnliche Mifsbildungen wie die Eriophyes-arten, mit denen sie oft zusammen vorkommen. Recht häufig leben sie aber auch frei auf Blättern, namentlich von Laubbäumen, die sich unter ihrem Einflusse bräunen[1]). Solche Blattbräunung kennt man u. a. von Haselnufs und Hainbuche (**Ph. comatus** Nal.), von Walnufs (**Ph. unguiculatus** Nal.), von *Prunus*-Arten (**Ph. fockeui** Nal.), von Apfel- und Birnbäumen (**Ph. schlechtendali** Nal.; zuerst werden hier die Blätter bleich, erst später braun).

Zu erwähnen sind vielleicht noch:

Ph. dubius Nal., Vergrünung der Blüten an *Avena pratensis*, *Bromus arvensis*, *erectus*, *mollis* und *sterilis*, *Dactylis glomerata*; oft mit *Eriophyes tenuis* zusammen.

Ph. longifilis Can., Faltung und Krümmung der Blättchen bei Esparsette.

Ph. retiolatus Nal., nach oben gerichtete Blattrandrollung bei *Vicia Cracca* und *angustifolia*.

Ph. setiger Nal., etwa 1,5 mm grofse, meist rot angelaufene, kurz behaarte Blattknötchen an Erdbeerblättern, unten mit durch Haare ver-schliefsbarem Eingange.

Ph. vitis Nal. trat in den letzten Jahren sehr schädlich in Schweizer Weinbergen auf. Die Milben saugten an den Blättern, die infolgedessen verkümmerten, sich verdickten und falteten. Die Triebe blieben im Wachstum zurück, auffällig kurz. Auch die Gescheine entwickelten sich nicht (Fig. 103) und starben ab (Verzwergung, Kräuselkrankheit, court-noué). Die Überwinterung erfolgt unter Knospen- und Rinden-schuppen. Bei der Bekämpfung bewährte sich nach Faes 4% iges Lysol (roh oder gereinigt), im März an die Stöcke gespritzt, vorzüglich[2]).

Hexapoden, Insekten, Kerfe.

Das normale Bild eines Insektes erleidet vielerlei Abweichungen, nicht nur bei den verschiedenen Gruppen, sondern auch bei den ver-schiedenen Altersstadien einer Art. Auf diese Abweichungen wird, so weit nötig, bei den einzelnen Gruppen eingegangen werden. Hier kann nur das normale Bild (Fig. 104) kurz dargestellt werden.

Der **Körper** ist von mehr oder minder starker, vielfach von Poren durchsetzter, mit Haaren, Borsten, Stacheln, Schuppen versehener Chitinkutikula bedeckt und zerfällt in drei mehr oder minder deutliche Abschnitte, den Kopf mit den Augen, Fühlern und vier Paar Mund-werkzeugen, die Brust mit drei Paar Beinen und bei den meisten Insekten mit zwei Paar Flügeln, den geringelten Hinterleib, selten mit Fufsstummeln.

Der **Kopf**, caput, bildet eine aus mindestens vier Segmenten ver-schmolzene einheitliche Chitinkapsel, an der man folgende durch „Nähte" abgegrenzte Teile unterscheidet: vorn oben die Stirne (frons) und

---

[1]) Siehe hierzu auch v. Schlechtendal, Zeitschr. f. Pflanzenkrankh. Bd. 5, 1895, S. 1, Taf. 1.
[2]) H. Faes, Chronique agricole du Canton de Vaud 1905, 1906. Müller-Thurgau, Centralbl. f. Bakteriol. u. Parasitenkunde II, Bd. 15, 1906, S. 623—629, 2 Fig.; Zeitsch. f. Pflanzenkr. Bd. 17, 1907, S. 92—93.

den **Kopfschild** (clypeus); hinten oben den **Scheitel** (vertex) und das **Hinterhaupt** (occiput); seitlich die **Wangen** (genae); unten die **Kehle** (gula). Auf der Stirne sitzen die **Punktaugen**, seitlich

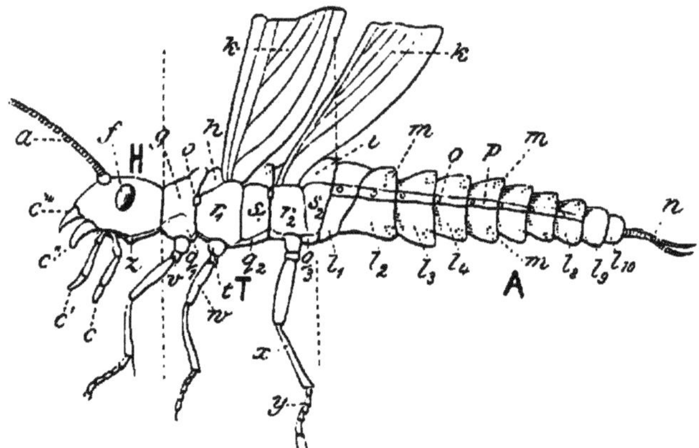

Fig. 104. Seitenansicht eines Insekts; schematisch, aus SnArr. Die beiden senkrechten punktierten Linien trennen Kopf (H), Brust (T) und Hinterleib (A).
a Fühler, *c'''* Oberlippe. *c''* Oberkiefer, *c'*, *c* Taster der Unterkiefer, *f* Auge, *g* Vorder-, *h* Mittel-, *i* Hinterbrust, *k* Flügel, *l₁ … ₁₀* Hinterleibsringe, *m* deren Verbindungshäute, *n* Raife, *o* Stigmen, *p* seitliche Verbindungshäute der Hinterleibsringe, *q*, *s* Sternite der Brustringe, *r₁* Episternum der Mittelbrust, *s₁* deren Epimeron, *r₂*, *s₂* Episternum und Epimeron der Hinterbrust, *t* Hüfte, *v* Schenkelring, *w* Schenkel, *x* Schienbein. *y* Fufs, *z* Kehle.

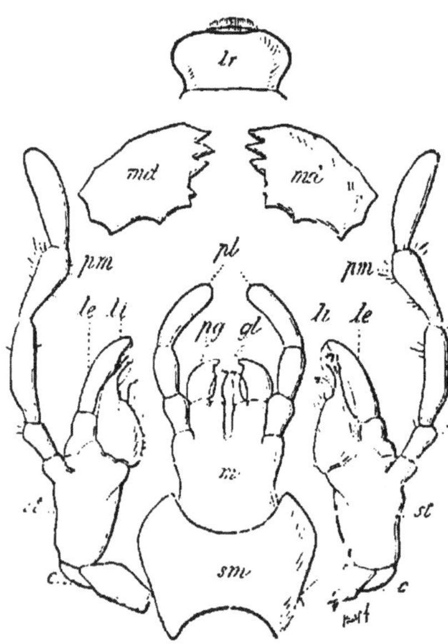

Fig. 105. Kauende Mundwerkzeuge eines Insekts (Periplancta orientalis) schematisch (aus R. HERTWIG).
c Angel, *gl* Lippe (Zunge), *le*, *li* äufsere und innere Kauladen, *lr* Oberlippe, *m* Kinn, *md* Oberkiefer, *pg* Nebenzungen, *pl* Unterlippentaster, *pm* Unterkiefertaster, *sm* Unterkinn, *st* Unterkieferstumm.

je ein grofses **Facettenauge**. Von der Stirne entspringen zwei **Fühler**, Antennen, die aus mehreren Gliedern bestehen und sehr mannigfaltig gebaut sein können; sie dienen als Tast- und Geruchsorgane. Das Vorderende der Stirne ist in eine meist beweglich eingelenkte Platte, die **Oberlippe** (*lr*), labrum, ausgezogen, unter der sich folgende Mundwerkzeuge (Fig. 105) befinden:

Zwei **Oberkiefer, Mandibeln** (*md*), starke Kauplatten ohne Gliederung und Anhänge.

Zwei **Unterkiefer**, (erste) **Maxillen**, aus mehreren Stücken bestehend. Die Basis wird von dem kurzen **Angelgliede**, cardo (*c*), gebildet, an das sich der **Stiel, Schaft oder Stamm**, stipes (*st*), ein äufseres **Schuppenglied**, squama palpigera, und ein drei- bis fünfgliederiger **Taster**, palpus maxillaris (*pm*), ansetzt. Am oberen Teile des Stieles entspringen noch zwei Kauplatten, die äufseren und inneren **Kauladen**, lobus externus (*le*) und internus (*li*).

Die **Unterlippe**, labium (zweite Maxille), entspringt von der Kehle und schließt die Mundöffnung von unten. Ursprünglich besteht sie aus einem **Unterkinne**, submentum (*sm*), dem **Kinne**, mentum (*m*), der **Lippe, Zunge** oder **Innenlade**, glossa (*gl*), neben der noch **Nebenzungen** oder **Aufsenladen**, paraglossae (*pg*), stehen können. Vom Kinne entspringt noch jederseits ein mehrgliederiger **Taster**, palpus labialis (*pl*). Die Unterlippe ist als ein Paar Maxillen zu denken, die an ihrer Basis mit dem Innenrande verschmolzen sind.

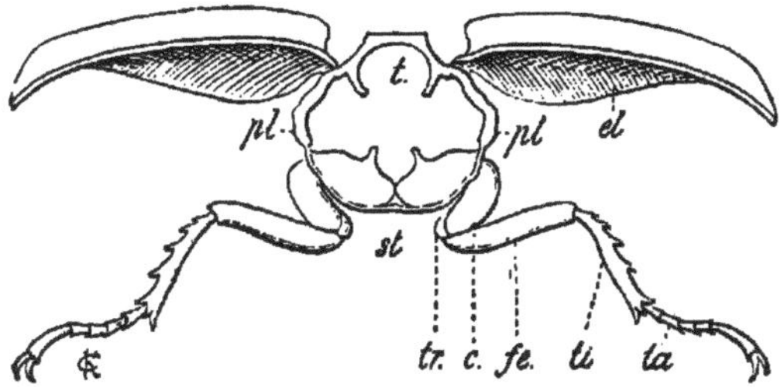

Fig. 106. Mittelbrust eines Hirschkäfers, schematisch (aus R. Hertwig).
c Hüfte, *d* Flügel, *fe* Schenkel, *pl* Weichen, *st* Brust-, *t* Rückenteil der Mittelbrust, *ta* Fufs, *ti* Schienbein, *tr* Schenkelring.

Die **Brust**, der Thorax, besteht aus drei gewöhnlich fest miteinander verschmolzenen Ringen, der **Vorder-, Mittel-** und **Hinterbrust, Pro-, Meso-** und **Metathorax**, deren jeder aus vier unbeweglich miteinander verbundenen Chitinplatten zusammengesetzt ist (Fig. 106), dem **Rücken-** (notum oder tergum), den **Seiten-** (Weichen oder Pleuren) und dem **Brustteil** (sternum). Die einzelnen Platten werden

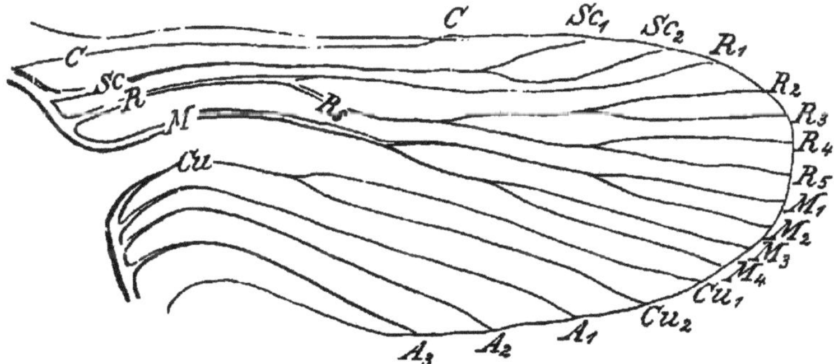

Fig. 107. Schema des Flügelgeäders eines Insekts (nach Comstock und Needham).
A1—3 Analadern, *C* Vorderrandader (Costa), *Cu* Cubitus, *M* Mediana, *R* Radius, *Rs* Radialsektor, *Sc* Subcosta.

demnach unterschieden als Pronotum, Mesopleuren, Metasternum usw. Zwischen Rückenteil und Weichen der beiden letzten Ringe entspringen bei den erwachsenen Insekten die **Flügel** als Ausstülpungen der Haut. Sie bestehen demgemäfs aus zwei Blättern, zwischen denen Tracheen verlaufen, die als **Adern** oder **Nerven** hervortreten. Letztere schliefsen die **Flügelfelder**, die nach der sie (vorn) begrenzenden Ader genannt werden, ein, und da, wo noch Queradern vorhanden sind, die **Zellen**. Als Grundform des Flügelgeäders (Fig. 107) stellt man acht Adern auf, die von oben nach unten (vorn nach hinten) folgende Namen tragen:

costa oder Vorderrandader, mit Flügelmal oder Stigma, Subcosta, Radius (die kräftigste und am meisten verzweigte), Media oder Mediana, Cubitus (ebenfalls stark verzweigt), schließlich noch mehrere Anales (Analadern). Vorder- und Hinterflügel jeder Seite verbinden sich öfters, wenn entfaltet, durch Häkchen, Borsten usw. zu einer gemeinsamen Flugplatte.

Zwischen die Basis der Vorderflügel springt vom Mesonotum oft noch das dreieckige S c h i l d c h e n, scutellum, vor.

Ventral trägt jeder der Brustringe ein Paar B e i n e (Fig. 104, 105), die bestehen aus: H ü f t e (coxa), in eine Art Pfanne eingelenkt, S c h e n k e l r i n g (trochanter), S c h e n k e l (femur), S c h i e n b e i n (tibia) und dem mehrgliederigen, in zwei Klauen endenden F u f s e (tarsus).

Der H i n t e r l e i b, das Abdomen, hat ursprünglich elf, jetzt aber meist weniger Ringe, die nur aus Rücken- und Bauchschienen, Tergiten bzw. Sterniten, bestehen und ebenso wie diese durch weiche, gefaltete Häute miteinander verbunden sind, so dafs also der ganze Hinterleib äufserst dehnbar ist. In den seitlichen Verbindungshäuten befinden sich A t e m l ö c h e r, Stigmen. Bei den erwachsenen Insekten, mit Ausnahme der Thysanuren, trägt der Hinterleib keine Bewegungsorgane. Bei manchen Larven sind aber kurze Fufs-stummeln, A f t e r f ü f s e, Pedes spurii, in Mehrzahl vorhanden. Am Ende des Hinterleibes, neben dem After, treten öfters griffelförmige Anhänge, R a i f e oder S c h w a n z b o r s t e n, Cerci oder Styli (Fig. 104 n), auf, wahrscheinlich aus echten Gliedmafsen hervorgegangen, jetzt aber als Tastorgane und Ähnliches verwendet. Mit der Geschlechtsöffnung stehen oft äufsere Begattungsorgane, Legebohrer, Stachel usw. in Verbindung.

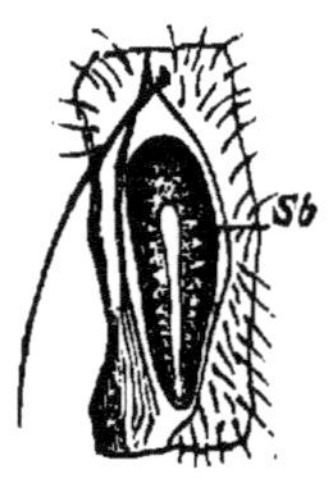

Fig. 108. Stigma einer Stubenfliege (nach LANDOIS). Sb Verschlufshaut.

V e r d a u u n g s o r g a n e. Auf die muskulöse M u n d h ö h l e, auch P h a r y n x genannt, in die S p e i c h e l d r ü s e n einmünden, folgt die enge, nur am Ende erweiterte, dünnwandige Speiseröhre, der Oesophagus.

Der D a r m ist, je nach der Nahrung, gerade oder gewunden. Sein Vorderteil ist magenartig erweitert (C h y l u s m a g e n) und geht gewöhnlich unmerklich über in den E n d d a r m, an dem man D ü n n d a r m, D i c k - und M a s t d a r m unterscheidet. Der A f t e r ist gewöhnlich endständig. In den Anfang des Dünndarmes münden die oft recht umfangreichen M a l p i g h i s c h e n G e f ä f s e ein, die man physiologisch mit den Harnorganen der höheren Tiere vergleichen kann. Sie scheiden vorher in das Blut aufgenommene Stoffe wieder aus diesem aus, Harnsäure, oxalsauren Kalk, Taurin usw., die wahrscheinlich bei der Bildung der G a l l e n eine Rolle spielen. In der stark muskulösen Wand des Mastdarmes liegen die R e c t a l d r ü s e n, in den After münden die als Stink- oder Wehrdrüsen dienenden A n a l d r ü s e n ein.

A t m u n g durch T r a c h e e n, die bei allen Luftinsekten das ganze Innere des Körpers durchziehen und durch paarige, ursprünglich seitlich an allen mittleren Rumpfsegmenten in der weichen Haut befindliche und mit Verschlufsvorrichtungen versehene Atemlöcher, S t i g m e n (Fig. 108), mit der Aufsenwelt in Verbindung stehen. Die Atmung geschieht durch Bewegungen des Hinterleibes, bei geflügelten Formen auch durch Pumpen mittels der Flügel.

Das K r e i s l a u f s y s t e m ist sehr vereinfacht; N e r v e n s y s t e m und Sinnesorgane dagegen sind sehr hoch entwickelt. Von Augen hat man meist zweierlei Formen zu unterscheiden; ein Paar gehäufte Netz- oder Facettenaugen zum Sehen in die Ferne, einfache Punktaugen (Ocellen) für die Nähe.

Alle Insekten sind getrennt geschlechtlich, Männchen und Weibchen oft äufserlich deutlich verschieden. Die Geschlechtsorgane sind paarig, münden aber fast immer unpaar kurz vor dem After, oft in Begattungsorgane aus. Das Weibchen besitzt häufig noch besondere Organe zur Eiablage: Legeröhre. Legestachel.

Die Fortpflanzungsweisen sind sehr mannigfaltig. Gewöhnlich findet nach Befruchtung Eiablage statt. Erstere kann aber für mehrere Generationen, vielleicht für immer ausfallen; wenigstens sind von einigen Insekten Männchen noch nicht bekannt. Parthenogenese ist daher recht häufig als gelegentliche oder regelmäfsige Erscheinung; bei den Arbeiterinnen der Bienen und Ameisen sind die Aufnahmeteile des weiblichen Organes verkümmert. Fortpflanzung durch Parthenogenese kann sich mit solcher durch Befruchtung zu mehr oder minder regelmäfsigem Generationswechsel vereinigen.

Die Regel ist Oviparität; von ihr bis zur Viviparität sind alle Übergänge vorhanden. Letztere ist häufig Begleiterscheinung der Parthenogenese.

Das junge, von der Mutter geborene oder dem Ei entschlüpfte Insekt kann dem alten, fortpflanzungsfähigen in Aussehen und Lebensweise durchaus gleichen und eben nur heranwachsen. Man spricht dann von Insekten ohne Verwandlung oder von direkter, ametaboler Entwickelung. Ist das junge

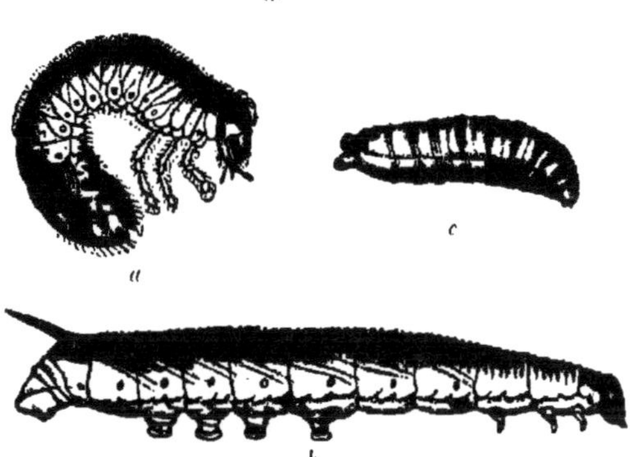

Fig. 109. Larvenformen von Insekten (aus Kräpelin).
a Käferlarve, b Raupe, c Made.

Insekt dem alten in Gestalt und Lebensweise nur ähnlich, finden bei den Häutungen im wesentlichen nur äufsere Umänderungen statt, wie Verlust von sog. Larvenorganen, allmähliches Wachstum der Flügel, so spricht man von unvollkommener oder direkter Verwandlung, hemimetaboler oder homomorpher Metamorphose, Ektometabolie; die verschiedenen Stadien derselben bezeichnet man zweckmäfsig als Nymphen.

Ist schliefslich das junge Insekt dem alten in Form und Lebensweise ganz unähnlich, viel niedriger organisiert, und finden bei der Umwandlung aufser der äufseren auch wichtige innere Umänderungen statt, die sich in der Hauptsache während eines Ruhestadiums vollziehen, so spricht man von vollkommener, indirekter Verwandlung, holometaboler oder heteromorpher Metamorphose, Endometabolie. Das erste, dem Ei entschlüpfte Stadium nennt man hierbei allgemein Larve (Fig. 109) und unterscheidet: Larve im engeren Sinne, mit drei Brustbeinpaaren (Käfer), Raupe aufserdem noch mit höchstens fünf Afterbeinpaaren (Schmetterlinge), Afterraupe mit mehr als fünf solchen (Blattwespen), und Made ohne deutliche Gliedmafsen (Fliegen).

Das Ruhestadium bezeichnet man als Puppe (Fig. 110). Liegen bei dieser
alle äuseren Organe frei zutage, so nennt man sie freie Puppe, pupa
libera (Käfer). Werden die äuseren Organe aber durch starke Chitin-
ausscheidung fest an den Körper herangeprest und umhüllt, so nennt
man sie bedeckte oder Mumienpuppe, pupa obtecta (Schmetterlinge). Liegt die Puppe in der sie völlig umschliesenden letzten
Larvenhaut, so ist es eine Tönnchenpuppe, pupa coarctata (Dipteren). Häufig spinnt sich die Larve vor der Verpuppung noch in
einen Kokon von feinen Chitinfäden ein.

Das Endstadium der Verwandlung nennt man die Imago.

Selbstverständlich sind die verschiedenen Entwickelungs- bzw.
Verwandlungsarten durch mannigfache Übergänge verbunden, wie sie
auch andererseits nicht immer so einfach verlaufen, wie hier geschildert.

Der erhärtete Chitinpanzer verhindert das Insekt am Wachstum.
Von Zeit zu Zeit finden daher Häutungen statt, normalerweise
im ganzen fünf, bei denen die alte Haut abgeworfen wird; und
dann, solange die neue Haut noch weich ist, nimmt das Insekt an
Volumen zu.

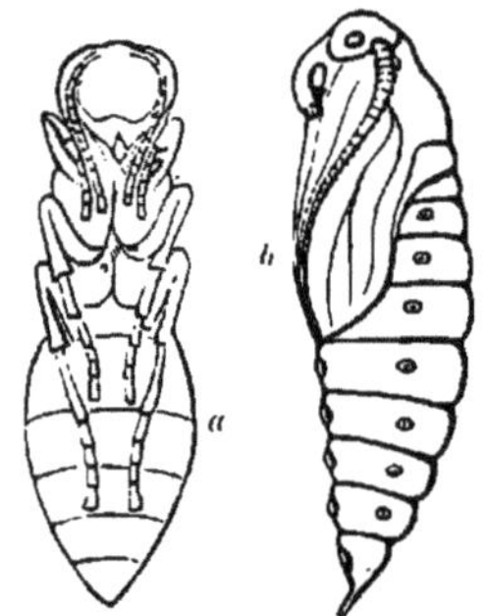

Fig. 110. Puppenformen
von Insekten (aus
Kräpelin).

a freie, *b* bedeckte Puppe.

Nicht immer braucht das weibliche Insekt
zur Fortpflanzung das Imagostadium zu erreichen.
Es können vielmehr auch schon Jugendstadien
sich fortpflanzen. Findet hierbei Begattung statt,
so nennt man die Erscheinung Pädogenese
(Schildläuse); unterbleibt sie, so: Pädo-Par-
thenogenese (Blattläuse). Bei einigen Schlupfwespen hat Marchal sogar neuerdings nachgewiesen, dass bereits die Eier sich durch
Teilung vermehren.

Der Verlauf der Entwickelung ist ein
verschieden rascher, von einigen Tagen bis zu
mehreren Jahren, wobei die Lebensdauer der
verschiedenen Stadien meist sehr ungleich ist.
So kann z. B. die der Imago die der Larve oder
Puppe um ein Vielfaches übertreffen und um-
gekehrt. Am häufigsten wohl dauert jede Generation ein Jahr, so
dass also jedes Stadium zu seiner bestimmten Jahreszeit auftritt.
Aber schon in den gemäsigten Zonen haben nicht wenige Insekten
zwei oder mehrere Generationen, und die Häufigkeit solcher Arten
wie die Zahl der Generationen wachsen mit der Summe der Jahrestemperatur bzw. der Durchschnittstemperatur während der günstigen
Jahreszeit, daher nicht selten dasselbe Insekt im Freien nur eine, in
geschlossenen Räumen mehrere Generationen hat. Auch Kleinheit der
Art begünstigt das Auftreten mehrerer Generationen im Jahre.

Die Vermehrung der Insekten ist eine recht starke, oft schon
allein durch die Zahl der Eier (50000 bei der Honigbiene). Treten
mehrere Generationen im Jahre auf, oder schieben sich parthenogenetische oder gar pädogenetische ein, so kann sie ins Ungeheuere wachsen.
Und das ist auch offenbar der Zweck dieser Einrichtungen, die möglichst ausgiebige Ausnutzung der günstigen Jahreszeit.

Wohl keine andere Tiergruppe ist so sehr von den Jahreszeiten
abhängig wie die der Insekten. Zur günstigen Jahreszeit, bei hin-
reichender Wärme und Feuchtigkeit, treten sie in ungeheueren Massen
auf. Je kälter oder trockener es wird, um so mehr machen die aktiven

den Ruhestadien Platz, daher also in den Tropen die Trockenzeit ebenso wirkt wie bei uns der Winter. Völlig das Insektenleben zu ertöten vermögen aber auch die ungünstigsten Witterungsverhältnisse nicht.

Die Verbreitung der Insekten erstreckt sich über sämtliche Festländer, vom Äquator bis zu den Polen, vom Meeresufer bis zu den Spitzen der Gebirge: sie ist bei den einen auf sehr enges Gebiet begrenzt, bei anderen kosmopolitisch. Während nicht wenige Arten dauernd oder als Jugendstadien das Süßwasser bevölkern, haben sich nur einige das Meer erobert.

Die Nahrung der Insekten bildet alles, was ihre Mundwerkzeuge bewältigen können: lebende und tote, organische und unorganische Stoffe, ganz besonders aber die Pflanzenwelt. Daher liefern die Insekten wohl die schlimmsten Pflanzenfeinde, die man überhaupt kennt. Während die einen Arten fast monophag, die meisten auf bestimmte Pflanzengattungen oder -familien angewiesen sind, sind andere überaus polyphag. Aber gerade ihrer außergewöhnlich großen Schädlichkeit halber sind die Insekten vom phytopathologischen Standpunkte aus besser bearbeitet als irgendeine andere Tiergruppe, und nicht nur in zahllosen Einzelarbeiten, sondern auch in vielen vortrefflichen Lehr- und Handbüchern behandelt. Aus diesem Grunde, und weil eine auch nur annähernde Vollständigkeit den Umfang dieses Buches um ein Vielfaches überschreiten würde, können wir uns hier im allgemeinen kürzer fassen als bei den anderen Tieren.

Bekannt sind über 250 000 Arten. Wieviel wirklich existieren, ist auch nicht annähernd zu schätzen. Einmal sind noch ganze Gruppen oder Faunen nicht oder ungenügend bekannt, andererseits hat es das Vorherrschen des Dilettantismus gerade in der Entomologie mit sich gebracht, daß zahllose der beschriebenen Arten späterer wissenschaftlicher Nachprüfung nicht Stand halten werden. Auf jeden Fall ist das Bestimmen von Insekten oft sehr viel schwerer, als Unkundige anzunehmen geneigt sind. Es ist daher dringend anzuraten, hierbei so viel wie möglich die Hilfe von Spezialisten in Anspruch zu nehmen.

So umfangreich unsere Kenntnis der Systematik der Insekten ist, so ungenügend ist in nur allzu vielen Fällen die ihrer Biologie, nicht nur ihrer Jugendstadien, sondern auch ihrer Lebensweise. Gerade hier bietet sich dem Phytopathologen ein ungemein dankbares Forschungsgebiet.

Die früher üblichen neun großen Ordnungen der Insekten sind neuerdings in mehr oder minder zahlreiche kleinere Ordnungen auseinandergelegt worden, von Packard z. B. in 24. Wir schließen uns hier der mehrfach angenommenen Einteilung von Brauer und Handlirsch an, die zudem den Vorteil hat, eine Anzahl kleinerer Gruppen (Embidaria, Plecoptera, Odonata, Ephemeroidea, Neuroptera, Panorpatae-Trichoptera, Siphonaptera, Strepsiptera) als phytopathologisch nicht oder wenigstens nicht direkt wichtig von vornherein beiseite lassen zu können, so daß die übrigbleibenden neun Ordnungen schärfer umgrenzt und charakterisiert werden können.

Aptera (Apterygota, Apterygogenea), Urinsekten.

Haut weich. Flügel fehlen. Körper behaart bzw. beschuppt. Segmente wenig differenziert. Fühler lang. Mundteile beifsend, selten saugend, manchmal rudimentär; bestehen aus Mandibeln, zwei Maxillenpaaren und einem Hypopharynx. Brust dreigliederig, mit drei Beinpaaren. Abdomen elf- bis sechsgliederig: die Segmente oft mit vorstülpbaren Ventralsäcken oder griffelförmigen Anhängen bzw. Springgabel (Gliedmafsenresten); es endet bei gewissen Gruppen in borstenförmige Fäden. Darm einfach, gerade. Geschlechtsorgane münden ventral in vor- oder drittletztem Segmente aus.

Man unterscheidet zwei Unterordnungen. Die erste, die Thysanuren, umfafst die Campodeiden, Lepismatiden, Japygiden und Machiliden. Von den Lepismatiden werden die Zuckergäste bisweilen an Samenvorräten schädlich. Phytopathologisch wichtig ist nur die zweite Unterordnung.

Collembolen, Springschwänze[1]).

Ground fleas, garden fleas.

Körper gedrungen. Mundteile (Fig. 111) in Kopfkapsel eingezogen. Vorderste Teile der Mandibeln, die als Nage- bzw. Schabeorgane ausgestofsen und eingezogen werden können, tragen Zähne, dahinter eine rauhe Schabfläche. Hinter den Antennen die Postantennalorgane (Chitinleisten oder -höcker), die systematisch wichtig sind. Abdomen mit sechs zuweilen verschmolzenen Ringen; am ersten Ringe ein Ventraltubus mit vorstülpbaren Säcken, am fünften, seltener am vierten die nach vorn einschlagbare Springgabel (Furca), davor am zweiten der Halthaken derselben (Tenaculum, Hamulus). Tarsen mit einer bis zwei Klauen. Tracheen fehlen meist (Hautatmung), Malpighische Gefäfse immer.

Die Springschwänze leben fast ausschliefslich an feuchten Orten, unter Baumrinde, in Mistbeeten, zwischen Gras, Moos, in moderndem Holze usw., wo sie sich vorwiegend von Moder und Pilzen nähren. Nur wenige sind sicher als Verzehrer lebender Pflanzenteile beobachtet. Doch dürfte deren Zahl viel gröfser sein, da es nicht einzusehen ist, warum diese Tiere mit ihren verhältnismäfsig kräftigen Mundwerkzeugen die ihnen so leicht zugänglichen zarten, saftigen Teile der Kulturpflanzen

---

[1]) **Die Literatur über Collembolen** ist eine recht umfangreiche. Da voraussichtlich diese Gruppe bald im „Tierreich" erscheinen wird, beschränke ich mich hier auf die Nennung weniger Werke:

1. LUBBOCK, J., 1873. Monograph of the Collembola and Thysanura. London Ray Society. 8°.
2. SCHÄFFER, C., 1896. Die Collembolen der Umgebung von Hamburg und benachbarter Gebiete. Mitt. nat. Mus. Hamburg XIII, S. 199—216, 4 Taf.
3. BÖRNER, C., 1901. Zur Kenntnis der Apterygoten-Fauna von Bremen und der Nachbardistrikte. Beitrag zu einer Apterygoten-Fauna Mitteleuropas. Abh. nat. Ver. Bremen, Bd. 17, S. 1—140, 2 Tafeln, 64 Figuren.
4. Id. 1906. Das System der Collembolen usw. Mitt. nat. Mus. Hamburg XXIII, S. 147—188, 4 Figuren.

verschonen sollten. Beschreibt doch FITCH[1]), dafs er *Sminthurus
pruinosus* (s. S. 55) beobachtete, wie sie von frischen Tannenbrettern
Holz abnagten: „Einige von ihnen hatten wie Spinnweb' feine Fasern
des Holzes mit ihren Mundteilen gefafst und zogen nun heftig nach
hinten, dabei ihren Kopf hin und her schüttelnd, offenbar um die
Fasern abzureifsen. Mit einem der Vorderbeine stopften sie von Zeit
zu Zeit die Faser tiefer in den Mund, wenn sie so weit abgelöst war,
dafs sie nicht mehr mit Vorteil daran ziehen konnten. Alles deutete
darauf hin, dafs sie diese feinen Fasern nur zum Zwecke der Nahrung
vom Holze ablösten. An einer Stelle war ein kleiner schwarzer Fleck
im Holze, offenbar von einer früheren Krankheit herrührend, die es
hier weicher und für die Insekten schmackhafter gemacht hatte; denn
zwei oder drei von ihnen waren emsig beschäftigt, kleine Holzteile
davon abzunagen.‘

Manche Arten (*Sminthurus spp., Orchesella rufescens*) leben sogar
ganz oder vorwiegend auf den Blättern von Pflanzen, selbst Bäumen,
deren Epidermis sie zu benagen scheinen. Auch
an jungen Pflänzchen schaden Springschwänze vorwiegend durch Benagen der Epidermis, die oft an
grofsen Stellen völlig abgefressen wird. An dicken,
fleischigen Gebilden, wie Samenlappen, die ihnen
ganz besonders ausgesetzt sind, und an saftigen
Wurzeln, Kartoffeln usw. fressen sie mehr oder
minder tiefe Löcher. An älteren Pflanzen können
sie, oberirdisch wenigstens, selten ernstlich schaden.

Immerhin ist es zweifellos, dafs die Springschwänze gewöhnlich mit dem Dünger auf die Beete,
besonders natürlich Mistbeete kommen. In den
meisten Fällen leben sie auch mehr oder minder
ausschliefslich von diesem und nützen so durch
Beschleunigung des Zerfalles desselben. Von ihm
aus mögen sie dann zuerst an kränkelnde oder verwundete Pflanzen gehen oder durch den Zerfall der
Samenhüllen angelockt werden. Zweifellos aber
greifen sie dann in vielen Fällen auch ganz gesunde
Pflanzen an. RITZEMA BOS[2]) berichtet, dafs Springschwänze fast eine ganze Kiefernkultur durch Abfressen der Cotyledonen vernichtet hatten.

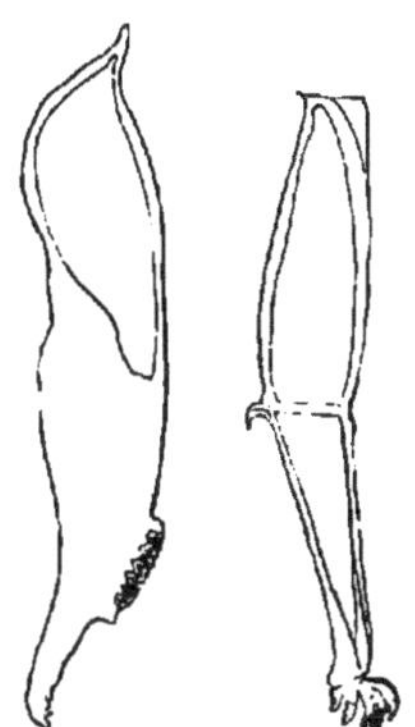

Fig. 111. Mund-
teile eines Spring-
schwanzes (nach
LUBBOCK).

Auch indirekt können die Springschwänze ganz bedeutend schaden
durch Verschleppung von Sporen, Bakterien usw. Viele von ihnen
sind vorwiegend Pilzfresser und können z. B. ganze Champignonkulturen
zerstören[3]); alle halten sich an Örtlichkeiten auf, an denen Pilze und
Bakterien besonders gut gedeihen, und so können sie dann zwischen
den Haaren des Körpers Sporen leicht an Pflanzenwunden verschleppen.
Namentlich die Verbreitung des Kartoffelschorfes wird ihnen öfters
zugeschoben.

Die Bekämpfung dürfte, wo angängig, am leichtesten durch
Trockenheit erfolgen, die alle durch die Haut atmenden Tiere nicht ertragen können. Auch wasseraufsaugende Streumittel: Kalk, Asche, Sott

---

[1]) 8th Rep. nox Ins. St. New York, 1863, p. 672.
[2]) Zeitschr f. Pflanzenkrankh. Bd. 1, 1891, S. 351.
[3]) Jahresber. d. Sonderaussch. f. Pflanzenschutz D. L. G. f. 1893, S. 83.

(Ofenrufs) wirken sicher, ebenso Tabakstaub, Insektenpulver usw. und deren Abkochungen, oder solche von Quassia, Wermut, Walnufsblättern usw. Petroleum-Seifenbrühe, Arsenmittel führen ebenfalls leicht zum Ziele. Mit frischen Scheiben von Sellerie, Kartoffeln, Karotten, mit frischen Knochen usw. lassen sie sich leicht ködern. Verwendung von Mineraldünger statt organischem hält sie fern. Bedekt man die Beete mit Sand, so dafs die Springschwänze nicht an die humusreiche Erde können, so bleiben sie ebenfalls fern. Murray rät, über befallene Mistbeete abends ein Tuch zu decken; am anderen Tage soll dieses von den Insekten wimmeln.

Über Feinde von Springschwänzen ist wohl nichts bekannt geworden. Carpenter sah auf einem stark befallenen Beete zahlreiche Gamasiden und vermutet in diesen solche.

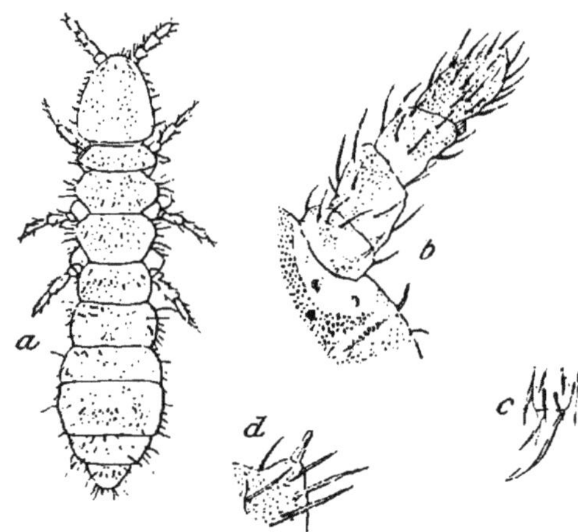

Fig. 112. Aphorura ambulans L.
(aus Carpenter).

a von oben, *b* rechter Fühler mit Pseud-Ozellen und Postantennalorgan, *c* Klaue, *d* Analdorn. *a* 30:1, *b—d* 150:1.

Die Mengen, in denen Springschwänze auftreten können, sind manchmal ungeheure. So berichtet Smith, dafs ein Mistbeet fast einen halben Zoll hoch davon bedeckt gewesen war.

Über die Fortpflanzung der Springschwänze scheinen Beobachtungen nicht vorzuliegen. C. Taschenberg berichtet, dafs die Eier nach zwölf Tagen von den jungen Tieren verlassen werden. Voraussichtlich kommen unter einigermafsen günstigen Temperaturverhältnissen mehrere Generationen im Jahre vor. Aber auch abgesehen hiervon ist die Vermehrung eine sehr grofse. Zählte doch Nicolet in einem Weibchen 1360 Eier.

Durch ihre Lebensweise eignen sich die Springschwänze wie wenig andere Tiere zur Verschleppung durch lebende Pflanzen. Kräpelin führt 18 Arten als in Hamburg eingeschleppt an; und ich erinnere mich, sie in dem zur Verpackung lebender, eingeführter Pflanzen verwendeten Moose oft zu Tausenden gesehen zu haben. Man kennt daher auch zahlreiche Arten aus Gewächshäusern.

Mit Ausnahme von Trockenheit scheinen die Springschwänze gegen Witterungsverhältnisse sehr widerstandsfähig zu sein. Theobald beobachtete sie in Kalthäusern (10—16°) ebenso zahlreich wie in Warmhäusern (16—30°). Ich selbst sammelte einst Springschwänze unter Schnee von gefrorenem Holze.

Vier Familien, von denen die der *Neeliden* für uns ohne Belang ist.

Poduriden = Achorutiden.

Körper meist plump. Haut oft gefaltet, mit Höckern und einfachen Haaren. Chitin gekörnt. Kopf wagerecht. Alle Brustringe von oben sichtbar. Abdomen aus sechs verschieden grofsen, freien Ringen

bestehend. Fühler kurz, zylindrisch bis kegelförmig, mit vier oft
undeutlichen Gliedern. Mundteile beifsend oder saugend. Meist Postantennalorgane vorhanden.

Etwa 20 Gattungen.

Aphorura A. D. Mac G. = Lipura Burm. (= Onychiurus Gerv.).

Augen fehlen. Springgabel meist gänzlich rückgebildet. Erster
Brustring von oben sichtbar. Postantennalorgane aus Höckern bestehend.
Pseud-Ocellen vorhanden. Fufs mit ein bis zwei Klauen. Alle Arten
weifs, nicht springend.

Die gewöhnlichsten Arten sind folgende:

A. armata Tullb. 1 mm lang. Jedes Postantennalorgan mit
25—30 Höckern; drei bis vier Pseud-Ocellen an jeder Antennenbasis.
Zwei kurze Analdornen.

A. ambulans L. (Fig. 112). 2 mm lang. Jedes Postantennalorgan
mit 12 bis 14 Höckern. Zwei Pseud-Ocellen an jeder Antennenbasis.
Zwei kurze Analdornen.

A. fimetaria Lubb. (= **A. inermis**
Tullb.). 1 mm lang. Jedes Postantennalorgan mit 8—18 Höckern. Zwei Pseud-
Ocellen an jeder Antennenbasis, eine
dahinter; ohne Annaldornen.

Diese drei Arten werden in der
phytopathologischen Literatur wohl selten
auseinandergehalten, sondern meist als
„*Lipura fimetaria*" bezeichnet. Sie sind
häufig auf und unter Blumentöpfen, unter
Laub und ähnlichem, an Möhren, Kartoffeln und anderen Wurzeln (Kohl), in
Mistbeeten usw. Nach THEOBALD[1]) kommen
sie sehr häufig an Pflanzen vor. Karotten
sind, namentlich wenn rostig, oft ganz
von ihnen bedeckt. Sellerie wird oft
ernstlich von ihnen beschädigt, Bleich-
sellerie besonders dann, wenn erst andere
Insekten in den äufseren Stengeln miniert

Fig. 113. Von Springschwänzen
und Milben benagte Wurzeln von
Pferdebohnen (nach CARPENTER).

haben. **A. ambulans** schadete nach RITZEMA BOS[2]) in Gewächshäusern
an den verschiedensten Keimpflanzen, besonders jungen Salatpflanzen,
nach CARPENTER[3]) in Gemeinschaft mit *Achorutus armatus* durch Nagen
an den Wurzeln von Pferdebohnen (Fig. 113), Kohl, Blumenkohl,
Zwiebeln und anderen Gemüsen und von Blumen, und zwar von ganz
gesunden Pflanzen. Ferner frafsen sie Saatbohnen und Fallobst von
aufsen an. Ich sah sie an kräftigen Sellerieknollen in Mistbeeten rostähnliche Erscheinungen hervorrufen, indem aus
den Frafswunden Saft austrat, der braun oxydierte. Andere Tiere oder
Pilze waren nicht vorhanden.

„*Lipura fimetaria*" soll Reblauseier fressen[4]).

---

[1]) 2d Rep. p. 76.
[2]) Tijdschr. Plantenz. Bd. 9, 1903, p. 40.
[3]) Rep. 1904 p. 293—294, Rep. 1906 p. 340.
[4]) Zeitschr. f. Pflanzenkrankh. Bd. 4, 1894, S. 26.

Achorutes Templ.

Erster Brustring von oben sichtbar. Postantennalorgan meist vorhanden und aus vier bis fünf unregelmäfsigen, getrennten Höckern bestehend. Acht Ocellen jederseits; Pseud-Ocellen fehlen. Hinterleibsende abgerundet, mit zwei oder keinen Analdornen. Furca (Fig. 114) am vierten Abdominalringe, kurz, reicht vorne nicht bis zum Ventraltubus. Füfse mit ein bis zwei Klauen. Springend.

A. armatus Nic. (Fig. 115). Graublau bis dunkelviolett, fleckig. 1,2 mm lang. Analdornen stehen auf sich an der Basis berührenden Analpapillen. Furca dick, kräftig. Tibia mit einem deutlichen Keulenhaare. — In Gärtnereien, unter Blumentöpfen, Rinde, meist aber an und in Pilzen. SCHÖYEN[1]) fand sie massenhaft in Löchern und Gängen von Rüben und Kohlrabiwurzeln, CARPENTER in Gemeinschaft mit *Aphorura ambulans* (s. daselbst), E. REUTER an jungen Bohnenpflanzen[2]).

Eine **Achorutes**-Art[3]) soll in Jowa den Boden von Saatbeeten dermafsen durchwühlt haben, dafs die Sämlinge gröfstenteils abstarben.

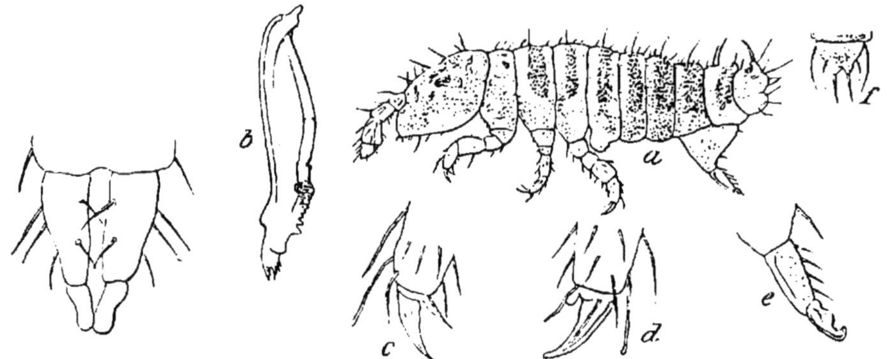

Fig. 114. Springgabel von Achorutes armatus (nach LUBBOCK).

Fig. 115.   Achorutes armatus (aus CARPENTER).
a von der Seite, *b* Mandibel, *c* Vorderfufs, *d* Hinterfufs, *e* Spitze der Springgabel, *f* Schwanzdornen von oben.   *a, f* 40:1, *b—e* 250:1.

Entomobryiden.

Körper meist schlank, zylindrisch, glatt. Chitin nicht gekörnt, aber mit Leisten versehen. Haut mit Haaren. Kopf schräg geneigt. Antennen dünn, langgestreckt, mit vier bis sechs stets deutlichen Gliedern. Postantennalorgane bis auf einige Reste fehlend, Augen meist vorhanden. Mundteile beifsend. Furca vorhanden, also springend.

Etwa 30 Gattungen.

Isotoma Bourl.

Augen meist vorhanden. Postantennalorgane, wenn vorhanden, aus einer in sich zurücklaufenden, vorspringenden Chitinleiste bestehend. Erster Brustring von oben nicht oder kaum sichtbar. Drittes und

---

[1]) Beretn. 1898; s. Zeitschr. f. Pflanzenkrankh. Bd. 10, S. 344.
[2]) Medd. Soc. Fauna Flora fennica 31, p. 180, 215.
[3]) GUTHRIE, The Collembola of Minnesota, Minneapolis 1903.

viertes Abdominalsegment fast gleichlang. Furca am fünften Abdominalsegmente, seltener am vierten. Füfse mit zwei Klauen.

I. fimetaria L. (Fig. 116). Postantennalorgane schmal elliptisch.
Ocellen fehlen. Furca am vierten Abdominalringe. Weifs, bis 1,2 mm lang.
Weit verbreitet, stellenweise gemein und meist mit den *Aphorura*-Arten
verwechselt, mit denen sie auch oft gemeinsam vorkommt. Unter
Baumrinde, feuchten Steinen und meist zahlreich unter Blumentöpfen.
Auch in Gärten. SCHÄFFER[1]) erhielt sie aufserdem noch von Kartoffeln,
erfrorenen Möhren und im Moose von Gewächshäusern.

Entomobrya nivalis L. Fühler viergliederig. 16 Ocellen. Vierter
Abdominalring viermal so lang als der dritte. Gelb, mit oder ohne
dunkle Fleckenzeichnung. 2 mm lang. — Auf Bäumen, am Boden, auf
Wiesen. Von SCHÄFFER[2]) an Nadelhölzern gefunden, von LIE-PETTERSEN[3])
zahlreich auf jungen, vom Frost beschädigten, verwelkenden und mit
Pilzen bewachsenen Edeltannen.

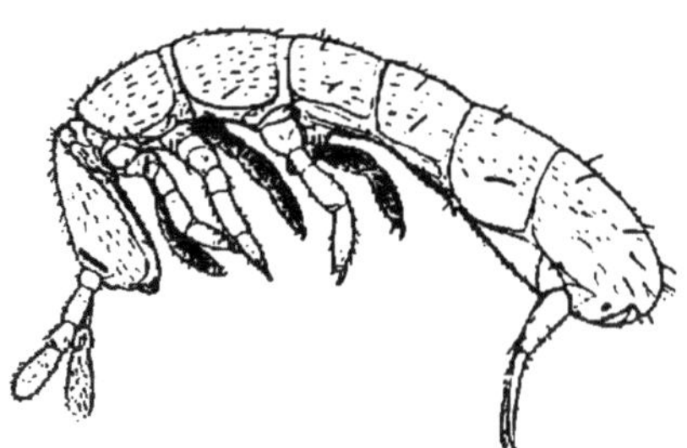

Fig. 116. Isotoma fimetaria L. nach BÖRNER
(aus KÖNIG).

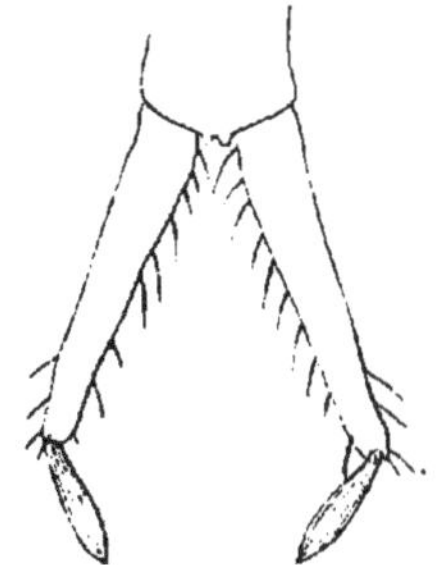

Fig. 117. Springgabel von
Sminthurus luteus (aus LUBBOCK).

Orchesella Templ.

Antennen sechsgliederig. Zwölf Ocellen. Viertes Abdominalsegment
nur zweimal länger als das dritte.

Eine Orchesella-Art frafs nach THEOBALD[4]) in einem Orchideenhause
die jungen Keimpflänzchen sofort nach Erscheinen ab.

Sminthuriden, Kugelspringschwänze.

Körper fast kugelig dadurch, dafs der Kopf senkrecht steht, die Brust
sehr kurz ist, und am Abdomen nur noch ein sehr grofses erstes und
ein kleines zweites Segment vorhanden ist: an ersterem die kräftige
Furca (Fig. 117) befestigt. Haut nicht körnig. Antennen viergliederig.
Postantennalorgane fehlen. 16 Ocellen. Füfse mit zwei Klauen. Tracheen
wohl entwickelt.

Etwa zehn Gattungen.

---

[1]) l. c. S. 183.
[2]) l. c. S. 198.
[3]) Bergens Mus. Aarb. 1899, Nr. 7, p. 11—12.
[4]) 1st Rep. p. 109—112; 2d Rep. p. 76.

Sminthurus Latr.

Viertes Antennenglied länger als das dritte, oft deutlich geringelt.

S. cinctus Tullb. (= bicinctus C. Koch). Gelb; Abdomen oben mit zwei grofsen, hintereinander gelegenen schwarzen Flecken, dazwischen eine gelbe Querbinde. Viertes Fühlerglied deutlich geringelt. Tibien mit Keulenhaaren. ½ mm lang. Von Schäffer im Harz massenhaft auf Gesträuch gefunden [1]. Ist nach Ludwig [2] gemein auf Blättern von Him- und Brombeeren, scheinbar aber ohne weiter zu schaden. Wird aber Niefswurz in deren Nähe angebaut, so wird sie massenhaft befallen. Ihre Blätter sehen dann aus, wie mit feinen Nadelstichen versehen. Die Pflanzen können sogar eingehen. Ludwig glaubt, dafs die Seltenheit der Niefswurz hierauf zurückzuführen sei.

S. luteus Lubb. Gelb, Augenflecke tief schwarz, Antennen violett, zwischen ihnen ein schwarzer Fleck. Rücken kurz behaart. Viertes Fühlerglied aus sechs bis sieben sekundären Ringeln bestehend. Tibien mit zwei bis drei Keulenhaaren. ½ mm lang. Zwischen Gräsern und krautigen Pflanzen, auf feuchten Wiesen. Mifs Ormerod [3] berichtet von Schaden an Rüben. Mokrzecki [4] von solchem an Reben.

S. pruinosus Tullb. (= hortensis Fitch) (Fig. 118). Gelb- und blaugrün bis dunkelviolett, Abdomen oben mit rotvioletten Punkten und Strichen. Blau bereift. Rücken kurz behaart. Viertes Fühlerglied deutlich geringelt. Tibia mit zwei bis drei Keulenhaaren. 1 mm lang. — Von Börner [5] unter Blumentöpfen, auf Gräsern und Kompositen, auf *Polygonum Hydropiper*, auf *Ericaceen, Calluna* gefunden. In Amerika [6] schädlich an Kohl, Rüben, Gurken, Melonen usw., Bohnen und Tabakspflanzen, die von Erdflöhen gemachten Löcher vergröfsernd, aber auch an ganz gesunden Pflanzen.

Fig. 118. Sminthurus pruinosus Tullb. (aus Folsom).

S. viridis L. (Fig. 119). Gewöhnlich grün, Augenflecke schwarz. Rücken mit kurzen Haaren und langen Borsten. Tibien ohne Keulenhaare. Abdomen graugrün, gelb oder weifs, ohne hellere Querbinden. Sehr wechselnd in Zeichnung. Antennen viel länger als Kopf. 1,5—2 mm lang. Überall auf Wiesen, an Grabenrändern, an den verschiedenartigsten Pflanzen, Gräsern und sonstigen Wiesenkräutern; auch im Moore an Gräsern, *Carex*-Arten usw. [7]. In Holland [8] schadete dieser Springschwanz an Keimpflanzen von Portulak und an jungen Wicken so sehr, dafs letztere ungepflügt werden mufsten.

[1] Jahresh. Ver. vaterl. Naturk. Württemberg. Bd. 56, 1900, S. 271.
[2] Prometheus Bd. 7, 1904, S. 105 - 107; Insektenbörse Jahrg. 22, 1905, S. 135—136.
[3] Rep. 1904 p. 110.
[3] Siehe 6. Jahresber. Neuer. Leist. Pflanzenkrankh. 1903, S. 61, Nr. 445.
[5] l. c. p. 106—107.
[6] Lintner, Rep. 1885, p. 207; Webster, Insect Life Vol. 3, 1890, p. 151; Felt, Rep. 1901 p. 753, Rep. 1905 p. 141.
[7] Boerner l. c. S. 117.
[8] Ritzema Bos, Tijdschr. Plantenz. Bd. 9, 1903, p. 41—42.

Hierher gehört wahrscheinlich auch die von D'ALMEIDA[1]) als **S. viridis** Templ. (= **Papirius Saundersii** Lubb.) bezeichnete Art, die in Portugal Roggenblätter dermafsen benagte, dafs nur die untere Epidermis übrig blieb, die Blätter verwelkten und schliefslich die Halme abstarben.

S. albomaculatus trat 1896 in Maine in Gärten auf[2]).

CURTIS[3]) beschrieb einen **S. solani**, der im Juli und August zahlreich auf der Unterseite von Kartoffelblättern das Parenchym abfrafs. Die Art ist ebensowenig zu identifizieren wie die folgende.

BELING[4]) beobachtete im Harz eine von ihm als vielleicht neu, **S. cucumeris** bezeichnete Art, die Gruben und Löcher in die kaum aufgelaufenen Cotyledonen von Gurken nagte, die infolgedessen abstarben; an denen von Kürbis und an Kartoffelkraut frafsen sie ähnlich.

In Neusüdwales bildete eine Sminthurus-Art eine Pest an Luzerne[5]).

Orthopteren, Geradflügler.

Die meisten recht grofse Insekten; enthalten die gröfsten überhaupt. Kopf grofs, mit grofsen Fazetten- und zwei bis drei Punktaugen und gewöhnlich langen, vielgliederigen Fühlern. Mundteile (Fig. 105) beifsend (kauend): Maxillen mit horniger, an der Spitze gezahnter Innenlade und fünfgliederigen Tastern; überdeckt von helmförmiger, häutiger Aufsenlade (galea). Unterlippe meist in der Mitte längs geteilt, mit vier getrennten Laden und dreigliederigen Tastern. Vorderbrust frei beweglich, gelenkig von Mittelbrust abgegliedert. Die vorderen Flügel in der Regel pergamentartige, schmale Flügeldecken, mindestens aber stärker und dicker, jedoch kleiner als die häutigen, der Länge und oft auch der Quere nach zusammenlegbaren Hinterflügel. Recht oft fehlen auch die Flügel oder sind verkümmert. Tarsen

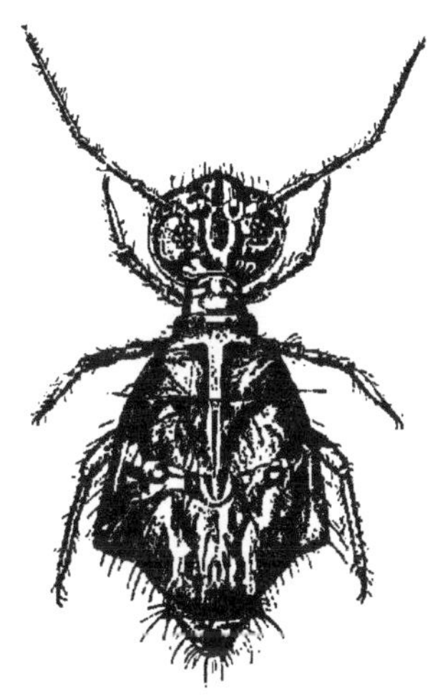

Fig. 119. Sminthurus viridis L. (aus LUBBOCK).

zwei- bis fünfgliederig. Hinterleib meist zehngliederig, trägt Raife von charakteristischer Form. Darmkanal mit kropfartig erweiterter Speiseröhre und mit Kaumagen. Geschlechter oft äufserlich verschieden. Eier werden in die Erde, an sonstige versteckte Plätze, selbst in Blätter abgelegt, oft zu mehreren in Kapseln eingeschlossen. Postembryonale Entwickelung eine unvollkommene Verwandlung: die Jungen sind den Erwachsenen ähnlich, doch finden in Form und Gröfsenverhältnissen der Segmente, besonders des Thorax, und in der Farbe mehrfache Veränderungen statt; die Flügel nehmen allmählich an Gröfse zu, sind aber erst im letzten Stadium vollständig entwickelt.

---

[1]) Siehe Zeitschr. f. Pflanzenkrankh. Bd. 11, S. 236.
[2]) HARVEY, 12. ann. Rep. Maine agr. Exp. Stat. 1896, p. 124—126, 1 Pl.
[3]) Farm Insects p. 432—433.
[4]) Wien. nat. Zeitg. Bd. 6. 1887, S. 62—63.
[5]) MOLINEUX, Agric. Gaz. N. S. Wales Vol. 7, 1896, p. 807—809.

Man kennt weit über 10000 Arten (etwa 500 in Europa)[1]), die sich in acht Familien einordnen, die man wieder in drei gröfsere Gruppen zusammenfassen kann.

A. Cursoria: mäfsig lange, wenig voneinander verschiedene Laufbeine.

    1. Dermaptera: Füfse dreigliederig: hornige Zange am Hinterende.

    2. Hemimeridae: Kopf vorstehend, hinten eingeschnürt: flügellos.

    3. Blattidae: Kopf eingezogen, Füfse fünfgliederig, Raife zart, gegliedert.

B. Gressoria: grofse Schreitbeine, hinteres Paar nicht viel länger als vorderes; Füfse fünfgliederig.

    4. Mantidae: Vorderbeine grofse, dornige Raubbeine. Raife gegliedert.

    5. Phasmidae: Vorderbeine nicht umgewandelt; Raife ungegliedert.

C. Saltatoria: Hinterbeine lange Springbeine mit stark verdickten Schenkeln.

    6. Acridiidae: Füfse kurz: Fühler dreigliederig: Legescheide des Weibchens kurz.

    7. Locustidae: Fühler lang, borstenförmig: Füfse viergliederig; Legescheide lang.

    8. Gryllidae: Fühler lang, borstenförmig; Füfse zwei- bis dreigliederig; Legescheide lang oder fehlend.

Die Hemimeriden sind als Parasiten von Säugetieren für uns belanglos, die Mantiden als Insektenfresser nützlich.

---

[1]) Die wichtigsten Werke über europäische Orthopteren sind:

Fischer, L. H., 1853. Orthopthera europaea. Leipzig. 8°. 154 Seiten, 18 Tafeln.

Brunner v. Wattenwyl, C., 1882. Prodromus der europäischen Orthopteren. Leipzig. 8°. 466 Seiten, 11 Tafeln, 1 Karte.

Redtenbacher, J., 1900. Die Dermapteren und Orthopteren (Ohrwürmer und Geradflügler) von Österreich-Ungarn und Deutschland. Wien. 8°. 148 Seiten, 1 Tafel.

Tümpel, R., 1901. Die Geradflügler Mitteleuropas. Eisenach. Lexikonoktav. 308 Seiten, 20 farbige, 3 schwarze Tafeln (erscheint 1907/08 in neuer Auflage).

Fröhlich, C., 1903. Die Odonaten und Orthopteren Deutschlands mit besonderer Berücksichtigung der bei Aschaffenburg vorkommenden Arten. Nach der analytischen Methode bearbeitet. Jena. 8°. 106 Seiten, 25 Abbildungen.

Die wichtigsten Werke über nordamerikanische Orthopteren sind:

Scudder, S. H., 1897. Guide to the genera and classification of the Orthoptera of North America, north of Mexico. Cambridge. 8°. 90 pag.

Scudder, S. H., 1901. Catalogue of the described Orthoptera of the United States and Canada. Proc. Davenport Acad. Sc. Vol. 8, p. 1—101, 3 Pls.

Bezüglich der anderen Erdteile werden einige in Betracht kommende Arbeiten an den entsprechenden Stellen erwähnt.

Dermaptera [1]).

Körper platt, langgestreckt. Kopf fast wagerecht. Fühler schnurförmig, 10—30 gliederig. Flügel fehlen zuweilen; gewöhnlich sind die vorderen zu kurzen, ungeaderten, stark chitinisierten, wagerecht aufliegenden Flügeldecken umgewandelt, die hinteren häutig, grofs, fächerförmig, doppelt quergefaltet. Kurze Laufbeine mit dreigliederigen Füfsen. Letztes Abdominalsegment grofs, mit zwei eine Zange bildenden Raifen, die bei den Männchen spezifisch charakteristisch, bei den Weibchen ziemlich gleichartig gebildet ist. Sie dient als Schreck- und Verteidigungsmittel, als Haltapparat bei der Begattung und zum Ent- und Zusammenfalten der Hinterflügel. Am Hinterende meist noch Stinkdrüsen. — Ohne Verwandlung.

In allen Erdteilen, in den Tropen zahlreicher, den nördlichen Polarkreis kaum überschreitend, im Gebirge bis zur Schneegrenze.

Nur eine Familie.

Forficuliden, Ohrwürmer.

Mit den Merkmalen der Ordnung. Männchen gröfser als Weibchen. Die Begattung und die Eiablage beginnen im Herbste, finden aber in der Hauptsache im Frühjahre statt: die meisten alten Männchen sterben im Winter, und nur die jungen überwintern. Jedes Weibchen legt etwa 20—30 weichhäutige Eier einzeln oder in losen Haufen unter Rinde, Steine usw. Nach vier bis sechs Wochen schlüpfen die Jungen aus, die ebenso wie die Eier von dem Muttertiere beschützt werden. Sie machen vier weichhäutige Jugendstadien durch, bei denen die Geschlechter sich noch nicht durch die unbewehrten Zangen unterscheiden; doch hat schon jetzt das Männchen zehn, das Weibchen nur sieben sichtbare Abdominalsegmente.

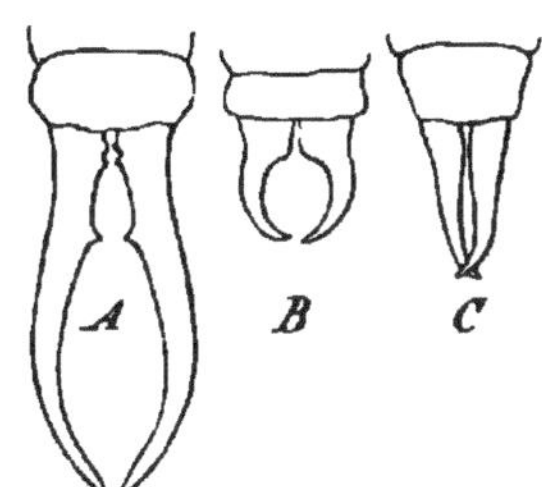

Fig. 120. Zangen des gemeinen Ohrwurms (aus SHARP).

A normales, B anormales Männchen, C Weibchen.

Die Ohrwürmer leben gesellig, tagsüber unter Steinen, Rinde, auf Bäumen und Sträuchern unter Blättern verborgen, Nachts ihrer Nahrung, Begattung usw. nachgehend, auch fliegend, während sie das am Tage äufserst ungern tun.

Man kennt jetzt etwa 52 Gattungen und über 500 Arten [2]).

Forficula L.

Fühler 10—15 gliederig. Flügel ausgebildet. Zangen (Fig. 120) beim Männchen bogenförmig gekrümmt, basal ganz oder fast ganz zusammenliegend, verbreitert, platt, innen gezähnt; beim Weibchen Innenseite parallel, nur an Spitze gekrümmt. — In allen Erdteilen. — Etwa 30 Arten.

---

[1]) DE BORMANS, A., und H. KRAUSS, Forficulidae und Hemimeridae. Das Tierreich, 11. Lfg., Berlin, Friedländer, 1900, 8°; TÜMPEL, l. c.

[2]) TERRY, F. W., Leaf Hoppers and their enemies. Pt. V. Forficulidae etc. Exp. Stat. Hawai. Sugar Plant. Assoc., Div. Ent., Bull. 1, p. 163, 1905.

F. auricularia L., gemeiner Ohrwurm. 14—23 mm lang, braun oder rotbraun, Seitenrand des Pronotum, der Flügeldecken und die Beine schmutzig gelb. Fühler 15gliederig. Ocellen fehlen. Innere basale Verbreiterung der Zangen beim Männchen durch starken Zahn abgeschlossen; Zangen bis über die Basis abgeplattet, Spitzenteil rund. Beim Weibchen Spitzen gekreuzt. Europa, Nord- und Westasien, Madeira, Canaren, Nordamerika, Cuba, Mexiko, Neu-Seeland; vielfach durch Schiffsverkehr verschleppt. Earwig, perce-oreille.

In Deutschland noch der „kleine Ohrwurm", **Labia minor L.**, 6,2—8 mm lang, dunkler als voriger, Fühler 11—12gliederig, und der „große Ohrwurm", **Labidura riparia** Pall. (= gigantea Fab.), 20—41 mm lang, ockergelb. Fühler 25—30gliederig. Ersterer mehr im Walde, an Misthaufen usw., letzterer am Strande, Ufer usw.

In der Nahrung ist der Ohrwurm äußerst polyphag: lebende und tote pflanzliche und tierische Stoffe, daher das Urteil je nach dem Beobachter so sehr verschieden ist.

Zweifellos schädlich ist er an Blumen, namentlich Nelken, Dahlien, Chrysanthemen, Levkoyen, Hopfen, Blumenkohl, an denen er sämtliche Blütenteile abfrißt. An Gräsern, Getreide und Mais frißt er die inneren Teile der Blüten, so die Befruchtung verhindernd[1]. So sollen nach SAJÓ[2] befallene Maiskolben nur je einen bis zwei Körner geliefert haben.

Minder sicher, wenn auch wahrscheinlich, frißt der Ohrwurm auch Früchte, nicht nur Obst, sondern auch halbreife Samen von Getreide, Mais, Möhren, Georginen usw.

Noch weniger sicher ist seine Schädlichkeit an Knospen (Georginen, Pfirsiche) und grünen Pflanzenteilen, von denen er nicht nur ältere Blätter (Kartoffeln, Rüben, Pfirsiche, Dahlien, Kohl usw.), sondern ganz besonders junge Triebe und Keimpflanzen (Bohnen, Petersilie, Dahlien, Klee usw.) verzehren soll. Das gleiche gilt für seine Schädlichkeit an Wurzeln (Raps, Rüben, Möhren usw.).

Die Beurteilung der Schädlichkeit des Ohrwurmes wird durch seine Lebensweise sehr erschwert. Einmal tritt er überall in sehr großen Mengen auf [ein Budapester Gärtner fing in seinem Garten in einem halben Jahre 71 186 Stück[3]] und fällt durch seine Lebhaftigkeit sofort in die Augen, so daß ihm bei nicht genauer Untersuchung Schäden zugeschrieben werden, die von anderen, versteckteren und unscheinbareren Tieren verursacht werden. Sehr charakteristisch ist hierfür ein von GIEBEL[4] erwähnter Fall. Weite Zuckerrübenfelder waren verwüstet und mit zahllosen Ohrwürmern bevölkert, die man natürlich ohne weiteres als die Schädlinge ansah. „Doch stellte die nähere Untersuchung heraus, daß der eigentliche Missetäter die Raupe der Gammaeule war und die Ohrwürmer nur von den schon kranken Rüben oder vielleicht gar von den Raupen angezogen waren."

Ferner verkriechen sich die Ohrwürmer, wie in alle Verstecke, auch gern in verletztes Obst und werden dann als die Ursache der Verletzung angesehen. Indes wird von mehreren Beobachtern ausdrücklich hervorgehoben, daß sie nur in aufgesprungene oder von Wespen und Hornissen oder anderen Tieren verletzte oder angebohrte Früchte hineingehen. v. SCHILLING hat nachgewiesen, daß sie sehr dem

<hr>

[1] CURTIS, Farm Insects, p. 501.
[2] Zeitschr. f. Pflanzenkrankh. Bd. 4, 1894, S. 151—152.
[3] SAJÓ, l. c.
[4] Landwirtsch. Zoologie, Glogau, 1869, S. 623.

Kote der Apfelmade nachgehen, was ihre Anwesenheit in „wurmigen" Äpfeln erklärt.

Sicherheit über die Schädlichkeit der Ohrwürmer an Pflanzen kann nur gewonnen werden durch Fütterungsversuche, wie sie namentlich v. SCHILLING[1]) angestellt hat mit dem Erfolge, daß er diesbezügliche Schädlichkeit mit Ausnahme von Blumen entschieden bestreitet, oder durch genaue Beobachtungen, wie sie v. SCHLECHTENDAL[2]) anstellte. Er beschreibt ihre Fraßweise an *Silphium*-Blättern folgendermaßen: Von den alten Tieren „wird das Blattfleisch verzehrt mit allen kleinen Nerven, so daß Löcher oder vom Rande her Ausnagungen entstehen; Mittel- und Seitenrippen bleiben meistens stehen, letztere wenigstens bei alten Blättern. Die Fraßränder sind unregelmäßig kleinbuchtig mit vorspringenden Zipfeln. Die Blätter zeigen zahlreiche Löcher, welche sich häufig zu großen unregelmäßigen Löchern verbinden, wenn der Angriff nächtlicherweile fortdauert ... Die Jungen aber benagen nur die obere Blattseite, anfangs in Gestalt von unregelmäßigen kurzen Gängen, einfach oder verzweigt: diese Stellen, zu welchen die Jungen allnächtlich zur Weide zurückkehren, vergrößern sich, und es entstehen abgenagte Flecke, innerhalb welcher sich inselartig abgestorbene Blattflecken zeigen, aber das Blatt wird hier auch durchlöchert, und der Fraß gewinnt dann ein liederliches Ansehen."

Noch wichtiger wären aber mikroskopische Untersuchungen des Darminhalts im Freien unter verdächtigen Umständen gefundener Ohrwürmer; durch sie allein kann in jedem Einzelfalle völlige Klarheit gewonnen werden.

Indirekt schädlich wird der Ohrwurm oft dadurch, daß er Gemüse, namentlich Blumenkohl, durch seine zahlreichen krümeligen Exkremente beschmutzt. Auch als Honigfeind ist er recht schädlich.

Seine Hauptnahrung dürfte aber, nach dem Bau seiner Mundteile, nach den Versuchen v. SCHILLINGS und zahlreichen Beobachtungen, aus Insekten, Schnecken usw. bestehen. Da sich darunter viele Schädlinge befinden, wie Raupen von Heu- und Sauerwurm[3]), Tortrix buoliana, Simaethis pariana, Kirschenmaden, ferner Blatt-, Blut- und Schildläuse, Reblaus (?)[4]), Blasenfüße usw., muß man den Ohrwurm in vielen Fällen, namentlich an Obstbäumen, Rebstöcken, zu den nützlichsten Tieren rechnen. Die Größe seines Appetits ist aus folgendem ersichtlich: nach v. SCHILLING fraßen sechs wohlgenährte Ohrwürmer in zwei Stunden zehn Räupchen von Simaethis pariana, nach LÜSTNER ein Ohrwurm in zwölf Stunden fünf Raupen von Tortrix ambiguella, nach SCHRÖDER[5]) vier Ohrwürmer 21 Puppen vom Stachelbeerspanner.

Wenn also auch allem Anscheine nach der Ohrwurm in den meisten Fällen überwiegend nützlich ist, so gibt es doch Fälle, in denen seine Beseitigung erwünscht wäre. Mit allen möglichen künstlichen Verstecken kann man ihn leicht fangen, mit Lumpen, Häufchen von Laub, Moos usw., unter Fanggürteln (Heuseilen), namentlich aber in alten Tierschädeln, Schweinsklauen usw. Auf die Blumenstäbe stellt man mit Moos gefüllte Blumentöpfe. Die gefangenen Tiere tötet man durch

---

[1]) Prakt. Ratg. f. Obst- u. Gartenbau 1887, S. 494, 806; 1888, S. 652.
[2]) Illustr. Zeitschr. Ent. Bd. 4, 1899, S. 332—333.
[3]) GOETHE und LÜSTNER, Bericht d. kgl. Lehranst. Geisenheim a. Rh. 1897 98, S. 25. 1899 1900, S. 61. — VAN ROSSUM and SNELLEN, Tijdschr. Ent. D. 42. 1899, Versl. p. 14—15.
[4]) GLASER, Kleintiere usw. S. 95.
[5]) Allgem. Zeitschr. f. Ent. Bd. 6, 1901, S. 248.

Einwerfen in kochendes Wasser. Magnesia, um bedrohte Pflanzen gestreut, soll sie fern halten [1]).

Gegen Witterungseinflüsse sind die Ohrwürmer sehr widerstandsfähig.

Als Feinde sind bekannt: Meisen und andere insektenfressende Vögel, Frösche, Kröten. Staphyliniden, Tachiniden (*Roeselia antiqua* Meig. und *Tachina setipennis* Fall.) und *Mermis*-Arten.

Blattiden, Schaben. Roaches, Cockroaches.

Flach. Vorderbrust breit, schildförmig, den Kopf überdeckend. Fühler lang, vielgliederig. Starke Laufbeine mit bestachelten Schienen. Tarsen fünfgliederig. Flügeldecken grofs, übereinandergreifend, können fehlen, ebenso die Hinterflügel. Raife fadig, gegliedert. — Nächtlich; weit verbreitet und vielfach verschleppt.

Im Freien dürften die Blattiden kaum irgendwo ernstlich schaden. Mit Pflanzen gelangen sie vielfach in Gewächshäuser und können da zarten, saftigen Pflanzen, besonders Keimpflänzchen und Blüten, recht verhängnisvoll werden.

Als Gegenmittel haben sich Mischungen von Arsenik, Mehl und Zucker, oder von Gips und Mehl und Zucker, oder von Borax und Zucker, oder von Phosphorpaste und Sirup gut bewährt. Schaben lassen sich auch leicht fangen in flachen Tellern mit Bier, zu denen man ihnen den Zutritt durch angelegte Brettchen oder ähnliches ermöglicht; die Tiere trinken von dem Biere, bis sie betäubt werden, fallen dann in dasselbe und ertrinken. Auch eigene Schabenfallen hat man konstruiert [2]).

Die wichtigsten Arten sind:

Periplaneta americana L. Kakerlak. 30—36 mm lang; beide Geschlechter mit den Hinterleib überragenden Flügeldecken. Rotbraun, unten heller. THEOBALD [3]) berichtet, dafs diese Schabe in englischen Gewächshäusern die jungen Triebe verschiedener Pflanzen, besonders von Orchideen, abgefressen, Senf und Kresse ganz verzehrt hätte. Nach BUSK [4]) machte sie sich in Amerika in Champignonkulturen lästig.

P. australasiae Fab. Ebenso, aber mit heller, gelber, schärfer abgegrenzter Zeichnung auf Halsschild und langen gelben Flecken an den Schulterecken der Flügeldecken.

Stylopyga orientalis L. Black beetle (England). 20—26 mm lang; Flügeldecken beim Männchen kürzer als Hinterleib, beim Weibchen ganz kurz; Hinterflügel bei letzterem fehlend. Dunkel- bis schwarzbraun.

Phyllodromia germanica L. Croton bug (Amerika). 12—12,5 mm lang; beide Geschlechter mit den Hinterleib etwas überragenden Flügeldecken. Gelbbraun, auf Halsschild zwei dunkle Längsstreifen.

---

[1]) LARBALÉTRIER, Le Naturaliste, 1896, p. 21—22.
[2]) RITZEMA BOS, Tijdschr. Plantenz. Bd. 2, 1896, p. 22—27, 5 figs.
[3]) Rep. 1894 p. 11.
[4]) U. S. Dept. Agric., Div. Ent., Bull. 38, 1902, p. 32.

Phasmiden [1]).

Körper blattförmig („wandelnde Blätter". „leaf insects") oder stabartig („Gespenstheuschrecken", „stick insects". „walking sticks"); nur letztere kommen für uns in Betracht. Mittel- und Hinterbrust sehr verlängert. letztere stets innig mit dem ersten Hinterleibsringe (dem „Mediansegmente") verschmolzen. Flügel oft fehlend oder verkümmert: wenn vorhanden, dann die vorderen deckenartig, die hinteren stark gefächert. Lange Schreitbeine mit grofsen Haftlappen zwischen den Endklauen.

Männchen und Weibchen gewöhnlich äufserlich sehr verschieden: erstere meist kleiner, bei vielen Arten sehr selten. Die samenähnlichen Eier (Fig. 121) mit harter, skulpturierter Schale, meist 20—50 bei einem Weibchen, werden von diesem einfach fallen gelassen. Sie liegen einen bis zwei Winter auf dem Boden. worauf wohl zurückzuführen ist, dafs diese Heuschrecken gewöhnlich alle zwei Jahre in gröfserer Zahl auftreten.

Die Phasmiden leben auf Bäumen und Sträuchern von Laub. Namentlich in Forsten haben einzelne Arten gelegentlich grofsen Schaden getan.

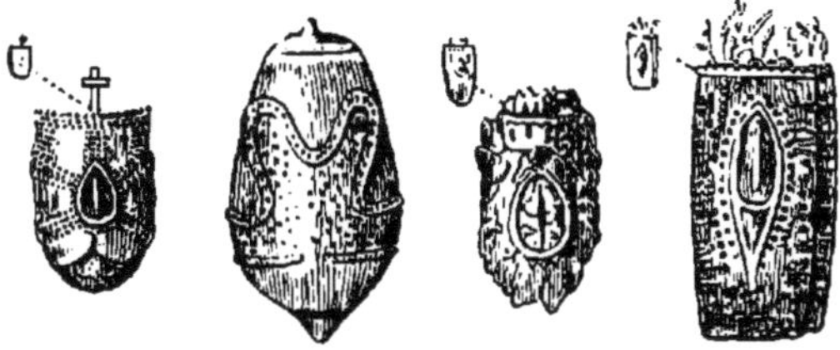

Fig. 121. Eier von Gespenst-Heuschrecken, in natürlicher Gröfse und vergröfsert (aus Sharp, nach Kaup).

Man bekämpft sie, indem man im Winter den mit Eiern besäten Boden tief umgräbt oder abbrennt, oder indem man im Frühjahre die Bäume und Büsche mit einem Arsenikmittel spritzt.

Natürliche Feinde sind Vögel. Eidechsen, Spinnen, Wanzen, parasitische Dipteren und Hymenopteren, die Eier und Imagines anstechen.

Über 600, vorwiegend tropische Arten bekannt; in Südeuropa leben zwei Arten (*Bacillus*); in Nordamerika geht eine Art bis nach Kanada hinauf.

Als schädlich berichtete Arten sind:

Diapheromera femorata Say. The thick-thiged walking stick. Grau, braun, grünlichbraun: 7 cm lang. — In ganz Nordamerika östlich des Felsengebirges, nach Süden zu seltener werdend. Wird von Zeit zu Zeit in Wäldern schädlich, besonders an Eichen, aber auch an Rosen. Hickory, Pfirsich, Robinie, Kastanien. Haselnufs, oft weithin die Bäume kahl fressend. Als Feinde erwähnt Riley: Krähen, Singvögel. Tauben. Hühner und drei Wanzen: *Arma spinosa*, *Podisus cynicus* Say, *Acholla multispinosa* de Geer. Weibchen legt bis 100 Eier.

---

[1]) Diese Familie wird in einer ausführlichen Monographie behandelt. von der bis jetzt die erste Lieferung vorliegt: Brunner von Wattenwyl, K.. und J. Redtenbacher, Die Insektenfamilien der Phasmiden. Leipzig. 4°, Liefg. I. Bog. 1—23. Taf. 1—6.

Podacanthus Wilkinsoni Macl.   Grün, 8—9 cm lang; geflügelt.
Überall in Australien an Eucalyptus häufig, oft in solchen Mengen, dafs
die Bäume auf weite Strecken kahl gefressen werden; auf ¹⁄₄ acre
wurden 500 Schrecken gezählt. — Von wilden Vögeln nicht gefressen;
Hühner fressen sie, legen aber nachher mifsfarbige, ungeniefsbare Eier.

Acrophylla tesselata Gray[2]).   Australien. Zerstörte nach OLIFF
400 acres Bäume in folgender Reihenfolge: Eichen, *turpentine, ironwood,
bloodwood,* Eucalyptus.

Graeffea cocophaga Gray[3]).   Nach SMITH auf den Südsee-Inseln
mitunter in grofsen Mengen und sehr schädlich an Kokospalmen.

Acridiiden, Feldheuschrecken.

Körper seitlich zusammengedrückt.   Kopf unbeweglich mit Brust
verbunden, kugelig, mit senkrecht stehender Stirnleiste und bei
vielen Arten kleinen Stirn-
oder Scheitelgräbchen
auf der Chitinleiste zwischen
oberem Augenrande und
Kopfspitze. Zwei grofse
Netz-, drei Punktaugen.
Fühler nur wenig länger
als Kopf, höchstens 25 gliederig. Mundwerkzeuge
kräftige Beifs- und Kau-
werkzeuge (Fig. 122). Brust
besteht aus drei deutlichen
Ringen. Das Pronotum
(Halsschild) ist sehr
grofs, bedeckt die Wurzel
der Vorderflügel und ist an
den Seiten in senkrechte
Lappen herabgezogen;
oben trägt es meist drei
Längskiele oder -leisten
und eine bis drei Quer-
furchen. — Die vorderen

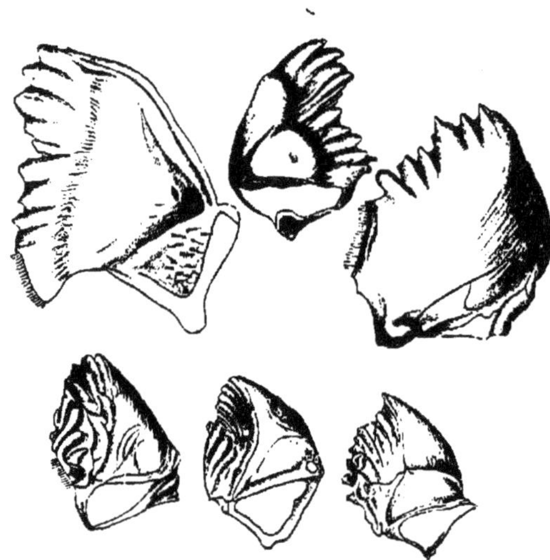

Fig. 122.   Mandibeln von Feldheuschrecken
(nach J. B. SMITH).

Flügel bilden schmale, steife, lederartige Decken, die hinteren sind
häutig, grofs, gefaltet. Die Aderung der Decken ist systematisch wichtig.
Selten sind die Flügel verkümmert oder fehlen ganz.

Beine kräftig, besonders die hinteren, die starke Springbeine
bilden. Die Aufsenseite der Hinterschenkel trägt zwei Längsleisten,
die Oberseite der Hinterschienen eine Doppelreihe scharfer Dornen
(Waffe); an ihrem Hinterende sitzen vier bewegliche Stacheln, die als
Stütze beim Abspringen dienen. Die Füfse sind dreigliederig und
tragen Haftballen; ein Haftlappen steht zwischen den beiden Klauen.
Durch Reiben ihrer Hinterschenkel an den Flügeldecken zirpen die
Feldheuschrecken.

¹) MACLEAY, Proc. Linn. Soc. N. S. Wales, Vol. 6, 1889, p. 536—539; FROGGATT. Agric.
Gaz. N. S. Wales, Vol. 16, 1905, p. 515—520. 1 Pl., 5 figg.
²) OLIFF. Agric. Gaz. N. S. Wales, Vol. 3, 1892, p. 485.
³) Garden. Chronicle Vol. 16, p. 472.

Der Hinterleib (Fig. 123) ist zehnringelig; am ersten Ring sitzen seitlich die Gehörorgane. Am elften Ringe fehlt der untere Teil. Beim Männchen sitzt auf der Unterseite des neunten Ringes die Subgenitalplatte mit dem Penis; der zehnte Ring besteht aus einer oberen und zwei unteren Afterklappen und trägt zwei Raife. — Beim Weibchen fehlt die Subgenitalplatte; achter und neunter Ring bilden die kurze Legeröhre, die aus zwei oberen und zwei unteren, meist klaffenden Klappen besteht, zwischen denen noch ein ganz kurzes drittes Klappenpaar eingeschlossen ist. Der elfte Ring ist wie beim Männchen gebildet.

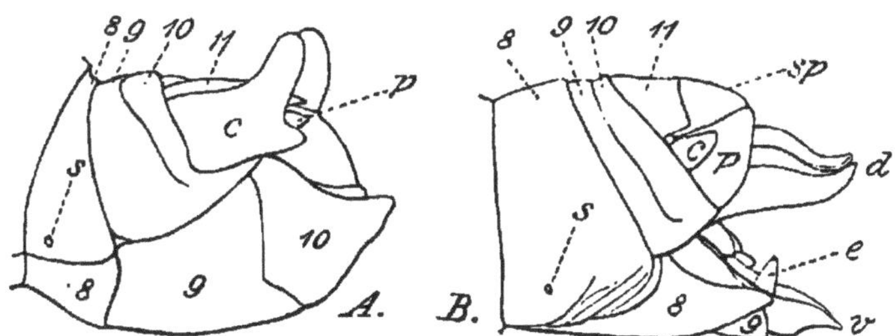

Fig. 123. Hinterende von Melanoplus. A Männchen, B Weibchen (aus Folsom). 8—11 Ringe, r, Raif, d obere, v untere Scheidenklappe, s Stigma, sp obere Afterklappe.

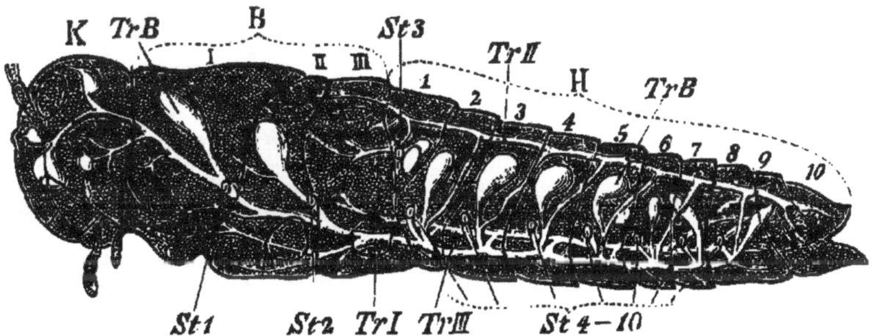

Fig. 124. Luftsäcke von Melanoplus nach Emerton u. Packard (aus Jedlich u. Nitsche).

Mit den Tracheen stehen Luftsäcke (Fig. 124) in Verbindung, die offenbar die außergewöhnlichen Flugleistungen mancher Arten ermöglichen.

Der Darm (Fig. 125) ist kurz, gerade. An Stelle eines Kaumagens befindet sich der, innen mit in Reihen gestellten Hornvorsprüngen bewaffnete Kropf.

Die Eiablage (Fig. 126) erfolgt bei allen Feldheuschrecken in nicht zu dicht bewachsenen, lockeren oder festen, am liebsten unbearbeiteten[1]) Boden in Paketen (Fig. 127) von 30 bis 80 und mehr Eiern. Das Weibchen bohrt zu diesem Zwecke das ausgestreckte Hinterende mit Hilfe der chitinigen Anhänge so weit als möglich in den Boden, dehnt es durch Einpressen von Blut aus, bohrt weiter, dehnt wieder aus usw., bis die meistens 5 bis 8 cm betragende Tiefe erreicht ist. Nun

---

[1]) Nach Cotes, Indian Museum Notes Vol. 2, p. 107, bevorzugt *Sch. peregrina* in Indien indes gepflügtes Land.

scheidet es auf den Boden des Loches etwas Schaum ab und legt dann
die säbelförmig gekrümmten, weißlichen Eier, jedes einzelne in Schaum
gehüllt, in gewöhnlich ziemlich regelmäßigen Reihen nebeneinander ab.
Oben wird das Loch wieder mit einem Schaumpfropf verschlossen und
dann etwas Erde darübergescharrt. Der meistens mit geschlagenem
Eiweiß verglichene Schaum erhärtet bald und verklebt die Eier mit
der umgebenden Erde, so daß sie als fester Pfropf in diese eingebettet
sind. Die frischen Eierplätze sehen rissig, spaltig, wie bearbeitet aus
und sind meist leicht zu erkennen. Auch bedecken gewöhnlich zahlreiche tote Weibchen die Legeplätze, so daß man vielfach annahm,
daß alle Weibchen nach der Eiablage sterben. Doch leben manche
Arten noch mehrere Monate nach derselben; andere Arten werden
sogar mehrmals begattet und legen wiederholt (bis 11 mal) Eier ab.

Fig. 125.
Darmkanal einer
Feldheuschrecke
(aus Folsom).

r Dünndarm.
cr Kropf.
gc Blindschläuche.
i Ileum.
m sogen. Magen.
mt Malpighische
 Schläuche.
o Speiseröhre.
p Schlundkopf.
r Enddarm.
s Speicheldrüse.

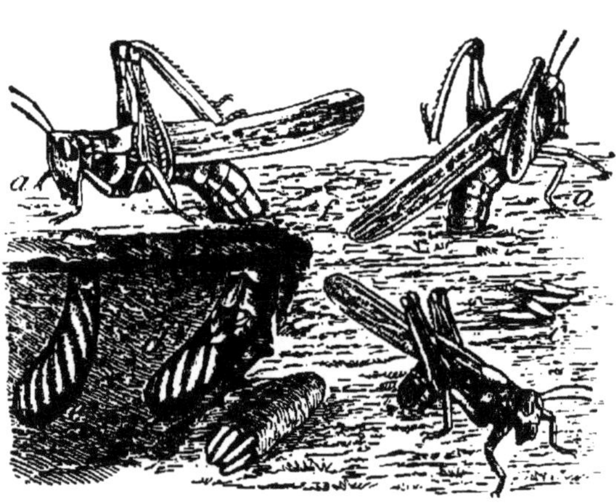

Fig. 126. Eiablage der Felsengebirgs-Heuschrecke
nach Riley.

Im allgemeinen überwintern die Eier einmal; doch scheinen sie
bei ungünstiger, trockener Witterung mehrere Winter in der Erde ruhen
zu können, bis ein feuchteres Frühjahr eintritt; es können sich so unter
Umständen die Eier mehrerer Generationen ansammeln, was in einigen
Fällen wenigstens das plötzliche Auftreten der großen Schwärme erklären dürfte. Bei einigen subtropischen Arten überwintern die Imagines;
sie legen im Frühjahre Eier, aus denen nach einigen Wochen die
Jungen ausschlüpfen. Die Eischale wird vom Embryo mit der sog. Kopfblase geöffnet, und die Jungen, ihrer Bewegungsart wegen „Hüpfer"
genannt, verlassen die Eier, die obersten zuerst, die unteren in dem
Maße, in dem die Sonne den Boden durchwärmt. Der Schaum hat
sich unter dem Einflusse der Feuchtigkeit gelöst, so daß die meisten
Jungen durch das Loch nach oben auskriechen. Indes vermögen sie
auch direkt durch die Erde nach oben zu dringen, indem sie, ähnlich
wie die Würmer, erst das Vorderende vorschieben, es durch Einpressen
von Blut ausdehnen usw.

Das ausgeschlüpfte Junge ist noch vom Amnion umhüllt, das ihm überall fest anliegt, es nicht, wie öfters behauptet worden ist, wie ein lockerer Sack umhüllt. Nach einigen Minuten wird es abgestreift (erste Häutung). Im ganzen folgen aufserdem wahrscheinlich noch fünf Häutungen, bei denen einige Farbenänderungen vor sich gehen und die Flügel allmählich gebildet werden: hierbei liegen zuerst die Hinterflügel über den vorderen. Bei jeder Häutung, zu der das Insekt gerne an Gras und Ähnlichem in die Höhe klettert und sich mit dem Kopfe nach unten aufhängt, platzt die Haut auf dem Rücken, und die Heuschrecke kriecht nach oben aus ihr heraus.

Im Anfange schaden die Hüpfer wenig. Erst in den späteren Stadien, in denen sie rascher wachsen, fressen sie ungeheuere Mengen und schaden dann oft mehr als die Geflügelten. Diese sind nicht sofort geschlechtsreif, sondern werden es erst nach drei- bis vierwöchigem Umherstreifen. Erst mit der Geschlechtsreife vereinigen sich die Wanderheuschrecken zu den grofsen Zügen.

Junge und alte Heuschrecken sind gegen Witterungseinflüsse sehr empfindlich. Anhaltende Kälte und noch mehr Nässe wird ihnen verderblich, den Eiern ganz besonders auch der Zutritt von Luft und

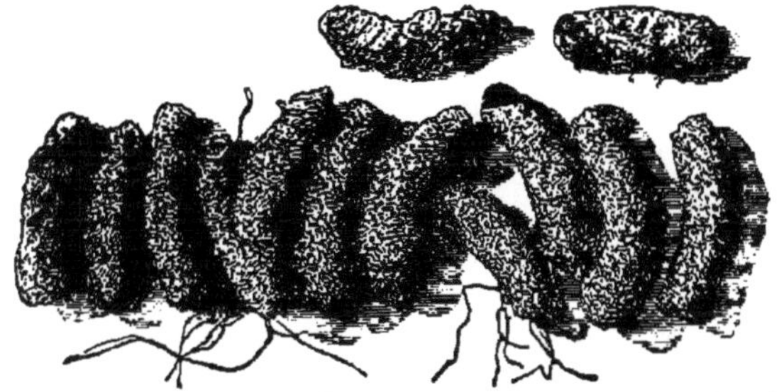

Fig. 127. Eierpakete von Stauronotus maroccanus (nach Sajó).

Licht, während Kälte und Nässe (Überschwemmungen) ihnen nichts anhaben. Heuschreckenepidemien treten daher nur in trockenen, heifsen Jahren auf.

Auf einen nicht unwichtigen indirekten Schaden durch Heuschrecken macht Kannemeyer[1]) aufmerksam, indem sie sich nämlich mit dem von den Klauen- und maulkranken Rindern an das Gras abgeschiedenen Schleim bedecken, und so diesen und mit ihm die Seuchen weiter verschleppen.

Die Familie der Feldheuschrecken enthält unter ihren mehr als 2000 Arten die gröfsten Schädlinge unter den Geradflüglern, mit die gröfsten unter den Insekten überhaupt, die Wanderheuschrecken[2]).

---

[1]) Trans. South Afric. phil. Soc. Vol. 8, 1896, p. 81—85.

[2]) Die Literatur über Feldheuschrecken im allgemeinen, über Wanderheuschrecken im besonderen ist eine so ungeheuere, dafs hier und im folgenden selbst von den wichtigeren Arbeiten nur ein Bruchteil angeführt werden kann. Am gründlichsten beschäftigen sich mit letzteren die drei „Reports of the U. S. entomological Commission relating to the Rocky Mountain Locust", Washington 1878, 1880 und 1883, in denen nicht nur die Felsengebirgsheuschrecke, sondern auch die wichtigeren anderen amerikanischen und aufseramerikanischen Heuschrecken nach allen Seiten hin eingehend erörtert werden. — Eine kurze aber vorzügliche Behandlung der Wanderheuschrecken gibt J. Redtenbacher: „Über Wanderheuschrecken", Programm der deutschen k. k. Staatsrealschule in Budweis.

deren Bedeutung nur dadurch etwas an Furchtbarkeit verliert, daſs
sie nicht jährlich, sondern nur in Zwischenräumen auftreten. Schädlich
sind alle Feldheuschrecken, sobald sie an Kulturpflanzen gelangen; denn
sie sind ausgesprochen herbivor. Die Mehrzahl von ihnen lebt allerdings
für gewöhnlich an öden, unfruchtbaren oder vielmehr unbebauten Stellen;
jede Art von Nutznieſsung des Bodens ist ihnen unbekömmlich. Regelmäſsige Kultur vertreibt sie völlig; aber schon Weidenutzung ist für
ihr Gedeihen unvorteilhaft, wie sie nach Sajó[1]) auch abgemähte
Wiesen verlassen. Sie leben im allgemeinen von harten, trockenen
Pflanzen, vorwiegend von Gräsern, scheuen aber im Notfalle vor keiner
ihren Kauwerkzeugen erliegenden Nahrung zurück, ob pflanzlichen
oder tierischen Ursprunges: Dachschilf, Schiffssegel, tierische Leichen
usw. Ihre kranken Genossen verzehren sie ohne weiteres, und selbst
lebende Menschen sollen von ihnen überfallen und völlig skelettiert
worden sein.

Wie es kommt, daſs einige wenige Arten wandern, andere, oft
ihre nächsten Verwandten, nicht, ist ein Rätsel, dessen Lösung wohl
nur durch eingehende biologische Forschungen an den Ursprungs-
stätten der groſsen Wanderzüge gelöst werden kann. Oft zeichnen
sich die wandernden Arten zwar durch besonders kräftige Flugorgane
und groſse Luftsäcke (s. Fig. 124) aus. Daſs hierauf allein das
Wandern aber nicht zurückzuführen ist, ergibt sich einmal daraus,
daſs manche Arten mit sehr kräftigen Flugorganen, wie z. B. *Acridium
aegyptiacum*, nicht wandern, ferner daraus, daſs bei den meisten
Wanderheuschrecken schon die jungen Hüpfer wandern.

Auſserdem gibt es alle Übergänge von seſshaften über Strich- zu
den Wanderheuschrecken; ja, dieselbe Art verhält sich in dieser Hinsicht nicht immer gleich. Namentlich starke Vermehrung kann aus
einer seſshaften vorübergehend eine Strich-, aus einer solchen eine
Wanderheuschrecke machen. Die eigentlichen Wanderheuschrecken
streichen auch in ihrer Heimat ständig in kleineren Schwärmen
unregelmäſsig hin und her. Erst übergroſse Vermehrung löst den
Wandertrieb aus.

Das Verbreitungsgebiet der Wanderheuschrecken kann man nach
dem Vorgange von Köppen[2]) und Thomas[3]) in drei Gebiete einteilen: die
Heimat oder das permanente Gebiet, in dem sie ständig leben
und sich fortpflanzen, das subpermanente oder Strichgebiet,
in das sie öfters kleine Einfälle machen, und in dem sie auch vorübergehend sich fortpflanzen, um aber schlieſslich doch wieder zu verschwinden, und das temporäre oder Wandergebiet, das nur von
den groſsen, hier nicht oder höchstens einmal zur Fortpflanzung gelangenden Zügen heimgesucht wird.

Die Heimat der wandernden Arten liegt in öden, mehr oder
weniger unfruchtbaren, sandigen, vorwiegend mit trockenem Grase be-

---

für 1893, in der auch die wichtigste bis dahin vorhandene Literatur angeführt
wird. — Auch E. Taschenbergs Kapitel über die Feldheuschrecken in Brehms Tierleben, noch mehr aber W. Marshalls Kapitel „Die Wanderheuschrecken“ in seinen
„Zoologischen Plaudereien“ sind sehr lesenswert. Merkwürdig ist, daſs dagegen
die neueren, in deutscher Sprache erschienenen Werke über tierische Schädlinge
die Heuschrecken so gut wie nicht berücksichtigen.

[1]) Zeitschr. f. Pflanzenkrankh. Bd. 5, 1898, S. 361.
[2]) Petermanns geogr. Mitteilungen Bd. 17, 1871, S. 362.
[3]) 2d Rep. U. S. ent. Commiss. p. 56.

standenen, fast baumlosen Gebieten. In Europa sind es namentlich die Küstengebiete des östlichen Mittelmeeres, des Schwarzen und Kaspischen Meeres; in Afrika die Hochländer im Inneren, des Sudan im Norden, der Kalahari im Süden; in Asien die indische Wüste, die Steppen und Wüsten von Belutschistan, Afghanistan usw. im Westen, die Wüste Gobi im Osten; in Nordamerika die Hochländer an dem nördlichen Felsengebirge; in Südamerika die Pampas Nordargentiniens, das Chaco usw. Fast immer sind es hochgelegene Gebiete, mit reiner, trockener und dünner Luft.

Die echten Wanderzüge unterscheiden sich von den sogenannten lokalen, mehr dem Nahrungsbedarfe dienenden Flügen weniger durch ihre Größe als durch die bestimmte, von ihnen innegehaltene Richtung. Erstere sind die gefürchteten schädlichen Züge, während letztere nur selten und eigentlich nur in der Heimat der Wanderarten Schaden stiften.

Als Ursache des Wanderns hat man vielfach einen durch übermäßige Vermehrung erzeugten Nahrungsmangel angenommen. Daß erstere Grundbedingung der großen Wanderzüge ist, steht außer Frage. Aber kleinere Wanderschwärme brechen öfters, wenn nicht immer, aus den Brutstätten aus, ohne Nahrungsmangel. Als Ursache der übermäßigen Vermehrung darf man wohl andauernd günstige, das heißt trockene, warme Witterung mit rechtzeitig einsetzenden warmen Regen, womöglich mehrere Jahre hintereinander, annehmen. Auch können die Eier bei anhaltender Trockenheit mehrere Jahre lebenskräftig im Boden liegen bleiben und sich so aus mehreren Jahrgängen summieren, bis ein warmer Regen sie alle gleichzeitig ausschlüpfen läßt. Eier von *Melanoplus*-Arten schlüpften z. B. noch aus, nachdem sie 4^1/$_2$ Jahre unter dem Fußboden eines Hauses gelegen hatten[1), andere nach noch längeren Pausen.

Daß Nahrungsmangel nicht Ursache des Wanderns ist, geht daraus hervor, daß sowohl Hüpfer als Erwachsene gute Weideplätze beiseite liegen lassen, überfliegen oder selbst verlassen, wie denn ja auch die fliegenden Wanderzüge im allgemeinen am wenigsten Nahrung bedürfen.

Das eigentliche Wandern findet immer in bestimmter Richtung statt, zuerst bei den Hüpfern weniger ausgeprägt, aber immer entschiedener, je älter sie werden, bei den Erwachsenen namentlich, wenn sie die Geschlechtsreife erlangt haben. Hüpfer und Erwachsene überwinden hierbei alle ihnen in den Weg kommenden Hindernisse, wie Mauern und Häuser, die überklettert, Flüsse, die überschwommen, schneebedeckte Gebirge (Anden, Felsengebirge, Himalaja), die überflogen werden. Was die Richtung bestimmt, ist unbekannt. Die Imagines fliegen bzw. treiben auf ihren großen Wanderzügen allerdings meistens mit dem Winde. Aber einmal sind Fälle bekannt, in denen sie gegen den Wind flogen; dann dringen manche Arten einige Jahre und Generationen hindurch stets in derselben Richtung vor, wie z. B. *Pachytilus migratorius* von Südosteuropa bis England. Die Hüpfer sollen mit dem Kopfe nach der Sonne zu wandern, zum Teil übrigens auch die Geflügelten. Es kann das aber unmöglich immer zutreffen, weil sie sonst in großen Schraubenlinien vorwärts dringen müßten, nicht gerad-

---

[1) Riley, Amer. Nat. Vol. 15, 1881, p. 748—749; Ausz.: Kosmos Bd. 9, S. 149 bis 150. — Parsons, Insect Life Vol. 1, 1889, p. 380.

linig, wie sie es wirklich tun. Übrigens wird auch gerade von den Hüpfern des öfteren erwähnt, daſs sie nicht in bestimmter Richtung wanderten, sondern nach den nächsten Weideplätzen, vorzugsweise Wege und Straſsen entlang, ja, daſs Züge aneinander vorbeimaschierten oder sich sogar kreuzten.

Die Wanderzüge zersplittern sich im allgemeinen, je weiter sie vordringen, bzw. sie werden durch ungünstige Witterung, Krankheiten und Feinde immer mehr gelichtet. Ihre Nachkommen im Einfallslande setzen entweder die Wanderung in der alten Richtung fort, oder kehren, wenn erwachsen, zu der Heimat ihrer Eltern zurück — wohl die rätselhafteste Erscheinung der ganzen Wanderung. Diese zweite und noch mehr eventuelle spätere Generationen leiden in erhöhtem Maſse unter äuſseren Einflüssen: von den zurückkehrenden Schwärmen soll nur ein kleiner Teil die Heimat wieder erreichen.

Das Auftreten der groſsen Züge hat man vielfach mit dem der Sonnenflecke [1] in Verbindung gebracht. Wenn letztere wirklich die Bedeutung für die Witterung haben, die man ihnen vielfach zuschreibt, wäre ein öfteres Zusammentreffen beider leicht verständlich. Eine einfache Betrachtung der Heuschreckenjahre zeigt aber, daſs von einer elfjährigen oder überhaupt von einer regelmäſsigen Periode bei ihnen keine Rede sein kann, daſs sie vielmehr von lokalen, zeitlich unregelmäſsigen Bedingungen abhängen [2].

Thomas [3] will die Auslösung des Wandertriebes auf die **direkte Wirkung der Atmosphärilien** zurückführen. Jede Änderung derselben wirke durch die Tracheen und Luftsäcke auf den ganzen Körper der Heuschrecken. Die verhältnismäſsig weichen, saftigen *Acridiiden* würden namentlich durch längere Einwirkung trockener, warmer, stark verdünnter Luft beeinfluſst. Tatsächlich sollen einige amerikanische Arten durch eine Reihe trockener Jahre sogar äuſserlich merkbar abgeändert werden. Daſs trockene, warme Sommer die übergroſse Vermehrung der Heuschrecken und damit das Auftreten von Wanderzügen begünstigen, steht auſser Zweifel.

Rossikow [4] vertritt die Ansicht, daſs starker **Befall durch Parasiten**, besonders durch Fliegen, eine lebhafte Unruhe bei den Heuschrecken hervorrufen solle, deren Folge das Wandern sei. Für diese Ansicht spricht, daſs die Züge, ganz besonders aber die rückkehrenden, nicht nur stark parasitiert sind, sondern auch oft von ganzen Schwärmen von Parasiten begleitet werden. Ferner ist es eine bekannte Erscheinung, daſs parasitierte Insekten in vielen Fällen ruhelos hin und her wandern. Aber schon Thomas [5] hat darauf hingewiesen, daſs auch Wanderungen ohne stärkeren Parasitenbefall stattfinden. Schlieſslich würde ein solcher aber weder die Regelmäſsigkeit, noch die Hin- und Rückwanderung, noch die Tatsache erklären, daſs bei manchen Arten schon die Jungen bald nach Verlassen des Eies zu wandern beginnen.

---

[1] Swinton, 3ᵈ Rep. U. S. ent. Commiss. p. 78—85: Giard, Compt. rend. Soc. Biol. Paris T. 53, 1901, p. 671—672.

[2] Hierfür ist besonders charakteristisch die Bemerkung Vosselers: „Von der Wanderheuschrecke lieſs sich (1906 in Deutsch-Ostafrika) kein Exemplar blicken, obwohl Südafrika und Amerika voll den dort heimischen Arten überschwemmt wurden." (Ber. Land- u. Forstw. Deutsch-Ostafrika Bd. 3, 1907, S. 109.)

[3] l. c. p. 106—107.

[4] Russische Arbeit: Ausz. s. Zool. Centralbl. Bd. 6, 1899, S. 651.

[5] l. c. p. 104.

Eine nicht unbedeutende Rolle scheint die Fortpflanzung zu spielen. Abgesehen davon, dafs bei vielen anderen Tieren (Bienen, Eintagsfliegen, Zugvögeln, Heringen u. a.) der Fortpflanzungstrieb oder die Suche nach geeigneten Eierplätzen das Zusammenrotten zu gröfseren Scharen oder selbst Wanderung auslösen, ist der Wandertrieb der geflügelten Heuschrecken um so ausgeprägter, je mehr sie sich der Geschlechtsreife nähern, und mit der letzten Eiablage auch beendet. Da aber schon die Hüpfer wandern, kann der Fortpflanzungstrieb nicht die einzige Ursache sein.

Man wird einstweilen wohl nicht umhin können, einen Wandertrieb oder -instinkt anzunehmen. Es ist das allerdings nur eine Zurückschiebung der Erklärung; aber alle Schilderungen von Wanderzügen lassen deren Triebhaftes leicht erkennen, d. h. ihre Abhängigkeit mehr von inneren als von äufseren Ursachen. Dabei können natürlich doch erstere von letzteren ausgelöst werden. So scheint namentlich die übergrofse Vermehrung, das Zusammenscharen grofser Massen diese immer unruhiger zu machen und eine Art Taumel hervorzurufen. Die Schwärme der Geflügelten werden in dem Mafse, als sie sich aus den Ungeflügelten durch deren letzte Verwandlung vergröfsern, immer unruhiger, erheben sich immer höher in die Luft und ziehen immer gröfsere Kreise, bis schliefslich, wenn die Verwandlung überall vollendet ist, die ganze Masse sich erhebt und in wildem Fluge davoneilt. Ähnlich aufreizende Wirkung grofser Massen wird bekanntlich bei allen gesellig lebenden Tieren einschliefslich des Menschen des öfteren beobachtet.

Der Wandertrieb ist bei den verschiedenen Arten verschieden ausgeprägt. Bei den einen (*Sch. peregrina*) beginnt er sofort nach der Geburt, bei den anderen (*St. maroccanus*) erst nach der zweiten Häutung; *Acr. succinctum* wandert als Hüpfer überhaupt nicht.

Das Wandern findet vorwiegend bei Tag, am liebsten bei Sonnenschein und Wind (Geflügelte) statt. Kaltes, regnerisches Wetter unterbricht es, ebenso Verdeckung der Sonne durch Wolken oder plötzliche Windstille, bei der die Geflügelten einfach herabfallen sollen. Bei schlechtem Wetter und Nachts verbergen die Heuschrecken sich im Grase, Gebüsche, auf Bäumen usw. Nicht selten sind aber auch Nachts, besonders in hellen, warmen Mondscheinnächten, Flüge beobachtet worden. — Während die Hüpfer bei der Wanderung fressen, können dies die Geflügelten nur in den Ruhepausen.

Die Geschwindigkeit der Wanderzüge und damit ihre täglich zurückgelegte Strecke richtet sich natürlich nach der Gröfse der Art, nach dem Alter der Hüpfer und, bei den Geflügelten, nach der Windstärke. Die ganz jungen Hüpfer legen kaum 1—2 km den Tag zurück, die älteren ebensoviel die Stunde; bei den Geflügelten werden Geschwindigkeiten bis über 95 km die Stunde (mit starkem Winde)[1]) angegeben. Die Erwachsenen lassen sich gerne vom Winde treiben; es unterliegt aber keinem Zweifel, dafs sie auch ganz bedeutender eigener Flugbewegung fähig sind. Die Hüpfer sollen immer abwechselnd einige Schritte gehen und dann einen Sprung machen, daher ihre Fortbewegung wellenförmig aussieht.

Wie weit sich die Flüge der Heuschrecken erstrecken, hängt neben ihrer Gröfse vorwiegend von der Windstärke ab. Sichere Fest-

---

[1]) RILEY, Amer. Nat. Vol. 11, 1877, p. 669.

stellungen hierüber sind nicht immer leicht zu machen. Die afrikanischen Wanderheuschrecken fliegen in einem Jahre vom Sudan bis zur Mittelmeerküste. etwa 1500 bis 2000 km. Die Felsengebirgs-Heuschrecke fliegt in einem Jahre von ihrer Heimat bis Texas. etwa 2700 bis 2800 km. THOMAS berechnet. dafs. wenn sie ununterbrochen zwei Tage und eine Nacht, also etwa 30 Stunden. mit der mäfsigen Geschwindigkeit von 22,5 km die Stunde fliegt. sie dabei 675 km zurücklegt. Recht häufig sind Heuschreckenschwärme von Afrika nach den Balearen. den Kanaren und Teneriffa geflogen. — Bedeutend geringer sind natürlich die von den Hüpfern zurückgelegten Strecken. RILEY hat berechnet, dafs wenn die von *Mel. spretus* 6 bis 8 Wochen lang, je 6 Stunden täglich wandern. sie im ganzen doch nur etwa 48 km zurücklegen. während die durchschnittlich während ihres Lebens zurückgelegte Strecke nur etwa 16 km beträgt [1]).

Die Höhe der Flüge wird sehr verschieden angegeben. in Europa durchschnittlich 15 bis 50. gelegentlich auch 400 bis 500 Fufs, während die Felsengebirgs-Heuschrecke gewöhnlich 7000 bis 8000 Fufs hoch fliegen soll. über den unteren und den Regenwolken. oft so hoch. dafs die Schwärme dem blofsen Auge nicht sichtbar sind [2]).

Die Züge erreichen nicht selten eine kaum vorstellbare Gröfse. READ sah in Argentinien einen Zug von *Sch. paranensis* von 100 km Länge und 20 km Breite. und noch gröfsere Zahlen werden aus Afrika berichtet. Dafs ein solcher Schwarm derartig schaden kann[3]), dafs auf seinen Einfall eine Hungersnot folgt. ist leicht verständlich. Die Gefahr wird natürlich noch gröfser. wenn solche Schwärme zur Eiablage gelangen. So sind denn Hungersnöte eine nur allzuhäufige Folge von Heuschreckeneinfällen.

Haben die Schwärme die Küste erreicht. so fallen sie gewöhnlich ins Meer und werden dann in grofsen Mengen ans Ufer gespült, das sie oft weithin in dicker Lage bedecken. Die aus den verwesenden Massen aufsteigenden Dünste haben nicht selten Pest-ähnliche Krankheiten unter der Bevölkerung der Küstenstriche hervorgerufen.

Die Feldheuschrecken sind mancherlei ansteckenden Krankheiten ausgesetzt. Bei kalter, nasser Witterung scheinen sie von Bakterien befallen zu werden. bei anhaltender warmer, feuchter Witterung von Pilzen. Am häufigsten und am weitesten verbreitet von letzteren scheint *Empusa grylli* Fres. zu sein. In Rufsland töten *Isaria destructor* Metschn. und *ophioglossoides* Krass. die Eier von *Pachytilus migratorius*: in Nordafrika wird *Schistocerca peregrina* von dem in *Fusarium*- und *Cladosporium*-Formen auftretenden *Lachnidium acridiorum* Giard befallen. In Südafrika vernichtet ein noch unbekannter, vielleicht mit *Empusa grylli* identischer Pilz in manchen Jahren die Schwärme von *Acridium purpuriferum*. Aus Nordamerika ist aufser *Empusa grylli* noch *E. calopteni* Bessey bekannt: in Südamerika hat BRUNER eine *Sporotrichum* sp. aus *Schistocerca paranensis* gezüchtet. — Namentlich

---

[1]) U. S. Dept. Agric., Div. Ent., Bull. 25. 1891, p. 22.

[2]) THOMAS, l. c. p. 99—100.

[3]) Auf einer Farm in Guatemala frafs ein Heuschreckenschwarm in einer Nacht 70000 Kaffeebäume kahl (s. Centralbl. f. Bakt. u. Parasitenkunde II, Bd. 5. p. 585); in Südamerika vernichtete ein Schwarm 40000 zwölf Zoll hohe Tabak-Pflanzen in 20 Sekunden (KEFERSTEIN, Stettin. ent. Zeit. Bd. 4, 1843, S. 173).

französische Forscher[1] in Algier und englische[2] in Südafrika haben sich eifrig dem Studium dieser Pilze gewidmet. In der Neuen[3] und in der Alten Welt wurden zahlreiche Versuche angestellt, mit ihnen die Heuschreckenschwärme zu vernichten. Wenn auch manche derselben von vorzüglichem Erfolge begleitet waren, so hängt dieser doch zu sehr von äußeren, nicht in der Macht des Menschen stehenden Witterungs-Verhältnissen ab, namentlich von Wärme und Feuchtigkeit, so daß das Gesamturteil über sie wenig günstig lautet, und Hilfe von ihnen nur dann und da zu erwarten ist, wann und wo eben die entsprechenden Witterungsverhältnisse vorhanden sind, am ehesten noch in Ländern mit entsprechendem Klima, wie Südafrika, Südaustralien und den pazifischen Staaten Nordamerikas. Die Pilze werden von den betreffenden landwirtschaftlichen Instituten verteilt, zugleich mit Gebrauchsanweisung. Tritt eine Pilzepidemie von selbst auf, der beste Hinweis, daß auch eine künstliche Infektion von Erfolg sein dürfte, so ist sie bei *Empusa* und *Lachnidium* daran zu erkennen, daß die Heuschrecken zuerst träge werden, dann an Gräsern, Unkräutern usw. in die Höhe klettern, sich mit den Füßen anklammern und verenden (Fig. 128). Bei *Sporotrichum* umgekehrt wandern die befallenen Tiere zuerst ruhelos hin und her und suchen sich dann zum Sterben einen dunklen, feuchten Ort. Aus den Leichen treten mehr oder minder deutliche Pilzrasen heraus. Betreffs der Bekämpfung schädlicher Insekten durch Verbreitung künstlicher Kulturen insektentötender Pilze ist SORAUER der Ansicht, daß derartige Bestrebungen nicht zu befürworten seien. Denn solche Kulturen entwickeln sich in nennenswerter Menge nur dann weiter, wenn eine anhaltend feuchte Witterung ihr Wachstum begünstigt. In solchen Fällen bedarf es aber nicht der künstlichen, doch stets nur in beschränktem Maße möglichen Infektion. Dann räumt die Natur durch Selbstzüchtung der in latentem Zustande überall vorauszusetzenden Parasiten in kurzer Zeit selbst auf. Bei trockener

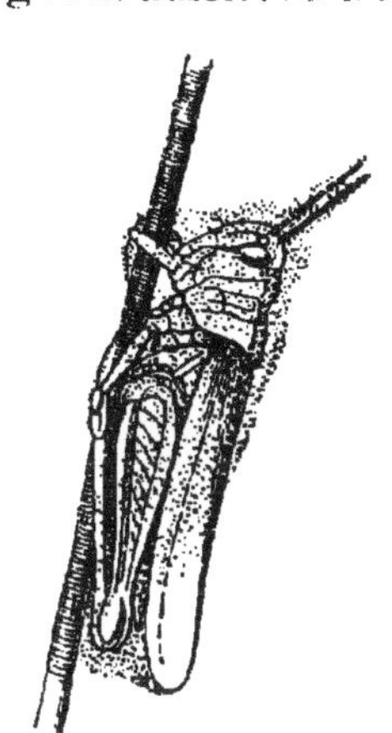

Fig. 128. Von Empusa grylli befallener Caloptenus italicus (aus BERLESE).

Witterung aber haben diese Pilzkulturen, sobald sie nicht mehr künstlich gepflegt werden, so geringen Erfolg, daß sie ohne Einfluß auf eine große Insekteninvasion bleiben.

Von größerer Wichtigkeit dürften im allgemeinen die tierischen Feinde sein, da sie zahlreicher und immer vorhanden sind. Doch

[1] BRONGNIART, CH., Compt. rend. Acad. Sc. Paris T. 107, 1888, p. 872—874; T. 112, 1891, p. 1318—1320; Le Naturaliste Année 13, 1891, p. 217—220, 232—233; etc. — GIARD, A., Compt. rend. Acad. Sc. Paris, T. 113, 1892, p. 813—816; Compt. rend. Soc. Biol., Paris, 9. Sér. T. 4, 1892, p. 435—438; Rev. génér. Botan., T. 4, 1892, p. 449—461, 1 Pl.; Nouvelles études sur le Lachnidium acridiorum Gd., champignon parasite du Criquet pelerin. Alger 1893, 8°, 16 pp., fig. — KÜNCKEL D'HERCULAIS, J., et CH. LANGLOIS, Compt. rend. Acad. Sc., Paris, T. 112, 1891, p. 1465—1468. — TRABUT, L., Rev. génér. Botan. T. 3, 1891, p. 401—405, 1 Pl.; Compt. rend. Acad. Sc., Paris, T. 112, p. 1383—1384; T. 114, 1892, p. 1389.
[2] EDINGTON, A., Ann. Rep. Colon. bacter. Inst. Grahamstown f. 1898; Agric. Journ. Cape Good Hope Vol. 14, 1899, p. 375—383. — BLACK, R. S., Trans. South Afric. philos. Soc. Vol. 9, 1898, p. 68—80.
[3] HOWARD, L. O., Yearbook U. S. Dept. Agric. f. 1901, p. 459—470, figs 40—42. — BRUNER, L., U. S. Dept. Agric., Div. Ent., Bull. 38, N. S., 1902, p. 50—61.

genügen auch sie nie, eine Invasion zu verhindern oder gar zu beseitigen. Man kennt solche aus den meisten Tierklassen von den Würmern aufwärts. Zweifellos werden sich auch Protozoen finden, wenn man erst einmal danach sucht. Rundwürmer (Mermis- und Gordius-Arten) kommen, wie in allen Insekten, auch in Heuschrecken recht häufig vor, dürften aber von keiner größeren Bedeutung sein, da sie selten deren Leben bedrohen. Die Larven mehrerer Milben, Trombidium spp. (Fig. 129), besetzen die Hüpfer oft in großer Zahl, bis zu 500 vorzugsweise an den Gelenkhäuten und den Flügelwurzeln, und saugen ihr Blut. Wenn sie auch wohl nicht oft ihre Wirte töten, so hindern sie doch ihre Beweglichkeit und wohl auch ihre Entwicklung. Allen Stadien der Heuschrecken stellen Milben, Tausendfüße, Skorpione, Spinnen, Termiten, Laub- und Fangheuschrecken, Grillen, Raubkäfer, -wespen und -fliegen, Grab- und Mauerwespen, Ameisen usw. nach; sie sind aber doch mehr gelegentliche Feinde. Mehrere Schlupfwespen-Arten parasitieren in ihren Eiern. Weichkäfer,

Fig. 129. Larve von Trombidium holosericeum (aus BERLESE).

Telephoriden und Mylabriden, legen ihre Eier in die Eierpakete, die von den auskommenden Käferlarven ausgefressen werden. Sie sind zwar sehr schlimme Feinde der Heuschrecken, deren Zügen sie oft in dichten Schwärmen folgen: andererseits schaden die Käfer selbst aber verschiedenen Kulturpflanzen. Von größter Wichtigkeit sind parasitische Fliegen, Tachiniden und Sarcophagiden, die ihre Eier bzw. Junge an die Hüpfer legen: die Maden bohren sich in deren Inneres und fressen es aus. Bei der Reife verlassen sie ihre Wirte durch ein Loch zwischen Kopf und Brust. Waren mehrere Maden in einer Heuschrecke, so wird dabei öfters deren Kopf vom Rumpfe getrennt. Auch sie folgen den Hüpferzügen oft in wolken-ähnlichen Scharen. Andere Fliegen legen ihre Eier in die Eierpakete der Heuschrecken.

Alle Land bewohnenden Amphibien und Reptilien stellen den Heuschrecken nach: da sie aber meist nur in geringer Zahl auftreten, ist ihre Bedeutung keine große. Doch sollen sich in Amerika in infizierten Gegenden Kröten zu Millionen vermehrt und überaus nützlich erwiesen haben[1]).

Am wichtigsten sind wohl die Vögel, von denen so ziemlich alle Ordnungen den Heuschrecken nachstellen. Manche Arten vermehren sich in Heuschreckenjahren ungemein, folgen den Zügen weithin und vertilgen ungezählte Mengen.

Das Hausgeflügel frißt Heuschrecken sehr gerne, erhält aber leicht Widerwillen gegen diese Nahrung, die außerdem seine Eier und sein Fleisch verfärbt.

Auch zahlreiche Säugetiere verzehren Heuschrecken, nicht nur die eigentlichen Insektenfresser, sondern auch echte Raubtiere (Füchse, Schakale, Bären, selbst Löwen usw.), Nagetiere (Ziesel, Eichhörnchen), Huftiere (Rinder, Pferde, Antilopen) und Affen. Selbst der Mensch verschmäht sie nicht: namentlich in Afrika und Asien bieten sie ihm

---

[1]) BRUNER, Ins. Life Vol. 3, 1890, p. 139—140.

Lieferung **20.** (Dritter Band, Bog. 11—15.) Preis: **3** Mark.

Handbuch

der

Pflanzenkrankheiten

von

Prof. Dr. Paul Sorauer.

Dritte, vollständig neubearbeitete Auflage

in Gemeinschaft mit

Prof. Dr. G. Lindau, und **Dr. L. Reh,**

Privatdozent an der Universität Berlin Assistent am Naturhistor. Museum in Hamburg

herausgegeben

von

Prof. Dr. P. Sorauer,

Berlin.

Mit zahlreichen Textabbildungen.

BERLIN.

VERLAGSBUCHHANDLUNG PAUL PAREY.

Verlag für Landwirtschaft, Gartenbau und Forstwesen.

SW., Hedemannstrasse 10.

1909.

einen mehr oder minder willkommenen Ersatz für die von ihnen verwüsteten Kulturpflanzen.

Die Bekämpfung der Heuschrecken kann sich richten gegen die Eier, die Hüpfer oder die Geflügelten, ist aber im einzelnen immer abhängig von lokalen Verhältnissen, dem Boden, den Kulturen, der Dichtigkeit der Besiedelung, der Tatkraft der Eingeborenen usw., daher hier nur allgemeine Angaben gemacht werden können.

Die Eierplätze sind möglichst frühzeitig aufzusuchen und auf Karten zu verzeichnen. Sie sind rechtzeitig umzugraben oder umzupflügen, oder nur 3 bis 4 cm tief abzudecken oder zu eggen, damit entweder die Eierpakete verletzt, den schädlichen Witterungseinflüssen und ihren Feinden ausgesetzt oder so tief untergegraben werden, daß die ausschlüpfenden Jungen sich nicht herausarbeiten können. Im ersteren Falle empfiehlt es sich, Geflügel oder Schweine auf die Felder zu treiben, die die Eier vollends auswühlen und fressen, im letzteren dagegen Schafe, Rinder oder Pferde, die den Boden festtreten, oder ihn zu walzen. Weniger erfolgreich ist das Sammeln und Vernichten der Eier. Der Vorschlag Zimmermanns[1]), die gesammelten Eierpakete nicht zu vernichten, sondern in mit Draht vergitterten Kisten aufzuheben, damit die in ihnen enthaltenen Schlupfwespen auskommen könnten, dürfte in der Praxis meistens daran scheitern, daß die so aufgehobenen Eier entweder vertrocknen oder schimmeln, in beiden Fällen aber die Schlupfwespen zugrunde gehen werden. — In Ägypten versuchte man, die Eierplätze unter Wasser zu setzen, wodurch man aber nur die Entwicklung der Eier um einige Tage verzögerte.

Ungleich mannigfaltiger und von besonderer Bedeutung sind die gegen die Hüpfer gerichteten Maßnahmen, die um so wirksamer sind, je eher sie gegen die jungen Schwärme angewandt werden. Auch sie kann man durch Walzen, Straucheggen, Umpflügen, Eintreiben von sie fressendem oder zerstampfendem Geflügel bezw. Vieh töten. Mit nassen Säcken, Baumzweigen usw. schlägt man sie tot. Durch Spritzen der Hüpfer mit 3 bis 6 %iger Seifenlösung, Petroleumemulsion, Rubina (5 bis 10 %), oder ihrer Weideplätze mit Schwefelkalium oder Arseniziden werden sie direkt oder indirekt getötet. Namentlich werden angesüßte Arsenmittel gern gefressen. Grasbüschel, Mais oder andere gern genommene Pflanzen werden in eine Lösung von Arsensoda und Melasse getaucht und auf die Felder gelegt. Die sehr empfohlene „Natalmischung" besteht aus 1 Pfund Arsensoda, 4 bis 5 Pfund Sirup und 15 Gallonen Wasser. Sie soll die Insekten sogar von weither anziehen. Auch der bekannte Arsenkleieköder hat sich sehr gut bewährt. In Amerika erfreut sich neuerdings das nach seinem Erfinder „Criddle-Mischung" genannte Gift besonderer Wertschätzung: 1 Pfund Schweinfurtergrün wird mit 60 Pfund möglichst frischem Pferdemiste, 2 Pfund Salz und etwas Wasser zu einem Brei verrührt, den man mit hölzernen Schaufeln auf die Felder verteilt. Stapelt man auf den befallenen Feldern Haufen von Heu, Stroh, Buschwerk oder ähnlichem auf, so ziehen die Hüpfer sich namentlich bei schlechtem Wetter, aber auch nachts, gern in diese zurück; bei Bedarf kann man sie auch hineintreiben; dann werden diese Haufen angezündet. Auch kann man die befallenen Felder, wenn genügend Brennbares auf ihnen ist, mit Petroleum spritzen und dann abbrennen. Mannigfach

---

[1]) Tropenpflanzer Bd. 4, 1900, p. 87.

sind die **Apparate sie zu fangen**: Leinwandstreifen, in deren Mitte
sich ein in einen Sack mündendes Loch befindet, werden über die
Felder gezogen; von Zeit zu Zeit wird der Sack geschlossen und die
darin befindlichen Hüpfer werden getötet. Ähnlich sind die in Arabien
gebräuchlichen Melhafas[1]): ein 10 m langer, 3 bis 4 m hoher Leinwandstreifen wird derart über das Feld gezogen, daß die untere Hälfte
auf dem Boden liegt, die andere die Rückwand bildet. Die Hüpfer
springen auf das Tuch. Von Zeit zu Zeit wird es sackartig zusammen-
geschlagen, und die darin gefangenen Hüpfer werden getötet. Nach
demselben Prinzip sind die in Amerika gebräuchlichen **Hopperdozers**
(Fig. 130) konstruiert: Rahmen von Leinwand oder Eisenblech, erstere

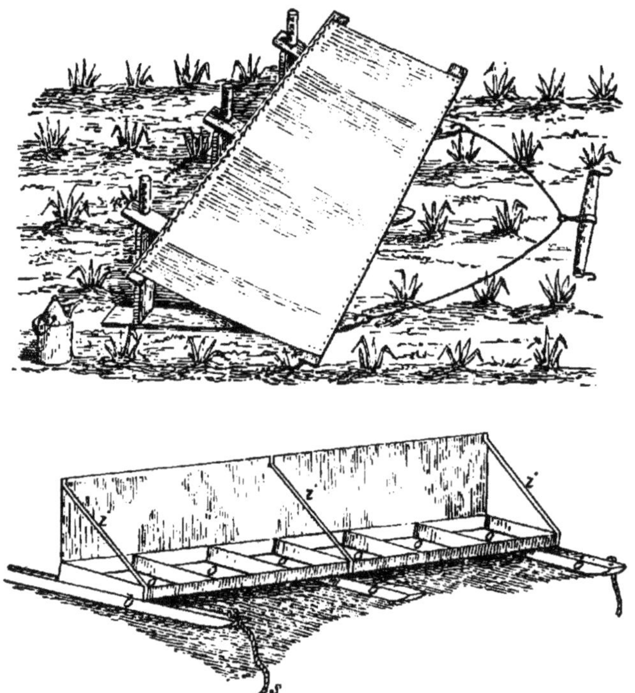

Fig. 130. „Hopperdozers“, oben mit Leinwandrahmen, unten aus Eisenblech
(aus RILEY).

mit Teer bestrichen, letztere in den Vertiefungen mit Wasser und
Petroleum gefüllt. Bei allen diesen Apparaten ist es ratsam, sie gegen
den Wind über das Feld zu ziehen.

　　Schon von alters her hat man den Hüpfern in ihrem Marsche
Gräben, die man, wenn möglich, mit Wasser füllt, auf das etwas
Petroleum gegossen wird, entgegengestellt oder auch in sie solche getrieben.
Zweckmäßig bringt man in Abständen tiefere Löcher an, in denen sich
die Hineingefallenen ansammeln. In vollendetster Weise ist die
Fangmethode mit Gräben ausgebildet in den sog. **cyprischen
Apparaten** (appareil Durand) (Fig. 131, 132), die 1862 von dem
cyprischen Grundbesitzer A. MATTEI erfunden, später von dem englischen

---

[1]) GUÉNAUX, Entomologie et Parasitologie agricole p. 145.

Ingenieur S. BROWN verbessert wurden. Eine fortlaufende Reihe von
5 bis 8 m langen, 1 m tiefen und 1½ bis 2 m breiten Gräben wird
durch 1 m hohe Leinwandstreifen oder niedere Blechwände derart verbunden, dafs diese in stumpfen Winkeln nach den Hüpfern zu vor-
springen. Die Leinwandwände müssen am oberen Rande immer mit
einem 10 cm breiten Wachstuchstreifen versehen und unten mit Erde
festgetreten werden. Die aus den Gräben ausgehobene Erde wird an
der den Heuschrecken abgewandten Seite zu einem kleinen Walle aufgeworfen; auf ihre Ränder legt man nach unten umgebogene Blech-

Fig. 131. Cyprische Wand am Schlusse des Treibens (aus SAJÓ).

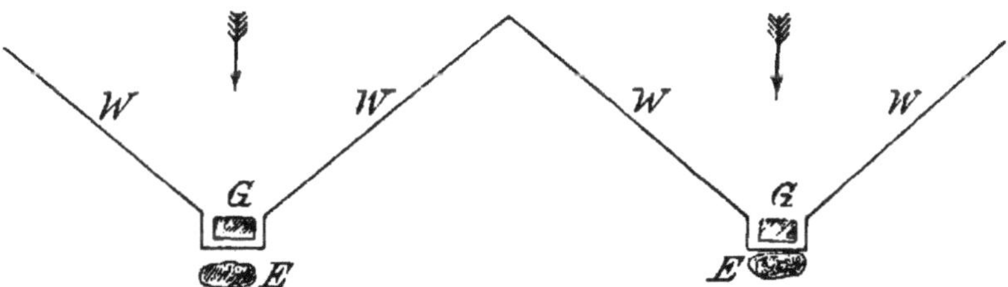

Fig. 132. Schema eines cyprischen Apparates (appareil Durand) (nach GUÉNAUX).
W Wände, G Gräben, E Erdhaufen.

streifen. Dann werden die Hüpfer in diese Fangtrichter hineingetrieben.
Das Treiben mufs mit grofser Vorsicht geschehen, da sonst die Hüpfer
sich zerstreuen oder aufhören zu wandern. Mit Zweigen oder ähnlichem (SAJÓ[1]) fand langsames Auf- und Abschwenken schwarzer
Regenschirme am wirkungsvollsten) schlagen die Treiber hinter den
Hüpfern auf den Boden, nicht auf diese selbst. Sowie die Sonne aufhört zu scheinen, mufs das Treiben unterbrochen werden. Während
sonst recht viel Lärm als ein wesentlicher Teil des Treibens hingestellt
wird, empfiehlt SAJÓ dagegen möglichste Ruhe. Sind die Insekten alle
in den Gräben, so werden diese mit Erde zugeschüttet, mit Wasser

____

[1] Prometheus Jahrg. 15, 1904, S. 778.

11*

und Petroleum gefüllt, oder ähnliches. Da man nie alle Hüpfer bei einem Treiben in die Gräben bekommt, namentlich die in Häutung begriffenen sich nicht treiben lassen, muß das Treiben nach einigen Tagen, wenn die Übriggebliebenen sich wieder zu Scharen gesammelt haben, wiederholt werden. Zweckmäßig werden die Gräben durch Kreosot, Karbolsäure oder ähnlichem desinfiziert. Diese namentlich auf Cypern von den Engländern, in Nordafrika von den Franzosen und in Ungarn und Südrußland angewandte und ausgebildete Methode hat geradezu glänzende Erfolge gezeitigt, ist aber leider nicht überall möglich, da einmal nicht immer die äußeren Bedingungen dazu vorhanden sind, dann nicht alle Arten sich treiben lassen, z. B. *Caloptl. italicus* nicht. VOSSELER [1]) gibt eine praktische Abänderung an: statt der Leinwandwände werden Brennmaterialien aufgestapelt, in die zahllose Hüpfer sich verstecken, und die nach dem Treiben angezündet werden.

Bedrohte Felder schützt man durch Umgeben mit Gräben, mit Streifen von Blech oder solchen von Rye-Gras. Auf den Philippinen umgibt man die Zuckerrohrfelder mit auf den Kopf gestellten Bananen, an denen die Hüpfer entlang wandern, um in die an den Ecken befindlichen Gräben zu fallen [2]).

Am wenigsten erfolgreich ist der Kampf gegen die Geflügelten. Seit jeher hat man versucht, sie durch Lärm (nach VOSSELER [3]) sind besonders die hohen und mittleren Töne von Piston und Signalhorn wirksam), Feuer und Rauch am Einfallen abzuhalten; besonders soll starker Rauch ihnen widerwärtig sein. RIVIÈRE [4]) hat vorgeschlagen, mit starkem Rauche und stinkenden Gasen gefüllte Knallbomben etwa bis zu 50 m Höhe in die ankommenden Schwärme zu schießen. Wirksam sind ferner alle die gegen die Hüpfer gebrauchten Gifte; bei kaltem Wetter bezw. frühmorgens kann man die Geflügelten auf dem Boden ebenso vertilgen wie jene, bezw. von den Bäumen schütteln, eventuell auf Tücher. Junge Bäume kann man gegen auf der Wanderschaft befindliche Schwärme durch Überstülpen von leeren Getreidesäcken schützen; auch die gegen die Hüpfer angewandten Schutzmittel bringen manchmal Erfolg.

In verschiedenen Ländern kennt man Pflanzen, die für die Heuschrecken giftig sind; in Australien z. B. *Delphinium* und *Ricinus communis* [5]). Bedrohte Felder kann man durch einen Saum von solchen schützen, zumal sie öfters gern von den Heuschrecken gefressen werden.

Der Rat PORTSCHINSKYS [6]), Eier und Geflügelte im allgemeinen nicht zu vernichten, der in ihnen enthaltenen Parasiten halber, sondern nur die von solchen freien (?) Hüpfer, dürfte doch nur in beschränkten Fällen der Befolgung empfohlen werden.

Geschichte. Heuschreckenplagen sind seit den ältesten Zeiten bekannt. In indischen Dichtungen wird ihrer erwähnt; im Alten Testament wird mehrmals von ihnen berichtet, am eindrucksvollsten in Joel II. Die alten Hebräer unterschieden sogar schon mehrere Arten: Arbeh, die *Pachytilus migratorius*, und Chajab, die *Acridium peregrinum*

---

[1]) Ber. Land- u. Forstwirtsch. Deutsch-Ostafrika Bd. 2, 1905, S. 349—350.
[2]) U. S. Depart. Agric., Div. Ent., Bull. 30, N. S., 1901, p. 83.
[3]) l. c. S. 353.
[4]) GRÉNAUX, l. c. p. 150.
[5]) FROGGATT, Agric. Gaz. N. S. Wales 1900, p. 181.
[6]) Original russisch; Ausz. s. Zool. Centralbl. Bd. 2, 1894, S. 285.

sein soll[1]). Aus Bildern auf Monumenten in Niniveh und Babylon geht hervor, dafs sie dort als Speise dienten. Auch den alten Griechen (ARISTOTELES) und Römern (PLINIUS) waren sie bekannt. In längeren oder kürzeren Zwischenräumen traten sie seit jeher bald hier, bald da auf, und während der Niederschrift dieses Manuskriptes durchlaufen Nachrichten über Verwüstungen von Heuschrecken aus den verschiedensten Ländern (Ungarn, Spanien, Südwestafrika, Südamerika) die Zeitungen.

Man unterscheidet mehrere Unterfamilien, die von Einigen zum Range von Familien erhoben werden. Für uns kommen nur 4 bis 5 davon in Betracht.

Tettiginen.

Kleine, erdfarbige Tiere. Kopf steckt tief in dem nach hinten in langen, den Hinterleib meist überragenden Fortsatz ausgezogenen Halsschilde. Gesicht nach unten kegelförmig erweitert. Fühler zart und kurz, 12 — 20 gliederig. Vorderflügel bilden kleine, runde Schuppen, Hinterflügel meist vorhanden und ausgebildet. Am Fufse keine Haftlappen. — Sie erreichen ihre Hauptentwicklung in den Tropen, ohne dafs von da Schädigungen durch sie berichtet werden.

Tettix subulatus L. Dornschrecke. Bräunlich; 7 bis 10 mm lang. Halsschild einfarbig, 7,5 bis 14 mm lang, sein Fortsatz die Hinterschenkel weit überragend. Schenkel ohne stumpfe Zähne am Unterrande. Mitteleuropa, auf feuchten Wiesen und an Waldrändern; Nymphen[2]) überwintern unter abgefallenem Laube.

Nach ALTUM[3]) hat die Dornschrecke im Vereine mit Grillen an 1 bis 2jähriger Eichen-Streifensaat und an Buchen-Ausschlag die Blätter bis auf die Rippen befressen, so dafs manche Pflänzchen kränkelten und eingingen. — GRUNERT[4]) berichtete dafs Tettix- und Gomphocerus-Arten fast alljährlich in Hinterpommern schaden, als Verwüster der Getreidefelder gefürchtet seien, aber auch die jungen Kiefernkeimlinge in den Forsten abnagten.

Mehrere Mitglieder dieser in Nordamerika *„grouse locusts"* genannten Schrecken schaden nach ASHMEAD[5]) in Mississippi an Baumwolle.

Tryxalinen.

Klein bis mittelgrofs. Stirne schief nach rückwärts geneigt. Vorderbrust unbewehrt, Mittel- und Hinterbrust schmal. Flügeldecken meist ohne feines, verworrenes Geäder. Hinterschienen aufsen ohne Enddorn. Tarsen mit Haftlappen zwischen den Krallen.

Über die ganze Erde verbreitet; schädliche Arten vorwiegend aus Europa bekannt, wo diese Unterfamilie überhaupt zahlreiche Vertreter hat.

Von der Gattung **Tryxalis** wird nur **Tr. turrita L.** in Ostindien mäfsig schädlich.

---

[1]) FYLES, Rep. ent. Soc. Ontario 1897, p. 23—29.
[2]) Nymphen sind die unentwickelten, meist fälschlich Larven genannten Stadien.
[3]) Zeitschr. f. Forst- u. Jagdwesen 1895, S. 12—17.
[4]) Forstl. Blätter Heft 5, 1863, S. 238—242.
[5]) Insect Life Vol. 7, 1894, p. 26.

Stenobothrus Fisch.

Scheitel dreieckig. Stirnkante konvex; Stirngrübchen viereckig, nicht zusammenstofsend. Fühler fadig. Halsschild mit querer Mittelfurche, deutlichen Mittel- und Seitenkielen; Hinterrand winkliger als Vorderrand. — Kleine Formen, auf Wiesen: mehrere Arten in Europa gelegentlich schädlich.

St. parallelus Zett. (pratorum auct.) Braun, grün, gelb oder rötlich; Hinterkniee schwarz oder dunkelbraun. Scheitelgrübchen undeutlich. Brustring behaart. Seitenkiele des Halsschildes schwach nach innen gebogen. Flügeldecken beim Weibchen verkürzt, Flügel meist verkümmert. Männchen 15(—20), Weibchen 20(—30) mm lang. Europa, Kleinasien, Armenien, Sibirien, gemein auf feuchten Wiesen, soll zwei Bruten im Jahre haben. Auch nach Nordamerika verschleppt.

Nach Kollar[1]) vernichteten diese Schrecken im Jahre 1857 bei Korneuburg einige Wiesen und die daran anstofsenden Gersten- und Haferfelder. An der Gerste hatten sie die noch milchreifen Körner zum Teil ganz aus-, zum Teil zur Hälfte abgenagt und an allen Ähren die Grannen abgebissen; häufig war der oberste Teil des Halmes abgebissen; auch die Blattscheiden waren am Rande ausgenagt. Am Hafer waren die zarten Stiele der Rispen abgebissen, so dafs der noch unreife Samen am Boden lag. An einigen Maisfeldern hatten sie die Oberhaut der Blätter benagt. Merkwürdigerweise blieben alle Kräuter auf den Wiesen unberührt, während sonst diese Art öfters an Bohnen, Luzerne, Kartoffeln, Tomaten und Reben schaden soll[2]). In dem genannten Jahre trat sie auch in Mähren in bedrohlicher Zahl auf, wurde aber durch Staare in Schranken gehalten.

Nach Sajó[3]) schaden auf Wiesen in Ungarn ferner **St. bicolor** Charp., **elegans** Charp. und **pulvinatus** Fisch., die beiden letzteren auch an Haferwicke.

St. vittifrons Walk. wird nach Tryon[4]) auf Zuckerplantagen in Victoria (Australien) oft so schädlich, dafs eine Ernte unmöglich ist. So betrug der Schaden auf einer Farm in einem Jahr über 30000 ₤. Anfangs März waren die Tiere 1—5 Wochen alt, am 10. April so gut wie verschwunden. — Ricinuspflanzen waren giftig für sie. Alle insektenfressenden Vögel stellten ihnen nach, besonders die gemeine schwarze Krähe (*Corone australis*), Spoonbills (*Platalea* spp.) und *Ibis*.

Gomphocerus Thunb.

Unterscheidet sich von voriger Gattung durch die namentlich beim Männchen an der Spitze keulig verdickten Fühler: bei der Nymphe sind diese vom Grunde aus breit gedrückt.

G. sibiricus L. Rot- bis olivenbraun. Querfurche des Halsschildes weit hinter der Mitte: Seitenkiele weifslich, aufserhalb eine schwarze Längslinie. Männchen mit höckerigem Halsschilde und blasenförmig aufgetriebenen Vorderschienen. Männchen 19, Weibchen 20 mm lang. — Auf den meisten Gebirgen Europas; Sibirien. Schadet

---

[1]) Verh. d. zool.-bot. Ges. Wien Bd. 8, 1858, S. 321—323.
[2]) Kirchner, Krankheiten usw. 2. Aufl., S. 37, 136 usw.
[3]) Zeitschr. f. Pflanzenkrankh. Bd. 5, 1895, S. 361.
[4]) Proc. R. Soc. Queensland Vol. 1, 1885, p. 59—60.

nach Köppen [1]) und Portschinsky [2]) gemeinsam mit folgender Art in Sibirien und Südrufsland beträchtlich an Wiesengräsern und Getreide; Portschinsky fand die Nymphen von zahlreichen Parasiten befallen. Nach Schoch [3]) soll sie anfangs der 70er Jahre des vorigen Jahrhunderts allein der Gemeinde Pontresina im Engadin jährlich 15 bis 20000 Mark Schaden zugefügt haben.

G. maculatus Thunb. (biguttatus auct.) Braun, seltener grünlich. Querfurche des Halsschildes fast in der Mitte, seine Seitenkiele stark nach innen gebogen. Flügeldecken mit schiefen, weifsen Flecken vor der Spitze. Männchen 12, Weibchen 15 mm lang. — Mittel- und Osteuropa, Sibirien, auf Waldwiesen. — Schadet nach Eckstein [4]) öfters dadurch, dafs sie die Stengel junger Kieferpflänzchen etwas oberhalb der Erde durchnagt, auch eben aufgelaufene Akaziensaat zerstört (Fig. 133).

Siehe ferner oben bei T e t t i x.

Stauronotus Fisch.

Kleine, unscheinbar gefärbte Formen. Stirngrübchen grofs, scharf abgegrenzt, an der Spitze sich berührend. Die Seitenkiele des Halsschildes nur in dessen hinterem Teile ausgebildet, im vorderen durch helle Linien ersetzt. Auf der Oberseite der Hinterschenkel dreieckige, scharf gezeichnete Flecke. Mittel- und Südeuropa, Nordafrika, Westasien.

St. maroccanus Thunb. (cruciatus auct., nec Eversmann; vastator auct.) [5]). **Marokkanische Wanderheuschrecke** (Fig. 134), *criquet marocain*. Rötlich mit braunen Flecken.

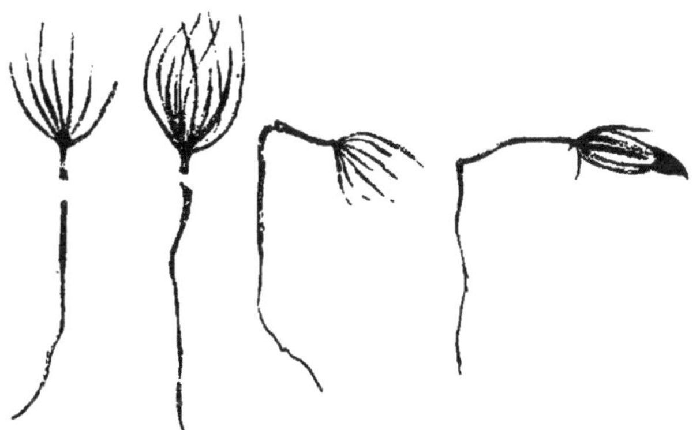

Fig. 133. Von Gomphocerus maculatus durchgebissene Kiefernpflanzen (aus Eckstein).

Auf dem Halsschilde bilden die Seitenkiele und die sie fortsetzenden Linien eine Art lichtgelbes X. Hinterschenkel rötlich gelb mit dunklen Knieen und drei schwarzbraunen Flecken auf der Oberseite. Hinterschienen unterhalb des graubraunen Gelenkes mit hellgelbem Ringe. Stirngrübchen trapezförmig; Querfurche des Halsschildes vor der Mitte. Vorderschenkel verdickt. Männchen 17—28, Weibchen 20—33 mm lang. Flügel glashell.

---

[1]) Schädliche Insekten Rufslands, S. 97—98.

[2]) Original russisch; Ausz.: Zool. Centralbl. Bd. 2, 1895, S. 285.

[3]) Mitteil. d. schweiz. ent. Ges. Bd. 4, 1875, S. 452—455.

[4]) Forstzoologie S. 569; Zeitschr. f. Forst- u. Jagdwesen 1904, S. 359.

[5]) Brongniart, Ch., Compt. rend. Acad. Sc. Paris, T. 112, 1891, p. 1318—1320; Brown, S., Rep. 58th Meet. Brit. Assoc. Adv. Sc. Bath 1888, 1889, p. 716—717; Künckel d'Herculais, J., Compt. rend. Acad. Sc. Paris, T. 108, 1889, p. 275—276; Rev. Sc. (3.) T. 43, 1889, p. 454—460, figs; id. et Ch. Langlois, Compt. rend. Acad. Sc. Paris, T. 112, 1891, p. 1465—1468; Bull. Soc. ent. France 1891, p. CIV—CXI; Sajó, K. (Original magyarich), Zeitschr. f. Pflanzenkrankh. Bd. 2, 1892, S. 33—36; Prometheus Jahrg. 15, 1904, S. 704—709, 725—730, 740—742, 8 Fig.

Heimat: Mediterrane Gebirge, vom Atlas und von Portugal bis Kleinasien. Von hier dringt sie vor einerseits nach Südfrankreich, andererseits über Südrußland nach Ungarn, Griechenland, Deutschland (bis Thorn gefunden) und nach dem Kaukasus. Auch auf den Inseln (Sardinien, Sizilien, Cypern). Soll sogar in Teneriffa vorkommen.

Lebensweise. Die Begattung findet im Hochsommer statt, nach BRONGNIART bei allen Individuen eines Schwarmes fast gleichzeitig. Von Juli bis August, seltener bis in September, legen die Weibchen ihre, je 35—40 Eier enthaltenden Eierpakete etwa 5—8 cm tief auf inselartig abgegrenzten, höher gelegenen Stellen harten, lehmigen Bodens ab, auf Weiden, Stoppeln und Brachstellen; Ende April, Anfang Mai schlüpfen die Jungen aus. Zuerst bleiben sie in der Nähe ihrer Geburtsstätte, können nicht springen und wandern auch nicht („*larves rampantes*" in Algier). Erst nach etwa acht Tagen, mit der zweiten Häutung (von den meisten Autoren die erste genannt), erlangen sie diese Fähigkeiten und heißen nun „*criquets*". Sie ziehen in bestimmten Richtungen, zuletzt bis zu mehreren Kilometern den Tag; zugleich vereinigen sie sich zu immer größeren Scharen. Sie fressen zuerst das Gras der Weiden, dann dringen sie in die Getreidefelder; schließlich, je größer die Scharen werden, um so weniger wählerisch dürfen sie in der Nahrung sein; sie meiden nach SAJÓ nur die Euphorbiaceen. Dagegen fressen sie Baumlaub und benagen selbst die Nadeln von Wachholder und Strandkiefer [1]). Ende Juni bekommen die Ersten Flügel („*sauterelles*"); im Juli und August fliegen die ungeheueren Massen tagsüber in bestimmten Richtungen in geringer Höhe; nachts fallen sie nieder und fressen. Rückkehrende Schwärme gibt es bei dieser Art nicht.

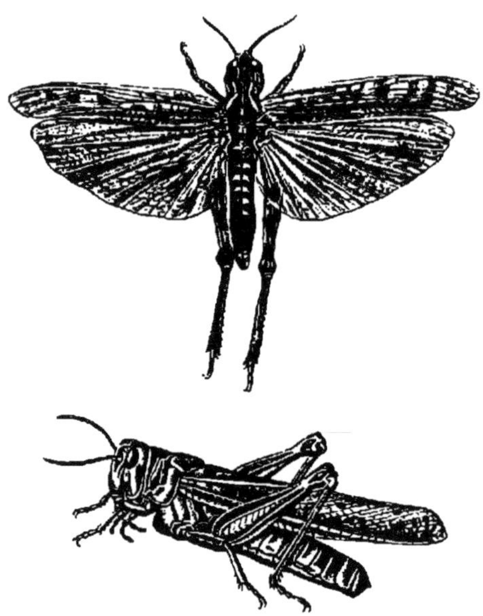

Fig. 134. Stauronotus maroccanus (nat. Gr.).

Als Feinde kommen in erster Linie Pilze in Betracht, von denen die Isaria-Arten in Algier in gewissen Lagen 70—100% der Eier zerstören können [2]). Von Vögeln sind in Algier namentlich Wachteln und Staare, in Ungarn Schwalben, Krähen, Störche und Truthühner, im Kaukasus Rosenstaar und Blaurake wichtig. *Mylabris*-Arten stellen in Algier allen Stadien nach, Canthariden-Larven den Eiern. In Ungarn schmarotzt die Larve von *Epicauta verticalis* Ill, in den Eiern; da aber die Käfer nachher in Massen in die Kartoffelfelder ziehen und sie streifenweise kahl fressen, ist ihre Hilfe recht zweifelhaft. Bombylidenlarven vernichten in Algier etwa 10—50% der Eier [2]). In Algier schmarotzt *Sarcophaga clathrata* Meig., in Ungarn *Gymnosoma rotundatum*

[1]) LUCAS, H., Ann. Soc. ent. France 1851, p. 379.
[2]) KÜNCKEL D'HERCULAIS, l. c.

in den Nymphen. Die ungarische Riesenspinne *Argiope Bruennichii* Pall. und eine ungenannte Art in Algier stellen allen Stadien nach.

Lucas [1]) wurden bei seinen Zuchten alle im Freien aufbewahrten Eier durch *Aphenogaster subterranea* Latr. (Ameise) und *Blanjulus guttulatus* Bosc. (s. S. 81) aufgefressen.

Geschichte. a) Algier[2]). Bereits der heilige Augustin (353—430) berichtet, daſs einer Pest, infolge verwesender Heuschrecken, in Algier 800000 Menschen zum Opfer gefallen seien. In den Jahren 1778—1780 starben in Marokko Tausende von Menschen an einer von Heuschrecken verursachten Hungersnot. Im vergangenen Jahrhundert herrschten 1845, 1866, 1867, 1874, 1884—1891 Heuschreckenepidemien in Algier, 1897 in Marokko. Der Einfall von 1866 führte zur Hungersnot von 1867, bei der 200000 Personen starben. In den Jahren 1884—1891 zogen die Heuschrecken an der ganzen Südseite des Atlas entlang, von Constantine im Osten bis Oran im Westen, bis etwa 1889 von Jahr zu Jahr zahlreicher und schädlicher werdend, dann infolge der energischen Bekämpfung abnehmend. 1886 bereits wurden auf 25000 ha in der Zeit vom 25. März bis 11. Mai 6840 DH. Eier gesammelt; 1888 betrug der Verlust 1 Mill. Pfd. Sterling; es wurden in 1948855 Arbeitstagen von 65268 Leuten 11000 Mill. Heuschrecken vernichtet. Trotzdem auch im Winter 1888/1889 auf 150—200000 ha etwa 10666 cbm (?) Eierkapseln gesammelt wurden, waren die Heuschrecken im Jahre 1889 so zahlreich, daſs die Herdenbesitzer ihr Vieh um jeden Preis losschlagen muſsten, der Schaden sich auf Millionen belief, und die französische Regierung 9 Mill. Fr. an Unterstützung zahlen muſste. Schwärme von Hüpfern traten auf, von 50 km Tiefe und 8—10 km Breite; die der Imagines erreichten 50 km Breite[3]). Im Frühjahr 1889 war mit der Aufstellung von 6000 cyprischen Wänden unter der Leitung von Künckel d'Herculais begonnen worden[4]). Der Erfolg dieser fortgesetzten energischen Bekämpfung war, daſs 1891 nur noch $4-5\,^0/_0$ der Ernte vernichtet wurden.

1897 überfielen die Heuschrecken Südmarokko. Kaufleute und Landwirte brachten die Summe zur Bekämpfung zusammen; bis 12. März waren 6000 Mill. Eier gesammelt, etwa ebensoviele beim Sammeln zerstört worden.

Nach Künckel d'Herculais bilden in Afrika die Gebirgsgegenden vom Atlantischen Meere bis zum Golf von Gabes, Nordrand der Sahara, Marokko, Algier und Tunis die Heimat, die Hochebenen das Strichgebiet, der kleine oder Tell-Atlas das Wandergebiet.

b) Cypern. Hier sind die Heuschrecken seit unvordenklichen Zeiten in den Gebirgen des Inneren heimisch, von wo aus sie von Zeit zu Zeit die fruchtbaren Niederungen überfallen und oft Hungersnot veranlaſst haben. Von türkischer Seite geschah früher nichts zu ihrer Bekämpfung, bis Ende der 60er Jahre des vorigen Jahrhunderts der damalige türkische Gouverneur, Said Pascha, die kurz vorher erfundenen cyprischen Apparate benutzte, und zwar mit solchem Erfolge, daſs 1870 die Heuschrecken nahezu ausgerottet waren. Sein Nach-

---

[1]) Bull. Soc ent. France 1899, p. CXXI.
[2]) Häufig trat in Algier mit dieser Art die echte Wanderheuschrecke zusammen auf.
[3]) Groner, Zool. Gart. Bd. 31, 1890, S. 309—313.
[4]) In einer Gemeinde allein in einer Gesamtlänge von 75 km, wobei 36000 cbm (?) = 145 Millionen Hüpfer gefangen wurden.

folger unterliefs aber jede Bekämpfung so dafs die Heuschrecken wieder stark zunahmen. Als 1878 die Insel unter englische Oberhoheit kam, begann sofort wieder energische Bekämpfung, unter der Ober-leitung eines Ingenieurs S. Brown. Winters wurden die Eier gesammelt, trotz der ungeheuren Massen (in den Herbsten 1879—81, 37½, 236, 1330 Tonnen) aber ohne sichtbaren Erfolg. Im Jahre 1882 wurden doch noch 15—20 % der Ernte zerstört, gleich einem Verluste von 80000 $\mathcal{L}$: im Herbste wurden dann zum ersten Male cyprische Apparate, von S. Brown verbessert, in gröfserer Zahl, 6030 Stück zu je 50 Yards Länge, aufgestellt, deren Zahl 1883 auf 8223, 1884 auf 13000 vermehrt wurde. Die Folgen zeigten sich sehr rasch. 1883 wurden 195 Mill. Heu-schrecken mit diesen vertilgt, 1884 nur noch 56 Mill. Bis 1887 er-folgte die Bekämpfung noch in grofsem Mafsstabe: seither handelt es sich nur noch darum, die Heuschrecken in Schach zu halten. Die Ge-samtkosten der Bekämpfung in den Jahren 1882—1887 betrugen 1130000 Mk.; seither werden jährlich etwa 72000 Mk. ausgegeben, gleich 4½ % der Ausfuhr.

c) In Ungarn[1]) liegen die ersten sicheren Nachrichten aus 1888 vor: 1889 waren 5198 Joch befallen. Bis 1891 hielten sie sich in starker Zahl, dann nahmen sie rasch ab und verschwanden 1893. 1903/04, 1907 waren neue starke Einfälle. In welchen Mengen die Heuschrecken vorkamen, zeigen folgende Zahlen: 1889 fanden sich an den Eiablageplätzen auf jedem qdcm 1 Eierkapsel, auf 1 Joche mindestens 16 Mill. Eier. Vom 3.—14. Juni 1890 wurden in einer Gemeinde 420 hl, zu je 10 Mill. Hüpfer, vertilgt, im ganzen Jahre bei Szegedin etwa 522 Mill. Stück. Bei dieser Stadt, dem Zentrum der Invasion, waren zeitweise bis zu 3000 Mann mit der Bekämpfung be-schäftigt, in ganz Ungarn 10—11000.

c) In anderen Ländern fanden u. A. folgende Einfälle statt: Kleinasien 1833, Südrufsland 1842, 1845, 1847, 1851, 1879, Spanien 1876, 1899, Frankreich (Camargue) 1901, Portugal 1898, Süditalien und Sardinien 1867, 1868—1870, 1877—1878, 1882.

St. brevicollis Eversm. Erdfarben, Fühler blafs, Hinterschienen rot mit schwarzen Gelenken. Flügeldecken mit hellem Längsstreif hinter dem Vorderrande. Scheitelgrübchen rhombisch. Querfurche des Halsschildes in der Mitte. Männchen 11—16, Weibchen 15—19 mm lang. Östliches Mitteleuropa, auf unfruchtbaren Wiesen. Findet sich nach Sajó[2]) in Ungarn gemeinsam mit voriger Art, läfst sich aber nicht so gut treiben wie diese.

Stethophyma Fisch. Höckerschrecke.

Ähnlich Stauronotus. Plump. Vorderbrust mit kurzem, konischem Höcker. Stirngrübchen mehr oder weniger verwischt. Flügeldecken beim Weibchen oft abgekürzt. Hinterschienen rot.

St. fuscum Pall. (variegatum Fisch.). Olivenbraun mit schwarzer und gelber Zeichnung. 24—33 mm lang. — Auf den Gebirgen des süd-lichen und mittleren Europa von den Pyrenäen über den Kaukasus bis zum Amur; im nordöstlichen Rufsland und in Sibirien auch in den

---

[1]) Sajó, Zeitschr. f. Pflanzenkr. Bd. 2, 1892, S. 33—36, Bd. 5, 1895, S. 361; Prometheus Bd. 15, 1904, S. 704—709, 725—730, 740—742, 8 fig.; Schenk, Aquila, Bd. 14, 1907, S. 214—275.

[2]) Zeitschr. f. Pflanzenkr. Bd. 5, 1895, S. 361.

Ebenen. Soll nach Köppen [1]) wiederholt in den Alpen geschadet haben: 1844 betrug in einem Kreise des Gouvernements Perm allein der Schaden an Getreide (Roggen, Weizen, Hafer, Gerste) über 30 000 Rubel; aufserdem litten noch die Wiesen und andere Felder (Erbsen) beträchtlich. — Im Wiener Walde wurde 1862 das Laubholz, besonders Eschen und Mehlbeeren, von ihr entblättert, selbst Tannennadeln benagt.[2])

Aulocara Scudd.

Gröfsere Formen. Querfurche des Halsschildes hinter der Mitte. Hintertibien blau, ihr unterer, innerer Spitzendorn nicht halb so lang als der äufsere.

A. elliotti Thunb. Nordamerika, am Ostabhange des Felsengebirges, von Montana bis Arizona und Mexiko. Für gewöhnlich an Gräsern und öfters auf Weiden schadend, geht auch an Getreide, Garten- und Feldfrüchte über.

Chortoicetes Brunn.

Halsschild mit Seitenkielen.

Ch. pusilla Walk.[3]) Südostaustralien. Auf offenem Lande zum Teil in bedeutenden Mengen. Frifst besonders das Gras und die Kräuter der Schafweiden und schadet in Getreidefeldern; selbst in Wäldern. Eiablage (19 Stück in 1 Paket) im November in härtesten und festesten Boden. Die Hüpfer im August bis Anfang September.

Ch. terminifera Walk.[4]) Die gewöhnlichste 'schädliche Heuschrecke in New South Wales und Viktoria; schon seit Beginn der Besiedelung mehrmals verheerend aufgetreten (1848, 1862, 1873, 1876, 1907/08), namentlich an Gräsern, Gemüse und in Weinbergen. In den letzten Jahren wurde sie von voriger Art zurückgedrängt. Tepper rät, Schafherden in die Züge der Hüpfer einzutreiben. — Als Parasiten nennt Olliff[5]) *Musicera pachytili* Skuse (Diptere).

Epacromia dorsalis Thunb., Halsschild ohne Seitenkiele, wird in verschiedenen Teilen Ostindiens öfters schädlich an jungem „kharif", junger Weizensaat usw. [6])

Oedipodinen[7]).

Scheitel vorne abschüssig, Stirne fast senkrecht. Stirngrübchen dreieckig, eiförmig oder fehlend, an der Spitze sich nie berührend. Flügeldecken wenigstens in der Basalhälfte dicht und unregelmäfsig

---

[1]) l. c. p. 102.

[2]) Nach Pitasch; s. Judeich u. Nitsche, S. 274.

[3]) Froggatt, Agric. Gaz. N. S. Wales Vol. 11, 1900, p. 175—183, 1 Pl. (hier irrtümlich Epacromia terminalis genannt), Vol. 14, 1903, p. 1023—24.

[4]) Froggatt, l. c.; Gurney, Agric. Gaz. N. S. Wales Vol. 19, 1908, p. 411—416, 3 figs. Von früheren Autoren wurde diese Art als *Decticus verrucivorus* (Bath), *Pachytilus* oder *Chortolaga australis* (Olliff, Koebele, French) oder *Epacromia terminalis* (Tepper, Froggatt) beschrieben.

[5]) Olliff, Agric. Gaz. N. S. Wales Vol. 2, 1891, p. 255—257, 5 figg.

[6]) Cotes, Ind. Mus. Notes Vol. 2, 1893, p. 171; Vol. 5, 1903, p. 18—19.

[7]) Saussure, Prodromus Oedipodiorum Insectorum ex Ordine Orthopterorum. Mém. Soc. Phys. Hist. nat. Genève. T. 28, 1884, Nr. 9, 4°, 254 pp., 1 Tab.; Additamenta ad Prodromum etc., ibid. T. 30, No. 1, 1888, 4°, 180 pp., 1 Pl.

geadert; Flügel meist gefärbt. Hinterschenkel sehr kräftig, seitlich zusammengedrückt, mit scharfer oberer und unterer Kante; Hinterschienen oben aufsen ohne Enddorn.

Nach Bruner[1] ist die Farbe der Flügel bei den amerikanischen Arten abhängig von ihrem Aufenthaltsorte, vorzugsweise von dessen Feuchtigkeit. Auf der atlantischen Seite herrscht Rot oder Orange, in den trockenen sterilen Ebenen des Inneren Gelb, in den Bergen Rot, bei gewisser Erhebung und unter bestimmten Verhältnissen Blau. Dagegen weist Distant[2] darauf hin, dafs in Südafrika derartige Unterschiede nicht vorhanden sind, sondern alle Farben durcheinander vorkommen.

Über die ganze Erde verbreitet.

Camnula Stål.

Kleinere Formen. Halsschild mit drei deutlichen Kielen; Seitenlappen hinten rechtwinkelig abgerundet. Flügel halbdurchscheinend. Nordamerika.

C. pellucida Scudd. (atrox Scudd.)[3] **Yellow-winged locust.** Gelb bis braun, mit schwarzen Flecken auf den Seitenlappen des Halsschildes und auf den Flügeln. 20—25 mm lang. In ganz Nordamerika, am häufigsten in den pazifischen Staaten, von da sich bis nach den Zentralstaaten des Felsengebirges und bis Mexiko[4] ausbreitend. Pafst sich am leichtesten von allen amerikanischen Heuschrecken jedem Klima an und bleibt, wo sie sich einmal niedergelassen hat. Soll mehrfach mit Eisenbahnen verschleppt sein. Biologie noch wenig bekannt. Hält sich namentlich auf Weiden in der Nähe der Flüsse auf, frifst diese und Getreidefelder (bes. Hafer und Weizen) kahl, verzehrt Rinde und junge Zweige der Obstbäume, geht nicht an Alfalfa, aber an Zuckerrübe. Selbst die zum Schutze über Kulturen gedeckten Leinen- und Baumwolletücher wurden verzehrt und sogar Menschen und Tiere (besonders Pferde) angefallen. Die wenig springenden Jungen sind mit Hopperdozers nicht zu bekämpfen, wohl aber mit Fangsäcken usw. Bei einer Epidemie in Idaho vermehrten sich die von ihnen lebenden Kröten zu Millionen. Eine Pilz- oder Bakterienkrankheit vernichtet oft einen grofsen Teil der Heuschrecken; die Tiere werden träge, färben sich dunkel, der Inhalt zerfällt in schlüpfrige braune Masse.

Oedaleus Fieb.

Grün oder grau; Flügel an der Basis weifslich oder gelb; Hintertibien blutrot oder blau. Scheitel zwischen den Augen oder vorne stumpf gekielt. Flügel mit dunkler Querlinie.

Oed. marmoratus Thunb. Männchen 25—27, Weibchen 36—47 mm lang. Weit verbreitet in der orientalischen und äthiopischen Region; Australien. Wird in Indien[5] zugleich mit anderen Arten derselben

---

[1] Science Vol. 21, 1893, p. 133.
[2] Ibid. p. 245—246.
[3] Rep. Rocky Mountain Locust 1877, p. 688; Coquillett, Rep. Entom. 1885, p. 306; Simpson, U. S. Dept. Agric., Div. Ent., Circ. 53, 1903.
[4] Telles-pizarro, Commiss. parasit. agric. Mexiko, Circ. 47, 1906; Ausz.: Zeitschr. wiss. Insekt. Biol. Bd. 3, S. 136.
[5] Cotes, Ind. Mus. Notes Vol. 2, p. 170—171, Vol. 3, Nr. 5, p. 72, Vol. 5, p. 89—90.

Gattung schädlich an Zuckerrohr, Pennisetum typhoïdeum, Pinus longifolia usw.

Oed. subfasciatus de Haan[1]) (manilensis Meyen): beträchtlich schädlich auf Manila, Luzon und Timor.

Oed. senegalensis Krauß schadet neuerdings ernstlich in Ostaustralien[2]), indem er auf den Weiden das Gras abfrißt, das beste und zarteste zuerst.

Pachytilus Fieb.

Scheitelgruben dreieckig, flach, undeutlich, unmittelbar an die Augen stoßend. Mittelkiel des Halsschildes deutlich, in der Mitte eingekerbt; Seitenkiele fehlen. Flügel ohne Querbinden. Hinterschenkel oben fein gesägt. Größere Formen, nur in der alten Welt. Die Pachytilus-Arten bevorzugen Gräser und Getreide und gehen nur im Notfalle an die Bäume.

P. sulcicollis Stål[3]) (capensis Sauss. = (de)vastator Licht.). **Südafrikanische Wanderheuschrecke, brown locust.** Gelbbraun. Brust spärlich behaart. Hinterschenkel nicht oder undeutlich gesägt. 36—47 mm lang. Tropisches und Südafrika. Sie scheint aus den Steppen und Wüsten von W. Griqualand, der Karoo und der Kalahari nach Süden zu kommen. Eier werden mehrmals zu je 30—60 in einem Paket und diese oft so dicht nebeneinander abgelegt, daß der Boden siebartig durchlöchert ist; sie schlüpfen nicht nach den ersten Regen im Januar, sondern erst nach den größeren Regenschauern im Februar aus, können aber bei ungenügender Feuchtigkeit jahrelang (z. B. 1854—1861) im Boden liegen. Die von den Buren „*rooi batjes*" (Rotröcke) oder „*voetgangers*" (Fußgänger) genannten Hüpfer beginnen sofort nach dem Ausschlüpfen sich zusammenzuscharen und nach Norden zu wandern; die Erwachsenen setzen diese Wanderung fort. Die Züge werden verfolgt von Schwärmen von Vögeln (besonders *Glareola Nordmanni*) und Fliegen. Erstere sind in ihren ganzen Lebensgewohnheiten an die Heuschrecken angepaßt; letztere vermögen nicht selten ganze Züge zu vernichten, deren Ruheplätze nach ihrem Abzuge von toten Heuschrecken bedeckt sind. Ein Kranich, *Tetrapteryx paradisea*, hackt die Eier aus dem Boden und verzehrt sie. Lounsbury empfiehlt, die Heuschrecken als Futter für die Straußenfarmen zu trocknen. Nach Kannemeyer[4]) überträgt diese Heuschrecke die Maul- und Klauenseuche.

P. migratoroides Reiche[5]). Ähnlich P. migratorius, aber Halsschild in der Mitte stark eingeschnürt, hinten abgerundet; Längskiel in der Mitte tief eingeschnitten. Hinterschenkel schlank. 42—46 mm lang. Indien, Sundainseln, Philippinen, Australien, Neuseeland, Afrika, Abessinien. Sie vertilgen auf den Philippinen oft in wenigen Stunden

---

[1]) Köppen, Schädl. Insekt. Rußlands, S. 96.

[2]) Froggatt, Agric. Gaz. N. S. Wales Vol. 18, 1907, p. 539—541, 1 Pl.

[3]) Barber, Trans. S. Afric. philos. Soc. Vol. 1, 1880, p. 193—218; 3d Rep. Rocky Mountain Locust, Appendix p. 68—72, 1883; Lounsbury, Reports Governm. Entom. Cape of Good Hope 1903 ff., Agric. Journ. Cape of Good Hope 1903 ff.; Simpson, Transvaal agric. Journ. Vol. 4, 1905, p. 181—184, 2 Pls.; Vosseler, Pflanzer Bd. 3, 1907, S. 110—112.

[4]) s. S. 153.

[5]) Froggatt, Agric. Gaz. N. S. Wales Vol. 1, 1890, p. 287 ff, Pl. 5; Mitford, Proc. zool. Soc. London 1894, p. 2; Staxton, Bull. Philippine Weather Bureau for Aug. 1903, p. 223, Ausz.: Zeitschr. wiss. Insekt. Biol. Bd. 1, 1905, S. 318—319.

alles Grün der Kokospalmen, die diese Schädigung erst nach mehreren
Jahren überwinden. — Die var. capito Sauss. wird als „*Volala*“ auf
Madagascar schädlich; *Corvus scapulatus* und *Milvus aegyptiacus* stellen
ihr nach.

P. migratorius L. (Fig. 135, 136). **Europäische Wanderheuschrecke**[1]). Halsschild flach, vorn und hinten stumpf, in der
Mitte seitlich eingeschnürt; sein Mittelkiel schwach erhaben, von der
Seite gesehen fast gerade, in der Mitte etwas eingekerbt. Olivengrün,
gelblich, bräunlich. Unterseite der Brust weiß behaart. Flügel farblos,
mit schwach bräunlicher Spitze. Hinterschenkel grünlichgelb oder

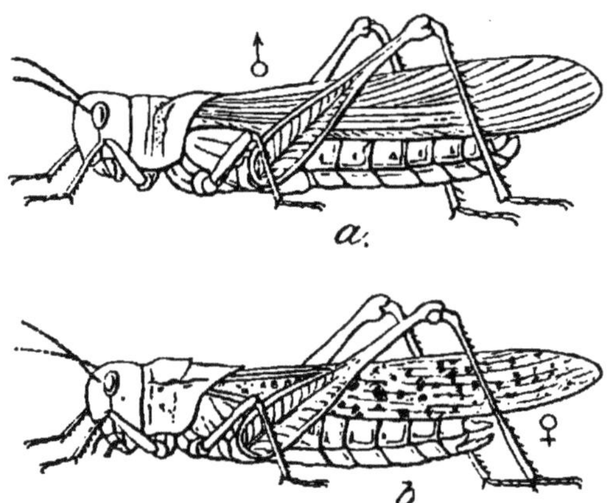

Fig. 135. *a* Pachytilus migratorius, *b* Pachytilus
cinerascens (nach Houlbert: nat. Gr.).

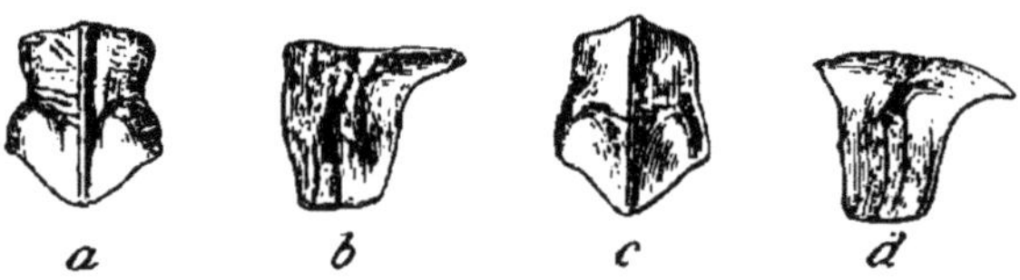

Fig. 136. Halsschilde von Pachytilus migratorius (*a*, *b*),
und Pachytilus cinerascens (*c*, *d*), von oben und von der Seite (nach Stein).

gelblich, innen schwarz gefleckt, oben schwach gesägt; Hinterschienen
gelb. Männchen 35—49, Weibchen 40—55 mm lang. Heimat: südöstliches Europa, auf den Sandinseln der Mündungen der grofsen kaspischen und pontischen Flüsse; Turkestan, an den jetzigen und früheren
Ufern des Schwarzen Meeres, des Kaspischen und Aral-Sees. In
Deutschland nur bei Schaffhausen ständig in kleinerer Lokalform vorkommend. Flieht die Gebirge. Die nördliche Grenze soll nach
Köppen[2]) mit der Juni-Isotherme von 16° R „recht genau“ zusammen-
fallen.

— —

[1]) S. bes. Gerstäcker, A., Die Wanderheuschrecke (Oedipoda migratoria L.)
Berlin, Wiegandt, Hempel und Parey, 1876, 8°, 69 S., 2 kol. Taf. Hier sind P.
migratorius und cinerascens nicht auseinandergehalten.
[2]) l. c. p. 103, 108.

P. cinerascens Fab. (danicus L.). (Fig. 135. 136). Sehr ähnlich voriger[1]), aber Halsschild an beiden Seiten dachförmig abfallend, vorn und hinten zugespitzt, in der Mitte kaum oder nicht eingeschnürt. Mittelkiel stark erhaben, von der Seite gesehen etwas konvex, in der Mitte eingekerbt. Mehr grünlich als vorige. Hinterschenkel oben stark gesägt. Hinterschienen hellrot. Männchen 31—37, Weibchen 40—60 mm lang. Heimat: Küsten des Mittelmeeres, Schweiz, Kanaren, Deutschland, Belgien, Syrien, Japan, China, Indien, die asiatischen Inseln, Afrika und die benachbarten Inseln von den Kanaren bis zu Mauritius. Australien, Neuseeland und Polynesien.

Die beiden letztgenannten Heuschrecken werden in den Berichten über Heuschreckenplagen fast nie auseinandergehalten und meist einfach als P. migratorius bezeichnet, ebenso wie häufig auch P. migratorioides unter diesem Sammelnamen verstanden wird. Es ist daher nur selten möglich, zu ersehen, welche Art gemeint ist, und wir müssen sie gemeinsam behandeln, die Artangehörigkeit da angebend, wo dies möglich ist.

Die Brutstellen von migratorius bilden die erhöhten sandigen Stellen in den Moor- und Sumpfgebieten ihrer Heimat; cinerascens liebt nach Sajó[2]) feuchte, üppig mit Gras bewachsene Mulden. Die Eiablage findet von August bis in Oktober statt, am liebsten in festen, jungfräulichen Boden, 4—5 cm tief. Ende April und im Mai schlüpfen die Jungen aus, die im Juli bis August erwachsen sind. Jedes Weibchen legt drei bis vier Eierpakete mit je 50—100 Eiern. Gegen Kälte sind diese sehr widerstandsfähig; sie sollen etwa — 32° ertragen. Um so empfindlicher sind sie gegen Luft, Licht und Nässe, daher sie nach Montandon[3]) in Massen zugrunde gehen, wenn im Winter die Winde die Eier auf den Dünen des Donaudeltas freilegen. Die Jungen beginnen nach der zweiten Häutung zu wandern. Sie fressen vorwiegend nachts, zuerst nur zarte Pflanzenteile, wie den weichen Teil der Ähren von Getreide und Gräsern und Weidekräuter. Nach der ersten Häutung beifsen sie die Halme unterhalb der Ähre durch, fressen ein Stück abwärts und gehen dann an eine andere Pflanze über, so dafs sie in kurzer Zeit viele Pflanzen zerstören.

Die Erwachsenen fressen alles, aufser Gramineen besonders gern Schilf; ferner Gemüse, Feldfrüchte, das Laub der Reben und der Bäume (Obstbäume, Eichen, Eschen und Akazien, ja sogar Kiefernkulturen). Im Hunger haben sie sogar schon das Reeth der Dächer, zum Trocknen aufgehängte Wäsche und Schiffssegel benagt.

Die Geflügelten dringen auf zwei Wegen in Westeuropa ein. Der eine führt von Südrufsland über Polen, Galizien nach Schlesien, Brandenburg usw., der andere von den unteren Donauländern über Siebenbürgen, Ungarn, Österreich, Bayern, Schweiz nach Südfrankreich oder Deutschland, England oder Schweden. Sie legen diese Strecken natürlich in Etappen zurück, überall Eier legend. Je weiter dabei die Züge vordringen, um so mehr nehmen sie an Ausdehnung ab, lösen sich in immer kleinere Flüge und zuletzt in Individuen auf.

------

[1]) Die Unterschiede werden am besten auseinandergesetzt von Stein. Deutsch. ent. Zeitschr. Bd. 22, 1878, S. 233—236, 4 Fig.

[2]) Zeitschr. Pflanzenkr. Bd. 5, 1895, S. 361.

[3]) Bull. Soc. Sc. Boucarest Ann. 9, 1900, p. 462—472.

Am meisten bedroht sind immer Südrufsland und Rumänien; doch sind die Wanderscharen schon öfters bis nach Belgien, Grofsbritannien und Schweden vorgedrungen. Rückflüge finden nicht statt.

Ob auch Flüge nach Osten hin, nach China und Japan stattfinden, ist nicht mit Sicherheit zu sagen. Einzelne Individuen gelangen sicher so weit[1]).

Die Parasiten dieser Heuschrecke wurden namentlich von Rossikow[2]) studiert. Er fand neun Fliegen: *Sarcophaga dalmatina* Schin., *lineata* Fall., *Sarcophila latifrons* Fall., *rossikowii* Portsch., *balasogloi* Portsch. und vier unbeschriebene Arten. Sie legen ihre Brut an die Geschlechtsöffnung der älteren Nymphen (vom dritten Stadium an) und Erwachsenen ab, bis zu fünf auf eine Heuschrecke, die nach 3—4 Wochen von den reifen Larven verlassen wird. Allein S. lineata vernichtete einen Heuschreckenschwarm in zwei Wochen. Aufserdem fand Rossikow eine Trombidiide, bis zu 500 auf einer älteren Heuschrecken-Nymphe. Aus seinen Untersuchungen schlofs er, dafs dieser starke Befall die Ursache des Wanderns sei (s. S. 156).

Bei der Bekämpfung hat man in Rufsland[3]) mit Schweinfurter Grün (1 k, 5 k frisch gelöschten Kalk, 500 l Wasser) vorzügliche Erfahrungen gemacht, wenn die Weidegründe der 1—2 Wochen alten Nymphen damit besprengt werden. Je jünger die Nymphen, um so sicherer die Wirkung des Giftes. die etwa 15—18 Stunden nach dem Beginne des Frafses eintritt.

Die Geschichte der europäischen Wanderheuschrecke führt bis in die ersten Jahrhunderte unserer Zeitrechnung zurück. Sie ist schon so oft beschrieben worden, dafs wir uns hier darauf beschränken können, die Einfälle in Europa seit der Mitte des vorigen Jahrhunderts kurz anzuführen, wobei nur bemerkt sein mag, dafs es sich dabei oft um riesige Scharen handelte. die nicht selten ungeheuere Schäden verursacht haben.

1850—51 (Rumänien); 1853, 1856 (Deutschland bis Breslau); 1857 (Schwarzes Meer bis Frankreich, Belgien, Holland, England, Schottland); 1858 (Ungarn); 1859 (Schwarzes Meer, Deutschland, Schweiz, England); 1860—61 (Rumänien, Polen, Galizien); 1864 (untere Donau, England, Schottland); 1873—76 (Deutschland; nach Stein[4]) P., cinerascens); 1879—80 (Südrufsland, Kaukasus); 1887 (Preufsen bis Deutsch-Krone, wahrscheinlich P. cinerascens); 1889 (Hinterpommern); 1905 (Italien: beide Arten).

Auch hier ist von einer Regelmäfsigkeit in dem Auftreten der Heuschrecken nichts zu merken; doch will Köppen[5]) einen Zusammenhang mit den Sonnenflecken in einer russischen Arbeit wenigstens wahrscheinlich gemacht haben.

Dissosteira Scudd.

Mittelkiel des Halsschildes deutlich; Seitenkiele von Querfurche unterbrochen, oft davor verschwindend. Letztes Drittel der Flügel-

---

[1]) Betr. Japan s. Rehn, Proc. Acad. nat. Sc. Philadelphia Vol. 54, 1902, p. 634.
[2]) Original russisch; Ausz.: Zool. Centralbl. Bd. 6, 1899, S. 651—653.
[3]) Zwei russische Arbeiten von Rossikow u. Pogibko; Ausz.: ibid. Bd. 8, 1901, S. 63—64.
[4]) l. c.
[5]) l. c. p. 108—109.

decken häutig; Unterflügel gefleckt, nicht gebändert. — Nordamerika, Südafrika.

D. longipennis Scudd. **Long-winged locust**[1]. Heimat die Hochebenen des Felsengebirges in Nebraska, Kansas, Wyoming, Colorado, Neu-Mexiko usw. Vorwiegend auf trockenen, sandigen Hügeln mit spärlichem Pflanzenwuchse; frifst fast nur Gräser. Im Juli 1891 haben sie in Südcolorado Eisenbahnzüge aufgehalten und die Nymphen die Weiden so kahlgefressen, dafs die Schafe keine Nahrung fanden. An Kulturpflanzen schadeten sie wenig. Schweine, Hühner, Truthühner und Habichte frafsen sie.

D. carolina L. Überall in den Vereinigten Staaten, aber mehr im Osten als jene. Auf sandigem Boden. Folgt der Zivilisation; selten gröfseren Schaden tuend.

Oedipoda Latr.

Stirngrübchen dreieckig oder eiförmig. Halsschild rauh, oft warzig, Hinterrand spitzwinkelig; Mittelkiel erhaben, von Querfurche tief eingeschnitten. Hinterflügel grell bunt.

Oed. coerulescens L. Gelbbraun. Flügeldecken mit drei dunklen Querbinden. Flügel blau mit breitem, schwarzem Querbande. Hinterschienen bläulich, mit gelbem Ringe unter dem Knie. Männchen 15—22, Weibchen 22—28 mm lang. — Mittel- und Südeuropa, Syrien, Afrika bis Zansibar. In Italien schädlich am Maulbeerbaum, in Italien und Dalmatien an Tabak.

Eremobia Serv.

Hinterleib mit Mittelkante, der zweite Ring an den Seiten mit rauher Platte. An äufserer, oberer Kante der Hinterschienen ein Enddorn.

Er. muricata Pall. Tritt in Rufsland gelegentlich verheerend auf[2].

Brachystola Scudd.

Halsschild von hinten nach vorn verengt, scharf gekielt, hinten abgestumpft; die Seitenlappen verengen sich nach unten rasch. Decken seitlich, Flügel rudimentär.

Br. magna Gir. **Buffalo Grashopper.** In den Ebenen des westlichen Nordamerika. Zerstört öfters in S. W. Texas die Baumwolle.

Pyrgomorphinen.

Kopf kegelförmig; Scheitel zwischen den Augen vorspringend, vorn begrenzt durch die flachen, sich vorn berührenden, durch kurze Längsfurchen getrennten Stirngrübchen. Stirne sehr stark zurücklaufend. Halsschild flach, mit scharfer, spitzer Hinterecke. Deckflügel sehr schmal und spitz, ebenso wie die Flügel manchmal rückgebildet. — Vorwiegend in den wärmeren Gegenden der Alten Welt.

Chrotogonus Serv.

Körper niedergedrückt, in der Mitte breit. Scheitel schmal; Augen länglich. Fühler an der Spitze leicht verdickt. Mittelkiel des Hals-

---

[1] Riley, Ins. Life Vol. 3, 1891, p. 438; Bruner, ibid. Vol. 4, 1891, p. 18—19; Popenoe, ibid. p. 41—46.
[2] Portschinsky, russ. Arbeit; Ausz.: Zool. Zentralbl. Bd. 2, S. 285—286.

schildes unterbrochen, oft undeutlich: auf seinem Vorderlappen jederseits drei niedergedrückte Höcker.

Chr. hemipterus Schaum. (Fig. 137). Lehmgelb, Brust lichtgelb
mit acht schwarzen Punkten. Stirnschwiele schmal und scharf, von tief
eingedrückter Längslinie durchzogen. Fühlerspitze schwarz. Hinter-
lappen des Halsschildes rauhhöckerig. Flügeldecken schuppig, lehmgelb,
hinten zugespitzt, sich nicht berührend, kürzer als Halsschild oder
fehlend. Flügel ganz rudimentär. 20 mm lang.

Fig. 137. Chrotogonus
hemipterus Schaum. (nat. Gr.).

Ostafrika. Bei Amani[1]) fast das ganze Jahr
hindurch schädlich, indem sie auf den Saatbeeten die Keimlinge von Krautpflanzen abfressen. Nur einzelne Imagines geflügelt; die
meisten mit rudimentären Flügeln. Seifenlösung und Markasol halfen nur wenig. Wo
Hühner freien Lauf hatten, gingen sie zurück.

Chr. trachypterus Blanch. Rauh, erdfarben. Männchen 13,
Weibchen 19 mm lang. In Ostindien[2]) recht schädlich an den verschiedensten Keimlingen, wie von Indigofera tinctoria, Phaseolus
radiatus, Pennisetum typhoïdeum, Sesamum indicum, Vigna Catjang,
Papaver somniferum, Luzerne, Tabak usw., auch an jungen Korn-
und Weizenfeldern. Sie beißt die jungen Keimlinge ab, so wie sie
erscheinen.

Atractomorpha Sauss.

Spindelförmig, lang. Kopf kegelförmig. Halsschild oben flach,
mit deutlichen Seitenkielen, vorn abgestumpft, hinten stumpf zugespitzt.
Flügeldecken scharf zugespitzt. Beine schlank. — Afrika, Asien,
Australien.

A. crenulata Fabr. Grün, heller gefleckt. Flügel an der Basis
rötlich. 24—35 mm lang. Ceylon, Burma, Java. — In Indien[3]) recht
schädlich an Sämlingen von Tabak und Kompositen, auf Java[4]) an
Zuckerrohr.

Zonocerus Stål.

Gestalt annähernd zylindrisch. Scheitel wenig vorstehend. Fühler
fadig, mit mehreren längeren Gliedern. Halsschild glatt, hinten stumpf
oder gerundet, ohne Kiele. Vorderschenkel und Hintertibien gegen
die Spitze zu erweitert. — Afrika.

Z. elegans Thunb. **Bunte Stinkschrecke**[5]). (Fig. 138). Brustrücken gelb bis olivengrün, Hinterleib schwarz und gelbweiß bis bläulich geringelt, Kopf und Beine gelb und schwarz gezeichnet, Fühler
schwarz und rot geringelt. Flügel dunkelrot oder graugrün mit hellem
Geäder, fast so lang als der Körper oder wenig über 1 cm lang, zugespitzt, nicht zusammenstoßend. 40—45 mm lang. Nymphen gelb und
schwarz längsgestreift, mit weißen Punkten gesprenkelt. — Zwischen

<hr>

[1]) Vosseler, Ber. Land- u. Forstwirtsch. Deutsch-Ostafrika Bd. 2, 1905/06,
S. 240—241, 502.
   [2]) Cotes, Ind. Mus. Notes Vol. 2, 1893, p. 170; Maxwell-Lefroy, Mem. Dept.
Agric. India, Vol 1, 1907, p. 118, fig.
   [3]) Cotes, Ind. Mus. Notes Vol. 3, 1895, p. 21.
   [4]) Zehntner, Arch. Java Suikerind. Afl. 10, 1897.
   [5]) Vosseler, verschiedene Berichte in dem Pflanzer, Amani, und in den Ber.
Land- u. Forstwirtsch. D. O. Afrika.

dem zweiten und dritten Hinterleibsringe sondert sie beim Erfassen eine klare, widerwärtig riechende Flüssigkeit in starkem Strahle nach oben oder vorn ab. — Ostafrika. — Ursprünglich vorwiegend auf Unkräutern lebend, entblättern die Stinkschrecken doch oft Bäume in der Steppe, wobei ihre Exkremente wie ein Regen herabrieseln. Im Walde und in den Versuchsgärten von Amani fraßen sie wilden, grofsblätterigen Pfeffer, Eucalyptus, Cryptomeria, Canna, Rosen usw. In den Plantagen schaden sie an Gemüse und gehen nach dem Ausjäten des Unkrautes namentlich an Kaffee und Manihot Glaziovii (Setzlinge und ältere Pflanzen) über, hier zuerst die Blätter fressend, dann Blüten und Früchte benagend und gelegentlich auch Knospen vernichtend. Im Oktober treten die jungen Hüpfer auf, oft in Mehrzahl beisammen: im Januar zeigen sich die ersten Geflügelten, Ende März verschwinden sie nach der Eiablage. Ursprünglich leben sie einzeln, doch haben sie sich in den Kulturländern stellenweise derart vermehrt, dafs sie der Wanderheuschrecke an Schaden ebenbürtig wurden. Blauraken, Störche und Raubvögel stellen ihnen nach. Solange sie einzeln auftreten, sind die älteren Nymphenstadien einzeln abzulesen: finden sie sich in gröfserer Zahl, so sind sie durch Spritzmittel, Verbrennen mit Fackeln bei Nacht usw. zu bekämpfen. Im Jahre 1906 tötete eine Pilzepidemie die älteren Hüpferstadien zu Tausenden unter den für Empusa charakteristischen Erscheinungen ab.

Aularches Stål.

Körper leicht zusammengedrückt. Fühler lang, mit mehreren verlängerten Gliedern. Halsschild abgerundet, vorspringend; hintere Querfurche

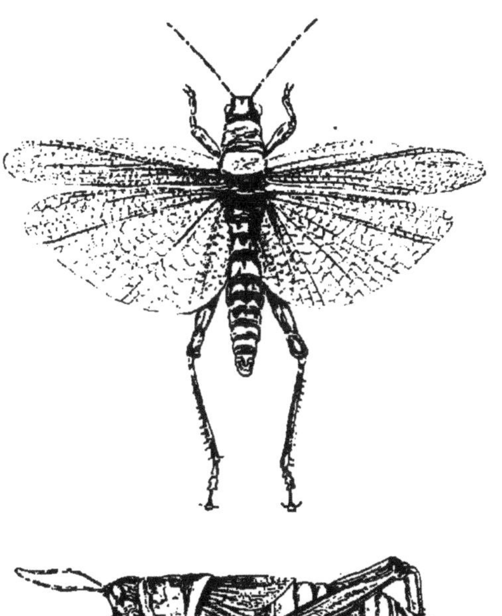

Fig. 138. Zonocerus elegans Thunb. (nat. Gr.).

in der Mitte gelegen; auf Vorderlappen zwei sehr grofse blasige Höcker: zwischen den Furchen konische Höcker. Flügel ausgebildet; Decken mit schwieligen Flecken. — Die meisten Arten in Asien.

A. miliaris L. (Phymateus punctatus Fabr.). **Spotted Locust.** Halsschild fast konkav, hinten breiter als vorn, hinten mit Mittelkiel, am Rande stumpf gezähnt. Olivenbraun, Flügeldecken graubraun mit gelben Flecken. Flügel rauchfarben. Männchen 45, Weibchen 50—56 mm lang. — Himalaya, Bengalen, Ceylon, Java, Cochinchina, Kapland (?). Auf Ceylon[1]) an den verschiedensten Pflanzen schadend, besonders

[1]) WILLIS, Circ. R. bot. Gard. Ceylon, Ser. 1, No. 9, 1898, p. 77—81; s. Zeitschr. Pflanzenkrankh. Bd. 11, S. 41; GREEN, Circ. agr. Journ. R. botan. Garden Ceylon Vol. 3, No. 16, 1906.

an Areca, Kokos, Dadap-, Brotfrucht-, Chinarinde- und Orleansbaum. auch an Kaffee[1]). Kakao und Tee bleiben mehr oder weniger verschont. — In Assam soll diese Heuschrecke 1879 namentlich an Wintersaaten recht schädlich geworden sein[2]). — Die meisten Vögel und Insekten verschmähen sie eines scharfen Saftes wegen; Wildtauben können eine Plage beseitigen dadurch, dafs sie die Eier ausscharren und fressen.

Acridiinen.

Kopf kurz; Stirngipfel nicht vorstehend und unmittelbar in Stirnschwiele übergehend. Ohne Stirngrübchen. Vorderbrust glatt mit zapfenartigem Vorsprunge zwischen den Hüften der Vorderbeine. Brust meist schmal, mit nach hinten stark verlängerten Lappen. Hinterschenkel meist schlank.

Über die ganze Erde verbreitet; in Europa schwach vertreten. Enthält die schädlichsten Arten, besonders die wichtigsten Wanderheuschrecken.

Oxya Serv.

Halsschild zylindrisch, schmal; mit Seitenkielen und Querfurchen. deren letzte nahe dem Hinterrande verläuft. — Ostasien.

O. velox Fabr. Gelblich, Basis der Flügel und Hinterschienen grün. In Gröfse und Farbe sehr variierend. — Ganz Ostasien, von Ceylon bis Neuguinea und Philippinen. — In Indien mehrfach schädlich geworden, indem sie verschiedene Feldfrüchte, besonders Baumwolle. Mais und Reis abfrafs, sobald sie über der Erde erschienen[3]). Auf Java an Zuckerrohr.

O. flavo-annulata Stål. Frifst auf Java und Sumatra die jungen Blätter und Zweige und die Fruchtschalen des Kaffees ab[4]).

Hieroglyphus Krauſs.

Kopf ziemlich dick. Querfurchen des in der Mitte eingeschnürten Halsschildes sehr tief. Hinterschenkel mit keinem oder ganz stumpfem Endzahne. Äufsere Genitalorgane charakteristisch gebildet. — Vorwiegend afrikanisch.

H. furcifer Serv. Grünlich. Gezähnelte schwarze Linien an Vorderbrust. Hintertibien blau. Männchen 23—36, Weibchen 36—50 mm lang. — Gewöhnlich langflügelig; gelegentlich kurzflügelig. — Häufig in Indien[5]), besonders in feuchten Grasländereien, von denen sie auf Kulturpflanzen übergehen. Eiablage im September; im Juni bis August schlüpfen die Jungen aus. Nicht wandernd. Fast ununterbrochen schädlich an den verschiedensten Kulturpflanzen, wie: Reis, Mais, Panicum miliare, Andropogon sorghum, Pennisetum typhoïdeum, Zuckerrohr, Phaseolus aconitifolius, Sesamum indicum usw. Für gewöhnlich schneiden die Heuschrecken die jungen Blätter und Triebe ab, daher

---

[1]) Nietner, J., The coffee tree and its enemies; 2ᵈ ed. Colombo 1880, p. 17.
[2]) Cotes, Ind. Mus. Notes Vol. 2, p. 171—172, 1893.
[3]) Cotes, Ind. Mus. Notes Vol. 3, No. 5, p. 73; Vol. 4, p. 30.
[4]) Koningsberger, Med. s'Lands Plantentuin, No. 22, 1898, p. 33.
[5]) Cotes, Ind. Mus. Notes Vol. 2—6; Maxwell-Lefroy, Mem. Dept. Agric. India Vol. 1, 1907, p. 120, fig. 3, 4; Indian Insect Pests p. 119—121, figs. 135—138.

sie von den Eingeborenen „*kata*" (= cutter) genannt werden; doch
holen sie an Reis auch die unreifen Körner, wie sie überhaupt zu
dessen Hauptfeinden gehören.

Heftige Regen töten die Hüpfer.

Acridium Geoffr. [1]).

Halsschild dachförmig, ohne Seitenkanten; Mittelkante von drei
Querfurchen unterbrochen. Flügel länger als Körper, die hinteren
farblos. Obere Kante der Hinterschenkel fein gezähnelt. Hinterschienen
mit zahlreichen Stacheln, aber ohne Enddorn. Raife des Männchens
schlank, zugespitzt; desgleichen die Subgenitalplatte. — Altweltlich.

A. aegyptium L. (= tartaricum auct. nec. L. = lineola Fabr.).
Rötlich- bis graubraun, Fühler dunkel. Mittelkiel des Halsschildes
stark hervortretend, rostrot. Flügeldecken braun gesprenkelt. Flügel

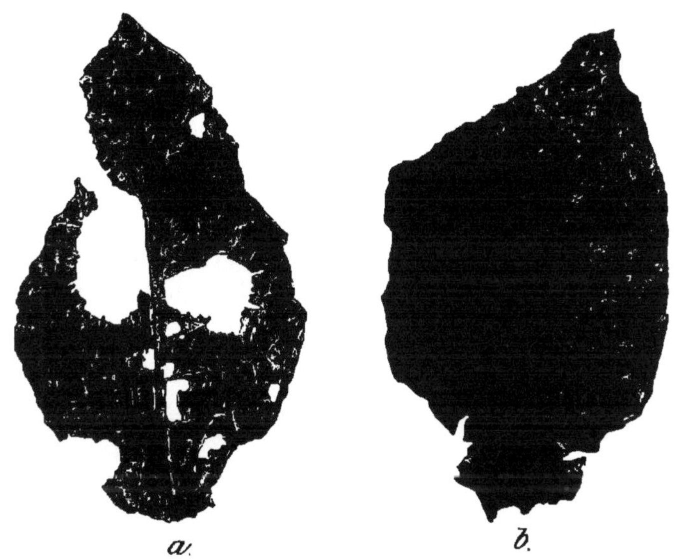

Fig. 139. Frafs von Acridium aegyptium an Tabaksblättern (verkl.).
a Frafs der Nymphen. *b* Frafs der Erwachsenen (nach Preissecker).

glashell mit breiter, rauchbrauner Querbinde. Hinterschenkel oben mit
drei braunen, verwaschenen Flecken, unten rot; Hinterschienen schmutzig
blau mit weifsen, schwarzspitzigen Dornen. Brust dicht behaart.
Männchen 30—50, Weibchen 50—68 mm lang. — Heimat das Mittelmeergebiet: von hier aus verfliegt sie sich nach Norden bis Deutschland
(Erlangen), nach Osten bis in die Kirgisensteppen. Wandert nicht.
In Afrika nur in den nördlichen Küstenländern. Nach Europa wird
sie öfters mit italienischem Frühgemüse [2]), algerischem „Pflanzenhaar"[3])
usw. verschleppt. In Istrien sehr häufig die Küste entlang und in den
Niederungen im Buschwald, besonders auf Quercus pubescens [4]). In Dal-

[1]) Finot, Ann. Soc. ent. France T. 76, 1907, p. 247—354, figs.
[2]) S. u. a. Ludwig, Zeitschr. Pflanzenkr. Bd. 13, 1903, S. 211.
[3]) Kräpelin, Mitt. nat. Mus. Hamburg XVIII, 1901, S. 195.
[4]) Krauss, Sitzungsber. Akad. Wiss. Wien, math. nat. Cl. Bd. 78, 1878, S. 473—478.

matien recht schädlich an den Tabakkulturen[1]), weniger durch ihre Menge als durch die Entwertung des Tabaks (Fig. 139); sie zieht die besten Mutter- und Spitzenblätter den substanzärmeren Sandblättern vor. Die Hüpfer fressen unregelmäfsige Löcher in die Blätter, die Erwachsenen grofse Stücke derselben vom Rande aus ab, oft den Frafsort wechselnd; am häufigsten in und bei Weinbergen und dichtem Gebüsche. Auch in Italien an Tabak auf gleiche Weise schädlich. Wie weit diese Heuschrecke an den von SOLIER[2]) und KEFERSTEIN[3]) berichteten Schäden bei Marseille bzw. im ganzen Mittelmeergebiete beteiligt war, ist aus der Literatur nicht zu entnehmen, zumal Letzterer sie nicht nur mit der „ägyptischen Wanderheuschrecke", Schistoc. peregrina, sondern auch noch mit Calopt. italicus zu verwechseln scheint. — Als Parasiten züchtete RIBAGA[4]) *Acemyia acuticornis* Meig.

A. aeruginosum Stoll. Rötlich. Fühler hell gelbbraun. Halsschild und Flügeldecken rostbräunlich; vom Kopfe bis über die Mitte der Flügeldecken zieht ein breiter gelber Streifen in der Mittellinie. Halsschild flach, mit schwachem Kiele; an den Seiten je ein grofser, vorn dunkel eingefafster gelber Fleck. Flügeldecken mit grofsen braunen Flecken. Beine gelblich bis graugrünlich; die Dornen der Hintertibien von derselben Farbe. 40—60 mm lang. — Ostafrika, Tataroi, Ostindien, hier öfters mit anderen Arten zusammen schadend[5]).

A. melanocorne Serv. Einförmig rotbraun. 45—75 mm lang. Stellenweise sehr schädlich an verschiedenen Früchten in Indien[6]), an Mais und Kaffee auf Java, an Erythrina auf Ceylon und Java[7]).

A. succinctum Oliv. **Bombay locust**[8]). Die Erwachsenen zuerst braun mit gelben Streifen auf Nacken und Flügeln. Während der ersten Wanderzeit werden sie leuchtend rot, in einigen Distrikten bleich; zur Paarungszeit färben sie sich dunkler, braun bis fast schwarz mit gelben Streifen. Männchen 59—68, Weibchen 74—80 mm lang. Heimat die Wälder des Ghatgebirges. Von hier fliegen sie Ende März und im April nach den offenen Ländereien Bengalens in grofsen Scharen, die sich Ende Mai zerstreuen. Mit der Regenzeit, Anfang Juni, beginnt die Fortpflanzung und dauert bis Mitte Juli; dann sterben die Alten. Die in feuchtes Brachland abgelegten Eikapseln enthalten je 100—120 Eier, aus denen nach sechs Wochen die Jungen ausschlüpfen. Nach sieben bis acht Häutungen erhalten sie im Oktober die Flügel. Anfangs ziehen die Schwärme unregelmäfsig umher. Mit der Geschlechtsreife vereinigen sie sich zu immer gröfseren Massen, die auch immer entschiedener die Richtung von Nord nach Süd einschlagen. Ende November und im Dezember kehren sie wieder in die Wälder des Ghats zurück. Nährpflanzen sind: *Andropogon sorghum, Cajanus indicus,*

---

[1]) PREISSECKER, Ein kleiner Beitrag zur Kenntnis des Tabakbaues im Imoskaner Tabakbaugebiet. Sond. Abdr. aus: Fachl. Mitt. k. k. österr. Tabakregie, Wien 1905, Hft. 1, S. 10—13, Fig. 52—59.

[2]) Ann. Soc. ent. France T. 2, 1833, p. 486—489.

[3]) Stettin. ent. Zeitg. Bd. 4, 1843, S. 184 ff.

[4]) Bull. Ent. agr. 1902, No. 8; Richtigstellung durch P. SPEISER: Zeitschr. wiss. Ins. Biol. Bd. 1, 1905, S. 480.

[5]) COTES, Ind. Mus. Notes Vol. 3, div. loc.; MAXWELL-LEFROY, Ind. Ins. Pests p. 113.

[6]) COTES, ibid. Vol. 2—4.

[7]) KONINGSBERGER u. ZIMMERMANN, Med. s'Lands Plantentuin No. 44, 1901, p. 78—80, Pl. 3, fig. 4—8.

[8]) MAXWELL-LEFROY, H., The Bombay Locust. Mem. Dept. Agric. India, Ent. Ser., Vol. 1, No. 1, 1905, p. 1—112, 12 Pls., 1 Map.

Pennisetum typhoïdeum, Zuckerrohr, Mango- und *Citrus*-Bäume, Kokosnuſs und andere Palmen, *Eleusine coracana* usw. Nicht gefressen wird Baumwolle. Als Feinde führt MAXWELL-LEFROY an: Affen, Erdeichhorn (beide nicht von groſser praktischer Bedeutung), Krähen, Rosenstar, Fliegen, *Trombidium grandissimum*; die Eier werden parasitiert bzw. gefressen von einer unbekannten Made, einer Enchytraeide[1]), *Scelis indicus*, Ashm. (Ichneumonide), und von Krähen.

Bekämpfung: Die Hüpfer werden mit Schleppnetzen gefangen oder vergiftet. Die Natalmischung und Arsenik wurden verschmäht; Bleiarsenat hatte guten Erfolg, ist aber für das Vieh zu gefährlich. Bespritzung mit Petroleum erwies sich als sehr wirksam. Die Erwachsenen lassen sich abends in Baumländer treiben und übernachten hier in Massen auf den Bäumen; man schüttelt sie frühmorgens herab und schlägt sie mit Reiserbesen usw. tot.

A. purpuriferum Walk. **Natal locust**[2]). Die Heuschrecke überfällt von Zeit zu Zeit (1870, 1894—96, 1899 ff.) Natal, seltener das Kapland, in ungeheueren Schwärmen. Im August kommen die ersten aus Süd, im November und Dezember fliegen die Hauptmassen in das Land. von Nord nach Süd, um hier, auf dem „veldt“, bis zu 5000 Fuſs Höhe, Eier zu legen. Nach einem Monat schlüpfen die Jungen aus, nach drei Monaten sind sie erwachsen. Der Schaden war namentlich bei den letzten Invasionen ganz ungeheuer. Die Bekämpfung durch die „Natalmischung“[3]) beschränkt sich auf die Hüpfer. — Merkwürdig ist, daſs, während das Laub der Orangenbäume sehr gern gefressen, das der Mandarinen, ebenso übrigens das auch von Tee, verschmäht wird.

BLACK[4]) beschreibt eine 1896 stark grassierende Pilzkrankheit, *Mucor locusticida* Lindau[5]). Ansteckung gelang sehr leicht mit Reinkulturen, durch Überstreuen der gesunden mit pulverisierten toten Heuschrecken und durch Verfütterung.

Schistocerca Stal.[6])

Unterscheidet sich von Acridium durch die stumpfen, plattenartig zusammengedrückten Raife des Männchens, durch die an der Spitze dreieckig ausgerandete Subgenitalplatte und das Fehlen des Zahnes an den unteren Klappen der Scheide beim Weibchen.

Etwa 45 Arten, die alle der neuen Welt angehören mit Ausnahme der erstgenannten[7]).

Sch. peregrina Oliv. Ägyptische Wanderheuschrecke[8]) (Fig. 140). Halsschild vorn deutlich eingeschnürt, hinten erweitert; Vorderrand

---

[1]) Vielleicht *Henlea lefroyi* n. sp.; BEDDARD, Proc. zool. Soc. London 1905, Vol. 2, p 562—564.

[2]) SIMPSON, Transvaal agr. Journ. Vol. 4, 1905, p. 181—184, 1 Pl.; FULLER, Bull. 60, U. S. Dept. Agric., Bur. Ent , 1906, p. 171—174; LOUNSBURY, Rep. 1906, p. 86—87.

[3]) Nach Aussage der Farmer soll diese geringe Bedeckung der Pflanzen mit Arsenik auf das Weidevieh günstig wirken.

[4]) Trans. S. Afric. philos. Soc. Vol. 9, 1898, p. 68—80.

[5]) LINDAU, Notizbl. bot. Gart Mus. Berlin Bd. 26, 1901, S. 119—127, Tab. 1.

[6]) KÜNCKEL d'HERCULAIS, C. r. Acad. Sc. Paris T. 131, 1900, p. 958—960.

[7]) Ganz neuerdings faſst man übrigens wieder die hier genannten Arten als identisch, mit der Heimat Südamerika auf. S. KARNY, Berlin. ent. Zeitschr. Bd. 52, 1907, S. 33.

[8]) Die wichtigste Literatur über diese Art dürfte folgende sein: BRONGNIART, A., verschiedene Arbeiten in den C. r. Acad. Sc. Paris u. anderen französischen Zeitschriften, 1891—1892; KÜNCKEL d'HERCULAIS, J. desgl. 1891—1896; COTES, E. Journ.

kaum vorgezogen, flach, mit tiefen Querfurchen; von den Längskielen
ist nur der mittlere durch eine helle Linie schwach angedeutet. Brust
unten behaart. Raife des Männchens an der Spitze abgerundet. Männchen 46—55, Weibchen 57—60 mm lang. — Die Färbung wechselt sehr.
Die Hüpfer sind zuerst grünlichweifs, werden dann dunkler bis fast
schwarz, nach der ersten Häutung rosenrot bis zitronengelb mit schwarzer
Zeichnung. Die Erwachsenen sind nach der letzten Häutung zuerst
rosafarben, werden dann rot, gelbbraun, braungelb, zuletzt, mit der Er-
langung der Geschlechtsreife, im männlichen Geschlechte rein gelb mit
zahlreichen braunen Flecken auf den Flügeldecken, im weiblichen mehr
bräunlich bis bleiartig graulich. Nach jeder Eiablage dunkeln die
Weibchen wieder.

Die Heimat dieser Wanderheuschrecke sind einmal das Innere von
Afrika, die Steppen im Sudan, ferner die Steppen Innerasiens. Von
hier dringt sie einerseits nach Nordafrika, Südeuropa (Spanien, Portugal, Balearen, Korfu, 1869 und 1893 selbst bis England), ferner nach
den Kanaren und Azoren, nach Ost- und Westafrika (Senegal) vor,
andererseits nach Indien, Arabien, Persien, Mesopotamien, Belutschistan.
Sie findet sich gleicherweise auf Hochebenen und in Niederungen.

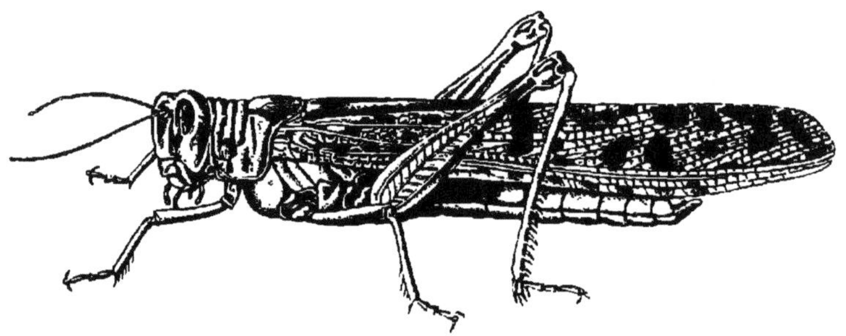

Fig. 140.   Schistocerca peregrina (nach Savigny: nat. Gr.).

Biologisch unterscheiden sich die Schistocerca-Arten von den meisten
anderen Heuschrecken dadurch, dafs sie mehrere Male im Jahre Eier ablegen, Sch. peregrina z. B. nach Vosseler u. A. 2—3 mal, nach Brunner [1])
bis viermal, nach Künckel [2]) sogar bis elfmal. Da jedesmal 40 bis 90 Eier
gelegt werden, könnte ein Weibchen nach Letzterem 5—900 Junge erzeugen. Im Gegensatze zu anderen Heuschrecken liegen hier die
Eier nur 3—4 Wochen in der Erde. Die Jungen beginnen bald nach
der Geburt zu wandern, sie legen nach Vosseler am vierten Tage bereits 1 m in der Minute zurück. Nach 40—50, im Hochlande 60—70
Tagen sind die Heuschrecken erwachsen, nach weiteren 2—4 Wochen
geschlechtsreif.

Die Nahrung bilden in erster Linie Gräser und Getreide; doch
werden auch fast alle Gemüse gern gefressen, auch Bohnen und Kar-

Bombay Soc. nat. Hist. Vol. 6, 1891, p. 224—262, 1 Pl.; Ind. Mus. Notes Vol. 1—6;
The Locust of North Western India, Calcutta 1890; Sander, L., Die Wanderheuschrecken und ihre Bekämpfung in unseren afrikanischen Kolonien, Berlin 1902;
Vosseler, J., Ber. Land-, Forstwirtsch. D. O. Afrika Bd. 2, 1905, S. 291—374,
2 Taf., 2 fig.
    [1]) Verh. zool. bot. Ges. Wien Bd. 41, 1891, Sitz. Ber. S. 82—83.
    [2]) C. r. Acad. S. Paris T. 119, 1894, p. 865.

toffeln, ferner Baumwolle, Indigo, das Laub der Weinrebe. und der
meisten Bäume, schliefslich sogar die Rinde der jüngeren Zweige und
Äste. Nur ungern werden genommen: Flachs, Mais, Tabak, das Laub
der Hesperideen und des Teestrauches; völlig verschont blieben in
Indien Syringen und Rittersporn, am Senegal Eucalyptus. In Indien
schadeten diese Heuschrecken beträchtlich dadurch, dafs sie Tamarisken
und den Babulbaum (Acacia arabica?) ihrer Rinde beraubten; in die
Häuser eingedrungen, verzehrten sie hier sogar die Vorhänge.

Am eingehendsten ist die gewöhnliche Wanderheuschrecke wohl im
französischen N o r d a f r i k a[1]) studiert, wohin sie, meist mit dem Sirokko,
über die Sahara einfällt. Von März bis Juni erscheinen die meisten
Schwärme; in letzterem Monate beginnen sie mit der Eiablage. Von
Zeit zu Zeit Eier legend, fliegen sie weiter nach der Küste zu, die aber
nur von den letzten Resten der Schwärme erreicht wird; die meisten
gehen vorher zugrunde, bzw. fallen ihren Feinden zum Opfer. — Öfters,
z. B. 1866, hatten ihre Invasionen Hungersnot zur Folge. — Als Parasiten züchtete BRONGNIART *Sarcophaga clathrata* und *Ida fasciata*.

O s t a f r i k a[2]) wird seit Urzeiten in gröfseren Zwischenräumen von
den Heuschrecken heimgesucht, die aus den Steppen des Westens und
Südwestens, besonders aus dem Massailande kommen. 1893 überfielen
sie es in solchen Massen, dafs in den nächsten Jahren Hungersnot
unter den Eingeborenen herrschte, desgleichen 1898. November 1903
begann wieder eine gröfsere Invasion in Ostusambara. Zuerst frafsen
die fast genau mit dem Winde kommenden Heuschrecken nur Gras und
Unkräuter, vertrocknete Faserwurzeln und die modernde Rinde von
gerodetem Busche; erst später gingen sie an die anfangs verschmähten
Kulturpflanzen, besonders an Mais und Bohnen über, aber auch an
Linsen, Erbsen, Reis, Bananen und Zuckerrohr, und benagten selbst
Ananas und Palmen. Mit dem Dezember begann die Eiablage; anfangs
März waren die Heuschrecken erwachsen, begannen zu schwärmen und
verschwanden Ende dieses Monats. Aus verschiedenen Beobachtungen
schliefst VOSSELER auf zwei Schwarmzeiten, Juni bis Oktober und November
bis Dezember. An Krankheiten und Feinden erwies sich nur der Heuschreckenpilz von einiger Bedeutung; die der Tiere war gering, am
gröfsten noch die der Vögel, wie Bussarde, Habichte, Marabus, schwarzen
Störche, Sumpfvögel, Perlhühner, Schildkrähen und Hornraben.

In I n d i e n[3]) brechen die meisten Schwärme aus Nordwest, den
Sandwüsten von Sind und Rajputana, den Steppen von Afghanistan,
Belutschistan und Persien, andere aus Süden, dem Solimangebirge, ein.
Die in die feuchten Gegenden Nordost- und Innerindiens gelangenden
Schwärme gehen hier gewöhnlich nach der Eiablage zugrunde; die
in die trockenen Gegenden einfallenden legen mit dem Beginn des
Monsums, Ende März und April zum ersten Male Eier, zum zweiten
Male im Juni und Juli, zum dritten Male im September; die aus letz-
teren auskommenden Jungen fallen der Winterkälte zum Opfer, bevor
sie erwachsen sind. — Auch hier riefen sie öfters, z. B. 1863/1870,
Hungersnot hervor.

Nach der Heimat zurückkehrende Winterschwärme scheinen bei
dieser Schistocerca-Art zu fehlen.

---

[1]) BRONGNIART l. c.; KÜNCKEL d'HERCULAIS l. c.
[2]) SANDER l. c. u. VOSSELER l. c.
[3]) COTES, l. c.

Sch. paranensis Burm. [1]). **Südamerikanische Wanderheuschrecke** (Fig. 141). Unterscheidet sich von der vorigen vorwiegend
durch die an der Spitze ausgerandeten Raife, deren unterer Lappen
der größere ist. Auch ist die gelbe Farbe weniger rein als
bei jener. Insbesondere sind aber die Jungen wesentlich verschieden.
Ihre Heimat bilden wohl die Wüsten Nordargentiniens (Chaco, Santa
Fé, Entre Rios), von wo sie einerseits nach Südargentinien und Uruguay,
andererseits nach Norden, nach Brasilien, fliegen. Während dieser
Flüge unterliegen sie ähnlichen Farbenwandlungen wie die ägyptische
Wanderheuschrecke, so daß man die verschiedenen Stadien früher als
mehrere Arten (*riojana* Weyenb., *autumnalis* Weyenb.) beschrieben hat.
Die Weibchen sollen bis zu achtmal hintereinander je 35—85 Eier legen;
aus diesen schlüpfen nach 25—30 Tagen die Hüpfer, „*saltonas*". Nach
40—50 Tagen sind die Heuschrecken erwachsen („*langostas*") und fliegen
im Juni und Juli wieder nach Norden, der Heimat ihrer Eltern.

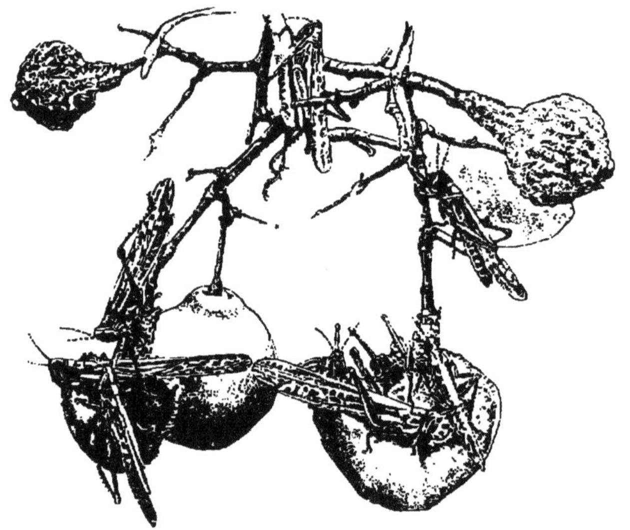

Fig. 141. Fraß von Schistocerca paranensis an Quitten (nach Brunner; verkl.).

1897—98 drangen sie nach Süden bis ins Chubuttal in Patagonien
vor, 1891 über die Anden hinweg, bei Villa Rica in 4000 Fuß Höhe,
nach Chile [2]). Trotzdem in den Schneepässen des Gebirges Millionen
erfroren, kamen doch noch ungeheure Massen nach Chile, wo sie sich
in zwei Züge teilten, deren einer nach Südwest, deren anderer nach
Nordwest zog. Nach einigen Tagen legten sie Eier. Die daraus auskommenden Jungen wurden, noch unerwachsen, vom Winter überrascht
und gingen zugrunde.
    In Brasilien [3]) begann Ende Oktober 1905 eine bis in 1908 an-

---

[1]) Berg, C., Anal. Soc. scient. Argentina T. 9. 1880. p. 275—277 (hier Sch.
peregrina genannt); Conil, P., Bol. Acad. Cienc. Cordoba T. 3, 1882, p. 385—472;
Lataste, F.. Act. Soc. sc. Chile T. 2 1892, p. 204—209.
    [2]) Reed, E., Trans. ent. Soc. London 1893, Proc. p. XXI—XXIV (auch hier
Sch. peregrina genannt).
    [3]) Vorwiegend nach brasilianischen Tageszeitungen; ferner nach Bab, Nat.
Wochenschr. Bd. 14, 1899, S. 2—5.

dauernde Invasion, die sich bis nach Bolivien erstreckte. Eier schienen mindestens zweimal jährlich abgelegt worden zu sein, im September und im November. Im Februar und Mai schien sich eine Rückwanderung der aus den Eiern ausgeschlüpften und inzwischen Erwachsenen nach Süden bemerkbar zu machen.

Die Nahrung bilden in erster Linie Gräser und Getreide, auch Mais, die aber nicht mehr gefressen werden, wenn sie ein bestimmtes Stadium der Reife überschritten haben, Weizen z. B. nicht mehr, wenn er gelb ist. Ferner werden alle Arten Gemüse, Bohnen und Lein, auch Tabak, gern gefressen; aufserordentlich grofs ist der Schaden an Weinreben. Alle Arten von Obstbäumen, auch die Citrus-Arten, werden ihrer Blätter und ihrer jungen Rinde beraubt; Haselnüsse und Edelkastanien scheinen sie vorzuziehen; von Walnüssen und Oliven fressen sie nur die Blätter. Auch an Waldbäumen verzehren sie Laub und Rinde; in Brasilien wurde lokal selbst der Hochwald kahl gefressen. Kaffee wurde zuerst verschmäht, später wurde er aber auch der Blüten, Blätter und selbst Rinde beraubt. Verschont blieben nur Rizinus, Melia azaderach, Gurken, Kürbisse und Cucumis melo; Zwiebeln wurden nur ungern genommen. Mandiok blieb zuerst unberührt; später frafsen die erwachsenen Heuschrecken seine jungen Triebe und gingen daran massenhaft zugrunde.

Der Schaden war zum Teil ein ungeheuerer: in Brasilien wurde 1906 an manchen Stellen die halbe Kaffeeernte vernichtet. In Parana betrug er 1906 etwa 200 Millionen Pesos. In Argentinien hatten die Heuschrecken im Sommer 1906/07 derart alles kahl gefressen, dafs sie massenhaft Hungers starben und die Kadaver von ihren lebendgebliebenen Genossen gefressen wurden. Auch warmblütige Tiere, selbst schlafende Menschen wurden von ihnen angenagt.

Von Feinden führt BERG[1] an: *Mermis acridiorum* Weyenb., *Agria acridiorum* Weyenb. (Sarcophagide) und *Trox suberosus* F., der die Eikapseln verzehrt, so dafs die Eier herausfallen und zugrunde gehen. Ameisen frafsen die Eier und säuberten so ganze Felder von ihnen; Den erwachsenen Heuschrecken stellen Vögel, besonders Geier und Reiher, nach; Rinder und Geflügel verzehren sie; letzteres legt danach aber Eier mit rotem Dotter.

Sch. americana Drury[2]). Mittelamerikanische Wanderheuschrecke. Rötlichbraun; ein hellgelber Mittelstreif von Kopf bis auf Flügeldecken; Seitenlappen gelb mit je zwei schwarzen Längsbinden, dazwischen ein grofser schwarzbrauner Fleck. Hinterschienen gelb oder rot, mit weifsen, schwarz bespitzten Dornen. Männchen 43 mm, Weibchen 52 mm lang.

In Amerika weit verbreitet. Vom 40. Grade nördlicher Breite östlich des Felsengebirges bis Kolumbien im Westen und Argentinien im Osten. Hauptsächlich aber einheimisch in Mittelamerika und den südlichen Vereinigten Staaten. Einzelne Schwärme fliegen gelegentlich weiter nördlich, bis Ontario, wo sie eines Nachts in Menge an das Licht eines Leuchtturmes kamen[3]). Am liebsten in feuchten Ebenen, aber bis auf die höchsten Bergspitzen hinauf.

[1]) Comm. Mus. Nacion. Buenos Aires T. 1, 1898, p. 25—30.
[2]) HOWARD, L. O., Ins. Life Vol. 7, 1894, p. 220—229, 4 figs.; KÜNCKEL d'HERCULAIS, J., C. r. Acad. Sc. Paris T. 132, 1901, p. 802—805; STOLL, O., Mitt. Schweizer. ent. Ges. Bd. 6, 1891, S. 199—211.
[3]) U. S. Dept. Agric., Dis. Ent., Bull. 22, N. S., 1900, p. 106.

Aus Mittelamerika wird nach Stoll schädliches Auftreten schon
aus dem Jahre 1633 berichtet, wo namentlich Indigo und Zuckerrohr
bedeutend gelitten hatten. Seither traten diese Heuschrecken öfters in
unregelmäßigen Zwischenräumen [1] schädlich auf. Vorhanden sind sie
immer, wenn auch nur in geringer Menge.

Die Eiablage [2] beginnt im Frühlinge (je 120 Eier in einer Kapsel).
Von Juni an schlüpfen die Jungen aus, bis in August hinein, in dem
die zuerst Ausgeschlüpften schon erwachsen sind. Die ganze Entwickelung dauert etwa 10 Wochen. Die Erwachsenen überwintern.

Diese nur in beschränktem Maße wandernde Heuschrecke bewohnt
besonders mit Gebüsch bestandene Grasflächen. Sie bevorzugt höhere
Bäume, an denen der Fraß von oben nach unten fortschreitet; auch
bei den anderen Pflanzen werden hochwachsende vorgezogen, ebenso
älterer Mais dem jüngeren. Palmen und Orangenbäume werden arg
verwüstet, an Obstbäumen werden Blätter und junge Rinde gefressen,
an Äpfeln sogar Löcher in die Früchte. Birnen mögen sie weniger
gern als Äpfel. Pfirsich und Walnuß werden ganz entblättert, von
Robinie Rinde und Blätter gefressen, Hickory und Eiche nur gelegentlich genommen. An Kaffee wird nur die Rinde abgenagt, die Blätter
bleiben verschont. Baumwolle leidet in Nordamerika nur wenig, indem
manchmal kleinere Zweige geringelt werden; in Mittelamerika leidet
sie dagegen ganz bedeutend. Gefressen werden ferner noch Klee und
Tabak, von den Sonnenblumen die Blätter und Randblüten. Verschont
bleiben mehr oder weniger Maulbeere, Melonen, süße und andere Kartoffeln, auch die meisten Unkräuter, mit besonderer Ausnahme von
Ambrosia trifida.

Der Schaden ist manchmal ganz bedeutend; so sollen 1885 einzelne Kaffeezüchter in Neumexiko 3000 $ direkten Verlust gehabt
haben. Auch Hungersnot trat schon im Gefolge der Heuschrecken auf,
so 1738/39 in Mexiko und Yukatan.

Als Feinde beobachtete Stoll in Guatemala in erster Linie Vögel
(Falken, Bussarde, „Mazacuans", Geflügel, Penelopiden, *Quiscalus major*,
Pica Bullocki, *Tyrannus* spp.; dagegen verschmähten die Aasgeier die
Heuschrecken). Nach Howard fehlten in Nordamerika Vögel vollständig
unter den Feinden; dagegen fraßen Laufkäfer, *Harpalus caliginosus*,
die Heuschrecken. Stoll führt ferner noch eine *Mermis*-Art und eine
Fliege (*Conopide?*) an, deren Parasitismus die Heuschrecken aber nicht
an der Eiablage verhinderten.

Sch. obscura Fabr. Olivengrün, Antennen gelb; Flügeldecken
rötlich; Flügel gelblich. Hinterschienen schwarz, mit gelben, an der
Spitze schwarzen Dornen. Nordamerika, südliche Vereinigte Staaten,
östlich des Felsengebirges. Die hellroten Eier werden anfangs November
abgelegt. Ende Mai erscheinen die Jungen. Obwohl weder wandernd
noch in größeren Scharen auftretend, gehört diese Heuschrecke doch
zu den schädlicheren Arten; besonders in Mississippi hat sie schon oft
die Baumwolle entblättert [3]. Morgan [4] fand bei den Imagines weder

[1] Von Manchen werden allerdings Perioden von 20, von Anderen solche von
6 Jahren angegeben.
[2] Packard, A. S., Amer. Nat. Vol. 19, 1885, p. 1105—1106; Morgan, U.. Dept.
Agric., Div. Ent., Bull. 30 N. S., 1901, p. 27.
[3] Ashmead, Ins. Life Vol. 7, 1894, p. 26.
[4] U. S. Dept. Agric., Div. Ent., Bull. 30 N. S., 1901, p. 27—28, 2 figs.

tierische noch pflanzliche Parasiten; dagegen züchtete er aus den Eiern *Scelio hyalinipennis* Ashm. und *oedipodae* Ashm. (Braconiden).

Catantops Schaum.

C. axillaris Sauss [1]).   In Indien schädlich an jungem Reis.
C. indicus Sauss [2]).   In Indien schädlich an jungen *Pinus longifolia* und an Tee.

Dichroplus Stal.

D. bergii Stål [3]) befrißt in São Paulo, Brasilien, die Tabakblätter und schadet mehr durch deren Wert- als durch deren Gewichtsverminderung.

Caloptenus Serv. [4])

Stirne senkrecht, ohne Grübchen. Halsschild oben flach, mit deutlichen Längs- und Seitenkielen, vorn zugespitzt, hinten stumpf. Obere Kante der kurzen, dicken Hinterschenkel mit kleinen, rückwärts gerichteten Zähnen. Hinterschienen aufsen ohne Enddorn. Männchen mit aufgetriebenem Aftersegmente und langen, krummen, plattgedrückten Raifen. Altweltlich.

C. italicus L.[5]) (Fig. 142). Rot- bis graubraun, Wangen oft weifs bereift, Halsschild hinten stumpfwinkelig, manchmal jederseits mit hellem Längsstreifen, der sich dann meist auch über den Rücken der Flügeldecken erstreckt. Diese gelbbraun, mit dunkleren Flecken. Hinterflügel glashell, an der Wurzel rosenrot. Hinterschenkel oben mit drei dunklen Flecken, unten blafsgelb, am Aufsenrande schwarz und weifs punktiert. Hinterschienen rot, mit schwarzen Dornen.

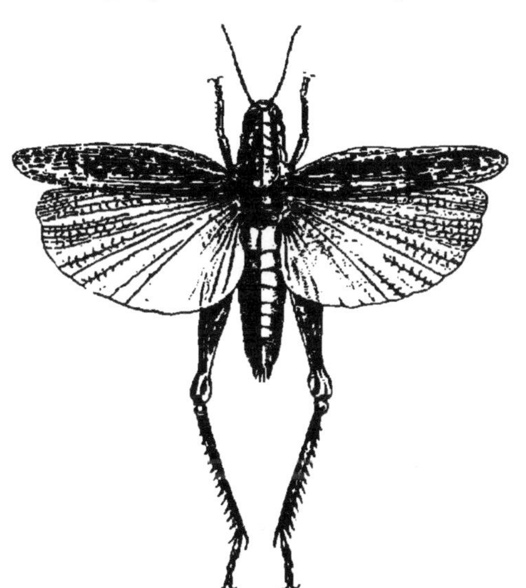

Fig. 142.   Caloptenus italicus L. (nat. Gr.; nach Berlese).

Färbung übrigens sehr wechselnd, so dafs man mehrere geographische Rassen unterscheidet. Männchen 15—23, Weibchen 23—35 mm lang.

Die Heimat dieser Heuschrecke bilden die Mittelmeerländer, von denen aus sie sich nach Frankreich, der Schweiz, ganz Deutschland, Österreich-Ungarn, Rufsland (hier *pruss, prussik* genannt), Südsibirien und den Kanaren ausgebreitet hat. An trockenen Stellen

[1]) Cotes, Ind. Mus. Notes Vol. 2 p. 170.
[2]) Ibid. u. Vol. 3 No. 4 p. 43.
[3]) Bol. Agric. São Paulo 1903 p. 111.
[4]) Martinez y fernandez-castillo, A., Anal. Soc. espan. Hist. nat. (2) T. 10, 1901, p. 253—256.
[5]) Berlese, A., Riv. Patol. veget. Vol. 2, 1893, p. 272—320, Tav. 9—11, 35 figs.; Künckel d'Herculais, J., C. r. Assoc. franç. Avanc. Sc., 31e Sess., Pt. 1, 1902, p. 238—242.

oft ganz gemein. Nach Köppen[1]) geht sie in der Krim bis 3500 m hoch und soll in Turkestan sogar bis zur Schneegrenze hinaufsteigen.

Begattung Ende Juli. Das Weibchen legt wiederholt je 30—60, im ganzen bis zu 200 Eier. Ende April, Mai schlüpfen die Jungen aus, die, wenn in gröfseren Mengen zusammen, bald in bestimmter Richtung zu wandern beginnen. Sie lassen sich aber nach Sajó[2]) nicht treiben; nach 15—20 Schritten gehen sie nicht mehr, sondern lassen sich eher zertreten. Nach etwa 33 Tagen sind sie erwachsen. Die Geflügelten ziehen in kleinen Schwärmen unregelmäfsig hin und her.

Nach Köppen befrifst sie besonders Lein, Tabak usw., fast lauter Pflanzen, die von P. migratorius nicht oder nur im Notfalle berührt werden; Getreide greift sie nur selten an.

Bei dieser Art will Giard[3]) das Zusammentreffen der Epidemien mit den Sonnenflecken festgestellt haben. Doch scheinen mir auch hier die Tatsachen diese Hypothese nicht zu unterstützen. Heuschreckenjahre waren folgende: 1542 in Südtirol, 1673—74 in der Maremma (Toskana), 1716 und 1727 in Italien, 1771 in Sibirien, 1799/1800 in der Krim, 1809 und folgende im südlichen Italien, 1822—24 in Taurien, 1825 in Oberitalien, 1832—34 in Italien und Südfrankreich, 1843—44 in Taurien, 1845 in Algier, 1847 in Bessarabien, 1850—52 in Südrufsland, 1863 in Südrufsland, 1866 in Ungarn, 1867 in Cherson, 1868 bei Neapel, 1868—70 in Frankreich, 1874—76 in Verona, Frankreich und Spanien, 1877—80, 1882 in Italien, 1887 in Südostfrankreich, 1890—91 in Ungarn und 1890—92 in Sibirien, 1894—97 in Südrufsland, 1900—02, 1907 in Frankreich. Es scheinen also viel mehr lokale Witterungs-, als allgemeine kosmische Einflüsse mafsgebend zu sein.

In Ungarn trat C. italicus im Jahre 1890—91 zugleich mit *Stauronotus maroccanus*, aber an verschiedenen Örtlichkeiten, auf, in Frankreich 1900—01 zusammen mit *Oedipoda coerulescens*.

In welchen Mengen auch diese Art auftreten kann, zeigen einige von Morachevski[4]) angegebene Zahlen. Demnach wurden in einer Saison in einem Gouvernement Rufslands etwa 1296000 Pfund, in einem anderen Distrikte etwa 1440000 Pfund vernichtet; in einem Distrikte waren 1897 bei der Bekämpfung 26000 Erwachsene, 20000 Kinder und 2000 Wagen beschäftigt.

Feinde: *Mylabris variabilis* T.; *Empusa grylli* rafft sie nach Köppen in Rufsland oft auf ungeheuren Flächen zu Millionen hin. Letzterer erwähnt, dafs auch *Lathrodectes 13-guttatus* Rossi (var. *lugubris* Duf.) ihr in Südrufsland und Italien nachstellt. In Italien ist ferner noch *Trombidium holosericeum* ein häufiger Schmarotzer und *Rhyncholophus phalangiodes* De Geer.

Podisma Latr. (= Pezotettix Burm. part.).

Stirne senkrecht. Halsschild rundlich, ohne Kiele. Flügel gewöhnlich verkürzt ·oder fehlend, Hinterschenkel schlank, ungezähnt. Hinterschienen aufsen ohne Enddorn. Raife des Männchens kurz, spitz. — Vorwiegend in Amerika, einige Arten in Europa und Asien. An trockenen, unfruchtbaren Stellen ständig vorhanden und zum Teil

----

[1]) l. c. S. 103—104.
[2]) Zeitschr. Pflanzenkr. Bd 4, S. 152.
[3]) C. r. Soc. Biol. Paris T. 53, 1901, p. 671—672.
[4]) U. S. Dept. Agric., Div. Ent., Bull. 38, 1902, p. 63—64.

gemein. In trockenen, warmen Sommern können sie sich derart vermehren, dafs sie auch an Kulturpflanzen übergehen und beträchtlichen Schaden verursachen. Begattung im August und September; bald danach legt das Weibchen die Eier in Päckchen von 7—8 Stück in die Erde oder ihr nahe an Grasbüschel, Gesträuch usw.; im nächsten Frühjahre kriechen die Jungen aus; von Juni an Erwachsene.

P. alpina Koll. Grün, schwarz und gelb gezeichnet. Behaart. Halsschild mit schwachem, in der Mitte verkümmertem Mittelkiel. Flügeldecken eiförmig, gelbbraun, von verkürzt bis zu entwickelt (var. **collina**). Hinterschenkel unten rot, Hinterschienen schmutziggelb. Männchen 16—20, Weibchen 23—31 mm lang. — In den Gebirgen Mitteleuropas (kurzflügelige Form); auch in Ebenen und auf niedrigen Hügeln (langflügelige Form) in Mitteleuropa, am Amur und in Japan. Besonders auf Waldwiesen und Holzschlägen, wo sie bei starker Vermehrung dem Jungholz und Gebüsch gefährlich werden. So haben sie nach Kollar[1] 1852 bei Graz die Erlenbäume auf eine Quadratmeile völlig entlaubt, 1862 und 1864 nach Künstler[2] bei Mödling die jungen Buchen und Eschen sowie das Unterholz bis auf die Rippen kahl gefressen, ja selbst 120 Jahre alte Bestände von Sorbus aria und Rotbuchen angegriffen und einzelne Bäume völlig kahl gefressen, im letzteren Jahre auch in Untersteiermark beträchtlich geschadet, bis 10 ha Kahlfrafs.

P. pedestris L.[3] Rotbraun, schwarz und gelb gezeichnet. Bauch gelb. Flügeldecken gewöhnlich kurz. Hinterschienen blau, mit weifsen, schwarzspitzigen Dornen. Männchen 17—19, Weibchen 24—30 mm lang. Südliches Mitteleuropa. Schadete 1890—92 in den Gouvernements Perm, Tobolsk, Orenburg.

P. Schmidti Fieb. (= mendax Brunn.). Grün. Flügeldecken rot, schuppenförmig Hinterschienen blaugrün mit schwarzen Dornen. Männchen 15, Weibchen 18—25 mm lang. Mitteleuropa. Richtete nach Künstler[2] 1864 in den Wäldern von Orsova und Mehadia in Ungarn arge Beschädigungen an.

Dendrotettix Riley.

D. quercus Riley[4] (longipennis Riley). Diese, in lang- und kurzflügeliger Form auftretende Heuschrecke hat 1887 in Texas als Nymphe 50 (engl.) Quadratmeilen Eichen völlig entblättert.

Melanoplus Stal[5].

Halsschild ein- bis zweimal so lang als breit, in der Mitte eingeschnürt; Mittelkiel deutlich, Seitenkiele fehlend. Flügeldecken selten verkürzt, meist normal, schmal, selten breit, dann aber spitz zulaufend. Hinterschienen mit schwarzen Dornen. — Ausschliefslich amerikanisch; enthält eine ganze Anzahl höchst schädlicher Arten, mit allen Übergängen von sefshaften bis zu ausgesprochenen Wanderheuschrecken.

[1] Verh. zool. bot. Ges., Wien, Bd. 8, 1858, S. 323.
[2] Ibid. Bd. 14, 1864, S. 769—776.
[3] Köppen, l. c. S. 102.
[4] Bruner, U. S. Dept. Agric., Div. Ent, Bull. 13, 1887, p. 17—19.
[5] Scudder, Revision of the Orthopteran group Melanopli, etc.; Proc. U. S. Nation. Mus. Vol. 20, 1898, p. 1—421, 26 Pls. Hier auch die gesamte wichtigere Literatur aller folgenden Arten dieser Gattung. Auch die Bull. 25, 27, 28 der Divis. Ent., U. S. Dept. Agric., Old. Ser., sind ausschliefslich den Heuschrecken gewidmet.

Sie werden allen Feldfrüchten, in ganz besonderem Maße aber auch den Obstbäumen schädlich, deren Blätter, unreife Früchte, Rinde und Zweige sie befressen bzw. benagen.

Die Gattung Melanoplus, namentlich aber die schädlichen Arten, sind in amerikanischen Büchern, Zeitschriften usw. derart häufig und ausführlich geschildert, dafs wir uns hier auf die Anführung der wichtigsten Arten und Tatsachen beschränken können.

M. atlanis Riley. **Atlantic** oder **the lesser migratory locust**[1]). Aufser der folgenden die einzige wirklich, wenn auch in viel geringerem Maße wandernde nordamerikanische Heuschrecke, und nächst ihr, wenn auch in weitem Abstande, die schädlichste. Von Florida bis zum nördlichen Polarkreise, von der pazifischen Küste östlich bis zum Mississippi, doch in Kalifornien selten. Sie bevorzugt feuchte, fruchtbare, waldige Gebiete und hügeliges, bergiges Gelände, ohne aber bestimmte Brutgebiete zu haben. In ihrer Biologie verhält sie sich der folgenden sehr ähnlich. Sie leidet sehr unter Parasiten: Larven von *Macrodactylus subspinosus*, von Carabiden (*Amara obesa, Harpalus* spp.) und von Drahtwürmern (z. B. *Drasterius amabilis* Lec.), sollen die Eier fressen, die von *Baconeura famelica* Say. parasitiert in diesen. Mit Hopperdozers, namentlich aber durch Umpflügen der Eierplätze leicht zu bekämpfen.

M. spretus Uhl. Die **Felsengebirgsheuschrecke**[2]) ist schon äufserlich durch ihre, den Körper um ein Drittel ihrer Länge überragenden Flügel als Wanderheuschrecke gekennzeichnet. Sie bildet denn auch für die Vereinigten Staaten eine Geifsel, wie kein anderes Pflanzen fressendes Insekt.

Ihre Heimat sind die 600 bis 2000 m hohen, heifsen und trockenen Ebenen des Felsengebirges in Montana, Wyoming, den angrenzenden Teilen von Dakota, Colorado, Utah, Idaho, Oregon und Britisch Amerika, die bestanden sind mit kurzem Grase, besonders Büffelgras, *Buclor ductyloides*, mit *Artemisia*- und *Chenopodium*-Arten und spärlichem Baumwuchse. In diesem, etwa 800 000 qkm grofsen Gebiete hat sie mehrere Hauptbrutplätze, auf denen ständig kleinere Schwärme hin und her ziehen. — Südlich und südöstlich davon liegt das Strichgebiet (Manitoba, Dakota, Nebraska, Colorado). Das Wandergebiet erstreckt sich südlich bis zum Mississippi und Texas, östlich etwa bis zum 93. Längengrade.

Die grofsen Wanderzüge scheinen ihre Ursache in andauernder Trockenheit zu haben. Setzt diese allerdings zu früh ein, so dafs die Hüpfer nicht rechtzeitig ihre Entwickelung vollenden können, so sterben sie in grofsen Massen. Im anderen Falle ziehen die Geflügelten Mitte Juli bis Mitte September mit den zu dieser Zeit herrschenden Winden nach Osten, Südosten und Süden. Dafs sie sich vorwiegend vom Winde treiben lassen, hat man dadurch festgestellt, dafs man von hohen Türmen Baumwollflocken unter sie wehen liefs, die dann in gleicher Geschwindigkeit mit ihnen trieben. Auch sollen sie beim Zuge mit dem Kopfe gegen den Wind stehen. Die Züge erreichen Dakota im Frühsommer, Colorado, Westkansas, Nebraska, Iowa, Minnesota im

---

[1]) RILEY, Rep. Ent. U. S. Dept. Agric. 1883, 1884, p. 170—180, 1 Pl.: MARLATT, Ins. Life Vol. 2. 1889, p. 66--70.

[2]) Aufser den Rep. U. S. ent. Commiss. sei nur genannt: RILEY, Amer. Nat. Vol. 11, 1877, p. 663—673.

Hochsommer, Südostkansas, Arkansas im Spätsommer, manchmal im Herbste Texas. Die See meiden sie, und es sind keine Fälle bekannt, in denen Schwärme vom Winde ins Meer getrieben wurden.

Überall auf ihrem Fluge legen sie E i e r, besonders im August und September, doch bis in Oktober hinein, am liebsten in festen, trockenen, etwas sandigen Boden. In ihrer Heimat bevorzugen sie den Schatten buschiger Pflanzen. In den fruchtbaren Ebenen des Südens sind sie oft gezwungen, die Eier in kräftigen, feuchten Boden abzulegen, wo sie meist zugrunde gehen. Dagegen können sie in günstigem, trockenem Boden jahrelang lebensfähig liegen bleiben. Ein Weibchen legt bis zu dreimal, in acht- bis vierzehntägigen Zwischenräumen, je 25—30 Eier, gewöhnlich in vier Längsreihen zu je sieben angeordnet. Das Loch geht schief in die Erde, und die Eier liegen so, daß über ihnen ein schmaler Kanal frei bleibt, durch den die eventuell zuerst aus den untersten ausschlüpfenden Jungen nach oben gelangen können. Doch vermögen diese auch, wie bei anderen Arten, direkt durch die Erde aufzusteigen. Die Zahl der Eier ist am größten in dem Heimatsgebiete; sie nimmt mit der Entfernung davon ab; die ganz im Süden Geborenen sind häufig unfruchtbar.

Im Süden können die früh abgelegten Eier noch in demselben Sommer eine zweite Generation entstehen lassen, die aber meist unfruchtbare Eier ablegt. Für gewöhnlich aber bleiben die Eier über Winter liegen und schlüpfen erst im nächsten Frühjahre aus, je nach Lage und Klima früher oder später. Die H ü p f e r fressen zuerst ihre Brutplätze kahl, dann erst scharen sie sich zusammen und beginnen zu wandern. Fürs erste halten sie sich an Gräser und Kräuter; doch vermögen sie auch Bäume zu erklettern und zu entlauben. In (40—) 60—72 Tagen, normal im Juni, sind sie erwachsen; nach etwa 14 Tagen beginnt die Eiablage. Kurz vor und während dieser ist der Wandertrieb am stärksten.

Selten bleiben die Nachkommen der Eingewanderten im Strich- oder Wandergebiete, wo sie dann in längstens 2—3 Jahren zugrunde gehen. Die meisten treten, sobald sie Flügel erhalten haben, die R ü c k w a n d e r u n g nach der Heimat an, nicht in gerader Linie, sondern in unregelmäßigen Flügen, doch mit der ausgesprochenen Richtung nach Nord und Nordwest, die durch die jetzt herrschenden Winde bedingt ist. In Texas beginnt diese bereits im April, beim 35.° n. Br. anfangs Mai, mit jedem Grade weiter nördlich vier Tage später. Doch erreicht nur ein kleiner Bruchteil die Heimat; die meisten unterliegen unterwegs Feinden, Parasiten, Krankheiten und konstitutioneller Schwäche.

Den größten S c h a d e n, aber am seltensten, tut die Felsengebirgsheuschrecke im Wandergebiete, geringeren, aber häufiger, im Strichgebiete. Da ihre Heimat kaum kultiviert ist, kann hier von Schaden keine Rede sein. Auch die in den fremden Gebieten geborenen Heuschrecken schaden nie derart wie ihre Eltern beim Einfalle. — In manchen Jahren ist der Schaden ganz ungeheuer. 1874 wurde er auf 45, 1877 sogar auf 100 Millionen $ berechnet.

Als F e i n d e werden genannt: *Trombidium locustarum*, eine *Tachina* sp., *Sarcophaga carnaria* L. Die Larven von *Systoechus oreas* (Dipt.), *Telephoriden*, *Lachnosterna fuscum*, Carabiden und Drahtwürmer verzehren die Eier.

Wie sehr das Auftreten von Heuschrecken von lokalen, einer jeden
Art spezifisch günstigen Einflüssen abhängt, zeigt ein Bericht Cooleys[1]),
der in den Jahren 1899—1903 in Montana, das doch mitten im Brutgebiete der Felsengebirgsheuschrecke liegt, kein Individuum dieser Art
zu Gesichte bekam, trotzdem andere Heuschrecken während der drei
letzten Jahre recht schädlich und zahlreich auftraten.

M. devastator Scudd., **the devastating locust of California[2]).**
Heimat Kalifornien; doch kommt sie an der ganzen pazifischen Küste
vor. Ihre Brutplätze bilden unbebautes, mit *Hemizonia virgata* be-
standenes Land. In Jahren mit trockenem Frühjahre, denen eines mit
nassem Frühlinge vorangegangen war, vermehren sie sich stark und
schwärmen aus. Die Flüge lassen sich meist in Getreidefeldern nieder,
trotzdem die Heuschrecken Alfalfa, wie überhaupt saftige Pflanzen, dem
Getreide vorziehen. Am meisten gefährdet sind Obst- und Rebgärten,
die in Getreidefeldern liegen, während von Gehölz umgebene gewöhnlich verschont bleiben. An den Bäumen fressen sie nicht nur Blätter und
Rinde, sondern auch die unreifen Früchte. Als Feinde beobachtete
Coquillett mehrere Vögel, eine Eidechse und wenige Insekten, von
denen *Sarcophaga opifera* am wichtigsten ist. — Die einfallenden
Scharen werden oft sehr schädlich; da sie aber ihre Eier in kultiviertes
Land legen, wo sie durch die Bearbeitung des Bodens vernichtet
werden, bleibt der Schaden auf das Einfallsjahr beschränkt. Coquillett
empfiehlt die Vernichtung der Brutplätze.

M. femur-rubrum de Geer, **the red legged locust[3]).** — In ganz
Nordamerika, von Mittelmexiko bis ins arktische Gebiet; fehlt nur in Alaska
und ist seltener in den südöstlichen Staaten. Trotzdem sie bis ca. 8000 Fuſs
Höhe gefunden wurde, bedarf sie eines feuchten niederen Bodens,
daher sie kultiviertes Land, schattige Gehölzränder usw. mit reichlichem,
zartem Pflanzenwuchse vorzieht. Sie verhält sich ähnlich M. atlanis,
mit dem sie oft verwechselt worden ist; doch hat sie nicht dessen
Vermehrungsfähigkeit. Da sie auſserdem sehr viele natürliche Feinde
hat, wird ihre Schädlichkeit nie so groſs, als man nach ihrer Verbreitung erwarten könnte. Doch schadet sie immerhin beträchtlich an
den verschiedensten Gewächsen, unter anderem auch an Zuckerrüben,
Tabak und Baumwolle. Obgleich sie sich manchmal in ungeheuren
Mengen in geringe Höhen erhebt, wandert sie nicht. Doch liefert sie
den einzigen Fall, in dem eine nordamerikanische Heuschrecke in
Schwärmen vom Winde in See (den Michigansee)[4]) getrieben wurde.
Die Eier werden in mehreren Portionen abgelegt.

Da die Flugfähigkeit dieser Art offenbar gering ist, wird sie auch
im erwachsenen Zustande leicht mit Hopperdozers bekämpft.

Eine interessante Beobachtung, die zeigt, wie vorsichtig man bei
der Beurteilung von Insektenschäden sein muſs, teilt J. B. Smith mit.
Er fand diese Heuschrecke häufig an Kronsbeeren und hielt sie für
einen Schädling an diesen. Als er aber die Kröpfe hier gefangener
Heuschrecken auf ihren Inhalt untersuchte, fand er als solchen nur
Grasreste, keine Spuren von Kronsbeeren.

---

[1]) U. S. Dept. Agric., Div. Ent., Bull. 46, 1904, p. 42.
[2]) Coquillett, U. S. Dept. Agric., Div. Ent., Bull. 27, 1892, p. 34—57; Insect
Life Vol. 5, 1893, p. 23—24.
[3]) Smith, J. B., Rep. Ent. New Jersey agric. Coll. 1891, p. 402, 1892, p. 410.
[4]) 2d Rep. U. S. ent. Commiss. p. 102.

M. packardi Scudd.[1]). Ebenfalls weit verbreitet, schädlich aber scheinbar nur in Kanada, mit anderen Arten zusammen.

Mel. differentialis Thoms., **the differential locust**[2]). Heimat das Mississippital vom 43.° n. Br. bis zum Golfe von Mexiko, westlich bis zum Pazifik. Auch diese Art bevorzugt feuchte Niederungen mit üppigem Pflanzenwuchse, kommt aber auch bis 6000 Fuſs Höhe vor. Sie hat sich der Kultur insoweit angepaſst, als sie erst auf kultiviertem Lande sich stärker vermehrt und sich gerne auf solchem aufhält. Namentlich von der Alfalfakultur wird sie begünstigt, die ihr einen Boden bietet, der nach der Eiablage nicht mehr bearbeitet wird, und ferner frühes Futter für die Hüpfer. Aber auch an Klee, Gras, Getreide, Mais, Rüben, Obst- und anderen Bäumen, Reben, Blumen usw., ganz besonders an Baumwolle schadete sie öfters bedeutend. Namentlich nach Überschwemmungen des Mississippi scheint sie stärker aufzutreten, da dann das Land 1—2 Jahre unbebaut liegen muſs. Bei starkem Auftreten erheben sich die Massen gelegentlich zu beträchtlichen Höhen und verbreiten sich über ausgedehnte Gebiete, ohne aber eigentlich zu wandern. Die Eier werden in unregelmäſsiger Anordnung in groſser Zahl (bis 175) in einem Pakete in festen Boden abgelegt, zuweilen auch unter die Rinde aufgestapelten Holzes. Als Insektenfeinde geben Hunter und Morgan an, für die Eier: Carabidenlarve, *Macrobasis unicolor* (ad. und juv.), *Scelio hyalipennis* Ashm. und *oedipodae* Ashm.; für die Nymphen: *Sarcophaga assidua* Walk., *cimbicis* Towns., *georginae* Wied, *hunteri* Hough, *sarracenae* Ril., *Euphorocera claripennis* Macq., *Acemyia dentata* Coq., *Lucilia caesar* L. Kröten und Stinktiere fressen sie in Massen. — Als parasitischen Pilz führt Hunter *Sporotrichum globuliferum* an, während nach Morgan der afrikanische Heuschreckenpilz, *Mucor locusticida* Lind., sich als sehr nützlich erwiesen hat. — Der „differential grasshopper‟ hat seinen Namen daher, daſs er in einer gelben und einer schwarzen Form auftritt; er ist die gröſste Melanoplus-Art.

M. femoratus Burm.[3]). Diese, vielfach mit folgender verwechselte Heuschrecke kommt namentlich an beiden Küsten Nordamerikas vor, spärlicher und weniger weit verbreitet im Innern. Sie hat in Virginia mehrfach ernstlich an Timothee und Weizen geschadet.

M. bivittatus Say.[4]). Im Innern Nordamerikas vom Süden bis hoch hinauf in den Norden, meidet die Küsten. Häufig mit voriger verwechselt. Überall, an trockenen wie an feuchten Orten. Eiablage in festen Boden: in alte Wege, wo sie häufig durch den Wagenverkehr in groſsen Mengen wieder zerstört werden, und in gut begraste Weiden. Nur 1—2, je 60—70 Eier enthaltende Pakete. Schädlich an den verschiedensten Pflanzen, besonders aber an Gras, Getreide und Gartengewächsen. Nicht wandernd. In Colorado starben 1895 diese Heuschrecken bei regnerischem Wetter an einer Infektionskrankheit, durch einen, *Bacterium termo* ähnlichen Bazillus erzeugt. Auch die mit diesem infizierten Heuschrecken starben.

---

[1]) Fletcher, Rep. Ent. Canada Dept. Agric. for 1900, p. 205—207; Bull. 40 U. S. Dept. Agric., Div. Ent., 1903, p. 78—79.

[2]) Morgan, Bull. 30, U. S. Dept. Agric., Div. Ent., N. S., 1901, p. 7—36, figs. 1—17; Hunter, Kansas Univ. Quart. Vol. 7, 1898, p. 205—210, 2 figs.

[3]) Phillipps, U. S. Dept. Agric., Div. Ent., Bull. 40, 1903, p. 87.

[4]) Gillette, ibid. Bull. 6, N. S., 1896, p. 89—93.

Euprepocnemis Fieb.

E. bramina Sauss. [1]). In Indien öfters schädlich an jungem Reis
und an jungem Panicum miliare.

Locustiden [2]). Laubheuschrecken.

Lang gestreckt, schwach seitlich zusammengedrückt, meist grasgrün
oder braun. Kopf senkrecht, spitz, nur wenig mit Brust verbunden,
daher freier beweglich. Von den Nebenaugen gewöhnlich nur das
mittlere, und zwar auch nur wenig ausgebildet. Scheitelgrübchen fehlen.
Fühler borstenförmig, lang, dünn, mit mehr als 30, oft verschmolzenen
Gliedern. Mundwerkzeuge senkrecht nach unten gerichtet; Oberkiefer (Fig. 143) kräftig; mit starken Zähnen zum Zerbeißen der Beute; Innenladen der Unterkiefer hart, dienen zum Zerkleinern der Nahrung.

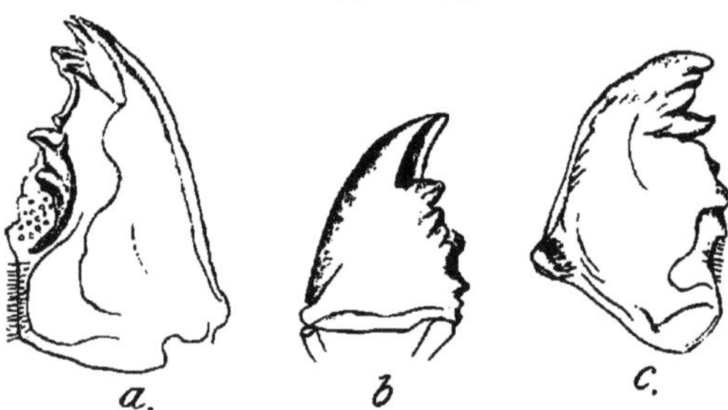

Fig. 143. Mandibeln von Laubheuschrecken
(nach J. B. Smith).

Kiele und Furchen des Halsschildes größtenteils fehlend, selten in geringer Ausbildung vorhanden. Flügel liegen dem Körper dachförmig an; die vorderen beim Männchen an ihrer Basis mit Zirporgan,
nicht selten aber bis auf dieses, beim Weibchen dann ganz, rückgebildet.
Die Hinterflügel dienen mehr als Fallschirme zur Unterstützung der
Sprünge, wie zum Fliegen. Die Hinterbeine sind sehr lange Sprungbeine mit stark verdickten Schenkeln; an ihren Tibien zwei, das Abspringen sichernde Sprungdornen. Am oberen Ende der Vorderschienen die Gehörorgane. Tarsen viergliederig, viertes Glied ohne Haftlappen. Hinterleib zehnringelig; erster Ring ziemlich innig mit der Brust verwachsen; beim Männchen neunter und zehnter, beim Weibchen (Fig. 144) auch achter zu den äußeren Begattungs- und Analorganen umgewandelt. Raife (cerci) bei beiden Geschlechtern, Griffel (styli) dagegen

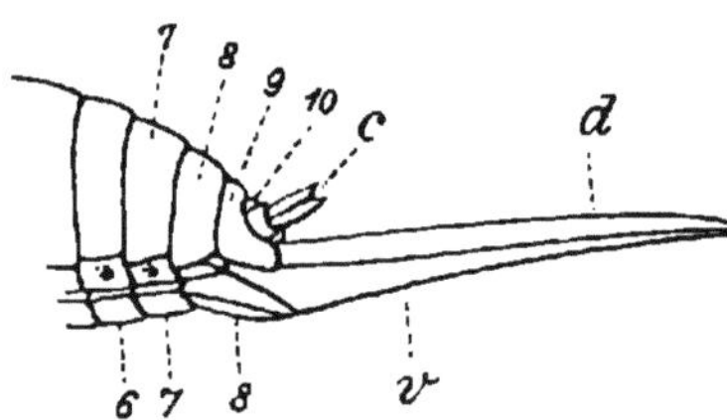

Fig. 144. Hinterende eines Weibchens
von Locusta (nach Folsom).
6—10 6.—10. Hinterleibsring. c Raife, d, v Dorsale bzw. ventrale Klappe des Legebohrers.

nur beim Männchen vorhanden. Weibchen mit sehr langem, aus vier
äußeren und zwei inneren Klappen bestehendem Legestachel.

Tracheen ohne die für die Feldheuschrecken so charakteristischen
Luftsäcke. Ösophagus (Fig. 145) sehr lang, mit großem dünnhäutigen
Kropfe und sehr kräftigem, muskulösem Kaumagen, der innen sechs
hornige Längsreihen von je drei Zähnen trägt. Am kurzen Mittel-

---

[1]) Cotes, Ind. Mus. Notes Vol. 1—4.
[2]) In neuester Zeit, unter dem Einflusse der Nomenklaturbewegung, beginnt
man mit Locustiden die Feldheuschrecken zu benennen, mit Phasgonuriden die
Laubheuschrecken. Es ist selbstverständlich, daß wir diese Änderungen unberücksichtigt lassen.

darme zwei Taschen, an Stelle der Blindschläuche der Feldheuschrecken.
Düundarm sehr lang, zweimal geschlungen; in den Enddarm münden
zahlreiche Malpighische Gefäfse.

Die Laubheuschrecken leben mehr im Walde und auf Gebüsch,
überhaupt an feuchten Orten, und sitzen auch im Grase meist hoch
oben. Sie sind mehr sefshaft und vorwiegend nächtlich, im Gegensatze
zu den Feldheuschrecken. Ihre Nahrung ist gemischt, bei den einen
mehr karnivor (Insekten), bei den anderen mehr herbivor. Wohl alle
aber sind ihren kranken und toten Artgenossen gegenüber kannibalisch.

Die länglichen, gewöhnlich seitlich zusammengedrückten Eier werden im Herbste
einzeln abgelegt. Die Arten mit rundem, fast
geradem, zugespitztem Legestachel legen sie
in die Erde, die mit seitlich zusammengedrück-
tem, säbelartig gebogenem, am Ende abgerundetem und gesägtem in Pflanzenteile, die
sie dazu aufschlitzen.

Die Ende Frühjahr ausschlüpfenden Jungen
schwellen kurz vorher stark an und sind daher
gleich unverhältnismäfsig grofs. Sie häuten sich
sehr bald und springen schon nach wenigen
Minuten. Die Zahl der Häutungen scheint
sechs zu betragen. Der Legestachel der Weibchen entwickelt sich ebenso allmählich wie die
Flügel.

Die Familie der Laubheuschrecken ist
über die ganze Erde verbreitet. Man teilt sie
in mehrere Unterfamilien ein.

Bei den englisch sprechenden Völkern
werden sie „long-horned" oder „meadow grasshoppers", zum Teil auch „katydids" genannt, bei
den Franzosen „sauterelles".

Phaneropterinen [1]).

Kopf rundlich. Flügel häufig verkümmert.
Beine lang und schlank. Trommelfell äufserlich
sichtbar, offen. Vorderschienen oben mit ein
bis zwei, Hinterschienen mit zwei Enddornen.
Fufsglieder platt gedrückt, ohne Längsfurchen.
— Zart grüne, manchmal noch mit lebhaften
Farben versehene Tiere, die träge an Gebüsch
und Blumen leben. Die linsenförmigen Eier
werden in oder an Pflanzenteile abgelegt
(Fig. 146). Die Entwicklung verläuft sehr rasch, so dafs die Erwachsenen schon im Juni und Juli zu finden sind; sie leben nur
kurze Zeit.

Orphania Fisch.

Kopfgipfel breiter als erstes Fühlerglied. Fühler etwas kürzer als
Körper. Flügeldecken abgekürzt. Mittel- und Hinterbrust in der

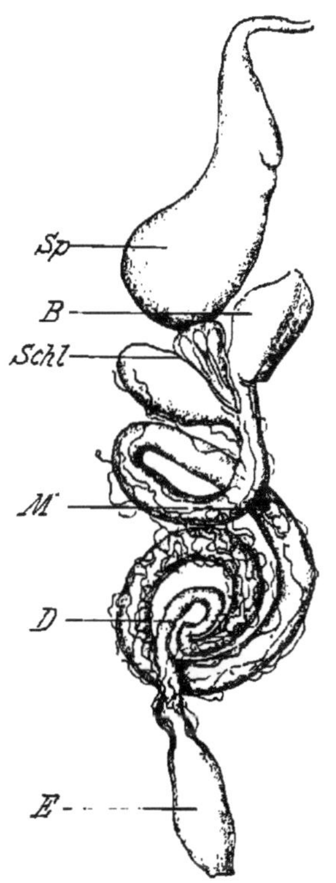

Fig. 145. Darmkanal einer
Laubheuschrecke
(nach J. B. Smith).
Sp Speiseröhre, B Blindsack,
Schl Schlund, M Magen, D Darm,
E Enddarm.

---

[1]) Brunner v. Wattenwyl, Monographie der Phaneropterinen, Wien 1878, 8°.
Additamenta hierzu, Verh. zool. bot. Ges., Wien, Bd. 41, 1891, S. 1—196, 2 Taf.

Mitte tief eingeschnitten. Legeröhre schwach gekrümmt, mit gezähnter Spitze.

O. denticauda Charp. Kopfgipfel dreimal so breit als erstes Fühlerglied. Grasgrün, rotbraun punktiert. Flügeldecken gelb, desgleichen die Hinterschenkel unten. 32—38 mm lang. Von den Pyrenäen längs der Alpen bis nach Serbien und Ungarn; auf Wiesen im Juni und Juli. Manchmal in grofser Anzahl, so nach Sajó[1]) in Siebenbürgen von 1872 bis Mitte der 90er Jahre, die Gebirgswiesen kahl fressend.

Von den übrigen europäischen Arten dieser Familie schaden einige in Südfrankreich an Wein, wie **Barbitistes berengueri** Mayet[2]), der namentlich 1888 im Departement Var häufig war, und einige in Dalmatien und den benachbarten Ländern an Tabak[3]), wie **Barbitistes Yersini** Brunn., **Leptophyes punctatissima** Bosc. und **Phaneroptera quadripunctata** Brunn.[4]) (auch an Wein). Sie fressen Löcher in die Blätter, von Rande her oder in die Spreite: der Schaden besteht mehr in einer Verminderung des Wertes als des Gewichtes der Blätter.

Ein Versuch, die Heuschrecken an Rebe durch Eintreiben von Truthühnern zu bekämpfen, mifslang vollständig, indem letztere nach einigen Tagen eingingen.

Letztgenannte Art wurde in Italien als Verzehrer der Blattgallen der Reblaus, mit Inhalt, beobachtet[5]).

Phaneroptera falcata Scop. wurde zu Thoméry in Frankreich in Weinbergen schädlich dadurch, dafs sie Löcher in die Weinbeeren frafs[6]).

Isophya camptoxipha Fieb.[7]) hat 1889—91 in Ostbulgarien ungefähr 1000 ha Stieleichenwälder befallen und zum Teil kahl gefressen. Die Nymphen erkletterten im Februar die Bäume und frafsen die sich eben öffnenden

Fig. 146. Microcentrum laurifolium L. verkl. (nach J. B. Smith). *1* ad., *1a* Eier, *1b* Nymphen. *2a* parasitierte Eier.

---

[1]) Zeitschr. Pflanzenkr. Bd. 5, 1895, S. 363.

[2]) Mayet, V., Bull. Soc. ent. France 1888, p. CXI—CXII; Azam, ibid. 1895, p. XLVIII—L.

[3]) Preissecker, C., Fachliche Mitteil. k. k. österr. Tabakregie, Wien 1905, Heft 1, S. 13—15, Fig. 56—61.

[4]) Anastasia, Boll. tecn. Coltivaz. Tabbachi, Scafati, Anno. 2, 1903, p. 1—77, 1 Pl., s. Jahresber. Neuer. Leistgn. Pflanzenkr. Bd. 7, S. 143.

[5]) Fuscini, Redia Vol. 2, 1905, p. 121—126, 4 figs.

[6]) Boisduval, Ent. horticole p. 208.

[7]) Nach Buntschev: s. Judeich u. Nitsche, Bd. 2, S. 1289.

Knospen aus. Anfangs April bis Mai war der Fraſs am stärksten; dann verlieſs das reif werdende Insekt die Bäume.

Caedicia longipennis Brunn. (?) überfällt in Australien öfters junge Kampferanpflanzungen in Scharen und friſst Löcher in die Blätter. An noch unreifen Aprikosen nagt sie Stücke der Haut ab[1]).

In den Vereinigten Staaten von Nordamerika schaden zwei **Microcentrum** - Arten in geringem Maſse, **M. retinervis** Burm. in den nördlichen Staaten an *Vaccinium oxycoccus*, **M. laurifolium** L. (Fig. 146) in den südlichen Staaten an Apfelsinenbäumen; die Eier der letzteren werden von *Eupelmus mirabilis* Walsh (Chalcidier) parasitiert.

Scudderia Stål.

Flügeldecken breit, hinterer Rand gerade oder abgerundet. Erster und zweiter Schenkel unten unbewaffnet, dritter desgleichen oder spärlich bedornt. Genitallappen stumpf oder mit kurzem Dorne. — Nordamerika, auf Marsch- und Sandboden. Eier in Blättern.

Sc. texensis Sauss. In New Jersey recht schädlich an Moosbeeren. Die Heuschrecken fressen nur die Samen der Beeren und verschmähen das Fruchtfleisch, so daſs sie eine groſse Anzahl derselben zerstören. Die Eier werden einzeln, seltener in Mehrzahl (bis sechs) in Blatttaschen zwischen oberer und unterer Epidermis von Gräsern, am liebsten Panicum spp., gelegt und durch klebrige Masse festgehalten. Ein Weibchen legt höchstens 30 Eier. Mitte Juni schlüpfen die Jungen aus, Mitte August sind die Schrecken erwachsen; sie leben bis Ende Oktober. Zur Bekämpfung ist im Winter alles Gras auf den Moosbeerfeldern zu mähen, das auſserhalb derselben zu verbrennen. Geflügel friſst sie; gefangene Tiere wurden von Riesenspinnen, Argiope sp., aufgezehrt.

Sc. curvicauda de Geer und **furcata** Brun. beteiligten sich an dem erwähnten Schaden.

Pseudophyllinen[2]).

Kopfgipfel kurz, dreieckig. Ränder der Fühlergruben aufgeworfen. Halsschild mit zwei Querfurchen. Gehörorgane muschelförmig. Vordertibien ohne Enddornen. Tarsenglieder niedergedrückt; die beiden ersten Glieder längsgefurcht. Tropen.

Mataeus orientalis Karsch[3]). Saftgrün. Vorderflügel blattähnlich. Hinterflügel glasig; ihre in der Ruhelage unter jenen vorragende Spitze ebenfalls grün. Sprungbeine schwach. Schenkel violett bis lila; ihr Ende und der Anfang der Tibien rot. Auf Halsschild 15—18 glänzend gelbe bis schwarzbraune Wärzchen, meist jedes in einem schwärzlichen Ringe. Legescheide fast gerade. Weibchen 80, Männchen 60 mm lang. — Ostafrika.

In Usambara an Ficus elastica schädlich. Die Tiere fressen in der heiſsen Jahreszeit an Blättern, Blattknospen und Zweigspitzen, aus den Wunden fließt reichlich Gummi. Namentlich die jungen

---

[1]) Froggatt, Agric. Gaz. N. S. Wales Vol. 15, 1904, p. 736.
[2]) Brunner v. Wattenwyl, Monographie der Pseudophyllinen, Wien 1895. 8".
[3]) Vosseler, J, Pflanzer Bd. 2, 1906, S. 72—74.

Bäumchen werden oft in einer Nacht verstümmelt. Die Eier werden zu 10—12 in, der Länge nach aufgeschlitztes Holz abgelegt; derart behandelte Zweige vertrocknen und brechen leicht ab. Die Tiere und die Gelege sind abzusammeln.

Cleandrus graniger Serv.[1]) schadet auf gleiche Weise an Gummibaum auf Java.

Cyrtophyllus perspicillatus L.[2]) (concavus Harr.) schadet in Nordamerika gelegentlich an Reben, deren zarte Blätter von der Heuschrecke besonders gern gefressen werden.

Conocephalinen[3]).

Kopf kegelförmig nach vorn verlängert. Gehörorgan fast geschlossen. Vorderschienen drehrund. Die beiden ersten Tarsenglieder jederseits gefurcht. Eier zylindrisch, sehr dünn, werden an oder in Stengel von Pflanzen abgelegt. Auf der ganzen Erde, besonders in den Tropen an feuchten Orten (Sümpfen). Die europäischen Arten sind ohne Bedeutung.

Conocephalus Thunb.

Cone-nosed grasshoppers. Fühler und Hinterbeine sehr lang; Flügeldecken sehr lang und schmal. Legeröhre so lang oder länger als Körper. Häufig auf Wiesen, sollen Gras und Samen fressen; nach J. B. Smith[4]) frafsen in der Gefangenschaft gehaltene nur andere kleinere Locustiden. Überall verbreitet.

C. triops L. (obtusus Burm.) soll in Mississippi gelegentlich durch Blattfrafs an Baumwolle schädlich geworden sein[5]).

Eine **C. sp.** aff. nitidulus Scop. soll in Deutsch-Ostafrika gelegentlich die noch unreifen Samen von Sorghum vulgare und Reis aus den Ähren ausfressen. „Werfen von feinem Sand soll das Einfallen der Schädlinge auf die Felder verhindern[6])".

Orchelimum Serv.

Grofs, stämmig. Legescheide kurz, sichelförmig. Nordamerika. Fressen Grassamen, sind aber sicher auch karnivor.

O. agile de Geer (vulgare Harris). Halsschild mit zwei dunklen Streifen. Flügeldecken die Flügel kaum überragend. Oft zu Myriaden auf Weiden[7]). Nach Morgan[8]) an Baumwolle schädlich. Smith[4]) fand bei den in Moosbeerfeldern gefangenen Exemplaren den Kropf voll von Samen derselben; und nach Webster[9]) frafsen sie die Maiskörner aus den Ähren. Morgan züchtete aus den Eiern zwei Chalcidier: *Eupelmus*

[1]) Siehe Anmerkung 3 auf S. 199.
[2]) Saunders, Insects injurious to fruits, Philadelphia 1892, p. 291—292, fig.
[3]) Redtenbacher, J., Monographie der Conocephaliden. Verh. zool. bot. Ges., Wien, Bd. 41, 1891, S. 315—562; Taf. 3, 4; Karny, H., Revisio Conocephalidorum, Abh. zool. bot. Ges., Wien, Bd. 4, Heft 3, 1907, 114 pp., 21 Fig.
[4]) Bull. 90, New Jersey agric. Exp. Stat., 1892, p. 7.
[5]) Ashmead, Insect Life Vol. 7, 1894, p. 26.
[6]) Vosseler, Berichte Land- und Forstwirtsch. D. Ostafrika Bd. 2, 1905, S. 241.
[7]) Harris, Insects injurious to vegetation, Boston, 1862, p. 161—162, Fig.
[8]) Bull. 30, Dept. Agric., Div. Ent., 1901, p. 30—31, Fig. 18, 19.
[9]) Insect Life Vol. 3, 1890, p. 160.

xiphidii Ashm. und *Macroteleia* sp., aus den add. eine Sarcophagide, *Helicobia helicis* Town.

Xiphidium Serv.

Klein, schlank. Legescheide ganz oder fast gerade. Weit verbreitet.

X. gossypii Scudd. Nach Ashmead[1]) in Mississippi schädlich an Baumwolle durch Abfressen der Blüten.

Locustinen.

Grofs. Gehörorgan geschlossen. Vorderschienen aufsen gefurcht, oben mit drei Dornen, aufsen mit einem Enddorn. Hinterschienen oben mit zwei, unten mit vier Enddornen. Erstes und zweites Tarsenglied seitlich gefurcht; das erste Tarsenglied der Hinterbeine ohne freie Sohlenlappen. Die Eier werden im Spätsommer wenig tief in die Erde gelegt.

Locusta de Geer.

Kopfgipfel so breit als erstes Fühlerglied. Halsschild glatt. Mittel- und Hinterbrust mit zwei spitzen langen Lappen. Raife des Männchens gerade, innen gezähnt. Legeröhre lang, nicht oder wenig gekrümmt.

L. viridissima L. Grofses grünes **Heupferd.** Grün, oben oft rostrot oder braun. Raife des Männchens seine Griffel weit überragend; Legeröhre kürzer als Hinterschenkel, 27—30 mm lang, von Flügeldecken überragt. Körper 28—35 mm. Europa, Nordafrika, Vorderasien, Sibirien bis Amur.

L. caudata Charp. Grün. Raife die Griffel kaum, Legeröhre die Flügel weit überragend. 22—40 mm lang. Südliches und östliches Europa.

Die Locustinen treten im allgemeinen nur vereinzelt auf; sie sind in der Hauptsache sicher Raubtiere. Wie die meisten kauenden Raubinsekten fressen sie aber auch weiche, saftige Nahrung aus dem Pflanzenreiche gern, so (in Gefangenschaft) Apfelstücke, Kohlstengel und ähnliches. Den eingehendsten Bericht über Schäden des grünen Heupferdes bringt Köppen[2]). Danach trat diese Art, im Verein mit dem Warzenbeifser, 1857 in Transkaukasien in Mengen in den Weinbergen auf, desgleichen 1872 bei Tiflis. Anfänglich verzehrten die Insekten nur die Blüten, später aber das Laub und die jungen Triebe, bis die Reben völlig kahl waren. Dann, noch als Nymphen, überfielen sie die kurzstämmigen Obstbäume (Pfirsich, Pflaume, Wallnufs), die Gärten und Felder und befrafsen besonders Gerste, von Unkräutern Nesseln, Brombeeren und Artemisia vulgaris. Schon Nördlinger[3]) berichtet, dafs Heupferde Löcher in die Tabaksblätter fressen und so namhaft schaden; nach Preissecker[4]) tut L. caudata ersteres, aber ohne merklichen Schaden. 1892 soll L. viridissima mit Acridiern zusammen bei Florenz fühlbaren Schaden an Luzerne, Kartoffeln, Bohnen, Tomaten und jungen

---

[1]) Siehe Anmerkung 5 auf S. 200.
[2]) l. c. S. 93—94.
[3]) Die kleinen Feinde usw. 2. Aufl., S. 535.
[4]) l. c. S. 15.

Rebtrieben verursacht haben[1]). Mokrzecki[2]) führt sie unter den Feinden der Weinreben in Rußland an; Slaus-Kantschieder[3]) berichtet über Schaden an Getreidefeldern bei Spalato. Nach Richter[4]) wurden sie bei Agram beim Benagen von Rosenknospen beobachtet.

Öfters wurden grüne Heuschrecken nur neben Feldheuschrecken beobachtet, so daß die Vermutung nicht von der Hand zu weisen ist, daß diese oder andere Insekten in manchen Fällen die wirklichen Schädiger gewesen seien, erstere dagegen diese gefressen hätte. Ich beobachtete sie häufig auf gebundenen Getreidegarben, wo sie doch sicher nur tierischer Nahrung nachgegangen sein können.

Selbstverständlich soll ihre Schädlichkeit nicht völlig in Abrede gestellt werden. Doch wäre für die Zukunft genaueste Beobachtung zu wünschen.

Nach Giard verzehrten Heupferde in einer französischen Seidenraupenzucht (Attacus cynthia) die Raupen von den Blättern.

In Gefangenschaft gehaltene Tiere fraßen ganz besonders gern Fleisch, gekocht oder gebraten noch lieber als roh, ferner Fliegen, Schmetterlinge, auch Raupen und kleinere Feldheuschrecken: doch verhielten sich die verschiedenen Individuen sehr verschieden.

Nach Giard[5]) sollen die Locustinen und die Decticinen nicht imstande sein, feste Körper zu verschlucken: sie sollen sie nur gut durchkauen, das Weiche, Saftige aufzehren und den festen Rest (Chitin) wegwerfen, wie wir den Kern einer Frucht.

L. vigentissima Serv. sucht nach Froggait[6]) Honig auf den Angophorabäumen und fängt Honigbienen des Honigs wegen.

Decticinen.

Trommelfell versteckt. Vorderschienen gefurcht, oben mit drei bis vier Dornen; Hinterschienen unten fast immer mit vier Enddornen. Erstes und zweites Tarsenglied seitlich gefurcht; das erste an den Hinterbeinen mit zwei freien, beweglichen Sohlenlappen.

Decticus Serv., Warzenbeifser.

Große Formen. Flügel gut entwickelt. Halsschild mit Mittelkiel. Fühler von Körperlänge. Erster Brustring unten ohne Stacheln. Vorderschienen oben mit vier Dornen. Raife des Männchens an der Basis verdickt, innen gezähnt. Legeröhre fast gerade, an der Spitze gekörnt. Europa, Nordafrika, Asien.

Biologisch verhalten sich die Warzenbeifser fast ebenso wie die Heupferde, namentlich gilt für ihre Nahrung dasselbe. Sie sind jedoch häufiger und treten leichter in Massen auf, nach Giebel[7]) namentlich nach milden Wintern und heifsen Sommern, so daß sie dann auch leichter schädlich werden können. — Europa, Nordamerika.

---

[1]) Bull. Soc. ent. Ital. T. 24, p. 164—169.
[2]) Siehe Jahresber. Neuer. Leistgn. Pflanzenkrankh. Bd. 6, 1903, S. 61.
[3]) Ibid. S. 31.
[4]) Rosenschädlinge S. 313.
[5]) C. r. Assoc. franç. Avanc. Sciences, 26mo Sess., 1e Ptie, 1898, p. 302 (Discussion).
[6]) Agric. Gaz. N. S. Wales Vol. 15, 1904, p. 5.
[7]) Landw. Zoologie, Glogau 1869, S. 630.

D. verrucivorus L. Grün, gelb oder braun, gefleckt. Fühler grün. Flügel glashell. Flügeldecken so lang oder wenig länger als Hinterleib. Raife des Männchens in der Mitte gezähnt. Subgenitalplatte dreieckig. Männchen 35, Weibchen 31—45 mm lang. Flügeldecken beim Männchen 24—33, beim Weibchen 22—31 mm lang. Legeröhre 18—26 mm lang. — Europa, besonders im nördlichen; Sibirien bis Amur.

Die Nymphen sollen nach Giebel, Löw u. a. das junge, zarte Gras fressen, die Erwachsenen auch das reife Gras, so dafs sie in ihnen günstigen Jahren die Weide und den Heuertrag beeinträchtigen sollen. Nach F. de Saulcy [1]) hätten sie anfangs der 90er Jahre bei Metz die ganze Roggenernte zerstört. Nach Ratzeburg [2]) sollen sie anfangs der 30er Jahre des vorigen Jahrhunderts bei Bromberg sogar 6—12 jährige Kiefern befressen und 1825 und 1835 in Niederschlesien die eben aufgehende Kiefernsaat völlig zerstört haben.

In der Gefangenschaft fraíen sie bei Tümpel [3]) nur gekochtes Fleisch, weder Schmetterlinge, Raupen, noch Feldheuschrecken. Dagegen ist Kannibalimus unter ihnen sehr verbreitet, der sogar so weit geht, dafs die Tiere ihre eigenen Hinterbeine abwerfen und aufzehren.

Die kleinen insektenfressenden Vögel sollen den Nymphen, Stare, Krähen, Störche und Sumpfvögel den Erwachsenen nachstellen. Befallene Wiesen soll man nach Löw [4]) durch Eintreiben von Gänseherden von ihnen befreien können.

D. albifrons Fab. [5]). Gröíser als voriger; nie grün, sondern mehr gelb und braun. Fühler braun. Stirne blafs lehmgelb; Seitenlappen breit weifs gesäumt. Flügeldecken viel länger als Hinterleib. Hinterflügel rauchbraun. Raife an der Basis gezähnt. Subgenitalplatte breit. Männchen 30—37, Weibchen 32—39 mm lang. Flügeldecken beim Männchen 41—54, beim Weibchen 43—56 mm lang. Legestachel 21—25 mm lang. Am ganzen Mittelmeer; Canarische Inseln. In Spanien, Südrufsland und Algier wiederholt in grofsen Massen aufgetreten und dann überaus schädlich in Feldern und Gärten. Meist mit *Stauronotus maroccanus* zusammen und wie dieser grofse Flüge bildend.

In der Gefangenschaft fraísen [6]) sie in erster Linie kleine Acridier: *Oedipoda coerulescens* und *miniata, Sphingonotus coerulans, Caloptenus italicus, Pachytilus nigrofasciatus, Truxalis nasuta;* weniger gern Locustiden, wie *Conocephalus mandibularis, Platycleis intermedia, Ephippiger vitium.* Von den verschiedensten vorgeworfenen Vegetabilien fraísen sie nur unreife Samen von Unkräutern, wie Setaria glauca und Portulacca oleracea. Fabre kommt daher zum Schlusse: „Ils sont dignes d'être inscrits au livre d'or des insectes utiles."

Anabrus Haldem.

Grofse, plumpe, flügellose Formen. Kopf tief in Halsschild eingesenkt. Dieses glatt, nur vorn gekielt, nach hinten weit vorgezogen. Nordamerika.

---

[1]) Nach Azam, Bull. Soc. ent. France, 1895, p. XLVIII—L.
[2]) Forstinsekten Bd. 3, S. 266.
[3]) Allgem. Zeitschr. f. Entom. Bd. 6, 1901, S. 6—7.
[4]) Naturgesch. d. landwirtsch. schädl. Ins. 2. Aufl. 1846, S. 96.
[5]) Künckel d'Herculais, J., Ann. Soc. ent. France, Vol. 63, 1894, p. 137—142; C. r. Assoc. franç. Avanc. Sc., 26me Sess., 1e Ptie, p. 301—302; Fabre, J. H., Ann. Sc. nat., Zool., Soc. 8, 1896, T. 1, p. 221—244, 1 Pl.
[6]) Fabre, l. c.

A. simplex Hald. **(purpurascens** Uhl.)[1]) **Great plain cricket, Western** oder **Mormon cricket** usw.; weniger als 15 mm, Hinterschenkel weniger als 30 mm lang. Gelb, grün, schwarz, einfarbig oder gefleckt.

Heimat die trockenen, unfruchtbaren Hochebenen des nördlichen Felsengebirges von 7000—13000 Fufs Höhe. Von hier aus wandern sie in manchen Jahren in gröfseren oder kleineren Scharen (bis zu 10 miles Länge und ¼ mile Breite) in die tiefer gelegenen Ebenen und verzehren alles Grüne, besonders das Getreide. Namentlich in den ersten Jahren der Besiedelung war der Schaden oft ungeheuer. Die Züge wandern immer geradeaus, ½—1 mile den Tag; Hindernisse werden überklettert, nicht umgangen; dabei verzehren sie auch die auf Büschen sitzenden Insekten (Cikaden), wie sie überhaupt animalische Kost (lebendig oder tot, auch Kuh- und Pferdemist) sehr lieben, besonders aber ihre kränklichen Artgenossen. Kleinere Flüsse werden gekreuzt; durch gröfsere werden sie oft zu Millionen vernichtet, aber auch weiter verbreitet.

Eiablage von Ende Juli an in Häufchen von 20—40, deren jedes Weibchen zwei bis drei in die Erde legt. Die Jungen schlüpfen von März an aus.

Raubvögel, Möwen und andere Vögel, auch grofse Kröten folgen den Zügen; Fische verzehren die in Flüsse geratenen. Bären, Wölfe und Schweine fressen sie sehr gern. Von Parasiten ist nur ein Fadenwurm und eine Trombidiide bekannt. Laufkäfer überfallen die Nymphen. Sandwespen tragen sie in ihre Bauten. Von den Indianern werden sie gern gegessen.

Die Bekämpfung ist leicht. Gräben von zwei Fufs Breite und 2½ Fufs Tiefe bilden unüberwindliche Hindernisse. Bretter, auf die schmale Kante gestellt, halten sie auf; die dahinter sich ansammelnden Massen werden durch Walzen vernichtet. Dasselbe kann auf frisch gepflügten, für sie sehr hinderlichen Äckern geschehen. Schafherden zertrampeln sie.

Eine Krankheit vernichtete 1893 in Idaho Millionen von ihnen.

Peranabrus Scudd.

Unterscheidet sich durch rauhen Halsschild von Anabrus.

P. scabricollis Thomas[2]). **Coulee cricket.** Gröfser als voriger. Dunkelbraun. Halsschild und Flügeldecken gelb gerandet, Bauch hell.

Periodisch schädlich im Staate Washington, in einem Umkreise von 30 miles Radius, besonders in Weizenfeldern. Heimat in tieferen Regionen, wohin sie zur Zeit der Eiablage wieder zurückzuwandern suchten. Biologie und Bekämpfung wie bei vorigem. — *Palmodes moris* Kohl (Pompilide) trägt sie in seine Bauten. Ein Bekämpfungsversuch mit dem afrikanischen Heuschreckenpilz blieb ohne Erfolg. —

---

[1]) Vollum, Smithon. Rep., 1860, p. 422—425, Fig.; Packard, 2d Rep. Rocky Mountain Locust, 1880, p. 163—177, Pls., figs.; Bruner, 3d Rep. Rocky Mountain Locust, 1883, p. 61—64, figs.; Milliken, Ins. Life Vol. 6, 1893, p. 17—24; Marlatt, ibid. Vol. 7, 1894, p. 275; Uhler, Bull. 38, U. S. Dept. Agric., Div. Ent., 1902, p. 107—108; Gillette, Bull. 101, Agr. Exp. Stat. Colorado, 1905, 16 pp., 2 Pls.; Caudell, l. c. p. 351—361, figs.; Jonsson, Bull. 52, U. S. Dept. Agric., Div. Ent., 1905, p. 62—66.

[2]) Piper, U. S. Dept. Agric., Div. Ent., Bull. 46, 1904, p. 60—61; Caudell, l. c. p. 363—368; Snodgrass, Journ. N. York ent. Soc. Vol. 13, 1905, p. 74—82, Pl. 1, 2.

PIPER rät von der Bekämpfung durch Schweine ab, da schon wiederholt
solche dadurch getötet wurden, dafs die Legescheiden der Weibchen
deren Magenwand durchbohrten.

Ephippigerinen, Sattelschrecken.

Plumpe, abenteuerlich geformte Schrecken, mit verkümmerten
Flügeln, der Quere nach sattelförmig eingedrücktem, hinten stark gewölbtem Halsschilde. Die schuppigen Flügeldecken bei beiden Ge-

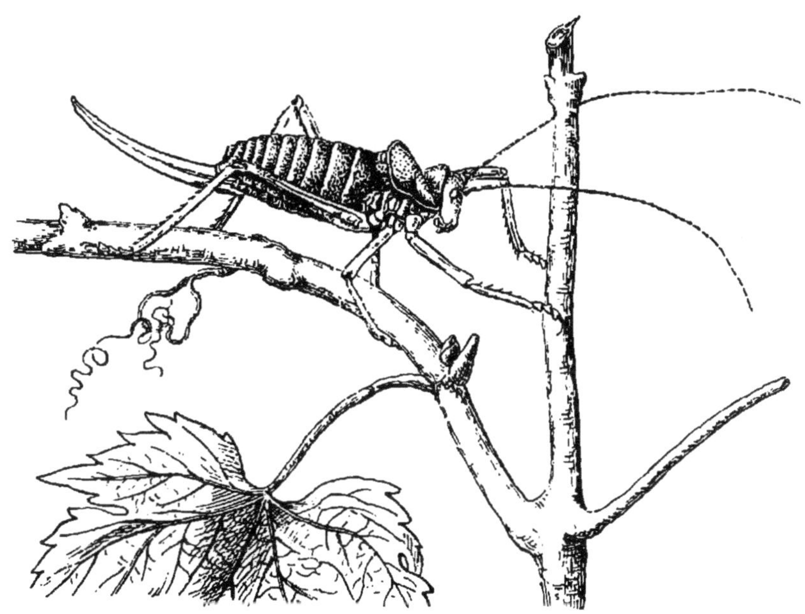

Fig. 147. Ephippigera vitium Serv. nat. Gr. (nach DÖDERLEIN).

schlechtern mit Zirporganen. Vorderschienen beiderseits mit Längsfurchen und geschlossenem Gehörorgane; Hinterschenkel lang, dünn,
wenig zum Springen geeignet. Vorderschienen oben nur aufsen, Hinterschienen oben nur innen mit je einem Enddorn. Südeuropa, afrikanische
Mittelmeerküste. Pflanzenfresser, aber auch kannibalisch.[1]

Ephippigera Latr.

Halsschild runzelig gekörnt. Raife des Männchens kurz, kräftig.
Legeröhre mäfsig lang, schwach gebogen, schmal, am Ende fein gezähnelt. Etwa 50 Arten.

E. vitium Serv. (ephippiger Fab., perforata Burm.)[1] (Fig. 147). Gelbgrün, Kopf hinten mit blauer Querbinde. Fühler lang, grün oder braun.
Flügeldecken rostrot oder -gelb. Beine grün oder grau. Subgenitalplatte des Männchens tief, des Weibchens schwach ausgeschnitten.

[1] Die wichtigste Literatur gibt GEYER v. SCHWEPPENBURG, Zool. Beobacht.
Bd. 48, 1907, S. 153—157.

Raife des Männchens innen in der Mitte mit Zahn. 20—30 mm lang. Legestachel 19—22, fast gerade. — Frankreich bis Paris, Rhein und seine Nebentäler von Basel bis Belgien, von Wien durch Ungarn, Siebenbürgen, Serbien, südliche Alpentäler. Fehlt in den eigentlichen Alpen, im übrigen Deutschland und an der Mittelmeerküste. Schädlich nur in Südfrankreich (hier *porte-selle* genannt).

E. crucigera Fieb. (bitterensis Marquet). Gelb. Halsschild mit schwarzem Kreuze. Deckflügel braun gesäumt, Hinterleibsringe hell gesäumt. Montpellier. Toulouse, Languedoc. 28—30, Legeröhre 23—25 mm lang.

E. provincialis Yers. Gelb, rostrote Deckflügel. Analsegment des Männchens breit, dreieckig ausgerandet. 30—37 mm, Legeröhre 25—28 mm lang. Hyères; Var.

E. terrestris Yers. Rötlichgelb. Raife des Männchens an der Spitze gegabelt. 26—29 mm, Legeröhre 29 mm lang. Provence.

Die Sattelschrecken leben an sonnigen, grasigen Hängen, an Waldrändern. auf niederem Gebüsche, besonders gern auf Nadelholz (Kiefern und Fichten). ferner auf Eichen usw. Erwachsene von August bis Anfang November, namentlich im September; Fortpflanzung noch wenig bekannt[1]. — Zu Zeiten starker Vermehrung dringen sie in benachbarte Kulturländereien vor, zunächst in Weinberge, Obstgärten und Maulbeeranlagen, wo sie erst alle zarteren Teile (Blüten, junge Früchte), dann aber alles Grüne abfressen[2]. Selbst die Rinde verschonen sie nicht, und bei Alais haben sie die kräftigsten Maulbeertriebe derart geringelt, dafs der Wind sie abbrach[3]. Später gehen sie auch in Felder und Gärten und können hier ebenfalls noch beträchtlich schaden. In welchen Mengen sie vorkommen können, ergibt sich daraus, dafs 1886 bei Béziers in nicht zwei Wochen 40 Zentner auf die Mairie gebracht wurden. ohne dafs eine Abnahme beobachtet wurde.

Aufser Ablesen der Tiere. Abschlagen und Verbrennen der befallenen Gehölze wird Eintreiben von Truthühnern und Enten in die Gärten und Felder empfohlen. Indes berichtet Azam von einem Falle, in dem erstere einige Tage nach dem Eintreiben alle verendet waren.

Gryllacrinen.

Ohne Schrillorgan und äufseres Trommelfell. Achter und neunter Hinterleibsring sehr vergröfsert. An den vorderen und mittleren Tibien bewegliche Dornen. Fufsglieder verbreitert. — Tropen und Subtropen.

Schizodactylus Brullé.

Grofse Formen. Flügeldecken rechtwinkelig geknickt; Hinterflügel am Ende spiralig aufgerollt. Legescheide fehlt. Fufsglieder mit lappenartigen Anhängen. — Indien.

---

[1] Wenn ein Herr H. L. im Feuille jeun. Natural. T. 18, 1888, p. 138 schreibt, dafs die Eiablage im Juni/Juli an den Grund von Pflanzen stattfände, dafs die nach 15—20 Tagen ausschlüpfenden Jungen sich in die Erde einbohrten und hier bis zum nächsten April überwinterten, so dürften da sicherlich falsche Beobachtungen vorliegen.

[2] Azam. Bull. Soc. ent. France, 1895. p. XLVIII—L.

[3] Hombres-Firmas, ibid. 1839, p. XXX—XXXII.

Sch. monstrosus Drury [1]). Gelblich; 35—50 mm lang. Dieses merkwürdige Tier lebt unterirdisch nach Art der Maulwurfsgrillen, vorwiegend in der Nähe fliefsenden Wassers. Seine Nahrung scheint aus Bodeninsekten zu bestehen; beim Suchen danach zerreifst es beim Wühlen die Wurzeln der Pflanzen und hat dadurch, namentlich an Indigo, Tabak und Tee, aber auch an Obstbäumen schon ganz beträchtlich geschadet. Nach Cotes frifst es allerdings auch Wurzeln.

Stenopelmatinen.

Flügellos. Körper gleichmäfsig geringelt. Fühler und Taster sehr lang. Hinterbeine kräftige Sprungbeine. Fufsglieder seitlich zusammengedrückt. Raife lang, fadenförmig. — Die Tiere sind braungelb und leben in Höhlen oder versteckt unter Laub. Nur eine Art ist für uns von Interesse.

Diestrammena marmorata de Haan [2]) (Fig. 148). Bräunlich, oder hell und bräunlich marmoriert. Alle Schenkel dunkel gebändert. Halsschild zylindrisch, vorn stumpf, hinten verlängert. Vordere und mittlere Schenkel mit langen, beweglichen Dornen. Auf der Oberseite der Hinterschienen gedrängtstehende kleinere Dornen. Sohlenlappen fehlen. 16—20 mm lang, Hinterbeine 16—23, Legestachel 11—18. — Heimat Japan.

Diese Heuschrecke ist verschiedentlich mit Pflanzen aus Japan in europä-

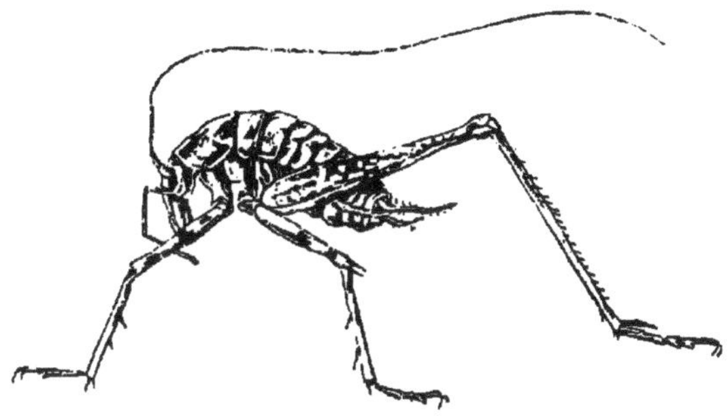

Fig. 148. Diestrammena marmorata de Haan nat. Gr. (nach Brunner).

ische Gewächshäuser, teils direkt, teils indirekt über belgische Gärtnereien eingeschleppt worden und hat sich hier zum Teil stark vermehrt. Tagsüber verstecken die Tiere sich unter Mulm, in der Nähe der Heizungsröhren usw.; im Sommer dringen sie auch ins Freie, scheinen sich aber hier nicht halten zu können. Während im allgemeinen die Tiere als Mulm- und Abfallfresser nicht schaden, haben sie dies in einigen Fällen doch in recht beträchtlichem Mafse getan. Boas [3]) berichtet sogar von in die Tausende gehendem Schaden an Cyclamen, Adiantum, Chrysanthemum usw. Besonders Keimlinge saftiger Pflanzen sind durch sie gefährdet. — Von Gegenmitteln haben sich nach Boas Gifte bis jetzt nicht bewährt, sondern nur Ausräumen der Gewächshäuser und gründliche Reinigung mit heifsem Wasser. Beck [4]) rät, sie in glasierten, mit verdorbenem Biere gefüllten Tongefäfsen zu fangen.

---

[1]) Cotes, Indian. Museum Notes Vol. 2, 3; Maxwell-Lefroy, Indian Ins. Pests p. 227, fig. 27.

[2]) Manche Autoren nennen D. unicolor Brunner; möglicherweise sind beide synonym.

[3]) Skadelige Insekter i vore haver. Kobenhavn 1906, p. 56—57, Fig.

[4]) Loros, Bd. 55, 1907, S. 34.

Grylliden, Grillen.

Fig. 149. Körper walzenförmig, dick. Kopf meist abgerundet. Drei
Punktaugen. Fühler lang, fadenförmig, vielgliederig. Halsschild ohne Kiele.
Deckflügel rechtwinkelig in einen vorderen senkrecht abfallenden und
einen hinteren wagerechten Teil gebrochen, von Länge des Hinterleibes
bis ganz fehlend; meist liegt, im Gegensatz zu allen anderen Geradflüglern, der rechte auf dem linken; alle Längsadern
parallel verlaufend. Flügel, wenn normal ausgebildet,
länger als Decken, in der Ruhelage so eng gefaltet,
dafs sie als zwei spitze, hornige „Gräten" den
Hinterleib überragen. Mit Zirporganen. Entweder
die vorderen Beine Grab oder die hinteren Springbeine. Vorderschienen drehrund, mit gewöhnlich
offenem, doppeltem Trommelfelle. Drei Fufsglieder,
deren erstes meist sehr lang ist, deren drittes keine
Haftlappen trägt. Raife lang, weich, abstehend behaart. Legeröhre gerade, zylindrisch, an der Spitze
verdickt, zweiklappig. Styli fehlen den Männchen, Legeröhren den Weibchen zweier Familien.

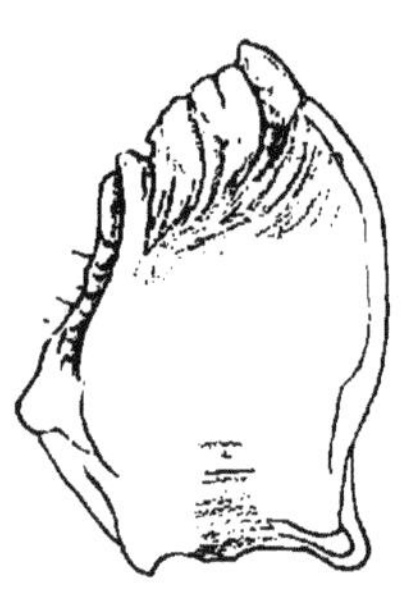

Fig. 149.
Kiefer einer Grille
(nach J. B. Smith).

Die Mehrzahl der Grillen lebt in der Erde und
legt hier die Eier in losen Haufen ab. Meist omnivor, mit Bevorzugung der Fleisch nahrung.

Verbreitet sind die Grillen über die ganze Erde, namentlich die
wärmeren Klimate. Eine gewisse Feuchtigkeit ist allen erdbewohnenden
Formen vonnöten.

Man kennt mehrere Unterfamilien, von denen nur drei für uns in
Betracht kommen.

Oecanthinen.

Körper und Beine sehr schlank. Hinterschenkel kaum verdickt,
Hinterschienen mit gröfseren und dazwischen kleineren Dornen. Oberirdisch.

Oecanthus Serv., Weinhähnchen.

Kopf schief nach vorn geneigt. Nebenaugen fehlen. Flügel ausgebildet. Hinterschienen oben beiderseits bedornt, länger als Hinterschenkel. Legeröhre gezähnt, stumpf endend. — Nur wenige Arten
schädigend.

Oec. pellucens Scop., **Weinhähnchen** [1]. Hellgelb, weifslich
behaart. Legestachel schwarz, gezähnt. 9—16 mm lang, Legeröhre
6—8. — England, südliches Europa, Nordafrika, Senegal, Kleinasien,
Turkestan.

Oec. angustipennis Fitch, **fasciatus** Fitch und **niveus** de G.,
Nordamerika: ebenfalls klein, blafsgrün, unterscheiden sich vor allem
durch Zahl und Gestalt schwarzer Flecke auf den beiden ersten Fühler-
gliedern.

---

[1] Preissecker, l. c. p. 15—16, fig. 61.

Die Oecanthus-Arten leben im Gegensatze zu den übrigen Grillen oberirdisch auf Blumen, Kräutern, Sträuchern und selbst Bäumen. Zwecks Eiablage sägt das Weibchen nicht zu harte, aber doch verholzende Stengel, bei den genannten Arten vorwiegend von Rubusarten, bis über die Hälfte ihrer Dicke an und legt die platten Eier immer zu zweien nebeneinander hinein (Fig. 150). Hall[1]) zählte in einem 22 Zoll langen Himbeerstengel 326, in einem anderen Stengel auf 1 Zoll 50 Eier von Oec. niveus. Auch Obstbäume, namentlich Pfirsich, Apfel, Pflaume, Hasel, ferner Rebe, Weide, Sumach, Ulme und selbst Eiche werden in ihren dünneren Zweigen mit Eiern belegt. Erst zu Beginn des nächsten Sommers, Ende Mai, Anfang Juni, schlüpfen die Jungen aus, die sich alle 14 Tage häuten und im August erwachsen sind. Bald nach der Eiablage sterben die Grillen.

Die Nahrung[2]) der Jungen besteht vorwiegend aus Blattläusen (z. B. den *Phylloxera*-Arten der Eiche), die der Alten aus Räupchen, Afterraupen, Wanzen usw.; doch fressen sie auch gern Löcher in zarte Blätter, wie in Tabak (*pellucens, fasciatus, niveus*), und Baumwolle (*fasciatus*). Doch ist der hierdurch verursachte Schaden ganz unbedeutend, um so bedeutender aber der durch die Eiablage. Die angestochenen Triebe und Zweige (besonders auch Pfropfreiser) vertrocknen und brechen ab; durch die Wunden dringen Pilze in deren Inneres (z. B. *Coniothyrium* sp.)[3]); an Apfelbäumen setzt sich die Blutlaus gern in ihnen fest[4]). Nur die Baumwolle wird dadurch nicht geschädigt, da sie zur Zeit der Eiablage schon abgeerntet ist[5]); um so gröfser ist aber der Schaden an Him- und Brombeeren, für die die Oecanthus-Arten in Amerika die schlimmsten Feinde darstellen. Oec. angustipennis frifst ferner Löcher in Obst (Pflaumen, Pfirsiche, Trauben), durch die wiederum Fäulnispilze eindringen[6]).

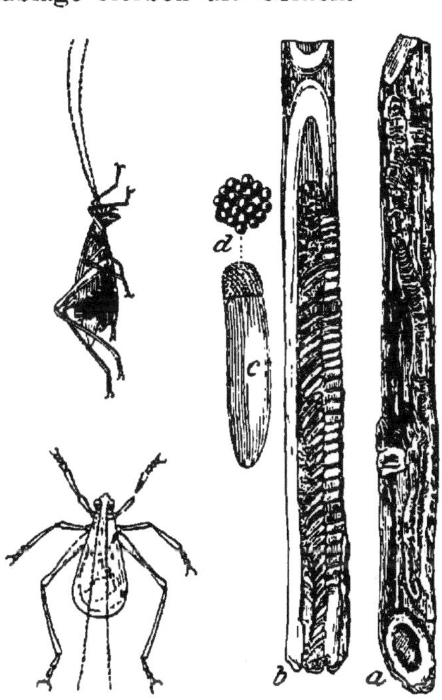

Fig. 150. Oecanthus niveus.
a mit Eiern belegter Brombeerstengel, *b* derselbe aufgeschnitten, *c* Ei von der Seite, *d* von oben (aus J. B. Smith).

Cacus oecanthi Riley und *Baryconus oecanthi* Riley[7]) legen ihre Eier in die von Oec. niveus, erster auch von Oec. angustipennis, *Antigaster*

[1]) Insect Life Vol. 1, 1889, p. 319.
[2]) Murtfieldt, ibid. Vol. 2, 1889, p. 130—132.
[3]) Stewart u. Eustace, Bull. 226, agric. Exp. Stat. New York 1902.
[4]) Felt, Insects affecting Park and Woodland trees Vol. 2, Albany 1906, p. 603.
[5]) Sanderson, Farmers Bull. 223, 1905, p. 17.
[6]) Garman, Bull. 116, Kentucky Exp. Stat. 1904, p. 79—81, 3 figs.
[7]) Ashmead, Ins. Life Vol. 4, 1891, p. 124.

mirabilis [1]) Walsh. seine in die von Oec. fasciatus. Letzterer wird von
Isodontia philadelphia St. Farg. (Grabwespe) eingetragen [2]).

Die Bekämpfung besteht im Aufsuchen und Vernichten der mit
Eiern belegten Triebe im Winter.

Einige **Nemobius**-Arten (Vorderflügel ganz kurz, hintere fehlend;
Hinterschienen mit beweglichen Stacheln) werden in Amerika gelegent-
lich durch Blattfraſs schädlich, z. B. **fasciatus** de G. (marginatus
Murtf.) an Baumwolle [3]) und Osage-Orange [4]).

Gryllinen.

Kopf kugelig, senkrecht. Hinterschenkel stark verdickt, breit gedrückt, länger als die stets gleichmäſsig bedornten Hinterschienen.
Legeröhre mit spitzem Ende.

Gryllus L., Grille.

Körper zylindrisch; leicht behaart. Trommelfelle offen, inneres
kleiner als äuſseres. Hinterschienen an der Wurzel ohne, sonst mit
zwei Reihen unbeweglicher Dornen. — Über die ganze Erde verbreitet.

Gr. abbreviatus Serv. verursachte in Ohio dadurch groſsen
Schaden, daſs die Tiere frisch verpflanzte Tomatenpflanzen dicht über
der Erde abfraſsen [5]).

Gr. mitratus Burm. (occipitalis Serv.). Diese, im Sunda-Archipel
heimische, auf Java „djankrik" genannte Grille schadet daselbst durch
Abfressen junger Kaffee- und Tabakpflanzen [6]). Die Nymphen werden
von einer Grabwespe, *Larrada maura* F., eingetragen. Häuft man in
der Nähe bedrohter Pflanzen trockenes Laub, Gras usw. auf, so sammeln
sich die Grillen darunter und können leicht gefangen werden.

Gr. Servillei Sauss. Diese in Australien häufigste Grille schadet
manchmal in Feldern und Gärten, besonders an Tomaten und Gemüse;
auch benagt sie die sich eben öffnenden Knospen von Reben und
Obstbäumen [7]).

Gr. desertus Pall. (melas Charp.). Steppengrille. Schwarz;
Flügeldecken braun, kürzer als Hinterleib; Hinterflügel meist verkümmert. 13—17 mm lang; Legescheide 10—13, viel länger als Hinterschenkel. — Mittelmeerländer; Europa südlich der Alpen; bis Turkestan;
auch auf Java.

Die Steppengrille wird namentlich in Ungarn [8]), aber auch in
Italien, Dalmatien [9]) usw. schädlich durch Fraſs an Zuckerrüben (Fig. 151),
jungen Tabakspflanzen, jungen Rebtrieben und -knospen. DEL GUERCIO [10])
bekämpfte sie in Italien erfolgreich, indem er die Wiesen, ihren eigent-

---

[1]) Id.; ibid. Vol. 7, 1894, p. 245.
[2]) Id.: ibid. p. 241.
[3]) Id.; ibid. p. 25.
[4]) MURTFIELDT, ibid. Vol. 5, 1893, p. 155.
[5]) WEBSTER u. MALLY, U. S. Dept. Agric., Div. Ent, Bull. 17, N. S., 1898, p. 100.
[6]) KONINGSBERGER, Med. s'Lands Plantentuin 20, 1897, p. 56; 44, 1901. p. 75; 64,
1903, p. 50—51.
[7]) FROGGATT, Agric. Gaz. N. S. Wales Vol. 16, 1905, p. 480, 1 fig.; OLLIFF, ibid.
Vol. 3, 1892, p. 270 - 271.
[8]) SAJÓ, Zeitschr. Pflanzenkr. Bd. 4, 1894, S. 153.
[9]) Siehe Jahresber. Leist. Fortschr. Pflanzenkrankh. Bd. 6, 1903, S. 208,
Nr. 1253.
[10]) Siehe Zeitschr. Pflanzenkr. Bd. 16, 1906, S. 248.

lichen Aufenthaltsort, mit Kaliumarsenat bespritzte, und da, wo keine Gräser waren, mit diesem Gifte getränkte Reiskörner auslegte. Biologie ähnlich der der nächsten.

Gr. (Liogryllus) **campestris** L. **Feldgrille.** Schwarz, mit gelbem Flecke an der Wurzel der braunen Flügeldecken. Wurzel der Hinterschienen unten und innen rot. Punktaugen in fast gerader Reihe. Halsschild vorn breiter als hinten, schmäler als Kopf. Flügel verkürzt. 20—26 mm lang, Legescheide 12—14. Europa (mit Ausnahme Skandinaviens), Mittelmeerländer, in Asien bis zum Himalaya. Vorwiegend auf Wiesen und grasigen Wegrändern. Im Juni und Juli erwachsen. Das Weibchen legt seine Eier einzeln in die Erde. Nach vier Wochen kriechen die Jungen aus, die zuerst oberirdisch im Grase leben. Erst nach der zweiten Häutung beginnen sie zu graben. Die Überwinterung geschieht als Nymphe in der Erde. Nach der letzten Häutung ist die Feldgrille vorübergehend kupferrot mit gelben Vorderflügeln. Sie lebt von Gras, Kräutern, Samen und Tieren, selbst grofsen Raupen wie denen von Sphinx ligustri, Saturnia pyri [1] usw. Namentlich auf Wiesen, aber auch auf Getreidefeldern wird sie nicht selten beträchtlich schädlich; selbst an jungen Buchen und Eichen hat sie schon gemeinsam mit *Tettix subulata* (s. daselbst) geschadet. Durch ihr Wühlen haben Grillen einmal 324 qm Birkensaat, die unter dem Schutze von Hafersaat aufgezogen werden sollte, vernichtet [2]. — Von Feinden kommt in erster Linie der Maulwurf in Betracht. — Kalkung, 5 dz auf ¹/₂ ha, soll gutes Bekämpfungsmittel sein.

Gr. (Liogryllus) **bimaculatus** de G. (capensis F.). Sehr ähnlich voriger; aber Punktaugen ein Dreieck bildend; Halsschild nach hinten verbreitert, breiter als Kopf; Flügel länger als Hinterleib. 20—28 mm lang, Legescheide 12—16. — Südeuropa, Afrika, Asien. — In Indien [3] und auf Java [4] wird diese Grille oft sehr schädlich dadurch, dafs sie die jungen Triebe der verschiedensten Kulturpflanzen, insbesondere von Kaffee und Zuckerrohr, wegfrifst. In der Sierra Leone richtete sie nach Afzelius [5] grofse Verwüstungen in Gärten und an Saaten an.

Gr. melanocephalus Serv. Vorwiegend die Nymphe ist in Ostindien oft sehr schädlich an den verschiedensten jungen Sommeraussaaten, wie von Pennisetum typhoïdeum. Sorghum vulgare, auch Gossypium herbaceum usw. [6].

Fig. 151. Frafs von Gryllus desertus an Zuckerrübe (nach Jablonowski).

Anurogryllus Sauss.

Legeröhre rudimentär. Metatarsen der Vorderfüfse kurz, breit. — Amerika.

---

[1] Dudinsky, Rovart. Lapok Bd. 13, 1906, Auszüge S. 17.
[2] Pollack, siehe Judeich u. Nitsche, Lehrbuch usw. Bd. 2, S. 1289.
[3] Maxwell-Lefroy, Indian Insect Pests, Calcutta 1906, p. 226, Fig.
[4] Koningsberger, Med. s'Lands Plantentuin 22, 1898, p. 32.
[5] Achetae guineenses. Upsaliae 1804.
[6] Cotes, Ind. Mus. Notes Vol. 2, p. 100, Nr. 5, p. 78—79, Fig.

A. antillarum Sauss. [1]). Häufig in den südlichen Vereinigten Staaten; schädlich an verschiedenen Gartenpflanzen, wie Erdbeeren, Erbsen, Kartoffeln, Bataten, Tabak, Baumwolle. Wird vom Geflügel verzehrt.

Brachytrypus Serv.

Die gröfsten Grillen. Kopf sehr grofs und dick. Augen in gerader Linie. Flügel ausgebildet. Beine lang behaart. Aufseres Trommelfell grofs, inneres sehr klein. Tarsen der beiden ersten Beinpaare sehr kurz; ihr erstes Glied zylindrisch, kürzer als die beiden anderen zusammen. Schienen alle mit sehr langen Enddornen. Legeröhre sehr kurz. — Mit einer Ausnahme asiatisch und afrikanisch.

Br. megacephalus Lef. Gelb, mit auffällig breitem und dickem Kopfe. 40 mm lang. Nordafrika, Indien, Sizilien. War nach GIARD [2]) bei Palermo sehr schädlich an Reben und Getreide.

Br. membranaceus Drur. Gelb bis braun. Ocellen auf Höckern. Männchen 44, Weibchen 52 mm lang. Tropisches Afrika. Tritt nach BLANDFORD [3]) bei Lagos alle 5—6 Jahre in grofsen Mengen auf und wird dann sehr schädlich an allen in Abständen stehenden saftigen oder jungen Pflanzen, wie Kaffee, Manihot usw.

Br. achatinus Stoll. Gelb bis braun. Kopf glatt, rund, mit aufgeblasener Stirne. 37—44 mm lang. Indien [4]), China [5]), Sunda-Inseln [6]), Philippinen. — Diese Grille lebt tagsüber in 30—40 cm tiefen Erdlöchern, vorzugsweise in sandigem Boden, deren Öffnung sie tags durch ein Blatt verschliefst, das ihre Auffindung sehr erleichtert. Nachts kommt sie herauf, um lange, gerade Gänge zu wühlen, bei denen sie zahlreiche Wurzeln zerstört und benagt, oder um sich oberirdisch Nahrung zu suchen, von der sie einen Teil mit in ihr Nest schleppt. Sie bevorzugt junge Triebe, die sie dicht über der Erde abschneidet, und zarte Blätter. Namentlich in Pflanzgärten wird sie dergestalt recht schädlich in Indien an Tee, Luzerne, Indigo, Reis, Tabak, Jute; in Tonkin an Kaffee; auf Java an Kaffee, Tabak, Hevea und Manihot. An älteren Pflanzen schneidet sie bis zu 1 cm dicke Zweige durch. Eingiefsen von Wasser und Öl treibt sie aus ihrem Neste heraus, ebenso stärkerer Regen, wobei Krähen sie in Mengen verzehren. Die Nymphen leben oberirdisch unter Laub usw. und werden von einer grofsen, grünen Grabwespe in deren Nester geschleppt.

Gryllotalpinen.

Kopf schief nach vorn gerichtet; zwei Nebenaugen. Halsschild lang eiförmig, gewölbt, panzerartig, ähnlich dem der Krebse. Vorderbeine bilden kräftige Grabfüfse. Legeröhre fehlt.

----

[1]) CAUDELL, U. S. Dept. Agric., Div. Ent., Bull. 44, 1904, p. 88—89.
[2]) Bull. Soc. ent. France 1879, p. LXXX.
[3]) Kew Bulletin Nr. 125, 1897, p. 188—189.
[4]) COTES, Ind. Mus. Notes Vol. 3, Nr. 4, 1896, p. 45, Fig.; Nr. 5, p. 77; MAXWELL-LEFROY, l. c. p. 225—226, Fig.; WATT u. MANN, Pests and blights of the Tea plant. 2^d ed. 1903, p. 244—246, fig. 28.
[5]) BORDAS, Ann. Inst. Colon. Marseille Vol. 7, 1900, Fasc. 2, 70 pp., 1 Pl., 36 figs.
[6]) KONINGSBERGER, Med. s'Lands Plantentuin D. 44, 1901, p. 74—75, fig.; D. 64, 1903, p. 50.

Scapteriscus Scudd.

Am Ende der Vorderschienen zwei bewegliche Anhänge. Erstes Fußglied der Hinterbeine mit zwei starken Enddornen. — Neotropisch.

Sc. didactylus Latr. **Changa** oder **Porto Rico mole Cricket.** Gelbbraun, unten blasser. Flügeldecken den Hinterleib fast ganz bedeckend. 25 mm lang. Schon anfangs der 30 er Jahre des vorigen Jahrhunderts ist nach Barnet und Curtis[1]) diese Grille auf St. Vincent schädlich geworden, indem sie sich nach heftigem Orkane derart vermehrte, daß sie bald alle Weiden vernichtet hatte; dann ging sie in die Zuckerrohrpflanzungen über und zerstörte namentlich die jungen Pflanzen in großem Umfange. Ende der 90 er Jahre begann sie dann auf Puerto Rico[2]) sehr schädlich zu werden, in Äckern, noch mehr aber in Gärten, besonders an Tabak, aber auch an Kohl und anderen Kreuzblütlern. Später ist sie auch in die südlichen Vereinigten Staaten (Georgia) vorgedrungen. Fliegt nach Licht und kommt so nachts in die Häuser. — Bedrohte Pflanzen schützt man, indem man die großen, glatten Blätter von *Mammea americana* wie einen Zylinder einen Zoll tief in die Erde um sie herum steckt. Die Bekämpfung geschieht mit Giftköder.

Sc. abbreviatus Scudd.[3]). Gelbbräunlich mit schwarzem Kopfe. Flügel sehr kurz. 28 mm lang. Diese Grille wurde November und Dezember 1902 in Florida überaus schädlich. Bohnen- und Tomatensaaten wurden völlig verwüstet, Kartoffeln, Bataten und die verschiedensten anderen Gemüse und Aussaaten zerfressen, selbst die Wurzeln von Orangenbäumen benagt. Auch getrocknetes Blut und Knochenmehl des Düngers wurden aufgefressen.

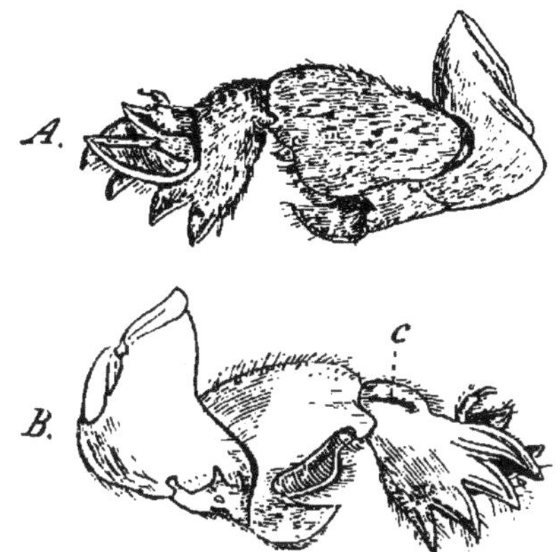

Fig. 152. Vorderbein der Maulwurfsgrille (aus Sharp).
A von aufsen (oben), *B* von innen (unten), *c* Ohröffnung.

Gryllotalpa L., Maulwurfsgrille.

Körper zylindrisch, dicht und fein behaart. Zwei Punktaugen. Halsschild sehr lang und stark. Vorderflügel verkürzt, pergamentartig; Hinterflügel lang. Trommelfell in tiefer Längsspalte verborgen. Vorderbeine (Fig. 152) zu breiten Grabschaufeln umgewandelt; ihre Schienen auf unterer Kante mit vier kräftigen Zähnen. Erstes und zweites Fußglied platt, nach unten in starken Zahn verlängert, drittes kurz, zylindrisch, mit zwei kurzen, fast geraden Krallen. Hinterschenkel wenig verdickt; Hinterschienen nur auf oberem Innenrande bedornt. Tibien mit vier Enddornen, von denen die zwei oberen beweglich, die zwei unteren unbeweglich sind. Raife sehr lang, lang behaart, abwärts gebogen. Über die ganze Erde verbreitet.

----

[1]) Proc. ent. Soc. London T. 2, 1836, p. 11.
[2]) Busck, U. S. Dept. Agric., Div. Ent., Bull. 22, N. S., 1900, p. 90 (hier irrtümlich als Gryllotalpa hexadactyla bezeichnet); Chittenden, ibid. Bull. 40, 1903, p. 116—117, 2 Fig.
[3]) Chittenden, l. c. p. 117—118, 4 Fig.

Gr. borealis Burm. Gelblichbraun. 30 mm lang. Südliche Vereinigte Staaten, Antillen. Bis nach Kanada hinauf, hier aber selten; immerhin wurden auf 25 acre grofsem Kohlfelde 1400 Stück gefunden [1].

Gr. vulgaris Latr. **Maulwurfsgrille, Werre,** Reutwurm, Erdwolf, Erdkrebs, Moldworf usw. — **taupe-grillon**, taupette, perce-chaussée etc. — **mole-cricket**, earth crab, jarr worm etc. Schmutzig dunkelbraun, unten und Flügel gelblich. Flügelgeäder fast schwarz. Hinterschienen auf oberem Innenrande mit vier Dornen und mit drei Enddornen, innen blofs mit vier kurzen Enddornen, 33—48 mm lang. Halsschild über einhalbmal so lang als Körper, 24 mm lang. Süd- und Mitteleuropa, nördliches Afrika, westliches Asien bis Himalaya.

Gr. africana Pal. Beauv. Gelblich, oben braun. Geäder der Flügeldecken gelblich. 30 mm lang, Halsschild 9. — Afrika mit Ausnahme der Nordküste. Madagaskar, Mauritius, Südasien, Sunda-Archipel, China, Japan, Australien, Hawaii. — Während aus Afrika nur ein Bericht, aus Französisch-Guinea, vorliegt [2], der sich wohl auf diese, hier an Kaffee schädliche Art bezieht, wird sie aus anderen Gebieten sehr häufig als Schädling angegeben. So aus Indien [3] an Indigo, Obstbäumen, Baumwolle, Tabak, Opium; aus Java [4] an Kaffee, Tee, Reis, Zuckerrohr und europäischem Gemüse. In Australien kommt sie mehr in den Küstengegenden vor, ohne aber schädlich zu werden.

Gr. australis Erichs. Recht häufig in Gärten und Weiden Australiens.

Die Naturgeschichte aller dieser Maulwurfsgrillen stimmt, soweit bekannt, in der Hauptsache überein. Sie lieben lockeren, etwas bindigen Boden, kommen aber in allen Böden vor, die eine gewisse Feuchtigkeit aufweisen; nur ganz trockene Böden werden gemieden. Uferränder scheinen bevorzugt zu werden. Gegen direkte Nässe sind sie sehr empfindlich, daher sie ihre Gänge möglichst wagerecht anlegen, so dafs das Regenwasser nicht hineindringt. Die Gänge verlaufen flach unter der Erde und treten besonders nach Regenwetter als fingerbreite, etwas erhöhte Streifen hervor; namentlich Ende Mai und Juni sind sie auffällig. In diesen Gängen verbringen die Grillen die meiste Zeit ihres Lebens. Nur zur Begattungszeit, je nach Klima und Witterung in Europa von Ende April bis in Juli hinein, kommen sie nachts an die Oberfläche, zirpen und versuchen sich auch in flachen, welligen Flügen. Nach der Begattung gräbt das Weibchen an einer humusreichen, der Sonne möglichst ausgesetzten Stelle einige schneckenförmig verlaufende Gänge in die Tiefe und legt hier ein etwa kartoffelgrofses Nest an, dessen Innenwände durch Befeuchten mit Speichel und Festdrücken mittels des Brustschildes geglättet werden. Mufs das Nest in einer Wiese angelegt werden, so beifst das Weibchen darüber alle Graswurzeln durch, damit die Erde hier freigelegt und den Sonnenstrahlen ausgesetzt wird. Je nach der Bodenart findet sich das Nest in 10 cm bis 1 m Tiefe; von ihm aus laufen noch mehrere Gänge nach oben und nach unten, letztere offenbar zum Abfliefsen etwa eindringenden Wassers. In das Nest legt das Weibchen in Zwischenräumen etwa

[1] Fyles, Rep. Ontario Ent. Soc. 1901, p. 91.
[2] Morris, Tropenpflanzer Bd. 3, 1899, S. 382.
[3] Cotes, Ind. Mus. Notes Vol. 2, 3; Maxwell-Lefroy, l. c. p. 226, Fig.
[4] Koningsberger, Med. s'Lands Plantentuin 20, 1897, p. 85—86; 22, 1898, p. 32; 64, 1903. p. 50; Zehntner, Arch. Java Suikerindustrie 1897, Afl. 10.

200—300 und mehr Hanfkorn grofse, etwas platt gedrückte, gelblich-weifse, sehr zähschalige Eier. Nach 1—3 Wochen schlüpfen die zuerst weifslichen, später schwärzlichen und dadurch ameisenähnlichen Jungen (ohne Nebenaugen) aus, die sich in etwa vierwöchentigen Pausen in demselben Jahre noch dreimal häuten. Sie bleiben unter der Obhut der Mutter bis zur zweiten Häutung zusammen. Zuerst fressen sie Humus, später die feinen Würzelchen dicht unter der Oberfläche, so dafs man ihren Aufenthaltsort an dem stetig sich vergröfsernden Kreise absterbender Pflanzen erkennt. Nach der zweiten Häutung zerstreuen sie sich und beginnen einzeln zu graben. Zum Winterschlafe gehen sie fufs- bis metertief in die Erde. Im März erwachen sie; sie häuten sich nun noch zweimal.

Manche Autoren behaupten eine mehrjährige Entwicklungsdauer [1]. Genauere Untersuchungen hierüber wie überhaupt über das Leben dieses interessanten Kerfes sind noch sehr erwünscht.

Über die Nahrung der Maulwurfsgrillen gingen die Meinungen sehr weit auseinander. Heute kann es keinem Zweifel mehr unterliegen, dafs sie in erster Linie tierisch ist und aus Regenwürmern, Schnecken, Insektenlarven usw. besteht. Doch werden auch zarte, saftige Pflanzenteile, unterirdische mehr als oberirdische, gern genommen, auch zarte und kräftigere Wurzeln, selbst junger Eichen, benagt. Koch [2] berichtet sogar, wie an einjährigen Fichtenpflänzchen die Rinde der jungen Stämmchen teils seitlich, teils ringsum abgenagt wurde; das Frafsbild war ähnlich dem von Rüssel- und Borkenkäfern, jedoch waren die Ränder der Frafsstellen nicht wie bei jenen glatt, sondern langfaserig.

Mehr aber noch als durch ihren Frafs werden die Maulwurfsgrillen schädlich durch ihr Wühlen. Alle jüngeren, zartwurzeligen Pflänzchen sterben allein durch die Lockerung der Wurzeln ab; an den kräftigeren Pflanzen werden die Wurzeln teils durchgebissen, teils mit den scharfen Grabkrallen durchgesägt, so dafs die Gänge in bewachsenem Lande an dem reihenweisen Absterben namentlich der kleineren Pflanzen kenntlich sind. So gehören die Werren trotz ihrer nicht unbeträchtlichen Vertilgung tierischer Schädlinge selbst zu den allerschädlichsten Tieren. Glücklicherweise sind sie im allgemeinen nicht allzu häufig. An manchen Stellen, und unter manchen Verhältnissen treten sie aber in ungeheueren Mengen auf. So wurden in einem französischen Garten in sechs Wochen 2080 Nester zerstört [3] und in einem 60 a grofsen Schmuckrasen in einem Sommer über 7000 Stück gefangen [4].

Von Feinden ist der wichtigste der Maulwurf; aber auch Spitzmäuse, Fuchs, Katze und Schwein stellen ihnen nach, ferner Krähen, Würger, Wiedehopfe, Eulen und Stare. Die gröfseren Laufkäfer werden den Werren selbst, Staphyliniden ihren Eiern gefährlich. — Auch ungünstiges Wetter tötet sie oft in Massen, so namentlich trockenkalte Winter; aber auch grofse Hitze und Trockenheit oder grofse Nässe im Sommer sind ihnen unbekömmlich.

Während die ausländischen Arten gern nach dem Lichte fliegen und so in die Wohnungen kommen, tut dies die europäische Art nie.

---

[1] Feburier, Ann. Agric. franç. (1.) Ann. 13, T. 21, p. 145—153; Leonardi, Boll. Ent. agr. T. 4, 1897, p. 186—192. 1 fig.
[2] Nat. Zeitschr. Land- u. Forstwirtsch. Bd. 3, 1905, S. 470—476.
[3] Nördlinger, Die kl. Feinde usw., 2. Aufl., S. 545.
[4] Prakt. Ratg. Obst- u. Gartenbau 1887, S. 214.

Zur Bekämpfung gibt es zahllose Anweisungen, die KOCH ausführlich zusammenstellt. Hier können nur die wichtigsten wiederholt werden.

Während natürlicher Dünger sie anzieht, soll Kalkung (5 dz auf ½ ha) sie vertreiben, ebenso stark riechende Stoffe, wie Tomatenkraut, stinkende Öle, Terpentinöl, Abkochung von Erlenrinde, Calciumkarbid, brennende Schwefelfäden in ihre Gänge gelegt usw. — Phosphorpillen, ganz besonders aber ein Teig aus 0,75 kg Lebkuchen, 0,25 kg Roggenmehl, 0,75 kg Honig, 2 g Arsenik dienen zur Vergiftung. Schwefelkohlenstoff, 30—40 g auf 1 qm, einen Fufs tief in die Erde gebracht, hat gute Erfolge ergeben.

Am gebräuchlichsten sind verschiedene Fallen: eine ½ m im Geviert messende Grube wird im Spätherbst mit Pferdemist gefüllt, dieser festgetreten und mit Erde bedeckt; die entstehende Wärme lockt die Werren zur Überwinterung an. Ende Februar können sie dann ausgegraben werden. Bei trockener Witterung verteilt man auf

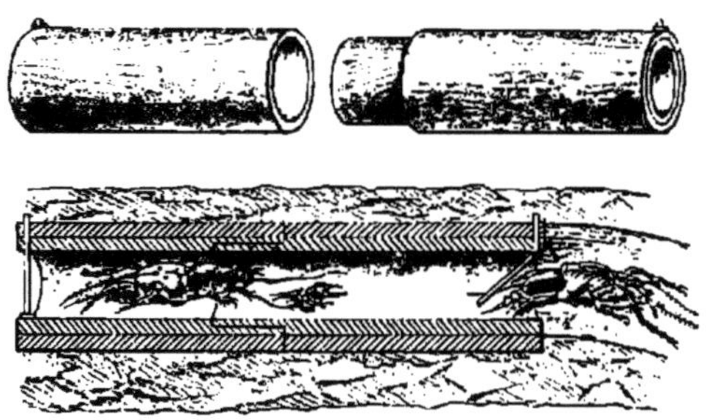

Fig. 153.
Werrenfalle nach LESSER (aus RÖRIG).

dem Lande abend einige Strohdecken und begiefst sie; hierhin ziehen sich in der Nacht die Werren zusammen. Glattwandige Gefäfse gräbt man so in die Erde, dafs ihr oberer Rand gerade unter der Sohle der Werrengänge abschneidet; sie fallen nachts hinein. Namentlich zur Begattungszeit kann man sie noch besonders in diese Töpfe hineinleiten, wenn man strahlenförmig vier Holzlatten mit der hohen Kante auflegt und an ihrem Kreuzungspunkt und an den Enden je einen Topf eingräbt. Da die Werre nie über Hindernisse hinwegklettert, sondern sie umgeht, läuft sie an den Latten entlang und fällt in die Gefäfse.

Man fängt sie, indem man einem Gange mit dem Finger nachgeht, bis er plötzlich in die Tiefe führt; hier giefst man zuerst etwas Wasser, dann einige Tropfen Öl und schliefslich reichlich Wasser nach; die Werren kommen mit Öl beschmiert heraus und ersticken entweder von selbst oder können leicht getötet werden. — Das beste Gegenmittel ist auf jeden Fall das Aufsuchen der Nester. Auch hier geht man den Gängen nach, bis sie herabsteigen und gräbt dann das Nest aus.

LESSER hat eigene Fallen konstruiert, von denen wir hier eine Abbildung geben (Fig. 153).

Thysanoptera, Fransenflügler; Physopoda, Blasenfüsse.

Kleine, 1 mm bis 1 cm lange Insekten. Kopf (Fig. 154) schief nach unten hinten gestellt. Zwischen den Facettaugen sechs- bis neungliedrige, fadige, mit Sinnesborsten versehene Fühler; die letzten Glieder sind oft sehr dünn und miteinander verwachsen; sie bilden dann den „Stylus"; ferner gewöhnlich drei Ocellen. Mundteile so eigenartig umgebildet (unsymmetrisch), daſs über ihre Deutung noch keine Einheitlichkeit herrscht; sie bestehen aus einem Rohre, in dem sich ein Mundstachel bewegt; in der Hauptsache sind sie saugend. Vorderbrust frei, Mittel- und Hinterbrust zu einem Pterothorax verschmolzen. Flügel vier, häutig, wenig geadert, mit langen Fransen besetzt; sie können verkümmert sein oder ganz fehlen. Beine kurz; Füſse ein- bis zweigliedrig, mit zwei an die Wand einer dazwischen befindlichen, ausstülpbaren Blase angewachsenen Klauen. — Hinterleib zehnringelig; erster Ring mit Pterothorax verschmolzen.

Oesophagus lang, Magen sehr lang, zweigliedrig, Dünndarm sehr kurz, Dickdarm groſs; der ganze Darmkanal (Fig. 155) bildet eine Schlinge. Zwei bis drei Paare Speicheldrüsen, vier malpighische Gefäſse. Vier P. Stigmen.

Getrennt geschlechtlich; Männchen kleiner als Weibchen, bei einigen Arten selten oder selbst unbekannt. Bei ungeflügelten Arten treten manchmal geflügelte Weibchen auf, die offenbar der Verbreitung der Art dienen. Öfters kommt Parthenogenese vor. Die Eier werden in längerem Zeitraume einzeln oder in Häufchen abgelegt. Nach kurzer Zeit (durchschnittlich zehn Tagen) kommen die

Fig. 154. Kopf von Physopus pyri (nach Moulton).

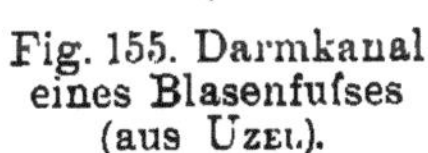

Fig. 155. Darmkanal eines Blasenfuſses (aus Uzel).

Jungen aus, die den Erwachsenen in der Hauptsache gleichen; nur fehlen ihnen die Flügel, Punktaugen und Sinneshaare an den Fühlern; die Augen sind nicht facettiert. Nach der vierten Häutung tritt eine Vorpuppe, nach der fünften eine nahezu ruhende Puppe auf. Die ganze Entwicklung dauert im Sommer wenige Wochen.

Geschichte. Blasenfüſse sind bereits den älteren Zoologen aufgefallen und haben daher manche gute Bearbeitungen erfahren, insbesondere von Haliday[1]), Uzel[2]) und Hinds[3]) Trotzdem ist ihre Kenntnis noch recht wenig verbreitet, und die Artangaben in der

[1]) An epitome of the British genera in the order Thysanoptera. Ent. monthl. Mag. Vol 3, 1836, p. 439—451; Vol. 4, 1837, p. 144—146.

[2]) Monographie der Ordnung Thysanoptera, Königgrätz 1895, 4°, 500 S., 10 Taf., 9 Fig.

[3]) Contribution to an monograph of the insects of the order Thysanoptera inhabiting North America. Proc. U. S. Nation. Mus. Vol. 26, 1902, p. 79—242, 11 pls.

phytopathologischen Literatur, insbesondere der deutschen, sind daher
recht wenig brauchbar.

Lebensweise. Die Blasenfüſse teilt K. Jordan[1]) nach ihrem
Aufenthaltsorte in drei Gruppen ein, die selbstverständlich nicht scharf
von einander getrennt sind. Die meisten einheimischen Arten leben in
Blüten und sind sehr lebhaft und flugfertig; die meisten in Gewächshäuser eingeschleppten Arten sitzen an der Unterseite von Blättern
und sind minder beweglich. Andere schlieſslich finden sich hinter
Rinde, zwischen Flechten, Moos, Schwämmen, Gras und an ähnlichen
geschützten Orten; sie sind träge und nicht selten flügellos. Oft
kommen Blasenfüſse in von anderen Insekten erzeugten Gallen vor;
aus Australien und Java sind einige Arten bekannt, die selbst Gallen
an Blättern (Fig. 156) erzeugen. F. Ludwig[2]) beschreibt solche an den
Blättern von *Acacia aneura* von einer unbestimmten Tubulifere erzeugte
Gallen: „Die Blattspindeln waren besetzt mit etwa kirschkerngroſsen,
kugeligen Gallen, die an zwei Punkten mit den Blattspindeln ver-

Fig. 156. Gallen eines Blasenfuſses an Acacia   Fig. 157. Cladosporium sp. an
aneura (aus Froggatt).   Physopus pyri (nach Moulton).

wachsen waren. Sie sind hohl, mit dünner, aber harter, völlig geschlossener Schale versehen." Beim Trocknen springen die Gallen auf.

Die Nahrung der Blasenfüſse ist vorwiegend pflanzlich. Ob
manche Arten ausschlieſslich oder nur nebenbei von kleineren Tieren
und deren Eiern leben, ist noch nicht sicher festgestellt. An Pflanzen
gewinnen sie ihre Nahrung dadurch, daſs sie erst die Oberhaut ab-
schaben, dann mit ihrem Mundstachel ein Loch bohren und nun erst
die Saugborsten in das Pflanzengewebe einsenken; sie erzeugen derart
verhältnismäſsig groſse Wunden.

Die Vermehrung ist eine recht rasche, da sich in einem
Jahre mehrere Bruten folgen. Junge und alte Tiere der letzten überwintern am Boden in Verstecken, in Grasbüscheln, trockenen Blüten
in Stoppeln, unter Rinde und ähnlichem. In Warmhäusern vermehren
sie sich ununterbrochen.

Die Ausbreitung geschieht zum gröſsten Teile wohl durch den
Wind; doch auch durch andere Tiere, den Menschen und an

----

[1]) Zeitschr. wiss. Zool. Bd. 47, 1888, S. 603.
[2]) Allgem. Zeitschr. Ent. Bd. 7, 1902, S. 451; s. auch Uzel., Act. Soc. ent.
Bohemiae Bd. 2, 1905, Nr. 4, 2 pp.

Pflanzen. Letztere Verbreitungsart scheint indes verhältnismäfsig wenig vorzukommen, wenigstens wurden bei den in Hamburg eingeschleppten Tieren Blasenfüfse nicht gefunden.

Am günstigsten für die Vermehrung dieser Insekten ist warmes, schwüles Wetter. Bei grofser Trockenheit fliegen sie lebhaft umher, um saftige Nahrung zu suchen; sie dringen dann oft in Massen in die Häuser, überfallen Menschen und Tiere, um deren Schweifs zu saugen, und rufen bei ersterem recht unangenehmes Jucken an schwitzenden, nicht von Kleidung bedeckten Körperteilen hervor. Direkt gefährlich werden sie für das Ackervieh, besonders Pferde, in deren feuchte Nüstern sie dringen, so dafs sie oft wild werden. — Nässe und noch mehr Kälte wird den Blasenfüfsen leicht verderblich.

Feinde. Aufser insektenfressenden Vögeln (Meisen) stellen den Fransenfliegen Spinnen, Larven von Trombidien, Fliegen, Coccinellen, Chrysopa, Syrphus, Hemerobien, Scymnus ater, Gyrophaena ater (Staphylin.), insbesondere aber kleine Wanzen (Triphleps minutus in Europa, Thr. insidiosus in Amerika) nach, ferner andere Blasenfüfse; Nematoden und Gregarinen[1]) leben parasitisch in ihnen. Auch Pilze[2]) wurden schon mehrfach in ihnen gefunden (Fig. 157), treten aber nur bei warmem, feuchtem Wetter in gröfserem Umfange auf.

Phytopathologie[3]). Trotz ihrer Kleinheit werden Blasenfüfse nicht selten durch ihr massenhaftes Auftreten schädlich. An Blättern rufen sie, besonders in Gewächshäusern, die von den Gärtnern „Schwindsucht" genannte Krankheit hervor; die ausgesogenen Epidermiszellen sterben ab, füllen sich mit Luft und erscheinen dann weifs, so dafs ein, den Beschädigungen durch die Rote Spinne (S. 93) ähnliches Bild entsteht; nur sind die Thripsflecke gröfser. Ganz charakteristisch sind aber ihre Exkremente, die als kleine, dunkelrotbraune, glänzende und schwach erhabene Flecke überall zurückbleiben. Auch im Freien durch ihr Saugen und dadurch, dafs öffnungen der Pflanzen verkleben. In ferner leicht parasitische Pilze ein. —

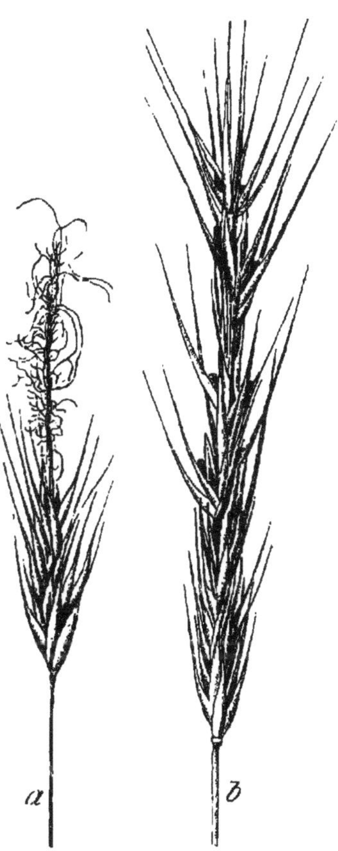

Fig. 158. *a* totale, *b* partielle Weifsährigkeit an Roggen (nach Lindeman).

können sie Blätter abtöten, ihre Exkremente die Spaltdie Wundöffnungen dringen In den Blüten suchen die

[1]) Pettit, Bull. 175 Michig. agr. Exp. Stat., 1899, p. 344, fig.
[2]) Thaxter, Mem. Boston Soc. nat. Hist. Vol. 4, 1888, p. 151 ff., nannte den von ihm gezüchteten Pilz *Empusa (Entomophtora) sphaerosperma* Fries.; Moulton (s. Physop. pyri) beschrieb eine *Cladosporium* sp.
[3]) Siehe hierüber auch: Lindroth, Prakt. Blätt. Pflanzenbau Bd. 2, 1904, S. 131—135.

Fransenfliegen vorwiegend Nektar; doch gehen sie auch die eigentlichen Blütenteile, namentlich die inneren, an und verhindern dadurch sehr häufig die Befruchtung bzw. die Entwicklung der Samen. Auch junge Früchte können sie an der Weiterbildung hindern; langgestreckte (Bohnen, Erbsen) verkrümmen sich oft unter dem Einflusse ihres einseitigen Saugens, da die Saugstelle austrocknet oder sich mit Kork bedeckt.

Für die Praxis am wichtigsten sind die Beschädigungen der Gräser, die auf viererlei Weise erfolgen können[1]): 1. kann der Halm über dem obersten oder zweitobersten Knoten ringsherum angestochen werden, sei es zum Zwecke des Aussaugens, sei es zur Eiablage in das Innere des Halmes. Auf jeden Fall stirbt er ringsherum ab und damit natürlich die ganze Ähre (totale Weifs- oder Taubährigkeit, Fig. 158a). 2. Der Halm selbst bleibt unverletzt; es werden aber entweder die Ährenspindel oder die Stiele der einzelnen Ährchen oder diese selbst ausgesaugt: partielle Weifsährigkeit (Fig. 158b), die sich natürlich bei sehr starkem Befalle bis zur totalen steigern kann. 3. Die axialen Teile bleiben unberührt; aber die Blasenfüfse saugen innen an der Scheide und erzeugen so an dieser mehr oder weniger grofse oder ringförmige bleiche Flecke, die oft schon von weitem auffallen und einem ganzen Felde das Gepräge aufdrücken können (Weifsfleckigkeit; „Thripsflecke" Lindemans), ohne aber merklich zu schaden. Neuerdings beschrieben LAUBERT[2]) und THEOBALD[3]) durch Blasenfüfse erzeugte Drehungen, Krümmungen und Knickungen von Getreidehalmen.

Im allgemeinen finden diese Beschädigungen statt, solange die Ähre noch in der obersten Blattscheide eingeschlossen ist; nur die Weifsfleckigkeit tritt meist erst nach ihrem Heraustreten auf. Aber selbst lange nachher findet man oft zahlreiche Blasenfüfse an den noch weichen Körnern, mit Vorliebe in deren Rinne; sie saugen den Milchsaft und verhindern die normale Entwicklung derselben (4.).

Über die Beteiligung der einzelnen Arten an diesen verschiedenen Schäden ist leider noch wenig Sicheres bekannt. Sie werden gewöhnlich auf eine der an Gräsern lebenden Arten zurückgeführt, die von den verschiedenen Beobachtern ganz willkürlich benannt werden. Eigentlich nur LINDEMAN[4]), TRYBOM[5]) und E. REUTER[6]) haben hierüber sichere Feststellungen gemacht.

In zahlreichen Fällen traten Fransenfliegen in Gemeinschaft mit anderen Krankheitserregern (Getreiderosten, -blattläusen, -fliegen und -cikaden) auf. Doch hat das seine Ursache wohl in diese alle begünstigenden Witterungsverhältnissen, nicht etwa in einer Vorliebe der Thripse für kränkliche Pflanzen. Denn vom Getreide werden gerade kräftige, starkhalmige Individuen und Sorten vorgezogen, wie überhaupt auf kräftigem Boden wachsende[7]). Selbst Moorkulturen leiden mehr als Sandkulturen.

----

[1]) Siehe hierüber auch: REUTER, E., Act. Soc. Fauna Flora fenn. Vol. 19, Nr. 1.
[2]) Illustr. landw. Zeitg. Jahrg. 24, 1904, p. 886—887, Fig.
[3]) Rep. econ. Zool. 1906/07, p. 90—92, Pl. 20.
[4]) Bull. Soc. Imp. Natur. Moscou 1886, p. 298—337, Figg.
[5]) Ent. Tidskrift Arg. 15, 1894, ff.
[6]) l. c.; ferner Zeitschr. Pflanzenkr. Bd. 12, 1902, S. 332—337; BERÄTTELSE etc. 1900 ff.
[7]) Siehe Jahresber. Sonderaussch. Pflanzensch. D.L.G. 1896 S. 15, 1903, S. 34.

Die meisten Blütenbewohner nützen den betreffenden Pflanzen zweifellos durch Übertragung von Blütenstaub. Wie weit einige Arten durch Vertilgen anderer schädlicher Tiere und ihrer Eier nützen, bedarf noch eingehender Prüfung. So sollen gewisse Arten die Eier des Schwammspinners, von Conotrachelus nenuphar usw., verzehren, ferner Aleurodes gossypii, andere Thysanopteren usw. Allem Anscheine nach gehören sie auch zu den Feinden der Roten Spinne, in deren Kolonien man immer zahlreiche Thripslarven findet. Die Annahme früherer Autoren, daſs sie auch zu den Feinden der Reblaus gehörten, hat neuerer Prüfung nicht Stand gehalten.

Vorbeugung und Bekämpfung. Frühes Säen der Wintersaat und kräftige Düngung fördern das Getreide so, daſs es beim stärkeren Auftreten der Thripse ihrer Gefährlichkeit schon entrückt ist. Gute Drainage der Böden ist ihnen unbekömmlich. Gründliche Reinigung der Felder nach der Ernte von allen Rückständen (Abbrennen derselben) sowie der anstoſsenden Weg-, Grabenränder usw. von Pflanzen beseitigt ihre Winterzufluchtsorte. Die Bekämpfung erfolgt am besten durch Kontaktgifte, von denen sich namentlich die Petroleum- und Walölseifen bewährt haben. Auch Spritzen mit kaltem Wasser vertreibt Blasenfüſse sicher.

In Gewächshäusern beseitigt man sie durch gutes Lüften, durch Räuchern mit Cyankalium (2,5—3,5 g auf 1 cbm), Tabak oder (noch besser) Insektenpulver. Gefährdete Pflanzen stellt man im Sommer auf einige Zeit an einen luftigen Ort ins Freie.

Systematik. Uzel beschrieb 36 Gattungen mit 135 Arten, von denen 117 aus Europa stammten. Inzwischen ist aus anderen Erdteilen eine gröſsere, aus Europa noch eine kleinere Zahl bekannt geworden, so daſs man die jetzt bekannten Arten auf etwa 200 schätzen dürfte. Doch leben namentlich in den Tropen sicherlich noch zahlreiche unbekannte Arten.

In Anbetracht der ausgezeichneten Monographien sowie der Bearbeitung in Tümpels[1]) Werk können wir uns hier kurz fassen.

Man unterscheidet zwei Unterordnungen mit drei Familien:

Weibchen mit Legestachel .	Unterordnung Terebrantia,
Fühler 9 gliedrig . .	Familie Aeolothripidae,
Fühler 6—8 gliedrig . . .	Familie Thripidae,
Weibchen ohne Legestachel	Unterordnung Tubuliferae,
	Familie Phloeothripidae.

Terebrantia.

Vorderflügel mit Ring- und zwei Längsadern: in der Ruhe liegen die Flügel nebeneinander, die hinteren unter den vorderen, und klaffen nur hinten etwas. Legeröhre (Fig. 159) besteht aus vier Klappen und ist gewöhnlich an den drei letzten Ringen verborgen. Hinterende des Männchens kegelig, stumpf. — Eier licht, nierenförmig, werden einzeln in Pflanzen abgelegt, nachdem das Weibchen deren Oberhaut mit seinem Legebohrer schlitzförmig verletzt hat. — Weitaus die meisten und die schädlichsten Blasenfüſse gehören hierher.

______

[1]) Die Geradflügler Mitteleuropas, Gotha 1907/08.

1. Fam. Aeolothripiden.

Fühler neungliedrig. Vorderflügel vorn ohne Fransen, höchstens mit kurzen starken Wimpern, mit vier bis fünf Queradern. Legeröhre aufwärts gebogen.

Aeolothrips Haliday.

Die letzten vier bis fünf Fühlerglieder viel kürzer als die anderen und miteinander verwachsen; drittes sehr lang. Vorderflügel mit Querbinden.

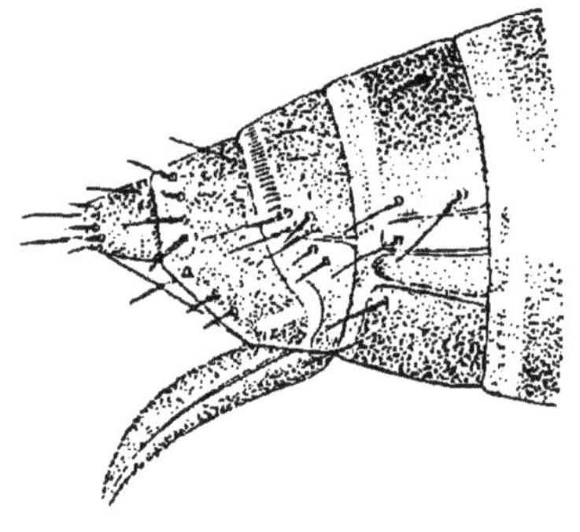

Fig. 159. Legeröhre von Physopus pyri (nach MOULTON).

Aeolothr. fasciatus Halid. Dunkel, nur Hinterleib etwas heller. Drittes Fühlerglied weifs. Vorderflügel weifs mit zwei dunklen Querbinden. Vorder- und Hinterschenkel verdickt. 1,5 mm lang. Larve gelb. Von Ende April bis in Herbst in Blüten, besonders von Linaria vulgaris und Convolvulus-Arten, auch an Getreide und auf Blättern von Kartoffeln und Rüben. In Nordamerika an Getreide, Buchweizen, Klee, Tanacetum officinale usw. E. REUTER[1]) hält diese Art für nützlich, da sie sich an Thr. communis ernähre. Auch ASHMEAD[2]) berichtet, dafs diese, von ihm Thr. trifasciatus genannte Art karnivor sei und zwar *Aleurodes gossypii* fresse.

2. Fam. Thripiden.

Fühler sechs- bis achtgliedrig: Glieder 7 und 8 gewöhnlich kurz, bilden den „stylus". Vorderflügel vorn mit Fransen, zwischen denen gewöhnlich kürzere Wimpern stehen. Legeröhre abwärts gebogen.

Chirothrips Halid.

Fühler achtgliedrig. Beine, mit Ausnahme der Füfse, auffällig dick.
Chirothr. hamatus Trybom. Schwarz. 1 mm lang.
Chirothr. manicatus Halid. (**antennatus** Osb.)[3]). Dunkelbraun. Zweites Fühlerglied aufsen in Fortsatz verlängert. 1 mm lang.
Beide Arten leben an Gräsern und können partielle Weifsährigkeit erzeugen.

Limothrips Halid.

Fühler achtgliedrig. Auf den Hinterecken der Vorderbrust je eine starke Borste. Hinterende des Weibchens bedornt. Männchen ohne Punktaugen und Flügel.
Limothr. denticornis Halid. (**kollari** Heeg., **secalina** Lindem.)[4]) (Fig. 160). Schwarz bis schwarzbraun, hinten mit zwei sehr starken

---

[1]) Medd. Soc. Fauna Flora fenn. Heft 28, B, p. 75—83.
[2]) Ins. Life Vol. VII, 1895, p. 27.
[3]) LINDEMAN, Bull. Soc. Imp. Nat. Moscou T. 62, 1886, No. 2, p. 322—325, fig. 12—14.
[4]) LINDEMAN, ibid. p. 302—319, fig. 4—10.

Stacheln. Drittes Fühlerglied außen mit dreieckigem Fortsatze. Larve weißlich. 1,3 mm lang. — Im Rasen und in Blüten. In großen Kolonien unter der obersten Blattscheide von Gräsern und Getreide (außer Hafer). Die überwinterten Weibchen benagen nach E. REUTER die noch in der Scheide eingeschlossene Spindel, die späteren Bruten verursachen partielle Weißährigkeit und Weißfleckigkeit. — Auf diese Art dürften sich daher die meisten der in der Literatur unter dem Namen der folgenden Art berichteten Schäden beziehen.

Limothr. cerealium Halid. (physapus Kirby, nec auct.). Wie vorige Art, aber drittes Fühlerglied einfach. In Getreideähren; nach CURTIS[1]) namentlich in der Rinne der milchreifen Weizenkörner. Nach TRYBOM und REUTER gehört diese Art nicht zu den Erregern von Weißährigkeit.

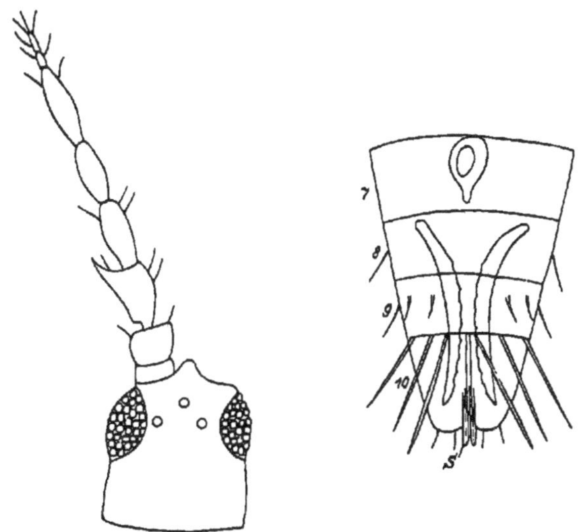

Fig. 160. Kopf und Hinterende von L. denticornis (nach LINDEMAN).

Physopus Am. et Serv. (Euthrips Targ. Tozz.).

Fühler achtgliedrig. Auf den Hinterecken der Vorderbrust je zwei starke Borsten. Vorderrand der Vorderflügel zwischen den Fransen mit langen, starken Wimpern. Hinterende ohne Dornen, aber mit ziemlich langen, dünnen Borsten. Mit Springvermögen.

Ph. vulgatissimus Halid (Fig. 161). Kopf nach hinten deutlich verengt. Auf den Vorderecken der Vorderbrust je eine lange Borste. Längsadern der Vorderflügel beborstet. Dunkel; fünftes Fühlerglied ganz oder am Grunde licht; 1,2 mm lang. Das ganze Jahr hindurch überall, selten in Getreide- und Grasähren. Larven gelblich. — Nach E. REUTER nicht häufig unter oberster Blattscheide von Wiesengräsern und Getreide, durch Aussaugen der Ährchen und ihrer Stiele partielle Weißährigkeit verursachend.

---

[1]) FARM Insects p. 286—289, Fig. 38, Pl. J fig. 7—9.

Ph. tenuicornis Uzel[1]). Sehr ähnlich vorigem, nur fünftes Fühlerglied ganz dunkel. Fühler auffallend dünn. 1,4 mm lang. Ziemlich häufig in Gerste- und Haferähren, sonst vereinzelt in anderen Blüten. Überwintert im Rasen. Verursacht nach E. Reuter die totale Weifsährigkeit des Hafers. Der Halm ist über dem obersten oder zweitobersten Knoten messerscharf abgetrennt, löst sich hier ab und verwelkt samt dem Blütenstande[2]). Da auch im Lumen der Haferhalme sich alle Stadien dieses Blasenfufses finden, läfst Reuter unentschieden, ob die Beschädigung mit den Mundteilen oder bei der Eiablage mit dem Legebohrer geschehe. Auch an Roggen, Gerste und Phleum pratense. — Ferner verursacht diese Art an Getreide partielle Weifsährigkeit, ganz besonders bei Gerste, dann bei Roggen, sehr gering bei Weizen und gar nicht an Hafer.

Ph. nicotianae Hinds[3]). **Tobacco thrips.** Kopf und Brust hell-, Hinterleib dunkelbraun. 1 mm lang. Männchen fehlen. Florida, Süd-Georgia, Texas. Der amerikanische Tabaksblasenfufs schadet sehr beträchtlich an den im Schatten erzogenen Keimbeeten von Deckblatttabak.

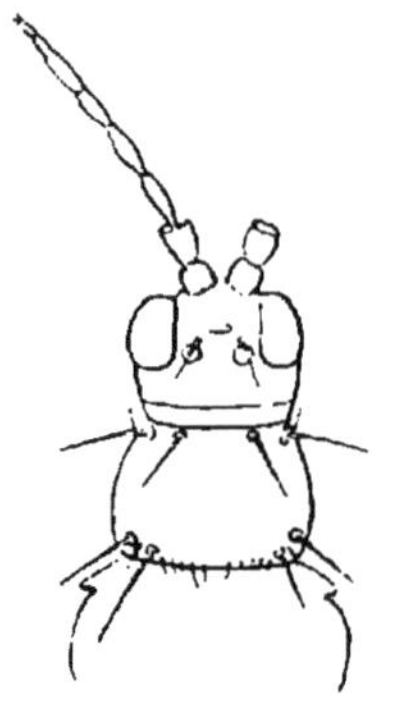

Fig. 161.
Phys. vulgatissimus
(nach Uzel).

Durch das Saugen werden die Adern und Äderchen ihres Saftes beraubt, so dafs sie bei der späteren Behandlung des Tabaks hell werden, daher die Krankheit „white veins" („weifse Adern") heifst. Während die Larven wie gewöhnlich auf der Blattunterseite sitzen, bevorzugen die Erwachsenen die Oberseite. Die überwinterten Weibchen erscheinen im April. Im Mai treten ungeflügelte Weibchen auf. Etwa zwölf Tage gebraucht in der warmen Jahreszeit jede Brut zur Entwicklung. Aufser an Tabak wurde der Blasenfufs gefunden an Hafer, Weizen, Xanthium glabratum, ferner in den Blüten von Rubus sp., Capsella bursa-pastoris und wildem Senf. Als Gegenmafsregel empfiehlt Hooker Reinigung der Felder und ihrer Umgebung von Unkräutern, Vermeidung des Anbaues von Hafer in der Nähe der Tabakfelder und Spritzen der Saatbeete mit Petroleum-Emulsion (2 Gall. Petroleum, 1 Gall. Wasser, ½ Pfd. harte Seife; diese Stammlösung verdünnt mit 10 Teilen Wasser).

Ph. tritici Fitch. **Wheat Thrips, Strawberry midget**[4]). Gelb, Hinterleib bräunlich mit dunklen Streifen über den zweiten bis siebenten Ringen. 1,2 mm lang. Nordamerika. Sehr verbreitet und gemein in Blüten, besonders in nektarhaltigen, die er zum Absterben bringt. So hat er schon öfters die Samenernte von Alfalfa völlig vernichtet. Besonders schadet er aber an Erdbeeren in Florida

---

[1]) Reuter, E., Medd. Soc. Fauna Flora fenn. Heft 27, 1901, p. 115—120.

[2]) Dieselbe Erscheinung berichtet bereits E. Hofmann in den Jahresh. Ver. vaterl. Nat. Württemberg Bd. 47, 1891, S. 25, nennt aber als Ursache Phloeothr. frumentarius.

[3]) Hinds, Proc. biol. Soc. Washington Vol. 18, 1905. p. 197—200; Hooker, U. S. Dept. Agric., Bur. Ent.. Circ. 68, 1906, 5 pp., 2 fig.; id., ibid. Bull. 65, 1907, 22 pp., 2 pls.

[4]) Forbes, Ins. Life Vol. 5. 1892, p. 126—127.

und Illinois durch Zerstören der Blüten. Nach MOULTON[1]) ist er in
Südkalifornien sehr auffällig durch Hervorrufen kleiner, gelber, aller-
dings nur oberflächlicher Flecke an Apfelsinen. Auch Rosen und
Pfirsiche[2]) hat er schon beschädigt. Die Entwicklung ist nach QUAIN-
TANCE[3]) in zwölf Tagen vollendet: drei für das Ei, fünf für die Larve,
vier für die Puppe.

Ph. pyri Daniel[4]). Dunkelbraun; Tarsen hell. 1,26 mm lang. Larve
farblos. Rings um die San Francisco-Bai sehr gemein in Obstbaumblüten, die er in wenigen Tagen zerstören kann. Die früh blühenden
Arten (Mandel) leiden am wenigsten, die später blühenden am meisten.
Selbst junge Früchte benagt seine Larve. Blüten- und Blattknospen
werden gleicherweise angegangen und oft an der Entfaltung gehindert.
Schon ältere Apfel- und Birnblätter rollen sich vom Rande her ein;
der Rand stirbt oft ab. Das Weibchen legt seine Eier mit Vorliebe
in die Kirschenstiele ab, so daſs die jungen Kirschen vertrocknen und
abfallen. Die Larve geht tief in die Erde, bleibt hier mehrere Monate,
bis sie sich verpuppt; erst nach einigen Wochen kommt dann die
Imago aus, so daſs einem Leben auf dem Baume von einem Monate
ein elfmonatiges Erdenleben gegenübersteht. — Ein Pilz, *Cladosporium*
sp., dezimiert Larven und Erwachsene bei warmem, feuchtem Wetter. —
Als Gegenmittel ist nur gute Kultur des Bodens, zur Zeit, wenn sich
die Larven in ihn verkrochen haben, von einigem Werte.

Ph. rubrocinctus Giard[5]). Dunkel; Larve gelblich. Rings
um das Vorderende des Hinterleibes führt ein dunkler Ring.
1—1,5 mm lang. Verursacht groſsen Schaden an Kakao in Guadeloupe. Die Blattfläche wird mit gelben Flecken übersät; gröſsere
Flecke vertrocknen, schlieſslich fallen die Blätter ab. Die Pflanze
treibt dann neue Blätter, die ebenfalls befallen und getötet werden usw.,
so daſs die Pflanze nie zur Ruhe kommt und sich erschöpft. Die anfangs noch gebildeten Früchte bedecken sich mit dem aus den Saugwunden tretenden, vertrocknenden Safte; sie sehen dadurch reif aus
und werden zu früh gepflückt. Die Krankheit tritt nur lokal auf, an
feuchten Orten oder in tiefen, feuchten, nicht genug gelüfteten Anlagen, und ist am stärksten in der Regenzeit. Entwässerung, gute
Dränage und Düngung beugen vor; Beseitigung befallener Zweige und
Blätter sowie Spritzen mit Petroleummischungen sind Gegenmittel.

Ähnliche Erscheinungen werden von Grenada (Westindien)[6]) und
Ceylon berichtet.

Physopus sexnotatus Zehntn. und **Oxythrips binervis** Kobus
werden auf Java an Zuckerrohr schädlich[7]).

---

[1]) U. S. Dept. Agric , Bur. Ent., Techn. Ser. Bull. 12, 1907, p. 40; MOULTON gebraucht hier den Vulgärnamen „grass thrips", der sonst Anaphothr. striatus zukommt.

[2]) SMITH, J. B., Rep. N. Jersey agr. Exp. Stat. 1899, p. 427—428, 1 pl.

[3]) Florida agr. Exp. Stat. Bull. 46, 1898, p. 77—103, figs. 1—9.

[4]) U. S. Dept. Agric., Bur. Ent., Bull. 68, 1907, 16 pp., 2 Pls., 8 figg.

[5]) GIARD, Bull. Soc. ent. France 1901, p. 263—265; ÉLOT, Rev. Cult. colon. 1901,
p. 358; C. r. Soc. Biol. Paris T. 59, 1905, p. 100—102.

[6]) MAXWELL-LEFROY, West-Ind. Bull. Vol. 2, 1902, p. 175—190, 3 fig.

[7]) ZEHNTNER, Med. Proefstat. Suikerrind. Ost-Java, N. S. No. 37, p. 45; KONINGS-
BERGER, Med. s'Lands Plantentuin No. 22, p. 35, 48; No. 24, 1901, p. 83; DEVENTER,
W. van, De dierlijke vijanden van het suikkerriet en hunne parasieten, Amsterdam
1906, p. 275 ff.

Anaphothrips Uzel.

Fühler achtgliedrig, Glied sieben und acht kürzer als sechs. Vorderflügel mit zwei Längsadern, zwischen ihren Fransen sehr lange Wimpern. Vorderbrust ohne Dornen.

Anaphothr. striatus Osb. (Limothrips poaphagus Comst.)[1] „Grass Thrips". Gelb mit dunklen Schatten. 1,3 mm lang. Larve weifs, mit gelben Längsstreifen. Nordamerika bis Kanada. Männchen unbekannt. Die Larven leben unter der obersten Blattscheide von Wiesengräsern, wo sie den Stengel auf 1—2 cm Länge aussaugen, die erwachsenen Weibchen mehr in den Spitzen. Sie rufen Weifsährigkeit („Silver" oder „white top") hervor. Im Frühjahr leidet besonders Poa pratensis, später Phleum pratense, Panicum-, Agrostis- und Festuca-Arten, mit Ausnahme von F. pratensis und elatior. Andere Gräser bleiben verschont. Den ganzen Sommer über sind die Weibchen geflügelt; im Winter finden sich fast nur (98%) ungeflügelte, die zwischen den untersten, seltener in den Scheiden der oberen Blätter überwintern. Die Bekämpfung geschieht daher am besten durch Abbrennen oder tiefes Unterpflügen der Stoppel. Abgetragene Wiesen haben am meisten zu leiden.

Aptinothrips Halid.

Ocellen und Flügel fehlen. Fühler sechsgliedrig, mit zweigliedrigem Stylus. Schenkel verdickt. Bewegung schlangenartig windend.

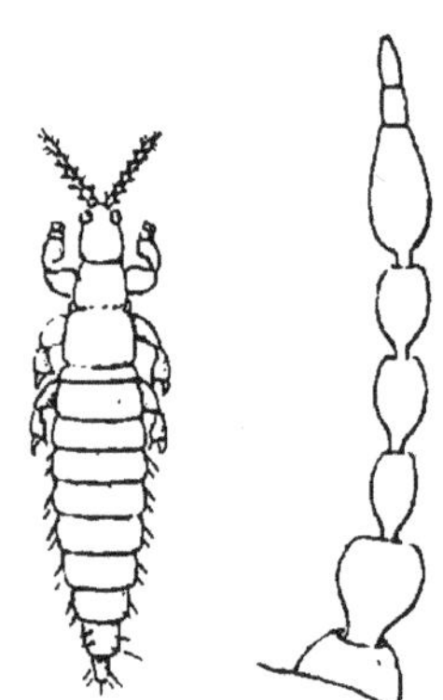

Fig. 162. Aptinothr. rufus (aus Uzel).

Aptinothr. rufus Gmel.[2] (Fig. 162). Licht bräunlichgelb. Vorderbrust hinten ohne Borsten. Zweites Fühlerglied am Ende napfförmig. Beine mit Ausnahme des Tibiengrundes sehr breit. 0,8—1,2 mm lang. Im Sommer sehr häufig im Rasen, auch in Grasblüten. Männchen sehr selten. — Europa, Nordamerika.

Der „rote Blasenfufs" ist in Finland und Schweden einer der wichtigsten Erreger der Weifsährigkeit und Weifsfleckigkeit, von der er in Finland 12,89%, an Poa pratensis 16,53% verursacht; an Getreide ist er von E. Reuter nie beobachtet. Das überwinterte Weibchen benagt die noch eingeschlossene Spindel, sowie auch die einzelnen Ährchen und ihre Stiele; seine Nachkommen nagen den Halm über dem obersten oder zweitobersten Knoten durch. Von getöteten Pflanzen gehen sie auf gesunde über. Allerdings konnte E. Reuter auch ihre Anwesenheit an genannten Stellen feststellen, ohne Weifsährigkeit. Als Parasiten beobachtete E. Reuter eine Trombidiiden-Larve, wahrscheinlich eine *Rhyncholophus*-Art.

---

[1]) Tropenpflanzer Bd. 6, 1902, S. 286.

[2]) Comstock, Amer. Nat. Vol. 22, 1888, p. 260—261; Hinds, 37. ann. Rep. Massachusetts agr. Coll. 1899, 1900, p. 81—105, 4 Pls., 33 figs.; Fernald and Hinds, Massachusetts agr. Coll. Exp. Stat. Bull. 67, 1900, p. 3—9, 1 Pl.; Cary, Exp. Stat. Maine, Bull. 83, 1903, p 97—128, 7 Pls.

[3]) Lindeman, l. c. p. 319—321, Fig. 11; Trybom, Ent. Tidskr. Årg. 15, 1894, p. 41—58.

Leucothrips O. M. Reuter.

Körper glatt. Fühler achtgliedrig; der zweigliedrige Stylus nur wenig kürzer als Glied 6. Auf jeder Hinterecke der Vorderbrust zwei lange, starke Borsten. Flügel schmal, mit nur einer Längsader.

Leucothr. nigripennis O. M. Reuter[1]). Blaßgelb, Vorderflügel und zweites Fußglied schwarz. 1 mm lang. Larve rötlichgelb. — In Warmhäusern in Finland, nur auf Farnen (Pteris), vorwiegend am Mittelnerv.

Heliothrips Halid.

Körper mit netzförmiger Struktur. Fühler achtgliedrig, letztes Glied haarförmig, viel länger als vorletztes, mit kurzem, dünnem Härchen an der Spitze. Flügel am Grunde breit, dann schmal, an der Spitze abgerundet. In Mittel- und Nordeuropa. Glashausbewohner.

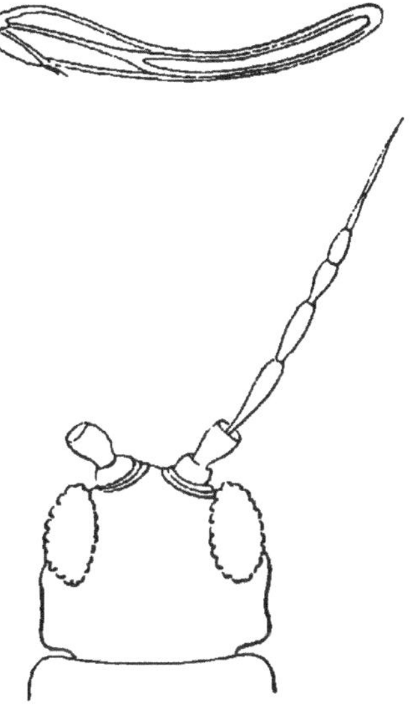

Fig. 163. Heliothr. haemorrhoidalis (Kopf und Flügel) (aus Uzel).

Heliothr. haemorrhoidalis Bché. **Schwarze Fliege** (Fig. 163). Schwarzbraun; Fühler, Flügel und Beine gelblich; Hinterleib von Mitte des achten Ringes an rotbraun. Fühler sehr dünn und lang; zweites Glied napfförmig. Larve zuerst grünlichweiß, später gelb, zuletzt rötlichgelb. 1—1,3 mm lang. — Männchen unbekannt. — Europa, Nordamerika, Australien.

Die Schwarze Fliege gehört mit Recht zu den gefürchtetsten Feinden des Gewächshaus-Gärtners in Nord- und Mitteleuropa und Nordamerika. In wärmeren Ländern kommt sie auch im Freien vor und wurde von Froggatt in Australien[2]) an jungen Eucalyptus gefunden, die weit von Gärten entfernt wuchsen. In Gewächshäusern kommt sie an fast allen Pflanzen vor, in Warm- und Kalthäusern; besonders gefährdet sind Azaleen, Orchideen und Farne. Die Insekten saugen an der Blattunterseite und rufen die sogenannte Schwindsucht hervor. In Italien an Reben, Hesperiden und Apfelbäumen im Freien schadend[3]). — Zimmermann[4]) glaubt diese Art auf Java an Coffea arabica gefunden zu haben. Sie erzeugte hier auf Ober- und Unterseite der Blätter silbern schimmernde, stellenweise durch ihre Exkremente gebräunte Flecke; die Epidermiszellen erwiesen sich angebohrt, oft durch mehrere Löcher in einer Zelle, ausgesogen und mit Luft gefüllt; die tiefer

---

[1]) Medd. Soc. Fauna Flora fenn. Heft 30, p. 106—109.
[2]) Austral. Insects p. 393.
[3]) Ribaga, Boll. Ent. agr. Vol. 10, Nr. 8.
[4]) Annal. Jard. bot. Buitenzorg Vol. 2, p. 115—116, Fig.: Koningsberger und Zimmermann, Med. s'Lands Plantentuin 24, 1901, p. 83—85, Taf. V, fig. 11, 12, Fig. 42, 43.

liegenden Zellen waren unverletzt. — Nach LEONARDI[1]) hat die Schwarze Fliege in Messina und Nizza Apfelsinen und Zitronen befallen; aufser den gewöhnlichen Blattschäden wurden auch die Früchte angegangen; sie wiesen unregelmäfsig verlaufende lichtgraue Zonen auf, in denen das Oberhautgewebe zerstört war und sich abreiben liefs. — Eine ähnliche Erscheinung berichtet DEPEISSIS[2]) aus Westaustralien, ohne Angabe der Art.

Trockene Luft begünstigt ihre Vermehrung; an kräftigen Pflanzen vermehren sie sich nach BOUCHÉ sparsamer als an geschwächten. — Die Eier sollen aufsen an die Unterseite der Blätter abgelegt werden.

Heliothr. striatopterus Kobus wird auf Java an Zuckerrohr schädlich[3]).

Parthenothrips Uzel.

Körper mit netzförmiger Struktur. Fühler siebengliedrig, Stylus eingliedrig, haarförmig, am Ende noch mit dünnem Härchen. Flügel länger als Hinterleib, die vorderen mit schwarzen Querbinden, einer Längsader, am Vorderrande ohne Fransen, aber mit starken, kurzen Wimpern. Hinterecken der Vorderbrust mit je einem geflügelten Stachel. Springvermögen.

Parthenothr. dracaenae Heeg. Dunkelbraun; Kopf, Brust und drei letzte Ringe gelbbraun. Oberflügel weifs mit zwei schwarzen Querbinden. 1 mm lang. Europa, Nordamerika, in Glashäusern auf Blattunterseiten, besonders von Dracaena, Ficus elastica, Kentia balmoreana. Oft zu Hunderten in kleinen Trupps. Die befallenen Blätter verdorren. Die Stellen der Eiablage schwellen an und werden bräunlich. Larve weifslich.

Thrips L.

Fühler siebengliedrig, mit eingliedrigem Stylus. Maxillartaster dreigliedrig. Hinterecken der Vorderbrust mit je zwei langen, steifen Haaren. Zwischen den Fransen der Vorderflügel am Vorderrande kurze, steife Borsten.

Thr. physopus L. (Fig. 164). Kopf breiter als lang, nach hinten verengt. Schwarzbraun; Fühler (z. T.), Tarsen und Vordertibien licht. — Die ganze gute Jahreszeit hindurch in Blüten. — Diese Art wird öfters als schädlich berichtet, namentlich von Bohnen und Erbsen; doch scheinen hier Verwechslungen vorzuliegen.

Thr. linarius Uzel. Schwärzlich. Beine noch dunkler, Vordertibien gelblich. Hauptader der Vorderflügel auf zweiter Hälfte mit drei Borsten. Auf Flachsblättern in Böhmen. Wenn die „**Flachsfliege**" massenhaft auftritt, bleichen und vergilben im Mai und Juni die Pflanzen und hängen die Spitzen[4]). An den obersten Blättern und besonders in den Endknospen die Blasenfüfse. Anfangs Juni finden sich an den Fruchtknoten die ausgewachsenen, zitronengelben Larven. Das Längenwachstum

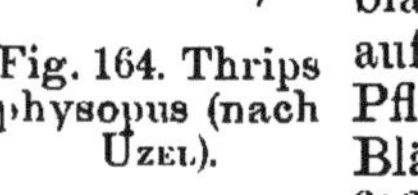
Fig. 164. Thrips physopus (nach Uzel).

---

[1]) Boll. Ent. agr. Vol. 9, 1902, p. 241—244.
[2]) Journ Dept Agric. Westaustralia Vol. 5, 1902, p. 176—177, 1 fig.
[3]) Siehe Anmerkung 7 auf S. 225.
[4]) LINDNER, Österr. landw. Wochenbl. 1897, S. 234; Ausz.: Centralbl. Bakt. Parasit.kde II, Bd. 3, S. 603.

wird nicht wesentlich behindert, die Samenbildung aber völlig unterdrückt. Die Krankheit wird als „vergifteter Flachs" bezeichnet.

Wahrscheinlich identisch damit ist der **Thrips lini** Ladureau [1]), der die in Frankreich „brûlure", in Holland [2]) „kwade" oder „zwarte koppen" genannte Krankheit hervorruft, mit denselben Erscheinungen, die hier, namentlich bei heißem Wetter, aber zur Verdorrung der ganzen Köpfe führen kann. Gute Düngung, besonders mit Mineraldünger, macht den Flachs widerstandsfähiger. In Holland begünstigt die Nachbarschaft von Bohnenäckern und Brachland das Auftreten der Krankheit. Die Larve von Thr. lini soll nach Ladureau allerdings an den Wurzeln des Flachses saugen und dadurch die Krankheit erzeugen.

Thr. sacchari Krüger und **Thr. serratus** Kobus werden auf Java an Zuckerrohr schädlich [3]).

Thr. tabaci Lind. [4]) (**communis** Uzel; in Amerika öfters mit Limothr. tritici und Anaphothr. striatus verwechselt) (Fig. 165). Kopf breiter als lang, nach hinten nicht verengt. Fühlerglieder gedrungen. Obere Längsader der Vorderflügel in ihrer zweiten Hälfte mit vier Borsten besetzt, von denen erste und zweite, dritte und vierte einander genähert sind. Licht bis bräunlich, Borsten dunkler. 0,8—1 mm lang. Larve grünlich. Europa, Nordamerika; sehr gemein, besonders in Blüten und auch auf Blättern von Umbelliferen und Solaneen. Im Winter unter Laub und im Rasen.

Fig. 165. Thrips tabaci (aus Preissecker).

In Südosteuropa sehr schädlich an Tabak; die Tiere befallen die Blätter von unten nach oben und sitzen auf deren Unterseite meist in der Mitte der zwischen den Seitenrippen liegenden Felder. Durch ihr

---

[1]) Ladureau, C. r. 6me Sess. Assoc. franç. Avanc. Sc. 1877, 1878, p. 951—965, figs.; La Nature 1896, p. 80; die Ladureausche Beschreibung ist völlig ungenügend; hervorzuheben ist nur, daß seine Art ebenfalls dunkel ist und springen kann; die Larve ist gelb.

[2]) Ritzema Bos, Tijdschr. Plantenz. Bd. 12, 1906, p. 176—179.

[3]) Siehe Anm. 7 auf S. 225.

[4]) Lindeman, Bull. Soc. Imp. Nat. Moscou 1888, p. 61—75; Preissecker, Fachl. Mitt. österr. Tabaksregie Heft 1, Wien 1905, S. 17—25, Fig. 62—69.

Saugen und durch die Eiablage entstehen weiße, abgestorbene Flecke, namentlich längs der stärkeren Rippen; die befallenen Blätter bleiben klein und dünn, kränkeln und können absterben; niemals aber gehen ganze Pflanzen ein. Die durch das Saugen hervorgerufenen Flecke sind in Farbe, Form und Lage verschieden je nach Insertionshöhe des Blattes, Alter der Pflanze und des Insektes. Gelegentlich auch an Blättern von Tomaten, Kartoffeln, Kohl und Weizen, an Blättern und in Blüten von Zuckerrüben, deren Samenbildung teilweise verhindernd [1]).

Nach LUDWIG [2]) bringt dieser Blasenfuß an *Helleborus foetidus* in Gärten die Sommerknospen zur Verkrüppelung und Verbiegung, schließlich zum Absterben: erst im Winter wird das Wachstum wieder normal. Andere Helleborus-Arten und andere Gartenpflanzen wurden nicht befallen.

Fig. 166. Von Blasenfüßen beschädigte Erbse
a¹ Saugstelle am Blatt. *a* an der Schote
(nach v. SCHILLING).

In Amerika [3]) meidet diese Art den Tabak merkwürdigerweise, nimmt ihn auch in Zucht nicht als Nahrung an. Andere Solaneen befällt sie aber auch hier, wie Tomaten, Stechapfel usw. Am meisten beschädigt sie hier aber die Zwiebeln, daher „**onion thrips**". Sie setzt sich am Grunde der Blätter fest, die von der Spitze aus absterben. Nächstdem schadet sie an Kohl, dessen Blätter sich kräuseln und rauhen, so daß die ganzen Pflanzen im Wachstum zurückbleiben. Ferner noch an den verschiedensten Kulturpflanzen, wie Rüben, Reseda, Kapuzinerkresse, Cucurbitaceen, Petersilie, Lauch usw., gelegentlich auch an Gräsern und Getreide. — Nach WEBSTER überwintert der Zwiebel-Blasenfuß im dichten „blue grass", daher dessen Beseitigung in der Nähe der Zwiebelfelder in erster Linie nötig ist.

Als Feinde führt letzterer an: *Syrphus*-Larven und *Megilla maculata* de G. (Coccinellide).

Thr. sambuci Heeg. Gelbbraun, fünftes Fühlerglied licht. Auf dem Ende der obersten Längsader zwei (bis drei) Borsten. Schenkel dunkel. Tarsen weißlich. 1 mm lang. In Blüten, besonders von Holunder; auch an dessen Blättern; überwintert unter Laub und Rinde. — Nach verschiedenen phytopathologischen Berichten soll der Holunderblasenfuß an Bohnen (Phaseolus und Vicia) an Blättern und jungen Hülsen schädlich werden, desgleichen an Rosen, Linden usw. — Nachprüfung scheint hier sehr erwünscht.

[1]) UZEL, Zeitschr. Zuckerindustr. Böhmen Bd. 29, 1904.
[2]) Allgem. Zeitschr. Entom. Bd. 7, 1902, S. 449—450.
[3]) WEBSTER, Ins. Life Vol. 7, p. 206, 1894; PERGANDE, ibid. p. 392—395, 1895; PETTIT, Rep. 1898, p. 343—345, 5 figs.; WEBSTER, U. S. Dept. Agric., Div. Ent., Bull. 26, 1900, p. 86—87.

Thr. flavus Schr. Licht, mit auffallend dunklen Borsten. Fünftes Fühlerglied zu zwei Dritteln licht weifsgelb, dann plötzlich schwarzgrau. 1,2 mm lang. Hauptader am Ende mit drei Borsten. In Blüten, zuweilen in grofsen Mengen. Zuweilen auch in Grasähren und auf Blättern. Soll junge Bohnenblätter, Blüten von Bohnen, Lupinen, Äpfel und Birnen beschädigt haben [1]).

Auch von mir wurde er im Sommer 1908 in grofsen Mengen an Vicia Faba beobachtet. Die Blätter zeigten das charakteristische rotbraunfleckige Aussehen. Die Schoten waren zum Teil verkrümmt, namentlich an ihrer Basis, und hier in der hohlen Seite der Krümmungen ebenfalls mit den Flecken bedeckt. Kurz vorher hatte ich an Erbsen genau dieselbe Beschädigung bemerkt, wie sie v. Schilling [2]) 1898 als von Thr. physapus herrührend beschrieben hat (Fig. 166). Insbesondere zeigten die Hülsen die auch von v. Schilling abgebildeten scharf umgrenzten Flecke. Es waren nur Larven vorhanden, die ich aber auch als die von Thr. flavus ansprechen möchte.

Vielleicht wird man auch den **Thr. pisivorus** Westwood hierher stellen dürfen. Zwar wird er nach Westwood [3]) und Collinge [4]) nur dadurch schädlich, dafs er die Stempel der Blüten zerstört. Indes beobachtete Theobald [5]) ganz die oben erwähnte Mifsbildung der Früchte. Allerdings beschreibt er die Larve als dunkelgelblich, das erwachsene Insekt als schwärzlich mit blasserem Kopfe und sechs bleichen Bändern auf dem Hinterleibe.

Tubuliferen.

Fühler achtgliedrig. Prothorax nach vorn verengt. Beide Flügelpaare fast gleich grofs; Adern fehlend oder nur Basis der Hauptader vorhanden. In der Ruhe decken sich die Flügel so, dafs nur der oberste sichtbar ist. Letzter Ring bei beiden Geschlechtern röhrig („Tubus“); Genitalöffnung zwischen neuntem und zehntem Ringe. Bewegungen sehr langsam. Meist unter Rinde oder im Rasen. — Eier dunkel, oval, werden in Häufchen aufsen an Pflanzen abgelegt.

Phloeothripiden.

Merkmale der Unterordnung.

Anthothrips Uzel.

Kopf und Vorderbrust etwa gleich lang oder letztere länger. Flügel in der Mitte verengt, sohlenförmig. Blütenbewohner.

Anthothr. aculeatus Fabr. (**Phloeothrips frumentarius** Beling)[6]) (Fig. 167). Tubus kürzer als Kopf, am Grunde bedeutend verdickt. Flügel hell, Körper schwarz- bis rotbraun, Tarsen und Vordertibien gelb. 1,4 mm lang. Im Sommer in Blüten, besonders auch in Gras- und

[1]) Ribaga, l. c.
[2]) Gemüseschädlinge S. 53.
[3]) Gardeners Chronicle 1841, p. 228.
[4]) Report f 1905, p. 12—13.
[5]) Report f. 1905/06, p. 84—85, f. 1907, p. 110; Board. Agric. London, Leaflet 48, 1902.
[6]) Beling, Verh. zool. bot. Ges. Wien Bd. 22, 1872, S. 651—654; Szanislo, ibid. Bd. 29, 1880, Sitzungsber. S. 33—36; Lindeman, Bull. Soc. Imp. Nat. Moscou 1886, p. 325—335, fig. 2, 15—18; Trybom, Ent. Tidskr. Årg. 16, 1895, p. 157—194.

Getreideähren, oft in grofsen Mengen. Überwintert unter Rinde, in Stoppeln, Grasbüscheln, trockenen Blütenständen und im Boden. Die überwinterten Weibchen legen ihre Eier am Grunde der einzelnen, noch in der Scheide eingeschlossenen Ährchen oder an die Spindel ab. Die zuerst gelblichen oder graulichen, später zinnoberroten, zuletzt schwarzen Larven benagen die Fruchtknoten, seltener die Spindel oder die einzelnen Ährchen und verursachen dadurch Weifsfleckigkeit. Im Hochsommer gehen die Blasenfüfse an den Sommerweizen, nach dessen Mähen an wild wachsende Pflanzen, besonders an Korbblütler über. Lindeman beobachtete in Südrufsland zwei Bruten. — Nach Bohls[1]) ist dieser Blasenfufs auch kannibalisch bzw. karnivor.

Anthothr. niger Osb. Dunkelrötlichbraun; 1,5 mm lang. Nordamerika. Überaus schädlich an Klee und Alfalfa, die Samenernte nicht selten völlig zerstörend. Begleitet oft die Kleesamenmücke *(Diplosis leguminicola)*.

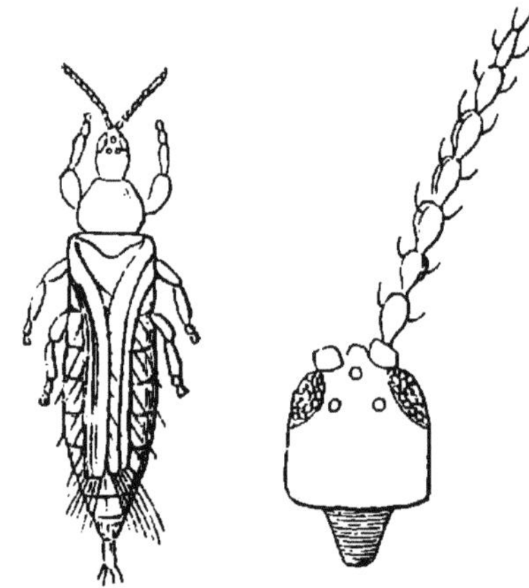

Fig. 167.   Anthothrips aculeatus
(aus Lindeman).

Phlocothrips Halid.

Kopf länger als Vorderbrust, letztere hinten bedeutend breiter als, ersterer. Rüssel spitzig. Wangen mit einigen sehr kleinen Wärzchen deren jedes einen winzigen Stachel trägt.

Phloeothr. oryzae und **japanicus** Matsum.[2]) (letzterer vielleicht identisch mit Anthothr. aculeatus). In Japan, besonders im Nordosten der Hauptinsel, sehr schädlich am Reis. Die erste Brut bringt Ende Juni die jungen Blätter, kurz vor dem Auspflanzen, zur Einrollung in Längsrichtung; zuerst treten gelbe Flecke auf, dann sterben die Blätter ab. Die zweite Brut saugt an den noch nicht ganz herausgetretenen Ährchen und bringt sie zum Absterben.

Phloeothr. oleae Costa[3]). Pechschwarz; 1,75 mm lang. Italien, Südfrankreich. Befällt Blätter, Blüten und Früchte des Ölbaumes, namentlich an seinen oberen Teilen. Die Blüten entwickeln sich nicht, die Blätter und Früchte vertrocknen. Stark befallene Bäume tragen daher nur an ihren unteren Teilen Früchte. Die Überwinterung geschieht in Rindenrissen, mit Vorliebe auch in den Gängen von *Phloeothribus oleae* (Scolytide).

Phloeothr. ficorum P. March.[4]). Schwarz, Antennen gelb mit Ausnahme des schwarzen ersten Gliedes und der dunkel angerauchten Glieder 7 und 8.   2,5—3 mm lang.   Seit 1896 zu Legionen auf

---

[1]) Die Mundwerkzeuge der Physopoden, Göttingen 1891, S. 35, Note.
[2]) Matsumura, Annot. zool. japon. Vol. 3, 1899, p. 1—4, 1 Pl.
[3]) del Guercio, Atti Accad. econ. agr. Georgofili Firenze, Vol. 77, 1899, p. 50—76, 6 fig.
[4]) Bull. Soc. ent. France 1908, p. 251—253.

Ficus-Arten in Algier, besonders die jungen Triebe arg schädigend. Feind: *Montandoniella Moraguesi* Puton (Anthocoride).

Phloeothr. lucasseni Krüger [1]) wird auf Java an Zuckerrohr schädlich.

Corrodentia.

Mundteile beißend oder rückgebildet. Flügel gleichartig, häutig oder fehlend. Verwandlung unvollkommen oder fehlend. Chitin weich.

Isoptera.

Staaten bildend, mit verschiedenen Formen. Kopf groß; Mundteile kräftig, beißend. Fühler perlschnurförmig. Tarsen viergliedrig. Hinterende mit zwei Raifen. Geschlechtstiere mit großen zusammengesetzten Augen, häufig auch Ocellen.

Termitiden. Termiten, white ants [2]).

Bleich. Die Staaten bestehen aus den entwickelten Geschlechtstieren (König, Königin), die anfangs Flügel haben, diese aber nach der Begattung an einer vorgebildeten Bruchfalte abwerfen, und aus Formen mit unentwickelten Geschlechtsorganen (Soldaten, Arbeiter), bzw. ihren Jugendstadien, ohne Flügel und meist auch ohne Augen. Erstere haben unvollkommene Verwandlung, letztere entwickeln sich direkt. Eierlegend. Subtropisch und tropisch.

Die Termiten sind lichtscheue Tiere, die unter der Erde, in Holz oder in großen, oberirdischen Bauten leben. Ihre Nahrung besteht in der Hauptsache aus zerfallenden, nicht zu trockenen pflanzlichen Stoffen. Doch fressen sie auch tierische Stoffe, ihre abgeworfenen Häute, ihre toten und kränklichen Genossen, ihre Exkremente usw. Neuerdings sind auch mehrere Pilze züchtende Arten bekannt geworden. — Von toten Pflanzenstoffen gehen sie an kränkelnde oder verletzte Pflanzenteile, schließlich auch an gesunde über.

Ihr Hauptschaden besteht in der Vernichtung verarbeiteten Holzes, das sie von innen aushöhlen, so daß nur die Wände stehen bleiben. In lebende Bäume dringen sie durch Ast- und Stammwunden, durch Fraßgänge anderer Insekten usw. ein. Durch ihre Tätigkeit wird das Holz tiefer hinein abgetötet; das nahezu tote Kernholz bietet ihnen ohnehin willkommenen Fraß, und so vermögen sie ganze Bäume auszuhöhlen, die äußerlich gesund erscheinen, bei heftigem Winde aber plötzlich abbrechen. Solche Schäden werden unter anderem berichtet aus Indien an Mango- und anderen Bäumen, aus Manila an Kakaound aus Boston und Portugal an verschiedenen, wertvollen Zierbäumen.

Einige Arten bauen an den Bäumen Lehmgänge den Stamm und die Äste entlang, unter denen sie die Rinde abnagen (Kakao in Kamerun [3]); verschiedene Bäume in Indien). *Coptotermes gestroi* Wasm. umgibt in Indien Bäume mit einem ein bis zwei Meter hohen Erdwall, unter dessen Schutze er in den Stamm eindringt.

[1]) Siehe Anmerkung 7 auf S. 225.
[2]) Haviland, Journ. Linn. Soc. London. Zoology, Vol. 26, 1897/98, p. 358—442, Pls. 22—25; Froggatt, Agric. Gaz. N. S Wales Vol. 16, 1905, p. 632—656, 752—774, 2 Pls., 12 figs.
[3]) Preuss, Tropenpflanzer Bd. 7, 1903, S. 351.

Sehr viele Arten dringen von der Erde aus durch abgestorbene oder von ihnen abgetötete Wurzeln in die Stämme und höhlen sie aus. Besonders häufig ist dabei der Wurzelhals der Angriffspunkt, der ringsum zerfressen wird. Solche Schäden werden berichtet aus Nordamerika an den verschiedensten Bäumen und Sträuchern (Baumwolle), aus Manila (Kakao)[1], aus Ostafrika (Baumwolle)[2], aus Réunion (Kaffee)[3], aus Ceylon und Indien (Tee und Kaffee) und aus Australien (Reben, Orangen- und andere Obstbäume).

Schließlich gehen nicht wenige Arten gesundes Gewebe an, besonders Wurzeln; doch höhlen sie auch oberirdische Teile aus bzw. fressen sie ab. So namentlich junge Pflanzen und Stecklinge, ferner fleischige Knollen und Wurzeln, aber auch saftige oberirdische Teile, Stengel von Geranien, Zuckerrohr usw. Derart werden beschädigt Reben in Südeuropa, Kartoffeln und Mais in Nordamerika, Kaffee-, Kokospalmen- und Baumwollenpflänzchen in Ostafrika[4], Zuckerrohr, Weizen, Mango usw. in Indien, Kokospalmen auf Ceylon, Zuckerrohr auf Java[5], Kartoffeln usw. in Australien.

Indirekt können die oberirdische Bauten herstellenden Arten dadurch schaden, daß sie die Wurzeln der Pflanzen, aus deren Bereiche sie die Erde für jene entnehmen, entblößen; die Wurzeln vertrocknen und geben dadurch den Termiten wieder erneute direkte Angriffspunkte.

Am meisten gefährdet sind immer Anpflanzungen auf Neuland, auf dem noch nicht gerodete Baumstümpfe stehen, oder an die unkultivierter Wald angrenzt. Daher ist das wichtigste Vorbeugungsmittel, Neuland möglichst gründlich von allen Holzrückständen zu befreien. Auch organischer Dünger zieht Termiten stark an.

Verschiedenartig sind die Schutzmittel vor dem Befalle durch die Termiten und die Gegenmittel gegen ihre Angriffe. Durchschlagend wirkt nur die Zerstörung der Nester, was durch Eingießen von kochendem Wasser, Schwefelkohlenstoff, Petroleum, Holzasche, Ätzkalk usw. in die vorher entblößten Nester geschehen kann. Loir[6] empfiehlt als das Wirksamste, Dämpfe von schwefeliger Säure in die Bauten einzuleiten. — Früher hat man vielfach geglaubt, durch Vernichten des Königspaares die Staaten zur Auflösung bringen zu können. Indes weiß man jetzt, daß außer eventuell mehreren Paaren auch Ersatzköniginnen vorhanden sind, die durch geeignetes Futter in der Entwicklung zurückgehalten, durch anderes dahin gebracht werden können, daß sie Eier ablegen.

In den Bauten kann man die Termiten durch Eingießen einer Mischung von Sirup und Arsenik vergiften. Pflanzungen befreit man von ihnen durch Auslage von Giftköder: 450 g Arsenik werden mit 225 g Soda gemischt und in 60 l Wasser gelöst. Hierzu gibt man

<hr>

[1] Banks, Prelim. Rep. Cacao Ins., Manila 1904, p. 598, 605, Fig. 147, 166—168.
[2] Zimmermann, Ber. Amani Bd. 2, 1905, S. 412—413; Stuhlmann, ibid. 1906, p. 514.
[3] Bordas, Rev. Cult. colon. 5, V, 1899.
[4] Zimmermann, l. c.; Stuhlmann, l. c.
[5] Zehntner, Arch. Java Suikerind. 1897, Afl. 10; Koningsberger, Meded. s'Lands Plantentuin XXII, 1898, p. 34—35.
[6] C. r. Acad. Sc. Paris T. 136, 1903, p. 1290; L'Agric. prat. des Pays chauds 1903, Nr. 13, Ausz. Tropenpflanzer Bd. 7, S. 559.

3 kg Zucker oder 2 kg Sirup und verfertigt mit Mehl oder Sägemehl Kugeln[1]).

Samen legt man vor der Aussaat in eine Lösung von Asa foetida. Die Wurzeln junger Bäume taucht man in Teerwasser, oder man giefst in die Pflanzlöcher solches, oder Petrol- oder Karbolwasser, Asa foetida. oder ähnliches. An jungen Bäumen erhöht man zweimal im Jahre die Erde 4 Zoll hoch um den Stamm, bringt oben eine Vertiefung an, in die man Teerwasser giofst, um sie nachher wieder zu schliefsen. In Indien hat sich ein drei Fufs hoher Anstrich mit der „Gondal-Mischung“ sehr bewährt: 1 Teil Gummi von Gardenia gummifera, 2 Teile Asa foetida, 2 Teile Aloe, 2 Teile Rizinusöl, in Wasser zu dünnem Brei verrührt und zur Erkennung des Anstriches mit rotem Ocker versetzt; die Wirkung soll bis zu zwei Jahren anhalten. — Gegen den Stamm erkletternde Arten umwickelt man diesen am Grunde mit geteerten oder in Petroleum getauchten Lappen[2]) oder man umgibt ihn mit Schafmist, Kuhmist und Aloesaft und ähnlichem.

Ist der Wurzelhals zerfressen, so entblöfst man ihn, schneidet alles kranke Gewebe aus und giefst heifses Wasser, Karbolseifenbrühe, Pyrethrum ein, oder gräbt Kainit[3]) unter.

Betreffs der Systematik können wir uns kurz fassen. Einmal ist bei der Mehrzahl der Berichte keine nähere Bestimmung angegeben. Dann kann auf die Bearbeitung der Termiten von J. DESNEUX[4]), verwiesen werden. Wir beschränken uns daher nur auf die Aufzählung der als pflanzenschädlich berichteten Arten mit Angabe des Vaterlandes und der beschädigten Pflanzen.

Calotermes flavicollis Fabr.[5]) Mittelmeerländer; verschiedene Bäume.

Termes (Leucotermes) **flavipes** Koll.[6]). Nordamerika; in Wurzeln und Stengeln von Baumwolle, Mais, Geranien, Kartoffeln, Kohl usw.; Europa, Warmhäuser (eingeschleppt); Japan.

T. (Leucotermes) **lucifugus** Rossi[7]). Mediterran; in Nordamerika eingeschleppt; in Bäumen, Weinreben, im Innern beschädigter Früchte.

T. (Coptotermes) **gestroi** Wasm.[8]). Birma, Sumatra, Ceylon, Borneo, Ostindien; zerstört das Holz verschiedener Bäume, deren Stamm er bis zu 2 m Höhe mit einer Erdkruste umkleidet.

T. (C.) **lacteus** Frogg.[9]). Australien; höhlt Kartoffeln aus und zerstört die Wurzeln von Reben und Orangen.

---

[1]) Siehe Jahresber. Fortschr. Leist. Pflanzenschutz Bd. 8, S. 48.

[2]) PREUSS, l. c.

[3]) FROGGATT, Agric. Gaz. N. S. Wales Vol. 16, 1905, Sep. p. 44.

[4]) WYSTMAN, Genera Insectorum, Fasc. 25, Bruxelles 1904.

[5]) DE SEABRA, Bull. Soc. Portug. Sc. nat, T. 1, 1907, p. 122—123, 1 fig.

[6]) KENT, Ins. Life Vol. I, 1888, p. 17; Vol. II, 1890, p. 283; FORBES, 19th Rep. nox. benef. Insects Illinois, 1896, p. 190—204, 2 pls.; WEBSTER, U. S. Dept. Agric., Div. Ent., Bull. 6, N. S., 1896, p. 68; QUAINTANCE, ibid. Bull. 26, 1900, p. 36; MARLATT, ibid. Circ. 50, 2d ed., 1908.

[7]) KÖPPEN, Die schädl. Insekt. Rufslands, St. Petersburg 1880, S. 87—88; HEATH, Biol. Bull. Woods Holl Vol. 4, 1902, p. 44—63, 2 figs.; MOKRZHETSKI, (Verzeichnis der in Rufsland an Weinreben gefundenen Tiere; russ.), St. Petersburg 1903; COMBES, Le Cosmos, N. S., T. 53, 1905, p. 199—202, 3 figg; DE SEABRA, l. c.

[8]) SILVESTRI, Allg. Zeitschr. Ent. Bd. 7, 1902, S. 333; RIDLEY, Agr. Bull. Straits Feder. Malay. Stat. Vol. 4, 1905, p. 159—160.

[9]) FROGGATT, Agric. Gaz. N. S. Wales Vol. 8, 1897, p. 297—302, 1 Pl.; Repr.: Ann. Mag. nat. Hist. (7) Vol. 20, p. 483—487; FRENCH, Handbook of destruct. Insects of Victoria, Vol. 2, 1893, p. 137—144, Pl. 32, hier T. australis Walk. genannt.

T. (C.) marabitanus Hag.[9]). Brasilien; Kautschukbäume.

T. bellicosus Smeathm.[10]) (fatale Fabr.). Afrika; schädlich an Bäumen in Arabien.

T. fatalis König[11]). Ceylon, Ostindien; an Wurzeln und Wurzelhals von Kaffee und Tee.

T. obesus Ramb.[12]). Indien; an den verschiedensten Bäumen, Sträuchern und Kräutern.

T. Redemanni Wasm.[13]). Ceylon.

T. taprobanes Walk.[14]). Indien, Ceylon; schädlich an den verschiedensten Pflanzen. Nach Maxwell-Lefroy identisch mit T. obesus Ramb.

Copeognatha.

Fühler borstenförmig. Tarsen zwei- bis dreigliedrig. Hinterende ohne Raife.

Die Tiere der einzigen Familie **Psociden** oder **Holzläuse** finden sich auf den verschiedensten Pflanzen und Pflanzenteilen, wo sie, soviel man bis jetzt weiß, von zerfallendem, feuchtem Pflanzengewebe und von Pilzen, namentlich deren Sporen leben. So stehen sie schon lange im Verdacht, die Rostpilze zu übertragen, und J. Scott[1]) glaubte feststellen zu können, daß **Caecilius flavidus** Curt. den Lärchenkrebs, *Peziza Willkommii,* übertrage. Die Eier dieser Holzlaus finden sich in Mengen zwischen den Ritzen der von Krebs befallenen Lärchenstellen.

Trichopteren, Köcherfliegen.

Mottenähnlich. Fühler lang, borstenförmig. Flügel groß. Verwandlung vollkommen. Larven mit beißenden Mundwerkzeugen und Tracheenkiemen, meist im Wasser in aus Fremdstoffen angefertigten Gehäusen, omnivor, zum Teil mehr karni-, zum Teil mehr herbivor. Besonders die Larven der **Limnophiliden** ziehen Gewebeteile von Phanerogamen vor.

Die Larven von **Limnophilus flavicornis** F. wurden in England schon wiederholt schädlich dadurch, daß sie in Züchtereien von Brunnenkresse die Basis der Pflanzen durchfraßen, so daß die Spitzen mit dem Wasser abtrieben. Theobald[2]) rät, im Herbst das Wasser ablaufen und die Becken zwei bis drei Wochen abtrocknen zu lassen. Vögel, besonders Spatzen suchen sich dann die Larven heraus. Auch Fische sind guter Schutz. Die Imagines lassen sich leicht am Licht fangen.

[9]) Silvestri, l. c. S. 333—334.
[10]) Theobald, I Rep., London 1903, p. 159.
[11]) Green, Ins. Life Vol. I, 1888, p. 293.
[12]) Maxwell-Lefroy, Mem. agric. Dept. Pusa, Vol. I, 1907, p. 126, fig. 10—11.
[13]) Green, Trop. Agric. Vol. 24, 1905.
[14]) Cotes und Stebbing, Indian. Mus. Notes 1889—1903; Watt und Mann, The Pests and blights of the Tea plant, 2[d] ed., Calcutta 1903, p 322—347.
[1]) Journ. Board Agric. London Vol. 14, 1907, p. 551—554, 4 figs.
[2]) Theobald, Rep. 1894, p. 11; Rep. 1905/06, p. 85—86.

Lepidopteren, Schmetterlinge.

Körper dicht mit mehr oder weniger zu Schuppen umgebildeten Haaren bedeckt. Kopf (Fig. 168) beweglich eingelenkt. Fazettaugen grofs, vorstehend; zuweilen zwei schwer sichtbare Punktaugen vorhanden. Mundteile saugend; die Aufsenladen der Unterkiefer zu

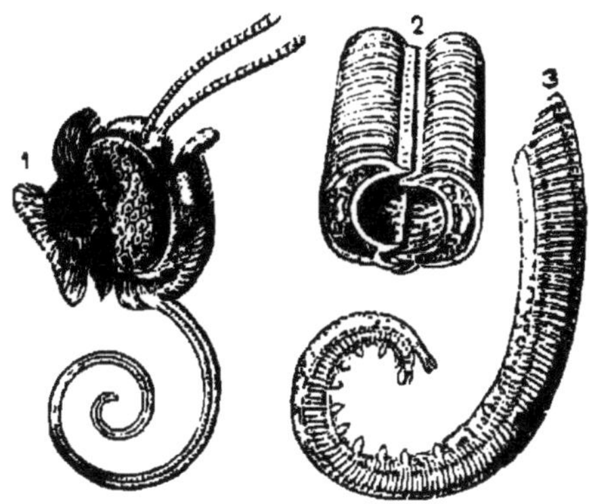

Fig. 168. Kopf und Rüssel einss Schmetterlinges (Pieris brassicae L.)
1 von der Seite mit Rüssel, Palpen und Fühlern. *2* Rüsselstück im Querschnitt, *3* von der Seite (vergr.)
(aus LAMPERT).

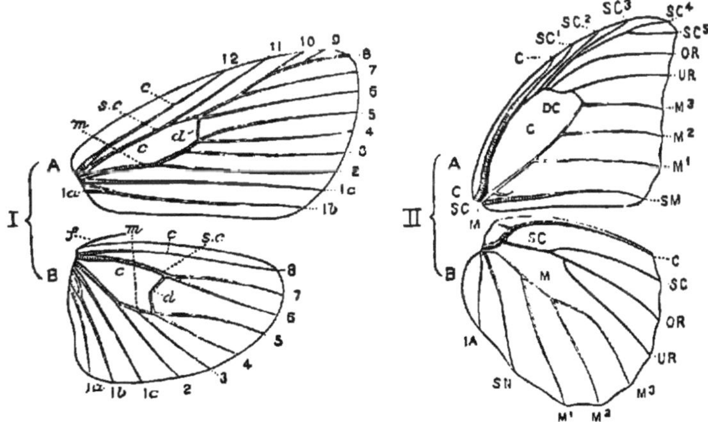

Fig. 169. Schemata des Flügelgeäders der Schmetterlinge mit den gebräuchlichsten Bezeichnungen der Adern (aus SHARP).

dicht gegliederten Halbrinnen verlängert, die sich zu einem Rüssel (einer Rollzunge) zusammenlegen, dessen oberflächliche Dörnchen zum Auritzen der Nektarien dienen; in der Ruhe ist er nach unten zusammengerollt, seitlich von den grofsen dreigliedrigen, oft buschig behaarten Lippentastern (Palpen) begrenzt; alle anderen Teile rudimentär. Fühler vielgliedrig, sehr verschieden gestaltet, oft geschlechtlich verschieden. Brustringe verschmolzen; erster sehr klein, zweiter am gröfsten. Flügel (Fig. 169) bunt, gleichartig, selten rudimentär oder

(nur bei Weibchen) fehlend; die Randschuppen manchmal zu vorstehenden, die Flügelfläche vergröfsernden Fransen verlängert. Die
ausgespannten Flügel meist jederseits verbunden; entweder durch einen
sich von dem Vorderflügel auf den hinteren legenden Haftlappen
(jugum) oder durch eine Haftborste (frenulum) des Hinterflügels, die
in eine Tasche (retinaculum) des Vorderflügels greift. Beine zart,
schwach; Schienen bedornt; Tarsen fünfgliedrig, mit zwei Klauen.
Hinterleib neunringelig, endet öfters in Haarschopf.

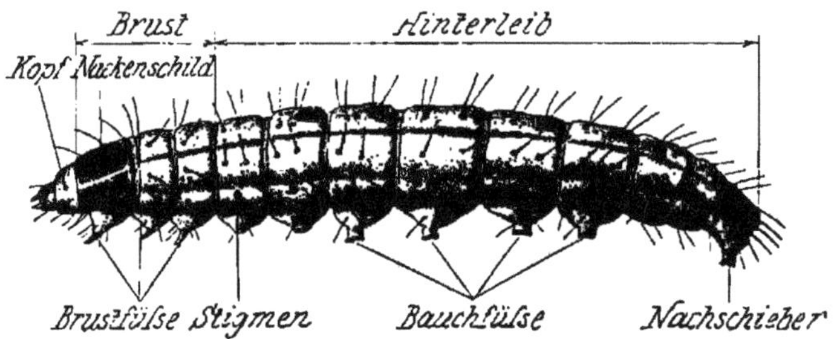

Fig. 170. Schmetterlingsraupe, schief von links oben gesehen
(nach MAXWELL-LEFROY).

Speiseröhre lang, mit gestieltem, seitlichem Saugmagen (Kropfe);
zwei bis sechs Malpighische Röhren. Ovarien bilden jederseits vier
lange, vielkammerige Eiröhren, Hoden einen unpaaren, meist lebhaft
gefärbten Körper.

Eierlegend. Parthenogenese bei einigen Arten regelmäfsig, bei
anderen ausnahmsweise. Oft Geschlechts-, auch Saison-Dimorphismus.
Imagines meist kurzlebig; einige überwintern indes.

Metamorphose vollkommen. Raupe (Fig. 170) walzig, weich,
nur mit harter Kopfkapsel, zwölfringelig (aufser Kopf). Meist bunt.
Mundwerkzeuge kauend (kräftige Mandibeln) (Fig. 171). Fühler dreigliedrig.
Vier oder sechs Punktaugen. Beine fünf-
gliedrig, mit Klauen (Fig. 172 a); daneben
zwei oder fünf Paare ungegliederter After-
füfse, am dritten bis sechsten und letzten
(„Nachschieber“) Hinterleibsringe. Sie
enden bei frei lebenden Raupen mit huf-
eisenförmiger Doppelreihe von Häkchen
(Klammerfüfse [Fig. 172 b]), bei in
Pflanzen oder der Erde lebenden und bei
den Kleinschmetterlingen mit einer geschlossenen Doppelreihe solcher (Kranzfüfse [Fig. 172 c]). An der Unterlippe münden gemeinsam paarige Spinndrüsen aus.

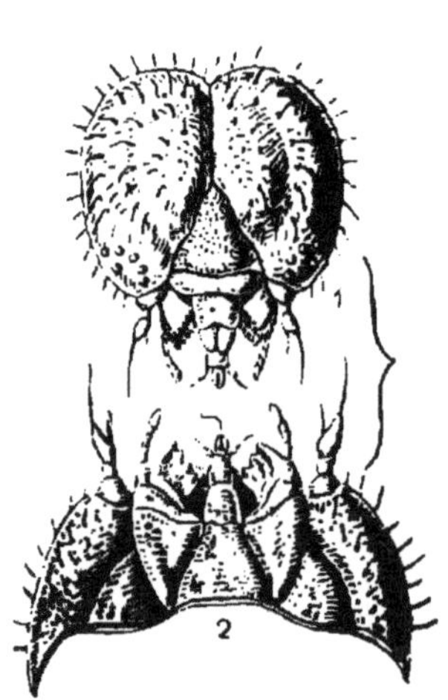

Fig. 171. Kopf einer Raupe
1 von oben, 2 von unten
(aus LAMPERT).

Fig. 172. Raupenfüfse
a Brustfufs mit Klaue, b Klammer-, c Kranzfufs
(aus JUDEICH u. NITSCHE).

Oesophagus (Fig. 173) sehr kurz, Magen sehr grofs. Mit wenigen Ausnahmen Pflanzen fressend; nur der saftige Teil der Nahrung wird verdaut; ihre festen Bestandteile gehen gröfstenteils als trockene, charakteristisch geformte Exkremente wieder ab. — Innere Geschlechtsorgane schon deutlich erkennbar.

Die Puppe ist im allgemeinen das am längsten lebende Stadium der Schmetterlinge und aus diesem Grunde mit einer festen, harten Chitinhaut als Schutz gegen Vertrocknen bedeckt. Nahrung nimmt sie nicht auf, wohl aber Wasserdampf. Nicht selten spinnt sich die Raupe erst in einen Kokon ein, bevor sie sich verpuppt.

Die Schmetterlinge selbst sind phytopathologisch ohne Bedeutung. Sie sind durch Vermittlung der Blütenbestäubung öfters nützlich. Dagegen gehören die Raupen zu den schädlichsten aller Tiere.

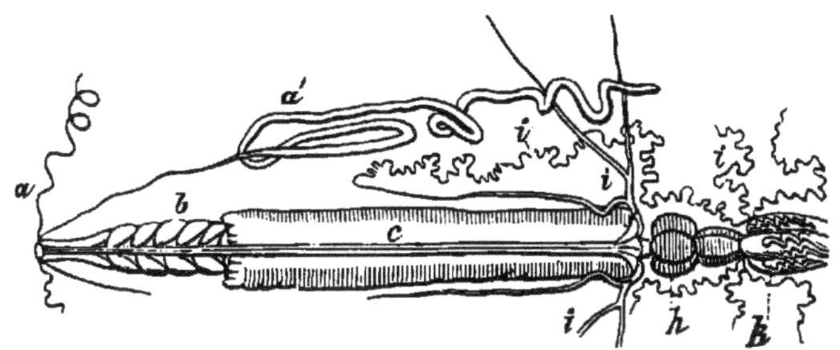

Fig. 173. Darmkanal nebst Anhängen einer Raupe (Dendrolimus pini L.) a Speichel-, a' Spinndrüse, b Schlund, c Mittel-, h Dünn-, k Mastdarm, i Harngefäfse (nach Suckow; aus Eckstein).

Weitaus die meisten Raupen fressen äufserlich an den Pflanzen, einzeln oder in Gesellschaften, frei lebend oder in Gespinsten. Nur wenige bohren im Innern von Pflanzenteilen; Minierraupen sind unter den Kleinschmetterlingen jedoch nicht selten. Einige wenige Raupen sind Fleischfresser.

Die Feinde der Schmetterlinge und Raupen sind zahlreich; von ersteren sind es namentlich Vögel, die im allgemeinen auch zu den wichtigsten Feinden der Raupen gehören, wenn auch viele der letzteren durch widrigen Geschmack oder Geruch oder durch Borsten- oder Brennhaare vielen Vögeln widerlich sind. Andere Insekten, Spinnen, kleinere Säugetiere stellen ebenfalls Raupen nach, und die Zahl der Parasiten letzterer ist Legion, wobei manche Parasiten auf bestimmte Raupenarten angewiesen, andere polyphag sind. Auch den Eiern stellen Parasiten und Feinde aus dem Reiche der Arthropoden, namentlich aber auch wieder kleinere Vögel (Meisen und Verwandte) nach.

In bezug auf Witterung verhalten sich die Falter verschieden. Während z. B. die Frostspanner erst bei niederer Temperatur zu fliegen beginnen, sind die meisten Tagfalter durchaus auf gröfsere Wärme angewiesen. Den Raupen wird namentlich nasses Wetter verderblich, weil sich dann ansteckende Pilzkrankheiten in ihnen entwickeln, während grofse Kälte den überwinternden Raupen und Puppen eher förderlich als schädlich ist.

Die Bekämpfung der Raupen ist in hohem Grade von der genauen Kenntnis ihrer Lebensweise abhängig. Wohl am häufigsten führt richtig angewandte Spritzung mit Arsenmitteln zum Ziele.

Im einzelnen ändert die Lebensweise so sehr ab, dafs allgemeine Angaben darüber keinen Zweck haben. Bei den einzelnen Gruppen wird das Nötige angeführt werden.

Die etwa 50 000 bekannten Arten werden in zahlreiche Familien eingeordnet. Eine einheitliche Zusammenfassung dieser zu gröfseren Gruppen ist noch nicht zustande gekommen; fast jeder Lepidopterologe hat sein besonderes System; auch bezüglich der Verwandtschaft der verschiedenen Familien sind die Ansichten noch sehr geteilt. Wir werden uns daher hier vorwiegend an die alte Einteilung halten in Klein- und Grofsschmetterlinge [1]).

Microlepidopteren, Kleinschmetterlinge.

Fühler lang, borstenförmig, Hinterflügel mit Haftborste und in der Regel mit drei Dorsaladern. Hinterschienen mit doppeltem Sporenpaare. Raupen gewöhnlich mit Kranzfüfsen an den Bauchbeinen.

Hierher stellte man früher als vier Familien die Pterophoriden, Tineiden, Tortriciden und Pyraliden. Neuerdings hat man namentlich die Tineiden in eine ganze Reihe kleinerer Familien aufgelöst, von denen nur einige hier zu erwähnen sind [2]).

Tineiden, Motten, Schaben.

Kopf ganz oder doch im Nacken abstehend behaart. Palpen deutlich. Flügel lang gefranst. Vorderflügel gestreckt mit zwölf, elf oder zehn Rippen. Ast sieben und acht gesondert. Rippe 1 a wurzelwärts stark gegabelt. Hinterflügel breit, an der Wurzel des Vorderrandes nicht erweitert, mit geschlossener Mittelzelle und acht oder sieben Rippen. — Raupe in mit Seide ausgesponnenen Säcken oder in seidenen Röhren. Puppe dringt aus dem Sacke fast ganz hervor.

Incurvaria Hw.

Kopf abstehend behaart. Ohne Nebenaugen. Fühler kürzer als Vorderflügel. Palpen fadenförmig, das Mittelglied am Ende mit Haarborsten, das Endglied nackt. Nebenpalpen vielgliedrig, eingeschlagen. Vorderflügel mit Anhangszelle und zwölf gesonderten Rippen, fünf Äste in den Vorderrand.

I. capitella Cl. [3]). Vorderflügel dunkel gelbbraun, purpurn schimmernd, eine vorn verengte, abgekürzte oder unterbrochene Binde vor und zwei grofse Gegenflecke hinter der Mitte weifslichgelb; 13—15 mm Flügelspannung. Raupe zuerst rot, dann gelblich, zuletzt olivengrün, mit kleinem, glänzend schwarzem Kopfe, 7—8 mm lang. Nördliches Europa. Der Falter legt Ende Mai je zwei Eier in die jungen

---

[1]) In Anordnung und Synonymie halten wir uns im allgemeinen an STAUDINGER und REBEL, Katalog der Lepidopteren des paläarktischen Faunengebietes, 3. Aufl. Berlin 1901, 8°, und an DYAR, A list of North American Lepidoptera. Bull. U. S. Nation. Mus. Nr. 52, 1902.

[2]) In bezug auf Merkmale folgen wir in erster Linie HEINEMANN, Die Schmetterlinge Deutschlands und der Schweiz, systematisch bearbeitet, Braunschweig 1859—1876.

[3]) CHAPMAN, Ent. month. Mag. (2) Vol. 3 (28), 1892, p. 297—300; RITZEMA BOS, Tijdschr. Plantenz. D. 3, 1897, p. 161—164; D. 13, 1907, p. 59—60; ORMEROD, Handbook, 1898, p. 71—75, figs.; SCHÖYEN, Berettelse over 1899, p. 31; COLLINGE, Report for 1905, p. 34—35, figs. 18—19; THEOBALD, Rep. 1905/06, p. 59—60, Fig. 14.

Lieferung 21. (Dritter Band, Bog. 16—20.)   Preis: 3 Mark.

Handbuch

der

Pflanzenkrankheiten

von

Prof. Dr. Paul Sorauer.

Dritte, vollständig neubearbeitete Auflage

in Gemeinschaft mit

Prof. Dr. G. Lindau,   und   **Dr. L. Reh,**
Privatdozent an der Universität Berlin   Assistent am Naturhistor. Museum in Hamburg

herausgegeben

von

Prof. Dr. P. Sorauer,
Berlin.

Mit zahlreichen Textabbildungen.

BERLIN.
VERLAGSBUCHHANDLUNG PAUL PAREY
Verlag für Landwirtschaft, Gartenbau und Forstwesen
SW., Hedemannstrasse 10.
1909.

Erscheint in etwa 22 Lieferungen à 3 Mark.

Früchte der Ribes-Arten. Die Räupchen fressen die Samen aus, manchmal noch die einer zweiten Frucht, so daſs die Beeren frühreif werden. Ende Juni verläſst die 2 mm groſse Raupe die Beere und verspinnt sich an einem Zweige in weiſslichem Kokon, in dem sie bis zum nächsten Frühjahre ruht. Dann dringt sie in junge Blatt- oder Blütenknospen, die sie ausfriſst, und von da ins Mark der jungen Triebe, deren Spitze zu welken beginnt. Anfangs Mai verpuppt sie sich zwischen Blättern, an einem Zweige oder in der Erde; Mitte Mai entschlüpft die Motte. — Bekämpfung: Verbrennen der befallenen Beeren und Triebe; im Winter Spritzen mit Petroleumemulsion, Seifenbrühe oder ähnlichem. — Namentlich in Norwegen, Holland und England schädlich, nicht selten nahezu alle Knospen der Sträucher zerstörend.

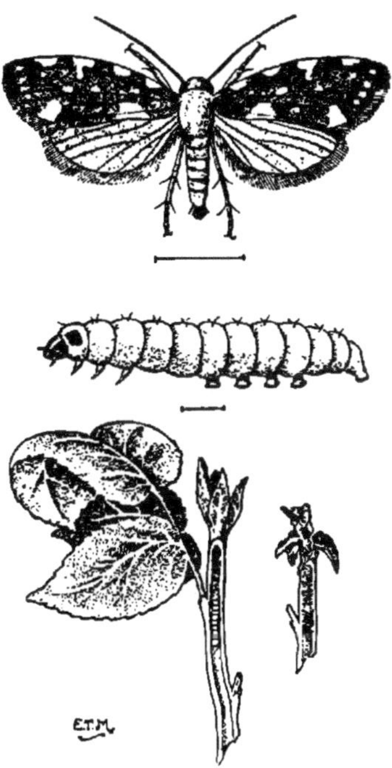

Fig. 174. Incurvaria rubiella (nach COLLINGE).

I. (**Lampronia**) **rubiella** Bjk.[1] (Fig. 174). Vorderflügel dunkelbraun, überall gelb punktiert, mit vier goldgelben kleineren Flecken am Vorderrande und zwei gröſseren am Hinterrande. Raupe flach, dunkelrot mit lichteren Einschnitten; Kopf klein, braun. Brustfüſse braun. Der Falter fliegt von Mai bis Juli (zwei Bruten?) und legt seine Eier in die offenen Blüten der Him- und Brombeeren. Die Raupe lebt im Sommer in dem Fruchtboden der Früchte, ohne diese irgendwie zu schädigen. Bei ihrer Reife bohrt sie sich nach aufsen und verspinnt sich in einem Kokon am Stamme oder in der Erde. Im nächsten Frühjahre bohrt sie sich durch die Knospen in das Mark junger Triebe oder von Zweigen vorjähriger Stengel. Verpuppung in feinem, weiſsem Kokon an Blättern usw. Bekämpfung: Verbrennen der befallenen Triebe bzw. der durch Kotauswurf erkennbaren befallenen Knospen.

I. **pectinea** Hw. (tumorifica Amerl.). Nach SCHENKLING-PRÉVÔT[2]) soll die Raupe im Splinte junger Birkenzweige wohnen, die dadurch verkrüppeln, und bei stärkerem Befalle der ganzen Krone eine zerzauste, zerstreute Form geben. Normalerweise miniert die Raupe von I. pectinea kleine runde Flecke in verschiedenen Laubblättern, die sie nachher herausschneidet.

Acrolepia Curt.

Palpen mäſsig lang, fadenförmig, anliegend beschuppt. Zunge gerollt. Vorderflügel mit einer Anhangszelle und zwölf Rippen, Rippe 1 a wurzelwärts gegabelt; vier Äste in Vorderrand, Ast sieben und acht gesondert. Raupen minierend.

[1]) CHAPMAN, Ent. month. Mag. (2) Vol. 2 (27), 1891, p. 169, 198; ORMEROD, l. c., p. 206—210, figs.; COLLINGE, Report f. 1903, p. 13.
[2]) Ill. Wochenschr. Ent. Bd. 2, 1897, S. 661—664, Taf.

Acrolepia assectella Zell. (betulella Crt.) **Lauchmotte** [1]). Vorderflügel dunkel graubraun, Saum heller bestäubt, mit weifsem dreieckigen Fleck am Innenrande. Kopfhaare dunkelbraun. Raupe gelblichweifs, grünlich; Kopf ockerfarben; Ringe punktiert. Sie frifst in den hohlen Blättern der Allium-Arten, namentlich von Lauch und Zwiebel. Bei ersterem durchbohrt sie den ganzen Kopf, so dafs bei stärkerem Befalle die ganze Pflanze eingehen kann. Im übrigen zerfrifst sie besonders das Herz der Pflanzen. Bei Paris soll sie auf den Hügelländern 30—50, selbst 75 % Verlust bewirkt haben, in der Ebene nur 5—20 %. Im Herbste findet man sie auch zahlreich in den Blütenköpfen, die Samenernte zerstörend. Die Verpuppung findet an der Pflanze in lockerem Gespinste mit sechseckigen Maschen statt. Aller Wahrscheinlichkeit nach zwei Bruten: die Raupe der ersten in Juli und August, die der zweiten in September und Oktober. Die Weibchen der zweiten Brut scheinen zu überwintern. Decaux empfiehlt als Gegenmittel, die umgesetzten Pflänzchen nach drei Wochen mit Rufs zu behäufeln und dies nach weiteren acht Tagen zu wiederholen. Am besten dürfte es sein, die kranken Pflanzen vorsichtig aus der Erde zu nehmen und zu vernichten. — Fast immer in Gesellschaft von Fliegenmaden.

Fig. 175. Ochsenheimeria taurella (nach Herrich-Schäffer).

Ochsenheimeria Hb.

Kopf und Palpen mit dichten und langen, am Ende verdickten Haaren. Fühler kurz, Augen sehr klein. Ohne Nebenpalpen. Vorderflügel lang, gleichbreit, mit elf, zehn oder neun Rippen; Mittelzelle sehr lang, Rippe I lang gegabelt. Hinterleib flach, lang vorgestreckt.

O. taurella Schiff. [2]) (Fig. 175). Vorderflügel gelbbraun, dunkler gemischt und bestäubt. Hinterflügel bis über die Mitte weifs, am Saume braun. Fühler in Wurzelhälfte durch schwarze Schuppen verdickt. 7 mm lang, 13 mm Flügelspannung. Raupe zuerst grünlich oder gelblich mit braunem Längsstreifen auf Rücken, später beingelb mit dunklem Kopfe, 17—21 mm lang. Der im Juli fliegende Falter legt seine Eier einzeln an Gramineen. Besonders an Winterroggen schädlich. Die Raupe frifst sich ins Herz der Pflanzen, wo sie die jungen Teile zerstört. Befallene junge Roggenpflanzen sind meist auffällig verdickt, das Herzblatt zusammengedreht und vergilbt. Hier überwintert die Raupe. Im Frühjahre steigt sie in die Höhe und nagt den Halm über dem obersten Knoten an oder durch, so dafs die Ähre vergilbt (totale Weifsährigkeit) und der oberste Halmteil sich leicht aus der Scheide ziehen läfst. Hier findet die Verpuppung im Juni statt. Der Schaden ist um so gröfser, als die Raupe ständig von einer Pflanze zur anderen wandert. Bekämpfung ist kaum möglich.

[1]) Decaux, Feuille jeun. Nat. T. 17, 1887, p. 136—137; Sorhagen, Allgem. Zeitschr. Ent. Bd. 7, 1897, S. 21.

[2]) Gallus, Stettin. ent. Zeitg. Jahrg. 26, 1865, S. 352—354; Reuter, E., Act. Soc. Fauna Flora fennica Bd. 19, Nr. 1, 1900, p. 32—84; ibid. Bd. 26, Nr. 1, 1904, p. 53—54.

Dendroneuriden.

Dendroneura sacchari Boy. [1]). Die Raupe benagt in Brasilien die Rinde von Zuckerrohr und anderen Kultur- und wilden Pflanzen, namentlich bereits anderweitig erkrankten. An jungem, eben hervorsprießendem Zuckerrohr ist der Schaden nicht unbedeutend.

Nepticuliden.

Kopf abstehend behaart. Ohne Nebenaugen. Maxillarpalpen lang, fadig, mehrgliedrig. Labialpalpen hängend. Fühler kürzer als Vorderflügel, mit verbreitertem Wurzelgliede (Augendeckel). Vorderflügel ohne geschlossene Mittelzelle; Dorsalader einfach. Hinterflügel schmal lanzettlich, ohne Mittelzelle.

Die in zwei Bruten auftretenden Raupen der **Nepticula**-Arten (etwa 130 in Europa) minieren in Blättern von Bäumen, Sträuchern und Kräutern fast ausschließlich geschlängelte Gänge mit einer Kotlinie in der Mitte. Die in kleinem, kotfreiem Flecke endenden Gänge können gerade, gebogen, gebrochen oder selbst so konzentrisch gewunden verlaufen, daß sie Platzminen vortäuschen, aber immer an der konzentrisch gewundenen Kotlinie erkenntlich sind. Nur wenige Arten machen Platzminen. Die Raupen verlassen die Minen oberseitig und verpuppen sich in ziemlich festem Kokon an der Rinde. — Nur bei sehr massenhaftem Auftreten können diese Räupchen schaden. Die der zweiten Brut von **N. sericopeza** Zell. sind forstlich nicht unwichtig, da sie Ahornsamen ausfressen. Gute Rindenpflege hält ihre Vermehrung zurück.

Lyonetiiden.

Kopf anliegend beschuppt, nur hinten aufgerichtete Haare. Nebenaugen und Nebenpalpen fehlen. Fühler mit erweitertem Wurzelgliede, lang, dünn. Vorderflügel zugespitzt, sieben bis acht Rippen. Die Mehrzahl der Äste mündet in Vorderrand. Die Falter sitzen tagsüber an Stämmen, mit etwas aufgerichtetem Vorderkörper, dachförmig zusammengelegten Flügeln und über den Rücken geschlagenen Fühlern. Die Raupen minieren in oder zwischen zusammengesponnenen Blättern.

Opogona dimidiatella Zell. [2]). Niederländisch-Ostindien; Zuckerrohr. Die gelblich grauen, 10—12 mm langen Raupen nähren sich im allgemeinen nur von abgestorbenen Teilen, dringen besonders in die Gänge der Bohrer ein. Doch fressen sie auch die jungen Wurzeln dicht an der Basis ab. Schaden, da die Raupen selten, unbedeutend.

Bucculatrix Zell.

Vorderflügel geschwänzt, mit schmaler, langer, zugespitzter Mittelzelle, vier bis fünf Ästen in den Vorderrand und zwei bis drei in den Saum; Dorsalrippe einfach. Hinterflügel mit dreiteiliger Mittelrippe.

Während die europäischen Bucculatrix-Arten phytopathologisch belanglos zu sein scheinen, ist **B. pomifoliella** Cl. in den nördlichen Vereinigten Staaten ein nicht unbedeutender Feind der Apfelbäume.

---

[1]) D'Utra, Bol. Inst. agron. Campinas Vol. 10, 1899, p. 286.
[2]) Deventer, De Dierlijke vijanden van het Suikerriet, Amsterdam 1906, p. 165.

Die junge Raupe miniert in den Blättern, die ältere frifst diese vom
Rande her an. Die Verpuppung findet an Blättern, Früchten, mit
denen sie in grofsen Mengen nach Deutschland gelangen, und
Zweigen statt. Die Raupe der in den meisten Staaten auftretenden
zweiten Brut überwintert. Feinde: *Cirropsilus flavocinctus* Lintn., *Encyrtus bucculatricis* Lintn., *Mesochorus politis* Prov., *Apanteles cacoeciae*
Riley und *Zaporus* sp.; ferner Vögel. Die überwinternden Puppen
sind mit Kontaktgiften leicht zu töten.

Bucculatrix canadensisella Chamb.[1]) ist bei Ontario einer der
schlimmsten Feinde der Birken.

Cemiostoma Z. (Leucoptera Hb.).

Kopfschuppen anliegend. Fühler kurz, mit mäfsig grofsen Augen-
deckeln. Nebenaugen und Palpen fehlen. Vorderflügel geschwänzt;
Mittelzelle offen oder fein geschlossen, zwei bis drei Äste in den Vorderrand, drei in den Saum; Dorsalrippe einfach. Hinterflügel mit drei-

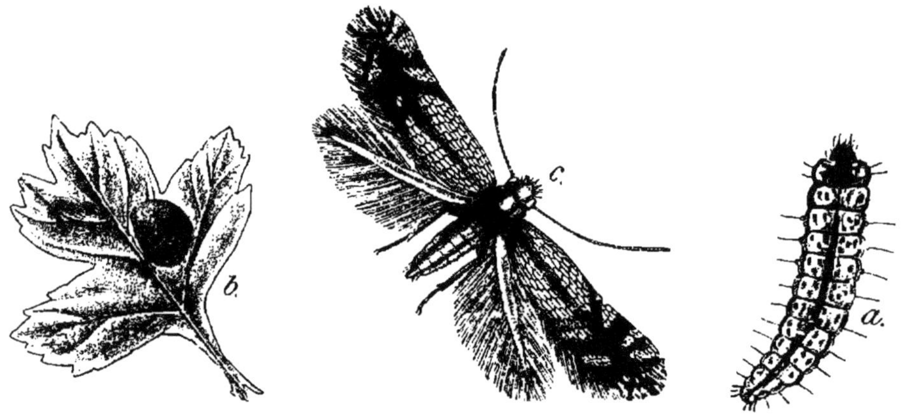

Fig. 176. Cemiostoma scitella (aus STAINTON).

teiliger Mittelrippe. Raupen in grofsen, flachen, oberseitigen Minen
mit konzentrischen Kotlinien; Verpuppung aufserhalb in weifsem Seiden-
kokon.

C. scitella Zell.[2]) (Fig. 176). Vorderflügel bleigrau, glänzend, hinten
safrangelb, mit zwei weifsen, braun gerandeten Vorderrandflecken und
und einem tiefschwarzen grofsen Fleck am Innenwinkel mit metallisch
violettem Querstrich. 5—6 mm Flügelspannung. Die zweimal (nach
THEOBALD dreimal) im Jahre, im Juni—Juli und im August—September
auftretende Raupe miniert in Apfel-, Birnen-, Kirschen- usw. Blättern
durch konzentrischen Frafs etwa pfenniggrofse oberseitige, dunkel
werdende Flecke. Wenn diese zahlreicher auftreten (v. SCHILLING zählte
49 in einem Blatte), können sie die Bäume so schwächen, dafs die

---

[1]) FLETCHER, U. S. Dept. Agric., Div. Ent., Bull. 40, 1903, p. 81—82; YOUNG,
33th ann. Rep. ent. Soc. Ontario 1902, p. 37.
[2]) WOLANKE, Gartenwelt, Jahrg. 4, 1899—1900, S. 417—418, 1 Fig.; v. SCHILLING,
Prakt. Ratg. Obst- u. Gartenbau 1900, S. 355—356, 1 Fig.; RITZEMA, Bos, Tijdschr.
Plantenz. Jaarg. 8, 1902, p. 62—63.

Früchte nicht genügend ausgebildet werden. Die reife Raupe verläfst die Mine und verpuppt sich im Sommer am Blatt, im Winter an der Rinde in glänzend weifsem, an allen vier Ecken aufgehängtem Kokon; der der zweiten Brut überwintert. Die Motte tritt nur in manchen Jahren in gröfserer Zahl auf, in anderen fehlt sie fast gänzlich. Gute Rindenreinigung im Winter tötet die Puppen.

C. coffeella Staint.[1]) **Kaffeemotte.** Silberglänzend, mit dunklem Flecke auf den Spitzen der Vorderflügel. Körper 2 mm lang. Raupe weifslich, 4—5 mm lang. In allen Kaffee bauenden Teilen der Erde, einer der schlimmsten Feinde des Kaffees, aber bis jetzt nur von Coffea arabica bekannt, weshalb GIARD als ihre Heimat das nördliche Afrika ansieht. Art des Schadens und Lebensweise wie bei voriger, nur dafs die Bruten sich in den warmen Klimaten rascher folgen, und dafs die Verpuppung in Blattfalten stattfindet. Die Krankheit wird von den verschiedenen Völkern in ihren Landessprachen „Rost" genannt, die Motte von den englisch sprechenden „*white fly*". Als Feinde fand MANN einen Pilz, ferner *Eulophus cemiostomatis* und *Exothecus lcthifer*. GIARD beobachtete auf Réunion eine andere *Eulophus*-Art und einen *Apanteles*. Alle diese sollen aber nach BORDAGE keine spezielle Parasiten sein. Eine Bekämpfung erscheint sehr schwierig: Sammeln der befallenen Blätter, vielleicht Fanglampen oder Bespritzen der mit Puppen besetzten Blätter mit Petroleumemulsion. Im Schatten oder dicht beieinander stehende Bäume werden mehr befallen als frei wachsende, kleine mehr als grofse.

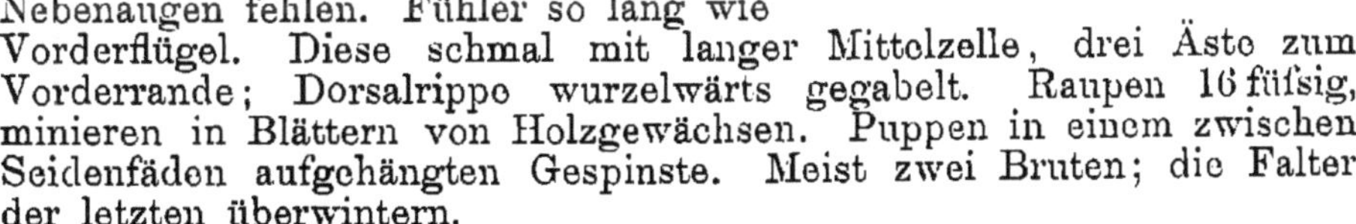

Fig. 177. Mine und Puppengespinst von Lyonetia clerkella am Apfelblatt (nat. Gr.).

Lyonetia Hb.

Kopf hinten mit aufgerichteten Haaren, vorn anliegend beschuppt. Nebenaugen fehlen. Fühler so lang wie Vorderflügel. Diese schmal mit langer Mittelzelle, drei Äste zum Vorderrande; Dorsalrippe wurzelwärts gegabelt. Raupen 16 füfsig, minieren in Blättern von Holzgewächsen. Puppen in einem zwischen Seidenfäden aufgehängten Gespinste. Meist zwei Bruten; die Falter der letzten überwintern.

L. clerkella L.[2]). Vorderflügel silberweifs bis braungrau, mit einem braunen Längsflecke, braunen Querstrichen der Vorderfransen, brauner Spitze und schwarzem Punkte vor dem schwärzlichen

---

[1]) MANN, Amer. Natur. Vol. 6, 1872, p. 332—341, 596—607, 2 Pls., 2 figs.; GIARD, Bull. Soc. ent. France 1898, p. 201—203; ZIMMERMANN, Ber. Land- u. Forstwirtsch. Deutsch-Ostafrika Bd. 1, S. 359—364, Taf. 4, Fig. 2—6, 1903; COOK, U. S. Dept. Agric., Bur. Ent., Bull. 52, 1905, p. 28, 97—99; TELLEZ, Com. paras. agr. Mexico, Circ. 36, 1906.

[2]) v. SCHILLING, Prakt. Ratg. Obst- u. Gartenbau 1896, S. 622—623, 5 Fig.: GOETHE, Ber. Geisenheim 1897/98, S. 25—28, Fig. 6—8; THEOBALD, 2d Rep., 1904, p. 37—41, figs. 4a—c.

Schwänzchen. 3 mm lang, 8 mm Flügelspannung. Räupchen grünlich glasartig, deutlich eingeschnürt; Kopf braun; Brustfüße schwarz; 5 mm lang. Zwei Bruten; in den Blättern von Obstbäumen, Weißdorn, Prunus- und Sorbus-Arten und Birken. — Die Räupchen minieren im Mai, Juli—August oberseitige, lange, geschlängelte, breiter werdende Minen (Fig. 177). Sie beginnen an der Mittelrippe, gehen auf den Blattrand zu, diesen entlang und wieder zur Mittelrippe zurück. In der Mitte des Ganges eine zusammenhängende, nur das Ende freilassende Kotlinie. Die Raupe verläßt die Mine nach unten und verpuppt sich gewöhnlich an der Blattunterseite; nach 14 Tagen fliegt die Motte aus. Der Falter der zweiten Brut legt seine Eier im Herbste an Knospen oder überwintert in Rindenritzen. — THEOBALD züchtete einen Chalcidier-Parasiten. — An wertvollem Buschobst kann man die befallenen Blätter möglichst früh beseitigen, bzw. die darin enthaltene Raupe zerdrücken; an Hochstämmen dürfte gründliche Reinigung und Spritzung im Winter der Vermehrung des nicht zu verachtenden Schädlings entgegenwirken.

Gracilariiden.

Kopf abgesetzt, ohne Nebenaugen. Fühler lang. Nebenpalpen lang, fadenförmig, dreigliedrig. Vorderflügel langfransig, mit 11—12 Rippen, fünf Äste in Vorderrand; Dorsalrippe einfach. Hinterflügel lanzettlich, sehr lang gefranst, mit offener Mittelzelle und vier bis sechs Ästen. Dämmerungstiere. In der Ruhe stehen die Schienen und Füße der vier vorderen Beine fast senkrecht, so daß der Vorderkörper aufgerichtet ist; die Hinterbeine sind den Leib entlang ausgestreckt, die dachförmigen Flügel nach hinten abwärts gerichtet, so daß sie die Sitzfläche berühren; Fühler dabei nach hinten zurückgelegt. Raupen 14 füßig; die vierten Bauchfüße fehlen; in der Jugend minieren alle; die meisten verlassen vor der Verpuppung die Mine und leben in umgeschlagenem oder zusammengerolltem Blatte, die Innenseite benagend. Verpuppung in oder außerhalb der Raupenwohnung in Gespinst. Gewöhnlich zwei Bruten.

Tischeria Zell.

Scheitel mit aufgerichteten Haaren, Stirne anliegend behaart. Fühler am Wurzelgliede mit seitlichem Haarzöpfchen. Vorderflügel mit fünf Ästen in Vorderrand und drei in den Saum. Hinterflügel mit zweiteiliger Mittelrippe. Raupen mit 16 Füßen, die Bauchfüße undeutlich; minieren in flacher, großer, oberseitiger Mine, aus der sie den Kot durch unterseitiges Loch herausschaffen. Verpuppung in der Mine ohne Gespinst. Nur eine Brut: Falter im Mai und Juni, Raupen im Herbste.

T. complanella Hb. (Fig. 178). Vorderflügel dottergelb, Vorder- und Hinterrand bräunlich. Hinterflügel grau mit gelblichen Fransen. 12 mm Spannweite. Raupe gelb, Kopf und Afterring dunkler, 6 mm lang; im Herbst in gelblichweißen Fleckenminen in Eichenblättern. Falter im Mai und Juni (und im August?). Im Süden auch an *Castanea vesca*. — RATZEBURG[1]) gibt acht Schlupfwespen als Parasiten an.

---

[1]) Ichneumonen d. Forstinsekt. Bd. 3, S. 259.

T. malifoliella Cl. [1]). Nordamerika, an Rosaceen; in vier Bruten. Die Raupe beginnt ihre Mine meist mit schmalem Gange, der sich später bedeutend erweitert, so daſs die ganze Mine hornförmig ist; daher „*Trumpet leaf-miner*". Bei massenhaftem Auftreten fallen die Blätter frühzeitig ab. Eine ganze Anzahl primäre und sekundäre Parasiten wurde aus der Raupe gezogen. Da die Raupen und Puppen der letzten Brut in den zu Boden gefallenen Blättern überwintern, sind sie durch deren Beseitigung (Untergraben) zu vernichten.

Lithocolletis Zell. [2]).

Scheitel mit aufgerichtetem Haarschopfe. Stirne glatt. Fühler einfach. Vorderflügel mit drei gesonderten Vorderrandästen und zwei Ästen in den Saum. Hinterflügel mit zweiteiliger Mittelrippe. In der

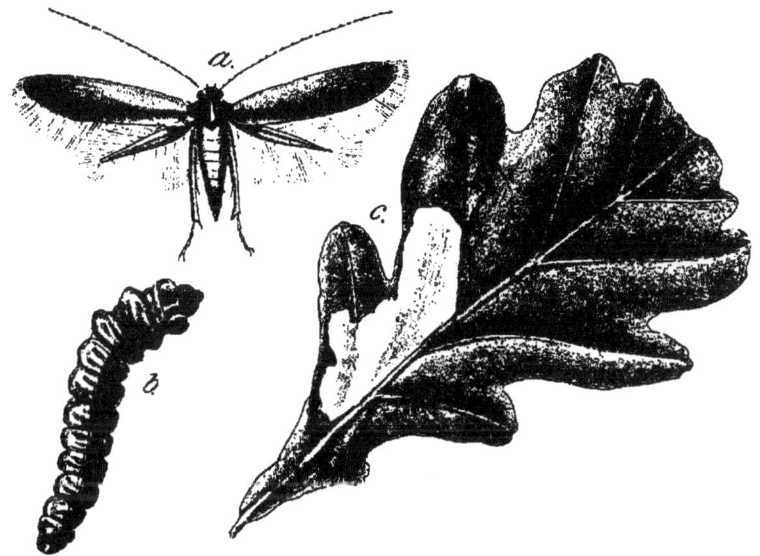

Fig. 178. Tischeria complanella (nach STAINTON).

Ruhe Fühler unter Flügel versteckt. Den Raupen fehlt das letzte Paar Bauchfüſse; sie leben in grofsen, faltig zusammengezogenen unter-, seltener oberseitigen Minen. Kot gewöhnlich an einer Stelle der Mine aufgesammelt. Wohl immer in zwei Bruten auftretend. Meist Falter im Mai und August, Raupen im Juli und September; zuweilen entwickeln sich die Falter der Herbstbrut noch im Oktober und überwintern. Die Platzminen gewöhnlich zwischen Mittel- und zwei Seitenrippen; auf der entgegengesetzten Seite das Blatt an der betreffenden Stelle gewölbt. Andere Arten unter umgeschlagenem Blattrande oder längs der Mittelrippe auf beiden Seiten, so daſs das Blatt zusammen-

---

[1]) LOWE, N. Y. agr. Exp. Stat. Bull. 180, Geneva 1900, p. 134—135, Pl. 8, fig. 1—4; QUAINTANCE, U. S. Dept. Agric., Bur. Ent., Bull. 68, Pt. 3, 1907, p. 23—30, Pl. 5, fig. 9.
[2]) SCHRÖDER, Ill. Wochenschr. Ent. Bd. 2, 1897, S. 385—388, 625—629, 9 fig.; SORHAGEN, Ill. Zeitschr. Ent. Bd. 5, 1900, S. 211—213, 232—233, 248—251, 1 Taf.

klappt. Die Raupen monophag oder an verwandten Pflanzen, mehr
an Büschen und Hecken als an Bäumen oder Kräutern. Verpuppung
in oder aufserhalb der Mine.

Die Anzahl der Arten ist eine sehr grofse; nicht wenige werden
mehr oder minder lästig an Obst- und Waldbäumen, seltener an Acker-
oder Gartenpflanzen (**Lithocolletis nigrescentella** Logan [**bremiella**
Frey] und **insignitella** Zell. an Klee, Luzernen, Wicken usw.).
Europa, Nordamerika.

Bedellia somnulentella Zell. **Windenmotte.** Raupe Anfangs
August, Ende September in breiten, flachen, durchsichtigen, wiederholt
gewechselten Blattminen an Winden, u. a. auch an *Ipomoea purpurea*,
namentlich wenn diese an einer Wand stehen. Puppe in zartem,
maschigem Gewebe an Blattunterseite. Falter grau, Ende August,
Oktober. Süd- und Mitteleuropa, Nordamerika.

Ornix Zell.

Kopf oben wollhaarig. Palpen hängend, glattschuppig, ohne Haarschopf. Raupen in zwei Bruten, Juli und September, an Blättern von
Laubhölzern, zuerst minierend, dann in
nach oben, umgeschlagenem Blattrande.
Verpuppung in festem Gespinste in oder
aufserhalb der Wohnung. Falter Ende
April bis Mai und im Juli.

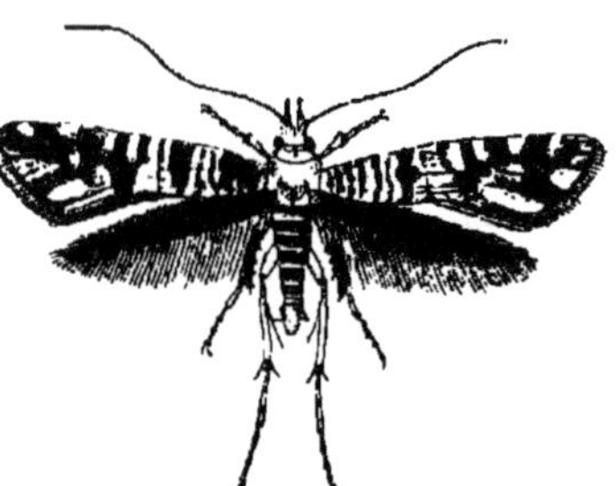

O. guttea Hw.[1]). Vorderflügel ungeschwänzt, violettbraun, mit fünf glän-
zendweifsen Fleckchen am Vorder- und
zwei desgleichen am Innenrande. Kopfhaare rostgelb. Raupe häufig an Apfelblättern. Verpuppung aufserhalb.

Fig. 179. Gracilaria syringella
(nach Herrich-Schäffer).

O. petiolella Fr. Vorderflügel ungeschwänzt, dunkel gelbbraun mit zahlreichen gelblichen Strichelchen am Vorder-
rande. Raupe im September und Oktober an Apfel- und Birnblättern,
zuerst in grofser oberseitiger weifser Mine, dann zwischen den zusammen-
geklappten und -gesponnenen Blatthälften. Verpuppung dicht über Blattstiel in orangegelbem Kokon.

O. prunivorella Chamb.[2]) in Nordamerika an Apfelblättern.

Gracilaria Hw.

Kopf glatt, Palpen ohne Haarbusch.

Gr. syringella F.[3]). (Fig. 179). Vorderflügel gelblich olivenbraun,
an der Wurzel weifslich marmoriert, mit unbestimmten weifslichen
Querbinden und weifslichen Randflecken. — Aus den in der Erde in
weifsem Gespinste überwinternden Puppen schlüpfen im Mai die Falter
der ersten Brut aus; sie legen ihre Eier an die Knospen. Die Raupen
dringen in die noch in der Knospenlage befindlichen Blätter ein. Im

---

[1]) v. Schilling, Prakt. Ratg. Obst- u. Gartenbau 1898, S. 348.

[2]) Lowe, New York agr. Exp. Stat. Bull. 180, Geneva 1900, p. 131—134, Pl. 6,
fig. 4, 5, Pl. 7, fig. 1—5.

[3]) Heeger, Sitzungsber. Akad. Wiss. Wien, Math. nat. Kl. Bd. 10, 1853, S. 17—20,
Taf. 4; Amyot, Annal. Soc. ent. France (4) T. 4, 1864, p. 1—12; Bail, 30. Ber. west-
preufs. bot. zool. Ver. 1908, S. 239—254, Taf. 1—5; Nat. Wochenschr. N. F. Bd. 7,
1908, S. 548—549, 648—649.

Juni verpuppen sie sich und entlassen im Juli die Falter der zweiten
Brut, die bis in August fliegen. Diese legen ihre Eier an die Unter-
seite der Blätter. Die Räupchen bohren sich sofort ein und nach der
Oberseite des Blattes durch. Im Oktober verpuppen sie sich in der
Erde. Die Minen beginnen schmal, werden aber bald groſs, blasig und
nehmen oft die gröſsere Hälfte, selbst das ganze Blatt ein. Die älteren
Räupchen verlassen sie, gehen auf die Blattunterseite und fressen hier
oberflächlich, indem sie zugleich das Blatt nach unten einrollen und zusammenspinnen (Fig.180). Der oft auſserordentlichen Umfang annehmende
Fraſs soll indes nach wenigen Jahren meist von selbst aufhören bzw. nach-
lassen. Zur Bekämpfung ist vorgeschlagen: die befallenen Blätter abzupflücken, die Räupchen in den Minen zu zerdrücken, Fanglampen und
Fanggläser aufzuhängen, die abgefallenen Blätter im Winter tief unterzugraben oder nach Lockerung des Bodens Hühner laufen zu lassen,

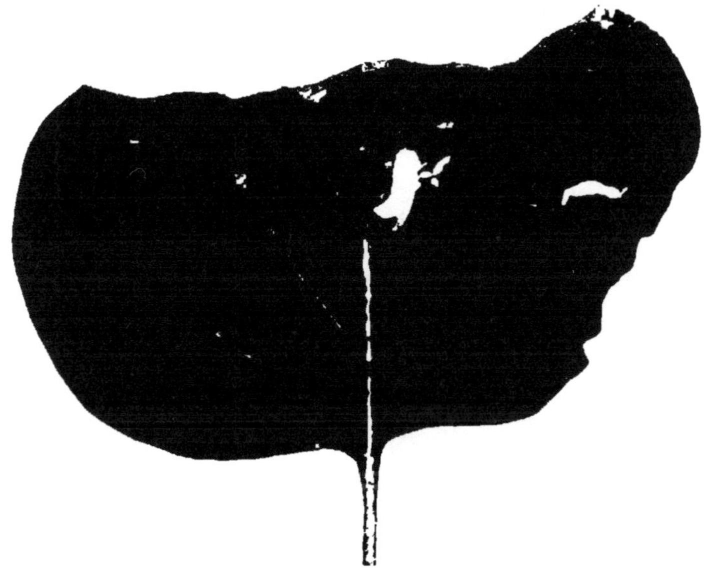

Fig. 180. Von der Syringen-Motte befressenes und eingerolltes Blatt von unten (nat. Gr.).

die die Puppen ausscharren. — Auſser an Syringe auch an Liguster,
Esche, Spindelbaum, Deutzia crenata usw.

Gr. juglandella Mn. Vorderflügel zimmtrot oder rostfarben. Die
Raupe ähnlich wie die vorige in Blättern der Wallnuſs. (Die Synonymie
mit **roscipennella** Hb., aus Pteris und Chenopodium, ist wohl sehr unwahrscheinlich.)

Gr. onustella Hb. Vorderflügel dunkelpurpurbraun, mit weiſsgelbem
Fleck an Vorderrand. Die Raupe in von der Spitze her eingerollten
Hopfenblättern. Die zweite, gewöhnlich am Hopfen bemerkbare Brut
hat den Namen **Gr. fidella** Rtt. erhalten.

Gr. coffeifoliella[1]) Motch. Auf Ceylon und Java oft in ungeheueren Mengen die Kaffeeblätter (Coffea arabica und liberica) in der
charakteristischen Weise minierend, aber nicht erheblich schadend.

---

[1]) ZIMMERMANN, Centralbl. Bakt. Parasitenkunde Bd. 5, 1899, S. 583; TEYSMANNIA,
D. 11, 1900.

Gracilaria theivora[1]) Wals. Desgleichen an Tee in Indien und auf Ceylon. Raupe wechselt öfters das Blatt und zerstört dadurch mehrere; Beeinträchtigung der Ernte daher recht bedeutend. Verpuppung in Gespinst an Blatt.

Elachistiden.

Kopf anliegend beschuppt; ohne Nebenaugen. Fühler mäfsig lang. Vorderflügel mit 9—11 Rippen; 4—5 Äste in Vorderrand, 4—3 in Saum; 2—3 an der Spitze auf gemeinschaftlichem Stiele. Hinterflügel mit 5—4 Ästen, Vorderschienen kürzer als Schenkel. Falter fliegen abends; Flügel in Ruhe dachförmig. Raupen minieren; Verpuppung aufserhalb der Mine.

Elachista St.

Kopf abgesetzt. Palpen lang, divergierend. Vorderflügel mit 10 bis 11 Rippen; vier Äste in Saum mündend; Ast sechs und sieben gestielt; Dorsalrippe einfach. Hinterflügel mit dreiteiliger hinterer Mittelrippe. Vorderschienen kürzer als Schenkel. Vordere Sporen der Hinterschienen vor der Mitte. — Zahlreiche Arten, deren klein- und flachköpfige Raupen in Gräsern, gewöhnlich in den Blättern, doch auch im Stiele minieren. Die Minen verschieden lang, flach oder aufgetrieben, durch den Kot stellenweise verdunkelt. Puppe hängt kopfüber an Nährpflanze oder liegt frei im Boden. Raupen überwintern jung oder erwachsen. Falter im Mai und Juni. Einige Arten mit zweiter Brut, deren Raupen im Juli, deren Falter im August. — Eigentlich schädlich wird keine Art, zumal auch keine an Getreide vorzukommen scheint.

Fig. 181. Frafs von Sackmottenraupen an Unterseite eines Ulmenblattes.

---

[1]) Zimmermann, Centralbl. Bakt. Parasitenkunde Bd. 8, 1902, S. 22; Green, Trop. Agric., Vol. 20, 1900/01, p. 371, 448; Watt a. Mann, Pests and blights of Tea plant, 2ᵈ ed. p. 228—232, figs. 23—25.

Coleophora Zell., Sackmotten [1]).

Kopf vortretend, rundlich. Vorderflügel mit neun bis zehn Rippen; vier Äste in Vorderrand; Dorsalrippe an Wurzel gegabelt. Vorderschienen so lang wie die Schenkel. Hinterschienen behaart; ihre oberen Sporen merklich hinter der Mitte. Fühler in der Ruhe vorgestreckt. Die Raupen haben sehr schwach entwickelte Bauchfüße; das letzte Segment ist ringsum stark und steif beborstet, zum Festhalten im Sacke. Diesen verfertigen [2]) sie entweder aus ausgefressenen ganzen oder fein verarbeiteten Blattstückchen oder aus feinem Gespinste. Ist der Sack zu klein geworden, so wird er entweder vergrößert oder ganz erneuert. Die Mündung des Sackes ist senkrecht oder schief zu seiner Längsrichtung; von ihr hängt dann die Richtung desselben an der Nährpflanze ab. Das Hinterende des Sackes wird durch zwei seitliche oder drei pyramidenförmige Klappen verschlossen; von letzteren entspricht die eine der Bauchseite des Tieres; es dient zur Entfernung des Kotes.

Das Leben der Coleophoren verläuft im allgemeinen folgendermaßen: Die Falter fliegen von Mai bis Juli. Aus den einzeln an die Blätter gelegten Eiern schlüpfen nach kurzer Zeit die Räupchen, die sich sofort ins Innere der Blätter bohren und hier bis gegen Herbst unscheinbar minieren. Dann verlassen sie die Blätter, fressen wohl noch etwas außen an ihnen herum und verfertigen den ersten Sack. Mit seiner Mündung spinnen sie sich in möglichster Nähe der Knospen fest und überwintern. Sie sind jetzt noch ganz klein und unscheinbar, etwa Kümmelkörnern ähnlich. Im nächsten Frühjahr begeben sie sich an die sich lockernden Knospen und bohren sich an deren weichster Stelle senkrecht in sie ein, aber immer so, daß ihr Hinterende noch

Fig. 182. Von Coleoph. binderella Koll. zerfressener Erlenzweig, 7. Juni 1907.

im Sacke bleibt. Da sie hierbei fast alle Knospenblätter durchbohren und, soweit erreichbar, zerfressen, töten sie die Knospen häufig ab. Sind die Blätter entfaltet, so setzen sie sich auf deren Unterseite fest

[1]) Reh, Prakt. Ratg. Obst- u. Gartenbau Jahrg. 22, 1907, S. 338–339, 7 Fig.
[2]) Die Bildung des Sackes beschreiben namentlich F. Thomas, Mitt. Thüring. bot. Ver., N. F. Heft 10, 1891, S. 10 u. Heft 5, 1893, S. 11—12, und Slingerland, Cornell agr. Exp. Stat. Bull. 124, 1897, 17 pp., 2 Pls, 2 figs.

und minieren sie aus, so weit sie ohne Verlassen des Sackes und ohne
stärkere Nerven zu verletzen gelangen können. Dann verlassen sie diese
Stelle, um an einer anderen dasselbe zu beginnen. Mit ihrem Wachstume nehmen natürlich auch die Minen an Gröfse zu. An dem vollständigen Ausweiden des Parenchyms zwischen Ober- und Unterhaut
und an dem in letzterer befindlichen kreisrunden Loche mit auf-
gewulstetem Rande sind die völlig kotfreien, zuerst nur weifsen, später
braunen Coleophoren-Minen (Fig. 181) sicher zu erkennen. Auch in junge
Früchte bohren sie sich ebenso ein wie in Knospen; ferner benagen
sie die Stiele der Blüten und Früchte. Im Mai bis Juni sind sie erwachsen und spinnen sich wieder mit der Mundöffnung zur Verpuppung
an Zweigen fest. Dann drehen sie sich im Sacke herum, so dafs der
Falter aus dessen Hinterende leicht ins Freie gelangen kann.

Fig. 183. Von Coleoph. binderella Koll. entblätterte Erlen, 23. Juni 1907.

Der Herbstfrafs ist ohne Belang. Im Frühjahre kann der Frafs
in Knospen und Früchten und an den Stielen recht merkbare
Schäden bewirken. Bei stärkerem Auftreten kann ersterer zu völligem
Kahlfrafse durch Abtöten aller Frühjahrsknospen führen. Bei sehr
starkem Auftreten können aber auch die Blätter derart ausgefressen
werden, dafs sie verwelken und abfallen (Fig. 182), so dafs im Juni
die Bäume völlig kahl dastehen (Fig. 183).

Thomas[1] berichtet, dafs die Coleophoren auch durch Transport von
Pilzsporen indirekt schädlich werden können.

Als Feinde kommen in erster Linie Meisen und Schlupfwespen
in Betracht; nach v. Schilling[2] sollen letzteren bis zu Dreivierteln der
Raupen zum Opfer fallen. Auffällig ist, dafs die Sackmotten in manchen

---

[1] l. c.
[2] Prakt. Ratg. Obst- u. Gartenbau 1898, S. 224.

Jahren in ungeheueren Mengen auftreten, z. B. in 1906/07, in anderen
sehr selten. So hielt es 1908 schwer, überhaupt Coleophoren, selbst
ihre Frafsstellen zu finden. Ob hieran die Feinde und Parasiten schuld
sind oder, wie wahrscheinlicher, die Witterungsverhältnisse, bliebe noch
zu untersuchen. Zweifellos ist, dafs regnerische Sommer, die die
Motten an der Eiablage verhindern, oder warme Vorfrühlingstage, die
sie aus ihrem Winterschlafe erwecken, ohne ihnen Nahrung zu geben,
ihnen verhängnisvoll werden können.

Bekämpfung. In Amerika hat sich namentlich die Schwefel-
Kalk-Soda-Brühe gegen die Sackmotten bewährt, aber auch Bleiarsenat-
Spritzung, zum ersten Male, wenn sich die Knospen öffnen, dann noch
zweimal nach je vier bis sieben Tagen, schliefslich Petroleumemulsion,
(1 Teil Petroleum, 9 Teile Wasser), zu spritzen, wenn sich die Blätter
gerade entfaltet haben. Auch stärkere Petroleumemulsionen
zur Winterszeit dürften viele der Räupchen abtöten.

Von den zahlreichen, vorwiegend an Holzpflanzen vorkommenden Arten brauchen wir hier nur die wichtigsten
zu erwähnen.

Coleophora laricella Hbn. Lärchen-Miniermotte.
Vorderflügel bräunlichgrau, schwach glänzend, Fransen
ohne Glanz. Hinterflügel dunkler. Fühler ohne Haarpinsel an Wurzel, Geifsel nackt, bräunlich beim
Männchen, hell geringelt beim Weibchen. Flügelspannung 9 mm, Körper 3 mm lang. Raupe dunkel
rotbraun; der kleine Kopf, das grofse, licht geteilte
Nackenschild, ein kleines dahinter und die grofse Afterklappe dunkel. Nachschieber sehr grofs, mit schwarzem
Hakenhalbkranz zum Festhalten im Sacke; 5 mm lang. —
Der Falter fliegt von der zweiten Hälfte des Mai an.
Eier einzeln an Lärchennadeln, dottergelb, geringelt,
zuletzt graulich. Das Räupchen bohrt sich sofort in
die Nadel ein. Aber erst von Mitte September an wird
der Frafs sichtbar, indem dann die Nadeln 4—7 mm von
ihrer Spitze an ausgehöhlt, weifs sind und gewöhnlich
hier umknicken. Die Raupe beifst nun den ausgehöhlten
Teil ab, die Spitze auf, und benutzt ihn als Sack. Mit
seinem unteren, ihrem Kopfende spinnt sie sich an Kurztrieben zur Überwinterung fest (Fig. 184). Im nächsten
Frühjahre frifst sie erst die jungen Knospen von aufsen
an und bohrt sich dann in die frischen Nadeln ein.

Fig. 184. Über-
winternde
Lärchen-Minier-
motte.

Mitte April wird der Sack durch eine daneben ge-
fügte, frisch ausgehöhlte Nadel vergröfsert; Ende April findet Verpuppung
an einer Nadel statt. — Die einzeln stehenden Triebnadeln werden verschont, Blüten dagegen im Frühjahre ebenfalls angefressen. — Aufser der
europäischen Lärche werden auch ausländische angegangen, am wenigsten
die japanische. — Parasiten sind nach Taschenberg mehrere Hymenopteren,
Feinde nach Loos[1]) namentlich Buchfink und Fitis-Laubvogel, Meisen
und Goldhähnchen.

C. gryphipennella Hb. Rosenschabe. Lehmfarben, glänzend,
Hinterflügel und Fransen grau, nicht glänzend. Fühler mit langem,
dickerem, aber nicht bepinseltem Wurzelgliede, schwarz und weiß geringelt. 3,5 mm lang. Flügelspannung 14 mm. — Raupe 14 füfsig,

---

[1]) Nach Judeich-Nitsche, S. 1047.

gelbbraun, Schilder schwarz. — Sack grau, lederartig, seitlich zusammengedrückt, gerade. — Eier und Puppen ruhen je drei bis vier Wochen. Der erste Sack wird aus Blattnageln gebildet, der zweite aus Blattrand. Überwinterung am Fuße der Rosenstöcke, möglichst im Erdboden.

Coleophora nigricella Steph. (coracipennella Hb.). Vorderflügel dunkelgrau. Fühler, weiß schwarz geringelt; Wurzelglied kurz, dick. Erster Sack hakig gekrümmt, späterer röhrig, stark runzelig, mit deutlicher Rückenkante, mäßig verdünntem Halse, runder, schiefer Mündung, dreiklappiger Afteröffnung, grau. — Sehr polyphag, an Obst- und Waldbäumen.

C. hemerobiella Scop. (Fig. 185). Vorderflügel aschgrau, braun bestäubt, mit kleinem, braunem Fleckchen hinter der Mitte. Körper 5 mm lang. Flügelspannung 14 mm. Raupe grau mit schwarzen Schildern, 4,5 mm lang. Erster Sack hakig gekrümmt, späterer gerade, röhrig, dunkelbraun bis schwarz, glatt (Birn- und Kirschblätter) oder behaart (Apfelblätter), oben oft mit zackigem Kiele (Kirsche), 6 mm lang. Mündung gerade, Hinterende dreiklappig. — An Obstbäumen, nicht selten in solchen Mengen, daß merkbarer Schaden verursacht wird.

C. fletcherella Fern. **Cigar-case-bearer**[1]). Nordamerika. Apfelbäume. Sack anfangs gekrümmt, später gerade. Biologie wie bei den übrigen Arten.

C. malivorella Riley. **Pistol-case-bearer**[2]). Wie vorige, aber Sack zeitlebens pistolenartig gekrümmt; soll aus zusammengesponnenen Blatthaaren verfertigt werden.

Fig. 185. Coleoph. hemerobiella (nach STAINTON), stark vergröfsert).

C. lutipennella Zell. **Eichenknospenmotte**[3]). Vorderflügel gelb, Hinterflügel grau. Die graue, schwarzköpfige Raupe frißt im Frühjahre die Knospen von Eichen (und Birken?) aus, später in einem Sacke an den Blättern. Falter im Juli. Biologie noch wenig bekannt. Infolge ihres Fraßes blieb ein 75 ha großer Eichenbestand schon wiederholt im Frühjahre kahl und belaubte sich erst mit dem Johannistriebe.

Heliodines roesella L. **Spinatmotte**. Vorderflügel rotgolden, schwarz gerandet, mit silberner Binde und Flecken. Raupen gelblich grün, mit braunen, je ein Haar tragenden Warzen; 9 mm lang; fressen in Juni bis Juli und September bis Oktober zu drei bis vier auf der Oberseite von Melden (Spinat!) unter feinem Gespinste, das Blatt etwas rollend. Puppe in Baum- und Mauerritzen.

Coptodisca (Aspidisca) **splendoriferella** Cl.[4]) (pruniella Cl.). Nordamerika. Das Räupchen miniert kleine, runde Minen in Blättern der Obstbäume. Zur Verpuppung schneidet es die beiden stehen gebliebenen Häute der Epidermis heraus und spinnt sich zwischen ihnen an Ästen und Zweigen fest. Zwei Bruten. Raupen und Puppen gelangen nicht selten mit frischem und getrocknetem amerikanischen Obste nach Deutschland.

Mompha fulvescens Hw. (Laverna epilobiella Tr.), **Weiderich-**

---

[1]) SLINGERLAND, Cornell Univ. agr. Exp. Stat. Bull. 93, 1895, p. 215—230, fig. 54—64.

[2]) Derselbe, ibid., Bull. 124, 1897, p. 5—17, 2 Pls., 1 fig.

[3]) HARTIG, Zeitschr. f. Forst- und Jagdwesen 1870, S. 405.

[4] PETTIT, Michigan agric. Exp. Stat., Bull. 175, 1899, p. 351—353, fig. 9.

motte. Raupe 14füfsig, schmutzig grüngelb, 0,5 mm lang, in zwei bis drei Bruten zwischen zusammengesponnenen Triebspitzen der Epilobien, die Knospen ausfressend. Puppe in weifsem Kokon am Frafsorte.

Blastodacna Wck.

Kopf anliegend beschuppt, ohne Nebenaugen. Fühler kürzer als Vorderflügel. Diese mit neun Ästen; Ast 7 und 8 gestielt, Dorsalrippe an Wurzel gegabelt. Hinterflügel mit offener Mittelzelle.

Fig. 186. Blastod. putri-
pennella
(nach Herrich-Schäffer).

Bl. putripennella Zell.[1] **Apfelmark-
schabe, Apfeltriebmotte**; Pith moth. Vorder-
flügel (Fig. 186) braungrau mit gelben und weifsen Flecken und Strichen und zwei schwärzlichen Schuppenhöckern. Kopf oben grau, Gesicht weifs; Fühler grau und weifs geringelt. Raupe gelblich, mit breit rötlichen Einschnitten; Kopf, Nacken- und Afterschild und Brustfüfse dunkel-braun. Bauchfüfse gelb, über den Füfsen ein gelber Seitenstreif.

Der Falter fliegt Juli bis August. Eier an Apfelblättern. Von diesen frifst das Räupchen zuerst. Im Herbst bohrt es sich in das Knospen-lager eines einjährigen Zweiges und frifst es aus. Bis zum Frühjahre wird die befallene Stelle blasig aufgetrieben und gibt beim Drucke nach, wie ein schlaffer Gummiball. Die Knospe treibt entweder überhaupt nicht mehr aus oder erzeugt nur einen wenige Zentimeter langen Trieb, der dann plötzlich welkt, herabhängt und vertrocknet. Im Frühjahre verläfst das Räupchen sein Winter-lager und bohrt sich in die Basis eines Gipfel-triebes oder eines Blütenquirles ein, dessen Mark es aufzehrt. Der Trieb stirbt ab und hängt welk und schlaff herab. Ende Juni verpuppt es sich zwischen zusammengesponnenen welken Blättern des getöteten Triebes. — Die Wunden um die abgetöteten Knospen vergröfsern sich konzentrisch zu Krebsstellen (Fig. 187). Die Bekämpfung ist recht schwierig. Hochstämme sind Ende Juli, August mit Bleiarsenat zu spritzen; in Baumschulen sind die befallenen Knospen und Triebe aus- bzw. abzuschneiden. — Nach Steffen geht der Falter ziemlich zahlreich in Fanggläser. Nördliches Europa, an Apfelbäumen, vorzüglich in Baumschulen; sicherlich mehr schadend, als gewöhnlich angenommen.

Fig. 187. Frafsstellen der
Apfeltriebmotte an
2jährigen Apfeltrieben.

[1] Kaltenbach, Pflanzenfeinde 1874, S. 781; v. Schilling, Prakt. Ratg. f. Obst-und Gartenbau 1892, S. 219—220, 1 Fig., 1896, S. 117—118, 5 Fig., 1901, S. 351—352, 10 Fig.; Lüstner, Ber. ... Geisenheim f. 1901, S. 165—166, 8 Fig.; Sorhagen, Allgem. Zeitschr. Ent. Bd. 7, 1902, S. 79; Steffen, Pr. Ratg. f. Obst- u. Gartenbau 1902, S. 394, 3 Fig.; Theobald, 1. Rep., 1903, p. 68—71, Fig. 7 A—G, Rep. f. 1907, p 26—27, 1 Pl.; Leaflet Board Agric. Fish. London, No. 90, 1903; Journ. Board. Agric.

Der Kopf der ebenfalls in Apfelknospen lebenden **Bl. vinolentella** H. S. (Fig. 188) ist ganz schwarz, der von **Bl. hellerella** Dup. ganz weifs. Letztere fliegt in Mai und Juni; ihre Raupe lebt in reifen Weifsdornfrüchten.

Batrachedra Staint.

Während die europäischen Arten dieser Gattung ohne praktische Bedeutung zu sein scheinen, fressen einige amerikanische (**rileyi** Wals.) und australische (**arenosella** Walk.) Arten an den Samen verschiedener Pflanzen (z. B. Mais und Baumwolle). Eine unbestimmte Art hat im Botanischen Garten von Sydney die Blätter von Mina lobata arg zerfressen.

Cosmopteryx Hb.

Palpen sehr lang und dünn, sichelförmig. Vorderflügel sehr schmal, in lange, dünne Spitze ausgezogen, mit zwölf bis elf Rippen; Hinterflügel linear, ohne Mittelzelle. Raupen minieren Ende Juli bis September in Blättern; Falter im Juni, abends, in der Ruhe die Flügel dachförmig tragend.

C. eximia Hw. **Hopfen-Miniermotte**[1]). Vorderflügel tiefschwarz, mit schräger Messingbinde nahe der Wurzel, mit einer orangen, rötlich

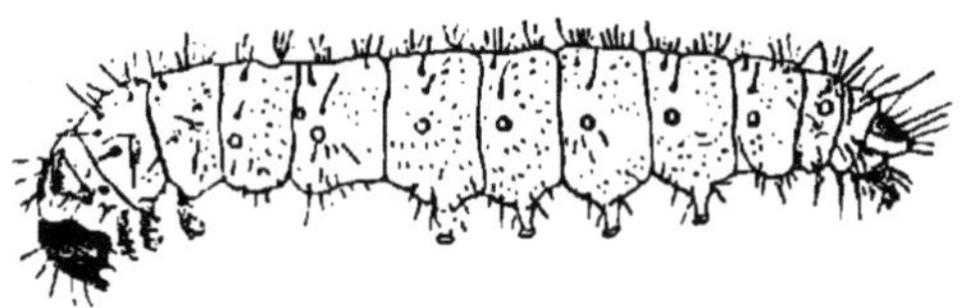

Fig. 188. Raupe von Blastod. vinolentella (nach Carpenter); stark vergröfsert.

golden eingefafsten Querbinde hinter der Mitte, und zwei blausilbernen, kurzen Linien am Saume und in der Spitze. 4—5 mm lang.

Die grünliche Raupe miniert linienförmige, in mehrere Äste zerteilte, innen mit weifser Seide ausgesponnene Gänge auf der Oberseite der Hopfenblätter, in der Gabelung zweier Rippen beginnend. Erwachsen. lebt sie noch kurze Zeit unter nach unten umgeschlagenem Blattrande, bevor sie an der Blattunterseite in weißem Gespinste überwintert. Verpuppung im Frühjahre. Nach v. Heyden fliegt eine zweite Brut im September.

C. pallifasciella Snell[2]). 6 mm lang. Vorderflügel schwarz mit schwefelgelbem Querbande. Raupe 8—10 mm lang, schmutzig weifs, behaart; miniert auf Java auf der Unterseite der Zuckerrohrblätter 80—110 mm lange, schmal beginnende, dann sich auf 4—5 mm ver

Vol. 14, 1907, p. 310; Carpenter, Rep. 1905. p. 333—334, 2 Figs. Während v. Schillings Angaben z. T. noch Tmetocera ocellana umfassen, nennen er und alle andere Autoren das Insekt Laverna hellerella, bzw. vinolentella. Zum ersten Male, soweit bis jetzt möglich, ist die Artangehörigkeit nach Angaben von A. Sauber richtig gestellt in: Prakt. Ratg. f. Obst- u. Gartenbau 1908, S. 213, Fig. 1, 2, 4.

[1]) Fologne, Ann. Soc. ent. Belge T. 6, 1862, p. 162, Taf. 2, fig. 1; v. Heyden, Stettin. ent. Ztg. Bd. 21, 1860, S. 122—123; Kaltenbach, Pflanzenfeinde S. 533.

[2]) Zehntner, Arch. Java Suikerind. VI, 1898, p. 673—682; Deventer, De dierlijke vijanden van het Suikerriet, Amsterdam 1906, p. 158—164, Pl. 22.

breiternde, längs verlaufende Gänge, deren Rand sich später rot färbt. Puppe ruht in einem aus Blattnageln verfertigten Kokon.

Scythris temperatella Ld. Raupe auf Cypern an Getreidearten schädlich.

Gelechiiden.

Kopf anliegend behaart oder beschuppt. Fühler mäßig lang, ohne Augendeckel. Palpen kräftig. Zunge hornig, gerollt. Vorderflügel meist mit zwölf Rippen; Rippe 1a wurzelwärts gegabelt. Hinterflügel mit acht (selten sieben) Rippen. — Raupen 16 füßig, in versponnenen Blättern, in Früchten, Stielen, krankem Holze, Moose oder in Blättern minierend.

Borkhausenia (Oecophora) tinctella Hb. Raupe in faulem Holze und an Baumflechten, soll nach RIBAGA das Laub der Maulbeerbäume fressen.

Oecophora oliviella F. **La mineuse des noyaux d'olive.** Der Falter legt seine Eier gegen Ende der Blütezeit der Olive an deren junge Früchte. Die mattgrüne Raupe, mit vier dorsalen schwarzen Längsstreifen, frißt den Kern aus; die Frucht hört auf zu wachsen, vertrocknet und fällt Ende Sommers ab. Puppe außerhalb in Gespinst, überwintert. — Die abgefallenen Oliven sind aufzulesen oder von Schweinen verzehren zu lassen. Mit Fanglampen kann man die Falter fangen.

Depressaria Hw.

Endglied der stark aufgebogenen Palpen lang und spitz. Ast sieben und acht der Vorderflügel in Vorderrand mündend. Hinterflügel mit acht Rippen; Ast 4 und 7 gesondert. Hinterleib oben flach. — Falter überwintern gewöhnlich. Raupen sehr lebhaft, vom Mai bis September in Dolden der Doldenblüter, in röhrigen Gespinsten oder in einem röhrig zusammengesponnenen Blatte oder Blattzipfel, oder zwischen zusammengesponnenen Blättern, seltener in einem Stengel. Puppe in der Regel in erdigem Gespinste.

D. nervosa Hw. (daucella Tr.) **Kümmelmotte, Kümmelpfeifer, Möhrenschabe**[1]) (Fig. 189). Vorderflügel sehr gestreckt, bräunlich, weißlich bestäubt, mit zahlreichen dunkelbraunen Längsstrichen und einem sehr spitz gebrochenen, bis an die Flügelspitze reichenden lichten Querstreif; im einzelnen sehr wechselnd. Endglied der Palpen doppelt dunkel geringelt. Juni bis April. — Raupe 16 füßig, in der Mitte am dicksten, bunt. Brustfüße schwarz, Bauchfüße rotgelb. Kopf, Nackenschild und Afterklappe glänzend schwarz, letztere beide rotgelb gesäumt. Körper hell olivengrün, am Bauche lichter, an den Seiten orangegelb; zehn Längsreihen schwarzer, weißumringter Warzen. Mai bis August; in Blüten- und Fruchtständen von Kümmel (Carum carvi und bulbocastanum), Oenanthe phellandrium, Oen. crocata, Cicuta virosa, Sium latifolium, Daucus carota, Pastinak.

Eiablage den ganzen Frühling, einzeln an Dolden. Die gesellig lebenden Raupen spinnen diese zusammen und leben jede in einer

---

[1]) BUHLE, Pohls Arch. deutsch. Landwirtschaft, Jan. 1841, Fig. (zitiert von NÖRDLINGER und KÜHN); ZELLER, Stettin. ent. Ztg. Bd. 30, 1869, S. 39—46: KARSCH, Berl. ent. Zeitschr. Bd. 30, 1886, S. XIX—XX: KÜHN, Ent. Nachr. Bd. 14, 1888, S. 347; SORHAGEN, Allgem. Zeitschr. f. Entom. Bd. 7, 1900, S. 52.

weifsseidenen Röhre. Sie fressen die Blüten und jungen Samen,
schliefslich nagen sie die zarteren Zweige an. Nach etwa fünf Wochen
bohren sie sich in den Stengel ein und verpuppen sich mit dem Kopfe
nach unten, nachdem sie vorher das Ausflugsloch genagt haben. Da
bis zu 40 Puppen in einem Stengel ruhen können, zeigt dieser reihenweise Löcher wie eine Pfeife. Eiablage und Entwicklung gehen sehr
ungleich vor sich; man findet daher im Sommer alle Stadien von halb
erwachsenen Raupen an nebeneinander.

Der verursachte S c h a d e n kann namentlich an Kümmelfeldern so
groß sein, dafs diese ganz oder zum Teil umgepflügt werden müssen.

B e k ä m p f u n g. Die Falter verkriechen sich gerne in die zum
Trocknen aufgehängten Kümmelstrohbündel, die man daher über untergehaltene Gefäfse ausklopfen kann, ebenso wie die befallenen Pflanzen,
da die Raupen sehr lebhaft sind und sich bei der geringsten Störung

Fig. 189. Kümmelmotte (nach STAINTON).

zu Boden fallen lassen. Die Falter kann man auch mit Netzen und
Klebefächern fangen.

BUHLE empfiehlt in trockenen März- und Apriltagen die Kümmelfelder durch Schafe abweiden zu lassen. Da die Pflanzen dann noch
keine Stengel getrieben haben, werden nur leicht ersetzbare Blätter
mit den bereits an sie abgelegten Eiern abgefressen. Im Sommer sind
die betauten Felder mit Kalkstaub zu bestreuen. Schliefslich ist der
Ausdrusch möglichst zu beschleunigen, bevor die Falter ausgeflogen
sind, und das Stroh zu verbrennen.

Als *Parasiten* geben BOUCHÉ und CURTIS an: *Cryptus profligator* Grav.,
Ophion vulneratus Grav., *Microgaster* aff. *lacteipennis*, *Encyrtus truncatellus*.
BUHLE beobachtete Sperlinge, wie sie die Räupchen aus den Dolden
holten.

Depressaria heracliana Dgl. [1]). Gelbbräunlich mit schwarzer
Zeichnung: Endglied der Palpen doppelt geringelt. Europa, Nordamerika.

____

[1]) RILEY, Ins. LifeVol. 1, 1888, p. 94—98, Fig. 13; SOUTHWICK, ibid. Vol. 5, 1892,
p. 106—109; SCHÖYEN, Beretn. 1907, p. 14—15.

Raupe im Juni und Juli in den Dolden von Pastinak und Heracleum-Arten, in Amerika auch von Daucus carota. Namentlich in Amerika oft so häufig, dafs schädlich. Biologie sonst wie bei voriger. Als Feinde wurden in Amerika beobachtet: *Picus villosus* (Specht) und *Eumenes fraterna* (Grabwespe).

D. depressella Hb.[1]). Vorderflügel dunkel rotbraun, mit unbestimmtem, gelblich-weifsem Schrägstreifen vor dem Saume. Kopf und Brust blafs ockergelb, Endglied der Palpen schwarz geringelt. 8 mm lang, Flügelspannung 19 mm. Raupe ähnlich der von nervosa, nur kleiner, 7 mm lang, blafs bräunlich-grau, schwarz gekörnelt und auf weifsen Warzen mit schwarzen Härchen; im Juli und August, in horizontalen Seidenröhren in den Dolden von zahmen und wilden Möhren, Pastinak, Pimpinella saxifraga, Peucedanum silaus usw. — Puppe in der Raupenwohnung.

D. aplana F. (cicutella Hb.)[2]). Raupe grün, mit dunklen Streifen oben und an den Seiten, und auf jedem Ringe zehn schwarzen Warzen;

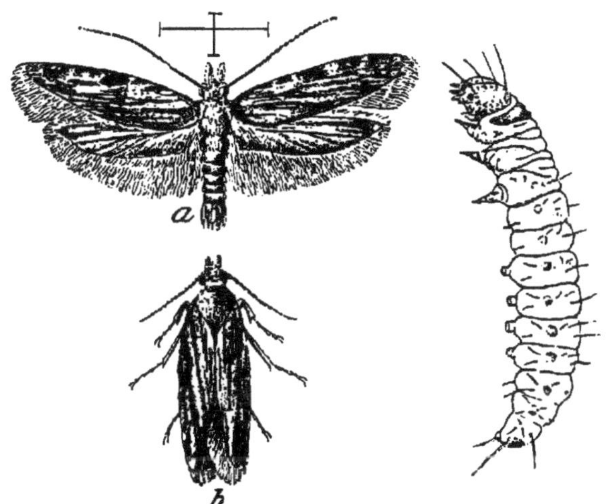

Fig. 190. Pfirsichmotte (nach CHITTENDEN).

in zusammengerollten und gesponnenen Blättern von Daucus carota und wilden Umbelliferen. In England schädlich. Puppe in Erde. Zwei Bruten. *Odynerus*-Wespen tragen sie in ihre Bauten.

Amblypalpis olivierella Rag.[3]). Erzeugt in den Mittelmeerländern ovale Zweiggallen an Tamarisken.

Anarsia Zell.

Endglied der Palpen beim Männchen sehr kurz, versteckt, beim Weibchen dünn, nadelförmig, aufsteigend. Ohne Nebenaugen. Vorderflügel: Ast 7 und 8 gestielt aus Mittelzelle.

A. lineatella Zell. **Pfirsichmotte, Knospenschabe; peachworm** (Fig. 190). Vorderflügel grau, braun gemischt, mit schwarzen,

[1]) Curtis, Farm insects, 1860, p. 411—412, Pl. N., Fig. 15—19.
[2]) ibid. p. 410—411, Fig. 58.
[3]) Decaux, Le Naturaliste 1895, No. 205; Ausz.: Nat. Wochenschr. Bd. 11, S. 203.

durch lichte Punkte unterbrochenen Längsstrichen und einem breiten, dunkelbraunen Fleck in der Mitte; 5 mm lang, 13,5 Flügelspannung. Raupe[1]) 8—10 mm lang, dunkelbraun, mit gelben Einschnitten, von denen besonders der zwischen zweitem und drittem Brustring sehr deutlich ist; Schilder glänzend schwarz. An jeder Seite eine Reihe Warzen mit je einem Haare. — Südliches Mitteleuropa, Nordamerika; an Pfirsich-, Aprikosen-, Pflaumen- und Zwetschenbäumen.

Die Biologie der Pfirsichmotte ist am gründlichsten von W. T. CLARKE[2]) in Californien erforscht worden. Junge, 1—1,5 mm große Raupen überwintern in Zweiggabeln in selbstgefertigter Höhle, die äußerlich an sehr kleinem Tubus von zusammengesponnenen Exkrementen bzw. Holzschabseln kenntlich ist[3]). Anfang März, wenn der Saft zu steigen beginnt, kommt die Raupe heraus, wandert zwei bis drei Tage an den Zweigen umher und dringt in einen jungen Kurztrieb, gewöhnlich von der Spitze her, ein, dessen Mark sie aus-

Fig. 191. Von der Pfirsichmotte befallene, bzw. getötete Pfirsichtriebe
(nach CLARKE).

frißt, so daß er welkt („bud worm") (Fig. 191). Da jede Raupe derart mehrere Triebe zerstört, können drei bis vier Raupen einen dreijährigen Pfirsichbaum abtöten. Ende April kriecht die erwachsene Raupe am Stamme abwärts und verpuppt sich in einer der für Pfirsich so charakteristischen Rindenrollen, seltener in einer Stammritze. Nach zehn bis zwölf Tagen, etwa vom 9. Mai an, kommt der Schmetterling heraus, der Eier einzeln oder in kleinen Gruppen an die jungen Triebe in der Nähe der Blätter ablegt. Die Eier sind oval, anfangs perlweiß, zuletzt orangegelb. Die im zweiten Drittel des Mai ausschlüpfende Raupe der zweiten Brut wandert wieder zwei bis drei Tage umher, bohrt sich dann in Längstriebe, meist nahe ihrer Spitze, an der Basis eines

[1]) SORHAGEN, Allgem. Zeitschr. Ent. Bd. 7, 1902, S. 77.
[2]) Univ. California agr. Exp. Stat., Bull. 144, 1902; 44 pp., 20 figs.
[3]) Die Art der Überwinterung wurde bereits 1892 von einem deutschen Obstzüchter, Heindorf, festgestellt. Siehe v. SCHILLING, Prakt. Ratg. f. Obst- u. Gartenbau 1893, S. 158.

Blattes ein und frifst deren Mark abwärts aus; auch sie tötet derart eine Anzahl Triebe („twig borer"). Nach etwa 20 Tagen verläfst sie diese und dringt in die jungen Früchte ein, vom Stielende oder von der Berührungsstelle einer Frucht mit einer anderen, einem Blatte usw. aus („peach worm"). Hier frißt sie eine geräumige Höhle ins Fruchtfleisch, die sich später mit austretendem Gummi füllt; die Haut darüber dunkelt, welkt und schrumpft. Im Juli und August verpuppen sich die Raupen der zweiten Brut außen an der Frucht, in der Stielgrube, die Naht entlang, mit einigen Fäden festgesponnen, seltener an Rinde, einem Blatte usw. Nach einer Woche fliegt der Falter aus, der nach zwei bis drei Tagen Eier einzeln an den Rand der Stielgrube legt. Die nach sechs Tagen auskriechende Raupe (dritte Brut) frifst sich bereits nach zwei bis drei Stunden in eine neue Frucht ein und verhält sich hier wie die der zweiten Brut. Von Mitte August an erscheint der Falter der dritten Brut, der seine Eier einzeln an die Rinde legt. Das nach acht Tagen auskommende Räupchen bohrt sich in einer Zweigachsel oder an einer anderen Stelle, wo sich alte und neue Rinde berühren, ein und überwintert.

In Deutschland haben R. GOETHE[1] u. a. nur zwei Bruten festgestellt, deren erste in den Trieben, deren zweite in den Früchten lebt. RÖSSLER[2] fand sie in Aprikosen, deren Kerne sie ausgefressen hatten; EPPELSHEIM[3] berichtet, dafs sie Zwetschenlaub jeder anderen Nahrung vorzögen. Die Verpuppung soll hier gewöhnlich in der Erde oder zwischen Blättern stattfinden.

In Deutschland, namentlich im Rheingau, fast ständig schädlich. In Californien der schlimmste Pfirsichfeind, vernichtet oft 30% der Ernte. Der Schaden an Früchten allein beträgt hier durchschnittlich jährlich über 340 000 Dollar.

Als Parasiten hat MARLATT[4] Milben und Hymenopteren (*Copidosoma variegatum* How. und *Oxymorpha livida* Ashm.) festgestellt; in Deutschland wurden ebenfalls Schlupfwespen beobachtet.

Bekämpfung. Entfernen der befallenen Zweige und Früchte hat nur mäfsigen Erfolg. CLARKE erreichte vollen Erfolg durch Frühjahrsspritzung mit folgender Mischung: 40 (engl.) Pfd. Kalk, 20 Pfd. Schwefel, 15 Pfd. Salz, 60 Gall. Wasser. Anzufangen ist damit, wenn die Knospen deutlich schwellen, und fortzufahren bis in den Beginn der Blüte hinein. Wird nur bei feuchter, dunstiger Witterung gespritzt, so leidet die Blüte darunter nicht. Fanggläser ohne Erfolg.

Nothris verbascella Hb.[5]). Raupe 15 mm lang, dunkelbraun mit zahlreichen schwarzen Warzen, auf denen je ein langes Haar; zwei Bruten, Mai und anfangs Juli, an Verbascum-Arten, deren Blütenknospen, junge Früchte und Herzblätter sie verzehrt. In und an dem oberen, markigen Stengel macht sie zahlreiche Gänge, die sie mit den Haaren der befressenen Teile umkleidet, so dafs der Stengel oben wie ein dicker Wollzapfen aussieht. Raupe überwintert am Frafsort.

---

[1] Ber. Kgl. Lehranst. Obst- u. Gartenbau Geisenheim a. Rh. 1892 93, S. 26.
[2] Siehe KALTENBACH, Pflanzenfeinde S. 779, 780.
[3] Ibid. S. 169.
[4] U. S. Dept. Agric., Div. Ent., Bull. 10, N. S., 1898, p. 7—20, 5 figg.
[5] v. SCHILLING, Gemüsefeinde S. 43, Fig. 62 b; TULLGREN, Medd. Landbruksstyr. 111, 1905. p. 40—41.

Ypsolophus F.

Mit Nebenaugen. Raupen wicklerartig in zusammengesponnenen Blättern.

Y. pometellus[1]) Harr. (ligulellus Hb.). **Palmer worm.** Nordamerika, an Eichen und Apfelbäumen. Raupe frifst an letzteren auch Löcher in die Früchte, an ersteren in die Galläpfel. Tritt nur in gröfseren Zwischenräumen stärker, dann aber auch in ungeheueren Mengen auf. Warme, trockene Frühjahre scheinen dieses Massenauftreten zu begünstigen. Heftige Regen vernichten die Raupen.

Einige Arten kommen in Deutschland gelegentlich an Küchen- und Heilkräutern vor.

Stenolechia Meyr. (Poecilia Hein.)

St. gemella Zell. (nivea Hw.)[2]) verursacht zylindrische Anschwellungen (Gallen) nahe dem Ende junger Triebe an Eiche; Europa.

Recurvaria H.S.

Palpen aufgebogen, Endglied kurz. Ohne Nebenaugen. Vorderflügel mit zwölf Rippen; Ast 7 und 8 getrennt aus 6.

R. nanella S. V.[3]). Vorderflügel grau mit weifsen Zickzacklinien. Raupe braunrötlich, mit schwarzem Kopfe und Nackenschilde. Europa, Obstbäume: in Blüten oder zwischen zusammengezogenen äufseren Blättern der Triebe, so dafs die inneren Blätter und Blüten an der Entfaltung gehindert werden. Puppe in weifsem Gespinste an Rinde, Flechten, dem Boden usw.

R. leucatella Cl. Raupe ähnlich lebend.

R. robiniella Fitch[4]). In Nordamerika schädlich an Robinia.

Epithectis (Brachmia) **mouffetella** W. V. **Geifsblattmotte.** Die schwarze Raupe mit blaugrauen Schildern und Brustfüfsen im Frühjahre an Lonicera, Berberis und Symphoricarpus. in einer Gespinströhre zwischen zwei zusammengeleimten Blättern. Puppe in weifsem Gespinst in Erde, an Mauern, Gartenspalier usw. Falter im Juni, Juli.

Anacampsis nerteria Meyr.[5]). Die dunkelgrünliche, schwarzfleckige Raupe frifst in Ostindien das ganze Jahr über zwischen zusammengesponnenen Blättern von Arachis hypogaea.

Lita Tr.

Palpen schwach aufgebogen, Mittelglied mit Längsfurche, Endglied pfriemenförmig. Mit Nebenaugen. Vorderflügel hinten lang zugespitzt, mit zwölf Rippen; Ast 7 und 8 gestielt; Hinterflügel in scharfe Spitze ausgezogen. Raupen zwischen zusammengesponnenen Blättern oder in Samen bzw. Früchten niederer Pflanzen.

---

[1]) Slingerland, Cornell Univ. agr. Exp. Stat. Bull. 187, 1901, p. 81—101, figs. 27—30; Lowe, New York agr. Exp. Stat. Bull. 212, 1902, p. 16—22, pls. 5—7; Pettit, Michigan State agr. Exp. Stat., Spec. Bull. 24, 1904, p. 19—20, 1 fig.

[2]) Rübsaamen. Nat. Wochenschr. Bd. 14, 1899, S. 400, 2 Fig.; Neulich, Forstwiss. Zentralbl. Jahrg. 50. 1906, S. 195—197, 1 Taf.

[3]) Rössler, Jahrbb. nassau. Ver. Nat. Jahrg. 25/26, 1871/72, S. 424—425; Houghton, Ent. monthl. Mag. (2) Vol. 14, 1903, p. 219—221.

[4]) Comstock, Rep. Ent. 1879, p. 224—225.

[5]) Maxwell-Lefroy, Mem. agric. Dept. India Vol. 1, 1907, p. 226.

L. ocellatella Boyd[1]).   **La teigne de la betterave.** Vorderflügel
gelblichgrau, mit vier dunkeln Rippen- und einem desgl. Spitzenfleck.
Hinterflügel ebenso grofs wie Vorderflügel, weifslichgrau. Raupe 10 bis
12 mm lang, blafs grünlich, auf jedem Ringe eine Querreihe rötlicher
Flecke, zuletzt mit zwei bis drei rosafarbenen Längsstreifen; ursprünglich
an Beta maritima, an den Mittelmeerküsten, Südengland und Zentral-
frankreich; auch bei Wiesbaden(?). In Frankreich schon wiederholt
sehr schädlich an Zuckerrüben geworden, wie z. B. 1906, begünstigt
durch lang andauernde Trockenheit. Die Raupen frafsen nicht nur die
Blätter, sondern auch 2—3 cm tiefe Löcher in die Rüben (Fig. 192)-
alles in faulige, schwarze Masse verwandelnd. Puppe in zusammengerollten Blättern, im Herzen, am Frafsorte oder aufserhalb. In England und Nordfrankreich zwei bis drei, im Süden drei bis fünf Bruten,
besonders die späteren durch Verviel-
fältigung der Zahl schädlich werdend,
Schaden 1906 bis zu 90 %.

Bekämpfung: Geerntete Rüben
gründlich von allen fauligen Teilen
reinigen; Felder tief umpflügen und
mit Gaswasser tränken; Fanglampen;
Fruchtwechsel; gründliche Reinigung
der Felder von allen Rückständen, besonders aber auch von Melden. Parasiten: *Apanteles* sp., *2 Braconiden.*

L. atriplicella F. R.[2]). Im Jahre
1904 trat bei Gernsheim a. Rh. an
Runkelrüben eine Raupe auf, die in
den Blattstielen und den Mittelrippen,
stellenweise bis ins Parenchym hinein
gewundene Gänge frafs. In letzterem
fielen diese Stellen aus, so dafs Löcher
entstanden. Die Herzblätter kräuselten
sich und verkümmerten. Nach Bestimmung durch K. T. Schütze handelte
es sich um die genannte, sonst an

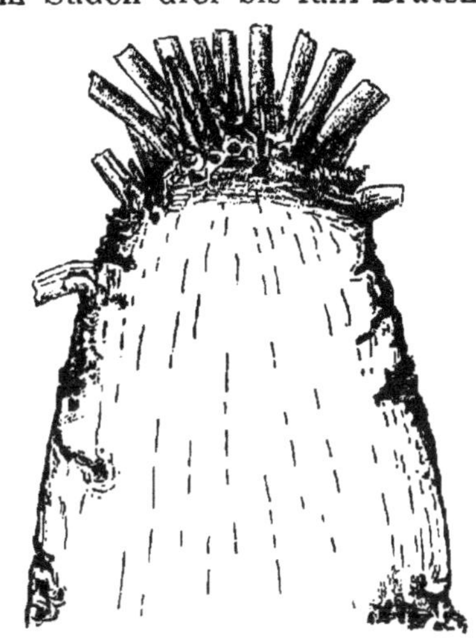

Fig. 192.   Frafs von Lita ocellatella
an Rübe (nach Marchal).

Melden und Gänsefufs lebende Raupe, deren natürliche Futterpflanzen
infolge der Dürre ihr nicht mehr genügend Nahrung boten, so dafs
die Rüben, auch Mangold, befallen wurden.

Phthorimaea Meyr.

Phth. operculella Zell. (Lita solanella Boisd.)[3]). Vorderflügel
graubraun mit ockergelben Längsbinden; 8 mm lang, 16 mm Flügel-

---

[1]) Riley a. Howard, Ins. Life Vol. 4, 1891, p. 239—242, fig. 27; Giard, C. r.
Acad. Sc. Paris T. 143, 1906, p. 458—460, 627—630; Marchal, Bull. mens. Office
Renseign. agr. 1907, 6 pp., 2 figs.; Signa, L'Italie agric. 1907, p. 183—185; Ausz.:
Zeitschr. Pflanzenkr. Bd. 18, S. 238; Surcouf et Auzat, Bull. Mus. Hist. nat. Paris
1907, p. 141—143.
[2]) Noack, 14. Jahresber. Sonderaussch. Pflanzensch. D. L. G. 1904, 1905, p. 85,
155; Hess. landw. Zeitschr. 1904, Nr. 50.
[3]) French, Handbook destr. Ins. Victoria Vol. 2, 1893, p. 147—154, Pl. 33;
Howard, Yearbok U. S. Dept. Agric. 1898, p. 137—140, fig. 20, 21; Farmers Bull.
120, 1898 (Repr. 1900), p. 19—22, fig. 14—15; Quaintance, Florida agr. Exp. Stat.
Bull. 48, 1898; d'Almeida, L'Agric. contemp. 1899/1900; Ausz.: Zeitschr.
Pflanzenkr. Bd. 11, S. 236; Clarke, California agr. Exp. Stat. Bull. 135, 1901, 30 pp.,

spannung. Raupe weifs, mit hellrotem Schimmer; Kopf und erster Brustring dunkler. Puppe hellgelb, später etwas dunkler.

Die Heimat dieser Motte ist nicht mehr ausfindig zu machen, da sie in verschiedenen Erdteilen an wilden Solaneen bzw. Solanum-Arten gefunden worden ist.

An Kartoffel **(Potato tuber worm)** tritt sie schädlich auf in Südeuropa, auf den Azoren, in Algier, Kapland, Californien, Australien, Tasmanien und Neu-Seeland. Der Falter legt die Eier an alle Teile der Pflanzen, auch an die Knollen, wenn sie nicht von Erde bedeckt sind. Die ausschlüpfenden Raupen fressen, je nach ihrem Geburtsorte, entweder gleich sich in die Knollen ein, oder erst an den Blättern, dringen dann in die Stengel ein und diese abwärts, um schliefslich wieder in die Knollen sich einzubohren. In letzteren fressen sie vorwiegend oberflächliche Gänge oder Plätze unter der Schale (Fig. 193), so Fäulnispilzen und Bakterien den Weg öffnend. Puppe im Frafs-orte bzw. aufsen in Vertiefungen der Schale. Auch in Speichern in Kartoffeln; Verpuppung hier in den verschiedensten Schlupfwinkeln, auch in Säcken usw., wodurch das Insekt sehr leicht verschleppt wird. In Californien mehrere Bruten (von je 9—12 Wochen), in Australien nach FROGGATT nur zwei. — Schaden sehr bedeutend. So in Algier manch-mal drei Viertel der Ernte, in Australien jährlich Hunderte von Tonnen, in Californien zuweilen 25 %, allein im Salimas-Tale bis zu 40 000 Sack jährlich Verlust.

Fig. 193. Frafsgang von Phthorimaea operculella an Kartoffel (nach FROGGATT).

Bekämpfung: Felder von Rückständen und Unkräutern reinigen (zweckmäfsig Abweiden durch Schafe); Saatgut sorgfältig auswählen und tief legen. Rasche Ernte, namentlich Kartoffeln nicht frei liegen lassen. Fruchtwechsel. Gegen die oberirdisch fressenden jungen Raupen spritzen mit Arsenmitteln. In den befallenen Knollen können durch wiederholte Räucherung mit Schwefelkohlenstoff Raupen und Puppen abgetötet werden. Fanglampen ziehen die Motten stark an.

An Tabak tritt die Raupe als **slitworm** oder **tobacco leaf miner** auf in den südlichen Vereinigten Staaten, auf Porto Rico, in Kapland und in Neusüdwales. Die Eier werden an die Blätter abgelegt; die Raupen fressen grofse, beiderseits sichtbare Platzminen in diese, besonders in die unteren, die daher als Deckblätter unbrauchbar werden. Die Mine wird wiederholt gewechselt, daher auch hier Arsenmittel günstig wirken. Die Raupe oder Puppe überwintert an den Blättern, daher nach der Ernte die Felder gründlich zu reinigen sind. In Kapland fand LOUNSBURY die Raupen auch in den Stengeln, je vier bis sechs und mehr, sie frafsen Gänge in diese unter der Haut, so dafs die

10 figs.; FROGGATT, Agric. Gaz. N. S. Wales Vol. 14, 1903, p. 321—326, 1 Pl.; BUSCK, Agric. Journ. Cape Good Hope Vol. 22, 1903, p. 717—719; LOUNSBURY, ibid. Vol. 25, 1906; VAN DINE, Ann. Rep. Hawaii agric. Exp. Stat. 1904, p. 377; Bull. 10 Hawaii agr. Exp. Stat. 1905, p. 7—8.

Stengel oft mehr oder weniger geringelt wurden; zahlreiche Ichneumoniden wurden aus den befallenen Stengeln gezüchtet.

In Amerika auch an Tomaten, Eierpflanzen und horse-nettle.

Gelechia Zell.

Mittelglied der Palpen unten abstehend beschuppt, mit Längsfurche; Endglied pfriemenförmig. Vorderflügel gestreckt, hinten vom Innenrande ab verengt, mit 12 (11) Rippen, nur Ast 7 und 8 gestielt oder zusammenfallend. Hinterflügel breit.

G. dodecella L. (reussiella Ratz.). **Kiefernknospenmotte.** Vorderflügel graubraun mit hellgrauer und schwarzer Zeichnung; 10—12 mm Spannweite. Raupe rotbraun mit schwarzem Kopfe und Nackenschilde; im Herbste in Kiefernnadeln: nach der Überwinterung frißt sie eine Anzahl Knospen aus, oder bohrt sich später auch in junge Triebe von der Basis aus ein. Puppe im Mai am Fraßorte; Falter von Ende Mai bis Juli.

G. rhombella Schiff [1]). Europa. Die Raupe im Mai und Juni in umgeschlagenen Blättern von Apfel- und Birnbäumen.

G. malvella Hb. Raupe häufig in den Samen von Malvaceen, besonders von Stockrosen. Die Raupe geht im Oktober in die Erde und spinnt sich in einem kugelrunden Gehäuse ein. Im Frühjahre verläßt sie dieses Winterlager und verfertigt sich ein längliches Puppengehäuse, das im Juli den Falter entläßt.

G. gossypiella Saund [2]). **Roter Kapselwurm. Pink bollworm** (Fig. 194). Baumwolle: Deutsch-Ostafrika, Orientalische Region. Grau, mit schwarzen Flecken auf Vorderflügeln; 8 mm lang. Raupe zuerst weißlich, später fleischrot, mit glänzend braunem Kopfe und Nackenschilde; auf den Ringen breite mittlere und seitliche dunkle Flecke; 10—12 mm lang. In Indien sechs Bruten. Eier einzeln an Blätter, Stengel oder Kapseln. Die Räupchen fressen zuerst einige Tage an Blättern oder außen an der unreifen Kapsel, bohren sich dann in letztere ein und dringen, unter Zerbeißen der Wolle, bis in die Samen vor, diese ausfressend. Puppe in der Kapsel, oder außerhalb an Blättern oder in Erdrissen. Der Schaden besteht einmal in Wachstumshinderung der befallenen Kapseln, dann im Beschädigen und Verunreinigen der Wolle durch das Zerbeißen und den Unrat der Raupen. Durch die Austrittsöffnung der Raupe dringt Feuchtigkeit ein, wodurch

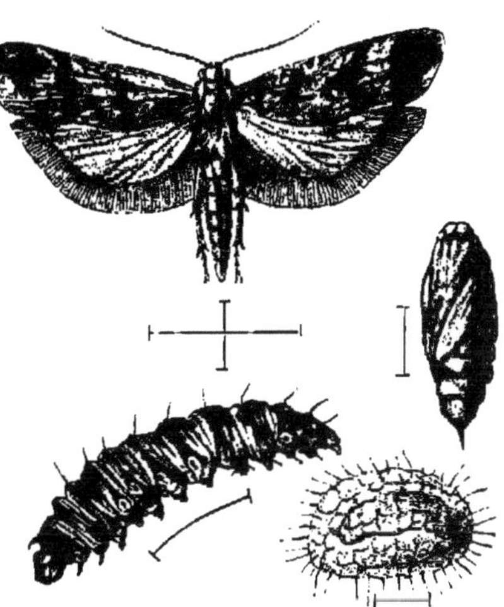

Fig. 194. Gelechia gossypiella (nach MAXWELL-LEFROY).

---

[1]) ZIRNGIEBL, Prakt. Blätt. Pflanzenschutz Bd. 3, 1900, S. 92—94, 1 Fig.
[2]) VOSSELER, Mitt. landw. biol. Inst. Amani 1904, No. 18, S. 1—2, No. 30, S. 1; Ber. Land- u. Forstwirtsch. D. O. Afrika Bd. 2, 1904/06, S. 242, 407—410, 503; Pflanzer Bd. 3, 1907, S. 337—339; MAXWELL-LEFROY, Ind. Ins. Pests, 1906, p. 93—96, figs. 104 bis 107; Mem. Dept. Agric. India Vol. 1, 1907, p. 223, fig. 69.

Pilze und Bakterien, die die Zerstörung des Kapselinhaltes weiter fort-
setzen, günstige Nährböden finden. Der in die aufspringende Kapsel
eindringende Regen löst die Exkremente zu Jauche, die die ganze
Wolle verfärbt. Mit den Kapseln wird der Schädling leicht verschleppt.
Als Parasit wurde eine Hymenoptere beobachtet. Vorbeugung und
Bekämpfung: Sorgfältige Auswahl des Saatgutes; befallene Kapseln
vernichten oder zur Abtötung der darin enthaltenen Raupen hoher
Wärme (Ausbreiten der Wolle auf Blechen in der Sonne genügt) oder
giftigen Dämpfen aussetzen; gründliche Reinigung der Felder nach
der Ernte. MAXWELL-LEFROY empfiehlt, in stark befallenen Feldern die
ganze erste Ernte der Kapseln abzupflücken und zu vernichten, sobald
die Räupchen der ersten Brut zu fressen begonnen haben. VOSSELER
machte die Beobachtung, daſs mit Psylliden besetzte und infolgedessen
stark von Ameisen besuchte Pflanzungen frei vom Kapselwurme waren;
er vermutet, daſs die Ameisen die Eier fraſsen.

Gelechia confusella Chamb. **Striped peach worm** [1]). Michigan;
Raupen spinnen in zwei Bruten die Pfirsichblätter zu Nestern zusammen,
in denen sie gesellig leben.

G. simplicella Wlk. [2]). An Sojabohnen in Neu-Süd-Wales; befriſst die zusammengesponnenen Blätter, so daſs die Ernte merklich
geschädigt wird.

Gnorimoschema heliopa Low. [3]). Australien, Indien, Ceylon.
Raupe weiſs; Kopf, Nackenschild und je ein Höcker auf jedem Ringe
dunkel. Friſst in jungen Stengeln von Tabak und verursacht gallen-
ähnliche Anschwellungen. Sehr schädlich.

Zaratha cramerella Sn. **Kakaomotte** [4]). Java. Eier einzeln
an Fruchtkolben. Die Räupchen dringen sofort nach dem Ausschlüpfen in die jungen Früchte. Um die Bohrgänge verhärtet das
Gewebe, so daſs die befallenen Früchte schwer zu öffnen sind. Geraten die
Räupchen in die Spindel, so entwickeln sich die Samen nicht richtig.
Der Reifezustand der Früchte bleibt unerkennbar: entweder werden
sie zu früh gepflückt, oder sie bleiben zu lange am Baume,
dann bersten sie, und der ganze Inhalt läuft als faule, stinkende, dunkelbraune Masse aus. Ganze Entwicklung der Motte in einem Monate.
Raupen 10—12 mm lang, weiſslich mit grünlichem Schimmer (durchscheinende Nahrung); Puppe in ovalem, abgeplattetem wolligem Kokon,
auſsen auf Früchten, Blättern und Zweigen. Schaden sehr bedeutend.

Bekämpfung: Alle befallene Früchte abpflücken, in Gruben mit
Kalk bedecken und Erde darüber feststampfen; vielleicht auch Fanglaternen und Klebfächer. — Raupen auch an Nephelium lappaceum L.
und wahrscheinlich noch anderen Nephelium-Arten.

Plutelliden.

Kopf dicht wollig behaart. Fühler in der Ruhe vorgestreckt, beim
Männchen ohne Kammzähne. Palpen lang, unten am Mittelgliede mit

[1]) PETTIT, Michigan State agr. Exp. Stat. Bull. 175, 1899, p. 347—349, Fig. 6
(hier Depressaria persicaella Murtf. genannt); Spec. Bull. 24, 1904, p. 57—58, Fig. 57.
[2]) FROGGATT, Agric. Gaz. N. S. Wales Vol. 14, 1903, p. 1023—1024.
[3]) MAXWELL-LEFROY, Mem. Indian Departm. Agric. Vol. 1, 1907, p. 224.
[4]) ZEHNTNER, Bull. Proefstat. Cacao Salatiga No. 1 1901, No. 5 1903; Ausz.:
Zeitschr. Pflanzenkrankh. Bd. 12, S. 231—232; siehe auch KINDT: „Die Kultur des
Kakaobaumes und seine Schädlinge“, Hamburg 1904, S. 110—119, Fig.

grofsem Schuppenbusche und mit aufsteigendem, pfriemenförmigem Endgliede.

Cerostoma persicella F. [1]). Süddeutschland, Taurien. Raupe im April bis Mai und Juli an Pfirsich- und Mandelbäumen; spinnt die Blätter der jungen Triebe zusammen. Puppe in kahnförmigem Gespinste am Stamme.

Plutella Schr.

Fühler gegen die Wurzel nicht schuppig verdickt. Palpen vorstehend, mit spitzem Haarbusche. Ast 6 und 7 der Hinterflügel gesondert. — Raupen unter Gespinst an Blättern. Puppe in kahnförmigem, gelblichem Gespinste. Zwei Bruten.

Pl. cruciferarum Zell. [2]). **Kohlschabe. Diamond-back moth; La teigne du colza** (Fig. 195). Haarbusch am Mittelgliede der Palpen länger als Endglied; Hinterflügel ohne eingeschobene Zelle, Ast 5 und 6 gestielt. Vorderflügel bräunlich, am Vorderrande grau, am Hinterrande mit einem hellen, vorn dunkel angelegten, zweimal rundlich vortretenden Streifen; Schulterecken braun. 7 mm lang, 15,5 mm Flügelspannung. Raupe grün mit schwarzem Kopfe, sehr spärlich behaart, 16-füfsig, spindelförmig, 7 mm lang.

Die neuerdings fast allgemein angenommene Identifizierung mit **Pl. maculipennis** Curt. wird von Quanjer bestritten; letztere sei vielmehr mit Pl. xylostella L. identisch.

Europa, Grönland, Spitzbergen, Nordamerika, Cuba, Südafrika, Indien, Australien, Neu-Seeland; an den verschiedensten wilden und angebauten Cruciferen, an letzteren oft bis zu 100% schadend. Aus der überwinterten Puppe kommt im Mai der Schmetterling aus, der seine Eier einzeln an die Blattunterseiten von Kreuzblütlern legt. Die Raupe frifst gesellig entweder ebenda oder im Herzen der Pflanzen, bei Blumenkohl zwischen den Käschen. Nach drei bis vier

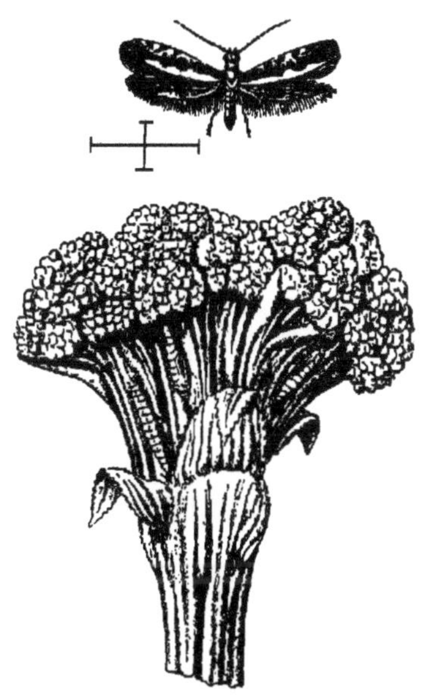

Fig. 195. Kohlschabe (nach Maxwell-Lefroy).

Wochen verpuppt sie sich am Frafsplatze; nach zwei Wochen fliegt die zweite Brut der Falter, die im Juli—August wieder Raupen ergibt, die

---

[1]) Henschel, Die schädl. Forst- u. Obstbaum-Insekten 3. Aufl., Berlin 1895, S. 441; Goethe, R., Ber. Kgl. Lehranstalt Geisenheim a. Rh. 1896/97, S. 63; Schüle, Jahresber. Sonderaussch. Pflanzenschutz D. L. G. 1896, S. 163. 1901, S. 244; Morrzetski, 1905; siehe Jahresber. Pflanzenkrankh. Bd. 8, S. 44.

[2]) Curtis, Farm Insects, 1860, p. 85—87, Fig. 11, Pl. C, fig. 9—12; Fuller, Agric. Gaz. N. S. Wales Vol. 7, 1896, p. 444 ff., Pl.; Carpenter, Rep. 1901, p. 144—147, fig. 16—21, Journ. Dept. Agric. techn. Inst. Ireland Vol. 2, 1901, p. 275—279, 1 Pl.; Hilgendorf, Trans. N. Zealand Inst. Vol. 33, 1901, p. 145—146; Board Agric. Fish. London, Leafl. 22, 1901 (rev.); Cook, Bull. 60, U. S. Dept. Agric., Bur. Ent., 1906, p. 70; Quanjer, Tijdschr. Ent. D. 49, 1906, p. 11—17, 2 Pl.; Tijdschr. Plantenz. XII, 1906, p. 62—70, 2 Pl., 1 fig.; Ravn, Medd. Insektangrab Jytland 1905, p. 70—74; Noël, Naturaliste T. 29, 1907, p. 289 (hier Ypsolophus xylostei genannt).

nun noch schädlicher werden als die der ersten Brut. Besonders in England war der Schaden in manchen Jahren überaus grofs. Meist überwintern Puppen, seltener Falter der zweiten Brut. Als Feinde wurden beobachtet: zahlreiche Vögel, wie Krähen, Staare, Kibitze, Regenpfeifer, Möwen usw.; als Parasiten *Limneria gracilis* Grav. (Ichneumonide) und *Angitia majalis* Grav.

Bekämpfung: Mit einer Mischung von 1 Teil Kalk und 2 Teilen Rufs die Pflanzen, auch von unten, bestäuben. Wegränder und andere Aufenthaltsorte der Raupen zu deren Frafszeit walzen. Gründliche Reinigung der Felder im Winter. Künstliche Dünger lassen die befallenen Pflanzen die Schädigung leichter überwinden.

Niedere Temperatur und viel Regen werden den Raupen verderblich.

Plutella porrectella L. Nachtviolenmotte[1]). Vorderflügel beinfarben, mit braungelben Längsstreifen und dunklerem Wurzelsaum; Saum und Fransen schwarz gefleckt. Raupe grün, spindelförmig, mit dunklerer Rückenlinie und dunklen, kleinen Flecken mit je einem Härchen. Bereits im ersten Frühlinge spinnen die Räupchen die Spitzen der Triebe von Hesperis matronalis zusammen und fressen teils jene, teils die Blütenknospen aus. Eine zweite Brut frifst im Mai bis Juni an den Blättern, minder schadend. Als einzige Abwehr sind die Räupchen der ersten Brut aus den versponnenen Trieben herauszusuchen und zu vernichten; gegen Chemikalien soll die Nachtviole sehr empfindlich sein.

Hyponomeutiden, Gespinstmotten.

Fühler fadig. Palpen kurz, fadig, anliegend beschuppt. Vorderflügel mit zwölf oder elf Rippen; vier Äste in Vorderrand. Hinterflügel breit, mit sechs bis acht Rippen. Raupen 16füfsig, leben gesellig in lockeren Gespinsten oder unter einem Gewebe auf der Oberseite von Blättern, an Bäumen und Sträuchern, oder in Knospen oder Beeren, oder in Coniferennadeln usw.

Ocnerostoma Zell.

Palpen knospenförmig. Vorderflügel mit sieben Rippen.

O. piniariella Zell. Kiefernnadelmotte. Die graugrüne, schwarzköpfige Raupe miniert in zwei Bruten in Kiefernnadeln. Puppe aufsen zwischen solchen. Die var. copiosella Frey[2]) lebt im Ober-Engadin in Arvennadeln; obwohl nur eine Nadel eines Bündels miniert wird, sterben alle fünf später zusammengesponnenen ab.

Argyresthia Hb.

Ohne Nebenaugen. Palpen lang, dünn, glatt. Vorderflügel mit zwölf Rippen. Hinterflügel mit sechs Ästen aus der Mittelzelle; Ast 5 und 6 lang gestielt. Verwandlung in doppeltem, aufsen weitmaschigem, innen festem und dichtem Kokon. Mittleres und nördliches Europa.

---

[1]) Noël, Naturaliste T. 29, 1907, p. 47.
[2]) Keller, Schweizer. Zeitschr. f. Forstw. Jahrg. 52, 1901, S. 293—297.

A. laevigatella H. S. **Lärchentriebmotte** [1]). Die 6—7 mm lange, schwarzköpfige, hellgelbe Raupe, frifst von Mitte Juni an unter der Rinde junger Lärchentriebe. Nach der Überwinterung wird sie weifsgrau, etwas rötlich mit dunkel durchscheinender Rückenlinie. Anfang Mai verpuppt sie sich am Frafsorte, nachdem sie das Flugloch für den Falter genagt hat. Dieser fliegt Ende Mai, Anfang Juni und legt an die jungen Triebe je ein Ei an eine Nadelbasis. Die durch den Frafs im Bast meist geringelten Triebe sterben oberhalb ab („Spiefse"); unterhalb entwickeln die Knospen Nadelbüschel. Da der Schaden gewöhnlich erst nach dem Ausfliegen des Falters bemerkbar wird, ist Bekämpfung nahezu ausgeschlossen.

A. illuminatella Zell. **Fichtenknospenmotte.** Das rötliche Räupchen höhlt von Juni bis Mai junge Fichtenknospen aus, von Knospe zu Knospe sich durch den Bast durchfressend.

A. cornella F. Raupe desgleichen in Apfelknospen.

A. ephipella F. Raupe grünlich, in Knospen verschiedener Obstbäume, besonders aber von Steinobst; auch in Haselknospen. In Sachsen soll sie zeitweise eine wahre Landplage sein, indem sie als „Kornraupe" die sich eben entwickelnden Kirschen zerstört. Puppe in der Erde.

A. pygmaella Hb. **Weidenknospenmotte.** Vorderflügel gelblichweifs, stark glänzend, mit goldbraunen Binden und Flocken. Raupe gelbgrün mit gelbbräunlichem Kopfe und Afterschilde; im April und Mai in Kätzchen und Knospen von Weiden, dringt auch in das Mark der Zweige ein. Puppe Ende Mai in doppeltem Gewebe an Erde, Blättern usw. Falter im Juni.

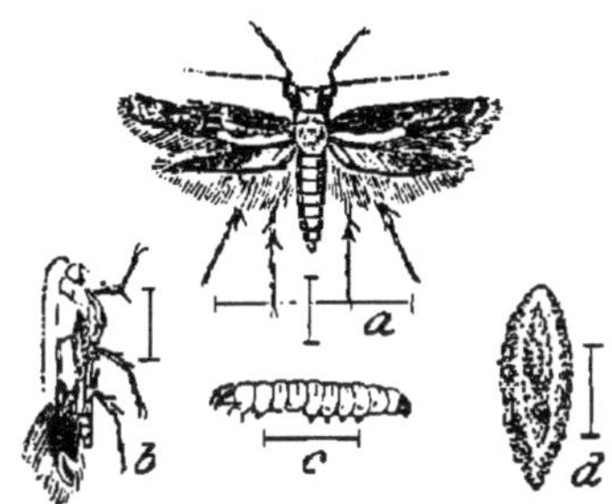

Fig. 196. Apfelmotte (nach Matsumura).

A. fundella F. R. **Tannennadelmotte** [2]). Raupe miniert von Juni bis Mai in Kiefern-, seltener Fichtennadeln, mehrere davon zerstörend. Puppe in spindelförmigem, glänzend weifsem Gespinste an der Unterseite einer unversehrten Nadel. Im Jahre 1896 in Oberpfalz und Oberbayern von Hartig als so schädlich beobachtet, dafs Baumkronen gelichtet wurden.

A. conjugella Zell. **Apfelmotte** [3]) (Fig. 196). Vorderflügel violettgrau, licht gesprenkelt, mit gelblich weifsem Streifen am Innenrande, einer schräg nach hinten ziehenden dunklen Binde, und einem

[1]) Loos, Zentralbl. ges. Forstw. Jahrg. 24. 1898. S. 265 ff.; Mac Dougall, Journ. Board. Agric. London Vol. 14, 1907, p. 395—399, 2 figs. (nach Eckstein).
[2]) Hartig, Forstl. nat. Zeitschr. Bd. 5, 1896, S. 313—317, 2 Fig.
[3]) Matsumura, Zool. Mag. Tokyo Vol. 8, 1896, p. 59—61. 1 Pl.; U. S. Dept. Agric. Div. Ent. Bull. 10, N. S. 1898, p. 36—38, Fig. 13 (irrtümlich Laverna hellerella benannt); v. Schilling, Prakt. Ratg. f. Obst- u. Gartenbau 1897, S. 456—457, 10 Fig.; E. Reuter, Ent. Tidskr. Årg. 20, 1899, p. 71—76; Fletcher, Rep. Ontario Entom. Botan. 1900, 1901; Lampa, Ent. Tidskr. Årg. 27, 1906, p. 1—13, 16, Taf. 1; Reh, Prakt. Ratg. f. Obst- u. Gartenbau 1907, S. 452—453, 4 Fig., 1908, S. 58—59; Lüstner, ibid. S. 253—254, Ber ... Geisenheim 1907, S. 291—294, Fig. 63—64. In den Berichten der nordischen und englischen Entomologen (Lampa, Reuter, Schöyen; Collinge, Theobald, Warburton) wird die Apfelmotte fast ständig seit 1898 erwähnt. Dagegen scheint sie auf Irland noch nicht vorzukommen; wenigstens fehlt sie in den Berichten Carpenters.

weifslichen Flecke vor der Spitze. Raupe mit schwarzem Kopfe, zuerst weifslich, später fleischrot mit vielen dunkelbraunen Punkten, auf denen je ein Härchen steht; 7 mm lang. Mittel- und nördliches Europa, von da verschleppt nach Britisch-Columbien; Japan.

Die ursprüngliche Nährpflanze der Raupe ist die Frucht der Eberesche, vielleicht noch einer oder der anderen wilden Prunus-Art, und die Mehlbeere. Seit 1897 haben die Falter in Jahren, in denen die Vogelbeeren selten sind, ihre Eier öfters an Äpfel oder Kirschen gelegt. In Skandinavien ist diese Art jetzt ständig auch an erstere übergegangen und zu ihrem schlimmsten Feinde geworden, der von 1898—1908 viermal etwa die halbe Apfelernte zerstört hat. — In England werden besonders Kirschen befallen (*cherry fruit moth*), in Kanada Pflaumen, in Japan ebenfalls Äpfel.

Fig. 197.
Von der Raupe der Apfelmotte durchfressener Äpfel (nach Lüstner).

Der von Anfang Juni bis Ende August fliegende Falter legt seine Eier an die wolligen Haare in die Nähe der Kelchgrube der Äpfel. Die Räupchen bohren sich gewöhnlich an der Seite in diese ein, leben zuerst einige Tage unter der Schale und durchfressen dann in gewundenen Gängen das Fruchtfleisch (Fig. 197), zerstören auch öfters die Kerne. Die befallenen Äpfel sind äufserlich kenntlich an mifsfarbig grünen, eingesunkenen Flecken mit kleinem Loche in der Mitte, das in einen gröfseren Hohlraum unter der Schale führt. In einem Apfel wurden bis zu 25 Raupen gefunden. Im Herbst findet die Verpuppung im typischen Gespinste statt, gewöhnlich flach in oder an der Erde in Laub, Gras usw., seltener an der Rinde. Bei gelagerten Äpfeln findet sich die Puppe oft in der Frucht, besonders im Kerngehäuse. Auf diese Weise wird die Motte leicht verschleppt.

Als Parasiten züchtete Lampa *Pimpla calobata* Grav.

Bekämpfung: Reinigung der Bäume im Winter; tiefes Umgraben und nachheriges Festtreten der Baumscheibe. Nach Licht fliegt die Motte nicht.

Prays Hb.

Kopf anliegend behaart. Wurzelglied der Fühler nackt. Palpen lang. Vorderflügel mit zwölf Rippen; Ast 7 und 8 gestielt. Vorderfüfse länger als Schienen.

P. curtisellus Don. **Eschenzwieselmotte**[1]. Vorderflügel weifs mit grofsem, dreieckigem, schwarzgrauem Vorderrandflecke und schwärzlichen Flecken am Saume. Raupe zuerst honiggelb, später schmutzig grün, dorsal rötlich; Kopf, Nacken- und Afterschild schwarz, 7—10 mm lang. Zwei Bruten; Falter im Juni und August. Die Raupe der ersten Brut miniert anfangs in den Blättern, später skelettiert sie solche von oben; schließlich spinnt sie zwei Blätter zusammen und frifst Löcher aus. Puppe am Boden zwischen dürren Blättern. Die Raupe der zweiten Brut miniert ebenfalls zuerst; beim Blattfalle geht sie in die Endknospen zur Überwinterung, höhlt sie, oft auch noch den Trieb im Frühjahre aus oder frifst aufsen an den Blättern. Puppe im Juni aufsen am Triebe. Schaden besteht in der Zwieselbildung, indem die beiden letzten Seitenknospen die Endknospe zu ersetzen suchen. Dem ist vorzubeugen, wenn man die eine durch schiefen Schnitt entfernt.

P. oleellus F.[2]. **Olivenmotte.** Italien, Südfrankreich. Drei Bruten. Die erste von Herbst bis Frühjahr in und an den Blättern; die zweite von Mai bis Juli zwischen versponnenen Blüten; die dritte von Juli bis Oktober in den Früchten, vorwiegend deren Kerne. Von den zahlreichen Insektenfeinden ist besonders *Ageniaspis fuscicollis* Dalm. subsp. *praysincola* Silv. zu nennen. Bekämpfung: Ende Mai und in der ersten Hälfte des Juli mit einem Insektizide spritzen; die befallenen Blätter und Früchte in Kisten mit engem Drahtnetze sammeln, das wohl den ausschlüpfenden Chalcidiern, nicht aber den Motten das Auskommen ermöglicht.

Hyponomeuta (Yponomeuta) Latr.[3]. Gespinstmotten;
Ermine moths.

Gröfsere Motten. Kopf dick anliegend behaart. Wurzelglied der Fühler nackt. Palpen schwach aufgebogen. Vorderflügel meist weifs mit schwarzen Punkten, lang, mit zwölf gesonderten Rippen; Rippe 1 a wurzelwärts gegabelt. Hinterflügel grau. Vorderfüfse doppelt so lang wie die Schienen. — Raupen meist gelblich, dunkel punktiert. — Europa. — Die Biologie aller Gespinstmotten ist in der Hauptsache die gleiche, daher wir sie hier nach der von H. pomonella schildern wollen.

Der Falter fliegt von Ende Juni (im Süden), bzw. Mitte Juli (im Norden) an bis in August. Das Weibchen legt je 15—80 Eier dachziegelförmig in ein Häufchen an die glatte Rinde der jungen Zweige und überdeckt sie mit einer schleimigen, rasch erhärtenden, zuerst gelblichen, glatten, später braunen, runzeligen Ausscheidung seines Hinterleibes (Fig. 198). Nach etwa vier Wochen schlüpfen die Räupchen aus, die aber unter ihrem, durch die Exuvien und ein dichtes Gespinst verstärkten Schilde bleiben und überwintern. Sie scheinen sich dabei von Baumsäften zu ernähren, wenigstens bleibt die Rinde unter ihnen

---

[1] Borgmann, Forstl. nat. Zeitschr. Bd. 2, 1893, S. 24—28, 6 Fig.

[2] Boyer de Fonscolombe, Ann. Soc. ent. France 1837, p. 180—186; Chapelle, Progr. agr. vitic. Montpellier 1907, Nr. 32, p. 168—171, 2 figs.; Silvestri, Boll. Labor. Zool. gen. agr. Portici Vol. 2, 1907, p. 83—184, 68 figs.

[3] Aus der ungeheueren Literatur über die Gespinstmotten seien nur einige wichtigere Arbeiten hier genannt: Lewis, Trans. ent. Soc. London Vol. I, 1836, p. 21—22; Zeller, Isis 1844, S. 198—238, 2 Taf.; Schreiner (russ. Arbeit), Ausz. im Zool. Zentralbl. Bd. 8, 1899, S. 65—66; Zimmermann, H., Insektenbörse Jahrg. 16, 1899, S. 133—134; Marchal, Bull. Soc. Etud. Vulgaris. Zool. agr. 1902, Nr. 4. 14 pp.

immer grün und feucht. Etwa Mitte April verlassen sie den Schild durch ein bis zwei nadelstichfeine Öffnungen und begeben sich zur nächsten Knospe. Ist diese noch geschlossen, so wird sie ausgehöhlt; ist sie schon geöffnet, so bohren sich die 1 mm langen, gelben, schwarzköpfigen Räupchen zu je zehn bis zwölf in die äußeren Blättchen von der Spitze aus ein und minieren sie nach der Basis zu aus; die betreffenden Blättchen werden von der Spitze aus zuerst rot, dann braun, sterben und fallen ab. Wenn die Räupchen derart eine Anzahl junger Blätter ausgefressen haben, gehen sie auf das nächste größere Blatt und skelettieren es von oben unter einer schützenden Gespinstdecke. Nach weiteren zehn Tagen sind sie etwa 5 mm lang, gelb mit schwarzen Schildern und Brustfüßen. Nun wandern sie nach den Astgipfeln und verfertigen das erste Nest. Solange möglich, suchen sie dieses durch

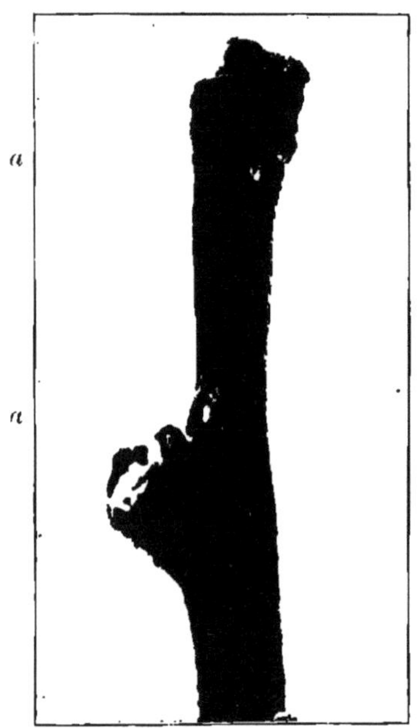

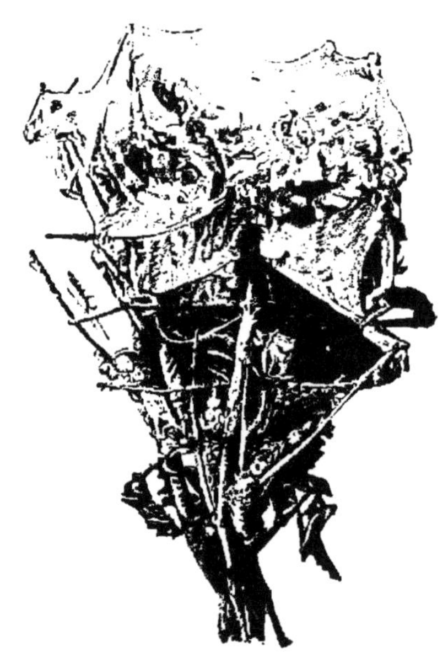

Fig. 198. Überwinterungsgespinste (*a*) der Apfelbaum-Gespinstmotte.

Fig. 199. Gespinst der Apfelbaum-Gespinstmotte (nach Theobald).

Einspinnen neuer Blätter zu vergrößern (Fig. 199); nur wenn keine Blätter mehr in erreichbarer Nähe sind, verlassen sie das alte und spinnen an einem neuen Triebe ein neues Nest. Auch die Rinde junger Zweige wird im Notfalle abgenagt. Im Juni verpuppen sie sich, jede in einem eigenen, dichten, weißen Kokon, die bei H. malinellus in dichten Klumpen senkrecht nebeneinander stehen.

In manchen Jahren, nach Schreiner besonders in solchen mit trockenen, heißen Sommern, treten die Gespinstmotten in ungeheuren Massen auf und können dann ganze Bäume unter scheinbar einem zusammenhängenden Neste entblättern. Im allgemeinen ist der Schaden nicht besonders groß, da der Fraß so früh beendet ist, daß die Bäume sich später wieder belauben können; so kann derselbe Baum oder

Strauch fast jahraus jahrein kahl gefressen werden, ohne ernstlich zu leiden. — An Obstbäumen wird selbstverständlich die Ernte durch die Zerstörung des Laubes sehr beeinflufst und kann bei Kahlfrafs völlig zunichte werden. Nach Schreiner ist der jährliche Verlust der Apfelernte bei Saratow gegen 3 Millionen Mark.

Auf ein starkes Gespinstmottenjahr braucht nicht ein gleiches zu folgen. Nicht selten bedecken sich Mitte Mai Bäume und Sträucher dicht mit den Gespinsten, die Ende des Monates, Anfang Juni entweder wieder ganz verschwunden oder wenigstens jämmerlich mitgenommen sind. Ob dieses auf tierische Feinde oder auf ungünstige Witterung, namentlich kalte Regen zurückzuführen sei, mufs dahingestellt bleiben.

Eigentliche Feinde der Gespinstmotten scheinen nicht häufig zu sein; nur Staare[1] und die Capside *Atractotomus mali* Meig.[2] werden als solche genannt. Um so zahlreicher sind die Parasiten. Ratzeburg zählt allein 30 Ichneumoniden auf, von denen nach Schreiner aber nur sieben von Wichtigkeit sind, denen er noch einige Fliegen zugesellt. Nur ein Teil jener Hautflügler sticht die Raupen an. *Ageniaspis fuscicollis* Dalm. belegt jedes Mottenei mit einem Ei. Die Parasitenmade pflanzt sich in der Raupe pädogenetisch fort, so dafs das eine Ei schliefslich eine grofse Anzahl Schlupfwespen hervorgehen läfst.

Die Bekämpfung ist nicht ganz leicht. Der Rat, die braunen Blätter mit den minierenden Räupchen abzusammeln, dürfte selbst an Formobst nicht ganz leicht auszuführen sein. Am meisten üblich ist das Verbrennen der Nester, eventuell nach vorherigem Abschneiden. In neuerer Zeit haben sich aber auch verschiedene Spritzmittel bewährt, besonders wenn sie mit starkem Strahle gegen die Gespinste getrieben werden, wie Arsenmittel, $1^1/_2\%$ ige Lysollösung, $1^1/_2$–3% ige Chlorbaryumlösung, starke Quassiabrühe und die Laborde sche Mischung[3]: 1500 g Fichtenharz, 200 g Ätznatron, 1 l Ammoniak, 100 l Wasser.

Die Unterscheidung[4] der verschiedenen Arten ist trotz anscheinend guter morphologischer und biologischer Merkmale recht schwierig, da die Variabilität eine recht breite ist; die Anschauung Marchals, dafs die meisten Arten nur biologische, an die verschiedenen Nährpflanzen angepafste Formen seien, hat mancherlei für sich. — Recht schlimm steht es um die Synonymie. Linné gab, offenbar durch Verwechslung bei der Zucht, mehrere falsche Namen. Zeller stellte später diese Irrtümer richtig; die neue Nomenklaturbewegung sucht die widersinnigen Linné schen Namen wieder heraus. Wir werden uns hier in der Hauptsache nach Zeller richten.

Hyponomeuta padi Zell. (evonymellus L.) Vorderflügel mit fünf Reihen zahlreicher Punkte; Fransen weifslich. An Prunus padus und Rhamnus frangula.

H. evonymi Zell. (cognatellus Hb.). Vorderflügel mit zwölf Punkten in drei Reihen; Fransen reinweifs. An Evonymus europaeus und Rhamnus frangula. Eiablage an die Basis der Sträucher. Soll in Italien Kahlfrafs an Eichen bewirkt haben.

----

[1] Theobald, 2d Rep. 1904. p. 35.
[2] Pommerol, Rev. sc. Bourbonn. An. 14, 1901, p. 18—23.
[3] C. r. Acad. S. Paris T. 134, 1902, p. 1149—1151.
[4] Sehr ausführliche Beschreibungen aller Stadien gibt E. Taschenberg in seiner Prakt. Insektenkunde Bd. 3.

Hyponomeuta mahalebellus Gn. An Prunus mahaleb.

H. malinellus Zell. Vorderflügel mit zwölf Punkten in drei Reihen und einigen kleineren vor der Flügelspitze; Fransen auf Unterseite am Innenwinkel graulich; die der Hinterflügel gleichmäfsig hellgrau. 7 mm lang, 19 mm Spannweite. Raupe bis 21 mm lang. An Apfelbaum. Fehlt in Norwegen [1]. In Frankreich auch an Mandelbäumen schädlich (MARCHAL). Auch in Italien und auf Cypern.

H. variabilis Zell. (padellus L.). Vorderflügel mit 30 Punkten in drei Längsreihen, am Vorderrande bräunlichgrau angeflogen; unten mit den Fransen graubraun. 8 mm lang, 22 mm Spannweite. Puppe in der Mitte gelb, vorn, hinten und Flügelscheiden schwarzbraun, mehr einzeln in lockerem, durchsichtigem Gespinste. Auf Pflaumen, Birnbäumen, Mispeln, Schlehen, Weifsdorn, Eberesche; geht von letzteren in Norwegen massenhaft an Apfelbäume über [1]. Die Raupe miniert nicht, sondern geht sofort an die Blätter. Falter fliegt etwas früher als H. malinellus.

Erechthiaden.

Erechthias mystacinella [2]. Victoria, Australien. Wahrscheinlich ursprünglich an Acacia spp. Bohrt sich in Apfeläste und -zweige, besonders an Geschwulsten der Blutlaus ein. Aus den Bohrgängen fliefst Saft aus, in sie dringen Luft, Feuchtigkeit und Pilze ein. Sehr schädlich.

Glyphipterygiden.

Kopf glatt anliegend behaart. Palpen mäfsig lang, aufgebogen. Mit Nebenaugen. Vorderflügel mit zwölf gesonderten Rippen; vier Äste in Vorderrand. Fransen schmal.

Fig. 200. Simaethis pariana.
(2 : 1).

Simaethis Lch.

Palpen an den ersten beiden Gliedern unten rauh beschuppt; das Englied zusammengedrückt, mit stumpfer Spitze.

S. pariana L. (Choreutis parialis Tr.) [3] (Fig. 200). Vorderflügel braun, hinter der Mitte hellgrau bestäubt, mit zwei schwarzbraunen, gezackten Querlinien und dunkelbraunem Querschatten vor dem Saume; Hinterflügel dunkelbraun, 5—6 mm lang; Spannweite 12—14 mm, Raupe 12 mm lang, gelblich, schwarz punktiert.

Mittel- und nördliches Europa; an Apfel-, Birnbäumen, Weifsdorn, Eberesche, Birke, Weide (?). — Die Biologie ist noch nicht vollständig erforscht, namentlich die Eiablage noch unbekannt, findet aber sicher an Blättern statt. Die Raupen skelettieren im Juni und August die Blätter, indem sie zu eins bis drei diese nach oben düten- oder kahnförmig von der Spitze oder dem Rande aus zusammenspinnen (Fig. 201).

[1] SCHÖYEN, Zeitschr. Pflanzenkr. Bd. 3, 1893, S. 208—209.
[2] FRENCH, Handbook of destructive insects of Victoria. Vol. 1, 1891, p. 57—59, Pl. III.
[3] v. SCHILLING, Prakt. Ratg. f. Obst- u. Gartenbau 1887, S. 491—492, Fig. („Apfelblattwickler" genannt); SCHÜLE, Wochenbl. landw. Ver. Grofsh. Baden 1898, Heft 20, S. 304; Pomol. Monatsh. 1908, S. 153—154; SAHLBERG, Medd. Soc. Fauna Flora fenn. Bd. 32, 1906, p. 18—19.

Die Verpuppung findet gewöhnlich an der Fraßsstelle, seltener in der Erde, in 10 mm langem, spindelförmigem, glänzend weißsem Kokon statt; der Falter fliegt im Juli und von September an; die der letzten Brut, aber auch Puppen, überwintern zwischen Rindenritzen usw. — Wie schon v. SCHILLING hervorgehoben hat, findet man sehr häufig in den Gespinsten Ohrwürmer; und es ist sehr wahrscheinlich, daß diese den Raupen nachstellen. Als Parasiten züchtete LAMPA *Angitia glabricula* Holmgr., *Mesochorus pectoralis* Rag., und *Microgaster*-Arten, SAHLBERG *Phygadeuon* sp., *Microgaster* sp. und die Tachine *Thryptocera crassicornis* Meig.

Die Bekämpfung dürfte am besten durch Arsenmittel erfolgen; auch der Rat SCHÖLES, die sehr lebhaften Raupen durch starkes Schütteln

Fig. 201. Fraß von Simaethis pariana an Apfeltrieb.

der Bäume zum Herablassen auf die Erde zu bewegen und sie dann durch Klebgürtel abzufangen, dürfte sicherlich von Erfolg sein.

Zu einem Schaden kommt es fast ausschließlich an Apfelbäumen, namentlich jüngeren und Formbäumen; doch sah ich auch Kirschbäume, besonders Spaliere, überaus stark befallen. An Birnbäumen ist stärkerer Fraß noch nie beobachtet.

Tortriciden, Wickler.

Mittelklein bis klein. Mit Nebenaugen. Fühler borstenförmig, beim Männchen gewimpert. Palpen vorstehend, mit kurzem, fadigem Endgliede. Vorderflügel mit wurzelwärts gegabelter Innenrandsrippe und elf weiteren Rippen. Hinterflügel breit, mit Haftborste. Vorderflügel am Vorderrande mit kleinen, lichten „Häkchen", von denen aus oft

lichte oder metallglänzende „Bleilinien" entspringen. Nahe der Spitze oft
ein durch seine Farbe ausgezeichneter Fleck, der „Spiegel". Flügel in
der Ruhe breit dachförmig getragen. — Raupen mit einzelnen kurzen
Härchen auf kleinen Wärzchen, 16 füfsig. Sie leben in der Regel in
versponnenen Blättern, oft auch in Knospen, Früchten, Gallen, in der
Rinde oder im Marke, sind meist lebhaft und entfliehen bei Störung
häufig in eigentümlich ruckweiser Bewegung nach hinten. Bei den
meisten Wicklern schiebt sich die Puppe kurz vor dem Ausschlüpfen
des Falters aus ihrem Verstecke hervor. — Da viele Arten leicht massenhaft auftreten, werden sie oft sehr schädlich.

Cryptophaga unipunctata Donov.[1]). Australien. Die Raupen
ruhen tagsüber in selbstverfertigten Kammern oder Gängen in Zweigen
kleinerer Bäume. Nachts kommen sie heraus, beifsen Blätter ab und
tragen sie in ihre Wohnung. Ursprünglich an Banksia serrata, gehen
sie doch gern in Kirschenzweige, die oft dadurch getötet werden.
Andere Arten der Gattung leben ebenso in Akazien, Casuarinen usw.

Phoxopteris Tr.   (Ancylis Hb.)

Brust ungeschopft. Vorderflügel mit sichelförmig zurückgebogener
Spitze, beim Männchen nicht umgeschlagen. Hinterschienen beim Männchen ohne Haarpinsel.

Ph. comptana Froel. Strawberry leafroller[2]). Europa, Nordamerika. Die Raupe zwischen zusammengesponnenen Blättern niederer
Pflanzen. In Europa in zwei Bruten fast ausschliefslich an wild
wachsenden Pflanzen und daher unschädlich; in Nordamerika an Erd-,
Him- und Brombeeren, oft sehr schädlich. Sie spinnt ein Teilblatt
zusammen und skelettiert es, insbesondere an der Mittelrippe, wodurch
oft das ganze Blatt eingeht. Stark befallene Felder sehen wie verbrannt aus. — Drei Bruten: Raupen im Mai, Juli und September; nur
die erste schädlich. Puppen und Falter der dritten überwintern.

B e k ä m p f u n g : im Frühjahre spritzen mit Bleiarsenat oder Helleborus; im Winter die abgefallenen Blätter zusammenfegen und verbrennen oder tief unterpflügen.

Ph. nubeculana Cl. Lebt ähnlich in Apfelblättern, Nordamerika.

Carpocapsa Tr.

Ähnlich Grapholitha, aber die mitunter stark gekrümmte Ader 1 a.
der Hinterflügel umschliefst bei den Männchen eine grubenartige Vertiefung in Zelle 1 a. Raupen in Früchten.

C. amplana Hb. Vorderflügel hell zimmetfarben, mit grofsem
lichten, auf beiden Seiten braun beschattetem Innenrandsflecke.

C. splendana Hb. Eichelnwickler. Vorderflügel weifsgrau,
bräunlich gewässert, Spiegel gelb mit schwarzen Strichen, wurzelwärts
tief schwarz begrenzt.

C. grossana Hw. Buchelnwickler. Vorderflügel bläulich-asch-
grau, dunkel gewässert; Spiegel bräunlich gelb, schwarz gestrichelt,
nach der Wurzel zu von braunem, dreieckigem Flecke begrenzt.

---

[1]) Froggatt, Austral. Insects p. 277—278, fig. 142.
[2]) Smith, J. B., Rep. New Jersey agric. Exp. Stat. 1892 p. 462—463, 1898
p. 410—446, fig. 9; Bulletin 149, 1901, p. 1—12, 1 Pl.; Pettit, Bull. Michigan agric.
Exp. Stat. 175, 1899, p. 346—347, fig. 5.

Die Raupen der genannten Arten leben im Spätsommer in den Früchten von Hasel- und Wallnufs, Eiche, Buche, Efskastanie, die eine mehr diese, die andere mehr jene Frucht vorziehend. Im Herbste verspinnen sie sich in der Erde, seltener in Rindenritzen, verpuppen sich aber erst im Frühjahre, kurz vor dem Ausfliegen des Schmetterlings, dessen Flugzeit in Juni und Juli fällt. Von ernsthaftem Schaden ist selten die Rede.

C. pomonella L. Apfelwickler, Codling moth, La Pyrale des pommes.[1]) (Fig. 202). Vorderflügel grau, dunkler gewässert, das Wurzelfeld senkrecht abgeschnitten; Spiegel rötlich-dunkelbraun, rotgolden eingefafst und wurzelwärts tiefschwarz begrenzt 10 mm lang, 21 Spannweite. Das Männchen hat unten an den Vorderflügeln einen länglich-viereckigen, schwarzen Fleck, oben auf den Hinterflügeln einen langen schwarzen Haarpinsel. — Raupe zuerst weifslich, regelmäfsig schwarz punktiert, mit dunklen Chitinschildern, später fleischrot, nach unten weifslich werdend, Kopf braun mit dunkleren Flecken, Nacken- und Afterschild heller, 15—20 mm lang.

Geschichte. Der Apfelwickler war offenbar schon den alten Römern bekannt. Zum ersten Male in der Literatur erwähnt ihn Goedaert 1635 in seiner „Metamorphosis naturalis". Seither ist er in zahllosen Schriften behandelt. Gute Übersichten über diese geben vor allem Slingerland und Simpson.

Seine Verbreitung erstreckt sich wohl über alle Gebiete, in denen der Apfelbaum angebaut wird. Verschiedene Länder, wie Nordamerika, Australien und das Kapland, haben Gesetze zur Verhinderung seiner weiteren Einschleppung erlassen.

Fig. 202.
Apfelwickler
ruhend.

Nährpflanzen. Ursprünglich ist dies wohl der Apfelbaum; doch ist die Raupe auch in Birnen sehr häufig und wird ferner gefunden in Quitten, in kleinfrüchtigen bzw. wilden Pyrus-Arten, Wallnüssen und, in Australien, auch in Aprikosen, Pfirsichen und Pflaumen; auch in Efskastanien und Eichengallen.

Die Lebensweise ist etwas verschieden, je nachdem eine oder mehrere Bruten im Jahre auftreten. Bei Einbrütigkeit (nördliches Europa und Nordamerika) verpuppen sich die überwinterten Raupen Anfangs Mai. Nach drei bis vier Wochen fliegt der Falter aus. Das Weibchen legt seine 20—80 schildförmigen, wasserhellen, fein gerippten Eier einzeln an Blätter, grüne Triebe, meist aber an die jungen Früchte, vorwiegend an deren Seite, seltener in Kelch- oder Stielhöhle ab. Nach etwa zwölf Tagen kriecht das Räupchen aus, das, wenn an Blättern geboren, erst einige Tage an diesen skelettiert, in der Hauptsache aber nach der Kelchgrube strebt, etwa acht Tage in dieser frifst und dann erst sich in die Frucht einbohrt, um möglichst geraden Weges nach dem Kerngehäuse vorzudringen. Die eigentliche Nahrung der Raupe bilden die jungen Kerne; das Fruchtfleisch wird nur nebenbei

---

[1]) Hier sei nur die wichtigste neuere Literatur angegeben: Slingerland, Cornell Univ. agr. Exp. Stat. Bull. 142, 1898, 69 pp., figs. 126—146; Froggatt, Agric. Gaz. N. S. Wales Vol. 12, 1901, p. 1354—1365, 1 Pl.; Simpson, U. S. Dept. Agric., Div. Ent., Bull. 41, 1903, 105 pp., 16 Pl., 19 figs.; Lounsbury, Agric. Journ. Cape Good Hope Vol. 25, 1904, p. 401—406; Börner, Kais. Biol. Anst. Land- u. Forstwirtsch. Flugbl. 40, 1906, 4 S., 6 Fig.; Quaintance, Yearbook U. S. Dept. Agric. 1907, Washington 1908, p. 425—450, Pls. 52—55.

genommen. Der Kot wird anfangs durch den Eingangskanal nach aufsen geschafft, auf dessen Mündung er sich als kleines Häufchen erhebt; später bleibt er teils im leer gefressenen Kerngehäuse liegen, teils wird er durch einen neuen, seitlich mündenden, weiteren Kanal fortgeschafft, auf dessen Mündung er ebenfalls ein Häufchen bildet. Die Raupe hat überhaupt das Bestreben, diese Mündung geschlossen zu halten. Wenn eine andere Frucht oder ein Blatt zu erreichen ist, so werden diese daran festgesponnen, sonst eben das Kothäufchen. Nur bei kleineren Früchten verläfst die Raupe die zuerst befallene, um noch eine oder, bei ganz kleinen Früchten, noch mehrere auszufressen. Nach etwa vier Wochen ist sie erwachsen und verläfst die Frucht; wenn diese noch am Baume hängt, läfst sie sich an einem Faden herab. Sie sucht sich nun einen Versteck, am liebsten in oder unter rauher Rinde, sehr gern in den Löchern der Borkenkäfergänge, nagt sich hier ein flaches Bett, ohne aber von diesen Holzteilen zu fressen, und verspinnt sich in einem dichten weifsen Kokon, Ende August, September. Hier überwintert sie.

Zweibrütigkeit kann in den genannten Gebieten in warmen Jahren auftreten; regelmäfsig ist sie in Südeuropa, Südengland, dem südlichen Nordamerika, Teilen des Kaplandes und Australiens. Auf der nördlichen Halbkugel spinnt sich die Raupe dann schon im Juli ein, verpuppt sich nach zwei bis drei Tagen und entläfst etwa Anfangs August den Falter der zweiten Brut. Die Raupe derselben dringt an jeder beliebigen Stelle in die Frucht ein, wird mit ihr reif und gelangt meistens mit ihr in die Lagerräume, wo sie sich in Ritzen, Fugen usw. verspinnt, um sich ebenfalls erst im nächsten Frühling zu verpuppen.

In warmen Ländern, wie Californien, dem Innern von Südafrika, Teilen von Australien usw., kommt noch eine dritte, selbst vierte Brut vor.

Der Schaden besteht vorwiegend darin, dafs die ihrer Kerne beraubten jungen Früchte sich nicht weiter entwickeln und abfallen; weitaus das meiste Fallobst kommt auf Rechnung der Apfelmade. Spätere Bruten schaden daher nicht mehr in dem Mafse, weil dann das Obst meist schon halbreif ist; es wird dann allerdings notreif und fällt zum grofsen Teile auch ab, ist aber noch zu Kompott usw. zu verwerten. Immerhin entwickeln sich auch hier die Früchte nicht normal, werden unappetitlich; durch die Gänge dringen die Atmosphärilien und Fäulniserreger ein. In Nordamerika hat man den jährlichen Verlust auf etwa 12 Millionen Dollar berechnet, zu denen noch 3—4 Millionen Dollar für Bekämpfung usw. kommen. — Andererseits dürfen wir aber auch nicht vergessen, dafs das Fallen des jungen Obstes eine sehr nötige Ausdünnung der Frucht bedeutet und so bei Hochstammkultur von nicht zu unterschätzendem Nutzen ist.

Die Feinde der Apfelmade sind überaus zahlreich und bedrohen sie in allen Stadien. Parasiten[1] gibt es überall eine ganze Anzahl. Von äufseren Feinden sind vor allem die Meisen, aber auch andere Vögel zu nennen; auch Raubinsekten (darunter wahrscheinlich auch der Ohrwurm!) stellen ihr nach. Pilzkrankheiten sind ebenfalls nicht selten beobachtet, in Nordamerika und Australien Isaria farinosa.

---

[1] Siehe hierüber noch Cameron, Trans. S. Afric. phil. Soc. Vol. 16, 1906, p. 337—339; Froggatt, Agric. Gaz. N. S. Wales Vol. 17, 1906, p. 387—395, Schreiner, Zeitschr. wiss. Insekt. Biol. Bd. 3, 1907, S. 217—220.

Die Bekämpfung in der alten Welt geschieht vorwiegend durch Auflesen des Fallobstes (besonders nützlich ist das Eintreiben von Schweinen nach kräftigem Abschütteln der Bäume), Reinigen der Stämme im Winter und das Umlegen von Fanggürteln. Als solche lassen sich Papier, Sackleinewand, Holzwolle, Stroh-, Heuseile usw. verwenden. Sie sind etwa einen Monat nach dem Fallen der Blütenblätter umzulegen, zweckmäfsig einer um den Stamm in etwa Brusthöhe und je einer um jeden stärkeren Ast etwa $1/2$ m von seiner Abzweigung aus dem Stamme. Bei Zweibrütigkeit sind sie von Anfang Juli an etwa alle acht Tage nachzusehen, bei dem Auftreten von Puppen abzunehmen und zu reinigen; sonst können sie bis Ende September bleiben. — Ein grofser Mifsstand aller Fanggürtel ist, dafs sich in und hinter ihnen gewöhnlich weit mehr nützliche als schädliche Tiere ansammeln. Werden dann die ganzen Gürtel vernichtet, so werden auch erstere mit beseitigt; die Gürtel schaden daher unter Umständen mehr als sie nützen. Am ehesten entgeht man diesem Übelstand durch ganz dünne, einschichtige Fanggürtel, wie Papier oder Sackleinewand, oder durch die bekannten Wellpappgürtel. Von ersteren kann man nach dem Abnehmen die meist nur lose ansitzenden Nützlinge abschütteln, so dafs nur die festgesponnenen Apfelmaden übrig bleiben; an letzteren bürstet man diese nach dem Abschütteln mit einer rauhen Bürste ab. In beiden Fällen mufs aber auch der Stamm an der Stelle, an der der Gürtel safs, nach den Gespinsten abgesucht werden. — Papiergürtel, dünne Heu-, Strohseile und Holzwollegürtel kann man auch da, wo Meisen in gröfserer Zahl vorhanden sind, den Winter über sitzen lassen; die Vögel suchen dann die Raupen darunter weg.

Die zweckmäfsigste Bekämpfung ist die durch Arsenmittel (2 Pf. Bleiarsenat auf 50 Gallon. Bordelaiser Brühe). Die erste Bespritzung hat möglichst bald nach dem Fallen der Blütenblätter stattzufinden, und zwar möglichst von oben, so dafs die noch offenen Kelchgruben, durch die etwa 80 % der jungen Räupchen eindringen, mit dem Gifte gefüllt werden. Nach acht Tagen schliefsen sich die Kelchblätter über der Grube zusammen. Nach drei bis vier Wochen spritzt man zum zweiten Male, gegen die aus den an Blättern usw. abgesetzten Eiern auskriechenden Räupchen; bei Mehrbrütigkeit haben noch zwei bis drei weitere Spritzungen stattzufinden. — Durch sachgemäfse Spritzungen wurde in Amerika die Ernte um 32—72 % vermehrt.

In Obstlagerräumen sind zur Flugzeit der Wickler die Fenster geschlossen zu halten.

Stärkere Regen zur Flugzeit waschen die frischgelegten Eier ab oder lassen sie wenigstens nicht zur Entwicklung kommen. Man hat diese natürliche Beschränkung durch häufige Bespritzung der Bäume zur angegebenen Zeit mit starkem Wasserstrahle nachzuahmen versucht, und zwar, wie mehrfache Berichte zeigen, mit sehr gutem Erfolge.

Fanglampen und Fanggläser haben sich nicht bewährt.

Tmetocera Ld.

Fühler beim Männchen mit Ausschnitt über der Wurzel.

T. ocellana F. (comitana Hb.). **Roter Knospenwickler, Bud moth**[1] (Fig. 203). Vorderflügel weifs oder grau, Spitze dunkelbraun,

---

[1] Slingerland, Cornell Univ. agr. Exp. Stat. Bull. 50, 1893, p. 1—29, 8 figs.; Bull. 107, 1896, p. 57—66, figs. 32—39.

Wurzelfeld bläulich-schwarzgrau, ein kleines bräunliches, schwarz punktiertes Dreieck vor dem Innenwinkel, Spiegel bleigrau eingefaßt, bis unter den Vorderrand mit schwarzen Strichen; 7,5 mm lang, 17 mm Spannweite. Raupe braunrot, mit schwarzem Kopfe und Nackenschilde und einzelnen schwachen Härchen auf kleinen Wärzchen, 9—10 mm lang. — Europa, Nordamerika, an den verschiedensten Laubhölzern, namentlich auch an Obstbäumen, besonders in Baumschulen und an Formobst und Pfropfreisern. — Der von Mitte Juni bis in August fliegende Falter legt seine Eier einzeln an Frucht- und Blattknospen oder Blätter. Die nach einer Woche auskriechenden Räupchen skelettieren ein Blatt von unten, unter dem Schutze eines Gespinstes. Zu Beginn des Herbstes spinnen sich die knapp halb erwachsenen Räupchen an jüngeren Zweigen in der Nähe von Knospen zur Überwinterung fest (Fig. 204). Im Frühjahre fressen sie sich zuerst in Knospen ein und höhlen sie aus; später spinnt die ältere Raupe ganze Blatt- und Blütenbüschel zusammen und frißt in ihnen. Auch in die jungen Endtriebe bohrt sie sich einige Zentimeter tief ein und tötet sie so ab. Zuletzt durchbeißt sie den Stiel eines älteren Blattes, rollt und spinnt es zusammen und befrißt von da aus andere Blätter, die sie zum Teile an jenes an-

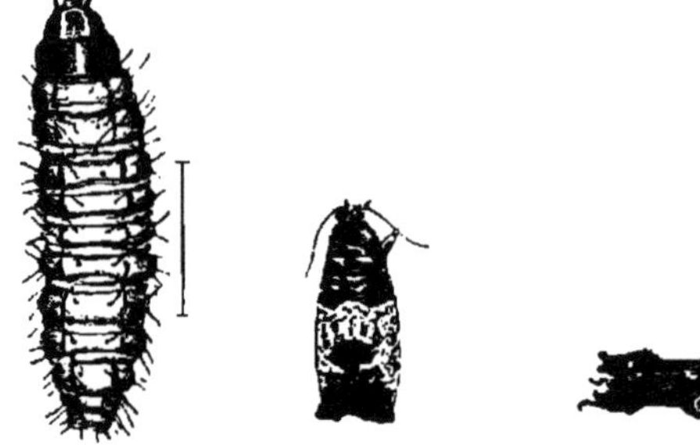 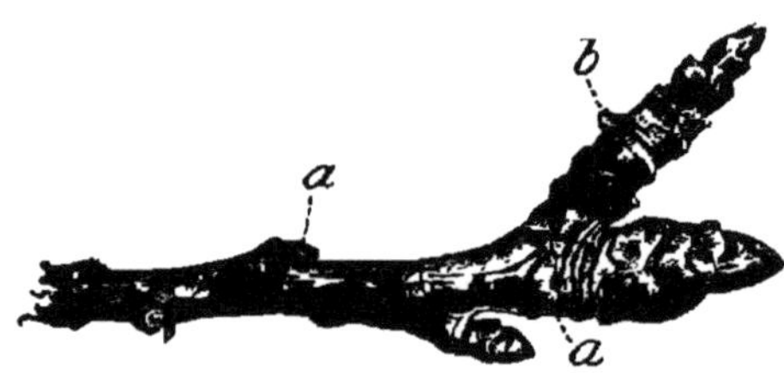

Fig. 203. Roter Knospenwickler. Raupe nach SLINGERLAND (vergr.).   Fig. 204. Überwinterungsgespinste des Roten Knospenwicklers (nach SLINGERLAND).

spinnt. Hier verpuppt sie sich im Juni in weißem Gespinste; nach etwa zehn Tagen fliegt der Schmetterling aus. Als Feinde führen TASCHENBERG und SLINGERLAND mehrere Schlupfwespen an. In Canada stellen der Raupe Vögel und eine Grabwespe, *Odynerus catskillensis*, nach.

Bekämpfung: Spritzen mit Arsenmitteln gleich, wenn sich die Knospen geöffnet haben.

Die dunklere Varietät **lariciana** Hein.[1] frißt im Frühjahre die röhrig zusammengesponnenen Nadelbüschel der Lärchen aus.

Grapholitha Hein.

Mittelast der Hinterflügel ziemlich gerade, entspringt entfernt von der hinteren Ecke der Mittelzelle. Vorderflügel nicht geknickt. Hinterschienen des Männchens ohne Haarpinsel.

----

[1] BORGMANN, Forstl. nat. Zeitschr. Bd. 4, 1895, S. 171—175, 5 Fig. Von anderen Autoren wird diese Form als gute Art angesehen.

Gr. dorsana F. Mondfleckiger Erbsenwickler (Fig. 205).
Vorderflügel olivenbraun mit schmalem, weifsem Innenrandsmonde und
rötlich silbern eingefafstem, schwarz gestricheltem Spiegel. Hinterflügel
bräunlich, beim Männchen an der Wurzel weifslich. Raupe orangegelb,
Schilder und Brustfüfse dunkel; 14 mm lang. — Falter im Mai und
Juni. Eier einzeln an ganz jungen Erbsenschoten; in deren Samen
frifst die Raupe im Juni und Juli große Löcher. Erwachsen, ver-
kriecht sie sich flach in der Erde, um sich erst im nächsten Frühjahre
zu verpuppen. Schaden oft sehr beträchtlich, bis 50 und mehr Prozent.
Nach GUTZEIT[1]) leiden Viktoria- und kleine weifse Erbsen mehr als andere,
alle Sorten auf Stalldung mehr als auf ungedüngtem Boden, spätere
Aussaten mehr als frühe. — Nach SORHAGEN[2]) auch an Orobus tuberosus,
Lathyrus pratensis und Trifolium pratense.

Bekämpfung: unmittelbar nach der Ernte die Beete tief umgraben.

Gr. duplicana Zett. Dunkler Fichtenrindenwickler (dorsana
Rtzb. part.). Die noch nicht beschriebene Raupe von Herbst bis
Mai in Fichtenrinde. Falter in Juni und Juli. — Die Angabe, dafs
sie auch in den von ROST aufgetriebenen
Weifstannen- und Wacholderzweigen leben
soll, wird von NÜSSLIN bezweifelt.

Gr. pactolana Z. (dorsana Rtzb. part.).
Olivenbrauner Fichtenrindenwickler.
Raupe weifslich bis rötlich, Schilder hell-
braun; auf der Mitte des letzten Ringes
eine Reihe paariger Wärzchen, ohne
Afterborsten; 12—13 mm lang. Falter Ende

Fig. 205. Graphol. dorsana.
(2:1).

Mai bis Mitte Juni. Eier an Basis der Astquirle. Raupe frifst in diesen
von Juni an unregelmäfsige, mit Gespinst ausgekleidete Gänge, aus
denen Harz und Kot austreten. Oberhalb schwellen die Zweige an.
Überwinterung am Frafsorte; Verpuppung Anfang Mai. Vorwiegend
an Stämmchen junger Fichten, die drei obersten und vier bis sechs
untersten Quirle verschonend. Meist folgen ihr andere tierische
Feinde. Die befallenen Stellen sind auszuschneiden oder mit Teer
zu überstreichen.

Nach der wohl nicht stichhaltigen Ansicht MÖLLERS[3]) soll Gr. pactolana die Gipfeldürre der Fichten bewirkt haben, die v. TUBEUF elektrischen Entladungen der Luft zuschreibt.

Gr. strobilella L. Fichtenzapfenwickler. Die 10—11 mm
lange, etwas abgeflachte, gelblich-weifse Raupe mit ebensolchem Nackenschilde und hellbraunem Kopfe lebt von Juni an oft zu mehreren in
der Spindel von Fichtenzapfen, später auch die Schuppen und Samen
benagend. Die befallenen Zapfen verkrümmen sich, die Samen entwickeln sich nur unvollkommen. So ergaben 1 hl befallener Zapfen
statt 600 g nur 350 g Samen[4]). Puppe im Frühjahre. Falter von Mai
bis Ende Juni. Eier an den grünen jungen Zäpfchen. Die befallenen
Zapfen sind rechtzeitig zu sammeln und auszuklengeln.

---

[1]) Deutsche landw. Presse Jahrg. 28, 1901, S. 681—682, 687—688.
[2]) Kleinschmetterlinge der Mark Brandenburg, Berlin 1886, p. 120.
[3]) Zeitschr. f. Forst- u. Jagdwesen Jahrg. 35, 1903, S. 365—368.
[4]) SCHÖYEN, Indberetn. Skadeinsekt. . . . paa Skogtraeerne i 1904, p. 266—267,
fig. 4.

Grapholitha zebeana Rtzb. **Lärchengallenwickler** [1]. Raupe schmutzig gelbgrün mit braunen Schildern, behaart; 10 mm lang. Flugzeit Mai. Eier einzeln an die Basis ein- bis zweijähriger Triebe. Raupe frißt unregelmäßige, von Gespinst ausgekleidete Plätze in der Rinde, später bis in den Splint vier- bis zehnjähriger Lärchen. Aus der Fraßstelle treten Harz und Kot aus, oberhalb schwillt der Trieb gallenartig an, die Rinde berstet. Bis Herbst werden die Gallen erbsengroß. Im nächsten Jahre wird der Fraß fortgesetzt, wobei frisches weißes Harz zu dem alten braunen und grobkrümeliger Kot zu dem alten feinen treten; die Galle wird kirschengroß. Nach abermaliger Überwinterung verpuppt sich die Raupe im April des dritten Jahres. Bei stärkerem Befall wurden bis zu 40 Gallen an einem Baume gefunden; dann können auch ältere Lärchen ergriffen werden. Äste und obere Stammteile können eingehen, abnorme Wüchse entstehen. Die Wundstellen bieten *Peziza Willkommii* Eingangspforten dar.

Bekämpfung: Die Zweiggallen sind bis spätestens April des dritten Jahres abzuschneiden, die Stammgallen mit Teer zu bestreichen.

Gr. roseticolana Zell. Raupe in frühreif werdenden Hagebutten.

Gr. nebritana Tr. (H.S. Hein.) [2]. (Fig. 206). Vorderflügel olivenbraun, nach der Spitze zu rötlich-goldglänzend, am Vorderrande mit weißen und schwarzbraunen Häkchen; zwei blaue, an dem hellgelben, schwarz gestrichelten Spiegel gelblich-silberglänzende Metallinien; 7 mm lang, 17 mm Spannweite. Raupe [3] gelblich, grünlich, auf dem vierten bis zehnten Ringe je zwei Paare dorsaler graublauer, durch Querrunzeln verbundener Wärzchen; jedes mit einem Haare; auf dem zweiten, dritten und elften Ringe je eine Querreihe solcher Wärzchen. Kopf glänzend braun, desgleichen das von ihm durch ein breites gelbliches Band getrennte, licht geteilte Nackenschild; Afterschild klein, hellgrau; Brustfüße schwärzlich-grau; 8—9 mm lang.

Fig. 206.
Graphol. nebritana.
(2 : 1).

Gr. nigricana Steph. (nebritana Z., tenebrosana Z., H.S., Hein., nec Dup., pisana auct.) [2]. Voriger sehr ähnlich, aber Flügel kürzer, breiter, grau beschuppt, an der Spitze ganz schwach gelblich glänzend. Spiegel mit schwarzen Punkten, die ihn einfassenden Bleilinien matter veilgrau; 6 mm lang, 14 mm Spannweite. Raupe noch unbeschrieben, nach Kirchner wie die von Gr. dorsana, aber Wärzchen dunkler und deutlicher. Europa, Canada (seit 1893), schädlich.

Diese beiden einfarbig **braunen Erbsenwickler** wurden selbst von guten Entomologen vielfach verwechselt; die phytopathologische Literatur ist natürlich ganz unkritisch. Nach Angabe von Herrn Sauber ist letztere Art im nördlichen Deutschland der „Wurm" der Gartenerbsen, wie es Kaltenbach [4] auch von den Rheinlanden angibt; erstere Art ist mehr im Süden heimisch und zwar vorwiegend an wilden Leguminosen, aber auch an Linsen und Felderbsen. In der Biologie dürften

[1] Borgmann, Zeitschr. Forst- Jagdw. Bd. 1, 1892, S. 749—764; Forst. nat. Zeitschr. Bd. 3, 1894, S. 244—246; Wingelmüller, Mitt. Pflanzenschutzstat. Wien 1907; Loos, Zentralbl. ges. Forstw. Jahrg. 24, 1898, S. 265.

[2] Die Synonymie ist in Staudinger u. Rebels Katalog ausführlich und richtig dargestellt.

[3] Sorhagen, Berl. ent. Zeitschr. Bd. 25, 1881, S. 20—21.

[4] Pflanzenfeinde S. 145.

sich beide ziemlich gleich verhalten. Die im Mai und Juni fliegenden Falter legen bis zu drei Eier an ganz junge Schoten. Die nach ungefähr 14 Tagen ausschlüpfenden Räupchen bohren sich in diese ein und fressen die Samen aus; das Eingangsloch verwächst. Die Schote wird frühreif und öffnet sich so weit, daſs die Raupen sie verlassen können, um sich auf oder flach in der Erde zu verspinnen. Verpuppung im allgemeinen erst im nächsten Frühjahre. Als Vorbeugung sind die blühenden Erbsen mit Ruſs zu bestäuben, mit Quassia-Abkochung oder ähnlichem zu bespritzen. Zur Bekämpfung ist das Erbsenstroh sofort nach der Ernte zu verbrennen und der Boden bald danach tief umzugraben. — Über den Einfluſs der Kultur siehe bei Gr. dorsana. — In Canada leiden die frühesten und die spätesten Sorten weniger.

Gr. funebrana Tr. Pflaumenwickler. Vorderflügel graubraun und aschgrau gemischt, Spiegel aschgrau, matt glänzend, mit feinen schwarzen Punkten, unbestimmt begrenzt; 14,5 mm Flügelspannung. Raupe oben rötlich, auch das Nackenschild, unten weiſslich, Kopf schwarzbraun, sehr spärlich behaart; 12 mm lang. Falter im Juni und Juli. Eier einzeln an jungen Steinobstfrüchten. Die Raupe dringt gewöhnlich am Stielende in diese ein und frißt das Fruchtfleisch um den Kern herum. Ende September läſst sie sich zur Erde herab und verspinnt sich hier oder an der Rinde in weiſslichem Gespinste. Erst im Frühjahre verpuppt sie sich. — Die befallenen Früchte werden notreif und fallen frühzeitig ab. Man schüttelt sie ab; Enten fressen sie gerne. Auch Madenfallen fangen viele der Raupen.

Gr. prunivorana Rag. [1]. Vorderflügel rötlich - braun, purpurn schimmernd, mit zahlreichen unregelmäſsigen dunklen Querlinien; 14 mm Spannweite. Raupe oben schwach rötlich, unten hell, Kopf leuchtend rot, Nackenschild blasser, 12 mm lang. Frankreich, in Pflaumen; Lebensweise genau wie bei Gr. funebrana; Falter auch von Apfelbäumen geklopft.

Gr. woeberiana Schiff. Rindenwickler [2]. Vorderflügel dunkelbraun mit rostgelben und bleigrauen Querwellen, fünf weiſsen Häkchen am Vorderrande und einer geschwungenen Bleilinie vom fünften Häkchen zum Augenpunkte; Spiegel auf rostgelbem Grunde dick schwarz gestrichelt und von dicker Bleilinie umzogen; 16 mm Flügelspannung. — Raupe schmutzig grün, rotköpfig, spärlich behaart, bis 9 mm lang. Europa, an Obst- und anderen Bäumen, namentlich an Prunus-Arten.

Die Biologie ist noch nicht hinreichend geklärt. Während die meisten deutschen Forscher nur eine Brut annehmen, deren Falter von Juni bis August fliegen sollen, glaubte KOLLAR zwei Bruten feststellen zu können, deren erste Ende Mai, Juni, deren zweite Ende August, September fliegen soll. Zur gleichen Ansicht kamen v. SCHILLING und THEOBALD (England), nur mit etwas veränderten Flugzeiten. Die Eiablage erfolgt in Rindenritze und -risse; die Raupen fressen im Baste und teilweise auch im Splinte unregelmäſsige, meist quer verlaufende,

[1] RAGONOT, Bull. Soc. ent. France 1879, p. CXXXII—CXXXIII; Ann. Soc. ent. France 1894, p. 216—217, Pl. 1, fig. 8; LAFAURY, ibid. 1885, p. 407—408; DE JOANNIS, Feuille jeun. Nat. T. 37, 1907, p. 52—53.

[2] KOLLAR, Naturgesch. der schädl. Insekten, Wien 1837, S. 242—243; SORHAGEN, Berl. ent. Zeitschr. Bd. 25, 1881, S. 23—24; v. SCHILLING, Prakt. Ratg. f Obst- u. Gartenbau 1900, S. 29—31, 44—46, 10 Fig.; S. 295—297; THEOBALD, Rep. 1906, p. 39—42; Rep. 1907, p. 45—47; Rep. 1908, p. 44—45.

geräumige, ausgesponnene Gänge; den gröfseren Teil des Kotes stofsen
sie aus Luftlöchern aus, an denen er in länglichen, braunen Klümpchen
hängen bleibt, die die Tätigkeit der Raupen sofort verraten. Eigentümlich ist das zähe Festhalten vieler Generationen an derselben Stelle;
die Weibchen legen ihre Eier immer wieder an alte Fraſsstellen, die
sich dadurch von Jahr zu Jahr vergröfsern, oft unter kropfartigen Verdickungen der Wundränder. Beim Steinobste fliefst aus den Wunden
reichlich Gummi aus, daher der Name „Gummiwickler"[1] nicht
unangebracht erscheint. Am Apfelbaume entstehen krebsartige Wunden;
die Rinde stirbt über der Mitte gröfserer Fraſsstellen ab, so dafs das
Holz blofsgelegt wird; in der Rinde, namentlich in den ringsum entstehenden Überwallungswülsten fressen die Raupen neuer Bruten weiter,
wie überhaupt alle Stellen, an denen lebhafte neue Holzbildung vor
sich geht, vorgezogen werden, was wohl auch das Festhalten an alten
Fraſsstellen erklärt, sowie den Umstand, dafs gerade kräftige, gesunde
Bäume gern befallen werden. Während nach THEOBALD in England
nur Steinobst und nur die unteren Stammteile von ein bis vier Fuſs
Höhe befallen werden, berichtet v. SCHILLING mehr von Verletzungen
an jungen Zweigen von Apfelbäumen. Äste und Zweige sterben gewöhnlich an der Fraſsstelle ab; selbst ganze Bäume können bei stärkerem
Befalle eingehen. Bestreichen der vorher geglätteten Bäume mit Fett,
Kalk oder Holzteer zur Flugzeit der Falter hält diese von der Eiablage
ab. Kleinere Wunden sind in grofsem Umkreise auszuschneiden;
stärker befallene Bäume umgibt man mit einem festen Verbande von
Baummörtel, um das Ausschlüpfen der Falter zu verhüten. THEOBALD
empfiehlt einen Anstrich von Lehm und Bleiarsenat in der Annahme,
dafs die Luftlöcher bohrenden Raupen davon fressen und zugrunde
gehen. Mir scheint dies sehr zweifelhaft; die Raupen werden diesen
Anstrich ebensowenig wie die alte Rinde fressen, sondern nur durchbeifsen, wie sie ja auch den Teeranstrich ohne Schaden durchlöchern.

Grapholitha glycinivorella Mats.[2]. Japan, sehr schädlich, an
Sojabohne. Biologie ähnlich der von Gr. nebritana.

Gr. schistaceana Sn. **Grauer Bohrer des Zuckerrohres** auf
Java[3]. Die 120—170 Eier werden in geringer Zahl reihenweise an
die Blattscheide oder Unterseite der Blätter junger Zuckerrohrpflanzen
abgelegt, nahe der Erde. Die im erwachsenen Zustande einförmig
graue, gelbköpfige Raupe dringt unten in den Stengel und bohrt sich
spiralig nach oben, meist oberflächlich, so dafs die Mehrzahl der Blätter
abstirbt. Nicht selten wird auch die Endknospe zerstört, so dafs das
Längenwachstum aufhört. Die inzwischen angehäufelten Pflanzen treiben
aus den unteren Knospen neue Stengel, so dafs sie stark bestockt
werden. Puppe oben im Stengel. In das Eingangsloch dringen später
Fäulniserreger ein, die das Innere weiter zerstören. Auch ältere
Pflanzen werden befallen und an ihnen namentlich Knospen ausgefressen.
Bekämpfung s. bei **Chilo** (S. 316).

---

[1] SCHÜLE, Jahresber. Sonderaussch. Pflanzenschutz D. L. G. 1898, S. 212,
234, usw

[2] MATSUMURA, Ent. Nachr. Jahrg. 26, 1900, S. 197; Allg. Zeitschr. Ent. Bd. 6,
1901, S. 23; TAKAHASHI, s. Jahresber. Pflanzenkrankh. Bd. 9, 1906, S. 143.

[3] ZEHNTNER, Arch. Java Suikerindustrie 1896; U. S. Dept. Agric., Div. Ent.,
Bull. 10. 1898, p. 34—35; KRÜGER, Das Zuckerrohr und seine Kultur, Magdeburg 1899,
S. 355 ff., Fig.

Epiblema Hb.

Brust ohne Schopf; Vorderflügel beim Männchen mit Umschlag an der Wurzel des Vorderrandes. Ast 3 und 4 der Hinterflügel gestielt. Hinterschiene des Männchens ohne Haarpinsel.

E. tripunctana L. Dreipunktiger Rosenwickler. Vorderflügel weifs, Wurzelfeld und Flügelspitze schwarzgrau, Spiegel mit drei schwarzen Punkten, breit bleigrau eingefafst; Taster rotgelb. Raupe schwarzgrün, unten lichter, mit gelben Haaren auf weifslichen Wärzchen; Kopf, Brustfüfse und Nackenschild schwarz, letzteres vorne weifs gerandet; Afterschild gelb; 9 mm lang. Falter im Juni und Juli; Raupe frifst im Mai Rosenknospen aus. Puppe in zusammengezogenen Blättern der Endtriebe.

E. tedella Clerck (comitana Schiff., hercyniana Rtzb.) **Fichtennestwickler** [1]). Raupe hellbraun oder grünlich mit zwei Rückenstreifen; Kopf und Nackenschild braunschwarz gefleckt; 9 mm lang. Flugzeit Mai (bis Juli). Eier einzeln an Nadeln, die von den Raupen bis zu 15 in versponnenen Nestern ausgehöhlt werden [2]). Die Nadeln vergilben; später bräunen sie sich. Oktober, November lassen sich die Räupchen herab und überwintern unversponnen; ebenso verpuppen sie sich hier. Der Frafs ist von mäfsiger Bedeutung, da zu seiner Zeit die Kambialbildung schon abgeschlossen ist und die Knospen verschont werden. Nur Kahlfrafs kann die Bäume so schwächen, dafs sie anderen Feinden (Borkenkäfern) leichtere Angriffspunkte bieten. Sonnige Lagen und geschwächte Bäume werden bevorzugt. Bekämpfungsmafsregeln kaum ausführbar bzw. angebracht. BAER [3]) beobachtete eine Epidemie von *Entomophthora radicans* Bref. unter den Raupen; Infektionsversuche gelangen jedoch nicht. — Auch an Picea sitchensis [4]).

E. nigricana H.S. Tannenknospenwickler. Fliegt in Juni, Juli. Eier einzeln an Knospen junger Edeltannen, besonders am Gipfeltriebe. Das anfangs hell-, dann rotbraune, 8 mm lange Räupchen mit schwarzem Kopfe höhlt von August bis Juni die Knospen am Triebende aus. Austretendes Harz, Kotkrümel und Gespinstbrücken zwischen den befallenen Knospen verraten seine Tätigkeit. Verpuppung meist im Boden.

Notocelia Meyr.

Vorderflügel des Männchens mit Umschlag an Wurzel des Vorderrandes; Ast 10 näher an 9 als an 11 entspringend. Ast 3 und 4 der Hinterflügel aus einem Punkte, der Mittelast entfernt davon, gegen die Wurzel gebogen. Hinterschienen des Männchens fast immer mit Haarpinsel.

---

[1]) DOLLES, Forstl. nat. Zeitschr. Bd. 2, 1893, S. 20—24.

[2]) Fernere Bewohner von Fichtennadeln [5]) sind **Asthenia pygmeana** Hb. (Raupe zuerst gelb, später grün; Kopf schwarz oder braungrün, an jungen Maitrieben, zwei Löcher in jeder Nadel), **Steganoptycha nanana** Tr. (Raupe dunkel braunrot, Kopf schwarz) und **Cymolomia hartigiana** Rtzb. (Raupe grün, Kopf hellbraun). Siehe hierüber die Bücher über Forstinsekten!

[3]) BAER, Tharandt. forstl. Jahrb. Bd. 53, 1903, 2. Hälfte, S. 171—208.

[4]) JENTSCH, Münd. forstl. Hefte 1899, S. 156—158.

[5]) BAER, Nat. Zeitschr. Forst- u. Landwirtsch. Bd. 4, 1906, S. 429—440, 3 Fig.

Notocelia roborana S. V. **Weifsbindiger Rosenwickler.** Vorderflügel weifs, mattgrau gemischt, vor dem Saume und in der Spitze rostrot,
Wurzelfeld graubraun, Spiegel schwarz punktiert, Taster rotbraun.
Raupe plump, braun, Kopf gelbbraun, Nacken- und Afterschild schwarz,
auf jedem Ringe pechbraune Warzen mit je einem lichten Borstenhaare; 17 mm lang. Flugzeit Juni, Juli. Raupe spinnt im ersten
Frühjahre Blätter und Knospen von Rosen, Rubus-Arten, Weifsdorn
und Eichen zusammen und zerfrifst sie. Puppe am Frafsorte. Nach
Nördlinger mehrere Bruten. Nach Collinge[1]) in England in Früchten
von schwarzen Johannisbeeren.

Semasia H. S.

Thorax ungeschopft. Vorderflügel gestreckt, mit sehr schrägem,
geschwungenem Saume, vortretender Spitze und ganz zurücktretendem
Innenwinkel; Rippe 5 der Hinterflügel an der Wurzel stärker gebogen;
Hinterschienen beim Männchen ohne Haarpinsel.

S. conterminana H.S. **Salatsamenwickler.** Vorderflügel
bleich leberbraun mit grofsem dreieckigen gelben Innenrandsfleck;
Spiegel mit schwarzen Linien, silberglänzend eingefafst. 17 mm Spannweite. Raupe oben rötlich, unten scharf abgegrenzt hellgrau, tiefe
Querringe zwischen den Furchen. Neben der dunklen Rückenlinie
zwei Reihen heller, schwarz gekernter Wärzchen mit je einem lichten
Haar. Kopf honiggelb, geschwärzt; Nackenschild schmal, glänzend,
vorn breit weifsgrau, hinten mit halbmondförmigem schwarzen Fleck.
Afterklappe mit schwarzem Querflecke: Brustfüfse aufsen glänzend
schwarz; 13 mm lang. — Flugzeit Mitte Juni bis Mitte Juli. Eier in
Häufchen an die Blütenknospen. Raupe im September in den Blüten-
köpfchen des Salates, zuerst ganz darin verborgen, später mit dem
Hinterende herausragend. Aus den ausgefressenen, später bräunlich
oder schwarz werdenden Blütenköpfchen wird reichlich Kot ausgestofsen.
Ende September, Anfangs Oktober verspinnt sich die Raupe in einem
Erdgehäuse, in dem sie sich im nächsten Frühjahre verpuppt. Zerstört
öfters den ganzen Samenertrag.

Steganoptycha Steph.

Innenrandshälfte der Vorderflügel nur zum Teil heller gefärbt als
die des Vorderrandes; Wurzelfeld bis zum Vorderrand gleichmäfsig
gefärbt.

St. pinicolana Zell. (diniana Gr.) **Grauer Lärchenwickler**[2]);
La Pyrale grise. Raupe schwärzlich-grün mit schwarzgrünen Längsstreifen und schwarzem Kopfe und Nackenschilde; 10—12 mm lang.
— Nördliches Europa, Sibirien, Nordamerika, Alpen; schädlich aber
bis jetzt nur in den letzteren und Nordosteuropa. Raupe frifst im Mai
und Juni die Nadelbüschel von innen aus. Puppe in Bodendecke
sowie am Baume. Bei starkem Auftreten Kahlfrafs, so dafs die ganzen
Bäume rotbraun werden. Auch an Fichte, Arve und anderen Nadelhölzern. Periodisch auftretend; eine Frafsperiode dauert gewöhnlich
drei Jahre.

———

[1]) Report . . . 1906, p. 31—32.
[2]) Henry, Feuille jeun. Natur. T. 32, 1902, p. 125—130; Cecconi, Boll. Soc. ent.
Ital. T. 33, 1901, p. 162—168; Escherich u. Baer, Nat. Zeitschr. Forst- u. Landwirtsch.
Bd. 7, 1909, S. 188—194, Fig. 2.

St. vacciniana Zell.[1]). Raupe Juli bis September an Heidelbeeren, die Blätter noch oben zusammenspinnend und skelettierend. Puppe im Boden. Kann bei massenhaftem Auftreten sehr schädlich werden.

St. ruſimitrana H. S.[2]). Flugzeit Juni, Juli. Eier zu mehreren an Nadelknospen von Weiſstannen, wo sie überwintern. Fraſs ähnlich wie bei Cacoecia murinana, nur etwa 14 Tage später.

St. pyricolana Murtf. **Apple bud borer**[3]). Nordamerika. Raupen in vier Bruten in den Endknospen junger Apfelbäume, bei älteren Bäumen der Wasserreiser. Die der letzten Brut überwintern in ausgefressener Knospe und können durch Abschneiden der befallenen Triebe bekämpft werden. SANDERSON züchtete aus 80 % der Raupen *Bracon mellitor* Say.

Enarmonia prunivorana Walsh. **The lesser apple worm**[4]). Ursprünglich aus Pflaumen und Zweiggallen von Obstbäumen bekannt, ist die 6—8 mm lange, fleischrötliche Raupe mit braunem Kopf und Afterschild in den letzten Jahren vielfach nächst der Apfelmade

Fig. 207. Von Enarmonia prunivorana befressene Äpfel (nach QUAINTANCE).

der schlimmste Feind der Äpfel in Nordamerika geworden. Sie friſst anfangs $1/4$—$1/2$ Zoll tiefe Löcher in das Kelchende der Äpfel, auch Platzminen unter der Haut (Fig. 207), besonders da, wo zwei Äpfel sich berühren; später dringt sie auch ins Innere der Äpfel bis zu den Kernen. Beschädigte Äpfel fallen oft frühzeitig ab. Da die Raupe zur Verpuppung in Rindenritzen usw. die Frucht später verläſst als die Apfelmade, wird sie noch häufiger als diese mit Äpfeln verschleppt, gelangt auch vielfach mit solchen aus Amerika nach Deutschland.

---

[1]) ESCHERICH u. BAER, l. c. S. 194—196, Fig. 3.
[2]) WACHTL, F. A., Die Weiſstannentriebwickler und ihr Auftreten in den Forsten von Niederösterreich usw. während des letzten Dezenniums. Wien 1882. 4°. 66 pp. 12 Taf.
[3]) SANDERSON, U. S. Dept. Agric., Div. Ent. Bull. 26, N. S. 1900, p. 69; Delaware agric. Exp. Stat. Bull. 53, 1901; Canad. Ent., Vol. 35, 1903, p. 158—161, 5 figs.
[4]) QUAINTANCE, U. S. Dept. Agric., Bur. Ent. Bull. 68, 1908, Pt. 5; Journ. econ. Ent. Vol. 1, 1908, p. 141—142; TAYLOR, ibid. Vol. 2, 1909, p. 237—239.

Polychrosis Rag.

P. botrana Schiff. **Bekreuzter Traubenwickler**[1] (Fig. 208). Vorderflügel olivenbraun mit breiter, weifslicher, am Innenrande bleigrau ausgefüllter Binde vor und einem stark geschwungenen bleigrauen, weifslich gesäumten Querstreifen hinter der Mitte. Hinterflügel hellgrau, 5 – 6 mm lang. 12—13 Spannweite. Raupe schmutzig grün, spärlich weifs behaart, Kopf und Nackenschild hellbraun, Brustfüfse schwärzlich; 9—10 mm lang, schlank, lebhaft. Heimat das südliche Europa, Serbien, Böhmen, Wien, Pfalz, Frankfurt a. M. Anfang der 90er Jahre des vorigen Jahrhunderts in die Gironde, Anfang dieses Jahrhunderts in den Rheingau, nach Lüstners Ansicht mit Tafeltrauben über Wiesbaden eingewandert, sich immer weiter ausbreitend und vermehrend. Der Vorliebe für warme, geschützte Orte entsprechend, zeigte sich der Schädling immer zuerst an Spalieren und in Gärten, dringt aber von da langsam in freie Lagen vor, vielfach C. ambiguella verdrängend, mit der er in der Lebensweise viel Übereinstimmung zeigt. Doch tritt er gewöhnlich in drei Bruten auf. Die Raupe der ersten lebt als Heuwurm in den Gescheinen, die der zweiten und dritten als Sauerwurm in den Beeren. Die Sommerpuppe findet sich meist in Falten vertrockneter, abgefallener Blätter, die sich sehr regelmäfsig und frühzeitig verwandelnde Winterpuppe

Fig. 208. Bekreuzter Traubenwickler (nach Slingerland); stark vergröfsert.

unter Rinde; Kokon sehr kräftig, seidenglänzend. Verletzt, läfst die Puppe hellgrün eintrocknende Flecke an den Blättern zurück, im Gegensatz zu den anderen Traubenwicklern. Die Puppe hält 30 Tage unter Wasser aus, stirbt aber bei zehntägiger Kälte von 12—15 °.

Als Parasiten führt Laborde[2] an: *Pimpla labordei* Perez, *Cryptus minutulus* Perez, *Phygadeuon cudemidis* Perez, *Pteromalus vitis* Perez. In Italien sind acht Ichneumoniden, eine Diptere, eine Spinne und zwei Pilze als solche bekannt.

Betreffs Bekämpfung und sonstiger Einzelheiten siehe Conchylis ambiguella.

P. viteana Cl. **Grape berry moth**[3]. Diese früher für identisch mit voriger angesehene Art wird neuerdings bestimmt von ihr getrennt; dennoch dürfte sie wohl nur als geographische Rasse anzusehen sein. — Raupe ebenso, nur Nackenschild schwärzlich. Nordamerika, von Canada bis zum Golf und bis Californien, stellenweise sehr schädlich. Festgestellt sind nur zwei Bruten; doch nimmt man an, dafs im Süden sich drei folgen. Überwinterung nicht in Rindenritzen, sondern in abgefallenen Blättern, aus denen sich die Raupe ein Läppchen herausschneidet, das sie umschlägt, um sich darunter zu verpuppen. Parasiten:

---

[1] Lüstner. Ber. Lehranstalt . . . Geisenheim 1902 u. ff., Mitt. Weinbau und Kellerwirtsch. Jahrg. 21, 1909, p. 50—54, Taf. 2; siehe auch Literatur bei Conchylis ambiguella.

[2] Rev. vitic., T. 14, 1900, p. 225—228; siehe Hollrung, Jahresber. Neuer. Leistgen Pflanzensch., Bd. 3, S. 100.

[3] Slingerland, Cornell Univ. agr. Exp. Stat. Bull. 223, 1904, p. 43—60, fig. 12 bis 25; Quaintance, Farmers Bull. 284, 1907, p. 12—15, fig. 2.

Trichogramma pretiosa Ril. in den Eiern, *Bracon scrutator* u. a. in den Raupen.

Bekämpfung: Dreimaliges Spritzen mit Bleiarsenat und Seife, zuerst beim Aufblühen der Reben, dann nach dem Fallen der Blütenblätter, nach 8—10 Tagen zum letzten Male, hat sich gut bewährt. Zum Schutze gegen die Eiablage der zweiten Brut umhüllt man die Trauben zu deren Flugzeit mit Säckchen.

Eudemis Hb.

E. vacciniana Pack. **Cranberry fire worm** [1]. Der schlimmste Feind der Moosbeerkultur in Nordamerika. Zwei Bruten: Falter in Juni, Mitte Juli-August. Raupe dunkelgrün, schwarzköpfig. Die der ersten Brut miniert anfangs 1—2 Tage in einem Blatte; dann spinnt sie die Blätter an der Spitze der Pflanze zusammen und frißt sie ab. Die der zweiten Brut frißt zuerst die jungen Blüten oder Früchte, wenn diese alle sind, auch die Blätter und älteren Beeren. Der Fraß der zweiten Brut schreitet so rasch fort, daß ganze Felder („bogs") oft in 3—4 Tagen zerstört werden; sie sehen dann aus, wie vom Feuer versengt. Im Herbste ergrünen sie zwar meistens wieder; die Ernte ist aber verloren.

Puppe in der Erde, in abgefallenem Laube oder an der Fraßstelle. Die Eier der zweiten Brut überwintern und halten selbst das lange Unterwassersetzen der Felder aus. Die Raupen jedoch sind gegen Wasser sehr empfindlich. Smith rät daher, das Wasser im Frühjahre recht früh abzulassen, so daß die Räupchen früh auskriechen. Dann setzt man die Felder 24 Stunden lang unter Wasser. Ameisen tragen die Raupen in ihre Nester.

Bei trockener Kultur, die den Schädling begünstigt, wird anfangs Mai gegen die erste, Ende Juli gegen die zweite Brut mit Bleiarsenat gespritzt.

Olethreutes Hb. (Penthina Tr.).

Brust stark geschopft. Ast 7 und 8 der Vorderflügel ungestielt, Ast 3 und 4 der Hinterflügel aus einem Punkte. Hinterschienen des Männchens fast immer mit Haarpinsel.

Ol. gentiana Hb. und **oblongana** Hw. [2] im Marke des Fruchtbodens von Dipsacus-Arten und verwandten Pflanzen. Puppe der ersten Art frühestens Ende Mai, Falter Juni, Juli, Puppe der zweiten Art März, April, Falter April, Mai.

Ol. pruniana Hb. **Schlehen-** oder **Pflaumenwickler** [3]. Vorderflügel blauschwarz und schwarzbraun gemischt; Saumdrittel gelblich weiß, braungrau gewölbt; äußerste Spitze tiefschwarz. 7,5 mm lang. 17 Spannweite. Raupe grüngelb mit dunklem Rückenstreifen, schwarzen Wärzchen, Kopf und Nackenschild; auf jeder Warze ein weißes Haar; 20 mm lang.

Ol. variegana Hb. (**cynosbatella** L.). **Grauer Knospenwickler** (Fig. 209). Vorderflügel dunkel blaugrau und braun gemischt,

[1] Smith, U. S. Dept. Agric., Div. Ent., Bull. 4, 1884, p. 10—22, 1 fig. — Kirkland, ibid. Bull. 20, N. S., 1899, p. 53—55; Franklin, Journ. econ. Ent. Vol. 2, 1909, p. 47—48; Webster, R. L., ibid. p. 48.

[2] Pissot et Constant, Feuille jeun. Nat., T. 20, 1890. p. 39, 112—113.

[3] Noël, Naturaliste T. 31, 1909, p. 85.

Spitzendrittel breit weifs, hellgrau gewölkt; in der Mitte hinter dem Vorderrande zwei schwarze Punkte; 9 mm lang, 20 Spannweite. Raupe bräunlich-grün, Kopf, Nacken- und Afterschild und Warzen schwarz; Borstenhaare hell. 20 mm lang.

Die im Sitzen Vogelkot täuschend ähnlichen Falter beider Arten fliegen Juni und Juli; sie legen je ein Ei an die Knospen ihrer Nährpflanzen, die bei der ersteren hauptsächlich Prunus-Arten, aber auch andere Sträucher umfassen; die zweite Art ist sehr polyphag, aber namentlich an Kernobst schädlich. Aus dem überwinterten Ei kriecht erst Ende April das Räupchen, das sich sofort in die nächste Knospe einbohrt, ihre Spitzenblätter zusammenspinnt und sie ausfrifst. So werden mehrere Knospen zerstört, schliefslich von der älteren Raupe

die Gipfelblätter eines jungen Triebes oder die Blüten eines Büschels zusammengesponnen und befressen. Ende Mai verpuppt sie sich am Frafsorte und entläfst nach ungefähr 14 Tagen den Falter. — Besonders schädlich in Baumschulen durch Zerstören der Mai-, Veredelungs- und Endknospen der jungen Triebe. — Bekämpfung dürfte nur durch Aussuchen der Raupen aus den versponnenen Triebspitzen und vielleicht durch Spritzungen mit

Fig. 209.   Grauer Knospenwickler (2 : 1).

Berührungsgiften im Winter bzw. Magengiften im Frühjahre möglich sein. Nach Taschenberg stellen Ameisen und Spinnen den Räupchen nach; als Parasiten nennt er *Perilitus rubriceps* und eine *Macrocentrus* sp.

Evetria Hb. (Retinia Gn. [1]).

Ast 4 und 5 der Vorderflügel aus einem Punkte. Die hintere Mittelrippe der Hinterflügel an der Wurzel behaart; Ast 6 und 7 saumwärts auseinander tretend.

E. resinella L.   Kiefern-Harzgallen-Wickler [2]).   Raupe gelblich-rotbraun, Kopf und Nackenschild bräunlich-rot; 11—12 mm lang. Flugzeit Mai, Juni. Eier einzeln an Basis einer Quirl- oder Zweigknospe. Das bald ausschlüpfende Räupchen benagt die Rinde des Triebes unter einem zwischen diesem und den benachbarten Nadeln angefertigten dünnen Gespinste, das es mit Harz und Kot verdichtet. Dann frifst es einen Längsgang in das Mark. Im nächsten Jahre wird der Markgang vergröfsert; die im ersten Herbst erbsengrofse Harzgalle erreicht nun bis zu Nufsgröfse; sie besteht aus zwei Kammern, deren eine zur Aufbewahrung des Kotes dient. Nach einer nochmaligen Überwinterung verpuppt sich die Raupe im März, April in der Galle. Die forstliche Bedeutung ist gering, da sich die Knospen oberhalb der Galle meist entwickeln, selten im ersten Jahre absterben. Vorwiegend an 6—10 jährigen Kiefern, sehr häufig auch an Legföhren. Häufigkeit wechselt aufserordentlich von Jahr zu Jahr. Spechte hacken sehr viele Gallen auf. Ratzeburg führt 20 Schlupfwespen als Parasiten an.

E. buoliana Schiff.   Kieferntriebwickler.   Raupe rotbraun, Schilder schwarz; 20—22 mm lang.

--- ---

[1]) Lovink en Ritzema Bos, Tijdschr. Plantenz. Jaarg. 3, 1897, p. 83—134, Pl. 5—7; Ritzema Bos, Centralbl. Bakt. Parasitenkde II., Bd. 10, 1903, S. 241—250, 2 Abb.
[2]) Büsgen, Allgem. Forst- u. Jagdztg., 1898, S. 380. Ausz.: Nat. Wochenschr., Bd. 14, S. 39—41.

E. turionana Hb. **Kiefernknospenwickler** [1]). Raupe gelbbraun, oben auf jedem Ringe zwei dunkle schmale Gürtel. Europa, Nordamerika.

E. pinivorana Zell. Europa, Nordamerika.

E. duplana Hb. Raupe rosa. Europa, Japan, Nordamerika.

Diese vier Arten verhalten sich im wesentlichen sehr ähnlich. Sie befallen Knospen oder Triebe jüngerer, schwachwüchsiger Kiefern (Pinus spp.) und höhlen sie aus. Die Unterschiede im Frafsbilde und der Beschädigungsweise ergeben sich aus der verschiedenen Frafszeit der Raupe bzw. aus dem entsprechenden Entwicklungszustande der Knospen und Triebe. Da beide Gröfsen je nach Witterung, Lage, Boden usw. variieren, so sind auch die Frafsbilder nicht immer typisch, zumal wenigstens die beiden ersten Arten oft zusammen vorkommen.

Fig. 210. Vom Kieferntriebwickler befallener Kieferntrieb (½ nat. Gr.).

Am frühesten beginnt *duplana*. Die Raupe frifst Mai, Juni in den dann schon ziemlich entwickelten Trieben, die sie von der Spitze her aushöhlt; diese welkt, verliert die Nadeln und stirbt ab. Ende Juni, anfangs Juli verpuppt sich die Raupe in leichtem Gespinste nahe der Basis der Frafspflanze. Falter Ende März, April.

Die Raupe von *turionana* frifst von Ende Juli, die von *buoliana* von Ende August an die jungen Knospen aus, erstere mehr die End-, letztere die Quirlknospen vorziehend. Nach Überwinterung im Triebe, unmittelbar unter einer ausgefressenen Knospe, dringen sie im Frühjahre in die jungen Triebe ein, die sie von der Basis aus aushöhlen. Gewöhnlich sterben die Triebe ab. Bei schwächerem *turionana*-Frafse übernimmt einer der unbeschädigten Zwischennadeltriebe die Rolle der

[1]) Siehe Anm. 1 auf vor. Seite.

Endknospe. Bei stärkerem Frafse tritt aber, ähnlich wie bei *buoliana* (Figur 210) die Büschelbildung auf; die Zwischennadelknospen treiben aus, geben aber meist auch nur schwache Triebe; die Nadeln werden dick, breit; zuweilen entspringen drei Nadeln aus einer Scheide. Verhältnismäfsig selten erholt sich bei *turionana* der Endtrieb, richtet sich mit seinem neuen Wachstumsteil wieder auf: es entstehen „Post-" oder „Waldhörner", die ihre Ursache meistens aber in Pilzwirkung haben. — Dafs bei allen diesen Frafsen Harzausflufs stattfindet, ist selbstverständlich. — Puppe von *turionana* April, Mai, von *buoliana* Juni am Frafsort; erstere fliegt Mai, Juni, letztere Juli.

Die Evetria-Arten haben zahlreiche Schlupfwespen- und Fliegenparasiten. Eine Zucht von *turionana* ergab Ritzema Bos 92 % solcher (vorwiegend *Glypta resinanae*). Auch Ohrwürmer sollen den Raupen und Puppen nachstellen.

Zwecks Bekämpfung empfiehlt Ritzema Bos Abpflücken der ausgefressenen, vertrockneten Knospen im Frühjahre; die blofsgelegte Raupe stirbt ab.

Evetria frustrana Comst. **Nantucket Pinemoth.** Nordamerika; an Pinus inops und rigida. Die gelbe, schwarzköpfige Raupe spinnt um die Endknospen junger Triebe ein zartes Gewebe, unter dessen Schutze sie den Zweig und die Nadelbasis miniert.

E. rigidana Fern. **Pitch pine Retinia.** Raupe grau, braun oder schwärzlich, lebt ähnlich wie vorige an den Endtrieben von Pinus rigida.

E. comstockiana Fern. **Pitch twig moth.** Nordamerika, an Pinus palustris. Raupe in einem zwei oder mehr Zoll langen Gange im Mark kleiner Äste und Zweige, auf deren Oberseite sich eine aus vorjähriger und diesjähriger Lage bestehende Harzmasse ansammelt.

E. austriana Cos.[1]. An Pinus laricio, var. austriaca, Toronto. Raupe frifst horizontalen Gang unter der Rinde, gewöhnlich unter dem Ursprung eines Zweiges; starker Harzflufs. Manchmal werden die Bäume fast geringelt.

Conchylis Tr.

Ast 2 der Vorderflügel aus dem letzten Drittel der hinteren Mittelrippe, mit Rippe 1 konvergierend; Ast 7 in den Saum, Ast 3 und 4 der Hinterflügel aus einem Punkte oder gemeinschaftlichem Stiele, Äste 4, 6, 7 gestielt, die hintere Mittelrippe nicht behaart.

C. epilinana Zell. **Flachsknotenwickler**[2]. Vorderflügel lehmgelb mit dunklerer Binde und ebensolchem Rand. — Raupe weifslichgelb, spärlich behaart, Kopf und Nackenschild schwarzbraun oder schwarz; 6,5 mm lang. Europa. Falter im Mai, Juli bis August. Raupe im Juni und im Herbste, an Flachs, Solidago usw. Die Raupe frifst die unreifen Kapseln des Flachses aus: Puppe im Wohnorte. In Süd-Rufsland, wo sich sogar drei Bruten folgen sollen, öfters bedeutend schädlich.

---

[1] Cosens, Canad. Ent., Vol. 38, 1906, p. 362—364.
[2] Köppen, Die schädl. Insekten Rufslands, 1880, S. 413. — Sorhagen, Kleinschmetterlinge der Mark Brandenburg, 1886, S. 88. — Krassilstschik, (Russ. Arbt.): Ausz. siehe Centralbl. Bakt. Paraskde. II, Bd. 22, S. 170.

C. ambiguella Hb. **Einbindiger Traubenwickler, Trauben-
wurm, Heu- und Sauerwurm**[1]). Vorderflügel glänzend strohgelb,
bleich ockergelb gemischt, mit breiter, gegen den Innenrand verengter
dunkelbrauner, bleigrau eingefaßter Mittelbinde; 5 mm lang, 12 Spannweite. Raupe jung rötlich gelblich, alt fleischfarben. Kopf, Halsschild
und Brustfüße glänzend schwarzbraun; spärlich behaart; 12 mm lang.
Bewegungen langsam, schleppend. Südliches und gemäßigtes Europa,
Indien, Japan und
Kleinasien.

Nährpflanzen:
Weinrebe, Ampelopsis
und mehrere andere
Sträucher mit Beeren-
früchten.

Lebensweise.
Aus den überwinterten
Puppen fliegt Ende
April, Mai der Falter,
der je 30—70 abge-
plattete farblose Eier
einzeln an die jungen
Blütenknospen der
Rebe usw. legt. Die
anfangs Juni aus-
kriechende Raupe
(Heuwurm) bohrt
sich zuerst in eine
Knospe ein und frißt
sie aus. Ist sie zu groß
geworden, um sich
darin verbergen zu
können, so spinnt sie
sich eine Röhre zwi-
schen Knospen und
frißt diese aus. Das
Gewebe der Röhre be-
steht aus groben, un-
regelmäßig angeord-
neten Fäden mit
Schollen und Stücken
von Leim und mit
Fremdstoffen. An
einem Ende hängt ein
rundlicher Kotklum-

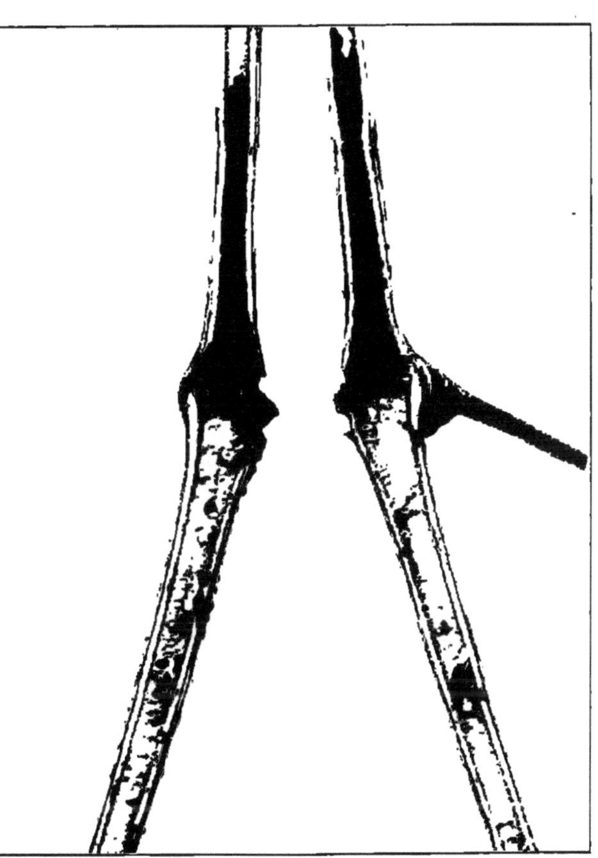

Fig. 211. Vom Heuwurm ausgefressene Rebentriebe
(Prof. Dr. G. Lüstner phot.); (nat. Gr.).

pen, der aus kleinen, runden, dunkelbraunen oder orangefarbenen Exkrementen besteht. Nicht selten bohrt sich die Raupe auch ins Mark der

---

[1]) Von der umfangreichen Literatur über diesen Traubenwickler sei nur hingewiesen auf die Aufsätze von J. Dufour in der Chronique agr. Canton Vaud, von
J. Laborde in der Revue vitic., von G. Lüstner u. J. Dewitz in den verschiedenen
Veröffentlichungen der Geisenheimer Lehranstalt, auf die Reblausdenkschriften,
ferner auf Lüstner und Seuffferheld, Die Bekämpfung des Traubenwicklers, 2. Aufl.,
33 S., 2 farb. Tafeln, Wiesbaden 1904; auf Dewitz, Zeitschr. wiss. Ins. Biol., Bd. 1,
1905, S. 193 ff, 1 Taf., 13 Fig.; Centralbl. Bakt. Paraskde II, Bd. 15, 1905, S. 449 bis
467; Landw. Jahrbb. 1907, p. 559—997, 2 Taf. 12 Figg.; Lüstner, Der einbindige und
bekreuzte Traubenwickler. Merkblatt: 1909, 4°. 4 S., 9 Fig.

Fig. 212. Eier des Traubenwicklers auf Beeren (Prof. Dr. G. Lüstner phot.); (nat. Gr.).

Fig. 213. Vom Sauerwurm zerstörte Traube (Prof. Dr. G. Lüstner phot.); (²⁄₃ nat. Gr.).

Stiele oder Triebe ein (Fig. 211). Nach 2—3 Wochen (Ende Juni, Anfangs Juli) verpuppt sie sich in einem mit Abnagseln vermischten Gespinste am Fraßorte oder an einem Blatte. Die Puppe ist gedrungen, hat auf dem Rücken der Hinterleibsringe je zwei Dornenreihen; das Afterende ist stumpf und trägt am Ende hakig umgebogene Borsten. Ende Juli, Anfangs August fliegt der Falter der zweiten Brut aus, der seine Eier an die jungen Beeren legt (Fig. 212). Mitte August kriecht die zweite Raupenbrut, die Sauerwürmer, aus, etwas rötlicher als die Heuwürmer; sie bohren sich nahe dem Stiele in die Beere ein und fressen deren Fleisch; nur weiche Kerne werden noch benagt. Das Eingangsloch ist als dunkler Fleck kenntlich, aus dem gewöhnlich noch Kot an Fäden herabhängt. Die Beeren schrumpfen und verfärben sich; sie vertrocknen bei trockenem Wetter, faulen und werden sauer bei nassem und stecken dann benachbarte an (Fig. 213). Ende Oktober, im Süden aber erst im Dezember oder Januar findet die Verpuppung statt, gewöhnlich unter der Rinde oder in Rissen am Stocke oder Rebpfahle (Fig. 214), in hohlen Markröhren, nicht selten aber auch zwischen trockenen Blättern am Boden. Die Puppe ruht in weißem, mit Fremdkörpern vermischtem Gespinste; sie überwintert.

Der Schaden des Traubenwicklers ist also

ein doppelter, als Heuwurm durch Zerstören der Blüten, als Sauerwurm durch Zerstören der Beeren. Er ist sehr abhängig von der Witterung. Warmes, trockenes Wetter ist dem Heuwurm unbekömmlich und fördert die Blüte so, daſs er ihr nicht allzuviel schaden kann. Kaltes, feuchtes Wetter sagt umgekehrt der Raupe zu und hemmt die Blüte. Es ist daher auch aus dem Auftreten des Heuwurmes noch kein sicherer Schluſs auf das des Sauerwurmes zu ziehen. Geschützte Lagen, dicht wachsende Reben werden bevorzugt.

Geschichte. Der Traubenwickler trat 1713 zuerst auf der Insel Reichenau auf; 1801 wurde er beschrieben. Seitdem hat er sich immer weiter ausgebreitet; doch wechseln, entsprechend der Witterung, Perioden der Zunahme mit solchen der Abnahme. Eines der schlimmsten Jahre in Deutschland war 1897, wo der Schaden an der besonders heimgesuchten Mosel allein über 30 Mill. Mk. betrug. In Frankreich erreichte er 1891 die Summe von 100 Mill. Franken. — In neuerer Zeit scheint der einbindige Traubenwickler in manchen Teilen Deutschlands, wie der Haardt, dem Rheingau, vom bekreuzten zurückgedrängt zu werden (s. S. 288).

Als Feinde werden genannt Spinnen, *Clerus formicarius* (stellt den Puppen nach), Ohrwurm, verschiedene Tachinen und Schlupfwespen (*Agrypon flaveolatum* Grav., *Pimpla alternans* Grav., *Omorga cingulata* Brischke), die aber alle keine spezielle Parasiten sind. Auch

Fig. 214. Puppen des Heu- und Sauerwurmes in Spalten von Pfählen (Prof. Dr. G. Lüstner phot.); (nat. Gr.).

Meisen stellen den Puppen gern nach, daher das Aufhängen von Nisthöhlen zu empfehlen ist. *Isaria farinosa* tritt manchmal verheerend auf.

Bekämpfung. Die Methoden sind sehr zahlreich, ohne daſs eine bis jetzt durchschlagenden Erfolg gehabt hätte. Der Kampf muſs unaufhörlich geführt werden. Und gerade hier, entsprechend der Anbau-Art der Rebe, ist gemeinsames Vorgehen erste Grundbedingung eines Erfolges. Am besten bewährt haben sich:

Klebfächer, das sind an einem Stiele befestigte, mit Raupenleim bestrichene Weiſsblechplatten, mit denen von Schulkindern an windstillen warmen Abenden die Falter der ersten Brut abzufangen sind. Der Fang hat möglichst sofort bei Beginn der Flugzeit einzusetzen, weil die Weibchen schon am zweiten oder dritten Tage mit der Eiablage anfangen.

Fanglampen. Am besten haben sich die gewöhnlichen Öllämpchen und Petroleumlampen mit grünem Zylinder bewährt, die etwa 60—80 cm über dem Boden aufgestellt werden. Sie sind nur gegen die Falter der zweiten Brut, an dunklen, warmen, windstillen Abenden wirksam.

Gründliche Reinigung der Rebstöcke und Stützpfähle im Winter von allem toten Holze, loser Rinde usw. Zugleich sind die Puppen abzusuchen. Wo angängig, sind die hölzernen Rebpfähle durch eiserne zu ersetzen.

Spritzen mit 3%iger Schmierseifen- oder 2%iger Tabakslösung möglichst früh gegen die Heuwürmer. Die Flüssigkeiten sind mit starkem Strahle in die Gescheine einzutreiben.

Conchylis vanillana de Joann.[1]). Die 7—8 mm lange, schwarze Raupe frißt die jungen Schoten der Vanille an, die entweder absterben oder mindestens durch die Fraßstellen minderwertig werden. Da der Falter die Eier an die Blumenkrone legt, wenn sie nach der künstlichen Befruchtung zu welken beginnt, ist sie sogleich nach dieser zu entfernen.

Paramorpha aquilina Meyr.[2]). Die Raupe frißt in Australien zwischen Schale und Fleisch von reifenden Orangen, die infolgedessen gelb werden und abfallen.

Cnephasia Curt. (Sciaphila Tr.).

Mit Spiralzunge. Ast 2 der Vorderflügel aus dem mittleren Drittel der hinteren Mittelrippe. Ast 7 in Saum oder Spitze mündend.

Cn. wahlbomiana L. Vorderflügel mit schrägem Saume, weißgrau oder bräunlich-grau mit dunkleren Binden. Raupe dunkelschmutziggrün mit schwärzlichen Warzen; Kopf gelbbraun; 10—15 mm lang. Flugzeit Juni, Juli. Raupen in (April) Mai, Juni sehr polyphag an niederen Pflanzen, deren Gipfelblätter sie zusammenspinnen und verzehren, vielfach auch die Blüten befressend. Puppe im Juni am Fraßorte. Die Raupe ist schon wiederholt schädlich geworden durch Blattfraß an Flachs in Holland[3]), Hopfen in Bayern[4]) und Österreich[5]), durch Befressen der Blüten an Erdbeeren in Schweden[6]).

Tortrix Meyr.

Brust glatt behaart. Vorderflügel geknickt, mit schrägem Saume; Ast 7 und 8 nicht gestielt.

T. paleana Hb. Flügel bleichgelb, die var. **icterana** Froel. etwas dunkler. Raupe im ersten Jahre einfarbig zitronengelb, schwarzköpfig,

[1]) de Joannis, Bull. Soc. ent. France, 1900, p. 262—63; Bordage, C. r. 6e Congr. internat. Paris 1900, p. 317.

[2]) Froggatt, Austral. Insects, p. 275, fig. 140.

[3]) Ritzema Bos, Zeitschr. f. Pflanzenkr., Bd. 5, 1895, S. 147.

[4]) Frank u. Wagner, Jahresber. Sonderaussch. Pflanzensch. D. L. G., 1905, S 79; Zinngiebl., Feinde des Hopfens, Berlin 1902, S. 23—24, Fig. 15a.

[5]) Wien. landwirtsch. Zeitg. 1906, Nr. 51.

[6]) Lampa, Berätt. 1900, p. 54—55.

im zweiten Jahre samtschwarz oder etwas ins Grünliche spielend, mit in Querreihen angeordneten, sich von der Grundfarbe scharf abhebenden Borstenwärzchen. Sehr polyphag an den verschiedensten niederen Pflanzen; in Finland[1] und Schweden[2] an Wiesengräsern schädlich geworden, insbesondere an Phleum pratense; auch Hafersaat wird nicht selten angegriffen. Der Falter legt seine Eier anfangs Juli bis Mitte August an die Oberseite der höheren Blätter ab. Das nach 14 Tagen ausschlüpfende Räupchen spinnt die Blätter zusammen und benagt deren Oberseite. So werden im Laufe des Lebens mehrere Wohnungen angelegt; in der letzten findet Ende Juni, anfangs Juli die Verpuppung statt. Auf einem Gute Finlands sollen in drei Jahren je 38 000 kg Heu vom Lieschgras durch die Raupe zerstört worden sein. Reuter führt sechs Hymenopteren als Parasiten an.

T. diversana Hb. Die grünliche Raupe mit gelben oder schwarzen, gelb umzogenen Warzen zwischen zusammengesponnenen Blättern verschiedener Bäume, wie Obstbäume, Birken usw.

T. viburniana F.[3]. Die Raupen befielen 1876—1880 in Norwegen massenhaft junge Tannen und Kiefern, auch Lärchen, und fraßen die Nadeln und zarte Rinde der Jahrestriebe.

T. viridana L. **Grüner Eichenwickler.** Vorderflügel lebhaft hellgrün, Vorderrand schmal gelblich. Raupe schmutziggrün, schwarz punktiert, Kopf schwarz; bis 15 mm lang. Der Ende Juni, anfangs Juli fliegende Falter legt seine Eier einzeln an die Eichenknospen. Mit der Entwicklung derselben im nächsten Frühjahre kriechen die Räupchen aus, die zuerst noch nicht geöffnete Knospen ausfressen. Später spinnen sie das junge Laub zusammen und befressen es. Bei starkem Fraße werden die Eichen in 2—3 Wochen völlig kahl gefressen. Die Raupen lassen sich dann an Fäden herab und überspinnen das Unterholz, auch hier den nagenden Hunger soweit möglich stillend (Fig. 215). Doch verhungern bei der nicht zusagenden Nahrung unzählige. Ende Mai, anfangs Juli findet die Verpuppung statt, für gewöhnlich zwischen zusammengerollten Blattresten, bei Kahlfraß aber auch an der Rinde. — Nährpflanzen sind nur *Quercus pedunculata* und *sessiliflora*. Merkwürdigerweise wird manchmal erstere, manchmal letztere ohne ersichtlichen Grund verschont; auch die übrigen Eichenarten scheinen mehr oder weniger verschont zu werden. Nach Angabe von Theobald wird in England häufig *Castanea vulgaris* befressen, namentlich wo sie als Unterholz unter Eichen steht.

Bevorzugt werden ältere, große Eichen, an denen der Fraß von oben nach unten fortschreitet. Der Schaden besteht in Zuwachs-Einbuße, Wuchshemmung und in Verlust der Mast. Für gewöhnlich ergrünen die Eichen sehr bald nach Beendigung des Fraßes wieder, so daß Absterben von Ästen oder gar ganzen Bäumen nur bei viele Jahre andauerndem Massenfraße vorkommt. Er ist allein abhängig von Witterungseinflüssen im Vorjahre und Vorwinter. Die Raupe selbst ist gegen solche so gut wie unempfindlich.

Ihre F e i n d e sind jedoch sehr zahlreich: viele Ichneumoniden usw., zahlreiche Raubinsekten (darunter Ohrwürmer und Silpha-Arten), ferner

---

[1] E. Reuter, Berätt. öfver 1894, p. 13—24; auch in spät. Berichten, ferner: Act. Soc. Fauna Flora fenn. XIX, 1900, No. 1, p. 35—39.
[2] Lampa, Berätt. 1901, p. 49—50.
[3] Schöyen, Zeitschr. f. Pflanzenkr, Bd. 3, S. 268.

viele Vögel (darunter die Rabenartigen und die Sperlinge). Doch vermögen sie alle den zeitweise eintretenden Massenfraſs nicht zu hindern. Auch Bekämpfungsmaſsregeln sind nicht anzuwenden.

Tortrix bergmanniana L. Rosenwickler [1]). Vorderflügel zitronengelb, rostgelb gegittert, mit drei bleiglänzenden Querlinien, 14—15 mm Flügelspannung. Raupe grün, gelblich, oben schwach fleischrötlich; Kopf, Brust und Nackenschild glänzend schwarz, Afterklappe braun; 10—12 mm lang. Europa, Nordamerika. Flugzeit Ende Juni, Anfang Juli. Eier einzeln an Zweigen der Rose, mit Vorliebe an Astgabeln. Raupen spinnen vom April an die Blätter der Triebspitzen zusammen und befressen nicht nur sie, sondern namentlich auch die Blütenknospen. Die Verpuppung findet Ende Mai am Fraſsorte statt. Da dieser Rosenwickler meist in groſser Anzahl auftritt und fast alle Sorten befällt, ist der von ihm verursachte Schaden oft sehr bedeutend. Zur Bekämpfung wird vorgeschlagen: ausgiebiger Herbstschnitt; im

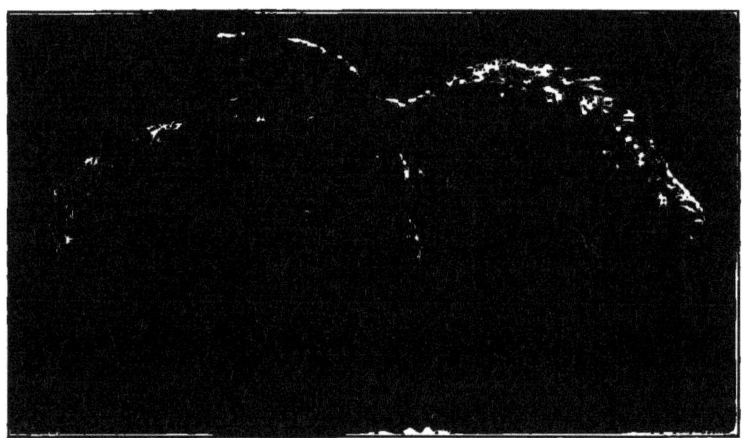

Fig. 215. Von den Raupen des Eichenwicklers umsponnener und abgetöteter Trieb einer im Unterholze wachsenden Edeltanne (29. Mai 1907; ¹/₂ nat. Gröſse).

Winter die Sträucher mit scharfer Bürste abbürsten, im Frühjahre die Zweige mit einer Mischung von Ton, Leim oder Blut und Ruſs bestreichen. Bei geringerem Befalle genügt es, die Räupchen aus den Blattwickeln herauszusuchen.

Nach KALTENBACH [2]) auch auf Rhamnus frangula.

T. forskaleana L. Gelblich, Saum und Saumhälfte des Vorderrandes rostfarben. Raupe gelblichgrün, mit einzelnen Haaren auf schwarzen Wärzchen; Kopf und Brustfüſse schwarz, Nackenschild braunschwarz; im Mai, in Frankreich in warmen Sommern auch im August. zwischen zusammengesponnenen Blättern der Rosen, besonders von Rosa centifolia; öfters mit voriger zusammen. Auch in Ahornfrüchten.

------

[1]) Siehe RICHTER, Rosenschädlinge a. d. Tierreiche, Stuttgart 1903, S. 255—258, Fig. 33.

[2]) Pflanzenfeinde, S. 100.

T. citrana Fern. Der „**Orange-Leaf-roller**", Nordamerika, ist deswegen erwähnenswert, weil seine, gewöhnlich zwischen zusammengesponnenen Blättern lebende Raupe auch in unreifen, grünen Apfelsinen Bohrgänge frißt, so daß die Früchte unreif abfallen [1]).

T. glaphyriana Meyr. **Lucerne Moth** [2]). Spinnt in Neu-Süd-Wales die Köpfe der Luzernepflanzen zusammen.

Arotrophora ombrodelta Meyr. [3]). Raupe frißt in Australien die Samen von Acacia farnesiana aus.

Pandemis Hb.

Vorderrand und Saum der Vorderflügel wenig geschwungen, ersterer bei ♂ einfach; Ast 7 und 8 ungestielt. Fühler beim ♂ mit Ausnagung hinter Wurzelglied.

P. ribeana Hb. Vorderflügel ledergelb, kaum gegittert; Wurzel, Mittelbinde und Randfleck braun, dunkler eingefaßt; 8—11 mm lang, 24 mm Spannweite. Raupe grün mit dunklem Rückenstreif und sehr feinen schwarzen Borstenwärzchen; Kopf grün und gelb gemischt, schwarzbraun gefleckt, Nackenschild schwarzbraun, Afterschild schwarz. Europa, Asien. Raupe im Mai und Juni sehr polyphag an Laubholz in Wald und Garten, namentlich an Kernobstbäumen und Ribes-Arten; im Gegensatze zu anderen Wicklern rollt jede Raupe sich in ein Blatt zierlich ein. Puppe am Fraßort.

Was die *Tortrix ribeana* von Schillings [4]) ist, deren grünliche Raupe mit hellbraunem Kopfe Johannisbeeren auffrißt, so daß sie notreif werden, ist aus seiner Beschreibung nicht mit Sicherheit zu ersehen (vielleicht Cacoecia rosana?).

Cacoecia Hb.

Vorderflügel nicht geknickt, oblong mit gerundeter vortretender Spitze und vertikalem Saume. Vorderrand beim ♂ an Wurzel umgeschlagen. Ast 7 und 8 nicht gestielt.

C. murinana Hb. (histrionana Rtzb.). **Weißtannen-Triebwickler** [5]). Die 20 mm lange, grünliche Raupe mit braunschwarzem Nackenschilde und glänzend schwarzem Kopfe befrißt im Mai unter lockerem Gespinste die Nadeln der Maitriebe älterer Weißtannen, besonders in der Krone, die bei andauerndem Massenfraße kahl wird. Die schließlich an der Basis abgebissenen Nadeln bleiben im Gespinst hängen. Gewöhnlich werden auch die Triebe selbst benagt, die sich dann geweihartig krümmen. Verwandlung Ende Juni in Bodenstreu und unter Moos. Feinde: Vögel, namentlich auch Wildtaube und Misteldrossel.

C. histrionana Froel. Die grasgrüne Raupe des Fichtentriebwicklers frißt in änlicher Weise an den vorjährigen Nadeln von Fichten.

C. rosana L. (laevigana Schiff.). **Heckenwickler** [6]). Vorderflügel glänzend braungrau mit drei braunen Flecken beim Männchen, ver-

[1]) Coquillet, U. S. Dept. Agric., Div. Ent., Bull. 32, 1894, p. 24; Chappelow, ibid. N. S., Bull. 18, 1898, p. 99.
[2]) Froggatt, Austral. Insects, p. 275—76, fig. 141.
[3]) Ibid., p. 276.
[4]) Pr. Ratg. Obst- u. Gartenbau, 1897, S. 256—7, 1 Fig.
[5]) Siehe Anm. 2 auf S. 287.
[6]) Naturaliste Année 30, 1908, p. 207—208.

wischt gitterartiger brauner Querzeichnung beim Weibchen. Raupe schmutzig - dunkelgrün mit dunklen Mittel- und Seitenstreifen; Kopf glänzend braun, Nackenschild etwas lichter; 19 mm lang. Europa, Kleinasien, Nordamerika. Die Raupen im Mai und Juni an den verschiedensten Laubhölzern, besonders Pirus- und Prunus-Arten, in Gärten an Jasmin, Rosen, Johannisbeeren, Haseln usw., anfangs gesellig in ausgebreiteten Gespinsten, später einzeln in zusammengerolltem Blatte, in dem auch die Puppe ruht. Auch in Nordamerika eingeschleppt und schädlich an wilden Rosen, Äpfeln, Erdbeeren, Hasel, Weißdorn, Stachelbeeren usw.

Cacoecia xylosteana L. Vorderflügel glänzend braungrau mit braunen, weiß eingefaßten Flecken. Raupe lebhaft grün; Kopf, Nackenschild und Brustfüße schwarz; im Mai in Blattwickeln der verschiedensten Laubhölzer, wie Eichen, Obstbäume usw.

C. podana Sc. Die grasgrüne Raupe mit dunkel kastanienbraunem Kopfe und Nackenschilde im Mai in Blattwickeln verschiedener Gartensträucher, namentlich von Johannisbeeren, in England nach THEOBALD[1] besonders die Gallen von *Eriophyes ribis* Nal. fressend, ohne jedoch für deren Bekämpfung von Bedeutung zu sein.

C. piceana L. An Nadelholz, auch Wacholder, Kiefer vorziehend. Flugzeit Juli, August. Raupe nach ECKSTEIN[2] im Herbst und ersten Frühjahre in röhrigem Gespinste zwischen Nadeln, später in den Maitrieben, in denen sie sich auch verpuppt. Nach SORHAGEN[3] spinnt sie anfangs zwei, später mehrere Nadeln zusammen, die sie aber nur an der Mitte der Innenseite benagt.

In Nordamerika[4] treten außer der eingeschleppten *C. rosana* mehrere Arten gelegentlich schädlich auf, wie **C. obsoletana** Wlk.[5] (Erdbeeren), **argyrospila** Wlk.[6] (Obstbäume und -sträucher), **parallela** Rob. (Rosen und Moosbeeren), **cerasivorana** Fitch (Kirschen), **rosaceana** Harr. (Obstbäume und -sträucher, Erdbeeren, Rosen), von denen namentlich argyrospila, obsoletana und rosaceana sich nicht nur mit Blättern und Blüten begnügen, sondern auch junge Früchte anbzw. ihre Kerne ausfressen. Einige Arten leben gesellig in großen Nestern, die oft ganze Bäume umhüllen.

C. postvittana Wlk.[7]. Australien; Raupe im Fruchtfleische junger Äpfel bzw. im weißen Teile der Schale von Apfelsinen.

Capua coffearia Nietn. Tea Tortrix[8]. Indien, Java, Ceylon. Tee, Kaffee. Vorderflügel blaß rötlichgelb mit undeutlichen Diagonallinien; Hinterflügel strohgelb. Raupe grünlich mit glänzend schwarzem Kopfe und Nackenschilde und zwölf Borstenwärzchen auf jedem Ringe. Eier in sich dachziegelartig deckenden Haufen von etwa 300 auf Blattoberseite,

---

[1] Report 1906/07, p. 54—55.

[2] Forstl. Zoologie, Berlin 1897, S. 513; ESCHERICH u. BAER, Nat. Zeitschr. Forst- u. Landwirtsch., Jahrg. 7, 1909, S. 198—200, Fig. 5.

[3] Allgem. Zeitschr. Ent., Bd. 6, 1901, S. 312.

[4] CHITTENDEN, U. S. Dept. Agric., Div. Ent., Bull. 27, N. S., p. 87—88.

[5] SLINGERLAND, Cornell Univ. agr. Exp. Stat., Bull. 190, 1901, p. 145—149, Fig. 35—40.

[6] STEDMAN, Missouri agr. Exp. Stat., Bull. 71, 1906, 21 pp., 14 figs.; Ausz.: Jahresber. Pflanzenkrankh., Bd. 9, S. 158—9.

[7] FROGGATT, Agric. Gaz. N. S. Wales, Vol. 10, 1899, p. 876—877, Pl. 1, Fig. 1; FRENCH, Handbook etc., Pt. 1, p. 67—68, Pl. V (hier C. responsana genannt).

[8] WATT a. MANN, Pests a. blights of Tea plant, 2d ed., p. 233—335, Pl. 12, Fig. 25; KONINGSBERGER, Med. Deptm. Landbouw Buitenzorg, Nr. 6, 1908, p. 31.

hell grünlichgelb, daher leicht sichtbar. Raupen anfangs gesellig, später einzeln, zwischen zusammengesponnenen Blättern. Nach vier Wochen Verpuppung am Fraſsorte. Auch an Grevillea, Albizzia und Eucalyptus; besonders auf Ceylon recht schädlich. Eier und versponnene Blätter sind abzusammeln.

Oenophthira Dup.

Palpen dreimal so lang als Kopf, abstehend. Fühlerglieder beim Männchen breit, mit vorstehenden Ecken. Ast 7 und 8 der Vorderflügel auf gemeinschaftlichem Stiele.

Oen. pilleriana Schiff. (Pyralis vitana F.). **Springwurm-wickler** [1]). Vorderflügel ockergelb oder grünlich messingglänzend mit zwei rostfarbenen, oft zerrissenen Querbinden; 8 mm lang, 18—24 Flügelspannung. Raupe zuerst grünlichgelb, später reiner grün, Bauch heller mit einem dunklen Rücken- und zwei desgleichen Seitenstreifen, Kopf und Nackenschild glänzend schwarz; spärlich behaart; bis 25 mm lang.

Vorkommen: Europa, Asien, Nordamerika; schadet namentlich im südlichen Frankreich und Deutschland und in den Karpathen, doch auch im übrigen südlichen Europa, aber immer mehr lokal. Die Zahl der Nährpflanzen ist eine recht groſse; die wichtigste ist die Weinrebe, von der sie z. B. auf benachbarte Luzerne, Rotklee, Wicken, Rosen in Menge übergegangen ist. Die Falter fliegen je nach Klima von Ende Juni bis in August, aber immer nur kurze Zeit. Sie legen die gelblichen Eier zu (12—)50—60(—200) dachziegelförmig in Häufchen auf die Oberseite der Rebenblätter. Nach etwa zwei Wochen kriechen die Räupchen aus, die nach unmerklichem Fraſse an den jüngsten Blättern sich unter losen Rindenschuppen, in Rissen usw. zur Überwinterung einspinnen. Im Februar oder März verlassen sie die Gespinste und bleiben unbeschützt neben diesen sitzen, bis sich im April oder Mai die Knospen öffnen, in die sie zuerst eindringen. Später spinnen sie die Blätter der Gipfeltriebe zusammen und zerfressen nicht nur diese, sondern auch die Gescheine. Bei stärkerem Auftreten wird alles Grüne abgefressen. Bei günstigem, d. h. warmem und trockenem Wetter geht der Fraſs sehr rasch vor sich, so daſs in wenigen Wochen alles kahl gefressen ist. Die erwachsene Raupe verpuppt sich anfangs Juni zwischen vertrockneten Blättern, deren Stiel sie öfters zur Hälfte durchgenagt hat. Die schlanke, schwarzbraune Puppe hat auf den Hinterleibsringen Halbkränze von Dornenspitzen und am stumpfen Aftergriffel acht nach innen gerichtete Hakenborsten. Die Puppenruhe dauert 3—4 Wochen. Bei Kahlfraſs ist der Falter gezwungen, zur Eiablage andere, belaubte Weinberge aufzusuchen, daher die Fraſsplätze sich in auſeinander folgenden Jahren oft verschieben.

Das Gewebe des Springwurmes besteht aus regelmäſsigen, dünnen Fäden mit wenig Leimmasse und Fremdkörpern, der Kot aus länglichen, olivengrünen, sich mit dem Ende aneinander legenden Krümeln.

Naſskalte Witterung, Spät-, namentlich Rauhfröste, werden den

---

[1]) Siehe Reblaus-Denkschriften, Berichte der Kgl. Lehranstalt zu Geisenheim a. Rh., die Literatur üb. Conchylis ambiguella, ferner: VERMOREL et GASTINE, C. r. Acad. Sc. Paris, T. 135, 1902, p. 66—68; MARCHAL, Rapport sur la Pyrale de la vigne, Paris, Ministère de l'Agriculture, 1904, 8°; DEWITZ, Zeitschr. wiss. Ins. Biol., Bd. 1, 1905, S. 106—116.

Raupen verderblich. Die Zahl ihrer Feinde und Parasiten ist grofs; unter ersteren sind Spinnen und Ohrwürmer zu erwähnen.

Die Bekämpfung ist ähnlich wie beim Traubenwickler. Nur sind Fanglampen hier von besserer Wirkung; auch kann man in um die Rebstöcke gewickelten Tuchlappen die überwinternden Raupen in Mengen fangen. — In Frankreich ist am meisten gebräuchlich das ébouillantage oder échaudage genannte Verfahren, bei dem die Reben im Winter oder ersten Frühjahre mit heifsem Wasser übergossen werden. Auch Schwefelung unter Metallglocken (15 g Schwefelfaden auf einen Stock, zehn Minuten Dauer) hat gute Erfolge gegeben. In Deutschland hat bis jetzt am meisten das Vernichten der jungen Räupchen in den Gipfeltrieben Anwendung gefunden; aber auch das Absuchen der Eier dürfte befriedigende Ergebnisse liefern.

Teras Tr. (Acalla Hb.).

Ast 2 der Vorderflügel vor der Mitte der hinteren Mittelrippe entspringend, Ast 7 in Vorderrand auslaufend. — Die Raupen leben meist zwischen zusammengesponnenen Blattbüscheln von Laub-(Obst-)Bäumen; nur wenige sind hier kurz zu erwähnen.

T. contaminana Hb. Falter im August, September. Eier überwintern. Raupe Ende April bis Juni, dunkelgrün mit schwarzen Borstenwärzchen, unten heller; Kopf, Nackenschild und Brustfüfse braunrot, 11—12 mm lang.

T. holmiana L. **Birnwickler.** Falter von Ende Juli bis Mai, überwintert in Rindenritzen. Raupe im Mai und Juni zwischen zwei am Rande versponnenen Blättern, gelblich, Kopf rötlich mit schwarzer Seitenzeichnung, Nackenschild und Brustfüfse schwarz, auf achtem Ringe einen warzenartigen Höcker, 9—10 mm lang. Puppe rötlich, unter umgeschlagenem Blattrande.

T. ferrugana S. V.[1]. Falter wie voriger. Raupe von Juni bis August, bräunlichweifs oder grünlich mit fünf hellbraunen oder olivenfarbenen Längsstreifen, Kopf und Nackenschild glänzend braun; 11 mm lang, einzeln, in weifslicher, mit Kotkrümeln verunreinigter Gespinströhre zwischen Blättern; besonders an jungen Eichen schädlich. Europa, Nordamerika.

T. schalleriana F.[2]. Die sehr polyphage Raupe ist in Belgien an Azaleen schädlich geworden, indem sie deren Blütenknospen benagte.

T. variegana Schiff. Falter überwintert. Raupe im Mai, Juni; grünlichgelb mit lichten, in Reihen geordneten Punktwärzchen, Kopf hellbraun, Nackenschild bräunlich, 14 mm lang; spinnt zwei Blätter zusammen.

T. minuta Rob.[3]. Nordamerika (New Jersey, Massachusetts usw.). Falter in ein bis zwei orangegelben Sommerbruten (Juni, August) und einer schiefergrauen Winterbrut (Oktober bis Mai). Raupen der beiden ersten grünlich, der letzten rötlich, Kopf gelbbraun. An Moosbeeren und Verwandten, aber auch an Birn- und Äpfelbäumen, an letzteren und zum Teil auch an ersteren die Blätter, an ersteren aber vorwiegend die Triebe zusammenspinnend. Namentlich die zweite Brut verfertigt

---

[1] Noël, Le Naturaliste, T. 31, 1909, p. 21.
[2] de Joannis, Bull. Soc. ent. France 1907, p. 341—342.
[3] Smith, Farmers Bull. 178, 1903, p. 12—16, fig. 6; Franklin, Journ. econ. Ent., Vol. 2, 1909, p. 46—47; Webster, R. L., ibid. p. 48.

grofse Gespinste, unter denen sie auch die Beeren ausfrifst. — Zahlreiche Parasiten, die besonders die zweite und dritte Brut in zunehmendem Mafse dezimieren. Das beste Vorbeugungsmittel ist, die Moosbeersümpfe bis mindestens Mitte Mai unter Wasser zu lassen, um die Eiablage der Winterbrut zu verhindern. Ameisen schleppen die Raupen in ihre Nester. Alle benachbarte Heiden, Heidelbeeren usw. sind zu vernichten.

Orneodiden.

Federmotten mit sechsteilig gespaltenen Flügeln.

Orneodes Latr. (Alucita Zell.).

O. hexadactyla L. **Geifsblatt-Geistchen.** Raupe glasartig graugrün, einzeln behaart; Kopf hellbraun, Mundteile dunkler; Atemlöcher hellbraun; an den langen Bauchfüfsen einen braunroten Borstenkranz; 5 mm lang. Im Mai und Juli in den Blütenknospen von Lonicera, die sie zusammenspinnt und ausfrifst. Puppe in leichtem grauen Gespinste in Rindenritzen, an Erde usw.

Pterophoriden[1]).

Federmotten mit ganzen oder 2—3teilig gespaltenen Flügeln.

Pterophorus Geoffr. (Alucita Meyr.).

Palpen kurz. Vorderflügel bis ein Drittel gespalten, Vorderzipfel ohne, Hinterzipfel mit abgerundetem Hinterwinkel.

Pt. monodactylus L. Rötlich oder hellgelbgrau. Europa, Asien, Nordamerika; in letzterem schädlich dadurch, dafs die Raupen an den Blättern von Ipomoea batatas fressen[2]).

Platyptilia Hb. (Cnemidophorus Wallgr.).

Palpen von Kopflänge. Vorderflügel weniger als ein Drittel gespalten, Zipfel breit, mit deutlichen Hinterwinkeln.

Pl. rhododactyla F.[3]). Vorderflügel rötlichrostbraun mit zwei weifsen, schrägen Querstreifen; dritte Hinterfeder weifs mit brauner Spitze. Raupe weifslichgrün mit rotem Rückenstreifen; Kopf und Afterschild ockergelb; auf jeder Seite vier Reihen kleiner, heller Warzen mit dunklen Haaren; Beine sehr kurz; 12 mm lang. Raupe im Mai und Juni an weichblätterigen Rosen, dringt von unten her in junge Blütenknospen ein, frifst sie aus und spinnt sie dabei an nächstes Blatt fest. Auch im Herzen und Stengel junger Rosentriebe. Puppe frei an Blatt. Zwei Bruten?

Oxyptilus Zell.

Palpen lang. Vorderflügel über ein Drittel gespalten, Vorderzipfel ohne, Hinterzipfel mit deutlichem Hinterwinkel.

---

[1]) Hofmann, O., Die deutschen Pterophorinen. Ber. nat. Ver. Regensburg, 5. Heft, 1896, S. 25—219, Taf. 1—3.

[2]) Sanderson, Exp. Stat. Maryland, Bull. 59, 1899.

[3]) Richter von Binnenthal, Die Rosenschädlinge aus dem Tierreiche, Stuttgart 1903, S. 269—270, Fig. 38; Sorhagen, Allgem. Zeitschr. f. Entom., Bd. 6, 1901, S. 242.

Oxyptilus periscelidactylus Fitch. **Grape plume.** Nordamerika. Die gelblichweifse Raupe spinnt die Gipfelblätter junger Rebentriebe zusammen und frifst das Herz aus. Schaden aber unbedeutend, da der Frass nach dem ersten und vor dem zweiten Triebe stattfindet, so dafs die Achselknospe des obersten Blattes die Leitung übernimmt.

Exelastis atomosa Wals.[1] (Indien) und **Sphenarches caffer** Zell.[1] (Tropen der Alten Welt). In Indien schädlich an Cajanus indicus und Dolichos lablab; letztere an Blättern, erstere die Samen von aufsen her aushöhlend, ohne in die Hülsen zu dringen.

Pyraliden, Zünsler.

Fühler borstenförmig, bei den Männchen gewimpert bis gesägt. Augen nackt. Nebenaugen vorhanden. Vorderflügel mit elf bis zwölf, seltener neun bis zehn Rippen; Ast 4 und 5 dicht beieinander oder auf gemeinschaftlichem Stiele, Ast 9 aus 8 oder 7, selten ganz fehlend; Mittelzelle ungeteilt. An Hinterflügeln Rippe 8 entweder zum Teil mit Ast 7 vereinigt oder nahe an ihm verlaufend. — Gröfser, schlanker als die bisher behandelten Familien, Vorderflügel schmal dreieckig, Hinterflügel breit, faltbar, spannerähnlich, Raupen wickler ähnlich, mit 16 Füfsen. Sie spinnen Blätter zusammen oder leben in Stengeln, Rinde, Früchten usw. Meistens nächtlich. Zahlreiche Arten sind in den Tropen, namentlich der orientalischen und australischen Region, mäfsig schädlich; es genügt hier, auf die Arbeiten von MAXWELL-LEFROY und FROGGATT zu verweisen.

Pyrausta Schrk. (Botys aut.).

Mit Nebenaugen. Vorderflügel breit, dreieckig, mit langem Saume; Ast 8 und 10 gesondert, Ast 11 sehr schräg. Hinterflügel kurz, gerundet.

P. nubilalis Hb. **(silacealis** Hb., **lupulina** Cl.)[2] (Fig. 216). **Hirsezünsler. Gliedwurm** in Mais, Hopfen, Hanf. Ockergelb, mit rostfarbener Zeichnung auf Vorderflügeln; ♂ und ♀ verschieden; 28 bis 30 mm Spannweite. Raupe fast nackt, glänzend, oben schmutzig graubraun mit dunkler Rückenlinie, auf jedem Ringe seitlich zwei schwarze Punkte, unten weifslich, Kopf schwarzbraun, Nackenschild gelblich, bis 30 mm lang. Falter im Juni. Eier einzeln an Stengel, Ranken usw., an den Gramineen dicht oberhalb eines Knotens. Räupchen nach etwa 14 Tagen, bohren sich sofort ins Innere und fressen sich im Marke nach unten; aus der Eingangsöffnung wird der gelblichweifse Kot herausgeschafft. Am Mais geht die Raupe auch in den Kolben und frifst nicht nur diesen, sondern auch die Körner von innen her aus. Die distalen Teile der Pflanzen vergilben und verkümmern natürlich; die Fruchtstände können sich nicht entwickeln; auch brechen die ausgehöhlten Pflanzen leicht durch. An den Gramineen dringt die Raupe bis in die Wurzel vor, wo sie überwintert, um sich erst im nächsten

---

[1] MAXWELL-LEFROY, Mem. Dept. Agric. India, Vol. 1, 1907, p. 219, fig. 67, 68; p. 220.

[2] ROBIN et LABOULBÈNE, Ann. Soc. ent. France (6) T. 4, 1884, p. 5—16, Pl. 1, fig. 1—4; JABLONOWSKI (magyarische Arbeit), Ausz.: Illustr. Zeitschr. Ent., Bd. 5, 1900, S. 125—6.

Mai zu verpuppen. An Hanf usw. findet die Verpuppung im Stengel, im Bodengeniste oder an den Stangen statt. Parasit (in Ungarn): *Ceromasia interrupta* Rdi.

Auch in Panicum sanguinale, Artemisia vulgaris, Conyza squarrosa, Arundo gefunden.

Bekämpfung: Fanglampen; alle befallene Teile abschneiden; Hopfenstangen durch Draht ersetzen. Die Maisstengel sind als Viehfutter zu verwenden; die Hirse ist, nach RÖRIGS Vorschlag, kurz zu mähen und zu verfüttern, wenn die Raupe zur Erntezeit noch hoch im Stengel sitzt, hoch zu mähen bei umgekehrtem Verhalten. Die Wurzelstöcke und Stoppeln sind aufzureißen, zusammen zu eggen und zu verbrennen.

P. machoeralis Wlk. [1]). Mit Hyblaea puera zusammen der gefährlichste Feind der Teakwälder (Tectona grandis) in Indien und Burmah, die von der in trockenen Gegenden zweimal, sonst siebenmal auftretenden Raupe derartig kahl gefressen werden, daß sie wie verbrannt aussehen. Puppe in Kokon an oder im Boden, in Rindenritzen usw. Gegenmittel: Mischwald, Schweineeintrieb, Schutz der natürlichen Feinde (Hymenopteren, Spinnen, Vögel, besonders Bulbuls).

Epicorsia mellinalis Hb. [2]) entblättert bei Barbados zweimal im Jahre die „fiddle-wood"-Bäume (Citharexylum villosum?) und ist während der übrigen Zeit verschwunden.

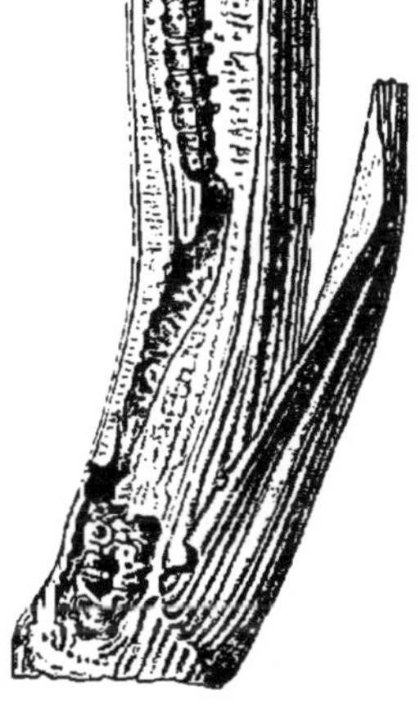

Fig. 216. Gliedwurm im Mais; Weibchen (links), Männchen (rechts) (nach ROBIN ET LABOULBÈNE; nat. Gr.).

Pionea Gn. (Phlyctaenia Hb.).

Mit Nebenaugen. Vorderflügel breit, Ast 9 und 10 aus 8 entspringend, Ast 11 sehr schräg. Hinterflügel kurz, breit. Flügelhaltung steil, dachförmig.

P. forficalis L. Kohlzünsler. Vorderflügel hell ockergelb mit bräunlicher und weißgelber Zeichnung; 26 mm Spannweite. Juni-Juli, August-September. Raupe gelblichgrün mit undeutlichen helleren und dunkleren Längsstreifen, Kopf hellbraun; 20 mm lang; Juni-Juli, September-Oktober. Unter losem Gespinste an der Blattunterseite von Kohlarten, Alliaria, Meerrettich, Sellerie, Sauerampfer, Gartenblumen, auch Gras. Frißt Löcher in die Blätter, bei Meerrettich auch die Blüten

---

[1]) HOLE, Journ. Bombay Soc. nat. Hist, Vol. 15, 1904, p. 684—697, Pl. A, fig. 1—3.

[2]) West Ind. Bull., Vol. 3, 1902, p. 233.

und besonders die jungen Samen. Raupe überwintert in der Erde; hier finden sich auch die Puppen in mit Erde vermischtem Kokon. Parasit: *Meteorus chrysophthalmus* Nees.

Pionea prunalis Schiff. Raupe hellgrün, Kopf und Nackenschild dunkler, ersterer mit vier weißen Punkten, letzteres mit zwei weißen Längslinien; im Mai und Juni überall häufig an Obstbäumen und -sträuchern.

P. ferrugalis Hb. [**rubigalis** Gn.][1]. Vorderflügel rostgelb mit braun. Raupe grünlich mit schwarzen Flecken und jederseits weißem Band. Heimat wohl die orientalische, vielleicht auch aethiopische Region, von da nach Europa und Nordamerika verschleppt, in ersterem kaum, in letzterem beträchtlich schadend. im Freien und in Glashäusern, an Blumen (Veilchen, Rosen, Chrysanthemen) und Gemüse usw. (Sellerie, Kohl, Rüben, Tabak, Salat, Blumenkohl, Petersilie, Gurken, Erbsen, Erdbeeren usw.). Raupe frißt wie vorige. Puppe am liebsten zwischen zwei zusammengesponnenen Blättern oder in Blattrollen. Im Freien zwei bis drei, in Häusern vier bis fünf Bruten. Räuchern mit Blausäure ist ohne Wirkung; in Häusern muß man ablesen; im Freien hilft frühzeitiges Spritzen mit Pariser Grün.

P. tertialis Gn.[2]. In Virginien schädlich an Reben und kultivierten Sambucus-Arten: die Raupe faltet die Blätter in der Mitte zusammen.

Dausara tallinsalis Wlk. (Botys marginalis Moore) auf Sumatra sehr schädlich an Tabak.

Phlyctaenodes Hb. (Eurycreon Ld., Loxostege Hb.).

Stirne schmal, mit kurzem, keilförmigem Vorsprunge. Vorderflügel dreieckig mit langem Saume; Ast 8 und 10 gesondert, Ast 11 sehr schräg. Hinterflügel kurz, breit, gerundet.

Phl. sticticalis L. **Wiesenzünsler**[3]. Vorderflügel rostbraun, grau gemischt mit dunkleren und helleren Zeichnungen. Europa, überall gemein auf sandigen Strecken, besonders an Artemisia campestris; in Südosteuropa (dem Steppengebiete) in manchen Jahren (besonders 1901) in ungeheueren, nur der Wanderheuschrecke vergleichbaren Mengen auftretend und ähnlich schädlich. Nordamerika. Raupe bis 20 mm lang, anfangs graugrün, später dunkelgrau mit gelbgrünen Rücken- und Seitenlinien und schwarzem Kopfe, an nahezu allen Pflanzen mit Ausnahme von Kiefern; auch Gräser und Getreide werden nur im Notfalle genommen, an letzterem noch am liebsten die milchreifen Körner. Den Hauptschaden tut sie an Zuckerrüben. Im Norden eine, im Süden zwei, in günstigen Jahren sogar drei Bruten, die aber manchmal nur

---

[1] Chittenden, U. S. Dept. Agric., Div. Ent., Bull. 27, N. S., 1901, p. 7—25, Pl. 1, figs. 1—6. — Fletcher a. Gibson, Canad. Ent., Vol. 33, 1901, p. 140—144. — Slingerland, Cornell Univ. agr. Exp. Stat. Bull. 190, 1901, p. 159—164, figs. 42—49.

[2] Chittenden, U. S. Dept. Agric., Div. Ent., Bull. 18, N. S., 1898, p. 82—83.

[3] Köppen, Die schädlichen Insekten Rußlands, Moskau 1880, S. 394—405. — Schille, Soc. entom., T. 16, 1901, p. 105. — Stift, Österr.-ungar. Zeitschrift Zuckerindustrie u. Landwirtschaft, 1901, Heft 6, S. 24—32; 1903, Heft 1, S. 4—5; 1904, Heft 1, S. 38. — Der Aufsatz Giards in den C. r. Acad. Paris 1906 betrifft Lita ocellatella (s. S. 263); Noël, Naturaliste T. 31, 1909, p. 93—94. — Zahlreiche russische Autoren, die in den Jahresber. Leistgn. Fortschr. Pflanzenkr., Bd. 4 ff, und zum Teil in dem Zool. Centralbl., Bd. 10, S. 160—161 u. Bd. 11, S. 318—324, besprochen sind.

aus Männchen bestehen, so dafs mit deren Auftreten die Plage so gut
wie beendet ist. Der im Frühling fliegende Falter legt etwa 250 Eier
an Unkräuter, von denen aus die Raupen aber doch schon an Kulturpflanzen übergehen können. Der im Sommer fliegende Falter belegt
Rüben und andere Kulturpflanzen. Die Raupen fressen etwa $2\frac{1}{2}$ bis
4 Wochen lang, und zwar alles Grüne; an Rüben nagen sie auch die
Köpfe an. Ist ein Feld leer gefressen, so wandern sie in ungeheueren
Mengen[1]). Ebenso ziehen sie 3—4 Tage vor der Verpuppung in grofsen
Scharen und bestimmter Richtung auf der Suche nach geeigneten
Plätzen. Die Verpuppung findet in sandiger Erde, 4—8 cm tief, statt,
in langem, zylindrischem, aufsen mit Erde versetztem, innen aus fester
Gespinströhre bestehendem Kokon, dessen oberes Ende immer nach
der Erdoberfläche hin offen ist. Nach vier Wochen schlüpft der
Falter aus.

Die Ursachen der massenhaften Vermehrung dürften wohl in
günstigen Witterungsverhältnissen, namentlich feuchtem Frühjahr und
Sommer, die auf den Steppen üppigen Pflanzenwuchs entstehen lassen,
zu suchen sein.

Als Feinde werden in erster Linie Stare und Sperlinge, ferner
Seeschwalben und Raubkäfer, auch Tachiniden und Ichneumoniden
genannt. KRASSILTSCHIK beobachtete bei der Invasion 1901 eine durch
Mikroklossia prima (Coccidie) erzeugte Epidemie[2]). Tatsächlich verschwanden bei letzterer die Massen fast ebenso rasch, wie sie gekommen waren, so dafs es schon 1902 schwer hielt, überhaupt Raupen
oder Schmetterlinge zu erhalten.

Der Schaden ist infolge der hohen Regencrationskraft der Rübe
nicht so grofs, wie man nach dem Frafse vermuten sollte. Die unverletzten Teile der Rübe lassen wieder Blätter entstehen. Blattreste
bilden neue Rüben aus. Wenn diese auch an Gröfse und Zuckergehalt
bedeutend hinter normalen Rüben zurückbleiben, so ist die Ernte doch
nicht ganz verloren.

Bekämpfung. Die Falter fängt man mit Fanglampen oder ver-
jagt sie von den bedrohten Feldern. Die Raupen kann man durch
Fanggräben, mit Teer bestrichene Bretter usw. fangen bzw. von ihrer
Wanderrichtung ablenken. Arsenmittel und Chlorbaryum (2 %) töten
sie. Stark befallene Felder bedeckt man locker mit Stroh, das angezündet wird; die Rüben leiden nur wenig, die Raupen gehen fast
alle zugrunde. Zur Zeit der Puppenruhe der ersten Brut werden die
Felder behackt; gegen die Puppen der zweiten pflügt man sie im
Frühling tief um und walzt sie; die Puppen werden teils zerstört, teils
die auskriechenden Falter am Ausschlüpfen gehindert.

Nach Nordamerika[3]) ist dieser Zünsler wahrscheinlich von Asien
her eingeschleppt worden, dringt dort von der Westküste aus immer
weiter ins Innere vor, tritt zeitweise schon in ungeheueren Schwärmen
auf und entwickelt sich in den letzten Jahren zu einem sehr gefährlichen Schädling, besonders auch auf Zuckerrüben. Drosseln leisteten
vorzügliche Hilfe im Dezimieren der Massen.

---

[1]) Rossikow führt auch hier das Wandern zurück auf stärkeren Befall durch
Parasiten (s. Wanderheuschrecken, S. 156).

[2]) C. r. Soc. Biol. Paris, T. 58, 1905, p. 656—657, 736—739.

[3]) CHITTENDEN, U. S. Dept. Agric., Div. Ent, Bull. 33, N. S., 1902, p. 47—48,
fig. 10; FLETCHER, ibid. Bull. 46, 1904, p. 84; GILLETTE, ibid. Bull. 52, 1905, p. 60. —
FORBES, 21. Rep. State Entom. Illinois, 1903, p. 106—122, figs. 33—37. — GILLETTE,
Agric. Exp. Stat. Colorado, Bull. 98, 1905, p. 3—12, 2 Pls.

Phlyctaenodes palealis Schiff. Raupen manchmal zu mehreren, aber jede einzeln in schlauchförmigem Gespinste im Hochsommer in den Blütenständen der Möhren und anderer Schirmblütler, die Blüten und unreifen Samen fressend.

Phl. similalis Gn. **Garden web-worm** [1]). Nordamerika. Raupen Allesfresser; in den Staaten um den südlichen Mississippi besonders an Baumwolle schädlich.

Phl. obliteralis Wlk. Nordamerika. Die sehr bunte (grün, gelb, schwarz, weifs) Raupe an im Schatten wachsenden Zierpflanzen, besonders an Ipomoea purpurea und Verwandten. Sie nagt den Blattstiel von oben fast ganz durch; in das herabhängende welke Blatt spinnt sie sich tagsüber ein.

Evergestis Hb. (Orobena Gn.).

Stirne schmal; Palpen kurz, horizontal. Vorderflügel breit, Ast 8 und 10 gesondert, Ast 11 sehr schräg. Hinterflügel kurz und breit.

Fig. 217. Vom Rübsaatpfeifer befallene Rapsschoten (nach Rörig).

E. extimalis Sc. **(margaritalis** Schiff.). **Rübsaatpfeifer** (Fig. 217). Vorderflügel weifslich-ockergelb mit zwei rostbraunen Querlinien und ebensolchem Schrägstriche an Spitze; Fransen veilgrau; 26 mm Flügelspannung; Juni-August. Raupe gelbgrün, jederseits ein grauer Streifen, vier Längsreihen schwarzbrauner Flecke; Luftlöcher und ein Fleck über jedem Fufse, Kopf und Halsschild schwarz, letzteres breit gelb geteilt; 18 mm lang, an verschiedenen Kreuzblütlern, schädlich an Raps, Rettich, Kohl usw.; spinnt die Schoten locker zusammen und frifst die schwellenden Samen aus, so an ersteren eine gleichmäfsige Reihe von Löchern erzeugend. Im Herbste verspinnt sich die Raupe flach in der Erde, seltener in ausgefressener Schote. Verpuppung erst im Frühjahre. Ablesen, im Winter tief umpflügen; Fruchtwechsel.

E. frumentalis L. Raupe ähnlich voriger lebend. Die Angabe von Pallas, dafs sie in Kasan die junge Wintersaat vernichtet habe, dürfte nach E. Taschenberg und Sorhagen [2]) auf Verwechslung beruhen.

E. rimosalis Gn. [3]). Raupe in Nordamerika an Kreuzblütlern, besonders an Kohl, hier fast ebenso lebend und von denselben Parasiten befallen wie Picris rapae.

Hellula Gn.

H. undalis F. [4]). Südeuropa, Asien, Afrika, Australien; in Nordamerika eingeschleppt. („**Imported cabbage web-worm**"). Hier in den Südstaaten sehr schädlich an Kohl und Rüben. Die Raupe frifst unter einem Gespinste das Herz aus, so dafs sich die Pflanzen bzw.

---

[1]) Chittenden, l. c., p. 46—47; Forbes, l. c.; 23. Rep., 1905, p. 89—91, fig. 70.
[2]) Kleinschmetterlinge der Mark Brandenburg, Berlin 1886, S. 28.
[3]) Chittenden, l. c. p. 54—59, fig. 12.
[4]) Chittenden, l. c., p. 48—49; Bull. 19, 1899, p. 51—57, fig. 12; Bull. 23, 1900, p. 53—61; Forbes, l. c., p. 111—112.

die Rüben nicht entwickeln können. Parasiten: *Exorista pyte* Wlk. (Tachinide), Meteorus vulgaris Cress. (Ichneumon.), Temelucha macer Cress. (Braconide). — Arsenik hilft am ehesten gegen die ganz jungen, noch nicht unter schützendem Gespinste fressenden Raupen. Petroleum-Emulsion, öfters über die Pflanzen gesprüht, hält die Weibchen von der Eiablage ab. Fanglampen, am Boden aufgestellt, erwiesen sich als nützlich.

Omphisa anastomosalis Gn. [1]). Auf Hawaii in dem Marke der Stengel von Bataten oft zu zweien bis dreien; geht auch in die Knollen und wird mit diesen verschleppt.

Thliptoceras Swinh.

Palpen vorstehend, gerade, lang; zweites Glied oben und unten mit Haaren gefranst. Rippen 3 und 5 der Vorderflügel entspringen dicht am Winkel der Mittelzelle; Ast 7 von 8 und 9 getrennt. Afrikanische, orientalische und australische Regionen.

Thl. octoguttale Fld. **Kaffeezünsler** [2]) (Fig. 218). Kopf und Brust purpurbraun, Hinterleib rotgelb, Afterbüschel orange. Vorderflügel purpurbraun, orange gezeichnet, in der Mittelzelle einen hyalinen, dunkel gerandeten Fleck; 22 mm Flügelspannung. Raupe hell mit doppelter Fleckenreihe auf Rücken, 11—12 mm dick. In allen Kaffee-Gegenden der alten Welt, auch in Deutsch-Ostafrika beträchtlich schadend. Die Raupen bohren sich in die Kaffeefrüchte ein und fressen an jungen die Bohnen, an älteren das Fleisch aus; da sie 6—8 Wochen leben, zerstört eine einzelne Raupe 40—50 Kirschen. Die Falter der nach der Ernte fliegenden Brut legen ihre Eier an die Endknospen der jungen Zweige, deren Mark die Raupen ausfressen. Puppe zwischen zusammengesponnenen Blättern usw.; ruht 2—4 Wochen. — Die befallenen, an Verfärbung und ausgeworfenem Kote kenntlichen Früchte und die abgestorbenen Triebe sind abzusammeln. Fanglampen haben sich nicht bewährt. — Auch in Früchten von Ixora grandiflora.

Fig. 218. Kaffeezünsler (nat. Gr.)

Godara comalis Guer. [3]). Australien, an Meerrettich. Raupen fressen gesellig unter schützendem Gespinst an der Blattunterseite, nur die Mittelrippe und die raueren Teile stehen lassend.

Glyphodes Gn. (Diaphania Hb., Phakellura Gldg., Margaronia Hb.).

An Vorderflügeln Adern 3, 4, 5 vom Winkel der Mittelzelle entspringend, 7 gekrümmt und 8 und 9 auf der Hälfte ihres Verlaufes genähert; 10 den Adern 8 und 9 genähert. An Hinterflügeln Ast 7 und 8 zusammenfließend.

Gl. ocellata Hamps. (Fig. 219). Westafrika [4]). Weiß, Kopf und Hals goldbraun, desgleichen der Vorderrand und ein Mondfleck der Vorderflügel. 34 mm Flügelspannung. Raupe grün mit zwei braunen Längsstreifen; an Kickxia elastica, spinnt die Blätter nach oben zu-

---

[1]) Van Dine, Ann. Rep. Hawaii agr. Exp. Stat. 1907, p. 45.

[2]) Bordage, C. r. VI. Congr. intern. Agric., Paris 1900. Ausz.: Z. Pflanzenkrankheiten, Bd. 11, S. 296. — Morren, Indischer Mercuur; Ausz. Beih. I. Tropenpflanzer, 1900, S. 104—105. — Boutilly, Rev. Cult. colon. 1898, Ausz.: Tropenpflanzer, Bd. 2, S. 316—317. — Vosselen, Ber. Land- u. Forstwirtsch. Deutsch-Ost-Afrika, Bd. 28, S 245.

[3]) Froggatt, Agr. Gaz. N. S. Wales, Vol. 10, 1899, p. 8—9, Pl. 1, fig. 3.

[4]) Preuss, Tropenpflanzer, Bd. 7, 1903, S. 355—356; Busse, ebenda, Bd. 9, 1905, S. 36.

sammen und skelettiert sie; die Blätter werden braun und fallen ab. Namentlich in Saatschulen gefährlich, an älteren Pflänzchen weniger, an solchen von 1½—2 Jahren gar nicht mehr. Schweinfurter Grün hatte ausgezeichneten Erfolg.

In Indien, Java, Amerika fressen verschiedene Arten nicht nur an Blättern, sondern auch im Innern von Früchten, so **Glyphodes negatalis** Wlk.[1]) in denen von Dillenia indica (Indien) und **Gl. hyalinata** L.[2]) und **nitidalis** Cram.[3]) in solchen von Cucurbitaceen (Amerika).

Sylepta Hb.

Geäder ähnlich Glyphodes; Ast 7 und · 8 der Hinterflügel nicht zusammenlaufend.

S. derogata F. [multilinealis Guen.][4]). **Baumwollblattroller** (Fig. 220). Gelblichweiß mit braunen Linien und Flecken; 28—40 mm Flügelspannung. Raupe durchscheinend grün mit braunem Kopfe und Halsschilde. Afrika, Asien; an Baumwolle, Hibiscus esculentus, Malven.

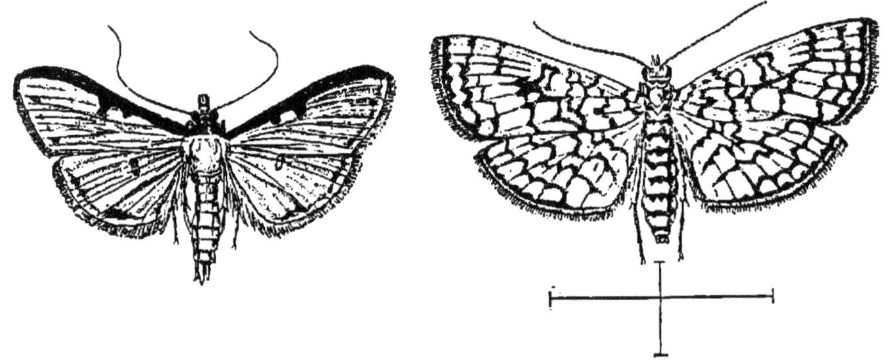

<table>
<tr><td>Fig. 219.   Glyphodes ocellata
(nat. Gr.).</td><td>Fig. 220.   Baumwollblattroller (nach Indian
Museum Notes, Vol. 5).</td></tr>
</table>

Eier einzeln an Blattunterseite. Die junge Raupe frißt zuerst unter Gespinst oberflächlich am Blatt; später schneidet sie die Blattspreite nahe am Stiele vom Rande aus ein und rollt das Blatt zusammen; in einer Rolle leben oft mehrere Raupen und füllen sie mit ihren schwarzen, körnigen Exkrementen. Die Blätter hängen herab und welken. Geteilte Blätter werden nicht gerollt; an kleinblättrigen Baumwollsorten werden die Gipfeltriebe zusammengesponnen. Puppe am Fraßort oder in gerollten Blättern an der Erde. Bekämpfung: Ablesen bzw. Zerdrücken der Raupen in den Rollen. In der Nähe von Baumwollfeldern keinen Hibiscus bauen; in Baumwollsaaten Hibiscus mit aussäen; er kommt früher und dient als Fangsaat; nach 4—5 Wochen wird er entfernt und vernichtet.

---

[1]) Ind. Mus. Notes, Vol. 5, 1903, p. 114, 117.

[2]) Ashmead, U. S. Dept. Agric., Div. Ent., Bull. 14, 1887, p. 26—27; Chittenden, ibid., Bull. 19, N. S., 1899, p. 42—44; Cook, ibid., Bull. 60, Bur. Ent., 1906, p. 70.

[3]) Chittenden, l. c., p. 41—42.

[4]) Maxwell-Lefroy, l. c., p. 212; Mem., Vol. 2, 1908, p. 95—110, Pl. 9; Ind. Ins. Pests, p. 96—99, fig. 108—109. — Vosseler, Ber. Land- u. Forstwirtsch. Deutsch-Ostafrika, Bd. 2, S. 411.

S. (Notarcha) clytalis Wlk. [1]). Australien. Die Raupen spinnen gesellig an Kurrajong (Brachychiton populneum) die Blätter der Endtriebe zu unregelmäfsigen, zylindrischen, über einen Fufs langen Massen zusammen.

Omiodes Gn. [2]).

Von dieser tropischen Gattung sind mehrere Arten auf Hawaii schädlich, indem die Raupen Blätter zusammenrollen und -spinnen, zuerst nur skelettierend, später sie ganz verzehrend. So **O. accepta** Butl. an Zuckerrohr, **O. blackburni** Butl. an Kokospalmen, **O. meyricki** Swez. an Bananen, **O. monogona** Meyr. an Erythrina monosperma, Dolichos lablab usw.

Desmia funeralis Hb. [maculalis Westw.] [3]). Nordamerika, an Weinrebe, besonders in den Südstaaten schädlich. Die Raupen falten die Blätter nach oben zusammen und skelettieren sie; die der ersten Brut spinnen auch Blüten und Früchte zusammen.

Die Raupen der **Nymphula** Schrk. (**Hydrocampa** Gn.)-Arten leben an Wasserpflanzen; nur gelegentlich werden einige schädlich, wie die von **N. nymphaeata** L. [4]) in Ungarn an Reis, die von **N. cannalis** Quaint. [5]) in Florida an Canna indica, die von **N. fluctuosalis** Zell. und **depunctalis** Gn. [6]) in Indien an Reis und eine unbestimmte Art [7]) auf Java an Ficus glomerata.

Cledeobia moldavica Esp. [8]). Südöstliches Europa, Kleinasien. Die olivenschwarzen Raupen mit gelbrotem Hals- und Afterschilde und letztem Beinpaare leben in den Steppen Südrufslands von August bis April in Gespinströhren unter den Büscheln von Festuca ovina und Stipa, deren unterirdische Stengel sie abfressen, so dafs die Gräser eingehen. Sie treten in manchen Jahren in ungeheueren Massen auf. Feinde: Vögel, insbesondere Mornellregenpfeifer, Kiebitz, Kalanderlerche.

Cryptoblabes gnidiella Mill. (wockiana Briosi). Südeuropa. Falter bleigrau, metallglänzend, zwei weifsliche Querbinden, dazwischen schwärzliche Flecke. Raupe schmutzig-braun mit breiten, dunklen Seitenbinden; auf jedem Ringe zehn Haare, unten fleischrot oder grau; 14 mm lang; frifst unreife Weinbeeren aus und spinnt Apfelsinenblüten zusammen.

Acrobasis Z.

Fühler beim Männchen mit spitzem Schuppenzahn am Wurzelgliede. Vorderflügel mit elf Rippen, Hinterflügel mit acht, davon Ast 3 und 4 an der hinteren Ecke der Mittelzelle auseinander tretend.

A. zelleri Rag. (Myelois tumidella Zck.). Raupe grünlich mit dunklem Kopf; auf jedem Ringe zwei Paare mit Härchen besetzter Chitinplättchen; 20 mm lang; skelettiert im Mai die Gipfelblätter an

---

[1]) Froggatt, Agr. Gaz. N. S. Wales, Vol. 16, 1905, p. 229—230.

[2]) Swezey, Exper. Stat. Hawaii. Sug. Plant. Assoc., Div. Ent., Bull. 5, 1907, 60 pp., 6 Pls.

[3]) Smith, J. B., Rep. Ent. agr. Exp. Stat. New Jersey 1902, p. 433: Quaintance, Farmers Bull. 284, 1907, p. 22—23, fig. 7.

[4]) Sajó, Zeitschr. Pflanzenkr., Bd. 4, 1894, S. 101.

[5]) Quaintance, Florida agric. Exp. Stat., Bull. 45, 1898, p. 68—74, 1 Pl.

[6]) Maxwell-Lefroy, l. c., p. 206—207.

[7]) Zimmermann, Bull. Inst. Buitenzorg, N. 10, p. 10.

[8]) Mokrzecki, Allgem. Zeitschr. Ent., Bd. 7, 1902, S. 85—89, 4 Fig.

Eichenheistern, die sich infolgedessen zu faustdicken Klumpen zusammenballen.

Acrobasis caryae Grote[1]. In manchen Teilen Nordamerikas der schlimmste Feind der Pekannüsse, die in jungem Stadium von den Raupen ausgefressen, deren Schale in älterem Stadium durchbohrt und miniert wird.

Mincola Hulst.

M. vaccinii Riley. **Cranberry fruit-worm**[2]. Nordamerika. Die Raupe frifst die Samenkapseln von Vaccinium oxycoccus aus; eine Raupe kann alle Beeren eines Fruchstengels zerstören.

M. indigenella Zell.[3]. Nordamerika. Raupe spinnt Apfelblätter zu grofsen Klumpen zusammen, in denen sie überwintert.

Dioryctria Zell.

Fühler des Männchens über Wurzelglied gebogen, mit Schuppenwulst in Biegung. Vorderflügel mit elf Rippen, Ast 4 und 5 auf gemeinsamem Stiele; Hinterflügel mit acht Rippen, Ast 3—5 auf gemeinsamem Stiele. Palpen aufsteigend, Endglied zugespitzt.

D. abietella S. V.[4]. Europa, Indien, Japan, Nordamerika. Raupe schmutzig-rötlich oder grünlich mit dunklem Rücken- und Seitenstreifen; Kopf und Nackenschild braun; in Zapfen, Chermes-Gallen und Maitrieben von Nadelhölzern. Gespinst, austretender Kot und Harz verraten ihre Anwesenheit. Zapfenspindel bleibt verschont. Überwinterung im Gespinst in Bodendecke; Verpuppung im Frühjahre.

D. splendidella H. S.[4]. Raupe[5] schmutzig-grau, gelblich oder bräunlich; auf jedem Ringe vier einzeln behaarte Wärzchen. Kopf braun; Nackenschild hinten schwarz, licht geteilt. Kopf und Afterschild behaart. Lebt ähnlich voriger an Kiefern.

Epicrocis terebrans Oll.[6]. Australien. Raupe im Marke des Gipfeltriebes von Cedrela toona Roxb. und anderen Forstbäumen, besonders in Pflanzschulen schädlich.

Phycita (Nephopteryx) **spissicella** F. (roborella W. V.). Raupe braun mit heller Rückenlinie; 27 mm lang; spinnt im Mai Blätter von Eichen, Apfel- und Birnbäumen röhrenartig zusammen. Puppe im Boden. Ei überwintert.

Hypsipyla robusta Moore[7]. **Toon twigborer.** Indien. Raupe jung rötlichgelb, erwachsen blau, Kopf und Borstenwärzchen schwarz. Zwei oder mehr Bruten. Die Raupen im Frühling in den Blüten von Cedrela toona und Swietenia mahagoni, seltener in den jungen Trieben, in denen die der späteren Bruten größtenteils leben, zum Teil

---

[1] Sanderson, U. S. Dept. Agric., Div. Ent., Bull. 46, 1908, p. 95.
[2] Smith, J. B., Farmers Bull. 178, 1903, p. 24—26, fig. 10.
[3] Banks, U. S. Dept. Agric., Div. Ent., Bull. 34, 1902, p. 32.
[4] Baer, Tharandt. forstl. Jahrb., Bd. 56, 1906, S. 63—85, 2 Taf., 6 Fig. — Escherich und Baer, Nat. Zeitschr. Forst- u. Landwirtsch., Bd. 7, 1909, S. 200—204, Fig. 6.; Stebbing, Deptm. not. Insects, that affect forestry. Nr. 1, 2 d ed., Calcutta 1903, p. 108—112, Pl. 2, fig. 7.
[5] Sorhagen, Allgem. Zeitschr. Ent., Bd. 6, 1901, S. 279.
[6] Olliff, Agric. Gaz. N. S. Wales Vol. 5. 1894, p. 513—515, 1 Pl.
[7] Stebbing, l. c. Nr. 2, 1903, p. 312—318, Pl. 19, fig. 3.

auch in reifenden Früchten; äufserlich verraten sie sich meist durch sehr reichliches Gespinst. An älteren Bäumen wird die Krone oft stark gelichtet und die Samenernte sehr beeinträchtigt; junge Bäumchen werden durch Abtöten der End- und längeren Seitentriebe ganz verkrüppelt.

Monoptilota nubilella Hulst.[1]). Nordamerika. Die blaugrüne Raupe mit langen, gelben Haaren lebt in den Stengeln von Lima-Bohnen, an denen sie grofse, gallenartige Anschwellungen verursacht. Die Samenausbildung wird verhindert, wenn nicht sogar der ganze distale Teil des Stengels abstirbt.

Nephopteryx rubrizonella Rag.[2]). Japan. Die zuerst weifse, später graugelbe, erwachsen rötlichbraune Raupe mit pechschwarzem Kopfe und Nackenschilde lebt im Juni in jungen Birnen, deren Kerngehäuse sie ausfrifst. Puppe am Frafsorte. Zerstört jährlich 30—40% der Früchte.

Elasmopalpus lignosellus Zell.[3]). **The smaller Corn stalk-borer.** Tropisches und subtropisches Amerika. Die blafsgrünliche Raupe mit neun rötlichbraunen Längsstreifen bohrt im Stengel von Mais und Bohnen. An Erdnüssen zerstört sie die Schale der Knolle.

Etiella Zell.

Palpen sehr lang, horizontal, mit sehr langem, geneigtem, fadenförmigem Endgliede.

E. zinckenella Tr. Vorderflügel grau mit weifser Längsstrieme und gelber Binde. Raupe schmutzig rötlichbraun mit kastanienbraunem Kopfe, 12 mm lang. Ursprüngliche Futterpflanze: *Spartium scoparium*. Raupe hat in Ungarn bei Szegedin 95% der Akaziensamen zerstört[4]); in Österreich wurde sie schädlich, indem sie die Samen halbreifer und reifer Erbsenschoten durchlöcherte[5]). Auch in Indien schädlich an Leguminosen[6]). Puppe in spindelförmigem, röhrigem Gehäuse am Boden. *Phanerotoma dentata* Panz. (Braconide) vernichtete bei Szegedin 75% der Schädlinge.

Zophodia Hb.

Vorderflügel mit elf Rippen, Ast 4 und 5 gestielt. Hinterflügel mit sieben Rippen, Ast 2 vor der hinteren Ecke der Mittelzelle entspringend.

Z. convolutella Hb. **Stachelbeerzünsler** (Fig. 221). Europa, Nordamerika (?). Vorderflügel bräunlichgrau mit weifslicher und dunkelbrauner Zeichnung; 30 mm Spannweite; Ende April, Anfang Mai. Raupe hell grasgrün, Kopf und Nackenschild schwarz; 10 mm lang, Mai bis Juli; spinnt reifende Stachelbeeren an benachbarte Blätter und höhlt sie aus; Johannisbeeren spinnt sie zusammen und frifst sie von

---

[1]) Chittenden, U. S. Dept. Agric., Div. Ent., Bull. 23, N. S., 1900, p. 9—17, Fig. 1; Weldon, Journ. econ. Ent. Vol. 1, 1908, p. 148.

[2]) Matsumura, Ann. Zool. Japon. Vol. 1, 1897, p. 1—3, 1 Pl.; U. S. Dept. Agric., Div. Ent., Bull. 10, N. S., 1898, p. 38—40, fig. 14.

[3]) Chittenden, U. S. Dept. Agric., Div. Ent., Bull. 23, N. S., 1900, p. 17—22, figs.; Forbes, 23 Rep. St. Ent. Illinois, 1905, p. 94—95, 248, fig. 74—75.

[4]) Kiss, Erdesz. Lapok VI, 1901, p. 522—529; Ausz. Eckstein, Ber. Forstzoologie 1907, S. 29.

[5]) Zimmermann, H., Mitt. k. k. Pflanzenschutzstation Wien 1906, 3 S., 3 Fig.

[6]) Maxwell-Lefroy, Mem. Dept. Agric. India Vol. I, 1907, p. 204.

aufsen aus. Die Puppe überwintert flach in der Erde; in warmen
Jahren schlüpfen die Falter zum Teil schon im Herbste aus und überwintern. Eier einzeln an Zweige.

B e k ä m p f u n g : befallene Stachelbeeren sind abzulesen, Johannis-
beeren abzuklopfen, da sich die Raupen an einem Faden herablassen.
Bestreuen der Büsche mit gelöschtem Kalk hält die Falter von Ei-
Ablage ab. Entsprechende Behandlung des Bodens.

Euzophera semifuneralis Wlk.[1]). Nordamerika. Die Raupe hat
insofern eine ganz abweichende Lebensweise, als sie unter der Rinde
des Stammes und älterer Äste von Obstbäumen grofse Plätze ausfrifst,
die oft Stamm oder Ast ringeln. Die Raupen der zweiten Brut überwintern an der Frafsstelle in einem Carpocapsa-ähnlichen Kokon.

Hulstea undulatella Cl. **Sugar-beet crown-borer**[2]). Nordamerika. Die Raupen fressen im ersten Frühjahre an Zuckerrüben,
im Schutze von Gespinströhren, erst äufserlich rings um 'den Kopf

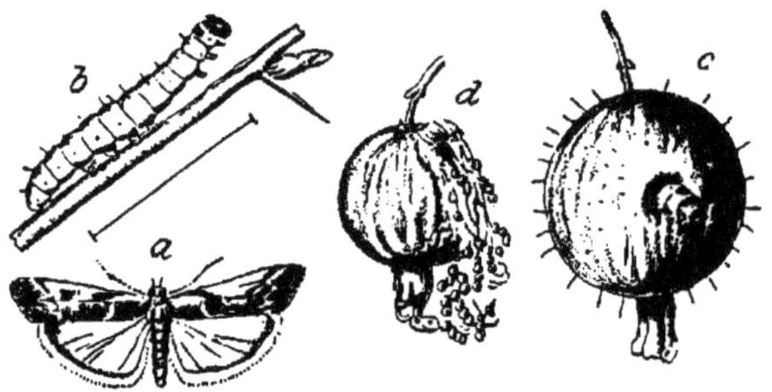

Fig. 221. Stachelbeerzünsler (nach Tullgren).

herum, dann immer tiefer und weiter nach unten; die Rüben gehen
meistens ein, mindestens verkümmern sie vollständig.

Polyocha saccharella Ddgn.[3]). Indien, in Zuckerrohr. Die
Raupen dringen in die unteren Glieder des Stengels ein und bohren
nach abwärts in die Wurzel, wo sie bis zu acht gefunden wurden. Da
sie den ganzen Stock zerstören oder wenigstens zum Kümmern bringen,
sind sie die schädlichsten aller Zuckerrohrfeinde in Indien.

Anerastia Hb.

Stirn mit stumpfem Schuppenkegel. Ohne Nebenaugen. Palpen
lang, mit fadenförmigem Endgliede. Vorderflügel mit zehn Rippen,
Ast 4 und 5 zusammenfallend; Hinterflügel mit sieben Rippen, Ast 3
und 4 langgestielt.

A. lotella Hb. **Graszünsler**[4]). Vorderflügel mehlig bestäubt,
fleischrötlich oder ledergelb, Rippen hellgrau mit feinen, braunen
Stäubchen; Hinterflügel staubgrau; bis 22 mm Flügelspannung. Gröfse
und Farbe sehr wechselnd. Raupe beingelb mit rosenroten Querbinden

---

[1]) Sanderson, Delaware agr. Exp. Stat. Bull. 53, 1901.
[2]) Titus, U. S. Dept. Agric., Div. Ent., Bull. 54, 1905, p. 34—40, fig. 9—14.
[3]) Maxwell-Lefroy, l. c., Vol. I, 1907, p. 202; Agric. Journ. India Vol. 3, 1908,
Pt. 2.
[4]) Sorhagen (nach Grabow), Allgem. Zeitschr. Ent. Bd. 6, 1901, S. 298.

und Flecken, Kopf honiggelb; 17 mm lang. Der im Juni und Juli an sandigen Stellen fliegende Schmetterling legt seine Eier an Gräser. Die Raupe frißt von Sommer bis Mai unten seitlich an den Halmen, von der Erdoberfläche an hinabsteigend, in einer mit Sand vermischten und hinter ihr mit Kot gefüllten Gespinströhre. Von ernsterem Schaden ist nur ein Fall durch KÜHN[1]) berichtet. Merkwürdig ist, daß E. REUTER[2]) sie in Finland weder an Getreide noch an Wiesengräsern schädigend vorfand, obgleich sie dort vorhanden ist.

A. ablutella Zell. Mittelmeerländer, Indien; in letzterem bohrt die grüne Raupe in den unteren Gliedern von jungem Zuckerrohre; sie hält Sommer- und Winterschlaf. Puppe in Erde. Zwei Bruten.

Scirpophaga Tr.[3]).

Nebenpalpen pinselartig. Vorderflügel mit zwölf Rippen, Rippe 1 nicht gegabelt, Ast 7 und 8 gesondert; Hinterflügel mit geschlossener Mittelzelle. Weibchen mit wolligem, gestutztem Afterbusche. Orientalische Region; mehrere Arten an Zuckerrohr, Mais, Sorghum usw.

Sc. aurillua Zell. Vorderflügel weiß, Afterbusch orange bis bräunlich. 29—38 mm Flügelspannung.

Sc. aurillua var. intacta Snell. Afterbusch beim Männchen fast ockergelb, beim Weibchen hell blutrot.

Sc. monostigma Zell. Vorderflügel mit schwarzem Fleck.

Sc. chrysorrhoa Zell. Vorderflügel mit blaß goldgelb gemischt.

Der schädlichste dieser „white borers‘‘ oder „witten (top)-boorders‘‘ des Zuckerrohres ist die erstgenannte Art, deren Lebensweise eingehend erforscht ist. Der Falter legt 60—70 abgeplattete Eier in Häufchen von 15—30 an die Unterseite der Blätter und bedeckt sie mit seiner Afterwolle. Die Raupe bohrt sich in die gerollten Blätter der Stengelspitze ein, so daß sie später Querreihen dunkel umrandeter Löcher aufweisen, dann den Hauptnerven entlang hinab zur Vegetationsspitze, die meistens ausgefressen wird. Hierauf frißt sie sich im Saft führenden Teile des Stengels, nahe der Oberfläche einige Glieder hinab, indem sie wiederholt an die Oberfläche vordringt und den Gang hinter sich mit ihrem Kote ausfüllt. Erwachsen, weißlich, mit hellgelbem Kopfe und Halsschilde, etwa 25 mm lang, wendet sie sich in rechtem Winkel nach außen und bereitet sich eine geräumige Puppenhöhle; das Ausflugsloch wird fertiggestellt, aber durch Gespinst und dünne Oberhaut wieder verschlossen. Nach zehn bis elf Tagen fliegt der Falter aus. Die Entwicklungsdauer beträgt etwa 50, die ganze Lebensdauer 60 Tage; vier bis fünf Bruten folgen sich; in Indien überwintert die Raupe der letzten. — Im allgemeinen findet sich nur eine Raupe in jedem Rohre; die anderen desselben Geleges gehen entweder zugrunde oder wandern auf andere Pflanzen.

Junges Rohr wird meistens getötet; bei älterem hört das Längenwachstum auf; die oberen seitlichen Knospen treiben aus, so daß die Spitze des Rohres buschig bzw. fächerig wird. Die aufgerollten Herzblätter vertrocknen nicht, sondern entwickeln sich mehr oder weniger.

---

[1]) Zeitschr. landw. Centr. Ver. Prov. Sachsen 1870, Nr. 6.
[2]) Acta Soc. Fauna Flora fenn. XIX, 1900, Nr. 1, S. 34, 35.
[3]) Siehe die verschiedenen Veröffentlichungen der Versuchsstationen von Engl. Indien und Java.

Aufer Zuckerrohr werden noch andere Saccharum-Arten, ferner ein wildes Gras in den Rohrfeldern befallen.

Parasiten: *Ceraphron beneficiens* Zehntn. (in Eiern; stets zwei Larven in einem Ei), *Macrocentrus* sp., *Elasmus* sp., *Apanteles scirpophagae* Ashm., *Gonizus indicus* Ashm., Schimmelpilze.

Bekämpfung: Gelege absuchen, tote Herzen an jungem Rohre ausschneiden; aus im Winter geschnittenem Rohre die befallenen Pflanzen aussuchen und vernichten.

Ancylolomia (Jartheza) **chrysographella** Koll. [1]). Japan; einer der schlimmsten Feinde des Reises. Eier in Massen auf den Blättern junger Pflanzen in Saatbeeten; die Raupen bohren in den Stengeln.

Chilo Zck. [2]).

Palpen lang, horizontal vorgestreckt, zusammengedrückt. Hintere Mittelrippe der Hinterflügel lang behaart. Raupen in Rohr und ähnlichem.

Ch. simplex Sn. Gelblichbraun mit brauner Zeichnung; 22—25 mm Spannweite. Japan, Orientalische Region.

Ch. auricilia Ddgn. Auf Vorderflügeln metallische Flecke. Indien.

An Zuckerrohr und *Pennisetum typhoideum*, noch mehr aber an *Sorghum* und Mais. Eier in zwei Reihen zopfähnlich an Blattoberseite, an der auch die jungen Räupchen zuerst nagen. Dann dringen sie die Mittelrippe hinab, an jungen Pflanzen zum Herzen, das sie ausfressen, an älteren Pflanzen in einen Knoten, so daß das Herz verschont bleibt. Im Stengel bohren sie bis zum Wurzelstock hinab und fressen von da die anderen Schösse aus; der Gang verläuft ziemlich in der Mitte, geht aber öfters zur Oberfläche nach aufsen; in einem Gange finden sich oft mehrere Raupen. Erwachsen sind diese weifslich mit schwarzem Kopfe, Halsschilde und Borstenwärzchen, purpurbraunen Bändern, 25 mm lang. Biologie im übrigen und Schaden wie bei Scirpophaga, doch welken die Herzblätter. An Mais frifst die Raupe auch im Kolben, und zwar die Körner aus. — Parasiten: *Bracon nicévillei*, *Pimpla praedator*. — Vorbeugung: nur gesunde Stecklinge pflanzen; zwischen Zuckerrohr Sorghum oder Mais säen und nach sechs bis acht Wochen entfernen.

Bekämpfung: Junge befallene Schosse möglichst nahe der Erde abschneiden; Stoppeln und alle Rückstände entfernen und verbrennen; Stöcke hoch mit Erde anhäufeln, um das Ausschlüpfen der Raupen zu verhindern.

Ch. infuscatellus Sn. de gele (top)boorder. Java; Zuckerrohr. Vorderflügel dunkel graugelb mit dunkler Zeichnung; 31—34 mm Flügelspannung. 200—400 Eier, zu 30—50 in Häufchen von drei bis fünf kurzen Reihen an Blattunterseite. Raupe frifst zuerst zwischen Blattscheide und -spreite oder in ersterer, tote, gelbe, mit Bohrmehl bedeckte Flecke erzeugend. Sie hält sich vorwiegend in der jüngsten, gerollten Blattmasse auf, die Blätter unregelmäfsig durchlöchernd; erst später geht sie in die Stengelspitze; junge Blätter und Vegetationspunkt sterben ab. Nicht selten finden sich drei bis sechs Raupen in einem Stengel. Raupe hellgelb, Kopf und Halsschild braunschwarz,

---

[1]) Osuki. Imp. agric. Exp. Stat. Japan, Bull. 30, Abstr., 1904, p. 2.
[2]) Anm. 3 vor. S.

mit dunklen Borstenwärzchen und fünf Reihen rötlicher Fleckchen. 15—25 mm lang. Sie läfst sich gern an Gespinstfaden herab und geht so auf andere Pflanzen über. Puppe über Vegetationspunkt in Quergang. Parasiten sehr selten; *Ceraphron beneficiens* Zehntn. und *Chaetosticha nana* wurden vereinzelt von ZEHNTNER gefunden.

Diatraea Guild.

Palpen lang, dick behaart; an Vorderflügel Ast 8, 9 gestielt, 11 mit 12 zusammenfliefsend. Tropische Arten.

D. saccharalis Fb. [1]). Gröfse und Farbe sehr wechselnd; blafs ockergelb mit feinen dunklen Linien. Raupe weifs- oder dunkelgefleckt. Süd- bis mittleres Nordamerika; in günstigen Jahren in letzterem bis New Jersey und Kansas hinaufgehend. An Mais, Zuckerrohr, *Sorghum, Tripsacum dactyloides.*

Eier in Häufchen an Blättern. Am Zuckerrohre fressen die jungen Räupchen zuerst oberflächlich, dann bohren sie sich zwischen den äufseren Blattscheiden ein und dringen ins Herz, das sie zerstören; zuletzt bohren sie unregelmäfsige Gänge im Stengel, bis zu fünf in einem. Puppe am Frafsorte.

Am Mais (**Larger corn stalk-borer**) dringen die Raupen nahe einem Knoten in den Stengel und bohren in diesem aufwärts, bis zu 50 Raupen in einem; die Reifung der Ähre wird verhindert. Im Hochsommer fliegt der Falter; die zweite Brut der Raupen bohrt im Stengel abwärts, schwächt ihn, so dafs er leicht umgeweht werden kann, und überwintert im Wurzelstocke.

Die jungen Raupen lassen sich gern an Fäden herab, um andere Pflanzenteile aufzusuchen, und werden dabei leicht auf andere Pflanzen verweht.

Der Schaden beträgt an Mais oft 25—50 % Ernteverlust. Am Zuckerrohr ist noch schlimmer als der direkte Schaden der indirekte, indem die Raupe dem Pilze *Trichosphaeria sacchari* die Wege ebnet.

Parasiten: *Trichogramma pretiosa* Riley (Eier); *Cordyceps (Isaria) barberi* Massce. Kaltes Wetter vernichtet im Norden oft alle Individuen.

Zur Vorbeugung empfiehlt sich beim Mais möglichst spätes Pflanzen. Zur Bekämpfung sind die Eier abzusuchen, nur gesunde Stecklinge zu benutzen und nach der Ernte alle Rückstände vom Felde zu entfernen, die kranken Herzen auszuschneiden.

D. striatalis Sn. **De gestreepte Boorder, Stengelboorder** [2]). Orientalische Region, französische Antillen; nur an *Saccharum*-Arten. — Falter graugelb mit hellen und dunklen Streifen. Raupe jung hellgelb mit schwarzen Schildern und blutrotem Querstreifen auf jedem Ringe; erwachsen schmutzig gelbweifs mit vier schmalen violettroten, glänzend dunkelbraun punktierten Linien; 25—35 mm lang. Eier zu 10—30 zickzackartig in zwei Reihen angeordnet auf Blattoberseite. Die jungen Raupen fressen zuerst zwischen den gerollten Blättern, an denen sie später scharf hervortretende Flecke skeletieren; sie verraten sich durch ihren Kot. Nach der vierten Häutung dringen sie gewöhnlich an einem

---

[1]) HOWARD, L. O., U. S. Dept. Agr., Div. Ent., Circ. 16, 2. Ser. 1896, 3 pp., 3 figs. MAXWELL-LEFROY, West. Ind. Bull. Vol. 1, 1900, p. 327—353, 10 figs.; STUBBS a. MORGAN, Louisiana agr. Exp. Stat., Bull. 70, 1902, p. 888—927, 11 figs.; FORBES, 23. Rep. Stat. Ent. Illinois, 1905, p. 91—94, figs. 71—73.

[2]) Anm. 3, S. 315.

Auge in den mittleren oder unteren Teil des Stengels ein und fressen zu mehreren (bis zu zehn) unregelmäfsige Gänge in diesem hinab; aus dem Eingangsloche schaffen sie öfters das Bohrmehl heraus. Puppe im Stengel oder zwischen diesem und alter Blattscheide. — Parasiten: *Ceraphron beneficiens* Zehntn., *Chaetosticha nana* Zehntn. *Chrysopa*-Larven saugen die Eier aus. Bekämpfung wie bei Scirpophaga.

Crambus F. [1]).

Palpen lang, horizontal, mit anliegend beschupptem Endgliede; Nebenpalpen pinselartig. Vorderflügel mit zwölf Rippen; Ast 7 und 8 gestielt. Flügel in Ruhe gerollt oder dicht gefaltet. Raupen bis 3 cm lang, in mit Kot und Erdteilchen bedeckten Gespinstschläuchen, tagsüber in der Erde, zwischen Gras- und Getreidewurzeln, nachts die unteren Blätter und Stengelteile befressend (Fig. 222). In Europa und Nordamerika schädlich.

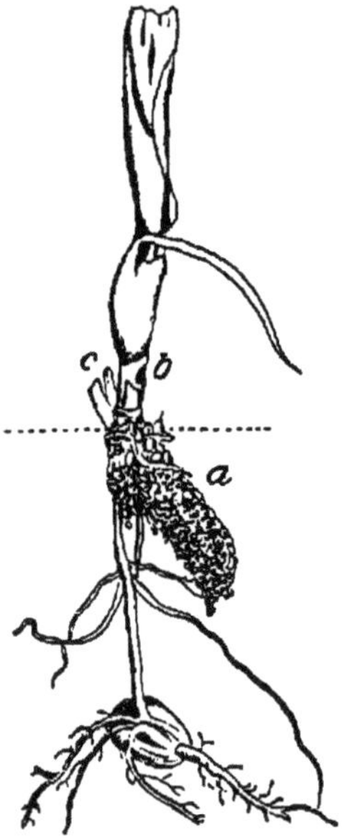

Cr. caliginosellus Cl. Nordamerika[2]). Raupe gewöhnlich an Mais und Gräsern, geht da, wo Tabak auf solche folgt, auch an diesen und benagt den Stengel äufserlich oder höhlt ihn aus.

Cr. hortuellus Hb. Europa, Nordamerika; polyphag; in Massachusetts schädlich als „girdle worm" der Moosbeere[3]). Die Raupe lebt von Ende Juli bis November am Boden der Moosbeerfelder, frifst die Ausläufer aus und ringelt von ihnen aus die Stämme. Den Winter bringt sie in dichtem, für Wasser undurchlässigem Gespinste zu, scheint im Frühjahre weiter zu fressen und verpuppt sich erst im Juni im Wintergespinste. Bei starkem Befalle sind die Sümpfe sofort nach der Ernte auf ein bis zwei Wochen unter Wasser zu setzen, bei schwachem die befallenen Ausläufer mit einer Gasoline-Fackel abzubrennen.

Trachylepidea fructicassiella Rag.[4]). Indien, Ägypten. Raupe oben rauchgrau, unten blafs-gelblichweifs, in Indien in den Schoten von Cassia fistula, die Samen ausfressend.

Fig. 222. Raupe einer Crambus-Art in ihrer Erdhülle (*a*) an der Basis einer jungen Maispflanze fressend; *b*, *c* Frafs an Blatt und Stamm (nach Forbes).

Macrolepidopteren, Grofsschmetterlinge.

Die Gruppe der Grofsschmetterlinge ist eine noch unnatürlichere als die der Kleinschmetterlinge, zumal zu ihr Familien gestellt werden, die zu den niedrigsten Schmetterlingen überhaupt gehören (Hepialiden usw.). Nur aus allgemein praktischen Gesichtspunkten, weil diese Ein-

---

[1]) Felt, Cornell Univ. agr. Exp. Stat., Ent. Div., Bull. 64, 1894, p. 47—102, 14 Pls., 8 figs.; Forbes, l. c., p. 36—44, 149—155, 247, fig. 20—23, 136—142.
[2]) Johnson, U. S. Dept. Agric., Div. Ent., Bull. 20, N. S., 1899, p. 99—102.
[3]) Smith, J. B., Farm. Bull. 178, 1903, p. 21—24, fig. 9.
[4]) Stebbing, Deptm. not. Insects, that affect forestry Nr. 1, 2ᵈ ed., Calcutta 1903, p. 105—106, Pl. 5, fig. 5.

teilung sich bei den Lepidopterologen so sehr eingebürgert hat, behalten wir sie bei. Als einzige gemeinsame Merkmale dieser Gruppe wäre anzuführen, dafs die Hinterflügel nur ein bis zwei Dorsaladern haben, und die Raupen in der Regel mit Klammerfüfsen versehen sind.

Hepialiden, Wurzelbohrer.

Mäfsig grofse Formen mit langen, schmalen, hinten ganz flach gerundeten Flügeln, die in beiden Paaren fast gleich sind, mit zwölf Rippen und eingeschobener Zelle. Nebenaugen fehlen; Fühler kurz, perlschnurartig; Beine kurz, zottig behaart, ohne Endsporen an Schienen. Hinterleib lang, drehrund.

Die im Juni, Juli abends niedrig fliegenden, tagsüber mit dachförmig liegenden Flügeln ruhenden Schmetterlinge lassen ihre etwa

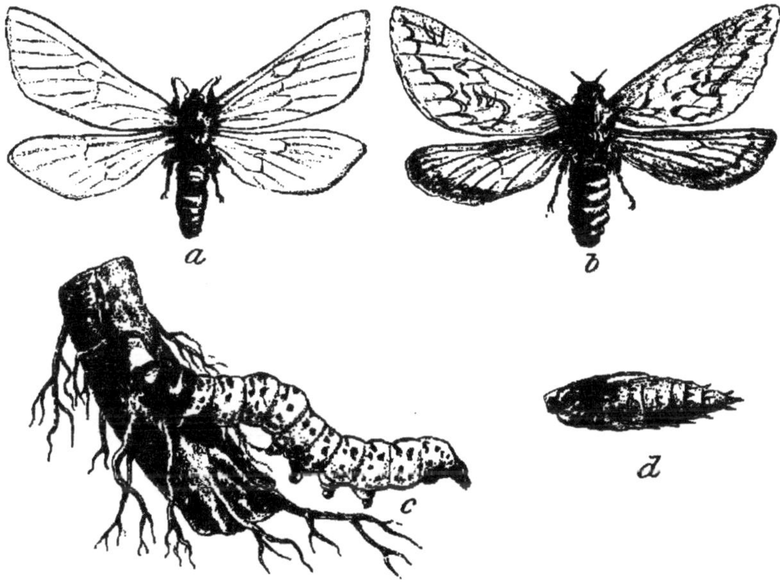

Fig. 223. Hopfenwurzelspinner (aus Zirngiebl.).

500 sehr kleinen, zuerst perlweisen, später glänzend schwarzen Eier einzeln fallen. Die Räupchen bohren sich in die Erde, spinnen sich eine lange Röhre, und fressen zartere Wurzeln. In unterirdische saftige dickere Teile (Rüben, Kartoffeln, Wurzelstöcke usw.), dringen sie ganz ein und dann auch in den Stengeln in die Höhe, bis über die Erde. In zwei Fällen wurden Raupen sogar etwa 1 m hoch in jungen Obstbaumstämmchen gefunden. Die Raupen sind gelblich, walzig, mit einzelnen dunkeln Haaren auf schwarzen Wärzchen. Im Mai verpuppen sie sich in der Erde in langen Gespinströhren; die Puppe hat an den Hinterleibsringen Hakenkränze und kann sich sehr schnell bewegen.

Feinde in erster Linie Maulwürfe und Cordyceps-Arten [1]).

[1]) Theobald, Entomol. Vol. 30, 1897, p. 162—165, 5 figs.; Russel, Trans. nat. Hist. Soc. Glasgow Vol. 6, N. S., 1903, p. 359.

Bekämpfung: Raupen sammeln; Kainit oder Rufs im Winter aufstreuen, im Frühjahre unterharken. Schwefelkohlenstoff ist wohl nur bei stärkerem Auftreten anzuwenden.

Hepialus F.
Swift moths, Otter moths, Ghost moths.

H. lupulinus L. Wurzelspinner [1]). Männchen nufsbraun, Hinterflügel aschgrau; Weibchen hellbraungrau; Vorderflügel mit zwei lichten, schwach silberglänzenden, fleckenartigen Striemen; 27—34 mm Flügelspannung. Raupe grauweifs mit braunen Wärzchen, Kopf und Nackenschild braun, Brustringe oben schildartig bräunlich; 30—35 mm lang; gewöhnlich wohl an Gras-, besonders Queckenwurzeln; doch an den verschiedensten Gartenpflanzen, besonders auch Blumen und Erdbeeren.

H. humuli L. Hopfenspinner (Fig. 223) [2]). Männchen oben silberweifs, unten braungrau; Weibchen lehmgelb mit blafs ziegelroten Fleckenbinden auf Vorderflügeln; 43—68 mm Flügelspannung. Raupe gelblich, schwarz gefleckt, mit dunklem Kopf; Nackenschild und je zwei Hornflecke auf Ring 2 und 3 gelbbraun; 50—55 mm lang; in Nordeuropa und in hügeligen oder bergigen Gegenden häufiger. Zieht Ampfer- und Löwenzahnwurzeln vor und wird öfters schädlich an Hopfenwurzeln; auch in Kartoffeln, Rüben, an Getreidewurzeln usw.

Cossiden, Holzbohrer.

Gröfsere bis grofse Formen. Vorderflügel lang, schmal, zwölf Rippen; Hinterflügel klein, gerundet, mit Haftborste und acht Rippen. Ohne Nebenaugen und Zunge. Fühler beim Männchen mit zwei Reihen Kammzähnen. Hinterleib lang. Weibchen mit Legestachel. Falter Juni bis August, träge, nächtlich; Flügel in Ruhe dachförmig tragend. — Eier in grofser Zahl (bis nahezu 1000) in Rindenritzen. Die jungen Räupchen bohren sich sofort ein und leben im ersten Jahre plätzend unter der Rinde. Erst nach der ersten Überwinterung dringen sie ins Holz, in dem sie im allgemeinen noch einmal überwintern, ehe sie sich im dritten Jahre verpuppen. Raupen nackt, spärlich kurz beborstet, mit auffallend kräftigem Gebisse; Kranzfüfse. Sie verraten ihre Anwesenheit gewöhnlich durch ausgeworfene grobe Bohrspäne und bräunliche, grobkörnige Exkremente, die sich oft unter der Frafsstelle am Boden anhäufen. Sie verlassen nicht selten ihre Frafsstelle und wandern umher, um sich eine neue, oder um geeignete Verpuppungsplätze zu suchen. Letztere liegen fast immer im Holze unter der Rinde, gewöhnlich an der alten Frafsstelle, doch gelegentlich auch in der Erde. Puppe ruht in einem mit groben Holzspänen versetzten Kokon, schiebt sich vor dem Ausschlüpfen mit Hilfe von Dornenreihen an den Hinterrändern der Hinterleibssegmente zur Hälfte hervor.

Feinde: Fledermäuse, Eulen (Falter), Meisen usw. (Eier), Spechte (Raupen und Puppen). Auch pilzkranke Raupen sind gelegentlich gefunden. Doch spielen alle diese Feinde keine hervorragende Rolle. Woher es kommt, dafs trotz der grofsen Eierzahl die hierher gehörigen Arten nicht gerade häufig sind, ja zum Teil sogar nur einzeln leben,

---

[1]) Siehe die Berichte der englischen Entomologen.
[2]) Zingiebel, Feinde des Hopfens, Berlin 1902, S. 6—8, fig. 4.

Handbuch

der

Pflanzenkrankheiten

von

Prof. Dr. Paul Sorauer.

———

Dritte, vollständig neubearbeitete Auflage

in Gemeinschaft mit

Prof. Dr. G. Lindau,   und   **Dr. L. Reh,**

Privatdozent an der Universität Berlin   Assistent am Naturhistor. Museum in Hamburg

herausgegeben

von

Prof. Dr. P. Sorauer,

Berlin.

Mit zahlreichen Textabbildungen.

BERLIN.

VERLAGSBUCHHANDLUNG PAUL PAREY.

Verlag für Landwirtschaft, Gartenbau und Forstwesen.

SW., Hedemannstrasse 10.

1910.

ist noch nicht genügend aufgeklärt. Mir erscheint als Ursache nicht unwahrscheinlich, daß die Raupen sich gegenseitig selbst auffrossen.

Bekämpfung: Falter absammeln, an Licht und Köder fangen. Die Raupen kann man in ihren Gängen durch Einführung eines biegsamen spitzen Drahtes töten oder mit einem solchen, an der Spitze hakig umgebogenen herausziehen. Auch Einträufeln oder, besser, Einspritzen von Schwefelkohlenstoff, Petroleum, Benzin oder ähnlichem und nachheriges Verschließen der Löcher mit Lehm führt oft zum Ziele. Die Eiablage sucht man zu verhindern, indem man zur kritischen Zeit die bedrohten Baumteile mit einem Verbande von Kuhmist und Lehm umgibt. Kräftiges Spritzen mit Petroleumemulsion dürfte einfacher zum Ziele führen. Steckt man ein Schwefelholz mit dem Kopf voran in ein Auswurfsloch, so soll die Raupe, um es zu beseitigen, letzteren abfressen und durch den Phosphor zugrunde gehen[1]).

Zeuzera Latr.

Flügel spitz. Hinterschienen nur mit Endsporen. Raupe dick walzig, unten etwas abgeplattet.

Z. pyrina L. (aesculi L.) **Blausieb**, Roßkastanienbohrer; Wood Leopard Moth.[2]). Europa, Nordafrika, Nordamerika (eingeschleppt). An den verschiedensten Holzarten, Harthölzer vorziehend. In Obstbäumen oft recht schädlich; auch in Rebe und schwarzer Johannisbeere gefunden. Weiß mit stahlblauen rundlichen Flecken; 50—70 mm Flügelspannung. Raupe gelblich, in der Jugend mehr fleischfarben, mit glänzend schwarzen Warzen, Kopf, Nacken-, Afterschild und Brustfüßen; 5—6 cm lang. Eier rötlichgelb, einzeln oder in kleinen Häufchen, daher auch Raupe gewöhnlich einzeln. Nach der Überwinterung frißt sie sich nach oben; zur Verpuppung geht sie wieder nach unten, meist in die erste Plätzung. In jungem Holze bohrt sie in der Regel im Marke, daher sie besonders in Baumschulen gefährlich wird. An älteren Bäumen auch in der Krone, so daß absterbende Äste ihre Anwesenheit verraten. Namentlich an der Plätzungsstelle findet oft Windbruch statt.

Parasiten: *Schreineria zeuzerae* Ashm., *Microgaster* sp.

Z. coffeae Nietn. **Roter Kaffeebohrer**[3]). Indien, Ceylon, Java; San Thomé; vermutlich auch Kamerun und Deutsch-Ostafrika. An Kaffee-, Tee-, Kakao-, Chinarindenbäumen, an Acalypha marginata, Anona muricata, Durantha sp., Grevillea, Persea gratissima, Photinia, Santalum album, Swietenia mahagoni, auch in Baumwollstengeln gefunden. Raupe rotbraun; sonst wie vorige.

Z. eucalypti Boisd. **Whattle Goat moth.** Australien, in Acacia decurrens; geht im Stamme bis in den Wurzelstock hinab.

Duomitus leuconotus Wlk.[4]). Indien, in Cassia nodosa. Biologie wie beim Weidenbohrer.

---

[1]) LEHMANN, Prakt. Ratg. f. Obst- und Gartenbau 1904, S. 207.
[2]) KALENDER, Stettin. ent. Ztg. Bd. 35, 1874, S. 203—206, 1 Fig.; v. SCHILLING, Prakt. Ratg. f. Obst- u. Gartenbau 1901, S. 472—473, Fig. 6—8; COLLINGE, Report... 1907, p. 35; SMITH, J. B., Reports ... 1889, 1894, 1897, 1898, 1899; FELT, Mem. N. Y. State Mus. Nr. 8, 1905, p. 75—79, Pls. 4, 28, 29.
[3]) ZEHNTNER, Bull. 2 Proefstat. Cacao Salatiga, 1902, p. 1—11, 13 figs.; MAXWELL-LEFROY, Mem. Dept. Agric. India Vol. 1, 1907, p. 156, fig. 141; GRAVIER, Bull. Mus. Hist. nat. Paris 1907, p. 139—141.
[4]) STEBBING, Dept. not. Insects that affect forestry, p. 428—434, Pl. 25 fig. c—e.

Cossus F.

Grofs, plump. Vorderflügel stumpf. Hinterschienen mit zwei Sporenpaaren. Raupe abgeplattet.

C. cossus L. (ligniperda F.). **Weidenbohrer. Goat moth.** [1]). Braungrau, weifsgrau gewässert und dunkel gewellt. Körper sehr stark behaart; bis 90 mm Flügelspannung. Raupe zuerst fleischrötlich mit schwarzem Nackenschilde, später gelblichrot, Rücken tief rotbraun, Kopf, Brustfüfse und zwei Flecke auf Nackenschild schwarz; bis 10 cm lang. — Europa, gemäfsigtes Asien, Nordafrika (Korkeiche). Sehr polyphag, aber Weichhölzer vorziehend, desgleichen einzeln stehende, Allee- und Randbäume.

Eier hellbraun, schwarz gestreift, in Häufchen von 15—50 tief unten am Stamme, höchstens bis Manneshöhe, gewöhnlich an dem Heimatsbaume des Weibchens. Die jungen Raupen gesellig. Im nächsten Frühjahre dringen sie einzeln, sich zerstreuend, in das Holz, es nach allen Richtungen, doch meist etwas aufsteigend, durchwühlend. Kot und Bohrspäne werden aus einer am unteren Ende des Ganges befindlichen Öffnung herausgeschafft und verraten, zugleich mit charakteristischem Geruch nach Holzessig, die Anwesenheit der Raupe, die sehr bissig ist und aus dem Munde ölartige Substanz ausscheidet, die aber nicht zum Erweichen des Holzes dient [2]). Erwachsen, geht sie wieder nach unten, bis in Wurzelstock. Querschnitt der Gänge abgeflacht. Durchweg in gesundem Holze, gewöhnlich in Mehrzahl, bis mehrere Hunderte in einem Baume. Solche Bäume sind natürlich umzuhauen und zu zerklüften, damit alle Raupen beseitigt werden können.

Prionoxystus Grote.

P. robiniae Peck. Carpenter worm. Nordamerika. Raupen bohren im Kernholze verschiedener Bäume, können sich auch in abgestorbenem Holze entwickeln. Sonst wie vorige.

Castniiden.

Castnia licus F. [3]). Heimat das tropische Amerika; Raupen in Wurzeln einer Orchidee. Etwa seit 1902 in zunehmendem Maße auf einer Zuckerrohrplantage zu Demerara, Brit Guiana, wo die Raupen im Oktober und November in den Stengeln bohren, sowohl von oben nach unten wie umgekehrt. 1904 schon recht schädlich.

Sesiiden, Glasflügler.

Flügel infolge schwacher Bestäubung glashell: Vorderflügel mit einigen dunklen Binden, schmal, mit 11—12 Rippen; Hinterflügel breit, mit kurzen Fransen und Haftborsten. Nebenaugen vorhanden. Leib lang, mit Afterbusch. Meist Tagtiere, ähneln Fliegen oder Hautflüglern. Raupen sehr spärlich behaart, weifslich, mit Kranzfüfsen; Biologie wie die der Holzbohrer.

---

[1]) v. Schilling, l. c. S. 471—472, fig. 1—5; Mac Dougall, Journ. Board. Agric. London Vol. 12, 1905, p. 115—116.

[2]) Henseval, La Cellule T. 12, 1897, p. 169—183.

[3]) Marlatt, U. S. Dept. Agric., Bur. Ent., Bull. 54, 1905, p. 71—75, 1 Pl., 1 fig.

Bembecia Hb.

Fühler ohne Haarpinsel am Ende; beim Männchen mit Kammzähnen; Rüssel sehr kurz.

B. hylaeiformis Lasp. **Himbeer - Glasflügler**[1]). Vorderflügel breit braun berandet, mit schwarzem Mittelflecke. Körper blauschwarz mit drei bis vier gelben Gürteln auf Hinterleib; Afterschopf gelb, breit abgestutzt; 20—27 mm Spannweite; Juni bis August, nächtlich. — Raupe weißlich grau mit einzelnen grauen Härchen; Kopf braungelb, Nacken- und Afterschild gelb; 25—30 mm lang; Oktober bis Juni, im Splinte des Wurzelstockes von Him-, seltener Brombeeren. Puppe im Marke der vorjährigen Stengel, die hier öfter krebsartig angeschwollen sind und leicht abbrechen. Puppen absuchen. Parasiten: *Meniscus pimplator, Bracon regularis.*

B. marginata Harr. **Raspberry root borer, crown borer**[2]). Nordamerika. Lebensweise ebenso; Eier sollen an Blätter abgelegt werden.

Sesia F.[3]) (Synanthedon Hb.).

Fühler mit Haarpinsel am Ende, beim Männchen schwach eingeschnitten und bewimpert. Vorderflügel mit drei Glaszellen. Hinterleib geringelt, mit starkem Afterbusch. Raupen ohne hornigen Nackenschild, beinfarben, im Inneren von Bäumen oder in Wurzeln von Kräutern, überwintern zweimal. Puppe in Kokon aus Abnagseln an der Mündung eines Ganges.

S. myopaeformis Borkh. **Apfelbaum - Glasflügler**[4]). Vorderflügel mit dunkelbrauner, schwach geaderter Saumbinde; Körper blauschwarz, an den Seiten der Brust orange, auf dem vierten Hinterleibsringe mennigrot; beim Männchen Unterseite der Taster und der vierten bis sechsten Hinterleibsringe weiß; 17—22 mm Spannweite; Mai bis August. — Raupe gelb mit rötlichem Scheine; Kopf und ungeteilter Nackenschild dunkelrotbraun, Stigmen schwarz; einzelne dunkle Härchen; 18 mm lang. Europa, besonders Mitteldeutschland und England. Apfel-, seltener Birn-, Pflaumen- und Aprikosenbäume, Weißdorn. Falter von Ende Mai bis August. Eier in Rindenritzen, lieber noch an schlecht verheilenden Wundrändern, absterbenden Knospen usw. Raupen verschiedenen Alters von Juli bis wieder Juli im Splinte (dann mit durchscheinender Rückenlinie) oder im Holze (Fig. 224) (dann ohne solche) älterer und jüngerer Bäume, bzw. stärkeren oder schwächeren Holzes. Sie erzeugen hier sich konzentrisch vergrößernde Krebswunden (Fig. 225). Oft in größerer Zahl in einem Baume. — Zur Verhinderung der Eiablage ist die Rinde zu glätten, Wunden sind auszuschneiden und zu teeren, desgleichen die Raupensitze. Ewert[5]) fing im Fangglas mit Zuckerlösung zwei Falter.

---

[1]) Müller, G., Illustr. Wochenschr. Ent. Bd. 2, 1897, S. 469—472, 1 Taf.
[2]) Lawrence, Ent. News Vol. 16, 1905, p. 117—119.
[3]) Ritzema Bos, Tijdschr. Plantenz. Jaarg. 3, 1897, p. 49—59, 2 figs.
[4]) v. Schilling, Prakt. Ratg. f. Obst- und Gartenbau 1898, S. 180, Fig. 5—9, 1901, S. 483—484, 491—492, Fig. 17—21; Reichelt, Pomol. Monatshefte 1901, Heft 9, 10, 11; Theobald, Rep. 1904/05, p. 20—22; Journ. Board. Agric. London Vol. 13, 1907, p. 707.
[5]) Proskau. Obstbauztg. 1889, S. 180.

St. tipuliformis Cl. **Johannisbeer - Glasflügler** [1]). Körper, Afterbusch und Mittelbinde der Vorderflügel blauschwarz, Saumbinde rötlich gelb; Hinterleib beim Männchen mit vier, beim Weibchen mit drei hellgelben Ringen; Mai bis Juli; 18 mm Spann-

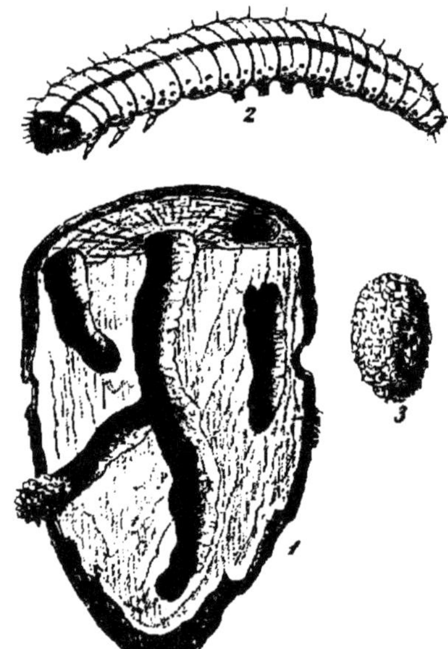

Fig. 224. Apfelbaum-Glasflügler.
1 Frafsgänge; 2 Raupe; 3 Kokon
(nach v. Schilling).

Fig. 225. Krebswunde, hervorgerufen durch Frafs des Apfelbaum-Glasflüglers (nach Reichelt). a Sitz der Raupen.

weite. — Raupe weifslich; Kopf, geteiltes Nackenschild und Brustfüfse braun; 20—30 mm lang; Juli bis August. — Europa, Nordamerika (eingeschleppt); im Marke der oberen Teile von Johannis- und Stachelbeertrieben, auch von Haselnüssen. Eiablage dicht an Knospen, durch die die Raupe eindringt. Welkende und absterbende Triebe zeigen die Tätigkeit der Raupen an; sie sind unten abzuschneiden und zu verbrennen. Stäuben der Sträucher mit Rufs und Kalk (1 : 1) oder Quassiabrühe soll die Falter von Eiablage abhalten.

S. pyri Harr. **Pear-tree borer.** Nordamerika. Unter der Rinde von Birnbäumen. Stämme zum Schutze gegen Eiablage mit Mischung von Seife und Sodalösung bestreichen.

S. rutilans Hy. Edw. [2]). Pazifische Staaten von Nordamerika. Raupe in den Wurzeln von Erd-, Him- und Brombeeren; ebenda Puppen in einem aus Wurzelteilchen gefertigten Kokon. Bestes Gegenmittel: Überschwemmen der Beete baldmöglichst nach Ernte; wo dies nicht möglich, befallene Pflanzen vernichten. Netze, zur Flugzeit über die Beete gespannt, verhindern die Eiablage.

---

[1]) Collinge, Rep. 1904 p. 27—28, fig. 12.
[2]) Chittenden, U. S. Deptm. Agric., Div. Ent., Bull. 23 N. S. 1900 p. 85—90, fig. 20.

Eine gröfsere Anzahl von Sesien befällt forstlich wichtige Bäume, ohne gerade besonders schädlich zu werden; so **S. formiciformis** Esp. Weide, **S. spheciformis** Grng. und **culiciformis** L.[1]) Erlen und Birken, in Amerika **S. acerni** Clem. Ahorn.

S. pictipes G. & R. **The lesser peach tree borer**[2]). Nordamerika. Raupen in Steinobst, Amelanchier und Castanea dentata, bes. in Pfirsichen schadend, aber ausschliefslich in kranken oder alten Bäumen; zu 40—50 in einem Stamme, vom Wurzelhalse bis zur Verzweigung stärkerer Äste, namentlich in Rändern von Wunden oder Rindenritzen. Starker Gummifluſs. Im Süden zwei Bruten, im Norden eine. Zahlreiche Parasiten und Feinde.

Memythrus polistiformis Harr. **Grape-vine root-borer**[3]). Nordamerika, atlantische Staaten, bes. in N.-Carolina überaus schädlich. Raupe in Rinde und Splint der Rebwurzeln, in unregelmäfsigen Gängen. Besonders an Scuppernong-Rebe, einer Varietät von Vitis vulpina. Heifses Wasser an die entblöfsten Wurzeln giefsen.

Podosesia syringae Harr. **Lilac borer:** ebenda. Tötete wiederholt junge Eschen oder zerfraſs sie so, daſs der Wind sie umbrach.

Sanninoidea Beutenm.

Afterbusch beim Männchen verschmälert; Weibchen an den Seiten mit Haarbüscheln.

S. exitiosa Say. **Peach tree borer**[4]) der östlichen Vereinigten Staaten. Männchen und Weibchen verschieden, letzteres gröfser. Falter im Süden von Ende Mai, im Norden von Mitte Juli an bis Ende August. Ursprünglich an wilden Pflaumen und Kirschen; jetzt an allem Steinobst, auch an Azaleen; besonders schädlich aber an Pfirsichen. Weibchen legt 5—600 Eier einzeln in Rindenritzen an die verschiedensten Stellen der Bäume, meistens aber zwischen 15 und 45 cm über die Erde. Die blaſs weiſslichgelben Raupen mit braunen Schilden bohren sich in unregelmäſsig gewundenen, öfters die Bäume völlig ringelnden, mit Gummi gefüllten Gängen nach unten in den Wurzelhals, bis 20 cm tief; seltener bleiben sie in oberirdischen Stammteilen. Später findet bei Pfirsichen starker Gummifluſs aus den Wunden statt, so daſs oft die ganze Stammbasis von grofsen Gummimassen umgeben ist. Junge Raupen überwintern ohne weiteres in ihren Gängen, ältere fertigen sich eine längliche Höhle an. Verpuppung im Frühjahre, in oberflächlichem, an die Wurzel angeklebtem, nur in sehr lockerer Erde in tiefer liegendem Kokon. Befallene Bäume gilben; die Früchte werden notreif und fallen ab; Borkenkäfer siedeln sich im Holze an.

Vorbeugung und Bekämpfung sind überaus schwierig, insbesondere nach lokalen Boden- und Klimaverhältnissen so verschieden, daſs ein an einem Orte vorzüglich wirkendes Mittel an anderem versagt oder den Baum mehr schädigt als die Raupe. Man sucht die Falter von

---

[1]) Die Angabe, daß diese Art auch Obstbäume befalle, beruht, wie schon E. Taschenberg feststellte, auf einem Irrtum.

[2]) Girault, U. S. Dept. Agr., Bur. Ent., Bull. 68 Pt. 4. p. 31—48 Pl. 6 fig. 10.

[3]) Brooks, Agr. Exp. Stat. West-Virginia Bull. 110, 1907, 30 pp., 5 pls.

[4]) Smith, New Jersey agr. Exp. Stat. Bull. 128, 1898, 28 pp., 7 figs.; Slingerland Cornell Univ. agr. Exp. Stat. Bull. 176, 1899, p. 157—233, figs. 42—47; Bull. 192, 1901, p. 191—196, figs. 51—55; Marlatt, U. S. Dept. Agr., Div. Ent., Circ. 54, 1903.

der Eiablage abzuhalten, indem man die Basis der Stämme bis in die
Erde hinein mit festem Verbande (Papier, Stroh, Holz usw.) umgibt
oder mit stark riechenden Stoffen (Teer, Kalk und Karbolsäure, usw.)
tränkt bzw. lose mit Tabakstengeln umbindet[1]. Am besten bewährt
haben sich noch: die Erde um die Basis von Juni bis September etwa
50 cm hoch fest anhäufeln, oder eine Bestreichung mit einem Brei
aus zwei Quart Seife, ½ Pint Karbolsäure, zwei Unzen Pariser Grün,
mit Wasser, Kalk und Lehm angerührt. Von direkten Bekämpfungsmitteln ist das Ausschneiden der Raupen im Winter am meisten verbreitet (Fig. 226).

· **S. opalescens** Hy. Edwards[2]. Vertritt vorige Art in den Weststaaten, ist aber bis jetzt nur im Sta Clara-Tale Californiens schädlich
aufgetreten, wo sie allerdings das schädlichste Insekt darstellt. Lebensweise und Schaden wie bei voriger, nur dafs die Raupen im Winter
nicht ruhen, sondern weiterfressen. Zur Bekämpfung hat sich

Fig. 226. Messer zum Ausschneiden der Wunden von Glasflüglern
(nach Woodworth).

Schwefelkohlenstoff, dicht um den Stamm gebracht und mit lockerer
Erde bedeckt, am besten bewährt. — Nach Woodworth ist der Gummiflufs nicht direkte Folge des Frafses, sondern erst der Dazwischen-
kunft anderer Fäulnis erregender Organismen.

Sannina uroceriformis Wlk.[3]. Nordamerika; im Holze von
Stamm und Wurzel der Dattelpflaume, an jüngeren Bäumen im Marke.
Puppe über der Erde, aufsen am Stamme, in einem vom Ausgangsloch
im Winkel nach oben abstehenden Kokon.

Melittia satyriniformis Hb. (ccto Westw.). **Squash vine
borer**[4]. Ganz Amerika; an Cucurbitaceen, vorzugsweise an Kürbissen;
ursprüngliche Nährpflanze vielleicht Echinocystis lobata. Eier dunkelrot, an die verschiedensten Pflanzenteile, besonders aber an Stengel
dicht über Erde abgelegt. Raupen im Innern der Stengel, jung auch
der Blatt- und Blütenstiele, selbst der stärkeren Blattnerven, bis zu
145 in einer Pflanze gefunden. Sie wirft gelben, pulverigen Kot aus,
der auf der Erde kleine Häufchen bildet. Die Stengel welken, faulen;
die Früchte werden nicht reif. Im Süden zwei Bruten, im Norden
eine. Puppe überwintert in Erde, in braunem Kokon. — Gegenmafs-
regeln: Fruchtwechsel; frühe Sommersorten als Fangpflanzen allein
oder zwischen die späten setzen und rechtzeitig entfernen und vernichten; desgleichen alle kranke Pflanzen sofort nach der Ernte. Im
Herbste die Erde leicht eggen, damit die Puppen an die Oberfläche
kommen und zugrunde gehen. Im Frühjahre die Erde mindestens

---

[1] Weldon, Journ. econ. Ent. Vol. 1 1908, p. 148.
[2] Woodworth, Unif. Calif. agr. Exp. Stat. Bull. 143, 1902, 15 pp., 8 figs.
[3] Herrick, Canad. Ent. Vol. 39, 1907, p. 265—266, 1 Pl.
[4] Smith, J. B. Reports of the New Jersey Entomologist 1890—92; Chittenden,
U. S. Dept. Agr., Div. Ent., Circ. 38, 2ᵈ Rev., 1908.

sechs Zoll tief umgraben, um Falter am Ausschlüpfen zu verhindern. Raupen durch Längsschnitte ausschneiden. Längere Stengel hier und da mit Erde bedecken, damit sie hier Wurzel schlagen und unabhängig von der vielleicht befallenen Hauptwurzel werden. Kräftig düngen.

Phragmataecia Newm.

Eine unbestimmte Art wird in Deutsch-Ostafrika recht schädlich an Rizinus. Gegen Mitte März beginnt die Raupe unter der Rinde zu bohren und macht oft Quergänge um den ganzen Stamm herum; später geht sie in der Markhöhle nach oben. Erwachsen ist sie 55—60 mm lang, gelblichweiß, auf dem Rücken zart rötlich überhaucht. Die Stauden kränkeln, gilben und welken; Saftfluß und Bohrmehl verraten die Tätigkeit der Raupen, die bis zu 30 in einem Stamme sitzen. Puppe in Markhöhle; Bohrloch 50—150 cm über der Erde. Vorwiegend in älteren, aber auch in ganz jungen Stauden, die bei Befall auszureißen und zu verbrennen sind.

Trochilium Scop.

Nur Vorderrand und Adern der Vorderflügel beschuppt. Fühler kurz, dick, beim Männchen mit Haarbusch. Statt Zunge zwei weiche Zäpfchen. Körper schwarz, Hinterleib gelb geringelt. Raupe walzig, hell, mit dunklem Kopfe; im Holze, überwintert zweimal.

Tr. apiforme Cl. Hornissenschwärmer, Hornet clear wing [1]. Flügelschuppen rostbraun; Körper braun und gelb; Juni, Juli. Eier einzeln an Pappeln, Eschen, besonders am unteren Stammteile. Raupe im ersten Sommer plätzend unter der Rinde, im zweiten im Holze des Stammes und der Wurzel, wo sie nochmals überwintert, um sich erst im dritten Frühjahre zu verpuppen; erwachsen 3—4 cm lang; weißlichgelb, fein braun gesprenkelt, dunkle Rückenlinie. Kot grob, sägespähneartig. — Häufig in Begleitung von *Saperda carcharias.* Untere Stammteile sind durch Anstrich von Lehm, Petroleum und weicher Seife zu schützen.

Pyromorphiden.

Harrisina americana G. M. [2]. Nordamerika; Raupe an Vitis- und Ampelopsis-Arten, gelb, schwarzfleckig, etwas behaart. In der Jugend skelottieren sie das Blatt, indem sie in Reihen nebeneinander rückwärts fressen; später zerstreuen sie sich und verzehren das ganze Blatt bis auf die stärkeren Rippen. Zwei Bruten. Puppe in weißem, flachem Kokon. Feinde: *Perilampus platygaster* Say, *Glyptapanteles sp., Limneria sp.* (Ichneumonide). — Die Eierhäufchen und die jungen Raupen sind abzulesen.

Psychiden, Sackträger.

Kleinere Formen. Männchen mit mäßig beschuppten Flügeln, doppelt gekämmten Fühlern, ohne Palpen und Zunge; Brust und Beine meist stark behaart; fast stets düster einfarbig. — Weibchen ohne

[1] Collinge, Report 1906 p. 22—23.
[2] Jones, U. S. Dptm. Agr., Bur. Ent., Bull. 68, Pt. 8, 1909.

Flügel, gewöhnlich auch ohne Fühler, Augen, Mundteile und Beine, dann zeitlebens im Raupensacke bleibend. — Raupen in einem Sacke, in den in charakteristischer Weise Fremdkörper versponnen sind. Zur Verpuppung wird der Sack mit der Mündung festgesponnen; dann dreht sich die Raupe darin um. Das Weibchen wird im Sacke befruchtet und legt seine Eier in denselben; die jungen Räupchen sollen die tote Mutter fressen. Sehr häufig kommt Parthenogenese vor, wobei immer nur Weibchen entstehen.

Die Sackträger sind namentlich in den wärmeren Gegenden der Erde sehr häufig und dann oft überaus schädlich. Ihre Raupen fressen nicht nur Blätter, Rinde usw., sondern sie brauchen erstere, Stengelteile und Ähnliches für ihren Sack. — Während Raubfeinde sehr selten zu sein scheinen, sind Hymenopteren- und Dipteren-Parasiten sehr häufig. — Die Bekämpfung erfolgt durch Ablesen, Spritzen mit Arsenmitteln; stark befallene Büsche und Bäume sind am besten zu verbrennen, da namentlich die jüngeren Stadien ungemein schwer zu sehen sind.

Fumea Steph.

Männchen: Hinterschienen mit zwei Paaren Sporen. Weibchen mit deutlich gegliederten Fühlern und Beinen und einer Legeröhre, verläfst den Sack zur Begattung und legt seine Eier in die leere Puppenhülle.

F. casta Pall. (nitidella auct.). Raupe rötlichbraun, Kopf dunkelbraun, Brust mit glänzend braunen Flecken; Sack aus längsgestellten Stücken von Zweigen und Gras; an Gräsern und Laubholz; in England an Efskastanie schädlich [1]).

Psyche Schrk.

Männchen: Hinterschienen nur mit Endsporen. Raupe auf Brust und den drei Endringen hornig beschildert.

P. viciella Schiff. [2]). Männchen graugelb. Raupe dunkel olivengrün, schwarz gestreift und gefleckt; Kopf und Brust silbergrau, schwarz gefleckt; Schilder der letzten Ringe schwarz. Sack 13—18 mm lang, aus feinen, quergestellten Stengelteilchen (Fig. 227). Von Juli bis Mai an Wicken, Wolfsmilch, Erdbeeren.

Fig. 227.
Sack von Psyche viciella.

P. albipes Moore [3]). Auf Ceylon einer der schlimmsten Teefeinde, an Blättern und Rinde. Gehäuse kegelförmig, graulich, mit wenigen Rinden- und Blattresten.

P. assamica Watt [4]) (vielleicht dieselbe Art). Indien, an Tee. Gehäuse ebenso; Mündung durch Querwand verschlossen, die nur in der Mitte ein Loch zum Durchtritt der Raupe läfst. Zur Verpuppung wird diese Querwand nach der andern Seite kegelförmig ausgezogen und an der Spitze das Gehäuse aufgehängt. Die Raupe frifst unregelmäfsig begrenzte Fenster in die Unterseite der Blätter.

---

[1]) Theobald, The animal pests of Forest trees, p. 30.
[2]) Sajó, Zeitschr. f. Pflanzenkrankh. Bd. 5, 1895, S. 280.
[3]) Green, Trop. Agric. Vol. 20, 1900/01, p 371, 445; Watt a. Mann, Pests a blights of the Tea Plant, 2d ed., Calcutta, 1903 p. 199—200.
[4]) Watt a. Mann, l. c. p. 197—199, fig. 15.

Psyche helix Sieb. [1]). Diese Form, das parthenogenetische Weibchen von **Apterona crenulella** Brd., bei der Raupe und Weibchen in schneckenartig gewundenem, aus zusammengesponnenen Fremdkörpern bestehendem Sacke leben, wurde 1895 - 1896 in der Umgebung des Sees Issyk-Kul in Zentralasien mehrfach schädlich an Getreide, das zum ersten Male auf einem seither unbebauten, stark mit Unkräutern bewachsenen Gebiete gebaut wurde. Die Raupen bohrten sich, wie die Coleophoren, von ihrem Sacke aus in das Innere der Blätter und fraßen dies in langen Streifen aus. Besonders von Flachs wurden einige Streifen fast völlig vernichtet. — In andern Gegenden Rußlands schaden die Raupen öfters durch Fraß an den Blättern von Obstbäumen.

Pachytelia unicolor Hufn. [2]). Raupe braungrau mit drei gelblichen Längslinien und braunem Afterschild. Sack 4 cm lang, mit hinten abstehenden, schuppenartig der Länge nach befestigten Pflanzenstengeln und Blattstücken belegt; an Gräsern. Im Jahre 1907 an der Mosel in größeren Mengen in einem Weinberge, Gescheine und Blätter zerstörend.

Acanthopsyche Heyl.

Mehrere Arten in Indien an Tee schädlich. Insbesondere **A. reidi** Watt, **the Limpet caterpillar** [3]). Gehäuse dornenähnlich, glatt, auf Blattoberseite. Die Raupen fressen einen Zoll große, runde Fenster, in deren Mitte sie einen kleinen Fleck Oberhaut stehen lassen. Sie zerstören Blätter, Knospen und Rinde.

A. snelleni Heyl. [4]). Gehäuse fast zylindrisch, einen Zoll lang, rauh, mit Blattresten, auf Blattunterseite; wird zur Verpuppung an einem Faden aufgehängt.

Amatissa consorta Templ. [5]). Indien, Ceylon, sehr schädlich an Tee, zerstören oft das ganze Laub. Gehäuse aus mit ihrer Basis versponnenen Blättern.

Clania Wlk.

Cl. variegata Snell. [6]). Indien, Ceylon, Java, an Tee, Cinchona und Kaffee. Gehäuse in zwei zusammengesponnenen Blättern.

Cl. crameri Westw. [7]). Desgl., entrindet oft die ganzen Büsche. Gehäuse aus parallelen, längs geordneten Stengeln. Nach STEBBING auch an Pinus longifolia, verzehrt die Nadeln, verursacht oft Kahlfraß.

Cl. holmesi Watt [8]). Indien, Tee. Gehäuse aus in vier Spiralen angeordneten kleinen Stengelstückchen.

---

[1]) INGENITZKY, J., Zool. Anz. Bd. 20, 1897, p. 473—477, 1 Fig.
[2]) LÜSTNER, Ber. Kgl. Lehranst. Geisenheim a. Rh. f. 1907, S. 281—282.
[3]) WATT a. MANN, l. c. p. 193—195, fig. 14.
[4]) Ibid. p. 195—196, Pl. 8 fig. 2.
[5]) Ibid. p. 192—193, Pl. 8 fig. 1.
[6]) GREEN, l. c.; KONINGSBERGER en ZIMMERMANN, Meded. 's Lands Plantentuin 44, 1901, p. 68, Pl. 3 fig. 22; WATT a. MANN, l. c. p. 190—191, Pl. 7 fig. 2; KONINGSBERGER, Med. Dept. Landbouw, Batavia, No. 6, 1908, p. 51.
[7]) KONINGSBERGER, Meded.'s Lands Plantentuin 22, 1898, p. 26; WATT a. MANN, l. c., p. 188—189, Pl. 7 fig. 4; STEBBING, Deptm. not. Insects that affect forestry No. 1, 2ᵈ ed, Calcutta 1903, p. 56—57, Pl. 2 fig. 2.
[8]) WATT a. MANN, l. c., p. 189—190, fig. 13.

Cl. ignobilis Walk.[1]). Australien, im Busche. An Kirschbäumen manchmal beträchtlich schadend dadurch, dafs die Raupen für ihre Gehäuse am liebsten die Stiele halbreifer Kirschen nehmen.

Oiceticus platensis Berg. **Bicho de Cesto**[2]). Argentinien, auf verschiedenen Bäumen und Sträuchern, bisweilen in grofser Zahl und dann sehr schädlich.

Oic. elongatus Saund.[3]). Australien, an Obstbäumen, Nadelhölzern usw., frifst Laub und Rinde, ringelt jüngere Zweige, Fruchtstiele usw.

Platoeceticus gloveri Pack.[4]). Florida, an Orangen.

Hyalarcta hübneri Westw.[5]). Australien, an Eucalyptus, Leptospermum usw., in Obstgärten an Apfelbäumen und Reben, auch an Nadelhölzern. In Züchtereien an Chrysanthemum schädlich.

Thyridopteryx Steph.

Th. ephemeraeformis Haw.[6]). Atlantische Staaten von Nordamerika, an den verschiedensten Bäumen (Obst-, Schatten- usw.), besonders Hecken von Thujen oft vernichtend. Raupen unternehmen bei der Suche nach einem geeigneten Verpuppungsplatze grofse Wanderungen (Ausbreitung!) und befestigen dann das Gehäuse durch ein ringförmiges Band an Zweige. Nadelhölzer vermögen öfters das Band nicht zu sprengen; die Zweige schwellen dann distal davon an, treiben Nebenknospen, werden besenartig und sterben ab. Gehäuse aus Blattteilchen gebildet. — Die Raupe eines Zünslers, *Dicymolomia julianis* Walk., lebt in den weiblichen Gehäusen und verzehrt die Eier[7]).

Unbestimmte Sackträgerraupen schaden in Deutsch-Ostafrika an Tee[8]) und Terminalia catappa[9]) (Schattenbaum).

Cochlididen (Eucleiden, Cochliopoden, Limacodiden).

Kleine braungelbe Falter mit fadenförmigen, langen Fühlern und drei Vorderrandsadern an den Vorderflügeln; Zunge fehlt. Raupen asselähnlich, kurz, breit, schildförmig, oben stark gewölbt, unten abgeflacht. Brustfüfse kurz, Bauchfüfse zu klebrigen Querwülsten umgewandelt; Kopf zurückziehbar; oft mit Brennhaaren, die auf der menschlichen Haut Entzündungen verursachen. Puppen in tönnchenförmigen, pergamentartigen Gespinsten.

Hauptsächlich in den Tropen entwickelt. Raupen auf Laubhölzern und durch grofse Zahl öfters schädlich. Die wenigen mitteleuropäischen Arten ohne Belang.

---

[1]) Froggatt, Agr. Gaz. N. S. Wales, Vol. 10, p. 1088—1089, fig. 1.

[2]) Bar, Nat. Wochenschr. Bd. 17. S. 364—365; Schrottky, Anal. Mus. Nacion. Buenos-Aires T. 8, 1902, p. 45—48; Brèthes, ibid. T. 11, 1905, p. 17—24

[3]) French, Handbook of destruct. Insects Australia, Vol. 2, 1893, p. 77—82, Pl. 25; Froggatt, l. c., p. 1087—1088, fig. 4.

[4]) Hubbard, Orange Insects, Washington 1885.

[5]) Froggatt, l. c., p. 1089—1090.

[6]) Smith, Reports Ent. N. Jersey agr. Exp Stat. 1894—1899, 1907; Schrenk, Ann. Rep. Missouri bot. Gard. Vol. 17, 1906, p. 153—181, Pls. 10—16; Howard a. Chittenden, U. S. Dept. Agr., Bur. Ent., Circ. 97, 1908.

[7]) Gahan, Journ. econ. Ent. Vol. 2, 1909, p. 236—237.

[8]) Zimmermann, Ber. Land- u. Forstwirtsch. Deutsch-Ostafrika, Bd. 2 S. 27.

[9]) Vosseler, ibid. S. 429.

In Nordamerika[1] **Sibine** (Empretia) **estimalis** Cl. polyphag, besonders auf Birnen und Rosen manchmal schädlich.

In Indien[2], Java[3] und Ceylon kommen viele Arten oft in grofser Menge auf Tee, Kaffee, Kakao, Erythrina und anderen Kulturpflanzen vor. Sie schaden nicht nur durch ihren Frafs an den Blättern, der nicht selten bis zum Kahlfrafse führen kann, sondern fast noch mehr dadurch, dafs mehrere Arten zur Verpuppung in die Erde gehen und diese dabei dermafsen mit ihren Brennhaaren spicken, dafs die barfüfsigen Kulis nicht in den Pflanzungen arbeiten können. Hierher gehören: **Belippe lohor** Moore, **lalena** Moore, **albiguttata** L. (schädlichste Art an Tee auf Java), **Orthocraspeda trima** Moore, **Parasa lepida** Cr. (schädlichste Art an Kaffee auf Java), **Miresa nitens** Wlk. (auch an Pisang, Tabak usw.), **Thosea cervina** Moore (Kokon gleicht durchaus einem Teesamen und ruht flach in der Erde) und **recta** Hamps.

Von Australien führt FROGGATT[4] an: **Limacodes longerans** (Eucalyptus) **Doratifera vulnerans** (Aprikosen) und **D. quadriguttata** (Gummibaum).

Unbestimmte Arten fressen in Deutsch-Ostafrika[5] und Kamerun[6] an Kaffee- und Kakaoblättern.

Feinde und Parasiten[7] scheinen nicht sehr zahlreich zu sein.

Bekämpfung erfolgt durch Ab- bzw. Auflesen der Raupen und Kokons, Spritzen mit Arsenmitteln, Beschneiden der Bäume und Entfernen alles Bodengenistes.

Zygaeniden, Widderchen.

Klein bis mittelgrofs. Fühler spindelförmig. Vorderflügel mit zwei, Hinterflügel mit drei Innenrandsrippen; letztere mit Haftborsten. Raupen dick, walzig, fein behaart, mit kleinem runden Kopfe und 16 Beinen; gewöhnlich auf Schmetterlingsblüten; von Sommer bis Frühling. Puppe in der Regel an Pflanzen, in festem, artlich charakteristischem Gespinste.

Ino Leach.

Vorderflügel einfarbig. Fühler am Ende stark keulenförmig verdickt.

I. (Procris) **ampelophaga** Bayle[8]. Flügel braungrau, vordere lebhaft glänzend; Leib mit grünlichem Schimmer. Raupe aschgrau

[1]) SMITH, Rep. N. Jersey agr. Exp. Stat. 1895, p. 475—478, figs. 67—69; Economic Entomology, Philadelphia 1896, p. 271—273, fig. 296; DYAR, H. G., Journ. N. York ent. Soc. Vol. 3—7, 1895—1899.

[2]) WATT a. MANN, l. c., p. 202—211, Pl. 10, figs. 16—18.

[3]) KONINGSBERGER, Meded. 's Lands Plantentuin 20, 22, 46, 64: Meded. Deptm. Landbouw Batavia 6; 1898 1908.

[4]) Australian Insects, Melbourne 1908, p. 246—248. fig. 115.

[5]) ZIMMERMANN, l. c., Bd. 1 S. 359, Taf 4, fig. 20.

[6]) PREUSS, Tropenpflanzer, Bd. 7, 1903. S. 351.

[7]) KÜNCKEL d'HERCULAIS, J., C. r. Acad. Sc Paris, T. 138, 1904, p. 1623—1625, Bull. sc. France Belg. T. 39, 1905, p. 141—151, 2 Pls., 3 figs.

[8]) KÖPPEN, Schädliche Insekten Rufslands, St. Petersburg 1880, S. 322—327; GENNADIUS, Rep. Agr. Cyprus III. Ausz.: Zeitschr. Pflanzenkrankh. Bd. 8 S. 281: GIARD, Rev. vitic. Ann. XI T. 21, 1904, p. 591—592.

mit schwarzem Kopfe und vier Reihen bräunlicher Wärzchen, die graue Sternhaare tragen; 15 mm lang; Südeuropa, von Italien bis Kaukasus und Palästina; oft recht schädlich am Weinstocke. Zwei Bruten; da das Weibchen etwa 300 Eier legt, ist die Vermehrung eine ungeheuere. Die Raupe der ersten Brut frifst die jungen Triebe aus, die der zweiten an Blättern.

Nach KÖPPEN allerdings in der Krim nur eine Brut; die im Juli auskriechenden Räupchen fressen zunächst unmerkbar an jungen Blättern. Zur Überwinterung kriechen sie in das Mark abgeschnittener Stengel. Im Frühjahre fressen sie zuerst Knospen aus, später an den Blättern.

Bekämpfung: Raupen im Frühjahre ablesen; spritzen mit Petroleumemulsion; Abfangen der Falter der zweiten Brut; um die abgeschnittenen Triebe im Frühjahre einen Ring von Asphalt und Baumöl oder Fischtran (1 : 1) legen (nach KÖPPEN).

Zygaena F.

Vorderflügel metallisch blau oder grün, mit farbigen Flecken: Hinterflügel gewöhnlich rot. Raupen mit Längsreihen schwarzer Flecken und Stigmen.

Mehrere Arten werden an kultivierten Leguminosen gefunden, ohne aber zahlreich genug zu sein, um ernstlich schaden zu können.

Auf Java[1]) verursacht die Raupe von **Cyclosia papilionaris** Dry hier und da Kahlfrafs an Pierardia racemosa, die von **Brachartona catoxantha** Hamps.[2]) wird stellenweise an Kokos sehr schädlich durch Skelettieren der Blätter.

Heterusia cingala Moore. Red slug.[3]). Auf Ceylon und in Indien an Tee sehr schädlich. Oft Kahlfrafs, so dafs die Büsche wie verbrannt aussehen. Parasit: *Exorista heterusiae* Coq. (Tachinide).

Hypsiden.

Argina cribraria Clerck. und **syringa** Cr.[4]). Indien, an Crotalaria juncea.

Arctiiden, Bärenspinner.

Gröfsere, kräftig gebaute, bunte Falter. Vorderflügel länglich dreieckig, Hinterflügel breit, gerundet, mit Haftborsten. Flügel in Ruhe dachförmig. Fliegen nach Licht. — Raupen mit dichten, langen, starken Haaren auf je zehn Höckern auf jedem Ringe. Haare sternförmig bis lang büschelig oder zottig, oft mehrfarbig. Meist an niederen Pflanzen, laufen behende; bei Störung rollen sie sich ein, wobei die oft bunt gefärbten Ringeinschnitte hervortreten. Überwintern. Puppen im Frühlinge, meist über der Erde in lockerem, dicht mit Haaren verwebtem Gespinste, selten in Erde ohne Gespinst.

Die Raupen[5]) finden sich in der Regel nur einzeln und spärlich; trotz ihrer oft bedeutenden Gröfse, die allerdings durch die Behaarung

---

[1]) KONINGSBERGER, Meded. 's Lands Plantentuin XXII, 1898, p. 26.
[2]) id., Bull. Dépt. Agric. Ind. néerland. 20. 1908, p. 2.
[3]) WATT a. MANN, l. c, p. 185—187, Pl. 6, fig 3.
[4]) MAXWELL-LEFROY, Mem. Dept. Agric. India, Vol. 1, 1907, p. 158—159.
[5]) ROUAST, Feuill. jeun. Nat. T. 7, 1877, p. 128—131.

noch viel bedeutender erscheint, als sie in Wirklichkeit ist, sind sie kaum je ernstlich schädlich, um so weniger, als sie gewöhnlich wahllos fressen, nicht einzelne Pflanzen bevorzugen. Ferner sind sie auf bebautem Boden noch weniger häufig als auf unbebautem, da ihnen die Bodenbearbeitung verderblich wird.

Raupen der Gattungen **Callimorpha** Latr. (Raupen mit Sternhaaren) und **Arctia** L. (Raupen mit Büschelhaaren) werden gelegentlich in Mitteleuropa schädlich, erstere an Beerenobst, letztere an verschiedenen Gartenpflanzen, so 1896 in Südfrankreich an Reben, von denen sie einen beträchtlichen Teil der Fechsung vernichteten [1]).

Ocnogyna baeticum Ramb. [2]). Westliche Mittelmeerländer, polyphag an Gräsern, Hülsenfrüchten usw., besonders an Erbsen, an denen sie in Italien oft grofse Verwüstungen anrichten. Die Raupen bleiben bis zur dritten Häutung in gemeinschaftlichen Gespinstnestern zusammen. Man spritzt diese, wenn sie morgens durch den Tau sichtbar gemacht werden, mit einer Mischung von Schwefelkohlenstoff und Holzteer (2 %ig) oder mit Rubina (7 %ig). Entomophtora-Epidemien vernichten oft die Raupen.

Diacrisia virginica F. [3]), the Yellow bear, ist in Nordamerika nicht selten in Treibhäusern und im Freien; **D. obliqua** L. [4]) schadet in Indien, Japan, China nicht selten an Sonnenblumen, Baumwolle, Hülsenfrüchten usw., zumal sie in sechs Bruten im Jahre auftritt.

Die bunte Raupe von **Rhyparia purpurata** L. (schwarz mit weifslichem Rücken- und zwei rotgelben Seitenstreifen, weifslichen, gelblich behaarten Warzen und grauem Bauche mit weifslichen Querbinden) findet sich in Europa öfters an Wald- und Obstbäumen bzw. -büschen. In einem Seitentale des Rheins gelegentlich ernstlich schädlich an Reben [5]).

Hyphantria cunea Drury [6]) (nach FELT [7]) wohl meistens **H. textor** Harr.). **Fall webworm**, Nordamerika. Raupe verfertigt im Spätsommer an Obst- und Waldbäumen sich immer vergröfsernde Gespinste, in die alle zur Nahrung dienende Blätter mit einbezogen werden. Auch an niederen Pflanzen (Bohnen, Tomaten, Klee). Zwei Bruten. Puppe in zartem Gespinste an Baumstämmen oder an der Erde in abgefallenem Laube usw. — Feinde: Kuckuck, *Podisus spinosus* Dalla (Pentatomide); zahlreiche Parasiten.

Estigmene acraea Dru. [8]). Nordamerika: ursprünglich an wilden Pflanzen in den Salzmarschen, ging die Raupe in Texas in zwei aufeinander folgenden Jahren an Baumwolle über und frafs ganze Felder kahl. Bis zu vier Bruten im Jahre.

---

[1]) s. SAJÓ, Illustr. Wochenschr. Ent. Bd. 1, 1896, S. 202—203.
[2]) SILVESTRI, R. Scuol. sup. Agric. Portici, Bull. 10, 1905, 12 pp., 7 figg.
[3]) CHITTENDEN, U. S. Deptm. Agric., Div. Ent., Bull. 27, N. S., 1901, p. 81—82.
[4]) MAXWELL-LEFROY, Agr. Journ. India Vol. I, 1906, p. 187—191, 1 Pl.; Mem. Deptm. Agric. India Vol. I, 1907, p. 160—164, fig. 43—48.
[5]) LÜSTNER, Ber. Kgl. Lehranst. Obst- Gartenbau Geisenheim a. Rh. 1907, S. 282—283.
[6]) RILEY, Rep. Ent. 1886 p. 518—539, 2 Pls.; U. S. Deptm. Agric., Div. Ent., Bull. 10, 1887, p. 33—53, figs.; SMITH, Rep. Entom. New Jersey agr. Exp. Stat. 1895, p. 458—461, figs. 61—63.
[7]) New York St. Mus., Mem. 8, Vol. I, 1905, p. 142—146, Pl. 10, figs. 1—6.
[8]) HINDS, U. S. Deptm. Agr., Div. Ent., Bull. 44, 1904, p. 80—84, fig. 19.

Spilosoma Stph.

Raupen büschelweise mäfsig behaart. Puppe überwintert.

Sp. fuliginosa L. Raupe hellgrau, an Wicken, Kohl, Rübsen, Rubus, Ribes usw.

Sp. mendica L. Raupe grünlich mit rostfarbenen Warzen, Haarbüscheln, Kopf und Brustfüfsen. An Salat, Efeu usw.

Sp. lubricipeda L. [1]. Raupe gelblich. An Rüben, Mangold, Salat usw., Holunder; gingen von letzterem in Rheinhessen an Ampelopsis über, deren Mark z. T. von Hagelschlag blofsgelegt war. Sie vergröfserten die Wunden, so dafs die Triebe abbrachen. Auch an Reben schädlich geworden durch Verzehren der Knospen.

Auch in Indien [2], auf Java und Ceylon können mehrere, für gewöhnlich zwar überall vorhandene, aber unschädliche Arten unter besonderen Umständen einmal schädlich werden, wie besonders **Amsacta** (Creatonotus) **lactinea** Cram. [3] an Erdnüssen usw.

Syntomiden.

Euchromia horsfieldi Moore [4]. Java; Raupen eine wahre Plage für Zierpflanzen aus der Familie der Convolvulaceen, besonders für Ipomoea brexii.

Cymbiden.

Palpen lang, aufwärts gekrümmt, Endglied abwärts gerichtet. Fühler borstenförmig, kurz bewimpert. Hinterflügel mit Haftborste. Raupen 14- oder 16 füfsig, behaart, Nachschieber lang, gestreckt, Klammerfüfse.

Earias Hb., Grünspanner, Kahneulen.

Vorderflügel dreieckig, grün, Endglied der Palpen kurz.

E. chlorana Hb. Vorderrand der Vorderflügel weifslich. Raupe weifslich mit zwei dunklen Rückenstreifen und mehreren dunklen Wellenlinien an den Seiten; Kopf hellbraun mit weifslichem Halsschilde; 25 mm lang. Falter in April-Mai, Juni-Juli. Raupen von Mai-August in einem Blätterschopfe am Ende der Triebe langblättriger Weiden, die Blätter der Länge nach zu einer Röhre zusammenspinnend. Puppe frei an Blättern oder Ruten in seidigem, weifsem Gespinste; die der zweiten Brut überwintert. Da oft in grofsen Mengen auftretend, nicht selten in Weidenkulturen recht schädlich. Durch Abschneiden der Blätterschöpfe zu bekämpfen.

E. insulana Boisd. [5]. (Fig. 228 1—4) Grün; Vorderflügel mit zwei

---

[1] Noël, Bull. Labor. région. Ent. Agr. Rouen 1907, No. I, p. 13—14; Molz, Zeitschr. Pflanzenkrankh. Bd. 18, 1908, S. 92—94, 1 fig.; Ber. Geisenheim 1907, S. 299.

[2] S. Anm. 4, vorige Seite.

[3] Barber, Bull. 38. Dept Land Rec. Agric. Madras, 1900, p. 146—183; Ausz.: Zeitsch. Pflanzenkrankh., Bd. 11 S. 243.

[4] Koningsberger, Meded. .... 6 p. 52.

[5] Foaden, Yearb. Khediv. agr. Soc. 1905, Cairo 1906. — Vosseler, Ber. Land-, Forstwirtsch. Amani Bd. 2, 1905, S. 412, 503; Pflanzer Bd. 2, 1906, S. 358. — Busse, Beih. 7 Tropenpflanzer, 1906, S. 205—208. — Stuhlmann, Pflanzer Bd. 3, 1907, p. 217. — Anon., Tropenpflanzer Bd. 10, 1906, S. 317—318. — v. Faber, ibid. Bd. 11, 1907, S. 494. — Maxwell-Lefroy, Mem. Dept. Agric. India, Vol. 1, 1907, p. 184. — King,

undeutlichen Winkellinien; Hinterflügel weißlich. Raupe bräunlich bis schmutzig grün mit gelben Flecken. 15 mm lang. Afrika, Indien.

E. fabia Stoll.[1]) (Fig. 228 5). Kopf und Brust weißlich, Vorderflügel hellgelb, mit grünem Längsbande in der Mitte. Raupe weißlich grün, ein gelber Fleck seitlich auf jedem Ringe, und dorsal auf zweitem und drittem Brustringe und erstem Hinterleibsringe. Indien, Ceylon, Java, Australien.

Beide Arten gehören als „bollworms", Kapselwürmer, die erstere speziell ägyptischer genannt, zu den größten Feinden der Baumwolle in der Alten Welt. Der Falter legt bis zu 300 Eier einzeln an beliebige, Teile der Pflanze mit Vorliebe an Blüten und junge Kapseln. Die Raupe bohrt sich entweder durch die Endknospe eines Triebes in diesen und höhlt ihn aus oder in eine grüne Kapsel, deren Kerne sie ausfrißt. Nach 3—4 Wochen verpuppt sie sich in weißem oder braunem Gespinste an der

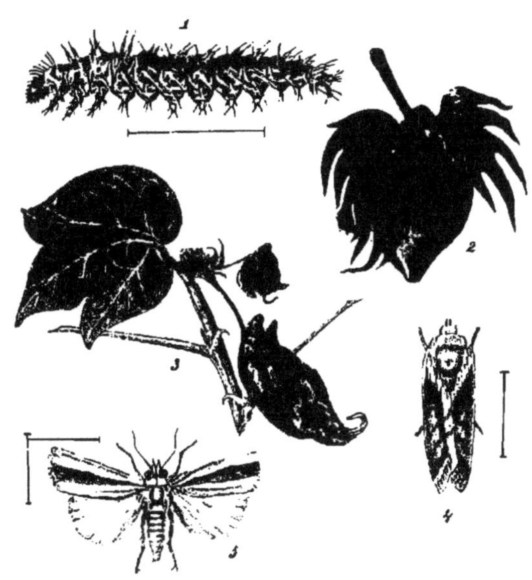

Fig. 229. 1 Earias insulana, Raupe; 2 Fraß an Kapsel, 3 an Trieb von Baumwolle. 4 E. fabia (nach MAXWELL-LEFROY).

Pflanze oder in der Erde; nach etwa einer Woche fliegt der Falter aus.

Die ganze Entwicklungsdauer beträgt 30—40 Tage; so folgen sich bis zu acht Bruten jährlich.

Der verursachte Schaden ist sehr bedeutend; er beträgt in Ägypten jährlich etwa eine Million Pfd. Sterl.

Vorbeugung und Bekämpfung: in der Nähe der Baumwollfelder sind keine andere Nährpflanzen der Raupe (Malvaceen) zu dulden; die Felder sind nach der Ernte gründlich von allen Rückständen zu reinigen. Als Fangsaaten kann man zu anderer Zeit sich entwickelnde Malvaceen zwischen die Baumwollreihen pflanzen oder außer der eigentlichen Pflanzung von Baumwolle solche anlegen, die blühen, wenn die Hauptpflanzung aufkommt oder abgeerntet ist.

Auch in Deutsch-Ostafrika vorhanden, hier aber nur die Stengelspitzen ausfressend. In Togo wird nur Upland-, nicht Sea-Island-Baumwolle befallen.

Noliden.

Kleine graue Falter mit borstenförmigen Fühlern und lang gefransten Flügeln. Raupen 14 füßig, breit, platt, mit behaarten Warzen.

3 d Rep. Wellcome Res. Labor. Gordon Mem. Coll. Karthoum, 1908, p. 228—229, Pl. 27, fig. 5.

[1]) DE NICÉVILLE, Ind. Mus. Notes, Vol. 5, No. 3, 1903, p. 131—132, Pl. 12, fig 1. — MAXWELL-LEFROY, l. c., p. 183, fig. 52—53.

Nola Leach.

Vorderflügel mit haufenweise angeordneten Schuppen.

N. cucullatella L.[1]). Vorderflügel veilgrau mit dunkelbraunem, schwarz begrenztem Wurzelfelde; Juni, Juli. Raupe gelbgrau, weifs, schieferblau und rötlich gezeichnet; 12 mm lang. Zerstört früh im Jahre an Obstbäumen Knospen, Blätter und nagt an jungen Schössen Gänge in die Rinde.

Epiplemiden.

Kleine Familie. Falter spanner-, Raupen spinnerartig.

Dirades theclata Gr.[2]). Westafrika, Indien, Ceylon, Burma. Raupe klein, rauchfarben, warzig, spärlich behaart, beteiligt sich an dem von Pyrausta machoeralis und Hyblaea puera verursachten Kahlfrafse.

Geometriden, Spanner.

Mäfsig grofse bis kleine Falter mit schlankem Körper. zarten Flügeln, deren vordere dreieckig, deren hintere gerundet sind. Beine kurz, schwach. Fliegen in der Dämmerung; Flügel in Ruhe flach der Unterlage aufliegend.

Raupen schlank, nackt, drehrund, mit Bauchfüfsen nur am zwölften und neunten, selten auch am achten oder siebenten Ringe. Fortbewegung daher „spannend", indem immer das eine Ende des Körpers befestigt und das andere schleifenförmig nachgezogen oder ausgestreckt wird. Körper oft mit Höckern und Warzen, die die ohnehin schon grofse Ähnlichkeit mit dürren Zweigen noch erhöhen. In der Ruhe halten sie sich gewöhnlich mit den Nachschiebern fest und strecken den Körper im Winkel starr aus. Fast ausnahmslos an Bäumen und Sträuchern, Laub fressend; lassen sich bei Störung fallen, daher abklopfen. — Puppe gestreckt, nach hinten stark zugespitzt, glänzend, gewöhnlich braun. — Eier einzeln, zerstreut, desgleichen auch Raupen.

Thamnonoma Ld.

Flügel breit, beim Männchen mit tiefen Gruben an Basis der vorderen; kurze, die Spitze frei lassende Kammzähne an den Fühlern. Raupen mit Querrunzeln.

Th. wauaria L. Johannisbeerspanner. Vorderflügel hellgrau mit brauner und schwarzer Zeichnung; Hinterflügel hell aschgrau, schwärzlich bestäubt; 25 mm Spannweite; Juni, Juli. — Raupe blaugrün mit dunkler, weifs gesäumter Mittellinie und je einem gelben Seitenstreifen; auf jedem Ringe vier schwarze Borstenwärzchen. Kurz vor der Verpuppung meist violett oder rotbraun; Kopf gelbbraun mit schwarzen Warzen; 25 mm lang. Im Juni, August und September an Ribes-Arten, nicht nur Blätter, Knospen und Blüten fressend, sondern auch die Früchte aushöhlend. Puppe in lockerem grauen Gewebe in oder über der Erde.

---

[1]) Tullgren, Skadeinsekter, Stockholm 1906, p. 64—65. — Naturaliste T. 31, 1909, p. 112.

[2]) Stebbing, Deptm. not. Insects that affect forestry. No. 1, 2 d ed., Calcutta 1907, p. 97—99, Pl. 5, fig. 4.

Th. (Eufitchia) ribearia Fitch. **Currant Span-worm.** Nordamerika, an Ribesarten. Eier im Herbst an Stämmen und Zweigen. Raupe im Frühling, weifslich mit gelben Längsstreifen und schwarzen Flecken; sie läfst sich bei Störung an einem Faden herab, aber nicht bis zur Erde, sondern bleibt auf halbem Wege in der Luft hängen. Klopft man also die Büsche ab, so kann man die hängenden Raupen nachher leicht sammeln.

Philedia punctomacularia Hulst.[1]). Im Nordwesten der Vereinigten Staaten der gröfste Feind der Sitkafichte und von Tsuga heterophylla; die Raupen benagen die Nadeln von der Basis an; sie waren 1899 so zahlreich, dafs ihre Exkremente wie Regen herabrieselten. Nachdem sie die Bäume kahl gefressen hatten, liefsen sie sich herab und zerfrafsen das Unterholz mit Ausnahme der Douglas-Tanne und Zeder.

Thalaina clara Wlk., **Selidosema lyciaria** Gn. und **excursaria, Lophodes sinistraria** Gn. in Australien[2]) an Akazien, letztere auch an jungen Aprikosen. **Mnesampela privata**[3]) Gn. in Australien oft überaus schädlich in Eucalyptus-Wäldern; die Raupen skelettieren die Blätter vollständig.

Bupalus Leach.

Flügel breit. Fühler des Männchens mit langen, doppelten Kammzähnen.

B. piniarius L. **Kiefernspanner**[4]). Männchen hellgelb, Weibchen hell rotbraun, beide dunkelbraun gezeichnet. Raupe grün mit drei weifsen Rücken- und zwei gelben Seitenlinien, sehr wechselnd gefärbt. Falter im Mai, Juni, Tagestier, trägt Flügel in Ruhe aufwärts. Eier grün, im ganzen etwa 120, zu je sieben Stück einreihig an Unterseite vorjähriger Nadeln. Raupe von Ende Juni an, benagt zuerst die Oberfläche der Nadeln, später befrifst sie ihren Rand stufenweise oder verzehrt sie ganz. Bevorzugt werden über 20 Jahre alte Bestände auf mageren, dürftigen Böden. Der Befall ist immer am stärksten in ihrem Innern; eine Randzone bleibt verschont. Bei auftretendem Nahrungsmangel infolge von Kahlfrafs klettern die Raupen an den Stämmen herab und überziehen sie mit einem aus starken senkrechten, parallelen Streifen bestehenden Schleier; am Fufse der Stämme sammeln sie sich manchmal zu grofsen Klumpen. Erwachsen, verspinnen sie sich in oder unter der Bodendecke, verpuppen sich aber meist erst im Januar. — Da der Hauptnerv der Nadel wenig verletzt wird, bleiben ihre Reste noch lange grün; so wird der Frafs gewöhnlich erst sehr spät bemerkt. In der Regel tritt im folgenden Frühjahre Neubegrünung ein; nur bei sich wiederholendem Kahlfrafse unterliegen die Bäume. — Feinde: Tagesvögel (Star, Kuckuck, Krähen, Drosseln), Schlupfwespen, Raupenfliegen, Calathus fulvipes (frifst Puppe), Calosoma sycophantha.

---

[1]) AHLEKS, U. S. Dept. Agric., Div. Ent., Bull. 21 N. S., 1899, p. 18; HOPKINS, ibid. Bull. 37, 1902, p. 22.

[2]) FROGGATT, Australian Insects p. 260—262, figs 126—7.

[3]) FRENCH, Handbook of destruct. Insects of Victoria, Vol. 3, 1900, p. 55—56, Pl. 41.

[4]) KNAUTH, Forstl. nat. Zeitschr. Bd. 4, 1895, S. 389—395, 405—410; Bd. 5, 1896, S. 46—58; Bd. 6, 1897, S. 165—172. — GAUCKLER, Illustr. Wochenschr. Ent. Bd. 1, 1896, S. 554—558, 1 Fig. — ECKSTEIN, Allg. Forst- u. Jagdzeit. 1901, Jan. — BRECHER, Prakt. Blätt. Pflanzenbau Bd. 4, 1901, S. 54—56, 60—64.

Bekämpfung im allgemeinen sehr schwierig. Am meisten Aussicht auf Erfolg haben noch zwei von ECKSTEIN vorgeschlagene Maſsregeln: Eintrieb von Hühnern (bzw. fahrbare Ställe)[1]) und Zusammenrechen der Bodenstreu auf Haufen; die in diesen entstehende feuchte Wärme tötet Raupen und Puppen.

Boarmia Tr.

Flügel breit, mit meist deutlichem, kahlem Basalfleck auf Unterseite der Vorderflügel. Raupen gestreckt, mit Höckern und Warzen, ähneln täuschend den Ästen der Bäume, auf denen sie leben, werden trotz ihrer Gröſse kaum schädlich, da sie gewöhnlich nur vereinzelt auftreten.

B. gemmaria Brahm., **Rhombenspanner.** Bräunlichgrau, schwarz und weiſs gezeichnet. Raupe graubraun mit dunklen, gelb und schwarz gezeichneten Rautenflecken und dunkler, gewellter Seitenlinie; Kopf eckig, graubraun. Von Juli an an Rosaceen, Geiſsblatt, wilder und zahmer Rebe, Efeu usw., am Rheine wiederholt recht schädlich an Reben geworden durch Befressen der Blätter, Triebe und Aushöhlen der Knospen[2]). Überwinterung an geschützten Stellen; im Frühjahre verpuppt sich die Raupe in der Erde. Absuchen.

B. selenaria Hb. Raupe braun, oben schwarz gefleckt, mit rötlichen und gelblichen Längslinien. Europa (an niederen Gewächsen), Asien, West- und Südafrika. In Indien[3]) schädlich an Shorea robusta, von der sie im März und April alles Grüne, auch die Blüten, abfriſst. Puppe in Erde.

B. crepuscularia Hb. Die Raupen dieses in Europa und Asien lebenden Spanners werden auf Java[4]) mitunter recht schädlich dadurch, daſs sie in mehreren rasch aufeinander folgenden Bruten die Cinchona-Bäume und mit Vorliebe gerade die edelsten Sorten zuerst kahl fressen und dann noch die Rinde der Zweige und jungen Äste abnagen, so daſs die Bäume wie Reiserbesen aussehen.

B. bhurmitra Wlk. Ceylon, an Tee[5]), Grevillea und Cardamom, Februar bis Juli in drei Bruten. GREEN beobachtete eine Pilzepidemie unter den Raupen.

Verschiedene andere Boarmia-Arten treten in Europa, Java usw. auch an niederen Pflanzen auf, wohl kaum jemals aber so zahlreich, daſs schädlich. Einige Arten auf Java hier und da an Kaffee.

B. (Cleora) pampinaria Gn.[6]). Nordamerika, öfters schädlich an Moosbeeren, aber auch an Spargel, Erdbeeren, Geranium, Baumwolle, Klee, verschiedenen Bäumen usw.

Crysiphona occultaria Boisd.[7]). Australien, an Eucalyptus.

---

[1]) Siehe auch: SPIEGELS VON UND ZU PECKELSHEIM, Zeitschr. Forst-Jagdwes. 1903, S. 146—161; Jahresber. westpreuſs. bot. zool. Ver. 1905 S. 64—74.

[2]) LÜSTNER, Ber. Geisenheim 1901 S. 167—169, Fig. 25; Reblaus-Denkschr. 1902 S. 179; Jahr. ber. Sonderaussch. Pflanzenschutz D. L.-G. 1904 S. 250.

[3]) STEBBING, l. c., Nr 1, 2d ed. Calcutta 1903, p. 100—104.

[4]) ROEPKE, Meded. algem. Proefstat. Oost-Java, 2. Ser. Nr. 12, 1909. Ausz.: Zeitschr. wiss. Ins. Biol. Bd. 5, S. 204.

[5]) GREEN, Trop. Agric.-Vol. 20, 1900/01 usw.; s. Centralbl. Bakt. Parasitenkde II, Bd. 8, 1902, S. 21. — WATT & MANN, l. c., p. 226—8.

[6]) SMITH, J. B., U. S. Dept. Agric., Div. Ent., Bull. 4, 1884, p. 26—28; FARMERS Bull. 178, 1903, p. 19—21; CHITTENDEN, U. S. Dept. Agr., Bur. Ent. Bull. 66 Pt. 3, 1907, p. 21—27, fig. 6.

[7]) FROGGATT, l. c. p. 260.

Ophthalmodes cretacea Butl. (?) [1]. Japan, auf Tee; Eier überwintern; Puppe in Erde.

Hemirophila atrilineata Butl. Mulberry looper [2]. Japan, an Maulbeere sehr schädlich. Zwei Bruten, die Raupen der zweiten überwintern.

Amphidasis betularia L. **Birkenspanner.** Raupe sehr polyphag, je nach der Nährpflanze verschieden gefärbt, grün, braun, grau, gelblich, mit dunkler Rückenlinie und grofsen weifsen Warzen auf achtem und elftem Ringe, mit grofsem, viereckigem, am Scheitel ausgekerbtem braunen Kopfe; etwa 50 mm lang. Von Juli bis Ende Oktober auf Holzgewächsen, in seltenen Fällen durch Massenauftreten schädlich [3]. Puppe im Boden. Eier einzeln an Blättern.

A. (Lycia) cognataria Gn. Nordamerika, an Johannisbeeren hier und da schädlich.

Zamacra albofasciaria Leech. Mulberry Spring-looper [4]. Japan, Maulbeere. Eine Brut; Kokon in Erde.

Coniodes plumigeraria Hulst. **Walnut Spanworm** [5]. Nordamerika, an Apfel, Pflaume, Eiche; ist in Californien an eingeführten englischen Walnüssen merkbar schädlich geworden, während die einheimischen Walnüsse verschont blieben.

Biston Leach.

Flügel beim Männchen schmal, derb, beim Weibchen verkümmert; Fühler bei ersterem mit bewimperten Kammzähnen. Kopf klein, Brust dicht behaart. Raupen dickhäutig, mit einzelnen Warzen; Puppe in Erde.

B. hirtarius Cl. **Kirschenspanner** [6] (Fig. 229). Weibchen mit vollständigen Flügeln. Weifslich, schwarzgrau bestäubt, schwarzbraune Querbinden; März, April. Raupe aschgrau oder braun, mit dunkeln Längslinien; Warzen, Halsschild und zwei Fleckchen auf jedem Ringe gelb; auf dem elften zwei schwärzliche Spitzwarzen; 35 mm lang; Mai bis September, an verschiedensten Laubhölzern, besonders Steinobstbäumen, im Unterelsafs und in Bayern an Hopfen, im ersteren 1887 1 ha vernichtend.

B. pomonarius Hb. Flügel beim Männchen weifsgrau, am Rande schwärzlich und gelblich bestäubt, mit dunklen Querlinien; Hinterleib wollig, schwarz, mit rotgelbem Rückenstreifen. Weibchen mit Flügelstummeln, schwarz, rötlich gesprenkelt, mit weifsen und grauen Haaren; April, Mai. Raupe hellgrau mit gelblichen Längslinien, rotgelbem Halsringe und braunen, spitzen Warzen auf gelben Flecken, 40 mm lang; Mai bis Juli, auf Eichen und Obstbäumen.

B. suppressarius Gn. [7]. Indien, zur Regenzeit an Tee, manchmal beträchtlich schadend; in drei Bruten. Falter ruhen tagsüber in

---

[1] Onuki, Abstr. Bull. 30, Imper. agr. Exp. Stat. Japan, 1904 p. 4; Bull. 30 Pl. X A, fig. 1—9.

[2] Imp. agr. Exp. Stat. Japan, Bull. 30, Abstr., 1904, p. 3, Pl. 8: Marlatt, U. S. Dept. Agr., Div. Ent., Bull. 40, 1903, p. 60, Pl. 2.

[3] v. Aigner-Abafi, Ill. Zeitschr. Ent. Bd. 5, 1900, 8. 384—85; Noël, Naturaliste, T. 30, 1908, p. 73—74.

[4] Imp. agr. Exp. Stat. Japan Bull. 30, Abstr., 1904. p. 3—4, Pl. 9.

[5] Coquillett, U. S. Dept. Agric., Div. Ent., Bull. 7, N. S., 1897, p. 64—66, 2 figg.

[6] Jahresber. Sonderaussch. Pflanzensch. D. L. G. 1901 S. 188; 1902 ff.; Zirngiebl, Feinde des Hopfens, Berlin 1902, S. 20—21, fig. 13.

[7] Watt & Mann, l. c., p. 225—226, Pl. 9, fig. 2.

solchen Mengen an Baumstämmen, besonders Albizzia, dafs sie leicht
in Massen vertilgt werden können.

Phigalia pedaria F. Weibchen hellgrau mit braunrotem Hinterleibe und Flügelstummeln. Raupe grüngelb bis rotbraun, schwarz

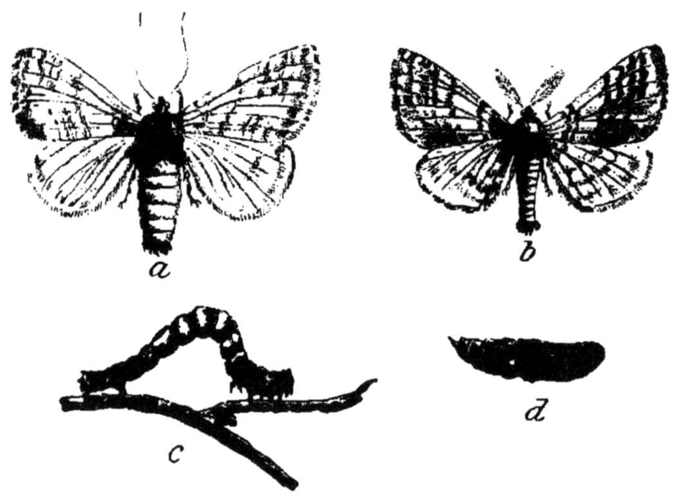

Fig 229. Kirschenspanner (aus ZIRNGIEBL).

gestrichelt, gelb gefleckt; mit schwarzen Warzen, die besonders auf
Ring 5 und 11 sehr grofs sind, jede mit starken schwarzen Haaren;
50 mm lang; im Sommer auf Obstbäumen und anderem Laubholze.

Ph. titea Cr. [strigataria Min.[1)]. Nordamerika. Raupen an Obstbäumen, Rosen und anderen Laubhölzern.

Anisopteryx Stph.

Männchen mit zarten, breiten, dünn beschuppten Flügeln; ihre
Fühler mit sehr lang bewimperten Sägezähnen. Weibchen flügellos;
mit dickem Afterbüschel; Zunge rudimentär. Raupen glatt; Bauchfüfse
des neunten Ringes stark verkümmert. Puppe an oder in Erde.

A. aescularia Schiff. Vorderflügel des Männchens hellgelbbraun,
dunkel bestäubt und punktiert, Weibchen rötlichgraubraun mit dunkel-
grauer Afterwolle (Januar-) März (-April). Raupe glatt, gelbgrün mit
grünem Kopf und weifslichen Längslinien, 26 mm lang, April-Juli an
verschiedenen Laubbäumen, besonders auch Apfel und Pflaume. Puppe
in Erde, in dichtem, gelbem Gespinste. Die 50—200 Eier werden in
Ringen um etwa bleistiftdicke Äste abgelegt und mit der Afterwolle
bedeckt (Fig. 230).

A. (Alsophila) pometaria Harr. **Fall canker worm**[2)]. Nördliche
Oststaaten von Nordamerika, in neuerer Zeit auch nach Californien
verschleppt. Die blumentopfähnlichen Eier werden im Herbst und
Anfang Winter reihenweise zu 60—200 frei an Rinde von Laubbäumen
abgelegt. Raupe von April oder Mai bis Juni, nicht selten Kahlfrafs

---

[1)] PETTIT, Michigan St. agr. Exp. Stat., Bull. 200, 1902, p. 205, fig. 17.
[2)] COQUILLETT, U. S. Dept. Agric., Div. Ent., Circ. 9, 2[d] Ser. 1895.

an Obstbäumen verursachend; erwachsen geht sie in die Erde und spinnt einen dichten, gelben Kokon, in dem sie sich nach einem Monate verpuppt. Bekämpfung: Leimringe von Anfang Oktober bis Mitte Mai, Spritzen mit Arsenmitteln im Mai. — Feinde: Eine Milbe, *Nothris ovivorus* Pack., verzehrt die Eier, in denen auch Chalcidier parasitieren. *Calosoma* sp., *Sinea diadema* Say (Wanze), *Eumenes fraterna* Say, Ichneumoniden, Tachinen, Vögel stellen den Raupen nach.

Paleacrita vernata Peck. **Spring canker worm** [1]). Östliches Nordamerika, etwas südlicher als vorige gehend. Eier oval, werden im März und April von dem flügellosen Weibchen mit ausziehbarem Legestachel in unregelmäfsigen Massen unter Rindenschuppen usw. versteckt. Sonst wie vorige, nur verpuppt sich die Raupe sofort in lockerem Gespinste, daher durch Pflügen oder Eggen im August oder September leicht zu vernichten.

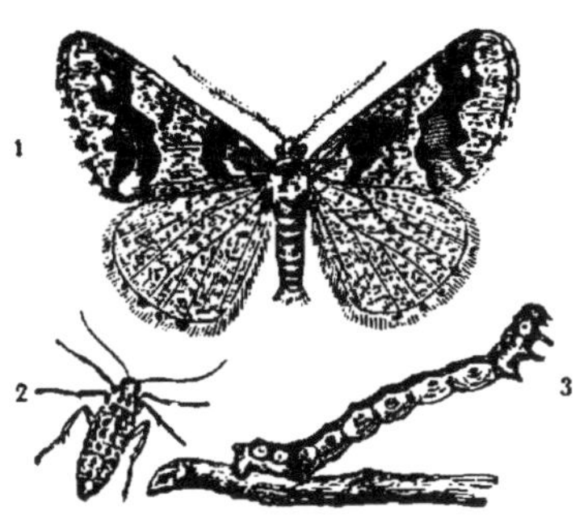

Fig. 230. Eiergürtel von Anisopteryx aescularia (nat. Gr.).

Fig. 231. Grofser Frostspanner; 1 Männchen, 2 Weibchen, 3 Raupe (nach Collinge).

Hibernia (Hybernia) Latr. Frostspanner.

Palpen und Rüssel sehr schwach. Männchen mit zarten Flügeln und Fühlern, die dünn bewimperte Kammzähne tragen. Weibchen mit Flügelstummeln oder ganz flügellos. Raupe zylindrisch, zehnfüfsig, mit herzförmigem Kopfe, vorwiegend nächtlich. Falter von Oktober bis März, tagsüber ruhend; Raupen im Frühjahre auf Laubhölzern; Puppen im Sommer in der Erde.

H. defoliaria Cl. **Grofser Frostspanner** (Fig. 231). Blafsgelb. Vorderflügel beim Männchen mit zwei schwarzen, stark geschwungenen, rostbraun beschatteten Querstreifen, schwarzem Mittelfleck, Wurzel und Saumfeld rostbraun, dunkel gesprenkelt; Hinterflügel mit schwarzem Mittelfleck und dunkelbrauner Bestäubung; 40 mm Spannweite. Weibchen flügellos, schwarz gefleckt. Falter im September, Oktober. Raupe rotbraun, mit doppelter dunkler Rückenlinie und gelben Seitenstreifen; bis 35 mm lang; April-Juli an den verschiedensten Laub-, insbesondere auch Obstbäumen, die Blätter vom Rande aus verzehrend, Knospen und Früchte (besonders Kirschen) ausfressend. Puppe in mit wenig

---

[1]) Quaintance, ibid., Bull. 68, 1907, Pt. 2.

Fäden ausgesponnener Erdhöhle. Eier gelblich, länglich, einzeln oder in kleinen Gruppen an Blattknospen. Bekämpfung: s. Cheimatobia brumata.

H. aurantiaria Esp. Männchen orangegelb, grau und braun gezeichnet, Weibchen braungrau; Flügelstummel schwarz gestreift, lang gefranst. Raupe braun oder grau mit dunklen Rücken- und Seitenlinien; auf jedem Ringe zwei kleine gelbe Punkte; gelegentlich an Obst- und Forstbäumen.

H. rupicapraria S. V. Raupe grün, an Weifs- und Schwarzdorn, auch an Pflaume [1]).

H. tiliaria Harr.[2]). Nordamerika. Raupe gelb mit schwarzen Längslinien, an Apfel- und anderen Bäumen.

Cingilia (Zerene) **catenaria** Cram.[3]). Nordamerika, an Myrica asplenifolia. Bei sich von Zeit zu Zeit wiederholendem Massenauftreten gehen die Raupen an andere Zierpflanzen, aber auch an Obst- und andere Bäume über, von denen sie 1906 in New Hampshire 25 acres kahl fraſsen. 80—90 % der Raupen starben an einer (Bakterien-?) Krankheit.

Opisthograptis Hb. (Rumia Dup.).

Beide Geschlechter mit ganzrandigen Flügeln. Palpen klein; Fühler borstenförmig.

O. luteolata L. (crataegata L.) **Zitronenspanner.** Gelb; auf Vorderflügeln drei dunkle Vorderrandsflecke; auf jedem Flügel ein weiſser, dunkel gesäumter Mondfleck; Mai, Juni. — Raupe 14 füſsig, graubraun oder grün, Kopf gelb, mit hellen Seitenflecken, auf fünftem Ringe gabeliger, gelber Höcker, an den Seiten der vier letzten Ringe Fransen; 26 mm lang; August bis Oktober, an Weiſs- und Schwarzdorn, Obstbäumen. Puppe in Gespinst am Boden.

Angerona crocataria F. Nordamerika, an Beerenobst, selten häufig genug zu ernsterem Schaden.

Ennomos Tr.

Flügel breit, stark gezackt; Körper behaart; Raupen zehnfüſsig, höckerig.

E. alniaria L. Europa. Raupe im Mai, Juni, an Linden, Birken, Weiden, gelegentlich auch an Kirschen und Pflaumen.

E. subsignaria Hb.[4]). Nordamerika. Raupe in April und Mai sehr polyphag an Laubholz, an Schattenbäumen, namentlich Ulmen, oft recht schädlich, auch mehrere Male schon an Apfelbäumen.

Hyposidra talaca Walk.[5]). Die zuerst dunkelbraune, fein weiſs quergestreifte, später einfarbig hellbraune Raupe schadet auf Java hier und da an Kaffee, besonders an jungen Pflänzchen.

---

[1]) Theobald, Rep. econ. Zool. 1908 p. 42—43, fig. 19.
[2]) Pettit, Michigan agr. Exp. Stat., Bull. 200, 1902, p. 204—205, fig. 16.
[3]) Smith, J. B., U. S. Dept. Agric., Div. Ent., Bull. 4, 1884, p. 31. — Britton, ibid. Bull. 46, 1904, p. 106. — Sanderson, ibid., Bull. 60, 1906, p. 74—75.
[4]) Garman, Kentucky agr. Exp. Stat., Bull. 16, 1904, p. 79—81, 3 figs.
[5]) Koningsberger & Zimmermann, Med. 's Lands Plantent. 44, 1901, p. 59—60, Pl. 3, figs 5—8.

Abraxas Leach.

Stirne glatt anliegend beschuppt. Fühler beim Männchen einfach bewimpert. Palpen und Rüssel kurz und schwach; Flügel gerundet; Hinterschienen verbreitert.

A. grossularia! a L. Stachelbeerspanner, Harlekin, Magpie moth. Weifs, mit rundlichen, zum Teil zusammenfliefsenden schwarzen Flecken in Reihen, auf Vorderflügeln dazwischen zwei dottergelbe Querstreifen; Kopf schwarz, Leib gelb, schwarz gefleckt; 17 mm lang, 43 mm Spannweite. — Raupe zehnfüfsig, oben weifs mit viereckigen, schwarzen Querflecken, unten gelb; an der Seite ein dottergelber, oben und unten schwarz gefleckter Streifen; mit einzelnen Borstenhärchen; Kopf, Afterschild, Brustfüfse schwarz; 30—40 mm lang. Puppe (Fig. 232) schwarz, mit dottergelben Ringeinschnitten — Der in Juli, August fliegende Falter legt die ovalen, strohgelben Eier in kleinen Gruppen an die Unterseite der Blätter, zwischen die Rippen. Nach 2—3 Wochen schlüpfen die Räupchen aus, die im Herbste kleine Löcher in die Unterseite der Blätter nagen, ohne sich aber weiter bemerkbar zu machen. Vor dem Blattfalle spinnt sich jedes in ein Blatt ein und läfst sich mit ihm zu Boden fallen, um zu überwintern. Im nächsten Jahre findet der Hauptfrafs statt, bei dem die Blätter vom Rande aus verzehrt werden. Im Juni verpuppt sich die Raupe an einem Blatte, Stengel usw., indem sie sich mit wenigen Fäden befestigt. — Wo eine Wand, Mauer oder ähnliches in der Nähe ist, wird sie zur Überwinterung und Verpuppung gern benutzt.

Nährpflanzen sind in erster Linie die Ribes-Arten, dann Prunus padus und Pflaume, aber auch Aprikose, Schlehe, Kreuzdorn usw. Im allgemeinen tritt die Raupe nur einzeln

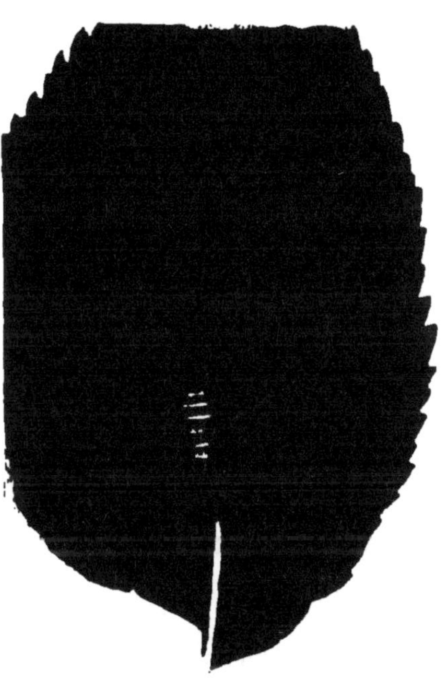

Fig. 232. Puppe des Stachelbeerspanners an Kirschenblatt (nat. Gr.).

auf, unter günstigen Umständen aber auch in Massen und kann dann die befallenen Pflanzen entblättern. Für gewöhnlich aber wohl mehr auffällig als schädlich.

Bekämpfung: Abklopfen der befallenen Sträucher früh morgens und Auflesen der sich dabei an einem Faden herablassenden Raupen; Zusammenrechen und Verbrennen des abgefallenen Laubes im Winter.

Taschenberg führt eine Anzahl Hymenopteren als Parasiten an.

Chloroclystis Hb.

Kleine grüne Formen. Fühler beim Männchen bewimpert; Stirne schmal. Vorderflügel: Rippe 6 und 7 getrennt; Hinterflügel ungewöhnlich klein, gerundet. Hinterbeine mit zwei Paar Dornen; Hinterleib kurz geschopft.

Chl. (Eupithecia) rectangulata L.[1]). Grün, schwarzgrau gemischt; auf Vorderflügeln lichter Wisch, auf der Unterseite der hinteren dunkle Mittelbinde. Raupe grün, mit dunkelgrünem oder rotem Rückenstreifen und rötlichen Ringeinschnitten; Kopf und Beine schwarz; 20 mm lang; im Frühjahre in Blütenknospen von Apfel- und Birnbäumen, auch Traubenkirschen, spinnt die Kronenblätter zusammen und frifst die inneren Teile aus; später auch zwischen zusammengesponnenen Blättern. Puppe gelblich oliv, Spitze und Einschnitte rot, in Erde. Eier überwintern.

Tephroclystia Hb. (Eupithecia Curt.).

Wie vorige, aber Falter grau oder bräunlich.

Von den zahlreichen Arten dieser Gattung werden einzelne hier und da einmal bemerkbar, aber kaum eigentlich schädlich. **T. abietaria** Goeze mit Zünsler- und Wicklerraupen mitunter schädlich in Fichtenzapfen[2]). **T. interrupto-fasciata** Pack. frifst in Amerika Johannisbeerfrüchte aus.

Larentia Tr. (Cidaria Tr.).

Mittelgrofs; Vorderflügel mit geschlossener Mittelzelle, Hinterflügel gerundet. Fühler beim Männchen gewimpert, gekämmt oder gezähnt; Hinterleib schlank.

Auch von dieser grofsen Gattung machen sich hier und da einmal einige Arten bemerkbar. Zu erwähnen sind vielleicht folgende:

L. fluctuata L. Raupe braun; auf Brust drei schwarze Längslinien; auf Hinterleibsringen schwarze Punkte und x-förmige Zeichnungen; von Juli-September an Kreuzblütlern, aber auch an Pflaumenbäumen.

L. siterata Hufn. Raupe grün mit dunkler Rücken- und mattgelber Seitenlinie, oft auch mit roten Punkten und roter Afterspitze; von Mai bis August an Obstbäumen.

L. truncata Hufn. Europa, Amerika; auf Vancouver-Island an Erdbeeren schädlich geworden.

L. dilutata Borckh.[3]). In Mitteleuropa polyphag an Laubhölzern; in Skandinavien ein Begleiter der Betula odorata im Gebirge und nach Norden zu, oft auf grofse Strecken Kahlfrafs verursachend.

Lygris prunata L.[4]). Raupe grau, grün oder braun; auf jeder Seite eine rote Längslinie, auf Rücken eine rötliche Punktreihe; Mai-Juli an Steinobst. Eier überwintern.

L. diversilineata Hb. Nordamerika, zwei Bruten. Raupen im Juni und August-September an Weinreben.

Cheimatobia Stph. Frostspanner.

Mittelgrofs. Männchen: Fühler nur $\frac{1}{3}$ bewimpert; Flügel sehr zart und dünn beschuppt; Vorderflügel mit ungeteilter Anhangszelle, Rippe 7 getrennt von 8 entspringend. Weibchen mit Flügelstummeln.

---

[1]) Carpenter, Report 1905, p. 331; Theobald, Report 1907/08, p. 43—44.
[2]) Schöyen, Indberetn. om skadeinsekt.. paa skogtraeerne i 1904, p. 266—267.
[3]) Schöyen, Zeitschr. Pflanzenkrankh Bd. 3, 1893, S. 269—270; Granit, Medd. Fauna Flora fennica 33, 1907, p. 57—58, 177.
[4]) Noël., Naturaliste T. 31, 1909, p. 158.

Ch. (Acidalia) brumata L.[1]) (Fig. 233). Rötlich gelbgrau mit verloschenen dunklen Wellenlinien und dunkel punktiertem Saume; Hinterflügel heller. Beim Weibchen Flügel braungrau, wenig kürzer als Hinterleib, Vorderflügel mit zwei, Hinterflügel mit einem dunklen Querstreifen. Raupe gelblich grün mit dunkler Rückenlinie und jederseits drei weißen Seitenlinien, 20—25 mm lang.

Ch. boreata Hb.[1]). Mehr rötlich als vorige, Flügelstummel des Weibchens weniger als halbe Körperlänge. Raupe mit schwarzem Kopfe und schwarzen Brustfüßen. Auch in Nordamerika.

Diese beiden „**kleinen Frostspanner,** Reifmotten, winter moths", werden in Europa nach Norden zu immer häufiger und schädlicher,

Fig. 233. Kleiner Frostspanner.
1 Männchen, 2 Weibchen, 3 Raupe,
4 Hinterende der Puppe, 5 Ei (nach
PEYRON).

Fig. 234.
Von Frostspannern ausgehöhlte Kirschen.

wie sie auch im Gegensatze zu den meisten anderen Insekten ungeschützte, rauhe Lagen vorziehen. Nährpflanzen sind fast alle Laubbäume und Sträucher, insbesondere Eiche und Apfel, aber auch das Beerenobst, selbst Erdbeere, ferner Rosen usw. — Die Falter, von denen die Männchen ungleich häufiger sind als die Weibchen, erscheinen mit den ersten Frösten, je nach Klima und Witterung von Anfang Oktober bis Mitte Januar. Sie scheinen ziemlich lange zu leben, wenigstens sind eierlegende Weibchen noch bis Mitte März beobachtet worden. Die Weibchen kriechen sehr schnell und behende an den Bäumen in die Höhe, wobei sie befruchtet werden. Daß das Männchen dabei das Weibchen fliegend bis in die Krone tragen könnte, wie früher vielfach angenommen wurde, auch noch neuerdings behauptet wird (THEOBALD 1909), dürfte unmöglich sein; es scheint auch kein Fall eines solchen Hochzeitsfluges beobachtet zu sein.

---

[1]) Die Unterschiede beider Arten werden ausführlich auseinandergesetzt von PEYRON, Ent. Tidskr. Bd. 18, 1896, p. 81—94, Tafl. 2.

Das befruchtete Weibchen legt bis zu 350 mohnkorngrofse, anfangs gelblichgrüne, später rötlichbraune, zylindrische, fein gegitterte Eier in kleinen Häufchen in die Krone, am liebsten an die Ränder von Wunden und an Knospen, aber auch in Rindenritzen. Mit dem Öffnen der Knospen kriechen die Räupchen aus, spinnen diese zusammen und fressen sie aus. Bei den Blütenknospen werden die Kronenblätter zusammengesponnen und unter ihrem Schutze wird das Innere ausgefressen. Die Kronenblätter scheinen sich zuerst noch weiter zu entwickeln, werden zwar welk, bleiben aber weich, und die ganze Krone hebt sich mit dem Gröfserwerden der Raupe etwas vom Kelche ab; so sind die vom Frostspanner ausgefressenen Blüten gewöhnlich schon äufserlich leicht von denen vom Apfelblütenstecher (s. daselbst) getöteten zu unterscheiden. In die jungen Blätter werden Löcher gefressen, ebenso in die jungen Früchte von der Seite; bei Kernobst bleibt der Frafs im Fruchtfleische, läfst die Kerne meist unberührt, ist also nur äufserlich; bei Kirschen wird vor allem der Kern ausgehöhlt (Fig. 234), so dafs die Frucht abstirbt. Die älteren Raupen verzehren die Blätter bis auf die stärkeren Rippen. Immer aber spinnt die Raupe, wodurch ihr Frafs von dem des grofsen Frostspanners zu unterscheiden ist. — Ende Mai, Anfang Juni ist die Raupe erwachsen und läfst sich an einem Faden zur Erde herab, wo sie sich ziemlich flach in einem Erdgehäuse verspinnt und verpuppt. In Grasland geschieht dies auch oberirdisch, zwischen Gras und Kräutern.

Der Schaden besteht bei Massenauftreten in erster Linie im Blattfrafse, der recht oft zu Kahlfrafs führt (Fig. 235), und im Zerstören der Blüten, worin die Frostspanner mit dem Blütenstecher wetteifern können. Das Benagen der Früchte ist am Kernobste von minderer Bedeutung, von grofser dagegen an Kirschen, indem hier ein beträchtlicher Teil der Ernte zerstört werden kann, in keinem Verhältnisse zu der oft wenig beträchtlichen Zahl der Raupen.

Witterungseinflüsse sind den Frostspannern nur dann nachteilig, wenn die Flugzeit der Falter durch lange andauernde Regenzeiten unterbrochen wird. Pilzkrankheiten sind hier und da beobachtet[1]), scheinen aber von keiner praktischen Bedeutung zu sein. Tierische Feinde haben die Frostspanner natürlich in allen Stadien die Menge, ohne dafs sie aber ihre Vermehrung bei günstigen Witterungseinflüssen hintanhalten können.

Die Bekämpfung hat sich gegen alle Stadien zu richten. Gegen die Eier empfehlen die Engländer eine Bespritzung mit 1 Pf. 70 %iger Soda, 1 Pf. 80 %iger Pottasche, 400 g weicher Seife und 50 l Wasser; auch die wasserlöslichen Karbolineumsorten dürften sich hierzu vorzüglich eignen. Die Raupen werden durch Arsenmittel getötet; sie lassen sich auch leicht abklopfen bzw. abschütteln und dann durch Leimringe am Aufbäumen hindern. Die Puppen werden von Geflügel oder Schweinen gern ausgegraben und verzehrt: tiefes Umpflügen mit nachherigem Festtreten des Bodens verhindert die Schmetterlinge am Auskriechen.

Am verbreitetsten und zweckmäfsigsten ist der Kampf gegen die die Bäume erkletternden Weibchen durch Umlegen von Leimringen. Anfang Oktober mufs damit begonnen, und bis in Januar müssen sie

---

[1]) LECOEUR, Bull. Soc. mycol. France T. 8, 1892, p. 20. Ausz.: Zeitschr. Pflanzenkrankh. Bd. 2, S. 166.

fängig gehalten werden. Zweckmäfsig ist es, Ende März — Anfang Mai sie wiederum zu erneuern, weil zahlreiche Weibchen ihre Eier unterhalb der Leimringe ablegen, deren Raupen im Frühjahre an den Bäumen in die Höhe klettern.

Fig. 235. Von Frostspanner-Raupen kahlgefressener Apfelbaum, Ende Mai.

Einige **Thalassodes-Arten**[1]) kommen auf Java an verschiedenen Kulturpflanzen vor und werden für jungen Kaffee gelegentlich verderblich.

Euchloris submissaria Wlkr. Raupe in Australien an Akazien.

Agaristiden.

Alypia octomaculata (F.). Nordamerika; Raupen in Juni-Juli, September an Reben, namentlich in Gärten, öfters Kahlfrafs verursachend. Zur Verpuppung bohren sie sich in verholzte Triebe ein.

---

[1]) Koningsberger (& Zimmermann), Med. 's Lands Plantentuin 44, 1901, p. 60, Pl. 3 fig. 13; Med. Dept. Landbouw 6, 1908, p. 38.

Noctuiden, Eulen(schmetterlinge), Owlet-moths.

Fühler lang, borstenförmig. Nebenaugen vorhanden. Vorderflügel kräftig, lang, mit einer Dorsalrippe; ihr Saum kürzer als Innenrand. Hinterflügel kürzer. breit, kurz gefranst, mit Haftborste und zwei Dorsalrippen. Rüssel kräftig. Körper glatt behaart, kurz, kräftig; Hinterleib dick, kegelförmig zugespitzt. — Auf den Vorderflügeln mehr oder wenig ausgeprägt die sogenannte „Eulenzeichnung" (Fig. 236): ein halber Querstreif vor der Wurzel, zwei ganze Querstreifen, dazwischen das Mittelfeld und in diesem drei „Makeln": Ring-, Nieren-, Zapfenfleck und ein Mittelschatten; im Saumfelde die gezackte Wellenlinie. Im übrigen ist die Färbung meistens düster, die Hinterflügel sind heller. gewöhnlich einfarbig, manchmal grell gefärbt mit schwarzen Binden. Die Falter sitzen tagsüber mit dachförmig getragenen Flügeln an Baumstämmen, Mauern usw. und sind sehr schwer sichtbar (Schutzfärbung); nachts fliegen sie pfeilschnell umher.

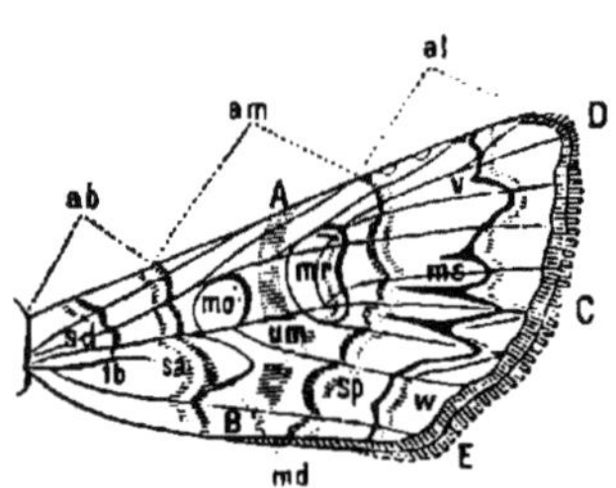

Fig. 236. Eulenzeichnung. *A* Vorderrand, *B* Innenrand, *C* Aufsenrand, *D* Vorderwinkel, *E* Hinterwinkel, *ab* Wurzelfeld, *am* Mittelfeld, *al* Saumfeld, *sa* vorderer, *sp* hinterer Querstreif, *w v* Wellenlinie mit Vorsprüngen *ms*, *mr* Nieren-, *mo* Ring-, *md* Zapfenmakel (nach Heinemann, aus Nüfslin).

Eier gewöhnlich rund, gerippt, mit eingedrückter Spitze.

Raupen (cutworms) gewöhnlich glatt, 16 füfsig, düster gefärbt, frei an Pflanzen, vorwiegend an niederen bzw. ihren Wurzeln, nachts fressend, tags eingerollt; meist polyphag. — Puppen fast immer in der Erde ohne oder mit nur losem Gespinste.

Hypena Schrk.

Palpen sehr lang. gerade vorstehend, schneidend beschuppt; Vorderflügel zugespitzt. Auf erstem Hinterleibsringe ein kleiner Schopf. Raupen 14 füfsig.

H. rostralis L.[1]. **Hopfeneule.** Rostbraun, grau gemischt, mit lichter Wellenlinie. die Makeln mit aufgeworfenen Schuppen. Raupe grün mit feiner dunkler Rückenlinie und je zwei weifsen Seitenlinien; Kopf hellbraun; überall auf schwarzen Punkten lichte Borstenhärchen; 22 mm lang; sehr lebhaft, daher „Springraupe"; läfst sich bei Störung sofort fallen. Wahrscheinlich zwei Bruten. Der überwinternde Falter legt im Mai Eier an die jungen Hopfentriebe; die daraus hervorgehenden Raupen fressen im Juni und Juli, oft in grofsen Mengen zusammen, anfangs zwischen lose versponnenen Blättern, später frei an der Blattunterseite, tagsüber längs der Mittelrippe ruhend, das ganze Parenchym verzehrend. Puppe Ende Juli in losem Gespinste an Pflanze oder am Boden. Im August fliegen die Falter aus, deren Raupen nun im Herbste an wildem Hopfen und Brennesseln leben. Bekämpfung: Spritzen mit Arsenmitteln, Abklopfen der Raupen auf untergehaltene Schirme oder Tücher.

H. humuli Harr. Nordamerika, an Hopfen, ebenso lebend.

---

[1] Zirngiebl., Feinde des Hopfens, Berlin 1902, S. 18—20, Fig. 12.

H. lividalis Hb. [1]). Mittelmeerländer, Canaren: in Algier schädlich geworden an Ramie.

Plathypena scabra F. [2]). Nordamerika, gemein an Leguminosen, auch an Erd- und Brombeeren. Raupe gelegentlich schädlich an Klee, für gewöhnlich aber durch das Mähen völlig in Schach gehalten.

Ophideres Boisd. [3]).

Kopf und Brust mit dichtem Schuppenkragen bedeckt. Rüssel mit scharfer, gebärteter Spitze. Amerika, Afrika bis Australien.

Die Gattung ist deswegen von großem Interesse, weil hier nicht die Raupen, sondern die Schmetterlinge schädlich werden. Sie durchbohren mit ihrem Rüssel die Schalen der Citrusfrüchte und saugen deren Saft. Namentlich **O. fullonica** L. wird auf diese Weise in Indien, noch mehr in Australien, schädlich. Man ködert und vergiftet sie mit einer Mischung von Syrup, 30 g Arsenik, 30 g doppeltkohlensaurem Natron auf 1 l Wasser.

Anticarsia gemmatilis Hb. [4]). In Florida an Muerma utilis; über 60 % der Pflanzen befallen, viele kahl gefressen. Die in mehreren Bruten auftretenden Raupen werden gern von Vögeln gefressen.

Ophiusa Hb.

Palpen aufwärts gerichtet, glatt beschuppt: Mitteltibien bedornt. Außenrand der Vorderflügel fast gerade.

O. melicerte Drury. Castor semi-looper [5]). Rötlich braun mit hellen und dunklen Zeichnungen. Raupe dunkel erdfarben mit roten und weißen Längsstreifen. Puppe in oder an Erde. Von Afrika bis Australien; besonders in Indien gelegentlich an Ricinus recht schädlich, durch Abweiden der Keimpflanzen und Kahlfraß an älteren. Eine Ichneumonide vertilgte über 80 % der Raupen, aus denen außerdem noch Tachiniden gezüchtet wurden.

O. lienardi Boisd. [6]) Kapland; Falter bohrt Früchte an und saugt den Saft.

Serrodes inara Cram. [6]). Wie vorige.

Plecoptera reflexa Gn. [7]). Raupen in Indien in zwei Bruten an jungen Pflanzen des Sissubaumes, Dalbergia sissoo; nicht selten Kahlfraß.

Remigia Gn.

Tropische Gattung; Raupen mit nur zwölf Beinen.

R. repanda F. (latipes Gn.). Südliches Nord- bis Südamerika. Die Raupen namentlich an Gräsern (auch Mais), aber auch an anderen niederen Pflanzen (Luzerne), in Westindien vornehmlich an Panicum maximum und muticum („Guinea grass moth"), oft recht beträcht-

---

[1]) Rivière, Rev. Cult. colon. Nr. 125, 1903. Ausz.: Zeitschr. Pflanzenkrankh. Bd. 14, S. 275.

[2]) Chittenden, U. S. Dept. Agric., Div Ent., Bull. 30 N. S., 1901. p. 45—50, fig 26.

[3]) Tryon, Queensland agr. Journ. Vol. 2 Pt. 4, 1898; 8 pp., 6 Pls.; Maxwell-Lefroy, Mem. Dept. Agric. India Vol I, 1907, p. 189. Froggatt, Austral. Insects p. 267—8, Pl. 26.

[4]) Chittenden, U. S. Dept. Agric Bur. Ent., Bull 54, 1905, p. 77—79, fig. 20.

[5]) Maxwell-Lefroy, 1. c., Vol. 2, 1908, p. 59—77, Pl. 6, 7.

[6]) Mally, U. S. Dept. Agric., Div. Ent., Bull. 31, N. S., 1902, p. 90—92.

[7]) Stebbing, 1. c., Nr. 1, 2d ed.; Calcutta 1903, p. 94—96, Pl. 3 fig. 3.

lich schadend. Puppe an Blattunterseite oder sonst zwischen Blättern oder Gras in zartem, aber sehr festem Gespinste. Da die Raupen in geschlossenen Zügen wandern, sind sie durch quer zu ihrer Marschrichtung aufgeworfene Gräben abzu angen.

R. frugalis F.[1]). Westafrika bis Australien. Raupe zur Regenzeit in Indien und Ägypten an Reis, Mais, Andropogon, namentlich in Gebirgsgegenden. Auf Java auch an Zuckerrohr. Biologie wie vorige.

R. archesia Cram.[2]). Afrika, Indien, Nordchina; Raupe zur Regenzeit an Indigo, Desmodium, Phaseolus radiatus.

Anticarsia (Thermesia) **gemmatilis** Hb.[3]). Cuba, in velvet beans, öfters alle Blätter abfressend. Sporotrichum sp. vernichtet die späteren Bruten.

Tarache catena Sow.[4]). Raupe in Indien zur Regenzeit an Baumwolle, Mais.

Plusia O.

Augen gewimpert. Vorderflügel mit langem, gebogenem Saume, Metallflecken und ganzrandigen Fransen. Palpen lang, stark behaart, sichelförmig gekrümmt. Brust und Hinterleib geschopft. Fliegen auch am Tage. Raupen zwölffüfsig, nach vorne sehr dünn (auffallend kleinköpfig), nach hinten verdickt, fein behaart. Puppen in seidigem Gespinste, mit stark verlängerter Rüsselscheide.

Pl. (Autographa) gamma L. Gamma-. Ypsiloneule[5]). Graubraun und veilrötlich gemischt, mit doppelten, feinen, weifsen Querlinien und einem gelblichsilbernen Y; Hinterflügel schwarzgrau, wurzelwärts lichter. Raupe (Fig. 237) grün, mit feinen weifsen, welligen Rücken- und gelber Seitenlinie; Kopf, Stigmen und Brustfüfse dunkler; 30 mm lang. — Europa, Asien: im Süden häufiger als im Norden. Nordamerika (hier aber bis jetzt unschädlich).

Die Gammaeule ist mit unser gemeinster Schmetterling; sie fliegt von April bis November zu jeder Tageszeit auf freiem Gelände lebhaft umher, mit ihrem langen Rüssel Blütensaft saugend. Das Weibchen legt bis zu 400 Eier, einzeln, in kleinerer oder gröfserer Zahl an die Blattunterseite verschiedenster niederer Gewächse. Nach etwa 14 Tagen kriechen die Raupen aus, die man das ganze Jahr hindurch, in gröfster Zahl aber im Sommer, an fast allen Kräutern, auch an Buschwerk, selten an Gräsern oder Getreide (doch auch an junger Saat), antrifft. Ungleich anderen Eulenraupen fressen sie, auf ihre, der jeweiligen Nährpflanze entsprechende Schutzfarbe vertrauend, frei auf den Pflanzen, lassen sich aber bei Beunruhigung fallen und ringeln sich zusammen. Ist ein Feld kahl gefressen, so wandern sie auf ein benachbartes. Nach vier Wochen etwa verpuppen sie sich in weifsem, wolligem Gespinste an der Unterseite eines Blattes oder einem Stengel; die Puppe ist schwarz und läuft in einen knopfartigen Griffel mit zwei Borsten aus. Nach 12—14 Tagen schlüpft der Falter aus, so dafs eine Generation im günstigsten Falle in sechs Wochen beendet

[1]) Maxwell-Lefroy, Mem. Dept. Agric. India Vol. I, 1907, p. 187, fig. 56; King, H. H., 3ᵈ Rep. Gordon Memor. Coll. Karthoum, 1909, p. 224—225, Pl. 27, fig. 7, 9, 10.
[2]) Maxwell-Lefroy, l. c. p. 186.
[3]) Horne, 2ᵈ Rep. Estac. centr. agr. Cuba, 1909, p. 88.
[4]) Maxwell-Lefroy, l. c. p. 177.
[5]) Ritzema Bos, Zeitschr. Pflanzenkrankh. Bd. 4, 1894, 5. 218—220.

sein kann. Es folgen sich daher in einem Jahre 2—3 Bruten; alle Stadien überwintern.

Die von der Gammaeule verursachten Schäden sind im allgemeinen nicht besonders bemerkenswert, der aufserordentlichen Polyphagie der Raupen wegen. Nur bei massenhaftem Auftreten können sie, namentlich da, wo eine Kulturpflanze in grofser Ausdehnung gebaut wird, sehr bedeutenden Schaden verursachen, so besonders an Zuckerrüben, Erbsen und Bohnen, Lein, Klee usw., aber auch in Gärten; selbst Kiefernkulturen[1]) wurden von ihnen völlig vernichtet. Solche Jahre massenhaften Auftretens wiederholen sich von Zeit zu Zeit; in der Literatur werden berichtet: 1735 (Paris), 1816 (Nordfrankreich), 1828 (Ostpreufsen), 1829 (Holland; in der Provinz Groningen allein 540000 Mk. Schaden), 1831 (Bayern), 1868 (Provinz Sachsen), 1871 (Deutschland, Österreich), 1879 (Westeuropa), 1900 (England).

Fig. 237. Gammaeulen-Raupe (nach Lampert).

Kalte kurze Sommer sind der Entwicklung der Gammaeule nachteilig, warme lange förderlich; sonst liebt sie eher etwas mehr als zu wenig Feuchtigkeit. Öfters ist eine Bakterienkrankheit (Schlaffsucht) der Raupen beobachtet; doch sollen sie nach Ritzema Bos gegen Botrytis tenella immun sein. Es ist selbstverständlich, dafs einem so häufigen Kerf Tiere aller Art in allen seinen Entwicklungsstadien nachstellen[2]).

Bekämpfung: Wo es angeht, sind befallene Felder so rasch wie möglich abzuernten und zu walzen. Bleiarsenat, Rufs und Kalk; Eintrieb von Schweinen, Schafen, Geflügel; Fanggräben; Ablesen. Nach E. Taschenberg[3]) und Stift[4]) hat sich der Dehoffsche Apparat[5]) sehr bewährt: durch Latten verbundene Tröge, an denen Besen sitzen. Der Apparat wird über das Feld gezogen, wobei die Besen die Raupen in die Tröge kehren; an einem Tage lassen sich derart 20 Morgen reinigen. Gute Düngung läfst die Pflanzen den Schaden überwinden. Selbstverständlich ist jede Bekämpfung um so wirksamer, je früher im Jahre sie angewandt wird.

Pl. moneta F. Blafs golden, am Saume veilrötlich gemischt, Ringmakel doppelt, dick silbern umzogen. Raupe jung dunkelgrün mit schwarzen Punkten, erwachsen hellgrün mit weifsen Punkten, dunkler Rücken- und weifser Seitenlinie. Nach Chr. Schröder[6]) an Aconitum in Garten schädlich geworden; sehr wählerisch in ihrer Nahrung.

---

[1]) Altum, Forstzoologie Bd. 3, 2. Abt., S. 144—145.
[2]) Über den Parasitismus von *Litomastix truncatellus* Dalman siehe: Giard, Bull. Soc. ent. France 1898 p. 127—129 und: Leonardi, Boll. Labor. Zool. gen. agr. Vol. 1, 1907, p. 17—64, fig. 1—13, Taf. I—V.
[3]) Prakt. Insektenkde. Bd. 3, S. 155.
[4]) Krankheiten und Feinde der Zuckerrübe, Wien 1900, S. 167.
[5]) Zu beziehen von F. Zimmermann & Co., Maschinenfabrik, Halle a. S.
[6]) Ill. Wochenschr. Ent. Bd. 2, 1897, S. 609—612, 6 figg.

Pl. (A.) brassicae Riley. **Common cabbage looper**[1]). Nordamerika, namentlich in den Südstaaten, an den verschiedensten Pflanzen. Chittenden[2]) stellt fest, dafs die Raupe für Krankheiten und Parasiten sehr empfänglich sei.

Pl. (A.) simplex Gn. **Celery-Looper**[3]) ebenda, an Sellerie, Zuckerrüben, Salat.

Pl. aurifera Hb. Äthiopische und orientalische Region, in Europa eingeschleppt. Nach Bordage[4]) auf Réunion an Vanille schädlich, deren Knospen die Raupe ausfrifst.

Pl. chalcites Esp. (eriosoma Doubld., verticillata Gn.). Südeuropa, äthiopische, orientalische, australische Region. In Australien[5]) an Erbsen, Bohnen, Kartoffeln usw.; auf Hawaii[6]) den jungen Kaffeepflanzungen sehr gefährlich.

In Indien machen sich mehrere Plusia-Arten hier und da bemerkbar, ohne aber weiter von Bedeutung zu sein[7]).

Cosmophila Boisd.

Körper glatt beschuppt. Spitze der Vorderflügel vorgezogen und scharf, Aufsenrand winkelig. Raupe zwölffüfsig.

C. sabulifera Gn. (Gonitis involuta Wlkr.)[8]). Afrika bis Burmah. Dunkelbraun mit dunkleren Linien. Raupe grün, mit fünf dunklen Höckern auf jedem Ringe. Indien, Ägypten. an Jute (Corchorus); Hawai an Hibiscus esculentus[9]).

C. erosa Hb.[10]). In allen Baumwolle bauenden Gegenden. Orange, rot, grau. Raupe auf Rücken mit abwechselnd weifsem und schwarzem Streifen, an der Seite weifs gestreift. Puppe in Erde oder Blattfalte.

Hyblaea puera Cram.[11]). Indien, Südafrika, Orientalische Region, Neuguinea. In Indien mit *Pyrausta machoeralis* (s. S. 305) der schlimmste Feind der Teakwälder. Falter und Raupe in Farbe sehr wechselnd; letztere erwachsen oben fast schwarz, unten gelb oder grün, mit weifsen Längsstreifen; Kopf und Halsschild schwarz. Eigentliche Nährpflanzen sind Bignoniaceen; von ihnen gehen die Raupen nur ungern an die Teakbäume über. wobei viele der ungeeigneten Nahrung erliegen; sie ruhen tagsüber in einem gerollten Blatte; nachts verzehren sie die Blätter bis auf die stärksten Rippen. Puppe in lockerem, grobem Gespinste. Generationsfolge und Abhängigkeit von Klima wie bei *Pyrausta machoeralis*. Unter den Feinden ist eine Tachinide und eine Pilzkrankheit zu erwähnen. Gegenmittel: möglichst

[1]) Chittenden., U. S. Dept. Agric., Div. Ent.. Bull. 23. N. S., 1902, p. 60—69,. fig. 13, 14.

[2]) Insects injurious, to vegetables, New-York 1907, p. 141.

[3]) Chittenden, l. c., Bull. 23, p. 73—74, fig. 16.

[4]) C. r. 6me Congr. internat. Agric., Paris 1900, p. 317.

[5]) Froggatt, Agric. Gaz. N. S. Wales Vol. 12, 1901, p. 239—240. Pl.; Vol. 16.. 1905. p. 1038, 4 figs.

[6]) Koebele, Trop. Agric.. Vol. 17. 1897. p. 35.

[7]) Maxwell-Lefroy, Mem. Dept. Agric. India, Vol. I, 1907, p. 190—194. — Ind.. Mus. Notes Vol. V, VI.

[8]) Maxwell-Lefroy, l. c. p. 182: King. H. H., l. c. p. 235, Pl. 27, fig. 2.

[9]) van Dine, Ann. Rep. Hawaii agr. Exp. Stat. 1907 p. 46.

[10]) Maxwell-Lefroy, l. c. p. 181.

[11]) Stebbing, l. c. Nr 2; Calcutta 1903, p. 287—297, Pl. 18, fig. 1; Nr. 3; 1906,. p. 342; Hole, Journ. Bombay nat. Hist. Soc. Vol. 15, 1904, p. 679—697, 6 Pls.

reine Bestände von Teakbäumen; Schutz insektenfressender Vögel;
Beseitigung des Unterholzes; Schweineeintrieb. — Auch auf Java[1]).
H. constellata Gn.; oft mit voriger zusammen[2]).

(Alabama Grote) Aletia Hb.

Al. argillacea Hb. (xylina Say.) **Cottonworm**[3]). Südliches
Nordamerika. Erdfarben, mit undeutlichen, dunklen welligen Querlinien und weißem, schwarz umrandetem Flecke auf jedem Vorderflügel. Raupe hellgrün mit schwarzen Längs- und Querstreifen, dorsal
schwarz gefleckt und behaart. In ihrer Heimat überwintern verhältnismäßig wenige Weibchen im Grase bewaldeter Gegenden. Anfang März
legen sie je 500 flache, gerippte, grüne Eier an die Unterseite der
oberen Blätter von Baumwolleschößlingen. Nach etwa zehn Tagen
kriechen die Räupchen aus, die zuerst von unten die Blatthaut abnagen, später die ganzen Blätter und selbst die jungen Triebe fressen.
Puppe in losem Kokon an Blättern. Die daraus hervorgehenden
Schmetterlinge fliegen zum großen Teile unter dem Einflusse der
herrschenden Winde nach Norden; jede folgende Brut dringt weiter
vor, so daß die letzten bis nach Canada hinein gelangen. Im Süden
folgen sich etwa sieben, im Norden drei Bruten; jede dauert je nach
Klima und Witterung 3—6 und mehr Wochen. Die Raupen fressen
an Baumwolle alles Grüne, die Falter stechen mit ihrem starken Rüssel
Früchte (Pfirsiche, Melonen usw.) an und saugen sie aus. Alle nach
Norden gelangte Tiere sterben dort im Herbste ab, so daß also jedes
Jahr neuer Zuflug aus dem Süden erfolgt[4]).

In früheren Jahren war der Baumwollwurm der schlimmste Feind
der Baumwollkultur; Riley berechnete seinen Schaden auf durchschnittlich drei Millionen ℒ, in schlimmen Jahren sogar bis sechs Millionen.
Später fingen die Pflanzer des Südens an, nicht nur Wolle, sondern
auch Samen liefernde, niedrigere Baumwollsorten zu bauen, die nicht
so üppig wuchsen, den Schaden eher erkennen und leichter bekämpfen
ließen; auch führte sich der Fruchtwechsel immer mehr bei ihnen ein,
so daß, auch infolge energischer Bekämpfung, der Schaden immer mehr
zurückging und jetzt nicht mehr von besonderer Bedeutung ist.

Zur Bekämpfung hat sich am besten bewährt das Streuen von
Schweinfurter Grün, gemischt mit vier Teilen Kalk. An einem auf
der Mitte eines Reitpferdes ruhenden Brette hängen jederseits zwei
Säcke mit dem Pulver, voneinander so weit entfernt wie die Reihen
der Pflanzen. So werden beim Durchreiten vier Reihen zugleich bestäubt.

Von den Feinden des Baumwollwurmes ist besonders wichtig
Trichogramma pretiosa (Chalcidier), ein Eierparasit, der nach Hubbard
in Florida bei den späteren Bruten in immer zunehmender Zahl
50—97 % der Eier zerstört. Andere Parasiten sind: *Chalcis flavipes,
Euplectrus comstockii, Pimpla conquisitor*. Daß Insekten fressende Vögel

---

[1]) Koningsberger, Meded. Dept. Landbouw Buitenzorg, Nr. 6, 1908, p. 40.
[2]) Stebbing, l. c. p. 298—300.
[3]) Riley, U. S. ent. Commiss. Bull. 3, 1880; Rep. Ent. U. S. Dept. Agric. 1881/1882,
p. 152—167. — Neal and Jones, U. S. Dept. Agric., Div. Ent., Bull. 1, 1883, p. 38—51.
— 4th Rep. U. S. ent. Commiss. (on the Cotton worm), Washington 1885.
[4]) Grote, Proc. Amer. Assoc. Advanc. Science 1874; s. Abh. nat. Ver. Bremen
Bd. 14, 1895, S. 100, Anm.

und Insekten den Raupen usw. in grofser Zahl nachstellen, ist selbstverständlich.

Ogdoconta cinereola Gn. Bean cutworm. Nordamerika; die grüne Raupe mit drei weifsen Streifen frifst in Florida und Mississippi an Bohnen die Blätter und Triebe.

Heliothis Tr.

Stirne über den Palpen beulig aufgetrieben. Vorderschienen mit 1—2 hornigen Endklauen, Mittel- und Hinterschienen mit Dornborsten. Raupen mit einzelnen feinen Härchen auf Punktwarzen. Falter fliegen auch am Tage. Puppe an oder in Erde.

H. obsoleta F. (armigera Hb.). Grünlich gelb, mit deutlicher Ring- und Nierenmakel und rostbraunem, stark gezähntem hinteren Querstreifen; Farbe und Zeichnung sehr wechselnd. Raupe noch mehr wechselnd, von Hellgrün bis Dunkelbraun, gestreift, gefleckt oder einfarbig. Kosmopolitisch, schädlich aber nur in wärmeren Gegenden, ganz besonders in Amerika. Die Zahl der Nährpflanzen ist eine sehr grofse (über 70); ernsterer Schaden aber nur an Baumwolle, Mais, Tomaten, Tabak, Erbsen, Vigna unguiculata („cowpea").

Am eingehendsten ist die Naturgeschichte dieser Art in Nordamerika[1]) untersucht, wo sie namentlich in dem „cottonbelt", den Baumwolle bauenden Teilen der Oststaaten, beträchtlich schadet. Der vorwiegend abends fliegende, tags mit halb geöffneten Flügeln ruhende Falter legt 300—3000, im Durchschnitt 1100 Eier einzeln an Pflanzen. Die nach $2^{1}/_{2}$—10 Tagen ausschlüpfenden Räupchen suchen einen Ort, wo sie in weiche Teile der Pflanze eindringen können; vorher nagen sie an den Blättern. Erwachsen, nach 16 Tagen im Durchschnitte, gehen sie in die Erde und verpuppen sich in ovaler Erdhöhle, nachdem sie vorher den Ausgang für den Schmetterling hergestellt haben. Die Anzahl der Bruten wechselt nach Klima zwischen fünf und einer; die Durchschnittsdauer einer Generation ist 38 Tage. Die schlimmsten Schäden tut im allgemeinen die dritte Brut, etwa Anfang August beginnend; die vierte ist durch natürliche Feinde und Witterungseinflüsse schon stark dezimiert. — Die Schäden sind verschieden je nach den Nährpflanzen.

An Baumwolle werden die Eier an die Blattunterseiten abgelegt. Die Raupen dringen in die Knospen und Kapseln ein (Bollworm). Der Verlust in den Vereinigten Staaten beträgt durchschnittlich zwölf Millionen $ jährlich.

Mais ist die Lieblingspflanze der Raupe. Die Eier werden zur Blütezeit an die langen Griffel gelegt. Von hier aus dringen die Raupen zuerst in die Spitze der Ähre ein und fressen sie aus, später in den Kolben und verzehren die reifenden Körner (Corn-earworm). Zuckermais wird dem Feldmais vorgezogen; die Kultur des ersteren ist daher in den Südstaaten fast unmöglich. Älterer, schon hart werdender Mais bleibt verschont.

An Tomaten (tomato-worm) fressen die Raupen zuerst die Stengel aus, später bohren sie sich in die reifenden Früchte ein.

An Tabak (false budworm) dringen die Raupen durch die

---

[1]) QUAINTANCE & BRUES, U. S. Dept. Agric., Bur. Ent., Bull. 50, 1905, 155 pp., 25 Pls., 27 figs. — BISHOPP and JONES, U. S. Dept. Agric., Farmers Bull. 290, 1907, 32 pp., 4 figs.

unentfalteten Blätter in die Knospen; erstere werden durchlöchert, letztere zerstört. Spätere Bruten fressen die unreifen Samenkapseln aus.

An Hülsenfrüchten werden ebenfalls die Samen aus den Schoten ausgefressen; zugleich bieten ihre Blüten, besonders die der cowpeas, den Faltern die liebste Nahrung (Nektar), während Früchte von ihnen nicht angestochen werden.

Die Anzahl der Feinde und Parasiten ist naturgemäſs eine sehr groſse; indes ist für die Raupe, ihrer geschützten Lebensweise halber, deren Bedeutung ziemlich gering. Wichtiger ist der groſse Kannibalismus der Raupen: von 15—30 auf einer Maispflanze auskommenden Raupen sollen nur 1—2 übrig bleiben; an der Baumwolle spielt der Kannibalismus bei dem zerstreuten Vorkommen der Raupen eine geringe Rolle. Auch eine Bakterienkrankheit ist ohne gröſsere Bedeutung.

Von Bekämpfungsmaſsregeln ist vor allem wichtig das Umgraben des Landes im Herbste oder Winter, um die Puppen tierischen Feinden oder den Atmosphärilien auszusetzen, bzw. die Falter am Auskriechen zu verhindern. Frühe Bestellung von frühen Sorten und kräftige Düngung können die Pflanzen bis zum Auftreten der dritten Brut über das gefährdete Stadium hinwegbringen.

Besonders wichtig ist die Anwendung von Fangpflanzen. Zwischen der Baumwolle werden in gröſseren Abständen Reihen von cowpeas und frühem Mais so gepflanzt, daſs beide zur Hauptflugzeit einer Falterbrut in Blüte stehen; erstere locken die Schmetterlinge ·durch ihren Nektar an, an letztere legen sie ihre Eier. Nach der Eiablage werden die Pflanzen ganz entfernt bzw. wird der Mais geköpft. Bei der zweiten Brut kann man sogar die Pflanzen stehen lassen. Die massenhaft auf ihm auskommenden Raupen fressen sich gröſstenteils gegenseitig auf; der Rest wird von tierischen Feinden vernichtet.

Auch Arsenmittel sind namentlich gegen die jungen, noch wandernden Raupen von Erfolg; sie werden Ende Juli, Anfang August dreimal verstäubt.

Von Europa und Afrika werden ernstere Schäden nicht berichtet.

In Indien[1]) kommt die Raupe merkwürdigerweise nur sehr selten an Baumwolle vor, und nur in Blütenknospen; am meisten schadet sie hier an Cicer arietinum, Mohn, Cajanus indicus und Tabak durch Ausfressen der Samen. Auch an Stechapfel und Physalis tritt sie auf.

Auf Java[2]) mäſsig schädlich an Reis, Leguminosen, Mais, Tabak, Baumwolle.

In Australien[3]) werden besonders Mais, Erbsen, Tomaten befallen.

H. (Chl.) assulta Gn.[4]). Afrika bis Australien; in Indien gelegentlich an Physalis und Tabak.

H. (Chl.) peltigera[2]) Schiff. Java, an Tabak und Leguminosen.

---

[1]) Theobald, 2ᵈ Rep., 1904, p. 114—115; Maxwell-Lefroy, Mem. Dept. Agric. India, Vol. I, 1907, p. 165, fig. 49.

[2]) Koningsberger, Meded. 's Lands Plantent. 22, 1898, p. 20; Meded. 64, 1903, p. 40—41.

[3]) Theobald, l. c.; French, Handb. destr. Ins. Victoria, Vol. 3. 1900, p. 49—52, Pl. 11; Froggatt, Agr. Gaz. N. S. Wales Vol. 17. 1906, p. 209 ff.; Van Dine, Hawaii agr. Exp. Stat., Bull. 10, 1905, p. 9—10, fig. 4.

[4]) Maxwell-Lefroy, l. c. p. 166.

H. dipsacea L. Raupe graulich mit weifsen Längslinien, im Mai-Juni, August-September an Mais, Bohnen, Luzerne, Hanf, Lein, Tabak, Cichorie, Kürbis usw., Blattfresser.

H. (Chl.) virescens F. (rhexiae Sm. a. Abb.)[1]. Nord- und Mittelamerika. An Tabak, Feldfrüchten, an ersterem als „budworm" ebenso schadend wie H. obsoleta: bohrt sich auch in Hauptstamm.

Cucullia Schrk., Mönchseule.

Augen an den Rändern bewimpert, Halskragen eine hohe Kapuze bildend, Hinterleib lang, spitz, Schienen ohne Dornborsten. Hinterflügel klein. Raupen nackt, bunt.

C. lactucae Esp. Blaugrau, Vorderflügel breit, Saum gerundet: auf Rücken braungraue Haarschöpfe. Raupe walzig, weifslich, mit gelben, fleckig erweiterten Rücken- und Seitenstreifen, dazwischen schwarze Querflecke: Mai, Juni, an Salat.

Auch andere Arten dieser Gattung finden sich gelegentlich an Kulturpflanzen.

Calocampa Stph.

Augen wie vorher. Palpen aufsteigend, dicht filzig behaart. Halskragen mit scharfem, vorn in Spitze vortretendem Längskiele. Raupen nackt, bunt. Falter überwintern; Puppe in Erde.

C. exoleta L.[2]. Licht veilgrau, Vorderflügel am Vorderrande braun; Ringmakel und Wellenlinie mit schwarzen Pfeilflecken. Raupe sehr bunt, grün, zwei gelbe Rückenlinien, rote, unten weifs gesäumte Seitenlinie, auf jedem Ringe oben zwei schwarze, weifs ausgefüllte Ringe, seitlich vier weifse Punkte; im Mai und Juni an verschiedenen Pflanzen, u. a. Himbeeren. An Reben frafsen sie bei Geisenheim Stücke aus den jungen Trieben, deren distale Teile dann vertrockneten.

C. vetusta Hb.[3]. Braun, weifs gezeichnet, ein schwarzer Pfeilstrich. Raupe grün, zwei gelbe Rückenlinien, gelber, oben dunkel gesäumter Seitenstreif, weifse Punkte oben, rote Stigmen; an saftigen niederen Pflanzen. In Norwegen wurden wiederholt die Eier in Kuchen an die Zweige von Obstbäumen gelegt. Die Raupen frafsen die oben aus den Knospen hervorkommenden Blätter.

Xylina Tr.

Augen wie vorher. Palpen hängend, lang und dünn behaart. Vorderschopf der Brust steil, hoch, nach vorne übergeneigt. Raupen dick, walzig, mit Borstenhärchen, auf Laubhölzern. Puppe in Erde. Europa, Nordamerika.

Die Raupen von **X. ornithopus** Rott. (rhizolitha Esp.) und **socia** Rott. in Europa nicht selten an Laub von Pflaumen- und Zwetschenbäumen[4], erstere in England auch an Reben schädlich[5]. Mehrere

<hr>

[1] Howard, Farm. Bull. 120, 1900, p. 14—15, fig. 7; Chittenden, U. S. Dept. Agric. Div. Ent., Bull. 27, N. S., 1901, p. 101—102; Hooker, ibid. Bull. 67, 1907, p. 106—107; Horne, 2ᵈ Rep. Estac. centr. agr. Cuba 1909, p. 80.

[2] Lüstner, Ber... Geisenheim 1909, S. 169—170, fig. 26. — Zirngiebl., Feinde des Hopfens, Berlin 1902, S. 13—14, fig. 9.

[3] Schöyen, Beretn... 1906 p. 18—19, figs.

[4] Henschel, Die schädl. Forst- u. Obstbaum-Insekten, Berlin 1895, 3. Aufl., S. 361.

[5] Journ. Board Agric. London Vol. 14, 1907, p. 161—162.

Arten (**antennata** Wlk., **laticinerea** Grte. und **grotei** Ril.) in Nordamerika[1]) schon wiederholt ernstlich schädlich dadurch, daſs die Raupen
im Mai und Juni in Baumfrüchte, vor allem Äpfel, aber auch Erdbeeren, seitlich Löcher fraſsen. Über 25 bzw. 45 % der Ernte wurden
dadurch schon beschädigt. — Die Raupen lassen sich sehr leicht abklopfen und sind dann durch Leimringe am Aufbäumen zu verhindern.

Panolis Hb.

Augen behaart. Palpen kurz, versteckt; Endglied nicht sichtbar.
Brust dick wollig behaart, ohne Längskamm. Schienen unbewehrt.

P. (Trachea) **griseovariegata** Goeze (**piniperda** Panz.). **Kiefern-**
oder **Forleule.** Zimtrötlich, gelbgrau gemischt, rotbraun gezeichnet;
Ring- und Nierenmakel weiſslich. Hinterflügel bräunlich schwarz.
Raupe grün, drei breite weiſse Rückenstreifen, ein gelber, orange gesäumter Seitenstreif, Kopf glänzend gelblich, mit roter Netzzeichnung;
35 mm lang; je nach dem Alter sehr verschieden. Falter von Mitte
März bis April; Eier blaſsgrün, zu 4—8 und mehr reihenweise an der
Unterseite vorjähriger Nadeln, in der Krone. Die junge, spannende
und spinnende Raupe friſst zuerst an den Maitrieben, auch an der
Rinde. Nach der ersten Häutung verliert sie jene Eigenschaften und
friſst nun ältere Nadeln von der Spitze an auf; ihr Kot ist lang, dünn,
dreiteilig. Im Juli geht sie in den Boden, wo sie sich im August ohne
Gespinst verpuppt. — Auſser der Kiefer werden gelegentlich, im
Hunger, noch andere Nadelhölzer befallen; von jener zieht sie Stangen-
hölzer vor; sie wird besonders da schädlich, wo die Kiefern durch
schlechten Boden, Streurechen usw. geschwächt sind. Nicht selten
wird das Bodenstadium durch Pilze, besonders *Entomophtora aulicae*
Reichh.[2]) dezimiert; den Raupen stellen auſser Feinden auch zahlreiche
Parasiten[3]) nach, von denen besonders die Tachinen von Wichtigkeit
sind. Vorbeugung durch Kulturmaſsregeln (Durchforstung usw.); Bekämpfung durch Abprällen und Abfangen mit Leimringen und Eintrieb
von Hühnern und Schweinen.

Taeniocampa Gn.

Augen behaart, Palpen hängend, dicht und lang behaart, Endglied
nackt, Brust dicht und lang wollig behaart. Raupen nackt, walzig,
grün, mit weißen und gelblichen Streifen und Flecken, auf Bäumen,
auch Mordraupen. Puppe in Erde.

Manche Arten treten gelegentlich in größeren Mengen auf und
machen sich dann bemerkbar, namentlich an Forstgehölzen (Eichen,
Birken). Auch an Ostbäumen finden sie sich manchmal, wo sie
große Löcher in die Blätter und in die Früchte fressen, besonders
in Äpfel, z. B. **T. munda** Esp.[4]), **incerta** Hufn.[5]), **gothica** L.

---

[1]) Slingerland, Cornell Univ. agr. Exp. Stat., Bull. 123, 1896, p. 509—522, 4 Pls.;
Burnett, U. S. Dept. Agric., Div. Ent.. Bull. 7, 1897, p. 84; Pettit, Michigan agr.
Exp. Stat., Spec. Bull. 24, 1898, p. 28—29, Fig. 26.

[2]) v. Tubeuf, Forstl nat Zeitschr., Bd. 2, 1893, S. 31—47, 88, 7 Fig.; Ritzema
Bos, Tijdschr. Plantenz. Jaarg 8, 1902, p. 58—61.

[3]) Gauckler, Ill. Wochenschr. Ent. Bd. 2, 1897, S. 215; Sack, ibid. Bd. 4, 1899,
S. 8; Fuchs, Nat. Zeitschr. Forst- u. Landwirtsch. Bd. 6, 1908, S. 274.

[4]) Noël, Bull. Labor. région. Ent. agr. Rouen, 3e Trim. 1908, p. 7—8.

[5]) Theobald, Insect pests of fruits, Wye 1909, p. 66—68, figs 59—62.

Amphipyra O.

Augen nackt, Palpen aufsteigend, dick beschuppt, Brust glatt behaart. Raupen ähnlich den vorigen, zum Teil mit Erhöhung auf fünftem Ringe, teils an niederen Pflanzen, teils an Laubholz. Puppe zwischen Blättern in leichtem Gespinste.

A. tragopogonis L. Graubraun mit drei schwarzen Punkten statt der Ring- und Nierenmakel. Raupe grün, drei weiße Rücken- und je eine gelblichweiße Seitenlinie, gelbes Halsband. Im Mai an verschiedenen niederen Pflanzen, nicht selten auch an Salat, Spinat usw.

Caradrina O.

Kurz anliegend behaart; Palpen aufsteigend, Endglied geneigt, unten behaart. Zunge stark, Spitze der Vorderflügel abgerundet, Schienen unbewehrt, Raupen nackt, mit hellen Längslinien, an niederen Pflanzen. Puppe in leichtem Gespinste in der Erde.

C. exigua Hb. (= Laphygma flavimaculata Harr.) [1]). Vorderflügel gelbgrau, Quer- und Wellenlinien hell, dunkel gefafst, am Saume starke, schwarze, weifs geränderte Punkte, Makeln hellgelb; Hinterflügel weifs, mit dunkler Saumlinie. Raupe schwarzgrau mit schwarzer, unterbrochener Rückenlinie, breitem hellen, schwarz begrenztem Fußstreifen, Kopf graugrün; je nach Futterpflanze sehr verschieden gefärbt und gezeichnet. Europa, Afrika, Asien, Amerika. — Eier in mehrschichtigen, mit Haaren durchsetzten Häufchen an Blättern. Die jungen Raupen fressen zunächst gesellig unter schützendem Gespinst an der Oberhaut; dann zerstreuen sie sich und verzehren die ganzen Blätter. Im südlichen Europa hier und da schädlich an Mais und Kartoffeln, in Amerika an Mais, Zuckerrübe (ungeheuerer Schaden) und Baumwolle (Californien und Colorado, in den Kapseln), in Ägypten an Baumwolle, Luzerne, Mais, Zuckerrohr, im Sudan an Luzerne. Ihre Hauptschädlichkeit entfaltet sie aber in Indien, wo sie aufser an genannten Pflanzen noch schadet an Linsen, Kohl, Hibiscus, Corchorus, Carthamus, Amaranthus, ganz besonders aber an jungem Indigo, den die Raupen oft geradezu von den Feldern wegfegen. Ihr Auftreten hängt ganz von der Witterung ab, da die Falter nur bei warmem, feuchtem Wetter aus den Puppen schlüpfen; sie legen dann sofort Eier, aus denen bereits nach 2 Tagen Raupen auskriechen. So dauert eine Brut im Sommer 17—30 Tage, im Winter oder zur Trockenzeit mehrere Monate. Auch der Schaden wird von der Witterung beeinflußt; bei feuchtem Ostwinde schadet der Fraß den Pflänzchen nicht sehr, bei trockenem Westwinde verdorren die angefressenen sofort. Die zweite Brut ist immer die schädlichste, die späteren werden von den Parasiten und Feinden dezimiert. Feinde (in Indien): *Tachiniden* (vernichten über 50% der Raupen), *Ichneumoniden*, *Ammophila* spp., Laufkäfer, *Canthacona furcellata* (Wanze), Vögel; im Sudan eine Bakterienkrankheit. Vorbeugung: Java-Natal-Indigo pflanzen, der zu anderer Zeit keimt, wie der meist angebaute Sumatra-Indigo. Bekämpfung: Eier

---

[1]) Chittenden, U. S. Dept. Agr., Div. Ent. Bull. 33, N. S., p. 37—46, fig. 8, 9. Gillette, Agr. Exp. Stat. Colorado, Bull. 98, 1905, p. 13—15, 1 Pl.; Gillette & Johnson, Amer. Sug. Industr. and Beet Sug. Gaz. Vol. 7, 1906; Sanderson, Farm. Bull. 223, 1905, p. 14—15, fig. 13; Maxwell-Lefroy, Agric. Journ. India Vol. 1, 1906; King, H. H., 3d Rep. Wellcome Res. Labor. Gordon Mem. Coll. Karthoum, 1908, p. 234—235.

und Raupen sammeln (bei Pusa wurden in zwei Tagen je 2414 Eierhäufchen zu je 100 Eiern, bzw. 250000 Raupen gesammelt), Spritzen mit Arsenmitteln, bedrohte Felder durch Fanggräben schützen, Luzerne als Fangflanze säen und rechtzeitig schneiden, bezw. durch Schafe abweiden lassen. Der Falter fliegt nicht nach Licht.

Heliophila Hb. (Leucania Hb).

Augen behaart, Brust viereckig, vorne gerundet, mit feiner, glatter Behaarung, Vorderflügel mit scharfer Spitze, Schienen unbewehrt. Raupen kräftig, walzig, glatt, nackt.

H. (Cirphis) **unipuncta** Haw.[1]). Blafs gelblichbraun mit einzelnen schwarzen Schuppen und mit weißem Flecke nahe der Mitte jedes Vorderflügels; Hinterflügel heller, Rand dunkler. Raupe 30—35 mm lang, schmutzig grünlichbraun, an der Seite mit einem unteren hell grünlichgelben, einem mittleren schwarzen und einem oberen grünlichbraunen Streifen; Kopf grünlichbraun, schwarz gefleckt und gestreift. Heimat Nordamerika, von da weit verschleppt, fast kosmopolitisch; ganz besonders schädlich in ihrer Heimat, östlich des Felsengebirges und in Canada, wo sie in gröfseren Zwischenräumen (1861, 1875, 1880, 1896) in so ungeheuren Massen auftritt, dafs die Raupen, nachdem sie ihre Futterplätze kahl gefressen haben, wandern müssen. Sie tun das in dichten, geschlossenen Zügen, daher der Name „**army worm**". Nährpflanzen sind ursprünglich üppige, saftige Gräser und Getreide; in ihrer Ermangelung fressen sie aber so ziemlich alle niedere Gewächse, mit Ausnahme von Klee. Raupen, Puppen und Falter überwintern. Das Weibchen legt bis zu 700 Eier in mit klebrigem Stoff bedeckten Reihen von 10—50 an die Unterseite der Blattscheiden von Gräsern. Nach zehn Tagen kriechen die Räupchen aus, die zuerst spinnen und spannen und die Blattoberfläche benagen; später fressen sie die ganzen Blätter, selbst alles Grüne ab. Sie sind nur nachts tätig, tags halten sie sich in Erdrissen usw. versteckt. Nach drei bis vier Wochen verpuppen sie sich in der Erde, nach 14 Tagen fliegt der Falter aus. Im Norden folgen sich drei, im Süden bis sechs Bruten. Den Hauptschaden tut die zweite oder dritte Brut, da die späteren von natürlichen Feinden und Krankheiten zu sehr dezimiert werden. Namentlich die Wanderzüge bieten diesen breite Angriffsflächen, daher auch mit ihrem Auftreten die Plage so gut wie beendet ist, und selten zwei aufeinanderfolgende Bruten schädlich werden. Als Feinde kommen in erster Linie Tachiniden (*Nemoraea leucaniae* und *Winthemyia quadripustulata*[2]) in Betracht, dann Carabiden und ihre Larven, Vögel, Eidechsen, Insekten fressende Säuger usw. Pilz- und Bakterienkrankheiten sind beobachtet, ohne aber von sonderlicher Bedeutung zu sein.

Schäden werden ferner noch berichtet aus Cuba (Zuckermais), Brasilien (Hirse), Indien (Reis, Hirse, Mais), Australien, (Weiden,

---

[1]) Von der sehr umfangreichen Literatur sei nur das Wichtigste erwähnt: Comstock, 3ᵈ Rep. U. S. ent. Commiss., 1883, p. 89—157, Pls. 1, 2; Howard, U. S. Dept. Agric. Div. Ent., Circ. 4, N. S., 1894; Slingerland, Cornell Univ. agr. Exp. Stat., Bull. 133, 1897, p. 233—258, figs 68-72; s. ferner die Berichte von Forbes, J. B. Smith usw. — Tryon, Queensland agr. Journ. Vol. 6, 1900, p 135—147, 3 Pls. — Froggatt, Agr. Gaz. N. S. Wales Vol. 15, 1904, p. 327—331, 2 figs., Vol. 18, 1907, p. 265—268.

[2]) Metcalf, Journ. econ. Ent. Vol. 1, 1908, p. 354—5.

Getreide, aber auch Kartoffeln und Klee). In Australien haben Tryon und Froggatt eine ganze Anzahl einheimischer Parasiten festgestellt.

Bekämpfung: Junge Felder, wenn möglich abends oder morgens walzen, Spritzen [1]), besser Stäuben mit Arsenmitteln, die Wanderscharen mit Petroleum (1:5) spritzen, Köder (1 kg Schweinfurtergrün 16 kg Kleie, 1 kg Zucker). Verlorene Felder durch Schafe abweiden lassen oder abbrennen; die Züge durch Gräben abfangen; tiefes Pflügen im Herbste; Felder von Rückständen reinigen, mähen, aufharken und Raupen sammeln (bei erster Brut); Geflügel eintreiben; Fruchtwechsel. Die Falter fliegen nach Licht und nach Süßigkeiten.

Andere Arten derselben Gattung werden gelegentlich schädlich, wandern aber nie; so **H.** (L.) **humidicola** Gn. (extenuata Gn.) auf Java an Reis, **secta** HS. auf Cuba an Zuckerrohr und Mais, **loreyi** Dup. auf Java desgl., in Indien auch an Hirse; **pseudargyria** Gn. in Nordamerika an Gräsern und Getreide, **H.** (Borolia) **venalba** Moore auf Ceylon an Hirse, **H.** (Meliana) **albilinea** Hb. in Nordamerika an Gräsern und Getreide, deren reifende Samen sie ausfrißt, und an Mais, in dessen Spitze sie sich einbohrt.

Sesamia Gn.

Rüssel kurz, Palpen aufrecht. Hinterleib lang, die Flügelspitzen überragend. Hinterschienen mit vier langen Dornen. Altweltlich.

S. nonagrioides. Lef. Falter 26—32 mm Spannweite. Vorderflügel gelblich mit dunkelbraunem Streifen am Außenrande. Raupe an Zuckerrohr, Mais, Hirse und stärkeren wilden Gräsern.

Die typische Art in Südwesteuropa, Nordafrika [2]), hier besonders an Mais schädlich. Eiablage unbekannt, wahrscheinlich aber zwischen Blattscheiden und Stengel. Die Raupen fressen an den jungen Pflanzen die Stengel aus, so daß sie absterben, an den älteren verzehren sie die männlichen und weiblichen Ähren, zuletzt fressen sie die Körner; an einer Pflanze meist mehrere Raupen. Puppe am Fraßort oder zwischen vertrockneten Blättern. In der Küstenregion Algiers ununterbrochene Generationsfolge; selbst im Winter fliegen Falter aus und pflanzen sich fort.

Die var. **albiciliata** Snell. [3]) ist auf Madagaskar (Mais), Réunion, Mauritius, Java, Celebes einer der gefährlichsten „borer" des Zuckerrohrs. In jedem Stamm lebt nur eine Raupe, die sich in ihm bzw. zwischen ihm und den Blattscheiden abwärts bohrt, die Basis der Blätter durchbeißt und die Sproßpunkte ausfrißt. Es folgen sich zwei bis drei Bruten von je fünf bis sechs Wochen. Als Feind ist nur eine Braconide auf Java beobachtet.

Raupe zuerst rötlichgelb, später pfirsichrot, zuletzt gelblichweiß mit pfirsichrotem Rücken (paarsroder borer), Stigmen sehr groß, schwarz; Kopf und Schilder anfangs schwarz, später gelblich, Brustfüße schwarz; 25—30 mm lang.

---

[1]) Da Wasser an Gräsern schlecht haftet, nimmt man hier als Grundflüssigkeit besser Seifenwasser.

[2]) Künckel d'Herculais, C. r. Acad. Sc. Paris T. 123, 1896, p. 842—845, T. 124, 1897, p. 373—376; Les Sésamies en Algérie, usw., Alger 1897, 8º, 16 fig., 12 pls. — Vieira, Ann. Soc. nat. Porto Ann. 5, 1898, p. 103—106.

[3]) Bordage, C. r. Acad. Paris T. 125, 1897. p. 1109—1112; Giard, Bull. Soc. ent. France 1897, p. 30—31; Zehntner, Arch. Java Suikerindustr. 1898, Afl. 15, p. 673—682; s. ferner die Handbücher über Zuckerrohrkultur.

Bekämpfung wie bei den übrigen Bohrern (s. S. 316 ff.).

S. cretica Led.[1]). Im Sudan einer der schlimmsten Feinde der Durra und des Maises, weniger des Zuckerrohrs. Eier zu drei bis fünf zwischen Blattscheide und Stamm; Raupen bohren in diesem auf und ab. Junge Pflanzen sterben bald ab und werden dann von den Raupen verlassen, die auf andere übergehen. Sonst wie vorige. Puppe in mit Kot und Fraſs versetztem Gespinste im Stamme, zwischen diesem und Blattscheide, selten in der Erde.

S. fusca Hamps[2]). Südafrika im Mais, wie S. nonagrioides. CAMERON[3]) züchtete als Parasiten: *Bracon sesamiae* Cam., *Apanteles sesamiae* Cam., *Exephanes nigromaculatus* Cam. (Ichneumonide); LOUNSBURY beobachtete Pilz- und Bakterienkrankheiten.

Tapinostola Ld. Wieseneule.

Palpen dünn abstehend behaart. Vorderflügel gestutzt, mit abgeschrägter oder gerundeter Spitze und langen Fransen. Hinterleib lang. Schienen unbewehrt. Raupen nackt, in oder an Gräsern.

T. musculosa Hb.[4]). Gelblich, mit dunkel bestäubten Rippen und lichtem Wische auf den Vorderflügeln. Raupe zuerst weiſslich, später grün, mit vier rötlichen Rückenstreifen, desgleichen Kopf und Halsschild; Luftlöcher schwarz; 30 mm lang. Europa, Zentralasien, Nordafrika. In Südruſsland periodisch in groſsen Mengen, an Weizen und auf Weiden sehr schädlich. Falter in Juni, Juli, legen bis zu 250 Eier auf Blätter und Halme von Gramineen. Die anfangs März ausschlüpfenden Räupchen bohren sich zuerst in die jungen Halme und zerstören deren Sproſspunkte; da jedes Räupchen mehrere Halme vernichtet, entstehen auf dem Felde schwarze Flecke abgestorbener junger Pflanzen. Die älteren Raupen befressen die noch in der Scheide eingeschlossenen Ähren, die sich dann überhaupt nicht entwickeln. oder zum Teil ausgefressen sind. Ende Mai, anfangs Juni nächsten Jahres verpuppt sich die Raupe in der Erde. Parasiten: *Ichneumon sarcitorius* Wes., *Anomalon humeralis* Brauns, *A. latro* Schrk., *Bracon abscissor* Nees, *Anthrax flavus* L., besonders zweiter und letzter wichtig. Bekämpfung: Stoppel im Herbste verbrennen oder tief unterpflügen, Fruchtwechsel. Die Falter fliegen nach Licht.

Nonagria O. Schilfeulen.

Stirne mit horizontal vortretender viereckiger Hornplatte.

N. uniformis Ddgn. **Wheat stem-borer**[5]). Indien, Ceylon, Burma, Celebes. In Indien besonders schädlich an Weizen, aber auch an Zuckerrohr, Mais, Reis, Hirse usw. Die fleischfarbene, schwarzköpfige Raupe bohrt im Halme abwärts, der abstirbt; neue Sprosse entstehen.

Gortyna Hb. Markeule.

Stirne mit vorstehendem hornigen Keile. Palpen aufsteigend, wollhaarig. Brust vorne mit Längskamm, hinten schwach geschopft. Hinter-

---

[1]) KING, H. H., l. c., p. 222–224, Pl. 27, figs. 1, 3, 6.
[2]) LOUNSBURY, Rep. Half-year end. June 30th 1904 p. 26—27; MALLY, Agr. Journ. Cape Good Hope Vol. 27, 1905, p. 159–168, 1 Pl. (Bull. Nr. 15).
[3]) Trans. S. Afric. phil. Soc. Vol. 16, 1906, p. 334—336.
[4]) MOKRZECKI, Zeitschr. wiss. Ins. Biol. Bd. 3, 1907, S. 50—53. 87—92, 5 fig.
[5]) MAXWELL-LEFROY, Mem. Ind. Dept. Agric. Vol. 1, 1907, p. 51.

leib dick, lang, Flügel um das Doppelte überragend. Beine unbewehrt.

G. ochracea Hb. (flavago Esp.). (Fig. 238.) Goldgelb, rostrot bestäubt und gezeichnet, Wurzelbinde und Querbinde veilbraun. Raupe schmutzig weils oder gelb, rötlich angeflogen; Kopf und Nackenschild braun, Afterklappe und Punktwarzen schwarz, 40 mm lang. Der von Ende Juli bis in Oktober fliegende Falter legt seine glatten Eier an die Basis von saftigen, dickstengeligen Kräutern (Disteln, Baldrian, Wollkraut, Fingerhut, Wasserlilie usw.) oder an die jungen Triebe von Sträuchern (Salix, Holunder). Die im nächsten März ausschlüpfenden Räupchen bohren sich in die Stengel bzw. Triebe und fressen deren Mark, bei letzteren zum Teil auch den Splint aus; die befallenen Teile welken und brechen um, worauf andere bezogen werden. Pfropfen von Frafs und feinere Luftlöcher zeigen ihre Anwesenheit an. Mitte Juli geht die Raupe abwärts und verpuppt sich aufrecht im Frafskanale, nachdem das Flugloch genagt ist. Es überwintern aber auch Raupen und Puppen, die wohl erst im Frühjahre den Falter ergeben; wenigstens wäre es sonst kaum zu verstehen, dafs Kartoffeln befallen werden. Schäden an solchen sind berichtet aus England[1] und Deutschland[2], an

Fig. 238. Gortyna ochracea. Falter, Raupe (nach Lampert) und Frafs an Kartoffeltrieb.

[1] Ormerod, Rep. 1892; Carpenter, Rep. 1903, p. 253—4, Pl. 21.
[2] Reh, Prakt. Ratg. Obst- u. Gartenbau 1902, S. 352—3, 3 Fig.

Hopfen aus Böhmen[1]), an Artischoken aus Algier[2]) und Südfrankreich[3]), und an Weiden aus Österreich[4]). — Bekämpfung: die befallenen Teile möglichst frühzeitig entfernen, die Felder nach der Ernte gründlich reinigen. Nach GILLMER[5]) vernichten Ohrwürmer viele Puppen; als Parasiten züchtete er *Ichneumon sanguinatorius* Grv.

Hydroecia Gn.

Vorderflügel breit, dreieckig, mit schrägem Saume. Augen nackt, Schienen ohne Borsten; Brust oben mit Längskamm.

H. micacea Esp.[6]). Vorderflügel veilrot, bräunlichgrau gemischt, rostbraun gezeichnet; Hinterflügel licht gelblichgrau; August, September. Raupe rötlich, Kopf rotbraun, Nacken- und Afterschild gelblich, Borstenwärzchen und Punkte der Seitenlinie schwarz, 40 mm lang; im Mai bis August an den Wurzeln saftiger Pflanzen, besonders an feuchten Standorten. Schon wiederholt an Kulturpflanzen, wie Erdbeeren und Rüben, schädlich geworden, insbesodere aber an Kartoffeln, in deren Stengeln die Raupe wie die vorige bohrt. In England auch in grünen Tomatenfrüchten.

H. nicticans Bkh. Vorderflügel rostbraun mit doppeltem Querstreifen und heller Nierenmakel. Raupe schmutzig braun mit braunen Punktwärzchen, wiederholt an Getreide beobachtet.

H. immanis Grt. The Hop-plant borer. Nordamerika, fehlt in den pazifischen Staaten. Der im Frühling fliegende Falter legt seine Eier an die Ranken des jungen Hopfens, in denen die junge Raupe zuerst bohrt, so daſs deren Spitzen welk herabhängen. Später läſst die nach aufsen gekommene Raupe sich an einem Faden zur Erde herab, bohrt sich hier in den Stamm und in diesem aufwärts, so dafs die ganze Pflanze im Wachstum zurückbleibt. Ende Juni verläſst sie auch den Stamm, geht in die Erde und frifst hier äufserlich an den Wurzeln. Mitte Juli verpuppt sie sich in einer Erdzelle. Schaden oft sehr beträchtlich, so 1879 in Newyork etwa 600000 Dollar.

Papaipema nitela Gn.[7]). Raupe in den Oststaaten Nordamerikas in Stengeln von Kartoffeln, Tomaten, Mais, saftigen Blumen, Leguminosen; auch in Zweigen von Obstbäumen und -sträuchern.

Naenia Stph.

An Mittel- und Hinterschienen Dornborsten; Augen nackt, Endglied der Palpen lang und dünn.

N. typica L. Netzeule. Braungrau, Vorderflügel weifs gezeichnet und schwarzbraun gefleckt. Raupe graulich mit rötlichgrauem Seitenstreifen und dunklen Schrägstrichen, überaus polyphag, hie und da an Wiesengräsern, an Blättern oder Knospen von Obstbäumen und -sträuchern.

---

[1]) KORNAUTH, Ber. 1905, S. 97.
[2]) COOSSENS, Ann. Soc. ent. France 1880, p. 155—158.
[3]) Naturaliste, Ann. 30, 1908, p. 194—5.
[4]) HENSCHEL, Die schädl. Obstbauminsekten, Berlin 1905, S. 366—368.
[5]) Ent. Jahrb. 1908, S. 114—115.
[6]) v. SCHILLING, Prakt. Ratgeb. Obst- u. Gartenbau 1893. S. 238, 342, 1 Fig.; LAMPA, Berätt. 1900, p. 50—52; THEOBALD, I. Rep., 1903, p. 81—83, fig. 9; Rep. 1906/07, p. 119—121, Fig. 17.
[7]) CHITTENDEN, U. S. Dept. Agric., Div. Ent., Bull. 33. N. S., 1902, p. 11—12, fig. 2.

Spodoptera mauritia Boisd.[1]). Haarbüschel an den Vorderschienen. Vorderflügel graubraun mit heller Zeichnung, Hinterflügel weifs. Raupe braun mit hellen Linien. Tropen, von Westafrika bis Australien. Gewöhnlich an Gräsern und Unkräutern, kann sie sich bei günstiger Witterung (Trockenheit während der Raupenperiode) derart vermehren, dafs benachbarte Kulturländereien in Massen überzogen werden, namentlich Getreide und Reis. Diese Scharen sind durch Gräben abzufangen, Weiden zu walzen, Unkraut ist abzubrennen.

Prodenia Gn.

Auf Mittelbrust und Hinterleib nur schwache Schuppenbüschel; Vorderbeine glatt beschuppt, Fühler des Männchens leicht bewimpert.

Pr. littoralis Boisd.[2]). Vorderflügel gelb und braun gezeichnet, meist blafsblaue Binde vor der Spitze; Hinterflügel weifs. Raupe schwarz, gelbgrüne Rückenlinie, weifses Seitenband, jederseits gelbe Flecken, 35—40 mm lang. Mittelmeergebiet, östliche Tropen bis Australien. In Ägypten besonders an Baumwolle schädlich, in Indien an Tabak, aber auch an anderen Pflanzen. Eier in Haufen von 250 - 350 an Blätter, meist an Oberseite. Die gewöhnlich in Schwärmen auftretenden Raupen skeletieren zuerst die Blätter, später verzehren sie sie ganz, bohren sich aber mit Vorliebe in saftige Stengel ein oder fressen sie, bei Sämlingen, dicht über der Erde ab. Puppe in Erde. 5—6 Bruten. Maxwell-Lefroy zog Hymenopteren-Parasiten aus den Eiern, Tachinen aus den Raupen und beobachtete letztere fressende Vögel. Gegenmittel: Eier und junge Raupen sammeln; Wanderscharen durch Gräben abfangen; zur Puppenzeit die Felder überfluten. In Australien legen die Falter ihre Eier öfters an Apfelblätter, an denen auch die Räupchen zuerst fressen; später gehen sie aber herab zur Erde.

In Amerika treten öfters die einander recht ähnlichen Raupen von **Pr. commelinae** S. & A. und **ornithogalli** Gn. an verschiedenen Garten- und Feldpflanzen schädlich auf[3]), erstere auch auf Cuba[4]). Sie leben einzeln und verzehren nicht nur Blätter und Stengel, sondern auch Früchte (Baumwolle, Tomaten). Die Raupe von **Pr. eridania** Cram.[5]) wandert dagegen in Scharen und erklettert selbst Bäume; sie ist mehr subtropisch. Als Parasiten letzterer geben Chittenden und Russell fünf Schlupfwespen, eine Tachine an, als Feinde: Raubkäfer, Grabwespen, Wanzen und die Raupen von *Pontia rapae*, die die Eier der Eule verzehren. Auch eine *Empusa*-Art wurde beobachtet. Zur Bekämpfung der genannten Arten werden Arsenmittel verwendet.

Unbestimmte Prodenia-Arten wurden in Deutsch-Ostafrika[6]) auf Weiden (Cynodon dactylon), Saatbeeten von Gemüse- und Zierpflanzen und in Baumwollkapseln beobachtet.

[1]) Tryon, Queensland agr. Journ. 1900 p. 135 147, 3 Pls. — Green, Trop. Agric. Vol. 24, 1905, p. 6—10, 2 Pls., 1 Fig. — Maxwell-Lefroy, l. c., p. 172.
[2]) Foaden, Journ. Khediv. agr. Soc., May, June 1900. Abstr.: U. S. Dept. Agric., Div. Ent., Bull. 22. N. S., 1900, p. 99—100. — Maxwell-Lefroy, l. c. p. 171; Vol. 2, 1908, p. 79—93, Pl. 8, 1 Fig.
[3]) Chittenden, U. S. Dept. Agric. Div. Ent., Bull. 27, N. S., rev. Edit., 1901, p. 59—73, Pl. IV, fig 19.
[4]) Cook, ibid., Bull. 60, 1906, p. 71.
[5]) Chittenden and Russell, ibid., Bull. 66, 1909, p. 53—70, figs. 8—11.
[6]) Vosseler, Ber. Land- Forstwirtsch. Deutsch-Ostafrika Bd. 2, S. 426; Stuhlmann, Pflanzer, Bd. 3, 1907, S. 217.

Laphygma Gn.

Rüssel kräftig. Brust beschuppt; Mittelbrust und Anfang des Hinterleibes gekielt.

L. frugiperda S. & A. The **fall army worm**[1]). Falter in Färbung sehr wechselnd. Raupe erdfarben, Seiten dunkel, oben hell gestreift, schwarze Borstenhöcker, auf dem Kopfe ein erhabener, weifser V-Fleck. Oststaaten von Nordamerika, im Norden zwei, im Süden vier Bruten. Eier in Haufen von 50 und mehr, mit grauer Wolle bedeckt, an Blättern. Puppe in Erdzelle. Raupe für gewöhnlich an Stellen üppigen Pflanzenwuchses, besonders an Gras. Unter günstigen Umständen können die spätern Bruten, von August an, so überhandnehmen, dafs sie in Schwärmen benachbarte Kulturländer überziehen und alles Grüne, selbst Baumblätter, im Freien und in Gewächshäusern, in Feld und Garten abweiden. Indessen sind die Scharen selten so grofs wie beim eigentlichen Heerwurm (Leucania unipuncta; siehe S. 359). Herbstpflügen und Fruchtwechsel beugen dem Überhandnehmen am besten vor.

Miselia O.

Fühler am Grunde mit langem Haarpinsel; Raupen auf den letzten Ringen kleine Spitzen.

M. oxyacanthae L., **Weifsdorn-Eule**[2]). Raupe graulich mit dunklen Strichen und Linien; auf den beiden letzten Ringen je zwei Spitzen; im Mai und Juni auf Steinobst, auch auf Apfel, die Blätter befressend. Falter von August bis November; Eier überwintern.

Hadena Schrk. Graseulen.

Augen nackt, Zunge lang, dick, hornig, Brust vorn und hinten mit Haarschöpfen; Hinterschienen ohne Dornborsten. Raupen walzig, mit Borstenhärchen, an oder in Gräsern.

Die Raupen der Graseulen sind auf Weiden, auch auf Getreidefeldern oft gemein und können da nicht unbeträchtlich schaden. Tagsüber liegen sie ruhig, zusammengerollt, in der Erde; abends beginnen sie zu fressen, teils an den Wurzeln, mehr an Halmen und Blättern, dabei natürlich den jungen Saatpflänzchen besonders gefährlich werdend, teils steigen sie am Halme in die Höhe und fressen die reifenden, weichen Körner aus. — Die Falter fliegen gewöhnlich im Mai und Juni und legen ihre Eier an die Gräser ab. Die Raupen, bei einigen Arten auch die Puppen, überwintern; die Verpuppung geschieht immer in der Erde. — Die Bekämpfung der Graseulen ist nicht leicht. Schutz des Maulwurfs dürfte das beste Vorbeugungsmittel sein.

Als häufigste und schädlichste ist wohl **H. basilinea** F. (tritici L.), **die Queckeneule**[3]), zu nennen. Sie ist bräunlichgrau mit dunklerer und hellerer Zeichnung; die Raupe ist braungrau mit drei weifslichen Rückenlinien und schwarzen Punkten; Nacken- und Afterschild schwarzbraun mit je drei weifsen Strichen. Auch in Nordamerika.

H. secalis Bjerk. (= didyma Esp.)[4]) (Fig. 239). Dunkelbraun,

---

[1]) Chittenden, U. S. Dept. Agric. Ent., Bull. 29, N. S., 1901, p. 13—45, figs. 1—8.
[2]) Noël, Le Naturaliste T. 30, 1908, p. 214.
[3]) Lampa, Ent. Tidskr. Bd. 22, 1901, p. 129—132, Pl. 1.
[4]) Lampa, ibid. Bd. 7, 1886, p. 57—71, Bd. 22, 1901, p. 133—136, Pl. 1; Berätt. 1901 ff. — Schöyen, Stettin. ent. Zeitg. Bd. 40, 1879, S. 389—396; E. Reuter, Act. Soc.

Vorderflügel mit hell gerandetem Nierenfleck, mit undeutlicher dunklerer
Zeichnung, Hinterflügel einfarbig. Raupe grünlich, zwei rötliche Rücken-
und eine gelbe Seitenlinie; Puppe ockergelb. — Diese Art hat eine
abweichende Lebensweise und ist die gefährlichste der ganzen Gattung.
Die Eiablage des Juni bis August fliegenden Falters ist noch unbekannt.
Die Räupchen bohren sich oben in die Pflänzchen ein und in
diesen hinab, oft bis in den Wurzelhals, wo sie auch überwintern.
Ende April fressen sie die jungen Halme der Roggen-Wintersaat von
unten an und höhlen sie auf kurze Strecke aus, so dafs die oberen

Fig. 239.	Schmetterling, und Raupe (4:1) von Hadena secalis (aus Börner).

Halmteile absterben und nur die grundständigen Blätter grün bleiben
(Fig. 240); so zerstört jedes Räupchen eine Anzahl Pflanzen. Später
klettert es am Halme in die Höhe und beifst ihn oben durch bzw.
verzehrt seinen obersten Teil mit der jungen Ähre; auch in ersterem
Falle kann diese sich nicht entwickeln und wird taub (totale Weifs-
ährigkeit). Im Juni verpuppt sie sich in der Erde. — Parasiten:
Lissonota extensor L. (Lampa), *Amblyteles crispatorius* L. (E. Reuter),
Tachinen (Börner). — Besonders an Roggen, aber auch an Weizen und
Wiesengräsern.

Die gelblichweifse Raupe von **Miana strigilis** Cl., mit drei rötlichen Streifen. lebt ebenso, ist aber im Vorkommen weit spärlicher.

Diloba B.

Spinner-ähnlich; Brust unbeschopft, Augen gewimpert, Zunge schwach.
Vorderflügel mit rundlicher Spitze. Vorderschienen unbedornt. Rücken
dicht wollig behaart.

D. caeruleocephala L. Blaukopf, Brillenvogel. Vorderflügel veilbraun und -grau, die drei gelblichweifsen Makeln fliefsen zu einem Fleck

Fauna Flora fenn. XIX Nr. 1, 1900. p. 23—30, usw.; Zeitschr. Pflanzenkrankh.
Bd. 12, 1902, S. 332ff; Börner. C.. Arb. biol. Anst. Land- u. Forstwirtsch. Bd. 5,
1905, S. 90—97, 9 Fig.

zusammen; schwarze Wische und Wellenlinien. Hinterflügel hellgrau. Raupen bläulich- oder grünlichweifs, mit gelblichen Rücken- und Seitenlinien und schwarzen Borstenwärzchen; Kopf blaugrau, mit zwei grofsen schwarzen Flecken: 40 mm lang. — Der von September an bis ins Frühjahr fliegende Falter legt seine Eier einzeln oder zu 5—8 an Stamm, Äste oder Zweige von allerlei Laub-, vorzugsweise aber von Obstbäumen; die gerippten Eier werden mit brauner Wolle bedeckt. Zeitig im Frühjahre schlüpfen die Räupchen aus, die einzeln leben, zuerst die Knospen ausfressen, dann alles Grüne, einschliefslich der jungen Früchte, verzehren. Ende Juni verspinnen sie sich an Rinde, Mauerwerk usw. in festem, mit der Umgebung entnommenen Fremdkörpern durchsetztem Gespinste; erst nach einigen Wochen verpuppen sie sich. Hauptfeinde sind Sperlinge und Finken, die ihre Jungen mit den schon früh recht grofsen Raupen füttern. — Diese sitzen sehr lose und werden schon von heftigem Winde und Regen herabgeweht; das beste Gegenmittel ist daher häufiges Abklopfen und Verhindern des Wiederaufbäumens durch Leimringe.

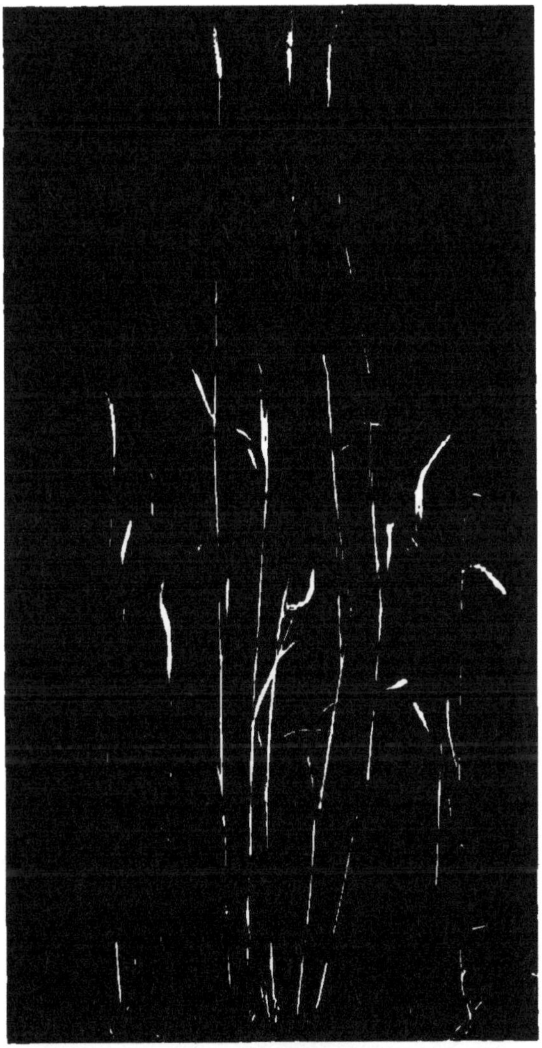

Mamestra IIb.

Falter düster erdfarben mit deutlicher Eulenzeichnung; Wellenlinie bildet gewöhnlich in der Mitte ein W. Augen behaart; Zunge lang, hornig; Hinterleib des Weibchens stumpf. — Die nackten, walzigen, meist düster gefärbten Raupen leben einzeln an den verschiedensten niederen Gewächsen, meist sehr polyphag, namentlich für den Gemüse- und Blumenzüchter oft recht lästig, selten aber in ernsterem Mafse schädlich.

Die Mamestra-Eulen sind Dämmerungsflieger, die tagsüber mit dach-

Fig. 240. Normale und von der Raupe von Hadena secalis befressene Roggenhalme (aus Börner).

förmig getragenen Flügeln in geschützten Verstecken, sehr gerne z. B. in Gebäuden, ruhen. Sie legen ihre flachgedrückten, fein gerippten Eier gewöhnlich einzeln an Blätter. Nach etwa 14 Tagen kriechen die Raupen aus. Diese sind ebenfalls nächtlich, ruhen tagsüber zwischen krausen Blättern, an Stengel oder Blattnerven fest angedrückt, und ähnlichem. Ihre Farbe ist sehr wechselnd und hängt oft ab von der der Nährpflanze. Sie sind sehr starke Fresser, sehr polyphag und scheiden sehr viel grofsen, groben Kot aus, der oft ihre Anwesenheit bzw. ihren Sitz verrät. In vier Wochen sind sie gewöhnlich erwachsen und verpuppen sich in der Erde. Einige Arten sind doppeltbrütig; immer aber überwintern, wenigstens in Mitteleuropa, die Puppen. Diese sind meist kenntlich an einem Griffel oder einer Gabelspitze am Hinterende. — Unter den Feinden sind in erster Linie Sperlinge und andere Finken, auch Laufkäfer zu nennen; eine ganze Anzahl Schlupfwespen ist bereits aus den Raupen gezogen. — Die Bekämpfung ist nicht leicht. Raupen und Puppen (bei der Winterbestellung) sind aufzulesen, wobei namentlich Geflügel gute Dienste leistet. Bei stärkerem Auftreten sind Arsenmittel zu spritzen oder als Kleieköder anzuwenden. Die Eulen lassen sich in Fanglampen und Fanggläsern leicht fangen.

Von den zahlreichen Arten seien nur die wichtigsten kurz erwähnt.

M. pisi L. Erbseneule. Vorderflügel rotbraun mit gelblichen Linien und Flecken; Ring- und Nierenfleck braungrau; Hinterflügel hell, dunkel gesäumt; Juni, Juli. Raupe braungrün mit vier breiten, hochgelben Streifen; Bauch fleischfarben; 50—60 mm lang; Juli bis September. Eiablage einzeln, besonders an Leguminosen und Kleearten, an denen die Raupe ungeschützt frifst; bei Störung schlägt sie mit dem Vorderende hin und her und läfst sich dann gerollt fallen. Puppe schwarz.

M. oleracea L. Gemüseeule. Farbe ähnlich voriger, aber Querlinien undeutlich, Wellenlinie fast gerade, weifs; Ringmakel grau, Nierenmakel bräunlichgelb, beide weifs eingefafst; Zapfenmakel schwarzbraun. Raupe braun oder grün, drei weifsliche Rücken-, ein gelblichweifser Seitenstreif. Zwei Bruten; Falter in Mai-Juni und in August-September, Raupen in Juni-Juli, August-September; an Kohlarten, Salat, Spargel, je nach der Nährpflanze verschieden gefärbt. Puppe rotbraun.

M. persicariae L.[1]). (Fig. 241.) Vorderflügel violettschwarz, schwarzgrau gezeichnet, Nierenfleck weifs, rostgelb gekernt. Hinterflügel hellgrau, breit grau gesäumt; vorn auf Hinterleib rostroter Schopf; Juni-Juli. Raupe grünlich oder bräunlich, helle Rückenlinie, seitlich teils helle, teils dunkle Winkelflecke; Juli-Oktober. Eier in Häufchen

Fig. 241. Mamestra persicariae, nat. Gr. (nach v. Schilling).

von 20—30 Stück. Raupen vorwiegend an Blumen, an Gemüse usw. (Erbsen, Hanf, Tabak), aber auch an Obstbäumen und -sträuchern. Puppe schwarzbraun.

---

[1]) Zimmiedl, Feinde des Hopfens, Berlin 1902, S. 10—11, Fig. 7.

M. brassicae L. **Kohleule, Herzwurm.** Vorder- und Hinterflügel braungrau, erstere weifsgelb gezeichnet, Zapfenmakel zur Hälfte schwarz umzogen. Raupe grün oder bräunlich, drei lichtere Rückenlinien, schwarze Schrägstriche, je ein schmutziggelber Seitenstreif. — Zweifellos die wichtigste und verbreitetste (bis nach Indien) Eulenart. In Deutschland im allgemeinen zwei Bruten: Falter in Mai-Juni, Juli-August; Raupen in Juni, September-Oktober; in wärmeren Gegenden auch drei Bruten, die späteren immer viel zahlreicher und schädlicher werdend. Eier einzeln, Raupen an den verschiedensten Garten- und Feldgewächsen, seltener an Sträuchern. Während die der ersten Brut vorwiegend Löcher in die Blätter fressen, nur Hauptnerven und Blattrand unberührt lassen, dringen die der zweiten gern in die Kohlköpfe und durchfressen sie in allen Richtungen. Dadurch und durch die Besudelung mit ihrem Kote verderben sie die Köpfe und verursachen leicht Fäulnis. — Puppe glänzend braunschwarz.

M. trifolii Rott. (= chenopodii F.) ist hier und da in Europa[1]) und Amerika schädlich; **M. picta** Harr. und **legitima** Grote[2]) sind amerikanisch, aber viel weniger bedeutungsvoll als unsere europäischen Arten. **M. ewingii** Westw.[3]) dagegen gehört in Australien zu den gröfsten Schädlingen der Feldfrüchte (Kartoffeln usw.), des Getreides und der Weiden, verhält sich im übrigen wie die europäischen Arten.

Epineuronia Rbl. (Neuronia Hb.).

Augen behaart; Zunge weich, kurz; Fühler beim Männchen stark gekämmt.

E. popularis F. Lolcheule[4]). Vorderflügel braun, weifs gegittert, dunkle Flecke. Hinterflügel schmutzigweifs, braungrau gesäumt; August, September. Raupe dunkelbraun, schwarz gefleckt, lichtgrauer Seitenstreif, von Herbst bis Mai, an Gräsern, frifst Stengel und Blätter am Grunde so an, dafs sie vertrocknen. Auch an Mais.

Charaeas Stph.

Augen behaart; Palpen lang, aufgebogen; Vorderflügel hinten breit, Spitze rechtwinklig gestutzt.

Ch. graminis L. **Graseule**[5]). Vorderflügel gelbgrau bis braunrot, Querlinien undeutlich, Makeln hell; Hinterflügel braunschwarz; beide Paare gelb gefranst; Juli, August. Raupe dick, nackt, erdbraun, Nacken- und Afterschild schwarz, drei helle Rückenlinien. — Das Weibchen legt ungefähr 200 Eier an Grund und Wurzeln von Gräsern. Die nach drei Wochen auskriechenden Raupen fressen bis zum Herbste, überwintern dann an der Erde und fressen weiter bis in Juni. Sie liegen tags versteckt an der Erde und beifsen nachts die Halme am Grunde durch. Im Juni verpuppen sie sich in eine Erdzelle; die

---

[1]) Ritzema Bos, Zeitschr. Pflanzenkrankh. Bd. 1, 1891, S. 346; Bd. 4, 1894, S. 220.
[2]) Chittenden, U. S. Dept. Agric., Bur. Ent., Bull. 66, 1907, p. 28—32, fig. 7.
[3]) French, Handbook of destructive Insects of Victoria, Pt. 3, 1903, p. 75—83, Pl. 46; Froggatt, Agric. Gaz. N. S. Wales Vol. 12, 1901, p. 240—241.
[4]) Moniez, Rev. Biol. Nord France T. 6, 1894, p. 460—478; Laboulbène, Bull. Soc. nation. Agric. France 1895; Seemann, Soc. ent. Jahrg. 15, 1900, S. 122—123.
[5]) Siehe bes. die Berichte der skandinavischen Entomologen.

braune Puppe trägt hinten zwei Stachelhaken. Namentlich in Nordeuropa, auch noch in England, tritt die Graseule in manchen Jahren
in so ungeheuren Mengen auf, dafs grofse Weidestrecken kahl gefressen werden. 1900 betrug in Finland der Schaden 2 Mill. Fr. —
Die Raupen sucht man durch Spritzmittel oder durch Abbrennen der
befallenen Wiesen im Herbst oder
Frühjahr zu vernichten.

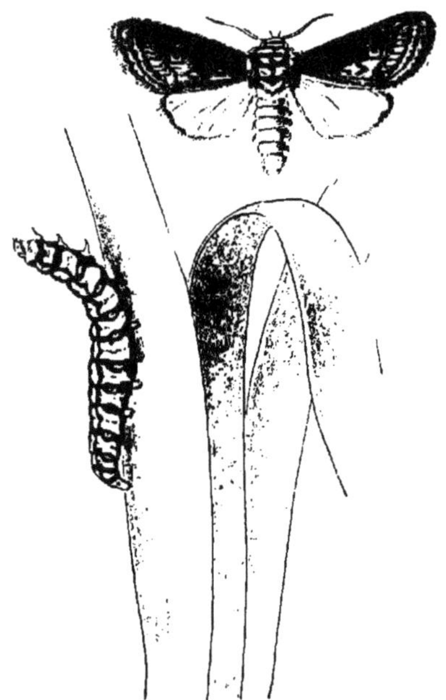

Glottula pancratii (Cyr.)[1] (Fig.
242). Vorderflügel braun mit licht-
braunem Mittelfleck und ebensolcher
Binde. Hinterflügel schneeweifs, seidenglänzend. Eier in Gruppen von 50 bis
200 an Blattunterseite von Zwiebelgewächsen. Die je nach dem Alter
sehr verschieden gefärbten, gesellig
lebenden Raupen minieren zuerst in
den Blättern, dann befressen sie sie
von aufsen, zuletzt durchbohren sie
die Zwiebeln nach allen Richtungen
und töten das Herz ab. Raupe in
älteren Stadien braun bis schwarz,
mit Querreihen von je fünf weifslichen
Flecken auf jedem Ringe, Kopf, Afterschild und Bauchfüfse gelb, 40 mm
lang. Puppe in der Erde. In Amani
mindestens zwei Bruten, Dezember
und Juni, in wildwachsenden Crinum-
und Haemanthus-Arten sowie in so
ziemlich allen kultivierten Liliaceen,
aber noch nicht in Speisezwiebeln.
Absuchen der Eier; Zerdrücken der
minierenden Räupchen; kurz bevor

Fig. 242. Glottula pancratii, nat. Gr.
(nach Ragusa).

die Raupen die Blätter verlassen, stäuben mit zehn Teilen trockenem
Kalkstaub zu einem Teil Schweinfurter Grün.

Agrotis O.[2] Erdeulen.

Kräftig gebaute, düster gefärbte Schmetterlinge; Augen nackt;
Palpen aufsteigend, Endglied geneigt; Schenkel unten behaart, Mittel-
und Hinterschienen mit Dornborsten. Raupen nackt, walzig, fleischig.

Die Erdeulen tragen ihren Namen daher, dafs Falter und Raupen
mehr wie andere Schmetterlinge an die Erde gebunden sind. Die Falter
ruhen tagsüber möglichst nahe deren Oberfläche mit wagerecht getragenen Flügeln und laufen bei Störung erst eine Strecke, bevor sie
sich zu niederem Fluge erheben. Ihre Eier legen sie einzeln oder in
Häufchen an den Grund niederer Pflanzen; nach 2—3 Wochen kriechen
die Raupen aus, die tagsüber in der Erde versteckt zusammengerollt
ruhen oder an Wurzeln fressen, nachts nach oben kommen, niedere
Blätter, junge Pflänzchen fressen, Stengel benagen, auch öfters Blätter

---

[1] Vosseler, Pflanzer, Amani, Bd. 4, 1908, S. 182—185.
[2] Wir behalten diesen alten Namen bei und fügen nur die wichtigsten der
neueren Gattungsnamen, über deren Geltungsbereich noch keinerlei Einigkeit
herrscht, in Klammer bei.

mit in ihre Löcher ziehen, um sie erst hier zu verzehren. Die Raupen, **Erdraupen,** surface caterpillars (England), cutworms (Amerika); lieben saftige Pflanzen oder Pflanzenteile: junge Pflänzchen, die sie dicht über der Erde abschneiden, das Herz älterer Pflanzen, saftige Wurzeln, Rüben, Kartoffeln, mit denen sie oft geerntet und verschleppt werden, was wohl die weite Verbreitung vieler Arten erklärt. Aber selbst an junge Nadelhölzer gehen einige Arten. Andere klettern an Bäumen empor, um deren Laub zu fressen (climbing cutworms). Am häufigsten finden sie sich auf Brachland mit weichen, saftigen Pflanzen und auf Kulturland, in dem nach der Ernte eine üppige wilde Vegetation aufschießt. Wird dieses dann umgegraben und mit Kulturpflanzen besetzt oder besät, so fallen letztere natürlich den Erdraupen zum Opfer; jung aufschießende Pflänzchen in demselben Maße, in dem sie erscheinen.

In den gemäßigten Zonen tritt im allgemeinen nur eine Brut auf. Die Falter fliegen früher oder später im Sommer, und dementsprechend sind die Raupen bis zum Herbste mehr oder weniger erwachsen. Sie überwintern in der Erde, fressen im Frühling wieder kürzere oder längere Zeit, je nach dem Alter, und verkriechen sich dann in die Erde, um sich zum Teil erst nach mehreren Wochen zu verpuppen; etwa vier Wochen später fliegen die Falter aus.

In wärmeren Gegenden treten mehrere, meist ineinandergreifende Bruten auf.

Die Schädlichkeit ist abhängig von der Nährpflanze und der Entwicklung der Raupen. Sind diese vor der Überwinterung schon nahezu erwachsen (A. segetum), und fressen sie an dem im Herbste aufkeimenden Wintergetreide, so leidet dieses ganz außerordentlich; dem Sommergetreide können solche Arten dagegen keinen nennenswerten Schaden mehr zufügen. Die Erdraupen, deren letzte Entwicklungsstadien und damit Hauptfraßzeit in den Frühling und Frühsommer fallen, können namentlich in Gärten, aber auch in Sommersaaten, Rübenfeldern usw., empfindlich schaden.

Feinde: Spitzmäuse, Maulwürfe, Igel, Fledermäuse (für die Falter), Krähen, Stare, Wiedehopf, Raubkäfer, Schlupfwespen und -fliegen. In nassen Jahren treten manchmal Pilzepidemien verheerend auf.

Vorbeugung: Vermeidung des Erdraupen anziehenden Mistes. Im Herbste sofort nach Ernte pflügen und mit Kainit düngen. Saat mit Knoblauch imprägnieren, junge Pflänzchen vor dem Verpflanzen in Bleiarsenat tauchen.

Bekämpfung: Arsen-Spritzmittel sind bei den meisten hier in Betracht kommenden Pflanzen nicht anzuwenden; doch soll einfache Bordelaiser Brühe gute Erfolge geben. Mit Arsen vergifteter Köder (Klee oder Kleie) in Häufchen um die bedrohten Pflanzen herumgelegt, besonders aber im Frühjahr, bevor die Saat keimt, auf die Felder zerstreut, wirkt vorzüglich. Puppen und Raupen sind verhältnismäßig leicht zu sammeln; auch Schweineeintrieb ist gegen sie sehr anzuraten. Die Falter sind durch eine Vereinigung von Köder und Lampen in großen Mengen zu fangen.

Die Zahl der Agrotis-Arten ist eine ungemein große und erstreckt sich über alle Erdteile. Die meisten von ihnen werden gelegentlich einmal schädlich. Wir beschränken uns hier auf kurze Angaben über die häufigsten und oft als schädlich berichteten Arten. Da die Unterscheidung der Arten, als Falter und Raupen, sehr schwierig ist, begnügen wir uns, die Merkmale der letzteren bei den mitteleuropäischen Arten anzugeben.

A. (Euxoa) segetum Schiff. (segetis IIb.) **Winter-Saateule** (Fig. 243). Europa, Afrika, Asien. Raupe glänzend grau mit heller, dunkel gesäumter Rückenlinie und breitem, bräunlichem Seitenstreifen; Lüfter schwarz, in bräunlicher Linie; Bauch und Kopf hellgrau, letzterer mit zwei schwarzen Bogenstrichen; auf jedem Ringe vier dunkle Rückenwärzchen. Flugzeit in Europa von Mai bis August, selbst Oktober.

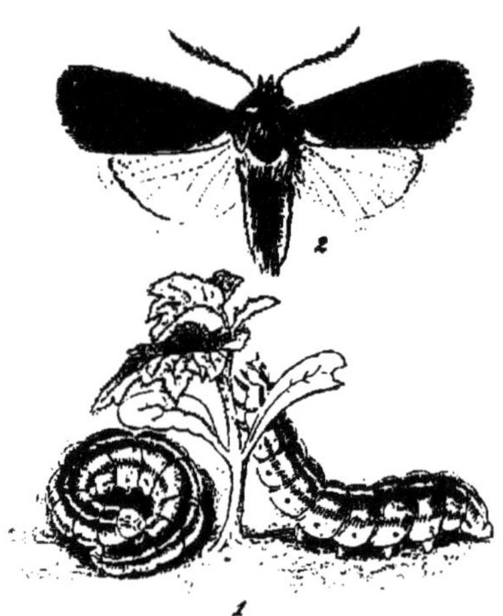

Fig. 243.   Winter-Saateule, nat. Gr. (nach v. Schilling).

Die Raupen überwintern nahezu erwachsen und verpuppen sich anfangs Mai. Schaden daher besonders im Herbst, an der jungen Wintersaat, aber auch an Raps, Kohl usw. Auch in ganz jungen Forstkulturen, selbst an Nadelhölzern oft schädlich. — Wintersaat möglichst spät säen, so dafs sie erst aufgeht, wenn die Raupen schon durch die Kälte unbeweglich geworden sind (Oktober).

A. (E.) vestigialis Rott. **Kiefernsaateule.** Europa, bis jetzt nur im Norden und Osten Deutschlands schädlich geworden. Raupe aschgrau, oben bräunlich; doppelte schwarze Rückenlinie und desgleichen weifsliche Seitenlinie; Kopf und Nackenschild braun. Falter in August und September. Kurzer Herbstfrafs der Raupe an zarten Wurzeln, Gräsern usw. Frühjahrsfrafs bis in Juli, gern an 1—3 jährigen Kiefern, tags 2 cm tief an Wurzeln, nachts oberirdisch an Nadeln und Trieben; schwache Seitentriebe und Stämmchen einjähriger Pflanzen werden durchgebissen.

A. (E., Paragrotis) messoria Harr. Nordamerika. Hauptfrafs im Frühjahr; besonders schädlich an Zwiebeln, deren Kultur in Teilen von Newyork ernstlich bedroht wurde.

A. (E.) tritici L. (und var. aquilina Schiff.). Europa. Raupe grau, helle, dunkel eingefafste Rückenlinie, verwischter dunkler Seitenstreifen; Nacken- und Afterschild glänzend schwarz mit je drei lichten Längslinien. Kopf braun, mit dunklem Fleck hinten; 32 mm lang. Flugzeit Juli, August; Raupe von September bis Anfang Juli.

A. (Feltia) exclamationis L. Das „**Ausrufezeichen**". Europa. Raupe braungrau, helle Rückenlinie, breiter Schattenstreifen an jeder Seite; Bauch grau; Kopf braun mit schwarzem Stirndreieck; auf jedem Ringe vier dunkle Wärzchen. Flugzeit Juni, Juli; Raupe August bis Anfang Mai, Hauptfrafszeit also im Herbst.

A. (F.) annexa Tr. Nordamerika; an Tabak usw.

A. ypsilon Rott. Ypsiloneule. Fast kosmopolitisch. In Europa kaum schädlich, sehr bedeutend aber in Ostindien und Nordamerika („greasy cutworm"), sehr polyphag.

A. (Noctua) c-nigrum L. Ebenfalls fast kosmopolitisch, aber nur in Nordamerika schädlich; klettert auch auf Bäume, überhaupt sehr polyphag.

A. (Peridroma, Lycophotia) **saucia** Hb. (margaritosa Haw.). Kosmopolitisch; in Europa fast unschädlich, in Nordamerika wohl die schädlichste Erdraupe, the **variegated cutworm,** die Gartenpflanzen vorzieht, oft in grofsen Mengen auftritt und dann wandert. Eier oft an Obst- und Schattenbäumen, deren Laub und junge Früchte die Raupe abfrifst.

A. (Tryphaena) pronuba L. **Hausmütterchen.** Europa. Vorderflügel braun mit helleren oder dunkleren Makeln und schwarzen Punkten an der Spitze; Hinterflügel orange mit schwarzer Querbinde. Raupe von schmutzig weifs bis dunkel erdbraun, mit drei helleren Rückenlinien, an denen dicke, schwarze Längsstriche liegen. — Falter in Juni, Juli, selbst bis in August hinein, hält sich gern in Wohnungen versteckt, in die er abends, dem Lichte folgend, hineinfliegt. Die Raupe demgemäfs vorzugsweise in Hausgärten, wo sie oft recht merkbaren Schaden anrichtet; sie lebt von August bis Mai.

Acronycta O. Pfeileulen.

Augen nackt; Brust behaart, mit spärlichen Schuppen, hinten mit kleinem Schopfe; Palpen kurz und grob behaart, mit kurzem, geneigtem Endgliede. Beine wollhaarig, Schienen ohne Dornborsten. Im Saumfelde der Vorderflügel ein schwarzer Strich, der, wenn er den hinteren Querstreifen schneidet, das Bild eines Pfeiles bietet. — Raupen mit behaarten Warzen; Puppe in festem Gespinste.

Die im Sommer fliegenden Falter tragen in der Ruhe ihre Flügel dachförmig. Die weifslichen, gerippten Eier werden in kleinen Gruppen fast ausschliefslich an Holzgewächse abgelegt, an denen die bunten, 30—50 mm langen Raupen bis zum Herbste einzeln fressen und sich dann auch, meist in Rindenritzen, verpuppen, um hier zu überwintern. — Die europäischen Arten wohl öfters in beschränktem Mafse, seltener aber ernstlich schädlich.

A. rumicis L. **Ampfereule.** Braungrau, weifse Flecken; Hinterflügel grau; Mai, August, September. Raupe schwarz, lang rostgelb behaart; oben Längsreihe roter Knöpfchen, daneben hellweifse Flecken, unter den Lüftern gelbweifse und rote, zusammenhängende Flecke; Juni, September bis November, aufser an Holzgewächsen namentlich auch an Kräutern wie Erdbeeren, Hopfen[1]) usw.

A. psi L. Bläulich aschgrau, die beiden Makeln verbunden, ein ästiger Wurzelstreif und zwei Längsstreifen vor dem Saume scharf schwarz. Raupe schwarz, mit gelbem Rückenstreifen und auf 5.—11. Ringe jederseits zwei rote Querstriche; auf 4. Ringe ein langer schwarzer Zapfen, vorletzter Ring mit kleinem Wulste; von August bis September namentlich auf Obstbäumen usw., besonders auf Steinobst. Falter Mai-Juli. Parasiten: *Compsilura concinnata* Meig., *Paniscus testaceus* Hlgr., *Rogas dissector* Nees.

A. tridens V. Falter etwas mehr rötlich als voriger, kaum von ihm zu unterscheiden; Juni, Juli. Raupe schwarz, mit rotgelbem, durch

---

[1]) ZIRNGIEBL, Feinde des Hopfens, Berlin 1902, S. 8—9, Fig. 5.

schwarze Mittellinie geteiltem Rückenstreifen, seitlich weifs und rot
gefleckt; auf 4. Ringe kurzer Zapfen, auf vorletztem warzenartiger
Höcker; Juli-September auf Obstbäumen, aber auch auf Weiden
(Salix) usw., nagt sich öfters zur Verpuppung ein Bett in die Rinde,
daher Gespinst mit Rindenteilen durchsetzt.

A. aceris L. Weifsgrau, dunkler bestäubt, Makeln durch lichte
Stelle getrennt, Wurzelstreif fein, undeutlich; Juni, Juli. Raupe rötlichgelb, stark gelblichweifs behaart, auf Rücken eine Reihe weifser,
schwarzgerandeter Flecken, auf jeder Seite eine Reihe gelbroter Haarbüschel; Juni bis September, an Laubhölzern, besonders Eichen, Rofs-
kastanien, Ahorn usw. Eierhäufchen mit Haaren überzogen; Puppe mit solchen durch-
webt, am Grunde der Stämme.

Busseola sorghicida Thurau[1] (Fig. 244). Taster vorgestreckt, mit sehr kurzem, stumpfem Endgliede. Rüssel sehr kurz und kümmerlich. Rücken ohne Schuppenbüschel. Grau, fettig glänzend, Flügel dunkel bestäubt. Raupe weifslich; auf schwarzen Punktwärz-chen je ein feines weifses Härchen; Schilder bräunlich, Lüfter schwarz; 40 mm lang.

Fig. 244. Busseola sorghicida
(nach Busse).

Deutsch-Ostafrika, Raupe in Sorghum-Stengeln bohrend. Im Durchschnitte in jedem oberen Internodium eine Raupe, die das Mark ausfrifst, das sich in ihrem Bereiche rot färbt. Befallene Stengel knicken
leicht um und bringen dann öfters die Frucht nicht zur Reife. Puppe
anfangs Juni im Stengel; nach acht Tagen der Falter. Schaden nur
in starken Regenjahren beträchtlicher. Raupen und Puppen sind bei
der Ernte zu sammeln.

Drepaniden.

Mittelgrofs. Ohne Nebenaugen. Anliegend kurz behaart. Vorderflügel breit, Spitze sichelförmig geschwungen; mit zwölf Rippen, einer
Anhangszelle und nur einer Dorsalrippe; Hinterflügel breit, mit acht
gleichen Rippen; zwei Dorsalrippen. Raupen nackt, höckerig, 14 füfsig,
ohne Analfüfse, Kopf herzförmig eingeschnitten, hinten spitz zulaufend;
auf Laubholz. Puppe in leichtem Gewebe. Zwei Bruten, Puppe überwintert.

Die Raupen der Gattung **Drepana** Schrk. (Sichelfalter, weil Spitze
der Vorderflügel scharf sichelförmig umgebogen) bei uns überall gemein
auf Laubholz, aber nur selten zahlreich genug, um zu schaden. Berichtet sind Schäden bis zu Kahlfrafs von **Dr. cultraria** F. (unguicola
Hb.) auf Buchen[2].

Oreta extensa Wlk[3]. Raupe 4—5 cm lang, braun mit zwei
dunklen Rücken- und zwei desgleichen Seitenlinien, auf dem dritten
Brustringe ein rückwärts gekrümmtes Horn. Java, Sumatra, an Coffea
arabica, stellenweise durch Kahlfrafs sehr schädlich.

[1] Thurau, Berlin. ent. Zeitschr. Bd. 49, 1904, S. 55—58; Busse, Arb. biol. Anst.
Land-, Forstwirtsch. Bd. 4, 1905, S. 408—413, Taf. 6, Fig. 6, 7, 9, 10.
[2] Altum, Zeitschr. Forst- Jagdwes., Jahrg. 30, 1898, S. 352—363; Pöhling,
Verh. Hill-Solling Forstverkehrsbl. 1898, S. 157.
[3] Koningsberger, Teysmannia VII, Afl. 4, 1896.

Saturniden.

Grofs; Körper dick, wollig behaart, Kopf klein; ohne Nebenaugen; Fühler borstenförmig, beim Männchen doppelt gekämmt. Flügel, besonders die hinteren, sehr grofs, die vorderen mit grofsem Augenfleck, die hinteren mit nur einer deutlichen Innenrandsrippe. Raupen grofs und dick, walzig, 16 füfsig, unbehaart, Rücken wulstig; auf Laubbäumen.

Aglia tau L. Tauspinner [1]). Vorderflügel spitz, fast sichelförmig, in der Mitte ein blaues Auge mit weifsem T-Fleck. Raupe grün mit schiefen weifsen Streifen, jung mit ästigen Dornen, später nur mit Querwülsten, 6 cm lang; befrifst die Buchenblätter zuerst vom Rande, später vom Grunde aus. Puppe in lockerem Gespinst am Boden. Selten ernstlich schädlich.

Saturnia Schrk.

Spitze der Vorderflügel abgerundet; Augenflecken aus mehreren annähernd konzentrischen Farbenkreisen bestehend. Raupen auf jedem Ringe mit sechs behaarten Knopfwarzen; auf Obstbäumen, Schlehen usw. Diese, fast auf Österreich-Ungarn beschränkten Schmetterlinge werden nur selten schädlich, da sie meist nur einzeln und spärlich auftreten. Doch haben die Raupen von **S. spini** Schiff. und **pavonia** L. in Ungarn schon Kahlfrafs an Weiden (Salix) verursacht, indem sie aufser den Blättern noch alle diesjährigen Triebe bis zu Bleistiftdicke abfrafsen [2]).

S. pyri Schiff., das grofse oder **Wiener Nachtpfauenauge,** tritt öfters an Obstbäumen, Reben usw. auf.

Attacus atlas L. [3]). Der **Atlas-Spinner** ist namentlich auf Java durch massenhaftes Auftreten schädlich an den verschiedensten Kulturpflanzen, namentlich an Cinchona, Dadap und Mango. Die in kleinen Gruppen frossenden Raupen entblättern ganze Bäume bis auf die jüngsten Blätter an den Triebspitzen.

Cricula trifenestra Hlf. [4]). Auf Java ebenfalls manchmal massenhaft auftretend und dann schädlich an Canarium commune und Persea gratissima.

Antheraea eucalypti Scott. [4]). Australien, ursprünglich an Eucalyptus-Bäumen schädlich, ist in neuerer Zeit auch an Schinus molle übergegangen.

A. tyrrhea Cram. [5]) wird in der Kapkolonie von Zeit zu Zeit schädlich, besonders an Weiden, Pappeln und Akazien, aber auch an Eucalyptus, Eichen, Obstbäumen, Reben, selbst an Gemüse. Puppe in der Erde, Eier an Blättern. Absammeln.

A. cytherea F. [6]) ebenda, an Pinus insignis.

<hr>

[1]) s. Anm. 2 auf voriger Seite; ferner Fuchs, Nat. Zeitschr. Forst- Landwirtsch. Bd. 4, 1906, S. 153—156, 4 Fig.

[2]) Weissmantel, Rovart. Lapok Bd. 8, 1901, S. 145—146.

[3]) Koningsberger, Meded. Dept. Landbouw Nr. 6, 1908, p. 55.

[4]) French, Handbook of destruct. Ins. of Victoria Pt. III, 1900, p. 113—115, Pl. 51; Froggatt, Austral. Insects p. 257—259, figs. 124—5.

[5]) Lounsbury, Cape Good Hope, Dept. Agric., Bull. 8, 1907.

[6]) Id., Agric. Journ. Cape Good Hope, Vol. 22, 1903, p. 446—454, 3 Pls.

Die schwarze, gelb gefleckte Raupe einer **Nudaurelia**-Art, mit rotbraunen, weifs behaarten Stacheln bei Amani verheerend auf Rizinusstanden und Baumwollefeldern [1]).

Thyrididen.

Ohne Nebenaugen. Fühler mit verdicktem Wurzelgliede und in der Mitte schwach verdickt.

Rhodoneura myrtaea Dry. Java, an Guttapercha - Bäumen (Palaquium spp.). Die Raupen spinnen die Blätter der Triebspitzen zusammen, die absterben, so dafs die Bäume mifsgestaltet werden. KONINGSBERGER [2]) nennt diese Plage die hartnäckigste, die ihm vorgekommen sei.

Lasiocampiden.

Vorderflügel grofs, dreieckig, spitz, Hinterflügel kleiner, gerundet; Mittelzelle kurz; Leib stark behaart, dick; Hinterschienen mit kurzen Enddornen; Flügel beim Sitzen steil dachförmig. — Raupen zottig weich behaart, oft Haarpinsel am Vorderteile.

Dendrolimus Germ.

Augen behaart; Palpen klein; Sporen der Mittel- und Hinterschienen lang.

B. pini L. **Kiefernspinner.** Farbe sehr wechselnd, von braunrot bis schiefergrau, einfarbig oder gezeichnet; Mitte der Vorderflügel mit weifsem Mondfleck; Saum gewellt. Raupe in Farbe ebenso, mit stahlblauem „Nackenstreifen" auf zweitem und drittem Brustringe, bis 8 cm lang, behaart. Die im Juli fliegenden Falter legen bis 200 Eier in Häufchen von etwa 50 an Kiefernstämme. Herbstfrafs bis Ende Oktober, Anfang November an den Nadeln. Dann Überwinterung in der Nähe des Stammes unter Bodenstreu. Im Frühling bäumen die Raupen wieder auf, und es beginnt der viel wichtigere Frühjahrsfrafs, bei dem die ganzen Nadeln samt Basis und Scheidenknospe abgefressen, selbst der weiche Trieb befressen wird. Nach RATZEBURG verzehrt eine Raupe nahezu 900 Nadeln. Im Juni häufig ein auf verschiedenen Ursachen beruhendes Wandern. Ende Juni, Anfang Juli Verpuppung in spindelförmigem Kokon, am Stamm, in der Krone oder im Unterholz. Der Schaden ist sehr bedeutend; bevorzugt werden ältere Bestände, in denen die Kiefern nicht besonders gut gedeihen. Jeder Frafs wiederholt sich in kürzeren Zwischenräumen und dauert mehrere Jahre, wenn auch bereits im zweiten eine Degeneration und Abnahme der Raupen eintritt. — Feinde sind sehr zahlreich, besonders wichtig sind Pilze, die oft 50—75 % der Raupen zerstören. — Gegenmittel: in erster Linie Leimringe, verbunden mit Abprällen der Raupen.

D. segregatus Butl., früher als Varietät des vorigen angesehen, wird neuerdings von ihm getrennt; in Sibirien sehr schädlich; Raupe überwintert zweimal; zahlreiche Parasiten [3]).

---

[1]) VOSSELER, Ber. Land- u. Fostwirtsch. Deutsch-Ostafrika Bd. 2, S. 507.
[2]) KONINGSBERGER, Meded. Dept. Landbouw Nr. 6, 1908, p. 50.
[3]) PETERSEN, Rev. russe Ent. T. 4, 1904, p. 163—166, 2 fig.; RÖRIG, Flugbl. 37

D. sibiricus Tschetwerikoff, im Ural schädlich an Lärche[1]).

Odonestis plagifera Wlk.[2]). Java; Kahlfraſs an Chinarinden-bäumen.

O. australasiae F.[3]). Australien: an Eucalyptus; in Victoria auch an Apfelbäumen Blätter fressend.

Gastropacha O. Glucken.

Palpen lang, schnabelförmig gebogen. Augen behaart, Saum der Flügel stark gezähnt. Mittel- und Hinterschienen mit kurzen End-sporen. Raupen abgeplattet, an jedem Hinterleibsringe zwei seitliche, lappige Fortsätze, auf elftem Ringe ein Zapfen.

G. quercifolia L. Kupferglucke[4]). Kupferbraun, dunkel ge-zeichnet. Raupe erdfarben, heller und dunkler gezeichnet, auf jedem Ringe zwei Knopfwarzen, 11 cm lang. — Der in Juli und August fliegende Falter legt seine Eier an Zweige von Obstbäumen, Schlehen, Rosen. Die im September auskriechende Raupe überwintert, 2—3 cm lang, platt an Zweige angedrückt. Sie friſst dann noch (nachts) bis Mai und verpuppt sich in bräunlichem, dichtem, mit grauem Staube durchsetztem Gespinst an Holz; die Puppe ist schwarzbraun, dicht weiſs bestäubt. Schaden infolge der Gröſse der Raupe merkbar.

Macrothylacia (G.) rubi L. Brombeerspinner. Die zuerst schwarze, gelb geringelte, später braune, rotbraun behaarte Raupe, mit schwarzblauen Einschnitten, von August bis Herbst und im ersten Frühjahr an Rubus-Arten, Obstbäumen usw.; kaum von Bedeutung.

Metanastria hyrtaca Cr.[5]). Java; einer der schlimmsten Feinde der Chinarindenkultur; oft Kahlfraſs. Die Raupen sitzen des Morgens in groſsen Klumpen an den Stämmen.

Lasiocampa Schrk.

Augen schwach behaart. Palpen kurz; an Hinterschienen zwei Endsporen.

L. trifolii Esp. Kleespinner. Raupe mit dichtem, gelbem, weichem Filze behaart, auf jedem Ringe zwei schwärzliche und röt-liche Fleckchen, Einschnitte schwarzblau mit je drei bläulichweiſsen Längsstrichen; im Herbst und Frühjahr an Klee, Luzerne usw., nicht ernstlich schädlich.

·L. quercus L. Eichenspinner, Quittenvogel. Männchen kastanien-braun, Weibchen ockergelb; über beide Flügel ein breiter heller, nach auſsen und hinten verwaschener Querstreifen; auf Vorderflügeln ein weiſser Mittelfleck, Juli, August. Raupe braungelb behaart, mit samt-schwarzen, weiſspunktierten Einschnitten und weiſsem Seitenstreifen: 8 cm lang; August bis Dezember, März bis Mai an Eichen, Birken usw.,

kais. Biol. Anst. Land-, Forstw. 1906; Wassiljew, Arb. ent. Bur. St. Petersburg V, No. 7, 1905, 101 pp. (russisch); Ausz. Zeitschr. wiss. Ins. Biol. Bd. 4, S. 103—104.

[1]) Tschetwerikoff, Soc. entom. Jahrg. 18, 1903, S. 89—90; Rev. russ. Ent. T. 8. 1908, p. 1—7, 3 figg.

[2]) Koningsberger. l. c., p. 47.

[3]) Froggatt, Austral. Insects p. 256.

[4]) v. Schilling, Prakt. Ratg. Obst- u. Gartenbau 1901, S. 119—120, 5 Fig.

[5]) Koningsberger, Meded. 's Lands Plantentuin Nr. 22, p. 23.

aber auch an Kiefern- und Fichtensaaten. Puppe im Juni, in festem, braunem Gehäuse. Absammeln, Arsenmittel, Isoliergräben.

Poecilocampa populi L. Pappelspinner[1]). Flügel etwas durchscheinend, mit gelblichem Querstreifen. Raupe grau, dunkel gezeichnet, vier rotgelbe Höcker auf jedem Ringe. Normal auf Weichhölzern, aber auch auf Eichen und Obstbäumen.

Eriogaster Germ.

Augen behaart; Palpen sehr klein; Flügel ganz kurz gefranst; Hinterleibsende der Männchen lang und schuppig behaart, der Weibchen mit dichter grauer Afterwolle.

E. lanestris L. Wollafter, Kirschenspinner. Rotbraun, Hinterflügel etwas heller, auf Vorderflügeln zwei weifse Flecke, über beide Flügel ein heller Querstreifen; April. Raupe schwarzbraun, oben zwei Längsreihen rotgelber, fein behaarter Flecke, darunter auf jedem Ringe drei weifse Punkte; 5 cm lang; Juni bis Juli an Birken, Prunus-Arten und andern Obstbäumen, Linden, Eichen usw., gesellig, tagsüber in grofsen weifsen, an den Zweigspitzen hängenden Nestern, nachts auf Frafs ausziehend, zuletzt einzeln. Puppe ockergelb, in festem Kokon im Boden, überwintert oft mehrmals. Eier in lockeren Spiralen um dünne Zweige, mit der Afterwolle des Weibchens bedeckt.

Malacosoma Auriv.

Flügel ganzrandig, Palpen klein. Raupen langgestreckt, längs gestreift, in der Jugend gesellig. Puppen weich, behaart, in weichem Gespinst.

M. neustria L. Ringelspinner[2]). Ockergelb bis rotbraun mit dunklerem bzw. hellerem Mittelfelde; 30—35 mm Flügelspannung; Juli. Raupe braunrot, weifsliche Rückenlinie, blaue, unten schwarz gesäumte Seitenlinie (,Livreeraupe'); 5 cm lang; April bis Juni namentlich an Obst- aber auch andern Laubbäumen. Das Weibchen klebt seine 3—400 Eier in mehrreihigen dichten, mit einem festen Kitt zusammengeschlossenen und öfters mit spärlichen Haaren beklebten Ringen an etwa bleistiftdicke Zweige. Anfangs April kriechen die zuerst schwarzgrauen, lang hellbräunlich behaarten, blauköpfigen Räupchen aus, die die hervorsprossenden Blätter und die sich öffnenden Knospen befressen, später gesellig grofse, dünne Nester bauen. Besonders gern sitzen sie in dichten Klumpen in Astgabeln und sonnen sich. Im Juni zerstreuen sie sich; jede Raupe verpuppt sich einzeln am Stamme oder zwischen dürren Blättern in dichtem, weifsem, gelb gepudertem Gespinst. Die Anzahl der Feinde und Parasiten ist eine recht grofse. Meisen suchen die Eier ab; Finken, Sperlinge und die insektenfressenden Vögel stellen den Raupen nach, ebenso Raubkäfer usw.; zahlreiche Schlupfwespen und Raupenfliegen sind aus ihnen gezüchtet. — Bekämpfung: Eierringe, soweit möglich, im Winter abschneiden und verbrennen; die jungen Räupchen mit Schmierseife und Nikotin bespritzen, die älteren, wenn sie in Klumpen zusammensitzen, mit Öl bestreichen oder zerquetschen; die Nester mit der Raupenfackel abbrennen.

---

[1]) Carpenter, Econ. Proc. R. Dublin Soc. Vol. 1, 1906, p. 332.
[2]) Schröder, Ill. Zeitschr. Ent. Bd. 2, 1897, S. 673—678, 4 Figg.

M. americana F. **Apple-tent caterpillar.** [1]). Nordamerika, ursprünglich an wilder Kirsche, sehr gern an Apfel, aber auch an vielen anderen Obst- und Laubbäumen. Eier in unregelmäfsigen Klumpen von 150—250 Stück um junge Zweige; die Räupchen im Ei bereits im Herbst entwickelt, schlüpfen aber erst im Frühjahr aus; Biologie wie beim Ringelspinner.

M. disstria Hb. **Forest tent caterpillar.** [1]). Wie vorige Art, aber mehr an Waldbäumen, im Norden besonders an Ahorn, im Süden an Eiche.

Trabala vishnu Lef. [2]). Orientalische Region, Raupe dreimal im Jahre an Rizinus usw.; nachts die Blätter fressend, tags an den Wurzeln versteckt. Auch Kahlfrafs an Shorea robusta.

Suana concolor Wlk. [3]). Indien; Kahlfrafs an Shorea robusta. Auf Java an Persea gratissima und Psidium guajava.

Lymantriiden (Lipariden).

Plump, haarig; Vorderflügel weifslichgrau, meist mit dunklen Zackenstreifen, Hinterflügel bleicher, ohne Zeichnung; Weibchen bei einigen Arten flügellos. Raupen 16 füfsig, mit abgestutzten Haarbüscheln, „Bürsten", auf den mittleren Ringen, oder je sechs oder acht Sternhaarwarzen auf jedem Ringe.

Lymantria Hb. (Psilura Stph.).

Vorderflügel weifs, mit starken, gezähnten Querlinien. Männchen mit langen, Weibchen mit sehr kurzen Fühlern; letzteres mit wolligem Hinterleibsende.

L. (Psilura) monacha L. **Nonne** [4]). Vorderflügel weifs, mit stark gezähnten, schwarzen Querlinien; Hinterflügel grauweifs; Fransen schwarz gefleckt. Rücken weifs, schwarz gefleckt; Hinterleib zum Teil rot mit schwarzen Bändern. Raupen bräunlich mit sechs blauen und roten Warzen auf Rücken; auf zweitem Ringe ein schwarzer, blau und weifs gesäumter Fleck, drei letzte Ringe schwarz gefleckt; 4—5 cm lang. Falter und Raupe in Farbe sehr wechselnd, namentlich häufig melanotische Formen, wie es scheint begünstigt durch Kiefernnadeln- und Laubfrafs. — Die Nonne fliegt Ende Juli, Anfang August, manchmal auch am Tage, vorwiegend aber in hellen Nächten zwischen 10 und 1 Uhr, gern auch um starke künstliche Lichtquellen (fast ausschliefslich Männchen). Das Weibchen legt etwa 250 Eier in Häufchen von 20—100 mit seiner langen Legeröhre unter Rindenschuppen, Flechten usw. Von Mitte April an kriechen die jungen Räupchen aus den kurz vorher perlweifs gewordenen Eiern, halten sich zuerst in ‚Spiegeln' zusammen und klettern dann in die Krone, Hindernisse mit ‚Schleiern' überspinnend.

---

[1]) Lowe, New York agr. Exp. Stat. Bull. 154 p. 275—301, 4 Pls., 2 figs; Bull. 159 p. 33—60, Pls. 1—6.

[2]) Maxwell-Lefroy, Mem. Dept. Agric. India Vol. 1, 1907, p. 157. — Stebbing, E. P., Departm. not. Insects that affect forestry p. 61—62.

[3]) Koningsberger, Meded. Dept. Landbouw Nr. 6, 1908, p. 47; Stebbing, E. P., l. c. p. 58.

[4]) Eine sehr gute Schilderung der Nonne gibt Nüsslin in seinem „Leitfaden der Forstinsektenkunde" (Berlin 1905); siehe ferner die Arbeiten der schwedischen Entomologen in der Entomologisk Tidskrift, und die vom österreichischen Ackerbauministerium herausgegebene Schrift von Fr. Wachtl.

Anfangs ist die junge Raupe sehr beweglich und spinnt sich namentlich gern herab, um dann wieder aufzubäumen. Nach der im ‚Häutungs-Spiegel‘ stattgefundenen zweiten Häutung tut sie das nicht mehr. Aber die erwachsene Raupe wandert morgens den Stamm herab, um an seinem unteren Teile oder im Boden den Tag über versteckt zu bleiben, abends bäumt sie wieder auf. Ende Juli, anfangs August verpuppt sie sich am Stamme; Puppe metallglänzend, in lockerem Gespinst, mit Büscheln gelblicher und rötlicher Haare.

Die Nonnenraupe zieht ältere Bestände von Fichten, Kiefern, Lärchen vor; doch frifst sie fast alles, ungern nur Erle, Esche, Akazie, Rofskastanie, Birnbaum, Liguster, Spindelbaum. An den Nadelhölzern ist der Frafs verschieden; auch je nach dem Alter der Raupe ändert sich das Bild, auch an Laubhölzern.

Von Zeit zu Zeit tritt die Nonne in ungeheueren Mengen auf; erforderlich hierzu ist, dafs mehrere aufeinanderfolgende Jahre ihre Entwicklung begünstigen; daher nimmt ein Frafs 2—3 Jahre hintereinander stark zu, um dann rasch zu enden, infolge Vermehrung der Feinde bzw. Eintretens ungünstiger Witterungsverhältnisse. Zu ersteren gehören namentlich die insektenfressenden Vögel, Schlupfwespen und Raupenfliegen. Die auf Pilze zurückzuführende Schlaffsucht („Wipfelkrankheit") ist dagegen von minderer Bedeutung[1]).

Besonders gefährlich wird die Nonne der Fichte, die ihrem Kahlfrafs unrettbar erliegt. Auch die Kiefer leidet sehr, wenn sie auch selten eingeht. Bei Lärche und Laubholz besteht der Schaden vorwiegend in Zuwachsverlust. Zu den ernsteren Obstbaumfeinden gehört sie im allgemeinen nicht.

Die Bekämpfungsmafsregeln der Forstwirte sind zahlreich. Am wichtigsten ist das Umlegen von Leimgürteln um die Stämme in Brusthöhe; da die Raupe nie über die Ringe wegzuklettern sucht, brauchen diese nur 2—3 cm breit zu sein; die Raupen sammeln sich über und unter ihnen in Mengen an und können hier leicht vertilgt werden. Sammeln aller Stadien empfiehlt sich, nicht dagegen das Aufstellen von Fanglampen.

Von der auf Europa und das angrenzende Asien beschränkten Nonne wurden 1901 fünf Exemplare in Brooklyn bei Newyork gefangen[2]); weitere Befunde aus Nordamerika scheinen nicht vorzuliegen.

L. dispar L. Schwammspinner, Grofs-, Dickkopf[3]). Männchen: Vorderflügel graubraun, mit dunkelbraunen, stark gezähnten Querstreifen und dunkeln Flecken auf den Fransen; Hinterflügel braun, mit dunklem Rande und hellen Fransen; 45 mm Spannweite. — Weibchen: weifs mit dunklen Fransenflecken; die dunklen Querstreifen im äufseren Teile der Vorderflügel oft verloschen; Hinterleibsende dicht braun behaart; 80 mm Spannweite. Raupe mit grofsem Kopfe, braun, behaart, drei feine gelbe Längslinien auf Rücken; auf den fünf ersten Ringen je zwei blaue, auf den übrigen je zwei rote Knopfwarzen; 7 cm lang.

---

[1]) Siehe Metzger, Müudener forstl. Hefte, 1. Beih., 1895.
[2]) U. S. Dept. Agric., Div. Ent., Bull. 38, N. S., 1902, p. 90—91.
[3]) Jacobi, Flugbl. 6 biol. Abt. Kais. Gesundheitsamt, 1900; Lampa, Ent. Tidskr. Bd. 21, 1900, p. 39—46, Pl. 1. — Forbush a. Fernald, The Gipsy moth. Boston 1896, 8°, XII, 495 pp., 66 pls., 5 maps; Howard, Farmers Bull. 275, 1907: Kirkland, Ann. Repts Superint. f. suppress. Gipsy a. Brown-tail Moths, Boston; I, 1906, 161 pp., 17 pp. Pls., II, 1907, 170 pp., Pls.

Der Ende August, Anfang September manchmal auch am Tage
fliegende Falter legt seine Eier in Haufen bis zu 400 an Stämme,
Zweige, Zäune usw. und bedeckt sie mit brauner Afterwolle, so daſs
sie aussehen wie Brennzunder. Mit dem Laubausbruche erscheinen die
Raupen, die anfangs gesellig, später einzeln fressen. Bei schlechtem
Wetter sitzen sie in Haufen am Grunde stärkerer Äste oder in Astgabeln zusammen. Im August verpuppen sie sich in lockerem Gespinste zwischen Blättern, in Rindenritzen usw.

Als Nährpflanze werden im Walde Eichen, in Obstgärten Apfel,
Birne und Pflaume bevorzugt; doch wird im Notfalle alles genommen,
selbst Nadelhölzer, Gräser usw. Bei Massenauftreten, das nicht selten
in Gemeinschaft mit Euproctis chrysorrhoea geschieht, findet manchmal
Kahlfraſs statt, so in Ruſsland einmal von 1000 ha Wald.

Auſser durch ihren Fraſs kann die Raupe durch ihre Brennhaare,
die namentlich von den alten Exuvien sich leicht ablösen, recht lästig,
selbst gefährlich für Mensch und höhere Tiere werden.

Zahlreiche Feinde, von denen besonders die Meisen den Eiern,
die Kuckucke und Calosomen den Raupen nachstellen, halten für gewöhnlich den Schwammspinner in Schach.

Seine Heimat ist das paläarktische Gebiet (in England selten);
auch in Ceylon ist er gefunden. 1868 oder 1869 entschlüpften Professor
L. Trouvelot im Staate Massachusetts einige zu Zuchtzwecken importierte
Raupen[1]). In Zeitungen usw. machte er darauf und auf die Gefährlichkeit der Art aufmerksam und forderte zur Vernichtung derselben auf,
wo man sie anträfe, ohne daſs seine Warnungen beachtet worden
wären. Aber bereits nach zehn Jahren, 1879, waren die Raupen in seiner
Nachbarschaft unliebsam bemerkbar, nach weiteren zehn Jahren, 1889,
begannen die Behörden einen energischen Kampf, in dem bis zum
Jahre 1899 etwa eine Million $ ausgegeben wurde. Trotz günstiger
Erfolge hörte man im Jahre 1900 damit auf, was eine solche Vermehrung
und Ausbreitung des Schädlings zur Folge hatte, daſs 1906 die Regierung
der Vereinigten Staaten eingreifen muſste und 300 000 $ bewilligte.
Jetzt gehört die **gipsy moth** zu den gröſsten und gefährlichsten
Schädlingen Nordamerikas. In ihrer Lebensweise verhält sie sich ähnlich wie in Europa, nur ist ihre Entwicklung etwas frühzeitiger, so
z. B. die Flugzeit von Mitte Juli bis Mitte August; ihre Eier legt sie
auch an Steine (Mauern usw.) ab. Ähnlich wie die Nonnenraupe friſst
die Raupe der Gipsmotte nachts; morgens klettert sie den Stamm
hinab, um sich an seinem unteren Teile oder unter seine stärkeren Äste
zu verstecken, abends bäumt sie wieder auf.

Bekämpfung: Die Eier vernichtet man am besten durch Be-
träufeln mit Petroleum[2]). Die Raupen kann man in ihren Ansammlungen
zerdrücken, oder man bindet lose Tuchbänder um den Stamm, unter
die sie sich morgens zurückziehen, wo sie ebenfalls leicht in Mengen
vernichtet werden können. Die jungen Raupen erliegen leicht Arsenmitteln, bei älteren müssen diese so stark genommen werden, daſs nur
noch Bleiarsenat verwandt werden kann. Namentlich bei Kahlfraſs

---

[1]) Eine gute Geschichte der Einschleppung in Amerika gibt L. Krüger in
seinem Buche: Insektenwanderungen zwischen Deutschland und den Vereinigten
Staaten von Nordamerika, Stettin 1899. Siehe ferner zahlreiche Veröffentlichungen
in der Bull. U. S. Dept. Agric., Div. Ent., usw.

[2]) Einen recht praktischen Apparat hierzu beschreibt A. Jacobi.

empfiehlt es sich. das Unterholz, Gras usw abzubrennen, weil sich hierhin die hungernden Raupen verzogen haben.

In Amerika sucht man jetzt den Kampf gegen Schwammspinner
und Goldafter dadurch aufzunehmen, dafs man ihre Parasiten aus
Europa einführt[1]).

In der orientalischen Region[2]) schaden **L. ampla** Wlk. (sehr nahe
mit L. monacha verwandt) an Ficus religiosa, **L. obsoleta** Wlk. und
todara Moore an Shorea robusta und Tectona grandis.

Stilpnotia Westw. a. Humphr.

Fühler und Zunge lang; nur eine Art.

St. salicis L. **Pappelspinner**[3]). Glänzend weifs, dünn beschuppt,
Fühlerzähne schwarz; Juni. Juli. Raupe schwarz, mit grofsen, weifsen,
schildförmigen Flecken auf Rücken, an jedem Ringe rötlichgelbe,
behaarte Warze, an der Seite gelbliche Linie, auf 4. und 5. Ringe je
zwei verwachsene Fleischspitzen; an Pappeln und Weiden, öfters
massenhaft auftretend. Eier unter schneeweifsem, schaumigem, erhärtendem Überzuge (Schaumfleck), an Rinde. Im Frühjahre die
Raupen, die zuerst skelettieren, dann das ganze Blatt bis auf ein kleines,
am Stiele zurückbleibendes Stück auffressen; sie scharen sich zur Häutung
zusammen. Puppe im Juni, schwarz, weifs gefleckt, mit goldgelben
Haarbüscheln, zwischen Blättern oder an Zweigen. — Die Eierflecke
sind abzukratzen oder überzuleimen; die sich häutenden Raupen zu
zerdrücken.

Porthesia Stph.

P. similis Fuessl. (auriflua W. V.) **Schwan**[4]). Weifs, an Innenwinkel der Vorderflügel des Männchens kleine schwarze Punkte. After
goldgelb behaart. Ast 5 der Hinterflügel fehlt. Raupe schwarz,
schwarzgrau behaart: ein ziegelroter Doppelstreifen auf dem Rücken,
ein unterbrochener weifser Streifen an jeder Seite; auf 9. und 10. Ringe
rote Warzen. Falter Juli, August; Eier zu 2—300 in mit den gelben
Afterhaaren des Weibchens bedeckten Schwämmen an der Unterseite
von Blättern. Räupchen überwintern einzeln unter Borke, Flechten usw.
oder in der Bodendecke in kleinem, bräunlichem Gespinst; im Frühjahr und Sommer einzeln an Laubbäumen im Walde und Obstgarten,
auch an Rosen. Puppe schwarzbraun, in dünnem, weifslichem Gewebe.

P. xanthorrhoea Koll. (virguncula Wlk.). Orientalische Region.
Auf Java[5]) mäfsig schädlich an Kaffee und Ficus clastica, in Indien[6])
Kahlfrafs an Parottia Jacquemontiana.

Leucoma submarginata Wlk.[7]) Java, auf Mangifera.

L. diaphana Moore[8]). Indien: in mehreren Bruten auf Shorea
robusta.

---

[1]) Berichte hierüber siehe in den Yearbooks U. S. Dept. Agric., Report of the
Entomologist.

[2]) STEBBING, l. c. p. 67—69; KONINGSBERGER, Meded. 6 p. 45.

[3]) RITZEMA Bos. Tijdschr. Plantenz. Jaarg. 3, p. 165—167, 1897; WÜST, Prakt.
Blätt. Pflanzenbau usw. Bd. 4, 1906, S. 85—86

[4]) Dass mindestens bei dieser Art Parthenogenese vorkommt, hat GARBOWSKY
nachgewiesen, Zool. Anz. Bd. 27, S. 212—214.

[5]) KONINGSBERGER, l. c. p. 45.

[6]) STEBBING, l. c. p. 78—79.

[7]) KONINGSBERGER, l. c. p. 44.

[8]) STEBBING, l. c. p. 80.

Teara contraria Wlk. [1]). Australien. Raupen tagsüber gesellig in mit Kot und Häuten gefüllten Nestern an Akazien und Eucalyptus; oft Kahlfraſs. Nachts ziehen sie in regelmäſsigen Prozessionen zum Fraſse aus. Puppe im Boden.

Euproctis Hb.

Fühler in beiden Geschlechtern gekämmt; mittlere Tibien mit einem Paare langer Dornen, hintere mit zwei Paaren.

E. chrysorrhoea L. **Goldafter** [2]). Alle Stadien sehr ähnlich dem Schwan, aber Hinterflügel mit Ast fünf, Hinterleib des Männchens vom dritten Ringe an rotbraun, der des Weibchens mit ebensolchem Afterbusche; Juni bis August. Raupe heller, graubraun behaart, auf neuntem und zehntem Ringe je ein roter Wulst. Eier mit rotbrauner Wolle bedeckt. Die jungen Räupchen skelettieren im Herbst die Blätter unter fortwährendem Spinnen, ohne aber viel zu schaden. Die befressenen Blätter spinnen sie im Herbste zu den „groſsen Raupennestern“ zusammen, in denen sie überwintern. Im Frühling befressen sie zuerst die Knospen, dann die Blätter und Blüten, deren Entwicklung sie bei starkem Auftreten völlig unterdrücken können. Sie fressen vorwiegend nachts; tagsüber, besonders bei schlechtem Wetter, halten sie sich in ihren Nestern auf; doch sonnen sie sich auch gern in dicken Haufen an stärkeren Ästen. Auch jetzt noch spinnen sie immerzu und überziehen alles mit seidenglänzendem Gespinste, was für den Goldafter sehr charakteristisch ist. Anfangs Juni verpuppen sie sich zwischen Blättern oder am Boden in graubraunen Kokons; die Puppe weist zahlreiche helle Haarbüschel auf.

Die Heimat des Goldafters ist das paläarktische Gebiet. Etwa im Jahre 1890 wurde er mit Rosen in den Staat Massachusetts in Nordamerika eingeschleppt [3]); 1897 machten sich die Raupen bemerkbar. Die Bekämpfung und Ausbreitung der **Brown-tail-moth** verlief ebenso wie die des Schwammspinners.

Das wichtigste Gegenmittel ist das Abschneiden und Verbrennen der Winternester; gegen Arsenmittel verhält sich die Goldafterraupe ebenso wie die des Schwammspinners. Im kleinen ist auch das Aufsuchen und Vernichten der Eierschwämme wirksam.

Einige Euproctis-Arten treten in der orientalischen Region [4]) schädlich auf, so **E. minor** Snell. und **flavata** Cram. am Zuckerrohr, **E. divisa** Wlk. (friſst im Mai-Juli, zur Zeit der Holzbildung, die Rinde und Blätter der jungen Triebe ab; daher sehr schädlich) und **latifascia** Wlk. an Tee, **E. guttata** Wlk. an Rizinus, **E. flexuosa** Sn. an Chinarinde.

Dasychira Stph.

Vorderflügel grau, in der Mitte mit dunklen Querlinien; Hinterflügel des Weibchens kürzer als Hinterleib. Raupe mit Rückenbürsten und Haarpinseln.

---

[1]) Froggatt, Austral. Insects p. 252—253.
[2]) Grevillius, Beih. Botan. Zentralbl. Bd. 18, Abt. 2, p. 222—322, 8 Fign.
[3]) Fernald & Kirkland, The Brown-tail moth. Boston 1903, 8°, 73 pp., 14 pls.; Howard, Farmers Bull. 264, 1906; siehe auch die Literatur über den Schwammspinner.
[4]) Koningsberger, Meded. 22, 1898, p. 21—22; Meded. 6, 1908, p. 45; Watt a. Mann, Pests and blights of Tea plant, 2ᵈ ed., 1903, p. 216—219.

D. pudibunda L. **Rotschwanz.** Vorderflügel weifsgrau, mit zwei dunklen Querlinien und dunkelgefleckten Fransen; Hinterflügel schmutziggrau mit verwaschener Binde; Mai, Juni. Raupe grünlich gelb mit samtschwarzen Einschnitten, auf viertem bis siebentem Ringe gelbe Bürsten, auf dem elften Ringe ein roter Haarpinsel. Eier bläulichgrün, in Haufen an Rinde von Wald- und Obstbäumen. Ende Juni beginnt sie ihren Frafs in der Krone mit Skelettieren der Blätter; später frifst sie aus diesen grofse Stücke heraus. Im Oktober Verpuppung in Bodendecke oder Gestrüpp; Puppe schwarzbraun, mit rotbraunem Hinterleib, mit gelblichen Haaren, in lockerem Gespinst. Raupe und Puppe öfters von Cordyceps-Arten befallen. Nur in Forsten merklich schädlich, namentlich an Buchen. Raupe frifst im Notfall auch Nadelhölzer an, geht selbst an Wolfsmilch.

D. selenitica Esp. Vorderflügel braun, mit weifsem Mondfleck und weifser Wellenlinie, die sich hinten in gröfseren weifsen Fleck auflöst; Hinterflügel schwärzlich, hell gerandet. Raupe schwarz, auf schwarzen Warzen schwarzgraue Haare, auf viertem bis achtem Ringe je eine gelbgraue, oben schwarze Bürste; auf erstem Ringe ein schwarzer Haarpinsel, auf elftem zwei solche; von Juni bis April normalerweise an Esparsette und Platterbse, ist aber auch schon an jungen Lärchen und Kiefern schädlich geworden.

D. mendosa Hb., **misana** Moore und **thwaitesi** Moore schaden in Indien, Ceylon und Java gelegentlich an Tee, Kaffee usw.

D. horsfieldi Saund.; Indien, an Tectona-Bäumen.

Hemerocampa Dyar.

Weibchen ungeflügelt. Nordamerika.

H. leucostigma Sm. a. Abb. **White marked Tussock moth[1]).** Männchen grau mit dunklen Querlinien und je einem woifsen Fleck auf Vorderflügeln; Weibchen grau; Juli, August. Das Weibchen legt seine Eier auf das verlassene Gespinst und bedeckt sie dick mit weifser, schaumiger, erhärtender Masse. Ende Mai des nächsten Jahres erscheint die Raupe, die zuerst die Blätter von oben skelettiert, dann ganz verzehrt. Sie ist grau mit rotem Kopf, schwarzem Rückenstreifen und je einem gelblichen Seitenstreifen. Auf dem ersten Ringe stehen zwei, auf dem elften ein schwarzer Haarpinsel, auf dem Rücken vier weifse Bürsten, dahinter zwei rote, ausstülpbare Warzen. Ende Juni, Anfang Juli verpuppt sie sich an Rinde in losem Gespinst. Schädlich namentlich an Alleebäumen: Linde, Kastanie, Ahorn usw. Die Eiermassen sind zu sammeln, die Raupen abzuklopfen und durch Klebringe am Wiederaufbäumen zu verhindern. Sie sind sowohl gegen Berührungs- wie gegen Magengifte sehr widerstandsfähig.

H. vetusta Boisd.[2]). Californien, an Eiche, Lupinus arboreus, Apfel- und Kirschbäumen, bei Massenauftreten auch an andern Laubbäumen, Sträuchern und selbst Kräutern. Die junge Raupe bohrt zuerst in den jungen Blättern, ihren Stielen und in Blüten, später in den jungen Früchten, oberflächlich, aber auch bis ins Kerngehäuse vordringend. Häufig vernarben später die Wunden; sie können aber auch die Entwicklung der Früchte verhindern und so die Ernte sehr beein-

---

[1]) FELT, New York State Mus., Bull. 109, 1907.
[2]) VOLCK, Univ. California agr. Exp. Stat. Bull. 183, 1907.

trächtigen. Die ältere Raupe frifst nur Blätter; bei sehr starkem Auftreten kann sie Kahlfrafs herbeiführen. Bekämpfung wie bei voriger.

Orgyia O. (Notolophus Germ.).

Vorderflügel rotbraun mit weifsem Fleck. Männchen schmächtig; Weibchen dick, Flügel verkümmert oder fehlend. Raupen gelblich behaart, mit Haarbürsten auf den mittleren Ringen; auf erstem, viertem, fünftem, elftem Ringe verschieden gefärbte Haarpinsel. Puppe fein behaart, in lockerem Gespinste, auf dem gewöhnlich die Eiablage stattfindet.

O. antiqua L. Schlehen- oder Aprikosenspinner, Lastträger. Weibchen mit Flügelstummeln. Erwachsene Raupe aschgrau mit feinen rotgelben und weifsen Längslinien und Wärzchen. Die vier Rückenbürsten bei den kleineren männlichen Raupen gelb, bei den gröfseren weiblichen braungelb; Pinsel schwarz; 25—35 mm lang. Die Raupen fressen den ganzen Sommer über in mehreren, nicht unterscheidbaren Bruten an verschiedenen Laub- und Nadelhölzern, manchmal merklich schadend; selbst Kahlfrafs an 15—40 jährigen Fichten und Kiefern wird berichtet. Auch an Rosen hier und da schädlich. Die Puppe verspinnt sich in losem, mit den Haaren der Raupe durchsetztem Kokon an Stämmen, zwischen einzelnen Blättern usw. Das Weibchen erwartet gewöhnlich auf dem Gespinst sitzend das Männchen; man findet beide den ganzen Sommer über bis in den Herbst hinein. Die Überwinterung geschieht in der Hauptsache wohl in der Eiform. Bekämpfung: Vernichten der Kokons und der Eierhaufen. — Auch im Osten der Vereinigten Staaten von Nordamerika.

O. gonostigma F. Männchen am Vorder- und Aufsenrande der Vorderflügel mit einer Reihe weifser Flecken; Weibchen ohne Flügel. Raupe schwarz, rotgelb gestreift mit weifs oder gelb behaarten Wärzchen und rotem Halsringe; Haarpinsel nur auf erstem und elftem Ringe. Biologie wie vorige, nur seltener.

O. postica Wlk.[1]). Auf Java und Ceylon an Kaffee, Hevea und Tee.

Einige Arten schaden auf Java[2]) an Zuckerrohr, so **Aroa socrus** Hb., **Laelia subrufa** Sn., **Procodeca adara** Moore, **Psalis securis** Hb., letztere noch mehr an Reis.

Teia anartoides Wlk.[3]). Wattle moth. Australien. Ursprünglich an Akazien; jetzt aber auch an verschiedenen eingeführten Pflanzen, insbesondere an Apfelbäumen, deren Blätter die Raupen skelettieren, an Pelargonien usw. Weibchen ungeflügelt, legt seine Eier auf das verlassene Gespinst.

Hypogymna (Penthophera) **morio L. Trauerspinner**[4]). Flügel des Männchens schwärzlich, durchscheinend, mit schwarzen Rippen und dunklen Fransen; Weibchen mit verkümmerten, helleren, gelb gefransten Flügeln. Raupe samtschwarz, mit gelben Ringen und Seitenstreifen

---

[1]) Watt a. Mann, l. c. p. 213.
[2]) Koningsberger, Meded. 6 p. 45, 46; Deventer, Dierlijke vijanden van het suikerriet, p. 90—93, Pl. 14, fig. 1—8, p. 98—101, Pl. 15, fig. 6—10.
[3]) Froggatt, Agric. Gaz. N. S. Wales Vol. 7, 1896, p. 757—759, 1 Pl. — French, Handb. destr. Ins. Victoria Vol. 3, 1900, p. 95—99, Pl. 47.
[4]) Sajó, Zeitschr. Pflanzenkrankh. Bd. 4, 1894, S. 100. — Aigner-Abafi, Ill. Zeitschr. Entom. Bd. 5, 1900, S. 201—202.

und großen, sternhaarigen rotgelben Knopfwarzen. Südosteuropa, Kleinasien. Raupe in drei Bruten an Gräsern; in Ungarn schädlich geworden auf Wiesen und an Weizen.

Cnethocampiden (Thaumetopoeiden), Prozessionsspinner.

(Thaumetopoea Hb.) Cnethocampa Stph.

Ziemlich klein, plump, graulich mit dunklen Wellenlinien auf Vorderflügeln und helleren Hinterflügeln. Fühler zweireihig gekämmt. Rollzunge fehlt. Vorderkörper stark wollig behaart; Hinterleib plump, abgestutzt, beim Weibchen mit Afterwolle. Hinterschienen nur mit Endsporen. — Raupe 16 füßig, 30—40 mm lang, lang und locker graugelb behaart, mit 4—11 samtartigen Flecken, „Spiegeln“, auf Hinterleib, die mit winzigen, mit Widerhaken versehenen Gifthaaren bedeckt sind, dadurch Menschen und Tieren gefährlich. Die Raupen leben gesellig in Nestern, von denen aus sie in ‚Prozessionen‘ zur Fraßstelle laufen.

C. (Th.) pinivorana Tr. Kiefern-Prozessionsspinner. Vorderflügel gelblichgrau, hinterer Querstreifen scharf gezähnt. Mitte der Stirne nackt, mit hahnenkammähnlichem Fortsatz. Raupe grüngrau, mit samtschwarzen, rotgelb gerandeten Spiegelflecken. Norddeutsche Tiefebene östlich der Elbe, besonders an den Ostseeküsten. Falter in Mai, Juni; Eier weiß, spiralig um ein Nadelpaar gelegt, mit den Deckschuppen der Afterwolle rohrkolbenartig umhüllt. Raupen befressen zuerst die vorjährigen Nadeln, erst später gehen sie aus Not an die Maitriebe; sie bauen kein eigentliches Nest, leben aber gesellig und wandern auch am Tage in meist einreihigen Prozessionen. August, September verpuppen sie sich dicht gedrängt in aufrecht stehenden Kokons in der Erde; das Puppenlager mit flachem Gespinst bedeckt. Überliegen der Puppe nicht selten, sogar bis ins vierte Jahr. Vorwiegend in schlechtwüchsigen, lockeren und besonders in jüngeren Kiefernbeständen, daher für diese nicht ungefährlich. Die Verpuppungsnester sind zu zerstören, ebenso, wo möglich, die Prozessionen.

C. (Th.) pityocampa Schiff. Pinien-Prozessionsspinner. Stirne wie vorher; Vorderflügel weißgrau, hinterer Querstreifen kaum gezähnt. Raupe schieferblau bis schwärzlich, Spiegelflecke wie vorher. Mittelmeerländer, südliche Alpen. Falter im Juli; Eier wie vorher an verschiedenen Pinus-Arten. Raupen überwintern in Nestern in der Krone, daher Herbst- und Frühjahrsfraß. Verpuppung wie vorher.

C. (Th.) processionea L. Eichen-Prozessionsspinner. Stirne geschlossen dicht behaart, ohne Fortsatz; Vorderflügel gelbgrau mit schwarzgrauen Querstreifen; Hinterflügel gelblichweiß, mit braungrauem Querstreifen. Raupe graublau mit dunklerem Rückenstreifen und rötlichbraunen Spiegelflecken, unten grünlich hellgrau. — Weitaus die häufigste Art, in ganz Europa. Falter August, September. Eier weiß, 100—200 Stück in einer Platte, die von einem mit Deckschuppen des Hinterleibes vermischten Kitt überzogen wird, an Eichen, vorzugsweise an frei stehenden älteren Bäumen, an Stellen mit glatter Rinde. Räupchen schlüpfen zur Zeit des Laubausbruches aus, gesellig, fressen nachts, ruhen am Tage, häuten sich an geschützten Stellen, besonders unter abgehenden Ästen. Sie überziehen ihre Wege am Baume mit Gespinst; aus den Ruhe- und Häutungsstellen werden so nach und nach bis kinderkopfgroße, mit Kot und Häuten durchsetzte Nester, zu

denen die Raupen immer wieder in mehrreihigen Prozessionen zurückkehren, selbst wenn sie zum Frafs an einen andern Baum gewandert
waren, auch hierbei ihre Strafse durch Gespinstfäden bezeichnend. Verpuppung: Juli, August im Nest, in dichten, ovalen, braunen Kokons. —
Feinde: Fledermäuse (Falter), Kuckuck und Raubkäfer (Raupen und
Puppen), Meisen (Eier und Puppen). — Abwehr: Nester abbrennen,
Prozessionen mit dünnflüssigem Teer überstreichen.

Dreata petola Moore[1]). Java, an Zuckerrohr, Mais und Gräsern;
Raupen in der Jugend gesellig, später einzeln.

Ceratocampiden.

Fühler der Männchen nur zu etwa $^2/_3$ gefiedert.

Die gelblichgrünen, dunkel gestreiften Raupen von **Anisota senatoria** Sm. a. Abb. und **rubicunda** F.[2]), mit zwei langen, schwarzen
Hörnern auf zweitem Brustring und zahlreichen kurzen, schwarzen,
dornigen Höckern an der Seite und dem Hinterende, schaden in Nordamerika oft recht beträchtlich durch Kahlfrafs an Wald- und Alleebäumen, besonders Ahorn.

Notodontiden.

Männchen mit kammzähnigen, Weibchen mit sägezähnigen oder
gewimperten, kürzeren Fühlern; Vorderflügel länglich dreieckig,
Hinterflügel schwächer, kleiner, oft mit vorspringendem Zahn am
Innenrande; Leib plump, stark behaart; Beine kurz, Schenkel lang
wollhaarig; Abendtiere; Flügel in der Ruhe dachförmig, Vorderbeine
meist ausgestreckt. — Raupen verschieden gestaltet, an Holzgewächsen.

Phalera Hb.

Vorderflügel silberglänzend, mit sehr grofsen gelben Flecken in
der Spitze. Raupen dünn behaart.

Ph. bucephala L. **Mondfleck**. Vorderflügel aschgrau mit grofsem,
gelbem Mondfleck an der Spitze und dunklen gewellten doppelten Querlinien; Hinterflügel gelbweifs. Raupe schwarzbraun mit zehn unterbrochenen gelben Längsstreifen und gelben Querbändern auf jedem
Ringe, fein gelb behaart, 5—6 cm lang. Falter in Mai-Juli; Raupen
von Juni bis September an Pappeln, Linden, Weiden, Eichen, auch
gelegentlich an Obstbäumen, in der Jugend gesellig (Fig. 245), später
einzeln, entblättern gern einzelne Äste. Öfters Kahlfrafs in Weidenhegern. Puppen ohne Gespinst in Erde.

Danima banksiae Lew.[3]). Victoria (Australien). Sehr schädlich
an jungen Banksien, die oft getötet werden; alte werden nicht angegangen. Eier an Blättern oder jungen Zweigen. Puppe in der Erde.

Anticyra combusta Moore[4]). Java, gemein auf Zuckerrohr.

---

[1]) Koningsberger, Meded. 22, p. 28; Deventer, l. c. p. 89—90, fig. 35, Pl. 13
fig. 4—7.
[2]) Howard & Chittenden, U. S. Dept. Agric., Bur. Ent., Circ. 110, 1909, 7 pp., 3 fig.
[3]) French, l. c., p. 121—123, Pl. 53.
[4]) Koningsberger, Meded. 6 p. 53; van Deventer l. c. p. 93—96, Pl. 14 fig. 8—14.

Datana ministra Drury. Falter hellbraun, Vorderflügel mit 3—5 braunen Querlinien; Hinterflügel blafsgelb. Raupen, *Yellow-necked Apple-tree caterpillar*, gelb und schwarz gefleckt, Kopf schwarz, Halsschild gelb. Nordamerika. Eier zu etwa 100 in flachen Kuchen an Unterseite von Apfel- und anderen Blättern. Raupen schlüpfen von Ende Juli bis Mitte August aus, skelettieren zuerst die Blätter von der Unterseite, später fressen sie gesellig die ganzen Blätter von der Zweigspitze nach dessen Basis zu. In der Ruhe halten sie sich mit den vier Bauchfufspaaren fest und krümmen Vorder- und Hinterende nach oben; beunruhigt, schlagen sie mit beiden hin und her. Verpuppung im Herbste in der Erde.

Symmerista (Edema) **albifrons** Sm. a. Abb. Nordamerika. Raupen mit grofsem, dickem, gelbem Kopfe und vergröfsertem roten achten Ringe, manchmal sehr schädlich an Eiche, bis zu Kahlfrafs. Puppe überwintert in Erde.

Heterocampa manteo Dlbdy.[1]). Nordamerika, gelegentlich schädlich an Eiche.

Schizura (Oedemasia) **concinna** Sm. a. Abb. Kopf und vergröfsertes viertes Segment der Raupe rot. An Laubhölzern, auch an Obstbäumen. Pflaumenblätter wurden mitsamt den daran sitzenden Blattläusen gefressen.

Fig. 245. Junge Raupen des Mondflecks, an Eichblatt fressend; nat. Gr.

Stauropus alternus Wlk.[2]). Indien, Ceylon, Java; auf Kaffee, Tee, Kakao, Mangifera und anderen Bäumen.

Dicranura B.

Augen nackt; Körper wollhaarig; Zunge kurz; Hinterschienen nur mit Endsporen. Flügel ganzrandig, sehr kurz gefranst, weifslich. Raupen 14 füfsig, nackt; Kopf grofs, flach, in der Ruhe in erstes Glied zurückgezogen; auf viertem Ring pyramidenförmige Erhöhung; auf Afterring zwei lange Röhren (umgebildete Nachschieber), aus denen bei Berührung weiche, mit riechender Flüssigkeit getränkte Fäden hervortreten (Schreckmittel); auf Laubhölzern. Puppe in sehr festem Gespinst aus Holzspänen.

D. vinula L.[3]) **Grofser Gabelschwanz.** Vorderflügel mit dunkelgrauen, matten Zickzacklinien; Hinterleib weifsgrau, auf jedem Ringe dunkle unterbrochene Querbinde. Mai bis Anfang Juli. Raupe grün;

[1]) Hooker, Proc ent. Soc. Washington Vol. 10, 1908, p. 8—9.
[2]) Koningsberger, l. c.; Watt a. Mann, l. c. p. 183—185, fig. 12.
[3]) Balducci, Bull. Soc. ent. Ital. Vol. 36, 1904, p. 117—122, 1 Pl.; Martelli, Boll. Labor. Zool. gen. agr. Portici Vol. 3, 1909, p. 239—260, fig. 12.

Kopf braun, rot gerandet; Nacken- und Rückenfleck graubraun, letzterer weifs gerandet; 7 cm lang; Juli-September an Weiden und Pappeln. Puppe überwintert.

Bombyciden.

Ocinara dilectula Wlk. und **signifera** Wlk. auf Java[1]) an Ficus-Arten, u. a. an F. bergmanniana und elastica.

O. lewinii Lew.[2]). Australien, an Eucalyptus. Die Raupen leben gesellig und spinnen die Blätter zusammen; sie haben schon kleinere Wälder vernichtet.

Andraca bipunctata Wlk. **Bunch caterpillar**[3]). Indien, an Tee; sehr schädlich. Eier zu 50—200 an Blattunterseite. Raupen fressen gesellig und entblättern ganze Büsche. Tagsüber sitzen sie in dichten Massen an Zweigen.

Eupterotiden.

Eupterote geminata Wlk.[4]). Ceylon. Raupen gesellig an Baumwolle; nachts fressen sie, tags ruhen sie gemeinsam in Klumpen.

Sphingiden, Schwärmer[5]).

Grofse, kräftig gebaute Schmetterlinge, glatt anliegend behaart. Nebenaugen fehlen; Fühler prismatisch, in Hakenborste endigend; Rollzunge lang, kräftig. Hinterleib schlank, kegelförmig. Vorderflügel schmal, spitz, Hinterflügel auffallend klein, mit Haftborste; an Hinterschienen zwei Paar Sporen. Die Schwärmer fliegen abends mit pfeilschnellem, laut surrendem Fluge und saugen schwebend an Blumen. Raupen sehr grofs, dick, nackt, bunt, 16 füfsig, mit Afterhorn. Puppe in der Erde. In allen gemäfsigten und warmen Zonen; in Mitteleuropa spärlich vertreten.

Die grofsen, bunt gefärbten Raupen werden im allgemeinen natürlich sehr leicht gesehen und infolgedessen auch oft als Schädlinge berichtet. Doch treten sie mit vereinzelten Ausnahmen gewöhnlich in so geringer Zahl auf, dafs von einem ernstlichen Schaden nur sehr selten die Rede sein kann, trotzdem selbst eine einzelne infolge ihrer Gröfse lokal argen Frafs verursachen kann.

Theretra gnoma F. (Chaerocampa butus Br.)[6]). Indien; an Rebenblättern fressend.

(Hippotion) **Chaerocampa celerio** L. Grofser Weinschwärmer. Raupe braun oder grün, am vierten und fünften Ringe weifs gepunktete Augenflecke, vom sechsten Ringe an jederseits eine hellere Linie. In Südeuropa hier und da an Rebe, in Deutschland selten, in Australien

[1]) Koningsberger, Meded. 6, 1908, p. 54, 55.
[2]) Froggatt, Austral. Ins. p. 255, fig. 123.
[3]) Watt a. Mann, l. c. p. 180—183, fig. 10, Pl. 5, fig. 1.
[4]) Green, Trop. Agric. Vol. 33, 1909, p. 321.
[5]) Wir folgen in der Anordnung der grossen „Revision of the ... Sphingidae", von W. Rothschild und K. Jordan (Novit. zool. Vol. 9, Suppl., Tring 1903). Die dort gegebenen Namen führen wir immer an erster Stelle an; falls aber andere Namen allgemein gebräuchlich sind, werden diese durch den Druck, wie üblich, hervorgehoben.
[6]) Stebbing, Ind. Mus. Not. Vol. 6, 1903, p. 74.

aber sehr schädlich. In Mombo[1]) (Deutsch-Ostafrika) fraſsen die Raupen Teile von Baumwollpflanzungen kahl.

(Pergesa) **Ch. elpenor** L. Mittlerer Weinschwärmer. Raupe grün oder braun, fein dunkel gestrichelt; Augenflecke am vierten und fünften Ringe mit mondförmigem, braunem, weiſs gerändertem Kern; Afterhorn kurz, breit; Juni bis September. Auch in Mitteleuropa nicht selten an Rebe; in Gärtnereien an Fuchsien schädlich geworden[2]).

(Celerio) **Deilephila lineata** F. Die var. *livornica* Esp. in Frankreich, Südruſsland, Algier, Tunis[3]) schädlich an Rebe. In Texas[4]) die typische Form an junger Baumwolle in verunkrauteten Feldern. Bei stärkerer Vermehrung geht die Raupe auch an die verschiedensten anderen Gartengewächse; eine solche tritt nach RILEY und GIARD ein in Jahren der Maxima von Sonnenflecken, folgend auf Heuschrecken-Epidemien; bei letzteren werden alle Kräuter dezimiert bis auf solche, von denen sich die Raupe des Schwärmers ernährt; diese Kräuter vermehren sich daher sehr stark und mit ihnen die Raupen.

Acosmeryx anceus Stoll.[5]). Java, hier und da schädlich an Manihot utilissima, die sie ganz kahl fressen können.

Deilephila (Daphnis) **hypothous** Cr. Java[5]), an Chinarindebäumen oft durch Kahlfraſs sehr schädlich.

D. (D.) **nerii** L. Oleanderschwärmer[6]). In Deutsch-Ostafrika an Cinchona-Hybriden, und zwar gerade an kräftigeren Pflanzen recht merkbaren Fraſs verursachend, nicht aber erheblich schädlich.

(Chromis) Chaerocampa **erotus** Cr.[7]). Australien; an Reben und Bataten.

Cephonodes (Cyphonodes) **hylas** L.[8]). Orientalische Region. Falter Wespen-ähnlich. Raupe auf der Malayischen Halbinsel und auf Java an Kaffee.

(Sphinx L.) Smerinthus Latr.

Kopf und Körper wollig behaart; Fühler spindelförmig; Rüssel schwach, weich. Flügel mit zackigem Rande, werden in der Ruhe halb erhoben getragen und sehen dann vielfach trockenen Blättern ähnlich. Raupen gekörnelt, an jeder Seite sieben Schrägstriche, auf Laubhölzern.

(Sph.) **Sm. ocellatus** L. **Abendpfauenauge.** Vorderflügel violett rötlichgrau, hell und dunkel gezeichnet; Hinterflügel karmesinrot mit schwarzem, veilblau geringeltem Auge: Mai, Juni. Raupe bläulichgrün mit weifsen Punkten und Schrägstrichen; Horn blau; 8—9 cm lang; Juni bis September an Pappeln, Weiden, Schlehen, Birnen, besonders gern aber an jüngeren Apfelbäumen, oft in sehr grofser Zahl. So wurden 1906 in Grüngräbchen (Kgr. Sachsen) in drei Wochen mehr als 3000 Stück von Apfelbuschbäumen abgelesen, ohne daſs sie da-

---

[1]) VOSSELER, Ber. Land- u. Forstwirtsch. D.-O.-Afrika Bd. 2, S. 411.

[2]) v. SCHILLING, Prakt. Ratg. Obst- u. Gartenbau 1890, S. 653.

[3]) GIARD, Bull. Soc. ent. France 1904, p. 203—205.

[4]) SANDERSON, U. S. Dept. Agric., Div. Ent., Bull. 46, 1904, p. 95.

[5]) KONINGSBERGER, Meded. Dept. Landbouw Nr. 6, 1908, p. 53.

[6]) Ber. Land- u. Forstwirtsch. D.-O.-Afrikas, Bd. 2, S. 29, 244, 424; Bd. 3, S. 114.

[7]) FRENCH, l. c. Vol. 2, 1893, p. 109—112, Pl. 29; FROGGATT, Austral. Insects, Sidney 1908, p. 237.

[8]) DELACROIX, Maladies des Caféiers, 2de éd., Paris 1900, p. 132; KONINGSBERGER l. c.

durch ausgerottet wurden[1]). Besonders schädlich in Baumschulen dadurch, daſs sie mit Vorliebe die Leitzweige entblättern. Raupen derart gefräſsig, daſs eine einzige ein junges Apfelbäumchen in 4—5 Tagen entblättern kann. In der Ruhe sitzen sie meist lang ausgestreckt an den Trieben entlang und sind dann schwer zu sehen. Eier, wie es scheint, einzeln an Blättern.

(Mimas, Dilina) **Smerinthus tiliae** L. Lindenschwärmer. Raupe grün mit gelben, oben rot gesäumten Schrägstrichen; 6—8 cm lang; auf Linden usw.; geht nicht selten auf Kernobstbäume über.

Leucophlebia lineata Westw.[2]). Java; Raupen oft in groſser Zahl an Zuckerrohr, dessen Blätter sie abfressen.

(Compsogene) **Calymnia panopus** Cr.[3]). Java; an Mangifera spp. schädlich.

(Hyloicus IIb.) **Sphinx** O.

Hinterleib scharf zugespitzt, dorsal mit schwarzer Längslinie auf hellerem Grunde, farbig geringelt. Fühler an Spitze mit Haarpinsel; Zunge sehr lang; Flügel ganzrandig. Raupe glatt, Kopf zurückziehbar.

(H.) **Sph. pinastri** L. Kiefernschwärmer, **Tannenpfeil.** Grau, mit schwarzen Strichen und Flecken auf Vorderflügeln; Hinterleib an den Seiten schwarz und grau gebändert; Juni, Juli. Raupe bunt; hellgrün, mit roter, gelber, brauner, schwarzer Zeichnung; Horn an der Spitze gespalten; 8—9 cm lang; Juli bis Herbst an Nadeln von Kiefern, Fichten und Lärchen. Puppe überwintert. Eier grünlich, einzeln oder in Gruppen an Nadeln.

(H.) **Sph. ligustri** L. Ligusterschwärmer[4]). Vorderflügel dunkelbraun; Hinterflügel rosenrot, mit drei schwarzen Bändern. Raupe hellgrün, Schrägstriche weiſs und violett; Horn oben und an Spitze schwarz, untere Hälfte gelb; 10—12 cm lang; von Juli an an Liguster, Syringen, Schneeball usw., aber auch an Johannisbeeren[5]) und in Baumschulen[6]). In Italien an Reben, in Australien[7]) sehr häufig in Gärten und Büschen. Auch diese Raupe ist trotz ihrer Gröſse und Buntheit im Freien sehr schwer zu sehen. Parasit: *Chaetolyga xanthogastra* Rond.[8]).

Ceratomia (Daremma) **catalpae** Bdv.[9]). Nordamerika, an Catalpa-Bäumen. In dem Maſse, in dem die Bäume immer zahlreicher angebaut werden, verbreitet und vermehrt sich auch die Raupe und wird immer schädlicher. Eier in Massen bis zu 1000 Stück an Unterseite der Blätter. Raupen zuerst gesellig, später zerstreuen sie sich; sie fressen nicht selten die ganzen Bäume kahl. Im Norden treten sie in 1—2, im Süden in 3—4 ineinander greifenden Bruten auf. Für gewöhnlich genügen die natürlichen Feinde, unter denen die amerikanischen Kuckucke, Schlupfwespen (*Apanteles congregatus* Say., *Microplitis catalpae* Ril.) und Raupenfliegen die wichtigsten sind, um die Art in Schach zu halten.

---

[1]) Prakt. Ratg. Obst- u. Gartenbau 1906, S. 302.
[2]) Koningsberger, l. c. p. 54; van Deventer, l. c. p. 86—87, Pl. 13 Fig. 1.
[3]) Koningsberger, l. c. p. 53.
[4]) Noël, Le Naturaliste (2) T. 30, 1908, p. 166—167.
[5]) Jungner, Jahresber. Sonderaussch. Pflanzenschutz D. L. G. 1901, S. 209.
[6]) Sorauer, ibid. 1899, S. 211.
[7]) Froggatt, Austr. Ins. p. 238—9.
[8]) Tarnani, Hor. Soc. ent. Ross. T. 37, 1904, p. XIX—XX.
[9]) Howard & Chittenden, U. S. Dept. Agric., Bur. Ent., Circ. 96, 1907.

Protoparce (Phlegetontius) **quinquemaculatus** Haw. (celeus Hb.). **Tobacco-, tomato-worm.** Nord- und Mittelamerika; die Raupe der schlimmste Feind des Tabaks; auch der Tomate gefährlich. Falter in Mai, Juni. Eier einzeln an Blattunterseite; nach 3—8 Tagen kriecht die Raupe aus, die nach 3—4 Wochen erwachsen ist. Zwei Bruten im Norden, vier im Süden. Puppen überwintern. Bekämpfung: Ablesen; Spritzen mit Arsenmitteln, gegen die die älteren Raupen viel weniger empfindlich sind als die jungen. Auch die Schmetterlinge kann man vergiften, indem Blüten von Stechapfel über die Felder verteilt werden, in die man eine Mischung von einer Unze Kobalt, ¼ Pinte Melasse und einer Pinte Wasser gespritzt hat; die davon saugenden Falter gehen zugrunde. Verschiedene Hymenopteren, Pilz- und Bakterienkrankheiten befallen die Raupe.

Pr. (Phl.) **sexta** Joh. (carolina L.). Wie vorige, aber mehr nach Süden.

Psilogramma menephron Cr. (Pseudosphinx discistriga Wlk.[1]). In Indien zugleich mit Hyblaea puera und Pyrausta machoeralis sehr schädlich in Teakwäldern, oft Kahlfrafs.

Acherontia O. Totenkopf.

Plump, dick, wollig behaart; Fühler kurz, dick, an der Spitze mit Haaren; Rüssel stark, kurz; Flügel in der Ruhe dachförmig, Hinterflügel gefaltet.

A. styx Westw. Asien, orientalische Region, Philippinen. In Indien[2]) an Sesamum indicum und Dolichos spp.; 2—3 Bruten.

A. atropos L.[3]). Europa. Falter an der gelblichen totenkopfähnlichen Zeichnung auf der Brust leicht kenntlich. Raupe gelb oder grün mit blauen Schrägstrichen, oben vom vierten Ringe an schwarzblau punktiert; Horn S förmig gekrümmt; bis 15 cm grofs; von Juli bis September auf Kartoffeln und verwandten Pflanzen, auch an Jasmin. In Sachsen soll sie von Kartoffeln an einen Apfelbaum übergegangen sein und dessen Blätter verzehrt haben[4]).

A. lachesis F. Java[5]), an Tabak, manchmal sehr schädlich.

Herse (Protoparce) **convolvuli** L.[6]). Paläarktische und orientalische Region; in Europa unschädlich; in Indien an Bataten und Sonnenblumen, auf Java an allerlei Zierblumen; der Falter kommt hier vielfach in die Wohnungen und wird da des Abends recht lästig. Auf Hawai und in Australien eingeschleppt, auch hier schädlich an Bataten und anderen Ipomoea spp.

H. (P.) **cingulata** F.[7]). Hawai, Antigua, Leeward-Inseln, Australien; an Bataten.

---

[1]) STEBBING, Insects that affect forestry, p. 52—55.

[2]) MAXWELL-LEFROY, Mem. Dept. Agric. India Vol. I, 1907, p. 154, fig. 40.

[3]) v. AIGNER-ABAFI, Ill. Zeitschr. Ent. Bd. 3—5, 1898—1900.

[4]) Jahresber. Sonderaussch. Pflanzensch. D. L. G. 1902, S. 146.

[5]) KONINGSBERGER, l. c. p. 54.

[6]) MAXWELL-LEFROY, l. c. p. 155; FROGGATT, Agr. Gaz. N. S. Wales Vol. 14, 1903, p. 1019—1020; KONINGSBERGER, l. c. p. 53; VAN DINE, Rep. Hawai agr. Exp. Stat. 1907, p. 43—44.

[7]) FROGGATT, l. c.; VAN DINE, l. c.

Hesperiden, Dickkopfschwärmer.

Eine kleine Familie, die zwischen den Tag- und Nachtfaltern (Rhopaloceren und Heteroceren) steht. Kleinere Falter von plumpem Bau; Kopf rauh behaart, breit; infolgedessen die Fühler weit getrennt, mit Haarpinsel an Wurzel und mit Endkolben. Hinterflügel manchmal mit Haftborste.

Carcharodus (Spilothyrus) **alceae** Esp. [1]). Malvenfalter. Raupe grau, dunkler Rücken-, heller Seitenstreifen, fein behaart; auf erstem Ringe gelbe Zeichnung; Europa; rollt Malvenblätter zusammen.

Erionota thrax L. [2]). Java, auf Palmen, besonders auf Elaeis guinensis und auf Musa-Arten.

Auf Java[3]) leben mehrere Hesperiden-Raupen an Zuckerrohr, Mais und Reis, so (Telicota) **Pamphila augias** L. und **dara** Koll., **Hesperia philino** Möschl., **Parnara conjuncta** H. S., **P. mathias** F. (auch in Indien[4]); sie rollen Blätter seitlich ein und verlassen den so gebildeten Köcher nur zum Fressen; Puppe ebenfalls in der Rolle.

Pamphila augiades (Feld.) und **Erynnis sperthias** Feld. Australien; an jungen Palmen in Gärten[5]).

Hidari irava Moore[6]). Sumatra, Kahlfraß an Kokospalmen; auch auf Java (?).

Calpodes ethlius Cr.[7]). Südliches Nordamerika, Cuba; öfters Verwüstungen anrichtend in Feldern von bronzierten Canna-Varietäten; grüne werden, offenbar ihrer härteren Blätter wegen, nicht befallen. Die Raupen rollen Blätter zusammen und durchbohren sie. Eier einzeln oder in Häufchen von 5—7 an Blattunterseite; nach 4—6 Tagen die Raupe, die oft von Krankheiten befallen wird, trotzdem sie ihren Kot aus den Blattrollen herausschafft. Drei Bruten.

Eudamus proteus L. [8]). Tropisches Amerika, im Norden bis Florida, an Leguminosen, besonders Erbsen und Bohnen, aber auch an Kohl, Rüben usw. Mehrere Bruten im Jahre. Eier rund, gerippt, in Gruppen von 1—6 an der Unterseite der Blätter. Die an auffällig verengtem Halsschilde kenntliche Raupe frißt zuerst frei an den Blättern, dann rollt sie sich zum Schutze einen Blattzipfel ein (*bean leaf roller*).

Telicota (Padraona) **palmarum** Moore (chrysozona Ploetz.). Indien, Raupe an Dattel- und Kokospalmen.

Megathymiden.

Megathymus yuccae Boisd. und Le C. Nordamerika; Raupe bohrt in Yuccawurzeln.

---

[1]) Eckstein, Zeitschr. Pflanzenkrankh. Bd. 6, 1890, S. 17—19, 1 Fig.
[2]) Koningsberger, l. c. 55.
[3]) van Deventer, l. c. p. 78—88, Pl. 12; Koningsberger, l. c. p. 56.
[4]) Maxwell-Lefroy, l. c. p. 153, fig. 39.
[5]) Froggatt, Austral. Ins. p. 228, fig. 109, 110.
[6]) Koningsberger, l. c. p. 56.
[7]) Chittenden, U. S. Dept. Agric., Bur. Ent., Bull. 54, 1905, p. 54—58, fig. 18. — Cook, ibid., Bull. 60, 1906, p. 70.
[8]) Quaintance, Florida agr. Exp. Stat. Bull. 45, 1898, p. 55—60. — Chittenden, U. S. Dept. Agric., Div. Ent., Bull. 33, N. S., 1902, p. 92—96, fig. 20. — Cook, ibid. Bull. 60, 1906, p. 70.

Lycaeniden, Bläulinge.

Kleinere Tagfalter. Fühlerwurzel ohne Haarpinsel, Fühlerende kolbig
verdickt. Augen oben und unten winklig, am Rande weifs beschuppt.
Vorderbeine kleiner als übrige, mit einfachen Endhaken; Hinterschienen
mit einem Sporenpaar. Männchen meist auf Flügeloberseite lebhaft
gefärbt, Unterseite und bei Weibchen beide meist düster, braun. —
Raupen unten flach, Rücken hochgewölbt, asselähnlich, fein und kurz
behaart. Puppe hängt gestürzt, mit einem Faden befestigt.

Lycaena F.

Männchen meist blau, Weibchen braun; Unterseite der Flügel mit
zahlreichen kleinen Augen; Fühler schwarz und weifs geringelt. Raupen
gewöhnlich grün mit gelblichen oder dunklen Längsstreifen, im Hochsommer an Schmetterlingsblütlern, an Blättern und Früchten, vielfach
an Kleearten, aber ohne merkbar zu schaden. Puppe überwintert.
Falter im Mai und Juni.

Polyommatus (Chrysophanus) baeticus L.[1]. Ceylon; Raupen in
den Hülsen von Crotalaria.

Zephyrus (Thecla) betulae L.[2]. Oben schwarzbraun, unten bräun-
lichgelb mit bräunlicher, hinten weifs eingefafster Querbinde; Vorder-
flügel beim Weibchen mit grofsem, rotgelbem Fleck; Hochsommer.
Raupe grün mit doppeltem, gelbem Rückenstreifen, gelblichweifsen
Schrägstreifen und braunem Kopfe; 27 mm lang; im Mai und Juni an
Blattunterseite von Zwetschen, Pflaumen, Aprikosen.

Callophrys (Thecla) rubi L. Oben schwärzlich oder olivenbraun,
unten grün mit weifser Punktreihe auf Hinterflügeln. Raupe hellgrün
mit gelbem, dunkel gesäumtem Rückenstreifen, hellen Seitenstreifen
und Flecken, an Him- und Brombeeren, Birnbaum, Rosen[3]) und Esparsette.

Thecla F. (Uranotes Scudd.).

Augen behaart; Flügel oben braun, unten desgleichen mit schmalem,
weifsem Querstreifen.

Th. pruni L.[4]. Vorderflügel oben mit verwaschenen rotgelben
Querflecken, Hinterflügel mit rotgelben Randflecken; letztere geschwänzt.
Raupe blafsgrün, Kopf gelb, dunkle Rückenlinie, gelbe Schrägstriche,
acht braun punktierte Fleischhöcker; 23 mm lang; Mai, Juni an
Zwetschen und Pflaumen; läfst sich leicht abklopfen.

Th. (Ur.) melinus Hb.[5]. Nordamerika, ursprünglich an Astragalus
mollissimus (loco weed), von da an verschiedene Leguminosen, besonders
Bohnen, aber auch Erbsen, übergegangen; ferner in der Blüte von
Mais, namentlich aber ein ernstlicher Feind der Baumwolle. Die Raupe
bohrt die Schoten bzw. Kapseln an und frifst sie aus; an Baumwolle
bohrt sie auch in den Kapselstielen. Parasit: *Anomalon pseudargiola*
How.

Calycopis cecrops F. (Thecla paeas Hb.): mit voriger an Baumwolle.

------

[1]) Green, Trop. Agricult. Vol. 24, 1905.
[2]) Noël, Le Naturaliste Vol. 31, 1909, p. 220.
[3]) v. Schilling, Prakt. Ratg. Obst- u. Gartenbau 1899, S. 164.
[4]) Noël, l. c.
[5]) Sanderson, U. S. Dept. Agric., Div. Ent., Bull. 33, 1902, p. 101—102, fig. 24
Bull. 46, 1904, p. 94—95; Farm. Bull. 223, 1905.

Catachrysops cnejus F.[1]). China, Australien, Südseeinseln, Indomalayische Region. In Indien an Cajanus indicus, Vigna catjang, Phaseolus mungo, Ph. trilobus. Raupe in den Hülsen, Puppe an denselben. Mehrere Bruten.

Virachola isocrates F.[2]). Indien, an Punica granata, Eriobotrya japonica, Psidium guayava, Randia dumetorum. Ei an Kelch; Raupe und Puppe in den Früchten.

Amblypodia sp.[3]) Raupen auf Java an Kaffee, fressen Hülsen und Stiele der unreifen Bohnen ab.

Jalmenus evagorus Don. und **ictinus** Herv.[4]). Australien, erstere an der Küste, letztere im Innern; gemein an Akazien, die sie oft völlig kahl fressen. Ameisen besuchen sie in Massen, um ihre Ausscheidungen aufzulecken und schützen sie daher vor ihren Feinden.

Nymphaliden.

Vorderbeine zu klauenlosen „Putzfüfsen" verkümmert; Hinterschienen mit einem Sporenpaar; Fühlerwurzel ohne Haarpinsel; Flügel häufig gezähnt oder eckig, die hinteren umfassen den Leib. Meist grofs, bunt. Raupen dornig oder mit weichen Fortsätzen. Puppe gestürzt.

Die grünen, gelb und dunkel gestreiften Raupen der Unterfamilie der Satyrinen (europäische Gattungen **Coenonympha, Epinephele, Pararge, Melanagria** usw.) leben von September bis Mai auf Wiesengräsern. Sie bleiben ziemlich klein (15—35 mm), wachsen langsam und fressen daher wenig und kommen immer nur spärlich vor, so dafs sie nur theoretisch zu den Schädlingen gerechnet werden können. Auf Java[5]) kommen an Zuckerrohr vor **Mycalesis mineus** L. und **Cyllo leda** L.; auf Palmen, besonders auf Elaeis guineensis, lebt die Raupe von **Elymnias undularis** F.; auch sie sind kaum schädlich zu nennen.

Discophora celinde Stoll.[6]). Java, Zuckerrohr. Raupen zahlreich, fressen gesellig; da sehr gefräfsig, ist der Schaden nicht unbedeutend. Zwei erwachsene Raupen fressen in einem Tage etwa 350 qcm Blattfläche; eine Anzahl Raupen kann eine Pflanze in wenigen Tagen kahl fressen. Auch auf Kokospalme und Bambus.

Amathusia phidippus L.[7]). Java, an Pisang und junger Kokospalme.

Ergolis ariadne L.[8]). Java, an Blättern von Rizinus communis, hier und da schädlich.

Vanessa F.

Augen behaart; Fühlerkeule allmählich verdickt; Saum der Vorderflügel geschwungen; Mittelzelle aller Flügel durch feine Querader geschlossen. Raupe mit langen, ästigen Dornen. Puppen eckig.

V. antiopa L. **Trauermantel.** Ganze nördliche Halbkugel;

[1]) Maxwell-Lefroy, l. c. p. 149.
[2]) id., l. c. p. 150, figs. 35—36.
[3]) Koningsberger, l. c. p. 32.
[4]) Froggatt, Agr. Gaz. N. S. Wales Vol. 13, 1902, p. 716—717, Pl. 3 figs. 14, 15.
[5]) van Deventer, l c., p. 70—73, Pl. 10; Koningsberger, l. c., p. 59.
[6]) van Deventer, l. c., p. 73—98, Pl. 11; Koningsberger, l. c., p. 58.
[7]) Koningsberger, l. c., p. 58.
[8]) Koningsberger, l. c. p. 59.

schädlich nur in einigen Teilen Nordamerikas an Ulmen; aber auch an
Weiden, Pappeln, Birken, Celtis occidentalis usw. Befruchtete Weibchen
überwintern, legen Mitte Mai bis zu 450 Eier in abwechselnden Reihen
um Zweige; nach 12—15 Tagen schlüpfen die Räupchen aus, die gesellig, anfangs dicht nebeneinander fressen; Ende Juni verpuppen sie
sich; im Juli fliegen die Falter der ersten Brut, der noch eine zweite
und dritte folgen. Die späteren Bruten von immer geringerer Bedeutung, da die Zahl der Raupen infolge natürlicher Feinde (Schlupfwespen, Tachinen, Raubkäfer und -wanzen) immer mehr abnimmt.
Bekämpfung: befallene Zweige abschneiden und die Raupen vertilgen.

V. polychloros L. **Grofser Fuchs.** Rotbraun, dunkelbraun,
schwarz und blau gezeichnet. Raupe zuerst schwarzgrau, stark behaart; nach der ersten Häutung gelbe Dornen; später wird sie braungrau und graublau, mit mattgelben Streifen, zwischen den Dornen feine,
weifse Härchen, bis 45 mm lang. — Überwinterte Weibchen legen im
Mai ihre Eier an dünnere Zweige, oft in solcher Menge, dafs sie diese
umgeben, ähnlich wie die des Ringelspinners; jedoch fehlt der sie ver-
bindende Kitt. Die Raupen fressen gesellig, indem sie die Blätter von
Zweigspitzen zu einem lockeren Neste zusammenspinnen; später verlassen sie es am Tage um zu fressen, kehren aber abends wieder
zurück; im Neste finden auch die Häutungen statt. Zur Verpuppung
trennen sie sich; sie findet an Stämmen, Zäunen, Mauern und andern
geschützten Stellen statt; von Ende Juni an die Falter. E. Taschenberg
führt mehrere Parasiten an. — Die Nester sind abzuschneiden. — An
Obstbäumen, Ulme, Pappel, Weide usw.

V. Jo. L. **Tagpfauenauge**[1]). Falter braunrot mit grofsem Augenfleck an Spitze jedes Flügels. Raupe schwarz, bedornt, dicht weifs
punktiert, gewöhnlich an Brennesseln, doch auch an Hopfen, hier nicht
selten einzelne Pflanzen kahl fressend. In Drahtanlagen sind sie leicht
abzuklopfen, in Stangenanlagen zerstört man die Nester mit der Raupenfackel.

Auch andere Arten dieser und der nächstverwandten Gattungen
werden gelegentlich an Kulturpflanzen gefunden, so **V. cardui** L. an
Artischoke bei Nizza und Bohne (Bulgarien), **V. (Polygonia) C-album**
L. an Hasel, Beerenobst und Hopfen[2]), **V. (Pyrameis) atalanta** L.[3])
an Ramie (Urtica nivea und tenacissima) in Algier, ohne aber im allgemeinen ernstlich schädlich zu werden.

Die grünen, mit Dornen oder Höckern versehenen Raupen der
Gattung **Limenitis** F. (Eisvögel) leben auf Geisblatt (L. sibilla L. und
camilla Schiff.) oder auf Pappeln; praktisch unwichtig.

Melanitis ismene Cr. und **Junonia almana** L.; Indien[4]), an Reis,
erstere auch an Andropogon sorghum.

Von Java[5]) sind noch zu erwähnen **Ergolis ariadne** L. auf
Rizinus, **Acraea vesta** F. und **Hypolimnas misippus** Kby auf
Erythrina, **Doleschallia bisaltide** Cr. auf verschiedenen Zierpflanzen

---

[1]) v. Schilling, Prakt. Ratg. Obst- u. Gartenbau 1892, S. 321, 3 Fig.; Zirngiebl,
Feinde des Hopfens, Berlin 1902, S. 2—3, Fig. 1.
[2]) Zirngiebl, l. c. p. 3—4, Fig. 2.
[3]) Rivière, Cult. colon. 1903, Nr. 125, p. 289.
[4]) Maxwell-Lefroy, l. c. p. 147, fig. 33, p. 148, fig. 34.
[5]) Koningsberger, Med. 's Lands Plantentuin 22, 1898, p. 30—31; Meded. Dept.
Landbouw 6, 1908, p. 58—59.

(Croton, Codiaeum usw.). **Acraea andromacha** F. in Australien an Passionsblumen[1]).

Eurytela dryope Cram.[2]). Deutsch-Ostafrika; Raupe an Rizinus, sehr zahlreich in Mai, September; eigentümlich gekrümmt, grün, wenig dunkel gezeichnet, zwei lange, bestachelte Hörner auf dem Kopfe, zwei Reihen verzweigter Stacheln auf Rücken.

Euptoieta claudia Cr.[3]). Nordamerika, an jungen Pensées und an Passionsblumen; die Falter gleichen den Schaden der Raupen zum Teil wieder aus durch Befruchtung der Blumen.

Pieriden, Weifslinge.

Mittelgrofs, weifslich oder gelblich; Hinterflügel umfassen den Leib; Hinterschienen mit einem Sporenpaar. Eier einzeln oder in Kuchen, birnenförmig, gerieft, sitzen mit dem dickeren Ende auf. Raupen schlank, kurz und dünn behaart. Puppen hängen sich mit einem Faden um die Leibesmitte auf (Gürtelpuppen). — Auch von dieser Familie werden sehr häufig Arten als schädlich berichtet, lediglich weil sie an Kulturpflanzen gefunden worden sind oder werden. Mit wenig Ausnahmen treten sie aber so spärlich an solchen auf, dafs von einem wirklichen Schaden keine Rede sein kann.

Leptidia (Leucophasia, Pieris) sinapis L. **Senfweifsling.** Weifs, Vorderflügelspitze beim Männchen grau bestäubt; Unterseite der Hinterflügel grünlichgelb mit zwei verloschenen grauen Querbinden; Mai bis August. Raupe grün mit gelben Seitenstreifen; 3 cm lang; Juni, August, September, in zwei bis drei Bruten an Platterbsen, Hornklee und Kleearten, nicht an Senf. Puppe gelb mit rotbraunen Seitenstreifen und weifsen Atemlöchern; die der letzten Brut überwintert.

Terias (Eurema) hecabe L. Java; in manchen Jahren in sehr grofsen Mengen und dann schädlich auf Leguminosen, entblättert häufig die in den Kaffeepflanzungen als Schattenbäume dienenden Albizzien. **Catopsilia crocale** Cr. ebenda auf Cassia florida[4]).

Pieris teutonia F. (Belenois java Sparm.) entblättert in Australien von Zeit zu Zeit die Capparis-Bäume und -Sträucher[5]).

Pieris Schrk. (Pontia F.).

Flügel dicht und deutlich gefranst.

Die Weifslinge treten in Europa in zwei bis drei Bruten auf; die Puppen der letzten überwintern. Eier an Blattunterseiten der Nährpflanzen. — Feinde und Parasiten sind zahlreich. Das Geflügel frifst die Raupen sehr gern, kann aber infolge zu reichlichen Frafses erkranken und selbst sterben; auch Sperlinge stellen den Raupen lebhaft nach. P. MARCHAL[6]) beobachtete, dafs Nymphen von *Nabis lativentris* (einer Schreitwanze) die Eier von P. brassicae aussangten, und vermutet, dafs deren Larven ebenso leben. Zahlreiche Schlupfwespen belegen Eier, Raupen und Puppen mit ihren Eiern; am bekanntesten ist

[1]) FROGGATT, Austr. Insects, 1908, p. 215.
[2]) VOSSELER, Ber. Land- u. Forstwirtsch. Deutsch-Ost-Afrika, Bd. 2, S. 421.
[3]) CHITTENDEN, U. S. Dept. Agric. Div. Ent. Bull. 27. N. S., 1901, p. 80—81.
[4]) KONINGSBERGER, Med. 6, p. 57.
[5]) FRENCH, Destr. Ins. Victoria Pt. 3 p. 101—104, Pl. 49.
[6]) Bull. Soc. ent. France 1900, p. 330.

Apanteles glomeratus Reinh.. der nicht, wie man früher glaubte, die junge
Weifslingsraupe, sondern die Eier mit seinen Eiern belegt[1]); seine Püpp-
chen verspinnen sich in gelben Kokons auf der absterbenden Raupe
(die sogenannten „Raupeneier").

Die Bekämpfung in kleineren Verhältnissen erfolgt am besten durch
möglichst frühzeitiges Ablesen der Raupen, bei P. brassicae auch der
Eierhäufchen, und der Puppen. Im grofsen ist Arsen als Spritzmittel
oder Köder anzuwenden. Superphosphat, Kalk usw. auf die Pflanzen
gestäubt, soll die Raupen töten, ebenso heifses Wasser (50—55 ⁰ C.).

Nicht selten werden bei Pieris-Arten grofse Züge wandernder
Schmetterlinge beobachtet.

P. napi L. Rapsweifsling (Fig. 246). Weifs, Adern dunkel be-
stäubt; Weibchen mit zwei schwärzlichen Flecken hinter der Mitte der
Vorderflügel; Hinterflügel unten gelb mit schwarz bestäubten Rippen.
Raupe grün, mit weifsen Wärzchen, schwarzen Pünktchen und gelben
Seitenstreifen; 30 mm lang; Juni,
Spätsommer an verschiedenen
Kohlarten, Raps, Reseda usw.
Puppe grüngelb, schwarz ge-
fleckt. Eier einzeln, grünlich. —
Auch in Nordamerika einheimisch.

**P. rapae L. Kleiner Kohl-
weifsling.** Gelblichweifs; Vorderflügel an Spitze schwärzlich,
beim Männchen mit einem, beim
Weibchen mit zwei schwärzlichen
Flecken. Eier einzeln, gelb. Raupe
mattgrün, mit gelben Rücken-
und Seitenstreifen; 30 mm lang:
an Kreuzblütlern, Reseden, Tropaeolum usw.: an Kohlarten geht
die Raupe besonders gern in die
Herzen, die sie nicht nur zerfrifst, sondern noch mehr durch
ihren Kot verdirbt. Der Schaden
in Europa ist gerade nicht von
besonderer Bedeutung, um so
mehr aber der in Nordamerika[2]),
wo die Raupe zu den schlimmsten
Gemüsefeinden gehört und der
schlimmste Schädling des Kohlbaues ist. Etwa 1856 oder 1857
wurde sie in Canada eingeschleppt; jetzt findet sie sich als
„imported cabbage worm"

Fig. 246. Rapsweifsling (nach Curtis).

bis in die Südstaaten, besonders schädlich aber immer noch im Norden,
wo um 1895 Provancher den Schaden allein bei der Stadt Quebec
auf jährlich 240000 $ schätzte. Im Norden folgen sich bis zu drei
Bruten, im Süden bis sechs und mehr; die ganze Entwicklung dauert
3—5 Wochen.

[1]) Fabre, Revue des questions scientifiques. Louvain 1908.
[2]) Chittenden, U. S. Dept. Agric., Bur. Ent., Circ. 60, 1905, 8 pp., 6 figs.

Die Raupen wurden in Amerika, allerdings im Zuchtkäfige, dabei beobachtet, wie sie die Eier eines Eulenschmetterlings frafsen; Chittenden und Russell [1]) glauben, dafs auch auf diese Weise die eingeborenen Weifslinge (P. napi und protodice) von der eingeschleppten Art verdrängt würden.

P. protodice Boisd. Nordamerika, besonders in den Südstaaten; von voriger vielfach verdrängt.

P. brassicae L. **Grofser Kohlweifsling** [2]). Weifs, Vorderflügel, Wurzel und Spitze schwarz, ein schwarzer, auf den Vorderrand der Hinterflügel übergehender Wisch; beim Weibchen mit zwei schwarzen Flecken. Hinterflügel unten gelb, innen grau bestäubt. Raupe bläulichgrün, schwarz punktiert, mit gelben Rücken- und Seitenstreifen, 35—40 mm lang; Juni, August, September. Eier zuerst grünlich, dann gelb, in Kuchen nebeneinander. Die Raupen der ersten Brut leben wohl vorwiegend an wildwachsenden, erst die der zweiten Brut an den verschiedensten angebauten Kreuzblütlern, auch an Tropaeolum, Levkoyen usw.; sie verzehren die ganzen Blätter bis auf die starken Mittelrippen. Zur Verpuppung verlassen sie die Nährpflanzen, um an Bäumen, Mauern, Zäunen usw. in die Höhe zu kriechen. In manchen Jahren ungeheuer schädlich. — Auch in Indien, hier aber nur gelegentlich und wenig schädlich.

Aporia Hb.

Flügel mit sehr kurzen, kaum sichtbaren und weit auseinanderstehenden Fransen besetzt.

A. crataegi L. **Baumweifsling** [3]). Weifslich, Rippen schwarz; Juni, Juli. Raupe unten blaugrau, oben mit drei schwarzen und zwei rotbraunen Längsstreifen; 40—45 mm lang; an Obstbäumen und wilden Rosaceen, auch an Eichen. Eier in Kuchen bis 150 an Blattoberseite; Gestalt wie bei Pieris. Nach etwa 14 Tagen kriechen die Räupchen aus, die die Blätter bis auf die Rippen befressen. Ende August spinnen sie aus Blättern die sog. „kleinen Raupennester", in denen sie überwintern. Im Frühjahr verfertigen sich die Raupen ein grofses Nest, von dem aus sie zuerst die aufbrechenden Knospen, später die Blätter zerfressen. Erst kurz vor der Verpuppung, Ende Mai, trennen sie sich. Puppe hellgrünlich, mit schwarzer Zeichnung und gelben Flecken. — Bekämpfung: Abbrennen der Nester im Winter. — Der Baumweifsling zeigt in seinem Auftreten ein merkwürdiges An- und Abschwellen. In den neunziger Jahren des vorigen Jahrhunderts wurde er in Deutschland zusehends seltener, bis er zuletzt fast ganz verschwand. Von 1903 etwa an wurde er wieder häufiger, um in der letzten Zeit wieder abzunehmen.

Neophasia menapia Feld. [4]). In Canada und dem Nordwesten der Vereinigten Staaten, auch auf der Insel Vancouver mehrere Male recht schädlich an Pinus-Arten (ponderosa, Douglasii, monticola). Die be-

---

[1]) U. S. Dept. Agric., Bur. Ent., Bull. 66, 1908, p. 65.
[2]) Schipper, Tijdschr. Plantenziekt. V, 1899, p. 1—11, 3 Tav., 3 figs. — Monticelli, Boll. Labor. Zool. agr. Portici Vol. 1, 1907, p. 170—224.
[3]) Eckstein, Zool. Jahrbb., Abt. f. Syst., Bd. 6, 1892, S. 230—240. — Rocquigny-Adanson, Feuill. jeun. Nat. T. 31, 1900, p. 26—27; T. 32, 1902, p. 223. 248. — Aigner-Abafi, Zeitschr. wiss. Ins. Biol. Bd. 1, 1905, S. 204—209. — Wahl, Flugbl. 12, k. k. Pflanzenschutzstation Wien, 1906.
[4]) Howard, U. S. Dept. Agr., Div. Ent., Bull. 7, N. S., 1897, p. 77—78.

fallenen Bäume trugen keine Zapfen oder gingen ganz ein. Schweine, die in den befallenen Wäldern weideten, starben; ihr Magen erwies sich als ganz von den Schmetterlingen gefüllt.

Papilioniden.

Hinterflügel mit nur einer Dorsalader, am Innenrande ausgeschnitten; Hinterschienen mit einem Sporenpaare. Raupen bunt, mit einer aus dem ersten Brustringe vorstreckbaren, lebhaft gefärbten und stark riechenden Fleischgabel. Gürtelpuppe. Grofse, lebhaft gefärbte Schmetterlinge, die in den wärmeren Gebieten der Erde ihre Haupt-Entwicklung erreichen.

Papilio L.

Gelb, schwarz gezeichnet; Hinterflügel gewöhnlich geschwänzt. Raupen dick, fleischig, nackt. Puppen vorn mit zwei kurzen Spitzen, eckig.

P. machaon L. **Schwalbenschwanz.** Hinterflügel mit blauer Binde und rotbraunem Augenfleck am Afterwinkel. Raupe grün mit schwarzen, rot gefleckten Bändern, 40—45 mm lang, in zwei Bruten, Juni, August, an Schirmblütlern, manchmal in solchen Mengen, dafs ganze Beete, z. B. von Möhren, kahl gefressen werden. Puppe überwintert. Vorwiegend in Südeuropa und Süddeutschland, in manchen Jahren aber auch in Norddeutschland so häufig, dafs schädlich.

P. podalirius L. **Segelfalter.** Raupe dick, grün, gelb gestreift und braun gefleckt, 30—40 mm lang, gelegentlich an Obstbäumen. Noch mehr südlich als vorige Art.

P. demoleus L.[1]) (Fig. 247). Schwarz mit vielen gelben Flecken; Hinterflügel ungeschwänzt, mit rotem, blau und schwarz umrandetem Auge am Afterwinkel und einem blauen Augenfleck am schwarzen Rande. Raupen anfangs braunschwarz, vorn und hinten gelblich, in der Mitte der Oberseite mit weifser V förmiger Zeichnung, mit zahlreichen schwarzen Stacheln, täuschend Vogelkot ähnelnd; nach der letzten Häutung grün, mit grauen bis gelben oder schwarzen Abzeichen, ohne Stacheln, nur mit zwei Höckerchen hinter dem Kopfe und am Afterende, bis 44 mm lang. In Afrika (Transvaal, Natal, Deutsch-Ostafrika, Sudan) schädlich an Citrus-Bäumen, verzehrt massenhaft Blätter und Triebe von Sämlingen in Saatbeeten und an tragenden Bäumen; in Ost-Indien geringerer Schädling an Citrus-Bäumen, Aegle marmelos, Zizyphus jujuba und Glycosmis pentaphylla; die Raupe bespinnt die Oberfläche der Blätter, um sich an dem Gespinste festhalten zu können. Die kugeligen, blafsgelben Eier werden einzeln an Blatt-Unterseiten gelegt. Puppen an Steinen, Baumstrünken, Gräsern usw. Die ganze Entwicklung dauert etwa 40 Tage, so dafs sich mehrere Bruten folgen. — Bekämpfung: Ablesen der schwer sichtbaren Raupen; bei stärkerem Befall Spritzen mit Arsenmitteln.

P. memnon L. **und polytes** L. Java[2]), auf Citrus-Arten, **P. agamemnon** L. an Anona muricata und Solanum melongena.

---

[1]) Vosseler, Pflanzer Jahrg. 3, 1907, S. 37—43. — King, 3d Ann. Rep. Gordon Memor. Coll. Karthoum, p. 238—239, Pl. 32; Maxwell-Lefroy, l. c. p. 152, fig. 38.
[2]) Koningsberger, l. c. p. 56—57.

Lieferung 23. (Dritter Band, Bog. 26—30.) Preis: 3 Mark.

Handbuch

der

Pflanzenkrankheiten

von

Prof. Dr. Paul Sorauer.

Dritte, vollständig neubearbeitete Auflage

in Gemeinschaft mit

Prof. Dr. G. Lindau, und **Dr. L. Reh,**
Privatdozent an der Universität Berlin Assistent am Naturhistor. Museum in Hamburg

herausgegeben

von

Prof. Dr. P. Sorauer,
Berlin.

Mit zahlreichen Textabbildungen.

BERLIN.

VERLAGSBUCHHANDLUNG PAUL PAREY.

Verlag für Landwirtschaft, Gartenbau und Forstwesen.

SW., Hedemannstrasse 10.

1911.

Erscheint in etwa 25 Lieferungen à 3 Mark.

In Australien schaden **P. sarpedon** L. an Kampferbaum und
P. aegeus L. an den Orangen, letzterer besonders merkbar in Baumschulen.

P. glaucus L. (turnus L.), Nordamerika; an Obst- und anderen
Bäumen, besonders Apfel und Kirsche. Falter von Mai bis Juli; Eier
einzeln an Blättern. Raupe grün, mit gelb-blau-schwarzem Augenflecke. Verpuppung Anfang August.

P. polyxenes F. (asterius Cram.). Nordamerika, an Sellerie und
anderen Umbelliferen. Raupen grün oder gelblich, schwarz geringelt, gelb
gefleckt; in zwei Bruten; die der zweiten oft recht schädlich.

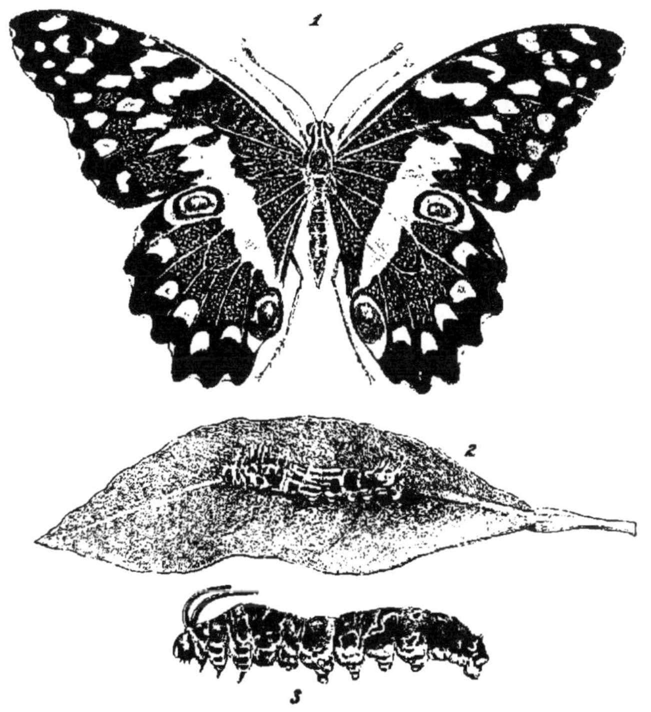

Fig. 247. Papilio demoleus (nach H. H. King).

P. thoas Boisd. (cresphontes F.) Nordamerika, im Süden an
Orangen, im Norden an Xanthoxylum americanum. Raupen braun, mit
weißen, schwarz gekernten Flecken und weißen Binden. Im Süden
vier Bruten, oft Kahlfraß bewirkend.

Laertias (Papilio) **philenor** L. Nordamerika, an Aristolochia,
manchmal beträchtlich schädlich.

Dipteren, Zweiflügler.

Mundteile saugend, zum Teil stechend; Fühler lang, vielgliederig
oder kurz, dreigliederig; Facettenaugen gewöhnlich sehr groß, beim
Männchen noch größer als beim Weibchen; meist drei kleine, dicht
beieinander stehende Punktaugen auf dem Scheitel; Kopf auf kurzem,

dünnem Halse drehbar. Brustringe verwachsen, Mesothorax am gröfsten; Vorderflügel (Fig. 248) mäfsig grofs, häutig, durchscheinend; an dem Innenwinkel durch zwei Einschnitte in drei Lappen abgeteilt: die alula (aufsen), die squamula alaris (Mitte) und die squamula thoracalis (innen); das Geäder sehr verschieden; immer aber ein vorderer und ein hinterer Teil durch einen freien Raum getrennt, der nur von einer kurzen Querader überbrückt wird. Hinterflügel zu einem Paare kleiner, geknöpfter Schwingkölbchen (Halteren) umgewandelt, deren Knopf reich an Sinnesnerven ist; sie liegen häufig unter der Squamula thoracalis versteckt. Füfse fünfgliederig, mit Haftlappen zwischen den Klauen. Hinterleib sitzend oder gestielt, fünf- bis neungliederig; die letzten Glieder öfters' zu einer Legeröhre umgebildet.

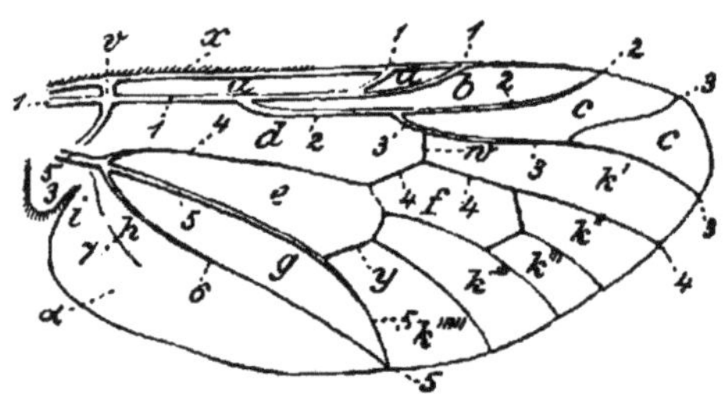

Fig. 248. Geäder eines Dipterenflügels (aus LEUNIS). 1—7 1.—7. Längsader, x Vorderrandader, v Wurzelquerader, w Querader, y hintere Quer ader, a Vorderrandzelle, b Randzelle, c Unterandzelle, d, e vordere und hintere Basalzelle, f Diskoidalzelle, g Analzelle, h Axillarzelle, i Lappenzelle, k'—k'''' 1.—4. Hinterrandzelle, α Flügellappen, β Afterlappen des Hinterrandes.

Zwei Tracheenstämme, die mit Luftsäcken in Verbindung stehen.

In der Mehrzahl Eier legend. Verwandlung vollkommen. Larven ohne echte Beine, höchstens mit stummelförmigen Anhängen: Kopf deutlich, mit kauenden Mundteilen, oder, gewöhnlich, rückgebildet, unsichtbar, mit saugenden Mundteilen: Maden. Puppe frei, sehr beweglich, mit erhärteter Cuticula (pupa obtecta) oder in die, ein Tönnchen bildende, erhärtete letzte Larvenhaut eingeschlossen, dann selbst aber weich (p. coarctata).

Ungefähr 40000 Arten bekannt; sicher ungleich mehr vorkommend.

Cyclorrhapha.

Tönnchenpuppe, die durch eine kreisrunde Spalte nahe dem Vorderende geöffnet wird. Ein Teil der Gruppen mit einer Naht über dem Ursprunge der Fühler.

Cyclorrhapha Schizophora.

Fühler dreigliedrig, mit Endborste. Das fertige, aber noch in der Puppenhaut eingeschlossene Insekt hat eine schwellbare Kopfblase, mit der es die Puppenhaut öffnet; nachher wird die Blase eingezogen; ihre Stelle wird durch die „lunula" angezeigt.

Holometopa (Muscidae acalyptratae).

Fühlerborste nicht terminal. Wangen von der Stirne nicht abgesetzt. Squamae fehlend oder so klein, dafs sie die Halteren nicht bedecken. Flügelgeäder einfach; Hauptnerven fast gerade, so dafs nur wenige Zellen gebildet werden.

Agromyziden.

Klein; 1—3 mm lang. Stirne breit, beborstet. Hintere Querader vor der Flügelmitte, der Mittelquerader sehr genähert, sehr stark wurzelwärts. Augen und Borste nackt. Hinterleib fünf- bis sechsringelig. Flügel länger als Hinterleib. Endglied der Fühler rundlich. Weibchen mit gezähntem Legestachel (Fig 249). — Larven elliptisch, vorn spitz, hinten abgestutzt, zwei knopfartig vorragende Stigmen am zweiten Ringe, zwei weitere Stigmen auf kleinen runden Platten, die getrennt voneinander am etwas konkaven letzten Ringe liegen. Bauchseite mit Kriechwarzen ohne Borsten (siehe auch Ph. aquifolii). Puppe deutlich geringelt, mit knopfigen Vorder- und Hinterstigmen; flach, etwas gekrümmt.

Die erwachsenen Insekten fliegen meistens zweimal im Jahre, in April—Mai und in August—September; sie nähren sich von Pflanzensäften, die sie sich zum Teil durch Anbohren der Blattoberflächen mit ihrem Legestachel verschaffen[1]). Ihre Eier legen sie einzeln unter die Oberhaut eines Blattes. Die ausschlüpfende Larve miniert in

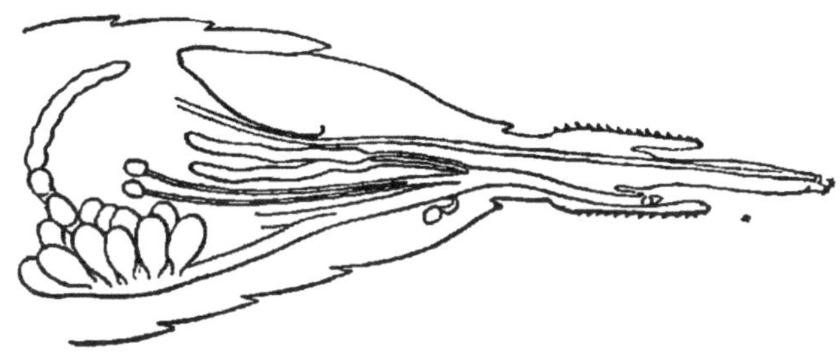

Fig. 249. Legebohrer von Phytomyza aquifolii (nach Miall a. Taylor).

dessen Innerem meist unterseitige, geschlängelte, mit Kot gefüllte Gänge, die sehr schmal beginnen, sich langsam, gemäfs dem Wachstum der Made, erweitern und schliefslich in einer grofsen, unregelmäfsig begrenzten Platzmine enden. Die Verpuppung findet entweder am Rande der Platzmine, unterseitig, statt, nachdem die Larve hier die ganze Blatthaut bis auf die oberste Cutikulaschicht durchgenagt hat, oder die Larve verläfst die Mine nach unten, um sich an oder in der Erde zu verpuppen. Die Überwinterung findet gewöhnlich als samenähnliche Puppe statt.

Der Schaden, den diese Minierfliegen anrichten, ist selten gröfser. Zur Abwehr kann man die bedrohten Pflanzen zur Flugzeit der Insekten mit Petroleumemulsion, Tabakabkochung oder ähnlichen, riechenden Stoffen spritzen; die befallenen Blätter sind, soweit möglich, rechtzeitig zu vernichten.

Die Arten sind sehr schwer zu unterscheiden, so dafs wir hier auf Angabe der Merkmale verzichten, bzw. auf die grofsen Dipterenwerke[2]) verweisen müssen.

---

[1]) Schlechtendahl, Allgem. Zeitschr. Entom. Bd. 6, 1901, S. 193—197; Miall & Taylor, s. Anm. 6 auf S. 404.

[2]) Meigen, Systematische Beschreibung der europäischen zweiflügeligen Insekten (Diptera). Mit Supplement von H. Loew. Aachen und Hamm 1818—1838, 1869—1873. 10 Bde. — Schiner, Fauna austriaca. Die Fliegen Österreichs (Diptera). 2 Bde. Wien 1862—1864.

404

Phytomyza Fall.

Hinterleib länglich; Diskoidal- und hintere Basalzelle gleich lang, oder es fehlt die hintere Querader.

Ph. affinis Fall. (nigricornis Macq.) (Fig. 250). Larve gelb, 3 mm lang, in unterseitigen Minen der Blätter verschiedener Pflanzen, z. B. Luzerne, Rübsen, Clematis[1]), Chrysanthemum[2]); in Australien[3]) besonders in saftigen Blättern (Kohl, Rübsen, Cinerarien und andere Compositen usw.) und dadurch in Gärten ungeheuer schädlich. Puppe im Blatt.

Ph. albiceps Meig. **(pisi** Kaltb.). Larven gelbweifs, 3 mm lang, in schmalen, kurzen Minen von Feldsalat (Valerianella olitoria). In Erbsenblättern[4]) beginnt die Mine am Rande, strebt nach dem Grunde und dringt oft weit in den Blattstiel, selbst in den Stengel ein; oft zahlreiche Minen in einem Blatte. Frühjahrsbrut wahrscheinlich in wilden Lathyrus-Arten. Puppe in Erde. Nach Ritzema Bos[5]) leben die Maden von der zweiten Hälfte des Juni an zwischen den noch unentfalteten Blattbüscheln an der Spitze der Erbsentriebe. Sind wenige Maden vorhanden, oder entwickeln sie sich langsam, so werden sie bei der Entfaltung der Blätter blofsgelegt und gehen zugrunde. Anderenfalls bleiben die Blätter kraus, die Blüten können sich nicht entwickeln und verwelken. Frühzeitiges Auslegen der Erbsen kommt der Fliege zuvor.

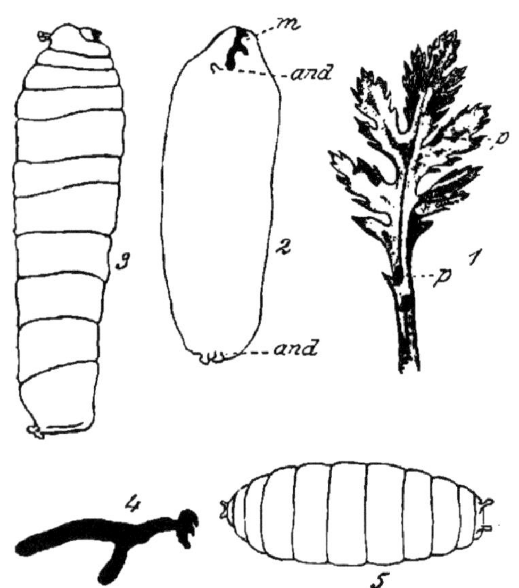

Fig. 250. Phytomyza affinis (nach Tullgren). *1* Minen mit Puppen (*p*). *2* Larve mit Mundteilen (*m*). *3* Larve von der Seite. *4* Mundteile der Larve. *5* Puppe.

Ph. aquifolii Gour. **(ilicis** Kaltb.)[6]). Einbrütig; Fliege Ende Mai, Anfangs Juni; Eiablage in kurzem, zuerst senkrecht, dann wagerecht ins Blatt dringendem Gang in Blattunterseite, an die Mittelrippe, nahe dem Blattstiele. Die nach acht Tagen ausschlüpfende Larve bohrt sich in die Mittelrippe und in dem Mittelgefäfs entlang, nach der Spitze des Blattes zu. Sie wird 3,5—4 mm lang und hat aufser dem

---

[1]) Ritzema Bos. Zeitschr. Pflanzenkr., Bd. 4, 1894, S. 222—223.

[2]) Tullgren, Studier og jakttagelser rörande Skadeinsekter, Stockholm 1905, p. 41—46, figs. 10, 11.

[3]) French, Destructive insects of Victoria Pt. III. Sydney 1900, p. 71—73, Pl. 45. — Froggatt, Agric. Gaz. N.S.Wales, Vol. 14, 1903, p. 1025—1026, 1 fig.

[4]) Theobald, Rep. 1905/1906, p. 81—83, figs. 10-13. — Collinge, Rep. 1907, p. 45.

[5]) Verslag over 1899, p. 63-64. — Ziekt. Beschadig. Landbouwgewass. D. II, p. 96—98.

[6]) v. Schilling, Prakt. Ratg. Obst- u. Gartenbau, Jahrg. 16, 1901, S. 188, Fig.; Collinge, Rep. 1905, p. 41—42; Noël, Bull. Labor. région. Ent. agr. 1907, 1er trim., p. 11—12; Miall & Taylor, Trans. ent. Soc. London 1907, p. 259—283, 20 figs.

tief in der dreiringeligen Brust steckenden Kopfe noch neun Bauchringe. An jedem Einschnitte oben und unten unterbrochene Querringe kleiner Haken. Die Mundwerkzeuge bestehen anfangs aus einem
gröfseren, mittleren und zwei kleineren, zurückliegenden Haken, später
aus zwei, die Mundöffnung in sich einschliefsenden Oralplatten mit je
zwei Haken; der Vorderhaken der rechten Oralplatte ist der gröfste,
daher die Larve auf der Seite liegend frifst. Nach etwa zwei Monaten
dringt sie in die Blattfläche ein, frifst zuerst die Palissadenzellen, dann
das Schwammgewebe und erzeugt hier grofse, oberseitige Platzminen.
Sie häutet sich im ganzen zweimal, wobei die Haut längs des Bauches
platzt. Im April verpuppt sie sich, Bauchseite nach oben, wobei die
beiden Vorderstigmen bereits durch die vorgebildete Ausschlupfstelle
hindurch gesteckt werden. Parasiten: zwei Ichneumoniden.

Ph. atra Meig. Larven 2 mm lang, durchscheinend grünlich, in
weifslichen, kurzen, breiten Gängen in Kleeblättern, die den Nerv entlang verlaufen, unten beginnen, oben enden.

Ph. chrysanthemi Kowarz. Minen in Blättern von Chrysanthemum,
Amerika, Europa (?).

Ph. geniculata Macq. (Fig. 251). Larve 2—3 mm lang, hellgelb,
in unterseitigen Gangminen in Blättern verschiedenster Gewächse, wie
Erbsen, Steinklee, Sonnenblume, To-
pinambur, Kohlarten, Gurken usw.,
namentlich von Korb- und Kreuzblütlern. Börner[1]) fand sie am Grunde der
äufseren Rosettenblätter von Möhren in
feinen Gängen. Puppe in der Mine.
Nach Brashnikow[2]) dauert die ganze
Entwicklung in Rufsland weniger als
einen Monat, so dafs sich dort fünf bis
sechs Bruten folgen, von denen die
letzten stark durch Ichneumoniden und
Pteromalinen dezimiert werden.

Ph. hellebori Kaltb.[3]). Oberseitige Blattminen in Helleborus, dessen
verschiedene Arten verschieden befallen werden. Puppe im Blatt. Fliege
verläfst dies nach unten. Überwinterung als Larve und Puppe, wobei Kälte
von — 16 bis 17° C überstanden wurde.

Ph. xylostei Kaltb.[4]). Larven
weifs, 2 mm lang, in geschlängelten
Minen in den Blättern von Lonicera Symphoricarpus. Zwei Bruten.
Fliegen im Mai und im August.

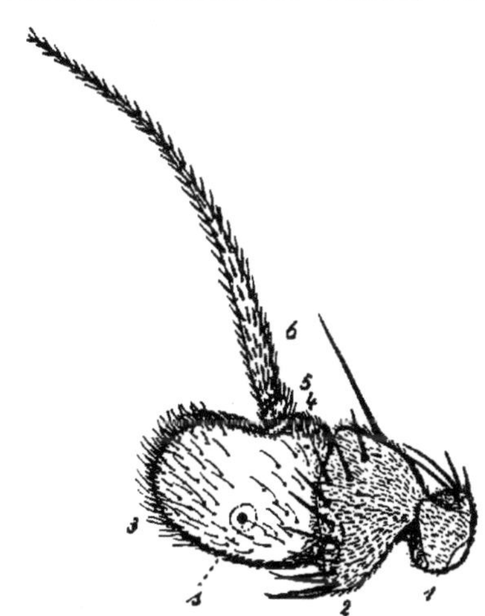

Fig. 251. Fühler von Phytomyza
geniculata, ♀ (aus Börner).

Agromyza Fall.

Diskoidal- und hintere Basalzelle getrennt, erstere länger als
vordere Basalzelle. Hinterleib eiförmig, gewölbt.

[1]) Arb. k. biol. Anst. Land- u. Forstwirtsch. Bd. 5, 1906, S. 289—292, Fig. 8—16.
[2]) (Russ. Arbeit), Auszug im Zool. Zentralbl. Bd. 5, 1898, S. 234—235.
[3]) Ludwig, F., Zeitschr. wiss. Ins. Biol. Bd. 3, 1907, S. 48—49, 130—131; Bd. 4,
1908, S. 102—103.
[4]) Trägårdh, Zeitschr. wiss. Ins. Biol. Bd. 5, 1909, S. 301—304. 11 Fig.

A. aeneiventris Fall.[1]). Nordamerika, in Blättern von Sonnenblumen, in Stengeln und Wurzeln von Klee.

A. atra Meig. (graminis Kaltb.) Oberseitige Platzminen in Blättern von Getreide und Gräsern, meistens an der Blattspitze beginnend. Puppe in der Mine oder im Boden. HOLLRUNG[2]) beobachtete, daſs stark vom Roste befallene Weizenpflanzen verschont blieben. Parasit: *Derostenus chrysostomus.* — Auch in Iris pseudacorus[3]).

A. carbonaria Zett. Platzminen in Klee. Ferner verursachen die Larven „Markflecke“ in verschiedenen Bäumen, vorwiegend in Roterlen, Weiden und Birken, aber auch in Vogelbeeren, Hasel, Pirus- und Prunus-Arten[4]).

A. frontalis Meig. Hopfen-Minierfliege[5]). Bräunliche, rasch breiter werdende Minen an der Oberseite von Hopfenblättern; sie beginnen an einer Spitze, laufen eine Rippe entlang zur Mittelrippe, dann wieder eine Seitenrippe entlang und enden in groſsem Fleck; Juni, Juli. Puppe in Erde.

A. iraeos Dur.[6]). Minen in Blättern und Scheiden von Iris-Arten, mit Ausnahme von I. germanica, in Sydenham in England.

A. (Napomyia) lateralis Macq. Minen in Blättern von Chrysanthemum[7]); in Ruſsland bis 6 cm lange Minen in Blättern von Getreide und anderen Gräsern[8]).

A. maura Meig. Nach SAJÓ[9]) Minen unter der Oberhaut von Spargelstengeln; in Zentral-Ungarn sehr verbreitet (siehe auch *A. simplex!*).

A. nigripes Meig. Anfangs fein geschlängelte, dann fleckenartig sich über den gröſsten Teil des Blattes erweiternde Minen in Schilfrohr[10]); auch in Medicago sativa[11]). Puppe in Erde. Parasit: *Dacnusa tristis.*

A. phaseoli Coq.[12]). Minen in Stengeln und Blättern von Phaseolus-Arten, Australien; sehr schädlich.

A. schineri Gir. Die hellgrünliche Larve verursacht glatte, einseitige, knotige Anschwellungen durch Wucherung des Holzkörpers an jungen Zweigen von Weiden und Pappeln. Larven in Kammern.

A. scutellata Fall. Larven 2 mm lang, gelb, in sehr schmalen, geschlängelten, oberseitigen Minen in Ackerbohnen und Vogelwicken; sie sollen auch das Herz junger Haferpflänzchen ausfressen. Puppe in der Erde.

---

[1]) WEBSTER and MALLY, U. S. Dept. Agric., Div. Ent., Bull. 20, N. S., 1899, p. 72—73.

[2]) Deutsche landw. Presse, Jahrg. 31, 1904, S. 437—488, 12 Figg.

[3]) KALTENBACH, Verh. nat. Ver. preuſs. Rheinlde., Jahrg. 19, 1862, S. 61.

[4]) NIELSEN, Zool. Anz. Bd. 29, 1905, S. 221—222; Zool. Jahrbb., Abt. System., Bd. 23, 1906, S. 725—738, 1 Taf. — v. TUBEUF, Nat. Zeitschr. Forst- Landwirtsch. Bd. 6, 1908, S. 235—241, 4 Fig., führt sie auf Tipuliden-Larven zurück.

[5]) ZIRNGIEBL, Feinde des Hopfens. Berlin 1902, S. 47—48, Fig. 24.

[6]) THEOBALD, Report 1906/1907, p. 129.

[7]) THEOBALD, 2 d Rep., London 1904, p. 159. — COLLINGE, Rep. 1905, p. 40, fig. 22.

[8]) LINDEMAN, Bull. Soc. Imp Natur. Moscou 1886, p. 9—14, Fig.

[9]) Ill. Wochenschr. Ent. Bd. 1, 1896, S. 597—598. — PROMETHEUS, Bd. 13, 1902, S. 404.

[10]) GOUREAU, Ann. Soc. ent. France (2) T. 4, 1846, p. 227—230, Pl. 8, III, No. 2, fig. 10—17. — Naturaliste (2), T. 30, 1908, p. 219—220.

[11]) S. KIRCHNER, Krank. u. Beschäd. usw., 2. Aufl., Stuttgart 1906, S. 213.

[12]) COQUILLETT, Proc. Linn. Soc. N.S. Wales Vol. 24, 1899, p. 128—129. — FROGGATT, Austral. Insects, p. 309, fig. 149.

A. simplex Loew.[1]) (Fig. 252). Nordamerika, Europa. Larve 5 mm lang, milchweifs, in Minengängen unter der Oberhaut von Spargelstengeln, nahe über der Erde beginnend, bis 7—8 Zoll in diese hineindringend; nicht selten werden durch mehrere Gänge die Stengel völlig geringelt. Puppe in der Mine. Parasit (in Frankreich): *Dacnusa Rondanii* Giard.

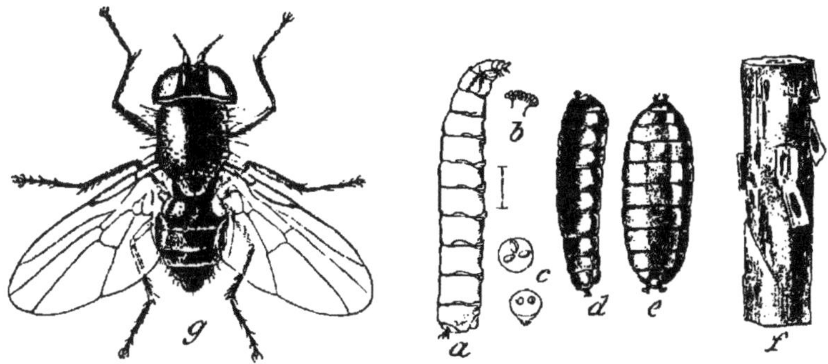

Fig. 252. Agromyza simplex (nach CHITTENDEN). *a* Larve von der Seite. *b* Brust-stigma. *c* Analstigmen. *d* Puppe von der Seite. *e* Puppe von oben. *f* Stück eines Spargelstengels mit Beschädigungen und blofsgelegten Puppen. *g* Fliege.
a—e, g vergröfsert. *f* verkleinert.

Gegenmittel: im Frühjahre einige Spargel als Fangpflanzen schiefsen lassen und sie im Juni, wenn alle Larven verpuppt sind, vernichten (siehe auch *A. maura!*).

A. sojae Zehntn.[2]). Java, in Blättern der Sojabohne, manchmal sehr schädlich.

A. tiliae Couden[3]). Zweiganschwellungen an Tilia americana, Missouri.

A. trifolii Burg. (diminuta Walk.)[4]). Nordamerika; Blattminen an woifsem Klee, Kartoffeln, Kohl (auch Stengelminen) usw.

Drosophiliden.

Kleine plumpe Fliegen von gelber oder schwarzer Farbe. Drittes Fühlerglied länglichrund, mit lang und einzeln befiederter Borste. Erste Längsader der Flügel einfach und so kurz, dafs sie kaum den dritten Teil des Vorderrandes erreicht. Vordere Basalzelle mit Diskoidalzelle verschmolzen. Randader bis zur vierten Längsader reichend. Flügel-schüppchen fehlen. — Larven recht verschieden gestaltet. Die uns angehenden meist walzig, kegelig; Schlundgerüst gabelig. Vorderstigmen becherförmig mit fünffingerigem Rande, letzter Ring seitlich mit je zwei konischen Fortsätzen; hinten in Atemröhre verlängert, die zwei Tracheen einschliefst, deren Ende als kurzes zweites Glied verschiebbar ist und Randhaare um die Stigmen trägt.

---

[1]) SIRRINE, New York agr. Exp. Stat. Geneva, Bull. 189, 1900, p. 277—282, 5 figs. — GIARD, Bull. Soc. ent. France 1904, p. 179—181. — LESNE, ibid. 1905, p. 14. — CHITTENDEN, U. S. Dept. Agric., Bur. Ent., Bull. 66, Pt. I, 1907, p. 1—5, 2 figs.
[2]) KONINGSBERGER, Meded. Dept. Landbouw Buitenzorg, Nr. 6, 1908, p. 26.
[3]) Proc. ent. Soc. Washington Vol. 9, 1908, p. 34—36, figs.
[4]) BURGESS & COMSTOCK, Rep. 1879, p. 200—201 (hier Oscinis trifolii genannt). — COQUILLETT, U. S. Dept. Agric., Div. Ent., Bull. 10, N. S, 1898, p. 78. — CHITTENDEN, ibid. Bull. 33, 1902, p. 77.

Der Lebensweise nach können wir die Drosophiliden in drei Gruppen einteilen: 1. in solche, deren Larven in gärenden Fruchtsäften leben, aber auch überreife, besonders verletzte Früchte angehen: **Drosophila funebris** F., die Essigfliege [1]); **Dr. ampelophila** Loew)[2]; **obscura** Fall.[3]); 2. in solche, die in Pilzen leben (**Leucophenga maculata** L. Duf.); 3. in solche, deren Larven minieren: **Scaptomyza adusta** Loew [4]). Oberseitige Blattminen Ende August in Cruciferen, Amerika. Fliegen im Dezember.

Sc. flaveola Meig. [4]) (Fig. 253). Desgleichen, Europa, Amerika. Zwei Bruten. Parasiten: *Ceraphron niger* Curt., *Miscogaster cinctipes* Walk.

Sc. graminum Fall.[4]). Europa, Amerika, ober- oder unterseitige, geschlängelte, in Blase endende Minen in Kreuz- (Kohl, Radieschen), Schmetterlingsblütlern (Erbsen, Wundklee) usw.

Fig. 253. Scaptomyza flaveola (nach Chittenden) *a* Larve. *b* Puppe. *c* Fliege. *d* Fühler derselben. *e* Minen. (*a—d* vergröfsert, *e* nat. Gröfse).

Hydrellinen.

Hydrellia Rob.-Desv.

Sehr klein, meist grau; Augen behaart; zweites Fühlerglied nicht bedornt, Fühlerborste auf Oberseite lang gekämmt. Flügel länger als Hinterleib; erste Längsader einfach, hintere Querader vom Flügelrande entfernt. Anal- und hintere Basalzelle fehlen. Larven minieren in Blättern.

H. griseola Fall.[5]) (Fig. 254). Erzbraun, dicht grau bestäubt; Untergesicht und Taster gelb. Fühler schwarz, Stirne und Rüssel braun. Der zweite Abschnitt der Randader doppelt so lang wie der dritte. 2,75 mm lang. — Larven glasartig, 2 mm lang, drei Bruten; minieren in

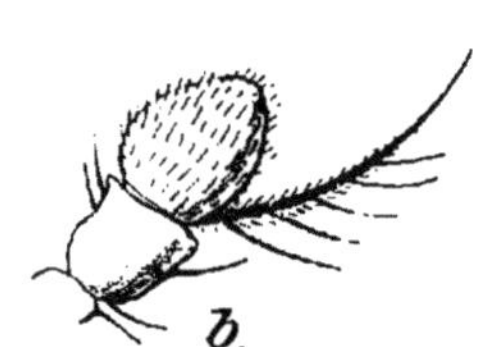

Fig. 254. Hydrellia griseola (nach Stein) *a* Fliege. *b* Fühler.

---

[1]) Capus, Rev. Viticult. T. 12, 1899, p. 694 ff.; Ausz.: Centralbl. Bakt. Parasitenkunde II, Bd. 6, S. 265—266 (an Trauben).

[2]) Forbes, Trans. Illin. St. hort. Soc. 1884 (an Trauben). — Austen, Ent. monthl. Mag. Vol. 41 (2. S. 16), 1905, p. 276—278 (an Trauben in Warmhäusern; soll identisch sein mit **Dr. melanogaster** Meig.); Van Dine, Rep. Hawaii Exp. Stat. 1907, p. 44 (an Ananas). — Saunders, Insects injurious to fruits. Philadelphia 1892, 2[d] ed. p. 137—138, fig. 144 (in Äpfeln). — Marielli, Boll. Labor. Zool. gen. agr. Vol. 4, 1910, p. 163—178, figs. 1—6.

[3]) Froggatt, Austral. Insects, p. 306 (an Tomaten).

[4]) Chittenden, U. S. Dept. Agric., Div. Ent., Bull. 33, N. S., 1903, p. 75—77, fig. 17.

[5]) Stein, Berlin. ent. Zeitschr. Bd. 11, 1867, S. 395—397, Taf. 3, Fig. 7—10. — Schöyen, Beretn. over 1897, und spätere Berichte.

Blättern von Gerste, Hafer, Gräsern usw., in jungen und alten Pflanzen. Zuerst erhalten die Blätter gelbe Flecke, später werden sie entfärbt, zuletzt sterben sie ganz ab. Die Sommerbrut ist die schädlichste, da sie die Ähren zum Verkümmern bringt. Kopfdünger mit Chilesalpeter usw. kräftigt die jungen Pflanzen. Mit Fellen überzogene Holzstäbe, in die junge Saat gestellt, locken nach SCHÖYEN die Fliegen zur Eiablage an.

H. ranunculi Hall.[1]). Die Maden fügten 1903 der Brunnenkresse in Méréville grofsen Schaden zu, indem sie in deren Stengeln minierten, so dafs die Pflanzen abstarben.

Osciniden.

Crassiseta v. Ros.

Flügel sehr kurz; Randader geht bis zur vierten Längsader; auf drittem Fühlerglied eine dicke, auffallende Borste.

C. (Elachiptera) cornuta Fall. Glänzend schwarz; zwei breite graue Längsstreifen auf Brust; Kopf rötlichgelb mit grofsem, schwarzem, dreieckigem Fleck auf Scheitel. Fühler rötlichgelb, Borste bräunlichschwarz; Beine gelb, Füfse dunkler. 3 mm lang. Von CARPENTER[2]) aus an der Basis angeschwollenen Gerstenpflanzen gezogen; Halme zerfressen; Puppe in der Scheide. Zwei Bruten.

Lipara Meig.[3]).

Düster gefärbt, plump. Flügelrandader reicht bis zur vierten Längsader. Larven verursachen Gallen in Schilfstengeln. Hierbei werden die zwölf bis fünfzehn obersten Internodien von der durch die Vegetationsspitze eindringenden und abwärts bohrenden Larve ausgefressen, so dafs sie im Wachstum aufhören, verkürzt sind. Auch die Blattscheiden und -Spreiten sind verkürzt, letztere stark verdickt. Larve in einer Höhlung in den Internodien.

L. lucens Meig.[4]). Schwarz. Rückenschild fast bucklig gewölbt, dicht anliegend filzartig, lichter behaart. Knie gelb. Galle spindelförmig, bis 15 cm lang, die Höhlung in den Internodien 2—3 mm weit, 50 bis 80 mm lang, ihre Wand verholzt. Larve von Juni bis April; Puppe: April und Mai, Fliege im Mai und Juni. Parasiten: *Pteromalus liparae* Gir. (zerstört bis zu 75 % der Larven), *Polemon liparae* Gir., *Pimpla detrita* Holmgr.

Bei **L. similis** Schin. ist die Wand der Internodien nicht verholzt, bei **L. rufitarsis** H. Loew die Form der Galle zylindrisch.

Oscinis Latr.

Klein; schwarz. Untergesicht fast senkrecht, am Mundrande nicht vortretend. Randader reicht bis zur Mündung der vierten Längsader. Larven in Halmen von Gräsern.

---

[1]) MARCHAL, Bull. Soc. ent. France 1903, p. 236—237, 3 Figs.
[2]) Econ. Proceed. R. Dublin Soc. Vol. 1, 1907, p. 423—425, fig. 2.
[3]) GIRAUD, Verh. zool. bot. Ges. Wien, Bd. 13, 1863, S. 1251—1258.
[4]) WAGNER, W., Verh. Ver. nat. Unterhalt. Hamburg, Bd. 13, 1907, S. 120—135, 10 Figg.

O. frit L., Fritfliege [1]). Glänzend schwarz, metallisch schimmernd. Fühlerborste durch dichte Flaumhaare weifs schimmernd. Füfse und Schwinger gelblich; 2—3 mm lang. Made weifslich, querringelig, 2—4 mm lang. Puppe walzig, hellbraun, matt glänzend, vorn spitzer, mit dunklem, sternartigem Fleckchen; Hinterende gestutzt, stärker, querrissig, mit zwei stumpfen Stigmenträgern, 2 mm lang.

O. pusilla Meig. [1]). Ebenso, nur kleiner und mit gelben Schienen; Hinterschienen in der Mitte schwarz.

Die sehr lebhaften, mehr hüpfenden und tanzenden Fliegen treten in drei Bruten auf. Die erste, von Ende April an, legt ihre rötlichen Eier (bis zu 70) einzeln an die Blattunterseiten der Winter- oder jungen Sommersaat, besonders von Gerste und Hafer. Die bald auskriechende Larve bohrt sich ins Herz der Pflanze, bis zum Wurzelhalse, vernichtet den Sprofsgipfel, nachdem sie vorher die ihn umgebenden Blättchen an der Basis zernagt hat. Ist die Pflanze schon bestockt, so färben sich die Blätter gelb oder rot, wie vom Rost befallen; Halm und Scheide bleiben grün; das Herzblatt welkt, wird fadendünn, weich und läfst sich leicht herausziehen; der Halm entwickelt am Grunde neue Triebknospen, so dafs dieser manchmal zwiebelartig anschwillt, wie beim Befall durch das Stockälchen. Bei günstiger Witterung können sich die Nebentriebe entwickeln, bei ungünstiger (grofser Trockenheit) sterben die Pflanzen ab oder bleiben so schwächlich, dafs sie keine normale Ähre bilden können. Anfangs Juni findet sich die Puppe unten zwischen Blattscheiden und Halm. Nach acht bis zehn Tagen erscheint die Fliege der zweiten Brut, die in Mitteleuropa vorwiegend Wiesengräser, in Schweden und zum Teil auch in England aber die Gersten-, seltener die Haferähren [2]), bzw. Rispen befällt, wo die Larve im Juli die noch weichen Körner aussaugt. Hatten die Ähren noch nicht die Scheide verlassen, so fand die Eiablage an die kleineren Nebentriebe statt, in denen die Made wie die der ersten Brut haust. Schon nach drei Wochen ist sie reif. Im August legt die Fliege der dritten Brut ihre Eier an die Wintersaaten (Roggen, Weizen) und die Ausfallpflanzen. Hier frifst die Made wieder wie die der ersten Brut, so dafs bei starkem Befalle im Frühjahre braune Stellen auf den Feldern ihre Tätigkeit verraten. Die Vorpuppung findet erst im Frühjahre, Anfang April, statt.

Vorbeugung und Bekämpfung. Die Herbstsaat möglichst spät bestellen, durch Kopfdüngung mit Chilisalpeter zu schnellem Wachstum anregen; REMER [3]) fand noch am 7. Oktober frisch abgelegte Eier. Die Fliegen der dritten Brut legen dann ihre Eier an Ausfallpflanzen und Wiesengräser. Im Frühjahr ist umgekehrt die Bestellung möglichst früh vorzunehmen, damit die Pflanzen schon recht

---

[1]) AURIVILLIUS, Ent. Tidskr. Årg. 13, 1892, p. 209—244. — RÖRIG, Ber. physiol. Labor. Versuchsanst. landw. Inst. Halle, Heft 10, 1893, 33 S., 2 Taf. — RITZEMA BOS, Zeitschr. Pflanzenkr. Bd. 4, 1894, S. 223—225. — WARBURTON, Rep. 1900, p. 8. — RÖRIG, Biol. Abt. Land- u. Forstwiss. Kais. Gesundheitsamt, Flugbl. 9, 1901. — REUBERG, Schrift. nat. Ges. Danzig, N. F. Bd. 10, Hft. 4, 1902, S. 72—74, Fig. 4. — JUNGNER, Zeitschr. Pflanzenkr. Bd. 14, 1904, S. 329. — THEOBALD, Rep. 1905/1906, p. 66—68. — MAC DOUGALL, Journ. Board Agric. London Vol. 14, 1907, p. 293—300; Leaflet . . . Nr. 202, 4 pp., 4 figs. — Eine kolorierte Tafel der Unterschiede der Puppen der wichtigsten Getreidefliegen enthält Hft. 1 der Mitt. Kais. Wilh.-Inst. Bromberg Bd. 1, 1910.

[2]) Dies nach E. TASCHENBERG auch in Böhmen von HABERLANDT beobachtet.

[3]) Deutsche landw. Presse, Jahrg. 19, 1902, Nr. 24.

kräftig sind, wenn die Frühjahrsbrut sie befällt. Ist Sommersaat sehr stark befallen, dann muſs sofort nach der Ernte die Stoppel gestürzt werden, damit die Ausfallpflanzen rasch kommen als Fangpflanzen für die Herbstbrut; sie sind dann Mitte September unterzupflügen. Ist die Wintersaat sehr stark befallen, so muſs sie im Frühjahr tief (10 cm) untergepflügt werden, damit die Fliegen nicht auskriechen können. Zwischen den Getreidefeldern sind möglichst solche mit anderen Feldfrüchten zu bebauen.

Normalerweise finden sich die Fritfliegen fast überall ganz gemein auf Wiesengräsern; nur bei stärkerer Vermehrung gehen sie in solchen Mengen auf das Getreide, auch Mais, über, daſs sie hier schaden.

O. coffeae Koningsberger [1]). Auf Java ganz allgemein in Kaffeepflanzungen; Larve miniert Gänge in den Blättern, die sehr in die Augen fallen, aber kaum merkbaren Schaden verursachen.

O. theae Bigot [2]). Gemeinstes Tee-Insekt in Indien und Ceylon. Die Fliege legt ihre Eier besonders an vorjährige Blätter, in denen die Larve zuerst groſse Platzminen auf der Oberseite friſst, dann einen schmalen Gang nach dem Blattrande, wo sie sich verpuppt. Nur lokal ernstlich schädlich.

O. carbonaria Loew (variabilis Loew) und **soror** Macq. leben in Amerika [3]) fast ebenso wie die europäischen Fritfliegen in Halmen von Getreide und Gräsern, erstere fast ausschlieſslich in Weizen. Die Larven letzterer wurden aber auch in Erdbeerpflanzen gefunden, in Samenkapseln von Vernonia noveboracensis und in Wurzeln von Gurken.

Siphonella Macq.

Schwarz oder rostgelb. Untergesicht vorgezogen, am Mundrande aufgeworfen; sonst wie Oscinis.

S. (Chlorops) pumilionis Bjerk. [4]). **Kornfliege, Aufkäufer.** Gelb; Brustrücken mit drei breiten, schwarzen Längsstriemen. Hinterleib oben mit brauner Mittellinie und vier breiten, braunen Querbinden; Rüssel sehr lang und dünn, mit knieartig zurückgeschlagenen schmalen, langen Saugflächen. Taster, Fühler und Beine gelb. 3—4 mm lang. — Larve 6—7 mm lang, glänzend gelbweiſs. In Skandinavien in Kornpflanzen. Die Larve friſst seitlich eine Längsfurche in die junge Ähre und den Halm; die Pflanze bleibt im Wachstum zurück, die Ähre in der Scheide stecken. Die Herbstbrut in der Wintersaat. In Schweden einer der gefährlichsten Kornfeinde, der 1883—1884 in Gotland für 2 Mill. Kr. Verlust erzeugte. Auch in Frankreich [5]) beobachtet.

Camarota flavitarsis Meig. (**cerealis** Rond.) [6]). Blauschwarz; Untergesicht weiſs; 2,5 mm lang. Larve und Puppe je mit zwei groſsen Stigmenhöckern am Hinterende. Larve normalerweise in Halmen

---

[1]) Meded. 'sLands Plantentuin 20, 1897, p. 25—36, Pl. 3 fig. 1, Pl. 6 fig. 5. — Nach de MEIJERE (Tijdskr. Ent., D. 41, 1908, p. 176) eine Agromyzine.

[2]) WATT & MANN, Pests and Blights of Tea plant. Calcutta 1903, 2d ed., p. 238—239, fig. 27.

[3]) WEBSTER, U. S. Dept. Agric., Div. Ent., Bull. 42, N. S., 1903, p. 51—62, fig. 15.

[4]) LAMPA, Ent. Tidskr. Ågr. 13, 1892, p. 257—274, 1 Taf., 4 figs. — SCHÖYEN (verschiedene Berichte).

[5]) AUDOUIN, Bull. Soc. ent. France 1839, p. XIII—XIV.

[6]) MARCHAL, P., C. r. Acad. Sc. Paris T. 119, 1894, p. 496—499; Ausz.: Zeitschr. Pflanzenkr. Bd. 5, S. 109. — MIK, Wien. ent. Ztg. Bd. 15, 1896, S. 247.

von Wiesengräsern. Mitte der neunziger Jahre des vorigen Jahrhunderts wiederholt in Frankreich (Dept. Haute-Garonne) recht schädlich an Weizen. Die Larve bohrt sich in die Halmspitzen und dann nach unten bis zum ersten Knoten; hier dreht sie sich um und verpuppt sich. Die Halme wurden nicht über 30 cm hoch und entwickelten keine Ähre. Fliegen Ende Juli, Anfang August.

Chlorops Meig.

Randader reicht bis zur dritten Längsader. Drittes Fühlerglied rund. Rückenschild meist schwarz und gelb gestreift. Klein bis sehr klein. Flügel kurz. Anal- und hintere Basalzelle fehlen. Larven in Grashalmen.

Chl. lineata F.[1]). Gelblich; Rücken schwarz mit gelben Längsstreifen; Hinterleib schwarz, After gelb; Fühler gelb; 3 mm lang. Die Fliegen legen ihre Eier Ende Mai, anfangs Juni einzeln an junge Getreidepflanzen, unterhalb der Ähre. Die nach 14 Tagen ausschlüpfende Larve nagt dicht unter dieser einen kurzen Gang in den Halm; hier auch die Puppe. Im September belegt die zweite Fliegenbrut die Wintersaat mit ihren Eiern. Die befallenen Pflanzen erreichen nur halbe normale Höhe, bleiben grün, wenn die anderen schon gelb werden und entwickeln nur eine kleine, von breiten Blättern umhüllte Ähre mit dünnen Körnern. Die Wintersaatpflanzen sterben dicht über der Erde ab und brechen hier um.

Ch. taeniopus Meig. Halmfliege. Gelb; Fühler, Stirndreieck, drei Längsstriemen auf Brust, vier Querbänder auf Hinterleib schwarz; 3—4 mm lang. Made gelbweiß, 5—7 mm lang; Nagehaken sehr unscheinbar; Stigmenträger am Hinterende als zwei hervorragende weiße Punkte sichtbar. Puppe gelbbraun. Mittel- und Nordeuropa, Sizilien, Sibirien, Ohio. — Die erste Brut fliegt Mitte Mai; sie legt die Eier einzeln oder zu zweien an die Basis der Oberseite eines Blattes von Weizen, aber auch von Roggen, Gerste und Wiesengräsern; die Ähre muß noch im Halme oder zwischen der Blattscheide stecken. Die Larve dringt nach innen, saugt vom Grunde der Ähre an abwärts am jungen Halme, so daß an diesem eine mißfarbige Furche bis zu 90 mm Länge, zuerst ganz oberflächlich, später tiefer, mit wallartig verdickten Rändern entsteht. Der Halm schwillt an, wächst nicht; die Ähre bleibt in der verdickten Scheide stecken, wird taub oder bringt nur dürftige Körner zur Reife: Gicht oder Podagra des Getreides. Ende Juni und im Juli verpuppt sich die Made unten an der Fraßstelle, über dem obersten Halmknoten. Die von August an fliegende zweite Brut legt ihre Eier an die Blätter der Wintersaat oder von Wildgräsern; hier dringt die Larve bis zum Wurzelhalse vor, wo sie überwintert, ohne bis jetzt merkbar geschadet zu haben. Im Frühjahr aber schwellen die befallenen Triebe an der Basis zwiebelartig an, die Blätter werden breiter; schließlich sterben sie ab. Die nicht angegangenen Teile wachsen indes normal empor und verdecken jene, so daß der Schaden nicht sehr sichtbar ist.

Gegenmittel: Zeitige Aussaat der Sommerung, später der Winterung, Vermeidung ersterer da, wo Epidemien herrschen. Bespelzter und Banater Weizen erwiesen sich widerstandsfähiger als nackter.

---

[1]) Noël, Le Naturaliste 1904, p. 190—191. Ausz.: Nat. Wochenschr. Bd. 19 (N. F. 3), S. 888. — Noëls Beschreibung weicht ziemlich von der von Schiner ab.

Einen ganz eigenartigen Befall der Sommerung beschreibt Wahl.[1]). Das Wachstum der Pflanzen wurde so unterdrückt, dafs die Halmknoten dicht aneinander rückten. Mehrere Male waren die beiden obersten Knoten miteinander verschmolzen, einige Male sogar sämtliche, so dafs 1 cm über der Wurzel ein Knoten sals, mit vier Halmscheiden. In allen diesen Fällen war dann auch die Ähre bis oben hin benagt, da die kurzen Halmteile den Larven nicht genügend Nahrung geboten hatten.

Meromyza Meig.

Klein, gelblich, schlank. Untergesicht zurückweichend; Mundrand ohne Knebelborsten. Drittes Fühlerglied rundlich, flachgedrückt, Borste nackt. Hinterschenkel stark verdickt. Vorderrandader bis zur dritten Längsader reichend; Anal- und hintere Basalzelle fehlend.

M. americana Fitch. The greater Wheat Stem-maggot[2]). In ganz Nordamerika, von Mexiko bis Canada; überall massenhaft in Gräsern, besonders auf den Prärien; befällt namentlich den Weizen, aber auch Hafer und Gerste. Drei Bruten, die sich in Lebensweise und Schaden verhalten wie bei den anderen Gattungen. Sie sind sehr wählerisch zwischen den einzelnen Grasarten und den Weizensorten. Parasiten: *Coelinius meromyzae* Forb., *Pediculoides ventricosus* Newp.

Psiliden.

Mundrand ohne Knebelborsten. Hinterleib fünf- bis sechsringelig, ziemlich lang und schmal. Flügel grofs; Anal- und hintere Basalzelle vorhanden.

Psila Meig.

Fühler kürzer als Untergesicht; dieses zurückweichend. Flügelvorderrand nicht unterbrochen. Afterzelle ungefähr so lang wie hintere Grundzelle.

Ps. rosae F. (nigricornis Meig.). Möhrenfliege, Rust fly.[3]) (Fig. 255). Glänzend schwarz, durch zarte Flaumhaare grau schimmernd. Kopf, Beine, Fühler rotgelb, Stirne mit Längseindrücken; 4,5 mm lang. — Made pergamentartig, glänzend bleichgelb; Vorderende zugespitzt mit zwei gleichen Nagehaken; Hinterende gerundet, flach, uneben, mit schwarzen Stigmenträgern. — Aus tief in der Erde überwinterten Puppen kommen im Frühjahre die Fliegen, die mit Hilfe von Erdrissen bis zu den jungen Wurzeln von Möhren, Sellerie, Petersilie, Rübsen kriechen und hier ihre Eier ablegen. Nach etwa acht Tagen kriechen die Larven aus, die tiefer in die Erde eindringen und an dem zarten Spitzenteil der Rüben ihren Frafs beginnen. Die Gänge verlaufen unregelmäfsig, doch näher der Oberfläche der Rübe, als in ihrem

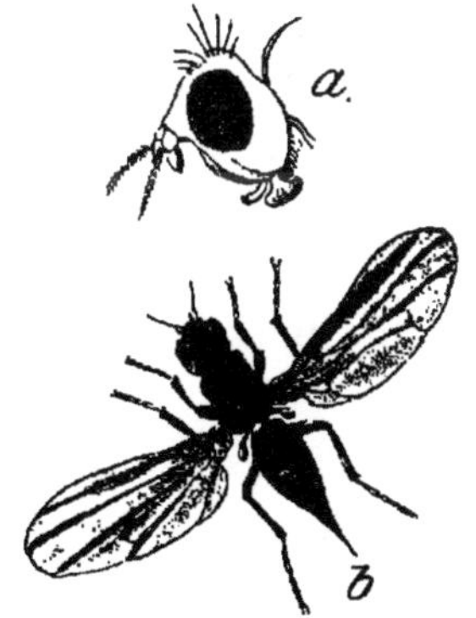

Fig. 255. Psila rosae (nach Curtis). *a* Kopf von der Seite, *b* Fliege.

[1]) Zeitschr. landw. Versuchsanst. Österreich 1907.
[2]) Webster, U. S. Dept. Agr., Bull. 42, Div. Ent., 1903, p. 40—51, fig. 14.
[3]) Curtis, Farm Insects, p. 404—406, fig. 57, Pl. N. Fig. 1—12. — Carpenter,

Innern; die Wände färben sich rostbraun, daher: Eisenmadigkeit der Möhren. Die Wurzeln verlieren ihre Süfse und faulen. Die äufseren Blätter welken zuerst, später auch die inneren. Nach drei bis vier Wochen ist die Made erwachsen und verpuppt sich flach in der Erde; nach etwa acht Tagen kriecht die Fliege aus. Im Sommer folgen sich mehrere Bruten. — Vorbeugung und Bekämpfung: möglichst Vermeiden von Rissen in der Erde; also Bedecken der Beete mit Sand, Kalk, Asche usw.; nach dem Ausdünnen sofort die entstandenen Löcher zuschlämmen. Mit Petroleum oder Karbolsäure getränkter Sand, zwischen die Pflanzen gestreut, hält die Fliegen von der Eiablage ab; ebenso Spritzen mit Petroleumemulsion nach der Aussaat, nach dem Aufgehen und nach dem Ausdünnen; Fruchtwechsel. Im Herbst tief umgraben, um die Überwinterungspuppen dem Frost auszusetzen, im Frühjahre desgleichen, um die noch überlebenden Puppen möglichst tief in die Erde zu bringen. Parasit: Alysia apii Curt.

Auch nach Nordamerika verschleppt.

Sepsiden.

Flügelschüppchen fehlend; Flügel kurz, Längsader nicht mit Hilfsader verwachsen, Anal- und hintere Basalzelle deutlich; mit Knebelborsten am Mundrande; Stirne nur am Scheitel beborstet. Hinterleib verlängert, walzig, hinten eingebogen. Schwarz.

Piophila Fall.

Erste Längsader einfach; Hinterleib länglich elliptisch; Flügel ungefleckt.

P. apii Westw.[1]). **Selleriefliege.** Kopf kastanienbraun, Stirne in der Mitte schwarz; Untergesicht heller, letztes Fühlerglied braun, Fühlerborste gelb. Körper fein goldgrau behaart. Flügel farblos, gelb geadert; Beine hellrotgelb, Füfse schwärzlich; 4—5 mm lang. WESTWOOD hat die Larven im Winter und ersten Frühjahr in den Knollen und Blattstielen von Sellerie gefunden, die Fliegen im Mai. — Über diese Art schreibt mir Herr Prof. Dr. DE MEIJERE freundlichst: „Diese Art ist von keinem Dipterologen wiedererkannt; ich möchte fast vermuten, dafs WESTWOOD sich in der Gattung geirrt hat, und dafs seine Fliege eine *Psila* war; gegen *Ps. rosae* sprechen nur die als schwärzlich angegebenen Tarsen." Auch von praktischen Entomologen ist die sogenannte „Selleriefliege" nie wieder aufgefunden; aus Sellerieknollen wurde immer nur *Psila rosae* gezüchtet.

Trypetiden[2]).

Längsader 1 einfach oder ihr Vorderast nur an Grund und Spitze von ihr getrennt. Hintere Grund- und Afterzelle deutlich; Schüppchen

---

Rep. 1903, p. 255—257, fig. 5. — CHITTENDEN, U. S. Dept. Agr., Div. Ent., Bull. 33, N. S., p. 26—31, 80, Fig. 6.

[1]) WESTWOOD, Gard. Chron. 1848, p. 332.

[2]) LOEW, H., Die europäischen Bohrfliegen (Trypetiden) erläutert durch photographische Flügelabbildungen. Wien 1862, fol. 132 pp., 26 Taf. — FROGGATT, W. W., Official Report on Fruit fly and other pests in various Countries. 1907—1908. N.S.Wales, Dept. Agric. 1909. 8°, 116 pp., Pls.

fehlend oder verkümmert. Kein Knebelbart; Stirne beborstet. Hinterleib kugelig, vier- bis fünfringelig. Erstes Hinterfußglied länger als zweites; Legebohrer lang, gegliedert.

Dacus [1]) Meig.

Klein, braun und gelb. Längsader 1 einfach; Analzelle unten weit und zipfelig ausgezogen.

D. oleae Rossi. **Mosca della oliva, Mosca olearia** [2]). Brustrücken graulich mit kleinem gelben Kreuze; Hinterleib schwärzlich mit gelbem Längsbande; Beine und Flügeladern gelb; 4—5 mm lang. — Die aus den überwinterten Puppen ausgeschlüpfte erste Fliegenbrut legt je ein bis vier, im ganzen 300 Eier im Juli in junge, gesunde Olivenfrüchte, wobei sie kultivierte Sorten bevorzugt. Die nach einigen Tagen auskriechende Made bohrt sich in die Frucht und verzehrt deren Fleisch; bei trockenem Wetter vertrocknen, bei nassem faulen die angegangenen Früchte. Nach etwa zwei Wochen ist die Larve erwachsen und geht zur Verpuppung in die Erde; nach weiteren acht Tagen beginnt die zweite Brut zu fliegen, der bei günstigem Wetter noch eine dritte und vierte folgen können; die Puppen der letzten überwintern, zumeist in den befallenen Früchten.

Die seither üblichen Bekämpfungsmaßregeln waren: frühzeitiges Absammeln und sofortiges Pressen der befallenen Früchte; den Boden mit Asche oder Kalk durchsetzen, mit Petroleum getränkte wollene Lappen untergraben, zur Vernichtung der Puppen; Eintreiben von Geflügel. Alle diese Mittel haben nicht verhindern können, daß die schon Theophrast bekannte Fliege sich immer mehr ausbreitete und in Italien jährlich einen Schaden von mehreren Millionen Mark anrichtet.

Neuerdings sind von den italienischen Entomologen zwei verschiedene Bekämpfungsverfahren ausgearbeitet worden, deren Wert erst die Zukunft lehren wird. Silvestri sucht die Fliege durch ihre Parasiten zu bekämpfen, und da die einheimischen nicht ausreichen, durch eingeführte. Berlese stützt sich auf die Tatsache, daß die Fliege erst acht bis zehn Tage nach dem Ausschlüpfen mit der Eiablage beginnt und sich von süßen Säften nährt. Er bespritzt also die Ölbäume mit der zuerst von de Cillis zusammengesetzten Dachicida: 65 % Melasse, 31 % Honig, 2 % Glyzerin, 2 % Natriumarsenit, mit der gleichen Menge Wasser verdünnt. Er verwendet indes statt des teuren Honigs und Glyzerins mit 1 %o Salizylsäure zersetztes, gekochtes Fallobst. Kurz vor der Anwendung wird die Mischung mit der zehnfachen Menge Wassers verdünnt und dann mit starkem Strahle in die Krone gespritzt. Die Fliegen saugen an den entstehenden Tröpfchen und vergiften sich. Mit dem Spritzen muß bis in Oktober fortgefahren werden.

D. cucurbitae [3]) Coq. Rotbraun, gelb, schwarz und weiß gezeichnet; Flügel mit braunem Band und Spitzenfleck. Indien, Ceylon, Hawaii,

---

[1]) Bezzi, Boll. Labor. Zool. gen. agr. Vol. 3, p. 287—313.

[2]) Die Literatur über die Olivenfliege ist sehr umfangreich. Hier sei nur darauf verwiesen, daß Berlese seine Arbeiten vorwiegend in der Zeitschrift „Redia" veröffentlicht, Silvestri die seinigen in dem „Boll. Laborat. Zool. gener. agr. Portici."

[3]) Maxwell-Lefroy, Mem. Dept. Agr. India Vol. 1, 1907, p. 228. — van Dine, Rep. Hawaii agr. Exp. Stat. 1907, p. 30—35, fig. 3.

in Cucurbitaceenfrüchten und -stengeln, in Tomaten und Bohnen. Die
Fliege bohrt die jungen Früchte an und legt in jedes Loch 5—15—27
Eier; da eine Frucht mehrmals angebohrt wird, enthält sie oft über
100 Eier. Die Maden zerstören das Fleisch vollständig. Gurkenstengel
verheilen bei trockenem Wetter leicht, bei nassem faulen sie. Zart-
schalige Melonen werden bevorzugt; Puppe in Erde. Ganze Entwicklungsdauer drei Wochen. In Hawaii 1897—1898 zum ersten Male
schädlich; dann nahm die Plage hier so rasch zu, daſs vielfach der
Anbau von Cucurbitaceen aussetzte. Erst seit 1903 verbreitete er sich
wieder, da man gelernt hatte, durch Bedecken der jungen Früchte und
Stengel die Fliegen von der Eiablage abzuhalten, durch Vernichten der
befallenen Früchte die Plage einzudämmen. — Die Maden springen
bis einen Fuſs hoch.

D. **persicae** Big.[1]) ist in Indien ein sehr schlimmer Feind der
Pfirsiche, kommt aber auch in Melonen, Mangas, Orangen, Guavas vor.

Auf Java[2]) werden mehrere Dacus-Arten in Früchten schädlich,
so **D. caudatus** F. in denen von Capsicum annuum, **D. conformis**
Dol.[3]) in Kaffeekirschen, **D. ferrugineus** F. (auch in Indien)[4]) in
Mangas, Papayas, Bananen.

In Australien befällt **D. tryoni** Frogg.[1]) in erster Linie Orangen
und Bananen, zieht aber wilde Früchte vor.

Ceratitis Mac Leay (Halterophora Rond.)[5]).

Klein, braun und gelb. Drittes Fühlerglied fast viermal so lang
als zweites; Borste an Basis behaart. Schildchen aufgequollen,
rundlich. Erste Längsader doppelt, hintere Querader schief nach auſsen
gestellt, Diskoidalzelle hinten in spitzen Winkel ausgezogen. Analzelle hinten zipfelartig ausgezogen.
— Maden können springen.

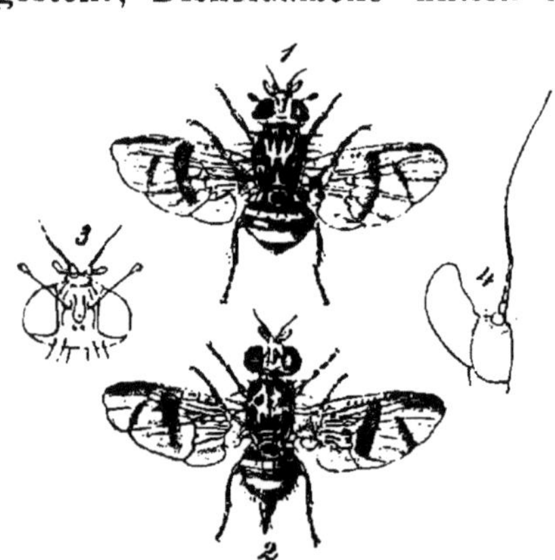

Fig. 256. Ceratitis capitata (nach
de Brème). *1* Männchen, *3* Kopf desselben, *2* Weibchen, *4* Fühler.

C. capitata Wied. (citriperda
Mac Leay, hispanica de Brème)
(Fig. 256)[6]). Kopf gelb, Brust
schwarz, weiſs gestreift; Hinterleib
gelb mit zwei grauen, Flügel mit
vier dunklen Binden; 5 mm lang. —
Made weiſslich, 7—8 mm lang. —
Die Heimat dieser Obstfliege ist
nicht mehr zu ermitteln; sie kommt
vor in den Mittelmeerländern, den
Canaren und Azoren (schon 1826
sehr schädlich), in Süd- und Westafrika, Madagaskar, Mauritius, Westaustralien, Südamerika, Westindien,
den Bermudas. Etwa 1900 wurde
sie in die Umgebung von Paris ver-

---

[1]) Froggatt, l. c.

[2]) Koningsberger, Teysmannia Vol. 19, 1908, p. 181—192; Meded. Dept. Landbouw 6, 1908, p. 25; Bull. Dept. Agric. Ind. Néerland. Nr. 20, 1908, p. 6—7.

[3]) Nach de Meijere (Tijdskr. Ent. D. 51, p. 127) mit der folgenden Art identisch.

[4]) Maxwell-Lefroy, l. c. p. 227, fig. 71.

[5]) Bezzi, l. c. p. 272—280, 304—313.

[6]) Auch hier ist die Literatur so umfangreich, daſs auf die Veröffentlichungen
der Ackerbau-Versuchsstationen der genannten Länder verwiesen werden muſs,

schleppt[1]), wo sie sich stark vermehrt hat; in England ist sie vorhanden, aber so selten, daſs sie nicht schadet. Sie befällt die verschiedensten weichen, saftigen, nicht zu kleinen Früchte, aufser Obst auch die von Aberia caffra, Passiflora coerulea, Solanum capicastrum, Fackeldistel, Kaffee usw. und zwar alle erst, wenn sie zu reifen beginnen und nicht mehr, wenn sie ganz reif sind. Die Stellen, unter denen die Maden sitzen, verfärben sich bei Orangen opak gelblich oder grünlich; in der Mitte ist das Eingangsloch sichtbar[2]). Die Biologie und Bekämpfung ist dieselbe wie bei der Olivenfliege. SILVESTRI hat sogar zu ihrer Bekämpfung eine Schlupfwespe aus Indien in Italien eingeführt[3]). Bedecken der Bäume mit Netzen, vier Wochen vor der Reife, ist hier ein gutes Vorbeugemittel. Auf den Bermudas[4]) hat man zu einem Radikalmittel gegriffen: Man hat alle reifende Früchte vernichtet, bzw. die Bäume so zurückgeschnitten, daſs sie keine Früchte ansetzten; der Erfolg soll ein günstiger gewesen sein. In Westaustralien stellte man flache Schalen mit reinem Petroleum auf, das die Fliegen merkwürdigerweise so anzog, daſs sich in einer Schale in 24 Stunden 1268 Stück fingen. Kalte Lagerung der befallenen Früchte (3—5 ° C, drei Wochen lang) tötete die darin enthaltenen Maden.

C. striata FROGG.[5]) Ceylon. Die Fliege legt ihre Eier unter die sich dachziegelförmig deckenden Schuppen junger Schöfslinge des Riesenbambus, Dendrocalamus giganteus. Die Maden bohren sich in deren Herz und zerstören es, so daſs die Schöfslinge in etwa Fufshöhe aufhören zu wachsen und aufspringen.

Urophora Rob.-Desv.

Ähnlich voriger, aber Afterzelle hinten nicht zipfelartig vorgezogen. Larven in Blütenböden und Stengeln von Korbblütlern.

U. stigma Loew[6]). Schwarz, Schildchen gelb. Flügel ohne Querbinden. Made in krankhaft vergröfsertem Blütenkopf von Schafgarbe, Chrysanthemum usw., so daſs der Blütenboden als spitzer Kegel weit über den Blütenstand hervorragt.

Anastrepha Schin.[7]).

Besonders charakteristisch ist, daß die vierte Längsader kurz vor ihrem Ende stark nach oben gekrümmt ist. Neuweltlich.

A. ludens Loew. **El gusano de la Naranja; The Morelos Orange fruit-worm**[8]). Mexiko, nach HERRERA eingeschleppt; Maden 10 mm lang, zu mehreren in den Früchten von Orangen, Gujavas,

---

insbesondere das Agric. Journ. Cape Good Hope, die Agricultur. Gazette of N. S. Wales und das Boll. Labor. Zool. gen. agr. Portici.

[1]) GIARD, C. r. Acad. Sc. Paris T. 131, 1900, p. 436—438; T. 143, 1906, p. 353—354.

[2]) DE BRÈME, Ann. Soc. ent. France T. 11, 1842, p. 183—190, Pl. 7, figs. 1—5.

[3]) Boll. Labor. Zool. gen. agr. Vol. 4, 1910, p. 228—245, 8 figg.

[4]) Journ. Board. Agric. London Vol. 14, 1908, p. 630.

[5]) GREEN, Trop. Agric. Vol. 33, 1909, p. 432.

[6]) LOEW, Stettin. ent. Ztg. Bd. 1, 1840, S. 156. — FRAUENFELD, Verh. zool. bot. Ges. Wien. Bd. 8, 1858, S. 651; Bd. 18, 1868, S. 153. — KALTENBACH, Pflanzenfeinde S. 339.

[7]) BEZZI, Boll. Labor. Zool gen. agr. Vol. 3, 1909, p. (272—)280—286, 304—313.

[8]) RILEY, Ins. Life Vol. 1, 1889, p. 45—47, fig. 9. — JOHNSON, Proc. ent. Soc. Washington Vol. 4, p. 53—57. — HERRERA, Bol. Comis. Parasit. agr. Mexico I, 1900; II, 1905; Journ. econ. Ent. Vol. I, 1908, p. 169—174.

Mangos, das ganze Fruchtfleisch verzehrend, ohne daſs äuſserlich der Befall merkbar ist. Gegen Ende Januar gehen sie zur Verpuppung in die Erde; Anfang März die Fliege. Trotzdem ständig massenhaft befallene Orangen nach Nordamerika gebracht werden, hat eine Einbürgerung hier noch nicht stattgefunden. Parasit: *Cratospila rudibunda.*

A. acidusa Walk. Mexiko; Made ebenso in Pfirsichen.

A. fratercula Wied.[1]). Brasilien; Maden in den verschiedensten Früchten: Maraujas, Goyabas, Orangen; sehr schädlich. Soll auch Zweiganschwellungen an Vernonia verursachen.

Epochra canadensis Loew[2]). Nordamerika; in Ribes-Früchten, die notreif werden und abfallen.

Trypeta musae Frogg. Neu-Hebriden, in Bananen.

Die Maden der Gattung **Orellia** Rob.-Desv. (gelblich bestäubt, Rückenschild und Schildchen glänzend schwarz gefleckt; Flügel gebändert) leben im Fleische verschiedener Früchte, so die von **O. schineri** Loew in reifenden Hagebutten, die von **O. vesuviana** A. Costa in Dalmatien in den Früchten von Ziziphus paliurus Wld., und die von **O. Wiedemanni** Meig. in den Beeren von Bryonia dioica. Da die Kerne unberührt bleiben, sind sie kaum schädlich. Verpuppung im August in der Erde.

Rhagoletis Loew.

Schwarz; Schildchen weiſs oder gelb, mit vier Borsten. Flügel mit öfters schiefen und gekrümmten Querbändern.

Rh. (Spilographa) cerasi L. (signata Meig.), **Kirschenfliege**[3]). Glänzend schwarz, reichlich mit gelb gemischt; auf bräunlichgelb bereiftem Brustrücken drei schwarze Streifen. Flügel glashell mit drei schwarzen Binden; Schüppchen fehlen; 4—5 mm lang: von Mai bis Juli, wohl auch noch länger fliegend. Eierablage einzeln, zur Mittagszeit, in sich rötende Kirschen, nahe am Stiele. Die Stichwunde wird von der Fliege verstrichen und vernarbt[4]). Die bis 6 mm lange Made frißt dicht am Kern, vorwiegend zwischen diesem und Stielgegend; hier zerfällt das Fleisch in eine jauchige Masse. Über den Fraſsstellen verfärbt sich die Kirsche meistens, aber nicht immer, bräunlich und fällt etwas ein; manchmal fällt sie ab. Erst die reife Frucht wird von der Made verlassen, die sich ziemlich flach (nach Frank 5—36 mm tief) in der Erde verpuppt. — Sajó[5]) gelang es, durch Aufbewahren in geheizten Räumen die Puppen zwei Winter überdauern zu lassen, so daß sie erst im dritten Jahre die Fliegen ergaben. Seine Vermutung, daß dies auch in der freien Natur vorkommen könne, ist nicht ganz von der Hand zu weisen.

Die Fliege belegt vorzugsweise die schwarzen Herzkirschen mit ihren Eiern. Saure und wilde, auch Frühkirschen bleiben mehr oder

---

[1]) Hempel, Bol. Inst. agr. Est. S. Paulo 1901, p. 162—167.

[2]) Saunders, Insects injurious to fruits, 2d ed. Philadelphia 1892, p. 352—353.

[3]) Lingenfelder, 22.—24. Jahresber. Pollichia. 1886, S. 125—132. — Frank, Zeitschr. Pflanzenkrankh. Bd. 1, 1890, S. 284—286. — Goethe, Ber. Kgl. Lehranst. Geisenheim a. Rh. 1896/97, S. 62. — Mik, Wien. ent. Zeitg. Jahrg. 17, 1898, S. 279—292, 1 Taf.

[4]) Nach manchen Angaben soll indes die Made die Stigmen ihres Hinterendes ständig zur Einstichwunde herausstrecken. (?)

[5]) Prometheus, Jahrg. 12, 1901, S. 663—668, 1 Fig.; Jahrg. 14, 1902, S. 33—34; Jahrg. 16, 1904, S. 119—120.

minder verschont. Außer in Kirschen hat man die Made in Früchten von Lonicera und Berberis gefunden.

Vorbeugung: Letztgenannte Sträucher möglichst nicht in der Nähe von Kirschanlagen anpflanzen[1]; Anbau von Früh- und Sauerkirschen.

Bekämpfung: Frühzeitige und gründliche Ernte. Lockern des Bodens im Herbste und womöglich Hühnereintrieb. Begießen des Bodens mit kochendem Wasser, heißem Chlorkalk, Schwefelkohlenstoff usw. Umgraben der Baumscheibe und nachheriges Festtreten. — Aus befallenen Kirschen treibt man die Maden durch Einlegen in Wasser aus.

Feinde: Nach Sajó vertilgen Rasenameisen (*Tetramorium caespitum* Latr.) die meisten Maden und Puppen, daher die Seltenheit der Fliege, die aber vielleicht nur scheinbar sein dürfte, indem die Fliege der Beobachtung sehr leicht entgeht, da ihr Leben sich in der Hauptsache in den Baumkronen abspielen dürfte.

Merkwürdig ist, daß die Kirschenfliege in England und Skandinavien fehlt, trotzdem befallene Kirschen dort ständig in großen Mengen eingeführt werden.

Rh. cingulata Loew[2]. Amerika, in Kirschen. Biologie wie bei voriger.

Rh. pomonella Walsh.[3], **Apple maggot**. Nordamerika. Ursprünglich in Weißsdornfrüchten, befällt die Fliege seit den 60er Jahren des vorigen Jahrhunderts an vielen, aber begrenzten Orten die Äpfel. Sie legt im Juli 300—400 Eier (Fig. 257) einzeln unter die Haut der jungen Früchte, in denen die Made dann gewundene, hie und da sich zu erbsengroßen Kammern erweiternde mißfarbene Gänge frißt (railroad worm). Alle Sorten werden befallen, vorzugsweise aber süße und dünnschalige Sommeräpfel. Oft leben viele Maden in einem Apfel, den sie vollständig durchwühlen und zersetzen. Sie verlassen ihn erst, wenn er zu Boden fällt, in dem sie sich verpuppen. Auch an dem Boden des zur Aufbewahrung der Äpfel dienenden Ortes oder Gefäßes verpuppen sie sich und werden derart leicht verschleppt, auch nach Europa bzw. Deutschland, ohne daß die Fliege bis jetzt hier aufgetreten wäre. Merkwürdigerweise geschieht die Ausbreitung in einem befallenen Garten sehr langsam.

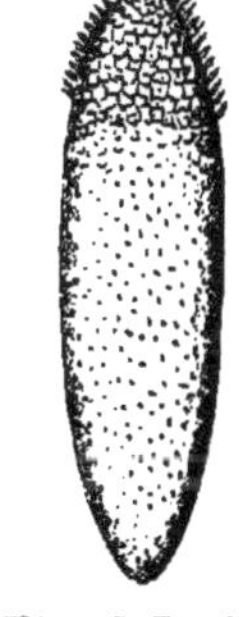

Fig. 257. Ei von Rhagoletis pomonella, stark vergröß. (nach Quaintance)

Bekämpfung: Rasches Auflesen des Fallobstes bzw. Eintrieb von Weidevieh. Baumscheibe im Frühjahre tief umgraben.

Rh. ribicola Doane[4]. Nordamerika; in Ribesfrüchten.

Rh. (Carpomyia) pardalina Big.[5]. Indien. Fliege legt die Eier in die Schale von Melonen, in deren Fruchtfleisch die Made lebt. Puppe im Boden. Eine oder zwei Bruten.

---

[1] Diese Sträucher aber ganz auszurotten, wie auch empfohlen wurde, dürfte doch zu weit gehen.

[2] Slingerland, Cornell agr. Exp. Stat., Bull. 172, 1899, p. 23—41, fig. 9—15. — Chittenden, U. S. Dept Agric., Div. Ent., Bull. 44, 1904, p. 70—75, 2 fig.

[3] Quaintance, U. S. Dept. Agric., Bur. Ent., Circ. 101, 1908, 12 pp., 2 figs. — O'Kane, Journ. econ. Ent. Vol. 3, 1910, p. 169—172.

[4] Piper & Doane, Washington agr. Exper. Stat. Bull. 36.

[5] Maxwell-Lefroy, Mem. Dept. Agric. India Vol. I, 1907, p. 229, fig. 72.

Zonosema Loew.

Wie vorige, aber rostgelb und dritte Längsader fast nackt.

Z. alternata Fall. [1]). Made im Fruchtfleisch von Hagebutten und Kirschen von Lonicera. Erstere färben sich ungleichmäfsig, die Fruchthülle verkümmert, die Samen entwickeln sich nur mangelhaft. Im August geht die Larve zur Verpuppung in die Erde. Fliege im Mai und Juni. Parasit: *Tachina erinacea* F.

Z. Meigenii Loew [2]). Made in den Früchten von Berberis vulgaris. Parasit: *Alysia ferrugator* Cour.

Spilographa Loew.

Drittes Fühlerglied oben nicht konkav; Stirne des Männchens ohne Fortsatz.

Sp. artemisiae F. [3]). Rotgelb; Flügel glashell mit braunen Binden. Made in Blättern von Korbblütlern Gänge minierend. Eier einzeln an Blattunterseite. In Chrysanthemum-Kulturen oft merkbar schädlich. Maden in den Minen zerdrücken; stark befallene Blätter verbrennen.

Acidia Rob.-Desv.

Mittelgrofs; glänzend rotgelb oder schwarz. Flügel grofs, breit. Erste Längsader doppelt, dritte und vierte vorn etwas gebogen, dritte beborstet, Analzelle hinten stark zipfelig ausgezogen. Maden minieren in Blättern.

A. heraclei L. (*Tephritis onopordinis* F. der älteren englischen Autoren). **Selleriefliege** [4]). Bräunlich gelb, Rückenschild dunkel. Hinterrücken und Hinterleib glänzend schwarz. Kopf und Fühler rotgelb. Legeröhre des Weibchens kurz. 5—6,5 mm lang. — Aus den mehrere Zoll tief in der Erde überwinternden Puppen erscheinen schon im April die Fliegen, die ihre Eier einzeln auf Blätter namentlich von Schirmblütlern (Apium, Heracleum, Angelica, Ligusticum), aber auch von Arctium, Artemisia, Rumex usw. legen. Hier fressen die Maden geschlängelte Gänge. Die im Sommer erscheinenden Fliegen sind heller; ihre Maden fressen zum Teil grofse, zuerst weifse, später braune Platzminen. Oft mehrere Larven in einem Blatte, das welkt und sich zusammenkrümmt. Es folgen sich mehrere Bruten, die im Hochsommer ihre höchste Entwicklung erreichen, aber bis in den Winter hinein fressen können, so dafs dann an Sellerie, Pastinak usw. oft recht bedeutender Schaden entstehen kann. Bei ersterem bohren die Maden auch in den Stengeln, selbst im Stamme. Die Wurzeln der befallenen Pflanzen bleiben klein, gabeln sich leicht. — Puppe meist in der Erde, immer die Winterpuppe; die übrigen manchmal auch im Blatte. — P a r a s i t e n : *Aspilota fuscicornis* Hal., *Alysia apii* Curt., *Pachylarthrus smaragdinus* Curt., *Sigalphus flavipalpis* . — Versuche, die Fliegen durch Spritzen mit Petroleumemulsion und andere riechende Mittel von der Eiablage abzuhalten, hatten nicht immer gewünschten Erfolg. Am besten ist.

---

[1]) v. Schilling, Prakt. Ratg. Obst- u. Gartenbau 1896, S. 397, Fig. 25 a—c. — Richter von Binnenthal, Rosenfeinde, S. 298—299.

[2]) Mik, Wien. ent. Zeitg. Jahrg. 6, 1887, S. 293—296, Taf. 5, Fig. 1—9.

[3]) Ritzema Bos, Tijdschr. Plantenz. XI, 1905, p. 51. — Journ. Board Agric. London Vol. 14, 1907, p. 217—218.

[4]) Carpenter, Rep. 1899, p. 6—8, Fig. 2—5. — Board Agric. Fish. London, Leafl. 35, rev. ed., 1902. — Theobald, Rep. 1907/08, p. 102—103, fig. 42.

die Maden sofort beim Erscheinen der Minen zu zerdrücken, stark befallene Blätter zu verbrennen. — Theobald berichtet, daſs auf zwei Beeten von 40 Fuſs Länge an einem hellen Tage in zehn Minuten 150 Stück Fliegen mit einem Insektennetze weggefangen wurden, und daſs diese Beete im Gegensatze zu anderen gute Ernte ergaben.

A. fratria Loew [1]. Nordamerika; an Pastinak; besonders im Distrikt Columbia seit 1903 fast 25 % der Blätter zerstörend, in denen die Maden groſse Platzminen fressen, oft zu mehreren in einem Blatte. Puppe an Oberseite der Mine. Fliege anfangs Juni und im August. — Vielleicht identisch mit voriger.

Platyparaea Loew.

Mittelgroſs, glänzend braun oder schwarz. Flügel gebändert, ziemlich breit, vorne rundlich. Erste Längsader doppelt; beide Queradern stark genähert; Analzelle kürzer als die davor liegende Basalzelle, unten kurzzipfelig ausgezogen. Schüppchen fehlen.

Pl. poeciloptera Schrk. (Ortalis fulminans Meig.). **Spargelfliege** [2]. Dunkelbraun; Einschnitte des Hinterleibes bindenartig weiſslich; Gesicht, Beine und Fühler rotgelb. Auf glashellem Flügel eine dunkle, zickzackartige Längsbinde; zweite Längsader wellenförmig. 6—8 mm lang. — Made beinweiſs; Stigmenträger des Hinterendes eine glänzend schwarze Platte mit zwei vorwärts gekrümmten, an der Basis verwachsenen Haken; 10 mm lang. — Fliege von April bis Ende Juni, legt etwa 60 Eier einzeln hinter die Schuppen der eben erscheinenden Spargelköpfe oder in die weiche Wachstumszone an der Spitze älterer, bis 50 cm hoher Pflanzen. In ersterem Falle bohrt sich die in 4 Tagen bis nach 2—3 Wochen auskriechende Made sofort ins Innere der Pfeifen, nach dem Wurzelstocke hinab; der Stengel verkrüppelt, dreht sich um seine Längsachse, wird schlieſslich welk und faul. Im letzteren Falle bohrt sich die Made zuerst unter der Epidermis herab, wobei ihr Weg durch gelben, erhabenen Streifen bezeichnet wird; später dringt sie ins Mark und in diesem hinab; die Spitze der betroffenen Pflanzen vertrocknet, welkt, bräunt und krümmt sich. Gewöhnlich finden sich mehrere (bis zu 20) Maden in einer Pflanze. Zum Fraſse gehen diese bis 18 cm tief in die Erde, vor der Verpuppung steigen sie aber immer wieder zu etwa 6 cm Tiefe hinauf. Von Mitte Juni ab, während die Imagines noch fliegen, findet man bereits Puppen, vorwiegend tief unten in der Pflanze, seltener auſsen an ihr oder gar in ihrer Nachbarschaft in der Erde; alle überwintern. — Giard konnte als Feind eine *Geophilus*-Art feststellen, die in die Gänge dringt und die Maden friſst. *Dacnusa petiolata Ns.* parasitiert in der Larve. — Bekämpfung: Die Mehrzahl der Eier und Maden wird durch das Stechen der Spargeln beseitigt; von den übrigen Pflanzen sind die befallenen im August tief abzustechen und zu verbrennen; die ganzen Pflanzungen sind um dieselbe Zeit zu mähen und auch hier die

[1] Chittenden, U. S. Departm. Agric., Bur. Ent., Bull. 82, 1909, p. 9—13, 2 figs.
[2] Bouché, Stettin. ent. Zeitg. Bd. 8, 1847, S. 145; v. Schilling, Prakt. Ratg. Obst- u. Gartenbau 1897, S. 114—116, 6 Fig.; Krüger, Fr., Flugbl. 12, Kais. biol. Anst. Land- u. Forstwirtsch., 1901, S. 3—4, 4 Fig.; Sajó, Prometheus, Jahrg. 13, 1902, S. 401—403, 1 Fig., S. 497—499; Giard, C. r. Soc. Biol. Paris T. 55, 1903, p. 907—910; Lesne, Journ. Agric. prat. Ann. 68, Vol. 2, 1904, p. 172—173, 6 figs., Bull. Soc. ent. France 1905, p. 12—14, 1 fig.; Mayet, Progr. Agric. Vitic. T. 45, 1906, p. 371—372, 1 Pl.; Lesne, C. r. Acad. Soc. Paris 1909.

Pflanzen, an deren Schnittfläche Fraſsgänge zu erkennen sind, zu vernichten. Die taufeuchten jungen Köpfe können durch Bestreuen mit
Holzkohle vor der Eiablage geschützt werden. Naphthalinstreuung
soll diese ebenfalls verhindern. Auch kann man die Fliegen frühmorgens von den Köpfen ablesen. Sehr gut hat sich bewährt, beim
ersten Erscheinen der Köpfe den Spargelpfeifen nachgebildete Hölzchen
so in die Spargelbeete zu stecken, daſs sie etwa 2—3 cm aus der Erde
herausragen, und ihre Spitzen mit Fliegenleim zu bestreichen; die
Spargelfliegen setzen sich darauf und bleiben kleben.

Ortaliden.

Flügel ziemlich groſs: erste Längsader doppelt; Anal- und hintere
Basalzelle deutlich, Schienen ohne abstehende Borste vor der Spitze.
 Chaetopsis aenea Wied.[1]). Ganz Nordamerika bis Cuba und
Bermudas. Fliegen von Mai bis August; legen Eier in die Blattscheiden von jungem Getreide, auch von Zuckerrohr und Schilf. Die
Maden fressen zu 10—15 nahe der Basis der Pflänzchen, die sie
meistens töten, mindestens aber an der Entwicklung verhindern. Puppe
am Fraſsorte. In Michigan wurden nach Pettit[2]) auch Zwiebeln befallen,
von denen bei einem Farmer 1899 700, 1900 2000 Bushels zerstört wurden,
so daſs der Anbau aufgegeben werden muſste. Larven und Puppen gelangen mit den Zwiebeln auch in die Läger. Abhilfe vielleicht durch
Vernichtung aller befallener Zwiebeln im Winter und durch Spritzen
der Pflanzung mit stark riechenden Mitteln zur Zeit der Eiablage.
 Euxesta notata Wied.[3]). Maden ursprünglich in Astragalus mollissimus („loco weed‘), einerseits in gesunden Wurzeln fressend, anderseits als Saprophyt anderen Schädigern folgend; so auch in Zwiebeln,
Orangenfruchtfleisch. Samenkapseln von Baumwolle, Sumachfrüchten,
Kapseln von Solanum carolinense, in Äpfeln, die von Carpocapsa be-
fallen waren, in Zuckerrüben, Korn, Kohlwurzeln usw.
 Tritoxa flexa Wied.[4]). Black onion fly. Maden in Zwiebeln und
Lauch, im Freien und in Lägern.

Scatomyziden.

Ähnlich den Anthomyiden, aber Hinterleib mehr als vierringelig,
eingekrümmt, obere Schüppchen decken die unteren meist vollkommen;
Stirn ohne Kreuzborste; Flügelrandader an der Mündung der ersten
Hilfsader ohne Borsten.

Amaurosoma Beck. (Cleigastra Macq. part.).

Klein, schwarz, meist grau bestäubt. Kopf kugelig, Augen fast
kreisrund. Fühler lang, Borste nackt, verdickt. Hinterschienen auſsen
mit nur zwei Paar Borsten.
 A. (Cl.) flavipes Fall. Fühlerborste bis zur Mitte verdickt; Stirn
schwärzlich grau, vorn mit groſsem rotgelben Flecke. Beine gelblich,
Vorderschenkel oben auf mit schwärzlicher Längsstrieme, innen mit

[1]) Riley & Howard, Ins. Life Vol. 7, 1895, p. 352—354, fig. 34.
[2]) Michigan agr. Exp. Stat. Bull. 200, 1902, p. 206—208, fig. 18.
[3]) Riley & Howard, l. c. Vol. 6, 1894, p. 270. — Crittenden, U. S. Dept. Agric.,
Bur. Ent., Bull. 64, 1908, p. 38—40, fig. 12.
[4]) Crittenden, l. c. p. 38, 39.

etwa sieben kurzen, schwarzen Borsten; 4—5 mm lang. Made zitronengelb, 7—8 mm lang. Ganz Europa.

A. (Cl.) armillatum (-a) Zett. Dunkelgrau bestäubt; drittes Fühlerglied vorn mit spitzer Oberecke; Borste an Wurzel verdickt. Stirn vorn mit scharf begrenzter rotgelber Binde; Beine gelblich, mit schwärzlichen Hüften und Schenkeln; Vorderschenkel mit etwa vier Borsten. 3,5 mm lang. Made wie vorher. Mehr im Norden.

Beide Arten, schon früher aus Galizien [1]) und Rußland [2]) berichtet, von E. Taschenberg u. a. auch in Deutschland beobachtet, haben seit Jahren besonders die Aufmerksamkeit der skandinavischen Entomologen [3]) erregt, dürften aber höchst. wahrscheinlich auch in Deutschland mehr gefunden werden, wenn erst richtig nach ihnen gesucht wird. Die Fliegen legen ihre Eier im Frühling einzeln an das oberste Blatt des Timothee-Grases. Die Made frißt die Blütenknospen der jungen, noch nicht herausgetretenen Ähre; später beißt sie die Ährchen ab, die in der obersten Blattscheide liegen bleiben und ihr so zur Nahrung dienen. Die herausgetretene Ähre ist infolgedessen an einer Seite oder ringsum in der Mitte kahl (Fig. 258). Auch im Innern der Blattscheide saugt die Made. Die Pflanze selbst leidet gar nicht, nur der Samenertrag wird beeinträchtigt, oft in sehr beträchtlichem Maße. Im Juni verpuppt sich die Made, gewöhnlich in der Erde, seltener am Fraßorte. — Gelegentlich wurde der Fraß auch an Roggen und Festuca gigantea beobachtet. — Reuter züchtete eine Pteromaline aus der Puppe.

Die Made einer noch unbestimmten Scatomyzide lebt in Indien [4]) in den Stengeln von Reis (Ricestem fly), Hirse, Mais, Panicum sp., Sellerie, Gurke, Solanum sp. und Weizen, manchmal recht bedeutend schadend. Sie befällt nur junge Pflanzen, deren Halm sie so zernagt, daß er wie zerfasert aussieht und sich leicht aus der Blattscheide ziehen läßt.

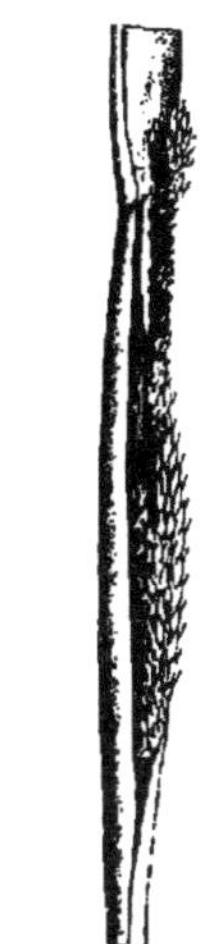

Fig. 258. Ähre des Timothee-Grases, von der Larve von Amauros. armillatum befressen (nach Tullgren).

Schizometopa (Muscidae calyptratae).

Wangen scharf von der vertieften Stirne abgesetzt.

Anthomyiden.

Sehr ähnlich der Stubenfliege, dunkel bräunlich-schwarz bis grau. Stirne der Männchen oft so schmal, daß die Augen zusammenstoßen. Fühlerborste gefiedert oder nackt. Vierte Längsader gerade; ein wohl entwickeltes Schüppchen bedeckt die Schwinger. Hinterleib vier- bis fünfringelig, beim Männchen bisweilen mit hervorstehenden Genitalien. —Die Fliegen sind fast alle Blumenfliegen, die namentlich von starken Ge-

---

[1]) Nowicki, Verh. zool. bot. Ges. Wien, Bd. 24, 1874, S. 363.
[2]) Lindeman, Bull. Soc. Imp. Nat. Moscou N. S. T. I, 1887, p. 199—205, 2 Fig.
[3]) E. Reuter, Act. Soc. Fauna Flora fenn. XIX, 1900, No. 1, p. 101—104. Siehe ferner die Berichte von Lampa, E. Reuter und Schöyen.
[4]) Maxwell-Lefroy, Ind. Ins. Life, Calcutta 1909, p. 638—39, Pl. 66, fig. 3.

rüchen angezogen werden. Die Larven meist in sich zersetzenden
Stoffen (Dünger), z. T. in Wurzeln, besonders von stark riechenden
Pflanzen, z. T. parasitisch in anderen Insekten und in Wirbeltieren.
Gewöhnlich mehrere Bruten. — Früher fafste man, wenigstens in nicht-
dipterologischen Schriften, fast die ganze Familie in die Gattung Anthomyia zusammen, die aber nach und nach in immer mehr Gattungen
zerlegt wurde [1]).

Beide Geschlechter verschieden. Männchen mit fast rechteckigem
Hinterleibe und deutlicher, charakteristischer Zeichnung und Färbung;
Weibchen mit zugespitztem Hinterleibe und wenig ausgeprägter Zeichnung, so dafs die der verschiedenen Arten sehr schwer voneinander zu
unterscheiden sind. Wir beschränken uns hier daher auf Wiedergabe
der Merkmale der Männchen; bezüglich der Weibchen verweisen wir auf
die Spezialliteratur über Fliegen.

Biologie. Die Überwinterung geschieht z. T. als Imago, z. T.
als Puppe, letztere in der Erde, seltener am Frafsorte, erstere in
Rindenritzen, unter Laub, in Gebäuden usw. Ende April, Anfang
Mai erscheinen die Fliegen. Die Weibchen legen ihre elliptischen,
weifslichen Eier an die Basis junger Pflänzchen, vorwiegend von Kreuzblütlern, oder aber mit ihrer weichen, ausdehnbaren Legeröhre in Erd-
risse, möglichst nahe an die Wurzeln der Nährpflanzen. Die nach
5—10 Tagen auskriechende Made frifst z. T. erst kurze Zeit äufserlich
an weichen Geweben; bald aber dringt sie ins Innere der Pflanze
und bohrt in deren äufseren, weichen Teilen unregelmäfsige Gänge,
in denen bald eine jauchige Zersetzung um sich greift. Nach etwa
drei Wochen geht die Made in die Erde, um sich hier zu verpuppen;
selten bleibt sie hierzu in der Pflanze. Nach weiteren acht Tagen fliegt
die zweite Brut. Gewöhnlich folgen sich drei ineinander greifende
Bruten im Jahre, deren Maden zum Teil in verschiedenen Pflanzen oder
in verschiedenen Teilen einer Pflanzenart leben.

Vorbeugung und Bekämpfung. Stark riechende Stoffe
ziehen die Blumenfliegen an, auch zur Eiablage, daher wohl auch ihre
Vorliebe für die Kreuzblütler. Besonders anziehend wirken frischer
Stallmist, namentlich aber Menschenkot (Abtrittsdünger), die daher auf
bedrohten Feldern möglichst zu vermeiden sind. Dagegen sollen
Mineraldünger, namentlich Superphosphat, die Fliegen an der Eiablage
verhindern. Dies hat man auch noch durch zahlreiche andere Mittel
versucht, die manchmal vorzüglich geholfen haben. So spritzte man
die eben aufgegangenen Pflänzchen mit Petroleumemulsionen, Wermutabkochungen usw. Oder man streute Tabaksstaub usw. In Amerika
ist sehr beliebt, um die Pflänzchen mit Petroleum oder Karbolsäure
getränkten Sand zu häufeln, oder man taucht ihre Wurzeln vor dem
Verpflanzen in eine Lösung von einem Teil Niefswurz in zwei Teilen
Wasser. Petroleumemulsion oder Schwefelkohlenstoff in Löcher um
die Pflänzchen gegossen, tötet zugleich etwa schon vorhandene Maden.

---

[1]) Die Systematik der hier in Betracht kommenden Blumenfliegen ist noch
keineswegs geklärt, um so weniger, als aus der Mehrzahl der phytopathologischen
Berichte nicht zu ersehen ist, ob die genannte Art auch wirklich vorgelegen hat.
Wir halten uns in der Hauptsache an den genannten Katalog, trotzdem nach
gütiger Mitteilung von Herrn Prof. P. Stein (Treptow a. d. Rega) inzwischen schon
wieder einige Verschiebungen bei den Arten stattgefunden haben. Wir bitten aber
dringend alle Phytopathologen, alle von ihnen beobachteten Blumenfliegen wenn
irgend möglich zu züchten und an einen Spezialisten einzusenden. Nur so kann
einmal wirkliche Klarheit über die den Kulturpflanzen schädlichen Arten gewonnen werden.

Ganz besonders haben sich aber die mechanischen Abhaltungsmittel der Fliegen bewährt. SLINGERLAND schob um die Basis jeder Pflanze geteerte, achteckige Papierstücke; SCHÖNE bedeckte die Reihen mit Rahmen, die mit Seihtuchleinen bespannt sind. SMITH gießt um jede Pflanze einen frisch bereiteten dünnen Brei von Kalk mit etwas Karbolsäure, der bald erstarrt und zugleich durch den Geruch die Fliegen abhält. Noch mehr wird empfohlen, sie etwa vier Zoll hoch mit einem rasch erstarrenden Wall von Kleie oder Sägemehl und Leim zu umgeben.

Sehr wichtig sind ferner die Kulturmaßregeln, in erster Linie Fruchtwechsel und gründliche Reinigung der Felder von Rückständen und allem Unkraute, besonders von wilden Kreuzblütlern. Möglichst frühe Aussaat, zugleich mit kräftiger Düngung, kann die Pflänzchen bis zum Erscheinen der Fliegen über das gefährdetste Stadium hinwegbringen; sonst empfiehlt sich eine frühe Aussaat von Fangpflanzen, die natürlich rechtzeitig und gründlich zu vernichten sind.

Anthomyia Meig.

Grau, schwarz oder gelbrot; Augen nackt. Schüppchen ungleich. Hinterleib beim Männchen streifenförmig, beim Weibchen hinten zugespitzt. Erste Längsader doppelt.

A. radicum Meig. **Wurzelfliege**[1]). Männchen schwärzlich, Weibchen aschgrau. Rückenschild schwärzlich, mit drei schwarzen Striemen; Hinterleib hellgrau mit schwarzer Mittelstrieme und desgleichen Einschnitten, nach hinten deutlich verschmälert. Untergesicht und Stirn weiß (letztere beim Weibchen vorn rostgelb, hinten schwarz); Stirndreieck, Fühler, Taster und Beine schwarz. Flügel glashell; hintere Querader fast gerade; 4,5—5,5 mm lang. Gemein von Frühjahr bis Herbst. — Made weißlich, runzelig, schwarz gekörnelt; vordere Stigmen gelb, hintere Stigmenträger gelbbraun mit je drei Luftlöchern; Afterfläche mit zwölf gekörnelten Fleischzapfen eingefaßt; 6 mm lang; in mehreren Bruten den ganzen Sommer über; in stark riechenden Stoffen, z. B. in Wurzeln von Raphanus- und Brassica-Arten, in denen sie unregelmäßige, oft von Fäulnis begleitete Gänge fressen. Auch an Sämlingen von Nadelhölzern durch Benagen der Wurzelrinde und Abfressen der Wurzeln sehr schädlich[2]). Puppe im Boden. Eiablage an die Basis der Stengel. Puppen und Fliegen überwintern. — Parasiten: *Alysia manducator*, *Pimpla graminellus* Schrk., *Ephialtes inanis* Gr. — Auch in Nordamerika ganz vereinzelt gefunden.

Chortophila Macq. (**Phorbia** Rob.—Desv.).

Beine schwarz, Fühlerborste nackt oder höchstens pubeszent.

Ch. brassicae Bché. (floccosa Macq., floralis auct. nec Fall.), **Kohlfliege**[3]) (Fig. 259). Männchen aschgrau; drei schwarze Streifen auf Brustrücken, ein desgl. auf Hinterleib; Stirne silberweiß mit feuerrotem

---

[1]) Nach SLINGERLAND, Cornell agr. Exp. Stat., Bull. 78, 1894, p. 496—498, ist A. radicum auct. keine einheitliche Art; die meisten Berichte über sie beruhen auf Verwechslungen mit anderen Arten; die typische Meigensche Art sei noch nie schädlich gefunden worden.

[2]) JUDEICH u. NITSCHE, Mitteleur. Forst.-Ins.-Kde., S. 145 (als A. ruficeps bezeichnet).

[3]) Die Kohlfliege ist eine ständige Erscheinung in allen mittel- (mit Ausnahme der französischen) und nordeuropäischen Berichten, auf die daher verwiesen sei. Eine geradezu klassische Behandlung der Fliege gab SLINGERLAND in seinem berühmten Bull. 78 der Cornell. Univ. agr. Exp. Stst., 1894, von dem noch 1905

Dreiecke; Fühler, Taster und Beine schwarz. Basalunterseiten der
Hinterschenkel dicht kurz zottig behaart (Fig. 260 a); 6 mm lang. —
Larve 9 mm lang, weifslich, glatt, glänzend; Afterfläche mit 10 kege-
ligen Randhöckern, deren beide mittlere, ventrale zweispitzig.

Die Überwinterung geschieht gröfstenteils als Fliege in Rindenritzen, Gebäuden, unter Laub usw., z. T. auch als Puppe. Ende April
werden die weifsen Eier, von jedem Weibchen etwa 50, in kleineren

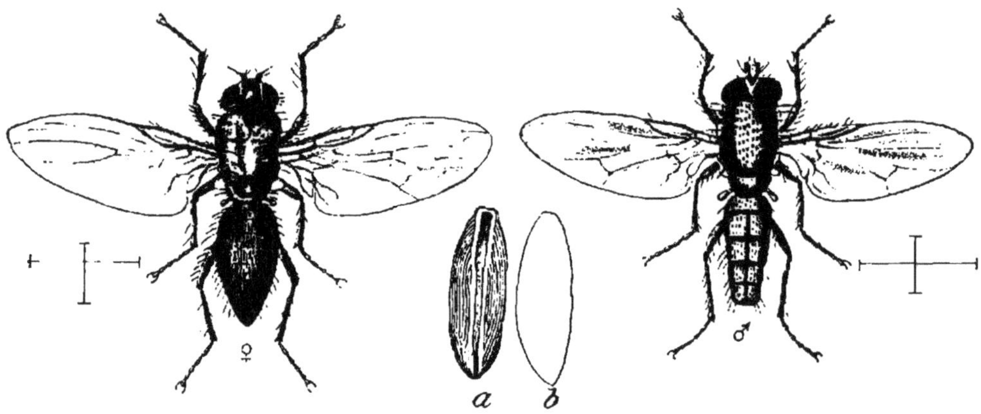

Fig. 259. Kohlfliege (nach Schmidt-Göbel).
a Ei von oben, b von der Seite (nach Slingerland).

oder gröfseren Mengen bis zu mehreren Hunderten, an junge Kreuz-
blütlerpflanzen gelegt, an den Stengel möglichst nahe der Erde, oder
in Erdritzen möglichst nahe an die Wurzeln. Die nach etwa zehn
Tagen ausschlüpfenden Maden fressen zuerst äufserlich an den zarteren

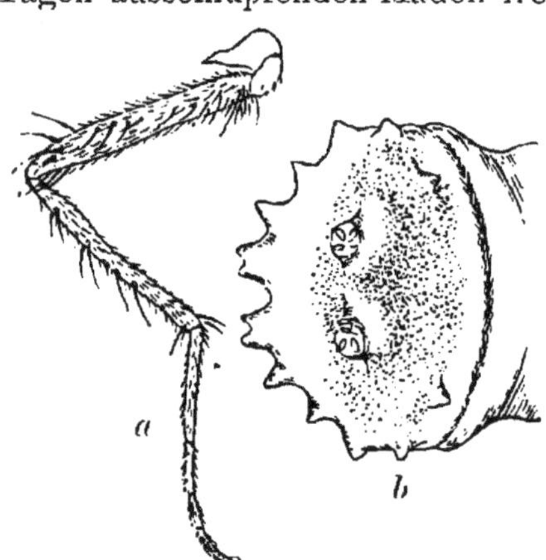

Fig. 260. a Hinterbein der männlichen
Kohlfliege, b Analsegment der Larve
(nach J. B. Smith).

Wurzeln oder am Stengel; bald
dringen sie aber ins Innere und
bohren hier wie gewöhnlich. Harte,
hölzerne Teile werden verschont,
eher gehen die Maden ziemlich hoch
in die Stengel, selbst in die Blatt=
stiele. Nach 3—4 Wochen verpuppen sie sich, meist in der Erde,
seltener am Frafsorte, und nach
etwa acht Tagen fliegt die zweite
Brut aus. Es folgen sich wohl
drei Bruten, von denen die erste
die schädlichste ist. Die späteren
befallen wohl mehr wilde Kreuzblütler, da die kultivierten dann
meist schon zu hart sind. Von
Kulturpflanzen leiden besonders
die Kohl-, aber auch verschiedene
Rübenarten. Die kranken Pflanzen

Aldrich sagt: „Perhaps the best entomological bulletin yett issued from an American
agricultural experiment station." Und doch ist dieses Bulletin den deutschen
Dipterologen unbekannt.

verändern ihre Farbe (Kohl wird bleifarben), bleiben klein, die Blätter welken, die befallenen Teile verdicken sich etwas, schließlich können die ganzen Pflänzchen absterben. Feinde: *Opius procerus* Wsml. (Braconide), Staphyliniden, Milben usw. Miß ORMEROD beobachtete, wie Krähen die befallenen jungen Pflänzchen auszogen und die Maden fraßen. — Nach Amerika offenbar schon sehr früh eingeschleppt, dort bereits 1835 von HARRIS als schädlich beschrieben unter dem Namen *Anthomyia raphani*. Merkwürdigerweise in Frankreich wenig schädlich.

Ch. cilicrura Rond. (**platura** Meig.) **Schalottenfliege.** Männchen grau; auf Rückenschild drei braune Längsstriemen, auf Hinterleib tiefschwarze Mittelstrieme und braune Einschnitte; Taster, Fühler, Beine schwarz; Schwinger und Schüppchen weißlich, erstere braungestielt; Weibchen heller. 4,5 mm lang. Made schmutzig weiß, am Hinterende 14 Zäpfchen; in Allium-Arten, Spargelstengeln, Menschenkot. Parasit: *Alysia truncator* Ns.

Ch. floralis Fall. (nec auct.). Ähnlich Ch. brassicae, aber größer, auf der Unterseite der Hinterschenkel mit einer Reihe langer Borsten. Made im Juli im Fleische des Gartenrettichs und der Radieschen. Puppe in der Erde, ruht 3—4 Wochen.

Ch. funesta J. Kühn[1]. **Lupinenfliege.** Männchen grau; auf Rückenschild 3—5 dunklere, z. T. in Flecke aufgelöste Längsstriemen und fünf Borstenreihen; Schüppchen weiß, Schwinger gelb. Weibchen heller. 4—5,5 mm lang. Am Hinterende der Made vier kräftige und jederseits drei kurze Zähnchen, deren Spitzen schwarz sind; 5,5—6 mm lang. — Fliegen Mitte Mai, legen ihre Eier an die eben erst keimenden Lupinenpflänzchen. Die Maden bohren sich in die Wurzeln, Stengel oder Samenlappen, die absterben; vorher sind die Maden bereits zur Verpuppung in die Erde gegangen. Ende Juni, Juli erscheint die zweite Fliegenbrut, deren weitere Schicksale unbekannt sind. Puppen überwintern. Vorbeugung: Möglichst frühe Aussaat der Lupinen, vor Ende April.

Ch. furcata Bché[2]. Gelblich aschgrau; Fühler, Taster, Beine schwarzbraun; 5,5 mm lang. Made von zahlreichen Wärzchen rauh, an jedem Ringe je ein seitliches Fleischspitzchen; am Hinterende sechs größere, vier kleinere Fleischzapfen; 9 mm lang. Made einzeln im Herzen von Zwiebeln.

Ch. fusciceps Zett.[3]. Beim Männchen an der Innenseite der Hintertibien eine Reihe gleich langer, kurzer, steifer Borstenhaare. Fliege 5 mm lang, Made 6. Ursprünglich wohl europäisch; hier aber, wie es scheint, nirgends schädlich. In Nordamerika eingeschleppt, hier an den verschiedensten Kultur- und anderen Pflanzen schädlich, namentlich an jungen, frisch ausgesetzten oder aufgegangenen Pflänzchen von Kohlarten, Getreide, Mais, Radieschen. Rübsen, Zwiebeln, Bohnen, Erbsen, Saatkartoffeln, aber auch nützlich durch Vertilgung der Eier von Wanderheuschrecken. Auch auf Hawaii.

---

[1] Zeitschr. landw. Zentralver. Prov. Sachsen 1870, Nr. 6.

[2] BOUCHÉ, Naturgeschichte der Insekten, S. 71—73, Taf. 5, Fig. 30—33.

[3] SLINGERLAND, l. c. p. 499—502. — CHITTENDEN, U. S. Deptm. Agric., Div. Ent., Bull. 33, N. S., 1902, p. 84—92, Fig. 19; Bull. 43, 1903, p. 68—70, Fig. 64. — Die Amerikaner identifizieren diese Art mit *Ch. cilicrura* Rond.; doch gibt es nach freundlicher Mitteilung von Herrn Prof. STEIN tatsächlich eine *Ch. fusciceps* Zett. Auf welche Art sich aber die phytopathologischen Berichte beziehen, ist ohne genaue Nachprüfung durch einen Spezialisten nicht zu sagen.

Ch. gnava Meig. (lactucae Bché). Schwarz bzw. grau (Weibchen), gestreift; auf Hinterleib schwarze Flecken, hinter den Einschnitten rotgelbe Schillerbinden. Maden fressen im August und September die Samen von Salat und anderen Latticharten aus.

Ob die CURTIS'sche [1] *Anthomyia gnava,* deren Maden an den Wurzeln von weifsen Rüben und Kohlarten leben, dieselbe Art sei, ist zweifelhaft.

Ch. lupini Coq. [2]. Nordamerika; Made in Stengeln von Lupinen, andererseits aber sehr nützlich durch Zerstörung der „loco"-Unkräuter (Astragalus spp.).

Ch. planipalpis Stein [3]. Californien, in Wurzeln von Radieschen.

Ch. rubivora Coq. **Raspberry-cane maggot.** [4]. Nordamerika. Die Fliege legt ihre auffallend grofsen, weifsen Eier im April oben an die jungen Himbeertriebe in 'die Blattachseln. Die Made wandert zuerst etwas abwärts und bohrt sich dann durch ein später schwärzlich werdendes Loch in die Spitze des Triebes und im Marke einige Zoll tief abwärts. Dann ringelt sie den Trieb dicht unter der Rinde, so dafs sein oberer Teil welkt, schlaff herabhängt und unter Blaufärbung des Stengels abstirbt. Die Made frifst sich nun im Marke noch weiter abwärts bis dicht über die Erde; hier verpuppt sie sich in der Rute, die meistens eingeht; nur ganz kräftige treiben aus den Seitenaugen neue Sprossen. — Bekämpfung: im Mai die kranken Triebe unten abschneiden und verbrennen.

Pegomyia Rob.-Desv. (Aricia Rob.-Desv. part.).

Fühlerborste nackt oder höchstens pubescent. Analader reicht bis zum Flügelrand. Augen nackt. Beine und Hinterleib teilweise rot. Hinter der Naht drei Dorsozentralborsten.

P. hyoscyami Panz. (atriplicis Gour., betae Curt., chenopodii Rond., **conformis** Fall., dissimilipes Zett., spinaciae Holmgr., vicina Lintn.), **Runkelfliege** [5] (Fig. 261). Europa, Nordamerika. Brust bleigrau mit fünf undeutlichen Längsstriemen auf Rücken; Hinterleib gelbgrau mit einem undeutlichen bräunlichen Längsstriemen; der ganze Körper schwarz beborstet. Kopf matt silberweifs, rötlich schimmernd; Stirne und Scheitel mit orangener, silbergrau eingefafster Strieme, Augen rot, nackt, ebenso Fühlerborste; Taster gelb mit dunkler Spitze. Flügel ohne Randdorn, etwas getrübt, Schüppchen wasserhell, Schwinger gelblich weifs. Querader fast gerade, steil gestellt. Beine gelblich, Tarsen braun, Haftläppchen unten schwarz. 6 mm lang. Die Tiere variieren in der Färbung sehr, zum Teil nach der Nährpflanze, daher die verschiedenen Namen; die typische Form ist die hellste, die *var. betae* die dunkelste. Nährpflanzen sind: Bilsenkraut, Melden, Gänsefuß, Spinat, alle Beta-Arten; die Made kann sich auch im

---

[1] Journ. R. Soc. Agric., 1849; Farm Insects p. 142.

[2] COQUILLETT, Ent. News Vol. 12, 1901, p. 206—207, 243. — CHITTENDEN. U. S. Dept. Agric., Bur. Ent., Bull. 64, 1908, p. 35—36.

[3] CHITTENDEN, U. S. Dept. Agric., Bur. Ent., Bull. 66, 1909, p. 95—96.

[4] SLINGERLAND, Cornell Univ. agr. Exp. Stat., Bull. 126, 1897, p. 54—60, fig. 20—21, Pl. 5. — BRITTON, 2ᵈ Rep. Stat. Ent. agr. Exp. Stat. Connecticut 1902, p. 167—168, 1 Pl., 1 fig.

[5] Board of Agric., London, Leafl. 5, 1902, figs. (betae). — CHITTENDEN, U. S. Dept. Agric., Div. Ent., Bur. 43, 1903, p. 50—52, fig. 50 (vicina) — CARPENTER, Rep. 1904, p. 289—291, Pls. 23, 24 (betae). — TULLGREN, Ent. Tidskr Arg. 26, 1905, p. 172—176 (dissimilipes). — SCHWARTZ, Deutsche landw. Presse, 1908, Nr. 62, Fig. — Die beste Darstellung gibt wohl JABLONOWSKI in seinem Buche: Die tierischen Feinde der Zuckerrübe, Budapest 1909, S. 303— 315, Fig. 61—63.

Dünger bzw. in humosem Boden entwickeln. Die Imagines fliegen
je nach Klima schon im April oder erst von Mitte Juni ab (Skandinavien); sie legen ihre glänzend weifsen Eier in kleiner Zahl auf die
Unterseite der Blätter, nahe der Mitte.
Nach fünf bis acht Tagen kriechen die
Maden aus, die sich sofort ins Blatt
bohren und hier unregelmäfsige, zuerst
weifse, später gelbe und braune, schwarzen
Kot enthaltende Blasen minieren; die
Zahl der in einem Blatt fressenden Maden
hängt von dessen Gröfse ab und kann
bis 40 betragen. Nach zwei bis drei
Wochen sind sie erwachsen, 9 mm lang,
schmutzig weifs, nach hinten grünlich
durch den durchscheinenden Darminhalt.
Die Verpuppung findet gewöhnlich flach
in der Erde, doch auch im Blatte (bei
der Sommerbrut) statt; nach acht bis
vierzehn Tagen fliegt die zweite Brut aus.
Bei uns kommen je nach Klima zwei bis
drei Bruten vor, in Amerika wohl mehr,
denn dort wird als Dauer der einzelnen
Stadien drei, sieben bis acht, zehn bis

Fig. 261. Runkelfliege
(nach Pettit).

zwanzig Tage angegeben; namentlich die Sommerpuppen sollen oft bis
zu drei Wochen überliegen. Doch kann man auch bei uns bis im Herbst
Maden finden; die Überwinterung scheint indes vorwiegend als Puppe
stattzuhaben.

Der schlimmste Schaden an Rüben ist der der ersten Brut, da sich
deren Maden entwickeln, wenn die Pflänzchen erst ein bis drei Blätter
haben; sie werden recht oft abgetötet. Am auffälligsten ist die Tätigkeit der Maden natürlich im Herbst, wo dann zahlreiche, grofse, braune
Minen in den Blättern auffallen, ohne dafs diese absterben; immerhin wird auch durch sie die Entwicklung der Rüben und ihr Zuckergehalt ungünstig beeinflufst. An Gartenpflanzen ist im allgemeinen wohl
der Schaden der späteren Bruten der gröfsere. — Als Parasit ist eine
Braconide beobachtet, die aber keine praktische Bedeutung hat. Uzel [1])
züchtete *Opius nitidulator* Nees.

Gegenmittel: alle als Nährpflanzen dienende Unkräuter (Melde!)
vernichten, desgl. alle befallene Pflanzen, überhaupt gründliche Reinigung
der Felder. Im Herbst 30 cm tief unterpflügen. Recht dicht säen,
kräftig mit Mineralsalzen düngen. Spinat als Fangpflanze zwischen die
Rüben säen. Sehr gut soll sich bewährt haben, mit Fliegenleim bestrichene steife Papierblätter von 12 : 15 cm Gröfse zwischen die Rüben-
reihen stecken, bevor diese aufgehen.

P. nigritarsis Zett. Fliege sehr ähnlich voriger; Hinterleib
rotgelb mit weifsschimmernden Einschnitten; Füfse schwarz. Made wie
die der Runkelrübe lebend.

Hylemyia Rob.-Desv.

Fühlerborste bis zur Spitze dicht und lang befiedert. Augen nackt.
Vierte Längsader gerade oder vorn etwas abwärts gebogen.

---

[1]) Bericht 1906, S. 578.

H. antiqua Meig. (ceparum Meig., cepetorum Meade). **Zwiebelfliege**[1]) (Fig. 262). Schwärzlich, dicht grau bestäubt, mit dunkeln Flecken
und Streifen; Vorderrand der Flügel bis zum deutlichen Randdorn bedornt,
Beine pechschwarz; 6,5 mm lang. — Made gelblich, 5—6 mm lang; die
beiden grofsen ventralen Zapfen am Hinterende einfach, davor am Bauch
noch zwei kleinere. Europa, Nordamerika. — In Europa überwintern
die Puppen, in Amerika die Fliegen. Die weifsen länglichen Eier
werden zu 6—8 an die Blätter von Zwiebeln dicht über der Erde abgelegt. Die Maden bohren sich sofort ein und zur Zwiebel hinab, die
sie oft zu mehreren in unregelmäfsigen, von starker Fäulnis begleiteten
Gängen durchwühlen. Die Blätter welken, schliefslich stirbt die ganze
Pflanze. Nach zwei bis drei Wochen ist die Made reif; sie verläfst die

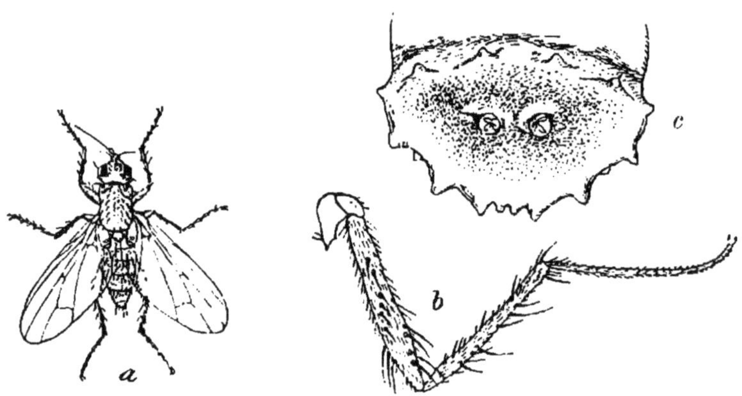

Fig. 262. Zwiebelfliege (nach J. B. Smith).
a Fliege. *b* Hinterbein der Fliege. *c* Analsegment der Larve.

Zwiebel, um sich in der Erde zu verpuppen. Nach 8—14 Tagen, im
Juni, fliegt die zweite Brut; es scheinen sich mehrere zu folgen, bis
in September, selbst in Oktober hinein. — Gegenmittel: die befallenen
Pflanzen so früh wie möglich entfernen und vernichten; Fruchtwechsel.
Spritzen mit Petroleumemulsion, Streuen von Rufs, Kainit, Salpeter, Kalk
mit Rufs sollen die Eiablage verhindern bzw. die Eier und jungen
Larven töten.

Nach Lüstner[2]) frifst die Zwiebelfliege auch das Herz von Garten-
nelken, vorwiegend älterer Sorten aus; er erwähnt zugleich einen
früheren Fall, bei dem die Fliege von Brischke als *Anthomyia radicum*
bestimmt wurde. Die Lüstnersche Benennung dürfte wohl auf einem
Irrtum beruhen.

H. cardui Meig. (lychnidis Kaltb., usw.). **Nelkenfliege**[3]). Lehm-
bis dunkelgrau, Fühler schwarz, Borste feinhaarig, Spitze nackt, Augen

[1]) Bouché, Naturgeschichte der Insekten, 1834, S. 73. — Slingerland, l. c.
p. 495—496, Fig. 6a. — Carpenter, Report 1896, p. 86—87, fig. 10—13. — Ritzema
Bos, Phytopathol. Labor. Willie Commelin Scholten, Versl. 1899. p. 62—63. —
Board Agric. Fish. London, Leafl. 31, 1903, 4 pp., figs. — Lampa, Ent. Tidskr. Årg.
26, 1905, p 60—63, 1 Taf. — Smith, J. B., New Jersey agr. Exp. Stat., Bull. 200,
1907, p. 10—11, figs.
[2]) Gartenwelt, Jahrg. 13, 1909, S. 173—174, 1 Fig.; Ber. Geisenheim 1908,
S. 10—11.
[3]) Kaltenbach, Pflanzenfeinde, S. 55. — Stein, Ent. Nachr., Bd. 16, 1890, S. 300

nackt. Rückenschild mit drei braunen Längsstreifen, Hinterleib mit einem dunklen; Körper schwarz beborstet; Beine schwärzlich, Schienen der Hinterbeine heller; 8—10 mm lang. — Made im Stengel und Wurzelstock von Nelkenarten (Lychnis und Dianthus spp.), besonders an schattigen Orten mit lockerer Erde. Der Fraſs beginnt am untersten oberirdischen Stengel-Internodium und geht nach Kaltenbaeh in das Rhizom, nach andern in den Stengeln und Stielen aufwärts. Puppe in Erde oder am Fraſsorte.

Hierher dürfte wohl die als *H. antiqua* bezeichnete Nelkenfliege Lüstners [1]), vielleicht auch die *carnation fly* der Engländet, *Hyl. nigrescens* (s. daselbst) gehören.

H. coarctata Fall. Getreide-Blumenfliege, wheat bulb fly [2]) (Fig. 263). Mittleres und nördliches Europa. Gelblichgrau, stark be-

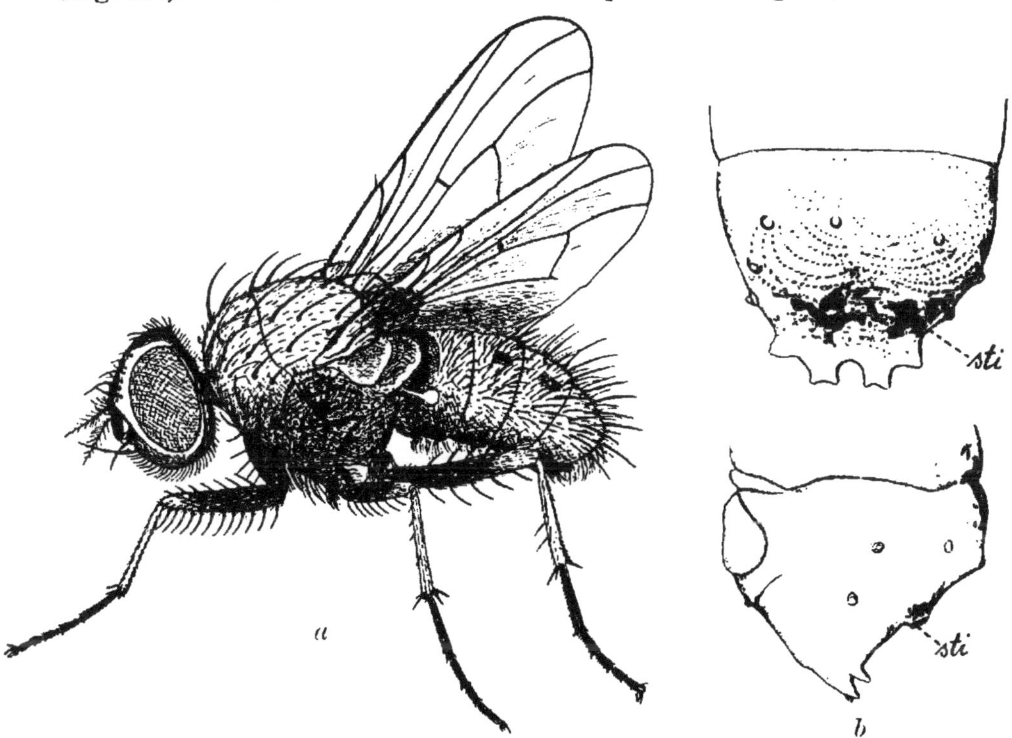

Fig. 263. Getreide-Blumenfliege (nach Börner).
a Fliege, *b* Analsegment der Larve von oben und von der Seite.

borstet. Brustrücken ohne Strieme; Hinterleib schlank, dünn, mit dunkler Mittelstrieme, in schwarze Legeröhre endend, Fühler und Beine

(*H. penicillaris* Rond.). — Sintenis u. v. Schilling, Prakt. Ratg. Obst- u. Gartenbau, 1900, S. 50, Figg. — Mik, Wien. ent. Zeitg., Jahrg. 19, 1900, S. 148—151.
[1]) Siehe vorige Seite.
[2]) Frank, Arb. biol. Abt. Kais. Gesundheitsamt, Bd. 1, 1901, S. 265—267. — Carpenter, Report for 1902, p. 199—201, figs. — Jungner, Zeitschr. Pflanzenkrankh., Bd. 14, 1904, S. 335—336. — Börner, Mitt. biol. Anst. Land- u. Forstwirtsch., Heft 4, 1904, S. 60—63, fig. 13—14. — Landwirtsch. Wochenschr. Pommern 1909, Nr. 21; Ausz.: P. Blätter Pflanzenbau, 1909, S. 88. — Journ. Board Agric. London, Vol. 15, p. 840, Vol. 16, p. 388, 1909. — Marchal, P., Bull. Soc. ent. France, 1909, p. 196—197.

schwarz, beim Männchen die Schienen, beim Weibchen Schenkel und Schienen rotgelb, Flügel gelb geadert, mit Randdorn. 7 mm lang. — Made gelblich, 6 mm lang, am unteren Rande der Afterplatte zwei mittlere, viereckige, zwei seitliche spitze Höcker. — Ein Exemplar in Colorado gefangen.

Die Biologie ist noch recht ungenügend bekannt. Im Frühjahre bemerkt man an der jungen Wintersaat von Roggen und Weizen, seltener Gerste, welkende Pflänzchen, deren Herz von der Made abgefressen ist; eine Made frißt sechs und mehr junge Halme an. Auf größeren Feldern treten Stellen stärkeren Befalles hervor. Von Ende April an gehen die Maden zur Verpuppung in die Erde, bis 10 cm tief. Von Mitte Mai bis Mitte Juni fliegt die erste Brut. Wo sie ihre Eier ablegt, wo die Maden als zweite Brut leben, ist unbekannt; Börner vermutet an, bzw. im Lolchgrase. Nach vier Wochen fliegt die zweite Brut bis spät in Herbst hinein, die ihre Eier an die junge Wintersaat legt. Maden, vielleicht auch Fliegen der zweiten Brut überwintern; wenigstens wurde nach Carpenter im Januar gesäeter Weizen noch befallen. Nach Carpenter wird Getreide, das auf Kartoffeln oder schwedische Rüben folgte, oft befallen, nicht nach Rübsen, Mangold und Bohnen. Hafer bleibt immer, Gerste meistens verschont. — Frühe Saat und kräftige Düngung stärkt die Pflanzen so, daß sie dem Befalle besser widerstehen und sich neu bestocken können. Säet man bereits Ende August schmale Streifen von Roggen auf die zur Winterung bestimmten Felder, so legt auf sie die Hauptmasse der Fliegen ihre Eier ab; nach zwei bis drei Wochen ist der Roggen mäßig tief unterzupflügen und endgültig zu bestellen. Sehr stark befallene Äcker sind möglichst früh tief unterzupflügen.

H. nigrescens Rond. [1]). Diese nach P. Stein zweifelhafte Art wird in England als *„carnation fly“* angegeben. Sie befällt namentlich junge Nelken, miniert erst in der Basis der Blätter und höhlt dann den Stamm aus, in dem sie sich auch verpuppt. Ruß, Kalk oder starkriechende Flüssigkeiten halten die Fliegen von der Eiablage ab; die Minen der Maden sind zu öffnen, diese mit einer Nadel herauszuholen (s. auch *H. cardui*).

H. pullula Zett. [2]). Die Made schadete 1893 sehr bei Florenz an Schwertlilien, deren Blüten, Hohlblätter und Stengel sie ausfraß. Die beschädigten Pflanzen entwickelten weniger Rhizommassen, die öfters faulten. Möglichst frühzeitig im Jahre sind die befallenen Blütenschäfte abzuschneiden und zu vernichten.

Phaonia Rob.-Desv.

Ph. trimaculata Bché [3]). Hellgrau, auf Rückenschild vier schwarze unterbrochene Striemen, auf Schildchen drei braune Flecke; Augen behaart; Flügel ohne Randdorn; 8 mm lang. Made 11 mm lang, am Bauche mit schwarzen Wärzchen. Im Sommer und Herbst gemeinsam mit der Kohlfliege in den Wurzeln des Kohls. Puppe in der Erde, die der letzten Brut überwintert.

[1]) Collinge, Rep. 1906, p. 32—33. — Journ. Board Agric. London, Vol. 14, 1908, p. 621.
[2]) del Guercio, Bull. Soc. ent. Ital. T. 24, 1893, p. 321—330.
[3]) Bouché, Naturgesch. d. Insekt., S. 80.

Muscina Rob.-Desv. (Cyrtoneura Meig.).

Augen nackt. Fühlerborste gefiedert. Vierte Längsader unter flachem Bogen aufsteigend, daher die an der Flügelspitze mündende, weit offene Hinterrandzelle lanzettförmig.

M. (C.) stabulans Fall. Grau; Fühler braun, Wurzelglieder und Taster rotgelb, desgleichen Beine; 7—10 mm lang. Made gelblich weifs, glänzend, Absturz des Hinterendes fast senkrecht, von charakteristischen Zähnen umgeben [1]); 8—11 mm lang. — Fliege im Sommer überall, namentlich auch in Häusern und Ställen, legt ihre Eier an die verschiedensten Orte, vorwiegend an zerfallende Vegetabilien, aber auch an Insektenlarven. Fliege gezüchtet aus: Schwämmen, Obst, Gurken, Dünger, Rapsstengeln, zerfallenden Kartoffeln [2]), Erbsenhülsen, Radieschen, Rübenknäueln bzw. jungen Runkel- und Zuckerrüben, denen die Maden ernstlich schaden können, Raupen vom Kiefernspinner und Puppen von Lophyrus sp. An Rüben sitzen sie namentlich am Kopfe, fressen aber Gänge bis ins Innere. Uzel [3]) empfiehlt, die Knäuel in mit Petroleum, Karbolsäure, Schwefelsäure usw. versetztem Wasser keimen zu lassen.

Cyclorrhapha Aschiza.

Ohne Stirnblasenspalte bzw. Bogennaht. Fühler dreigliedrig, die Borste nicht terminal. — Die hierher gehörigen Fliegen leben als Larven meistens parasitisch in anderen Tieren, in Pilzen oder faulenden pflanzlichen und tierischen Stoffen.

Tachiniden.

Von dieser parasitischen Familie sind die Fliegen von **Calliphora erythrocephala** Meig., die „rotköpfige Fleischfliege", einmal beobachtet, wie sie die ganze Ernte eines grofsen Spalierweinstockes dadurch zerstörten, dafs sie die Haut der reifenden Beeren annagten und deren Fleisch ausfrafsen [4]).

Platypeziden, Pilzfliegen.

Maden zwölfringelig, glatt oval mit ca. 28 gegliederten fadigen Anhängen an den Seiten. Mund ventral, ohne Mundhaken, aber am Oberrand jederseits zwölf Querreihen hakiger Zähnchen. Sie leben in Pilzen [5]), vorwiegend im Freien; Schaden ist nicht berichtet.

Phoriden.

Maden walzig, vorn dünner als hinten. Mundhaken vorhanden. Körper rauh, Segmente seitlich mit kurzen von Querwülsten vorstehen-

---

[1]) s. E. Taschenberg, Prakt. Insektenkunde, Bd. 4, S. 108—109.
[2]) Curtis, Farm Insects, p. 462—463.
[3]) Bericht über 1906, S. 580–581.
[4]) Reh, Jahrb. Hamburg. wiss. Anst. 19, 1901, 3. Beih., S. 179.
[5]) Brauer, Zweiflügler d. k. Mus. Wien III; Sep. p. 67.

den Wärzchen. Letzter Ring meist mit vier bis sechs Fleischspitzen. Teils parasitisch, teils in zerfallenden Stoffen, einige in Pilzen und dann zum Teil recht schädlich in Champignonzüchtereien [1]).

Brauer [2]) führt aus Pilzen an: **Aphiochaeta rufipes** Meig. aus Trüffeln; **A. lutea** Meig.; **flava** Fall. und **pusilla** Meig. (pumila Meig.) aus Agaricus sp.; **Phora tubericola** Frfld aus weißen Trüffeln; **Ph. bovistae** Gimm. aus Lycoperdon Bovista; **Conicera atra** Meig. aus Agaricus ater.

Syrphiden.

Fühler dreigliedrig, Endglied ungeringelt, Borste rückenständig. Afterzelle lang; zwischen dritter und vierter Längsader eine überzählige, die Mittelquerader durchschneidende Schrägader. Lebhaft gefärbt, dickleibig, meist mit hellen Binden versehen; auf Blüten, ernähren sich von Pollen und Honig. — Hinterende der Made in eine beide Tracheen einschließende Röhre oder in zwei dicht nebeneinander liegende Atemröhren verlängert, entweder kurz und dorsal oder fernrohrartig, ausziehbar, endständig; Kopfringe meist schmal und kegelig vorstreckbar. Larven saprophytisch oder räuberisch (von Blattläusen): einige wenige pflanzenschädlich.

Eumerus Meig.

Klein bis mittelgroß, wenig behaart; schwarz oder metallisch grün. Kopf breiter als Rücken; letztes Fühlerglied groß, Borste nackt. Augen behaart. Hinterschenkel verdickt, unten mit Dörnchen bewehrt, Hinterschienen gekrümmt.

E. strigatus F. (lunulatus Meig. usw.), **Zwiebelmondfliege.** Grün, Hinterleib an der Spitze und seitlich an den drei ersten Gliedern mit je einem grau behaarten Mondflecke; Fühler dunkel; 6—7,5 mm lang. Made graugelb, runzelig und gekörnt; Endglied braun, jederseits mit einem geringelten, pyramidenförmigen Fleischzapfen versehen, 8—10 mm lang; im Sommer im Herzen der Speisezwiebeln oder im unteren Teile des Blütenschaftes; ersteres fault, letzterer welkt. Schaden stellenweise bedeutend. Puppen zum Teil in der Erde, zum Teil im Blütenschaft. Die befallenen Zwiebeln sind zu vernichten.

Merodon Meig.

Fühlerborste rückenständig. Mittelquerader steht auf der Mitte der Mittelzelle oder saumwärts. Randzelle offen. Hinterschenkel verdickt, unterseits gezähnt. Untergesicht flach gewölbt. Meist dunkel metallisch grün, dicht behaart.

M. clavipes F. [3]). Schwarz; weißlich, gelblich, rötlich bis schwarz behaart; Hinterleib verlängert, kegelförmig, fast nackt, mit weißen Ringsäumen und am zweiten bis vierten Ringe weißen Querbinden; drittes Fühlerglied länglich, vorn zugespitzt.

---

[1]) Busck, U. S. Dept. Agric., Div. Ent., Bull. 38, 1902, p. 32—33. — Journ. Board Agric. London Vol. 14, 1907, p. 415.
[2]) l. c. p. 66.
[3]) Pearson, The Book of Garden Pests, London, p. 51, 53, fig.

M. equestris F. [1]). Schwarz oder dunkel metallisch grün, ebenso verschieden behaart wie vorige; drittes Fühlerglied oben gerade, unten rund, daher vorn schief abgestutzt; Hinterschienen beim Männchen auf der Innenseite mit einem auffallenden Höcker; 13 mm lang. — Made graugelb, stark gerunzelt, braun gekörnelt; auf jedem Ringe eine Querreihe kurzer, nach hinten gekrümmter Dornen; Endglied gerundet mit schwarzem, warzenartigem Stigmenträger; 12 mm lang.

Beide Arten sind als **Narzissenfliegen** in allen die Kultur dieser Blumen betreibenden Ländern Europas gefürchtet. Ihre Heimat ist allerdings Südeuropa, von wo sie aber jährlich mit Tazettenzwiebeln nach dem Norden eingeschleppt werden. Die Maden leben zu mehreren in den Bulben der Narzissen und Tazetten, deren Herz fault. Im Herbst verpuppen sie sich, meist in der Erde, in einer versponnenen Zelle, seltener in der Zwiebel selbst. Ende April, Anfang Mai schlüpfen die Fliegen aus, die je vier bis fünf Eier an die Bulben der Pflanzen, möglichst dicht an die Erde legen. Haben die Maden einen Bulbus vollkommen zerstört, so wandern sie durch die Erde in andere Zwiebeln ein. Befallene Bulben sind so früh wie möglich zu vernichten.

Im Jahre 1903 wurde ein Exemplar der Fliege in Quebek (Canada) gefangen [2]). Auch in Neu-Seeland [3]).

Mesogramma polita Say [4]). Östl. Vereinigte Staaten. Made frifst an Mais den Pollen und saugt die aus der Pflanze austretenden Säfte. Kein ernstlicher Schaden.

Die Larven der nordamerikanischen Gattung **Chilosia** leben nach Williston [5]) in Stengeln von Cardium, Sonchus, Scrophularia, Matricaria und in Pilzen (Boletus edulis usw.).

Orthorrapha.

Kopf ohne Bogennaht und ohne Lunula über den Fühlern; diese drei- bis vielgliedrig.

Orthorrapha Brachycera.

Fühler gewöhnlich kurz, dreigliedrig. Maden mit eingezogenem, rudimentärem Kopfe und rudimentären Kiefern; meist parasitisch oder saprophytisch lebend.

Stratiomyiden, Waffenfliegen.

Körper gestreckt; Rückenschild und Hinterleib meist flach. Schildchen meist bedornt. Drittes Fühlerglied geringelt. Flügel parallel aufliegend, sich deckend. Randader reicht bis zur Flügelspitze; dritte Längsader gegabelt. — Puppe in der letzten Larvenhaut, die von der ausschlüpfenden Fliege in T-förmiger Spalte gesprengt wird.

---

[1]) Ritzema Bos, Zeitschr. Pflanzenkrankh., Bd. 4, 1894, S. 228. — Collinge, Report for 1905, p. 40. — Stichel, Berlin. ent. Zeitschr., Bd. 53, 1908, S. 202—204.
[2]) Chagnon, Ann. Rep. ent. Soc. Ontario No. 34, 1903, p. 48.
[3]) Kirk, Rep. New Zealand Dept. Agric. for 1906, p. 365—367.
[4]) Ins. Life Vol. 1, 1888, p. 5—8, fig. 1. — Smith, J. B., Rep. New Jersey agric. Coll. Exp. Stat. 1899, p. 442—443, fig. 21. — Forbes, 23. Rep. nox. benef. Ins. Illinois, 1905, p. 161—163, fig. 150—152.
[5]) Bull. 31, U. S. Nation Mus., 1886, p. 271.

Microchrysa polita L. Glänzend goldgrün. Fühler schwarzbraun. Beine gelb mit schwarzen Stellen. Augen nackt. 5 mm lang. — Maden nach BEUTHIN in Stengeln schwarzer Johannisbeeren. Nach SCHAUFUSS[1]) bei Moißen dadurch schädlich, daß sie die Keimlinge der Rosensaat vernichteten. „Der Keimling wird von unten angefressen und in die Erde gezogen; die weichen Stellen werden vertilgt, die Keimlappen, welche härter sind, werden nicht berührt." Namentlich in Kastensaaten der Schaden durch eine Furche, die die Made zieht, erkennbar. Made 6 mm lang, 2 mm breit, asselförmig, schmutzig schwärzlichbraun, fein gekörnelt, beborstet.

Chrysomyia formosa Scop. Goldgrün, Fühler schwarzbraun; Beine schwarz mit gelben Knien. Kopf gelbbraun behaart; Augen behaart. 9 mm lang. — Made wie vorher; Kopf oben pechschwarz, unten braun: jeder Ring oben und unten mit je sechs gelben, nach hinten gerichteten Haaren. CORNELIUS[2]) erhielt sie aus Gartenrüben, deren Körper von ihnen völlig aufgezehrt und in Mulm verwandelt waren. Ende April Verpuppung in der Erde. Ende Mai die Fliegen. Eine Anzahl der Maden blieb unverpuppt, aber lebend den ganzen Sommer über in der Erde ohne Nahrung.

Orthorrapha Nematocera.

Fühler meist mit vielen gleichartigen Gliedern. Thorakalschüppchen fehlt. Halteren frei. Puppe eine freie Mumienpuppe.

Tipuliden, Schnaken[3]).

Größere, schlanke Fliegen mit sehr langen Beinen. Erste Rückenschildnaht rudimentär, zweite V-förmig. Letztes Tarsenglied sehr lang, peitschenförmig. Flügel vieladrig. Nebenaugen meist fehlend. Beine beim Männchen häufig viel länger als beim Weibchen; letzteres am Hinterende mit zwei harten, spitzen Fortsätzen (Legebohrer). — Larve mit unvollständigem Kopfe (Kieferkapsel) und beißenden, gegenständigen Oberkiefern. Walzig, dick; mit 12 Ringen, mit charakteristischen Fleischzapfen und zwei Atemröhren am Hinterende, zum Teil noch mit Atemlöchern an vorderen Ringen. Fühler deutlich, lang, zweigliedrig. 3—4 cm lang. An feuchten Orten, besonders gern in Mulm, leben von faulen oder frischen Pflanzenteilen; einige recht schädlich. — Puppe ähnlich der der Schmetterlinge, mit zwei Atemröhrchen am Prothorax.

---

[1]) Siehe RICHTER VON BINNENTHAL, Die Rosenschädlinge aus dem Tierreiche, Stuttgart 1903, S. 296—298, Fig. 43.

[2]) Stett. ent. Zeitg., Bd. 21, 1860, S. 202—204, Taf. II A.

[3]) BELING, Verh. zool. bot. Ges. Wien, Bd. 23, 1873, S. 575—592. — EWERT, Zeitsch. Pflanzenkrankh., Bd. 9, 1899, S. 328. — FUCHS, Forstwiss. Zentralbl., Jahrg. 22, 1900, S. 134—138. — RICHTER VON BINNENTHAL, l. c., S. 289—294, Fig. 41. — THEOBALD, I. Report. econ. Zool., 1903, p. 94—104, Fig. 11. — ECKSTEIN, Zeitschr. Forst- u. Jagdwes., Jahrg. 36, 1904, S. 364—366, Fig. 14, 15. — UZEL, Zeitschr. Zuckerindustrie Böhmens, 1906, Hefte 10, 11: 16 S, Figs. — PAUL, Prakt. Blätter Pflanzenbau und Pflanzenschutz, Bd. 5, 1907, S. 76—78. — TACKE, ibd. S. 121—122. — JABLONOWSKI, Tier. Feinde d. Zuckerrübe, Budapest 1909, S. 142—148. F. 32—34. — HYSLOP, U. S. Dept. Agric., Bur. Ent., Bull. 85 Pt. VII, p. 119—132, figs. 60—66.

Die Schnaken haben im allgemeinen nur eine Generation im Jahre, einige Arten *(T. oleracea, lateralis usw.)* zwei oder selbst mehr. Sie fliegen von Beginn des Sommers an bis in den Herbst an warmen, feuchten Tagen niedrig und schwerfällig, über feuchten Gras- und anderen Ländereien. An geeigneten Stellen stofsen sie auf die Erde, um die ovalen, etwas gekrümmten, glänzend schwarzen Eier von denen jedes Weibchen 250—600 enthält, zu je 1—3 an oder in die Erde bzw. an niedrige Pflanzen abzulegen. Nach 2—3 Wochen kriechen die Larven aus, die zunächst wohl nur von Humus und anderen vermodernden Stoffen leben, später aber auch an lebende Pflanzen übergehen. Tagsüber fressen sie gewöhnlich im Boden an Wurzeln, wobei sie sich in unterirdische Knollen, Rüben usw. völlig hineinwühlen. Nachts, aber auch wohl Tags bei feuchtem, trübem Wetter, kommen sie auf die Oberfläche und befressen und benagen hier oberirdische Organe, die sie z. T. sogar mit in ihre Löcher ziehen. So können sie besonders Keimpflänzchen gefährlich werden, die sie dicht über der Erde bzw. unter den ersten Blättern ringeln oder sogar völlig durchnagen (Fig. 264).

Am häufigsten finden sich Schnakenlarven in Gras- und Brachländereien (bis zu 400 auf den Quadratmeter), dann in jungem Getreide. Aber auch fast alle andere Feldfrüchte (besonders Klee, Luzerne, Rüben, Raps, Erbsen, Bohnen, Kartoffeln usw.), noch mehr die Gemüse des Gartens leiden unter ihnen, selbst Blumen (Rosen). Sehr gefährlich werden sie häufig in forstlichen Baumschulen, vorzugsweise an ein- bis zweijährigen Nadelhölzern, gelegentlich auch in Weidenhegern.

Auf Java fressen die Larven von *Tipula parra* Loew. die Augen des aufgehenden Zuckerrohrs aus[1]), in Japan nagen sie die jungen Reispflänzchen dicht unter der Erdoberfläche durch[2]).

Die Annahme, dafs sie die Zellgänge der Birken und anderer Bäume verursacht hätten, dürfte nach den neueren Untersuchungen NIELSENS (s. *Agromyza carbonaria*) wohl hinfällig sein.

Verschont wurde *Agrostis alba* und *Rumex acetosella*.

Sie fressen den Winter über, mit Ausnahme der Frosttage, an denen sie sich tiefer in die Erde zurückziehen, bis in den Mai und Juni hinein. Der Schaden im Frühjahr ist entsprechend der nun rasch zunehmenden Gröfse der Larven im allgemeinen viel bedeutender als der im Herbste, der eigentlich nur in Gemüsegärten, an Aussaaten junger Spätgemüse beträchtlicher wird.

Ende Mai bis Mitte Juni findet die Verpuppung flach in der Erde statt. Nach zwei Wochen etwa schiebt sich die Puppe mittelst der an den Hinterleibsringen befindlichen Dornen mit dem Vorderteile über die Oberfläche hervor, worauf bald die Mücke ausschlüpft. — Die

Fig. 264. Von Schnakenlarven benagtes Fichtenpflänzchen (nach ECKSTEIN).

[1]) KONINGSBERGER, Med. 's Lands Plantentuin 22, 1898.
[2]) ONUKI, Imp. agr. Exp. Stat. Japan Bull. 30, 1904, p. 1—2, Pl. II.

zweibrütigen Arten verpuppen sich im August, September und lassen nochmals Larven entstehen.

Parasiten der Schnakenlarven scheinen aufser der Tachiniden-Gattung *Admontia* keine bekannt zu sein. Um so zahlreicher sind Raubfeinde, so namentlich insektenfressende Säugetiere und Vögel. Unter letzteren sind Star, Möwen, Kiebitz, Wiedehopf, Drosseln, Krähen, Storch hervorzuheben. Auch die Raubkäfer spielen hier eine nicht unwichtige Rolle. Die Mücken sind häufig von Trombidien-Larven besetzt. Schliefslich sollen die Schnakenlarven kannibalisch sein und sich z. T. gegenseitig selbst auffressen.

Als Vorbeugung sind Düngung mit Mineralsalzen, Fruchtwechsel, gute Dränage zu empfehlen.

Die Bekämpfung ist nicht ganz leicht. Die dicke, lederartige Haut schützt die Larven gegen verwendbare Berührungsgifte. Düngesalze wirken daher mehr durch Kräftigung der Pflanzen als durch Abtöten der Larven. Das oft empfohlene Walzen des Bodens dürfte den vorhandenen Larven nur dann verderblich sein, wenn es abends oder morgens geschieht, während sie sich über der Erde befinden; immerhin erschwert es ihnen die Wühlarbeit und den Mücken die Eiablage. Geschieht es zur Flugzeit an einem kalten, trüben Tage, wenn die Mücken im Grase verborgen sitzen, so werden unzählige von ihnen dadurch getötet. Stachelwalzen wirken schon besser gegen die Larven. Zur Zeit der Verpuppung ist tief unterzupflügen. Unkräuter usw. sind soweit möglich zu beseitigen, event. abzubrennen. Unterwassersetzen der Wiesen, das ebenfalls mehrfach empfohlen wird, dürfte höchstens den Puppen, kaum aber den sich in tiefere Erdschichten zurückziehenden Larven gefährlich werden. Von gröfstem Nutzen sind Schonung und Hege der Feinde, insbesondere das Anbringen von Starkästen. Auch das Eintreiben von Geflügel oder Schweinen in die bedrohten Wiesen oder Felder hat sich schon öfters gut bewährt.

Von den über 1000 Arten werden aufser **T. parva** (s. oben) nur etwa 15 europäische und 3 amerikanische Arten als schädlich genannt. Die wichtigsten davon sind folgende:

Pachyrhina Macq.

Zweite Hinterrandzelle un- oder sehr kurzgestielt (Fig. 265 b); erstes Fühlerglied kurz, dick.

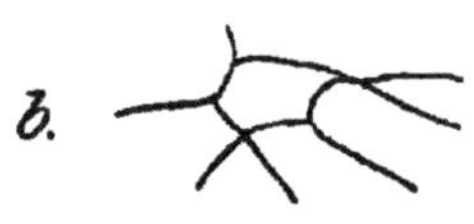

Fig. 265. Zweite Hinterrandzelle.
a von Tipula, *b* von Pachyrhina.
(Nach Theobald.)

P. crocata L. Hinterleib schwarz mit gelben Querbinden; 15—20 mm lang.

P. pratensis L. Hinterleib schwarz mit gelben oder weifslichen Seitenflecken; 14—18 mm lang.

P. maculata Meig. (**maculosa** Meig.). Hinterleib gelb mit braunen Längsstriemen; Flügel mit braungelbem Randmale, blafs bräunlich-gelb; Höcker vor den Schwingern auf drei Seiten schwarzbraun umrahmt; 14—17 mm lang.

P. lineata Scop. (**histrio** F.); wie vorige, aber Flügel tief bräunlichgelb; nur auf der unteren Seite des Höckers ein schwarzbrauner Fleck; 13—16 mm lang.

Tipula L.

Zweite Hinterrandszelle gestielt (Fig. 265a); erstes Fühlerglied etwas verkürzt.

T. nigra L. Schwarz; Flügel einfarbig schwärzlich; 11—14 mm lang.

T. paludosa Meig. Gelblichgrau; Flügel rostbräunlich mit dunkler Längsstrieme am Vorderrande; 22—27 mm lang.

T. oleracea L. Wie vorige, aber Flügel graulich, unter der dunklen Strieme noch mit einem weifsen Längswische; 21—26 mm lang.

T. bicornis Loew, **simplex** Doanc und **infuscata** Loew. Nordamerika.

Zur sicheren Kenntnis der schädlichen Tipuliden sind noch genauere Bestimmungen aller Befunde nötig, insbesondere auch Zuchten der Larven, die mit Ausnahme der von Beling beschriebenen noch nicht bestimmbar sind.

Cecidomyiden, Gallmücken [1]).

Kleine bis sehr kleine, zarte Mücken. Fühler bestehen aus zwei Grund- und 4—36 Geifselgliedern, deren erstes oft gestielt ist; jedes Geifselglied hat zwei Anschwellungen und ist mit Wirteln von Haaren, Schuppen, Schleifen usw. geschmückt. Rückenschild ohne Quernaht. Flügel mit nur 2—6 Längs- und einer Querader; die Randader läuft um den ganzen Flügel herum, ist aber an der Innenseite weniger stark. Schwinger ohne Schuppen. Schienen ohne Enddorn. Männchen am Hinterleibe mit Haltezange, Weibchen mit Legeröhre, die kurz und weich bei den Arten ist, die ihre Eier äufserlich an Pflanzen absetzen, weit vorstreckbar und zum Teil hart bei denen, die ihre Eier zwischen dicht aneinander liegende Pflanzenteile bzw. in solche legen. Die meist sehr kurzlebigen (wenige Stunden bis Tage) Mücken legen je 5—300 rote, gelbe oder weifse Eier, aus denen sehr bald, oft schon nach einigen Stunden, die anfangs völlig farblosen und fast unsichtbaren Larven ausschlüpfen. Sie sind vierzehnringelig (Fig. 266): ein Kopf-, ein Hals-, drei Brust-, neun Hinterleibsringe. Die Farbe ist weifs, gelb oder rot, öfters von dem durchschimmernden Darminhalte beeinflufst. Haut glatt oder warzig, mit kurzen Borsten. Fühler zweigliedrig; Mundteile rudimentär; Augen fehlen. Ventral am dritten (ersten Brust-)Ringe bei den meisten Arten die Brustgräte oder Spatula. Z. T. mit Stummelfüfsen, auch auf dem Rücken, die zur Fortbewegung dienen. Neun Paare Stigmen, seitlich je am 3., 6.—13. Ringe. Am Hinterende acht, sechs oder zwei Borsten tragende Zäpfchen. Man

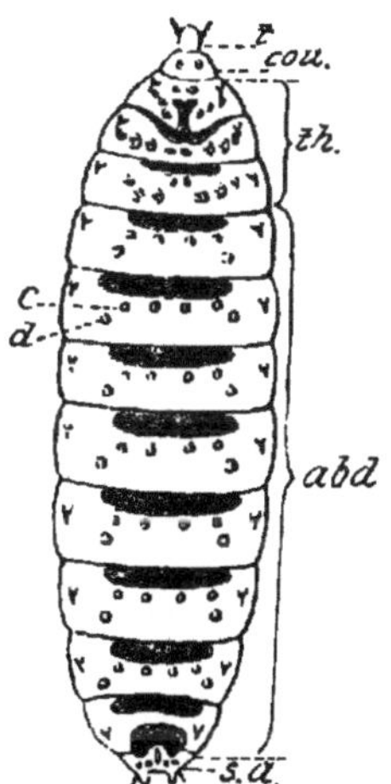

Fig. 266. Larve der Birnen-Gallmücke (nach KIEFFER). *t* Kopf; *cou* Hals; *th* Brust; *abd* Hinterleib; *sa* Analsegment, *c* vordere, *d* hintere Ventralpapillen.

---

[1]) RÜBSAAMEN, Biol. Centralbl., Bd. 19, 1899, S. 529—549, 561—570, 593—607, 8 Figg. — KIEFFER, Ann. Soc. ent. France T. 69, 1900, p. 181—472, Pls. 15—44. — BEUTENMÜLLER, Bull. Amer. Mus. nat. Hist. Vol. 23, 1907 ff. — FELT, Bull. New York Stat. Mus. nat. Hist. No. 104, 1907, ff.

unterscheidet drei Lebensstadien: das Wanderstadium, in dem sie vom Ei zur Nahrungsstelle kriecht, das Ernährungsstadium und das Reifestadium, in dem bei manchen Arten erst die Brustgräte auftritt. Die Ernährung geschieht durch Saugen; BEIJERINCK glaubt, daſs viele Arten mit der ganzen Körperoberfläche Nahrung aufnehmen könnten, was KIEFFER bezweifelt. Sie sind zoo- oder phytophag. Die zoophagen Larven saugen Pflanzenläuse, andere Gallmückenlarven oder Milben aus. Die phytophagen Larven sind saprophytisch, mykophag oder sie leben auf bzw. in höheren Pflanzen, manche ohne Miſsbildungen zu erzeugen, andere veranlassen abnorme Behaarung; die Mehrzahl erzeugt Gallen, wobei manche Mückengattungen in enger Beziehung stehen zu bestimmten Pflanzenfamilien bzw. Gattungen. In den Gallen können auſser den Erzeugern noch andere Arten als Einmieter wohnen. Die Larven mehrerer Gattungen vermögen zu springen, 8—10 cm hoch bzw. weit, indem sie den Körper erst schleifenförmig zusammenkrümmen, dann plötzlich ausstrecken. — Die Verpuppung findet auf verschiedene Weise statt. Die einen verpuppen sich regelrecht zu einer der Schmetterlingspuppe ähnlichen Mumienpuppe, bei der die beiden Thorakalstigmen als Atemröhrchen emporragen. Bei den in der Erde, in nicht geschlossenen Gallen oder auf Rinde ruhenden findet vorher Ausscheidung eines feinen, weiſsen bis gelblichen, aber auch braunen oder roten Kokons statt. Bei anderen erhärtet und verfärbt sich die Haut des vorletzten Stadiums zu einer Scheinpuppe, einem Puparium; das hierbei entstandene letzte oder Reifestadium der Larve zieht sich von der alten Haut zurück und liegt oft lange unverändert; erst kurz vor der Schwärmzeit der Mücken findet die eigentliche Verpuppung in der Scheinpuppe statt. Bei den in Gallen liegenden Puppen ist die Basis der Fühlerscheide hornartig vorgezogen und scharf zugespitzt; damit öffnet die Puppe die Galle für die ausschlüpfende Imago. Beim Ausschlüpfen platzt die Haut auf dem Rücken; die Scheinpuppe öffnet sich an einem Pole. Die Verpuppung findet in der Erde oder am Fraſsorte der Larve statt; die Puppenruhe dauert selten mehr als 14 Tage.

Parthenogenese ist nicht beobachtet, dagegen Pädogenese bei den saprophytischen Arten. Die Generation ist entweder einjährig, wobei die meiste Zeit auf die Larve kommt; oder es folgen sich mehrere Bruten im Jahre. Immer aber überwintern Larven im Reifestadium.

Feinde der Larven und Puppen sind Vögel, Ameisen, Schlupfwespen, Gallmückenlarven, Älchen; den Mücken werden vor allem heftige Regen verderblich. Von den Schlupfwespen-Parasiten ist nur ein Teil endoparasitisch; andere saugen die Larven von auſsen aus. Befallene Larven bilden oft echte Tönnchenpuppen.

Die Bekämpfung richtet sich ganz nach der Lebensweise. Bei den als Puppe in der Erde ruhenden ist die frisch einkriechende oder eingekrochene Larve durch Mineralsalze (Kainit, Asche, Ätzkalk usw.) zu töten; Untergraben ist nicht immer von Erfolg, da die Puppen sich aus ziemlicher Tiefe in die Höhe zu arbeiten vermögen. Bei den in Pflanzen sich verpuppenden sind diese, soweit angängig, zu vernichten, namentlich alle Ernterückstände.

Gallmücken finden sich auf der ganzen Erde, sind aber noch wenig bekannt. Aus Europa kannte man 1907 87 Gattungen mit über 700 Arten; neuerdings ist aus Nordamerika eine sehr groſse Anzahl beschrieben worden. Aus Australien sind etwa 150 Arten bekannt, aus den übrigen Erdteilen sehr wenige.

Theoretisch genommen sind selbstverständlich alle von Kulturpflanzen sich nährende Gallmücken schädlich. Weitaus die gröfste Mehrzahl tritt aber in so geringen Mengen auf oder übt so geringen Einfluſs auf ihre Nährpflanzen aus, daſs sie praktisch unschädlich sind, mindestens aber für uns hier nicht in Betracht kommen.

Kennzeichen der Mücken sind namentlich Form, Zahl und Ornamentierung der Fühlerglieder, das Flügelgeäder und die Genitalanhänge; die der Larven vorwiegend die Struktur und Anhänge der Haut, die Brustgräte und die Bildung des Aftersegmentes. Doch ist die Bestimmung eine so schwierige, daſs sie nur von Spezialisten sicher ausgeführt werden kann. Wir beschränken uns daher im folgenden auf nur wenige, allgemeine Merkmale und betonen ausdrücklich, daſs die angegebenen Farben immer die des lebenden Tieres sind; beim toten Tiere schwindet oft alle Zeichnung, so daſs es meistens einfarbig dunkel erscheint.

Porricondyla Rond. (Epidosis H. Lw.).

Zweite Längsader entspringt mit einer kurzen Wurzel von der ersten, mit einer längeren, buchtigen von der Flügelwurzel; Querader sehr lang, S-förmig geschwungen; Fühler vierzehngliedrig, gestielt, Glieder mit Wirtelborsten. Larven meist in morschem Holze.

P. cerealis Saut. **Getreideschänder** [1]): Fühler dreizehngliedrig, Brust vorwiegend schwarz, Hinterleib vorwiegend rot, $2^1/_4$ mm lang. Fliegen im Mai, Juni und legen die Eier in kleinerer Zahl an obere Teile der Getreidehalme. Die bis 3 mm langen, mennigroten, hinten mit zwei hornigen, plattenförmigen Anhängseln versehenen Larven leben hinter den Blattscheiden; der obere Teil des Halmes mit der Ähre vertrocknet, schwärzt sich, wird hart, warzig und zackig, bleibt in der Scheide stecken. Ende Juni bis Mitte Juli findet die Verpuppung am Halme oder in der Erde statt; nach 28 Stunden fliegt die Mücke aus; doch kann auch die Larve überwintern. — SAUTER [2]) beobachtete 1813—16 bedeutende Schäden an Gerste, Spelz, Hafer, Roggen in Baden und Württemberg. COHN [3]) glaubte sie 1869 in Schlesien wieder aufgefunden zu haben, doch ist es fraglich, ob es sich beide Male um die gleiche Art handelte. Sonst ist sie nie beobachtet.

P. gossypii Coq. Red maggott. Auf Barbados und Monserrat an Baumwolle. Die orangeroten Larven leben im Cambium, so daſs alle distale Teile der Pflanzen absterben können [4]).

Clinodiplosis Kieff.

Gelblich; Klauen einfach; Palpen viergliedrig; erstes Geifselglied der Fühler gestielt. Larve am Hinterende mit vier spitzkegeligen Fortsätzen; ihr Körper mit Schuppen und Warzen bedeckt; sie überwintert in der Erde.

---

[1]) MARCHAL, Ann. Soc. ent. France T. 66, 1897, p. 77—79, Fig. 9.
[2]) Beschreibung des Getreideschänders (Tipula cerealis), eines dem Getreidebau sehr schädlichen Insekts, samt Vorschlägen zu seiner Vertilgung, Winterthur 1817, 8°, 1 Taf.
[3]) Abh. schles. Ges. vaterl. Kultur, 1869, S. 193 ff.
[4]) BALLOU, West Ind. Bull. Vol. 6, 1905, p. 121—126.

Cl. mosellana Géh. (**aurantiaca** Wagn.) [1]). Orangegelb; Legeröhre kurz, nicht ausstreckbar, läuft in zwei stabartige Lamellen aus; 1,8—1,9 mm lang. Larve orange, lang behaart. Die Lebensweise ist ganz die wie von *Contarinia tritici*, nur daſs die Mücke etwas früher, zur Blütezeit des Weizens und Roggens, fliegt und ihre Eier mehr äuſserlich, an die Innenseite der Spelzen klebt. Auch sollen viele Scheinpuppen in den Ähren liegen. Auſser den üblichen Gegenmaſsregeln soll sich namentlich auch das Wegfangen der Mücken mit Netzen bewährt haben. Im Départ. La Moselle hat diese Mücke 1856 nach Géhin für 2 Mill. fr. Schaden verursacht.

Cl. equestris Wagn. **Sattelmücke** [2]) (Fig. 267). Kirschrot, gelb behaart, gelb und braun gezeichnet, 2—3½ mm lang, Mitte Mai bis Mitte Juni Eiablage auf Blätter des jungen Weizens, besonders die oberen Blätter. Die blutroten, bis 5 mm langen Larven sitzen vorwiegend hinter der Blattscheide der obersten, seltener unteren Glieder, in eigentümlichen Längsfurchen, deren Seiten wallartig geschwollen, deren Enden durch je eine Querwulst begrenzt sind. Die Blattscheiden sind meist über diesen Sätteln etwas aufgebläht. An einem Halme gewöhnlich mehrere, seltener viele Maden bzw. Sättel. Die befallenen Halme in der Regel kräftig entwickelt auf Kosten der zurückbleibenden anderen derselben Pflanze. Zur Zeit der Weizenreife gelangen die Maden in den Boden.

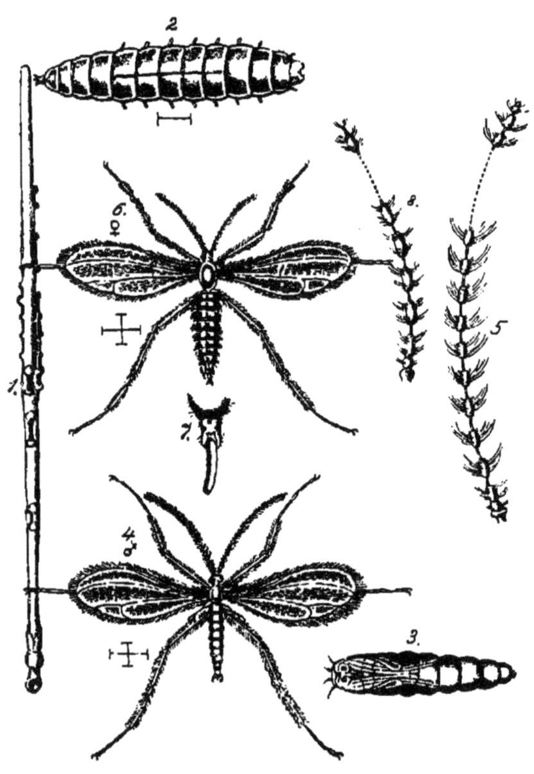

Fig. 267. Clinodiplosis equestris (nach Stein).
1 Halmstück mit Sattelgallen; *2* Larve; *3* Puppe v. u.: *4* u. *6* Fliegen; *5* Fühler des Männchens, *8* des Weibchens; *7* Hinterleibsende des Weibchens mit Ei zwischen den Zangen.

Cl. oculiperda Rübs. Rote (Rosen-) Made, Okulier- (besser **Okuladen-**) **Made**. Gelblichgrau, braun und schwarz, Fühler vierzehngliedrig; 1,5—2 mm lang; Mitte Juni bis Mitte August. Die Eier werden zu 6—12 an frische Okulierstellen von Rosen abgelegt.

Die zinnoberroten, 2—2,5 mm langen Maden saugen den an der Veredelungsstelle austretenden Bildungssaft, wobei sie immer tiefer in jene ein-

---

[1]) Géhin, Notes pour servir à l'histoire des insectes nuisibles à l'agriculture. No. 2. Insectes qui attaquent les blés. Metz 1856, 38 pp. — Wagner, Stettin. ent. Zeitg., Bd. 27, 1866, S. 169—187, Taf. 5. — Marchal, l. c. p. 67—70, Fig. 7.
[2]) Wagner, Stettin. ent. Zeitg. Jahrg. 32, 1871, S. 414—423, Taf. 4. — Marchal, l. c. p. 70—71.

dringen. So vertrocknet nicht nur das Schildchen, sondern auch das Holz des Wildlings. Die Made lebt auch in Wunden von Rosen und wahrscheinlich auch in Okulierstellen und Wunden anderer Rosaceen (Obstbäume). Nach vier bis sechs Wochen geht sie in die Erde. Zur Verhinderung der Eiablage verbindet man die Veredelung mit rauhen Wollfäden, die vorher in eine Mischung von Terpentin, etwas Naphtalin und Leinöl getaucht, gut ausgerungen und getrocknet sind. Verband mit Lehmbrei soll noch besser schützen. Um Veredelungen des Wurzelhalses ist die Erde anzuhäufeln [1]).

Cl. rosiperda Rübs. Orangerot, braun gestreift, 2 mm lang. Larve orangerot, 3 mm lang, in der Mehrzahl in Blütenknospen von Rosen, die infolgedessen vertrocknen; hier überwintert auch die Made und ruht die Puppe [2]).

Cl. rosivora Coq.[3]) zerstört in Glashäusern Nordamerikas Blüten- und andere Knospen von Rosen der Sorten Meteor, Wooton, La France.

Cecidomyia Meig.

Klauen einfach; dritte Längsader mündet vor der Spitze in die Randader.

C. catalpae Comst.[4]) Ohio; Larve unter der Rinde in Zweigen von Catalpa, einige Zentimeter unterhalb der Spitze. Die befallene Stelle schwillt an, wird schwarz und welkt; die Spitze stirbt ab. Das Ende des gesunden Teiles treibt büschelförmig neue Triebe. Bis 49% aller Zweige beschädigt.

C. (Diplosis) humuli Theob.[5]) England, an Hopfen. Die weifsen Maden zerfressen das Mark der Kätzchen, so dafs die Schuppen welken oder abfallen. Bis zu 50 Maden wurden in einem Kätzchen gefunden. Ende August, Anfang September gehen die Larven in die Erde. Da der Befall sich rasch ausbreitet, ist energischste Beseitigung aller befallener Kätzchen zu seinem Beginne wichtig. In stark befallene Anlagen sind im Herbst und Frühjahr Schafe einzutreiben, die durch ihr Trampeln die Larven gröfstenteils vernichten.

C. sorghicola Coq. **Sorghum midge**[6]). Sorghum bauende Teile Nordamerikas westlich des 100. Längegrades. Orangerot, schwarz gezeichnet, Kopf und Beine gelb, 2 mm lang. Die Fliege legt ihre Eier an die jungen Samen verschiedener Sorghum-Arten, deren Ovarium die Larve aussaugt. An einem Samen bis zu sechs Larven. Die Puppe schiebt sich an dem abgestorbenen Samen bis zu seiner Spitze empor und kurz vor dem Ausschlüpfen der Mücke zu zwei Drittel über ihn hinaus. Die Entwicklungsdauer ist sehr von der Temperatur abhängig; doch folgen sich mehrere Bruten im Jahre. Die Haupternte wird zu mindestens 90% vernichtet; am wenigsten leiden die erste und letzte Ernte. Der wirksamste Feind ist die argentinische Ameise *Iridomyrmex*

---

[1]) Richter von Binnenthal, Rosenfeinde, S. 278—289, Fig. 40.
[2]) ibid. p. 276—77.
[3]) Coquillett, U. S. Dept. Agric., Div. Ent., Bull. 22, N. S., 1900, p. 44—47.
[4]) Gossard, Journ. econ. Ent. Vol. 1, 1908, p. 181—182, 2 Pls. — Ohio agr. Exp. Stat. Bull. 197, 1908, p. 1—12.
[5]) Theobald, Journ. Board Agric. London, Vol. 16, 1909, p. 565—566, Pl. 3, fig. 1—4.
[6]) Coquillett, l. c. Bull. 18, N. S., 1898, p. 81—82. — Treherne, 39. Ann. Rep. ent. Soc. Ontario 1908, p. 47—49. — Dean, Journ. econ. Ent. Vol. 3, 1910, p. 205—207; U. S. Dept. Agric., Bur. Ent., Bull. 85, p. 37—58, 2 Pls., 11 figs.

humilis Mayr, die den heraustretenden Puppen nachstellt. In Louisiana ist *Aprostocetus diplosidis* Crawf. (Chalcidier) ein wichtiger Parasit, der auch mit Erfolg in Texas eingeführt ist. Eine Fliege und Odonaten stellen den Mücken nach.

Plemeliella Seitn.

Pl. abietina Seitn. **Fichtensamen-Gallmücke** [1]. Eiablage zwischen die zarten fleischigen Teile der Samenschuppen. Larven in den Samen. Schaden und Biologie wie bei *Resseliella piceae;* indes verpuppen sich die Larven im ersten Frühjahre und ergeben nach 18 Tagen die Fliegen. 3—20% aller Samenproben befallen.

Thecodiplosis Kieff.

Th. brachyntera Schwäg. **Kiefernnadel-Gallmücke.** Die im Mai fliegende Mücke legt ihre Eier zwischen die eben ausbrechenden Nadelpaare der verschiedenen Kiefernarten, bes. der Bergkiefer, an Stämme jeden Alters, vorzugsweise aber an schlechtwüchsige Bäume. Das Nadelpaar beginnt sofort an der Basis zu schwellen und umschließt später zwei bis drei rotgelbe Larven in einer knollenförmigen Galle. Es wird bald leuchtend gelb, später braun und fällt im Herbste oder Winter ab [2]. Die reifen Larven verlassen von Herbst bis Frühjahr die Gallen und verspinnen sich in feine Kokons in den Nadelscheiden, an Nadeln, Zweigen, der Rinde oder am Boden zur Verpuppung. Bei stärkerem Befalle können die Nadeln ganzer Triebe, selbst ganzer Zweige absterben, worauf diese meistens auch eingehen.

Contarinia Rond.

Glieder der Fühlergeißel einander gleich, beim Männchen ungefähr doppelt so zahlreich wie beim Weibchen, jedes mit einem Wirtel schleifenförmiger Haare. Flügel gewöhnlich doppelt so lang wie breit. Klauen einfach.

C. gossypii Felt [3]. Westindien, speziell auf Antigua. Die 1—1,5 mm großen Fliegen legen ihre Eier in die Blütenknospen der Baumwolle, an deren inneren Organen die bis 2 mm langen, anfänglich weißen, später gelblichen Larven saugen. Jung befallene Knospen fallen bald ab, ältere können länger widerstehen, bilden aber keine Kapseln aus. Befallene Knospen sind daran kenntlich, daß die Kelchblätter auseinanderklaffen, statt sich um die Kapsel zu schließen. Puppe in der Erde. Über die Lebensdauer der einzelnen Stadien ist noch nichts sicheres bekannt; die ganze wird auf 24—31 Tage geschätzt. Der Schaden ist oft sehr groß, namentlich an spät gepflanzter Baumwolle und auf schwerem, feuchtem Boden. In einem Falle wurden von Mitte Dezember an keine Kapseln mehr gebildet (normal bis Ende Februar), weil alle Knospen abfielen. Auch wilde Baumwolle wird befallen; als Nährpflanze ist vielleicht *Clerodendron aculeatum* anzusehen.

---

[1] Judeich u. Nitsche, Lehrbuch usw. S. 1122, Fig. 311; als *Cecidomyia strobi* Winn.(?) bezeichnet. — Seitner, Zentralbl. f. d. ges. Forstwes., Jahrg. 34. 1908, S. 185 bis 190, 13 Figg.

[2] Eine ebensolche Galle an Weißtanne beschreiben Escherich u. Wimmer, Allg. Zeitschr. Ent., Bd. 8, 1903, S. 119—122, 4 Figg.

[3] Ballou, West Ind. Bull. Vol. 10, 1909, p. 1—28, fig. 1—9; ferner verschiedene Aufsätze in den Agricult. News, Barbados, 1909 ff.

An Parasiten wurden drei Schlupfwespen gezüchtet. Gegenmittel: Beseitigung aller wilder Baumwolle; Düngen mit 100 Pfd. Apterite auf 1 acre.

C. (Diplosis) pyrivora Ril., Birngallmücke [1]) (Fig. 268). Dunkelgrau; Fühler lang, gelblich braun, beim Männchen 26-, beim Weibchen 14gliedrig. Brust mit zwei mattgrünen, gelblich behaarten Streifen; Flügel am Hinterrande gefranst; 3—4 mm lang. — Diese ursprünglich in Mitteleuropa einheimische, in den siebziger Jahren des vorigen Jahrhunderts nach Nordamerika und, wie es scheint, etwas früher nach England verschleppte Mücke ging früher unter den verschiedensten wissenschaftlichen und dem deutschen Namen „**Birntrauermücke**" (s. u.). Sie fliegt von Ende März an bis in Mai, je nach Klima und

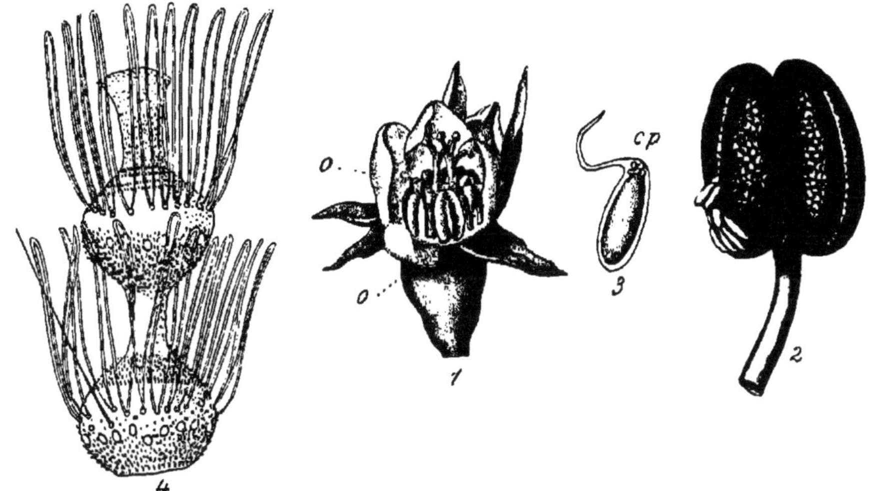

Fig. 268. Birngallmücke. 1 Eierhäufchen (o) in Blüte. 2 Ein solches am Staubbeutel, stärker vergröfsert. 3 einzelnes Ei. 4 Fühler der Mücke. (1—3 nach Marchal, 4 nach Felt.)

Witterung; die Lebensdauer der Individuen ist nach Marchal recht kurz. Das Weibchen legt seine weifslichen, länglichen, gestielten Eier in Häufchen von 10—15, selten mehr, in die schwellenden Blütenknospen der Birnbäume, indem es seinen Legebohrer zwischen den Kelch- und Blütenblättern hindurchschiebt. Die Maden dringen sofort in das Ovarium, das sie nach allen Richtungen durchwühlen. Da in eine Knospe mehrere Gelege stattfinden, enthält die junge Frucht viele, bis zu 100 Maden. Unter deren Einflusse beginnt die Frucht rasch zu wachsen, besonders an der Basis, so dafs sie die Gestalt eines Flaschenkürbisses annimmt, von meistens unregelmäfsiger,

[1]) Riley, Ann. Rep. Dept. Agric. for 1885. p. 283—289, Pl. 7. — Kieffer, Ann. Soc. ent. France T. 69, 1900, p. 388—392, Pl. 28, fig. 1, 2, 5. — Collinge, Rep. 1904, p. 42—49, figs. 23, 24. — Ferrant, Allg. Zeitschr. Ent., Bd. 9, 1904, S. 298—304. — Smith, J. B., N. Jersey agr. Coll. Exp. Stat. Bull. 90, 1894, 14 pp., 4 figs. — Theobald, Insect pests of fruit, London 1909, p. 343—349, figs. 226—229. — Marchal, P., Ann. Soc. ent. France T. 76, 1907, p. 5—27, 14 figs.

beuliger Gestalt (Fig. 269). Das Fruchtfleisch wird ausgefressen, das Innere der hohlen Frucht schwarz. Die reifen, hellgelben, 4—4,5 mm langen Larven verlassen von Mitte Mai bis Ende Juni, wieder je nach Klima und Witterung, die inzwischen ganz zerstörten Früchte, graben sich 10 bis 12 cm tief in die Erde ein und verspinnen sich in feinen Kokons. Ende September beginnt die Verpuppung, die sich bis ins Frühjahr hinzieht. Bei feuchtem Wetter vollenden bereits im Juli des ersten Jahres mehr oder minder zahlreiche Individuen ihre Verwandlung; nach MARCHAL muſs diese Sommergeneration zugrunde gehen, ohne Nachkommen zu hinterlassen, da Birnblüten fehlen. Die ausgefressenen Birnchen werden schwarz und fallen zu Boden. Vor dem Ausfliegen der Mücke schiebt sich die Puppe empor, bis ihr Vorderteil aus der Erde herausragt.

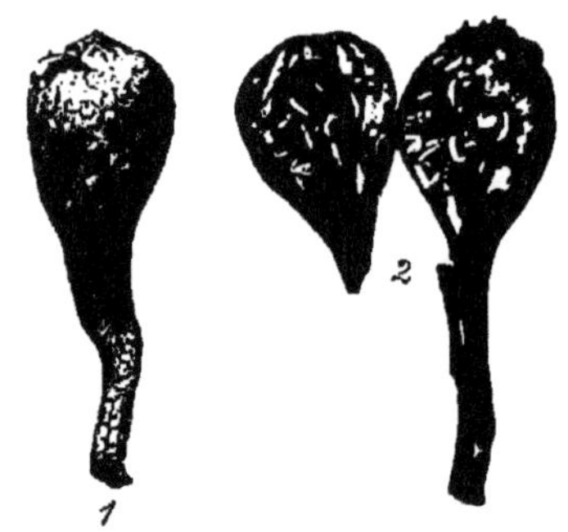

Fig. 269. Von der Birngallmücke befallene junge Birnfrucht. (Nach COLLINGE).

Die Birngallmücke ist auſser in den genannten Beziehungen noch in manchen anderen vom Wetter abhängig. So können Spätfröste im Frühjahr mit den Birnblüten auch die darin enthaltenen Maden töten, was die Plage auf einige Jahre zurückhält. Da das Verlassen der Früchte durch die Maden fast nur nach stärkerem Regen vor sich geht, wird es durch Trockenheit verzögert; andauernde Trockenheit und Hitze können die Birnchen und mit ihnen die Maden vertrocknen lassen. Während nach THEOBALD alle Birnsorten befallen werden, bleiben nach FERRANT spätblühende Lokalsorten bevorzugt. Nach MARCHAL werden dagegen die Sorten, die weder zu früh noch zu spät sich öffnen, am meisten befallen.

Nach FERRANT tritt die Mücke besonders auf schweren, kalkhaltigen Böden (Mergeln) auf und scheint den sandigen Böden fast ganz zu fehlen.

Der Schaden ist oft sehr bedeutend; nicht selten geht die ganze Ernte befallener Bäume verloren.

Von Parasiten ist eine ganze Anzahl bekannt: *Inostemma piricola* Kieff. und *Boscii* Jur. [1]), *Platygaster lineatus* Kieff., *Tridymus piricola* March. Fast regelmäſsige Begleiter sind *Sciara piri* Schmidb. und *Sc. Schmidbergeri* Koll., die **Birntrauermücken**, die man früher als die Schädiger selbst ansah, deren Larven aber Saprophyten sind.

Gegenmittel: Abschütteln und Vernichten der befallenen Birnchen; kurz nach dem Einbohren der Maden die Baumscheibe mit Schwefelkohlenstoff, Petroleum, Kainit, Kalk, Ruſs versetzen. Eintreiben von Geflügel.

Cont. pisi Winn., Erbsengallmücke [2]). Gelb, Rücken braun gebändert; Fühler schwarz; 2 mm lang. Maden weiſs, 3 mm lang, bis zu mehreren Hunderten in den Hülsen der Erbsen, an deren Innenwand sie saugen, so daſs die Hülsen klein bleiben, nur wenige Samen

------

[1]) ADLER, Zeitschr. wiss. Insekt.-Biol., Bd. 4, 1908, S. 306—307, 1 Fig.
[2]) WARBURTON, Rep. for 1904, p. 2—3. — THEOBALD, Report for year ending April 1st 1907, p. 107—110.

hervorbringen und stellenweise beulig anschwellen. Puppe in der Erde, überwintert.

C. ribis Kieff.[1]). Die Larven verbilden in der gewöhnlichen Weise die Blüten der Stachelbeeren, die einige Wochen vor der Reife abfallen. Thomas stellte einen Verlust von 70—80 % fest. Ende April, Anfang Mai gehen die Larven in die Erde; im nächsten März die Mücken.

C. torquens de Meij.[2]) (Fig. 270). Die in mehreren Generationen fliegenden Mücken legen ihre Eier in die Herzen der noch offenen Kohlpflanzen. Unter dem Einflusse der in den Blattachseln saugenden Larven schwellen die Basen der Blattstiele aufsen mächtig an, so dafs unter Umständen die Sprofsspitze am Weiterwachstum verhindert werden, selbst faulen kann. Mitte Juni beginnt die Erscheinung; nach August sind die Kohlpflanzen gewöhnlich den Mücken entwachsen. Puppe in der Erde. Vorbeugung: Bestreuen der Kohlköpfe zur gefährdeten Zeit mit Tabaksstaub. — Vielleicht ist mit dieser ‚Drehkrankheit‘ die von Frhr. v. Schilling beschriebene ‚Kohlherzenseuche‘[3]) (Fig. 271) identisch.

C. (Diplosis) tritici Kirby, **Weizengallmücke**[4]). Gelb, schwach behaart; Fühler schwärzlich, Augen schwarz; 2 mm lang. Europa, von da Anfang des 19. Jahrhunderts nach Nordamerika verschleppt. Flugzeit von Mitte Juni an; die Weibchen legen ihre ovalen, blafsroten Eier einzeln oder in Gruppen bis zu 10 an die Blüten von Weizen, seltner

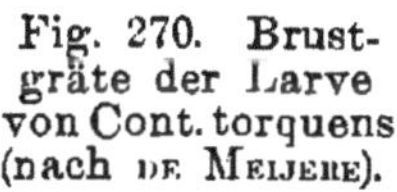

Fig. 270. Brustgräte der Larve von Cont. torquens (nach de Meijere).

Fig. 271. Junge Kohlpflanzen mit Kohlherzenseuche (nach v. Schilling).

von Roggen, Gerste oder Ackerquecke. Nach etwa 10 Tagen kriechen die Larven aus, die den Blütenstaub und die Fruchtknoten (durch Endosmose?) aussaugen, so dafs die Ähren gelbfleckig oder selbst ganz taub werden. Nach etwa 3 Wochen gehen die reifen, goldgelben, 2—3 mm langen Larven in die Erde und spinnen sich ein;

---

[1]) Thomas, Zeitschr. ges. Naturw., Bd. 49, 1877, S. 131—135, Fig.; v. Schilling, Prakt. Ratg. Obst- u. Gartenbau, 1895, S. 218—219, 6 Figg.

[2]) de Meijere, Tijdschr. Ent., D. 49, 1906, p. 18—21, Taf. 3, Fig. 1—6. — Quanjer, Zeitschr. Pflanzenkrankh., Bd. 17, 1907, S. 258—261, Taf 9.

[3]) Prakt. Ratg. Obst- u. Gartenbau, 1900, S. 337—338, 1 Fig.; 1901, S. 263—264, 1 Fig. — Löstner, Ber. Geisenheim 1900/01, S. 138—139. — Schöyen, Beretn. 1909, p. 12, fig.

[4]) Kirby, Trans. Linn. Soc. London, Vol. 4, 1798, p. 230—239, figs.; Vol. 5, 1800, p. 96—111, 1 Pl. — Wagner, B., Stettin. ent. Zeitg., Bd. 27, 1866, p. 65—96, 169—187, Taf. 3. — Lampa, Ent. Tidskr. XII, 1891, p. 113—135, tab. 6. — Kieffer, Ann. Soc. ent. France T. 69, 1900, p. 403—408. — Marlatt, Farm. Bull. 132, 1901, p. 22—24, fig. 10. — Rehberg, Schrift. nat. Ges. Danzig, Bd. 10, H. 4, 1902, S. 75—76, Fig. 6.

die in den Spelzen gefundenen Puppen sind alle parasitiert. — Der Schaden ist, namentlich in Amerika, oft sehr bedeutend und kann viele Millionen Dollars im Jahre betragen. Feuchtes Wetter begünstigt, trocknes hemmt die Entwicklung der Mücke. Doch können bei der Ernte in den Ähren gebliebene Larven hier Monate lang lebend bleiben. — Eine ziemliche Anzahl Parasiten ist bekannt [1]). — Gegenmittel: tiefes Unterpflügen der Stoppel; Beseitigung der Dreschrückstände; Fruchtwechsel.

C. (D.) violicola Coq. [2]). Kopf und Brust schwarz, Hinterleib gelb; ganzer Körper gelb behaart; 1,25—1,5 mm lang. Nordamerika, in Gewächshäusern. Die weifslichen bis gelblichen Larven rollen die jungen Blätter von Veilchen nach oben zusammen; die Blätter werden braun und fallen ab, so dafs der Kopf der Pflanze zerstört wird. Gegenmittel: Räuchern mit Cyankali; frisch gelöschten Kalk in die Köpfe der Pflanzen streuen.

C. viticola Rübs. [3]). Brust graubraun, Hinterleib graugelb, beide weifsgrau bzw. gelbweifs behaart; 2 mm lang. Mücke im Frühjahre, legt die Eier in die noch uneröffneten Blütenknospen der Rebe. Die beinweifsen, bis 2,5 mm langen Larven saugen bis zu acht und zehn in einer Blüte an den Fruchtknoten und Staubgefäfsen, die anfangs stärker wachsen, später schwarz werden und vertrocknen. Die befallenen Knospen sind gröfser als normale, anfangs fahl gelb, später braun. Die Blütenhülle fällt gewöhnlich nicht ab, sondern vertrocknet mit der Blüte, die ganz abgeworfen wird. Die Larven überwintern in der Erde. Der Schaden ist nicht gering, da sich bis zu 15 kranke Knospen in einem Gescheine finden. Als Parasiten, dem viele der Larven zum Opfer fallen, züchtete Rübsaamen *Inostemma* cf. *boscii* Jur.

Sehr nahe verwandt, wenn nicht identisch hiermit ist die amerikanische **C. johnsoni** Sling. [4]), die bei New York stellenweise bis 60 und 75 % der Beeren vernichtet hat. Biologisch verhält sie sich vollständig ebenso.

Reseliella Seitn.

R. piceae Seitn., **Tannensamen-Gallmücke** [5]). Gelbrot mit dunklen Binden, 2—4 mm lang. Mücke im Mai, legt die Eier zwischen die noch zarten, fleischigen Samenschuppen. Die bis 4 mm langen, blafs rosaroten, springfähigen Larven leben zu je 1—7 in den Samen. Beim Zerfall der Zapfen, Mitte Oktober, gelangen sie in der Samenhülle auf den Boden. Im Vorwinter oder Frühjahre verlassen sie diese und verkriechen sich oberflächlich, um zu überwintern. Im Frühjahre verspinnen sie sich in dünne, weifse Kokons; die Mehrzahl bleibt so bis zum nächsten April liegen, in Anpassung an die zweijährige

---

[1]) Marchal, Ann. Soc. ent. France T. 66, 1897, p. 66—67.

[2]) Coquillett, U. S. Dept. Agric., Div. Ent., N. S., Bull. 22, 1900, p. 48—51, Fig. 28. — Chittenden, ibid., Bull 27, 1901, p. 47—50, Pl. 3, Fig. 16.

[3]) Dern, Weinbau und Weinhandel, 1889, S. 282. — Lüstner, Mitt. Weinbau, Kellerwirtsch., Jahrg. 11, 1899, S. 97—99, Fig. 14. — Rübsaamen, Zeitschr. wiss. Insekt.-Biol., Bd. 2, 1906, S. 193 ff., Figs. — Molz, Mitt. Weinbau-Kellerwirtsch., Jahrg. 19, 1907, S. 132—133. — Lüstner, in: Babo u. Mach, Weinbau, 3. Aufl., Berlin 1910, S. 967—968, Fig. 498.

[4]) Slingerland a. Johnson, Cornell Univ. agr. Exp. Stat., Bull. 224, 1904, p. 71—73, Pl. — Felt, Rep. St. Ent. New York for 1908, p. 15—19, fig. 3—5.

[5]) Seitner, Verh. zool.-bot. Ges. Wien, Bd. 56, 1906, S. 174—186, 10 Figg.

Fruktifikationszeit der Tanne; nur ein Bruchteil verpuppt sich im diesjährigen April. Beide Puppen ergeben nach 10—14 Tagen die Mücke. Bis jetzt nur aus den Idrianer Staatsforsten (Südösterreich) bekannt, wo 10—15, selbst 50 % der Samen befallen sind; sie sind kümmerlich entwickelt, flach, mit brüchiger, harzarmer Samenschale.

Mayetiola Kieff.

Palpen viergliedrig; Klauen einfach; dritte Längsader mündet an oder jenseits der Spitze in die Randader.

M. avenae March. [1]). Schwarz; rot gezeichnet, auf jeder Seite ein Band langer, silbergrauer Haare; letztes Glied der Palpen im letzten Drittel stark verengt; 3,2 mm lang. Bis jetzt nur von Hafer aus Frankreich bekannt. Normaler Weise nur zwei Bruten; die erste fliegt gegen Ende April; ihre Larven halten Sommerruhe. Die zweite fliegt im Oktober, November, ihre Larven überwintern. Die Larven (Fig. 272 a), deren letztes Stadium eine Spatula mit ungerader Spitze hat, sitzen zu je 18 bis 20 an den beiden unteren Knoten der Haferpflanzen, je zu 3—4 am dritten und vierten Knoten.

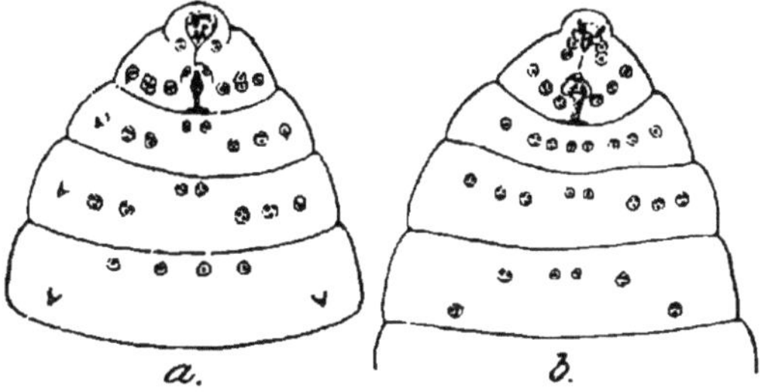

Fig. 272. *a* Vorderende des letzten Larvenstadiums von Mayet. avenae, *b* desgleichen von Mayet. destructor (nach MARCHAL).

Die Pflanze schwillt an der Basis zwiebelartig an; sie endigt in eine nur wenige Zentimeter hohe Spitze aus vertrockneten, unentfalteten Blättern. Puppenhülle schokoladebraun. Der Befall tritt auf den Feldern in sich immer vergröfsernden Flecken auf. Sonst ganz wie folgende.

M. destructor Say (? secalina Lw). Getreideverwüster, **Hessenfliege** [2]) (Fig. 273). Sammetschwarz, rot gezeichnet; 2,5—3,5 mm lang; das Rot des Männchens ist undeutlich, schmutzig; nach dem Tode verschwindet es bei beiden Geschlechtern, so dafs sie einfarbig schwarz erscheinen. Letztes Glied der Palpen in seiner ganzen Länge fast gleich dick. — Die Heimat der Hessenfliege ist wohl Vorderasien, von wo sie mit dem Getreide nach Süd- und Mitteleuropa gelangte. 1779 wurde sie, wahrscheinlich von den hessischen Truppen, nach Nordamerika verschleppt, wo sie zuerst bei Long Island auftrat; sie breitete sich dann westwärts aus und erreichte 1884 die pazifische Küste. 1886 machte sie sich zum ersten Male in England schädlich bemerkbar,

[1]) MARCHAL, C. r. Acad. Sc. Paris T. 120, 1895, p. 1283—1285; Ann. Soc. ent. France 1897, p. 42 ff.

[2]) Von der sehr umfangreichen Literatur seien nur einige der wichtigsten Veröffentlichungen erwähnt: WAGNER, B., Untersuchungen über die neue Getreidegallmücke, Inaug.-Diss., Marburg 1861. — ENOCK, Trans. ent. Soc. London 1891, p. 329—366, Pl. 16. — SMITH, J. B., New Jersey agr. Exp. Stat. Bull. 110, 1895. — MARCHAL, P., l. c. — OSBORN, U. S. Dept. Agric., Div. Ent., Bul. 16, 1898. — POPELOW, Ill. Zeitschr. Ent., Bd. 3, 1898, S. 100—102. — MARLATT, Farmers' Bull. 132, 1901, p. 13—23, figs. 5—9. — FULMEK, Mitt. k. k. landw.-bakt. Versuchsstat. Wien, 1909. — WOLFF, M, Centralbl. Bakt. Parasitenkde., Abt. 2, Bd. 23, 1909, S. 109—119.

1888 in Norwegen und erst 1898 in Schweden [4]). Auf Neu-Seeland trat
sie bereits 1888 auf.

Die gröfsten Schädigungen rief sie in Nordamerika hervor; so im
Herbst 1899 und Frühjahr 1900 allein im Staate Ohio für fast 17 Mill. $;
in Mitteleuropa sind ernstere Schäden seltener und oft durch lange
Zeiträume getrennt, so dafs FRANK 1896 schreiben konnte, sie sei hier
ausgestorben. Das war selbstverständlich ein voreiliger Schlufs.

Ihre Lebensweise wird von den verschiedenen Forschern mehr
oder weniger verschieden dargestellt. Wir folgen hier den sorgfältigen
und gründlichen Untersuchungen, die P. MARCHAL an Material aus der
Vendée teils an Ort und Stelle, teils in Paris anstellte, wobei selbst-

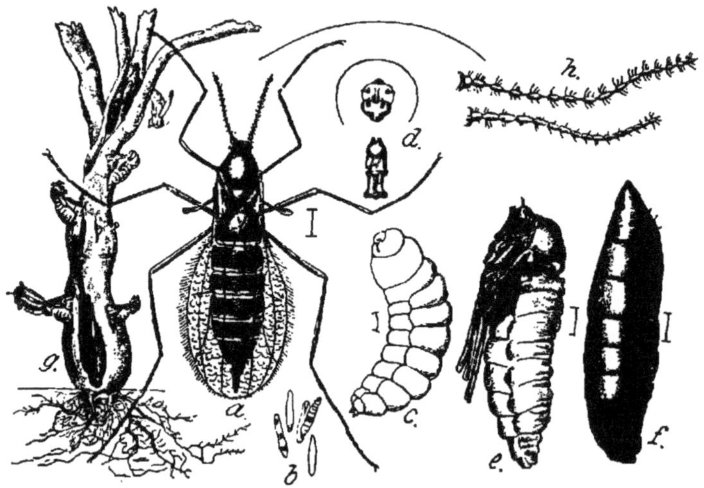

Fig. 273. Hessenfliege. *a* Weibchen; *b* Scheinpuppen; *c* Larve; *d* Kopf und Gräte
derselben; *e* Puppe; *f* Kokon; *g* befallener Weizenhalm mit den Resten der Puppen
nach Ausfliegen der Mücken; *h* Fühler, oben vom Männchen, unten vom
Weibchen (nach MARLATT).

verständlich nicht aufser acht gelassen werden darf, dafs anderes Klima
das Verhalten der Fliege beeinflufst und ändert.

Was zuerst ihre **Nährpflanzen** anlangt, so gelangt MARCHAL zu
der auch von KIEFFER und RÜBSAAMEN geteilten Ansicht, dafs solche nur
Weizen, Roggen und Gerste sind, dafs vor allem wilde Gräser normalerweise keine solche bilden.

Die **Eiablage** erfolgt immer nur an junge, grüne Pflanzen, Stockausschläge usw., möglichst nahe dem Erdboden, vorzugsweise auf die
Oberseite der Blätter, in kleineren oder gröfseren Gruppen (4—15)
zwischen die Längsnerven, im Notfalle aber auch an jede beliebige
andere Stelle der Nährpflanzen oder anderer Gräser. Im ganzen legt
das Weibchen 100—150 Stück ab. Die sehr kleinen Eier sind walzenförmig, beiderseits gerundet, glatt, durchscheinend rötlichgelb.

Nach frühestens 4 Tagen schlüpft die Larve aus, mit dem Kopf
nach unten gerichtet. Im durchscheinend farblosen **Wanderstadium**
kriecht sie das Blatt hinab, dringt zwischen Blattscheide und Halm

———

[4]) Sie fehlt noch in Finland.

ein und soweit abwärts, bis sie von einem Knoten, gewöhnlich dem ersten oder zweiten, festgehalten wird. Zu dieser Wanderung bedarf sie einer gewissen Feuchtigkeit; bei Trockenheit sterben viele Larven ab. Über dem Knoten saugt sie sich, Kopf nach unten, am Halm fest und ernährt sich von dessen Säften. Das Ernährungsstadium dauert ungefähr 3 Wochen. Sie wird dabei etwa 3 mm lang, gelblich-weiß, durchscheinend, dick, so daß die Ringelung undeutlich wird; die Haut ist mit konischen Rauhheiten bedeckt. Jene schwindet allmählich vollständig, die Farbe wird opak, gelb, braun, zuletzt glänzend kastanienbraun, die Haut erhärtet immer mehr. Unter dieser 2,5—5 mm langen, Leinsamen ähnlichen Scheinpuppe bildet sich das Ruhe-stadium, das charakterisiert ist durch den Besitz einer gegabelten Brustgräte (Fig. 272 b) und durch große Papillen auf der Haut. Mit Hilfe der Gräte dreht die Larve sich nun in der Puppenhülle so um, daß der Kopf nach oben kommt, wobei sie die Hülle inwendig mit feinem Gespinst auskleidet. In diesem Ruhestadium kann sie längere Zeit unverändert liegen, unter dem Einflusse großer Trockenheit selbst 1—2 Jahre[1]). Im Freien wird es allerdings dazu wohl nie kommen; doch findet in diesem Stadium die Überwinterung statt, und in heißen, trocknen Sommern kann eine Sommerruhe bis zu 2 Monaten eintreten. Auch zum Ausschlüpfen der Imago ist feuchtes Wetter nötig, damit die Mücke mit ihrem Schnabel die Hülle öffnen kann; sie kriecht dann zwischen der Blattscheide und dem Halme empor ins Freie. Sehr bald danach findet die Begattung statt, nach wenigen Tagen die Eiablage, und dann sterben die Imagines wieder.

Die Dauer der Entwicklung hängt ganz von Temperatur und Feuchtigkeit ab; bei warmem, feuchtem Wetter ist sie in 4—5 Wochen vollendet; trockene Hitze kann sie, wie gesagt, um 2 Monate ver-längern; bei den Überwinterungsstadien dauert sie über 5 Monate.

Von den gleichen Bedingungen ist auch die Zahl der Genera-tionen abhängig. Gewöhnlich nimmt man nur zwei an, eine Früh-jahrs- und eine Herbstgeneration, zwischen die sich unter besonders günstigen klimatischen Verhältnissen höchstens noch eine dritte schieben könne. MARCHAL gelang es in der Zucht, indem er immer für genügende Feuchtigkeit sorgte, die Zahl sechs zu erreichen. In Mitteleuropa dürften 3—4 Bruten die Regel sein, die aber nicht scharf voneinander getrennt sind, sondern sich durcheinander schieben. Namentlich die Überwinterungsstadien können aus 2—3 verschiedenen Bruten herrühren. Die Flugzeit jeder Generation zieht sich etwa 5 Wochen hin.

Außer den Witterungsverhältnissen ist von besonderer Wichtig-keit, daß die Mücken geeignete Nährpflanzen für ihre Brut finden. Dadurch, daß das namentlich im Sommer häufig nicht der Fall ist, wird die Hessenfliege in erster Linie in Schach gehalten. Bringt z. B. ein warmer, feuchter Hochsommer die Mücken alle zur Entwicklung, so finden sie für die Eiablage nur nahezu reife, gelbe Pflanzen. Die auskriechenden Larven müssen demnach alle zugrunde gehen. Es bleiben dann nur die Ruhestadien überleben, die an zum Ausschlüpfen ungünstigen, ihnen selbst aber günstigen, d. h. in erster Linie trockenen Orten liegen.

Die Art des Schadens ist verschieden nach der Befallzeit. An den im Herbste mit Eiern belegten Wintersaaten setzen sich die Larven

---

[1]) Das erklärt auch die leichte Verschleppbarkeit durch Stroh.

dicht über dem Wurzelknoten, im Herzen der Pflanze, fest. Infolgedessen kommt das röhrig-spindelförmige Herzblatt nicht zur Entwicklung, verwelkt und stirbt ab; der Stengelteil bleibt verkürzt. Die
Seitenblätter erwecken zuerst durch Kürze, Breite und tiefdunkle Farbe
den Anschein besonderer Kräftigkeit, später sterben aber auch sie
häufig ab. Die nicht ganz getöteten Pflänzchen sind stets so geschwächt,
dafs sie der Gefahr des Auswinterns, von Pilzbefall usw. in erhöhtem
Mafse ausgesetzt sind. Aus den absterbenden Pflänzchen kommen die
Puppen auf die Erde, ohne aber darunter zu leiden.

An den im Frühjahr befallenen Pflanzen der Wintersaat setzen
sich die Larven über den beiden untersten Knoten fest. Durch ihr
Saugen entsteht hier eine dünnere, geschrumpfte Stelle, die später
leicht vertrocknet oder verfault. Bei schwächerem Befalle bleiben
Halm und Ähre kürzer, und letztere entwickelt nur wenige und unvollkommene Körner. Bei stärkerem Befalle brechen die Halme durch
Wind, Regen usw. um, so dafs die Felder aussehen, als sei Vieh durch-
getrieben oder Hagelschlag durchgegangen. Im stehengebliebenen Teile
der Halme ruhen die Puppen. Dabei treibt die Pflanze neue Seitensprosse, in die sich die nächste Generation der Fliege einnistet, so
dafs sie auch kurz bleiben, bei der Ernte stehen bleiben und so die
Fortdauer der Fliege sichern.

Die Sommerfrucht leidet gewöhnlich gar nicht oder nur wenig.

Die Zahl der bekannten Parasiten der Hessenfliege ist grofs;
meistens sind es Schlupfwespen. Sie haben nur zwei Bruten im Jahre
und entwickeln sich langsamer als ihr Wirt. So ist ihre Bedeutung
nicht eine solche, dafs man ihnen allein die Bekämpfung überlassen
könnte, wenn sie auch nicht selten gerade gröfsere Epidemien vollständig unterdrücken. — Die europäische Schlupfwespe *Entedon epi-
gonus* Walk. ist mit Erfolg nach Amerika eingeführt worden.

Die Zahl der Gegenmittel ist ebenfalls eine sehr beträchtliche.
MARCHAL stellt sie in vorzüglich übersichtlicher Weise zusammen.

Vorbeugung. 1. ist die Zeit des Fehlens geeigneter Nährpflanzen für die Brut möglichst zu verlängern. Das geschieht durch
Beseitigung aller Ausfall- und ähnlicher Pflanzen, durch Verzögerung
der Aussaat bis Ende Oktober, Anfang November, und durch Fruchtwechsel, bei dem also Hafer wohl genommen werden kann. — 2. Vernichten möglichst vieler Puppen durch Abbrennen oder tieferes Umpflügen der Stoppel, durch Verbrennen aller Dreschrückstände. —
3. Fangsaaten. Auf früh gesäete geeignete Pflanzen kann man leicht
die Masse der Eiablage vereinigen, um sie dann zu vernichten.

Heilmittel. Stark befallene Felder kann man im Herbste und
Frühling abweiden lassen; bei gutem Boden bzw. kräftiger Düngung
schadet das den Pflanzen nichts, die wieder neu austreiben. Ebenso
können sie im grünen Zustande, vor Bildung der Ähre, abgemäht
werden; die Ernte wird dadurch nur verzögert, kaum beeinflufst. Walzen
zur Zeit der Eiablage (sehr zweifelhafte Erfolge). Kalkstreuen zur
Wanderzeit der Larven.

Kulturmittel. Sorten mit starkem, kräftigem Halme wählen;
durch gute Düngung, besonders mit Salpetersalzen, die Pflanzen kräftigen
und treiben, damit sie zur Zeit des Ausschlüpfens der Larven ihrer
Tätigkeit möglichst entwachsen sind.

Das Verbrennen der Stoppel darf nach MARCHAL nicht geschehen,
wenn zur Erntezeit die Mehrzahl der Mücken schon ausgeflogen ist,

damit die langsamer ausschlüpfenden Parasiten auskommen können, oder wenn das Wintergetreide zahlreiche parasitierte Puppen enthält, und zu seiner Erntezeit noch sehr viel verzögertes Sommergetreide mit den jungen Larven der Hessenfliege steht.

Es braucht kaum darauf hingewiesen zu werden, daſs die richtige Anwendung vieler dieser Mittel nur nach Untersuchungen durch erfahrene Entomologen an Ort und Stelle möglich ist.

Oligotrophus Latr.

Palpen dreigliederig, Klauen einfach.

O. alopecuri E. Reut.[1]). Dunkelbraun, Hinterleib honiggelb, Flügel blaſsgelb, Beine gelb mit hellbraunen Hüften; 1,2—1,3 mm lang. — Bis jetzt nur aus Skandinavien und England bekannt. Die im Frühjahre fliegenden Mücken legen ihre länglichen Eier an die Blütenspelzen von *Alopecurus pratensis*. Die 1,5—2 mm langen, roten oder orangegelben Larven saugen den Pollen aus, bzw. an den Fruchtblättern bzw. den schon angesetzten Früchten, die sich nicht entwickeln. Welchen Umfang der Schaden annehmen kann, ergeben die Untersuchungen der dänischen Samen-Controlanstalten, nach denen fast jede Probe beschädigte Körner enthält, durchschnittlich über 80000 solcher, gleich 8,5 %. Puppe in der Blütenhülle.

O. bergenstammi Wachtl[2]). Korfu, Italien; an *Pirus salicifolia* und *communis*. Holzige Gallen am Grunde von Knospen oder jungen Trieben, mehrkammerig. Mücke von Mitte März bis Mitte April. Weibchen legt etwa 60 Eier; nach acht Tagen die Larve. Galle erst gegen August ausgebildet. Larven überwintern.

Asphondylia lupini Silv.[3]) Brust grau, Hinterleib braun, weiſs behaart; 3,5—5 mm lang. Die ockergelbe Larve einzeln in den Schoten von *Lupinus albus* L., die verkümmern und keine Samen liefern. Bei Nolano (Italien) ein Drittel der Samenernte zerstört.

Schizomyia Gennadii March.[4]). Cypern, an *Ceratonia siliqua*. Mücke 3,5 mm lang. Kopf schwarz, Brust braungrau und rötlich, Hinterleib rot mit grauen Binden. Zwei Bruten. Eiablage im Herbste und im Frühjahre an die jungen Früchte, in die die Larven zu 3—4 eindringen. Jene bleiben kurz, schwellen an und [können vorzeitig abfallen; sie sind abzupflücken und zu vernichten.

Neocerata Coq.

N. rhodophaga Coq.[5]). Nordamerika, in Treibhäusern an Rosen; morphologisch und biologisch fast gleich der europäischen *Dasyneura rosarum* Hardy; von ihr nur durch die (übrigens sehr wechselnde) Zahl der Fühlerglieder verschieden. An Blättern erzeugt sie dieselben Miſsbildungen wie diese; die Larve lebt aber auch in Blütenknospen, die

[1]) Reuter, E., Act. Soc. Flora Fauna fenn. XI, 1895, Nr. 8, 15 pp., 2 Taf.; XIX, 1900, Nr. 1, p. 104—105; siehe ferner die Berichte der finnischen, norwegischen und dänischen Versuchsstationen.

[2]) Kieffer, Ann. Soc. ent. France T. 69, 1900, p. 313.

[3]) Silvestri, Boll. Labor. Zool. gen. agr. Portici, Vol. 3, 1909, p. 3—11, 11 figs.

[4]) Marchal, P., Bull. Soc. ent. France 1904, p. 272; Ann. Soc. ent. France Vol. 73, 1905, p. 561—564, 2 Figs.

[5]) Coquillett, U. S. Dept. Agric., Div. Ent., Bull. 22, N. S., 1900, p. 44—48, Fig. 27. — Webster, F. M., Bull. Illin. St. Labor. nat. Hist. Vol. 7, 1904, p. 15—25, Pl. 3.

vertrocknen. Am meisten leidet die Sorte Meteor, deren Anbau vielfach deshalb aufgegeben werden mußte. Auch Wooton, La France und einige andere Sorten werden befallen, während die Mehrzahl frei bleibt. Bei Chicago hat sie jährlich Tausende von $ Verlust verursacht.

Arnoldia Kieff.

Palpen viergliederig, Antennen zwölfgliederig.

A. cerris Koll. Südliches Europa, an *Quercus cerris*. Oben kegelförmige, kahle, unten mit halbkugeligem, behaartem Deckel verschlossene Gallen, in denen die Larven einzeln leben. Im Oktober verpuppen sich diese in der Erde. Die Gallen sind manchmal so häufig, daß sie die ganzen Blätter bedecken, wodurch einzelne Äste absterben können.

Dasyneura Rond.

Palpen viergliederig; dritte Längsader mündet vor der Spitze in die Randader, am Ende nur wenig dünner werdend (Fig. 274).

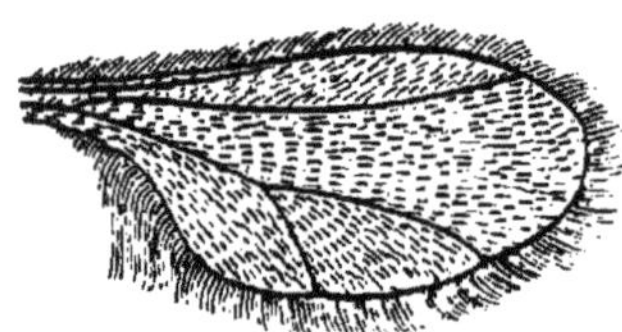

Fig. 274. Flügel von Dasyneura sp. (nach Kieffer).

D. (Perrisia) **abietiperda** Hensch. **Fichtentrieb-Gallmücke.** Larve mennigrot, in tönnchenförmigen Gallen teils in der Rinde, teils im Holzkörper der Maitriebe von Fichte, die verkürzt bleiben, zum Teil nadellos und verkrümmt werden. Zwei Bruten; Mücken in April-Mai und in Juni; Larven überwintern.

D. brassicae Winn. **Kohl-Gallmücke.** Schwarzbraun, Rücken durch Behaarung silbern schimmernd; Hinterleib fleischrot mit schwarzen Binden; 1,2 bis 1,5 mm lang; nach dem Tode einfarbig schwarz. Die milchweißen, 2—3 mm langen Larven (Fig. 275) leben gesellig (bis 50) in den Schoten von Raps und Kohlarten, deren Samen sie aussaugen; die Schoten bleiben verkrüppelt, schwellen etwas an.

D. fraxinea Kieff. [1]). Rot; auf Brust drei braune Längsbinden, auf Hinterleib ebensolche Querbinden; 1,5 bis 2 mm lang. Mücken im Mai, legen die Eier an junge Blätter jüngerer Eschen. Die Larven verursachen flache Parenchymgallen. Bei starkem Befalle fließen diese zusammen, die Oberhaut des Blättchens hebt sich ab, so daß die Larven in einem großen Raume liegen. Später werden die Blättchen braunfleckig, runzelig, sie rollen sich zusammen, vertrocknen und fallen vorzeitig ab. Unter ungünstigen Umständen können die Eschen eingehen, wie bei Annaberg in Sachsen von 120 Bäumen 88 Stück. Die weißen, 2 mm langen Larven verwandeln sich in der Erde.

Fig. 275. Brustgräte der Larve der Kohlgallmücke (nach Rübsaamen).

D. (Perrisia) **laricis** F. Lw (kellneri Hensch.). **Lärchenknospen-Gallmücke** [2]). Die im Frühlinge fliegende Mücke legt an Kurztrieben

[1]) Kieffer u. Baer, Naturw. Zeitschr. Land- u. Forstwirtsch., Bd. 5, 1907, S. 523—530, 3 Figg.
[2]) v. Tubeuf, Forstl. nat. Zeitschr., Bd. 6, 1897, S. 224—229, 2 Figg; S. 356. — Kieffer, Ann. Soc. ent. France T. 69, 1900, p. 396—398.

je ein Ei an den Grund eines Nadelbüschels. Die Larve bohrt sich
in die hiervon umschlossene nächstjährige Knospe, die anschwillt, sich
mit zuerst klarem, im August weifs und krümelig werdendem Harze
bedeckt und die sie umgebenden Nadeln strahlenförmig auseinander
treibt. Im Grunde der Galle überwintert die kaum $1/2$ mm grofse.
mennigrote Larve, um die sich erst im nächsten Frühjahre eine
Larvenkammer bildet, während die Galle immer gröfser wird. Im Herbste
umspinnt sich die Larve mit feinem weifsen Kokon; erst im nächsten
Frühjahre verpuppt sie sich. Die befallenen Knospen sterben meistens ab.

D. (P.) leguminicola Lintn. **Kleesamenmücke.** Nordamerika [1].
namentlich in Ontario [2] überaus schädlich; von Mifs ORMEROD [3] einmal
in England beobachtet. Eiablage in die Köpfe von *Trifolium pratense*;
die roten Maden dringen in die uneröffneten Blüten, die sie am Aufblühen verhindern. Reif gehen sie in die Erde und spinnen einen
feinen, dünnen Kokon, in dem sie überwintern. Eine zweite, in Juli
und August fliegende Brut ist von geringerer Bedeutung. Weifser
und „alsike" Klee werden nicht befallen. — Zur Bekämpfung läfst man
den Klee Mitte bis Ende Juni abweiden oder recht hoch abmähen;
die Stengel treiben dann bald wieder neue Köpfe. Tiefes Unterpflügen
im Herbste. Kräftige Kalk- und Kainitgaben töten die in der Erde
liegenden Maden.

D. (P.) oenophila v. Haimhoff. [4]. Der leichten Verwechselbarkeit
mit den Blattgallen der Reblaus wegen sei auf die von dieser Mücke
an Rebenblättern erzeugten hingewiesen. Zum Unterschiede von jenen
treten die Mückengallen auf beiden Blattflächen hervor, sind oben
rundlich, glatt, unten kegelförmig, behaart, umschliefsen nur eine Larve
und öffnen sich oben. In Deutschland
sind sie sehr selten, in Südeuropa
etwas häufiger, aber nie schädlich.

D. (P.) piceae Hart. [5]. **Fichten-
Gallmücke.** Rote Larven in dies- und
vorjährigen Trieben der Fichte. an der
Basis der Nadeln in tönnchenförmigen
Gallen, die durch Rinde und Holzkörper
mitunter bis auf die Markröhre reichen;
auch in schlafenden Knospen. Ganze
Astpartien können dadurch vertrocknen.

D. (P.) pyri Bché. **Birnblatt-
Gallmücke** [6]. Schwarzbraun, auf
Rücken vier Reihen gelblicher Haare;
Brustseiten fleischrot; Hinterleib des-
gleichen mit breiten, braunen Binden:
1,2—2,2 mm lang. Die weifslichen
Larven leben von Mai bis September
in mehreren Bruten unter dem nach

Fig. 276. Gallen der Birnblatt-
Gallmücke (nach THEOBALD).

[1] RILEY, Rep. Commiss. Agric. 1878, p. 251—252, Pl. 1; COMSTOCK, ibid. for 1879,
p. 193—197.
[2] S. die Reports of the Entomological Society of Ontario.
[2] Rep. inj. Ins. 1890, p. 23.
[4] v. HAIMHOFFEN, Verh. zool.-bot. Ges. Wien, Bd. 25, 1875, S. 803—810, 3 Fig.
— LÜSTNER, in: BABO u. MACH, Weinbau, 3. Aufl., Berlin 1910, S. 966—967, Fig. 496, 497.
[5] HARTIG, Forstl. nat. Zeitschr., Bd. 2, 1893, S. 6—8, 3 Fig.; S. 274—275.
[6] v. SCHILLING, Prakt. Ratg. Obst- u. Gartenbau 1896. S. 223. — KIEFFER, l. c.
p. 393. — KORFF, Prakt. Blätt. Pflanzenbau u. -schutz, Jahr. 8, 1910, S. 201—202,
Fig. 1.

oben umgerollten, grünen oder gelblichen, verdickten Rande von Birnblättern (Fig. 276) junger oder Formbäume. Puppe in Erde, liegt drei
Wochen. — Viel häufiger und schädlicher, als gewöhnlich angenommen.

D. (P.) rosaria H. Lw [1]). Die Larven verursachen die bekannten
Blattrosetten an den Triebspitzen der Weiden („Weidenrosen").
Sehr selten merkbar schädlich.

D. (P.) rosarum Hardy [2]). **Rosenblatt-Gallmücke.** Rotbraun,
mit schwarzen Querbinden auf dem Hinterleibe; 1½ mm lang. Eiablage an Hauptrippe von Rosenblättern, ober- oder unterseits. Die
Blätter entfalten sich nicht und bilden um die oft zahlreichen Larven
schotenähnliche Gebilde. Larven etwa 2 mm lang, orangegelb. Puppen
in der Erde. Wahrscheinlich mehrere Bruten.

Rhabdophaga Westw.

Dritter Längsnerv zugespitzt, geht bis zur Flügelspitze. Körper
silberweiß behaart.

Rh. Nielsenii Kieff. [3]). Kopf und Brust gelblich rot, letztere
oben schwarzbraun; Hinterleib rot; 3 mm lang. Eier entweder einzeln
an Ruten oder in Mehrzahl an Endknospen von Weiden.
Im ersteren Falle bildet die Larve eine Höhle im
Marke, wodurch die Verwendbarkeit der Ruten herabgesetzt wird; im letzteren Falle entstehen blasenartige,
mehrkammerige Gallen an den Spitzen, die diese
zum Absterben bringen. Bis jetzt nur auf Seeland
(Dänemark) beobachtet.

Rh. saliciperda Duf. Die im Frühjahre
fliegenden Mücken legen ihre Eier kettenweise an
die Rinde jüngeren Weidenholzes, besonders der
breitblättrigen Arten, auch an Silberpappel. Die
Larven bohren sich in den Bast, der radiär-längliche
maserige Kammern um sie bildet, in denen die
orangeroten Larven überwintern. Mittlerweile hat
sich die Rinde in Fetzen losgelöst, so daß der
wabenartig durchlöcherte Splint frei liegt (Fig. 277).
Kurz vor dem Ausfliegen schieben sich die Puppen
aus den Kammern heraus. Da die Mücken gerne
immer dieselben Stellen wieder mit Eiern belegen,
schwellen diese deutlich an, und die distalen Teile
der Weide sterben ab, so daß der Schaden nicht
ganz unbeträchtlich ist. Rechtzeitige Leimung der
befallenen Stellen hindert das Ausfliegen der Mücken
und die Eiablage; auch können sie abgehauen und
verbrannt werden.

Rh. salicis Schrk. Mücken im Mai, Juni.
Eier in Haufen an diesjährigen Zweigen schmal-
blätteriger Weiden, vorwiegend von *Salix purpurea*.
Die mennigroten Larven fressen im Markkörper, jede
in eigener Kapsel. Um jede Gesellschaft schwillt
der Zweig bis zu 4 cm langen, 1 cm dicken Gallen an.
Die erwachsenen Larven verlängern ihre Kammern

Fig. 277. Galle von
Rh. saliciperda an
Weidenast.

[1]) Wüst, Prakt. Blätt. Pflanzenbau- u. -schutz, Jahrg. 4, 1906, S. 40—51, 1 Fig.
[2]) Richter v. Binnenthal, Rosenfeinde, S. 272—276, Fig. 39.
[3]) Kieffer u. Nielsen, Ent. Medd. (2.) Bd. 3, 1906, p. 1—4, Taf. 1.

in den Holzteil bis unter die Epidermis; hier überwintern sie. Im Frühjahr verpuppen sie sich; die Puppen schieben sich wie bei voriger zum Flugloche heraus. Schaden in Weidenhegern oft erheblich, durch rechtzeitiges Abschneiden der Gallen einzudämmen.

Lasioptera Meig.

Fühlerglieder fast kugelig, sitzend, mit kurzen Wirtelhaaren: beim Männchen kleiner und in geringerer Zahl als beim Weibchen. Taster viergliederig. Leib und Beine schuppenartig behaart. Erste und dritte Längsader (Fig. 278) dem Vorderrande so genähert und so von Schuppenhaaren bedeckt, daſs sie kaum unterschieden werden können; fünfte Längsader gegabelt; Querader klein, bildet Basis der dritten Längsader.

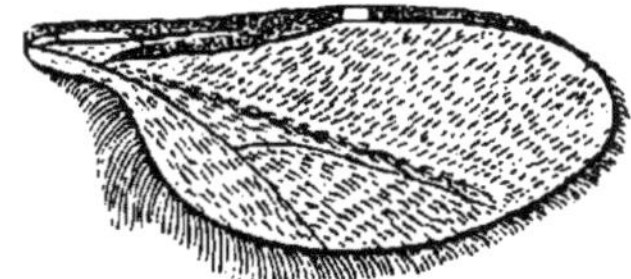

Fig. 278. Flügel von Lasioptera (nach Kieffer).

L. cerealis Lind.[1]). Schwarz, Hinterleib weiſs gebändert; 3 mm lang. Larve backsteinrot, 5 mm lang. Ruſsland, an Roggen, *Triticum repens, Calamagrostis lanceolata*. Die Larven finden sich zu 1—2 am Grunde der Halme in einer mit schwarzer Membran ausgekleideten und bedeckten länglichen Grube, an deren Stelle der Halm leicht umknickt. Ziemlich bedeutender ($\frac{1}{4}$—$\frac{1}{3}$ der Ernte), aber lokal begrenzter Schaden an sehr früh gesäetem Winterroggen in Ruſsland.

Unbestimmte Gallmücken.

Theobald[2]) beobachtete in absterbenden Stachelbeertrieben orangegelbe Gallmückenlarven, die die Knospen zerstörten, im Marke und im Splinte fraſsen.

Auf Java bohrt eine Larve in ganz jungen Reispflanzen im Stengel unter dem Sproſspunkt, der dadurch deformiert wird[3]).

Bibioniden, Haarmücken[4]).

Ziemlich groſse, dunkel gefärbte, fein und dicht behaarte Mücken mit groſsen Augen, deutlichen Nebenaugen, kurzen, geraden, ziemlich dicken, neun- bis zwölfgliederigen Fühlern; Hinterleib sieben- bis neunringelig; Flügel ohne Diskoidalzelle. Die Geschlechter sind gewöhnlich verschieden gefärbt, die Männchen kenntlich an der aufgestülpten Hinterleibsspitze. Bei letzteren stoſsen die groſsen Augen in der Mitte zusammen; jedes besteht aus zwei Teilen, dem gröſseren oberen, stark behaarten, und einem kleineren, unteren kahlen Teil. Bei den Weibchen sind die Augen kleiner, getrennt. — Larven raupenähnlich, walzig, mit brauner, lederiger, mit dornenähnlichen Fortsätzen versehener Haut, die auſser der Segmentierung nochmals geringelt ist, so daſs sie wurmähnlich aussehen; Kopf hornig mit kräftigen, beiſsenden Mundteilen; 9—10 Stigmenpaare, oft mit Augen. Puppen frei, ruhend

[1]) Lindeman, Bull. Soc. Nat. Moscou 1880, p. 12, figs. — Rübsaamen, Ent. Nachr. Bd. 21, 1895, S. 3. — Marchal, l. c. p. 73—77, fig. 8.
[2]) Rep. 1906/07, p. 55—59.
[3]) Koningsberger, Meded. Dept. Landbouw, Nr. 6, 1908, S. 20.
[4]) Theobald, Journ. Board Agric. London Vol. 16, 1909, p. 567—568, Pl. 1, Fig. 4, 5.

Die Mücken erscheinen zu bestimmten Jahreszeiten oft in ungeheuren Massen. Bei gutem Wetter schwärmen sie, wobei Hinterleib und Beine in eigentümlicher Weise schlaff herabhängen; bei schlechtem setzen sie sich gerne mit flach aufliegenden Flügeln unten an Blätter oder in Blüten von Bäumen, namentlich auch von Obstbäumen. Sie dürften wohl als unschädlich anzusehen sein; doch ist die Frage nach ihrer Nahrung, wie es scheint, noch gar nicht angeschnitten; da sie sicher aus Pflanzensäften[1]) bestehen dürfte, wäre unter Umständen eine Schädlichkeit nicht ausgeschlossen.

Die Weibchen legen eine grofse Zahl von Eiern in bzw. auf den Boden, mit Vorliebe an Stellen, an denen frischer Dünger liegt, wie überhaupt in humusreiche Erde. Von den zerfallenden organischen Stoffen leben normalerweise die meist scharenweise vorkommenden Larven; doch gehen sie auch kranke und gesunde Wurzeln an, namentlich alle weiche, saftige Knollen, Rüben usw. So schaden sie nicht selten in Mistbeeten, aber auch in Gärten und selbst auf Feldern; besonders junge Pflanzen sind bedroht und erliegen ihnen leicht. Im Sommer und Herbst tritt der Schaden selten merkbar hervor, weil dann die Larven noch zu klein sind. Im Frühjahre wachsen sie sehr rasch, und entsprechend äufsert sich ihr Frafs. Im Mai—Juni, je nach den Arten, verpuppen sie sich in der Erde.

Als beschädigte Pflanzen werden unter anderen genannt: Spargel, Saxifrageen, Ranunkeln, auflaufende Gerste, Roggen, Schirmblütler (Möhren, Pastinaken, Kümmel). Salat, Kohl, Hopfen, Gemüse. Doch kann jede andere geeignete Pflanze ebensogut überfallen werden.

Gegen chemische Bekämpfungsmittel (Kalk, Rufs, Schwefelkohlenstoff) sollen die Larven sehr widerstandsfähig sein, wenn sie ihnen auch in manchen Fällen erlegen sind. Besser wirken Eintrieb von Hühnern von Herbst bis Frühjahr, Wegfangen der Mücken mit Netzen, Auflesen der Larven, tiefes Umgraben im Herbste, Sieben der Mistbeeterde mit Auslesen der Larven. In seicht eingegrabenen Häufchen von Schaf- oder Rindermist lassen sie sich leicht ködern.

Nur wenige Arten kommen für uns in Betracht, deren Larven noch nicht so genau beschrieben sind, dafs sie auseinanderzuhalten seien, während die Mücken selbst nach jedem Handbuche der Entomologie leicht zu bestimmen sind. Wir beschränken uns auf folgendes:

Dilophus Meig. **Strahlenmücken.** Hintere Basalzelle vorhanden; dritte Längsader vorne nicht gegabelt. Vorderschienen endigen mit einem Strahlenkranze. Kleine Arten (3—5 mm), die in zwei Bruten fliegen: Mai—Juni, August. **D. femoratus** Meig., **D. vulgaris** Meig. (febrilis auct.?).

Bibio Geoffr. Wie vorige, aber Vorderschienen in dornigem Fortsatz endigend. Eine Brut; Mücken im April—Juni. Gröfsere Arten (4—13 mm. Larven bis 15 mm lang). **Haarmücken. B. Marci** L.[2]), **hortulanus** L.[3]), **Johannis** L., **laniger** Meig., **pomonae** F.

Scatopse Geoffr. **Dungmücken.** Hintere Basalzelle fehlt. Kleine Arten (3—4 mm). Parasit der Larven: *Agyrtes bicolor*.

---

[1]) Sie saugen gerne den Honigtau der Pflanzenläuse.
[2]) Lucas, Bull. Soc. ent. France 1871, p. LXVII—LXIX. — v. Schilling, Prakt. Ratg. Obst- u. Gartenbau 1896, S. 8—9, 4 Figg.
[3]) Bouché, Garteninsekten, S. 126—127.

Chironomiden, Zuckmücken.

Larven mit nur zwei Stigmen, mit Tracheenblasen oder Kiemen; am zweiten Ringe ein Fußstummel. — Von den fast ausschließlich im Wasser lebenden Larven dieser Familie hatte schon Pettit[1]) 1900 die einer unbestimmten Art in Blättern von Wasserpflanzen (Wasserlilie) gefunden; Willem[2]) beschreibt neuerdings die von **Chironomus sparganii Kieff.** aus Sparganium racemosum; **Psectrocladius stratioitis Kieff.** aus Stratioides aloides; **Chir. nymphaeae** Will. aus Nymphaca.

Mycetophiliden, Pilzmücken[3]).

Fühler mäßig lang, 12—17 gliederig, Glieder schlank. Hinterleib sechs- bis siebenringelig; Flügel ohne Discoidal- und hintere Basalzelle. — Larven sehr lang, bis zu 20 Segmente, innerhalb derselben nochmals geringelt, so daß wurmähnlich; walzig, nackt, häutig. Kopf klein aber deutlich; 9 Paare Stigmen; bei den Sciara-Arten mit Augen. Sie leben normalerweise in zerfallenden pflanzlichen und tierischen Stoffen, mit besonderer Bevorzugung von Kompost und frischem tierischen Dünger. Es ist nicht anders zu erwarten, als daß sie namentlich den mit Dünger angelegten Champignonkulturen oft außerordentlich gefährlich werden. Recht häufig haben sie ganze Kulturen vernichtet; eine Züchterei in Bayern hatte in einem Jahre einen Verlust von 18000 Mark. In erster Linie verzehren sie das Myzel, doch dringen sie auch in die Pilze selbst ein und durchfressen sie nach allen Richtungen. Namentlich die jungen Pilze erliegen leicht den Angriffen; Klebahn beschreibt, daß sie in einem Falle meist nicht mehr als linsengroß wurden; einige erreichten die Größe von 1 cm, waren aber dunkel, weich, inwendig braun.

Von dem Dünger gehen die Larven auch an die Wurzeln anderer Pflanzen. Klebahn hat sie beobachtet an kranken Hyazinthen und Cattleya labiata, Chittenden an Rosen, Gloxinien, in Blumentöpfen, in Kotyledonen von Erbsen, an Gurken (besonders schädlich in Illinois); Hine an Nelken.

Da frischer Dünger sie anzieht, ist, soweit möglich, verrotteter zu nehmen. Räuchern mit Tabak und Schwefeln vertrieben bzw. töteten die Mücken. Streuen von Tabak oder Kalk hilft etwas gegen die Larven. Erhitzen des Düngers auf 45—50 ° C.

Genannt werden aus Europa: **Sciara ingenua** Duf., **frigida** Winn., aus Amerika **Sc. inconstans** Fitch.

Coleopteren, Käfer[4]).

Körper äußerlich deutlich dreiteilig. — Mundwerkzeuge kauend; Oberkiefer bilden kräftige Beißzangen; Unterkiefer mit weichen Laden

[1]) 1st Rep. Michigan Acad. Sc., 1900, p. 110—111, 1 Pl.
[2]) Bull. Acad. R. Belg., Cl Sc., 1908, p. 697—704, 1 Pl.
[3]) Ritzema Bos. Zeitschr. Pflanzenkrankh., Bd. 4, 1894, S. 221—222. — Hine, Ent. News, Vol. 10, 1899, p. 201—202, 6 Figs. — Chittenden, U. S. Dept. Agric., Div. Ent., Bull. 27, N. S., 1901, p. 108—113, fig. 29. — Klebahn, Gartenflora 1904. — Korff, Prakt. Blätt. Pflanzenbau- u. -schutz, Jahrg. 3, 1905, S. 10. — Thiele, Prakt. Ratg. Obst- u. Gartenbau 1909, S. 319. — Davis, Journ. ec. Ent. Vol. 3, 1910, p. 181.
[4]) Das beste Werk über europäische Käfer ist das leider noch unvollendete

und viergliedrigen Kiefertastern. Unterlippe einfach, rechteckig, mit dreigliedrigen Tastern. Fühler meist elfgliedrig, sehr verschieden gestaltet. Netzaugen vorhanden; Nebenaugen meist fehlend. Von den Brustringen bildet der Prothorax das grofse, frei bewegliche Halsschild; der Mesothorax ist klein, von oben nur als „Schildchen" sichtbar, fest verwachsen mit dem grofsen, kräftigen, die Flugmuskeln bergenden Metathorax. Jener trägt die grofsen, harten, chitinigen Flügeldecken, dieser die häutigen, in der Ruhe längs und quer gefalteten eigentlichen Flügel. Letztere können fehlen; dann sind meist erstere in der Naht verschmolzen. Bei ganzen Gruppen sind die Flügeldecken stark verkürzt, seltener fehlen sie ganz. Der ursprünglich zehnringelige Hinterleib zeigt oben 7—8 weiche Ringe, unten 5 harte Schienen; das erste Segment ist mit der Brust verwachsen; nur am Bauche gestattet ihm eine weichhäutige, unter den dritten Hüften verborgene Verbindung eine gewisse Beweglichkeit. Die Endsegmente sind klein, meist in die vorhergehenden eingezogen und in ihnen verborgen; liegen sie frei, so bilden sie das harte chitinisierte Pygidium. In manchen Fällen sind sie beim Weibchen zur Legeröhre umgewandelt. — Die Beine sind Lauf-, Grab- oder Schwimmbeine. Systematisch wichtig ist der Fufs (Tarsus), der in ein keulenförmiges Klauenglied endigt. Ursprünglich zählt er 5 Glieder (*Pentameren*); das vorletzte Glied kann rudimentär werden (*Tetrameren, Cryptopentameren, Pseudotetrameren*); oder es kann von den beiden vorletzten das eine fehlen, das andere rudimentär sein (*Trimeren, Cryptotetrameren, Pseudotrimeren*). Bei den *Heteromeren* haben die Füfse der beiden ersten Beinpaare 5, die des dritten Paares 4 Glieder.

Der Darmkanal ist lang, gewunden, erweitert sich bei den Raubkäfern und Holzfressern zu einem Kaumagen. Malpighische Gefäfse sind 4—6 vorhanden. Die Geschlechtsorgane sind ziemlich kompliziert; die Weibchen haben oft eine Begattungstasche, die Männchen einen umfangreichen chitinigen Penis, der in der Ruhe in den Hinterleib eingezogen ist. Männchen und Weibchen sind häufig äufserlich verschieden, an Gröfse, Form, Färbung, Fühlern, Tarsengliedern usw.

Die Geschlechter sind getrennt; die Fortpflanzung findet mit ganz seltenen Ausnahmen geschlechtlich, immer durch Eier, statt. Die Verwandlung ist eine vollkommene. Die Larven besitzen 9 (oder 10?) Segmente und beifsende Mundwerkzeuge. Facettenaugen fehlen; Punktaugen sind in verschiedener Zahl und Lage vorhanden. Die meisten Larven haben 3 Beinpaare; bei manchen Gruppen sind die Beine rückgebildet bis verschwunden, dann aber öfters noch bei den ganz jungen Larven vorhanden. Am Hinterende befindet sich oft ein mit Haken besetztes, zurückziehbares Pseudopod. Kopf gesondert, fest

<hr>

von Ganglbauer, „Die Käfer von Mitteleuropa", Bd. 1—4, Wien 1892—1904. — Vorzüglich zu werden verspricht das vom Deutschen Lehrerverein herausgegebene „E. Reitter, Fauna Germanica, Die Käfer des Deutschen Reiches", Stuttgart, 1. Bd. 1908, 2. Bd. 1909. Auch „Calwers Käferbuch", das jetzt in 6. Auflage von F. Schaufuss bearbeitet wird (Stuttgart 1908 ff.) ist sehr zu empfehlen. Ausgezeichnete Bestimmungswerke sind die beiden von Gg. Seidlitz, „Fauna baltica. Die Käfer der russischen Ostseeprovinzen" (Königsberg 1888—1891) und „Fauna transsylvanica. Die Käfer Siebenbürgens" (2. Aufl., ebenda 1887—91). Etwas älter, aber auch noch sehr gut ist „Redtenbacher, Fauna austriaca. Die Käfer", 3. Aufl., Wien 1874, 2 Bde. Klein, aber ganz vorzüglich, namentlich die Biologie berücksichtigend, ist „Fricken, W. v., Naturgeschichte der in Deutschland einheimischen Käfer", 4. Aufl., Werl 1885.

chitinisiert. Die **Puppen** sind mit wenigen Ausnahmen frei; sie liegen häufig in einem Kokon. Der ausschlüpfende Käfer ist gewöhnlich zuerst weich, farblos bzw. weifs; er erhärtet und färbt sich erst allmählich.

Die Zahl der Käfer ist eine sehr grofse; in Mitteleuropa dürften etwa 6000 Arten bekannt sein, wobei allerdings die Unterscheidungsmerkmale der einzelnen „Arten" oft mehr oder weniger willkürlich sind.

Die Systematik der Käfer ist noch keineswegs endgültig festgelegt. Wir folgen hier in der Hauptsache dem REITTERschen Kataloge [1]).

Adephagen.

Fühler borstenförmig; Halsschild mit vorspringenden Rändern. Hinterflügel (Typus I, Fig. 279) mit Queradern zwischen den beiden

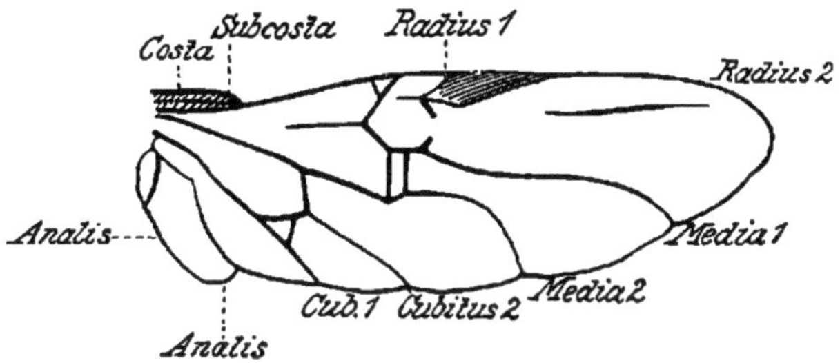

Fig. 279. Adephagen-Flügel (Typus I). Nach REITTER.

Ästen der Mittelader am Gelenk. Füfse fünfgliedrig. Hoden tubulös. 4 malpighische Gefäfse. Larven einfach gebaut. mit fünfgliedrigen Beinen und zweigliedrigen Tarsen. — 10 Familien.

Cicindeliden, Sandkäfer.

Die Sandkäfer und ihre Larven sind ausgesprochene Raubtiere. Letztere graben sich in Sand und loser Erde ein und lauern von hier aus vorüberkommenden Insekten auf. Die Larven einiger **Collyris**-Arten (**emarginatus** Dej., **bonelli** Guer., **tuberculata** Mac L.) und die von **Tricondyla cyanea** Dej. leben aber auf Java in Stämmen von jüngeren oder in Zweigen [2]) von älteren Kaffeebäumen, die der erstgenannten Art auch in Kakao, Loranthus und Baumwolle. Die Weibchen der Käfer bohren die Zweige an, graben eine kleine Höhle ins Mark und legen in diese je 1 Ei. Die ausschlüpfende Larve entfernt das Mark nach oben zu einem mehrere Zentimeter langen Kanale. Merkwürdig ist, dafs *C. bonelli* nur in griffeldicken Blütenzweigen. *C. tuberculata* und *Tric. cyanea* nur in fingerdicken Seitensprossen des Hauptstammes. die zweite Art nur von Coffea liberica, die dritte nur von C. arabica, die erste von beiden Arten lebt. Wenn Käfer und

---

[1]) Catalogus Coleopterorum Europae etc., Ed. 2 ª, ed. EDM. REITTER, Paskau 1906.

[2]) KONINGSBERGER, Meded. 's Lands Plantent. 20, 1897, p. 59. — SHELFORD. Trans ent. Soc. London 1907, p. 83—90, Pl. 3. — Docters van Leeuwen, Tijdschr. Entom. D. 53, 1910, p. 18—40, Taf. 2, 3. — HORN, Deutsche ent. Nation. Biblioth., Jahrg. 1. 1910, S. 45.

Larven auch durch die Vertilgung von Insekten nützen, so ist der
Schaden durch das Bohren doch viel gröfser. Die befallenen Triebe
kümmern; häufig sterben sie ab. Bekämpfung erfolgt leicht durch Abschneiden dieser Triebe. — Auch von anderen Ländern sind solche
Zweige bewohnende Sandkäfer-Larven bekannt; doch scheinen sie
hier in totem Holze zu wohnen und daher nicht zu schaden.

Carabiden, Laufkäfer.

Schlanke, kräftig gebaute Käfer. Fühler elfgliedrig, fadenförmig,
vorn am Kopfe entspringend. Vorderbrust grofs. Mundteile mit
3 Tasterpaaren. Unterflügel fehlen einigen Formen; dann ist die Naht
der Flügeldecken verwachsen. Beim Männchen die ersten Tarsenglieder der Vorderbeine verbreitert und mit Sohlen versehen. — Larven
schlank, mit grofsem Kopfe und kräftigen, zangenartigen, innen mit
Zahn versehenen Mandibeln. Fühler viergliedrig. Jederseits 6 Ocellen.
Beine lang, Abdomen neunringelig, mit in Afterfufs ausgezogener
Analröhre und einem Paare horniger Fortsätze (Cerci). Puppe im
Boden, gewöhnlich in Erdzelle.

Die Laufkäfer sind in der Hauptsache an den Boden gebannt;
einige Arten sind Tages-, die meisten Nachttiere. Im allgemeinen einjährige Generation. Eier werden einzeln oder in geringer Zahl in den
Boden gelegt; die Überwinterung geschieht meist als Käfer. — Einige
Arten erscheinen manchmal in grofsen Mengen.

In der Hauptsache sind die Laufkäfer Raubtiere, als Larven und
als Käfer. Namentlich unter den Amarinen, Zabrinen und Harpalinen
sind jedoch viele Arten mehr oder minder ausgesprochene Pflanzenfresser, und zwar nicht nur die Käfer, sondern auch die Larven.
Erstere verzehren vorwiegend Pollen und Samen von Gramineen und
Umbelliferen, letztere deren Stengel- und Wurzelteile. So sind nicht
wenige Arten dieser Unterfamilien oft recht schädlich geworden. —
Schon an den Mundteilen sind die phytophagen Arten zu erkennen,
und zwar als Käfer sowohl wie als Larven, indem die Mandibeln bei
ihnen kürzer, breiter, stumpfspitzig sind und starke Basalfortsätze tragen.
Der bekannteste von ihnen ist

Zabrus (gibbus F.) **tenebrioïdes** Goeze, **Getreide-Laufkäfer**[1])
(Fig. 280). Länglich walzenförmig, dick; fettglänzend schwarz, Fühler
und Beine pechbraun. End-
glied der Taster fast walzenförmig abgestutzt. Kinn mit
einfachem Zahne. Fühler
kurz. Halsschild hinten punktiert; Flügeldecken punkt-
streifig, an der Spitze abgerundet; Flügel vorhanden.
Vorderschienen aufsen einfach, am Innenrande ausgeschnitten, gegen die Spitze
zu erweitert, an dieser mit
2 Dornen. Vorderfüfse des

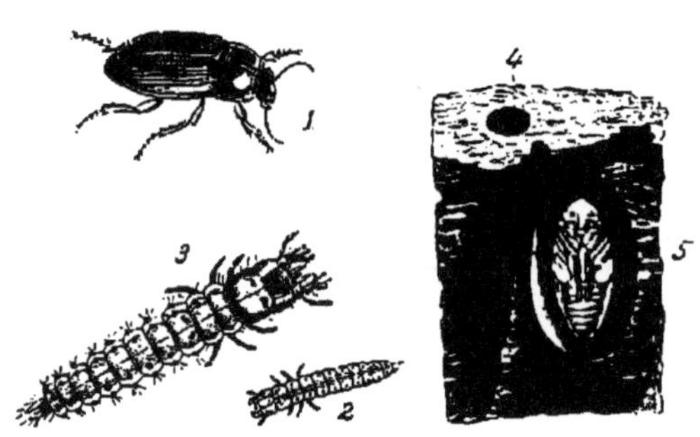

Fig. 280. Getreide-Laufkäfer (2—5 nach Curtis).

[1]) Germar, Magaz. Ent., Bd. 1, 1813, S. 1—10. — Targioni-Tozzetti, Boll. Not.
agr., T. 13. 1891, No. 21. — Sajó, Zeitschr. Pflanzenkrankh., Bd. 5, 1895, S. 281. —
Porta, Bull. Soc. ent. Ital., Vol. 33, 1902, p. 177—182. — Remer, Zeitschr. Landw.,

Männchens mit 3 dreieckig erweiterten Gliedern. 12 bis 15 mm lang. Vorwiegend im südlichen und mittleren Europa.

Larve langgestreckt, niedergedrückt. Kopf schwarzbraun, oben flach, unten gewölbt, mit kurzen, hellen, viergliedrigen Fühlern und jederseits 6 Punktaugen in je 2 Reihen. Brust und Hinterleibsringe oben mit dunklen, nach hinten kleiner werdenden Chitinplatten bedeckt, an den Seiten und unten weifslich. 20—26 mm lang.

Der Käfer lebt von Mitte Juni bis in den Winter, ja zum Teil selbst bis ins nächste Frühjahr; tagsüber hält er sich an oder in der Erde versteckt, nachts kriecht er an den Halmen von Getreide und wohl auch wilden Gräsern empor, um die milchreifen Körner zu fressen; um leichter an diese zu gelangen, beifst er nicht selten den Halm unter der Ähre durch. In Südeuropa hält er längeren Sommerschlaf. Im Herbste geht er auch an die junge Saat, die er ebenso wie die Larve befrifst. Die Eier werden in kleinen Klumpen 7—10 mm tief in die Erde abgelegt. Die nach 9—12 Tagen auskriechenden Larven befressen bereits im Herbste, hauptsächlich aber im Frühjahre die junge Wintersaat. Da ihre Mundteile nicht zum eigentlichen Fressen eingerichtet sind, zerkauen sie die Blätter und jungen Halme, besonders im saftigen Herzen der Pflanzen, und saugen das Zerkaute aus, so dafs es als wollige, für diese Art charakteristische Ballen zurückbleibt (Fig. 281). Tagsüber verkriechen sie sich bis zu 1 Fufs tief in senkrechte Röhren, in die sie zum Teil auch ihre Nahrung mit hineinziehen. Nachts unternehmen sie oft weite Wanderungen, namentlich auf der Suche nach neuer Nahrung.

Fig. 281. Von der Larve des Getreide-Laufkäfers befressene junge Roggenpflanze (aus Rörig).

Im Frühjahr verpuppen sie sich in einer bis 45 cm tief liegenden Erdhöhle, die nach 3—6 Wochen vom Käfer verlassen wird.

Befallen werden in erster Linie Weizen, Roggen und Gerste; Hafer wird nur ungerne genommen. An ersteren ist der Schaden mitunter aber sehr bedeutend. In Südeuropa wird auch Mais angegangen.

Aus der langen Lebensdauer der Käfer erklärt sich das verschiedene Alter der zusammen gefundenen Larven; da wohl nur hierauf die Annahme einer dreijährigen Lebensdauer der Larven zu beruhen scheint, dürfte sie der viel wahrscheinlicheren einer nur einjährigen gegenüber kaum zu halten sein.

Als P a r a s i t e n beobachtete PORTA [1]) in Italien eine Tachinide, *Viviana pacta* Meig., die ihre Eier in die Hinterleibsstigmen der an

<hr>

Kamm. Prov. Schles., Jahrg. 7, 1903, S. 723—727. — HOLLRUNG, Landw. Wochenschr. Prov. Sachsen, Jahrg. 7, 1905, S. 220—222, 228—230, 11 Figg. — MOKRZECKI, Ber. 1904, Jahrg. 12.
[1]) Atti Soc. Nat. Modena (4.), Vol. 2, 1900, p. 39—40.

den Halmen emporkriechenden Käfer legt. Die Larve dringt in deren Hinterleib, den sie zuletzt ganz ausfüllt. Die befallenen Käfer verkriechen sich tief in die Erde.

Vorbeugung und Bekämpfung. 3 %ige Tabakslauge, im April auf die Felder gebracht, tötet die Larven bzw. veranlaßt ihre Auswanderung. Spritzen der Wintersaat mit Arsensalzen. Eggen im Frühjahre. Stark befallene Teile eines Feldes (Ränder) sind durch steilwandige Gräben zu isolieren. Fruchtwechsel. Tritt der Käfer massenhaft auf, so kann er abends und nachts mit Netzen von den Ähren abgestreift werden.

Z. inflatus Dej.[1]) schadet nach RAMBUR in Spanien auf gleiche Weise an Getreide.

Daß viele der anderen Carabiden auch mehr oder weniger phytophag sind, ist den Coleopterologen schon lange bekannt. Schon GUÉRIN-MÉNEVILLE[2]) berichtet 1838 über „Carabiques se nourissant de végétaux". In Amerika stellten S. A. FORBES und F. M. WEBSTER[3]) 1880—1883 Untersuchungen über den Mageninhalt von Laufkäfern an. Von 28 Käfern, zu 17 Arten gehörig, hatten 20 Stück auch pflanzliche Nahrung genossen, die überhaupt die Hälfte der Nahrung sämtlicher Käfer ausmachte und zu je einem Drittel aus Pilzen, Gräsern oder Kompositen bzw. anderen Kräutern bestand.

Aus der Literatur konnte ich über 30 Arten zusammenstellen, die pflanzliche Nahrung zu sich nehmen, und zwar vorwiegend Pterostichinen (10), Harpalinen (9) und Amarinen (5).

Nur selten fressen Laufkäfer Blätter und andere grüne Teile oder Wurzeln. **Omaseus madidus F., vulgaris L.** und **Pseudophonus pubescens** Müll. (Harpalus ruficornis F.) schadeten wiederholt in England[5]) dadurch, daß sie Runkelrübenpflanzen gerade über der Erde durchfraßen. In Amerika[4]) wurden **Agonoderus pallipes F.** an jungem Maise, **Harpalus herbiphagus** Say an verschiedenen Kräutern, speziell an Schößlingen von Poa pratensis, und **Bembidium quadrimaculatum** L. an Erdbeerblättern beobachtet.

Im allgemeinen fressen Laufkäfer von Pflanzen nur die Samen, und zwar solche von Gräsern und Umbelliferen; in einigen Fällen sind aber mehrere Arten, unter ihnen wieder vorwiegend *Pseudophonus pubescens* Müll., in forstlichen Saatbeeten schädlich geworden dadurch, daß sie die keimenden Samen namentlich von Nadelhölzern fraßen und selbst die jungen Pflänzchen, gerade über der Erde, durchnagten[5]).

In Amerika werden die samenfressenden Laufkäfer als Vertilger der Samen von wilden Gräsern und Unkräutern (*Ambrosia artemisiaefolia*) willkommen geheißen. Doch wurden auch dort mehrere Arten als recht schädlich erkannt.

---

[1]) KÖPPEN, Schädl. Insekt. Rußlands, S. 112—113.

[2]) Rev. Zool. 1838, p. 123; s. auch WESTWOOD, Introduction to Entomology, Vol. 1, London 1839, p. 61.

[3]) Bull. Illinois St. Labor. nat. Hist., Vol. 1, Nr. 3, 1880, p. 162—176; Nr. 6, 1883, p. 33—64.

[4]) CARPENTER, Rep. 1901, p. 150—152, figs 23—25; Rep. 1907, p. 570—571, Pl. 50C. — ORMEROD, Handbook of Insects injurious to Orchard and Bush fruits, London 1898, p. 236.

[5]) Siehe die forstlich-entomologischen Lehrbücher (HENSCHEL, JUDEICH und NITSCHE, NÜSSLIN), ferner ECKSTEIN, Zeitschr. f. Forst- u. Jagdwesen, Jahrg. 36, 1904, S. 360—362.

Besondere Vorliebe scheinen die Käfer für die Samen von Erd-beeren zu haben. Das wurde, soweit mir bekannt, zum ersten Male von Ritzema Bos[1]) beobachtet (1892), seither vielfach in Europa, namentlich England; 1900 berichtete Webster[2]) den gleichen Schaden aus Amerika, und auch von dort liegen viele neue Berichte hierüber vor. Die Käfer fressen an den Erdbeeren[3]) die Samen aus, das Fruchtfleisch dabei mehr oder weniger in Mitleidenschaft ziehend; an unreifen (grünen) Früchten verzehren sie auch grofse Stücke der Ober-fläche. Dafs derart beschädigte Früchte zu faulen beginnen, ist selbst-verständlich. Von den Samen wird nur der Kern gefressen, die Hülle abgeschält, deren Fetzen überall unter den befressenen Früchten herumliegen und die Missetäter so-fort verraten (Fig. 282). Auch hier spielt wieder *Pseudophonus pubescens* die Hauptrolle, zumal er durch sein Flugvermögen freier beweglich ist als die anderen, meist flugunfähigen Arten, und oft in Schwärmen auf-tritt. Genannt werden ferner noch: **Calathus fuscipes** Goeze (cisteloi-des Panz.), *Omaseus madidus* F. und *vulgaris* L. und **Harpalus aeneus** F. Doch müssen wir uns der Ansicht O. Taschenbergs anschliefsen, dafs gelegentlich auch jeder andere Lauf-käfer, wenigstens aus den drei am meisten beteiligten Unterfamilien, zu dieser Nahrung greifen kann. — In

Fig. 282. Von Laufkäfern befressene Erdbeerfrucht (nach Webster).

Amerika sind besonders **Harpalus caliginosus** F. und **pennsylvani-cus** De G. als Erdbeerschädlinge bekannt.

Wenn v. Schilling[4]) den von ihm beobachteten Erdbeerschädling *Zabrus gibbus* nennt, so dürfte wohl falsche Bestimmung vorliegen: die Abbildung scheint auf einen Pterostichinen hinzuweisen.

In Amerika hat neuerdings **Clivina impressifrons** Lec.[5]) die Aufmerksamkeit auf sich gelenkt. Die etwa 8 mm langen Käferchen bohren sich in die keimenden Maiskörner ein, bis zu fünf in ein Korn, und fressen es aus; der Keim bleibt unverletzt, vermag sich aber nicht zu einer Pflanze zu entwickeln. Nach Forbes fressen sie auch Löcher in die Blattstiele der Rüben.

<hr>

[1]) Biol. Centralbl. Bd. 13, 1893, S. 255—256; Zeitschr. Pflanzenkrankh., Bd. 4, 1894, S. 147.

[2]) U. S. Dept. Agric., Div. Ent., Bull. 26, N. S., 1900, p. 88—89. — Canad. Ent., Vol, 32, 1900, p. 265—271, 1 Tabl.

[3]) Warburton, Rep. 1895, p. 4—6. — Mc Lachan, Ent. monthl. Mag. (2), Vol. 8, 1897, p. 171—172. 212. — Theobald, I. Rep., 1903, p. 19—20. — Journ. Board Agric. London, Vol. 12, 1905, p. 306—307; Vol. 17, 1910, p. 388—390. 1 Pl. — Slingerland, Cornell Univ. agr. Exp. Stat. Bull. 150, 1901, p. 150—154, Figs. 43—44. — Smith, Rep. N. Jersey agric. Exp. Stat. 1900. p. 487—488; Journ. econ. Ent., Vol. 3, 1910, p. 97—100, Fig. 3, 4.

[4]) Prakt. Ratg. Obst-, Gartenbau 1895, S. 284, Fig.

[5]) Webster, F. M., U. S. Dept. Agr., Bur. Ent.. Circ. 78, 1906. — Phillips, ibid. Bull. 85, Pt. II, 1909. p. 12—27, Figs. 8—13.

Die Bekämpfung aller dieser samenfressenden Laufkäfer ist
nicht leicht. Die sich tagsüber ziemlich oberflächlich versteckenden
Käfer sind aufzusammeln: in glattwandigen, in die Erde eingegrabenen
Töpfen mit Fleisch oder Milch als Köder oder an mit Leinewand bedecktem Fleische können sie gefangen werden; in windstillen Nächten
dürften wohl auch entsprechend aufgestellte Lichtfallen gute Ergebnisse
erzielen. Erdbeeren, die auf Stützen heranreiften, sollen verschont
geblieben sein, wie überhaupt die Käfer die Erde nur ungern zu verlassen scheinen.

Carabus auratus L. [1] fraß ebenfalls an Erdbeeren, **C. catenu-
latus** Scop. [2] an Heidelbeeren.

Polyphagen.

Seitenteile des Halsschildes mit seinen oberen oder unteren verwachsen. Bei den Flügeln fehlen entweder alle Queradern und ist die
Wurzel des vorderen Astes der Mittelader atrophiert (Typus 2. Fig. 283),

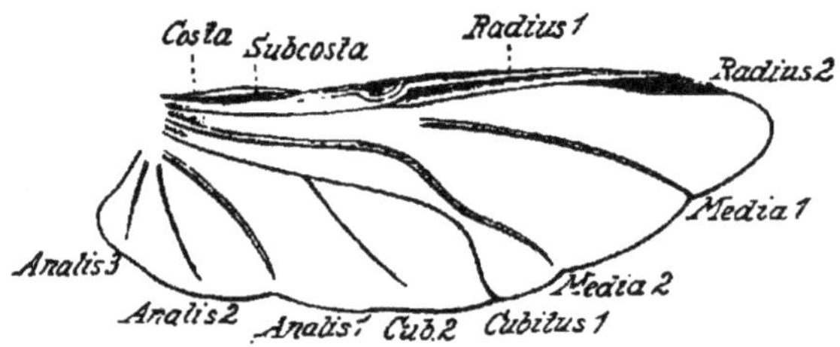

Fig. 283. Staphyliniden-Flügel (Typus II). Nach Reitter.

oder ein Teil des vorderen Astes der Mittelader und des hinteren Astes
des Radius sind als rücklaufende Adern ausgebildet. 4 oder 6 malpighische
Gefäße. Larven mit viergliedrigen Beinen, mit eingliedrigem Tarsus
oder ohne Beine.

Staphyliniden, Kurzflügler.

Körper langgestreckt, Flügeldecken sehr kurz. — Die Kurzflügler
sind im allgemeinen ebenso entschiedene Räuber wie die echten Laufkäfer. Viele der kleineren Arten kommen aber sehr häufig in Blüten
vor; und es dürfte keinem Zweifel unterliegen, daß sie sich von deren
inneren Teilen, namentlich dem Pollen ernähren (**Anthophagus!**) Nach
Ritzema Bos [3] frißt **Anthobium torquatum** Mrsh. in den Blüten von
Raps und Kohl Kronenblätter, Staubfäden und Pollen und richtet dadurch „oft erheblichen Schaden" an. Genannte Art und **A. minutum**
F. sind in den Vierlanden bei Hamburg [4] recht häufig in den Blüten
von Erdbeeren, etwas minder häufig in denen von Obstbäumen und
dürften hier die gleiche Lebensweise führen. **A. lapponicum** Mannh.
hat nach Schøyen [5] in Norwegen durch Verwüstung der Blütenstände
von Maulbeerbäumen das Fehlschlagen der Ernte verursacht.

[1] R. H., Feuille jeun. Natur. T. 6, 1875, p. 39.
[2] Marshall, W., Zool. Plaudereien, Bd. 2, Leipzig 1895, S. 156.
[3] Biol. Centralbl., Bd. 7, 1887, S. 322; Thier. Schädlinge und Nützlinge, S. 251.
[4] Reh, Jahrb. Hamburg. wiss. Anst. XIX. 3. Beih., 1902, S. 144.
[5] Beretn. 1898.

Coprophilus striatulus F. lebt normalerweise von Aas und Dünger. 1883 hatte er sich nach Ritzema Bos [1]) auf solchem in einem Felde sehr stark vermehrt. Als hier im nächsten Jahre Mais angebaut werden sollte, fanden die nun in sehr grofsen Mengen vorhandenen Käfer nicht genügend Nahrung; sie griffen daher die keimenden Maiskörner an und frafsen sie aus; an bereits aufgegangenen Pflänzchen zernagten sie den unteren Stengelteil ganz. Im nächsten Jahre waren sie wieder verschwunden.

Schröder [2]) fand **Phyllodrepa floralis** Payk. massenhaft in Blüten von Sauerkirschen, bis zu 14 in einer Blüte.

Trogophloeus pusillus Grav. ist eine in Mistbeetkästen gemeine Art. Schöyen [3]) beobachtete, dafs die Käfer bei starker Vermehrung an die darin gepflanzten Gurken, Melonen usw. übergingen und Löcher in Blätter und Früchte frafsen. Auch Tullgren [4]) stellte in Schweden Schaden an Gurken und Spinat in Mistbeeten fest, deren Blätter zerfressen wurden. Bestäuben der Pflanzen mit Thomasphosphatmehl macht sie für die Käfer unschmackhaft.

Zahlreiche der kleineren Kurzflügler leben in Pilzen (die Gattung **Bolitobius** hat daher ihren Namen); doch sind Schädigungen durch sie in Kulturen nicht berichtet.

Silphiden, Aaskäfer [5]) (Fig. 284).

Fühler elfgliedrig, mit drei- bis fünfblätteriger Keule. Vorderhüften kegelförmig, frei aus den Gelenkgruben hervortretend, Hinterhüften einander genähert. Die uns hier allein angehende Unterfamilie der **Silphinen** besteht aus flachen, breiten Käfern; die drei letzten Glieder der wenig keulenförmigen Fühler sind glanzlos, schwach. Schildchen sehr grofs oder grofs. Flügeldecken ein wenig verkürzt, ihr Seitenrand aufgebogen. Hinterleib mit fünf freiliegenden Ventralsegmenten. Bei den Männchen die vier ersten Glieder der Vorder- und Mittelfüfse erweitert und unten bebürstet.

Larven asselförmig; Kopf leicht geneigt, hinten nicht eingeschnürt: jederseits 6 Ocellen, von denen 4 in einer Gruppe hinter der Fühlerwurzel, 2 darunter stehen. Fühler dreigliedrig, mit einem Anhangsgliede an der Spitze des zweiten. Dorsalplatten der Brust und des Hinterleibes nach den Seiten lappig vorgezogen, verhornt; auch die Ventralplatten der zweiten bis achten Hinterleibsringe verhornt. Am letzten (9.) Hinterleibsringe 2 zweigliedrige Griffel; das Aftersegment zu Nachschieber ausgezogen. Füße eingliedrig.

Die „Aaskäfer" führen ihren Namen nur z. T. mit Recht; mehrere Arten sind entschieden mehr herbi- als karnivor. Aber selbst die vorwiegend karnivoren Arten mögen gelegentlich zu passender Pflanzen-

---

[1]) l. c.
[2]) Ill. Zeitschr. Ent, Bd. 4, 1899, S. 329.
[3]) Beretn. 1906, p. 16, Fig.
[4]) Stud. Jakttag. Skadeinsekt., Stockholm 1905, p. 27—28.
[5]) Nächst Ganglbauers klassischem Werke gibt Jablonowski (Die tierischen Feinde der Zuckerrübe, Budapest 1909) weitaus die beste Darstellung. Viel wertvolles Material bieten natürlich die Berichte der verschiedenen Zuckerrübenversuchsstationen. Siehe ferner: Ritzema Bos, Biol. Centralbl. Bd, 7. 1887, S. 321—322. — Curtis, Farm Insects, p. 218, 388—393, Figs. — Kolbe, Ill. Wochenschr. Entom. Bd. 2, 1897, S. 459—460. — Xambeu, Le Naturaliste, Ann. 28, 1906, p. 264—266. 277—279, 283—286.

kost greifen. Hier ist für biologische Untersuchungen (Mageninhalte!) noch sehr viel zu tun.

Die Unterscheidung der Käfer ist schon eine recht schwierige, und noch weit mehr ist es die der Larven. So kommt es denn, daß die phytopathologischen Angaben durchaus unzuverlässig sind, trotzdem KARSCH[1]) schon 1884 Bestimmungstabellen der Larven geliefert und auf das Fehlerhafte und Unrichtige vieler Angaben hingewiesen hatte. Nur vier Arten sind sicher als schädlich festgestellt.

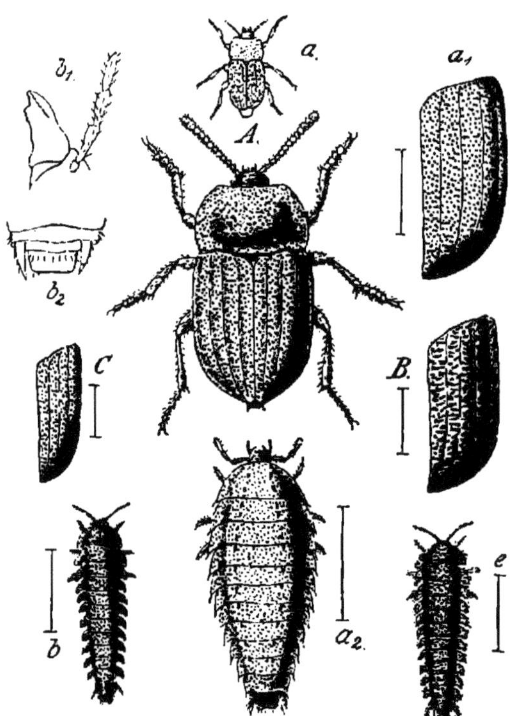

Fig. 284. Schädliche Aaskäfer und ihre Larven. *A*, *a* Silpha obscura L. *B*, *b* Blitophaga undata Müll. *C*, *c* Bl. opaca L. (nach JABLONOWSKI).

Thanatophilus Sam.

Mittelhüften weit voneinander entfernt. Kopf und Halsschild behaart, ersterer hinter den Augen ringsum tief abgeschnürt. — Larven mit gleichmäßig gewölbten, die Seiten wenig überragenden Rückenschilden, nicht ausgebuchtetem Vorderrande des Halsschildes und langen, den Nachschieber weit überragenden Griffeln.

Th. rugosus L. Schwarz, matt; Zwischenräume der Flügeldecken ohne Erhabenheiten, ihr Schulterwinkel scharf zugespitzt; 9 bis 12 mm lang. Larve schwarz, kurz gelblich behaart; Seitenränder des Halsschildes nicht aufgebogen; zweites Fühlerglied mit einem kleinen griffelförmigen Fortsatz an der Spitze der Unterseite.

Blitophaga Reitt.

Kopf dick, hinter den Augen nicht eingeschnürt. Oberlippe fast bis zum Grunde viereckig ausgeschnitten. Außenrand der Mandibeln in seiner ganzen Länge gekrümmt. Mittelhüften nur schmal getrennt. Tarsen mit Ausnahme der beim Männchen erweiterten Glieder unten kahl. — Larven: Fühler kurz, das quere Pronotum nicht überragend. Rückenschilde gleichmäßig gewölbt, die Seiten des Körpers wenig überragend; daher Körper mehr zylindrisch, wurmförmig. Griffel kurz, das Analsegment nicht oder kaum überragend, undeutlich zweigliedrig.

---

[1]) Entom. Nachr. Bd. 10. 1884, S, 223—229.

Bl. opaca L. (Fig. 284 C, c). Schwarz, matt, dicht anliegend goldbraun behaart. Kopf zwischen Augen querwulstig erhoben, davor und dahinter quer eingedrückt. Kopfschild schmal, einfach. Fühlerkeule deutlich abgesetzt, viergliedrig. Zwischenräume der Flügeldecken nicht gerunzelt. Hinterschienen beim Männchen mit hakig gekrümmten Enddornen. 9—12 mm lang. — Larve schwarz; Seitenrand der Dorsalsegmente gelb. Fühler und Taster rostrot. Beine bräunlichgelb. Rücken nur sehr spärlich und kurz anliegend behaart. 8,5—11 mm lang. — Auch nach Nordamerika verschleppt; hier aber unschädlich.

Bl. undata Müll. (reticulata F., Fig. 284 B, b). Schwarz, fast matt und kahl. Kopfschild in der Mitte aufgebogen, stark wulstig abgesetzt. Fühler allmählich zur Spitze verdickt. Zwischenräume der Flügeldecken unregelmäfsig gerunzelt und punktiert. Hinterschienen beim Männchen ohne besonderen Enddorn. 11—15 mm lang. — Larve ganz schwarz; Oberseite kurz abstehend, gleichsam geschoren behaart. Halsschild am Vorderrande stark ausgebuchtet. 15 mm lang.

Silpha L.

Kopf normal, hinter den Augen eingeschnürt. Oberlippe bogenförmig, nicht bis zum Grunde ausgerandet. Linke Mandibel an Spitze zweizähnig, sonst Mandibeln, Mittelhüften und Tarsen wie bei Blitophaga. Larven: Fühler wie bei Blitophaga. Seitenflügel der Rückenschienen flach ausgebreitet, die Körperseiten weit überragend, daher Körper mehr asselförmig, flach. Halsschild und Griffel wie vorher, aber letztere deutlich zweigliedrig.

S. obscura L. (Fig. 284 A, a). Schwarz, matt, kahl. Punkte der Flügeldecken einfach, die inneren Zwischenräume doppelt so stark punktiert wie die äufseren. Die Rippen werden von feinen Punktreihen eingefafst. Unterflügel verkümmert. 13—17 mm lang. — Larven hinten zugespitzt, flach gewölbt, bräunlichgelb mit dunklen Vorderrandflecken auf den Seitenflügeln der Dorsalsegmente und zwei Längsreihen dunkler Flecken auf dem Abdomen, sehr schwach und kurz gelblich behaart. 18—20 mm lang.

Die auch oft als Rübenschädling genannte **Phosphuga atrata** L. ist als Käfer durch den langgestreckten, schnauzenförmigen Kopf, als Larve durch die langen, das Pronotum überragenden Fühler von den genannten drei Arten unterschieden.

Biologie. Die Silphinen überwintern als Käfer in Verstecken an und in der Erde. Sie erscheinen im zeitigen Frühjahre, leben aber meist bis in den Juni hinein. Das Weibchen legt je 5—10 kleine, weifslichgelbe Eier einzeln in die Erde, am liebsten da, wo organische Stoffe verwesen. Nach 8—12 Tagen, im Mai, schlüpfen die Larven aus, die sich, tags, vorwiegend von pflanzlicher Kost nähren. Nach 3—4 Wochen und mehreren Häutungen, wobei sie sich jedesmal wieder weifs färben, sind sie erwachsen, verkriechen sich einige Zentimeter tief in die Erde und verfertigen aus solcher eine Zelle. In dieser ruht die weifse Puppe 10—20 Tage. Der anfangs ebenfalls weifsliche Käfer verläfst nach 1—2 Tagen, inzwischen verfärbt, die Erde; er nährt sich wohl vorwiegend von tierischen Stoffen; wenigstens werden selten Käferschäden berichtet.

Die Regel ist eine Brut im Jahre; in südlichen Gegenden mögen zwei auftreten.

Nährpflanzen der Larven dürften in erster Linie Atriplex- und Chenopodium-Arten bilden, ferner noch manche andere Unkräuter. Von ihnen aus überziehen sie in manchen Jahren in mehr oder minder grofsen Mengen die Felder von Zucker-, auch die von Runkelrüben und können hier ganz bedeutend schaden. Meist erscheinen die Larven, wenn die Pflänzchen 2—3 Blätterpaare entwickelt haben, die unter Umständen vollständig abgefressen werden können. Von älteren Blättern bleiben gewöhnlich nur die stärkeren Rippen stehen. In selteneren Fällen wird auch die Rübe selbst angegangen und etwa $1/2$ cm tief befressen[1]. — Meist verschwinden die Larven ebenso plötzlich, wie sie gekommen sind.

Weitere Schäden sind berichtet von Raps, Luzerne, Wicke, roten Rüben, Rübsen (*Th. rugosus*)[2], Spergula arvensis, Kartoffeln. *Bl. undata* geht auch an Getreide.

Vorbeugung und Bekämpfung. Ausrottung der betreffenden Unkräuter. Frühe Aussaat und kräftige Düngung mit Mineralsalzen. Ködern der Käfer in glacierten Töpfen mit Aas. Eintreiben von Hühnern und Enten. Die von abgefressenen Feldern auf gesunde überwandernden Larven lassen sich durch Gräben abfangen. Weitaus das beste ist aber Spritzen mit Arsensalzen oder Chlorbaryum (3—4 %).

Palpicornier.

Fühler kurz. Tarsen fünfgliedrig. Flügel ohne Queradern zwischen Radius und Mittelrippe.

Hydrophiliden, Kolben-Wasserkäfer.

Wasserkäfer mit sechs- bis neungliedrigen Fühlern, die in eine durchbrochene Keule enden; Kiefertaster so lang oder länger als die Fühler. — Die Larven sind Raubtiere; betreffs der Nahrung der Käfer sind die Meinungen geteilt: sie scheint beiden Reichen entnommen zu werden. Als Schädling wurde erst eine Art beobachtet, **Helophorus** (rugosus Ol.) **rufipes** Bosc., der in England an Rübsen überging (Turnip mud-beetle)[3]. Die Käfer frafsen an den Blättern, die Larven höhlten die Blattstiele aus und benagten und durchwühlten die oberen Schichten der Wurzeln; in die Wunden drangen Regen und Pilze ein, so dafs die Pflanzen zum Teil abstarben. Besonders tätig waren die Käfer im Herzen derselben unter dem Schutze der Blattbasen, wo sie die jungen Blätter abfrafsen, so wie sie sich entwickelten. Düngung mit Chilisalpeter erwies sich nützlich.

Diversicornier.

Geäder nach Typus III (Fig. 285). Tarsen fünf- bis eingliedrig.

---

[1] Carpenter, Rep. 1896, p. 84—86, fig. 8—9.
[2] Theobald, I. Rep., 1903, p. 6—7.
[3] Mac Dougall., Journ. Board Agric. London, Vol. 11, 1904, p. 489; Vol. 12, 1905, p. 102—104, 3 figs. — Leaflet Board Agric. Fish. Nr. 143, 1905.

(Canthariden) Malacodermen, Weichflügler [1].

Körperbedeckung weich, lederartig. Fühler elfgliedrig. Vorder- und Mittelhüften zapfenartig vorragend, an den Spitzen sich berührend, Hinterhüften quer. Halsschild flach, meist scharf umrandet. Flügeldecken meist lose aufliegend, die gezackt aussehenden Seiten und die Spitze des Hinterleibes frei lassend. Hinterleib oben mit 8—9, unten mit 5—7 freien Schienen. Füfse fünfgliedrig. — Larven mit kräftigen Mundwerkzeugen und Beinen.

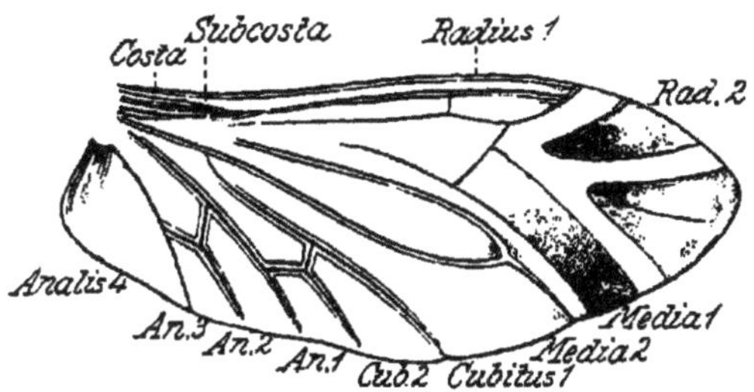

Fig. 285. Malacodermen-Flügel (Typus III). Nach Reitter.

Die Weichkäfer sind, ebenso wie ihre Larven, entschiedene Raubkäfer, die als Vertilger von Blattläusen, kleineren Raupen usw. sehr viel Nutzen stiften. Aber wie viele andere Raubinsekten haben sie auch eine grofse Vorliebe für die inneren Teile von Blüten, besonders für Staubgefäfse, Pollen und Stempel; sie können dadurch ganz beträchtlich schaden. Namentlich Schöyen [2]) berichtet aus Norwegen fast Jahr für Jahr, dafs (Cantharis) **Telphorus obscurus L.**, **lividus L.** und andere Arten zu den schlimmsten Feinden der Obstbäume gehören, deren Blüten sie oft so zerfressen, dafs die Ernte sehr verringert wird. Auch bei uns in Deutschland gehören diese Arten zu den eifrigsten Blütenbesuchern, ohne dafs indes bis jetzt Schäden erwähnt worden wären. Dagegen gelten (C.) **T. obscurus L.**, **rusticus Fall.** und **fuscus Fall.** schon seit Ratzeburgs Zeiten als Forstschädlinge, die die jungen Triebe an Eichen und Kiefern benagen [3]).

Sajó [4]) schliefslich fand in Ungarn **Henicopus pilosus Scop.** (hirtus L.) zu 6—7 Stück an den Ähren von blühendem Roggen, erwähnt aber keinen Schaden.

Weitere eingehende und genaue Beobachtungen über die genannten und andere Weichkäfer sind sehr wünschenswert.

Byturiden.

Länglich, gewölbt, grob und kurz anliegend behaart. Fühler kurz, elfgliedrig, mit dreigliedriger Keule. Flügeldecken hinten zusammen gerundet zugespitzt. Hinterleib mit 5 freiliegenden Bauchschienen. Tarsen fünfgliedrig; Glieder 2 und 3 lappig erweitert, 4 sehr klein und unter den Lappen von 3 versteckt; Klauen an der Basis mit starkem Zahne. — Larve fleischig, weifslich, mit der Fähigkeit, sich etwas zu krümmen. Jederseits am Kopf 3 in gerader Linie stehende Punktaugen. Fühler vier-, Taster dreigliedrig. Oberseite mit verhornten

---

Rückenschilden; letztes Segment läuft in 2 nach oben gekrümmte dornige Spitzen aus.

Byturus Latr. (Trixagus, Kugelann.). Himbeerkäfer [1].

Mit den Merkmalen der Familie.

B. fumatus Fabr. (rosae Scop.). Schwärzlich oder pechbraun, grau oder gelblichgrau behaart. Augen grofs, stark gewölbt. Oberlippe von oben sichtbar. 4,5—5 mm lang.

B. tomentosus F. (sambuci Scop.). Sehr ähnlich vorigem, etwas kleiner und schmäler; Augen weniger grofs, weniger gewölbt; Oberlippe von oben kaum sichtbar. 3,8—4,3 mm lang.

Die Himbeerkäfer, deren beide Arten selbst der Coleopterologe gewöhnlich nicht unterscheiden kann, fliegen von Mai bis in August; sie nähren sich von Blüten, von denen sie die der Rosaceen und Ranunculaceen vorziehen: am meisten findet man sie in denen der Rubus-Arten. Sind die Blütenknospen noch nicht geöffnet, so bohren sie sich durch ein ihrem Körper entsprechend grofses Loch in ihr Inneres und fressen es aus, so dafs die Knospen sich nicht öffnen (Fig. 286). In offenen Blüten fressen sie gewöhnlich erst dicht an der

Fig. 286. Himbeerkäfer mit von ihnen ausgehöhlten Blütenknospen.
Nach Prakt. Ratg. Obst- und Gartenbau.

Basis der Blütenblätter die Staubgefäfse ringförmig ab, dann aber auch die Blütenblätter selbst, alle Staubgefäfse und Stempel; schliefslich benagen sie auch den Fruchtboden (Fig. 287). Dadurch sind die Himbeerkäfer die schlimmsten Feinde der Himbeer- und Brombeerernten, die sie unter Umständen sogar ganz vereiteln können. An Obstbäumen dürfte der Schaden ebenfalls nicht ohne Belang sein, wenn er hier auch schwerer festzustellen ist.

Auch an Blättern, namentlich an frisch entfalteten, frifst der Käfer; doch dürfte dadurch kaum Schaden veranlafst werden.

[1] Thomas, Ent. Nachr., Jahrg. 16, 1890, S. 310—311. — Taschenberg, E., Prakt. Ratg. Obst-, Gartenbau 1890, S. 402. — v. Schilling, ibid. 1896, S. 339—341, 13 Figg. — Ormerod, Handbook, 1898, p. 202—206, Figg. — Reh, Pomol. Monatsh., Bd. 47, 1901. S. 79—80; Jahrb. Hamburg. wiss. Anst. 19, 1901 (1902), 3. Beih., S. 145—147. — Tullgren, Stud. Jakttag. Skadeinsekt., Stockholm 1905, p. 28—29. — Wahl, Mitt. Pflanzenschutz-Station Wien, 1907. — Theobald, Insect Pests of fruit. London 1909, p. 420—424, Fig. 276—279.

Die Weibchen legen die Eier einzeln an unbeschädigte junge Früchte der Rubus-Sträucher. Die Larven bohren sich in diese ein, fressen im Fruchtboden und von diesem die einzelnen Teilfrüchte aus. So vergröfsern sie den vom Käfer verursachten Schaden.

Fig. 287. Von Himbeerkäfern ausgefressene Himbeerblüten.

Erwachsen, verläfst der „Himbeerwurm" die Früchte, um sich an der Erde, lieber aber an Rinde, in Rissen der Stützstöcke usw. in länglichem Gespinste zu verpuppen, in dem die Puppe bis zum nächsten Frühjahre ruht.

In den Vierlanden bei Hamburg sollen Bienen die Himbeerkäfer von den Blüten fernhalten.

Gegenmittel: Abklopfen der Käfer, besonders frühmorgens und abends, in flache Gefäfse mit Wasser und etwas Petroleum; Beseitigung der befallenen Früchte; Reinigung der Stützpfähle usw. im Winter.

B. unicolor Say. Nordamerika. Lebensweise genau wie die der europäischen Himbeerkäfer; auch in der Beschreibung ein stichhaltiger Unterschied nicht zu erkennen.

Nitiduliden.

Fühler elfgliedrig, kurz. Flügeldecken verkürzt oder den ganzen Hinterleib bedeckend. Vorderbrust mit Fortsatz zwischen Vorderhüften. Hüften getrennt. Schenkel an der Innenseite mit Furche zur Aufnahme der Schienen; diese an der Spitze erweitert. Tarsen fünfgliedrig; viertes Glied klein. 5 freiliegende Bauchschienen; die siebente Hinterleibsschiene bildet ein horniges Pygidium. — Larven mit kurzen viergliedrigen Fühlern und kleinem Anhangsgliede.

Stelidota strigosa Gyll. [1]). Nordamerika. Die Käfer einmal beobachtet, wie sie die Ernte von 400 Erdbeerpflanzen vollständig vernichteten, indem sie Löcher in die reifenden Früchte frafsen. Sonst leben sie von Fallobst usw.

Meligethes Steph., Glanzkäfer.

Klein, oval, gewölbt. Fein anliegend behaart. Fühler kurz, erstes Glied mäfsig verdickt. — Larven zylindrisch, auf dem Rücken vom

---

[1]) U. S. Dept. Agric., Div. Ent., Bull. 4, 1884. p. 80—81.

Mesothorax an drei Längsreihen rötlicher oder schwärzlicher Flecke;
neunter Ring abgerundet, hinten mit zwei sehr kleinen Höckerchen.

M. aeneus F. (brassicae auct. nec Scop.), **Raps-Glanzkäfer**[1]).
Erzgrün, zuweilen blau schimmernd. Seiten parallel, Enden gleich-

mäſsig abgerundet. Beine dunkelbraun, nur Vorderschienen
heller, schmal, am Auſsenrande sägeartig gezähnt. 2 bis
2,5 mm lang. 1,5—2 mm breit. Larve (Fig. 288) gelblich
weiſs, Kopf dunkel; Mandibeln mit dunklerer Spitze und
einer Doppelreihe kurzer Zähnchen an der stark erweiterten Wurzel; bis 4,5 mm lang. — Die Käfer fliegen
an schönen April- und Maitagen lebhaft an Blüten von
Kreuzblütlern, insbesondere auch Raps und Rübsen,
umher und fressen deren Staubgefäſse; in noch un-
eröffnete Blütenknospen bohren sie sich ein. Die Weibchen legen ihre länglichrunden, weiſsen Eier einzeln in
die Blütenknospen, deren Inhalt von den auskriechenden
Larven vollständig zerstört wird; später auskriechende
Larven befressen auch die jungen Schoten. Stark befallene Pflanzen sind an den schotenlosen Spitzen der
Stengel erkennbar. Anfangs Juni lassen sich die Larven
herabfallen und verpuppen sich nach 10 Tagen flach an
der Erde in flachem Gespinste, aus dem nach 10—12

Fig. 288. Larve
des Raps-
Glanzkäfers
(nach Heeger).

Tagen der Käfer herauskommt, der sich den Sommer
über auf den verschiedensten Blüten herumtreibt; zum
Winter sucht er Verstecke auf oder in der Erde, unter
Rinde oder Fanggürteln von Bäumen usw.

Nach Lucet[2]) wird der Käfer manchmal den Rosenkulturen durch
Zerstören der inneren Blütenteile nachteilig.

Als Feinde der Larven führt Taschenberg *Malachius aeneus* L.
(Weichkäfer) und Schlupfwespen an.

Bekämpfung: Abstreifen der jungen Rapspflanzen im Frühjahre, bevor die Käfer Eier gelegt haben, mit einem Fangnetze. Sehr
gut haben sich die Sperlingschen Fangapparate (Fig. 289) bewährt.

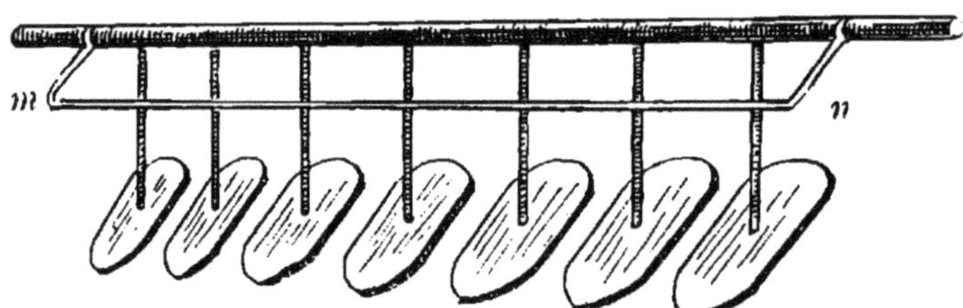

Fig. 289. Sperlingscher Fangapparat für den Raps-Glanzkäfer.

deren Bretter mit Teer bestrichen, und die von zwei Mann durch die
Rapsreihen getragen werden; der Drahtstreifen *mn* ist zum Abstreifen
der Rapspflanzen da. Vernichtung aller Unkräuter aus der Familie der
Kreuzblütler.

Auch andere Meligethes-Arten schaden hier und da einmal in Blüten,
am meisten wohl noch **M. viridescens** F., von aeneus durch die rotgelben Beine unterschieden.

[1]) Heeger, Sitz.-Ber. Akad. Wiss. Wien, Bd. 14. 1854. Math.-nat. Cl., S. 278—281,
Taf. 3, Fig. 1—10.
[2]) Les Insects nuisibles aux rosiers, Paris 1898, p. 9—12, Pl. 1. fig. 1, 8.

Cryptophagiden.

Klein, länglich, gewölbt. Fühler elfgliedrig mit dreigliedriger Keule. Hüften getrennt. Füfse fünfgliedrig oder Hinterfüfse der Männchen viergliedrig. — Käfer und Larven vorwiegend Moder- oder Schimmelfresser, zum Teil auch in Blüten, Pollen fressend. Die Larve von **Telmatophilus sparganii** Ahr. E. zerstört die Fruchtköpfe von Sparganium erectum. Schädlich nur eine Art.

Atomaria Steph.

Sehr klein; länglich, wenig gewölbt; mittlere Fühlerglieder abwechselnd kleiner und gröfser. Wurzel des Halsschildes gerandet. — Larve kurz, dicht und sehr lang abstehend behaart, weifs. Kopf flach. beiderseits mit einem einfachen Auge. Beine kurz. Neunter Hinterleibsring gerundet, unbewehrt.

A. linearis Steph., **Moosknopfkäfer** (Fig. 290). Dunkelbraun. sehr kurz behaart, sehr schmal, langgestreckt; 1—1,5 mm lang.

Entwicklung und Verwandlung dieses Käfers sind noch gänzlich unbekannt, trotzdem er zu den häufigsten und schlimmsten Rübenschädlingen gehört.

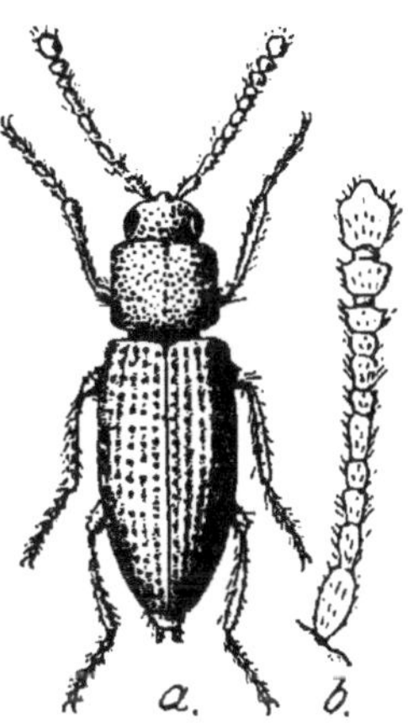

Fig. 290. Moosknopfkäfer (nach Jablonowski).

In der Hauptsache scheinen die Käferchen unterirdisch zu fressen[1]), am Stamme der Rübe und an den zarten Wurzeln; die so geschwächte Pflanze unterliegt leicht ungünstigen Witterungseinflüssen und pflanzlichen und tierischen Feinden. Oft entstehen brandartige Wunden. — Bei gutem Wetter soll der Käfer auch oberirdisch Löcher in die Blätter fressen. Tränken der Samen mit Petroleum, Paraffin, Karbolsäure soll gute Wirkung haben. Hafer in Reihen zwischen die Rüben als Fangpflanzen säen und später ausziehen. Fruchtwechsel.

In England besonders[2]) schädlich dadurch, dafs er die Triebe der jungen Pflanzen gerade über der Erde vernichtet (Pigmy mangold beetle).

Jablonowski[3]) gibt über ihn folgendes an: Der Käfer überwintert in alten faulen und welken Rüben; im Sommer ist er nicht mehr zu finden. Sowie die Rübe aufgegangen ist, kriecht er an ihr empor und frifst Löcher in das Stengelchen. Die Pflanze knickt hier um, der obere Teil verwelkt, und sie geht ein. Als Gegenmittel sind daher alle Überreste von Rüben, namentlich solche auf dem Felde, vor Eintritt des Frühjahres sorgsam zu sammeln und zu vernichten.

Erotyliden.

Von dieser Familie wird nur **Languria mozardi** F.[4]) in Nordamerika schädlich. Der Käfer legt seine Eier in das Mark der Klee-

---

[1]) v. Schönfeldt, Ent. Nachr., Bd. 3, 1877, S. 117—118. — Marneffe, Zeitschr. Pflanzenkr., Bd. 1, 1891, S. 353—354. — Ritzema Bos, Stift, Uzel u. A., verschiedene Arbeiten.

[2]) Journ. Board Agric. London, Vol. 15, 1908, p. 274; Vol. 16, 1909, p. 388.

[3]) Tierische Feinde der Zuckerrübe, Budapest 1909, S. 136—141, Fig. 16 D, 31.

[4]) Comstock. Rep. Commiss. Agric. 1879, p. 199—200, Pl. 1, fig. 6.

stengel, das von den Larven ausgefressen wird. — Wo der Klee regelmäfsig im Sommer und Herbst gemäht wird, tritt kein nennenswerter
Schaden ein.

Coccinelliden.

Klein, oval, unten flach, oben gewölbt. Fühler kurz, meist elfgliedrig, mit drei- bis mehrgliedriger Keule, in Furche an Unterseite
des Kopfes einlegbar. Beine einziehbar; Schenkel innen mit Längsfurche zur Aufnahme der Schienen, diese aufsen mit Furche oder
Grube für die Wurzel der cryptotetrameren Tarsen. Abdomen mit
5—6 freien Bauchringen. — Larven langgestreckt, hinten spitz zulaufend, mit Nachschieber; oben meist mit behaarten Warzen oder mit
dornigen, verästelten Fortsätzen versehen; Fühler fünfgliedrig, dahinter
3—4 Ocellen. Sie lassen bei Berührung gelbes Blut aus Gelenken hervortreten. — Puppe am Hinterende aufgehängt, mit zusammengeknäulter
Larvenhaut.

Die Käfer erscheinen im Frühjahre und legen je bis zu 150 lang-
ovale, gelbe bis braune Eier (Fig. 291) senkrecht nebeneinander in
Häufchen von 6—8 Stück an die Unterseite
von Blättern, in Baumritzen usw. Nach etwa
einer Woche kriechen die Larven aus, die
sich nach etwa drei Wochen verpuppen; nach
etwa einer Woche kommen die Käfer aus, die
in Verstecken, namentlich gerne aber in geheizten Räumen überwintern.

Fig. 291. Eier von Epil.
borealis. Natürl. Gröfse.
Nach J. B. Smith.

Über die Nahrung der Coccinellen und
ihrer Larven sind die Meinungen noch sehr
geteilt. Die Coleopterologen unterscheiden zwei
Gruppen, phytophage (Epilachninen) und zoo-
phage (die übrigen Familien). Ob alle Phytophagen tatsächlich nur von Pflanzen leben, bleibt
noch festzustellen; dafs die zoophagen aber
recht viele pflanzliche Nahrung, vorwiegend in Gestalt von Pollen und
Pilzen, zu sich nehmen, ist durch Beobachtung und Versuche sichergestellt. Namentlich die Untersuchungen des Inhaltes des Verdauungs-
traktes, die Forbes [1]) an nordamerikanischen zoophagen Coccinellen
vornahm, zeigten, dafs deren Darminhalt oft zum gröfsten Teile aus
Pollen und Pilzsporen bestand.

Epilachninen.

Oben behaart. Fühler elfgliedrig, mit dreigliedriger Keule; Endglied der Taster beilförmig. Larven mit grofsem Kopfe: Mandibeln
an der Spitze mehrzähnig, Kiefertaster lang, wenig dick. Käfer und
Larven herbivor.

Letztere skelettieren die Unterseite der Blätter: die zuerst aus-
gekommenen fressen aber nach den Feststellungen J. B. Smiths [2]) auch
die noch unausgeschlüpften Eier aus, so dafs dadurch die Arten sich
selbst in Schach halten. Sehr charakteristisch ist der Frafs der Käfer

[1]) Illinois St Labor. nat. Hist., Bull. 1, Nr. 3, 2^d ed., 1903, p. 175.
[2]) Siehe Epil. borealis.

(Fig. 292): sie markieren zuerst durch einen Einschnitt einen mehr oder minder kreisförmigen Fleck von mehreren Zentimetern Durchmesser auf der Oberseite des Blattes, wie CHITTENDEN[1] meint, um hier das Gewebe zum Welken zu bringen, das sie dann unregelmäßig ausfressen.

Bekämpfung: Ablesen der Eierhäufchen und der zuerst gesellig fressenden Larven; Spritzen mit Arsenmitteln.

Epilachna Redtb.

Klauen an der Basis mit zahnförmiger Erweiterung, bis zur Mitte gespalten. Halsschild an Seiten und Ecken gerundet, ebenso Flügeldecken an Basis-Ecken. Nahrung hauptsächlich die Blätter von Cucurbitaceen.

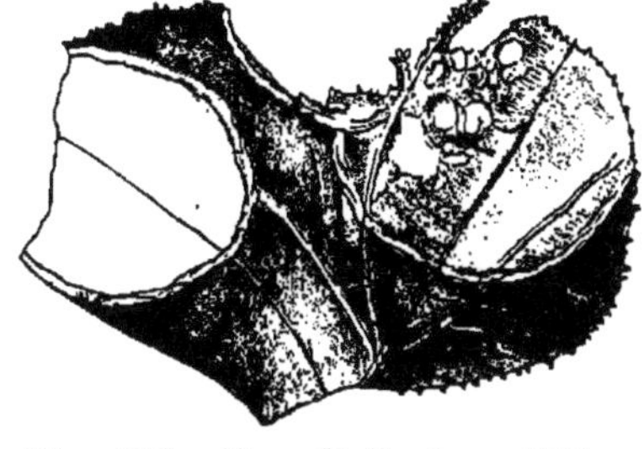

Fig. 292. Von Epilachna-Käfern befressenes Blatt (nach J. B. SMITH).

E. chrysomelina F.[2]. Fast halbkugelig, fein und kurz anliegend behaart; gelbrot, auf jeder Flügeldecke sechs runde, schwarze, zum Teil verbundene Flecke: 7—9 mm lang. — Mittelmeergebiet, Deutsch-Ost-Afrika, Sudan, an Cucurbitaceen, zum Teil sehr schädlich; in Deutsch-Ost-Afrika auch an Sesam.

In Kiautschou trat **E. 28-maculata** Motsch. (Fig. 293) 1907 und 1908 verheerend an Kartoffeln auf. Das dortige Kaiserliche Gouvernement schreibt darüber: „Von Anfang Juni an wuchs die Anzahl der Schädlinge (Larven und Käfer) von Tag zu Tag, und kein Kartoffelfeld blieb von ihnen verschont. Der Fraß erstreckte sich nur auf die Blätter, und zwar mit solcher Schnelligkeit, daß die befallenen Kartoffelstauden in wenigen Tagen vollständig kahl gefressen waren und die ganze Fläche einem im Reifestadium stehenden Kartoffelfelde glich. Außer Kartoffeln werden sämtliche Solanum-Arten befallen. Am meisten schädigen die Larven. Der Fraß dauert bis zum Eintritt des Frostes. Die befallenen Kartoffelfelder geben entweder gar keinen oder nur einen sehr geringen Ertrag." 1909 nur ganz vereinzelt.

Fig. 293. Epilachna 28-maculata Motsch. 4 : 1. (E. STENDER p.)

Aus Deutsch-Ost-Afrika berichtet VOSSELER[3] **E. canina** F. von Sesam, aus Indien MAXWELL-LEFROY[4] **E. 28-punctata** F. (auch in China, Japan, Manila, Malayischen Inseln, Neu Guinea, Australien)[5] und **dodecastigma** Muls. von Solaneen und Cucurbitaceen, aus Java KONINGSBERGER[6] **E. territa** Muls., **pusillanina** Muls. und **phyto** Muls. von Solaneen, erstere auch von spanischem Pfeffer[7], aus Australien FROGGATT **E. guttato-pustulata** F. von Kartoffeln[5].

E. argus Fourcr.[8], Südeuropa, an Bryonia dioica und anderen Cucurbitaceen. Parasit: *Lyggellus epilachnae* Giard.

[1] Siehe Epil. borealis.
[2] KING, H. A., 3d Rep. Wellcome Res. Labor. Karthoum, 1908, p. 232, Pl. 31.
[3] Ber. Land-Forstwirtsch. Deutsch-Ost-Afrika. Bd. 2, S. 423.
[4] Mem. Dept. Agric. India, Vol. 1. p. 132—33, fig. 15. 16.
[5] FROGGATT, Agric Gaz. N. S. Wales Vol. 13, 1902, p. 897—899, 2 figs.
[6] Bull. Ind. Néerland., Nr. 20, 1908, p. 7.
[7] Teysmannia, Vol. 19, 1908.
[8] SAJÓ, Ill. Wochenschr. Ent., Bd. 2, 1897, S. 326—328.

E. borealis F.[1]), Nordamerika, sehr schädlich an Gurkengewächsen: der Käfer frißt spät im Jahre auch die Haut der Früchte ab. *Podipus spinosus* saugt die Larven aus, *Euphorocera claripennis* Macq. ist Parasit.

E. corrupta Muls.[2]). Nordamerika, an Bohnen schädlich.

Subcoccinella Weise (Lasia Muls.).

Wie vorige, aber Klauen an der Basis ohne Zahn; Ecken der Flügel und des Halsschildes winkelig oder nur schmal abgerundet.

S. 24-punctata L. (globosa Schneid.)[3]). Fast halbkugelig; Oberseite fein anliegend behaart. Bräunlichrot bis rötlichgelb. Flügeldecken normal mit 24 Punkten, die aber zum Teil zusammenfließen können. Europa; schädlich an Luzerne, die oft nahezu gänzlich abgefressen werden kann; dann gehen die Käfer an benachbarte Rüben, Kartoffeln usw. über. Bevorzugte Nährpflanze in Ungarn: Gypsophila paniculata; in Schweden[4]) an Melandrium und Saponaria schädlich gewesen.

Coccinellinen.

Fühler acht- bis elfgliedrig, meist mit dreigliedriger Keule. Mandibeln mit gespaltener oder einfacher Spitze, die eine an der Basis mit zwei-, die andere mit einspitzigem Zahne. Zweites Tarsenglied in langen, oben ausgehöhlten Fortsatz verlängert. Larven mit kleinem Kopfe und kurzen, kräftigen Kiefertastern.

Die Mitglieder dieser Unterfamilie sind in der Hauptsache karnivor (Blattläuse, Schildläuse, kleine Räupchen usw.), trotzdem FORBES[5]) gerade bei ihnen vorwiegend Pilzsporen und Pollen im Darmkanale gefunden hat. Dennoch sind mehrfach pflanzenfressende Coccinellinen beobachtet. So sah HACKER[6]) **Adalia bipunctata** L. am Fruchtfleische von Eibe fressen, CHR. SHRÖDER[7]) dieselbe und **Coccinella 7-punctata** L. infolge außergewöhnlicher Vermehrung schädlich auf Edeltannen. — **Verania afflicta** Muls. und **lineata** Thunb. finden sich nach KONINSBERGER[8]) auf Java in größerer Anzahl in Blüten von Kulturgräsern, insbesondere in denen von Mais, Blütenteile verzehrend.

In Nordamerika wurden ebenfalls an Blüten fressend beobachtet: **Hippodamia convergens** Guér.[9]) (Pfirsiche), **Megilla maculata** de G.[10]) (Taraxacum dens leonis). Die Larven von **Psyllobora 20-maculata** Say fraßen nach J. J. DAVIS[11]) sogar die Blätter von Phlox divaricata ab und wurden auch schon an Kulturgewächsen beobachtet.

---

[1]) SMITH, J. B., Rep. 1892, p. 476—482, fig. 35—40. — CHITTENDEN, U. S. Dept. Agric., Div. Ent., Bull. 19, N. S., 1899, p. 11—20, figs. 1—2.

[2]) CAUDELL, U. S. Dept. Agric., Div. Ent., Bull. 38, 1902, p. 35—36.

[3]) SAJÓ, Zeitschr. Pflanzenkrankh., Bd. 5, 1895, S. 20, 286; Ill. Wochenschr. Ent., Bd. 1, 1896, S. 311.

[4]) TULLGREN, Stud. Jaktt., Stockholm 1905, p. 33—39, fig. 9.

[5]) l. c.

[6]) Ill. Zeitschr. Ent., Bd. 4, 1899, S. 137.

[7]) Zeitschr. wiss. Ins.-Biol., Bd. I, 1905, S. 430.

[8]) Med. Dept. Landbouw Batavia, Nr. 6, 1908, p. 68.

[9]) NEWELL a. SMITH, U. S. Dept. Agric., Bur. Ent., Bull 52, 1905, p. 70.

[10]) FORBES, l. c. p. 160.

[11]) Journ. econ. Ent., Vol. 1, 1908, p. 166.

Dermestiden.

Fühler auf der Stirn entspringend, kurz, gerade, elfgliedrig, mit dreigliedriger Keule; fünf frei bewegliche Bauchringe; Füfse fünfgliedrig. Larven stark behaart.

Käfer und Larven dieser Familie sind berüchtigt wegen der Schäden, die sie an getrockneten tierischen Stoffen verursachen; seltener befallen sie trockene pflanzliche Stoffe. Die kleineren Arten aus den Gattungen **Anthrenus** Geoffr. und **Attagenus** Latr. leben als Käfer vorwiegend in Blüten, deren innere Teile verzehrend und so sicherlich nicht ganz ohne praktische Bedeutung.

Dascilliden.

Fühler elfgliedrig, fadenförmig oder gesägt; Halsschild mit scharfem Seitenrande, hinten leicht zweibuchtig. Hüften sehr grofs, vorragend. Fünf bewegliche Bauchringe; Füfse fünfgliedrig.

Dascillus cervinus L. Länglich gewölbt, ♂ schwarz, ♀ gelb, sehr dicht und fein anliegend behaart; drittes Fühlerglied sehr lang; die drei ersten Fufsglieder unten gelappt; 11 mm lang. Die Käfer auf Schirmblumen. Die kurzen, flachen Larven mit sehr grofsem Kopfe und grofsen, breiten Brustringen in der Erde an Pflanzenwurzeln. Boas[1]) berichtet über Schädigungen durch sie an Gräsern und Hafer in Moorkulturen in Dänemark, Carpenter[2]) und Theobald[3]) über solche in Irland. Larve frifst zwei Jahre. Puppe in Erdzelle.

Cebrioniden.

Prothorax ähnelt mit den zugespitzten Hinterecken und dem Bruststachel dem der Elateriden; doch fehlt das Springvermögen.

Cebrio gigas F.[4]). Südfrankreich. Männchen und Weibchen sehr verschieden, 18 bis 25 mm lang, 7 bis 9 mm breit; letzteres flugunfähig. Die Käfer verlassen von Ende August an ihre Verpuppungszellen in der Erde, aber nur an Regentagen, wenn diese erweicht ist; sie fliegen bis in November. Ihre 5—6 cm langen, 5 mm dicken, zylindrischen, an beiden Enden etwas angeschwollenen, rötlich-gelben Larven mit braunem Kopf und Nackenschild und dreigliedrigen beborsteten Fühlern ernähren sich von den Wurzeln der Luzerne, greifen in den Weinbergen aber auch die unterirdischen Knospen, Veredelungsstellen usw. der Reben an.

Elateriden[5]).
(Fig. 294).

Fühler elfgliedrig, oft gesägt oder gekämmt. Kopf klein, in Halsschild

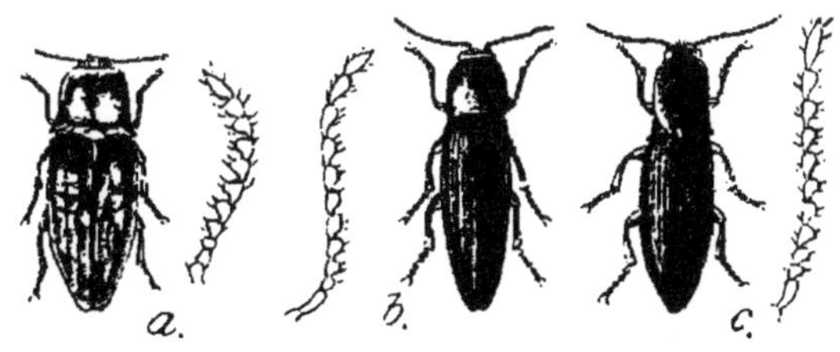

Fig. 294. Schnellkäfer. a Lacon murinus, b Melanotus rufipes, c Athous niger (nach Curtis).

---

[1]) Tidsskr. Landbrug Planteavl.. Vol. 3. 1896, p. 155—160; Vol. 10, 1903, p. 147—151, Figs. Ausz. s. Hollrungs Jahresber.. Bd. 6, S. 104.
[2]) Econ. Proc. R. Dublin Soc., Vol. 1, 1909, p. 589—592, Pl. 55.
[3]) Rep. 1907/08, p. 88—90.
[4]) Noël, Naturaliste, (2) T. 30, 1908. p. 36—37.
[5]) Curtis, Farm Insects, 1860, p. 152—210, Pl F, G. — Comstock & Slingerland, Cornell Univ. agr. Exp. Stat.. Bull. 33, 1891, p. 193—272. 21 figs.

eingesenkt; dieses grofs und kräftig, frei beweglich, mit in Spitzen
ausgezogenen Hinterecken. Ein ventraler Fortsatz der Vorderbrust
pafst in eine Grube der Mittelbrust. Bauch fünfringelig. Füfse fünfgliedrig. — Die Käfer vermögen sich aus der Rückenlage mit einem
hellen Ton in die Höhe zu schnellen, daher ihre vulgären Namen:
Schnellkäfer, Schmiede, Clickbeetles, Kniptorren
Taupins usw.

Larven[1]) zylindrisch, dünn, hart, hornig, mit sehr langen Hinterleibsringen. Kopf abgeplattet, an Vorderrand gezähnt; Fühler kurz,
drei- bis viergliedrig; Beine kurz, dreigliedrig; Afterring (Fig. 295) ent-

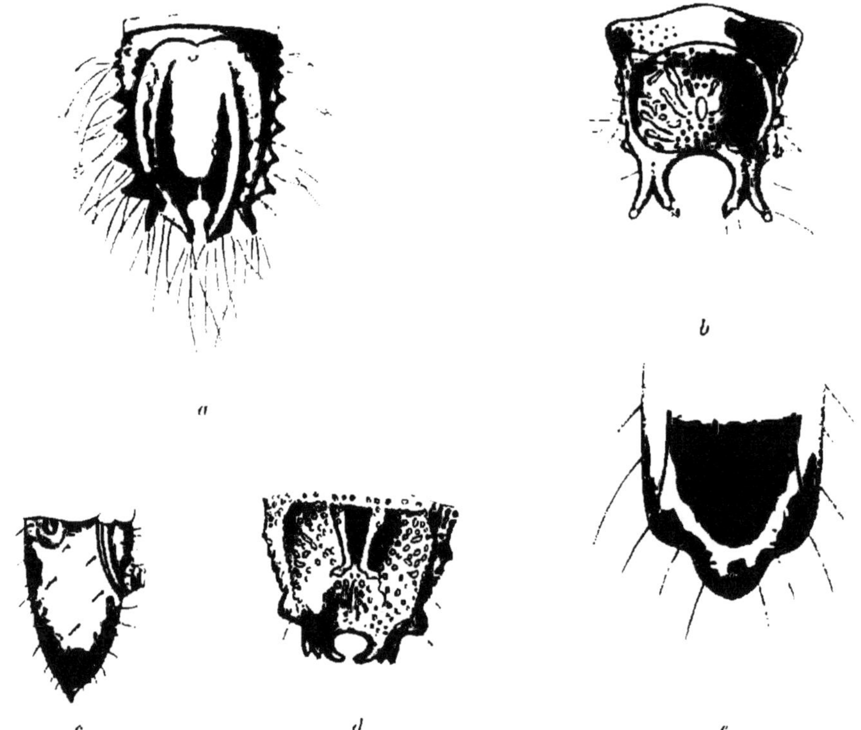

Fig. 295. Analsegmente von Schnellkäfern. *a* Lacon murinus L., *b* Corymbites
cinctus Payk., *c* Agriotes lineatus L., *d* Athous rufus de G., *e* Melanotus rufipes
Hbst. *a—d* nach Schiödte, *e* nach Perris; *c* von der Seite, die übrigen von oben.
Vergröfserung verschieden.

weder gerundet zugespitzt oder breit, oben ausgehöhlt, mit gezähnelten
Vorsprüngen am Seitenrand. Ihrer Gestalt und Härte verdanken sie
die Vulgärnamen Drahtwürmer, wireworms, ritnaalden,
Kjölmarks usw.

Die im Hochsommer fliegenden Käfer sind zum Teil nächtlich;
häufig findet man sie aber auch bei hellem Sonnenschein an Bäumen

---

[1]) Beling, Deutsch. ent. Zeitschr., Bd. 27, 1883, S. 129—144. 257—304; Bd. 28,
1884, S. 177—211. — Korff, Prakt. Blätter Pflanzenbau u. Pflanzenschutz, Jahrg. 8,
1910, S. 125—130, 2 Fig.

Lieferung 24. (Dritter Band, Bog. 31—35.) Preis: 3 Mark.

Handbuch

der

Pflanzenkrankheiten

von

Prof. Dr. Paul Sorauer.

Dritte, vollständig neubearbeitete Auflage

in Gemeinschaft mit

Prof. Dr. G. Lindau,   und   **Dr. L. Reh,**
Privatdozent an der Universität Berlin   Assistent am Naturhistor. Museum in Hamburg

herausgegeben

von

Prof. Dr. P. Sorauer,
Berlin.

Mit zahlreichen Textabbildungen.

BERLIN
VERLAGSBUCHHANDLUNG PAUL PAREY
Verlag für Landwirtschaft, Gartenbau und Forstwesen
SW. 11, Hedemannstraße 10 u. 11
1912.

und Sträuchern, deren Blätter, Knospen, Blüten und junge Rinde sie
benagen; hierdurch nicht selten merkbar schädlich. Eiablage wahrscheinlich an oder unter die Erdoberfläche zwischen dichten Pflanzenwuchs; Eier weißlich, sehr klein, daher in großen Mengen. Nach kurzer
Zeit die Larven, die sich zuerst wohl von Humus und ähnlichem, später
aber von lebenden Pflanzenteilen nähren. Feine, zarte oder fleischige,
weiche Wurzeln, unter- und oberirdische Stengel, die sie von innen her
aushöhlen, ziehen sie vor. Ganz besonders gefährlich werden sie der
Saat vom Zeitpunkte des Aufquellens an. Sie gehen an alle Pflanzen,
Kräuter und Bäume, Laub- und Nadelhölzer usw. Leguminosen mögen
sie nicht, solange sie bessere Nahrung haben; auch Senf bleibt mehr
oder weniger verschont. Tierische Nahrung wird keineswegs verschmäht; die meisten Drahtwürmer sind sogar in hohem Maße kannibalisch. Ihre Lebenszähigkeit ist sehr groß; sie vermögen sehr lange
zu hungern und können bis zu einem halben Jahre in der Erde ohne
jeglichen Pflanzenwuchs leben. Sie ziehen warmen, trockenen, nicht zu
losen, dicht bewachsenen Boden vor; am meisten in alten Weiden, Brach-
ländern und ähnlichem. Werden solche umgebrochen und bestellt, so
fällt die erste Bestellung meistens den Drahtwürmern zum Opfer. Recht
häufig aber auch in gutem Acker- und Gartenland.

Ihre Lebensdauer beträgt 2—3 bis 4—5 Jahre, daher immer Larven
der verschiedensten Größen nebeneinander.

Ihr Leben vollzieht sich dicht unter oder an der Erdoberfläche;
zur Überwinterung oder bei großer Nässe gehen sie tiefer. Gegen Ende
des Sommers fressen sie immer weniger; im Herbste hören sie ganz
auf und gehen tiefer in die Erde hinab; erst im April oder Mai erscheinen sie wieder und sind dann natürlich sehr ausgehungert, so daß
nun ihr Schaden am größten ist, zumal die älteren sich jetzt zur
Verpuppung anschicken. Hierzu bereiten sie sich anfangs Juli in geringer Tiefe (bis 10—15 cm tief) eine Erdzelle; dann verlieren sie
den Gebrauch ihrer Beine. Drei Wochen nach der Verpuppung, im
August, ist bei den meisten Arten der Käfer schon entwickelt. Er bleibt
aber bis nächstes Frühjahr in seiner Zelle liegen; wird diese zerstört
und der Käfer den Atmosphärilien ausgesetzt, so geht er in den meisten
Fällen zugrunde.

Feinde sind unter anderen Mäuse, *Carabus*-Arten und *Omaseus
madidus* F. Parasiten scheinen keine bekannt zu sein; dagegen
gingen Comstock und Slingerland bei ihren Zuchtversuchen zahlreiche
Larven an dem Pilz *Metarrhizium anisopliae* zugrunde.

Vorbeugung und Bekämpfung. Die Käfer sind zu sammeln,
durch gesüßte Stücke von Kartoffeln, Rüben, durch gesüßten Klee
oder aufgequollenen Mais zu ködern; Zusatz von Arsensalzen vergiftet
sie, besonders frischer Klee, in mit Schweinfurter Grün versetztem
Zuckerwasser geschüttelt und auf den Feldern unter Ziegelsteinen,
Brettern usw. ausgelegt. — Gegen die Drahtwürmer sind schon zahlreiche Mittel empfohlen worden, ohne daß auch nur eines allen Anforderungen genügte. Am eingehendsten und gründlichsten haben
Comstock und Slingerland diese Mittel geprüft, ohne ein zufrieden-
stellendes zu finden. Sie sind kurz folgende: Beizen der Samen blieb
ohne Erfolg; doch hat Fernald solchen bei Mais erzielt, indem er die
Körner erst theerte und dann in einer Mischung von feinem Staube
und Schweinfurter Grün umrührte. Aushungern versagte ebenfalls; doch

will neuerdings Caruso[1]) Getreidefelder mit einer Gründüngung von weifsem Senf vor der Bestellung gut von Drahtwürmern gereinigt haben. Petroleum-Emulsion, Schwefelkohlenstoff, Kainit, Gaskalk hatten wohl Erfolg, müssen aber in solchen Mengen angewandt werden, dafs ihr Gebrauch sich nur im kleinen, zum Schutze besonders wertvoller Pflanzen lohnt. Als beste Bekämpfungsmethode empfehlen die genannten Autoren, das befallene Land im Spätsommer, Ende Juli, anfangs August, mindestens 15 cm tief umzupflügen und zu eggen; alle in Erdzellen befindliche Larven, Puppen und Käfer gehen dadurch zugrunde; nur jüngere Larven und solche mit anderer Lebensweise bleiben verschont; da sie aber wenig mehr fressen, kann das Land nun mit Winterung bestellt werden; bis im nächsten Frühjahre die Larven erscheinen, sind die Pflanzen bereits kräftig genug, um ihnen nicht mehr zu erliegen. Dieses Verfahren, mindestens drei Jahre hintereinander durchgeführt, befreit das Land von der Hauptmasse der schädlichen Drahtwürmer. Dieselben Köder, wie sie gegen die Käfer angewandt werden, sind auch gegen die Larven wirksam; nur müssen sie dann 5—10 cm tief in die Erde gebracht werden. Walzen der Saat oder Wiesen im Frühjahre, unter Wasser setzen im Herbst und Frühjahr; Eintrieb von Schweinen und Hühnern, Abweidenlassen durch Schafe, Schutz der Feinde.

Lacon (Brachylacon) **murinus** L.. **Mausfarbener Schnellkäfer** (Fig. 294 a, 295 a). Überall gemein, besonders in Sand- und Humusboden; an Wurzeln von Forst- und Obstbäumen, Reben, Rosen, Salat und anderen Gemüsen, Blumen. Die Käfer nagen an jungen, saftigen Eichentrieben und an Rosen die Pfropfreiser ab, fressen Blattknospen aus und durchnagen die Stengel der Blüten[2]).

Corymbites Latr.

Die Käfer von **C. pectinicornis** L., **castaneus** L. und **holosericeus** Ol. schaden in Norwegen[3]) durch Frafs an Apfelblüten, die Larven der ersteren in Finland[4]) an Kohlpflanzen. — C. (Sclatosomus, Diacanthus) **aenéus** L. Schädlich an Eichelsaaten, Rüben, Kartoffeln (Knollen und Stengeln) und an jungen Tabaksetzlingen, in deren Wurzelhals sich die ganz jungen Larven einbohrten[5]).

C. caricinus Germ. Die Käfer schadeten in Canada ernstlich Apfel- und anderen Obstbaumblüten[6]).

Agriotes Eschz.

A. lineatus L. (**segetis** (Bjerk.), **Saatschnellkäfer**[7]). Überall gemein. Käfer den ganzen Sommer über, überwintern; Larven (Fig. 295 c) in Saatkämpen, an jungem Getreide, Wiesengräsern, Rüben, Kartoffeln (jungen Pflanzen und ausgelegten Saatkartoffeln), Erbsen, Klee- und Kohlarten, Hopfen, Salat, Möhren. Mais, Tabak, Blumen usw. Carpenter[8]) beobachtete Larven, die sich im November in die Wurzeln von Pfirsich-

[1]) Atti Accad. econ. agr. Georgof. Firenze. Vol. 83, 1905, p. 86.
[2]) Prakt. Ratg. Obst- u. Gartenbau, Jahrg. 1900, S. 370. — Richter von Binnenthal, Rosenschädl. a. d. Tierreiche, Stuttgart 1903, S. 105—139, Fig. 10.
[3]) Schöyen, Beretn. 1898.
[4]) Reuter, Berätt. 1895/96.
[5]) Behrens, 3. Ber. landw. Versuchsstat. Karlsruhe 1886, S. 46; 4. Ber. 1887, S. 66—68.
[6]) Fletcher, Rep. 1895, p. 149—150.
[7]) Noël, Bull. Labor. région. Ent. agr. Rouen 1907, Ier Trim., p. 7—8.
[8]) Econ. Proceed. R. Dublin Soc., Vol. 1, 1906, p. 334—335, Pl. 29 B.

bäumen eingefressen hatten. — **A. obscurus** L.[1]. Wie vorher; in Italien auch an Reben, an denen sie die Knospen der Setzlinge abfraſsen. — Die Larve von **A. ustulatus** Schall. schadet in Italien an Tabak; auch die der übrigen Arten dieser Gattung sicher mehr oder minder schädlich.

In Nordamerika **A. mancus** Say[2], the **wheat wireworm**, der häufigste Drahtwurm an Weizen, Kartoffeln, Zwiebeln usw., **A. pubescens** Melsh.[3] an Saat und Wurzeln von Mais.

Adrastus limbatus F.[4]. Käfer in Irland im Juli in Erdbeerfrüchten.

Die Käfer von **Cryptohypnus riparius** F.[5] fraſsen Anfang Juni 1905 in Stavanger die Stengel von Kohlpflanzen dicht unter der Erde durch. Die Larven von **C. abbreviatus** Say in Nordamerika in alten Wiesen.

Der Käfer von **Tetralobus flabellicornis** L.[6] soll in Deutsch-Ost-Afrika der Kokospalme schädlich werden.

Von der weit verbreiteten Gattung **Melanotus** Eschz. werden die Larven von **M. rufipes** Hbst. (Fig. 295e) in Italien dem Tabak schädlich, die von **M. cribulosus** Lec. in Nordamerka den Samen und Wurzeln von Mais, während die Larve von **M. communis** Cyll. ebenda der häufigste Drahtwurm in bearbeitetem Boden ist; die von **M. rubidus** Er. ist in Java ganz allgemein schädlich.

In Nordamerika schaden ferner die Drahtwürmer von **Monocrepidius vespertinus** F.[7] in den südlicheren Teilen an Bohnen und Mais (die Käfer[8] stellenweise an Blüten von Baumwolle), die von **M. bellus**[9] Say an Hirse, die von **Drasterius elegans** F. (dorsalis Say) an Samen und Wurzeln von Mais, an jungem Weizen usw., die von **Limonius confusus** Lec.[10] an Kartoffeln, Tomaten, Zwiebeln, Kohl, Radieschen, Mais.

Die Drahtwürmer von **Simodactylus cinnamomeus** Boisd.[11] fressen auf Hawaii die jungen Baumwollpflanzen dicht unter der Erdoberfläche an und vernichten stellenweise bis zu einem Drittel derselben.

Athous Eschz.

A. niger L.[12] (Fig. 294c, 295d) in Dalmatien an Tabak. Die Larven beiſsen den Stengel junger Pflanzen kurz nach der Verpflanzung dicht über dem Boden an und höhlen das Mark 5 cm weit nach oben aus. Schaden 2—3 % der Ernte. In Österreich auch an Rüben, in Deutschland in Saatkämpen. — **A. haemorrhoidalis** F.[13]. Larve in Holland an Getreide, Kartoffeln usw. — **A. subfuscus** Müll.[14]. Larve zerstört keimende Bucheln und Samen von Hainbuchen.

Asaphes decoloratus Say Nordamerika, namentlich in älteren Viehweiden. Verpuppung im Mai; Käfer Ende Juni, anfangs Juli.

[1]) Noël, l. c.; Naturaliste, Ann. 31, 1909, p. 168.
[2]) Comstock & Slingerland, l. c., p. 251—258, fig.
[3]) Forbes, 23th Rep. nox. benef. Insects Illinois, 1905, p. 69, fig.
[4]) Carpenter, l. c. p. 339—340, fig. 7.
[5]) Schöyen, Beretn. 1905, p. 14—15.
[6]) Vosseler, Ber. Land-, Forstwirtsch. Amani, Bd. 2, S. 418, 505.
[7]) Chittenden, U. S. Dept. Agric., Div. Ent., Bull. 33, 1902, p. 109—119, Fig. 27.
[8]) Sanderson, U. S. Dept. Agric., Farm. Bull. 223, 1905, p. 21.
[9]) Chittenden, U. S. Dept. Agric., Div. Ent., N. S., Bull. 17, 1896, p. 85—86.
[10]) Davis, Journ. econ. Ent., Vol. 3, 1910, p. 182.
[11]) Fullaway, Bull. Hawaii agr. Exp. Stat., No. 18, 1909, p. 6.
[12]) Preissecker, Fachl. Mitt. k. k. österr. Tabaksregie, Wien 1905, Heft 1, S. 25—28.
[13]) Ritzema Bos, Ziekt. Beschad. Landbouwgewass. D. II, Groningen 1902, p. 32.
[14]) Judeich & Nitsche, Mitteleurop. Forstinsektenkunde, Bd. 1, S. 328—329.

Buprestiden, Prachtkäfer[1]).

Meist metallisch gefärbte Käfer von flacher Ober- und gewölbter Unterseite. Larven langgestreckt, flach, weißlich, blind, beinlos. Vorwiegend tropisch. Käfer befressen im Sommer bei Sonnenschein Blüten und Blätter, oder sitzen an der Süd- oder Südwestseite von Bäumen. Hier auch gewöhnlich die kleinen, weißlichen, elliptischen, oft gerippten Eier einzeln oder in geringer Zahl in Rindenrissen, Spalten usw. Nach etwa zehn Tagen die Larve, die sich sofort in die Unterlage einbohrt und hier geschlängelte Gänge frißt, die anfangs flach unter der Rinde verlaufen, später tiefer ins Holz dringen, dünnere Zweige oft sogar durchbohren oder ringeln. Sie sind zuerst sehr schmal, werden allmählich breiter, bleiben aber immer flach und sind mit Wurmmehl fest vollgepfropft. Puppenwiege tiefer im Holz, flach, bis dicht unter die Rinde reichend, nur bei dickrindigen Bäumen in der Rinde. In ähnlichen Kammern auch die überwinternden Larven. Ruhende Larven liegen immer U-förmig gekrümmt. Verpuppung seltener im Herbste, gewöhnlich erst im Frühjahre, kurze Zeit vor dem Ausschlüpfen des Käfers, wozu dieser sich eine, seinem Querschnitte genau entsprechende Öffnung nagt. — Kleinere Arten, in wärmeren Gegenden, haben mehrere Bruten im Jahre; größere und in kälteren nur eine, oder sie leben sogar mehrere, 3—4 Jahre.

Nur bei wenigen, meist unschädlichen Arten leben die Larven im Wurzelstocke von Kräutern oder minierend in Blättern.

Alle in Bäumen lebende Prachtkäfer-Larven sind natürlich s c h ä d - l i c h. Doch zieht die Mehrzahl von ihnen schwächliche, kränkelnde, selbst sterbende Bäume vor; in voller Kraft und vollem Saft stehende werden selten angegangen. Häufig wird der Befall einmal angegangener Bäume von Jahr zu Jahr stärker, bis der Tod eintritt. Die Larvengänge winden sich dann wirr durcheinander. Über ihnen stirbt die Rinde ab; Fäulnis, andere Feinde usw. finden hier günstige Angriffsstellen.

F e i n d e: Spechte hacken die Larven aus; andere Vögel stellen den Käfern nach. Parasiten der Larven noch wenige bekannt.

Zur V o r b e u g u n g des Schadens ist vor allem für gutes Gedeihen der Bäume zu sorgen, durch Beschneiden, Düngen usw. Die B e - k ä m p f u n g muß sich je nach dem Befalle richten. Sind nur einzelne Äste oder Zweige befallen, so sind sie vor der Flugzeit der Käfer abzusägen und sofort zu verbrennen. Ist dagegen die Krone stärker angegangen, so ist der ganze Baum so zu behandeln. Fraßgänge im Stamme können ausgeschnitten und nachher gut verbunden werden. Goethe[2]) hat Schröpfschnitte durch sie für recht günstig befunden; hierbei werden die Larven durchschnitten oder auch von dem nun eintretenden stärkeren Saftzufluß getötet. Einträufeln von Schwefelkohlenstoff in die Gänge, Verbände aus Papier, Spritzen mit Kalk und Schweinfurter Grün. Bekämpfung und Vorbeugung zugleich gewähren Verbände aus Lehm (zwei Teile), Kuhmist und Kalk (je ein Teil), möglichst noch mit Leinwand fest umwickelt, Anfang Mai um die Stämme befallener Bäume herum gelegt: Larven und Puppen ersticken, Käfer können nicht ausfliegen, angeflogene keine Eier ablegen. Kranke oder frisch abgehauene Stämme nützen als Fangbäume.

---

[1]) Kerremans, Ch., Fam. Buprestidae. Genera Insectorum. Fasc. XII, Bruxelles 1903, 4°. — ibid., Monographie des Buprestides, Bruxelles 1904 ff., 8°.
[2]) Siehe bei *Agrilus sinuatus*.

Chrysochroa (Catoxantha) bicolor F. (gigantea Schall.)[1]), Java. Larve in bis 1 m langen und 8 mm breiten Gängen im Holze von Stamm und dickeren Ästen der Kakaobäume. Saft und Bohrmehl treten aus. — **Chr. fulminans** F.[2]), ebenda, Larven in weichholzigen Bäumen, wie Albizzia, einige Male auch in Kakao; fressen grofse Plätze im Baste aus. Puppenwiege im Holze.

Cyria imperialis F.[3]), Australien; Larven in den Banksia-Bäumen, die als Schutzwall die Meeresküsten einsäumen; sie bohren im Holze bis 8—10 Zoll über den Erdboden hinab. Feinde: gröfsere Vögel, *Vocconia* sp. (Spinne), gröfsere Asiliden. Winde treiben die Käfer oft ins Meer hinaus.

Einige **Chalcophora**-Arten[4]) (**fortis** Lec., **virginiensis** Drur.[5]), **liberta** Germ.) fressen in Nordamerika als Käfer an den Knospen von Kiefern, in deren Stämmen die Larven leben. Die Larve von **Ch. campestris** Say[5]) bohrt in Splint und Herzholz von Sykomore, Buche, Eiche usw.

Capuodis cariosa Pall.[6]) und **C. tenebrionis** L.[7]) in Dalmatien in Pfirsich-, Kirschen-, Pflaumen- und Maraskenbäumen erheblich schadend; Larven im Wurzelhalse, Käfer am Laub.

Sphenoptera gossypii Kerr.[8]), Indien; Larve höhlt den Stamm von Baumwollepflanzen aus. — Dieselbe Art oder **Sph. neglecta** Klug.[9]) in Baumwolle im Sudan. Eier einzeln an Stamm oder Ästen, in Ritzen oder Wunden. Der ältere Frafsgang verläuft im Holz, selbst bis unter die Erde, oft den Markkanal entlang. Zwei Bruten. Die befallenen Pflanzen sterben nicht immer sofort, sondern werden oft erst durch nachträglichen Befall von Termiten getötet.

Die meisten **Dicerca**-Arten leben in anbrüchigen Bäumen. Doch scheinen in Europa **D. alni** Fisch.[10]) (Erlen, Hasel-, Walnufs, Weide), **D. aenea** L. (Erlen), in Amerika[11]) **D. divaricata** Say (Obstbäume, Buchen, Ahorn) und **D. tenebrosa** Kby (Nadelhölzer) auch gesunde Bäume anzugehen.

Trachykele opulenta Fall. und **blondeli** Mars.: Oregon, Californien, Washington; im Saft- und Herzholz von Cedern[12]).

Poecilonota variolosa Payk. (conspersa Mars.)[13]). Europa, Algier. Larve in Stamm und dickeren Ästen von Pappeln, vorwiegend im Holze. Generation dreijährig.

Lampra rutilans F. Larven in Ästen alter, stärkerer Linden; Gang zwischen Splint und Bast, scharfrandig; darüber stirbt die Rinde ab, so dafs Faulstellen entstehen. Puppenwiege in stärkerer Rinde oder im Holze. Flugloch 5 mm breit. Generation wohl dreijährig. — **L. decipiens** Mannerh.[13]), Algier; in Stamm und Ästen von Pappeln, sehr schädlich.

[1]) ZEHNTNER, Proefstat. Cacao Salatiga, Bull. I, 1901, p. 8. — v. FABER, Arb. k. biol. Anst. Land- u. Forstwirtsch., Bd. 6, 1909, p. 275—276, Fig. 35.

[2]) KONINGSBERGER, Med. 's Lands Plantent. 22, 1908, p. 41.

[3]) FRENCH, Handbook destruct. Ins. Victoria, Vol. 3, 1900, p. 67—69, Pl. 44.

[4]) HARRINGTON, 33. Rep. ent. Soc. Ontario 1902, p. 115. — FELT, New York St. Mus., Mem. 8, Vol. 2, 1906, p. 653—655, fig. 185, 186.

[5]) BURKE, Yearb. U. S. Dept. Agric. 1909, p. 412—415, fig. 36.

[6]) SLAUS-KANTSCHIEDER, Ber. k. k. landw. Versuchsstat. Spalato 1906.

[7]) ibid. — KÖCK, Zeitschr. Pflanzenkrankh., Bd. 20, 1910, S. 76—79, Taf. 3.

[8]) MAXWELL-LEFROY, Mem. Dept. Agric. India, Vol. 1, 1907, p. 134, fig. 17, 18.

[9]) KING, H. H., Journ. econ. Biol., Vol. 4, 1909, p. 42—44, Pl. 5.

[10]) MOLLANDIN DE BOISSY, Bull. Soc. ent. France 1905, p. 95—96.

[11]) FELT, l. c. p. 457—458, 657; Lochhead, 32. Rep. Ontario ent. Soc. 1902, p. 113 — HARRINGTON, ibid. p. 115, fig. 105.

[12]) BURKE, l. c. p. 408—410, figs. 31, 32.

[13]) RICHARD, Feuille jeun. Natur. T. 19, 1889, p. 50—51.

In Europa **Buprestis novemmaculata** L. (flavopunctata DeG.)
in anbrüchigen Stöcken der gemeinen und Seekiefer, **B. rustica** L. in
Weißtanne; in Nordamerika[1]) **B. striata** F., **maculiventris** Say,
consularis Gory, **apricans** Hbst und **aurulenta** L. in Kiefern.

Phaenops cyanea F. Mittel- und Südeuropa, in Pinus; sehr gefährlich; vermag selbst ältere Bäume abzutöten.

Melanophila picta Pall. (decostigma F.)[2]), Südeuropa, Algier; Larven
in jungen, geschwächten Pappeln, die sie rasch abtöten. — **M. pini-
edulis** Burke[3]), Nordamerika, Arizona; Larven in Pinus edulis. — In
Nordamerika[4]) sind **M. fulvoguttata** Harr. und **drumondii** Kby die
schlimmsten Feinde der Tsuga-Arten und anderer Nadelhölzer.

Anthaxia quadripunctata L. Käfer auf Blüten, besonders von
Cistus helianthemum, Caltha palustris. Larven in Kiefern bis zu
zehn Jahren, aber auch in totem Holze. Gänge stark geschlängelt,
verlaufen von oben nach unten, oft spiralig. Generation zweijährig. —
A. candens Panz.[5]), Niederösterreich; in Zwetschen-, Kirsch- und
Eichenbäumen; bringt die Krone zum Absterben.

Chrysobothris affinis F. Larven in Laubholz, besonders jüngeren
Eichen, tief unten am Stamm, dicht über Wurzelanlauf. Gänge sehr flach,
daher Fraßstelle äußerlich nicht kenntlich. Generation zwei- (drei-?)
jährig. — **Chr. Solieri** Lap. In Stämmen jüngerer und in dünneren
Ästen älterer Bäume; Generation im Süden ein-, im Norden zweijährig.

Chr. femorata F.[6]). The flat-headed apple-tree borer. Nordamerika; in vielen Laub abwerfenden Bäumen, namentlich auch in
Obst-, besonders Apfelbäumen; zieht kranke oder sterbende vor; häufig
in jungen, frisch umgepflanzten. An älteren Bäumen gewöhnlich in der
Krone, aber bis auf stärkere Äste herabgreifend; junge werden häufig
geringelt. Ältere Larven dringen bis ins Herzholz. Ameisen stellen
den Larven und Puppen nach. Selbst in Johannisbeere. — **Chr. mali**
Horn[7]), Arizona, Californien; tötet junge Apfelbäume. — Auch in
nordamerikanischen Pinus-Arten leben[8]) mehrere Chrysobothris-Arten.

Stigmodera suturalis Donov. (vertebralis Boisd.)[9]). In Australien
ein ernstlicher Feind der Casuarinen. Die eben ausschlüpfenden, noch
weichen Käfer fallen häufig Ameisen, Spinnen, Vögeln zum Opfer.

Die Larven der Unterfamilie **Agrilinen** drehen sich vor der Verpuppung nicht um, sondern nagen die Puppenwiege weiter bis dicht
unter die Rinde, so daß sie zwei Löcher zeigt, das Eingangs- und das
Ausgangsloch.

Coraebus bifasciatus Oliv.[10]). Südliches Europa. Eier einzeln an
Maitrieben von Eichen, besonders von Kork- und Steineichen. Larve
frißt zuerst im Baste, dann in der Markröhre des einjährigen Zweiges

[1]) Harrington, l. c. — Burke, l. c., p. 410—412, fig. 34, 35.
[2]) Richard, Feuille jeun. Natur. T. 19, 1889, p. 50—51.
[3]) Proc. ent. Soc. Washington, Vol. 9, 1908. p. 117—118, fig. 6.
[4]) Hopkins, U. S. Dept. Agric., Div. Ent., Bull. 37, 1902, p. 22. — Burke, l. c.
p. 404—406. figs. 27, 28.
[5]) Syrutschek. Allg. Zeitschr. Ent., Bd. 7. 1902. S. 112—113.
[6]) Chittenden, U. S. Dept. Agric., Div. Ent. Circ. 32, Sec. Ser., 1898, p. 9—12,
1 fig. — Banks, ibid., Bull. 34, 1902, p. 40. fig. 37.
[7]) Cockerell, ibid.. Bull. 37, 1902, p. 108.
[8]) Harrington, l. c.
[9]) French, l. c. Pt. IV, Melbourne 1909, p. 95—96, Pl. 75.
[10]) Noël, Bull. Labor. région. Ent. agric., 1907, 2ᵉ trim., p. 7—8. — de la Per-
raudière, Bull. Soc. ent. France 1902, p. 251—53.

und schließlich im Splinte des zwei- und mehrjährigen Holzes, mehr oder weniger spiralig, 1—1,5 m abwärts. Vor der Verpuppung frißt sie einen tief in den Splint und Bast eingreifenden Ringel- oder Spiralgang, durch den alles darüber befindliche abstirbt. In diesem absterbenden Holze geht sie nach oben und verfertigt hier ihre Puppenwiege. Namentlich ein Feind der jungen Eichenpflanzungen. Generation in Südfrankreich zwei-, weiter nördlich drei- (vier-?) jährig. — **C. undatus** F.[1]). Mittleres und südliches Europa; unter der Rinde starker Eichen; in Korkeichen in der Rinde. Gänge 1,50—1,80 m lang, daher wenigstens technisch schadend.

Agrilus Meg.

A. sinuatus Oliv. **Gebuchteter Birnbaum - Prachtkäfer**[2]) Süddeutschland, aber auch sehr häufig bei Berlin; Luxemburg, Holland, Frankreich. Etwa 1884 nach Nordamerika (New York) eingeschleppt. — Eier in Rindenritzen oder hinter Rindenschuppen junger Birn- und Weißdornbäume, oder älterer Äste; dick- und rauhrindige alte Bäume werden verschmäht. Larve frißt meistens von oben nach unten, im ersten Jahre sehr schmale Zickzackgänge, im zweiten Jahre breitere größere, abgerundete Windungen. Am Ende dieses Jahres nagt sie die Puppenwiege, aber erst im März des dritten verpuppt sie sich, nach Smith immer im Stamm, auch wenn sie vorher in einem Aste gelebt hat. Dünnere Stämme oder Äste werden häufig geringelt, daher die Larve in den Rheinlanden den Namen „Ringelwurm" erhalten hat. Über den Fraßgängen des zweiten Jahres platzt gewöhnlich die Rinde in Rissen und Sprüngen auf, aus denen im Juni schaumiger Saft tritt; die Rinde sinkt ein, schwärzt sich und stirbt ab. Befallene Bäume oder Äste kränkeln, treiben schwächliche Schösse, das Laub bleibt klein, ist anfänglich blau, wird rasch gelb; die Früchte entwickeln sich nicht fertig, sondern fallen häufig in halber Größe ab. Stärker befallene Stämme oder Äste gehen ein (Wipfeldürre). In Luxemburg werden am meisten befallen auf Mergelboden stehende Lokalsorten, in Geisenheim am wenigsten Stämme aus Lempps Mostbirne; in Nordamerika leidet am meisten die Sorte Bartlett, am wenigsten die Keifferbirne, die die Gänge zu verwachsen imstande ist. — Nach Smith verzehrten Cleriden-Larven die von Agrilus.

A. viridis L. An Eichen, Buchen, Erlen, Aspen, Linden, Birken, Rosen[3]), Reben[4]); bei Budapest[5]) überaus schädlich an Steinobst; vorwiegend an jungen Bäumen, die gewöhnlich geringelt werden und eingehen. — In jungen Eichen und Buchen leben ferner **A. elongatus** Hbst. (tenuis Ratz.) **angustulus** Ill., **biguttatus** F. (pannonicus Pill.) usw.,

---

[1]) Noël, l. c. 1908, 3e trim., p. 6—7.
[2]) Puton, Rev. d'Entom., Vol. 2, 1883, p. 67—69. — Goethe, Ber. Kgl. Lehranstalt Geisenheim 1890/91, S. 37—41, Fig. 10; Ausz.: Ent. Nachr., Bd. 19, 1893, S. 25—30. — Smith, J. B., New Jersey agr. Exp. Stat., Rep. 1894, p. 550—561, figs 37—41; Bull. 109, 1895, p. 13—24, figs. 4—8. — v. Schilling, Prakt. Ratg. Obst- u. Gartenbau 1897, S. 153—154, 4 Figg. — Busse, ibid., S. 233—234. — Ritzema Bos, Tijdschr. Plantenz. D. 8, 1902, p. 41—42; Ziekt. on Beschadig. Ooftbouwgewass., D. III, Groningen 1905, p. 24—27, fig. 15—16. — Ferrant, Schädl. Insekt. Land- u. Forstwirtsch., Luxemburg 1909, S. 226—228, Fig. 162—63.
[3]) Richter von Binnenthal, Rosenschädlinge a. d. Tierreiche, Stuttgart 1903, S. 102—05, Fig. 9.
[4]) Rübsaamen, Die wichtigsten deutschen Rebenschädlinge, Berlin 1908, S. 103.
[5]) Sajó, Zeitschr. Pflanzenkrankh., Bd. 4, 1894, S. 103; Bd. 5, 1895, S. 283.

in älteren Pappeln und Weiden **A. ater** L. (sexguttatus Hbst), in
Strafsenlinden **A. auricollis** Kiesw.[1]).

A. anxius Gory, The **Bronze Birch borer**[2]). Nordamerika.
Seit 1898 schädlich in Birken, von denen unzählige abgetötet wurden;
am meisten in der eingeführten Betula alba, aber auch in einheimischen
Arten, ferner in Pappeln und Weiden, immer aber nur in einzeln
stehenden Bäumen an Strafsen, in Parken und Gärten, nie in Waldbeständen. Bedroht sind vor allem durch Spechte, Blattläuse oder
ähnliches geschwächte. Käfer merkwürdigerweise am liebsten am Laub
von Weiden und Pappeln, nur ungern an Linden. Eier zu 5—10.
Larvengänge der Hauptsache nach im Splinte, aber auch im Marke und
Holze, das sie namentlich bei dünneren Zweigen mehrmals durchbohren
können, 1—2, selbst 5 Fufs lang. Puppenwiege dicht unter der Rinde,
im Holze nur dann, wenn jene zu dünn oder bereits abgestorben ist.
Vor der Verpuppung bohrt die Larve ein stecknadelkopfgrofses Loch
nach aufsen. Über den Gängen verfärbt sich die Rinde rötlich. Bei
schwachem Befalle verwachsen die Gänge wieder, bei starkem sterben
die Bäume von den zuerst befallenen Ästen der Krone aus ab. Feinde
sind in erster Linie Spechte; doch sind sie gerade aus den in Betracht
kommenden Örtlichkeiten durch den überhandnehmenden englischen
Sperling vertrieben. — **A. bilineatus** Web.[3]). The **two-lined chestnut
borer**. Nordamerika, in Castanea dentata, Eichen usw.

A. ruficollis F.[4]), The **red-necked Cane borer**. Nordamerika,
an Brombere, in deren Blätter der Käfer kleine, runde Löcher frifst.
Die Eier werden einzeln tief in die Blattachseln geschoben. Die
Larven fressen im Splinte spiralig abwärts bis zum Herbste. Dann
bohren sie im Marke aufwärts und verfertigen hier auch die Puppenwiege. Über den Gängen schwillt im Spätsommer die Rinde zu sym-
metrischen, länglichen, nicht sehr dicken Gallen an. Im nächsten Frühjahre werfen die Ruten häufig die Blätter, selbst die Blüten ab, selten
reifen sie die Früchte, und immer gehen sie im Sommer ein. — Auch in
Himbeeren und Reben, aber ohne hier Gallen zu erzeugen und die Ruten
abzutöten. — Alle befallene Triebe sind bis spätestens Mitte April unterhalb der untersten Galle abzuschneiden und sofort zu verbrennen.

A. chrysoderes var. **rubicola** Ab.[5]). Frankreich, in gleicher
Weise in Himbeeren, weniger in Brombeeren, auch in Ribes nigrum,
nur überall Gallen hervorrufend. Parasit: *Tetrastichus agrilorum* Ratz.

Aphanisticus consanguineus Rits. und **Krügeri** Rits. Java[6]).
Die Käfer schaben auf den Blättern des Zuckerrohres die Oberhaut
ab, so dafs kleine weifse Streifen entstehen. Larven minieren in den
Blättern auf- und abwärts, verschiedene Male umdrehend. Puppe im

[1]) Wachtl, Wien. ent. Zeitg. 1888, S. 293—297.

[2]) Chittenden, U. S. Dept. Agric., Div. Ent., Bull. 18, N. S., 1898, p. 44—51,
figs. 15—17. — Slingerland, Cornell Univ. agr. Exp. Stat., Bull. 234, 1906, p. 65—73,
9 figs. — Burke, l. c. p. 403, fig. 26.

[3]) Chittenden, l. c., Circ. 24. N. S., 1897, 8 pp., 1 fig. — Burke, l. c. p. 401—402,
fig. 25.

[4]) Smith, J. B., New Jersey agric. Coll., Rep. 1891, p. 373—378, fig. 8—10; Rep.
1892, p. 456—459, fig. 28.

[5]) Marchal, P., Bull. Soc. ent. France 1906, p. 170—171; id. et Vercier, Bull. Off.
Renseign. agric. 1906, No. 12; Sep. 6 pp, 4 figs.

[6]) Zehntner, Meded. Proefstat. Oost Java, N. S., No. 42, 1897, 14 pp., 1 Pl. —
Koningsberger, Med. 's Lands Plantentuin 22, 1898, p. 40—41. — van Deventer, De
dierlijke Vijanden Suikerriet, Batavia 1906, p. 46—51, Pl. 6.

Blatte. Ganze Entwicklung 37—41 Tage, daher mehrere Bruten im Jahre. Schaden nicht nennenswert, sein Umsichgreifen leicht durch Abschneiden der minierten Blätter zu bekämpfen.

Sorauer[1] erhielt aus Usambara Kaffeeblätter mit Platzminen, die je mehrere Larven enthielten, deren Exkremente kettenartig aneinander hingen. Nach Kolbe handelte es sich wahrscheinlich um eine **Trachys**-Art.

Lymexyloniden.

Larven in gefälltem Holze, nur **Lymexylon navale** L. bereits im Walde in Wundstellen anbrüchiger Bäume[2]. Hauptschaden technisch. — **Melittomma insulare** Fairm. schadet nach Theobald[3] auf den Seychellen den Kokospalmen.

Bostrychiden[4].

Käfer und Larven in Holz, vorwiegend in totem, bereits gefälltem, sogar bearbeitetem; einige Arten aber auch in lebendem, wenn auch wohl vorwiegend in anbrüchigem. In der Hauptsache tropisch.

Dinoderus minutus F., **pilifrons** L. und **Bostrychopsis parallela** Lesne[5] in Indien in Bambus, Dendrocalamus strictus, im Dschungel; mehrere Generationen gehen gewöhnlich an einem Stamme zu einem Loche ein und aus, so dafs von aufsen kaum etwas zu sehen ist, selbst wenn das Innere bereits in Staub zermalmt ist. In den (für Telegraphenstangen usw.) gefällten Stangen arbeiten sie dann weiter.

Bostrychopsis jesuita F. und **Rhizopertha**-Arten in Australien[6] in Citrus-, Feigen-, Apfel- und anderen Bäumen ungemein schädlich; Larven in längs verlaufenden Gängen.

Schistoceros hamatus F. (**Amphicerus bicaudatus** Say). Apple twigborer[7]. Östliches Nordamerika; in dünnen Zweigen von Apfel- und anderen Obst- und Laubbäumen, Fraxinus viridis, Weinrebe. Die Käfer bohren sich über einer Knospe oder Gabelung ein und im Marke 15—40 cm tief hinab. Der Schaden kann recht beträchtlich sein und zum Tode ganzer Bäume führen. Larven in totem Holze von Reben und Tamarisken und in absterbenden Wurzeln von Smilax.

Sinoxylon perforans Schrk. (bispinosum Ol., muricatum F.)[8]. In Tirol und Italien in den einjährigen Trieben der Reben, die vertrocknen und abbrechen. Die sehr grofse Larve im Holze, das sie schliefslich ringelt. Im österreichischen Küstenlande hat sie die Gipfel 15—30jähriger Eichen zum Absterben gebracht, indem sie sich in die oberen Stammteile einbohrte. — **S. sexdentatum** Ol. (chalcographum Ol.). In Spanien in Reben, in Südfrankreich in Steineichen.

---

[1] Zeitschr. Pflanzenkrankh., Bd. 11, 1901, S. 182.
[2] Judeich und Nitsche, Mitteleurop. Forstinsektenkunde, Bd. 1, S. 334—36.
[3] Report for 1905/06, p. 108.
[4] Lesne, Ann. Soc. ent. France 1896, 1897, 1898, 1900, 1906, 1909. Lesne erwähnt in dieser ausführlichen Monographie noch zahlreiche Arten, die in lebenden Bäumen und anderen Pflanzen auftreten. Wir beschränken uns hier auf in phytopathologischen Schriften enthaltene Arten.
[5] Stebbing, Departm. not. Insects that affect forestry. Calcutta 1901—1906, p. 168—175, Pl. 8, fig. 1, 2: p. 355—366, Pl. 20, fig. 8, Pl. 21.
[6] French, l. c., Vol. IV, 1909, p. 89—92, Pl. 81.
[7] Smith, J. B., Report for 1894, p. 572—575, fig. 48. — Lesne, Ann. Soc. ent. France T. 67, 1898, p. 513—519, fig. 48, 106, 107. — Chittenden, U. S. Dept. Agric., Div. Ent., Bull. 19, 1899, p. 98. — Quaintance, ibid., Bull. 20, 1899, p. 58.
[8] Judeich u. Nitsche, l. c., p. 344. — Lüstner, in: Babo u. Mach, Weinbau, 3. Aufl., Berlin 1910, S. 1041, Fig. 554.

S. ruficorne Fähr. Süd- und Ost-Afrika. 5—7 mm lang, kurz, parallel, nur wenig nach hinten verbreitert; schwarz, Abdomen braun, Antennen rot, Beine braunrot; sehr variabel. Der Käfer schadet nach einem Gouvernementsberichte in Deutsch-Südwest-Afrika bedeutend in jungen Casuarinen-Bäumchen.

Apate monachus F. [carmelita F., francisca F.] [1]). Ost- und West-afrika, Antillen; sehr schädlich verschiedenen Laubbäumen, wie Orangen, Pflaumen, Mandeln, Kaffee, Persea gratissima usw. In Westafrika besonders schädlich in jüngeren (4—5 Jahre alten) Kaffeebäumchen [2]), in deren Rinde und Herzholz die Larven Längsgänge bohren. In der Nachbarschaft dieser schwärzen sich die Blüten und Zweige; die Bäume gehen ein.

Anobiiden.

Käfer zum geringeren Teile in Blüten, meistens in totem Holze und toter Rinde; nur einige Arten auch in krankem Holze lebender Laub-bäume, wie **Xestobium plumbeum** Ill. und **rufovillosum** Deg.; tech-nisch schädlich. — Die Larve von **Ernobius nigrinus** Strm. frißt Kieferntriebe von unten nach oben aus, ähnlich wie der Käfer von *Hylesinus piniperda* L. — Die von **E. abietis** F., **longicornis** Strm. und **angusticollis** Ratzb. entwickeln sich in der Spindel von Fichten-, die von **E. abietinus** Gyll. in denen von Kieferzapfen. Zuerst wird die Spindel, dann die Basis der Schuppen zerstört, auch die Samen werden an-, bzw. ausgefressen.

Heteromeren.

Füße der beiden vorderen Beinpaare mit fünf, die des dritten Paares mit vier Gliedern.

Meloiden (Canthariden).

Die Körperflüssigkeit vieler Blasenkäfer, blister-beetles, wirkt auf der menschlichen Haut blasenziehend. Käfer in der Hauptsache phyto-phag, die Larven karnivor. Metamorphose mit drei verschiedenen Larvenstadien.

Die Larven der „Ölkäfer", **Meloinen,** leben parasitisch in Bienen-stöcken, die Käfer von niederen Pflanzen; letztere werden aber nur ganz ausnahmsweise schädlich. Erwähnt werden **Meloë americanus** Leach [3]) von Kartoffeln, **M. angusticollis** Say [4]) von Impatiens spp. in Ohio, **M. impressus** Kby [5]) von jungem Weizen und Roggen in Missouri und **Cysteodemus (Megetra) vittatus** Lec. [6]) von Zuckerrüben in Ari-zona und Neu-Mexiko.

Die Pflasterkäfer, **Lyttinen,** in der Hauptsache in wärmeren Zonen, fliegen bei warmem Sonnenschein um ihre Nährpflanzen, an Blättern und Blüten. Gewöhnlich erscheint eine Art an einem Orte plötzlich in großer Menge, frißt ihre Nährpflanzen in wenigen Tagen mehr

---

[1]) AULMANN, Fauna d. deutschen Kolonien, R. V, Hft. 2, Berlin 1911, S. 5—9, Fig. 4—6

[2]) SADEBECK, Forstl. nat. Zeitschr., Bd. 4, 1895, S. 340, Anm. — WISSER, Bull. Mus. Hist. nat. Paris 1899, p. 119—122, fig.

[3]) FLETCHER, 30th Rep. Ontario ent. Soc. 1899, p. 108.

[4]) U. S. Dept. Agric., Div. Ent., Bull. 13, N. S., 1898, p. 100.

[5]) ibid. Bull. 30, N. S., 1901, p. 93.

[6]) FORBES, 21th Rep. nox. benef. Insects Illinois, 1900, p. 139 (nach COCKERELL).

oder minder kahl, verschwindet, bzw. wird von einer anderen Art abgelöst. Manche Arten zeigen einen ausgesprochenen Wandertrieb, der aber nur durch Nahrungsmangel ausgelöst zu werden scheint. Larven leben in der Hauptsache von Eiern von Feldheuschrecken, sind also sehr nützlich, während die Käfer in höherem Mafse schädlich sind. Bekämpfung am besten durch Bespritzen der bedrohten Pflanzen mit Arsensalzen oder anderen starken Insektengiften (Chlorbaryum 4%ig). In Amerika werden sie häufig, ähnlich wie die Heuschrecken, durch eine Reihe langsam das Feld durchquerender Menschen, die mit belaubten Zweigen die Pflanzen abklopfen, in Strohhaufen getrieben, die man dann anzündet. Von Bäumen sind sie an kühlen Morgen abzuschütteln. Sie fangen sich am Licht. Die Pflasterkäfer scheinen eine Vorliebe für Pflanzen mit giftigen oder scharfen Säften zu haben, für Solaneen, Pfeffergewächse usw. Doch werden auch zahlreiche andere Pflanzen befallen.

Henous confertus Say, Nordamerika[1]; vorwiegend an wilden Solaneen, aber auch an Kartoffeln und in Texas an eingeführter Amaryllus candida.

Zonabris Harold (Mylabris auct.).

Z. (M.) floralis Pall.[2]). Südliches Europa, selbst Süddeutschland; in Südrufsland an Kartoffeln und Tabak schädlich. — **Z. (M.) 14-punctata** Pall.[2]), Südost-Rufsland bis Südwest-Sibirien; an Gemüse, Kartoffeln, Tabak usw. — **Z. (M.) variabilis** Pall. und **4-punctata** L.[2]), Süd-Rufsland; überfallen gewöhnlich gemeinsam Ende Juni, Anfang Juli das Wintergetreide, vernichten die Blüten, fressen selbst die Grannen und verschwinden plötzlich nach etwa zehn Tagen wieder. — **Z. (M.) pustulata** Thunb.[3]). Von Süd-Europa nach Osten bis China verbreitet; in Indien schädlich an den Blüten von Malvaceen, Cucurbitaceen, Leguminosen, Gemüsen. — **Z. (M.) bihumerosa** Mars.[4]). Deutsch-Ost-Afrika; an Knospen und Blüten von Canna, Rosen, Nelken, Gurken.

Lytta vesicatoria L. **Spanische Fliege**[5]). Ganz Europa, vorwiegend im Süden, aber bis Skandinavien vordringend, von KELLER[6]) in den Alpen in 1700 m Höhe gefunden. An Eschen häufig Kahlfraß; ferner an Lonicera, Syringa, Cytisus, Cornus, Liguster, aber auch Ahorn, Pappeln, Rosen usw. — In den Gebirgsgegenden Siziliens überfallen die Käfer nach MAROTT schon von Ende März an plötzlich nachts zu Millionen die in Weinbergen stehenden Ölbäume, namentlich in der Nähe von Waldungen, fressen sie gruppenweise kahl und verstecken sich morgens zwischen die Reben, ohne sie aber zu beschädigen. An den Olivenbäumen verzehren sie Blätter, Blüten und Knospen, aber nur so lange, bis die Blütenblätter der verschonten Bäume abfallen; dann verschwinden sie. — Gegenmittel: Abklopfen frühmorgens, Eintrieb von Schweinen, sammeln und verkaufen. Räuchern mit Artemisia fruticosa vertrieb nicht nur die Käfer, sondern hinterließ auch

---

[1]) U. S. Dept. Agric., Bull. 22, N. S., 1900, p. 108.
[2]) KÖPPEN, Schädl. Ins. Rufslands. St. Petersburg 1880, S. 192—193.
[3]) MAXWELL-LEFROY, Mem. Dept. Agric. India, Vol. 1, 1907, p. 137, figs. 21, 22.
[4]) VOSSELER, Ber. Landwirtsch. D.-Ost-Afrika Bd. 2, S. 425; Pflanzer, Bd. 1, 1905, S. 285.
[5]) KÖPPEN, l. c. p. 194—196. — MAROTT, Feuille jeun. Nat. T. 9, 1878, p. 12—14, 23—24; TILLET, ibid., 1879, p. 37, 48.
[6]) Ill. Zeitschr. Ent. Bd. 5, 1900, S. 223.

den Blättern einen scharfen Geruch, der jene für einige Tage fernhielt. In geschwefelten Weinbergen bedecken sich die Käfer oft vollständig mit dem Schwefel, ohne Schaden zu nehmen.

Die Larven leben parasitisch in den Nestern von Erdbienen usw.
L. (Cantharis) nutalli Say [1]). Nordamerika, an Getreide schädlich.

Epicauta Redt.

E. rufidorsum Goeze (verticalis Ill. [2]). Südost-Europa. Larve in von Heuschrecken zur Eiablage benutzten Böden. Anfangs Mai die Käfer, die auf der Nahrungssuche in dichten Massen zu Fuße oder fliegend wandern. Sie überfallen die Kartoffeln, Rüben, Luzerne, Wicken, Bohnen usw. und fressen die Felder in 3—4 Tagen kahl bis auf die Stengel und dicken Rippen; nachts verstecken sie sich unter den Blättern. Ende August gehen sie zugrunde. — **Ep. sibirica** Pall. (erythrocephala Pall.) [3]) Südosteuropa; an Cruciferen und Kompositen, Kartoffeln usw.; in Transkaukasien auch an Indigo. — **E. ambusta** Pall. [4]) nach Motschulsky in Taurien in ungeheuren Mengen an Kreuzblütlern.

Ep. (Cantharis) **tenuicollis** Fall. und **Rouxi** Cast. [5]) in Indien an Andropogon sorghum, Mais, Reis, Panicum spp. und anderem Getreide.

In Nordamerika [6]) sind, vorwiegend in den Südstaaten, mehrere Epicauta-Arten sehr schlimme Feinde der verschiedensten Feldgewächse, in erster Linie der Kartoffeln und anderer Solaneen, dann aber auch von Leguminosen, Kreuzblütlern, Bataten, Karotten, Mais, selbst von Blumen und Blüten (Baumwolle). Verschmäht werden Zwiebeln und Sellerie. Erst spät im Sommer, zum Teil so spät, daß z. B. ihr Blattfraß an Rüben belanglos ist; hauptsächlich nächtlich. Am schädlichsten **Ep. vittata** F., die vor Auftreten des Koloradokäfers der schlimmste Feind der Kartoffeln in den Oststaaten war; **Ep. pennsilvanica** DeG. gibt ihr kaum etwas nach.

In Südamerika (Brasilien, Argentinien) [7]) sind **Ep. adspersa** Klug und **atomaria** Germ. namentlich in Gärten an den üblichen Nährpflanzen sehr schädlich. — Ebenso die Arten der Gattung **Macrobasis** Lec. [1]) (Nordamerika); die **Pomphopoea** [6])-Arten (Nordamerika) fressen sehr früh im Jahre.

Eine unbestimmte Lyttine wird auf Java den Manihot-Pflanzungen sehr schädlich, geht aber auch auf andere Pflanzen über, z. B. auf Mais, wenn sie in der Nähe angebaut werden.

Rhipidoceriden.

Callirrhiphis philiberti Fairm. schadet nach Theobald [9]) auf den Seychellen den Kokospalmen.

---

[1]) Chittenden, U. S. Dept. Agric., Div. Ent., Bull. 40, 1903, p. 114—116: Bull. 43, 1903, p. 25—27, fig. 20—22.
[2]) Köppen, l. c. p. 199; Jablonowski, Tier. Feinde d. Zuckerrübe, Budapest 1909, S. 275—289, Fig. 88.
[3]) Köppen, l. c. p. 196—199. — [4]) ibid. p. 199.
[5]) Maxwell-Lefroy, Mem. Dept. Agric. India Vol. I, 1907, p. 35—36, fig. 19—20.
[6]) Chittenden, l. c. — Forbes, 21th Rep. nox. benef. Ins. Illinois, 1900, p. 137 bis 142, fig. 62—64.
[7]) Ribeira, Lavoura 1899, p. 58. — Brèthes, Bol. Agric. Republ. Argentina, Vol. 1, Nr. 14, 1901, p. 20—31. — d'Utra, Bol. Agric. S. Paulo, 2ª Ser., 1901, p. 629—635.
[8]) Chittenden, l. c. Bull. 38, 1902, p. 97—99, fig. 6.
[9]) Report for 1905/06, p. 108.

Melandryiden, Schwarzkäfer.

Serropalpus barbatus Schall. (striatus Hell.)[1]. Larve in runden, mit Wurmmehl gefüllten, allmählich breiter werdenden Gängen im Holz von Weifstanne, seltener von Fichten. Vorwiegend technisch schädlich.

Alleculiden.

Die Käfer der Gattung **Omophlus** Sol. fressen Blüten, einige südosteuropäische Arten werden daher den Kulturpflanzen mehr oder minder schädlich, so **O. lepturoides** F. (betulae Küst.)[2] auf Raps, Akazien, Obst-, Maulbeer-, Ölbäumen, auch an Roggen; **O. rufitarsis** Leske an Roggen; **O. rugosicollis** Brull. in der Krim auf Obstbäumen, in Gemeinschaft mit *Tropinota hirta*. **Podosta nigrita** F. befrafs in Ungarn Weizenähren.

Tenebrioniden, Schwarzkäfer[3].

Käfer und Larven zum grofsen Teile nächtlich, bzw. lichtscheu; nähren sich vorwiegend von Moder, daher die sehr grofse Familie mit nur wenigen Schädlingen. Die beiden Unterfamilien der *Bolitophaginen* und *Diaperinen* sind Pilzfresser.

Die Larven von **Asida jurinei** Sol.[4] hatten nach Xambeu Schnittreben unter der Erde ganz zugrunde gerichtet; sie fressen sich auch in die Wurzeln von Leguminosen, Öl- und Feigenbäumen usw., in Kartoffelknollen usw. 1—2 cm tief ein. — Die Käfer von **A. fascicularis**[5] Germ. haben nach Giard in Rumänien ganze Tafeln von Weinanlagen kahl gefressen, indem sie die noch zarten Weintriebe vollständig abschnitten.

Eleodes quadricollis Lec.[5] fraß 1883 bei Sacramento, Californien, 35 acres Reben vollständig kahl. — Die Larven von **E. opaca** Say[6] zerstörten in Nebraska zur Herbstzeit Aussaaten von Mais und Weizen, bevor sie keimten. Als nach einem starken Regen die Samen anfingen zu keimen, hörte der Fraß auf; erst im nächsten Frühjahr setzte er zum Teil wieder im Herzen der jungen Weizenpflänzchen ein. Von Ende Mai an Verpuppung; Mitte Juni erscheinen die Käfer, die in Zuchtkästen breite, längliche Löcher in Maisblätter frafsen.

Pedinus femoralis L.[7]. Käfer und Larve in Bessarabien ähnlich schadend wie *Opatrum intermedium*, jedoch mehr in Maisfeldern und Wintergetreide, in Weizen seltener als in Roggen. Eiablage von Frühling bis Sommer in die Erde, an lichte, sonnige Stellen. Verpuppung von Mitte Juli, Käfer von Ende Juli an, begatten sich noch

---

[1] Erné, Mitt. schweiz. ent. Ges. Bd. 3, 1872, S. 525—530, 1 Taf.; Wachtl, Mitt. forstl. Versuchswes. Österreichs Bd. I, 1878, S. 92—106, Taf. 15.

[2] Sajó, Zeitschr. Pflanzenkrankh., Bd. 4, 1894, S. 103, Bd. 5, 1895, S. 283; Malkoff, ibid., Bd. 12, 1902, S. 250. — Marott, Feuille jeun. Natural. T. 9, 1878, p. 12. — Mokrzecki (s. Jahresber. Pflanzenkrankh. Bd. 8, S. 44) berichtet, dafs die Käfer in Taurien das oberste Internodium an Winterweizen anfrafsen und so Vergilbung und Vertrocknen der Ähre bewirkten.

[3] Für manche Angaben über diese Familie bin ich Herrn H. Gebien-Hamburg verpflichtet.

[4] Xambeu, Ann. Soc. Linn. Lyon (2) T. 40, 1893, p. 28—30. — Sajó, Ill. Wochenschr. Ent. Bd. 1, 1896, S. 385—386.

[5] (Riley), U. S. Dept. Agric., Div. Ent., Bull. 4, 1884, p. 90.

[6] Swenk, Journ. econ. Ent. Vol. 2, 1909, p. 332—336, Pls. 9, 10.

[7] Lindeman, Ent. Nachr. Jahrg. 13, 1887, S. 241—244; Bull. Soc. Impér. Nat. Moscou (2) T. 2, 1888, p. 10—59. — Jablonowski, l. c., S. 202—205, Fig. 48 d, D.

im Herbst. In Rußland nördlich bis Moskau, an Sonnenblumen, Gurken, Wassermelonen, deren unterirdische Stengelteile die Larven benagen. Diese in Ungarn von April bis Mai auch an Zuckerrüben. — **Opatrinus metallicus** F.[1]), Florida, an frisch versetzten Tabakpflänzchen; der Käfer soll sich unter sie auf den Rücken legen und Löcher in die Blätter fressen, die dann welken.

Gonocephalum (Opatrum) intermedium Fisch.[2]) Südosteuropa. In Bessarabien ein sehr schlimmer Feind des Tabaks, in Saatbeeten und gleich nach der Verpflanzung. Ganz junge Pflänzchen werden dicht unter der Erde durchgebissen, ältere oberflächlich benagt; diese kümmern dann einige Zeit, gehen aber schließlich doch ein; daher die Bauern die Krankheit „Schwindsucht" nennen. An den Aussaaten von Mais, Roggen und Weizen fressen Käfer und Larven den Embryo vor Beginn des Keimens aus; erstere greifen auch das Eiweiß stärker an; nach Beginn des Keimens bleibt der Embryo verschont und wird nur noch das Eiweiß befressen. Die ursprünglichen Nährpflanzen aller dieser Arten sind Melde und Ackerwinde; Leguminosen und Gräser werden verschmäht. Biologie wie bei *Ped. femoralis*, nur findet die Begattung erst im Frühjahr statt. Gegenmittel: Tabakfelder in zweiter Hälfte vom März umpflügen und mit Senf oder Raps bestellen, die sehr rasch das Feld so dicht bedecken, daß die Käfer keine geeignete Stelle zur Eiablage finden. Nach Mitte Mai mähen und unterpflügen. Mais ist möglichst früh zu säen und die Keimung möglichst zu beschleunigen. — **G. (O.) acutangulum** Fairm. und **depressum** F.[3]), Käfer und Larven auf Java an jungen Zuckerrohr- und Tabakpflänzchen. — **G. (Opatrum) seriatum** Boisd.[4]), Hawaii; Käfer schadet viel an reifen Erdbeeren.

Opatrum perlatum Germ.[5]). Larven in Südfrankreich an den oberen Rebwurzeln. — In Südfrankreich und Ungarn frißt die Larve von **O. sabulosum** L.[6]) die im Boden aufgequollenen Knospen der Edelreiser der Reben aus und dringt in diese hinein.

Entochira lateralis Boh. (**Holaniara picescens** Fairm.). Bibitkever[7]), Java. Der Käfer frißt an jungen Tabakspflanzen die Stengel an oder durch, in ältere bohrt er sich hinein; am Zuckerrohre frißt er mit Vorliebe die sich öffnenden Augen an ober- und unterirdischen Trieben aus und bohrt Gänge in der weichen Wachstumszone der Stengel; die Larven bohren sich gerne in die weichen Enden der jungen Triebe des letzteren hinein.

Phytophaga.

Geäder der Flügel von Typus III. Tarsen kryptopentamer, mit breiter Sohle; selten pentamer. Larven mit kurzen Beinen oder beinlos.

---

[1]) Hooker, U. S. Dept. Agric., Bur. Ent., Bull. 67, 1907, p. 109—110.
[2]) Lindeman, l. c. (Bull. Moscou). — Nach Jablonowski wahrscheinlich identisch mit *O. sabulosum* L.
[3]) Deventer, Dierlijke Vijanden van het Suikerriet; Amsterdam 1906, p. 58—59, fig. 29, 30. — Koningsberger, Bull. Dep. Landbouw Buitenzorg, Nr. 6, 1908, p. 81—82.
[4]) van Dine, Hawai agr. Exp. Stat., Rep. 1904, p. 376—377. Der Käfer wird hier O. serratum genannt; das ist vermutlich ein Druckfehler.
[5]) Sajó, Ill. Wochenschr. Ent. Bd. 1, 1896, S. 385—386.
[6]) Sajó, l. c. — Jablonowski, l. c. p. 205—209, Fig. 49. — Guénaux, Entom. agric., Paris 1904. p. 326—327, Fig. 191.
[7]) Deventer, l. c. p. 53—58, Pl. 7. — Koningsberger, l. c. p. 82.

Cerambyciden, Bockkäfer.

Die zum Teil sehr langlebigen Käfer meist auf Stämmen oder Laub, einzelne auf Blüten. Eier weifslich, grofs, einzeln in Rindenrissen, bzw. äufserlich an den Nährpflanzen, in die sich die Larven sofort einbohren. Diese meistens im Inneren von Holzgewächsen, gewöhnlich in kränkelndem oder abgestorbenem, zum Teil aber auch in lebendem Holze. Zuerst fressen sie unregelmäfsige, mäandrische, mit Bohrmehl vollgepfropfte Gänge zwischen Rinde und Holz; später gehen sie tiefer; die hakenförmig umgebogene Puppenwiege gewöhnlich im Holze, oft noch mit Kokon. Fluglöcher oval. Die Larven mancher Arten indes in saftigen, grünen Pflanzenteilen. — Die Generationsdauer der meisten Arten ist noch nicht sicher festgestellt.

Gewöhnlich nur die Larven, nicht die Käfer schädlich, aber mehr technisch, als physiologisch.

Die Familie wird in zwei Unterfamilien und fünf Gruppen eingeteilt.

Die Larven der europäischen **Prioninen** in den flachlaufenden Wurzeln morscher Baumstrünke oder in diesen selbst; die einiger amerikanischer Arten jedoch offenbar auch in lebenden Bäumen. So ruft die von **Prionus laticollis** Dry, Giant root borer, nach Hopkins[1] in den Wurzeln und in der Basis von Eichen grofse, offene, schwarze Wunden hervor, in die andere Bohrinsekten und Pilze eindringen, die auch das Herzholz zerstören. J. B. Smith[2] fand dagegen die Larve nur in Kiefernstöcken; auch Felt[3] hält sie für kaum schädlich. Besonders gern[4] frifst sie auch die Rebenwurzeln bis auf die Rinde aus. Ferner wurde sie gefunden in Wurzeln von Kastanien, Kirschen, Apfelbäumen und Brombeeren; sie lebt drei Jahre.

Acanthophorus capensis White (Hahni Dohrn)[5]. Süd- und Ostafrika. Schwarzbraun, über 6 cm lang; Fühler reichen beim Männchen bis zum hinteren Drittel der Flügeldecken. Die Larve frifst in Deutsch-Südwestafrika tiefe ovale Gänge von mehr als 1 cm Durchmesser in Acacia horrida; in den Wunden siedeln sich Ameisen usw. an; aus ihnen fliefst Harz, das sich oft in grofsen Klumpen an oder unter den Bäumen ansammelt, als Heira einen wichtigen Ausfuhrartikel bildet und auch gegessen wird; die Verwüstungen im Baumbestande sind aber grofs und übertreffen wahrscheinlich den Nutzen.

Cerambycinen.

Tetropium castaneum L. (luridum L., fuscum F.). **Fichtenbock.** Europa, Sibirien bis Amur. Larve vorwiegend in Fichten, in Rufsland häufiger in Kiefern, auch in Lärchen. Käfer von Mai bis Juli. Eier in stärkeren lebenden oder frisch gefällten Bäumen, die bei stärkerem Befallen eingehen. Gegenwehr: Befallene Bäume von Februar an fällen; Fangbäume. Öfters im Gefolge von Borkenkäfern.

Cerambyx (Hammaticherus) cerdo L. (heros Scop.), **Grofser Eichenbock.** In Südwestdeutschland bzw. -europa und im Nordosten häufiger als in Nordwest. In reinen älteren Eichenbeständen bzw.

---

[1] U. S. Dept. Agric., Div. Ent., Bull. 37, 1902, p. 23—26.
[2] ibid. p. 28—29.
[3] N. York St. Mus. Albany, Mem. 8, Vol. 2, 1906, p. 486—487.
[4] Saunders, Ins. injur. to fruits, 2 d ed., Philadelphia 1892, p. 227—228, fig. 232—234. — Pettit, Michigan St. agr. Exp. Stat., Spec Bull. 24, 1904, p. 41—42, Fig. 40.
[5] Gentz, Tropenpflanzer Bd. 5, 1901, S. 501—602; Bd. 6, 1902, S. 254.

einzeln stehenden älteren Eichen, im Süden aber auch in Eschen und Walnuſs. Eiablage hauptsächlich an von Rinde entblöſsten Stellen. Die Larve friſst 3—4 Jahre lang, anfangs im Splinte, später im Holze, aber nie in totem, sich rasch durch Pilze schwarz färbende Gänge. Der Fraſs physiologisch wohl nicht ohne Bedeutung. — Die var. **Mirbecki** Luc. [1]) in Tunis im Holze von Korkeichen. — **C. miles** Bon. [2]), Südtirol, Ungarn, Dalmatien; in Rinde und Splint von Weinreben. — **C. Scopolii** Fuessl. (cerdo Scop., Ratz.) [3]), Larven in Buchen und anderen Laubhölzern, namentlich in Edelkastanien, Apfel- und Birnbäumen, auch in Kirschbäumen usw.; sowohl in kränkelnden wie auch in ganz gesunden; forstlich wohl kaum, in Obstgärten, namentlich im südlicheren Europa, aber öfters schädlich. Generation 2—3jährig.

Pachydissus sericus Newm. [4]), Australien; nächst *Zeuzera* der schlimmste Feind mehrerer Akazien-Arten, in denen noch verschiedene andere Cerambycinen sich entwickeln. Stärker befallene Bäume werden getötet.

Uracanthus cryptophagus Ol. [5]), Australien, ist in wilden Citrusbüschen heimisch, geht aber auch an angebaute Orangen über, an denen die Larven beträchtlich schaden.

Elaphidion villosum F. [6]). The Oak pruner. Nordamerika. Namentlich in Eiche und Ahorn, aber auch in zahlreichen anderen Laub- und Nadelbäumen, selbst in Rosen. Eier einzeln an Zweigen oder jungen Bäumen. Larve in der Achse. Erwachsen friſst sie an einer Stelle alles Holz bis auf die Rinde weg und geht distal davon in den Markkanal. Der Zweig wird dann bald vom Winde abgebrochen und fällt zur Erde. Die Öffnung des Kanals verstopft die Larve, dann verpuppt sie sich. Im November, manchmal aber auch erst im nächsten Frühjahre entwickelt sich der Käfer, der aber erst von Juni an bis September fliegt. Bei starkem Befalle können ganze Bäume eingehen, jüngere können durch die Larve gefällt werden. Bekämpfung: Sammeln der abgefallenen Zweige. — Die Larven mehrerer anderer **El.-Arten** [7]) leben in Zweigen von Eichen, Orangen, Reben usw., ohne sie aber abzuschneiden, nur die von **E. subpubescens** Lec. tut dies ebenfalls; sie macht an der Unterseite der bewohnten Zweige eine mehr oder minder regelmäſsige Reihe von Löchern zum Auswerfen der Exkremente.

Tryphocharia mastersi Pasc. [8]), Australien; in Eukalyptusstämmen, deren obere Teile abbrechen und zu Boden fallen können.

Heterachthes aeneolus Bates [9]), Mexiko; Larve in Weinreben, die dadurch eingehen; Puppe im Markkanale.

Rhagium bifasciatum F., einer der gemeinsten Bockkäfer

[1]) Rev. Cult. colon. 1901, Nr. 86, p. 197; Ausz.: Zeitschr. Pflanzenkr. Bd. 12, 1902, S. 289.
[2]) Zeitschr. Pflanzenkr. Bd. 4, 1894, S. 105.
[3]) Noël, Bull. Labor. région. Ent. agric. 1907, 3e trim., p. 12—13 (C. cerdo).
[4]) Froggatt, Austral. Ins. p. 192, fig. 90. — Agric. Gaz. N. S. Wales Vol. 13, 1902, p. 709, Pl. 2, fig. 8.
[5]) Froggatt, Austral. Ins. p. 193, Fig. 92.
[6]) Chittenden, U. S. Dept. Agric., Bur. Ent., Bull. 18, N. S. 1898, p. 35—40, fig. 11; Bull. 27, N. S., 1901, p. 101; Circ. 130, 1910, 7 pp., 1 fig. — Felt, N. York Stat. Mus. Albany, Mem. 8, Vol. 1, 1905, p. 59—61, Pl. 2, fig. 7—9.
[7]) Chittenden, l. c. p. 41—43, fig. 12—14.
[8]) French, Destruct. insects Victoria Vol. IV, 1909, p. 99—101, Pl. 76.
[9]) Larragosa, U. S. Dept. Agric., Bull. 18, N. S., 1898, p. 93.

Europas, der sich in faulenden morschen Baumstrünken entwickelt. Theobald[1]) erhielt ihn aus gesundem Holze von Tanne und Kiefer.

Die Käfer der Gattung **Grammoptera** leben auf Blüten; die von **Gr. ruficornis F.** frafsen nach Ritzema Bos[2]) 1892 in Südholland die Blüten der Apfelbäume; bei Wageningen schaden sie in Himbeerblüten.

Caenoptera minor L. Larve in abgestorbenem, aber auch frischem Holze von Tannen und Fichten; nach Hacker[3]) in Ästchen einer Centifolie 2 cm lange, 3,5 mm breite, fast gerade Gänge im Markkanale fressend. Nach Rudow[4]) in Zweigen von Spiräen, Umbelliferen und anderen Kräutern, auch in Brombeerstengeln.

Während die altweltlichen **Hylotrupes-** und **Callidium-**Arten abgestorbenes oder wenigstens absterbendes Holz bewohnen, gehen die nordamerikanischen **H. ligneus F.** und **C. janthinum Lec.** auch gesunde Lebensbäume an, die sie töten, mindestens aber ernstlich technisch schädigen[5]).

Xylocrius agassizii Lec.[6]). Nordamerika. Eiablage im September in Astgabeln von Stachelbeerbüschen; die Larve bohrt noch im Herbst abwärts bis zur Wurzel, im Frühjahr wieder aufwärts, aber nur wenig über die Erde, wo die Verpuppung stattfindet. In Britisch-Columbien zahlreiche Büsche getötet.

Cyllene robiniae Forst.[7]). Locust borer. Nordamerika. Käfer namentlich an Blüten von *Solidago*. Eier einzeln in Rinde von *Robinia pseudacacia*. Die Larven bohren zuerst in der Rinde; erst nach der Überwinterung gehen sie ins Holz. Schwache und junge Bäume werden getötet, ältere mindestens technisch geschädigt. Besonders gefährlich da, wo die Robinie und mit ihr der Käfer eingeführt, minder schädlich, wo beide heimisch sind. Einzelne Bäume bleiben immer verschont; Hopkins empfiehlt, sie zur Nachzucht zu verwenden.

Plagionotus speciosus Say[8]). Nordamerika; im Staate New York der gefährlichste Feind der als Schattenbäume angepflanzten Zuckerahorne. Die Larve bohrt von Anfang September bis Herbst des zweiten Jahres mehrere Fufs lange Gänge in Bast und Splint, oberhalb derer die Rinde, oft in grofsen Fetzen, abstirbt und sich ablöst. Im Herbst des zweiten Jahres geht sie in das Holz, bohrt einen senkrechten Gang aufwärts und verpuppt sich hier. Gegenmittel: Im Juni spritzen mit Karbolseifenbrühe zur Verhinderung der Eiablage; im Herbste und Frühjahr die Larven ausschneiden.

Xylotrechus javanicus Lap. et **Gory**[9]), Java, besonders im östlichen Teile, von den Eingeborenen Oleng oleng genannt. Die Larven fressen an Kaffeebäumen jeden Alters anfangs spiralig verlaufende Gänge unter der Rinde, die sich etwas darüber erhebt; später bohren sie im Holz. Der Befall verrät sich zuerst durch welkende Blätter und endet meist mit dem Tode der Bäume. — **X. qua-**

---

[1]) Report 1905/06, p. 99, Fig. 32.
[2]) Zeitschr. Pflanzenkr. Bd. 4, 1894, S. 148.
[3]) Ill. Zeitschr. Ent. Bd. 5, 1900, S. 154.
[4]) ibid. Bd. 2, 1897, S. 237, Fig. 518.
[5]) Hopkins, U. S. Dept. Agric., Div. Ent., Bull. 37, 1902, p. 23.
[6]) Chittenden, ibid., Bull. 23, N. S., 1900, p. 90—92, fig. 21—23.
[7]) Hopkins, ibid., Bull. 58, 1906/07, p. 1—16, 1 Pl., 6 figs., p. 31—40; Circ. 83.
[8]) Felt, New York Stat. Mus. Mem. 8, Vol. 1, 1905, p. 51—56, figs. 2—4, Pl. 2 fig. 1-6, Pl. 22—25.
[9]) Koningsberger, Med. 's Lands Plantentuin Nr. 44, 1901, p. 90—93, fig. 46, 47; Pl. 6, fig. 2—4.

dripes Chevr. [1]), Indien, Ceylon, Birma, Siam, Tonkin, Philippinen. White borer, Indian borer. Ebenfalls in Kaffee, namentlich in *Coffea arabica*, sehr schädlich; auch in *Pterocarpus marsupium*. Der Mutterkäfer bohrt einen Gang bis ins Mark junger Stämme bzw. von Ästen und legt hier die Eier einzeln ab. Die Larven durchwühlen das Holz in allen Richtungen, so daß alles Distale abstirbt, häufig durch Wind abgebrochen wird. Ist der Wurzelhals unversehrt, so treibt er neue Sprossen. Da der Käfer sonnige Stellen zur Eiablage bevorzugt, schützen Schattenbäume vor Befall.

Vesperus Latr.

Südeuropa. Die Käfer im Dezember. Die flügellosen Weibchen erklettern die Bäume, wo sie begattet werden. Im Januar legen sie 200—500 Eier in zusammenhängenden Platten von 25—30 Stück. Gegen Ende April schlüpfen die Larven aus, die zuerst lang, gestreckt sind, kräftige Beine und an den Seiten zahlreiche Haarpinsel haben. Sie lassen sich zur Erde fallen, dringen in diese ein und leben anfangs von Mulm. Nach der ersten Häutung erhalten sie ihre typische Gestalt: dick, die ersten sechs Ringe am Rücken abgeflacht, blind, Beine ziemlich entwickelt, weißlich. Sie fressen die verschiedensten Pflanzenwurzeln, verpuppen sich nach 2—3 Jahren, von Juli bis September. Anfangs Dezember ist der Käfer entwickelt, bleibt aber noch etwa 3 Wochen in der Erde. Die Larven schaden am meisten an Reben, ferner an Oliven und anderen Bäumen. Bekämpfung: Die Weibchen sind durch Klebgürtel am Erklettern der Bäume zu hindern, die Männchen durch Fanglampen anzulocken. Eierhäufchen und Larven sammeln, letztere durch Schwefelkohlenstoff töten. Anfangs Winter Leguminosen aussäen, an die sich die Larven mit Vorliebe hinziehen.

V. **xatarti** Duf. [2]). Südfrankreich; ganze Generationsdauer 3 Jahre, Larve 2 Jahre. Besonders schädlich an jungen Reben. — V. **luridus** Rossi. Ebenso, Italien. — V. **strepens** F. [3]). Südfrankreich; Larve unter anderem auch an den Wurzeln von Waldbäumen und Rosen. — V. **mauretanicus** Dry (flaveolus Muls.) [4]). Algier, Spanien. In Aragonien an Reben und Oliven. Larve in den beiden ersten Jahren unterirdisch an Wurzeln, im dritten steigt sie im Stamme der Olivenbäume bis zu seiner Gabelung in unregelmäßig verlaufenden Gängen empor. Käfer im August, Begattung Ende September. Ganze Generationsdauer 4 Jahre. Die Heuschrecke *Ephippiger Perezi* Boh. frißt die Weibchen.

Lamiinen.

Die Lamiinen ziehen im allgemeinen dünneres, weicheres Holz vor; zum Teil leben sie sogar in Kräutern oder Gräsern. Die Käfer fressen die junge wachsende Rinde, auch Blätter und Blüten. Eier in der Regel einzeln in oder an der Rinde von Zweigen oder dünneren

---

[1]) DELACROIX, Maladies des Caféiers, 2de éd., Paris 1900, p. 137—139. fig. 36—38. — MORREN, Beih. I Tropenpflanzer 1900, S. 94. — MAXWELL-LEFROY, Mem. Dept. Agric. India, Vol. I, 1908, p. 141, Fig. 26.
[2]) LICHTENSTEIN et MAYET, Ann. Soc. ent. France (5) T. 3, 1873, p. 117—122, Pl. 5, Nr. II. — MIXÀ PALUMBO, L'Agric. Ital. T. 1892, p. 68—79. — NOËL, Naturaliste (2) T. 27, 1905, p. 242—243.
[3]) LESNE, Rev. hortic. Ann. 77, 1905, p. 222—223.
[4]) BLACHAS, Butl. Inst. Catalan. Hist. nat., Ann. 3, 1903, p. 122—128 (*V. flaveolatus Muls* genannt).

Ästen oder Stämmchen; Larven gewöhnlich dicht unter der Rinde. — In sehr vielen Fällen Brutpflege[1]), indem das Weibchen den Saftzufluſs zu den Stellen, an die es die Eier ablegt, durch in die Rinde genagte Furchen usw. hemmt. Das kann bis zu völligem Ringeln, ja sogar bis zu völligem Abschneiden von Zweigen führen; dann entwickelt sich die Larve gewöhnlich in dem abgeschnittenen, absterbenden Teile.

Dorcadion carinatum Pall.[2]). Larve schon mehrfach den Getreidewurzeln schädlich geworden; friſst wahrscheinlich 2—3 Jahre. Ende Juli, Anfang August verpuppt sie sich; im August der Käfer, der aber noch bis zum nächsten Frühjahr in der Erde bleibt.

Lamia textor L. **Weberbock.** Larve in Weichhölzern, namentlich Aspen und Weiden, in lebendem Holze; Käfer und Larven in Weidenhegern nicht selten schädlich. Von R. Bos[3]) auch in Birken beobachtet.

Epepeotes luscus F.[4]). Java, in Kautschukbäumen, Manggas und Kakao; die Rinde über den Larvengängen löst sich in groſsen Fetzen ab, so daſs das Holz bloſsgelegt wird. Käfer an Zweigen und Blättern.

Monochammus sartor F., **Schneiderbock,** und M. **sutor** L., **Schusterbock,** in starken, gesunden Fichten, namentlich im Gebirge; sie gehen bis in die Gipfelspitze; die befallenen Teile sterben ab; die tief ins Holz dringenden Larvengänge entwerten dessen technische Bedeutung. — **M. galloprovincialis** Ol.[5]). Südfrankreich in Seekiefer, obere Rheinebene bis Frankfurt a. M. in gemeiner Kiefer. — **M. fistulator** Germ.[6]). Java, Sumatra, Borneo. Larven in Rinde und Holz von Kaffee und Kakao, von letzteren auch die Früchte anbohrend; sehr schädlich. — **M. ruspator** F.[7]). Braun; Kopf und Halsschild graubraun dicht sammetartig behaart, Flügeldecken spärlicher behaart, etwas glänzend. Halsschild und Flügeldecken fein schwarz, letztere auſserdem hell- bis graubraun gefleckt; 7 cm lang. Larve stark segmentiert; 6,5—7 cm lang; zur Trockenzeit im Holze älterer Äste und Stämme von Kakao in Kamerun; aus den Bohrlöchern tritt Gummi aus.

Bixadus sierricola White, **Westafrikanischer Kaffeebohrer**[8]). Westafrika, von Sierra Leone bis Kamerun. Käfer hellgraugelb mit brauner Zeichnung und schwarzbraunem Flecke auf der Mitte jeder Flügeldecke; 2—3 cm groſs. Eier in halber Stammhöhe von halbstarken Kaffeebäumchen, im allgemeinen einzeln, aber auch bis 20 und mehr zusammen. Die Larven plätzen zuerst in der Rinde, dann gehen sie ins Mark und bohren abwärts; gelegentlich dringen sie auch

---

[1]) Kolbe, Brutpflege bei Käfern. Aus der Natur, Jahrg. 1910.
[2]) Köppen, Schädl. Insekt. Ruſslands, S. 266—271.
[3]) Tijdschr. Plantenz. 10, 1904, p. 36—37.
[4]) Zehntner, Proefstat. Cacao Salatiga, Bull. 6, 1903, p. 17. — Zimmermann, Bull. Inst. bot. Buitenzorg Nr. 10, 1901, p. 6. — Bernard, Bull. Dept. Agric. Ind. Néerland. VI, 1903, p. 48. — Ridley, Agr. Bull. Straits, Federat. Malay Stat. Vol. 2, 1903, p. 322. — Koningsberger, Med. Dept. Landbouw Nr. 6, 1908, p. 75.
[5]) Nüsslin, Leitfaden d. Forstinsektenkunde, Berlin 1905, S. 79—80, fig. 59, 60.
[6]) Koningsberger, Med. 's Lands Plantent. 64, 1903, p. 72—73, Pl. 3, fig. 1; Med. Dept. Landbouw 6, 1908, p. 74.
[7]) v. Faber, Arb. Kais. biol. Anst. Land- u. Forstwirtsch. Bd. 7, 1909, S. 269—270, Fig. 31. — Aulmann, Fauna d. deutsch. Kolonien R. 5, Heft 2, Berlin 1911, S. 28—29, Fig. 15.
[8]) Blandford, Kew Bull. Nr. 125, 1897, p. 175. — Wisser et Lesne, Bull. Mus. Hist. nat., Paris 1899, p. 119—122. — Preuss, Tropenpflanzer, Bd. 3, 1899, S. 335; Bd. 6, 1902, S. 195; Bd. 7, 1903, S. 346 ff. — Kolbe, Deutsch. ent. Zeitschr. 1911, S. 503—504. — Aulmann, l. c. S. 22—26, Fig. 12—13.

wieder durch das Holz nach aufsen und unterminieren die Rinde auf weite Strecken. Bohrmehlhäufchen am Fufse des Stammes verraten ihre Tätigkeit. Befallene Bäume kümmern oder gehen ein. — Arabischer Kaffee leidet mehr als liberischer; beschatteter weniger als sonnig stehender. PREUSS stellte den Käfer bis in 900 m Höhe im Gebirge fest. WISSER bekämpfte die Larve, indem er Wattebäuschchen mit einer Mischung von 1 Teil Chloroform und 1 Teil Kreolin tränkte, in die Bohrlöcher einführte und diese sofort mit Lehm schlofs. BLANDFORD empfiehlt, die Stämme zur Flugzeit der Käfer mit einem Schutzverband aus Lehm und Kuhmist zu versehen.

In Westafrika in und an Kaffee in derselben Weise schädlich[1]): **Coptops fusca** Ol.[2]) und **bidens** F. (aedificator F.)[3]), **Baraeus sordidus** Ol.[2]), **Sternotomis imperialis** F.[4]) und **regalis** F., **Ceroplesis** sp.[2]), **Moecha Büttneri** Kolbe und **molator** F.[5]), **Frea** (Eumimetes) **maculicornis** Thoms.[2]) u. a.

Anthores leuconotus Pasc. (Herpetophygas fasciatus F.), **Ostafrikanischer, weifser Kaffeebohrer**[6]). Deutsch-Ostafrika, Natal, Kaffrarien, Nordtransvaal, Delagoabai, Ovampo. Kopf und Halsschild dunkelbraun, gelbbraun gefleckt; Flügeldecken schimmelartig weifsgelb behaart, am Grunde braun und hinter der Mitte eine braune Querbinde; Beine braun, Spitzenhälfte der Schienen graugelb; 25—29 mm lang. Larve beingelb; Haftscheiben auf dem Rücken glatt gekörnelt, in mehrere Feldchen geteilt; neunter Hinterleibsring abgerundet, After querspaltig. — Bereits 1877 von KIRK auf Sansibar als ernster Kaffeeschädling beobachtet. Seit 1893 in Deutsch-Ostafrika der schlimmste Feind der Kaffeekultur. Käfer hauptsächlich von Dezember bis Februar; Eiablage einzeln an den Wurzelhals oder Stamm mindestens drei bis vier Jahre alter Bäume. Larve in Rinde, in Bast und Splint; erst später frifst sie im Stamme senkrechte Gänge von unten nach oben, zuletzt den Wurzelhals im Kambium ringelnd und sich hier verpuppend; nach STUHLMANN ringelt sie erst diesen und geht dann im Markkanale nach oben.

Der weifse Kaffeebohrer tritt nur sporadisch auf, vernichtet nahezu einzelne Plantagen, fehlt in benachbarten. Er befällt junge, gesunde Bäume. Schwach befallene Bäume leiden meistens nicht merkbar, da die Larve sehr langsam frifst und sich entwickelt und der Kaffee ein ausgezeichnetes Verheilungsvermögen besitzt. Bei stärkerem Befalle geht der Baum infolge der Ringelung des Wurzelhalses ein. Ist diese nicht vollkommen, so sterben einige Hauptwurzeln ab, worunter Ernährung und Befestigung des Baumes im Boden leiden.

Einzeln vorhandene Larven sind mit hierzu geeigneten Messern (Gaisfüsse, Spaltmesser usw.) auszuschneiden; die Wunden verheilen

[1]) AULMANN, l. c.
[2]) WISSER et LESNE, l. c.
[3]) Denkschr. deutsch. Schutzgeb. 1901/02, S. 5564.
[4]) PREUSS, Tropenpflanzer, Bd. 7, 1907, S. 347, 1 Fig.
[5]) Tropenpflanzer, Bd. 6, 1902, S. 145; Denkschr. deutsch. Schutzgeb. 1901/02, S. 5564.
[6]) WARBURG, Mitt. deutsch. Schutzgeb., Bd. 8, 1895, Heft 2. — KOLBE, Deutsch-Ostafrika, Bd. 4, 1898, Käfer u. Netzflügler Ostafrikas, S. 32—34, 309. — STUHLMANN, Ber. Land-Forstwirtsch. Deutsch-Ostafrika, Bd. 1, 1902, S. 154—161, Taf. 3. — VOSSELER, ebenda, Bd. 2, 1905—06, S. 420—421, 506—507. — MORSTATT, Pflanzer, Jahrg. 6, 1910, S. 215—216; Jahrg. 7, 1911, S. 68—69, 271 ff. — KOLBE, Deutsch. ent. Zeitschr. 1911, S. 499—503. — AULMANN, l. c., S. 10—22, Fig. 8—11.

von selbst. Durch Einträufeln von Petroleum oder Schwefelkohlenstoff
in die Bohrlöcher werden die Larven getötet. Stark befallene Bäume
sind zu kappen und sofort zu verbrennen; denn die Larven entwickeln
sich auch im toten, trockenen Holze weiter. Zur Flugzeit der Käfer
könnten die bedrohten Stammteile durch die hierzu üblichen Verbände
oder Streichmittel vor der Eiablage geschützt werden.

Auf einer Farm wurden nach VOSSELER Mitte 1905 wöchentlich
10—20 000 Larven ausgeschnitten, ohne daſs Abnahme bemerkbar war.
Entwicklungsdauer und ursprüngliche Nährpflanze unbekannt.

Coelosterna spinator F.[1]). Indien, in *Acacia arabica*; Käfer der
Rinde von Baumwollenpflanzen sehr schädlich; ebenso wird **C. sca-
brata** F. in Südindien jungen Bäumen von *Casuarina equisetifolia, Shorea
robusta* und Maulbeere verderblich.

Melanauster chinensis Forst.[2]), China, Japan. Schon wiederholt in jungen Obstbäumen (Orangen u. a.) in Nordamerika eingeschleppt,
ohne aber bis jetzt dort heimisch geworden zu sein.

Acridocephala bistriata Chevr. Ost- und Westafrika; in
Kamerun in Kickxia elastica.

Batocera albofasciata Deg. und **hector** Dej.[3]). Java, erstere
vorwiegend an und in Ficusbäumen, letztere sehr polyphag in Dadap,
Albizzia, Muskatnuſs, Eriodendron usw., beide namentlich auch in
Erythrina; stärker befallene Bäume gehen ein. — Erstere Art soll
auch in Kamerun vorkommen[4]).

Plectrodera scalator F.[5]). Texas; sehr ernstlicher Feind der als
Schattenbäume gezogenen *Populus trichocarpa*. Eier durch wolliges
Aussehen leicht sichtbar, im Juni in Löcher in die Bäume gelegt.
Larve im folgenden Mai erwachsen. Bäume unter 2 Zoll Dicke gehen
ein; Tausende junger Bäume wurden getötet. Die Eier sind zu zer-
drücken, die jungen Larven auszuschneiden.

Sternotomis Bohemani Chevr. Deutsch-Ostafrika, in Akazien.

Phosphorus gabonator Thoms.[6]). Kamerun; in Cola vera. Käfer
sammetschwarz; ein gröſserer dreieckiger Fleck in der Vorderhälfte
jeder Flügeldecke, dahinter öfters ein kleiner Punkt am Innenrande,
ein halbmondförmiger Fleck kurz vor der Flügelspitze, das Gesicht und
die Körperunterseite schwefelgelb; 30—35 mm lang. — Larven gelbbraun, bis 6 cm lang, nahezu rund, stark segmentiert; die Haftscheiben kurz, mit dunklen Chitinwärzchen, die auf dem zweiten
Hinterleibsringe zwei dicht aneinander herlaufende Querreihen bilden,
auf den späteren drei, zuletzt vier, wobei die beiden äuſseren Reihen
eine geschlossene Ellipse bilden; auf der Bauchseite immer nur zwei
Reihen. — Der Käfer fliegt, nach Mitteilungen von Herrn WEILER,
Direktor der Bibundi-Gesellschaft, im Oktober und November. Die
etwa im Dezember ausschlüpfenden Larven fressen wohl zuerst unter
der Rinde, später aber auch im Holze, das bei starkem Befalle von zahlreichen Längsgängen durchbohrt wird. Über den Rindengängen stirbt

[1]) MAXWELL-LEFROY, Ind. Insect Life p. 375.
[2]) SMITH, J. B., Rep. 1907, p. 444—445.
[3]) KONINGSBERGER, Med. 's Lands Plantentuin 20, 1897, p. 75—78, Pl. 5, fig. 6—8:
Bull. Dept. Ind. Néerland 20, 1908, p. 9: Med. Dept. Landbouw 6, 1908, p. 74. —
ZIMMERMANN, Teysmannia, Vol. 12, 1901, p. 310—312.
[4]) PREUSS, Tropenpflanzer, Bd. 6, 1902, S. 201.
[5]) CONRADI, U. S. Dept. Agric., Bur. Ent., Bull. 60, 1906, p. 69.
[6]) BRICK, Jahresber. Ver. angew. Botanik, Bd. 6, 1909, S. 240—244, Fig. 2.

diese ab, springt in Längsrissen auf und fällt schliefslich in gröfseren oder kleineren Partien ab; aus den Wunden fliefst Gummi aus. Die Bäume leiden natürlich sehr unter stärkerem Befalle, scheinen ihm aber selten zu erliegen, sondern verheilen die Wunden und treiben aus den gesunden Teilen neue Zweige aus. Durch Ausschneiden der Larven sind sie daher sehr leicht vor ernsteren Schäden zu bewahren. Da auch die Äste befallen werden, sterben häufig deren obere Partien ab und werden vom Winde gebrochen. — Generation offenbar einjährig, im September und Oktober erwachsene Larven.

Tragocephala senatoria Th.[1]), Kamerun; Larve vereinzelt in Stamm und Ästen von Kakaobäumen, vermag einzelne Äste zu töten.

Diastocera reticulata Thoms.[2]). Schwarz, Flügeldecken gelbbraun gezeichnet; Unterseite gelbbraun. Daressalam; der Käfer ringelt junge Kapokstämmchen am oberen Teile, so dafs die Krone abbricht.

Moecha adusta Har.[3]); Westafrika, soll junge Kakaozweige vollständig ringeln. Nur vereinzelt; soll auch auf Kickxia übergehen. Auch in Ostafrika.

Callimation venustum Guér.[4]). Auf Madagaskar ein Hauptfeind der Maulbeerbäume.

Phryneta hecphora Thoms. und **coeca** Chevr.[5]). Kamerun, sehr schlimme Feinde der Kultur von Kickxia elastica. Der Käfer nagt zur Regenzeit die Rinde junger Bäume und Zweige ab, so dafs sie absterben. Die Larve bohrt zur Trockenzeit in Stämmen und Ästen, in ersteren mehr peripherisch, in letzteren im Marke; über den Gängen unter der Rinde platzt diese. Im allgemeinen verheilen die Bohrwunden sehr rasch unter Überwallung; nur da, wo sie Zweige ringeln, sterben diese ab. — Erstere Art auch in Ostafrika.

Phr. spinator F. und **Conradti** Klbe.[6]). Ostafrika, ebenso an Ficus elastica.

Inesida leprosa F. **Castilloa-Bohrer**[7]). West- und Ostafrika. Braun, Bauch und der gröfsere Teil der Flügeldecken gelblichbraun beschuppt; in hinterer Hälfte der Decken jederseits am Aufsenrande ein sammetschwarzes Dreieck, davor je ein kleiner, dahinter ein gröfserer ebensolcher undeutlicher Fleck; Schultern der Decken stark und grob punktiert; 25—35 mm lang. Larven bis 5 cm lang, mit grofsem Clypeus, der an jeder Hinterecke eine kräftige, gekrümmte, dunkle Chitinleiste aufweist; die Haftscheiben des Rückens nach vorne rund, hinten gradlinig, glatt, in der Mitte geteilt; die des Bauches elliptisch mit von der vorderen Mitte einspringendem dunklem Dreiecke. — Nur in *Castilloa elastica*. Die Käfer nagen zur Regenzeit die Rinde ab. Die Eier scheinen an die Blattnarben des untersten Stammesteiles gelegt zu werden, da der Larvenfrafs gewöhnlich dicht über, selbst unter der

---

[1]) PREUSS, Tropenpflanzer, Bd. 7, 1903, S. 350; Denkschr. Deutsch. Schutzgeb. 1901/02, S. 5392.

[2]) MORSTATT, Pflanzer, Jahrg. 7, 1911, S. 69.

[3]) PREUSS, l. c. — BUSSE, Tropenpflanzer, Bd. 9, 1905, S. 36.

[4]) MARCHAL, P., La Sériculture etc. aux Colonies. Paris 1910. p. 23. fig. 9.

[5]) BUSSE, Tropenpflanzer, Beih. 7, 1906, S. 187. — v. FABER, Tropenpflanz., Bd. 11, 1907, S. 771—773, 1 Fig.

[6]) Nach mündlicher Mitteilung von Herrn Obergärtner HELLWIG.

[7]) Siehe verschiedene Mitteilungen von BUSSE, v. FABER, PREUSS und WARBURG in „Tropenpflanzer". Bd. 6, 1902 ff. — STRUNK. Denkschr. Deutsch. Schutzgeb. 1903/04. S. 238—239. — VOSSELER, Ber. Land-Forstwirtsch. Deutsch-Ostafrika, Bd. 3, 1907, S. 110.

Erde beginnt, und gewöhnlich von unten nach oben, selten umgekehrt
führt. Die Gänge durchziehen in 1—2 Daumenbreite Rinde und Holz;
erstere bleibt über ihnen unversehrt, so dafs nur Bohrmehlhäufchen
unten am Stamme die Tätigkeit der Larven verraten. Sie entwickeln
sich auch in totem Holze, wodurch ihre Vermehrung so begünstigt
wird, dafs in Westafrika die Castilloakultur fast überall aufgegeben
werden und durch die von Kickxia ersetzt werden mufste. Am liebsten
belegt der Käfer 2—3 Jahre alte Bäumchen, aber auch ältere, starke,
und zwar vorwiegend sonnig stehende, während im Schatten wachsende
verschont bleiben. In den Gängen siedeln sich Termiten und andere
Holzzerstörer an. Puppe im Stamme.

Petrognatha gigas F. var. spinosa[1]). West- und Ostafrika; an
einheimischen und eingeführten *Ficus*-Arten. Sammetschwarz, Flügeldecken mit Ausnahme des Grundes, der Spitzen und eines grofsen
Fleckes am Seitenrande gelblichgrau; Fühler, Tibien und Tarsen
gelblichbraun; 6—7 cm lang. Larve scheinbar unbekannt, in Stamm
und Ästen, namentlich sonnig stehender Bäume; diese werden seltener getötet, öfters einzelne Äste; daher Schaden nicht sehr bedeutend.
Die zur Regenzeit an den Stämmen sitzenden Käfer sind zu sammeln.

Frea marmorata Gerst.[2]), Ostafrika, in Kaffee.

Die Larve von **Praonetha melanura** Pasc. wurde von ZEHNTNER[3])
u. a. in gesunden Kakaofrüchten auf Java beobachtet. VEEN[4]) fand
den Käfer gemein an Stämmen von Kaffeebäumen.

Psenocerus supernotatus Say[5]). Nordamerika. Larven bis zu acht
und zehn in Stengeln von Johannis- und Stachelbeerbüschen, in 3—6
Zoll langen Kanälen nach der Spitze zu; in dieser im Mai die Puppe.
Die befallenen Stengel treiben im Frühjahr nicht mehr aus und sind
dann rechtzeitig zu vernichten.

Die auf die Neue Welt beschränkten **Oncideres**-Arten ringeln
Zweige verschiedenster Laubbäume und Büsche. An der Ringelstelle
bricht gewöhnlich der Zweig ab; an manchen Hölzern schneiden sie
auch die Zweige ganz ab. Für jedes Ei wird erst ein kleines Loch
gebohrt, das nach dem Einschieben des Eies mit einer gummösen
Masse verschlossen wird. KOLBE vermutet, dafs die Käfer ursprünglich
die Eier an abgestorbenes Holz ablegten, nur wo ihnen das nicht zur
Verfügung stehe, die Zweige ringeln[6]). Die Käfer fressen aufserdem
die Rinde gesunder Zweige. — Viele Arten werden recht beträchtlich
schädlich, so **O. cingulatus** Say[7]) im südlichen Nordamerika an
Obst- und Schattenbäumen, Rosen usw., **O. putator** Thoms.[8]) weiter
südlich an Prosopis juliflora, **O. amputator** F.[9]) in Mittelamerika an

[1]) PREUSS, Denkschr. Deutsch. Schutzgeb. 1901/02. S. 5293; Tropenpflanzer, Bd. 7,
1903, S. 350—351. — BUSSE, ibid., Bd. 10, 1906, S. 100.

[2]) Denkschr. Deutsch. Schutzgeb. 1901/02, S. 5564. — AULMANN, l. c., S. 33—34,
Fig. 18.

[3]) Proefst. Cacao Salatiga, Bull. 6, 1903, p. 17.

[4]) Bull. Kolon. Mus. Haarlem, Juni 1897, p. 50.

[5]) SMITH, J. B., Rep. N. Jersey agr. Exp. Stat. 1895, p. 396—397. — BRITTON,
Rep. Connecticut agr. Exp. Stat. 1903, p. 272—273, fig. 42. — PETTIT, Michigan
agr. Exp. Stat., Spec. Bull. 24, 1904, p. 36, fig. 34.

[6]) Danach müfsten die Käfer ganz genau den Erfolg des Ringelns kennen,
also zweckbewufst handeln, was doch kaum anzunehmen ist.

[7]) CONRADI, U. S. Dept. Agric., Bur. Ent., Bull. 52, 1905, p. 66. — SANDERSON,
ib. Bull. 57, 1906, p. 39. — FELT, Mem. 8, New York Stat. Mus., Vol. 1, 1905,
p. 271—274, Pl. 9, fig. 6—12. — MATHENY, Ohio Naturalist, Vol. 10, 1909, p. 1—5. 2 Pl.

[8]) WISE a. SCHWARZ, U. S. Dept. Agric., Div. Ent., Bull. 22, N. S., 1900, p. 94—95.

[9]) DUERDEN, ibid. Bull. 18, N. S., 1898, p. 100. — Agric. News Barbados, Vol. 4,
1905, p. 355; Vol. 7, 1908, p. 282.

Eriodendron, Cajanus, Casuarina, Inga, Kakao usw.; ferner in Brasilien **O. aegrotus** Thoms. am Kampherbaum usw.

Ecthoea quadricornis Ol. [1]) ringelt in Trinidad ebenso die Kakaobäume.

Calamobius filum Rossi (marginellus F., gracilis Creutz.)[2]). Südeuropa, namentlich in Südfrankreich und Italien schädlich. Käfer etwa Mitte Juni, nährt sich von den Blüten des Getreides. Das Weibchen legt etwa 200 Eier dicht unter der Ähre in die schönsten und kräftigsten Halme. Nach 8—14 Tagen die Larve, die sich im Halme bis oben an die Ähre emporbohrt. Hier frißt sie innen in einem Ringe das ganze Halmgewebe aus bis auf die Oberhaut („aiguillonier"). Die Ähre vertrocknet und bricht ab: nur der kopflose („aiguillon") Halm bleibt stehen. Die Larve geht dann wieder hinab und bereitet sich 5—8 cm über der Erde ein Lager aus Kot und Genagsel. Sie verpuppt sich erst anfangs August nächsten Jahres. Bleibt der Halm stehen, so kann die Larve 1—2 Jahre darin ruhen. — Der Schaden ist recht bedeutend, bis zu $^1/_6$—$^1/_4$ der Ernte. — Zur Bekämpfung ist das Getreide entweder tief zu mähen oder hoch zu mähen und dann umzubrechen.

Steirastoma depressum L. [3]). Westindien, nördliches Südamerika. Larven unter der Rinde von Kakaobäumen, namentlich im Splint. Aus Bohrlöchern fließt Saft aus. Jüngere, schwächere Äste und Bäume sterben ab, ältere, kräftigere treiben unterhalb der Fraßgänge neue Seitenschosse. Nur in tieferen Lagen (bis 250 m Höhe). Schutz der Insekten fressenden Vögel soll ein gutes Gegenmittel sein. Die Käfer lassen sich durch Haufen von frischen Fruchtschalen von Kakaofrüchten oder in Rindenstücken des „silk cotton tree" (Eriodendron?) anlocken und so leicht fangen. — Einmal entwickelten sich die Larven in einer Kakaofrucht, verzehrten das Fruchtfleisch und zerstörten über 75 % der Samen.

Liopus nebulosus L. Europa; Larven unter der Rinde von Nuß-, Apfel-, Birn-, Kirsch-, Aprikosen- und anderen Laubbäumen; vorwiegend in den Ästen, selten am Stamme.

Agapanthia Dahlii R. [4]). Südrußland, schädlich an Sonnenblumen. Käfer im Sommer, Eier einzeln an die Stengel. Larve bohrt im Marke abwärts nach den Wurzeln zu, überwintert in der Wurzel oder im abgeschnittenen Stengel und verpuppt sich im Mai. Befallene Pflanzen werden leicht vom Winde gebrochen; ihre Blüten welken frühzeitig.

Saperda F. [5]).

FELT unterscheidet bei den Larven drei biologische Gruppen: 1. solche, die sich vom Saftholze der dickeren Äste und Stämme

---

[1]) Agric. News Barbados, Vol. 7, 1908, p. 282.

[2]) GUÉRIN-MÉNEVILLE, Bull. Soc. ent. France, 1845, p. LXV—LXVII; 1847, p. XVII—XX; übersetzt in NÖRDLINGER, Die klein. Feinde d. Landwirtsch., 2. Aufl., S. 246—247. — KÖPPEN, Schädl. Ins. Rußlands, S. 266.

[3]) THIERRY, Rev. Cult. colon. 1900, Nr. 52. — BALLOU, West Ind. Bull., Vol. 6, 1905, p. 94—95. — Agric. News Barbados, Vol. 7, 1908, p. 282. — v. FABER, Arb. Kais. biol. Anst. Land-, Forstwirtsch., Bd. 7, 1909, p. 268—269, Taf. 2/3, Fig. 3. — BALLOU, Journ. Agric. trop. Ann. 9, 1909, p. 380.

[4]) KRULIKOWSKY u. SCHREINER, 1897/98 (russ. Arbeiten); Ausz.: Zool. Zentralbl., Bd. 8, S. 59.

[5]) FELT a. JOUTEL, N. York St. Mus., Bull. 74, 1904, 86 pp., 14 pls., 7 figs.

lebender Bäume nähren; 2. solche, die im Saftholz dünnerer Zweige lebender Bäume fressen und hier Gallen erzeugen; 3. solche, die von lebendem und totem Gewebe sterbender oder frisch gefällter Bäume sich nähren. — Nur in der gemäfsigten Zone der nördlichen Halbkugel.

S. carcharias L. (Grofser) Pappelbock. Eier im Juni, Juli einzeln an Pappeln oder Baumweiden zwischen 5 und 20 Jahren. Larve plätzt zuerst unregelmäfsig unter der Rinde, später, namentlich nach der Überwinterung, frifst sie lange Gänge im Holze aufwärts. Grobe, oft durch eine untere Öffnung ausgeworfene Nagespäne, bei jungen Stämmchen eine Anschwellung am unteren Ende des Stammes, verraten sie. Anfangs Juni des zweiten Jahres verpuppt sie sich; Ende Juni verläfst der Käfer durch ein nahezu rundes Flugloch den Baum. Junge Stämmchen gehen häufig ein oder brechen im Winde, ältere fast nur technisch geschädigt. — Befallene Bäume oder Äste verbrennen; Käfer abklopfen; junge Stämmchen durch Anstrich mit Lehm oder Leineweberscher Mischung gegen die Eiablage schützen. — Häufig in Begleitung von *Cossus ligniperda* und *Sesia apiformis*.

S. populnea L. (Kleiner Pappel- oder) Aspenbock [1]. Europa, Sibirien bis zur pazifischen Küste [2], pazifische Staaten von Nordamerika. — Eiablage von (April) Mai an, vorwiegend an dünneres (bis 2 cm dickes) Holz von Populus tremula, seltener von anderen Pappel- oder Weidenarten. Vorher nagt das Weibchen ganz flache hufeisenförmige, nach oben offene Figuren in die Rinde; in der Mitte der unteren Kurve bohrt es mit dem Legebohrer ein Loch bis ins Holz, in das es das Ei ablegt. Die junge Larve frifst anfangs die weichen Bast- und inneren Rindenteile in dem Hufeisen; erst im Herbst geht sie tiefer und überwintert. Im zweiten Jahre frifst sie zunächst einen die Markröhre zur Hälfte umgreifenden Hohlzylinder im Splinte, dann im Marke einen 2—5 cm langen Gang nach oben, den sie nachher nach unten verlängert bis zur Rinde, und verpuppt sich hierin im Frühjahr. Das Holz um die Fraßsstellen färbt sich bei Pappeln bräunlich, bei Weiden rot [3]. Da, wo die Larve den Splint weggefressen hat, bildet sich nach aufsen eine neue Splintlage, die nach innen lebhaft Holz abscheidet, so dafs eine längliche, ovale Galle mit verdünnter Rinde, aber verdicktem Holze entsteht. — Nur ein Bruchteil der abgelegten Eier entwickelt sich zu Käfern: die meisten gehen als Eier oder Larve zugrunde. Parasiten: verschiedene Schlupfwespen und *Sarcophaga albiceps* Meig. [4]. — Schaden sehr gering. Selbst ein Dutzend und mehr Gallen hintereinander schaden einem Zweige nicht ernstlich. Gefahr tritt erst ein, wenn, wie es häufig geschieht, die Larven von Spechten ausgehackt werden. Dadurch entstehen grofse, splitterige Wunden, die lange offen bleiben (sie werden meistens im Winter gehackt) und so den Atmosphärilien leicht Eintritt gewähren; belaubt sich der Zweig später wieder, so tritt hier oft Windbruch ein. — BOAS stellte für Dänemark fest, dafs der Aspenbock nur alle zwei Jahre, und zwar dort in den

---

[1] BOAS, Zool. Jahrbb., Abt. Syst., Bd. 13, 1900, S. 247—258, 1 Taf., 6 Fig. — BENICK, Nerthus, Jahrg. 6, 1904, S. 248—251, 306—310, 13 Fig.
[2] KÖPPEN, Schädl. Ins. Rufslands, S. 266.
[3] EGGERS, Illustr. Wochenschr. Entom., Bd. 1, 1896, S. 578—579.
[4] KLEINE, Ent. Blätter, Jahrg. 6, 1910, S. 217—221, 2 Figg.

ungeraden Jahren, auftritt [1]). — **S. scalaris L.**, **Leiterbock**; Larve
u. a. in Walnuſs-, Kirsch- und Apfelbäumen, Espen und Buchen; zu
selten, um schädlich zu sein.

S. candida F. The Round-headed apple tree borer [2]). Nordamerika; nächst dem Apfelwickler der schlimmste Feind der Apfel-
züchter; auch in Quitte, weniger Birne; ursprünglich in wilden
Pomaceen. Käfer nächtlich, am Tage in Bodengeniste usw. um den
Grund der Bäume. Hier legt das Weibchen die Eier einzeln in selbst-
gefertigte Rindenschlitze. Die Larven fressen flache Gänge in Splint
und innere Rinde, meist am unteren Teile des Stammes, an älteren
Bäumen auch höher, gelegentlich sogar bis in die untersten Äste.
Junge Stämme werden leicht geringelt. Generation dreijährig; Winters
geht die Larve tiefer, oft bis unter die Erdoberfläche. Über dem
Fraſsplatz verfärbt sich die Rinde, oft springt sie auf und läſst Bohrmehl austreten; im Frühjahr quillt oft Saft heraus. Verpuppung dicht
unter der Rinde. — Bekämpfung: Larven ausschneiden. Basis
des Baumes mit Zeitungspapier, Gaze, alter Leinwand umbinden,
Erde dagegen aufhäufeln, so daſs die Käfer nicht darunterkriechen
können; wird dieser Verband früh genug angelegt, so verhindert er
auch das Ausschlüpfen der im Baum sich entwickelnden Käfer. Baum
mit Seife und Soda, mit etwas Karbolsäure, waschen. Käfer frühmorgens abklopfen oder abends am Licht fangen. Da, wo Bohrmehl
die Anwesenheit der Larven verrät, die Rinde mit Petroleum bürsten;
dieses dringt ein und tötet die Larven. Reine Kultur. — Noch mehrere
andere Arten in Weichholzbäumen.

Glenea novemguttata Cast. [3]), Java, an Kakao. Eier einzeln in der
Rinde der unteren Stammteile. Larve plätzt zuerst in äuſserer Rinde,
später in langen, gewundenen Gängen im Splinte, mehrere Larven
können so das ganze Cambium eines Baumes zerstören. Verpuppung
im Holze. Tausende von Kakaobäumen sollen dem Bohrer zum Opfer
gefallen sein. — Die jungen Larven verraten sich durch austretendes
Bohrmehl und ausfließenden Saft: sie sind auszuschneiden oder die
betreffenden Stellen mit einer Drahtbürste zu reinigen und mit einer
Mischung von Petroleum und Teer zu bestreichen. Kalken soll vor
Eiablage schützen. Da der Käfer sich auch aus abgestorbenem Holze
entwickelt, sind stärker befallene Äste oder Bäume zu verbrennen.
Nach DUDGEON [4]) lebt auch eine **Glenea - Larve** in Westafrika im
Kakaobaume; von den Kakaoplantagen der westafrikanischen Pflanzungs-
gesellschaft „Bibundi“ haben wir **Gl. gabonica** Thoms. erhalten.

Phytoecia cylindrica L. Larven in Wurzeln und Stengeln von
Doldengewächsen, aber auch in Ästen und Zweigen von Birn- und Pflaumenbäumen. — **Ph. ephippium L.** [5]). Larven in Wurzeln von Pastinak,
bei Bordeaux auch in denen von Karotten beobachtet. — **Ph. pustu-**

---

[1]) Zool. Jahrb., Abt. Syst., Bd. 25, 1907. S. 313—320, Taf. 10.

[2]) Smith, J. B., Rep. N. Jersey agr. Exp. Stat. 1890, p. 513—514, fig. 26. — Banks,
U. S. Dept. Agric., Div. Ent., Bull. 34, 1902, p. 39—40, Fig. 36. — Chittenden, ibid.,
Circ. 32, rev. ed., 1902, p. 1—8. Fig. 1.

[3]) Zimmermann, Centralbl. Bakt. Parasitenkde., Bd. 7, 1901, S. 917. — Zehntner,
Bull. 1, Proefstat. Cacao Salatiga, 1901, p. 7—8; Nr. 3, 1902, p. 10—16, 3 Fig. —
v. Faber. l. c. p. 265—267, Taf. 23, Abb. 2. — Koningsberger, Med. Dept. Landbouw,
Nr. 6, 1908, p. 73—74.

[4]) Bull. Imp. Inst., Vol. 8, 1910, p. 148.

[5]) Heeger, Sitz.-Ber. Akad. Wiss. Wien 1851, S. 346—348, Taf. 12, Fig. 1—10. —
Bcquet, Bull. Soc. ent. France 1851, p. LIV.

lata Schrk.[1]). Larve in Wurzeln der Schafgarbe, in Südfrankreich auch in Chrysanthemen schädlich geworden, die im Freien gehalten wurden. Der Käfer schneidet im April den Stengel an und legt in jeden ein Ei. Die Larve frifst im Marke abwärts bis zum Wurzelhalse, ja bis zur Wurzel selbst. Juli bis August entwickeln sich die Käfer, die aber bis zum nächsten Frühjahr in der Puppenwiege bleiben. Im Juni beginnen die befallenen Stengel zu welken.

Nitocris usambica Klbe. Ostafrikanischer gelber Kaffeebohrer[2]). 25—28 mm lang; schlank. Käfer gelb. Augen und Fühler schwarz, Flügeldecken zu dreiviertel, Hinterleib, Tibien und Tarsen der Hinterbeine dunkelbraun. Larven bis 40 mm lang, orangegelb. Käfer befrifst die grünen Teile des Kaffees. Eiablage an die jüngsten Zweige unter die Rinde. Larve bohrt zuerst im Marke abwärts, dann in Holz dicht unter dem Kambium, zuletzt etwas tiefer, bis 1 m lang. Im zweiten Teile des Ganges eine Reihe kleiner Löcher zum Auswerfen des Kotes. Puppe dicht über dem untersten Ende; Käfer schlüpft aus einem erweiterten Seitenloche aus. Generation wohl zweijährig. Schaden besonders indirekt, durch Fäulnis, Windbruch usw. Bekämpfung: Gang unterhalb des letzten Seitenloches anschlagen, die Larve durch ein eingeführtes dünnes Zweigstück töten.

Oberea Muls.

Larven in dünneren Stämmchen und Zweigen, das Mark aushöhlend.

O. linearis L. Haselbock[3]). Käfer von Mai an. Eier an Haselnufs, Hainbuche, Erle, Korkrüster, Hopfenbuche, Walnufs einzeln unter Rinde junger, nachher vom Weibchen geringelter Triebe, deren Spitze welkt und abbricht. Die nach 14 Tagen ausschlüpfende Larve frifst im Marke aufwärts bis zur Ringelstelle, wo sie ihren Kot durch ein Loch ausstöfst und dieses wieder durch Bohrmehl verschliefst. Nun bohrt sie sich vorwiegend nach unten, zeitweise auch nach oben umkehrend, bis ins mehrjährige Holz, und frifst Mark und Holz zu einem überall gleich weiten Kanale aus; der Kot wird von Zeit zu Zeit durch nachher wieder verschlossene Löcher nach aufsen geschafft. Puppenhöhle gewöhnlich nahe über dem Erdboden. Generation zweijährig. — **O. oculata L.** Larven, ähnlich wie vorige, in jungen Trieben von Laubholz, besonders in denen von Weiden, daher in Weidenhegern recht schädlich. Generation zweijährig.

O. bimaculata Ol. Raspberry cane borer[4]). Nordamerika. Das Weibchen macht, von Ende Juni an, an frischen Trieben von Him-, seltener Brombeeren, zwei, etwa ein Zoll voneinander entfernter Ringel; dazwischen legt es ein Ei ins Mark; die Spitze der Rute welkt und bricht ab; die Larve bohrt abwärts, überwintert und verpuppt sich erst im nächsten Frühjahr. — **O. ocellata Hald.[5]).** Ebenda, in Zweig-

[1]) Darboux et Mingaud, Bull. Soc. Etud. Sc. nat. Nîmes T. 33, 1905, Mém., p. 172—175. Extr.: Le Naturaliste T. 29, p. 13.

[2]) Morstatt, Pflanzer, Jahrg. 7, 1911, S. 68—69, 271—276, 1 Taf., 468. — Aulmann, l. c., S. 39—41, Fig. 22. — Kolbe, Deutsch. ent. Zeitschr. 1911, S. 504—535.

[3]) Eckstein, Forstl. nat. Zeitschr., Bd. 1, 1892, S. 163—165. — Nielsen, Zool. Jahrbb., Abt. Syst., Bd. 18, 1903, S. 659—664, Taf. 29. Strohmeyer, Nat. Zeitschr. Land-, Forstw., Jahrg. 4, 1906, S. 156—158.

[4]) Webster, Journ. N. Y. ent. Soc., Vol. V. 1897, p. 203—204, Pl. 10.

[5]) Chittenden, U. S. Dept. Agric., Div. Ent., Bull. 19, N. S., 1899, p. 98—99.

spitzen von Pfirsichen, Pflaumen, Äpfeln. — **O. ulmicola** Chitt.[1]).
Illinois, in Ulmen. Das Weibchen ringelt zuerst einen einjährigen
Zweig, dessen Spitze später im Winde abbricht. Dann legt es etwas
unterhalb ein Ei dicht unter die junge, zarte Rinde, und ringelt
wieder, aber nicht so tief, etwa einen Zoll unterhalb. An den beschränkten Stellen des Vorkommens der Art überaus häufig und daher
sehr schädlich.

Pogonochaerus fascicularis Panz. Larven in 1—5 cm dicken
Ästen oder 5—15 Jahre alten Stämmen der Kiefer, aber auch
Fichte. Weymouthskiefer, Edelkastanie. Der flache, scharfrandige,
bis 3 mm breite Fraßgang geht in Windungen, oft um den Zweig
herum. Da besonders die Äste der Krone befallen werden, ist die
Larve oft mitschuldig an der Gipfeldürre der Kiefern-Überhälter. Gene-
ration einjährig. Larven überwintern, häufig in den im Herbste fallenden
Reisern.

Tetrops praeusta L.[2]). Käfer vorwiegend an blühenden Prunus-
sträuchern; Larven in dünneren Zweigen von Prunus- und Pirusarten,
aber auch von Esche und in Rosenstengeln.

Chrysomeliden. Blattkäfer.

Die lebhaft, oft bunt gefärbten, unbehaarten Käfer sind ausgesprochene Tagestiere, die gewöhnlich Löcher in Blätter fressen. Die
zahlreichen, ebenfalls lebhaft gefärbten, länglichen Eier werden in
kleineren Gruppen außen an die Pflanzen, aber möglichst vor Sonne
und Wetter geschützt, abgelegt. Die meist düster gefärbten, ge-
drungenen, walzigen oder abgeflachten, oft warzigen oder dornigen
Larven fressen ebenfalls außen (die Oberhaut abschabend) an oder in
Pflanzenteilen. Die Puppe hängt frei am Blatte oder liegt in Erdkokon.
Fast immer mehrere Bruten; die Käfer der letzten überwintern.

Der Schaden wird nur da groß, wo Käfer und Larven in großen
Massen auftreten. Er ist in den meisten Fällen durch Arsenmittel,
namentlich Bleiarsenat, leicht zu vermindern. Die häufig sehr weich-
häutigen Larven erliegen auch schon einfachen Bestäubungen mit Kalk,
Ruß, Düngesalzen und ähnlichem.

Den Käfern und Larven stellen fast alle insektenfressende Tiere
nach, doch sind sie öfters durch widrig schmeckende und riechende
Säfte gegen viele derselben geschützt. Parasiten sind weniger zahlreich als bei den meisten anderen Käfern.

Man unterscheidet etwa 20000 Arten in zahlreichen Unterfamilien usw.

Die Larven der **Sagrinen**[3]) rufen vorwiegend in den Tropen der
Alten Welt in Bäumen und dickeren Pflanzenstengeln gallenartige Anschwellungen hervor.

Orsodacna vittata Say (atra Ahr.)[4]). Nordamerika; der Käfer
befrißt im Frühjahr die Blüten verschiedenster Bäume: Weiden, Hasel,
Erlen, aber auch von Obstbäumen, besonders Kirsche und Birne.

---

[1]) Webster, Bull. Illinois St. Labor. nat. Hist., Vol. 7, 1904, p. 1—14, Pls. 1—2.
[2]) Reh, Jahrb. Hamburg. wiss. Anst. XX, 1901, 3. Beih, S. 158. — Noël, Naturaliste, Ann. 31, 1909, p. 49—50.
[3]) Maxwell-Lefroy, Ind. Ins. Life, Calcutta 1909, p. 354. — Green, Trop. Agric.,
Vol. 33, 1909, p. 137.
[4]) Chittenden, U. S. Dept. Agric., Div. Ent., Bull. 9, N. S., 1897, p. 20—21.

Die **Donacinen**, **Rohrkäfer** [1]), benagen die oberen Teile von Wasserpflanzen; an oder in deren untergetauchten Teilen die Larven. Mitunter schädlich.

Criocerinen, Zirpkäfer.

Die dicken, walzigen, buckligen Larven bedecken ihren ganzen Körper mit Kot, der sie sowohl gegen Sonne und Trockenheit, wie auch gegen viele Feinde (Vögel) schützt.

Lema F.

L. cyanella L. [2]) und **melanopus** L. [3]), **Getreidehähnchen**; über ganz Europa und das südwestliche Asien verbreitet, schädlich aber nur in Südosteuropa. An Gräsern, besonders Getreide, von dem Hafer am meisten leidet. Die überwinterten Käfer fressen bereits im April langgestreckte, schmale Löcher in die Blätter. Eier glänzend gelb, in perlschnurartigen Reihen von 10—20 nahe dem Mittelnerv, 40—50 und mehr an einem Blatte. Anfangs Mai die Larven; sie schaben in schmalen Streifen die Oberhaut zwischen den Nerven ab. Bei Hitze halten sie sich auf der Unterseite der Blätter oder in der Nähe der Blattscheiden auf. Verpuppung Ende Mai, bei cyanella in einem erhärteten Schaumkokon an der Frafsstelle, bei melanopus in der Erde. Mitte Juni die Käfer. Erstere Art etwas später oder langsamer sich entwickelnd. In warmen Gegenden (Südrufsland) zwei Bruten (die Larven der zweiten im September), sonst eine sich fast über den ganzen Sommer hinziehende. Nach MOKRZECKY bleibt dagegen der im Juli fertige Käfer von melanopus bis Anfang nächsten Jahres in dem Erdkokon. S c h a d e n : Verlust an Samen, in Güte und Menge; in trockenen Jahren tritt die Ähre stark befallener Pflanzen gar nicht heraus. Ungarn erlitt 1891 Verluste von 11—15 Millionen Gulden. Das Vieh frifst befallene Saat nicht als Grün-, nur als Trockenfutter. B e k ä m p f u n g : Käfer kätschern. Befallene Stellen abmähen und auf ihnen Feuer anzünden, deren Asche über sie zu streuen ist. Spritzen mit 2 %iger Tabaksbrühe, wann alle Larven ausgekrochen sind und 1—2 Tage trockenes Wetter zu erwarten ist.

L. flaviceps Suff. [4]). Japan, gemein in Reisfeldern in den kühleren, bergigen Distrikten. Als Gegenmittel wird auf das Wasser der Reisfelder Petroleum gegossen; darauf werden Käfer und Larven von den Pflanzen mit Besen abgefegt.

L. trilineata Ol. Nordamerika. Früher ein sehr wichtiger Kartoffelschädling, jetzt aber durch Arsenmittel vollständig in Schach gehalten.

Crioceris Geoffr.

Cr. lilii Scop. (merdigera F.), **Lilienhähnchen** [5]). Auf Lilien, Kaiserkrone usw. Eier schmutzig rötlichgelb, zu 2—9 an der Blatt-

---

[1]) REH, l. c. — GOURY et GUIGNON, Feuill. jeun. Natur., Vol. 35, 1905, p. 37—38.
[2]) CORNELIUS, Stettin. ent. Zeitg., Jahrg. 11, 1850, S. 20—21.
[3]) WESTWOOD, Garden. Chronicle 1849, p. 324, fig. — CURTIS, Farm Insects, p. 307—308, Fig. 43. — SAJÓ, Zeitschr. Pflanzenkr., Bd. 3, 1893, S. 129—137. — MOKRZECKI, Ber. . . . 1907 (russisch); Ausz.: Zeitschr. wiss. Ins.-Biol., Bd. 7, S. 203.
[4]) ONUKI, Imper. agr. Exp. Stat. Japan, Abstr. of Bull. 30, p. 5—6.
[5]) SCHRÖDER, Ill. Wochenschr. Ent., Bd. 2, 1897, S. 516—518, 4 fig.. — REINECK, Zeitschr. wiss. Insekt.-Biol., Bd. 6, 1910, S. 65—66, 3 Fig.

unterseite. Die Larven skelettieren zuerst von Mitte Mai an, dann fressen sie Löcher auf beiden Seiten des Blattes, schließlich nagen sie sie von der Seite an. Verpuppung Ende Mai in glänzend seidenartig austapezierten Kokons flach in der Erde. Nach drei Wochen der Käfer. Zwei Bruten.

Cr. merdigera L. (brunnea F.) [1]. An Zwiebeln, Lauch, Knoblauch, Maiblumen, Spargel; Eier in Häufchen von 10—20; sonst wie vorige.

Cr. 12 - punctata L. (Eier anliegend) und **asparagi** L. (Eier senkrecht abstehend), **Spargelkäfer** [2, 3]), überwintern in Verstecken (hohlen Spargelstumpfen, Fanggürteln usw.). Eier an Spargelpfeifen und jungem Kraut. Käfer und Larven ebenda, die jüngsten Teile vorziehend; doch fressen erstere auch nicht selten den Grund der Stengel durch, selbst an unterirdischen Ausläufern. Puppen flach in der Erde. Zwei Bruten; Käfer von Ende April an bis in Oktober; ihre zweite Brut im August und September. Larven von Mai bis Juni, August und September. Ganze Entwicklungsdauer etwa 30 Tage. Die Larven der zweiten Brut von *Cr. 12-punctata* entwickeln sich in dadurch frühreif werdenden Beeren, an denen auch die Käfer vorwiegend fressen. — Der Schaden kann sehr bedeutend sein (bei New York 1862 50 000 Dollars), durch Beschädigung und Wertverminderung der Pfeifen, und Schwächung der Wurzel durch Zerstören der oberirdischen Teile, besonders groß in den ersten drei Jahren, solange noch keine Spargel gestochen werden.

Beide Arten, nach Nordamerika verschleppt, haben sich den ganzen Kontinent erobert, wurden allerdings an vielen Stellen durch Kältewellen im Winter oder Hitzewellen im Sommer dauernd oder für längere Zeit wieder ausgerottet.

Feinde der Larven: Raubinsekten (Coccinelliden, Schildwanzen, Grabwespen, Libellen, Florfliegen), Tachinen [*Meigenia floralis* Mg. [4]), *Myobia pumila* Macq.]; der Eier in Amerika: *Tetrastichus asparagi* Crawf. [5]).

Bekämpfung. Sammeln und Abklopfen (die Käfer von *asparagi* laufen wie Eichhörnchen um den Stamm herum, die von *12-punctata* lassen sich sofort fallen oder fliegen davon); bei heißem Wetter die Larven von den Pflanzen abfegen (sie gehen auf dem heißen, trockenen Boden zugrunde); Eier und Larven zerdrücken, indem man das Kraut durch die Hand zieht; im Herbste alles Kraut tief abmähen und verbrennen; im Frühjahre alle Krauttriebe entfernen, damit die Käfer an die Pfeifen ihre Eier ablegen müssen, mit denen sie entfernt werden; Stäuben mit Kalk, Tabak, Insektenpulver, selbst Straßenstaub; Spritzen mit Kontaktgiften, namentlich aber mit Bleiarsenat.

Cr. impressa F. [6]). Indien; Larve an Blättern von Dioscorea alata.

---

[1]) Reh, l. c. S. 159—160.

[2]) Chittenden, U. S. Dept. Agric., Yearb. 1896, p. 341—352, fig. 84—89; Bur. Ent., Bull. 66, 1907, p. 6—9; Circ. 102, 1908, 12 pp., 6 fig. — v. Schilling, Pr. Ratg. Obst-, Gartenbau 1898, S. 63, 3 Fig. — Reh, l. c. p. 160. — Theobald, Leafl. 47, Board Agr. London, 1902, 5 pp., 4 figg.; Rep. 1906/07, p. 118—119, Pl. 25, 26, Fig. 16.

[3]) Auch andere Crioceris-Arten finden sich hier und da an Spargel, sind aber ohne Belang. Siehe Xambeu, Le Naturaliste T. 31, 1909, p. 140—141, 152—153.

[4]) Pantel, Bull. Soc. ent. France 1902, p. 56—60.

[5]) Fernald, Journ. econ. Ent., Vol. 2, 1909, p. 278—279.

[6]) de Nicéville, Ind. Mus. Not. Vol. 5, p. 134, Pl. 8, fig. 6.

Clytrinen.

Diapromorpha melanopus Lac. [1]). Indien, am Tee. Käfer fressen Löcher in die Blätter und jungen Triebe, die welken und abbrechen. Die Pflanzung ist von der natürlichen Nahrung der Käfer (Gräser) rein zu halten. Absammeln. Larven und Biologie unbekannt.

Chlamydinen.

Chlamys plicata F. [2]). Nordamerika. Käfer und Larven an Brombeeren; letztere in schief nach oben abstehenden Kotsäcken.

Cryptocephalinen.

Larven in Kotsack, mit nach unten eingeschlagenen letzten Hinterleibsringen.

Elaphodes tigrinus Chap. [3]). Australien, an Akazien.

Cryptocephalus (Disopus) pini L. [4]). Südliches Mitteleuropa. Käfer im Herbste an Nadeln und jungen Trieben der verschiedenen Kiefern, nicht unbeträchtlich schädlich; sehr leicht abzuklopfen.

Cr. obsoletus Germ. [5]). In Mittel-Georgia ein ernstlicher Feind für collard-Kohl.

Eumolpinen.

Larven gewöhnlich unterirdisch, an Wurzeln, weich, weifslich, engerlingartig gekrümmt; mit abgerundetem Hinterende.

Noda cretifera Lef. [6]). Guatemala; Käfer fressen Löcher in Kaffeeblätter, die vertrocknen.

Colaspis brunnea F. [7]). Nordamerika. Larve unterirdisch an Wurzeln; Käfer und Larven an Rebe, Erdbeeren, Bohnen, Kartoffeln, Klee, Buchweizen, Birnbäumen, Mais usw. — **C. favosa Say** [8]), Käfer entblätterten in Georgia Pfirsichbäume.

Nodonota puncticollis Say [9]). Rose leaf-beetle. Nordamerika, einer der gemeinsten und verbreitetsten Blattkäfer, frifst im Frühjahre Löcher in Blätter, Knospen und Endtriebe der Rosaceen; auch an Weiden. — **N. tristis Ol.** Plum leaf-beetle [10]). Nordamerika. Im Hochsommer namentlich an Pflaumen und Pfirsichen, weniger an Apfel, Kirschen, Amelanchier.

Fidia viticida Walsh., Grape root-worm [11]). Oststaaten Nordamerikas; hier der schlimmste Feind der Rebe. Käfer von Mitte Mai bis Herbst; nagt lange, schmale, kettenartige Streifen in Blätter, Blatt- und Blütenstiele, grüne Triebe und grüne Beeren; an wachsenden Blättern werden diese Streifen allmählich breiter. Nach etwa zwei

[1]) WATT a. MANN, Pests and Blights of tea plant, 2 d ed., Calcutta 1903, p. 170 bis 174, fig. 8.

[2]) BRIGGS, Cold Spring Harbour Monogr. IV, 1905, 12 pp., 1 Pl., fig. A—L.

[3]) FROGGATT, Agric. Gaz. N. S. Wales, Vol. 13, 1902, p. 714.

[4]) JUDEICH u. NITSCHE, l. c., p. 610—612.

[5]) NEWELL a. SMITH, U. S. Dept. Agric., Bur. Ent., Bull. 52, 1905, p. 72.

[6]) U. S. Dept. Agric., Bull. 18, N. S., 1898, p. 100.

[7]) WEBSTER, ibid. Bull. 2. N. S., 1895, p. 90. — CHITTENDEN, ibid. Bull. 9, 1897, p. 21. — JOHNSON, ibid. Bull. 20, 1899, p. 63—64. — WEBSTER a. MALLY, ibid. p. 71; Bull. 26, 1900, p. 90. — FORBES, 22th Rep., 1903, p. 145—149, 2 figs.

[8]) NEWELL a. SMITH, l. c., p. 70.

[9]) CHITTENDEN, U. S. Dept. Agric., Div. Ent., Bull. 7, N. S., 1897, p. 60—61, 1 fig.

[10]) id., ibid. Bull. 19, N. S. 1899, p. 93 95.

[11]) JOHNSON a. HAMMAR, ibid. Bull. 89, 1910, 100 pp., 10 Pls., 31 figs. — HARTZELL, Journ. ec. Ent., Vol. 4, 1911, p. 419—421.

Wochen beginnt er 150 und mehr Eier in Gruppen von 25—40 vorwiegend unter lose Rinde am Grunde der Rebstöcke abzulegen. Nach 9—12 Tagen die Larven; sie lassen sich zu Boden fallen und graben sich ein; sie verzehren zuerst die feinen Wurzelfasern; später bohren sie lange, fest mit Bohrmehl und Kot ausgefüllte Gänge in stärkere Wurzeln und Löcher in den Stamm. Durch die Wunden dringen Fäulnispilze ein, die das Zerstörungswerk vollenden. Sie überwintern bis 2—3 Fuſs tief in einer Erdzelle. Von Mai an fressen sie wieder 3—4 Wochen an den Wurzeln, und verfertigen dann eine neue Erdzelle etwa 5—8 cm tief. Hierin verpuppen sie sich nach 6 Tagen; nach 2—3 Wochen der Käfer, der ebenfalls erst noch einige Tage in der Zelle ruht. Zum Herbste bzw. Frühjahre noch nicht genügend reife Larven überwintern zum zweiten Male.

Jeder Befall schwächt die Rebstöcke; stärkerer verhindert die Reifung der Trauben, die oft vorzeitig abfallen, und die Neubildung von Holz; die Blätter färben sich frühzeitig gelb. Der Fraſs der Käfer an den Blättern ist von minderem Belange; wichtiger ist der an Blatt- und Fruchtstielen, weil dadurch die Ernährung der betreffenden Endorgane verhindert wird; befressene Beeren platzen auf wie beim Oidium. Stark von Larven befallener Rebgarten sieht aus wie ein Reblausherd.

Die ursprüngliche Nährpflanze ist die wilde Rebe; an ihr kann sich der Käfer aber nie so stark vermehren, weil sie oberirdisch zu üppig wächst und zu sehr sich ausbreitet; die meisten aus den Eiern kriechenden und herabfallenden Larven vermögen nicht an die Wurzeln zu gelangen. — Auch an *Ampelopsis quinquefolia* und *Cercis canadensis*.

Gegenmittel. Käfer abklopfen, lassen sich aber bei der geringsten Berührung des Rebstockes fallen; Umbrechen der Erde im Mai bis dicht an die Rebstöcke heran zerstört die Puppenzellen und vernichtet die Puppen; im Herbste die Erde um die Stöcke etwas aufhäufeln; die Puppen liegen dann höher und können durch Ausrechen dieser Erhöhungen bloſsgelegt werden. Spritzen mit gesüſstem Bleiarsenat im Frühjahr, kurz bevor die Käfer ausschlüpfen, und noch einmal spätestens nach 8 Tagen. Schwefelkohlenstoff. Eintreiben von Geflügel zur Fraſszeit der Käfer.

Auch andere *Fidia*-Arten finden sich in Amerika an Reben, aber in so geringer Zahl oder Verbreitung, daſs sie zurücktreten.

Bromius (Eumolpus, Adoxus) obscurus L. var. **vitis** auct. (nec F.). Rebstock-**Fallkäfer**[1]), Ecrivain, gribouri. In allen Weinbaugebieten Europas, Asiens und Nordafrikas; schädlich nur in Südfrankreich und Ungarn. Sonst wie voriger. — Im Jahre 1880 zum ersten Male in Californien; seither auch dort mehrfach schädlich geworden. Anfangs wurde er mit vorigem verwechselt. Der Käfer erscheint dort etwas früher als in Europa, bereits Anfang Mai, und verschwindet im Juni. Eier nicht nur am Holz, sondern auch an den Blättern; Larven und Puppen tiefer, erstere mehrere Fuſs, letztere 10—20 cm tief in der Erde.

Die beiden Formen *obscurus* und *vitis* sind morphologisch identisch, biologisch zum Teil verschieden. In manchen Gebieten schlieſsen sie sich aus. *vitis* lebt in Europa im allgemeinen nur auf der Rebe; an

[1]) S. Reblaus-Denkschriften. — Topsent, Bull. Soc. Etud. Sc. nat. Reims 1896. — Sajó, Ill. Wochenschr. Ent., Bd. 1, 1896, S. 501—506, 517—524, 5 Figg.; Bd. 2, 1897, S. 129—134; Bd. 3, 1898, S. 314. — Mayet, Progr. Agr. Vitic. 1905, p. 538—540, 1 tav. — Quayle, Californ. agr. Exper. Stat. Bull. 195, 1908, 28 pp., 18 figs.

zwei Stellen Deutschlands allerdings kommt sie zwar mitten in Reb-
gebieten vor, aber nicht an der Rebe[1]). *obscurus* lebt in Europa vorwiegend an Epilobium·, aber auch an anderen Pflanzen. In Amerika
sollen beide Formen an beiden Pflanzen leben.

Colasposoma coffeae Klbe[2]). Die grünschillernden, 4—4,5 mm
langen Käfer durchlöcherten bei Lindi in Deutsch-Ostafrika in grofser
Zahl die Blätter von Liberia- und Payskaffee. Larven, nach Kolbe
vielleicht derselben Art angehörig, fraîsen von unten die Pfahlwurzel
junger Kaffeepflänzchen an oder höhlten sie schneckenförmig aus.

Paria aterrima Ol.[3]). Larven in Ohio schädlich an Erdbeeren,
deren Wurzeln sie abfressen. Puppe in Erdzelle.

Typophorus canellus F. Strawberry root-borer[4]). Ebenso. Käfer
fressen auch Löcher in Blätter. Auch auf Obstbäumen. Nach Howard
& Marlatt[5]) verschleppt die schwarze Varietät des Käfers die Larven
der San José-Schildlaus.

Syagrus puncticollis Lef.[6]). Schwarz bis schwarzbraun; Rücken
fein punktiert; Flügeldecken mit je zwölf, aus kleinen Höckern zusammengesetzten Leisten; Füfse stark graubraun behaart; 6—8 mm
lang. Ostafrika, an Baumwolle. Der Käfer erscheint kurz nach dem
Einsetzen der Regenzeit, namentlich da, wo noch kurze Zeit vor der
Bestellung hohes Gras gewachsen war. Er frifst nachts an den jungen
Baumwollpflänzchen 3—5 mm grofse Löcher in die Blätter und beifst
die Blattstiele und Stämmchen durch. Tagsüber in den etwas eingerollten oder zusammengefalteten Blättern. Ein Käfer kann in einer
Nacht 8—10 Pflänzchen eines Pflanzloches beschädigen. Junge
Pflänzchen gehen ein, ältere werden schwer geschädigt. Amerika-
nische Upland-Baumwolle wurde bis jetzt verschont. Das einzige
Gegenmittel scheint Abschütteln zu sein, da Arsenseife die Pflänzchen
tötete.

Chrysochus auratus F.[7]). Georgia; grofser Schaden durch Entblätterung von jungen Pekan-Kulturen.

Chrysomelinen.

Colaphus sophiae Schall.[8]). Mittleres Europa, spärlich an wilden
Kreuzblütlern; in Nordholland Käfer und Larven an Senf schädlich
geworden.

Colaspidema atrum Ol.[9]). Südwestliches Europa, besonders schädlich in Südfrankreich (*négril, babotte noire*) an Luzerne. Käfer von

---

[1]) Siehe v. Fricken, Naturgeschichte d. Käfer Deutschlands. 4. Aufl.. 1885, S. 467.
[2]) (Warburg), Tropenpflanzer, Bd. 3, 1899, p. 387. — Kolbe, Deutsch. ent.
Zeitschr. 1911, S. 505—506. — Aulmann, Fauna d. deutsch. Kolon., R. 5, Heft 2
S. 50—51, Fig. 32.
[3]) Crawford, U. S. Dept. Agr., Div. Ent., Bull. 4, 1884, p. 88—89.
[4]) Pettit, Michigan agr. Exp. Stat., Bull. 180, 1900, p. 134—136, fig. 12—13.
[5]) U. S. Dept. Agric, Div. Ent., Bull. 3, 1896, p. 30.
[6]) Kränzlin, Pflanzer. Jahrg. 6, 1910. S. 241—245.
[7]) Newell a Smith, U. S. Dept. Agric, Bur. Ent., Bull. 52, 1905, p. 70.
[8]) Ritzema Bos, Tijdschr. Ent. D. 33, 1879, p. 139—151, Tab. 9, fig. 5—10; Landwirtsch. Versuchsstat. 1884, S. 85—95; Zeitschr. Pflanzenkrankh., Bd. 1, 1891, S. 341
bis 342; Ziekten en Beschadigingen der Landbouwgewassen, D. 2, Groningen 1902,
p. 117—119, Fig. 59.
[9]) Gavoty, Progr. agric. vitic. Ann. 18, 1901, Vol. 36, p. 44—46. — Roule, Bull.
Soc. Hist. nat. Toulouse T. 35, 1902, p. 121—130; Progr. agr. vitic. Ann. 20, 1903,
Vol. 39, p. 359—365. — de Monlaur, ibid. p. 144—145.

Ende April an. Eier in kleinen Gruppen unter Erdschollen, seltener an Blättern; an diesen die Larven und Käfer. Nach 2—3 Wochen Verpuppung, 10—15 cm tief in der Erde; nach etwa 2 Wochen (Anfang Juli) ist der Käfer fertig, bleibt aber in seiner Puppenhöhle bis zum nächsten Frühjahr. Haben die Larven ein Feld kahl gefressen, so wandern sie in langen schwarzen Zügen. Gegenmittel: Eintreiben von Geflügel, wenn die Käfer ausgekrochen sind; Abmähen stark befallener Luzerne während des Larvenfrafses.

Gastroidea (Gastrophysa) **polygoni** L. [1]. An Buchweizen usw. In England an Wurzeln schädlich geworden. — **G. viridula** Deb. (raphani Hrbst) [2]. An Rettich, Sauerampfer, Rhabarber [3] usw. Eier an Blattunterseite. Zwei Bruten.

Phaedon armoraciae L. (betulae Küst., cochleariae Panz.), Europa, Nordamerika, und **Ph. cochleariae** F. [4], Europa, an wilden Kreuzblütlern; von ihnen gehen sie öfter an kultivierte über, besonders an Meerrettich (Merrrettich-Blattkäfer), Senf, Kresse, Kohl, Kohlrabi usw. Ende April, Anfang Mai. Bald darauf Eier senkrecht nebeneinander in Häufchen an Blattunterseite. Ende Mai die Larven erwachsen. Puppen lose in der Erde; nach 14 Tagen die Käfer, die sich sehr bald wieder fortpflanzen, so dafs Ende August, September die Entwickelung wieder abgeschlossen ist; die Käfer überwintern nun. Käfer und Larven fressen in erster Linie an Blättern, erstere von unten skelettierend, letztere auch Löcher von oben. Auch an Stengeln und Blüten. — Schon wiederholt, namentlich an Meerrettich, sind ganze Kulturen zerstört worden. Am besten fängt man die Käfer mit geteerten, durch die Felder gezogenen Brettern ab; im Herbste alle Rückstände beseitigen.

Ph. aeruginosa Suffr. Water-cross leaf-beetle [5]. Nordamerika. Käfer und Larven an Wasserkresse, Nasturtium officinale. Mit Spritz- und Stäubemitteln ist ihnen nicht beizukommen. Bei Kulturen in fliefsendem Wasser schwemmt dieses die Käfer fort.

Plagiodera versicolora Laich. Wie Phyllodecta vitellinae.

Melasoma Steph. (Lina Redt.).

M. populi L. **Pappelblattkäfer.** Europa, Asien. — **M. tremulae** F. (longicollis Suffr.), Espenblattkäfer, auch nach Nordamerika verschleppt, und **M. cupreum** F. an Weiden, Pappeln und Espen, an ersteren in Hegern mitunter verderblich, an letzteren vorwiegend an Stockausschlägen. Käfer überwintern im Boden; die 150 gelblichen, zylindrischen Eier senkrecht in kleinen Häufchen an Blattunterseite. Nach 8 bis 10 Tagen, im März die Larven, die zuerst gesellig die Blätter von

---

[1] Theobald, Report 1905—06, p. 73.
[2] Kleine, Ill Zeitschr. Ent., Bd. 5, 1900, S. 10. — Ritzema Bos, Tijdschr. Plantenz. D. 8, 1902. p. 49—50.
[3] Reh, Jahresber. Sonderaussch. Pflanzensch. D. L. G. 1903, S. 140.
[4] Die Angaben in der Literatur lassen in den seltensten Fällen erkennen, welche der beiden Arten gemeint ist. Wir führen sie daher beide an. — Letzner, Denkschr. schles. Ges. vaterl. Nat.-Gesch. 1853, S. 209—211, Taf. 2, Fig. 28—30. — Cornelius, Stettin. ent. Zeitg., Jahrg. 24, 1863, S. 123. — Ritzema Bos, Zeitschr. Pflanzenkrankh., Bd. 1. 1891, S. 342. — Schütte. Jahrb. Ver. Nat. Unterweser 1900, S. 53—55. — Journ. Board Agric. London, Vol. 14, 1907, p. 214; Vol. 18, 1911, p. 413—414. — Korff, Prakt. Blätter Pflanzenb., Jahrg. 6, 1908. S. 92—95, 129—132, 2 Figs. — Chittenden, U. S. Dept. Agric., Bur. Ent., Bull. 66, 1909, p. 18—19.
[5] Chittenden, l. c., p. 16—20, Fig. 5; p. 96.

unten skelettieren, später einzeln Löcher fressen. Nach 3 Wochen die mit der Hinterleibsspitze an der Blattunterseite aufgehängte Puppe; nach 6—10 Tagen die Käfer. Je nach Witterung ist die zweite Brut im Juli bis September fertig; in ersterem Falle kann sich noch eine dritte entwickeln. Gegenmittel: Ablesen; im Winter das Laub usw. zusammenrechen und verbrennen; Spritzen mit Insektiziden. — Als Parasit züchtete Rabaud aus M. populi die Tachine *Meigenia bisignata* Meig.[1]).

M. scripta F.[2]). Nordamerika; wie vorige, aber viel schädlicher. Die Art hat schon Tausende von Pappeln getötet und zahlreiche Äcker von Weidenhegern (Salix viminalis) vernichtet. Die Käfer befressen mit Vorliebe die Triebspitzen, oft ringeln sie sie, so dafs die Spitze abstirbt und die Seitenknospen austreiben, was natürlich den Wert der Weidenruten sehr vermindert. Spritzmittel halfen nichts; am besten bewährt sich eine Art von hopperdozer (s. S. 162). Die Käfer gehen sehr früh, bereits anfangs Juli, in die Winterquartiere.

M. aenea L. Europa. Auf Erlen; wie *Agelastica alni.*

In Nordamerika noch **M. lapponica L.**[3]) an Weiden und **M. (Zygogramma) exclamationis F.** an wilden und kultivierten Sonnenblumen.

Leptinotarsa decemlineata Say. Kolorado(Kartoffel-)käfer[4]). Als Heimat des Käfers galt bis vor kurzer Zeit Colorado, wo er ursprünglich in geringer Zahl auf Solanum rostratum lebte. Nach den Untersuchungen Towers stammt er dagegen aus dem nördlichen Südamerika, von der Form *undecimlineata* ab. Diese breitete sich nordwärts aus und spaltete sich dabei in mehrere Formen, deren eine bereits in Mexiko den Koloradokäfer bildete und als solcher in sein zweites Mutterland einwanderte. Die grofse Anpassungsfähigkeit soll sich auch jetzt noch dadurch äufsern, dafs der Käfer in seinem heutigen weiten Verbreitungsgebiete neue Formen entstehen lasse.

Geschichte. Anfangs der fünfziger Jahre des vorigen Jahrhunderts begann der Käfer in Colorado, bis wohin vor kurzem der Kartoffelbau auf seiner Ausbreitung nach Westen gelangt war, auf diese Pflanze überzugehen und sich auf ihr ostwärts auszubreiten. Aber erst 1865 wurde er als schädlich berichtet. Bereits im Jahre 1874 hatte er die atlantische Küste erreicht, und sich zugleich soweit nach Norden und Süden ausgebreitet, dafs über ein Drittel der Vereinigten Staaten

[1]) Feuille jeun. Nat. T. 39, 1909, p. 101—102.
[2]) Lintner, U. S. Dept. Agric., Div. Ent., Bull. 2, N. S., 1895, p. 69—75. — Felt, New York St. Mus. Mem. 8, Pl. 1, 1905, p. 317—322.
[3]) Felt, l. c., p. 564—565, fig. 139—140.
[4]) Hier kann nur die wichtigste Literatur angegeben werden: Riley, The Colorado beetle, with suggestions for its repression and methods of destruction, London 1877, 8°, 123 pp., 1 Pl. — Gerstäcker, Der Coloradokäfer und sein Auftreten in Deutschland. Im Auftrage des Kgl. Preufs. Ministeriums f. d. landwirtsch. Angelegenheiten dargestellt. Mit 1 Farbendrucktafel u. Karten, Kassel 1877, 8°, 84 S. — Karsch, Ent. Nachr., Jahrg. 13, 1887, S. 323—329. — Smith, Rep. N. Jersey agr. Exp. Stat. 1894 ff. — Tower, Science N. S., Vol. 12, 1900, p. 372, 438—440. — Theobald, I. Rep. econ. Zool., London 1903, p. 87—93; U. S. Dept. Agric., Bull. 54, 1905, p. 65—68. — Tower, An investigation of evolution in Chrysomelid beetles of the genus Leptinotarsa. Carnegie Inst. Washington, Publ. 48, 1906, 320 pp., 30 Pls., 31 figs. — Chittenden, U. S. Dept. Agric., Bur. Ent., Circ. 87, 1907, 15 pp., 6 figs. — Popenoe, ibid., Bull. 82, 1909, p. 1—8, Pl. 1—2. — Cooley, Journ. econ. Ent., Vol. 3, 1910, p. 178—179. — Journ. Board Agric. London, Vol. 16, 1910, p. 915—916, fig.

und Südcanada befallen waren. Die Ausbreitung geschah längs und
den Eisenbahnen und Flüssen und durch, von den im Spätsommer
herrschenden Winden unterstützten Flug; Schwärme von über 10 000
Stück wurden beobachtet. In den Oststaaten vermehrte sich der
Käfer so ungeheuer, daſs er bald eine Plage für die Bewohner der
Küstenstädte und Seebäder wurde, daſs er Eisenbahnen zum Entgleisen
brachte und massenhaft die Schiffe überfiel. Ungeheure Mengen flogen
aufs Meer, ertranken hier und wurden in dichten Bänken wieder an
das Ufer gespült.

Nach Norden zu hatte der Koloradokäfer sehr bald Canada erreicht; hier wurde ihm aber durch das Klima eine Grenze gesetzt, die
er auch bis jetzt nicht wesentlich überschritten hat. Ähnlich ging es
ihm im Süden, wo die häufigere Wiederkehr von 38° C seine Ausbreitung abgrenzte; denn bei dieser Temperatur sterben Eier und
Larven. Von Zeit zu Zeit, in kühleren Jahren, fanden bzw. finden
Vorstöſse nach Süden zu statt, die aber nicht zu dauernder Ansiede-
lung führten; immerhin gewinnt der Käfer hier ständig, wenn auch
langsam an Boden. Nach Westen bildete lange Zeit das Felsengebirge ein unüberwindliches Hindernis, das aber neuerdings an
mehreren Stellen überflogen ist.

Biologie. Die Käfer befressen im Frühjahre die Blätter vorwiegend vom Rand aus und belegen sie mit Häufchen von 15—90
senkrecht stehenden, 1 mm hohen, orangeroten Eiern, deren jedes
Weibchen bis 1000 und mehr Stück legt. Nach 4—8 Tagen schlüpfen
die Larven aus, die zuerst an der Unterseite der Blätter, später an
ihrer Oberseite, Löcher fressen, zuletzt sie auch vom Rande aus benagen; Larven, und noch mehr Käfer, scheiden grofse Mengen schwärzlichen, schmierigen Kotes aus. Nach 16—21 (28) Tagen gehen sie bis
1 Fuſs tief in die Erde und verpuppen sich in einer Höhle. Nach
1—3 Wochen der Käfer, der nach 8—14 Tagen wiederum Eier ablegt;
die hieraus sich entwickelnden Käfer gehen verhältnismäſsig früh (schon
August—September) zur Überwinterung (bis 3 Fuſs) tief in die Erde.
In den höher gelegenen Teilen von Montana entwickelt sich nur eine
Generation; in den südlicheren Staaten reifen drei aus; dazwischen
finden sich alle Übergänge; öfters wird die dritte Brut nicht fertig und
überwintert als Puppe.

Der Schaden war früher ein ungemein grofser, so daſs er die
Marktpreise merkbar beeinfluſste und in manchen Gegenden der Kartoffelbau aufgegeben werden muſste. Jetzt ist er bedeutend geringer,
beträgt aber doch noch jährlich etwa 10 Millionen Mark für das ganze
Gebiet.

Eigenartig ist, daſs der Käfer in manchen Gegenden dauernd oder
wenigstens zeitweise verschwunden ist bzw. verschwindet.

Nährpflanzen sind in erster Linie Solaneen, aber auch manche
andere, wie Argemone mexicana, Amaranthus retroflexus, Sisymbrium
officinale, Polygonum hydropiper, Ribes rubrum, Disteln, Chenopodium
hybridum usw. Von Kartoffeln werden zartblättrige Sorten vorgezogen,
rauhblättrige solange wie möglich verschmäht.

Feinde: Fast alles, was Insekten frifst; zu erwähnen sind die
Coccinelliden und ihre Larven, die die Eier und Larven fressen. Parasiten sind aufser Tachinen keine bekannt.

Gegenmittel. Abklopfen; Larven bei Sonnenhitze abfegen, so
daſs sie auf dem heifsen, trockenen Boden zugrunde gehen; Pflügen

im Herbst und Frühjahre; Beseitigung der Unkräuter. Am zweckmäfsigsten ist das Spritzen mit Arsenmitteln (Bleiarsenat), durch das der Käfer überall leicht in Schach zu halten ist.

Geschichte in Europa. Als der Kartoffelkäfer 1875/76 in den atlantischen Küstenstädten Nordamerikas in so ungeheueren Massen auftrat, wurde sein baldiges Erscheinen in Europa mehrfach in Aussicht gestellt. Bereits 1876 wurden zweimal auf von New York nach Bremerhaven fahrenden Dampfern lebende Käfer gefunden, am 14. Juni sogar einer in einem Güterschuppen Bremens. 1877 fing Murray mehrere Käfer im Hafen von Liverpool auf einem aus Texas angelangten Schiffe, und anfangs Juni wurden einige im Hafen von Rotterdam gefangen. Am 19. Juni wurde er dann in nicht geringer Zahl auf Kartoffelfeldern bei Mühlheim a. Rh. entdeckt. Energischste Bekämpfung (Verbrennen des Krautes, Begiefsen des Bodens mit Kalilauge) schien ihn rasch beseitigt zu haben, als er am 27. Juli nochmals auftrat. Unter Leitung von Prof. Gerstäcker wurde er dann vernichtet.

Anfangs August wurde ein neuer, weit stärkerer Befall bei Schildau bei Torgau entdeckt; etwa 16 Äcker, zum Teil weit voneinander entfernt, waren hier befallen; einige recht stark. Die Infektion war offenbar schon früher erfolgt, daher schon alle Stadien vorhanden waren. Auch hier geschah die Ausrottung unter Gerstäckers Leitung; dennoch trat der Käfer im nächsten Jahre wieder auf, wurde nun aber wieder energisch bekämpft. Im Jahre 1887 erschien er wieder bei Torgau, aber in einiger Entfernung vom Platze seines früheren Auftretens; acht Äcker waren, offenbar schon seit einiger Zeit (3 Jahren?) befallen. Mit einem Kostenaufwand von 30 000 Mark gelang seine Vernichtung.

Mitte August 1901 zeigte sich der Käfer in einigen Hausgärten von Dockarbeitern zu Tilbury in England. Das Kraut wurde mit Petroleum begossen und angezündet, der Boden umgegraben, mit Gaskalk versetzt und mit Petroleum begossen. Trotzdem erschienen neue Käfer Ende Mai, anfangs Juni 1902 aus der Erde; sie stammten offenbar aus Puppen, die im Spätsommer 1901 zur Überwinterung so tief in die Erde gegangen waren, dafs sie von der Behandlung des Bodens nicht betroffen wurden.

Da mit einer Neueinschleppung des Koloradokäfers stets zu rechnen ist, sei kurz die Behandlung nach Gerstäcker angeführt, die sich, trotz aller Angriffe, als ausgezeichnet bewährt hat. Zuerst werden oberirdisch alle Käfer und Larven abgesucht; dann erst wird das Kraut verbrannt oder besser abgemäht, in Erdlöcher eingeschüttet, Schicht für Schicht mit Benzol übergossen, schliefslich die Löcher mit Erde gefüllt und diese festgestampft. Nun wird der Boden tief umgegraben, nach Larven, Puppen und Käfern durchsucht und ebenfalls mit Benzol begossen. An derselben Stelle oder in nächster Nachbarschaft sind wieder Kartoffeln zu pflanzen, damit sich an ihnen doch noch auskriechende Käfer anlocken lassen; sie sind natürlich unter sorgfältiger Aufsicht zu halten, solange Gefahr besteht.

Auch hier in Europa stellten namentlich Coccinelliden den Jugendstadien des Käfers nach.

Ceralces ferrugineus Gerst.[1]). Deutsch-Ostafrika, an Blumen, neuerdings auch an Kautschuk.

---

[1]) Aulmann, Mitt. Zool. Mus. Berlin, Bd. 5, 1911, S. 263—264, Fig. 4.

Entomoscelis adonidis Pall.[1]). Europa, Asien, Nordamerika. An den verschiedensten Cruziferen, aber auch an Petasites officinalis, Disteln, Roggen usw., schädlich vorwiegend an Raps. Während Schäden in Europa nur im Südosten vorkommen, sind sie in Amerika fast ganz auf Kanada beschränkt; die Art bedarf trockener heifser Sommer. Eier und junge Larven überwintern in oder an der Erde; von Ende März bis in April der Hauptlarvenfrafs. Puppe in der zweiten Aprilhälfte in der Erde; Anfang Mai die Käfer, die, nach Sajó, jetzt nur kurze Zeit fressen, dann sich zu einem Sommerschlafe in die Erde verkriechen und erst im September bis November die Hauptfrafs- und Fortpflanzungszeit haben; in anderen Ländern werden die Käfer aber auch im Hochsommer beobachtet. Bekämpfungsmittel: $2\,^1/_2\,^0/_0$ iges Pyrethrumextrakt; die anfangs kleinen Frafsherde mit Stroh bedecken und anzünden. Schweine sollen die Larven vom jungen Raps abfressen, ohne ihn zu beschädigen. — In den sandigen Gegenden Ungarns, wo Getreide- und Kartoffelbau herrscht, nach Sajó nützlich, da er die Cruziferen-Unkräuter vernichtet.

Phytodecta viminalis L. Wie *Gallerucella lineola*. — **Ph. fornicata** Brüggem.[2]). Käfer und Larven an Luzerne; Pferde sollen die befallene Luzerne nicht fressen.

Phyllodecta (Phratora)[3]) **vitellinae** L., **Ph. vulgatissima** L. und **Ph. viennensis** Schrk., **Weidenblattkäfer**, an Pappeln und Weiden; in den Kulturen letzterer nicht selten ernstlich schädlich. Die drei Käfer verhalten sich den verschiedenen Weidenarten gegenüber verschieden, ziehen aber immer glatt- und zartblättrige Arten vor. Überwinterung an geschützten Orten an und über der Erde, sehr häufig auch unter Fanggürteln. Zeitig im Frühjahre fressen sie Löcher in Blätter. Die gelbgrauen Eier in Doppelreihen zu etwa 20 Stück an Blattunterseiten. Die Larven, und nun auch die Käfer, skelettieren die Blätter von unten. Nach 20—30 Tagen Verpuppung in der Erde. Nach etwa 12 Tagen, Ende Juni, die neuen Käfer, die auch die Rinde der jungen Triebe abnagen; im August wiederum eine Käfergeneration fertig, die überwintert. Bekämpfung durch Abklopfen der Käfer, Verbrennen der Bodendecke, Herstellung künstlicher Winterverstecke, Spritzen und Stäuben mit Insekticiden. — Erstere Art auch in Nordamerika[4]).

Halticinen, Erdflöhe[5]).

Vorwiegend nahe dem Boden, an niedrigen Pflanzen, auf Kräutern, weniger Sträuchern, sehr selten auf Bäumen. Sie fressen immer auf

[1]) Künstler. Verh. zool.-bot. Ges. Wien, Bd. 21, 1871. S. 45—46. — Kraatz u. v. Weidenbach, Ent. Monatsbl., Jahrg. 1. 1876, S. 39, 57. — Köppen, Schädl. Insekt. Rufslands, Moskau 1880. S. 274—275. — Fletcher, Rep. 1887 ff. — Lesne, Ann. Soc. ent. France (6) T. 10, 1890, p. 177—179, 9 figs. — Horvath, 1892; siehe Zeitschr. Pflanzenkr.. Bd. 3, S. 354. — Sajó, Ill. Wochenschr. Ent., Bd. 1, 1896, S. 87—89, 117—120, 189, Figg.: Bd. 2, 1897, S. 529. — Chittenden, U. S, Dept. Agric., Div. Ent., Bull. 33, N. S., 1902. p. 49—53. Fig. 11.
[2]) Heeger, Isis 1848, S. 322, Taf. 3. — Horváth, l c. — Sajó, l. c.. Bd. 5, 1895. S. 284.
[3]) Eckstein, Zeitschr. Forst- u. Jagdwes., Jahrg. 22, 1890, S. 145. — Altum, ibid. Jahrg. 23. 1891, S. 34. — Staes, Tijdschr. Plantenz. D. 2, 1896, p. 92—103. — Theobald, 2[d] Rep. ec. Zool., London 1904, p. 163—165. — Tullgren, Jakttag. etc., Stockholm 1905, p. 37—38. — Danguy, C. r. Ass. franç. Avanc. Sc. Grenoble 1904; Not. et Mém. p. 1335—1339. — Rörig, Ill. Wochenschr. Ent., Bd. 2, 1897, p. 657—661.
[4]) Britton, Journ. econ. Ent. Vol. IV, 1911, p. 544.
[5]) Theobald, Journ. South East. agric. Coll. 1903, Nr. 12, p. 50—68, 1 Pl. — Jablonowski, Die tierischen Feinde der Zuckerrübe, Budapest 1909, S. 148—174.

den Blattspreiten, in dünnere Blätter Löcher, in dickere Fenster; die stehen gebliebene Oberhaut der andersseitigen Blattfläche erscheint zuerst weifs; später vertrocknet sie, färbt sich braun und reifst oft aus, so dafs also auch hier nachträglich Löcher entstehen. Nährpflanzen in erster Linie Kreuzblütler, wilde und angebaute. Es wurde beobachtet, dafs die Käfer in grofsen Schwärmen gegen den Wind auf Kulturen geflogen kamen. Überwinterung an geschützten Stellen, im Bodengeniste, unter Erdschollen, zwischen stehen gebliebenen Pflanzenresten, besonders zahlreich in hohlen Pflanzenstengeln, in Rissen und Ritzen von Bäumen, Mauern, Zäunen, unter Moos, Flechten, Fanggürteln usw. Bereits in den ersten warmen Tagen fallen sie heifshungrig über die sprossende junge Vegetation, die sich öffnenden Knospen usw. her. Von Anfang April an die wenig zahlreichen (20—50), gelblichen, elliptischen, sehr kleinen Eier, einzeln oder in kleinen Gruppen, in den meisten Fällen an Blättern. Nach 6—12 Tagen die Larven, oberirdisch an oder in Blättern, im Stengel oder (meistens) unterirdisch an oder in der Wurzel. Nach 3—6 Wochen Verpuppung, fast ausnahmslos in der Erde, frei oder in kleiner Zelle; nach mehreren Wochen die neue Käfergeneration. Generation meistens einjährig; die im Juli und August ausgeschlüpften Käfer überwintern. Da sich aber die Eiablage gewöhnlich über einen längeren Zeitraum hinzieht, auch die Lebensdauer der einzelnen Stadien sehr verschieden ist, findet man fast die ganze gute Jahreszeit über alle Stadien von jungen Larven bis zu Käfern, so dafs vielfach auf mehrere Generationen im Jahre geschlossen wurde. Es sind derer aber wohl selten mehr als zwei.

Die Käfer sind bei warmem, trockenem, sonnigem Wetter ungemein lebhaft. Merkwürdigerweise aber fliegen sie selbst dann nur sehr ungern, sondern bedienen sich fast ausschliefslich ihrer starken Springschenkel. Die anderen Stadien bedürfen umgekehrt einer gewissen Feuchtigkeit; namentlich trockene Hitze wird ihnen verderblich, daher die Verpuppung gewöhnlich in den obersten feuchten Bodenlagen.

Schaden mehr durch die Käfer als durch die Larven. Erstere namentlich an keimenden Aussaaten, von denen sie oft mehrere hintereinander vernichten, sowie überhaupt an sprossender Vegetation. Nach Mitteilungen Theobalds betrug der Schaden 1786 in Devonshire 100 000 £, 1881 in 22 englischen und 11 schottischen Grafschaften weit über $^1/_2$ Mill. £; hierbei dürften allerdings wohl noch andere Ursachen mitgewirkt haben. Er erreicht diese Zahlen aber auch bei *Haltica ampelophaga* in Algier.

Feinde der Erdflöhe sind wenig bekannt und praktisch ohne Belang. — Von etwas gröfserer Bedeutung sind Pilzkrankheiten[1]), namentlich *Sporotrichum globuliferum* und *Botrytis bassiana*, die ganz besonders unter den in Massenquartieren überwinternden Käfern oft arg aufräumen und schon mehrfach mit Erfolg zur künstlichen Infektion solcher verwandt worden sind.

Vorbeugungs- und Bekämpfungsmittel[2]) gibt es unzählige, keines aber, das unter allen Umständen sicher zum Ziele führt. Die wichtigsten sind: die natürlichen Überwinterungsverstecke mög-

---

Fig. 35—42. — Für Durchsicht dieses Abschnittes und viele Verbesserungen bin ich Herrn Fr. Heikertinger in Wien zu grofsem Danke verpflichtet.

[1]) Trabut, Rev. Vitic. Nr. 222, 1898, p. 317—322; C. r. Acad. Sc. T. 126, 1898, p. 359—360. — Debray, Rev. Vitic. Nr. 227, 1898, p. 482—483.

[2]) Siehe u. a. Thiele, Zeitschr. Pflanzenkr. Bd. 8, 1898, S. 342—344.

lichst vernichten; künstliche Verstecke darbieten. Schnell keimende Saaten mit Petroleum oder Terpentin tränken [1]). Zwischen langsam keimende Saaten erst bei Beginn des Keimens Sand (100 l) oder Sägemehl streuen, die mit Petroleum (10 l), Asa foetida oder Terpentin getränkt sind [2]). Mindestens wurden dadurch die Erdflöhe auf 8—14 Tage ferngehalten, bis die Pflänzchen über das gefährdetste Stadium hinweg waren [3]). Streuen von Tabaksstaub, Spritzen mit Petroleum (6,5 l auf 40 Ar) tun dieselben Dienste; doch muſs letzteres öfters wiederholt werden. Durch gute Düngung das Wachstum der Pflänzchen möglichst beschleunigen. Spritzen mit Arsenmitteln, namentlich mit Bleiarsenat. Mit Bordeauxbrühe gespritzte Pflanzen werden verschmäht. CHITTENDEN empfiehlt daher, die Hauptmasse der Saaten damit zu spritzen, aber einzelne schmale Streifen mit Bleiarsenat; auf letzterem sammeln sich dann die Käfer und werden vergiftet. PARKER [4]) macht aber darauf aufmerksam, daſs an schnell wachsenden Pflanzen die Bordeauxbrühe bewirke, daſs die Erdflöhe zwar die älteren. bespritzten Teile verschmähen, dafür aber über die jüngsten, nach der Bespritzung hervorsprossenden und für die Pflanze wichtigsten Wachstumsteile herfallen, also nunmehr erst recht schaden. Abklopfen höher wachsender Pflanzen, bei niedrigen mit Klebstoff bestrichene und mit Abfegevorrichtung versehene Bretter zwischen oder dicht über ihnen durch die Felder ziehen. Eine Vereinigung beider Maſsnahmen sind leichte, überspannte und mit Klebstoff versehene Rahmen, auf die man höhere Pflanzen abklopft. Allgemeine Schutzmaſsregeln sind: Boden feucht halten. überhaupt öfteres Gieſsen, Beschatten. So wuchsen im Schatten von Kartoffeln gesäte Rübsen unverletzt heran (THEOBALD). Schlieſslich haben sich Geflügel und Kröten als sehr nützlich erwiesen.

Die Arten sind zum groſsen Teil ungemein schwer auseinander zu halten.

Podagrica malvae Ill. und **fuscicornis** L., auf Malven, Pappelrosen, Eibisch. Käfer durchlöchern die Blätter, Larven in Stengel und Wurzel.

Crepidodera (Chalcoides) aurata Marsh. In ganz Europa gemein auf allen Weidenarten: in Schweden [5]) massenhaft an drei- bis vierjährigen Pflänzchen von Populus laurifolia und alba. — **Cr. (Derocrepis) rufipes** L. Europa, vorwiegend an wild wachsenden Schmetterlingsblütlern, auch an Erbsen und Feldbohnen [6]). — **Cr. (D.) erythropus** Melsh. [7]), Nordamerika, namentlich an Robinien; die überwinterten Käfer fressen an den früher ausschlagenden Obst-, besonders Pfirsichbäumen die jungen Knospen aus. — **Cr. costatipennis** Jacoby [8]), 3—4 mm lang, gelb. Kamerun, an Kakao. Ende Mai nagen die Käfer Löcher in

---

[1]) Im Journ. Board Agric. London Vol. 12, 1905, p. 38—39 wird berichtet, daſs solche Samen, auch abgesehen vom Schutz gegen Erdflöhe, weit bessere und kräftigere Pflanzen ergaben, als unbehandelte.

[2]) Auch diese Maſsregel soll ähnlichen Erfolg gehabt haben.

[3]) RITZEMA BOS, Zeitschr. Pflanzenkr. Bd. 4, 1894, S. 148—149.

[4]) Siehe Psylliodes punctulata.

[5]) TULLGREN, Stud. Jakkt. etc., 1905, p. 35—36.

[6]) KALTENBACH, Pflanzenfeinde p. 141.

[7]) SCHWARZ, Ins. Life, Vol. 5. 1893, p. 334—342, 1 Fig. — BURGESS, U. S. D. A.. Bur. Ent. Bull. 52, 1905, p. 53. Irrtümlich *Cr. rufipes* genannt; siehe HEIKERTINGER, Verh. zool. bot. Ges. Wien, Bd. 61, 1911, S. 3—8.

[8]) WINKLER u. REH, Zeitschr. Pflanzenkr. Bd. 15, 1905, S. 132, 136.

die Blätter, Ende August, Anfang September in die Fruchtschalen; aus den Wunden tritt Saft heraus. Schaden nicht bedeutend.

Epithrix Foudr. [1]).

Von den zahlreichen Arten dieser Gattung werden keine europäische, nur nordamerikanische Arten schädlich. Die Käfer fressen Löcher in die Blätter, die Larven leben an oder in Wurzeln und anderen unterirdischen Organen; die Familie der Solaneen wird besonders bevorzugt, ohne daſs andere Familien verschmäht würden.

E. cucumeris Harr. Nordamerika, vorwiegend an Kartoffeln, aber auch an Tomaten öfters sehr schädlich; Larven in den Knollen ersterer. An den Blattwunden siedelt sich der Pilz *Macrosporium Solani* an, offenbar durch die Käfer übertragen. — **E. fuscula** Cr.; mehr südlich; vorwiegend an Eierpflanzen; auch in Warmhäusern. — **E. parvula** F., Tobacco flea-beetle. In allen Tabak bauenden Teilen der Neuen Welt ein ernstlicher Feind dieser Pflanze, namentlich in den südlicheren Gegenden. Friſst der Käfer keine Löcher durch das ganze Blatt, sondern schabt nur stellenweise die Oberhaut ab, so gelten diese Blätter, an den um die Fraſsstellen entstehenden Flecken kenntlich, als besonders wertvolle Deckblätter.

Systena [2]) **taeniata** Say et var. **blanda** Melsh. Nordamerika, Käfer fast omnivor; schädlich an fast allen Gemüsepflanzen, Erdbeeren, Baumwolle, Hafer, Birnblättern usw. Er erscheint Anfang Juni in sehr groſsen Massen und kann dann in 3—4 Tagen die befallenen Pflanzen fast kahl fressen. Larve vorwiegend an Getreide-, aber auch an Kartoffel- und anderen Wurzeln. Feinde: Sperlinge. — **S. frontalis** F. Desgleichen, weit verbreitet; an den verschiedensten Pflanzen schädlich: Zuckerrübe, Moosbeere, Bohne, Birnbaum, Rebe usw. — **S. hudsonias** Forst. Desgleichen; erst seit 1887 schädlich geworden, an Kartoffel, Zuckerrübe, Mais, Bohne, auch sehr viel an Unkräutern.

Chaetocnema Steph. (Plectroscelis Redt.).

Ch. concinna Marsh. (dentipes Koch) [3]). Europa, Sibirien; auf Ampfer und Knöterichgewächsen; soll an Hafer, Hopfen und Rüben, in Schweden auch an Rhabarber schädlich sein. Käfer frifst Löcher in die Blätter und jungen Triebe. Larven minieren in Blättern; Puppen in Erde. Nach Theobald drei Bruten. — **Ch. tibialis** Ill. [4]). In Österreich und Ungarn sehr schädlich an Rüben (Beta), auch bei Paris. — In Nordamerika [5]) **Ch. confinis** Crotch. an Bataten; **Ch. denticulata** Ill. und **pulicaria** Melsh. an verschiedensten Gramineen, namentlich aber an Hirse und Zuckermais; **Ch. elongatula** Crotch. an Apfelblättern. — **Ch. basalis** Baly [6]). Indien, an Reis.

---

[1]) Chittenden, U. S. Dept. Agric., Div. Ent., Bull. 10, N. S., 1898, p. 79—82, 1 fig.; Bull. 19, N. S., 1899, p. 85—90, fig, 20; Bull. 33, 1902, p. 110—111.

[2]) Smith, J. B., Rep. 1893, p. 478—489, fig. 13—14: Rep. 1909, p. 406—407, fig. 11. — Chittenden, l. c., Bull. 23, N. S., 1900, p. 22—30, fig. 6: Bull. 33, p. 111—114, fig. 28.

[3]) Curtis, Farm Insects p. 33—34, Pl. A, fig. 9; Text fig. N. 2. — Theobald, Not. econ. Zool., Wye 1903, p. 12—14, Pl. 1, fig. 6; Journ. Board. Agric. London Vol. 16, 1909, p. 559—561. — Lampa, Berätt. 1906, p. 25.

[4]) Sajó, Zeitschr. Pflanzenkrankh., Bd. 5, 1895, S. 284. — Jablonowski, l. c., S. 150—151.

[5]) Smith, J. B., Rep. 1892, p. 472—475. fig. 34. — Chittenden, l. c., Bull. 9, N. S., 1897, p. 22; Bull. 17, N. S., 1898, S. 84—86; Bull. 33, 1902, p. 114—116, fig. 29. — Webster, R. L., Journ. econ. Ent. Vol. 4, 1911, p. 527.

[6]) Maxwell-Lefroy, Ind. Insect Life, Calcutta 1909, p. 361.

Psylliodes Latr.

Ps. attenuata Koch. **Hopfen-Erdfloh**[1]; auch an Hanf und Brennesseln; frißt oft schon die ersten jungen Triebe des Hopfens so vollständig ab, daß es vorläufig zu keiner weiteren Blattentwicklung kommen kann; Schaden besonders groß bei kühlem, regnerischem Wetter, weil dann das Wachstum des Hopfens stockt. Nicht allzu stark befallene Pflanzen belauben sich im Sommer, wenn die Käfer verschwunden, normal; die Ende Juli, anfangs August erscheinenden neuen Käfer zerfressen dann aber die in Entwicklung begriffenen Zapfen, deren Schuppenblätter und Spindeln, so daß sie zerfallen. Schaden in Stangen- und Drahtanlagen gleich groß. — Eiablagen und Larven nach Theobald in den Zapfen [?].

Ps. punctulata Melsh.[2] Hop flea-beetle. Nach Chittenden gegenwärtig der schlimmste Hopfenfeind der ganzen Erde. Nördliches Nordamerika, besonders in Britisch-Columbien und Canada. In erster Linie an Hopfen, dann an Zuckerrüben, in den Vereinigten Staaten auch an Rhabarber; außerdem noch an zahlreichen anderen Pflanzen, vorwiegend allerdings Unkräutern. Schaden ähnlich vorigem; nur weniger an den Zapfen. In einem Distrikt Britisch-Columbiens betrug er 1908 an Hopfen 80% der Ernte, etwa ¹⁄₂ Mill. Mark. — Die Käfer im Frühling zuerst an Brennesseln; später verzehren sie dann oft die jungen Blätter des Hopfens und der Rüben ebenso rasch, wie sie aufkommen. Eier in geringer Zahl 1¹⁄₂—2 Zoll tief in der Erde; die Larven 2—7 Zoll tief in den feuchten Schichten an den Wurzeln. Nach 35 Tagen treten sie in ein Ruhestadium von 11—14 Tagen und verpuppen sich dann frei in der Erde. Nach 16 Tagen der Käfer, der aber noch bis Ende Juli in der Erde bleibt. — Gegenmittel: möglichst alle Schlupfwinkel der überwinternden Käfer vernichten, daher vor allem die Felder von Unkräutern freihalten und im Herbste alle Überreste beseitigen. Im Frühling die Käfer von den jungen Hopfenpflanzen auf mit Teer bestrichene Rahmen abklopfen; später Stengel und Stange jeder Hopfenpflanze an einer Stelle mit Watte umwickeln und darauf Fangleim streichen: da die Käfer äußerst ungern fliegen, bleibt so der obere Teil der Pflanzen verschont. Spritzmittel wenig wirksam, einerseits der Lebhaftigkeit der Käfer wegen, andererseits, weil der Hopfen zu schnell wächst, so daß immer sehr bald wieder neue, unbespritzte Teile vorhanden sind.

Ps. chrysocephala L. **Raps-Erdfloh**[3]. Käfer von Mitte März an an Blättern, Blüten und Früchten von Kreuzblütlern. Eier einzeln in Blattachseln junger Pflanzen von Raps, Kohl, Levkoien usw. Nach 8—14 Tagen die Larven, die in Blattstiele, Stengel oder Wurzel eindringen und sie aushöhlen. Nach einigen Wochen verpuppen sie sich in der Erde in 5—8 cm Tiefe. Nach 1—3 Wochen, im Juli, die Käfer,

---

[1] Köppen, Schädl. Insekt. Rußlands p. 283. — Remisch, Zeitschr. wiss. Ins.-Biol. Bd. 4, 1908, S. 332—333. — Theobald, l. c., p. 14—15, Pl. 1, fig. 7; Journ. Board Agric. London Vol. 16, 1909, p. 561—562.

[2] Quayle, Journ. econ. Ent. Vol, 1, 1908, p. 325. — Chittenden, l. c., Bull. 66, 1909, p. 71—92, Pl. 5—8, fig. 12—19. — Parker, Wm. P., ibid. Bull. 82, 1910, p. 33—58, Pl. 3, 4, fig. 8—17.

[3] Taschenberg, Wirbellose Tiere, die der Landw. schädl. werden, Leipzig 1865, S. 69—73. — Ormerod, Entomologist Vol. 11, 1878, p. 217—220. — Prowazek, Nat. Wochenschr. Bd. 15, 1900, S. 19—20, 4 Fig. — Carpenter, Journ. econ. Biol. Vol. 1, 1906, p. 152—156, 1 Fig., Pl. 11; Rep. for 1906, p. 427—430, Pl. 39, 40 (beschreibt ausführlich die Larven und ihre Schädigung an Kohl).

die gegen Ende des Sommers namentlich den Winterraps zur Eiablage bevorzugen. Dessen ausgefressene Pflänzchen bleiben im Frühjahr im Wachstum zurück und vergilben, so dafs sie wie erfroren aussehen, oder sie treiben aus den unteren Stengelteilen neue Seitentriebe.
Ganze Felder können vernichtet werden; der befallene Sommerraps
bringt es oft zur Blüte und zur Ausbildung der Schoten; die hohlen
Stengel knicken dann um, so dafs ein Feld aussehen kann, als sei
Vieh durchgegangen. Auch an Kohl kann der Schaden, an jüngeren
Pflänzchen, recht beträchtlich sein. Da die Eiablage sich gewöhnlich
mehrere Tage, selbst Wochen hinzieht, sind die Generationen nicht
scharf abgegrenzt; man findet die ganze gute Jahreszeit hindurch alle
Stadien, im Winter ganz junge bis erwachsene Larven. Nach PROWAZEK
fingen Schwalben die Käfer im Fluge ab. — Gegenmittel: stark befallenen Winterraps unterpflügen und das Feld mit Erbsen, Hafer
oder Entsprechendem bestellen. Sehr früh oder sehr spät gesäter Raps
leidet weniger. — **Ps. napi** Fab. An Kreuzblütlern schädlich.

Ps. affinis Payk. Kartoffelerdfloh[1]). Geht von wilden
Solaneen auf Kartoffeln, angeblich auch auf Rhabarber und Artischocken
über. Nach CARPENTER Eiablage an Blattunterseite, Larven in Blättern
minierend [?]. Die Angabe BLÜMLS[2]), dafs Ps. aff. im Juli und August
1898 in Niederösterreich die Randbäume eines Eichenwaldes völlig kahl
gefressen haben, bezieht sich nach HEIKERTINGER sicher auf Ps. luteola
Müll.

Haltica Ol. (Graptodera Chevr.).

H. quercetorum Foudr. (erucae Ol.) Eichenerdfloh[3]). Auf Eiche,
aber auch auf Hasel, Obstbäumen, Weiden und Birken. Benagt die
eben aus den Knospen kommenden Blättchen, später auch den Bast
der jungen Schöfslinge. Eier zu 10—20 an Blattunterseite; nach
10—14 Tagen die Larven, von Mitte Mai bis Anfang Juli. Puppe
in Erde oder Rindenritzen, ruht 14 Tage. Namentlich in Eichenjung-
beständen schädlich. — Nach TORSK[4]) in Rufsland massenhaft auf
Centifolien, nicht aber auf Teerosen.

H. ampelophaga Guér. Südeuropa, Nordafrika. L'Altise de
la vigne[5]). Auf Reben, auch auf Weiden. Eier zu 30 zusammen
oder in kleinen Häufchen auf Blättern; nach 6—8 Tagen die Larven,
die an der Unterseite Epidermis und Mesophyll abnagen. Puppe bis
10 cm tief in Erde. 3—4 Bruten von je 45—60 Tagen Lebensdauer.
Besonders schädlich in Algier, wo oft mehr als die halbe Ernte vernichtet wird. Sehr schädlich auch in Spanien, ziemlich in Italien und
Südfrankreich; ohne Bedeutung im nördlichen Frankreich, in das der
Käfer nach DEWITZ[6]) aber immer mehr vordringt; 1891 zum ersten Male
in Ungarn[7]). Am meisten leiden Rebgärten, die durch Mauern voneinander getrennt, oder deren Wege mit Platanen bepflanzt sind, weil
die Käfer hier im Sommer guten Schutz gegen Sonne und heifse

---

[1]) THEOBALD, l. c. p. 15, Pl. I, Fig. 1. — CARPENTER, Rep. 1903, p. 254—255, fig. 4.
— FERRANT, Schädl. Ins., 1908, S. 93—94, fig. 51.
[2]) Ill. Zeitschr. Ent. Bd. 4, 1899. S. 75—76.
[3]) Bos, J. R., Tijdschr. Plantenz. D. 7, 1901. p. 129—141.
[4]) Hor. Soc. ent. Ross. T. 34, 1900, p. XXIX.
[5]) MAYET, Les Insects de la Vigne, Montpellier 1890, p. 304—318, figs. — MARSAIS,
Rev. Vitic. Vol. 27, 1907, p. 537—543, 1 Pl. col.
[6]) Centralbl. Bakt. Parasitenkde. II, Bd. 15, 1906, S. 465.
[7]) SAJÓ, Zeitschr. Pflanzenkr. Bd. 5, 1895, S. 284.

Winde, im Winter gute Verstecke finden. An ungeschützten Stellen töten trockene, heiße Winde massenhaft die Käfer und Larven. — Gegenmittel: bei heißem Wetter Larven auf Erde abschütteln; künstliche Verstecke für die Überwinterung zubereiten; diese und die natürlichen im Winter säubern, die Reben mit einer Lösung von 50 kg Eisenvitriol in 100 l Wasser und 1 kg Schwefelsäure waschen. Auch die Käfer kann man im Sommer in einen Trichter, der unten einen Beutel trägt („entonnoir"), abklopfen.

H. chalybea Ill.[1]) Nordamerika. An Reben, auch an wilden; ferner an Erlen, Hainbuchen, Ulmen, Obstbäumen. Lokal ein sehr gefährlicher Rebenfeind, in New-York schlimmer als alle anderen zusammengenommen; befallene Pflanzen gehen allerdings nie ein, aber der Fruchtansatz unterbleibt. Biologie wie bei voriger; indes Eier auch in Rindenritzen. Im Süden vielleicht zwei Bruten. — Gegenmittel u. a.: im Herbste Kalk um die befallenen Stöcke untergraben.

H. oleracea L. Wurde bis heute allenthalben fälschlich als „Kohlerdfloh" bezeichnet und als arger Schädling von Cruciferen und anderen Pflanzen angegeben. Nach Heikertinger[2]) lebt diese Art jedoch weder auf Kohl noch auf Cruciferen überhaupt, sondern bewohnt Epilobium, Oenothera, Polygonum aviculare u. dgl., woselbst sich Käfer und Larven ziemlich das ganze Jahr hindurch in verschiedenen Entwicklungsstadien finden. Beide fressen frei an den Blättern; die Verpuppung erfolgt in der Erde. Die Berichte von der Schädlichkeit dieses Insektes beziehen sich ausnahmslos auf Arten anderer Halticinengattungen, speziell auf gleichgefärbte Phyllotreten.

H. ignita Ill.[3]) Nordamerika. An verschiedenen Pflanzen, schädlich an Erdbeeren. Die Larven fressen nicht nur an Ober- und Unterseite der Blätter, sondern namentlich auch an den Keimpflanzen die Blätter und Stengel. Puppen flach in Erde. Im Norden eine Brut, im Süden wohl drei Bruten. — **H. punctipennis** Lec.[4]) Nord-Colorado. Käfer Mitte Mai an den verschiedensten Pflanzen schädlich, besonders an jungen Apfelbäumchen in Baumschulen, auch auf Reben und roten Johannisbeeren, selbst auf Erdbeeren.

Batophila (Glyptina) **rubi** Payk.[5]). Schwarz, glänzend; 1,5—2 mm lang. Überall gemein auf Himbeeren und Brombeeren; in Schweden wiederholt an Erdbeeren schädlich geworden.

Phyllotreta Foudr.

Diese Gattung umfaßt die schädlichsten Kohlerdflöhe Europas und fand bis jetzt in der Literatur, die sich vorwiegend mit der ganz unschädlichen H. oleracea beschäftigte, eine viel zu geringe Berücksichtigung. Eine Klarstellung der tatsächlichen Verhältnisse hat kürzlich Heikertinger[6]) gegeben. Die Käfer überwintern und fressen im ersten

---

[1]) Comstock, Rep. Commiss. Agric. 1879, p. 213—216, Pl. 3, fig. 1, 2. — Slingerland, Cornell Univ. agr. Exp. Stat. Bull. 157, 1898, p. 189—213, fig. 11—19. — Lowe, N. York agric. Exp. Stat. Bull. 158, 1898. 1 Pl. — Marlatt. Farm. Bull. 70, 1898, p. 13—14, fig. 7. — Quaintance. ibid. 284, 1904, p. 23—24, fig. 8.

[2]) Die Sage vom Kohlerdfloh, Verh. Zool. bot. Ges. Wien 1912.

[3]) Chittenden, U. S. Dep. Agric., Div. Ent., Bull. 23, N. S., 1900, p. 70—80, fig. 17, 18.

[4]) Gillette, U. S. Dept. Agric., Div. Ent., Bull. 9. N. S., 1897, p. 78.

[5]) Tullgren, Stud. Jaktt. Skadeinsekt., Stockholm 1905, p. 36. — Lampa, Upps. prakt. Ent. 16. 1906, p. 56.

[6]) Verh. Zool.-bot. Ges. Wien, 1912.

Frühjahre die Saatpflänzchen ab. Die Larven sind gröfstenteils unbekannt.

a) **Gelbgestreifte Arten**: **Ph. vittula** Redt.[1]). Larve in Ungarn minierend in Blättern von Setaria (Mohar), die Pflanzen oft zugrunde richtend; der Käfer fliegt dann auf Rüben und Raps. In Skandinavien und Rufsland die Larven am oder im Grunde von Gersten-, Roggen- und Weizenhalmen; bei stärkerem Frafse fallen diese um; sonst entsteht Weifsährigkeit. Wundstellen mit zerrissenen, bräunlichen Rändern und feinem Bohrmehl. In Norwegen zweizeilige Gerste mehr als sechszeilige befallen. — **Ph. undulata** Kutsch.[2]). Einer der ärgsten Schädlinge an allen kultivierten Kreuzblütlern, auf den die älteren Angaben über *Ph. flexuosa, sinuata* usw. fast ausnahmslos zu beziehen sind. Letztere Arten verhältnismäfsig viel zu selten, um schädlich zu sein. — **Ph. nemorum** L.[3]). Käfer fressen oft schon im März keimende Pflänzchen ab, in entwickelte Blätter Löcher. Eier bis zu 80 einzeln an Blattunterseite, nach den englischen Autoren unter der Blatthaut. Nach 8—10 Tagen die Larven, die in den Blättern geschlängelte, breiter werdende, zuerst kaum sichtbare, später sich weifs, zuletzt braun färbende Gänge minieren. Nach 6—16 Tagen, je nach Temperatur, verpuppen sie sich mäfsig tief in der Erde. Nach 10—14 Tagen der Käfer. Ganze Entwicklung 30—40 Tage. Käfer fressen bis in Herbst. Aufser an Kreuzblütlern namentlich an Rhabarber, Nasturtium, auch Hopfen. Bei Saratow in Rufsland setzen die Bauern die jungen Kohlpflänzchen mit gutem Erfolge nicht direkt ins Feld, sondern erhöht auf Pfahlbauten[4]).

b) **Einfarbige Arten**: **Ph. atra** F.[5]) und **cruciferae** Goeze[6]) neben *nigripis* und *undulata* die wichtigsten Cruciferen-Schädlinge, besonders auf Gemüse. — **Ph. nigripes** F. (lepidii Koch)[7]). Wohl der allergemeinste Kohlerdfloh, ebenso gemein an wilden wie an kultivierten Kreuzblütlern. Besonders an Kohl mit allen Spielarten, Rettig, Meerrettig, Rübsen usw., auch Reseda.

Minder schädlich sind in Europa **Ph. armoraciae** Koch (an Meerrettig) und **vittata** F. (sinuata Redtb.); beide auch nach Nordamerika[8]) verschleppt. Eier der letzteren Art gewöhnlich zu zwei in einer Grube an den Wurzeln; in diesen die Larven.

Ph. pusilla Horn[9]), Nebraska, Süd-Dakota, zeitweise in ungeheuren

---

[1]) Lindeman, Bull. Soc. Imp. Nat. Moscou N. S. T. 1, 1887, p. 173—195, 1 Fig. — Reuter, E., Med. Soc. Fauna Flora fenn. H. 28, 1902, p. 72-75; Zeitschr. Pflanzenkrankh. Bd. 12. 1902, S. 326. — Jablonowski, l. c. p, 157—163, Fig. 37 D. — Siehe ferner die Berichte von Lampa und Schöyen.

[2]) Carpenter, Rep. 1897, p. 7; 1898, p. 3. — Theobald, l. c. p. 7, 10. — Heikertinger, l. c.

[3]) Curtis, Farm Insects, London 1860, p. 17—33, Fig. Nr. 1, Pl. A, Fig. 1—8. — Schöyen, Beretn. 1902, p. 11—12, 1 Fig.; 1906, p. 12—13. — Theobald, l. c. p. 7. — Jablonowski, l. c., p. 151—158, 186, fig. 37 A. — Trägårdh, Upps. prat. Ent. 21, 1911, p. 95—101, 4 figg. — Siehe ferner die Berichte von Carpenter.

[4]) Schreiner (russ. Arb.); Ausz.: Zool. Zentralbl. Bd. 8, 1898, S. 61—62.

[5]) Theobald, l. c. p. 7, 11. — Lampa, Upps. prat. Ent. 17, 1907, p. 26. — Jablonowski, l. c. p. 158—159, fig. 37 B.

[6]) Theobald, l. c. p. 7, 10. — Carpenter, Rep. 1898, p. 3.

[7]) Heikertinger, l. c.

[8]) Shimer, Amer. Natur. Vol. 2, 1869, 514—517, 3 Figg. — Riley, Rep. 1884, p. 301—304, El. 3, fig. 16. — Chittenden, Ins. Life Vol. 7, 1895, p. 404—406, fig. 47; U. S. Dept. Agric., Div. Ent., Bull. 9, N. S., 1897, p. 21—28. — Winn, 41. ann. Rep. ent. Soc. Ontario, 1911, p. 59—60.

[9]) Chittenden, U. S. Dept. Agric., Div. Ent., Bull. 10, N. S., p. 92—93.

Mengen. Die Käfer kommen dann in dichten, schwarzen Wolken angeflogen und zerstören in wenigen Stunden grofse Flächen von Kreuzblütlern und Erbsen. Starke Seifenlösung tötet die Käfer augenblicklich.

Aphthona euphorbiae Schr. und **flaviceps** All.[1] schaden in Südrufsland bedeutend an Flachs, letzterer auch an Malva neglecta. Zwei unbestimmte Arten sind in Deutsch-Ostafrika[2] sehr schädlich an Sesam, eine weitere im Sudan[3] an Baumwolle.

Longitarsus parvulus Payk. (ater Leesb.)[4]. In Irland wiederholt schädlich gewesen an Flachs.

Einige **Disonycha-Arten**[5] (**xanthomelaena** Dalm., **mellicollis** Say, **caroliniana** F.) schaden in Nordamerika vorwiegend an Rüben, aber auch an Spinat, Portulak usw. Eier, Käfer und Larven an Blättern, Puppen in der Erde.

Argopus Ahrensi Germ.[6] schadeten auf der Insel Reichenau in Baden an Artischocken. (Nach HEIKERTINGER wohl eher eine **Sphaeroderma-Art**.)

Gallerucinen.

Larven gewöhnlich gesellig auf Blättern. Puppe am Frafsorte oder in Erde. Überwinterung in der Regel als Käfer in Verstecken am Boden usw.

Aulacophora Olivierei Guér. (hilaris Boisd.). The banded Pumpkin beetle[7]. Australien, sehr schädlich an allen Cucurbitaceen. Käfer skelettiert die Blätter von oben, und frifst die Blüten vom Rande aus ab; Larven an Wurzeln und Stengelgrunde. Puppen in der Erde. Käfer und Larven überwintern am Boden in alten Pflanzenresten. — Neuerdings frafsen die Käfer auch Löcher in Kirschen. — **A. foveicollis** Kust.[8]. Indien, an Gurkengewächsen. — Andere A.-Arten[9] in Indien und auf Java an den verschiedensten Kulturpflanzen: Reis, Zuckerrohr, Baumwolle, Kaffee, Tabak usw.

Idacantha magna Wse.[10]. Deutsch-Ostafrika. Käfer frifst an grünen Kaffeekirschen.

Diabrotica Chevr.[11]

An Blättern, Blüten (besonders Pollen), Früchten. Larven unterirdisch an oder in Wurzeln, in Stengeln; Puppen in Erde. Nordamerika; vorwiegend an Cucurbitaceen; Käfer polyphag.

---

[1] KRASSILSTSCHIK, Mitt. bessarab. nat. Ges. 1907. Ausz.: Zeitschr. wiss. Ins.-Biol. Bd. 7, S. 203.

[2] VOSSELER, Ber. Land-Forstwirtsch. Deutsch-Ostafrika Bd. 2. S. 423.

[3] KING, H., 3d Rep. Gordon Memor. Coll. Karthoum, 1903, p. 230—231, Pl. 30, fig. 5.

[4] CARPENTER, Rep. 1901, p. 152—153, fig. 26—27.

[5] CHITTENDEN, U. S. Dept. Agric., Div. Ent., Bull. 18, N. S., 1898, p. 83—85: Bull. 19, N. S., 1899, p. 80—85; Bull. 33, 1902, p. 116—117: Bull. 82, 1902, p. 29—32. — FORBES, 21. Rep. nox. benef. Insects Illinois, 1909, p. 115—117, Pl. V, VI.

[6] REH, Prakt. Ratg. Obst-Gartenbau 1902, S. 347.

[7] FROGGATT, Agric. Gaz. N. S. Wales Vol. 20, 1909, p. 209—212, 1 Pl.; Vol. 21, 1910, p. 406—407. — FRENCH, Handbook of destr. Ins. Victoria Pt. 4, Melbourne 1909, p. 123—137, Pl. 81.

[8] MAXWELL-LEFROY, Mem. Dept. Agric. India Vol. 1, 1907, p. 138, fig. 23.

[9] id., Ind. Ins. Life, Calcutta 1909, p. 362, fig. 225—226, 236. — KONINGSBERGER, Med. 22, 1898, p. 36; Med. 6, 1908, p. 72.

[10] MORSTATT, Pflanzer, Jahrg. 7, 1911, S. 387. — KOLBE, Deutsch. ent. Zeitschr. 1911, S. 504. — AULMANN, Mitt. zool. Mus. Berlin. Bd. 5, 1911, S. 442—443, Fig. 9; Fauna d. deutsch. Kolon. R. 5, Hft. 2, S. 51—52, Fig. 33.

[11] CHITTENDEN, U. S. Dept. Agric., Div. Ent., Bull. 10, N. S., p. 26—31, 2 figs.;

D. vittata F. The Striped Cucumber beetle[1]). Oststaaten; der schlimmste Feind der Gurkengewächse, besonders der Kürbisse. Käfer von Mai bis August. Anfangs frißt er so ziemlich alles Grüne; sowie aber die jungen Gurkenpflanzen erscheinen, überfällt er diese, frißt Löcher in die Blätter und benagt den Stengel dicht unter der Erdoberfläche. Eier einzeln oder in Gruppen in der Erde, nahe der Nährpflanze. Larven von Juli an, sehr empfindlich gegen Trockenheit, fressen im Innern der Wurzeln und Stengel bis 3 und 4 Zoll über der Erde, oder an der auf der Erde liegenden Fläche der Früchte. Ende August die neue Generation Käfer, die auch die Stengel und Früchte benagt, mit Vorliebe aber den Pollen aus der Blüte ausfrißt; sie überträgt die Bakterienfäule der Gurkengewächse. — Gegenmittel: Kürbisse als Fangpflanzen zwischen den anderen Cucurbitaceen; erstere mit Bleiarsenat, letztere mit schwacher Bordeläserbrühe spritzen, die die Käfer vertreibt; oder die nicht vergifteten Pflanzen so mit Kalkstaub bestäuben, daß die davor mit dem Winde fliehenden Käfer auf die vergifteten Pflanzen gelangen. Junge Pflanzen bedecken.

D. 12-punctata Ol. The Southern Corn Root-worm[2]). Oststaaten, besonders im Süden. Käfer fast omnivor: Blätter der Gurkengewächse, von Klee, Alfalfa, Baumwolle, Tabak, Gemüse: Blüten und Früchte von Gurkengewächsen, erstere von Obstbäumen, milchreife Körner jedes Getreides. Larven vorwiegend in Mais, aber auch in Getreide, Bohnen, Seggen usw. Besonders charakteristisch ist an jungen Maispflanzen die Durchbohrung des Stämmchens dicht unter und bis in sechs Zoll Höhe über dem Erdboden. Biologie wie vorige; aber 2—3 Bruten im Norden, vier im Süden. — Gegenmittel; Mais möglichst spät, Anfang Mai, pflanzen, aber sehr dicht (zehn Körner in ein Loch); Fruchtwechsel.

D. longicornis Say. The Western Corn Root-worm. Mittlere Weststaaten. Käfer polyphag, besonders in Blüten von Disteln, Sonnenblumen und Solidago; von Gurkengewächsen eigentlich nur im Spätherbst und Anfang Winter. Larven nur an Mais, fressen die Faserwurzeln. Nur eine Generation; Käfer und Eier überwintern. Verhältnismäßig leicht durch Fruchtwechsel zu bekämpfen, dennoch jährlich mehrere Millionen Dollar Schaden.

D. soror Lec.[3]). Südliche Weststaaten, in Californien ungeheuer häufig und schädlich. Käfer omnivor, an Rüben, Gurkengewächsen, Bohnen, Mais, Kohl, Erbsen, Kartoffeln, Spinat, Salat, Senf; besonders schädlich an Obstbäumen, Orangen und Blumen, da er nicht nur die Blüten, sondern bereits die Knospen abfrißt und die jungen Früchte annagt. Larven fressen von außen an Wurzeln von Bataten, Alfalfa, Mais, Peanuts usw. — **D. balteata Lec.** Texas, sehr schädlich an Mais, Hirse, Bohnen usw.; mindestens sechs Generationen. — Mehrere andere Arten in minderem Maße schädlich.

Agelastica alni L.[4]). Blauer Erlenblattkäfer. Käfer von August

Circ. 59, 1905, 8 pp., 3 figs.; Bull. 82, 1910, p. 67—75, fig. 19—23. — Marsh, ibid., p. 76—84. — Forbes, 2'. Rep. nox. benef. Ins. Illinois, 1905, p. 187—189, fig. 184—186.

[1]) Smith, J. B., Rep. 1890, p. 480—483, fig. 6; Rep. 1892, p. 482—487, fig. 41. — Chittenden, U. S. Dept. Agr., Circ. 31, 2d Ser., 2d Rev. 1909; Bull. 19, N. S., 1899, p. 48—51. — Sirrine, N. York agr. Exp. Stat., Bull. 158, 1899, p. 1—32, 2 Pl. — Headlee, Journ. econ. Ent. Vol. I, 1908, p. 203—209.

[2]) Quaintance, U. S. Dept. Agr., Div. Ent., Bull. 26, N. S., 1900, p. 35—41.

[3]) Doane, Journ. N. Y. ent. Soc. Vol. 5, 1897, p. 15—17. — Quayle, Calif. agr. Exp. Stat., Bull. 214, 1911, p. 501—502, fig. 65—67.

[4]) Scheidler, Ent. Blätt. Jahrg. 5, 1909, S. 89—92, 104—109.

bis Juni, Larven im Juni, Juli, skelettieren die Blätter der Erlen. Eier dottergelb, in Häufchen an den Blättern.

Malacosoma gracilicorne Wse.[1]). Dunkelblau, metallisch glänzend; 5—6,4 mm lang. Deutsch-Ostafrika; Ende Oktober an Blättern von Crotalaria grandibracteata und anderen Pflanzen.

Ootheca mutabilis Schh.[2]). West- und Ostafrika. Gelblich; Flügeldecken rot oder schwarz; in Färbung sehr wechselnd; 5—6,5 mm lang. Schadet in Ostafrika beträchtlich durch Blattfraß an verschiedenen Kulturpflanzen, u. a. auch an Baumwollsaat. — **O. bennigsenii** Wse. Deutsch-Ostafrika, an Sesam und Bohnen schädlich.

Luperus longicornis F. (rufipes Hop.). Europa; Käfer von Mai an, an Knospen und Laub verschiedener Bäume, besonders schädlich an frisch gesetzten jungen Apfelzwergbäumen. Abklopfen. — **L. flavipes** L. Ebenso, besonders an Erlen und Birken, aber auch an Birnen, deren junge Früchte er außerdem benagt, so daß vernarbte Flecke zurückbleiben. — **L. (Calomicrus) pinicola** Duft. Von Mai bis Ende Juli an Maitrieben und jungen Nadeln junger Kiefern; wiederholt empfindlich schädlich. — **L. flavipennis** L.[3]). Algier. Tunis; an Ulmen und Mandeln.

Luperodes brunneus Cr.[4]). Georgia; an Baumwolle; Käfer befrißt von Ende Juni an zwei Wochen lang in großen Mengen Blüten, junge Kapseln und Blätter, und verschwindet plötzlich. In einem Falle auch an Mais, dessen Stempel und Staubfäden verzehrend.

Monoxia[5]) **puncticollis** Say. Colorado, New-Mexiko, an Zuckerrüben; Käfer und Larven schaden durch Blattfraß. Bewässerung der Felder vernichtet sie. — **M. consputa** Lec. Ebenso weiter nördlich in den Weststaaten.

Lochmaea (Galeruca) capreae L.[6]). Auf Weiden und Birken. Käfer befressen sehr zeitig im Frühjahre die neuen Triebe. Nach 8—10 Tagen Ablage der Eier senkrecht nebeneinander in Häufchen bis zu 20 Stück an die Unterseite der Blätter. Die Larven skelettieren die Blätter von unten, nach 3—4 Wochen erwachsen; Puppe im Boden, ruht 5—8 Tage. Es sollen sich vier Bruten im Jahre folgen; wahrscheinlicher dürfte es sich aber ebenso verhalten wie bei den folgenden Gattungen (siehe bei Galerucella). — Die befallenen Ruten bleiben klein und werden ästig, so daß sie fast wertlos werden. Bekämpfung wie bei folgender Gattung.

Galerucella Crotch.

Biologie meist wie vorher. Käfer erscheinen im Frühjahre nach und nach; Eiablage zieht sich 4—6 Wochen hin, so daß fast den ganzen Sommer über alle Stadien vorhanden sind, was vielfach zu der

---

[1]) Morstatt, Pflanzer, Bd. 7, 1911, S. 68. — Aulmann, Mitt. zool. Mus. Berlin, Bd. 5, 1911, S. 265—266, Fig. 8—9.

[2]) Kolbe, Coleoptera. p. 34—35: in Tierwelt Deutsch-Ostafrikas Berlin 1898. — Vosseler, Ber. Land-Forstwirtsch. Deutsch Ost-Afrika, Bd. 2, p. 423. — La Baume, Verh. deutsch. Kolonialkongr. 1910, S. 151. — Aulmann, l. c. S. 264—265, fig. 6.

[3]) Marchal; s. Zeitschr. Pflanzenkr. Bd. 8, S. 163.

[4]) Smith, R. J., Georgia St. Board Agric., Ent. Bull. 20. — id. & Lewis, U. S. Dept. Agric.. Bur. Ent.. Bull. 60, 1906, p. 80. — Sherman. Journ. ec. Ent. Vol. 2, 1909, p. 204.

[5]) Forbes, 21. Rep. 1900, p. 127—129. — Chittenden, l. c. Bull. 40, 1903, p. 111—113, Fig. 3.

[6]) Rörig, Ill. Wochenschr. Ent. Bd. 2, 1897, p. 657—661.

Annahme mehrerer Generationen geführt hat; doch dürfte ihre Zahl sicher durchschnittlich nur 1—2 betragen.

G. viburni Payk. [1]). Europa. An *Vib. Opulus* häufiger als an *Lantana*; oft Kahlfraſs; selbst die Blütenstände bleiben nicht verschont. — Interessant und abweichend ist die im September und Oktober erfolgende Eiablage. Hierzu nagt das Weibchen in die dies-, seltener in die vorjährigen Triebe tiefe Löcher, die es mit je 4—12 Eiern belegt, dann mit kleberigem Stoffe und Nagespänen verschlieſst; an einem Triebe finden sich bis 28 derartige Nester. Die Eier überwintern. Bekämpfung daher durch Abschneiden der belegten Triebe im Winter. Eierparasit: *Pteromalus ooctonus* Kaw.

G. nymphaeae L. [2]). Europa, Nordamerika; an Wasserrosen, vorwiegend an gelben; alle Stadien an Blattoberseite, nur Puppe soll nach WEISE [3]) frei im Wasser schwimmen. — In den Vierlanden bei Hamburg ging der Käfer auf Erdbeeren über und hat sich hier, indem Käfer und Larven alle oberirdischen Teile be- und abfressen, zu einem solchen Schädling entwickelt, daſs er zeitweise deren Kultur bedrohte. — Gegenmittel: Tabaksstaub vor dem Auftreten des Käfers im Frühjahre so stark streuen, daſs die Beete förmlich in Tabaksdunst liegen; dadurch wird die Eiablage verhindert. Auſser an Erdbeeren noch an *Rumex aquaticus* und einer *Geum*-Art. An Erdbeeren vollzieht sich seine ganze Entwicklung fast ausschlieſslich an den Blattunterseiten, an den beiden anderen Pflanzen auf beiden Seiten, bei der gelben Wasserrose nur an der Blattoberseite. 2—3 Bruten.

In Nordamerika verließ der Käfer infolge übergroſser Vermehrung 1904 ebenfalls seine eigentliche Nährpflanze und befiel Weiden und Bohnen, blieb aber hier auf der Blattoberseite.

Diesem verschiedenen Verhalten zu den Nährpflanzen entspricht, daſs sich auf Erdbeere eine besondere Varietät entwickelte, auf den übrigen die typische Art sich erhielt.

G. singhara Maxw. Lefr. [4]) Indien; an den schwimmenden Blättern der in den Ebenen als Futterpflanze angebauten Trapa bispinosa. Biologie wie bei voriger.

G. lineola F. Biologie wie bei *Lochmaea capreae*; ist aber auf Weiden beschränkt; hier stellenweise sehr schädlich. So wurden 1909 bei Somerset 200 acres von je 25 £ Wert vernichtet.

G. luteola F. Müll. (xanthomelaena Schrk., calmariensis F.) **Ulmen-Blattkäfer**[5]). An Ulmusarten, besonders zartblättrigen; auch

---

[1]) KÖPPEN, l. c. S. 278—279. — KESSLER, 34./35. Ber. Ver. Naturkde. Kassel, 1889, S. 54—63. — RUPERTSBERGER, Ill. Zeitschr. Ent. Bd. 5, 1900, S. 340—342.

[2]) v. SCHILLING, Prakt. Ratg. Obst-Gartenbau 1900, S. 319. 5 Fig. — REH, Jahrb. Hamburg. wiss. Anst. XIX, 1901, 3. Beih., S. 161—163. — CHITTENDEN, U. S. Dept. Agric., Bur. Ent., Bull. 54, 1905, p. 58—60, Fig. 19.

[3]) In: ERICHSON, Insekt. Deutschlands, 1. Abt., 6. Bd., Berlin 1893, S. 619.

[4]) MAXWELL-LEFROY, Mem. Dept. Agric. India, Vol. 2, 1910, p. 146—149, Pl. 15.

[5]) LEINEWEBER, Verh. zool. bot. Ges. Wien 1856, S. 74; 1858, S. 29. — HEEGER, Sitz.ber. Akad. Wiss. Wien, Bd. 29, 1858, S. 112—116, 1 Taf. — SMITH, J. B., Rep. Ent. agr. Stat. New Jersey 1889 ff. — RILEY, U. S. Dept. Agr.; Div. Ent., Bull. 6, 1885, 2d ed. 1891, 21 pp., 1 Pl. 1 fig. — MARLATT, ibid. Circ. 8, 1895; Rev. ed. 1908, 6 pp., 1 fig.; Bull. 2, N. S., 1895, p. 47—59. — FELT, N. Y. St. Mus. Bull. 57, 1902, 43 pp., 8 Pls., 2 figs.; Bull. 109, 1907, p. 9—14, Pl. 2, 6—8. — LINTNER, 15. ann. Rep. N. Y. St. Mus., 1898, p. 253—264, 1 Pl. — MENEGAUX, C. r. Acad. Sc. Paris T. 133, 1901, p. 459—461. — KÜNCKEL D'HERCULAIS, Bull. mens. Off. Rens. agr. Paris p. 1244, 1903. — BELLEVOYE, Bull. Soc. Etud. Sc. nat. Reims 1907, 13 pp., fig. — GOSSARD, Journ. ec. Ent. Vol. I, 1908, p. 189—190. — SILVESTRI, Boll. Labor. Zool. gen. agr.

an den befallenen Bäumen zuerst an den zarteren oberen Blättern, erst nach deren Absterben abwärts wandernd. Vorzugsweise an einzeln stehenden Ulmen, seltener in Waldbeständen. Heimisch in Europa, hier von Norden nach Süden an Häufigkeit und Schädlichkeit zunehmend; auch in Nordafrika, Kleinasien und dem Kaukasus. 1834 (1837?) nach Baltimore in Nordamerika verschleppt; bereits nach vier Jahren schon schädlich. Seine Ausbreitung erfolgte nur langsam, zum Teil durch die elektrischen Straßenbahnen; seine Vermehrung war dagegen eine sehr bedeutende, so daß er viele Tausende von Ulmen in den Städten zerstörte und in einigen Gebieten als der schlimmste Feind der Schattenbäume gilt. Seine Lebensweise ist die übliche; in Amerika wurden bis über 600 Eier bei einem Weibchen gezählt; Überwinterung in den verschiedensten Verstecken, in Menge auch in Häusern; Puppe in Rindenritzen, am Stammgrunde von Bäumen oder flach in der Baumscheibe. Die befressenen Blätter werden braun, welken, rollen sich zusammen und fallen ab; ist das Wetter günstig, so schlagen die Bäume neu aus: aber auch diese Belaubung wird häufig zerstört, selbst noch eine dritte und vierte. Durch derart wiederholten Kahlfraß werden die Bäume mehr oder minder rasch getötet. In Europa kommt das allerdings seltener vor; hier wird der Käfer gewöhnlich von Witterung (große Hitze und Trockenheit töten Larven und Eier), Platzregen und den natürlichen Feinden (s. SILVESTRI) in Schach gehalten. In Amerika fehlten diese letzteren anfangs ganz. Allmählich stellten ihm Sperlinge, Käfer, Fliegen, Raubwanzen, Mantiden nach, und in feuchten Jahren entwickelte sich *Sporotrichum entomophilum* Peck. in den Puppen. Aber alle diese Feinde genügten nicht. Ganz neuerdings wurde aus Europa der Chalcidier *Tetrastichus xanthomelaenae* Rond. eingeführt[1]); über praktische Erfolge verlautet noch nichts.

Bekämpfung: Spritzen mit Arsenmitteln, je früher, um so besser; am zweckmäßigsten sofort beim Erscheinen der überwinterten Käfer, dann noch einmal zwei Wochen später. Sammeln der Käfer in ihren Winterquartieren; die sich um den Stammgrund herum anhäufenden Puppen durch Übergießen mit heißem Wasser oder Berührungsgiften töten oder die stammabwärts kriechenden Larven mit Klebringen und Fanggürteln abfangen.

G. tenella L. An Weiden und Erlen, Spiraea Ulmaria und Potentilla anserina; ist schon wiederholt auf Erdbeeren[2]) in der gewöhnlichen Weise übergegangen.

G. cavicollis Lec.[3]). Nordamerika; an Pfirsichen, Kirschen und Birnen. — **G. decora** Say[4]). In Manitoba an Weiden, die Käfer auch an Populus tremuloides.

Monocesta coryli Say[5]). Nordamerika; an Ulmen und Hasel.

Vol. 4, 1909, p. 246—289, 15 figs. — HERRICK, Cornell Univ. agr. Exp. Stat. Circ. 8, 1910. 6 pp., 9 figs.

[1]) MARCHAL, P., Bull. Soc. ent. France 1905, p. 64—68, 81—83. — HOWARD, Journ. ec. Ent. Vol. I, 1908, p. 281—289, fig. 7.

[2]) ORMEROD, Handbook of Insects injur. to Orchard, Bush fruits, London 1898, p. 249—250. — LAMPA, Upps. prakt. Ent. 17, 1907, p. 3—5; 18, 1908, p. 80—81.

[3]) CHITTENDEN, U. S. Dept. Agric., Div. Ent., Bull. 19, N. S., 1899, p. 90—93.

[4]) CRIDDLE. Journ. ec. Ent. Vol. 4, 1911, p. 240.

[5]) RILEY, Rep. Commiss. Agric. 1878, p. 245—247, Pl. 4. — U. S. Dept. Agric., Bur. Ent., Bull. 54, 1905, p. 81—82. — WELDEN, Journ. ec. Ent. Vol. 1, 1908, p. 147—148.

Galeruca (Adimonia) tanaceti Leach[1]). An Schafgarbe, Rainfarn, Feldfrüchten (Kartoffeln, Rüben, Kohl, Klee) und Wiesengräsern; selbst 2 ha junge Kiefernsaat haben die Larven schon binnen wenigen Tagen vernichtet. Eier im Herbst in Klumpen auf Blättern, überwintern. Meist zwei Bruten im Jahre. Gegen die Larven soll sich Spritzen mit Kainitlösung oder Essig und Stäuben mit Asche bewährt haben. Puppen in Erde. — **G. semipullata Clk.**[2]). Australien; an Feigenbäumen. Eine Wanze soll öfters befallene Bäume in kurzer Zeit von ihnen gereinigt haben.

Cerotoma trifurcata Forst.[3]). Bean leaf-beetle. Nordamerika. Geht häufig von seinen ursprünglichen Nährpflanzen (Lespedeza sp. und Amphicarpea monoica Ell.) an angebaute Bohnen über; zuerst frißt er Löcher in die Blätter, später verzehrt er diese ganz mit Ausnahme der stärksten Rippen. Eier in der Erde, um den Stengel der Pflanzen herum; an und in diesem fressen die Larven.

Monolepta quadrinotata F.[4]). Java. Käfer an den Blättern von Manihot utilissima, sollen auf diesen durch einen ausgeschiedenen Saft zuerst braune Flecke hervorrufen, später sie ganz abtöten.

Hispinen.

Eier an Blättern ausdauernder Gewächse, in denen die flachen, schmalen Larven beiderseitig sichtbare Gänge minieren. Vorwiegend tropisch.

Odontota dorsalis Thunb.[5]). Nordamerika. Käfer und Larven an jungen und schwächlichen Robinien. Ersterer außerdem an vielen anderen Bäumen, auch Obstbäumen, ferner an Soja-Bohnen, Himbeeren und Rotklee. Die Larven eines aus 3—5 Eiern bestehenden Geleges dringen alle durch ein Loch in das Blatt und minieren zuerst gemeinschaftlich. Nach 2—4 Tagen verlassen sie das welke Blatt; jede sucht sich ein anderes und miniert es für sich; jede Larve zerstört mehrere Blätter. Eine Wanze saugt Käfer und Larven aus. — Zahlreiche andere *Odontota*-Arten ähnlich an verschiedenen Holzgewächsen, aber selten häufig genug, um merkbar zu schaden.

Octotoma plicatula F.[6]). Nordamerika, an Tecoma radicans. Die Minen bestehen aus mehreren buchtigen Abzweigungen von der Mittelrippe; an dieser in einer Tasche die Puppe.

Leptispa pygmaea Baly[7]). Indien, an Reis und Zuckerrohr; Biologie unbekannt.

Broutispa Froggatti Sharp[8]). Kopf dunkelbraun, Halsschild

[1]) Post, Ent. Tidskr. Arg. 13, 1892, p. 50–52. — Remer, Ber. agrik. bot. Versuchsstat. landw. Ver. Breslau 1902/03, p. 13. — Eckstein, Zeitschr. Forst-Jagdwes. Jahrg. 36, 1904, p. 302—364, Fig. 10, 12. — Kornauth, Ber. k. k. landw. chem. Versuchsstat. usw. Wien 1909, p. 89. — Ferrant, Schädl. Insekt. Land-Forstwirtsch., Luxemburg 1911, S. 86—87, Fig. 48. — S. ferner die Berichte der skandinavischen Entomologen.
[2]) Agric. Gaz. N. S Wales Vol. 10, 1899, p. 874—875.
[3]) Chittenden, U. S. Dept. Agric., Div. Ent., Bull. 9, N. S., 1897, p. 64—71, fig. 1; Bull. 23, 1900, p. 30—31; Bull. 33, 1902, p. 102. — Johnson, ibid. Bull. 26, 1900, p. 81. — Chittenden, Yearb. U. S. Dept. Agric. 1898, p. 253—254, fig. 78.
[4]) Koningsberger, Bull. Dépt. Agric. Ind. Néerland Nr. 20, 1908, p. 6.
[5]) Chittenden, U. S. Dept. Agric., Div. Ent. Bull. 9, N. S., 1897, p. 22—23; Bull. 38, 1902, p. 70—83, fig. 3.
[6]) id., ibid. Bull. 38, p. 88—89, fig. 5.
[7]) Maxwell-Lefroy, Mem. Dept. Agric. India Vol. I, 1907, p. 140, fig. 25.
[8]) Preuss, Tropenpflanzer Bd. 15, 1911, S. 80—81, Taf. 2, Fig. O.

orange, Flügeldecken schwarzblau, am Vorderrande orange; 7—11 mm lang. Neu-Guinea; der „Herzblattkäfer“ der Kokospalmen. Käfer und Larven im Herzen junger Kokospalmen, wenn die Blätter anfangen sich zu bilden; beim Entfalten zeigen diese viele graubraune Stellen oder sind graubraun vertrocknet. Bei starkem Befalle kann die Palme absterben. Besonders an kränklichen, langsam wachsenden Palmen; bei gesunden entwickeln sich die Blätter so rasch, dafs die Larven herausgeworfen werden. Daher also durch gute Stickstoffdüngung das Wachstum beschleunigen; ferner Käfer und Larven absammeln.

Promecotheca antiqua Wse.[1]). Kopf dunkelbraun, Flügeldecken orange und schwarzblau; Vorderbeine gelb, die übrigen schwarz mit gelben Tarsen; 9—10 mm lang. Neu-Guinea, an alten Kokospalmen. Eier in kleinen Häufchen an der Unterseite der Blattfiedern; die Larven minieren Längsstreifen in den Blättern, die grau werden und absterben. Die Fruchtentwicklung wird unterbrochen und setzt für ein Jahr oder mehr aus. — **P. opacicollis** Gerst. Flügeldecken schwarz mit gelben Flecken. Ebenso auf den Neu-Hebriden. Besonders die im alang-alang-Grase stehenden Palmen werden befallen; nach Beseitigen des Grases verschwinden auch die Käfer.

Hispella Wakkeri Zehntn.[2]). Ostjava, an Zuckerrohr. Der Käfer schabt auf Blattoberseite; hier auch die Eier. Die Larven minieren längliche gelbbraune Flecke an dem Blattrand.

Hispa testacea L.[3]). Nordafrika, Südeuropa. Larve in den Blättern von Cistus salvifolius L. — **H. armigera** Ol. (aenescens Baly)[4]). Indien, an Reis und wilden Gräsern; Eiablage bereits an die jungen Pflänzchen in den Keimbeeten. Werden von diesen also die Käfer durch Gifte ferngehalten, so wird dem Befalle vorgebeugt.

Eine **unbestimmte Hispide**[5]) schadet in Ostjava beträchtlich an Kokospalmen. Käfer und Larven nagen zwischen den unentfalteten Blättern die Oberhaut auf einer Seite ab; die der anderen stirbt ebenfalls ab und bleibt als gelbliche durchscheinende Haut zurück. Bei stärkerem Befalle vertrocknen die ganzen Blätter.

Platypria Andrewesi Wse.[6]). Indien, an Zizyphus Jujuba. Larve ähnlich der der Schildkäfer. Puppe in Blatttasche.

Cassidinen, Schildkäfer.

In Nordamerika einige **Coptocyla-Arten**[7]) und **Chelymorpha argus** Licht.[8]) schädlich an Kartoffeln und Bataten.

Aspidomorpha militaris F.[9]) und andere Arten in Indien und auf Java an Bataten und Bohnen.

---

[1]) Preuss. l. c. S. 80—82, Taf. 2, Fig. P.
[2]) Zehntner, Meded. Proefstat. Oost-Java N. S. Nr. 27, 1896, 12 pp., 1 Pl.
[3]) Perris, Mém. Soc. Sc. nat. Liège 1855, T. 10, p. 260, Pl. 5, fig. 80—92. Lesne, Bull. Soc. ent. France 1904, p. 68—70, 1 fig.
[4]) Stebbing, Econ. Entomology p. 9. — Maxwell-Lefroy, l c. p. 139, fig. 24. — Dutt, Dept. Agric. Bengal., Quart. Journ. Vol. 4, 1910, p. 32—33.
[5]) Koningsberger, Bull. Dépt. Agric. Ind. Néerland Nr. 20, 1908, p. 1—2.
[6]) Maxwell-Lefroy, l. c. p. 364—365, fig. 241—242.
[7]) Smith, J. B., Rep. N. Jersey agr. Exp. Stat. 1890, p. 472—475, figs; 1897, p. 402.
[8]) Chittenden, U. S. Dept. Agric., Div. Ent., Bull. 9, N. S., 1897, p. 23. — Smith, J. B., Rep. 1901, p. 489.
[9]) Koningsberger, Meded. s' Lands Plantentuin 22, 1898, p. 36; Meded. Dept. Landbouw 6, 1908, p. 71—72. — Maxwell-Lefroy, l. c. p. 367.

Cassida L.

Die breiten, dornigen mit einer über den Rücken gekrümmten Schwanzgabel versehenen Larven halten die letzte Larvenhaut und bräunlichen Kot als Schutzdach über den weichen Leib. Käfer und Larven träge, haften fest auf den Pflanzen.

C. nebulosa L., **nebeliger Schildkäfer**[1]). Käfer fressen im Frühjahre von oben Löcher in die Blätter von Melden und Gänsefuß. Eier in flachen, mit dichter, klebriger Masse zugedeckten Häufchen von 6—15 Stück an deren Unterseite. Nach einer Woche die Larven, mit zuerst auffallend langen Schwanzanhängen. Sie weiden anfangs das Parenchym der Blattunterseite gesellig ab; später zerstreuen sie sich und fressen Löcher, schließlich sogar am Rande. Die beim ersten Larvenfraße über den Flecken stehen gebliebene Haut der Oberseite wird trocken, weißgelb, reißt später aus und fällt ab. So wird der Schildkäferfraß charakterisiert durch zahlreiche Löcher und weißgelbe Flecke. Von den vernichteten Pflanzen wandern die Larven bei starkem Auftreten auf andere über, Ende Juni, anfangs Juli auch auf die jetzt erscheinenden jungen Rüben (Runkel- und Zuckerrüben). Mit dem Wachstume der Larven werden die Löcher immer größer, so daß zuletzt nur noch die Mittelrippe stehen bleiben kann. Ende Juli die gestürzte Puppe am Fraßorte. Nach einer Woche der Käfer, der nach JABLONOWSKI dann in Ungarn verschwindet; in anderen Gegenden folgt gewöhnlich noch eine, bei günstiger Witterung auch noch eine dritte Brut; hierbei werden die Eier auch an die Rüben abgelegt.

Hauptschaden durch die erste Brut. Die späteren Bruten schaden nicht in dem Maße, da dann die Rüben schon kräftiger sind.

Vorbeugungsmittel: die betreffenden Unkräuter, am besten, wenn sie noch mit Eiern belegt sind, ausjäten und vernichten. Die mit Unkräutern bestandenen Weg- und Grabenränder frühzeitig mähen oder mit Chlorbarium oder Arsenmitteln bespritzen. Sind die Larven und Käfer bereits aufgewandert, so sind die befallenen Ränder zu walzen, tief unterzupflügen, zu eggen, krümern und wieder zu walzen. Auf dem Felde Spritzen mit Arsenmitteln oder Wermutabkochung, Streuen von Düngergips usw. Eintrieb von Geflügel.

Von den zahlreichen anderen Schildkäfern wäre höchstens noch **C. viridis L.** (equestris F.)[2]) zu erwähnen. Er lebt vorwiegend auf Ziest (Stachys) und Minzen (Mentha) und ist auch schädlich geworden auf Artischoken.

In Nordamerika werden **C. bivittata** Say und **nigripes** Ol. an Bataten schädlich[3]).

(Lariiden) Bruchiden.

Samen- oder **Muffelkäfer**, **Pulse beetles**, **Pea bugs**, im Frühjahr an Blumen und Blättern. Eier gewöhnlich einzeln in

---

[1]) NoËL, Le Naturaliste T. 30, 1908. p. 9—11. — JABLONOWSKI, Die tier. Feinde d. Zuckerrübe, Budapest 1909, S. 261—273. Fig. 55—57. — XAMBEU, Le Naturaliste, T. 31, 1909, p. 226. — S. ferner die Berichte der skandinavischen und italienischen Entomologen und der Versuchsanstalten für Zuckerrübenbau. — Die englischen Entomologen erwähnen seiner nicht.

[2]) DECAUX, Bull. Soc. Nation. Acclimat. France Ann. 44, 1897, p. 132—134. — XAMBEU, l. c. p. 235.

[3]) SMITH, J. B., Rep. 1890, p. 470–475. figs.

Blüten bzw. an jungen Hülsen von Leguminosen, seltener an Samen anderer Pflanzen. Larven bohren sich in die Schoten und durch ein später als kleiner brauner Fleck kenntliches Loch in die Samen. Sie sind zuerst kurz, stämmig, mit kräftigem Kopfe, Augen, einem stark bedornten Halsschilde, gezähnten Brustschildern und unvollständigen, aber deutlichen Beinen; nehmen erst nach der ersten Häutung ihre endgültige Gestalt an. Sie wachsen so langsam, daſs auch die befallenen Samen weiter wachsen und gewöhnlich ihre normale Gröſse erreichen. In den groſsen Samen gewöhnlich mehrere Larven; in den kleinen bleibt nur die zuerst ins Innere gelangte am Leben. Puppenwiege dicht unter der Samenschale; an ihrem Rande auch die Samenschale schwach angenagt, als dunkler, durchscheinender Fleck sichtbar. Der ausschlüpfende Käfer sprengt entweder sofort oder erst im nächsten Frühjahre den Deckel ab und gelangt ins Freie. Bei den meisten europäischen Arten nur eine Generation; die Käfer können sich nur im Freien begatten und fortpflanzen; die Eiablage findet immer an junge Schoten statt. Bei den meisten tropischen Arten mehrere Generationen; die Käfer pflanzen sich sofort nach dem Ausschlüpfen, auch in geschlossenen Räumen oder selbst Behältern, fort und belegen auch trockene Samen mit ihren Eiern; sie vernichten daher meist die ganzen Lagervorräte, zumal stärkerem Befalle gewöhnlich eine Zersetzung in den ausgefressenen Samen folgt.

Man hat lange geglaubt, daſs in den Samen der Keim unverletzt bliebe, daſs also auch ausgefressene Samen ihre Keimfähigkeit bewahrten. Untersuchungen amerikanischer Forscher haben aber gezeigt, daſs bei einem sehr groſsen Prozentsatze (bis 88 %) der Samen die Keimfähigkeit ganz zerstört wird, daſs von den keimenden Pflänzchen wieder ein groſser Teil frühzeitig zugrunde geht, und daſs schlieſslich die Mehrzahl der überlebenden Pflanzen doch immer schwach und kümmerlich bleibt, namentlich weniger Ertrag liefert, als die aus unverletzten Samen hervorgegangenen.

Bekämpfung: Befallene Samen in Petroleum, Schwefel- und Karbolsäure usw. einlegen, räuchern mit Schwefelkohlenstoff (50 ccm auf 1 hl Erbsen, 10 Minuten lang). Erhitzen auf 50 ° C für 24 Stunden, Einwerfen in Wasser von 60 ° C für kurze Zeit, dem allerdings rasch Abkühlung und Trocknen folgen müssen, damit die Samen nicht keimen, oder Lagerung in Kühlräumen (2 Monate bei 0—1 ° C)[2]. Saatgut 2—3 Tage in Wasser legen; die gesunden Samen sinken zu Boden, die ausgefressenen schwimmen oben. RÖRIG empfiehlt, die Saat im Januar oder Februar für 4—7 Tage auf 20—25 ° C zu erwärmen, um die Käfer zum vorzeitigen Verlassen der Samen zu veranlassen; dann erstere aus der Saat über einem Gefäſse mit Wasser und Petroleum sieben.

Bei den Arten mit einjähriger Generation ist die Saat bis ins zweite Jahr in geschlossenen Behältern (dichte Säcke genügen) aufzu-

[1] LINTNER, 7. Rep. N. York agric. Exp. Stat. 1890, p. 255—288. — RILEY & HOWARD, Ins. Life Vol. 4, 1892, p. 297—302, fig. 40–43. — CHITTENDEN, Yearb. U. S. Dept. Agric. 1898, p. 233—248, fig. 66–74. — DECAUX, L'Entomologie appliquée à l'Etude historique du haricot. Paris, Impr. nat. 1897, 8°. 8 pp.; Ausz.: Ill. Zeitschr. Ent. Bd. 4, 1899, S. 110. — RITZEMA BOS, Ziekt. Beschad. Landbougewass. D. 2, Groningen 1902, p. 98—101, fig. 47—48. — Board Agric. Fish. London, Leafl. 150, 1905. — LAMPA, Ent. Tidskr. Arg. 30, 1909, p. 236—242, 1 tav.
[2] DUVEL, U. S. Dept. Agric., Bur. Ent., Bull. 54, 1905, p. 49—54, fig. 17, Pl. 2, 3.

bewahren; die Käfer kriechen im ersten Jahre aus, gehen aber zugrunde, ohne sich fortpflanzen zu können.

FLETCHER schlug vor, die noch grünen Erbsen einzuernten, bevor sie ganz reif sind, und sie erst nach dem Dreschen ausreifen zu lassen. Früchte und Stroh würden dann besser; die in ersteren enthaltenen Käfer sind noch nicht ganz entwickelt und können durch sofortige Räucherung getötet werden.

In das abgeerntete Feld sind Schweine oder Geflügel einzutreiben, die die Ausfallerbsen auflesen: der Rest ist tief unterzupflügen.

Die meisten Arten werden von verschiedenen Chalcidiern parasitiert; *Br. chinensis* und wahrscheinlich auch andere Arten werden in allen Stadien von der Milbe *Pediculoides ventricosus* verfolgt.

Spermophagus pectoralis Sharp [1]). Heimat Mittel- und Südamerika, wird öfters nach Nordamerika verschleppt, hat hier aber noch nicht Fuſs gefaſst. In Bohnen, Erbsen, Cowpeas (Vigna sinensis). Bis 100 Eier an einer Bohne.

Caryoborus gonagra F. [2]). Indien, an Tamarinden und Bauhinia racemosa. Käfer an den Blättern; Eiablage nur im Freien an die jungen Früchte. Verpuppung aufserhalb, in einem Kokon aus Exkrementen.

(Laria Scop.) **Bruchus** L. (Mylabris Geoffr.)

Br. loti Payk. In den Samen von Lotus und Lathyrus. Generation einjährig. — **Br. pallidicornis** Boh. [3]). In Linsen; Generation einjährig. — **Br. atomarius** L. (granarius L., seminarius Bach), **Bohnenkäfer.** Der gemeinste Käfer in den verschiedensten Leguminosensamen, vorwiegend in Vicia Faba; in diesen überwintert er; kleinere (Lathyrus, Vicia sepium usw.) verläſst er, um andere Verstecke aufzusuchen. Generation einjährig. — **Br. (L.) rufimanus** Boh., **Bohnenkäfer.** Europa, Nordafrika, Ägypten, Persien, Syrien, vielfach verschleppt, in den Vereinigten Staaten von Nordamerika aber erst in den letzten Jahren eingebürgert [4]). In Bohnen und Erbsen, namentlich bei ersteren oft mehrere Käfer in einem Samen. Biologie wie beim Erbsenkäfer. — **Br. affinis** Fröl. [5]). Frankreich; von da nach Irland und Ostindien in Bohnen importiert. — **Br. (L.) pisorum** L. (pisi L.), **Erbsenkäfer** [6]). Heimat wohl der Orient; jetzt fast kosmopolitisch, nach Norden zu abnehmend; in Nordamerika bereits 1748 sehr schäd-

---

[1]) CHITTENDEN, Ins. Life Vol. 7, 1895, p. 328—329; U. S. Dept. Agric., Div. Ent., Bull. 23, N. S., p. 37—38, fig. 10; Bull. 33, N. S., 1902, p. 103—104.

[2]) COTES, Ind. Mus. Notes Vol. 3. 1896, p 14—15, 1 Pl. — STEBBING, E. P., Departm. Not. Ins. affect forestry, Calcutta 1906, p. 365—366 — MAXWELL-LEFROY, Ind. Insect Life, Calcutta 1909, p. 351, Fig. 224.

[3]) R. D., Naturaliste T. 31, 1909, p. 75.

[4]) CHITTENDEN, U. S. Dept. Agric., Bur. Ent., Bull. 82, 1911, p. 92.

[5]) CARPENTER. Rep. 1898, p. 5; Rep. 1901, p. 148—149. — M. LEFROY, l. c. p. 349.

[6]) KOLLAR, Verh. zool. bot. Ges. Wien, Bd. 4, 1854, Sitz.-Ber. S. 27—30; Bd. 8, 1858, S. 421—425, — LETZNER, Jahresber. schles. Ges. vaterl. Kultur, 1854, S. 79 bis 82. — (A.) Kansas St. agr. Coll. Exp. Stat., Bull. 19, 1890, p. 193—196. — RILEY & HOWARD, Ins. Life Vol. 5, 1893, p. 204. fig. 21. — FRANK, Arb. biol. Abt. Kais. Gesundheitsamt, Bd. 1, 1900, S. 86—114, Taf. 1. — REH, Zeitschr. Pflanzenkrankh., Bd. 10, 1900, S. 121—124. — RÖRIG, Ill. landw. Ztg., Jhg. 20. 1900. S. 160. — FLETCHER, U. S. Dept. Agric., Div. Ent., Bull. 40, 1903. p. 69—74. — id. & LOCHHEAD, 33d ann. Rep. ent. Soc. Ontario 1902, p. 3—15, 1 fig. — SCHÖYEN, Beretn. 1902. p. 8—9, fig. 44—45. — CARPENTER, Rep. 1904, p. 292—293, fig. 3. — FABRE, Bilder a. d. Insektenwelt, 2. Reihe, Stuttgart 1911, S. 59—61, 1 Fig. — S. ferner die Berichte von LAMPA und RITZEMA-BOS.

lich. Nur in angebauten Erbsen; immer nur ein Käfer in einem Samen, trotzdem 15—20 Eier an die jungen Schoten gelegt werden; nur eine Brut im Jahre. Besonders schädlich in wärmeren Ländern, namentlich in Canada, wo der jährliche Schaden bis auf 1 Million $ angegeben wird. Auch in Südrußland und selbst in Deutschland mußte schon wiederholt lokal der Erbsenbau wegen zu starken Befalls aufgegeben werden. In Nordeuropa nur in importierten Erbsen. Ganz vereinzelt auch in Samen von Vicia und Cytisus Laburnum gefunden. — **Br. lentis** Fröl., **Linsenkäfer**, in Linsen, deren jede Larve mehrere vernichtet; nach HEEGER können diese sogar auf andere Pflanzen überwandern. Generation einjährig. Mittel- und Südeuropa, Ägypten, Syrien; nach Amerika wohl verschleppt, aber noch nicht dort eingebürgert. — **Br. brachialis** Fåhr. [1]). Ursprünglich in wilden Viciaarten des südlichen Europas; ging anfangs dieses Jahrhunderts in Frankreich auf Vicia villosa über. — **Br. nubilus** Boh. [2]). In Frankreich an Futterwicken; NOEL empfiehlt, die Wicken grün zu verfüttern, bevor die Käfer reifen können.

Bruchidius trifolii Motsch. [3]). In Amerika oft gefunden in Samen von Trifolium alexandrinum aus Ägypten, aber noch nicht eingebürgert.

Bei den Samenuntersuchungen der dänischen Versuchsstation werden stets zahlreiche Rotkleesamen mit einer Bruchidenlarve gefunden [4]).

Acanthoscelides Schilsky.

Mehrere Generationen in einem Jahre; Fortpflanzung auch in trockenen Samen.

(Ac.) Bruchus obtectus Say (irresectus Fåhr., fabae Riley) [5]). Neotropisch oder orientalisch; jetzt fast kosmopolitisch: ganz Amerika, Mittelmeergebiet, Madeira, Azoren, Canaren, Südafrika, Persien, Indo-China. In Nordamerika der schlimmste Feind der Bohnen; ferner in Erbsen, Cowpeas, Linsen, Kichererbsen usw. Bis zu 28 Käfer in einer Bohne. Eiablage im Freien nur an Bohnen und Cowpeas; Eier gewöhnlich gruppenweise; dabei dringen alle Larven eines Geleges gewöhnlich nur durch das Loch ein, das die zuerst eindringende Larve .gebohrt hat, so daß von außen nicht sichtbar ist, von wieviel Larven die Bohne bewohnt ist. Im Lager läßt das Weibchen die Eier auch häufig nur zwischen die Samen fallen.

Pachymerus (Br.) chinensis L. (scutellaris F.), Cowpea weevil. [6]). Heimat Asien oder Südamerika; jetzt in China, Japan, Ostindien, Europa, Ägypten, Deutsch-Ostafrika, Kapland, Sierra Leone, Berberei, Algier, Madeira, Amerika, immer aber in den südlichen Ländern bzw. Gegenden häufiger, in den nördlichen nur in Lagersamen. In Amerika namentlich in Cowpeas, ferner in Phaseolus radiatus, Cajanus indicus,

---

[1]) MARCHAL, P., Bull. Soc. ent. France 1903, p. 229.

[2]) NOËL, Bull. Labor. région. Ent. agr. Rouen, Ier Trim. 1908, p. 5.

[3]) CHITTENDEN, U. S. Dept. Argric., Bur. Ent., Bull. 82, p. 93.

[4]) Siehe die Berichte von DORPH PETERSEN und ROSTRUP.

[5]) PERRIS, L'Abeille T. 11, 1874, p. 9—16. — RILEY & HOWARD, Ins. Life Vol. 5, 1892, p. 27—32. — MINÀ PALUMBO, Bull. Ent. agr. Vol. 3, 1896, p. 53—56. — MINGAUD, Bull. Soc. Etud. Sc. nat. Nimes T. 27, 1900, p. 101—107. — DARBOUX et MINGAUD, ibid. T. 29, 1902, p. 25—29; Bull. Soc. ent. France 1902, p. 72—76. — GIBSON, Canad. Ent. Vol. 38, 1906, p. 365—367, 1 fig.; 37th ann. Rep. ent. Soc. Ontario 1906, p. 116—117, 1 fig.

[6]) SCHWARTZ, Ber. Kais. biol. Anst. Land-Forstwirtsch. Heft 8, 1909, p. 47. — MAXWELL-LEFROY, l. c. p 350, fig. 223.

Erbsen, Linsen, Kichererbsen, Bohnen, in gewissen ceylonesischen Samen, in Dolichos, Sorghum usw. Mehrere Käfer in einer Bohne, mehrere Generationen im Jahre. Befallene Samen zersetzen sich.

P. (B.) quadrimaculatus F. Heimat wahrscheinlich der tropische Orient; jetzt in Ostindien, Sierra Leone, Äthiopien, Südfrankreich, Italien, Südamerika und südlichem Nordamerika. Vorzugsweise in Cowpeas, aber auch in allen anderen Sorten von Erbsen und Bohnen. Eiablage in die Samen. Mehrere Käfer in einem Samen, mehrere Bruten im Jahre; befallene Samen zersetzen sich sehr rasch. Da der Käfer zur Fortpflanzung einer gewissen Feuchtigkeit bedarf, ist Aufheben der Samen in vollkommen trockenen Räumen ein gutes Schutzmittel.

Rhynchophoren.

Kopf in Rüssel ausgezogen.

Anthribiden.

Meist in toten, namentlich trockenen Pflanzenstoffen (Samen, Holz, Pilzen usw.); einige schmarotzend in anderen Insekten (Schildläusen). Über 800, meist tropische Arten; für uns nur eine von Belang.

Arae(o)cerus fasciculatus De G. [1] (coffeae F., cacao F.), **Kaffeebohnenkäfer.** Heimat vermutlich Ostindien, jetzt in allen nicht zu kalten Küstenländern. Vorwiegend in Kaffee-, Kakaobohnen, Drogen usw. In Louisiana an Mais im Felde schädlich geworden. Käfer und Larven verwandeln das Innere der grünen jungen Stengel in den oberen Internodien zu großen Höhlen mit mißfarbenem Pulver und bohren auch abwärts; Ähre bildet sich nicht aus; oft bricht der Stengel an der stärksten Fraßstelle im Winde ab.

Doticus pestilens Oliff. [2]. Australien, Victoria. Larven in jungen Äpfeln, die schrumpfen, vertrocknen und am Baume hängen bleiben. Ferner in jungen Trieben von Akazien, hier faustdicke Wucherungen verursachend.

Curculioniden, Rüsselkäfer.

Die Käfer lassen sich bei Erschütterung ihrer Nährpflanze fallen, daher Abklopfen eines der besten Gegenmittel ist. Berührungsgifte versagen bei den meisten Arten ihres harten Panzers wegen nahezu ganz; dagegen sind Magengifte um so wirksamer, als die Käfer fast ausschließlich äußerlich fressen. Viele in der Nähe der Erdoberfläche fressende Arten sind durch Gräben an der Ausbreitung zu hindern bzw. in Fanggräben zu fangen.

Unter den Feinden ist namentlich *Cerceris arenaria* L. (Sandwespe) [3] bemerkenswert, weil sie fast nur Rüsselkäfer als Nahrung für ihre Larven einträgt.

Man unterscheidet etwa 25 000 Arten, die in zahlreiche Gruppen verschiedenen Grades eingeteilt werden.

---

[1] Tucker, U. S. Dept. Agric., Bur. Ent., Bull. 64, Pt. 7, 1909, p. 60—64, Pl. 3, fig. 18. — Aulmann, Fauna deutsch. Kolon., 5. R., Hft. 2, 1911, S. 52—54, Fig. 34.

[2] French, Handb. destr. Ins. Victoria Pt. I, Melbourne 1891, p. 83—86, Pl. 8. — Froggatt, Agric. Gaz. N. S. Wales Vol. 13, 1902, p. 708, Pl. 1, fig. 7.

[3] Noël, l. c. 2ᵈ Trim. 1908, p. 9.

Cneorrhinus plagiatus Schall. (geminatus F.)[1]. Larve unterirdisch an Wurzeln; mageren Kieferkulturen gefährlich, deren Maitriebe, Nadeln und Knospen der Käfer benagt; besonders an Seekiefer. Auch an Eichenheistern, Apfelbaum, Quitten usw. durch Benagen der Knospen schädlich, desgleichen in Frankreich wiederholt in Weinbergen; in der Altmark hat er einmal 3 Morgen Bohnenzwischenpflanzung auf Spargelfeld zerstört. auch die Spargeln selbst angegangen; in England an Spargeln, Karotten, Rübsen und anderen saftigen Gemüsen schädlich. Ursprüngliche Nährpflanzen nach WARBURTON Cynoglossum officinale. — Bekämpfung: Ablesen bzw. -klopfen; in forstlichen Kulturen Fanggräben, in Weinbergen Umbinden der Reben mit Leimringen oder Wergbändern.

Barynotus obscurus F.[2]. Gelegentlich im Frühjahr in Gartenkulturen, Ackerbohne und Luzerne; Blattfraß. — **B. squamosus** Germ. (Schoenherri Zett.)[3]. Europa; neuerdings nach Canada verschleppt; hat hier jungen Kohl und Blumenkohlpflänzchen bis zur Erde herab kahl gefressen.

Strophosomus melanogranius Forst. (**coryli** F.), **Haselrüfsler**[4]. Käfer von Anfang September bis Mitte Juni; benagt Rinde. Knospen und Blätter von Birken, Eichen, Buchen, Ebereschen, jungen Fichten und Kiefern und Haseln. Recht schädlich öfters mit *Hylobius abietis* in jungen Fichtenkulturen, wobei er die jüngeren. letzterer die älteren Pflänzchen befrißt. Auch in Eichenheisterpflanzungen manchmal schadend. Eiablage Mitte Juni in Boden, wo die Larven bis Anfang August an Unkrautwurzeln leben; hier ruht auch die Puppe ungefähr 4 Wochen. — **Str.** capitatus De G. (**obesus** Marsh.)[5]. Biologisch ebenso, aber vorwiegend an jungen Kiefern (P. silvestris, Strobus und Douglasii) und Eichen. Bekämpfung wie bei Hylobius abietis.

Brachyderes incanus L.[6]. Käfer überwintert am Boden; er befrißt vorzugsweise die Nadeln junger Kiefern und Fichten oder entrindet die jüngsten Triebe von Eichen und Birken platzweise. Larve von Ende April bis Anfang Juli an den Wurzeln seiner Nährpflanzen, namentlich an Kiefern; in Kulturen ebenfalls manchmal sehr schädlich. Puppe in Erdzelle, ruht 3 Wochen.

Sciaphilus squalidus Gyll.[7]. Die Käfer in Siebenbürgen an Aprikosen- und Pflaumenblättern.

Sitona Germ. (Sitones Schoenh.).

S. lineata (-us) L.[8]. Der Käfer überwintert am Boden, befällt bereits im März die jungen Erbsen, Bohnen, Wicken und frißt Kerben

---

[1]) Siehe die forstentomologischen Lehrbücher; ferner: MAYET, Les Insects de la vigne, Montpellier 1890, p. 367—369, fig. 70. — WARBURTON, Rep. 1896. p. 9—10, Fig. 3. — RITZEMA BOS. Tijdschr. Plantenz. 5, 1899, p. 170. — v. SCHILLING, Prakt. Ratg. Obst-Gartenbau 1901, S 268. NOËL, l. c. Ier Trim. 1907, p. 8—9.

[2]) FERRANT. Schädl. Insekten, Luxemburg 1911. S. 100.

[3]) FLETCHER, Rep. 1906.

[4]) ALTUM, Zeitschr. Forst-Jagdwes. 1898, S. 3—8. — BOHUTINSKY, ?; Ausz.: Ent. Blätt. Jahrg. 7. 1911, S. 183.

[5]) ECKSTEIN, Die Kiefer und ihre tierischen Schädlinge. I. Die Nadeln. Berlin 1893, S. 12.

[6]) CZECH, Centralbl. ges. Forstwes. Bd. 6, 1880, S. 122—123. — R. Bos, l. c. 10, 1904. p. 29—30. — JACOBI, Nat. Zeitschr. Land-Forstwirtsch. Jahrg. 2, 1904, S. 353 bis 357, Fig. — LAMPA, Upps. prakt. Ent. 18. 1908, p. 26, 28, Fig. — ECKSTEIN, l. c. p. 13.

[7]) Zeitschr. Pflanzenkr. Bd. 4, 1894, S. 103—104.

[8]) CURTIS, Farm Insects, 1860, p. 342—348, Pl. L, fig. 1—10; fig. Nr. 48. —

in den Blattrand. Eier Ende Mai, Anfang Juni, in die Erde abgelegt; Larven an den Wurzeln und Bakterienknöllchen. Puppe in einer Erdzelle; im August die neuen Käfer, die nun vorwiegend an Klee und Luzerne in der gleichen Weise fressen und dann überwintern. Nach der Ansicht der englischen Entomologen läuft noch eine andere Generationsfolge nebenher: Larven, zum Teil auch Puppen überwintern; Ende April, Anfang Mai Verpuppung; Ende Mai, Anfang Juni die Käfer, die bald wieder Eier legen zu einer überwinternden Larvengeneration. Die Käfer beider Generationen treffen sich im Sommer an Klee und Luzerne. Hauptschaden im Frühling an der keimenden Saat; späterhin, wenn die Pflanzen gröfser sind, fällt der Frafs nicht mehr so ins Gewicht, trotzdem dann die Käfer oft so häufig sind, dafs jedes Blatt eines Ackers gekerbt ist. Zartere Blätter und zartblättrige Sorten werden vorgezogen. Besonders in England schädlich.

Bekämpfung: Abfangen der Käfer mit Fangnetzen; Spritzen mit Petroleum-Seifen-Emulsion; kräftige Düngung zur Beschleunigung des Wachstums der Pflanzen; Fruchtwechsel mit Nicht-Schmetterlingsblütlern; Walzen der Erbsenfelder, um den Käfern die Verstecke zu nehmen; Reinigung der Felder von allen Ernterückständen.

Auf dieselbe Weise leben und schaden zum Teil auch **S. grisea** F.[1]), tibialis Hbst., flavescens Marsh., crinita Hbst.[2]), **puncticollis** Steph. und **hispidula** F. — **S. regensteinensis** Hbst. gemeinsam mit *Strophosomus coryli* an Eichen schädlich.

In Nordamerika[3]) sind *S. flavescens* All. und *hispidula* F. aus Europa eingeschleppt; erstere zum Teil schon sehr schädlich an Klee. Letztere Art zuerst an Graswurzeln, neuerdings aber auch an Klee und Luzerne. Die Eiablage Ende März an Blätter oder die Erde. Nach 13 Tagen die Larve, begibt sich sofort in die Erde; nach 17 bis 21 Tagen Verpuppung in einer Erdzelle, nach 8—10 Tagen die Käfer, die Ende Mai, Anfang Juni verschwinden. Wahrscheinlich noch eine Herbstbrut. Hauptschaden durch die Larven, die grofse Gruben in die Hauptwurzeln fressen; sie werden von einer Pilzkrankheit dezimiert; den Käfern stellen zahlreiche Vögel nach.

Von den zahlreichen **Polydrosus**-Arten nur wenige so häufig, dafs schädlich. An Obstbäumen, Eichen, Buchen, Birken, Erlen usw. finden sich **P. cervinus** L.[4]), (einmal auch an Lärchenkulturen), **P. mollis** Stroem. (micans F.) (einmal auch an dreijährigen Weymouthskiefern) und **P. sericeus** Schall. an Nadelhölzern (Fichten, Tannen, Lärchen), **P.** (Metallites) **impar** Gozis (mollis Germ.) und **P.** (M.) **atomarius** Ol. (auch an Eiche und Rebe).

Tanymecus palliatus F.[5]). Ursprünglich an Nesseln und Disteln;

Bos, R., Zeitschr. Pflanzenkr., Bd. 4, 1894, S. 148; Ziekt. Beschad. Landbougewass. D. 2. Groningen 1902. p. 93—95, Fig. 46. — Carpenter, Rep. 1901, p. 149. — Theobald, Rep. 1906/07, p. 101—104; Board Agric. Fish. London, Leafl 19, 4 pp., 4 figs., 1904. — S. ferner die Berichte der skandinavischen und der übrigen englischen Entomologen.

    [1]) Karsch, Ent. Nachr. Bd. 10, 1884, S. 157—159. — Bos, R., Zeitschr, Pflanzenkr. Bd. 1, 1891, S. 338.

    [2]) Siehe Curtis, Theobald und die anderen englischen Entomologen.

    [3]) Wildermuth, U. S. Dept. Agric., Bur. Ent. Bull. 85, Pt. II, 1910, p. 29—38, fig. 15—19.

    [4]) Frifst aber auch Gallen von Eriophyes piri Pag.; s. Thomas, Ent. Nachr., Bd. 23, 1897, S. 345—348.

    [5]) Deutsch. landw. Presse 1891, S. 407. — Jablonowski, Tier. Feinde d. Zuckerrübe, Budapest 1909, S. 39—40, Fig. 5.

in Kleinrußland und Ungarn an Blättern von Zuckerrübe; 1891 hat er
an mehreren Stellen in Deutschland an Zichorien, jungen Futterpflanzen
und Hülsenfrüchten geschadet, an beiden letzteren fraß er die Samenlappen und ersten Stengelblätter ab. — **T. indicus** Faust[1]). Indien,
in den Ebenen. Käfer im Juni und November an den jungen Keimpflänzchen von Weizen, Kichererbsen, Beta maritima, Papaver, Sorghum, Sonnenblumen, Baumwolle, Mais; sehr schädlich. Bewässerung
und Frost vernichten sie.

Die Käfer von **Hypomeces squamosus** F. und **curtus** Schönh.[2])
befressen auf Java die Blätter junger Pflänzchen vom Rande aus, erstere
Art an Tee, Palaquium, Hevea brasiliensis, Cinchona usw., letztere an
Kaffee. — Die Larven von **H. unicolor** F.[3]) schaden ebenda an jungen,
ausgesetzten Pflänzchen von Reis und Zuckerrohr.

Pachnaeus litus Germ. und **azurascens** Gyll.[4]) gehören zu den
schädlichsten Insekten auf Cuba. Larven nagen die Rinde von Kaffee-
wurzeln ab, so daß zahlreiche Bäume zur Trockenzeit absterben.

Diaprepes abbreviatus L.[5]). The root borer of sugar cane auf
Barbados. Käfer im August, September an Zuckerrohr, Mais, Bataten,
Imphee, Erdnuß usw. Eier in Gruppen bis zu 150 auf deren Blättern.
Larven in den Wurzeln und unterirdischen Stammteilen. Besonders
gefährlich dem Zuckerrohr; vereinzelt auch an Kakaowurzeln. Befallene Pflanzen ausnehmen, die Erde des Wurzelballens durchsieben,
das Loch mit Kalk versetzen; Mais, in der Nähe reifender Zuckerrohrfelder gepflanzt, dient als Fangpflanze für die Käfer. — **D. Speng-
leri** L.[6]). Porto Rico. Käfer von Mai bis Juli und im November
am Laub von Orangen, Guava, Kaffee, Avocado, Mango und Rosen.
Larven an den Wurzeln, besonders an Orange oft sehr schädlich.

Cratopus punctum F.[7]). Auf Mauritius und Réunion, an Coffea
liberica, Orangen, Zitronen, Vanille usw. Käfer frißt die Blätter der
jungen Bäume in dem Maße ab, wie sie erscheinen; bei wiederholtem
Kahlfraße gehen die Bäume ein.

Geonomus quadrinodosus Chevr.[8]). Larven durchlöchern in
Venezuela die Blätter der Kaffeebäume wie ein Sieb.

Epicoerus imbricatus Say. The imbricated Snout-beetle[9]). Nordamerika. Käfer von Juni bis zum Frühling an Obstbäumen und
-sträuchern, Erdbeeren, Kohl, Rüben, Radieschen, Bohnen, Klee, Gurkengewächsen, Tomaten, Baumwolle, Mais, Zwiebeln usw., die Blätter,

[1]) Barlow, Ind. Mus. Notes Vol. 4, 1900, p. 123—125, Fig.; p. 188—189. —
Maxwell-Lefroy, Mem. Dept. Agric. India Vol. 1, 1907, p. 143. fig.

[2]) Koningsberger, Bull. Dépt. Agric. Ind. Néerland. XX, 1908, p. 5—6. — Tropenpflanzer Bd. 2 S. 230.

[3]) Koningsberger, Med. s' Lands Plantent. 22, 1898, p. 39.

[4]) Cook, M. T., Estac. centr. agr. Cuba. Primer Inf. ann., 1906, p. 160—161,
Lam. 24, fig. 4; Bull. 9, 1908, p. 11—17, fig. 2.

[5]) Watson, West Ind. Bull. Vol. 4, 1904. p. 37—47, 3 figs. — Ballou. Agric.
News Barbados Vol. 9, 1910, p. 10, 58—59, Fig. 7; Vol. 10, 1911, p. 218, Fig.

[6]) U. S. Dept. Agric., Div. Ent. Bull. 30, N. S., 1901, p. 97. — Tower, W. V.,
Porto Rico Stat. Bull. 10, 1911, p. 7—35, Pl. — Abstr.: Exper. Stat. Rec. Vol. 25,
p. 253.

[7]) Delacroix, Malad. ennemis de Caféiers, 2de éd., Paris 1900, p. 131—132. —
Noack, Zeitschr. Pflanzenkr. Bd. 11, 1901, S. 298.

[8]) Delacroix, l. c. p. 131.

[9]) Chittenden, U. S. Dept. Agric., Div. Ent., Bull. 19, N. S., 1899, p. 62—67, fig. 14;
Bull. 23, 1900, p. 31—32, fig. 7.

Stengel, Blüten und Früchte benagend, oft schädlich. Eier in Häufchen an Blätter. Larve und Puppe noch unbekannt.

Aramigus Fulleri Horn. Fuller's Rose beetle [1]). Auf Hawaii („Olinda bug") polyphag an den verschiedensten Pflanzen, von Bäumen bis zum Gras; in Nordamerika nur in Gewächshäusern, ebenfalls sehr polyphag, besonders aber an Zierpflanzen (Teerosen und Geranien); in Californien auch im Freien an Citrusbäumen. Der Käfer frifst Blätter, Blüten und Knospen, selbst junge Rinde; er ist gegen alle Gifte so widerstandsfähig, dafs nur Absammeln gegen ihn nützt. Eiablage in Kuchen unter loser Rinde, möglichst nahe der Erde. Larven unterirdisch an Wurzeln; sie sind zu sammeln, mit Schwefelkohlenstoff, Petroleumemulsion oder Tabakstaub zu bekämpfen.

Psalidium maxillosum F. [2]) geht im südöstlichen Europa im Frühjahre öfters von Unkräutern (Lepidium Draba, Cirsium) auf Rübenfelder über und befrifst die jungen Pflänzchen. In Bulgarien auch einmal an Blättern amerikanischer Reben beobachtet.

Otiorrhynchus Germ. Lappenrüfsler, Dickmaulrüfsler [3]).

Käfer im Frühjahre und Sommer auf Sträuchern und Bäumen, an Blättern, Knospen und Rinde, nächtlich; die sehr kleinen Eier in großer Anzahl in oder an der Erde, in der sich die Käfer oft tagsüber verstecken; die stark gekrümmten Larven beifsen die feinsten Wurzeln ab und schälen die stärkeren. Verpuppung im Herbste; die bald entwickelten Käfer bleiben gewöhnlich in der Puppenhöhle bis zum nächsten Frühjahre liegen. — Sehr zahlreiche, meist ungemein schwer zu unterscheidende Arten.

O. tenebricosus Hbst. [4]). Käfer in England schädlich an Aprikosen, Nektarinen, Pfirsichen, Pflaumen, Erdbeeren; Larven an Beerenobst und Gemüse.

O. hungaricus Germ. var. **lugdunensis** Boh. [5]). Käfer im Dept. Allier, Frankreich, überaus schädlich durch Abnagen der Knospen junger Obstbäume, bei Vitry-sur-Seine desgleichen an Syringen. Etwa 1895 von Paris in Wurzelballen von Syringen nach Gärtnereien bei Hamburg verschleppt, entwickelten sie sich hier zu einem deren Kultur bedrohenden Schädling. Von Ende April an nagen sie zuerst die jungen Knospen ab, später die Rinde der jungen Triebe in schmalen Ringen; zuletzt fressen sie tiefe, unregelmäfsige Buchten in die Blattränder. Auch an Thuja, Rosen, Apfelbäumen, Schneeball, Eichen. Larve unschädlich. In Frankreich mit Erfolg durch Arsenmittel bekämpft.

---

[1]) RILEY, Rep. Commiss. Agric. 1878, p. 255—257, Pl. 7, fig. 2. — CHITTENDEN, U. S. Dept. Agric., Div. Ent., Bull. 27, N. S., 1901, p. 88—96. — KOEBELE, ibid. Bull. 30, 1901, p. 88—90. — MASKEW, ibid., Bull. 44, 1904, p. 46—50; Bull. 54, 1905, p. 70—71. — VAN DINE, Hawaii agr. Exp. Stat., Press Bull. 14, 1905, 8 pp., Figs.

[2]) JABLONOWSKI, l. c. S. 34, 38—39, 132—133, Fig. 4. — MALKOW, Ber. f. 1906; Ausz.: Zeitschr. wiss. Ins.-Biol. Bd. 4, p. 352.

[3]) RICHTER VON BINNENTHAL, Rosenfeinde, Stuttgart 1903, S. 97—101, Fig. 7.

[4]) ORMEROD, Handbook of Orchards & Bush fruit insects p. 213. — Board Agric. Fish., Leafl. 2, rev. 1902, p. 4. — DUNCAN, Insect pests of the farm and garden. London 1901, p. 59—61.

[5]) SEURAT, Bull. Soc. ent. France (6) T. 1, 1881, p. XLVIII. — REH, Jahrb. Hamburg. wiss. Anst. XIX, 1901, 3. Beih., p. 149—151. — Gartenwelt 1904, Nr. 14, 24. — Journ. Board Agric. London Vol. 12, 1906, p. 681. — In beiden letzteren Publikationen wohl irrtümlich O. tenebricosus genannt.

O. niger F. Käfer im Mai an jungen Fichten, vom Wurzelhalse bis zu den Maitrieben und Nadeln; Eier in dem lockeren Boden junger Fichtenbestände oder -kulturen, wo die Larven zuerst die jungen Wurzeln, später die Rinde älterer glatt abnagen. Mitte Juli Verpuppung, Mitte August bis Ende September die Käfer, die meist bis zum nächsten Frühjahre in den Puppenhöhlen bleiben, zum Teil aber auch im Herbste hervorkommen und dann in der Bodendecke überwintern. Nur in Gebirgsrevieren. Gelegentlich auch an anderen Nadelhölzern, Ahorn, Esche und Vogelbeeren. Bekämpfung: Käfer sammeln, z. B. unter ausgelegten Moosplatten. Vorbeugung: Boden vor der Pflanzung gut verrasen lassen.

An Fichten schaden in derselben Weise **O. fuscipes** Ol., **perdix** Ol., **ovatus** L., an Fichten und Tannen **O. singularis** L., an Fichten, Weymouthskiefern und Douglastannen **O. sensitivus** Scop. (planatus Hbst.)[1]) und an Kiefern und Buchen **O. irritans** Hbst.

O. laevigatus F. Käfer an Knospen und jungen Trieben von Pflaumenbäumen, besonders auf Sandböden. — **O. raucus** F.[2]). Käfer in Deutschland und Frankreich, benagt die jüngsten Blätter von Apfel-, Birnen- und Kirschbäumen und frißt die jungen Triebe der Reben ab; ferner an Rüben. — **O. dubius** Ström. (maurus Gyll.) und **arcticus** Ol. (blandus Gyll.), nach SCHÖYEN in Norwegen schädlich an Rhabarber. — **O. rotundatus** Sieb.[3]), bei Danzig an Syringen, Liguster und Schneebeeren, deren Blätter der Käfer vom Rande aus befraß. — **O. singularis** L. (**picipes** F.)[4]). An Reben, jungen Obstbäumen (besonders Pfropfreisern), Eichen, Beerenobst, Rosen, Hopfen, Rhododendron, Gurken, Fichten, Maitrieben von Tannen. Besonders in England an Erdbeeren usw. schadend. — **O. turca** Boh.[5]). In Südrußland Käfer und Larven sehr schädlich an Reben. Eiablage von Mitte Juni bis Herbst, in der Hauptsache in der zweiten Hälfte des Juli und im August. Generationsfolge unregelmäßig; ein Generation lebt knapp ein bis anderthalb Jahre. Nur Weibchen bekannt.

O. sulcatus F. Gefurchter Lappenrüßler[6]). Überall in Mitteleuropa auf leichten, sandigen oder lehmigen Böden, auf Ödland, Wiesen, Wald usw.; auch in Warmhäusern und Mistbeeten. An verschiedensten Pflanzen, namentlich Reben, Erdbeeren, Pfirsichen, Blumen mit saftigen Wurzeln oder Wurzelstöcken, Farnen, aber selbst an Taxus und Rhododendron. Ernstlich schädlich an Reben durch Blattfraß; im Frühjahr an Knospen. Der Hauptschaden durch die Larven, deren Fraß die Stöcke arg kümmern läßt oder selbst tötet. Die Entwickelung sehr ungleichmäßig; normal überwintert die reife Larve, um sich erst im Frühjahre zu verpuppen; es können aber auch aus spät abgelegten Eiern gekommene junge Larven überwintern, die im Frühjahre weiter-

---

[1]) FUCHS, Forstl. nat. Zeitschr. Bd. 6, 1897, S. 381—383; Nat. Zeitschr. Land-Forstwirtsch. Bd. 3, 1905, S. 210—212.

[2]) JABLONOWSKI, l. c. p. 35—36, Fig. 2. — ZIMMERMANN, H., Die Obstbauschädlinge a. d. Familie der Rüsselkäfer; S.-A. aus Blätt. Obst-, Wein-, Gartenbau, Berlin 1905.

[3]) BAIL, Nat Wochenschr. Bd. 5, N. F., 1906, S. 618—619.

[4]) v. SCHILLING, Pr. Ratg. Obst-Gartenbau 1898, S 260—262, 4 Fig. — ZIMMERMANN, l. c. — Siehe ferner vor allem die Berichte der englischen Entomologen.

[5]) SSILANTJEW, Zool. Jahrbb., Abt. System., Bd. 21, 1905, S. 491—502, 8 Abb.

[6]) BOS, R., Zeitschr. Pflanzenkr., Bd. 5, 1895, S. 346. — MÜLLER, C. A., ibid., Bd. 11, 1901, S. 214—216. — MAISONNEUVE, Bull. Soc. industr. agr. Angers (4) T. 14, 1904, p. 102—110, 1 Pl. — Siehe ferner die Reblausdenkschriften.

fressen; die aus ihnen entstehenden Käfer können wiederum zum Teil überwintern, so dafs also dasselbe Individuum zweimal überwintert. — Feinde: Kröten, Laufkäfer, Kurzflügler, Vögel usw. — Gegenmittel: Käfer nachts mit der Laterne absuchen (abklopfen) oder in zwischen die Reben ausgelegten Häufchen von Moos, Laub, Stroh usw. locken, die morgens zu verbrennen sind. Gegen die Larven Schwefelkohlenstoff. RÜBSAAMEN empfiehlt deren Aushungerung dadurch, dafs die befallene Fläche rigolt werden und mindestens ein Jahr unbebaut liegen bleiben mufs. Zur Vorbeugung rät MÜLLER, den für Neuanlagen zu verwendenden Rasen, mit dem Käfer und Larven oft eingeschleppt werden, erst mit Kalk zu Komposthaufen aufzusetzen und unter tüchtigem Jauchen 1—2 Jahre liegen lassen. Auch nach Nordamerika und Australien verschleppt, hier aber nicht schädlich. — **O. populeti** Boh.[1]), eine im allgemeinen sehr seltene Art, trat bei Kruglicza in Ungarn an Reben so massenhaft auf, dafs sie den Versuch, solche anzupflanzen, zweimal vereitelte und so das Dorf dem Untergang weihte. An einem benachbarten Orte ebenfalls recht schädlich, aber doch nicht in solchem Mafse. Als sehr gutes Bekämpfungsmittel hat sich Bestreichen der Reben mit einer Salbe aus 10 Teilen Steinkohlenteeröl, 30 Teilen Naphthalin, 100 Teilen ungebranntem Kalk und 400 Teilen Wasser bewährt. — **O. ligustici** L. Liebstöckelrüfsler, Nascher[2]). Der Käfer im Frühjahr an Reben, Pfirsichen, Hopfen, Bohnen, Rüben, Spargel, an Knospen, Trieben, Blüten, Keimen und Blättern, besonders aber an Luzerne, daher man ihn an dieser leicht ködern kann. Larven an den Wurzeln.

Phlyctinus callosus Boh.[3]). Südafrika an Reben. Larven in den Wurzeln, Käfer an jungen Trieben.

Systates pollinosus Gerst.[4]). Schwarz, 7—12 mm grofs, Deutsch-Ostafrika. an Baumwolle und Manihot Glaziovii, ohne merkbaren Schaden.

Rhadinoscopus nociturus Klbe.[5]). Schwarz, grauweifs beschuppt, 9 mm lang. In Deutsch-Ostafrika an Blättern von Liberiakaffee und anderen Pflanzen fressend. Begattung Ende Januar.

Peritelus (griseus Ol.) **sphaeroides** Germ.[6]): An Reben, jungen Obstbäumen, Buchen und Hainbuchen, an Knospen, Trieben, Pfropfreisern und Blättern, namentlich in wärmeren Gegenden (am Rhein, in Frankreich, Italien). In Bayern frafsen die Käfen einmal am Hopfen die Triebe völlig ab[7]). — **P. familiaris** Boh.[8]), vertritt ihn in Ungarns Sandgegenden.

Omias mollinus Boh.[9]). Käfer frafs bei Scy (Lothringen) junge Austriebe von auf amerikanische Unterlage gepflanzten Reben dicht über dem Erdboden kreisförmig an, so dafs sie abstarben.

---

[1]) SAJÓ, Ill. Wochenschr. Ent. Bd 1, 1896, S. 309—310.

[2]) GAUCKLER, Ill. Wochenschr. Ent. Bd. 2, 1897. S. 524—525 — HOLLRUNG, ebenda S. 549—550. — REMISCH, Zeitschr. wiss. Ins.-Biol. Bd. 4, 1908, S. 331—332. — JABLONOWSKI, l. c. S. 36—38, 63—68, Fig. 3. 14. 15. — ZIMMERMANN, l. c. p. 5—6.

[3]) LOUNSBURY, Agric. Journ. Cape Good Hope Vol. 37, 1910, p. 448—450, Fig.

[4]) MÖBIUS, Tropenpflanzer, Bd. 6, 1902, S. 200. — AULMANN, Mitt. zool. Mus. Berlin, Bd. 5, 1911, S. 261—263, 4 Fig.

[5]) PERROT, Tropenpflanzer, Jahrg. 3. 1899, S. 387. — KOLBE, Deutsch. ent. Zeitschr. 1911, S. 506—508. — AULMANN, Fauna deutsch. Kolon. Bd. 5 Hft. 2 S. 75—76, Fig. 49.

[6]) ZIMMERMANN, l. c. p. 6

[7]) STÖRMER, Prakt. Blätter Pflanzenbau u Pflanzenschutz Bd. 2, 1904, p. 7—9.

[8]) SAJÓ, Ill. Wochenschr. Ent. Bd. 1, 1897, S. 293.

[9]) Reblaus-Denkschr. 1904, S 134.

Barypithes araneiformis Schrk. Käfer fraß an Weiden und wahrscheinlich auch an Stockausschlägen von Eichen die Knospen ab, so daß die Pflanzen abstarben[1]. In England frißt er an unreifen Erdbeeren grofse Plätze der Oberfläche ab; in reifere bohrt er sich völlig hinein[2].

Phyllobius Schönh. Blattnager, Grünrüfsler[3].

Die Käfer im Frühjahre häufig an Sträuchern, Obst- und Waldbäumen. an jungen Blättern, Knospen und Trieben; Larven im Boden, unschädlich; nur die von **Ph. glaucus** Scop. nach Bos durch Frafs an Erdbeerwurzeln schädlich[4]. Gegenmittel: die Käfer abklopfen; Spritzen mit Arsenmitteln; die Augen der Pfropfreiser mit Baumwachs oder ähnlichem bestreichen.

Die wichtigsten Arten an Obstbäumen sind: **Ph. glaucus** Scop. (calcaratus F.)[5] (auch an Erlen, Himbeeren. schwarzen Johannisbeeren, Erdbeeren), **alneti** F. (auch an Erlen), **piri** L. (Birken und Eichen), **argentatus** L. (Birken, Buchen, Hainbuchen, Fichten), **maculicornis** Germ. (Buche, Hasel), **psittacinus** Germ. (Buche, Birke), **oblongus** L.[6], **viridicollis** F. (Erd- und Himbeeren, junge Buchen und Eichen, Kiefernkulturen), **pomonae** Ol.

Leptops Hopei Schönh. und **robusta** Ol.[7], apple - root borers Australiens. Käfer an den Blättern von Apfel-, Birn- und Kirschbäumen, Akazien und Eukalyptus. 40—50 Eier in einem zusammengeklebten Blatte. Larven in den stärkeren Wurzeln von Obstbäumen. Die befallenen Bäume beginnen von der Zweigspitze an abzusterben. Bekämpfung: Absuchen der Einester, Abklopfen der Käfer, Spritzen mit Arsenmitteln; gegen die Larven: Schwefelkohlenstoff, Bestreichen der Hauptwurzel mit Sublimatlösung; beim Neupflanzen sind die stärkeren Wurzeln möglichst zu entfernen.

Liparus (Molytes) coronatus Goeze. In Frankreich und Rufsland schädlich an Karotten, in denen die Larven Gänge fressen.

Liosoma cribrum Gyll.[8]. Käfer frifst im Frühjahre in die Blätter von Veilchen von unten kreisrunde Löcher von durchschnittlich 1 mm Durchmesser. Larven vermutlich in den unteren Achsenteilen.

(Neo-)**Plinthus porcatus** Panz.[9]. Larven von März bis August in Wurzelstöcken von Hopfen in Steiermark beobachtet. Eiablage im Frühling an die Pflanze nahe dem Boden. Gegenmittel: Keine Fechser mit Bohrlöchern verwenden; im Frühjahre die Triebe, ehe man sie hoch gehen läfst, 1 m hoch mit Erde bedecken, die bedeckten Teile im Herbste abschneiden und mit den darin enthaltenen Larven und Puppen verbrennen.

---

[1] Altum, Zeitschr Forst-Jagdwes. 1892, S. 687—694.
[2] Theobald, Insect Pests of Fruit, London 1909, p. 462—464. Fig. 304—305.
[3] Zimmermann, 1 c. p. 7—8.
[4] Bos, Instit. Phytopathologie Wageningen, Verslag over 1907. p. 41.
[5] Reh, Jahrb. Hamburg. wiss. Anst. XIX. 1901, 3. Beih., S. 151—152
[6] Zirngiebl, Prakt. Blätt. Pflanzenschutz, Bd. 4, 1901, S. 3—4. — Bos, Tijdschr. Plantenz. D. 8, p. 44—46.
[7] French, Destruct. Ins. Victoria Vol. 1. Melbourne 1891, p. 71—74, Pl. 6; Vol. 2, 1893, p. 93—99, Pl. 27; Journ. Agric. Victoria Vol. 1, 1902, p. 404—408, 1 Pl.
[8] Thomas, Ent. Nachr Jahrg. 16, 1890, S. 309—310.
[9] Rörig, Der Hopfenkäfer. Hrsg. vom Kais. Gesundheitsamt Berlin 1898, 1 Bl. Fol., 8 Figg.

Syagrius fulvitarsis Pasc.[1]) ist in Australien (Sydney) einer der schlimmsten Feinde der Gewächshaus-Farne; **S. intrudens** Waterh.[2]) desgl. in Dublin, wo er wohl 1902 aus Australien eingeschleppt wurde. Die Käfer befressen die oberirdischen Triebe, die Larven bohren in allen unterirdischen und den Stengeln. Als bestes Gegenmittel hat sich bewährt, die Farne über Nacht unter Wasser zu setzen. — Der kleinere **Neosyagrius cordipennis** Lea[3]) lebt ebenso in den zarteren „maiden-hair"-Farnen.

Myorrhinus albolineatus F.[4]) ist ein spezifischer Käfer für die ungarischen Flugsandgebiete. Als diese in Roggenfelder verwandelt wurden, gingen die Käfer an diese über und fraßen die Ähren aus.

Scythropus mustela Hbst.[5]). Käfer an einigen Stellen Deutschlands schädlich, indem er in Kiefernnadeln vom Rande her flachbogige Ausschnitte frißt. Eiablage in Reihen von 10—50 Stück zwischen zwei zusammengekittete Nadeln. Larve im Boden.

Phytonomus Schönh. (Hypera Germ. part.).

Vorwiegend an Kleearten und verwandten Pflanzen (Trifolium, Medicago, Melilotus, Vicia usw.). Käfer fressen am Blattrande und der Stengeloberhaut, leben vom Juni an 10—14 Monate. Eiablage im Frühjahre, bei *nigrirostris*, *polygoni* und *murinus* in die Blätter oder Blattscheiden bzw., bei letzterem, in die jungen Stengel, an Knospen, Blattachseln, bei *punctatus* Anfang Herbst an die Basis der Pflanzen. Larven nach etwa 8 Tagen, fressen Löcher in die zarten Blätter, schaben die Epidermis der Blätter und Stengel ab, fressen die Knospen aus, zerstören die Blütenköpfe (*nigrirostris*) oder bohren selbst in den Stengeln abwärts (*polygoni*). Von Anfang Juni an Verpuppung in lockerem, eiförmigem, maschigem Gehäuse an der Fraßstelle oder am Grunde der Pflanzen. Nach 6—8 Tagen der Käfer. Generation, soweit bekannt, einjährig; infolge des langen Lebens der Käfer findet man im Sommer meist alle Stadien nebeneinander.

Ausnahmen von der hier geschilderten Entwicklungsweise sollen *punctatus* machen, bei dem in der Hauptsache nahezu erwachsene Larven überwintern (Eiablage Anfang Herbst), und *pastinacae*, bei dem sich im Sommer mehrere Generationen parthenogenetisch folgen sollen.

Im Sommer unternehmen die Käfer oft in Massen ausgedehnte Wanderflüge.

Bekämpfung an Klee: frühzeitiges Mähen und rasches Verfüttern, tiefes Unterpflügen, Abbrennen im Herbste oder nach der Ernte, Walzen usw. In Amerika bei *nigrirostris* Absterben der Puppen durch *Empusa sphaerosperma* beobachtet..

Altweltlich; *punctatus*, *nigrirostris* und *murinus* indes nach Nordamerika verschleppt und dort viel schädlicher als in ihrer Heimat.

Die wichtigsten Arten sind:

an Klee und verwandten Pflanzen: **Ph. punctatus** F.[6]), **meles**

[1]) Froggatt, Agric. Gaz. N. S. Wales Vol. 15, 1902, p. 516—517, Pl. fig. 3, 4.
[2]) Carpenter, Econ. Proc. R. Dublin Soc. Vol. 1. 1903, p. 204—207, fig. 4. — Mangan, Journ. ec. Biol. Vol. 3, 1908, p. 84—91, Pl. 6, 7.
[3]) Froggatt, l. c, p. 514—516, Pl. fig. 1.
[4]) Sajó, Zeitschr. Pflanzenkr. Bd. 5, 1895, S. 21; Ill. Wochenschr. Ent. Bd. 1, 1897, S. 293—296.
[5]) Baer, Tharandt. forstl. Jahrb. Bd. 58, 1908, S. 226—230, 2 Fig.
[6]) Smith, J. B., New Jersey agr. Exp. Stat. Rep. 1889, p. 282—284, fig. 14; Rep. 1890, p. 519—521. — Adicco, L'Italia agr. T. 31, 1895, p. 318.

F., **nigrirostris** F.[1]), **miles** Payk., **murinus** L.[2]), **variabilis** Hbst.[3]), (letzterer auch an Bohnen, Kohl, Himbeeren, seine Larven an Kartoffelblättern);

an Rhabarber, Rumex. Polygonum, Carex: **Ph. rumicis** L.[4]);

an Blütendolden von Samenkarotten, Frankreich: **Ph. pastinacae** Rossi var. **tigrina** Boh.[5]);

an Polygonum, Silene usw.: **Ph. polygoni** L.;

an Kartoffeln in Algier und Tunis: **Ph. crinita** Boh.[6]).

Ithycerus noveboracensis Forst.[7]). Nordamerika, an Obst- und Forstbäumen. Käfer an Knospen, Zweigen, junger Rinde, Blättern, jungen Trieben. Larve in Zweigen von Eichen und Hickory.

Strongylorhinus ochraceus Schaum[8]). Victoria, Australien. Eier in Zweigen von Eukalyptus, die durch den Larvenfraß stark gallenförmig anschwellen und später absterben; schließlich können die ganzen Bäume eingehen.

Die Arten der Gattung **Listronotus** Jek.[9]), Nordamerika, leben in den Samenkapseln und Stengeln von Sumpfpflanzen. besonders Sagittaria-Arten. **L. appendiculatus** Boh. ging auf in feuchtem Boden angebauten Kohl über, **L. latiusculus** Boh. an Petersilie; die Larven in den Stengeln bzw. Wurzeln.

Rhinaria perdix Pasc.[10]). In Australien ein sehr schlimmer Feind der Erd- und Himbeeren; die Käfer an Blättern, Blüten und Blattstielen; die Larven im Herzen der Pflanzen.

Cleonus Schönh.[11]).

Cl. (Bothynoderes) **punctiventris** Germ. Der schädlichste Rüsselkäfer der Rüben in Südosteuropa. Käfer überwintert in der Erde, wandert im Frühjahre meist von der vorjährigen Rübentafel aus, frißt an jungen, eben aufgehenden Rüben die Blättchen und die Stengel ab. Später fliegt er in großen Schwärmen oft sehr weit an ältere Rüben, mit 2—3 Blattpaaren. deren Blätter er vom Rande aus befrißt. Ende Mai, Anfang Juni beginnt die Eiablage; 20—25 Tage lang legt das Weibchen je 4—5 Eier an die Erde. Larven von Ende Juni an, befressen in der Erde die Wurzelspitzen, bis 60 cm tief; junge schwache Rüben gehen ein, ältere kümmern Nach Mitte Juli beginnt die Verpuppung am Fraßorte; im Oktober und November ist der Käfer fertig, bleibt aber gewöhnlich bis nächstes Frühjahr in der Erde; in einzelnen, ungünstigen Fällen kann er sogar bis zum zweiten Jahre überliegen. —

---

[1]) Houghton, Journ. econ. Ent. Vol. 1, 1908, p. 297—300. — Webster, F. M., U. S. Dept. Agric., Bur. Ent.. Bull. 85, Pt. I, 1911, p. 1—12, 8 figs.

[2]) Froggatt, Agr. Gaz. N. S. Wales Vol. 8, 1897, p. 61—62, 1 fig. — Titus, Journ econ. Ent. Vol. 2, 1909, p. 148—154; Vol. 3, 1910, p. 459—470; Utah Stat. Bull. 110, 1911, p. 17—82, 17 Pls., 1 fig.

[3]) Martelli, Boll. Labor. Zool. gen. agr. Vol. 5, 1911, p. 226—230.

[4]) Goureau, Ann. Soc. ent. France (2) T. 2, 1844, p. 49—59, Pl. 2 Fig. 1 (1—12). — Decaux, Feuille jeun. Nat. T. 17, 1887. p. 134—136; T. 18, 1888, p. 97—99.

[5]) Giard, Bull. Soc. ent. France 1901, p 231—232.

[6]) Marchal, Assoc franç. Avanc. Sc. Carthage 1896; s. Zeitschr. Pflanzenkr., Bd. 8, S. 163.

[7]) Felt, N. York St. Mus. Mem. 8, 1905, p. 517—518.

[8]) French, Handb. destr. Ins. Victoria Pt. IV. Melbourne 1909, p. 129—130, Pl. 82.

[9]) Chittenden, U. S. Dept. Agric., Bur. Ent., Bull. 82 Pt. II, p. 14—19, fig. 3, 4.

[10]) French, l. c. Pt. II, 1893, p. 175—180, Pl. 36.

[11]) S. die ausgezeichnete Bearbeitung der Gattung in Jablonowski, Tier. Feinde d. Zuckerrübe, Budapest 1909, S. 33—135, Fig. 6—30.

Larven und Puppen werden in feuchten Jahren oft von Pilz- oder Bakterienkrankheiten befallen; künstliche Infektion[1]) aber ohne praktisch wertvollen Erfolg. — Gegenmittel: Abklauben der wandernden Käfer; Eintreiben von Truthühnern; Aufwerfen von Fang- und Schutzgräben. Später Spritzen mit Arsenmitteln oder 3—5 %igem Chlorbarium, dem 3 % Melasse und etwas Kalk oder Soda beigefügt sind. — In Ungarn ist seine Bekämpfung obligatorisch. — Aufser an Rüben noch an Knöterich, Distel, Gänsefufs, Tabak.

Cl. piger Scop. (**sulcirostris** L.) und **Cl.** (Conorrhynchus) **mendicus** Gyll.[2]), an Rüben in Westeuropa; Käfer wie vorher; Larven in den Rüben selbst, grofse Gänge fressend, so dafs sie verfaulen; in diesem Falle Verpuppung aufserhalb, in Erdzelle; sonst am Frafsort. Larven ferner in Wurzel und Stengel· von Atriplex, Salsola, Cirsium, Carduus. Puppen und Käfer kommen sehr viel mit den Rüben in die Fabriken und werden hier getötet. — **Cl.** (Chromoderus) **fasciatus** Müll. (**albidus** F.)[3]). Wie vorher. Bereits in jungen Rüben, die sich gallenartig verdicken und mit auffallend dichtem Besatz dünner Haarwurzeln umgeben können. Puppe in der Rübe. — Noch zahlreiche andere Cleonus-Arten in Rüben, aber von geringer Bedeutung.

Lixus F.

Vorwiegend an feuchtliebenden Doldenpflanzen. Käfer an Stengeln und Dolden, Larven und Puppen in ersteren. Nur selten schädlich, so **L. paraplecticus** L. gelegentlich an Kerbel, **L. iridis** Ol. und **myagri** Ol. in Kohl[4]), **L. ascanii** L. in Rufsland an Sommer-Zuckerrüben[5]) und **L. algirus** L. in Italien in Ackerbohnen. **L. concavus** Say und **mucidus** Lec. in Nordamerika an Rhabarber, Sauerampfer usw.[6]). — **L. truncatulus** F.[7]), einer der häufigsten Schädlinge der Anpflanzungen in Deutsch-Neuguinea, besonders an Tabak, Gemüse und Ramie (Urtica nivea); die angebohrten Pflanzen kümmern, tragen aber noch Samen.

Hylobius abietis L., der „**grofse braune Rüsselkäfer**", in Europa mit der schlimmste Schädling in Nadelholzkulturen, an deren Rinde der Käfer plätzt, auch an Laubhölzern auf Nadelwaldschlägen, selbst Obstbäumen[8]). Eiablage an geschlagenes Nadelholz. Larven unter der Rinde. Biologie noch keineswegs ganz geklärt. Nach Nüsslin Generation einjährig, Fortpflanzung aber fast den ganzen Sommer über, so leicht eine zweijährige Generation vortäuschend. Gegenmittel namentlich Fanghölzer und -gräben, ferner Kulturmafsnahmen. — **H. pinastri** Gyll., soll die Kiefer bevorzugen, leichter in die Kronen fliegen und mehr im westlichen Deutschland vorkommen.

[1]) Siehe Danysz et Wize. An. Inst. Pasteur T. 17, 1903, p. 421—446. — Wize, Anzeig. Akad. Wiss. Krakau 1904, S. 211—222.
[2]) Mayet, Bull. Soc. ent. France 1906, p. 102—104, 4 Fig.
[3]) Schmidt, H., Zeitschr. wiss. Ins.-Biol. Bd. 5, 1909, S. 45; Ent. Rundschau, Jahrg. 27, 1910, p. 111.
[4]) Kornauth, Ber. 1905, S. 98.
[5]) Wassiliew, Centralbl. Zuckerindustrie, Jahrg. 15, 1907, S. 333.
[6]) Smith, J. B., Rep. 1901, p. 489. — Chittenden, U. S. Dept. Agric., Div. Ent., Bull. 23, N. S., 1900, p. 61—70, fig. 14—16
[7]) Biró, Rovart. Lapok, Bd. 16, 1903, p. 1—2, 15—16.
[8]) v. Schilling, Prakt Ratg. Obst-Gartenbau 1899, S. 139—140, 4 Fig.; 1901, S. 268, 2 Fig. (hier fälschlich Pissodes pini genannt).

Die **Pissodes**-Arten [1]) sind ausschliefslich Nadelholzbewohner; die zwei-, selbst dreimal überwinternden Käfer an Rinde, Maitrieben usw. Eiablage zieht sich über den ganzen Sommer hin, kann sogar im nächsten Frühjahr noch fortgesetzt werden, beginnt aber immer erst nach der Überwinterungszeit, vorzugsweise an kränkelndes Material. Larven unter der Rinde, oft mehrere strahlenförmig von einem Punkte aus bohrend; am Ende des Ganges Verpuppung in einem weifslichen oder gelblichen Spanpolster. Entwicklung von 3—4½ bis 10—11 Monaten. Generation also durchschnittlich einjährig; im Sommer alle Stadien nebeneinander. — Gegenmittel: Fangkloben, Absammeln usw.

Unsere einheimischen Arten verhalten sich in der Hauptsache (nach Nüsslin) folgendermafsen: **P. notatus** F. [2]) in der Ebene, im unteren Teile 4—8 jähriger Kiefern. **P. pini** L. in der Ebene und im Gebirge, in der Krone älterer Kiefern, im ganzen Stamm von Weymouthskiefern und in den Ästen des Krummholzes. **P. piniphilus** Hbst. in 30—40 jährigem Kiefernstangenholz. **P. validirostris** Gyll. [3]) in Zapfen der Kiefer und Schwarzkiefer. **P. harcyniae** Hbst. [4]) in älterem Fichtenstangenholz. **P. scabricollis** J. Mill. in der Krone älterer Fichten. **P. piceae** Ill. [5]) in Tannen verschiedener Stärke.

Die amerikanischen Arten hat neuerdings Hopkins [6]) in ausgezeichneter Monographie bearbeitet. **P. notatus** F. ist kürzlich nach Nordamerika verschleppt und bei New-York aufgetreten [7]).

Orthorrhinus Klugi Boh. [8]) und **cylindrirostris** F. [9]). Australien. Larve des ersteren im Mark von Rebentrieben (normal in Akazien), die des letzteren in dickeren Ästen von Citrusbäumen (normal in Eukalyptus).

Dorytomus longimanus Forst. var. **macropus** Redtb. [10]). Larven in den männlichen Blütenkätzchen von Populus nigra, verzehren die Staubgefäfse und Pollensäcke und rufen in der Spindel Drehungen und Verkümmerungen hervor, so dafs die Kätzchen abfallen.

Brachonyx pineti Payk. (indigena Hbst.). Käfer an Nadeln und Maitrieben von Kiefern, überwintert im Boden; Eier einzeln in deren jungen Nadeln. Larve frifst sich in der Nadel nach unten und nagt sich durch die andere Nadel durch; hier Verpuppung. Käfer im August. Befallene Nadeln bleiben kürzer und werden rot.

Larven mehrerer **Belus**-Arten [11]) in Australien in Akazien, die von **B. bidentatus** Donov. [12]) auch in Aprikosenbäumen sehr schädlich.

[1]) Nüsslin, Forstl. nat. Zeitschr. Bd. 6, 1897, S. 441—445. — Mac Dougall, ibid., Bd. 7, 1898, S. 161—176, 197—207; Proc. R. Soc. Edinburgh Vol. 23, 1902, p. 319 bis 358. — Mjöberg, Ent. Tidskr. Aårg. 30. 1909, p. 243—264. 13 Figs.

[2]) Eckstein, Zeitschr. Forst-Jagdwes. Jahrg. 41, 1909, S. 209—232 (Bekämpfung).

[3]) Torka. Zeitschr. nat. Abt. Deutsch. Ges. Kunst u. Wissensch. Posen Bd. 11, 1904, S. 6—9. — Eckstein, l. c. Bd. 38, 1906, S. 116—118, 2 Fig.

[4]) Fuchs, Nat. Zeitschr. Land-Forstwirtsch. Bd. 3, 1905, S. 507—508, Taf. 8.

[5]) Henry, Bull. Séanc. Soc. Sc. Nancy (3) Ann. 6. 1905, p. 19—26.

[6]) Yearb. U. S. Dept. Agric. 1905, p. 249—256, fig. 61—69; U. S. Dept. Agric., Bur. Ent., Techn. Ser., Bull. 20 Pt. I. 1911. p. 1—68, 22 Pls., 9 fig.

[7]) Felt, Journ. econ. Ent. Vol. 3, 1910, p. 340—341; Rep. 1910, p. 61.

[8]) Froggatt, Proc. Linn. Soc. N. S. Wales (2) Vol. 9, 1894, p. 125; Agric. Gaz. N. S. Wales Vol. 13, 1902, p. 704. — French, Handb. destr. Ins. Victoria, Pt 3, 1900. p. 59—61, Pl. 42.

[9]) French, ibid. Pt. 4, 1909, p. 83—87, Pl. 73.

[10]) Baugagli, Boll. Soc. bot. ital. 1903, p. 227; Ausz.: Zeitschr. Pflanzenkr. Bd. 14, S. 284.

[11]) Froggatt, Agric. Gaz. N. S. Wales Vol. 13, 1902, p. 705—707.

[12]) French. l. c. Pt. 3, 1900, p. 45—47, Pl. 39.

Cylas formicarius F. (turcipennis Schönh.)[1], **Sweet potato weevil.** Mit der schlimmste Feind der Batate und anderer Ipomoeaarten; in Australien, China, Indien, Ceylon, Madagaskar, Uganda, Westindien, südl. Nordamerika, Brit. Guyana, Hawai, Tonga-Inseln. In manchen Gegenden, z. B. Nordamerikas, hat er deren Kultur unmöglich gemacht. Der Käfer befrißt alle oberirdische Teile ähnlich wie die Erdflöhe; Eier in Fraßlöcher in die unteren Stengelteile oder in bloßliegende Knollen. Larve nach 4—12 Tagen in Stengeln und Knollen. Puppe nach 16 Tagen an der Fraßstelle. In kühleren Gegenden 4—5, in wärmeren 7 und mehr Generationen. Bekämpfung: Absammeln oder Vergiften der Käfer mit Arsenmitteln. Befallene Knollen, mit denen der Käfer leicht verschleppt wird, vernichten oder mit Schwefelkohlenstoff räuchern; Bedecken der Knollen mit Erde.

Apion Hbst. Spitzmäuschen[2].

Überwinterte Käfer an Knospen, Blüten, Blättern, seltener Trieben, vorwiegend von Schmetterlingsblütlern, bis in Juli hinein. In die Blattspreiten werden gewöhnlich zahlreiche kleine, runde Löcher gefressen. Eier einzeln in Blüten, Stengeln oder Wurzeln. Bei Pflanzen mit gehäuften Blütenständen leben die Larven oft zwischen dem reifenden Samen, bei einzeln blühenden Pflanzen in den Hülsen der Samen oder in diesen selbst; immer bilden sie in unreifem Zustande die Nahrung. Die in Stengeln oder Wurzeln ausgeschlüpften Larven bohren hier Gänge; an ersteren entstehen oft Gallen, in deren Innerem die Larve in einer Kammer liegt. Etwa im Juni Verpuppung am Fraßorte; im Juli—August der Käfer, der im Herbst an Blättern usw. frißt. Der Schaden der Käfer ist selten größer, der der Larven häufiger.

Mehr wie andere Käfer werden die Arten der Gattung Apion von Schlupfwespen parasitiert, denen oft $^1/_2$—$^3/_4$ der Larven zum Opfer fällt.

Gegenmittel: Absammeln der Käfer mit Streifnetzen, Abklopfen, rechzeitige Vernichtung der Larven enthaltenden Pflanzen oder Pflanzenteile.

Die schädlichsten Arten sind, nach ihren Nährpflanzen geordnet, folgende:

Obstbäume: **A. pomonae** F. (Käfer an Knospen, Blüten, jungen Trieben von Kern- und Steinobst); **A. flavipes** Payk.[3] (Käfer an Haselnußblättern).

Trifolium, in Stengeln: **A. seniculus** Kirb., **virens** Hbst. (Käfer auch an Blättern); in den Köpfchen: **A. flavipes** Payk., **assimile** Kirb., **apricans** Hbst. (**fagi** Kirb.), **aestivum** Germ. (**trifolii** F.[4]); in den Samen: **A. flavofemoratum** Hbst., **pisi** F.

Melilotus, Larven, in Stengeln: **A. tenue** Kirb., **meliloti** Kirb.

[1] Nietner, Stett. ent. Zeitg. Jahrg. 18, 1857, S. 36. — Tryon, Queensland agr. Journ. Vol. 7, 1900, p. 176—189, 1 Pl. — Conradi, Texas agr. Exp. St., Bull. 93, 1907, p. 1—16, 6 Fig. — Broun, Trans. N. Zealand Inst. Vol. 40, 1907, p. 262—265, Pl. 22. — Maxwell-Lefroy, Mem. Dept. Agr. India, Ent. Ser., Vol. I, 1908, p. 144, Fig. 29, 30; Vol. 2, 1910, p. 155—159, Pl. 18.

[2] Perris, Ann. Soc. ent. France (4) T. 3, 1863, p. 451—469. — v Frauenfeld, Verh. zool. bot. Ges. Wien. Bd. 16, 1866, p. 961—967. — Gaule, Feuille jeun. Nat. T. 5, 1875, p. 133—136, 141—145. — Ragusa, Natur. Sicil. Ann. 18, 1906, p. 211—218. — Wagner, Zeitschr. wiss. Ins.-Biol. Bd. 5, S. 1—6, 50—55, 155—158.

[3] Reh, Jahrb. Hamburg. wiss. Anst. XIX, 3. Beih., 1902, p. 157.

[4] Foucher, Bull. Soc. Nation. Acclimat France Ann. 57, 1910, p. 469—470; Käfer auch an Sellerie, Bohnen, Malven schädlich.

Medicago und Onobrychis, Larven, in Samen: **A. pisi** F.

Lotus, Larven, in Samen: **ebeninum** Kirb., **loti** Kirb. (angustatum Kirb.).

Lathyrus, Larven, in Samen: **A. subulatum** Kirb. (ervi Kirb.); in Faltungen und Verdickungen der Blätter: **A. columbinum** Germ.

Linsen, Samen: Larven von **A. craccae** L., **vorax** Hbst., **viciae** Payk., **ervi** Kirb.

Erbsen, in Schoten, an Samen: Larven von **A. vorax** Hbst.

Wicken, in Blütenstengeln: Larven von **A. Gyllenhali** Kirb., in Samen die von **A. pomonae** F., **craccae** L., **cerdo** Gerst., **vorax** Hbst., **viciae** Payk., **ervi** Kirb., usw.

Sauerampfer: an Blättern Käfer von **A. miniatum** Germ., in Blüten **A. violaceum** Kirb. [1]); die Larven beider Arten in den Wurzeln bzw. Stengeln.

Malven: **A. aeneum** F. (Käfer an Triebspitzen, Larven in Wurzeln), **A. radiolus** Kirb. (Käfer an Blättern, Larven in Stengeln), **A. curvirostre** Gyll. (desgl.), **A. rufirostre** F. und **malvae** F. (Larven unbekannt).

In Nordamerika erst seit wenigen Jahren **A. griseum** Sm. [2]) in Mexiko, Neu-Mexiko und Virginia an Phaseolus-Arten schädlich, die Käfer an Blättern, die Larven in Bohnen.

In Deutsch-Ostafrika **A. xanthostylum** Wagn. [3]) stellenweise recht schädlich an Caravonica-Baumwolle. Eiablage durch Löcher in der Basis des Hüllkelches in die Blüten. Larven im Fruchtboden, in kleinen Hohlräumen, deren Wände sich lebhaft rot färben. Befallene Kapseln springen, noch grün und unreif, auf, oder sie bleiben klein, werden teilweise notreif und sterben ab, namentlich da später, nach dem Ausschlüpfen der Käfer, *Oxycarenus*-Wanzen, Milben und Fliegenlarven in die Wunden eindringen; sie sind rechtzeitig abzupflücken und zu verbrennen. — **A. armipes** Wagn. [4]) entwickelt sich im Nyassa-Lande in Stamm und Zweigen von Baumwolle, besonders da, wo die Stämmchen aus der Erde herauskommen.

Apoderus coryli L. Der Käfer schneidet Blätter von Erle, Buche, Hasel, Hainbuche, Eiche, Birke nahe der Basis bis jenseits des Hauptnerven ein und wickelt den eingeschnittenen Teil zu einer Rolle zusammen; in dieser Ei, Larve und Puppe. Generation einjährig.

Attelabus curculionoides L. Der Käfer schneidet an Eichen und Edelkastanien die Blätter nahe der Basis von beiden Seiten an, die Mittelrippe verschonend, und rollt diese selbst ein. Die Larve läfst sich im nächsten Frühjahre zur Verpuppung aus der Rolle zur Erde fallen. Generation einjährig.

Rhynchites Hbst. [5]).

Käfer vom Spätsommer bis Juli an Knospen, Blüten, Blättern, Trieben von Laubbäumen und Rosen; manchmal merkbar schädlich.

---

[1]) DE STEFANI-PEREZ, Natural. Sicil. Ann. 17, 1905, p. 177—179. — LABOULBÈNE, Ann. Soc. ent. France (4) T. 2, 1862, p. 565—566. Pl. 13, fig. 19—22.
[2]) CHITTENDEN, U. S. Dept. Agric., Bur. Ent., Bull. 64 Pt. 4, 1908, p. 29—32, fig. 7.
[3]) ZIMMERMANN, Pflanzer, Bd. 6, 1910, S. 271. — MORSTATT, ibid., Bd. 7, 1911, S. 227—230, 1 Taf. — AULMANN, Mitt. zool. Mus. Berlin, Bd. 5, 1911, S. 425—430, Fig. 1—4.
[4]) DISTANT, Entomologist Vol. 42, 1909, p. 278.
[5]) ZIMMERMANN, l. c. S. 11—14. — RICHTER VON BINNENTHAL, Rosenfeinde, Stuttgart 1903, S. 92—94, Fig. 5.

Bedeutender der Schaden durch die Art der Eiablage bzw. die Entwicklung der Larven. Letztere fallen, wenn sie reif sind, zu Boden und verpuppen sich in einer Erdhöhle. Seltener überwintert Puppe oder Larve. Generation, soweit sicher bekannt, einjährig. Feinde, besonders auch Schlupfwespen, sehr zahlreich. — Gegenmittel: Spritzen mit Arsensalzen gegen die Käfer; Abklopfen derselben, Absammeln der von Larven besetzten Pflanzenteile. Die Käfer gehen im Winter gern unter die Fanggürtel. — Nach der Eiablage und dem Leben der Larve kann man vier Gruppen unterscheiden:

1. Blattschneider. Wie *Apoderus*; das Blatt wird aber längs, dütenähnlich zusammengerollt: **Rh. betulae L.**, der **Trichterwickler** [1]), an Buche, Birke, Erle, Hasel, Pappel, Linde, Hainbuche.

2. Blattstecher. Der Käfer bohrt von unten ein Loch in die Mittelrippe eines Blattes und legt hier das Ei hinein; die Larve frißt in der Rippe bzw. dem Blattstiele. Die Einbohrstelle knickt oder krümmt sich um: **Rh. interpunctatus Steph. (alliariae Seidl.)** [2]), an Obst- und anderen Laubbäumen, auch an Erdbeeren; hier ganz besonders schädlich.

3. Trieb- und Zweigbohrer. **Rh. coeruleus Deg. (conicus Ill.)**, namentlich an Obst-, aber auch an anderen Laubbäumen. Der Käfer bohrt in junge Triebe mehrere Löcher, in deren jedes er ein Ei legt; dann schneidet er den Trieb proximal nahezu ganz durch, so daß er welkt und abstirbt, meist sogar abfällt; in seinem Mark entwickeln sich die Larven. **Rh. aeneovirens Mrsh. (minutus Hbst.)** [3]) belegt normalerweise ebenso Eichentriebe, ist aber schon wiederholt an Erdbeeren übergegangen, deren Blatt- und Fruchtstiele er mit Eiern belegt; außerdem benagt der Käfer noch die Früchte. Ähnlich wie ersterer arbeitet **R. pubescens F.** an holzigen Zweigen der Eiche.

4. Fruchtstecher. Eier in junge Früchte, die, besonders auch deren Kerne, von den Larven ausgefressen werden, so daß sie sich nicht entwickeln, meist sogar abfallen. **Apfelstecher, Rh. bacchus L.** [4]), in jungen Äpfeln, auch Birnen, seltener Aprikosen, Pfirsichen, Pflaumen, selbst Kirschen. Ebenso **Rh. aequatus L.**, aber auch in Kirschen und Schlehen, **R. auratus L.** [5]), sehr polyphag an Obst; in Südrußland **Rh. versicolor Costa (giganteus Kryn)** [6]), der sich hauptsächlich von der Haut älterer Birnenfrüchte nährt und in solche seine Eier legt. — **Pflaumenbohrer, Rh. cupreus L.**, Eier in Zwetschen, Pflaumen und Kirschen, nagt aber auch den Fruchtstiel so weit durch, daß die Frucht bald zu Boden fällt. — Ähnlich **Rh. (ruber Fairm.) cribripennis Desbr.** [7]), in den Mittelmeerländern. Eiablage in den kaum befruchteten Fruchtknoten der Oliven, die mit dem Stiele zu Boden fallen. Später, wenn der Kern verholzt ist, werden die Eier in diesen gelegt, der von der Larve ausgefressen wird; die Früchte bleiben zwar hängen, verkümmern aber. Schaden oft sehr bedeutend.

---

[1]) Wasmann, Der Trichterwickler, München 1884.
[2]) v. Schilling, Prakt. Ratg. Obst-Gartenbau 1901, S. 275—276, 1 Fig.
[3]) Bos, R., Verslag over 1900, p. 91: Ziekt. Beschad. Ooftboomen III, Groningen 1905, p. 43—44. — Journ. Board Agric. London Vol. 15, 1908, p. 275.
[4]) Schreiner, Zeitschr. wiss. Ins.-Biol. Bd. 5, 1909, p. 11—12, Fig. 7, 8.
[5]) Noël., Naturaliste, Ann. 30, 1908, p. 192—193. — Schreiner, l. c. p. 7—11, fig. 1—6.
[6]) Schreiner, l. c. p. 12—14, fig. 9, 10.
[7]) Cecconi, Staz. sperim. agr. Ital. Vol. 30, 1898, p. 644. — Ribaga, Boll. Ent. agr. Vol. 8, 1901, p. 6—10. — Del Guercio, Redia, Vol. 4, 1907, p. 334—359, 16 fig.

In Nordamerika entwickeln sich die Larven von **Rh. bicolor F.** in Rosenfrüchten [1].

Byctiscus Thoms.

Die Blätter werden zusammengewickelt, ohne eingeschnitten zu werden, und zwar bei grofsblättrigen Pflanzen (Reben) nur ein Blatt, bei kleinblättrigen mehrere Blätter zu einem gemeinsamen, locker zigarrenartigen Wickel, in den 3—10 Eier gelegt werden. Dann werden bei den letzteren alle Blattstiele bis auf einen völlig, dieser eine, wie auch bei dem ersten Wickel der einzige, zur Hälfte durchgebissen, damit die Blätter durch Welken in den für die Ernährung der Larve geeigneten Zustand übergehen. Biologie und Bekämpfung wie vorher; Ferrant empfiehlt, die abgesammelten Wickel in einem Kasten mit engmaschigem Drahtnetz aufzuheben, aus dem wohl die zahlreichen kleinen Feinde und Parasiten, nicht aber die Käfer selbst entkommen können. Hierher nur zwei Arten: **B. betulae L. (Rhynchites betuleti F.)** [2], **Rebenstecher**, **Zigarrenwickler**, cigarier usw. An den verschiedensten Laubhölzern (Kernobstbäumen, Pappeln. Birken, Ahorn, Buchen, Linden. Weiden), ganz besonders aber an Weinreben, die oft auf gröfseren Strecken durch die Tätigkeit der Käfer völlig entblättert werden können. Nach Ferrant wurden im Jahre 1906 in drei Gemeinden der Obermosel 85 l (= 1622000 Stück) Käfer und 545 hl Wickel gesammelt; rechnet man für letztere durchschnittlich 4 Eier, so wurden damit 18128000 Eier bzw. Larven vernichtet. — **B. populi** L. ebenso an Laubbäumen, besonders Aspen.

Magdalis Germ. (Magdalinus Schönh.) [3].

Biologie noch sehr wenig erforscht. Käfer von Ende Mai, Juni an auf blühenden Bäumen und Sträuchern. benagen die Blüten und schaben die Oberhaut der Blätter ab. Eier wohl einzeln an junge Triebe, besonders von kränkelndem. schwächlichem, selbst sterbendem Holz. Larven in schmalen Gängen unter der Rinde, in den Holzschichten, selbst in der Markröhre; an Laubhölzern entstehen dadurch leicht Krebswunden. Puppe in einer napfförmigen Zelle am Frafsorte. Generation einjährig; Überwinterung vorwiegend als Käfer, aber auch als Larve. Zahlreiche Schlupfwespenparasiten. — Gegenmittel: Abklopfen der Käfer oder Vergiften durch Arsensalze. Die Eiablage soll man verhindern können, wenn man die Bäume im Frühjahre mit Petroleumseifenemulsion, Kreosot oder einer Mischung von Kalk, Seife und Karbolsäure bespritzt. — Häufig in Begleitung oder Gefolge anderer Schädlinge (*Pissodes*-Arten usw.).

Forstlich wichtig durch Larvenfrafs in Kiefern und Fichten, in Kulturen und der Krone älterer Bäume sind folgende Arten: **M. violacea L.**, die häufigste und schädlichste Art, namentlich an 3—10jährigen Kiefern. **M. phlegmatica Hbst.** in Gipfeltrieben älterer Fichten, auch in Kiefernkulturen. **M. duplicata Germ.** in Fichten

---

[1] Chittenden, U. S. Dept. Agric., Div. Ent., Bull. 27, N. S., 1901, p. 98—100, fig. 26. — Gates. Journ. econ. Ent. Vol. 2, 1909, p. 465—466. — Dickerson, ibid. Vol. 3, 1910, p. 316—317.

[2] Sajó, Prometheus Jahrg. 9, 1898, S. 801—804. 1 Fig. — Noël, Naturaliste Ann. 30, 1908, p. 182—183. — Maisonneuve. Moreau et Vinet, Rev. vitic. T. 34, 1910, p. 151 ff.

[3] Xambeu, Naturaliste T. 28, 1906, p. 42—45. — Zimmermann, l. c.

und Kiefern; Fraſsgänge in Markröhre eingreifend. **M. memnonia**
Gyll. in Kiefer (Seekiefer). **M. rufa** Germ.[1]) in Krone älterer Kiefern;
Gänge bis in Markröhre.

An Obstbäumen sind namentlich schädlich: **M. ruficornis** L.
(pruni L.), in Äpfel-, Quitten-, Pflaumen-, Aprikosen-, selten Kirschbäumen und in Rosenstöcken[2]). **M. armigera** Geoffr. (aterrima F.)
in Zwetschen und Pflaumen. **M. cerasi** L. in Kirschen und Pflaumen.
M. barbicornis Latr.[3]) in Äpfeln, Quitten, Mispeln, besonders unter
der Abzweigung von Trieben und Knospen bohrend, so daſs diesen
der Nahrungszustrom abgeschnitten wird; an der Fraſsstelle entstehen
krebsartige Wunden.

In Nordamerika sind **M. perforata** Horn und **alutacea** Lec.
in Kiefern, **barbita** Say in Ulmen und **aenescens** Lec.[4]) in Apfelbäumen schädlich. Letzterer kann ganze Bäume zum Absterben bringen;
auch bei ihm entstehen an den Fraſsstellen krebsartige, von offenbar
sekundären Pilzen hervorgerufene Wucherungen.

Balaninus Sam.

Nuſsbohrer; von Mai bis Juli. Sie nähren sich wohl vorwiegend
vom Inhalte angebohrter Nüsse; vielleicht auch schaben sie die Blatt-
epidermis ab. Zur Eiablage bohrt das Weibchen im Sommer halb-
wüchsige Früchte an und legt in jedes Bohrloch ein Ei; gröſsere
Früchte können mehrmals angebohrt werden. Das Bohrloch vernarbt
bald wieder nahezu vollständig. Die Larve verzehrt den Kern teilweise
oder ganz und verwandelt ihn in krümeligen, feinkörnigen Kot. Die
befallene Frucht entwickelt sich äuſserlich ganz normal; sie kann vorzeitig abfallen, kann aber auch, wenn sie ganz vom Hüllkelch umschlossen ist (Lambertsnuſs), hängen bleiben. Die im Herbst erwachsene
Larve bohrt sich durch ein kreisrundes Loch heraus und geht bis zu
25 cm tief in den Boden, wo sie in einer schleimig ausgeglätteten
Höhle überwintert. Erst im nächsten Jahre verpuppt sie sich, kurz
vor der Flugzeit der Käfer. Unter ungünstigen Umständen kann aber
auch ein Überliegen der Larve, bis 5 Jahre ist beobachtet, stattfinden.

Bekämpfung. Gifte haben wenig Wert, da der Käfer vorwiegend
das Innere der Früchte friſst. Abschütteln und Sammeln der Käfer und
befallenen Früchte. Geerntete Früchte in glattwandigen Gefäſsen oder
in Räumen mit glattem Fuſsboden aufbewahren, wo die sich ausbohrenden Larven keinen Unterschlupf finden und leicht gesammelt
werden können. Erhitzen der Früchte auf 50—65 ⁰ C, Dörren in der
Sonne töten die eingeschlossenen Larven.

Die Haselnuſsernte wird oft sehr beeinträchtigt durch **B. nucum**
L.[5]); in Eicheln, seltener in Haselnüssen, entwickeln sich B. (**venosus**
Grav.) **glandium** Marsh., in den Früchten von Zerreiche und Eſskastanien **B. elephas** Gyll., in Erlenfrüchten und Kirschkernen **B.
cerasorum** Hbst.

---

[1]) Sajó. Zeitschr. Pflanzenkr. Bd. 5, 1895. S. 132.
[2]) Goethe, R., Über den Krebs der Obstbäume. Berlin 1904, S. 31, Fig. 24. —
Richter von Binnenthal, l. c. S. 101—102, Fig. 8.
[3]) Reh, Prakt. Ratg. Obst-Gartenbau, 1908, S. 213—214. 2 Fig.
[4]) Chittenden, U. S. Dept. Agric., Div. Ent. Bull. 22, N. S. 1900, p. 37—44,
fig. 25, 26.
[5]) Zimmermann, l. c. S. 9—10.

In Nordamerika [1]) leben die Larven von **B. proboscideus** F. und **rectus** Say in Eßkastanien, von **B. quercus** Horn und **uniformis** Lec. in zweijährlich, von **B. nasicus** Say in jährlich fruchtenden Eicheln, von **B. caryae** Horn in Pekan- und Hickorynüssen, von **obtusus** Blanch. in Haselnüssen.

Balanogastris kolae Desbr. [2]), Westafrika, legt Eier in die jungen Früchte des Kolabaumes. Die Larven, manchmal mehrere in einer Nuß, bohren in dem Innern Gänge mit braunem Pulver. Die ausgefressenen Nüsse sind natürlich leichter als die gesunden und da, wo die Gänge sich der Oberfläche nähern, braun. Verpuppung wohl in der Erde. Gegenmittel: Vorzeitiges Pflücken, vielleicht Abschütteln der befallenen Nüsse und Entfernung aller Fruchtschoten und anderer Ernterückstände aus der Pflanzung.

Anthonomus Germ. [3]).

Die Blütenstecher gehören zu den schädlichsten aller Käfer; sie entwickeln sich in Blüten oder jungen Früchten; im übrigen verhalten sich die Arten recht verschieden.

Die **Apfelblütenstecher**, Brenner, **A. pomorum** L. [4]), überwintern am Baume unter Rindenschuppen, Moos und Flechte, in Bohrlöchern usw., ferner in Strohdächern und anderen geschützten Orten, ganz besonders aber, wie es scheint, auch am Boden in der Grasnarbe, unter abgefallenen Blättern usw. Sie erscheinen zeitig im Frühjahre und stechen die jungen Apfel- und Birnenknospen an, von deren Inhalt sie sich zuerst zu ernähren scheinen. Später, wenn die Blütenknospen größer sind, legt das Weibchen in etwa 30 derselben je ein Ei. Nach 8 Tagen schlüpft die Larve, der Kaiwurm, aus, die das Innere der Knospe abweidet. Die ausgefressenen Knospen werden normal groß, bleiben aber geschlossen, werden braun und vertrocknen. Nach 2 bis 4 Wochen, je nach Witterung, verpuppt sich hier die Larve; nach weiteren 8 Tagen ist der Käfer fertig, der sich nun bald durch ein unregelmäßig rundes Loch herausbohrt. Den Sommer über scheinen die Käfer wohl vorwiegend Blüten und Blattgrün zu fressen; nach HENNEGUY und COLLINGE allerdings sollen sie ganz ohne Nahrung bleiben.

Befallen werden namentlich frühblühende Sorten. Je mehr das Öffnen der Blüten durch ungünstiges Wetter verzögert wird, um so mehr gewinnt die Larve Zeit, das Innere der Blüten zu zerstören. Öffnen sich dagegen infolge günstigen Wetters die Blüten rasch, so gehen die Eier bzw. Larven zugrunde.

Schon NÖRDLINGER hat darauf hingewiesen, daß bei normalem Auftreten der Käfer und guter Apfelblüte die Tätigkeit des Kaiwurmes einem Ausdünnen der Früchte gleichkäme. Auch sonst wurde mehrfach

----

[1]) CHITTENDEN, U. S. Dept. Agric., Div. Ent., Bull. 44, 1904, p. 24—38, fig. 5 bis 10; Yearb. 1904, p. 299—310, fig. 17—26, 3 Pls.; Circ. 99, 1908, 15 pp., 14 figs.

[2]) DESBROCHER DES LOGES, Bull. Soc. ent. France 1895, p. CLXXVI. — PEREZ, ibid. p. CLXXVI—CLXXVII. — LESNE et MARTIN, ibid. 1898, p. 280—282. — LESNE, Bull. Mus. Hist. nat. Paris 1898, p. 140—147, 4 figg. — BERNAUER, Tropenpflanzer Bd. 8, 1904, S. 368. — SURCOUF, Journ. Agric. trop. Vol. 8, 1908, p. 350.

[3]) Die beste Darstellung der mitteleuropäischen A.-Arten gibt wieder H. ZIMMERMANN, l. c., S. 14—20, Taf., Fig. 10 13.

[4]) Aus der umfangreichen Literatur sei besonders auf die Arbeiten R. GOETHES in den Berichten der Kgl. Lehranstalt zu Geisenheim hingewiesen. Ferner: REH, Jahrb. Hamburg. wiss. Anst. XIX, 1901, 3. Beih., S. 153—155. — COLLINGE, Journ. Board Agric. London Vol. 15, 1908, p. 674—678.

diese Ansicht vertreten; sie wird durch die Beobachtung unterstützt, daſs ein nicht allzu starker Befall die Ernte nicht oder kaum beeinträchtigt, ja oft durch bessere Entwicklung der übrig bleibenden Früchte geradezu von Nutzen sei. H. ZIMMERMANN tritt dem allerdings entgegen; nach ihm enthält jedes Blütenbüschel des Apfelbaums nur 1—3 weibliche Blüten; die übrigen sind männliche; die vom Blütenstecher angestochenen Blüten sind aber zu etwa 60 % weibliche, da diese ihrer früheren und rascheren Entwicklung halber zur Eiablage bevorzugt werden; so würde also eine sehr bedeutende Anzahl weiblicher Blüten an der Entwicklung verhindert.

Daſs bei starkem Auftreten des Käfers und schlechtem Blütenansatz der Schaden ein sehr beträchtlicher sein kann, steht auſser allem Zweifel. Daher ist im allgemeinen zu kräftiger A b w e h r zu raten. Das bewährteste Gegenmittel ist das Anlegen von Fanggürteln, spätestens von Anfang September ab. Hierzu eignet sich gewöhnliches Zeitungspapier; besser mögen die Gürtel aus Wellpappe sein; die gröſsten Erfolge sollen Heuseile geben, die mit Packpapier zugedeckt werden. Gründliche Reinigung der Rinde zwingt die am Baume Schlupfwinkel suchenden Käfer, sich in die Gürtel zu begeben. Im Februar sind diese abzunehmen und zu verbrennen, unter möglichster Schonung der zahlreich darin enthaltenen nützlichen Tiere. Im Frühjahre sind die Bäume öfters über untergelegte weiſse Tücher abzuschütteln; es ist erstaunlich, welch' groſse Mengen von Käfern hierbei gefangen werden können. Oder man kann auch nur abschütteln und dann die Käfer durch gute Leimringe am Aufsteigen verhindern; denn vielen praktischen Erfahrungen nach scheinen sie im Frühjahre, vielleicht wenigstens die Weibchen, nicht gern zu fliegen, was allerdings von COLLINGE und anderen bestritten wird. Die unter den Leimringen sitzenden Käfer sind dann öfters zu vernichten. Gute Vorbeugungsmittel sind: das Blühen der Bäume durch Ausschneiden der Krone und gute Düngung zu beschleunigen; auch öfteres Durchspritzen der Krone im Frühjahre soll diese Wirkung haben.

Nach EWERT könnte die Zucht jungfernfrüchtiger Sorten uns von der Tätigkeit des Blütenstechers unabhängig machen[1]).

Mehrere Hymenopteren-Parasiten und zahlreiche Feinde der Käfer und Larven halten für gewöhnlich den Brenner in Schach.

Aus Birnblüten wird manchmal die *var. pyri* Koll. gezüchtet, die aber nur eine durch die andere Nahrung bedingte Abweichung zu sein scheint.

A. cinctus Redt. (pyri Boh.)[2]). **Birnknospenstecher.** Eier im September und Oktober einzeln in Laub- und Fruchtknospen des Birnbaums. Von Mitte Februar an die Larven in den Knospen. Anfang Mai Verpuppung; nach 8—10 Tagen der Käfer, der den Sommer über zu schlafen scheint. Die befallenen Knospen entwickeln sich überhaupt nicht oder, falls die Vegetationsspitze nicht zerstört ist, nur zu einem einseitig wachsenden, verkümmerten Triebe, dessen Blütenknospen vertrocknen. Gegenmittel gegen den oft sehr schädlichen Käfer nicht bekannt. — **A. spilotus** Redt.[3]). Österreich, Belgien,

---

[1]) Zeitschr. Pflanzenkrankh. Bd. 21, 1911, S. 198—199.
[2]) DUPONT, Feuille jeun. Nat. T. 20, 1890, p. 175.
[3]) FRAUENFELD, Verh. zool. bot. Ges. Wien Bd. 22, 1872, S. 393. — RUPERTSBERGER, Ill. Wochenschr. Ent. Bd. 2, 1897, S. 406—407.

Frankreich, Italien. Eiablage im Frühjahre auf die Oberseite der Mittelrippe der noch eingerollten Birnblätter. Die Larve lebt in den Einrollungen, frißt sie aus und benagt das Blatt, das vertrocknet, während sein Stiel grün bleibt. Mitte April verpuppt sie sich in einem dem Blatte anklebenden, schwarzen, aus krümeligen Exkrementen gefertigten Kokon. Mit dem vertrockneten Blatt fällt dieser zu Boden; hier kriecht Ende Mai der Käfer aus.

A. rubi Hbst., **Himbeer- oder Erdbeerstecher**[1]). Der Käfer sticht im Frühjahre die noch geschlossenen Blütenknospen der Him-, Brom- und Erdbeeren und Rosen an und legt in jede ein Ei. Dann beißt er etwas proximal den Gefäßbündelstrang durch. Daher welkt die Blüte, deren Inhalt der Larve zur Nahrung dient. Nach kurzer Zeit knickt der Blütenstiel an der Bohrstelle um, daher der Schädling bei Hamburg „Nackenstecher" genannt wird; später fällt die Blüte meist, nicht immer, ab. Im Juni, Juli erscheint der Käfer, der sich im Herbst und Winter wie der Apfelblütenstecher verhält. — **A. signatus** Say[2]) ebenso in Nordamerika, besonders an Erdbeeren schädlich.

A. rectirostris L. (druparum L.), in Steinobst. Eiablage nicht in die Blüten, sondern in die junge Frucht; die Larve verzehrt den Kern, ohne daß dadurch die Frucht im Reifen verhindert wird.

A. varians Payk. Der Käfer benagt im Frühjahr Nadeln und Achsen der Kiefernmaitriebe und legt 1—2 Eier in die Terminalknospe, die von den Larven mehr oder weniger ausgefressen wird.

A. grandis Boh. **(Mexican cotton) Boll weevil**[3]), Kapselkäfer[4]) der Baumwolle. Heimat Mexiko, von wo der Käfer etwa 1890 in die Vereinigten Staaten eindrang und sich immer weiter ausbreitete; jetzt sind 36 % des ganzen Baumwollgebiets der Vereinigten Staaten befallen, wobei allerdings in manchen Gegenden weniger als 10 % wirklich besetzt sind. So bildet der Kapselkäfer eines der schädlichsten Insekten; jährlich verursacht er etwa $22^1/_2$ Mill. Dollar Verluste; im ganzen bis jetzt 125 Mill. Dollar. — Auch in Cuba und Guatemala.

Die überwinterten Weibchen legen im Frühjahre in jede junge Blütenknospe (square) ein Ei. Nach etwa 3 Tagen die Larve, die die Knospe ausfrißt, so daß sie bald zu Boden fällt; nach 7—12 Tagen verpuppt sie sich in der ausgefressenen Knospe; nach 3—5 Tagen der Käfer, der bereits nach 5 Tagen wieder fortpflanzungsfähig ist; durchschnittlich dauert die Entwicklung also 2—3 Wochen, so daß sich etwa acht Generationen im Jahre folgen. In milden Wintern geht die Entwicklung ununterbrochen, wenn auch verlangsamt fort; der erste Frost aber tötet alle unreife Stadien, so daß nur Käfer überwintern, an den verschiedensten geschützten Orten, innerhalb und außerhalb der Baumwollfelder. — Da die Käfer bis zu 60 Tagen im Sommer, im Winter sogar bis zu sechs und mehr Monaten leben können und während eines großen Teiles ihres Lebens etwa 6 Eier täglich legen, ist die Vermehrung eine sehr große; sie wird allerdings dadurch eingeschränkt,

[1]) Siehe vor allem zahlreiche Beiträge v. Schillings im Prakt. Ratg. Obst-Gartenbau 1888—1899. — Dyck, ebenda 1905, S. 242—243. — Reh, l. c. S. 152—153. — Richter v. Binnenthal, Rosenfeinde, Stuttgart 1903, S. 95—97, Fig. 6.

[2]) Noël, Naturaliste, Ann. 27, 1905, p. 32. — Chittenden, l. c., Circ. 21, Rev. ed., 1908, 10 pp., 5 fig. — Lochhead, 39th ann. Rep. ent. Soc. Ontario, 1909, p. 124—125.

[3]) Die Literatur bis zum Jahre 1910 stellt Bishopp ausführlich zusammen in: U. S. Dept. Agric., Bur. Ent., Circ. 140, 1911.

[4]) Der in deutschen Berichten sehr häufige Name „Stengelkäfer" muß auf einem Irrtum in der Übersetzung beruhen.

dafs von den überwinternden Käfern etwa 97 % eingehen. — Die Käfer selbst fressen an den Blütenknospen, an den Fruchtkapseln (bolls) nur dann in gröfserem Mafsstabe, wenn infolge ungünstigen Wetters die Ausbildung ersterer unterbleibt. Auch zur Eiablage werden erstere bevorzugt; im allgemeinen wird jede nur mit einem Ei belegt; wenn sie aber im Herbste spärlich werden, erhalten sie mehrere, bis zu 15 Eier. — Das erste Anzeichen für das Auftreten des Kapselkäfers ist, dafs die Blütenknospen sich vorzeitig öffnen und dann abfallen; die Fruchtkapseln bleiben, auch wenn ausgefressen, hängen. Fallen besetzte Knospen bei heifsem, trockenem Wetter auf die Erde, so sterben die darin enthaltenen Larven schon in wenigen Minuten ab, ebenso in noch hängenden Kapseln, die stark von der Sonne bestrahlt werden; so gehen in Texas etwa 40 % der Larven zugrunde. Am besten gedeiht der Käfer in feuchten Gegenden oder bei feuchtem Wetter mit viel Pflanzenwuchs und Schatten im Sommer, mit vielen Überwinterungsplätzen im Winter. — Die Käfer sind ausgesprochene Tagestiere, die nicht gern fliegen. Nur von Mitte August bis 1. September fliegen sie oft in Schwärmen in kurzer Zeit bis 40 engl. Meilen mit Hilfe des Windes.

Zahlreiche Insektenfeinde [1]) (etwa 45) sind aufser den Vögeln usw. bekannt, dann 23 Parasiten, denen 67—77 % der Larven zum Opfer fallen; 12 Ameisenarten verzehren nicht selten 25 % und mehr der Larven, teils aus den noch hängenden, teils aus den abgefallenen Knospen. Eine Ameise in Guatemala, der Kelep, *Ectatomma tuberculatum* Ol., frifst auch die Käfer; der Versuch, sie nach den Vereinigten Staaten überzuführen, mifslang.

Gegenmittel: Felder und ihre Nachbarschaft im Herbst nach der Ernte durch Ausreifsen und Verbrennen der Pflanzen gründlich von allen Schlupfwinkel gewährenden Überresten reinigen, pflügen und im Winter bearbeiten; durch gute Düngung ist möglichst frühzeitige Ernte zu erstreben. Weitläufiges Pflanzen unterstützt die natürlichen Feinde und den verderblichen Einflufs der Sonnenstrahlen. Die erste Brut der Käfer und die zuerst abfallenden Knospen sind aufzusammeln; letztere in mit feiner Drahtgaze verschlossenen Gefäfsen aufzubewahren, damit die Parasiten ausschlüpfen können. Die Baumwollraupe (*Heliothis obsoleta*, s. S. 354) entzieht durch ihren Frafs dem Käfer die Nahrung; sie soll daher im allgemeinen da, wo letzterer sehr stark auftritt, nur dann bekämpft werden, wenn sie abnorm früh auftritt. — Da der Käfer erst nach der normalen Ernte zu fliegen beginnt, sonst aber sich sehr langsam ausbreitet, ist es für jeden Farmer wertvoll, auf seinen Feldern die Bekämpfung energisch vorzunehmen, selbst wenn Nachbarn das unterlassen. — Der Käfer versteckt sich sehr gern unter den Hüllblättern der Kapseln oder bleibt in diesen; er kann daher sehr leicht mit Saatgut verschleppt werden, daher solches, wenn es aus verseuchten oder verdächtigen Gegenden stammt, mit Schwefelkohlenstoff zu desinfizieren ist.

A. vestitus Boh. [2]). In Peru und Ecuador, ursprünglich nur in

---

[1]) Die Mehrzahl dieser ist in den Vereinigten Staaten einheimisch und erst allmählich an den Kapselkäfer übergegangen; und noch immer mehr Insekten wenden sich dieser neuen, massenhaft vorhandenen Nahrung zu.

[2]) Walker, U. S. Dept. Agric., Bur. Ent., Bull. 54, p. 43—48, 1 Pl., 1 fig. — Pratt, ibid., Bull. 63, Pt. V, 1907, p. 55—58, 1 Pl., 1 fig. — Inda, Comis. Parasitol. agr. Mexico, Circ. 58, 1907, 11 pp., 3 Pls., 1 fig.

kühleren, feuchteren Höhenlagen ersteren Landes, jetzt aber auch, besonders während des Winters, Juni bis Oktober, in den tieferen Lagen. In ersteren mußte der Baumwollbau des Käfers wegen aufgegeben werden. Sonst wie voriger, nur daß, infolge seiner geringen Größe, gewöhnlich mehr Larven in einer Blütenknospe sind. — **A. Eugenii** Cano (aeneotinctus Champ.), **Pepper weevil**[1]). Von seiner Heimat Mexiko auch nach Texas verschleppt; Larve entwickelt sich in den Fruchtkapseln des Pfeffers, die dadurch abfallen. — **A. scutellaris** Lec.[2]) (Coccotorus prunicida Walsh), Plum gouger. Nordamerika. Der Käfer bohrt zur Eiablage nicht Blüten, sondern die jungen Früchte von Pflaumen an; in deren Kern entwickelt und verpuppt sich die Larve.

Orchestes Ill., Springrüßler. (Rhynchaenus Clairv.)[3]).

Ausschließlich an Laubbäumen und -sträuchern; nur wenige Arten schädlich.

O. fagi L., Buchen-Springrüßler[4]). Der in der Bodendecke überwinternde Käfer frißt von Ende April an bis in Juni in die noch zusammengefalteten Blätter kleine, schrotschußähnliche Löcher. Sind die Blätter entfaltet, so legt das Weibchen neben die Mittelrippe, an der Unterseite gesunder Blätter, je ein Ei. Die Larve miniert zuerst nach der Seite zu einen schmalen, sich langsam verbreiternden Gang, dann einen großen Platz an der Spitze, meist etwas einseitig. Der schwarze, krümelige Kot bleibt in der Mine. Nach etwa 3 Wochen verpuppt sie sich hier in einem Kokon, in einer blasigen Auftreibung. Nach 10 Tagen, etwa Mitte Juni, erscheint der Käfer, der nun bis zum Herbst an den Blättern, Fruchtstielen und -bechern, an jungen Kotyledonen der Saat, auch am jungen Obste, Himbeeren, Blumenkohl, jungen Roggenähren nagt. Durch den Frühjahrsfraß bräunen und verkrümmen sich die Blattspitzen der Buchen, so daß sie wie erfroren aussehen: bei stärkerem Fraß, wie er namentlich an alten Buchen an Waldrändern, Waldstraßen usw. nicht selten ist, kann merkbarer Zuwachsverlust die Folge sein. Der Herbstfraß kann die Bucheckernernte beeinträchtigen.

Ähnlich verhält sich **O. quercus L.**, der Eichen-Springrüßler, nur daß er Gebüsch bevorzugt und daß die Larve zuerst im Blattnerven eine Strecke nach der Spitze zu miniert, bevor sie nach dem Rande umbiegt: an der Stelle der Eiablage knickt das Blatt gewöhnlich nach unten um. Bei stärkerem Befall werden die Eichen gelbfleckig. Ratzeburg erzog 8 Schlupfwespenparasiten. — **O. alni L.** tötete in Holland Ulmen durch zwei Jahre hintereinander wiederholten Kahlfraß[5]). — **O. populi L.** an Weiden und Pappeln.

Die Käfer der Gattung **Tychius** Germ. fliegen im Frühjahre mit Vorliebe an Leguminosen (Bohnen, Klee), deren Blätter, Blüten, Triebe und junge Hülsen benagend. — Die Larve von **T. quinquepunctatus** L.[6]) entwickelt sich in den Hülsen besonders von Zuckererbsen, die

---

1) Townsend, Journ. econ. Ent. Vol. 4, 1911, p. 241—248.
2) Pettit, Michigan agric. Exp. Stat., Bull. 200, 1902, p. 208.
3) Schenkling, C., Ent. Wochenbl. Bd. 24, 1907, S. 7—8. 10—11. — Trägårdh, Ark. Zoologi Bd. 6. 1910. Nr. 7, 25 pp., 2 Pls.
4) Noël, Naturaliste T. 32, 1910, p. 26—27.
5) Bos, R., Zeitschr. Pflanzenkrankh., Bd. 1, 1891, S. 338. — Bargagli, Bol. Soc. bot. Ital. 1903, p. 227.
6) Ribaga, Boll. Ent. agr. T. 8, 1901, p. 132.—135.

jungen Samen befressend, die von **T. crassirostris** Kiesew. in etwa
¹/₂ cm langen bauchigen Anschwellungen hülsenartig gefalteter Blättchen
von Weifsklee, die von **T. polylineatus** Germ. in eiförmigen Anschwellungen der jungen Sprosse in den Blattachseln von Rotklee.
Larven in der Erde, Käfer noch im Herbste.

Cionus fraxini De G.[1]). Die vorwiegend in der Bodendecke
überwinterten Käfer befressen im Frühjahre die Knospen der Eschen
und nagen später runde, kleine Löcher in die Blätter. Eiablage an die
Blattunterseite, wo die von klebrigem Schleim bedeckten Larven kleine,
runde oder ovale Fenster in die Blattspreiten fressen. Nach 3 Wochen
die Puppe ebenda oder in der Bodendecke in tönnchenartigem Schleim-
kokon, nach 8 Tagen der Käfer, der bald die Winterquartiere aufsucht.

Mehrere Arten leben an Scrophularia und Verbascum, Löcher in
die Blätter fressend; die Eiablage findet in die unreifen Fruchtkapseln
statt, die von den Larven ausgefressen werden[2]). Zur Verpuppung
verläfst die Larve die leere Kapsel und spinnt sich aufsen einen, dieser
ungemein ähnlichen Kokon. So ist **C. scrophulariae** L.[3]) in England auch an Rübsen und Rüben schädlich geworden. — Die Larve
von **Cionus hortulanus** Fourc. var. major[4]) frifst in Indien die
Knospen von Celsia coromandeliana aus.

Alcides Schönh.

Tropische Alte Welt; an jungen Zweigen, in die sie auch ihre
Eier legen. Larven im Markkanale. Käfer und Puppen abklopfen,
vielleicht auch mit Arsensalzen vergiften; befallene Zweige abschneiden
und verbrennen.

A. brevirostris Boh.[5]). Kapland, Ostafrika. Der Käfer ringelt im
Mai schwächere Baumwollstämmchen oder -äste und legt Ende Mai,
anfangs Juni in den distalen, absterbenden Teil je ein Ei. Das geringelte Stück bricht gewöhnlich bald ab. — **A. concavatus**[6]) schneidet
in Madasgaskar die jungen Triebe und Blätter der Maulbeerbäume ab.

In Indien[7]) befallen **A. leopardi** Ol. die Baumwolle, **A. collaris**
Pasc. Bataten und **A. bubo** F. Sesbania, von der namentlich junge
Pflanzen in sehr grofsen Mengen abgetötet werden. — **A. Leeuweni**
Hell.[8]) bei Salatiga auf Java an Kakao und Kapok sehr schädlich.
Die Käfer bohren junge Zweige nahe der Spitze an; bei stärkerem
Befalle stirbt der Vegetationspunkt ab. Eiablage etwa 2—10 cm unter-
halb der Spitze. Die Larve bohrt zuerst aufwärts bis dicht unter den
Vegetationspunkt, dann abwärts einen bis über 10 cm langen Gang,
von dem aus mehrere Luftlöcher nach aufsen münden, aus denen auch

---

[1]) Boas, Tidskr. Skovvaesen, Bd. 9, 1897, p. 144—151. Ausz.: Zeitschr. Pflanzenkr.
Bd. 9, S. 166.
[2]) Bos, R., Zeitschr. Pflanzenkr. Bd. 4, 1894, S. 148. — Benick, Nerthus Bd. 7,
1905, S. 131—134, 146—150, 11 Fig. — Fahre, Naturaliste T. 30. 1908, p. 26—27. —
Le Cerf, Bull. Soc. Nation. Acclimat. Vol. 58, 1911, p. 13—18, Pl. 1, 2.
[3]) Collinge, 2ᵈ Rep. econ. Biology. Birmingham 1912 (1911), p. 7—10, fig. 2.
[4]) Maxwell-Lefroy, Indian Insect Life, Calcutta 1909, p. 388.
[5]) Vosseler, Mitt. biol. landw. Inst. Amani Nr. 30, 1904, S. 2. — Zimmermann,
A., Anleitung f. d. Baumwollkultur in den deutsch. Kolonien, 2. Aufl., Berlin 1910.
S. 101—103, 8 Fig. — Aulmann, Kolon.-Zeitschr. Jahrg. 12, 1911, Beilage zu Nr. 1 u. 6.
[6]) Marchal, P., La Sériculture aux Colonies etc., Paris 1910, p. 23.
[7]) Maxwell-Lefroy, l. c. p. 388, Fig. 261.
[8]) Docters van Leeuwen, Deutsch. ent. Zeitschr. 1910, S. 568—573, 10 Fig. —
Heller, ibid. 1911, S. 312—315.

das Bohrmehl herausgeschafft wird, so dafs an dessen Anhäufung ihre Tätigkeit entdeckt werden kann.

Conotrachelus nenuphar Hbst. Plum curculio[1]). Der gröfste Feind der Pflaumenkultur in Nordamerika; auch an anderem Steinobst, selbst an Äpfeln und Birnen. Der überwinterte Käfer befrifst im Frühjahre Blüten, Blätter und junge Früchte. In letztere bohrt er Löcher hinein, die zum Teil korkig verheilen und häfsliche Flecke hinterlassen, zum Teil Fäulnis entstehen lassen. Das Weibchen legt 50—100 Eier einzeln in junge, grüne Früchte; um das Bohrloch herum nagt es einen halbkreisförmigen Schlitz. Nach 3—10 Tagen die Larve, die 3—5 Wochen lang im Fruchtfleische frifst. Die befallenen Früchte welken, scheiden Gummi aus und fallen, mit Ausnahme der Kirschen, vorzeitig ab. Puppe 10—15 cm tief in der Erde; nach 3—6 Wochen der Käfer. Feinde namentlich Bodenkäfer, die den sich aus der Frucht ausbohrenden Larven nachstellen, und ein Blasenfufs, der die Eier aussaugt. — Gegenmittel: Abklopfen der Käfer und der befallenen Früchte; Eintreiben von Schweinen und Geflügel; Spritzen mit Bleiarsenat und mit Schwefelkalkbrühe; Bodenbearbeitung zur Zeit der Verpuppung. — Der Käfer schafft nicht nur durch seinen Frafs für den Pilz *Sclerotinia fructigena* Schröt. Eingangspforten, sondern überträgt dessen Sporen auch an seinen Füfsen[2]). — **C. crataegi** Walsh., Quince curculio[3]). Ursprünglich an Weifsdorn; sehr schädlich an Quitte. Bohrloch für das Ei ohne die halbmondförmige Rinne. Larve frifst nahe der Oberfläche, in 3 Wochen erwachsen. Sie verfertigt sich in der Erde eine Zelle, in der sie bis zum nächsten Mai ruht; dann erst verpuppt sie sich; nach 10—20 Tagen der Käfer. Befallene Früchte bleiben gewöhnlich hängen. Die Käfer fressen gelegentlich auch an Birnen.

Chalcodermus aeneus Boh., Cowpea Curculio[4]). Mittel- und Nordamerika. Der überwinterte Käfer bohrt in Stengel und Blattstielen von cowpea, später in jungen Hülsen. Sind die Samen halb reif, so legt er seine Eier in diese, oder daneben in die Hülse. Die Larve verzehrt ungefähr ein Drittel des Samens; dann bohrt sie sich nach aufsen, läfst sich zu Boden fallen und verpuppt sich in diesem. Nach 2—3 Wochen der Käfer. Wird Baumwolle auf einem Felde gepflanzt, auf dem im Vorjahre Vigna stand, so ist der Käfer im Frühjahre gezwungen, sich von den jungen Baumwollpflänzchen zu ernähren und wird hierdurch viel schädlicher als an seiner eigentlichen Nährpflanze; zur Eiablage sucht er aber immer diese auf. — Die Larven von **Ch. collaris** Horn entwickeln sich in den Schoten von Cassia chamaecrista[5]).

Adansonius fructuum Klbe.[6]). In Deutsch-Ostafrika in den Früchten des Affenbrotfruchtbaumes (Adansonia digitata). Die Larven

[1]) Crandall, Illinois Exp. Stat. Bull. 98, 1905, p. 467—560, 1 fig., 24 Pls. — Quaintance, Jeune etc., U. S. Dept. Agric. Div. Ent., Bull. 80, 1910, Pt. VII. — Scott & Quaintance, ibid. Circ. 120, 1910, 7 pp.; s. ferner die Reports von Felt, J. B. Smith, usw.

[2]) Taylor, Journ. econ. Ent. Vol. 2, 1909, p. 154—160.

[3]) Slingerland, Cornell Univ. agr. Exp. Stat. Bull. 148, 1898, p. 695—715, fig. 186 bis 195. — Smith, J. B, Rep. New. Jersey agr. Exp. Stat. 1900, p. 481—486, 2 Pls.

[4]) Chittenden, U. S. Dept. Agric.. Div. Ent., Bull. 44, 1904, p. 39—43, fig. 13—16. — Ainslie, ibid. Bull. 85, 1910, p. 129—142, fig. 62—69.

[5]) Hyslop, Proc. ent. Soc. Washington Vol. 11, 1909, p. 40.

[6]) Kolbe, Allg. Zeitschr. Ent. Bd. 6, 1901, p. 321—323, 341—343.

Lieferung 25. (Dritter Band, Bog. 36—40.) Preis: 3 Mark.

Handbuch

der

Pflanzenkrankheiten

von

Prof. Dr. Paul Sorauer.

Dritte vollständig neubearbeitete Auflage

in Gemeinschaft mit

Prof. Dr. G. Lindau,   und   **Dr. L. Reh,**

Privatdozent an der Universität Berlin   Assistent am Naturhistor. Museum in Hamburg

herausgegeben

von

Prof. Dr. P. Sorauer,

Berlin.

Mit zahlreichen Textabbildungen.

BERLIN

VERLAGSBUCHHANDLUNG PAUL PAREY

Verlag für Landwirtschaft, Gartenbau und Forstwesen

SW. 11, Hedemannstraße 10 u. 11

1913.

Lieferung 26/27 (Schluß) erscheint im Laufe des Mai.

fressen die Samen aus, die Käfer nähren sich vom Fruchtmarke. Im übrigen die Biologie unbekannt.

Tepperia sterculiae Lea[1]). Australien; Larven in grofsen Gallen an Zweigen von Kurrajong (Brachychiton populneum) oder in den Früchten, die Samen ausfressend. Hierdurch sind sie eines der hauptsächlichsten Hindernisse in der Ausbreitung dieses Baumes.

Cryptorrhynchus Ill.

C. lapathi L., Erlenrüfsler[2]). Der Käfer benagt die Rinde jüngerer Zweige von Erlen, Weiden, seltener Birken und Pappeln. Von Mai an, wohl bis in August hinein, werden die Eier an oder in die Rinde derselben Bäume, an junge Triebe sowohl wie an älteres Holz, abgelegt. Die Larve frifst zuerst plätzend unter der Rinde, die vertrocknet, abstirbt und abbröckelt. Später dringt sie ins Innere und in diesem etwa 10 cm senkrecht nach oben, in dünnem Holze im Marke, im dickeren exzentrisch. Das Bohrmehl bleibt zum Teil im Gange, zum Teil wird es aus dem Bohrloch herausgeschafft. Puppe gestürzt am Ende des Ganges, den der Käfer durch das Bohrloch verläfst. Infolge der lang dauernden Eiablage überwintern sowohl Larven als Käfer, die Generationen greifen ineinander. In die Frafswunden des Käfers dringen Pilze; sehr häufig nagt er die Spitzen der Triebe ab (Weidenheger), die infolge dessen nicht mehr in die Länge wachsen können. Von der Larve ausgefressene Triebe welken und brechen leicht ab; auch der technische Wert des Holzes wird bedeutend geschädigt. Besonders schlimm in Weidenhegern und jungen Erlenanlagen. — Gegenmittel: Käfer absammeln; befallenes Holz verbrennen. In Weidenhegern kann man Erlen als Fangpflanzen setzen.

C. (frigidus Schönh.) mangiferae F. Mango weevil[3]). Heimisch in Indien, Ceylon, Java usw., verschleppt nach Hawaii, Philippinen, Südafrika und Madagaskar; neuerdings auch in Massen in Mangosamen in Florida eingeführt; Eiablage an die eben angesetzte Frucht; die Larve frifst deren Kerne aus. Puppe in der Erde. Ungemein schädlich. — In Ostbengalen und Assam ebenso **C. gravis** F. — **C. batatae** Waterh.[4]). Sweet potato weevil; „Scarabee“ in Barbados, „Jacobs“ in Leeward Isl. Westindien, sehr schädlich an Bataten. Eiablage an die unteren Stengelteile oder in blofsgelegte Knollen. In letzteren entwickelt sich die Larve.

Die Larve einer **Arachnopus**-Art[5]) macht auf Java ringförmige Gänge im Baste von Kaffeezweigen („ringboorder“); die distalen Teile bleiben in der Entwicklung zurück oder sterben und fallen ab; über den Gängen wölbt sich die Rinde schwach auf.

---

[1]) Froggatt, Agric. Gaz. N. S. Wales Vol. 16, 1905, p. 228, Pl. fig. 3.
[2]) Turka, Ent. Blätter Jahrg. 4, 1908, S. 28—29. — Noël, Naturaliste T. 31, 1909, p. 118—119. — Mac Dougall, Journ. Board Agric. London Vol. 18, 1911, p. 214—217, 3 Fig. — Webster, 32 d ann. Rep. ent. Soc. Ontario, 1901, p. 67—73. — Schöne, N. York agr. Exp. Stat. Geneva, Bull. 286, 1907, 22 pp., 6 Pls. — Bargagli, Atti R. Accad. econ. agr. Georgofili Firenze (5) Vol. 8, p. 250—253.
[3]) Maxwell-Lefroy, Mem. Dep. Agric. India Vol. I. 1907, p. 145, fig. 31. — van Dine, Proc. Hawaii ent. Soc., Vol. 1, 1907, p. 79—82. — Westendorp, Teysmannia 19, 1908, p. 557—561. — Marlatt, U. S. Dept. Agr., Bur. Ent., Circ. 141, 1911, 3 pp., 2 figs.
[4]) Agric. News Barbados Vol. 9, 1910, p. 282, fig. 26—29.
[5]) Zimmermann, Teysmannia 1901, p. 442. — Koningsberger, Med. Dept. Landbouw 6, 1908, p. 79.

Craponius inaequalis Say, Grape Curculio [1]). Nordamerika, an Reben. Der überwinterte Käfer frifst 3—4 Wochen lang kleine Löcher in die Blätter, bevor er, Ende Juni, seine Eier in die jungen Beeren legt. Hier verzehrt die Larve das Fleisch und die Samen; nach 2 Wochen bohrt sie sich heraus und verpuppt sich in oder an der Erde in einer Erdzelle. Der Mitte bis Ende Juli erscheinende Käfer frifst bis zum Herbste wieder an den Blättern. Die Beeren werden an der Stelle der Eiablage oft purpurfarben; die Schädigung ähnelt sehr der des Heuwurms. Bekämpfung: Spritzen gegen die Käfer im Frühjahrsfrafse mit Arsenmitteln.

Ceutorrhynchus Germ. [2]).

Von den zahlreichen Arten dieser Gattung werden mehrere als Schädlinge angebauter Kreuzblütler genannt, in deren Stengelteilen die Larven bohren, während die Käfer sich von den Blüten, Blättern, jungen Trieben und Schoten nähren. Wichtig sind aber nur wenige Arten.

C. (pleurostigma Marsh.) **sulcicollis** Gyll. [3]), **Kohlgallenrüfsler.** An Kohl, Raps, Rübsen, auch an Alyssum spp. und Hederich. Eiablage früh im Mai in unteren Stengelteil oder Wurzelrinde der jungen Pflänzchen. Um die ausgekrochene Larve bildet sich rasch eine kugelige, erbsengrofse, einseitige, feste Galle, die später nur noch wenig (bis Haselnufsgröfse) wächst, so dafs sie allmählich von der Larve ausgefressen wird. Seltener finden sich die Larven einzeln, gewöhnlich in Mehrzahl (bis 10 und 25), so dafs grofse, vielkammerige Auswüchse am Wurzelstocke, an den ober- oder unterirdischen Stengelteilen sich bilden können. Nach 4 Wochen bohren sich die Larven nach aufsen und verpuppen sich in der Erde in einem Kokon, aus dem wieder nach 4 Wochen der Käfer ausschlüpft, um bald Eier zu einer neuen Brut zu legen. Die Überwinterung geschieht als Ei [? Reh], Larve oder Käfer. Die Schädlichkeit hängt nicht allein von der Anzahl der Larven an einer Pflanze, sondern auch von deren Ernährungszustand (Dünger) und der Witterung ab. Es werden Fälle berichtet, in denen selbst stärker befallene Pflanzen sich in keiner Weise von gesunden unterschieden. Es kann aber auch die oberirdische Pflanze sehr im Wachstum zurückbleiben, namentlich bleiben die Kohlköpfe kleiner und schliefsen sich nicht recht. Junge, kräftige, wenig befallene Pflanzen können nach dem Ausschlüpfen der Larven die Wunden wieder verwachsen; bei älteren, schwächeren gehen diese manchmal in Fäulnis über. — Von den *Plasmodiophora*-Geschwülsten sind die Gallen des Rüfslers dadurch zu unterscheiden, dafs erstere massiv sind und sich bis an die feinen Wurzelfasern erstrecken. — Die Bekämpfung ist nicht leicht: alle Kohlstrünke mit noch geschlossenen Gallen verbrennen; das Land tief umpflügen und walzen, alle Kreuzblütler-Unkräuter entfernen. Um die Käfer von der Eiablage abzuhalten, wird empfohlen, einen Efslöffel voll einer Mischung von 20 % Schwefel, 40 % Gips und 40 % Rufs an die Setzlinge zu geben. Kräftige Düngung, namentlich auch mit Mineralsalzen, vermindert zweifellos den Schaden. —

---

[1]) Brooks, West-Virginia agr. Exp. Stat., Bull. 100. — Quaintance, Farm. Bull. 284, 1907, p. 16—19, fig. 3—5.

[2]) Chittenden, U. S. Dept. Agric., Div. Ent., Bull. 23, N. S., 1900, p. 50—53.

[3]) Carpenter, Rep. 1906, p. 425—427, Fig. 3. — Theobald, Rep. 1906/07, p. 96 bis 99, Pl. 21, 22. — Schmidt, Zeitschr. wiss. Ins.-Biol. Bd. 5, 1909, p. 43—44.

An Ölsaaten in derselben Weise **C. Roberti** Sc.[1]); die Larven von **C. cyanipennis** Ill., **quadridens** Panz.[2]) entwickeln sich in deren Stengeln, die von **C. rapae** Gyll.[3]) in denen von Kohl; besonders in Nordamerika schädlich, einmal aber auch in Schweden.

C. assimilis Payk. Der Käfer wird an Raps, Rübsen und Rettig schon recht fühlbar schädlich dadurch, dafs er die Blüten zerfrifst. Die Larven entwickeln sich einzeln in den Schoten und ernähren sich von den unreifen Samen; die Schoten werden aufgedunsen, verbogen, gelblich, notreif und springen vorzeitig auf. Puppe in der Erde; im August der Käfer, der bei günstiger Witterung noch eine zweite Brut erzeugt. — Die Larven von **C. napi** Gyll. entwickeln sich in den Blüten von Raps, die von **C. macula alba** Hbst. zu mehreren in den reifenden Mohnkapseln; bei letzterer Art überwintert der Käfer in der Erde in der Puppenwiege. — **C. contractus** Mrsh.[4]) in England schon wiederholt dadurch schädlich geworden, dafs die Käfer die Aussaaten von Brassica Rapa vernichteten; sie frafsen die jungen Samen und zerbissen die aufgehenden Pflänzchen ober- und unterirdisch. Larven in Wurzelgallen von Brassica arvensis. Vorbeugung: Samen vor der Aussaat in Petroleum legen. — Die Larven von **C. terminatus** Hbst. wurden von Börner[5]) an und im Grunde von Blattstielen und in Stengeln von Möhren gefunden; im letzteren Falle litten nicht nur die oberirdischen Teile bedeutend, sondern auch die Rüben waren im Wachstum stark zurückgeblieben. — Die Larven von **C. floralis** Payk. fressen die Samen von Pastinak.

Die **Mauszahnrüfsler, Baris** Germ. (Baridius Schönh.)[6]) leben fast ausschliefslich von Kreuzblütlern. Eiablage im Frühjahre an die Blattachseln oder in die jungen Stengel, in deren Marke die Larven abwärts bohren. Die Stengel verkrüppeln und brechen leicht um; die Pflanzen bleiben kümmerlich. Verpuppung im Juli am Frafsorte; im August erscheint der Käfer, der überwintert. Soweit möglich, sind die kranken Pflanzen zu beseitigen, die Stoppeln und Strünke zu verbrennen. Vorwiegend befallen werden Kohl, Raps und Rübsen; die schädlichsten Arten sind: **coerulescens** Scop. (und var. **chloris** F.), **chlorizans** Germ., **lepidii** Germ. (auch in Gartenkresse), (laticollis Mrsh.) **picina** Germ.[7]) und **sellata** Boh.[8]) (Andalusien, afrikanische Mittelmeerländer). — **B. spoliata** Boh.[9]) entwickelt sich in Tunis in den Wurzeln der Futterrüben, **B. granulipleuris** Tourn.[10]) in Ägypten in den Früchten der Koloquinthen; in beiden Fällen vernichten die Larven die befallenen Teile vollständig. — **B. orchivora** Blackb.[11]) ist in Australien als ein gefährlicher Feind der Orchideen beobachtet worden, deren Bulben er und seine Larven zerstörten.

---

[1]) Rupertsberger, Verh. zool. bot. Ges. Wien Bd. 20, 1870, S. 837—839.

[2]) Goureau, Ann. Soc. ent. France T. 6, 1866, p. 171. — Chittenden, U. S. Dept. Agric., Div. Ent., Bull. 33, 1902, p. 79.

[3]) Chittenden, ibid. Bull. 23, N. S., p. 39—50, fig. 11, 12; Bull. 33, 1902, p. 78. — Tullgren, Stud. Jakttag. Skadeinsekter, Stockholm 1905, p. 31—35, fig. 5—7.

[4]) Journ. Board Agric. London Vol. 12, 1906, p. 738—739.

[5]) Arb. Kais. biol. Anst. Land-, Forstwirtsch. Bd. 5, 1906, S. 283—238, 7 Fig.

[6]) Xambeu, Le Naturaliste T. 26, 1904, p. 213—214, 223.

[7]) Bos, Ritz., Tijdschr. Plantenz. Jaarg. 11, 1905, p. 32—33. — Schmidt, Zeitschr wiss. Ins.-Biol. Bd. 5, 1909, S. 44.

[8]) Noël, Bull. Labor. région. Ent. agr. 1907, Ier trim., p. 9—10.

[9]) Marchal, Bull. Soc. ent. France 1897, p. 234.

[10]) Reitter, Wien. ent. Zeitg. Jahrg. 21, 1902, S. 221—222.

[11]) Froggatt, Agric. Gaz. N. S. Wales Vol. 15, 1904, p. 517—518, Pl. fig. 2.

Trichobaris trinotata Say, Potato stalk weevil[1]). Nordamerika. Eiablage von Ende Mai an in die Kartoffelstengel, in denen die Larven, meist zu mehreren, bohren. Stengel und Blätter welken. Puppe im Juli am Frafsorte. Ende Juli der Käfer, der in den Stengeln überwintert. — **T. mucorea** Say[2]) bohrt ebenso in Tabak, aber auch in der Mittelrippe der Blätter, die ferner von den Käfern benagt wird, so dafs sich die Blätter einrollen. Käfer überwintern aufserhalb.

Rhynchophorus Hbst. Palmenrüfsler; Red beetles[3]).

Die Palmenrüfsler sind in den wärmeren Gegenden der Erde sehr gefährliche Feinde der hochstämmigen Palmen, besonders der Kokosnufs-, Dattel- und Ölpalmen. Die Käfer halten sich tagsüber versteckt; nachts suchen sie an den Palmen offene Wunden, an die sie ihre Eier einzeln ablegen, an einen Stamm aber meist mehrere. Die Larven bohren sich ein und fressen rasch an Weite zunehmende Gänge. Bleiben diese im unteren Stammteile, so ist der direkte Schaden nicht grofs, wohl aber die Gefahr des Windbruches. Verlaufen sie mehr in dem oberen Stammteile, so kommt zu dieser Gefahr noch die, dafs der Vegetationspunkt getroffen wird und so die Palme auf jeden Fall abstirbt. Die Gefahr ist um so gröfser, als der Larvenfrafs gewöhnlich erst bemerkt wird, wenn es zu spät ist; das Raspeln der Larve im harten Holze soll man allerdings hören können, wenn man das Ohr an den Stamm legt; sonst verrät höchstens etwas Saftflufs die Tätigkeit der Larve. Zur Verpuppung geht diese bis dicht unter die Rinde oder ins Herz der Palme und verfertigt sich hier aus langen, groben Fasern einen festen Kokon. — Die Entwicklungsdauer ist noch nicht sichergestellt. Während im allgemeinen ein Jahr angegeben wird, soll sie nach GREEN auf Ceylon bei günstigem Wetter in 8—10 Wochen vollendet sein. — Die Schädlichkeit der Palmrüfsler ist eine sehr grofse; sie wird noch vermehrt dadurch, dafs die Wunden Ausgangspunkte von pilzlichen Erkrankungen schaffen. Umgekehrt ist aber auch sicher, dafs gesunde, heile Palmen nicht von den Rüfslern befallen werden, nur verwundete; in guter Kultur und Vermeidung bzw. Schliefsung (Teer, Karbolineum usw.) von Wunden ist daher die beste Vorbeugung gegeben. Direkte Gegenmittel sind: Ausschneiden der Larven oder besser, ihre Gänge anbohren, Schwefelkohlenstoff, Benzin oder Tetrachlorkohlenstoff einträufeln und das Bohrloch fest verschliefsen. Stark befallene Bäume sind umzuhauen und zu verbrennen. Gegen die Käfer haben sich Fangbäume sehr gut bewährt: Junge oder wilde Palmen um- oder anschlagen; an dem austretenden Saft können die anfliegenden Käfer in Mengen gefangen werden. Aufserdem legen sie hier ihre Eier ab, so dafs später die von der Larve besetzten Stammteile zu vernichten sind. Ein Farmer in Brit. Honduras, Mr. SEAY, ködert die Käfer mit gärendem Palmkohl; sobald die Weingärung einsetzt, werden die Käfer von weither angelockt; in dicht dabei liegende Häufchen von Bodengeniste verkriechen sie sich, wenn gesättigt, und können darin leicht gesammelt werden. Sobald die Essiggärung beginnt, hört die Köderwirkung auf. VOSSELER empfiehlt, mit Kokosmilch

---

[1]) SMITH, J. B., Rep. 1894, p. 575—582, fig. 49—51. — CHITTENDEN, l. c., Bull. 33 1902, p. 9—18, fig. 1.
[2]) CHITTENDEN, ibid. Bull. 38, 1902, p. 66—70; Bull. 44, 1904, p. 44—46.
[3]) PREUSS, Tropenpflanzer Bd. 15, 1911, p. 78—80, Taf. 2 Fig. M, N.

und Wasser zerquetschte Mangofrüchte in flachen Schalen in die Pflanzung zu stellen, wovon ebenfalls die Käfer in Mengen angelockt werden.

Nur wenige Arten werden, als häufig, ernstlich schädlich. **Rh. phoenicis** F.[1]) in Afrika. Eiablage besonders im Herzen, ebenda häufig die Puppe. Larven bohren im oberen Stammteile von aufsen-unten nach innen-oben, so dafs gewöhnlich das Herz zerstört wird. Puppe ruht 6—8 Wochen. — **Rh. ferrugineus** F. (signaticollis Chevr.)[2]). Asien, Australien, Philippinen usw. Larve mehr im unteren Stammteile, aber auch nach innen-oben bohrend. — **Rh. palmarum** L.[3]). Amerika, in Palmen und Zuckerrohr; von ersteren werden nur irgendwie, z. B. durch Pilze, Borkenkäfer, ungünstige Standorts- oder Witterungsverhältnisse geschwächte Bäume angegangen; an letzterem werden die Eier vorwiegend an die Schnittflächen gelegt, oft mehrere Eier an eine; immer aber kommt nur eine Larve in einem Stamm, im unteren Teile, zur Entwicklung. Puppe in Erde. Schnittflächen mit Erde bedecken. — **Rh. cruentatus** F., Palmetto weevil[4]). In Florida in Dattelpalme, in Georgia in Sabal palmetto.

Die Larven einer **Cyrtotrachelus**-Art schaden auf den Philippinen in derselben Weise in Betel- und Kokospalme[5]).

Ampeloglypter[6]) **sesostris** Lec. Nordamerika. Eiablage Anfang Juli einzeln in Rebstöcke, dicht unter oder über einem Knoten. Die Larve frifst unter der Rinde und erzeugt eine längliche Anschwellung (Galle), die an einer Seite einen von zwei rosafarbenen Anschwellungen umgebenen Längseindruck zeigt. Erst im nächsten Juni Verpuppung. Schaden im allgemeinen nicht merkbar. — Die Larven von **A. ater** Lec. ringeln die jungen Rebentriebe, so dafs sie absterben.

Scyphophorus sexpunctatus Gyll. in Mexiko und Südkalifornien an Agave rigida[7]), **Sc. acutopunctatus** Gyll. in Mexiko an Agave mexicana[8]).

Sphenophorus Schönh., Billbugs[9]).

In den wärmeren Gegenden mit die schlimmsten Feinde der Palmen-, Zuckerrohr- und Maiskulturen. Eier einzeln in unteren Stengelteilen junger Pflänzchen; Larven in senkrechten Gängen der Stengel. Verpuppung im Wurzelhals, in einem Kokon aus Pflanzenfasern. Generation gewöhnlich einjährig; da aber die Käfer über ein Jahr lang leben, sind die Generationen nicht scharf geschieden. Meist überwintern die Käfer in dem Kokon oder aufserhalb in dichtem Grase usw. Bekämpfung: Absammeln der Käfer, Ködern mit gespaltenen Stücken Zuckerrohres, in das die Weibchen auch ihre Eier ablegen, vor allem aber Verbrennen aller Ernterückstände.

---

[1]) Vosseler, Ber. Land-Forstwirtsch. Deutsch-Ostafrika Bd. 2, S. 416; Pflanzer Bd. 1, 1905, S. 255—260, Bd. 3, S. 305—308.

[2]) Banks, Ch., Philippine Journ. Sc. Vol. 1, 1906, p. 154—158, Pl. 1,2,3 Fig. 1,6,7 Fig. 1—3, 8 Fig. 1,3. — Maxwell-Lefroy, Mem. Dept. Agric. India Vol. 1, 1907, p. 140, fig.32. — Gosh, ibid.,Vol. 2, 1912, Nr. 10. — Morstatt, Pflanzer Bd. 7, 1911, S. 523—531, Taf.

[3]) Blandford, Kew Bull. 1893, p. 27—60. — Chittenden, l. c., Bull. 38, 1902, p. 23—25. — Gough, Dept. Agric. Trinidad, Bull. 10, 1911, p. 59—64.

[4]) Chittenden, l. c. p. 25—28, fig. 1.

[5]) Banks, l. c. p. 161—163, Pl. 7 fig. 4, Pl. 11 fig. 1, 6.

[6]) Brooks, West Virginia agr. Exp. Stat. Bull. 119, p. 321—339, 5 Pls.

[7]) U. S. Dept. Agric., Div. Ent., Bull. 44, 1904, p. 84.

[8]) Dugès, Ann. Soc. ent. Belg. T. 30, 1887, p. 33.

[9]) Riley, Amer. Nat. Vol. 15, 1882, p. 915—916.

S. (Rhabdocnemis) **obscurus** Boisd., Hawaiian sugar-cane borer [1]). Queensland, Neu-Guinea, Inseln des Stillen Ozeans. An Zuckerrohr, Palmen, Carica Papaya, Bananen usw. Eiablage an Zuckerrohr in Stamm, seltener in Blattachseln. Weiche Sorten werden mehr befallen als harte, saftige (stark bewässerte) Pflanzen mehr als trockene. Besonders wichtig ist, keine befallene Stecklinge zu pflanzen. An Palmen wird das Ei in die Basis älterer Pflanzen gelegt; aus dem Loche wachsähnlicher Ausfluſs. Larve miniert in Blattstiel und Blatt, das von ihr getötet wird. In die Bohrlöcher des Käfers dringt *Colletotrichum falcatum* ein. Generation auf Hawaii 3 Monate (Larve 65 Tage, Puppe 24). Auf Amboina von natürlichen Feinden in Schach gehalten. — An Zuckerrohr in Westindien in derselben Weise schädlich: **S. piceus** Pall. [2]) und **sericeus** Ol. [3]).

S. maidis Chittend. [4]). Südl. Verein. Staaten von Nordamerika; in Mais. Eiablage im Juni an junge Pflänzchen; nach 7—12 Tagen die Larve, die zuerst die Hauptwurzel ausfriſst, dann aufwärts bohrt. An jungen Pflänzchen kann sie den Vegetationspunkt zerstören. Nach 40—50 Tagen Verpuppung im Wurzelhalse, nach 10—12 Tagen der Käfer, Corn bill-bug. — In Nordamerika noch mehrere (etwa 8) Arten in ähnlicher Weise an jungem Mais [5]), besonders da, wo feuchte Grasländereien, namentlich solche mit starkstengeligen Arten, mit Mais bebaut werden.

An Bananen auf den Fidji-Inseln schadet **S. sordidus** Gerst. [6]), auf St. Thomé **S. striatus** Fåhr. [7]), indem Larven und Käfer die unteren Stammteile zerfressen. Letzterer befällt vorwiegend Musa paradisiaca, woniger M. sapientum. Gegenmittel: Wurzel und unteren Stammteil einige Minuten in Petroleum eintauchen; Stamm 40 cm hoch mit Teer bestreichen. — **S. spinulae** Gyll. in Mexiko in Stengeln von Opuntia [8]).

Calandra Clairv.

Die Kornrüſsler entwickeln sich in stärkehaltigen Getreidekörnern, selbst in aus Mehl verfertigten harten Produkten. Während die flugunfähige **C. granaria** L. nur auf Lagern vorkommt, fliegt die mit gut entwickelten Flügeln versehene **C. oryzae** L. [9]), der Reiskäfer, in den wärmeren Ländern auch ins Feld und entwickelt sich hier in den reifenden Samen, oft die Ernte sehr beeinträchtigend. Der Käfer ist

---

[1]) Riley, Ins. Life Vol. 1, 1888, p. 185—189, fig. 44, 45. — U. S. Dept. Agric., Div. Ent., Bull. 38, 1902. p. 102—104, fig. 8, 9. — Froggatt, Dept. Agric. N. S. Wales, Sc. Bull. 2, 1911, p. 21—23, Pl. 7 fig. 1. — Van Dine, U. S. Dept. Agric., Bur. Ent., Bull. 93, 1911, p. 35—40, fig. 4—5. — Siehe ferner die Veröffentlichungen der Hawaiischen Versuchsstationen.

[2]) Urich, Dept. Agric. Trinidad, Bull. 9, 1910.

[3]) Ballou, West Ind. Bull. Vol. 11, 1911, p. 86. — Urich, Journ. econ. Ent. Vol. 4, 1911, p. 226.

[4]) Kelly, U. S. Dept. Agric., Bur. Ent., Bull. 95 Pt. II, p. 11—22, Pl. 2—3, fig. 5—10.

[5]) Forbes, 22. Rep. St. Ent. nox. benef. Ins. Illinois, 1903; 23. Rep., 1905, p. 52—57, Pl. 3, fig. 26—34.

[6]) Knowles, Rep. Agric. Fidji 1908, p. 20, 23—26 (s. Exper. Stat. Rec.. Vol. 22 p. 356).

[7]) Magro, La Quinzaine coloniale; s. Tropenpflanzer Bd. 11, 1907, S. 250. — Gravier, Bull. Mus. Hist. nat. Paris 1907, p. 30—32. — Zagorodsky, Beih. Tropenpfl., Bd. 12 Nr. 4, 1911, S. 374.

[8]) Dugès, l. c. p. 31—33.

[9]) Hinds and Turner, Journ. econ. Ent. Vol. 4, 1911, p. 230—236, Pl. 7.

auch beobachtet worden, wie er sich in Pfirsiche und Äpfel tief einbohrte, um den Saft zu saugen. Er ist in hohem Mafse kosmopolitisch und polyphag.

C. sculpturata Gyll.[1] entwickelt sich in Indien in den Eicheln von Quercus incana. **C. taitensis** Guér.[2] lebt abweichend, indem er sich, zugleich mit *Sphenophorus obscurus*, auf den Gesellschaftsinseln in dem Grunde von Kokosblättern entwickelt; aus dem Bohrloch tritt ebenfalls gummöse Flüssigkeit aus. Infolge seiner Kleinheit tötet er selten das ganze Blatt, mehr die einzelnen Blättchen; da er aber häufiger ist, als jener, ist er auch schädlicher.

(Ipiden) Scolytiden, Borkenkäfer[3].

Fast ausschliefslich Holzbewohner; nur wenige Arten in krautartigen Gewächsen oder in harten Samen. Über die ganze Erde verbreitet, im allgemeinen auf bestimmte Regionen beschränkt, nur wenige ganz oder nahezu kosmopolitisch; mehrfach verschleppt. Einige Arten monophag; gröfsere Gruppen ausschliefslich in Laub- bzw. Nadelholz; viele Arten heterophag, einige polyphag. — Vorzugsweise sekundär (besonders in Nadelholz), in kränkelnden, beschädigten Bäumen, Wind- und Schneebrüchen, gefällten Stämmen. Je dünner das Holz, um so mehr primärer Befall, daher Althölzer häufig an der Krone zuerst befallen. An Laubhölzern mehr primär. Nur bei ungewöhnlich starkem Auftreten werden gesunde Bäume angegangen. Jede Art hat ihr charakteristisches Fra fs bild, das besteht aus dem Einbohrloch, den Mutter- und den Larvengängen, Puppenwiegen und Fluglöchern. Die Holzbewohner können wir in zwei biologische Gruppen einteilen: die Rindenbrüter und die Holzbrüter oder Ambrosiakäfer.

Bei den Rindenbrütern verlaufen die Gänge zwischen bzw. in Rinde und Holz; die Puppenwiege liegt häufig im letzteren. Bei den monogamen Arten werden Bohrloch und Mutter-(Brut)gänge vom Weibchen angefertigt; bei den polygamen nagt das Männchen das Bohrloch, eine Erweiterung dahinter (die Rammelkammer); die Weibchen fertigen dann die Brutgänge. Das Bohrloch führt mehr oder weniger senkrecht durch die Rinde; der einzige (einarmige) Gang der monogamen Arten senkrecht (Lot- oder Längs-) oder wagrecht (Wage- oder Quergang), die Larvengänge senkrecht hierzu, zwischen Rinde und Holz; bei den polygamen Arten gehen von der Rammelkammer zwei Längs- oder Quergänge ab oder mehrere Sterngänge nach verschiedenen Richtungen. Brutgänge immer von gleicher Breite; die allmählich breiter werdenden Larvengänge füllen sich hinter den Larven mit Bohrmehl. Aus den Puppenwiegen führt das Flug-

---

[1] Stebbing, Dept. not. Ins. affect forestry, Calcutta 1906, p. 386—388, Pl. 22 Fig. 5—5 c.

[2] Doane, Journ. econ. Ent. Vol. 2, 1909, p. 221—222. — Froggatt, New Zeal. Dept. Agric., Sc. Bul. 2, 1911, p. 23.

[3] Von den grundlegenden Werken seien nur genannt: Eichhoff, Die europäischen Borkenkäfer, Berlin 1881. — Hubbard, The Ambrosia beetles of the United States, U. S. Dept. Agric., Div. Ent.. Bull. 7, N. S., 1897, p. 9—30, 34 Fig. — Hagedorn, Coleopt. Catalog. Pars 4: Ipidae, Berlin 1910, und Genera Insectorum; Coleoptera, Fam. Ipidae, Bruxelles 1911, 4°; Tropenpflanzer, Jahrg. 17, 1913, Nr. 1, 2. — Tredl. u. Kleine, Übersicht über die Gesamtliteratur der Borkenkäfer vom Jahre 1758—1910; Beil. z. d. Entom. Blätt., Jahrg. 7, 1911. — Für Durchsicht und manche Angaben dieses Kapitels bin ich Herrn Dr. M. Hagedorn zu grofsem Dank verpflichtet.

loch, durch das der Jungkäfer ausfliegt, senkrecht durch die Rinde nach außen. Die Begattung erfolgt außen, im Bohrloch oder in der Rammelkammer; die Weibchen legen die Eier einzeln in Nischen des Brutganges, die nachher wieder mit Bohrmehl verstopft werden. — Die Nahrung der Rindenbrüter bildet das Holz, bzw. der aus der zerquetschten Holz- oder Rindensubstanz ausgepreßte Saft.

Bei den Holzbohrern wird das gesamte Fraßsbild vom Weibchen angefertigt. Sie nähren sich nicht vom Holze, sondern von Pilzen, die sie in ihren Gängen züchten; und zwar hat jede Käferart ihre eigene Pilzart, unabhängig von dem bewohnten Baume, daher hier die am meisten „polyphagen" Arten. Die Weibchen bohren sich radiär ins Holz, so tief, bis sie einen geeigneten saftigen, aber sterilen Nährboden für ihren Pilz finden, dessen Sporen sie im Kaumagen mitgebracht haben und nun hierhin verpflanzen. Die Eier werden dann entweder in unregelmäßigen Haufen in eine gemeinsame Familienwohnung abgelegt oder ebenfalls einzeln in nachher mit Genagsel und Pilzmyzel verstopfte Nischen. Auch die Larven leben nur von den Pilzen, können aber bei einigen Arten ihre Wohnung durch Nagen erweitern. Die Mutterkäfer schaffen alle Exkremente und alles Genagsel durch das Bohrloch hinaus, aus dem später auch sämtliche Jungkäfer die Wohnung verlassen. Ein regelmäßiges Fraßsbild, wie bei den Rindenbrütern, findet sich hier selten; es stellt entweder einen großsen, gemeinsamen Raum dar oder einen Gang mit seitlichen Larvenkammern (Leitergang) oder Gabelgänge nach zwei oder drei Richtungen.

Überwinterung als Käfer, Puppe oder Larve, oder in allen drei Stadien. — Sehr schwierig, und erst bei den Rindenbrütern in den letzten Jahren in der Hauptsache gelöst ist die Frage der Generationen. Die Käfer schwärmen im Frühjahre ab („Frühschwärmer," wenn in Februar bis März; „Spätschwärmer," wenn in April bis Juni), im Sommer zum Aufsuchen neuer Wohnbäume, nicht immer aber zur sofortigen Fortpflanzung; sie können auch nur neue Nahrung suchen. Ebenso brauchen die Jungkäfer nicht sofort ihre Puppenwiegen zu verlassen; sie können auch den Larvengang fortführen, aber in unregelmäßiger Weise, um sich zu nähren. Denn manche Arten bedürfen der Nahrung zur vollen Ausbildung der Geschlechtsprodukte. Dieser Nachfraß kann aber auch an anderen Teilen des Mutterbaumes, ja selbst an anderen Bäumen, stattfinden. Auch die abgebrunsteten Weibchen sterben im allgemeinen nicht ab, sondern können durch frische Nahrungsaufnahme neue Geschlechtsprodukte zur Reife bringen: Regenerationsfraß. Wir müssen daher immer zwischen Ernährungs- und Brutfraß unterscheiden. So kommt es, daß im Sommer Jung- und vorjährige, regenerierte Altkäfer zur Fortpflanzung schreiten. So wird doppelte Generation viel öfters vorgetäuscht, als sie tatsächlich vorkommt.

Beide Gruppen sind in hohem Maße physiologisch schädlich, die Holzbrüter auch noch technisch. Durch Erzielung möglichst gesunder Bestände bzw. Bäume kann man ihrem Befalle vorbeugen; insbesondere ist alles kränkelnde Holz baldigst zu entfernen; Wunden sind, soweit möglich, zu teeren. Reine Bestände sind weit mehr gefährdet als gemischte.

Gegenmittel: Stark befallene Bäume oder Äste möglichst rasch entfernen und verbrennen. Sind erst einzelne Stellen befallen, so sind sie zu entrinden, zu reinigen und mit Kalkmörtel, dem 20 % Teer beigemengt sind, zu verstreichen; auch bloßes Einreiben mit Petroleum oder Terpentin kann manchmal genügen. Sind die Bohrlöcher noch ganz frisch, so kann man jene Flüssigkeiten in sie einträufeln. Holzbrüter sind oft durch Verkeilen ihrer Fluglöcher zu ersticken. Zur Bekämpfung und zur Verhinderung der Eiablage dienen Anstriche mit der LEINEWEBER'schen Mischung (Tabakslauge, Ochsenblut, Kalk und Soda), oder mit Kalkmilch, Baummörtel, Seife und Soda, Seife und Karbolsäure, oder Spritzen mit Schwefelkalkbrühe. Von ganz besonderer Wichtigkeit sind aber Fangbäume oder Fangkloben, je nach Art des Käfers.

Da die forstschädlichen Borkenkäfer in der forstlichen Literatur sehr eingehend behandelt sind, können wir uns hier hauptsächlich auf die an landwirtschaftlichen und gärtnerischen Kulturgewächsen auftretenden beschränken.

Phloeophagen, Rindenbrüter.

Hylastes trifolii Müll. (obscurus Marsh.)[1]. Europa, nach der Mitte vorigen Jahrhunderts nach Nordamerika verschleppt. In unregelmäßigen Gängen in Wurzeln von Trifolium-Arten, Medicago sativa, Ononis natrix, selbst Gartenerbsen, in Längsgängen zwischen Rinde und Holz älterer Stämme von Spartium scoparium und Cytisus-Arten. An Rotklee, namentlich in Nordamerika, schon sehr schädlich geworden. Eiablage gewöhnlich in den Wurzelkopf wenigstens zweijähriger Pflanzen; die Larven fressen zuerst hier; später bohren sie sich abwärts; ihre Gänge sind von schwarzen Krümeln erfüllt. Die befallenen Pflanzen gehen gewöhnlich ein, schneller bei trockenem, langsamer bei feuchtem Wetter, daher die Schuld oft in Trockenheit gesucht wird. Generation wahrscheinlich einjährig; reife Käfer überwintern in den Puppenwiegen, belegen im nächsten Mai neue Pflanzen mit Eiern; im September Verpuppung. Doch finden sich den Sommer über alle Stadien, im Winter Larven und Puppen. Gegenmittel: Kleefelder sofort nach Sommerschnitt umpflügen.

Myelophilus piniperda L., **Waldgärtner**; aus Kiautschou in Pinus densiflora und maritima erhalten. Käfer befällt vom 20. Juni an die Maitriebe; am 1. Juli aber noch Larven und Puppen.

Die beiden Eschen-Bastkäfer, **Hylesinus crenatus** F. und **fraxini** Panz. auch in Syringen, letzterer ferner noch in Ölbaum, Juglans nigra und Apfelbaum. — H. (Pteleobius) **vestitus** Muls. et Rey, in Südeuropa in Ölbäumen, Pistacien und Juniperusarten. — H. **oleiperda** F., Ciron, Taragnon[2]. In den Mittelmeerländern im Ölbaum, vorwiegend in kränklichen Bäumen und Ästen, in ganz frischem und in völlig trockenem Holze, im dicken Stamm und in fingerdicken Zweigen. Doppelarmige Wagegänge; über den Fraßstellen färbt sich die Rinde rot oder graubraun. Generation in der Hauptsache einjährig; Käfer in Mai—Juni, aber auch August—Oktober. Auch in Syringen,

---

[1] SCHMITT, Stett. ent. Zeitung, Jahrg. 5, 1844, S. 339—397. — RILEY, Rep. Commiss. Agric. 1878, p. 248—250, Pl. 5, Fig. 2, 3. — CECCONI, Rev. Patol. veget. Ann. 8, 1899, p. 160—165, 1 Tav. — WEBSTER, U. S. Dept. Agric., Bur. Ent., Circ. 119, 1910, 5 pp., 4 Fig.

[2] BOYER DE FONSCOLOMBE, Ann. Soc. ent. France, T. 9, 1840, p. 104—106. — BUIGNON, Mitt. Schweiz. ent. Ges., Bd. 7, 1886, p. 218—224, Taf. — TORI, Rend. Accad. Lincei Roma (5), Vol. 20, I° Sem., p. 138—141.

Eschen, Liguster, Elaeagnus; mehrfach auch in Frankreich, Schweiz, Deutschland usw. gefunden. — **H. fici** Lea[1]). Australien. Der Käfer bohrt sich durch die Achseln der Blatt- und Endknospen in die jungen Zweige, besonders die Endtriebe der Feigenbäume ein und in diesen abwärts, so daß sie absterben; auch in Rinde und Holz.

Kissophagus hederae Schmitt[2]). Südeuropa bis mittleres Rheintal; Transkaspien; in Efeu. Doppelarmige Wagegänge; in starken Stämmen ganz im Baste, bei schwachen den Splint nur oberflächlich angreifend. Zwei Generationen: Flugzeit April—Mai, Ende August bis Oktober.— **K. fasciatus** Haged. Deutsch-Ostafrika; in Khaja senegalensis.

Phloeosinus Aubei Perr. (bicolor Bed.)[3]) und **thujae** Perr.[4]) brüten in Cypressen, Thujen und Wacholder in den Mittelmeerländern, ersterer auch in Österreich und Deutschland. Von einer Rammelkammer aus gehen Lotgänge nach oben und unten. Zwei bis drei Generationen im Jahre im Süden, eine im Norden. Käfer und Larven überwintern. Vorwiegend in den unteren Stammteilen.

Liparthrum mori Aubé. Südeuropa, in Morus alba.

Hypoborus ficus Erichs.[5]). In den Mittelmeerländern der schlimmste Feind der Feigenbäume, vorwiegend in geschwächten Bäumen bzw. Zweigen, da ihm sonst der Milchsaft gefährlich würde. Quergänge; besonders in dünneren Zweigen. Brütet auch in abgebrochenem Holze. Zwei bis drei Generationen.

Phloeotribus liminaris Harr. Peach-tree bark-beetle[6]). Nordamerika, erst in den letzten Jahren in Ohio von einem verwilderten Obstgarten aus schädlich geworden. Wagegang, am vorderen Ende gegabelt, mit Bohrmehl gefüllt, wird vom Weibchen nach wiederholten Begattungen verlängert. Nahrungsfraß im Frühjahre an ganz gesunden Bäumen, die dadurch geschwächt und so schließlich für Brutfraß geeignet werden. Zwei Generationen; Käfer der zweiten überwintern in besonderen Gängen in der Rinde gesunder Bäume, nur die Spätlinge in den Puppenwiegen. Aus den Bohrlöchern fließt Saft aus, aus einem Baume in einem Sommer bis 12 und mehr Liter. Die Auswürfe aus den Bohrlöchern werden durch feine, anscheinend seidenartige Fäden zusammengehalten, die von beiden Geschlechtern ausgeschieden werden. Auch in wilden Kirschbäumen. — **Phl. puncticollis** Chap.[7]). Südamerika, in Hevea; doppelarmiger Wagegang mit kurzen Larvengängen; Puppenwiege in Rinde.

Phl. (scarabaeoides Bern.) **oleae** F. Ölbaum-Borkenkäfer, Neïroun[8]). Mittelmeerländer; sehr schädlich. Befällt namentlich die

---

[1]) Froggatt, Agric. Gaz. N. S. Wales, Vol. 10, 1899, p. 268—269, 1 Pl. (hier fälschlich *H. porcatus* Chap. genannt). — Lea, Proc. Linn. Soc. N. S. Wales, Vol. 29, 1904, p. 103 - 104, Pl. 4 Fig. 15.

[2]) Eggers, Nat. Zeitschr. Land-Forstwirtsch. Bd. 4, 1906, S. 287—288.

[3]) Perris, Bull. Soc. ent. France 1855, p. 78. — Leonardi, Bull. Ent. agr. Patol. veget., T. 5, 1898, p. 81—83.

[4]) Perris, l. c. p. 77—78. — Nördlinger, Nachträge usw., 1856, S. 37—38, 1 Fig. auf Taf. — Torka, Nat. Zeitschr. Land-Forstwirtsch., Bd. 4, 1906, S. 400—403, 3 Figg.

[5]) Barbey, Feuille jeun. Natural., T. 36, 1906, p. 93—96. 1 Pl.

[6]) Felt, Mem. 8, N. York. St. Mus., Vol. 2, 1906, p. 452, Fig. 107. — Wilson, U. S. Dept. Agric., Bur. Ent., Bull. 68, 1909, p. 91—108, Pl. 10—11, Fig. 18—20. — Swaine, 40. Rep. ent. Soc. Ontario, 1910, p. 58—63, 10 Fgs.

[7]) Hagedorn, Rev. zool. Afric. Vol. 1, 1912, p. 337, Pl. 18 Fig. 1—2; Textfig. 1.

[8]) Buignon, l. c. p. 224—225, Fig. auf Taf. — de Seabra, Bull. Soc. Portug. Sc. nat. Vol. 1, 1908, p. 184—187, Pl. 10 Fig. 1—3. — Rivière, Bull. Soc. Nation. Acclimat. France Ann. 58, 1911, p. 304. — Topi, l. c. p. 52—56.

dünnsten Zweige, wie junge, grüne Triebe, Blütenzweige, in denen er seine doppelarmigen Wagegänge bohrt, wodurch sie absterben; so wird die ganze Fruchtbildung unterbunden. Hier auch Überwinterungszellen. Die befallenen Zweige brechen ab, in den abgebrochenen entwickelt sich die Larve weiter. Zwei Generationen. Gegenmittel: Von Juli ab wiederholt Zweige mit glatter Rinde abbrechen und als Fangzweige auf Erde legen; nach 3—4 Wochen verbrennen.

Polygraphus grandiclava Thoms. [1]). Europa; in Kirsche. Zwei- bis vierarmige Sterngänge mit Rammelkammer, stark in Splint eingreifend. Larvengänge mehr im Baste, nur oberflächlich den Splint angreifend.

Cryphalus Er.

Cr. abietis Ratz. Europa, in Fichte. Eine nov. var. (HAGEDORN in litt.), Kiautschou, in Pinus densiflora; Flugzeit Juli.

Cr. (Ernoporus) jalappae Letzn. [2]). Mexico, Südamerika, in Jalappa-Wurzeln, öfters nach Europa verschleppt. Das Bohrmehl der Käfer bzw. Larven soll wirksamer sein als die gepulverte Wurzel.

Cr. (Stephanoderes) areccae Horn [3]). Ostindien, Guinea, Neu-Caledonien, in Betelnüssen.

Cr. (St.) coffeae Haged. [4]). Ost- und Westafrika, Java; in Kaffeebohnen. Die Käfer dringen in die noch ganz jungen Kirschen von oben oder der Seite aus ein und in die Bohnen; häufig wird dabei der Stiel durchbohrt, so dafs die Frucht abfällt. Mutterkäfer und Larven in grofsen Höhlungen. Entwicklung 44—58 Tage (Larve 21—28). die Jungkäfer fliegen erst nach völliger Geschlechtsreife aus. Alle Sorten, auch ältere Früchte, werden befallen. — Bekämpfung: Früchte pflücken, in bedeckten Gefäfsen in die Gärungsbottiche bringen, hier 12 Stunden lang 10—15 cm hoch mit Wasser bedecken, dem etwas Seife oder Kalk beigefügt ist. Dadurch bildet sich auf seiner Oberfläche ein Häutchen, das den auskriechenden Käfern die Poren verstopft. Leicht in den Kirschen verschleppbar. — Ebenso lebt wohl **Cr. (St.) Hampei** Ferr., der wiederholt in Kaffeebohnen in Europa gefunden wurde (aus den Antillen oder Java?). — **Cr. (St.) Aulmanni** Haged. [5]); Ostafrika, an Kaffee; Biologie unbekannt. — **Cr. (St.) congonus** Haged. und **heveae** Haged., Belgischer Kongo, aus Hevea [6]). Desgl. **Cr. (Hypothenemus) tuberculosus** Haged.

Cr. (St.) hispidulus Lec. Nordamerika, in Apfel- und Citrusbäumen.

Cr. eruditus Westw. [7]). Nordamerika, Guinea, Sandwich-Inseln, Neu-Caledonien, Westindien. In Blättern von Zuckerrohr, die, solange

---

[1]) EGGERS, l. c. p. 289.

[2]) HAGEDORN, Nat. Zeitschr. Land-Forstwirtsch. Bd. 1, 1903, S. 173. — SCHWARZ, Proc. ent. Soc. Washington Vol. 4, 1901, p. 432.

[3]) HORNUNG, Stettin. ent. Zeitg. Bd. 3, 1842, S. 115—117.

[4]) ?, Ind. Mercuur, 2. Nov. 1909, p. 844. — GOWDEY, Uganda agr. Dept., Entom. Leafl. I, 1909. — VAN DER WEELE, Bull. Dept. Agric. Ind. Néerl. No. 35, 1910, p. 1—6, 1 Taf. (fälschlich *Xyleborus coffeivorus* n. sp. genannt). — HAGEDORN, Ent. Blätt. Bd. 6, 1910, S. 1—4; Bd. 8, 1912, S. 45. — MORSTATT, Schädl. Krankh. Kaffeeb. Ostafr., 1912. S. 60—62, Taf. 13 Fig. 65.

[5]) HAGEDORN, l. c. Jahrg. 8, 1912, S. 41—42, Fig. 6. — AULMANN, Fauna deutsch. Kolon. R. 5, Hft. 2. S. 65—66 (fälschlich *Xyleborus* A. genannt).

[6]) HAGEDORN, Rev. zool. Afric., Vol. I, 1912, p. 337—340, Fig. 2—4.

[7]) BLANDFORD, Ins. Life, Vol 6, 1894, p. 261—264.

sie noch eingerollt sind, quer durchbohrt werden, so dafs sie nach
dem Aufrollen eine Reihe Löcher aufweisen. Wird die Mittelrippe
erreicht, so wird darin eine unregelmäfsige Brutkammer angelegt.
Schaden nur in letzterem Falle. Von PREUSS in Baumwollstauden in
Togo gefunden. Normal in trockenen Stoffen (Betel, Büchereinbänden,
trockenem Holze von Orange und Rebe).

Cr. (Cryparthrum) Walkeri Bldf.[1], Damma-Inseln, in Urostigma,
einer Verwandten von Ficus.

Ips cinchonae Veen. Java; Gänge im Bast von Cinchona; sehr
schädlich[2].

Dryocoetes coryli Perr.[3]. Europa, in Haselstauden und Reisig
von Hainbuchen, nur in frisch (durch Frost) getöteten Zweigen; drei-
bis fünfarmige Sterngänge mit Rammelkammer, ebenso wie die Larvengänge tief das Holz furchend.

Coccotrypes dactyliperda F.[4]. Tropisches Afrika, Ostindien;
in Dattelkernen und Betelnüssen; in Deutsch-Ostafrika nach HAGEDORN
in Steinnüssen (Hyphaene) sie nach allen Richtungen zerwühlend; wird
in ihnen leicht verschleppt. — **C. Eggersi** Haged.[5], in Steinnüssen
(Phytelephas macrocarpa) aus Guayaquil. — **C. graniceps** Eichh.[6]
Japan; auf den Philippinen in Kakao. — **C. cardamomi** Schauf. in
Cardamom-Samen aus Ceylon.

Ctonoxylon amanicum Haged.[7]. Deutsch-Ostafrika, in Kaffee;
Biologie unbekannt.

Eccoptogaster Hbst. (Scolytus Geoffr.).

E. (Sc.) carpini Ratz. In Hainbuche; von POMERANTZEW[8] im
Gouvernement Cherson auch in Haselnufs beobachtet; sehr kurze quere
Mutter-, sehr lange senkrechte Larvengänge.

E. (Sc.) amygdali Guér.[9]. Mittelmeerländer, in Mandel- und
Aprikosenbäumen, sehr schädlich, da ganz gesunde Bäume befallen
werden, die von den Zweigen aus absterben. Muttergang sehr ähnlich
dem von *E. rugulosus*; jederseits 70—80 Larvengänge, die zuerst in
tieferen Schichten der Rinde, später oberflächlicher verlaufen. Befallene Mandelbäume kappen; sie schlagen neue Triebe aus, die bereits
in drei Jahren wieder tragen. — **E. (Sc.) assimilis** Boh. In Argentinien
den Pfirsichbäumen sehr schädlich; sehr ähnlich E. rugulosus. — **E.
intricatus** Ratz. Eichen-Splintkäfer; heterophag; auch in Castanea
vesca. Nur 2 cm lange quere oder schräge Muttergänge; Larvengänge
senkrecht, sehr lang, in Splint eingreifend.

E. (Sc.) mali Bechst. (pruni Ratz.), **grofser** oder **glänzender
Obstbaum-Splintkäfer**[10]); **E. (Sc.) rugulosus** Ratz., **kleiner** oder

---

[1]) HAGEDORN, l. c. p. 341.
[2]) KONINGSBERGER, Bull. 6, Dept. Landbouw, 1908. p. 77.
[3]) LINDEMANN, Deutsche ent. Zeitschr., Bd. 25, 1881, S. 238.
[4]) HORNUNG, l. c.
[5]) HAGEDORN, Allgem. Zeitschr. Ent., Bd. 9, 1904, S. 447—452, 12 Figg.
[6]) STROHMEYER, Philipp. Journ. Sc., D, Vol. 6, 1911, p. 21—22.
[7]) AULMANN, l. c. p. 65—66. — HAGEDORN, l. c. p. 42—43, Fig. 7.
[8]) Horae Soc. ent. Ross. T. 36, 1903, p. 118—124, Taf. I (russisch).
[9]) LINDEMAN, Bull. Soc. Imp. Nat. Moscou N. S. I, 1887, p. 197—199. — ACCARDI,
Catt. amb. Agric. Prov. Girgenti, Mayo 1911.
[10]) BUDDEBERG, Jahrbb. Nassau. Ver. Naturkde., Bd. 38, 1885, S. 91—94. — HAGE-
DORN, Prakt. Ratg. Obst-Gartenbau 1910, S. 469—471, 4 Fig.

runzeliger Obstbaum-Splintkäfer [1]). Europa, letzterer auch nach Nordamerika verschleppt, hier von Canada bis Texas; in fast allem Stein- und Kernobste, Ebereschen, Weifsdorn, Eschen, Reben usw., ersterer auch in Ulmus effusa, letzterer in Amelanchier-Arten; oft beide Arten zusammen auf einem Baume. Kränkliche Bäume werden vorgezogen, einmal angegangene und geschwächte Bäume immer wieder befallen; Sonnenbrandstellen, Ränder von Krebs-, Schnitt- usw- Wunden, frostbeschädigte Zweige usw. sind besonders gefährdet; in Amerika hat das Vordringen der San José-Schildlaus bzw. die durch sie hervorgerufene Schwächung der Obstbäume *rugulosus* sehr begünstigt; die Sonnenseite der Bäume wird mehr befallen als die Schattenseite, offenbar, weil dort die Rinde mehr ausgetrocknet wird. Die Larven können sich in absterbendem bzw. durch sie oder durch Frost [2]) abgetötetem Holze fertig entwickeln. Dünne Zweige werden ebenso angegangen wie der Stamm; im Frühjahre bohren sich die Käfer sogar in ganz junge, beblätterte Triebe ein oder in die Polster der Blattknospen (Nahrungsfrafs?). Pflaumen und Äpfel sind am meisten bedroht. — Larven überwintern; die Käfer schwärmen ziemlich spät, bei uns nicht vor Ende Mai, in Südeuropa früher, in Amerika schon im April. Muttergang senkrecht, bei mali mit Erweiterung beginnend und 5—12 cm lang, bei rugulosus ohne solche, in Europa 1,5—3 cm, in Amerika $3^3/_4$—5 cm lang; bei mali jederseits 25—40 den Splint schwach angreifende Larvengänge, bei rugulosus in Europa 12—20, in Amerika bis 40, tief in den Splint eingreifend. Puppenwiege bei mali nur halb, bei rugulosus ganz im Splinte. In Europa ein bis zwei Generationen (Käfer wieder im August), in Amerika zwei bis vier (fünf). Ganze Entwicklung bei uns 11—12, in Amerika 4—6 (8) Wochen. Befallene Bäume vertrocknen meist von der Krone aus; bei Steinobst Gummiflufs aus Bohrlöchern. Hymenopteren-Parasiten töten oft mehr als die Hälfte der Larven (wenigstens bei rugulosus). Wertlose Bäume (Wildlinge in Baumschulen) können vor Ende Winters nahe der Erde geringelt werden und bis in Juli als Fangbäume stehen bleiben.

Xyleborinen, Holzbrüter, Ambrosiakäfer.

Xyleborus affinis Eichh. [pubescens Zimm. [3])]. Ganz Amerika, Kamerun, Mauritius, Ostafrika, Hawaii. Polyphag in Manihot Glaziovii, Hevea, Castilloa, Eiche, Orange, Ahorn, Trema guineensis usw. Mehrfach gegabelte Gänge. Von Kautschukbäumen werden besonders solche befallen, die durch öfteres Anzapfen geschwächt sind. — **X. camphorae** Haged. [4])., Mauritius, in Kampferbäumen. — **X. perforans** Woll. [5]). Kosmopolitisch in den Tropen und Subtropen, sehr

[1]) Smith, J. B., Rep. N. Jersey agr. Exp. Stat. 1894, p. 565—572, fig. 42—47. — Chittenden, U. S. Dept. Agric., Div. Ent., Circ. 29, 2d Ser., 1898, 8 pp., 4 figs. — Lowe, N. York Exp. Stat., Bull. 180, 1900, p. 122—128, Pl. 4, 5, fig. 2. — Hagedorn, l. c. — Swaine, 40. Rep. ent. Soc. Ontario, 1910, p. 58—63, 10 figs.

[2]) Sajó, Ill. Wochenschr. Ent., Bd. 1, 1896, S. 396.

[3]) Blandford, Kew Bull. 1892, p. 153—178, Pl. Fig. C part. — Currie, U. S. Dept. Agric., Bur. Ent., Bull. 53, 1905, p. 7. — Hagedorn, Deutsch. ent. Zeitschr., 1907, p. 261.

[4]) Hagedorn, l. c. 1908, p. 378.

[5]) Cotes, Ind. Mus. Not. Vol. 3, 1893, p. 101—102, Fig. — Zehntner, Arch. Java-Suikerind. Afd. 9, 1900, p. 1—21, tab. 1. — Stebbing, Dept. Not. Insects aff. Forest., Vol. 3, 1906, p. 406—408, Pl. 22 Fig. 7. — van Deventer, Dierl. Vijand. Suikerriet, Amsterdam 1906, p. 60—66, Pl. 8.

polyphag in Hölzern und weichen Pflanzen, auch in Abfall; vielfach schädlich dadurch, dafs er die Spunde bzw. Korke in Wein-, Rum- und Bierfässern bzw. Flaschen durchbohrt. Am meisten schädlich in Zuckerrohr in Westindien, minder in Java. Die Käfer bohren sich vorwiegend unter den Blattscheiden in die Knoten ein und von hier aus in der Wand der Halme sowohl wage- wie senkrecht weiter. Bei starkem Befalle geht das Rohr ein. Das Weibchen legt 70—100 Eier; die ganze Entwicklung beträgt in Westindien 6 Wochen, in Java 16 bis 18 Tage. Gesundes Rohr bleibt verschont; nur solches, das durch Pilzkrankheiten, Bohrraupen oder gröfsere Käferlarven (*Sphenophorus sericeus*) geschwächt ist, wird befallen. Gegenmittel: Befallenes Rohr sofort verbrennen oder vermahlen; allen Abfall vernichten; nur gesunde Stecklinge pflanzen; gute Kultur. — Ferner noch in Kakao, Shorea robusta (Indien), Chlorophora excelsa (Deutsch-Ostafrika) und in Stein-nüssen aus Guajaquil; auch bei Bäumen nur in nicht gesundem oder risch gefälltem Holz. — Die **var. philippinensis** Eichh. [1]) auf den Philippinen in Kokosnufs.

X. coffeae Wurth. **Boeboek** [2]). Java, Tonkin. Vorzugsweise in Coffea robusta; ferner in Erythrina lithosperma, Melia azedarach, Kakao, Cinchona ledgeriana. Vorwiegend in dünnen Zweigen. Das Bohrloch führt geradeswegs in das Mark, hier die Brutröhre je $1\frac{1}{2}$ cm auf- und abwärts. Ist der Zweig dicker, so ist die Brutröhre kürzer, aber breiter, unregelmäfsig. Ein Weibchen erzeugt in jedem Gang 50—70 Nach-kommen. In zwei 1,70 m hohen Kaffeebäumchen wurden 158 bzw. 179 Bohrlöcher gezählt. An den befallenen Zweigen welkt zuerst das Laub, hängt herab und vertrocknet; stirbt der Zweig nicht ganz ab, so wird er meist vom Winde gebrochen. Schaden sehr bedeutend, um so mehr, als gesunde Bäume vorgezogen werden. Gegenmittel kaum durchführbar; dichter Schatten schützt die jungen Bäumchen vor Befall; ältere werden weniger angegangen. — **X. Morstatti** Hagod. [3]). Wie voriger, in Deutsch-Ostafrika, nur in Bukoba-Kaffee und Coffea stenophylla. Die befallenen Zweige und ein Teil der anhängenden Kirschen werden schwarz. In der Regel nur ein Brutgang in einem Inter-nodium. Erkranktes Holz wird bevorzugt. Befall am stärksten in der Nähe des Waldes und in den oberen Teilen der Kaffeebäume. Da Anfang Oktober die Käfer entwickelt sind, müssen die befallenen Zweige vorher entfernt werden.

X. dispar F. **Ungleicher Holzbohrer** [4]). Europa; nach Nord-amerika verschleppt. Sehr polyphag; in fast allen Laubhölzern, auch Reben, Rosen und in einigen Nadelhölzern (Kiefer, Thuja). Lieblings-

---

[1]) Strohmeyer, Philipp. Journ. Sc., D, Vol. 6, 1911, p. 25.

[2]) Wurth, Meded. allg. Proefstat. Salatiga (2), Nr. 3, 1908, p. 63—78, 1 Pl., 2 Fig.; Cultuurgids, 2. Ged., Afl. 5, 1910. — Marchal, Journ. Agric. trop., Année 9, 1909, p. 227—228. — Duport, ibid. p. 282—283. — Gowdey, Uganda agr. Dept., Leafl. 1, 1909. — Hagedorn, Ent. Blätt. Bd. 8, 1912, S. 36—41, Fig. 2.

[3]) Zimmermann, Med. s'Lands Plantent. 44, 1901, p. 95—97, Fig. 48—50, Pl. 6 Fig. 5. — Morstatt, Pflanzer, Jahrg. 7, 1911, S. 382—386, Fig. 1—4. — Hagedorn, l. c. Fig. 3, 4. — Morstatt, Schädl. Krankh. Kaffeeb. Ostafr., 1912, p. 57—60, Taf. 13 Fig. 64.

[4]) Bellevoye, Bull. Soc. Etud. Sc. nat. Reims, Ann. 8, 1898, p. 162—177, Figs. — Swaine, l. c. p. 58—59, Fig. 3, 9, 10. — Ihssen, Prakt. Blätt. Pflanzenbau u. Pflanzen-schutz, Jahrg. 5, 1908, S. 14—18, 2 Fig. — Neger, Nat. Zeitschr. Forst-Landwirtsch., Bd. 7, 1909, S. 407—413, 3 Fig. — Noël, Naturaliste T. 31, 1909, p. 109—110. — Hage-dorn, Prakt. Ratg. Obst-Gartenbau 1910, S. 148—150, 3 Fig.

bäume: Eiche, Buche, Obstbäume. Bevorzugt ganz entschieden saft-
armes Holz, daher mit Vorliebe in frisch geschlagenem; im Notfalle wird aber auch ganz gesundes, namentlich junges von Heister-
stärke angegangen. Die Käfer überwintern in den Brutgängen. Im
Frühjahre bohrt das Weibchen zuerst radiär in das Holz, je nach
dessen Dicke verschieden tief, dann horizontal, den Jahresringen
folgend, längere Brutröhren erster Ordnung und von diesen
senkrecht nach oben und unten 1—2 cm lange Brutröhren zweiter
Ordnung. Alle Röhren gleich weit, walzenförmig, der Dicke des
Mutterkäfers entsprechend. In ihnen die 30—40 Eier, Larven, von
der Ambrosia lebend, und Puppen. Die fertigen Jungkäfer liegen zuerst wie Schrotkörner hintereinander, bevor sie alle zu dem einen
Bohrloch ausfliegen. Eiablage zieht sich bis in Juni hin; daher gewöhnlich verschieden alte Larven zusammen. Wahrscheinlich beginnen
aber bereits im Juli die ersten fertig gewordenen Käfer mit der Eiablage, so daß sich also zwei Generationen folgen; die Käfer der letzten
überwintern in den Brutröhren. — Aus den Bohrlöchern starker Saftfluß, der die Bäume schwächt und so weiterem Befalle vorarbeitet,
bis sie ganz eingehen. An schwächeren Stämmchen können die Brutröhren erster Ordnung sich kreisförmig zusammenschließen, so daß
sie hier bei stärkerem Winde wie Glas brechen. — Gegenmittel: Von
April an bis August alle 4 Wochen frisch geschlagene Eichenpfähle
mit unterem Ende in Erde eingraben, als Fangbäume. — **X. solidus**
Eichh. [1]) Australien, in Stamm und Ästen von Obstbäumen.

X. fornicatus Eichh. [2]). Ceylon, Java, Indien; an Tee, Kaffee
und Kakao; im Marke junger Zweige und im Holze alter Stämme.
In ersterem bohrt der Käfer zuerst einen senkrechten Gang abwärts,
dann einen horizontalen Ringelgang. Während GREEN den Schaden
sehr gering einschätzt, ist er nach den anderen Autoren sehr bedeutend;
ganze Pflanzungen sollen aussehen, wie von Feuer versengt. Ausputzen
der Bäume. Räucherung mit Grevillea-Blättern soll den Käfer vertreiben.
Einführung von *Clerus formicarius* glückte zwar mit den Larven, doch
waren diese zu groß für die kleinen Bohrlöcher des Käfers. Auch in
Grevillea-, Albizzia- und trockenen Hevea-Zweigen. — Befallene Zweige
brechen häufig im Winde ab; in den abgebrochenen entwickelt sich die
Larve weiter zum Käfer.

In Kakao leben ferner noch: **X. mancus** Bldfd. [3]) und **discolor**
Bldfd. [3]) in dünneren Zweigen, **X. semigranosus** Bldfd. [4]) im Stamme;
alle drei in Ceylon; **X. crenatus** Haged. und **confusus** Eichh. [5]), Kongo;
letzterer auch in Neu-Guinea; **X. destruens** Bldfd. [6]) in Gilolo und
Java; sehr schädlich.

---

[1]) FROGGATT, Agric. Gaz. N. S. Wales, Vol. 11, 1900, p. 640—642; Vol. 14, 1903,
p. 415—416, Pl. Fig. 2.
[2]) BLANDFORD, Trans. ent. Soc. London 1896, p. 213—214; 1898, p. 225. —
ZIMMERMANN, l. c. p. 94—95, Pl. 6 Fig. 6—8. — WATT a. MANN, Pests and blights of
tea plant, 2d ed., Calcutta 1903, p. 174—177, Pl. IV Nr. 2. — BARLOW, Ind. Mus.
Not. Vol. 4, 1900, p. 57—58, Pl. 5 Fig. 2. — BERNARD, Journ. Agric. trop. 8, 1908,
p. 256; Dépt. Agric. Ind. Néerland, Bull. 23, 1909, p. 17—18. — (GREEN), Rep. R.
botan. Gard. Ceylon 1909, p. 5—6; Trop. Agric. Vol. 34, 1910, p. 121; Vol. 37, 1911,
p. 129—130.
[3]) BLANDFORD, Trans. ent. Soc. London, 1898, p. 425.
[4]) BLANDFORD, ibid. 1896, p. 211—212; 1898, p. 424
[5]) AULMANN, Fauna deutsch. Kolon., R. 5, Hft. 3, 1912, S. 34—35.
[6]) BLANDFORD, l. c. 1896, p. 221—222.

X. morigerus Bldfd. [1]). Neu-Guinea, Mauritius; häufig mit Orchideen, besonders Dendrobium-Arten, nach Europa verschleppt, wo er sich in Warmhäusern weiter entwickelt. Längsgänge bzw. Brutkammern in Bulben, Luftwurzeln und Stämmen. Um die Bohrlöcher und Gänge färbt sich das Gewebe dunkel und wird weich.

X. (xylographus Say) **Saxeseni** Ratz. [2]). Europa, Canaren, Nordamerika, Japan; sehr polyphag in Laubhölzern, besonders Obstbäumen; auch in Kiefer und Fichte. Der radiär ins Holz gehende Bohrgang endet in einer senkrechten, dem weichen Teile eines Jahresringes folgenden, blattartigen Kammer von wenigen Zentimetern Höhe und Breite und der Gröfse der Käfer und Larven entsprechender Dicke. Nicht selten geht von hier ein neuer Gang ins Innere des Stammes, der wieder in einer solchen Brutkammer enden kann; selbst eine dritte kann noch angelegt werden. In diesen Bruträumen den ganzen Sommer über alle Stadien durcheinander, im Winter Jungkäfer und Larven; ein Zipfel dient oft als Totenkammer. Die Wände nicht schwarz, sondern nur braun. Schwärmzeit von Ende Mai bis August; wahrscheinlich zwei Bruten. Kränkelndes Holz entschieden bevorzugt. Larven helfen die Brutkammer vergröfsern und verzehren das abgenagte Holz. Als Gegenmittel nach Bremner allein Räuchern mit Blausäure im Winter oder Verbrennen der befallenen Bäume wirksam.

X. dryographus Ratz. und **monographus** F. Europa, heterophag; auch in Castanea vesca. Bei ersterem die Eingangsröhre gerade, bis 15 cm lang, die Brutarme gerade, schräg die Jahresringe kreuzend; bei letzterem Eingangsröhre häufig geschwungen, 1—2, aber auch bis 8 cm lang; auch Brutröhren mehr oder weniger geschwungen.

Aus Kautschuk [3]) sind bis jetzt bekannt: **X. cognatus** Bldfd. aus Hevea von Ceylon. **X. confusus** Eichh. in Hevea von Kamerun, Manihot von Kongo; letztere Art noch bekannt aus: ganz Amerika, Sandwich Inseln, Madagaskar, Ostafrika, Seychellen. **X. spathipennis** Eichh. var. **Ohausi** Haged. aus Castilloa von Ecuador. **X. ambasius** Haged. und **camerunus** Haged. in Hevea von Kamerun.

X. fuscatus Eichh. und **pubescens** Zimm. [4]). Nordamerika; ersterer auch Guatemala und Columbien, in Juglans cinerea, Eichen, Castanea, Magnolie, Kirsche, Robinie, Orange, selbst Nadelhölzern, vorwiegend in frisch getötetem, aber auch in gesundem Holze.

X. (Eurydactylus) sexspinosus Motsch. [5]). Kamerun, Deutsch-Ostafrika (Kopal), Java, Sumatra, Ceylon, Birma, Philippinen; in Kaffee,

---

[1]) Chobaut, Ann. Soc. ent. France T. 66, 1897. p. 261—264. — Journ. Board Agric. London, Vol. 4, 1898, p. 474—476, 4 Figs.; Übersetz. ins Holländ.: Staes, Tijdschr. Plantenz. D. 4, 1898, p. 93—97, 1 Fig.

[2]) Hopkins, U. S. Dept. Agric., Div. Ent., Bull. 7, N. S., 1897, p. 24—26, fig. 21—23; Canad. Ent., Vol. 30, 1898, p. 11—29, 2 Pls. — Bellevoye, l. c. — Ormerod, Handb Orchard Ins., London 1898, p. 192—196, Fig. — Bremner, Canad. Ent., Vol. 39, 1907, p. 195—196.

[3]) Hagedorn, Rev. zool. Afric., T. 1, 1912, p. 336—346, Pl. 18, 11 Figs.

[4]) Schwarz, Proc. ent. Soc. Washington, Vol. 2, 1891, p. 78. — Hopkins, West Virginia agr. Exp. Stat., Bull. 32, 1893, p. 211. — Hubbard, l. c 1897, p. 19—20, Fig. 10—13.

[5]) Blandford, Ind. Mus. Not., Vol. 3, 1896, p. 64—65; Trans. ent. Soc. London 1898, p. 425. — Koningsberger u. Zimmermann, Meded. s'Land Plantent. 44, 1901, D. II. p. 93—97, Fig. 48—50, Pl. 6 Fig. 5. — Hagedorn, Ent. Blätt., Jahrg. 8, S. 33 bis 36, Fig. 1.

Kakao und Reis; in letzterem in den Stengeln bohrend und sehr schädlich.

Xyloterus (Trypodendron) domesticus L. Sehr polyphag, hauptsächlich in Rotbuche, aber auch in Kirsche. Frühschwärmer (von Februar an). Im Juli die zweite Schwärmzeit, deren Käfer im Winter in den Puppenwiegen bleiben. Muttergang 2—4, seltener bis 10 cm radiär ins Holz gehend; Brutgänge ungefähr in Winkeln von 60° davon abzweigend. Anbrüchiges Holz wird vorgezogen.

Platypodiden.

Vorwiegend tropische, sich im Kernholze starker Bäume entwickelnde Käfer. Am besten ist **Platypus cylindrus F.** und seine **var. cylindriformis Reitt.** [1] bekannt, der hauptsächlich in Eiche, seltener in Efskastanien als „Kernkäfer" lebt. Er befällt sowohl stehendes als frisch gefälltes Holz, bohrt zunächst radial bis zum Kernholz, dann, den Jahresringen folgend, bis 30 cm lange, gewellte und von diesen nochmals rechts und links abgehend bis 18 cm lange Gänge. Eiablage von Juli ab bis in Dezember; die sehr beweglichen Larven leben nach STROHMEYER hauptsächlich von Baumsaft, nach HUBBARD [2] von Ambrosiapilzen; erwachsen nagen sie sich eine senkrecht stehende Puppenwiege. Gegenmittel: Bäume vor Ende Juni fällen und abfahren.

Auch in unseren afrikanischen Kolonien zahlreiche Arten, die neuerdings von STROHMEYER bearbeitet werden. In Castilloa, Deutsch-Ostafrika: **Crossotarsus brevis Strohm.**

In Kakao, Ceylon: **Cr. Saundersi Chap.** [3]), der auch in Ostusambara vorkommt.

Platypus omnivorus Lea [4]) befällt in Tasmanien alle einheimische und viele kultivierte Bäume, darunter auch ganz gesunde Apfel-, Pflaumen- und Aprikosenbäume. Akazien werden oft der ganzen Rinde beraubt, geringelte Eucalyptusbäume vollständig durchlöchert.

Lamellicornier, Blatthornkäfer.

Käfer nächtlich, an Blättern, Blüten, Früchten, in Dung, seltener unterirdisch an oder in Stengeln und Wurzeln; ihre Vorderbeine sind Grabfüfse. Die Larven sind Engerlinge mit bauchwärts stark eingekrümmtem Körper und gut ausgebildeten Beinen; sie nähren sich von Humus, Dung oder Pflanzenwurzeln. Verpuppung in der Erde, in Kokons aus Kot und Humus. In zahlreichen Arten und oft ungeheuerer Individuenzahl über die warmen und gemäfsigten Teile der Erde ververbreitet; häufig sehr schädlich. Käfer fliegen nach Licht.

Lucaniden, Schröter, Stag beetles.

Käfer leben in der Hauptsache von ausfliefsendem Baumsafte, ihre an der längsgestellten Afterspalte kenntlichen Larven in Mulm. Es

---

[1]) STROHMEYER, Nat. Zeitschr. Land-Forstwirtsch., Bd. 4, 1906, S. 329—341, 409 bis 420, 506—511, 21 Fign.; Ent. Blätt., Jahrg. 3, 1907, S. 65—69.

[2]) U. S. Dept. Agric, Div. Ent., Bull. 7, N. S., 1897, p. 14—16, Fig. 1—4.

[3]) BLANDFORD, Trans. ent. Soc. London 1893, p. 424.

[4]) LEA, Proc. Linn. Soc. N. S. Wales, Vol. 29, 1904, p. 104—105.

ist leicht verständlich, dafs letztere des öfteren als Schädlinge bezichtigt werden, wenn auch zu Unrecht. Sicher, aber kaum merkbar schädlich ist in Deutschland **Platycerus caraboides** L., der als Käfer junge Eichentriebe annagt. — Auf den Salomon-Inseln bohrt sich **Eurytrachelus pilosipes** Waterh. [1]) an jungen Kokospalmen unter dem Schutze der Basis eines Blattstieles in den Stamm ein; er heifst hier, im Gegensatz zu *Xylotrupes nimrod*, der „kleine Bohrer". **Metopodontus bison** F. wurde von der Insel Maron (Hermit-Inseln) als „grofser Kokosnufskäfer" (im Gegensatz zum Palmrüfsler) übersandt, ohne weitere Angabe. **M. Savagei** Hope, der offenbar in Kamerun ungemein häufig ist, soll dort in Castilloa-Saatbeeten schaden und durch Giefsen mit Wasser und etwas Petroleum vertrieben werden [2]).

E. bucephalus Pty., Java, frifst an Kaffeebüschen die Rinde der jungen Triebe und die Fruchtstiele durch; desgleichen **Aegus acuminatus** F. [3]).

Scarabaeiden.

Engerlinge mit quer gestelltem After. Zu ihren schlimmsten Feinden gehören die Scoliiden-Wespen (Scolia, Tiphia), deren Larven die Engerlinge von aufsen aussaugen und sich dann neben deren Leichen in Tönnchenpuppen verwandeln. Diese letzteren sind daher bei der Bekämpfung möglichst zu schonen. Die Bekämpfung mit parasitischen Pilzen und Bakterien, auf die man öfters grofse Hoffnungen setzte, hat diese nur zum kleinsten Teile erfüllt.

Coprinen.

Käfer und Larven der Dungkäfer, **Aphodius** Ill., leben im Mist; mit solchem kommen sie häufig in Mistbeete, besonders A. **fimetarius** L., und können da unter Umständen, wie namentlich in Champignon-Züchtereien, durch ihr Wühlen recht empfindlich schaden, indem sie die jungen Pilze umwerfen [4]). Räuchern mit Tabak, Injektion von Formol, 50 g auf 1 qm, Giefsen mit lysolhaltigem Wasser sollen sie töten, bzw. vertreiben.

Lethrus apterus Laxm. [5]) Zwiebelhornkäfer, **Rebschneider**, Südosteuropa, in Südrufsland nur im Gebiete der Schwarzerde. Käfer in März—April, gräbt Gänge in die Erde, die aus einem schiefen Teil von 20—25 cm Länge und einem senkrechten von 50—60 cm Länge bestehen. Von den verschiedensten benachbarten Pflanzen werden nun Blätter, Knospen und Triebe glatt abgeschnitten, nach den Einen im Grunde der Röhre zu einem festen Zylinder eingestampft, nach den Anderen zu mehreren taubeneigrofsen Ballen gerollt, um später als Nahrung für die Larve zu dienen. Mitte Juni verpuppt sich diese am Frafsort in einem Kokon aus Speichel und Exkrementen; nach

---

[1]) F ROGGATT , Pests and diseas. Coconut Palm, Sydney 1911, p. 10—11.
[2]) Tropenpflanzer. Bd. 6, 1902, S. 206.
[3]) K ONINGSBERGER , Med. 's Lands Plantent. 22, 1898, p. 44—45; Med. Dept. Landbouw. 6, 1908, p. 84.
[4]) T HEOBALD , Rep. 1908/09, p. 77. — V UILLET , Feuille jeun. Nat., Ann. 41, 1910, p. 18—19.
[5]) T ARNANI , 1900 (russ. Arb.); s. Ill. Zeitschr. Ent., Bd. 5, 1900, S. 49—50. — S CHREINER , Horae Soc. ent. Ross. T. 37, 1906, p. 197—208, 1 Taf. — Z OUFAL , Ent. Blätt., Bd. 3, 1907, S. 120—121. — *L. cephalotes* Pall. ist eine weiter östlich vorkommende Art.

zwei Wochen ist der Käfer reif, bleibt aber bis nächstes Frühjahr in dem Kokon. Schaden also nur im Frühjahr durch den Käfer. Unter den Nährpflanzen finden sich Triebe von Reben, Obst- und anderen Laubbäumen, Flachs, Luzerne, Rüben, Weizen, Buchweizen, Zwiebeln, Raps, verschiedene Blumen. Die Käfer sind auszugraben, bzw. die Löcher mit heifsem Wasser auszugiefsen

Melolonthinen, Cockchafers, White grubs.

Hoplia retusa Klug benagt nach BORDAGE [1]) auf Réunion die Blüten der Vanille. **H. callipyge** Lec. [2]) beschädigt in Californien Blüten von hellen Rosen (dunkelblühende Sorten bleiben verschont), Reben (auch Fruchtknospen), Magnolien, Oliven, Weiden, Lupinen usw. oft in hohem Grade. Auch in Calla-Blüten fressen sich die Käfer ein, sterben aber darin. An Orangen scheinen sie durch Ausdünnen der Blüten nützlich zu wirken. RATZEBURG fand die Käfer von **H. graminicola** F. auf Pappeln fressend; nach ECKSTEIN [3]) schadeten die Larven in einem Kiefernsaatbeet.

Die Larven von **Serica brunnea** L. [4]) vernichteten in Schlesien zahlreiche ein- und zweijährige Fichten in Pflanzgärten, indem sie die Rinde der Wurzeln abnagten, die feineren Wurzeln ganz verzehrten. Die von **S. (Maladora) holosericea** Scop. fressen die Wurzeln von Hopfen [5]); noch schädlicher sind aber die Käfer, die die jungen, noch im Boden befindlichen Teile des Hopfens und Knospen von Birnenveredelungen abfressen [6]). In Indien entblättern die Käfer von **S. pruinosa** Burm. [7]) manchmal vollständig Kaffeebüsche, während die Larven von **S. indica** Blanch. [8]) an den Wurzeln von Zuckerrohr fressen. Am Tee in Indien schadet **S. assamensis** Brenske [9]) durch Blattfrafs, auf Java **S. pulchella** Brenske und **javana** Har. [10]); die Larven der letzten beiden werden dem Gemüse verderblich, das zwischen den Teereihen manchmal gepflanzt wird.

Larven von **Camenta** [11]) **Westermanni** Har. fressen in Kamerun im Gebirge an jungem im Schatten stehenden Kakao alle Seitenwurzeln ab; auch **C. Hintzi** Aulm. dort an Kakao.

Die Käfer von **Diphucephela colaspidoides** Gyll. [12]) fressen in Australien oft in kurzer Zeit ganze Obst- und andere Bäume kahl.

Odontria zealandica White [18]). Neu-Seeland. Käfer schadet oft ernstlich an Obstbäumen durch Blattfrafs; Engerlinge in Grasländereien und Weiden, sehr schädlich.

<hr>

[1]) C. r. 6e Congr. intern. Agr. Paris 1900, p. 318.
[2]) CHITTENDEN, U. S. Dept. Agric., Div. Ent., Bull. 27, N. S., 1901, p. 96—98.
[3]) ECKSTEIN, Zeitschr. Forst-Jagdwes., Jahrg. 36, 1904, S. 356, Fig. 1.
[4]) ESCHERICH u. BAER, Nat. Zeitschr. Land-, Forstwirtsch., Bd. 8, 1910, S. 156—158 Fig. 4.
[5]) ZIRNGIEBL, Feinde des Hopfens, Berlin 1902, S. 28.
[6]) Zeitschr. Pflanzenkrankh., Bd. 4, 1894, S. 102.
[7]) COTES, Ind. Mus. Not. Vol. 3, 1896, p. 117.
[8]) MAXWELL-LEFROY, Ind. Ins. Life p. 254.
[9]) BARLOW, Ind. Mus. Not., Vol. 5, 1903, p. 14—16, Pl. 3 Fig. 1.
[10]) KONINGSBERGER, Med. Dept. Landbouw, No. 6, 1908, p. 89.
[11]) PREUSS, Denkschr. deutsch. Schutzgebiete 1901/02, S. 5392; Tropenpflanzer, Bd. 7, 1903, S. 349—350. — AULMANN, Ent. Rundschau, Jahrg. 28, 1911, S. 60; Schädl. deutsch. Kolon. Hft. 3, S. 2—4, Fig. 1—2.
[12]) FRENCH, Destruct. Ins. Victoria, Pt. II, 1893, p. 27—32, Pl. 18.
[13]) COCKAYNE, Journ. N. Zeal. Dept. Agric. 1911, p. 221.

Macrodactylus subspinosus F. [1]). Rose-chafer. Nordamerika. Die Käfer erscheinen in manchen Jahren Anfang bis Mitte Juni plözlich in ungeheuren Mengen und fressen in Gärten, Rebanlagen usw. alles kahl: Rosen, Reben, Obst- und andere Laubbäume, Blumen und Zierpflanzen, Getreide, Beerenobst, Gemüse usw; sie fressen Blüten, junge Früchte und alles Grüne. Nach 4—6 Wochen verschwinden sie ebenso plötzlich wieder, nachdem das Weibchen 24—36 Eier einzeln in die Erde gelegt hat. Die Larven fressen feinere Wurzeln, besonders von Gras, überwintern tiefer in Erdzellen und verpuppen sich erst nächsten April bis Mai. Alle Gegenmittel versagten bis jetzt den riesigen, unaufhörlich neu aus der Erde kommenden Massen gegenüber. Zu empfehlen sind: Spritzen mit starker Bleiarsenat-Lösung, Absammeln, Schutz besonders bedrohter Pflanzen durch Netze oder, indem man um sie herum früh blühende, die Käfer stärker anziehende Pflanzen baut. Brutplätze anfangs Mai pflügen und eggen oder mit 10%iger Petroleum-Emulsion tränken.

Apogonia destructor H. Bos und **Ritsemae** Sharpe [2]). Java. Käfer das ganze Jahr über an baumartigen Leguminosen, abends deren Blätter fressend. Nachts, tags und zur Zeit des Ostmonsums flach in der Erde. Dezember Eiablage im Boden, am liebsten bei mäfsiger Feuchtigkeit. Larven (*wáwälan*) leben zuerst von zerfallenen Stoffen, später gehen sie an Wurzeln von Gramineen usw. An Zuckerrohr oft recht schädlich, namentlich die erstere Art. Gegenmittel: Käfer abends abklopfen; tags, besonders aber zur Zeit des Ostmonsums, ausgraben. Befallene Zuckerrohrfelder unter Wasser setzen. Die Eiablage kann man verhindern, wenn man den Boden einige Zentimeter hoch mit Kapok bedeckt. **A. rauca** F. auf Ceylon an Kakao.

Schizonycha serrata Aulm. Kamerun, an Kakao und Baumwolle [3]).
Exopholis hypoleuca Wied. [4]). Besonders auf West-Java. Käfer und Larven in derselben Weise, aber nicht so schlimm schädlich wie die *Lachnosterna*-Arten (s. u.).
Enaria melanictera Klug [5]). Westafrika; Käfer frifst von Januar bis März Blätter von Kaffee und Kakao und wird dadurch recht schäd-lich. Schlecht beschattete Bäume leiden am meisten. Auch an Baumwolle.
Lepidiota stigma F. und **alba** F. auf Java [4]), allgemein schäd-lich, selten aber in grofser Anzahl; desgl. **Tricholepis grandis** de Cast. und **Ancylonycha**- und **Haplidia**-Arten. **Holotrichia leuco-phthalma** Wied. [6]) in Zuckerrohr-Feldern.

Lachnosterna Hope.

Die sehr zahlreichen Arten dieser Gattung vertreten in Nordamerika und den Tropen unsere Maikäfer: sie verhalten sich auch ziemlich

[1]) Insbesondere hat J. B. Smith in den Reports und im Bull. 82 der New Jersey agric. Exp. Stat. den Käfer behandelt. S. ferner: Chittenden, U. S. Dept. Agric., Div. Ent., Circ. 11, rev., 1909, 4 pp., 1 Fig. — Johnson, ibid., Bull. 97, 1911, p. 53—64, Fig. 16—21, Pl. 4—7.
[2]) Zehntner, Med. Proefstat. Ost-Java N S. No. 17; No. 47, Pl., 1898; Arch. Java Suikerind. 1898, p. 345—360. — van Deventer, l. c. p. 22—33, Pl. 4, 5 Fig. 1—3.
[3]) Aulmann, Ent. Rundschau, Jahrg. 28, 1911, S. 59—60; Fauna, usw., Hft. 3, 1912, S. 4—5, Fig. 3; Hft. 4, 1912, S. 4, Fig. 2.
[4]) Koningsberger, Med. s' Lands Plantent. 22, 1898, p. 44; Med. Dept. Land-bouw 6, 1908, p. 87.
[5]) Aulmann, l. c., Hft. 2, 1911, S. 1—2, Fig. 1; Hft. 3, 1912, S. 5—6, Fig. 4; Hft. 4, S. 4—5, Fig. 3.
[6]) van Deventer, l. c. p. 45, Fig. 27, 28. — Koningsberger, l.

ebenso, nur daſs ihre Entwicklung entsprechend der erhöhten Temperatur rascher verläuft, in 2—3 Jahren, selbst in einem. In Nordamerika [1] namentlich **L. arcuata** Sm., **fusca** Fröhl., **farcta** Lec., **cribrosa** Lec. und **lanceolata** Say (beide letztere ungeflügelt) schädlich; die Käfer bringen häufig Bäume, namentlich jüngere, zum Absterben. Bemerkenswert ist, daſs *L. arcuata* die englische Walnuſs befriſst, die einheimische verschont. Im Norden heiſsen die Käfer *June-*, im Süden *May-beetles*, bzw. *-bugs.* — **L. impressa** Burm. [2], als Larve in Indien dem Tee gefährlich. — **L. leucophthalma** Wied., **constricta** Burm. und andere gehören nach Koningsberger [3] zu den schädlichsten Insekten auf Java; ihre Larven vernichten jährlich ungezählte Kaffe-, Tee- und Kakaopflanzen usw.; die Käfer erscheinen zu Beginn des Westmonsums zu Millionen und fressen die verschiedensten Bäume kahl.

Die **Rhizotrogus**-Arten [4] leben und schaden in Mitteleuropa ganz ähnlich wie die Maikäfer, nur, entsprechend ihrer geringeren Größe, kleineren Anzahl und schnelleren Entwicklung (Larven ein oder zwei Jahre?), viel weniger. In Südeuropa und Nordafrika kommen sie ihnen an Schaden aber mindestens gleich [5]. Larven in gebundenem Boden; Käfer verstecken sich tagsüber unterirdisch. **Rh. (Amphimallus) solstitialis** L., **Brach-, Juni-** oder **Sonnenwendkäfer** [6], wird auch an Kiefern durch Befressen der jungen Triebe schädlich [7], seine Larve an Wintergetreide. In Skandinavien scheint auch der Käfer an Laubbäumen schädlicher zu werden als in Mitteleuropa. In Südrußland ist seine Larve unter anderem an Reben sehr schädlich [8]. Man bekämpft sie, indem man zwischen die Reben Umbelliferen pflanzt und 10–15 cm tiefe Gräben zieht, die mit Holz, Zweigen usw. ausgelegt und mit feuchtem Sand bedeckt werden. An erstere legt die Fliege *Microphthalma disjuncta* ihre Eier ab; in letztere ziehen sich die Engerlinge. Die ausschlüpfenden Fliegenlarven lassen sich zur Erde fallen, dringen in die Gräben und töten hier die Engerlinge. Nach Xambeu saugt *Asilus rufilabris* Meig. die Käfer aus. **Rh. aequinoctialis** Hbst. [9] in Ungarn an Rüben schädlich; Larve frißt an jungen Rüben kleine Löcher in das Fleisch, an älteren die Rinde; erstere sterben ab, letztere werden schorfig.

Phytalus Smithi Arrow [10] ist auf Mauritius ein sehr schlimmer Feind des Zuckerrohres; seine Larve, *moutouc*, befriſst die Wurzeln; der Käfer an Kaffeeblättern. In einem halben Jahre wurden 27 Millionen Käfer und Larven gesammelt. Heimat Barbados; hier indes durch *Scolia dorsata* F. in Schach gehalten.

---

[1] Chittenden, U. S. Dept. Agric., Div. Ent., Bull. 19, N. S., p. 74—80, Fig. 16 bis 18. — Sanderson, ibid., Bull. 57, 1906, p. 16—19, Fig. 6, 7.

[2] Watt a. Mann, l. c p. 167—169, Pl. 4 Fig. 3.

[3] Med. s' Lands Plantent. 22. 1898, p. 43—44.

[4] Xambeu, Naturaliste, Ann. 27, 1905, p. 117; Ann. 32, 1910, p. 226—227, 233—235, 249—250, 263—265. — Sajó, l. c. S. 28.

[5] Mayet, Insects de la Vigne, Montpellier 1890, p. 421—429. — Rivière, Bull. Soc. Nation. Acclimat. France, Ann. 55, 1908, p. 115—116.

[6] Lampa, Ent. Tidskr. Arg. 13, 1892, p. 49—50. — Schöyen, Beretn. 1902, p. 22 bis 23, Fig. — Korff, Prakt. Blätt. Pflanzenbau, Jahrg. 7, 1909, S. 125—126.

[7] Judeich u. Nitsche, Forstinsektenkde. S. 311. 1295.

[8] Romanowski, 1911 (russ. Arbeit); Extr.: Bull. Bur. Rens. agr. Malad. Pl., Ann. 2, No. 6, p. 1584—1585.

[9] Jablonowski, Tier. Feinde d. Zuckerrübe, p. 322—328, Fig. 66.

[10] La Sucrerie indig. et colon., Ann. 47, T. 78, 1911, p. 340—345. — Arrow, Ann. Mag. nat. Hist. (8), Vol. 9, 1912, p. 455—459, Fig.

Polyphylla fullo L. [1]), Müller, **Walker**, Gerber. Ausgesprochener Sandbewohner, der sich am besten in Flugsandgebieten zu entwickeln scheint. Hier wird namentlich sein Engerling allen Pflanzen schädlich: Getreide, Forstkulturen, in Dünen dem Sandhafer (Elymus arenarius) und Sandrohr (Ammophila arenaria), in den entsprechenden Gebieten Ungarns, Südfrankreichs und Italiens den Reben, dem Getreide, Kartoffeln usw. Sajó berichtet, daſs in Ungarn nur Akazien, Linden, Föhren, Flieder, Celtis und Gleditschie dem Larvenfraſs widerstanden; erst als diese Pflanzen so groſs geworden waren, daſs sie den Boden beschatteten, gelang es, andere, empfindlichere Bäume und Sträucher zu ziehen. — Käfer im Juni, Juli, an Kiefernnadeln.

Melolontha vulgaris L. und **hippocastani** F., **Maikäfer** [2]). Ersterer mehr nördlich und in Sandgegenden. Flugzeit beginnt Ende April, Anfang Mai und ist in der Hauptsache Mitte Juni vollendet; einzelne fliegende Käfer findet man aber bis in Herbst. Die Käfer hängen tagsüber in den Baumkronen, fressen abends die Blätter aller Laubbäume, am liebsten Birken, Eichen, Pappeln, Ebereschen, Ahorn, Buchen, Steinobst, Walnuſs. Akazien und Traubenkirschen bleiben nahezu verschont. Von Nadelhölzern nehmen sie gern die männlichen Blütenkätzchen, die Nadeln nur ungern und nur von Lärche, Fichte und Weiſstanne. Bevorzugt werden freistehende Bäume. Im allgemeinen ist der Fraſs, der frühen Jahreszeit halber, nicht sonderlich von Belang, da die Knospen verschont bleiben; bei Kahlfraſs, in den Flugjahren, wird aber die Holzbildung so beeinträchtigt, daſs sie später beim Fällen der Bäume an den Jahresringen abzulesen sind. Von Kräutern wird nur Raps angegangen. — Die Eier werden zu 10—30, im ganzen 60—70, 10—30 cm tief in die Erde, in nicht zu dicht bewachsene Stellen mit lockerem, humushaltigem Boden, gewöhnlich in nächster Nähe der Fraſsplätze, gelegt, oft massenweise an engbegrenzten Orten. Nach 4—6 Wochen kriechen die Engerlinge aus, die im ersten Sommer gesellig zusammenbleiben und sich von Moder und zartesten Würzelchen ernähren. Im Herbst gehen sie zur Überwinterung, wie in späteren Jahren auch, tiefer in die Erde. Im nächsten Frühjahr steigen sie wieder empor, zerstreuen sich und leben nun ausschlieſslich von Wurzeln. Sie fressen im ganzen 2—4 Jahre, jedes Jahr mehr. Keinerlei Wurzeln werden verschont, selbst dickste Baumwurzeln entrindet. Vorgezogen werden fleischige, saftige Wurzeln (Salat, Rüben, Kartoffeln, Kohl, Spargel). So ist der Schaden der Engerlinge überall ein ganz bedeutender, am gröſsten naturgemäſs in Pflanzschulen und an Bäumen, die, wenn auch oft erst nach Jahren, getötet werden können. Verpuppung in August, September, oft bis 1 m tief in der Erde, in einer Höhle, in der im allgemeinen der nach 4—6 Wochen ausgeschlüpfte Käfer bis zum nächsten Frühjahre bleibt. In warmen Herbsten kann er aber auch schon anfangen, sich langsam emporzuarbeiten. — Der gemeine Maikäfer hat 3—4-, der Roſskastanienkäfer 4—5 jährige Entwicklungsdauer, lokal bestimmt, nachbarlich oft verschieden. So hat

<hr>

[1]) Altum, Forstzoologie Bd. 3, S. 95—97. — Mayet, l. c., p. 419—421. — v. Schilling, Prakt. Ratg. Obst- u. Gartenbau 1896, S. 447, 460—461, 5 Fign. — Sajó, Aus der Käferwelt, Leipzig 1910, S. 15—23.

[2]) Raspail, Mém. Soc. zool. France T. 6, 1893, p. 202—213; T. 9, 1896, p. 331 bis 348. — Zürn, Maikäfer und Engerlinge, Leipzig 1901. — Boas, Oldenborrernes optraeden in Danmark, Kopenhagen 1904. — Escherich, Nat. Zeitschr. Forst-Landwirtsch., Jahrg. 6, 1908, S. 366—372, 4 Fig. — Will, ibid. p. 280—284.

jede Gegend ihre bestimmten Flugjahre, deren Regelmäßigkeit aber durch günstige oder ungünstige Witterung gelegentlich einmal gestört werden kann. Sie werden häufig von Vor- und Nachflugjahren begleitet. In den Jahren vor dem Flugjahr ist naturgemäfs der Engerlingsschaden am größten. Der Schaden der Käfer und Engerlinge wird noch lange nicht genügend gewürdigt; für Frankreich wird er normal auf 250 Mill. Fr., in Hauptflugjahren sogar auf 1 Milliarde Fr. angegeben. — Der Feinde der Käfer und Engerlinge sind natürlich Legion; am wichtigsten sind Maulwurf, Fledermäuse, Krähen, Stare und Eulen; Insektenfeinde [1]) sind nicht von Belang; gelegentlich treten Pilzepidemien unter den Engerlingen auf [2]). — Bekämpfung der Käfer: Abklopfen frühmorgens; der Engerlinge: Pflügen in den Jahren vor den Flugjahren im Sommer zur heifsesten Mittagszeit; die blofsgelegten Engerlinge können aufgesammelt oder durch Geflügel oder Schweine aufgelesen werden. Düngesalze, Tabakstaub, Petroleumemulsion, Schwefelkohlenstoff, Benzin sind manchmal von gutem Erfolg begleitet. In Fanggruben aus Mist oder Kompost kann man sie anlocken. Engerlingseisen tun namentlich in Forstkulturen und auf Wiesen gute Dienste. Von wertvollen Pflanzen kann man sie durch dazwischen gesetzte Salatpflänzchen ablocken; sowie diese welken, sind sie mit den an den Wurzeln fressenden Engerlingen herauszunehmen. Unterwassersetzen der Wiesen im Hochsommer tötet die Engerlinge; von Herbst bis Frühjahr ist es unwirksam, weil sie dann zu tief im Boden liegen. Die gesammelten Käfer und Engerlinge geben, entsprechend behandelt, ausgezeichnete Futter- und Düngestoffe ab. — In Flugjahren sollte man die besonders bevorzugten Eiablageplätze aufsuchen, vielleicht sogar solche vorbereiten; nach Beendigung der Eiablage sind sie umzugraben unter Geflügeleintrieb. WILL empfiehlt, die zur Eiablage bevorzugten Plätze während der Flugzeit mit Ätzkalkstaub, 40 Zentner auf 1 ha, zu bedecken.

Die Engerlinge sind auch in hohem Mafse karnivor bzw. bissig; insbesondere fressen die älteren die jüngeren auf oder verwunden sie wenigstens; hierdurch werden vielfach die Flugjahre zu erklären versucht.

Rutelinen.

Käfer mehr an Blüten, deren innere Organe abweidend, und an weichen Samen. Engerlinge vorwiegend Moderfresser, gehen im allgemeinen wohl nur aus Hunger an Wurzeln.

Die Käfer der **Anisoplia**-Arten [3]) befallen zwischen Mai und Juli das Getreide und andere Gramineen und verzehren die Blüten bzw. saugen die milchreifen Körner aus. In Deutschland sind gelegentlich nur **A.** (segetum Hbst.) **fruticola** F. und **agricola** Poda schädlich, in Südosteuropa, besonders in Südrufsland, aber viele Arten, am schlimmsten **A. austriaca** Hbst., die in Ungarn und Südfrankreich durch **A.** (graminivora Duf.) **tempestiva** Er. und in Griechenland durch **A. tritici** Kiesw. vertreten wird. Käfer· oft in so ungeheuren Mengen vorkommend, daß 3—4 an jeder Ähre sitzen. Generation zwei-

---

[1]) BOAS, Ent. Meddel. Bd. 4, 1893, p. 130—136. — TARNANI, Horae Soc. ent. Ross. T. 34, 1900, p. XLIV—L (russisch).
[2]) GIARD, L'Isaria densa (Link) Fr., champignon parasite du Hanneton vulgaire, Paris 1893.
[3]) KÖPPEN, Schädl. Ins. Rufslands, S. 136—182. — SAJÓ, l. c. S. 32—33.

jährig. Bekämpfung: tiefes Umpflügen der Felder zur Puppenzeit (im Frühjahre); Fruchtwechsel mit Dicotyledonen.

Phyllopertha horticola L. Rosenkäfer, Garten-Laubkäfer, Garden chafer [1]). Käfer im Mai, Juni, manchmal in ungeheuren Mengen, schadet besonders an Rosen, Obst-(namentlich Apfel-)bäumen, jüngeren Eichen und anderen Laubbäumen, indem er die Blätter oft vollständig abweidet, die Blüten (Rosen!), bzw. nur deren Befruchtungsorgane, Knospen verzehrt und das junge Obst benagt. Eiablage mit Vorliebe in Gärten, selbst in Blumentöpfe, wo der Engerling die Wurzeln (Gemüse, Blumen) verzehrt; auch an Gräsern und Getreide, Klee, selbst an Fichtenwurzeln schädlich. Verpuppung noch im Herbste desselben Jahres. Da die Käfer viel lebhafter sind als die des Maikäfers, sind sie mit Abklopfen nicht so leicht zu bekämpfen. Es empfiehlt sich am meisten Spritzen mit Arsenmitteln.

Anomala Sam.

A. vitis F. [2]) Süd- und Osteuropa, Nordafrika; in Sandgebieten, insbesondere in den Flugsandgebieten Ungarns häufig und schädlich. Käfer verzehren im Juni, Juli die Blätter der Reben, auch der Obstbäume und Weiden bis auf die Rippen; Larven an Wurzeln von Gräsern und Reben, wenig schädlich, leben $1\frac{1}{2}$ Jahre. Verpuppung im März, zum Teil auch erst im Herbste. — Ähnlich **A. aenea** DeG., aber auch in Mitteleuropa; befrifst ferner Kiefernadeln bis auf die Mittelrippe und Ulmenblätter.

Nordamerika zählt in seinen Südstaaten etwa ein Dutzend Anomala-arten [3]), die als „vine-chafers" mehr oder minder schlimme Feinde der Reben sind; aber auch an Ostbäumen werden sie ebenso wie A. vitis oft sehr schädlich. Larven an Graswurzeln in Sandboden. Genannt werden vorwiegend: **A. binotata** Gyll. (auch an Erdbeeren), **lucicola** F., **marginata** F., **minuta** Burm. und **undulata** Mels.; die Käfer der letzten Art verzehren auch an Mais, Weizen und anderen Gramineen die Befruchtungsorgane der Blüten und die milchreifen Körner [4]). Die von **A. semilivida** Lec. fressen auch die Blätter von Zuckerrohr und Mais [5]).

Auf Java [6]) sind mehrere Arten als Blattfresser schädlich, so **A. jurinei** Müll. und **chalcites** Sharp. an Dadap- und anderen Bäumen. Die Engerlinge von **A. ypsilon** Wied. sind namentlich den Gemüsen in Gärten gefährlich, die von **A. aerea** Pty. dem Zuckerrohre [7]). In Indien schaden die Engerlinge von **A. varians** Ol. [8]) an Reis, Hirse und anderem Getreide, Zuckerrohr und Gemüse.

A. plebeja Ol. befrifst in Togo die Blüten von Mais.

Popillia biguttata Wied. [6]) Java: Käfer an Blättern von Kaffee,

---

[1]) Molz, Gartenwelt, Jahrg. 14. 1910, p. 509—510, 2 Fign.

[2]) Sajó, Zeitschr. Pflanzenkr., Bd. 5, 1895, S. 282; Ill. Wochenschr. Ent., Bd. 2, 1897, S. 528; Aus dem Leben der Käfer, S. 29—32, Fig. 7. — Mayet, l. c. p. 404—409, Fig. 78.

[3]) Chittenden, U. S. Dept. Agric., Div. Ent., Bull. 38, 1902, p. 99—100, Fig. 90.

[4]) Forbes, 23. Rep. nox. benef. Ins Illinois, 1905, p. 185—186, Fig. 182.

[5]) Titus, U. S. Dept. Agric., Bur. Ent., Bull. 54, 1905, p. 88.

[6]) Koningsberger, Med. 's Lands Plantent. 22, 1898, p. 43; Med. 6 Dept. Landbouw, 1908, p. 86—87.

[7]) van Deventer, Dierl. Vijand. Suikerriet, 1906, p. 43—44, Fig. 23.

[8]) Maxwell-Lefroy, Mem. Dept. Agric. Ind., Vol. 2, 1910, p. 143—146, Pl. 14.

Tee und Kakao. — **P. hilaris** Kraatz [1]), in Deutsch-Ostafrika an Akazien und Baumwolle.

Adoretus umbrosus F. Japanese Rose beetle. Heimat Japan; auf Java und Hawai [2]) sehr polyphag an Laubbäumen und Büschen, an Rosen, Reben, Obstbäumen schädlich, seine Larve auf Java auch an Zuckerrohr [3]). — **A. tenuimaculatus** Waterh., Hawai, an Baumwolle. — **A. cardoni** Br. in Indien an Rosen und Cannas [4]). — **A. insularis** auf Mauritius an Reben [5]).

Anoplognathus analis Boisd. und **porosus** Dalm. [6]). Australien, fressen oft junge Gummibäume kahl; in Gärten an den eingeführten Pfefferbäumen. Larven in Grasland, gelegentlich auch an Erdbeerwurzeln.

Dynastinen, Riesenkäfer.

Käfer vielfach an und in unterirdischen Stengelteilen bzw. an Wurzeln, auch oberirdisch meist in den Pflanzen bohrend. Larven in Moder, Humus oder in zerfallendem Holze, seltener schädlich.

Chalepus picipes Burm. [7]) Cuba; Käfer frifst sich in die Basis der Stengel von Zuckerrohr ein; sehr schädlich.

Heteronychus morator F., Kentjong-kever [8]). Java. Der Käfer frifst die Spröfslinge des Zuckerrohres unter dem Boden, dicht über dem Steckrohr, an bzw. ab; in dickere, wie auch in das Steckrohr selbst bohrt er sich ein; so kann er mehrere Pflanzen hintereinander an demselben Orte abtöten; auch in die Keimbeete geht er. Schaden sehr grofs. Käfer absammeln.

Ligyrus gibbosus De G., Muck-, carott-beetle [9]). Mittel- und Südstaaten Nordamerikas. Käfer sehr polyphag, besonders schädlich aber an Karotten und Pastinak, ferner an Sellerie, Sonnenblumen, Baumwolle, Rüben, Bataten, Kartoffeln, Dahlien, Mais usw.; sie bohren sich wenige Zoll unter der Erdoberfläche in die Wurzeln und unteren Stengelteile ein. Am meisten leiden die jungen Pflanzen, deren unterirdische Sprosse abgefressen werden. Generation einjährig; Käfer überwintern, fressen in Herbst und Frühling. — **L. rugiceps** Lec., Sugar-cane beetle [10]). Südstaaten von Nordamerika, an Zuckerrohr und Mais; bei ihrem Bohren durchschneiden die Käfer, namentlich an den jüngeren Pflanzen, die zentralen Blätterrollen, die absterben; Titus vermutet, dafs dies weniger der Nahrung halber geschehe, als um die Wurzeln zum Absterben zu bringen und so als Nahrung für die Larven geeignet zu machen. Schaden in manchen Gegenden so grofs, dafs der

---

[1]) Aulmann, Fauna usw., Hft. 4, 1912, S. 7, Fig. 5.
[2]) van Dine, Rep. Hawaii agr. Exp. Stat. 1904, p. 377; 1907, p. 45; Bull. 10, 1905, p. 13—14.
[3]) van Deventer, l. c., p. 44, Fig. 24.
[4]) Barlow, Ind. Mus. Not., Vol. 4, 1900, p. 136, Pl. 11 Fig. 4.
[5]) Journ. Agric. trop. Ann. 12. 1912, p. 64.
[6]) Froggatt, Agric. Gaz. N. S. Wales, Vol. 12, 1901, p. 473—476, 5 Fig.; Vol. 13, 1902, p. 1171.
[7]) Horne, 2 d Rep. Estac. centr. agron. Cuba, 1909, p. 75—76, Pl. 18 Fig. 1, 2.
[8]) Zehntner, Arch. Java Suikerind. 1898, Afl. 8, p. 337—344, 1 Pl. — van Deventer, l. c. p. 33—39, Pl. 5 fig. 4—12; Text. Fig. 14.
[9]) Chittenden, U. S. Dept. Agric., Div. Ent., Bull. 33, N. S., 1902, p. 32—37, Fig. 7. — S. ferner die Reports von S. A. Forbes.
[10]) Howard, Rep. Comm. Agric. 1880, p. 236—240, Pl. 2. — Titus, U. S. Dept. Agric., Bur. Ent., Bull. 54, 1905, p. 7—18, 6 Figs. — S. ferner Forbes, l. c.

Zuckerrohranbau aufgegeben wurde. Pflanzen des Rohres im Frühjahr
beugt ihm vor. — **Cyclocephala immaculata** Ol. ebenso[1]).

'Pentodon' punctatus Vill.[2]). Larve in Südfrankreich ein sehr
gefährlicher Feind der Rebgärten, zerstört die unterirdischen Veredelungsstellen. Käfer ebenfalls an Reben, Knospen abweidend, mehr
aber noch an saftigen Wurzeln von Salat, Zichorien usw. — **P.**
(idiota Hbst.) **monodon** F.[3]), in Südrußland, dem Kaukasus und
Südwestsibirien schädlich an Mais und Panicum italicum. Larve frißt
zwei Jahre; Verpuppung im Frühling des dritten. — **P. australis**
Blackb.[4]), Australien in Grasland; als solches umgebrochen und mit
Mais bestellt wurde, verzehrten die Käfer die ausgelegten Körner und
die keimenden Sprosse.

Phyllognathus silenus F. Südeuropa; Larven namentlich in Süditalien und Sizilien an manchen Orten, besonders in sandigem Boden,
sehr schädlich an Reben, deren Wurzeln sie abfressen. — **Ph. dio-
nysius** F[5]). Indien; Larven entwickelten sich in Reisfeldern aus Dünger
und Futterhirse, vernichteten die jungen Reispflanzen; auch an zahlreichen anderen Pflanzen schädlich. Käfer von Mai bis Juli, Larven
von Juni-Juli bis September-Oktober, Puppe überwintert.

Oryctes Ill., Nashornkäfer[6]).

O. boas L. 38—48 mm lang, Horn des Männchens über 1 cm lang;
glänzend braun, Halsschild mit braunbehaarter Grube, an deren Hinterende zwei kleine Zähne sitzen. — **O. monoceros** Ol. Schlanker,
dunkler als voriger, matt; Horn kleiner; sonst ebenso. — **Palmkäfer,
black beetles**[7]). Afrika, schädlich an verschiedenen, besonders Kokos-
Palmen. Käfer bohren sich durch die untersten Teile der Blattscheiden
in den Wipfeln jüngerer, besonders aber kränklicher, schlecht gepflegter,
oder in ungünstigem Boden (zu fest oder zu unfruchtbar, zu trocken
oder zu naß) stehender Palmen in die noch eingerollten Blätter ein
und im Herzen abwärts. Sie verzehren nicht die abgebissenen Blatt-
teile, sondern zerkauen sie, saugen sie aus und werfen den Rückstand
nach hinten durch das Einbohrloch wieder hinaus, so ihre Tätigkeit
sofort verratend. Die peripheren, an der Basis durchbohrten Blätter
sterben ab; die inneren entfalten sich gewöhnlich, zeigen dann aber
staffelförmig angeordnete dreieckige Ausschnitte symmetrisch zu beiden
Seiten der Mittelrippe. Gelangt der Käfer zum Vegetationspunkt, so
wird dieser zerstört und die Palme getötet; anderen Falles ist der
direkte Schaden nicht sehr groß. Wohl aber dringen durch die Wunde
der Palmrüßler (s. S. 564), Atmosphärilien, Pilze, Saprophyten usw.
ein, die zu schwerer Schädigung, selbst zum Tode der Palme führen
können. Auch die Blattstiele und die in den Blattachseln sitzenden
Anlagen der Blütenstände werden manchmal benagt. — Die bis 7 mm

[1]) Titus, l. c. p. 14.
[2]) Mayet, Insect. de la Vigne, p. 401—404, Fig. 77. — Herbet et Aussenac, Journ.
Agric. trop. 1910, p. 626—627.
[3]) Schreiner, russ. Arb., 1902; Ausz.: Zeitschr. wiss. Ins.-Biol., Bd. 4, p. 107.
[4]) Froggatt, Agr. Gaz. N. S. Wales, Vol. 14, 1903, p. 1024, Pl. Fig. 7.
[5]) Maxwell-Lefroy, Mem. Dept. Agric. India, Vol. 2, 1910, p. 139—143, Pl. 13.
[6]) Preuss, Tropenpflanzer, Bd. 15, 1911, S. 68—75, Taf. 1 Fig. A—C.
[7]) Vosseler, Ber. Land-Forstwirtsch. D.-O.-Afrika, Bd. 2, S. 417—418; Pflanzer,
Bd. 1, 1905, S. 251—255; Bd. 3, 1907, S. 292—304. — Stein, Tropenpflanzer, Bd. 9,
1905, S. 198—199. — Morstatt, Pflanzer, Bd. 7, 1911, S. 521—531, 1 Taf.

grofsen, weifslichen Eier werden in zerfallende Pflanzenstoffe, Mulm, Dünger, Kompost usw., aber auch in sandige, wenn nur genügend humusreiche Böden gelegt. Hier entwickeln sich auch die bis 7 cm langen Larven, die nur in Ermangelung anderer Nahrung Pflanzenwurzeln angehen, im allgemeinen also unschädlich sind. Die Angaben über in zerfallenden Wipfeln gefundene Larven sind unsicher. Puppe am Fraſsorte, in festem, auſsen rauhem Kokon aus Fraſskrümeln und Kot. Entwicklungsdauer 1 Jahr; doch greifen die Generationen übereinander, so daſs ständig alle Stadien vorhanden sind. — Vorbeugung und Bekämpfung: Alles tote Holz, alle zerfallende Pflanzenteile und Abfälle (Kopra) sind zu entfernen. Anlage der Palmkulturen auf geeignetem Boden und nicht zu nahe an Wald oder Eingeborenen-Dörfern. Dünger und Komposthaufen sind von Zeit zu Zeit umzuwenden und nach Larven zu durchsuchen, namentlich aber, bevor sie in die Pflanzungen kommen. Vosseler empfiehlt Lockplätze zur Eiablage anzulegen: 30—50 cm tiefe, mit $^1/_2$—$^3/_4$ cbm Mist gefüllte Gruben, die nach 2—3 Monaten fängig werden und dies dann 1—2 Jahre bleiben; nur dürfen sie nicht austrocknen; sie sind alle 2–4 Monate zu durchsuchen. Käfer sammeln, durch Licht anlocken. Streuen von scharfem, reinem Sande in die Wipfel hält die Käfer ab, da er zwischen ihre Gelenke kommt und sie hier verletzt. Eingedrungene Käfer sind auszuschneiden oder durch mit Widerhaken versehene Drähte zu entfernen; die Wunde ist mit Sand auszufüllen. — Auch **O. cristatus** Snell. und andere Arten in Ostafrika gelegentlich in Kokospalmen. Ganz besonderen Schaden haben aber mehrere O.-Arten (**sinnar, ranavalo, radana, insolaris, colonicus** Coq.) auf Madagaskar und den benachbarten Inseln getan[1]), wo sie viele tausende Kokospalmen vernichteten, bevor eine bessere Kultur ihre verderbliche Tätigkeit einschränkte.

O. rhinoceros L.[2]). Orientalische und australische Region. Fast schwarz, matt glänzend; Horn und Zähne des Halsschildes kleiner, dessen Eindruck unbehaart; sonst wie vorige, auch biologisch fast ebenso. Larve bis 9 (12?) cm lang, auch in dem weichen Gipfel der Palmen, selbst im Stamme abwärts bohrend; in Indien auch an jungen Palmen in Saatbeeten schädlich geworden, indem sie deren Wurzeln abfraſsen. In Zuckerrohrgegenden bohrt sich der Käfer unter der Erde in Stengel des Rohres ein, und darin etwa 1 Fuſs hoch, so daſs diese absterben. — Seit 1910 auf Samoa so schädlich geworden, daſs seine Bekämpfung durch den Gouverneur angeordnet wurde[3]).

Auch die übrigen Oryctes-Arten befallen gern die verschiedenen Palmen.

In Neu-Guinea und Australien[4]) mehrere Arten der Gattungen **Orycterodes, Xylotrupes, Trichogomphus** und **Scapanes** an Kokos- und anderen Palmen, letztere auch an Bananen.

---

[1]) Coquerel, Ann. Soc. ent. France (3) T. 3, 1855, p. 167—175, Pl. 10.
[2]) Koningsberger, Med. Dept. Landbouw 6, 1908, p. 65. — van Deventer, l. c., p. 39—41, Fig. 15—17. — Banks, Ch. S., Philipp. Journ. Sc. Vol. 1, 1906, p. 143—154, Pl. 2—5. — Stebbing, Dept. Not. Ins. aff. Forest., Calcutta 1906, p. 346—368. — Maxwell-Lefroy, l. c. Vol. 1, 1907, p. 130, Fig. 13, 14. — Gosh, ibid., Vol. 2, 1912. Nr. 10. — Gehrmann, Tropenpfl., Bd. 15, 1911, S. 92—98, 6 Fig. — Jepson, Fiji Dept. Agric., Bull. 3, 1912, p. 1—25, pl. 1—7.
[3]) Deutsch. Kolon.-Blatt, Jahrg. 22, Nr. 13, 1. Juli 1911, S. 478—479.
[4]) Preuss, l. c. p. 75—76. — Froggatt, Dept. Agr. N. S. Wales, Sc. Bull. 2, 1911, p. 12—19, Pl. V, Fig. 1—5.

Der europäische **O. nasicornis** L. dürfte nur in sehr seltenen Fällen schädlich werden. LABONNEFON [1]) erzählt einen solchen Fall, in dem die Larven mit Dung an die Wurzeln von Rosen und Zitronenbäumen gekommen waren, die sie, als der Dung zu sehr zersetzt war, um sie noch ernähren zu können, völlig abnagten.

Pimelopus-Arten[2]) graben sich auf Neu-Guinea neben jungen Palmen in die Erde und fressen sich in diese bis ins Herz, so dafs sie absterben.

Verschiedene **Strategus-Arten**[3]) stehen in Westindien und Venezuela in Verdacht, als Käfer das Herz von Kokos- und anderen Palmen, auch von Ananas auszufressen und von ersteren den Pollen zu verzehren. Sie benagen die Basis und Wurzeln bis drei Jahre alter Palmen.

Dynastes tityus L. [4]). Nordamerika. Käfer an jungen Frühlingstrieben von Eschen und anderen Bäumen, den aus den Frafswunden austretenden Saft leckend. Selten zahlreich genug, um schaden zu können.

Xylotrupes gideon L.[5]) bohrt in den Straits Settlements im Zuckerrohr wie *Or. rhinoceros*; auf Java benagen die Käfer gerne die Zweige von Kaffee, Murraya exotica usw. und befressen die Blätter von Palmen; mit ihrem Horne verletzen sie aber noch mehr, als sie befressen. — Auch **Chalcosoma atlas** L. beschädigt auf Java ebenso den Kaffee; schlimmer ist aber seine Larve, die an den Wurzeln von Kaffee und Dadap nagt und sich von unten in den Stamm bohrt. Auf den Philippinen soll sie viele Kokos- und Buripalmen vernichten[6]).

Cetoninen, Blütenkäfer.

Käfer, vorwiegend die männlichen Teile von Blüten ausfressend, oder an süfsen, saftigen, weichen Früchten. Larven fast ausschliefslich in Humus, nur ganz ausnahmsweise an Wurzeln.

Allorhina nitida L. und **mutabilis** Gory, Green June bugs[7]). Südliches Nordamerika. Käfer sehr schädlich durch Frafs an Früchten von Feigen, Pfirsichen, Reben und anderem Obst, an milchreifen Körnern von Mais, an jungen Maisstengeln; selbst in frische Triebe von Eichen fressen sie sich ein. Nützlich durch Verzehren von *Roestelia aurantiaca* und Übertragen von Pollen. Engerlinge indirekt schädlich durch Verderben der Erde mit ihrem saurem Kot.

Stalagnosoma cynanche G. et P. und **Pachnoda Savignyi** G. et P. schaden in für sie günstigen Jahren in den nördlichen Teilen des Sudans an Zierbäumen durch Frafs an Blättern und Blüten[8]).

Die **Euphoria - Arten**[9]) (besonders **inda** L., **sepulchralis** F. und **melancholica** Gory) treten im östlichen Nordamerika oft in un-

---

[1]) Bull. Soc. Etud. Vulgar. Zool. agr. Bordeaux 1906, p. 176.
[2]) PREUSS, l. c. p. 70—71. — AULMANN, Fauna usw, Hft. 4, 1912, S. 6, Fig. 4.
[3]) BUSCK, U. S. Dept. Agric., Bull. 38. 1902, p. 22. — HORNE, Cuba agric. Exp. Stat., Bull. 15, 1908, p. 33—34, Pl. 14 Fig. 2, Pl. 15.
[4]) CHITTENDEN, l. c. p. 28—32, Fig. 2, Pl. 2.
[5]) KONINGSBERGER, Med. 22, 1898, p. 41. — DEVENTER, l. c. p. 41—43, Fig. 18—21.
[6]) STANTON, s. Zeitschr. wiss. Ins. Biol., Bd. 1, S. 319.
[7]) HOWARD, U. S. Dept Agr., Div. Ent., Bull. 10, N. S.. 1893, p. 20—26. — FORBES, 23. Rep. 1905, p. 101—103, Fig. 82, 83.
[8]) KING, H. H., 3d Rep. Gordon mem. Coll., Karthoum, 1903, p. 239—240, Pl. 30 Fig. 2, 3.
[9]) SLINGERLAND, Canad. Ent. Vol. 29, 1897. p. 49—52, 1 Pl. — CHITTENDEN, Bull. 19, N. S., 1899, p. 67—74, Fig. 15. — FORBES, l. c., p. 99—101, Fig. 80, 81.

geheuren Mengen auf, verzehren Pollen und lecken aus überreifen oder verletzten Pflanzenteilen austretende Säfte, können aber auch weiche, saftige Teile zu diesem Zwecke verwunden, wie namentlich Obst, milchreife Maiskörner; selbst in die Spitzen der jungen Maiskolben bohren sie sich ein. Auch Blüten zerstören sie in grofsem Umfange.

Chiloloba acuta Wied. [1]). Indien, Käfer beschädigen die Blüten von Sorghum und Panicum.

Die echten **Cetonien** [2]) sind in bezug auf ihre Schädlichkeit noch nicht genügend erforscht. Schäden der Käfer durch Frafs von Pollen werden namentlich berichtet von **Tropinota hirta** Poda aus Südost-Europa, **Cetonia aurata** L. aus Südost-Europa und England, **Oxythyrea funesta** Poda (**stictica** L.) aus Frankreich und **Potosia** (**cuprea** F.) **floricola** auct. Am meisten werden die Rosaceen befallen, also die Obstbäume und -sträucher und die Rosen (Hybridenzuchten), dann zahlreiche Blumen, Flieder, Reben, Getreide, Samenrübsen, Leguminosen usw. Vielfach werden die jungen zarten Blätter, Knospen und Triebe befressen (Bohnen und Johannisbeeren wurden nach Theobald vollständig entblättert), selbst das junge Obst wurde angenagt. Die Larven, deren Lebensdauer noch nicht sichergestellt ist, entwickeln sich in Mulm und Humus, bei *floricola* in Ameisennestern; in einzelnen Fällen auch an Wurzeln. Sie sind mit Kohlenwasserstoff oder Benzin zu töten, die Käfer abzuklopfen oder -schütteln, bzw. durch Spritzen mit Arsensalzen zu bekämpfen.

Eudicella euthalia Bates, **Conradtia principalis** M., **Plesiognatha mondana** Oberth., **Poccilophila maculatissima** Boh. und **Diplognatha silicea** McLeay sind nach mündlicher Mitteilung von Herrn Obergärtner Warnecke in Deutsch-Ostafrika Schädlinge an Bananen-Früchten; **Diplogn. gagates** F. und **Pachnoda marginata** Dry wurden aus Togo als Schädlinge an Maiskolben eingesandt.

Trichiinen.

Die Larven von **Gnorimus nobilis** L. [3]) entwickeln sich gewöhnlich in zerfallendem Holze; sie bohren aber auch in gesunden Zweigen von Obstbäumen, die an der Bohrstelle abbrechen.

Die **Trichius**-Arten (besonders **fasciatus** L. in Europa, **piger** F. in Amerika) fressen Pollen und sind dadurch hier und da, besonders auch an Rosen, gelegentlich einmal schädlich geworden.

Hymenopteren, Hautflügler.

Imagines und Larven in Gestalt und Lebensweise bei den einzelnen Gruppen aufserordentlich verschieden. Im Verhältnisse zum grofsen Umfange der Ordnung nur wenige Schädlinge und diese meist von geringerer Bedeutung.

---

[1]) Maxwell-Lefroy, Mem. Dept. Agric. India, Vol. 1, 1907, p. 131.

[2]) Reichert, Illustr. Wochenschr. Ent, Bd. 2, 1897, S. 167—173. — Sajó, ibid., S. 545—549. — Staes, Tijdschr. Plantenz. D. 4, 1898, p. 26—31. — Ritzema Bos, ibid., D. 5, 1899, p. 12—23. — Theobald, I. Rep. econ Zool., London 1903, p. 13—15, Fig. 2. — Kornauth, Ber. k. k. landw. Versuchsstat. Wien 1909, S. 91. — Ranojevic, Zeitschr. Pflanzenkr., Bd. 21, 1911, S. 48.

[3]) Noël, Naturaliste T. 24, 1902, p. 241. — Journ. Board Agric. London, Vol. 14, 1907, p. 352—353.

Chalastogastra, Symphyta, Phytophaga (part.), Sägewespen [1].

Hinterleib sitzend, ♀ mit Sägebohrer. Larven raupenartig, mit deutlichen Punktaugen.

Tenthrediniden, Blattwespen.

Weibchen mit kurzer Legeröhre. Wespen ausgesprochene Sonnentiere, für gewöhnlich träge und langsam. Eier einzeln in (seltener an) grüne oberirdische Pflanzenteile gelegt, wo sie durch Aufnahme von Pflanzensäften wachsen. Nach wenigen Tagen die Larven, „Afterraupen,“ die oberirdisch an grünen Pflanzenteilen fressen; mit 7—9, gewöhnlich 8 Paaren Bauchfüßen ohne Hakenkranz, dickem Kopfe, meist lebhafter, aber mehrere Male und vorübergehend bei jeder Häutung geänderter Farbe. Gewöhnlich gesellig an den Pflanzen, mit S-förmig erhobenem Hinterleibe, den bei Störung, als Abwehr gegen Parasiten, alle Individuen einer Kolonie gleichmäßig hin und her schlagen, wenn sie sich nicht zusammen rollen und fallen lassen. Gegen Hitze und Regen verkriechen sie sich, oft schneckenartig eingerollt, unter Blättern, an oder in der Erde. In dieser auch häufig die Überwinterung, in festem, Tönnchen-artigem Kokon; Verpuppung dann erst im nächsten Frühjahre. Seltener Puppen in hohlen Pflanzenstengeln oder frei hängend. Puppenruhe gewöhnlich nur wenige Wochen. Zahlreiche Feinde und Parasiten der Larven, besonders Hautflügler. Fortpflanzung vielfach parthenogenetisch. Vorwiegend in der nördlich gemäßigten Zone.

Die Larven von **Tenthredo atra** L.[2] skelettierten in Norwegen Kartoffelblätter wie der Koloradokäfer; auch an Rübsen. — Eine unbestimmte Art ist in Japan[3] an dem für die Mattenherstellung so wichtigen Juncus effusus sehr schädlich.

Die Larven von **Macrophya rufipes** L. (strigosa F.)[4] sollen in manchen Teilen Frankreichs recht erheblich dadurch schaden, daß sie das Mark des beschnittenen Rebholzes fräsen und sich dabei so tief einbohrten, daß die oberen Knospen getötet würden. Offenbar liegt hier eine Verwechselung mit *Emphytus*-Arten vor. — **M. punctumalbum** L. skelettiert die Blätter von Eschen und Liguster; an letzterem in England[5] sehr schädlich geworden.

Die Larven der **Dolerus**-Arten leben in der Hauptsache von Wiesengräsern usw., ohne aber, in Europa wenigstens, schädlich zu werden. Die beiden nordamerikanischen Arten **D. unicolor** Pal. (arvensis Say) und **collaris** Say werden gelegenlich an Blättern und Ähren von Weizen schädlich[6]. Eiablage im Frühling, Larven im Juni, Puppen in der Erde.

Die Larven von **Taxonus agrorum** Fall. fressen nach BRISCHKE

---

[1] KONOW, Genera Insectorum, Fasc. 27—29, 1905. — Larven-Bestimmungstabelle s. Ders., Ill. Zeitschr. Ent., Bd. 3, 4, 1898/99.

[2] SCHÖYEN, Beretn. 1908, p. 14.

[3] ONUKI, Imp. agr. Exper. Stat. Japan, Abstr. of Bull. 30, 1904, p. 6—7.

[4] LABOULBÈNE, Bull. Soc. ent. France 1879, p. 108. — MAYET, l. c. p. 444—446. — BLACHAS, Butl. Inst. Catalan. Hist. nat. Ann. 2, 1902, p. 65—67.

[5] THEOBALD, Rep. 1906/07, p. 126—127.

[6] RILEY and MARLATT, Ins. Life, Vol. 4, 1891, p. 169—174, Fig. 13.

an Himbeerblüten, die von **T. glabratus** Fall.[1]) an Ampfer; zur Verpuppung bohren sie sich in Schweden in das Mark von jungen Apfeltrieben; die von **T. nigrisomus** Nort.[2]) leben in Nordamerika an Rumex, Polygonum und Zuckerrüben; im Herbste bohren sie sich zur Überwinterung in markhaltige Pflanzenstengel, aber auch in Äpfel ein und können in diesen sogar verschleppt werden. Verpuppung erst im Frühjahr.

Emphytus Klug[3]).

Auch die Larven dieser Gattung bohren sich, nach vollendetem Blattfrafse, in markhaltige Pflanzenstengel, in morsches Holz, oder kriechen in Rindenritzen; sie verpuppen sich ohne Kokon; in ersteren schaden sie nicht nur durch direktes Töten der Knospen und Triebe, sondern auch indirekt: beim Ausfliegen der Wespe bleibt der Bohrgang offen; eindringende Atmosphärilien und Fäulniserreger können noch weiterhin den Trieb zum Absterben bringen. Die fressenden Larven lassen sich leicht abklopfen oder durch Berührungsgifte töten. Meist zwei Bruten; die Larven der letzten überwintern. Parasiten: *Cryptus emphytorum* u. a. — Die Larven sind einander überaus ähnlich und nur zum kleineren Teil genau beschrieben. Die phytropathologischen Angaben sind daher sehr ungenau und wenig verläfslich.

Der bekannteste Schädling ist **E. cinctus** L.[4]). Eier einzeln oder zu 3—7 an (in?) die Unterseite von Rosenblättern. Die Larven befressen die Blätter vom Rande aus oder nagen von unten Löcher in die Spreite. Wespen von Mai bis Ende August, die Larven einen Monat später; bzw. den Winter über. Auch an Erdbeeren und Himbeeren beobachtet; nach Loiselle Verpuppung auch in beschnittenen Rebentrieben[5]) (siehe *Macrophya rufipes*). Nach den anderen Autoren tut dies indes **E. tener** Fall., dessen Wespe bereits die Eier an die Schnittfläche legen soll; die Raupe soll sich vom Marke ernähren; Lelièvre wiederum nennt die in Rebholz ruhende Art **E. rufocinctus** Retz., der sonst an Rosen und Rubus frifst und bohrt; an letzterem auch noch **E. perla** Klug. Die Winzer schützen sich, indem sie den Schnitt möglichst hoch über den obersten Knospen führen. An bzw. in Rosen schaden ferner **E. viennensis** Schrk. und mehrere andere Arten, von denen **E. serotinus** Müll. var. **filiformis** Klg. nach Richter einbrütig ist; die Larven nur im Herbste. In Nordamerika **E. cinctipes** Nort.[6]) an Rosen; im Süden wahrscheinlich drei Bruten. Theobald[7]) beobachtete eine E.-Larve, die sich in beschnittenen vorjährigen Apfeltrieben bis unter die letzten Augen einbohrte, so dafs diese abstarben.

---

[1]) Lampa, Upps. prakt. Ent. 15, 1905, p. 63—64. — Kleine, Soc. ent., Jahrg. 23, 1908, p. 66—68. — Tullgren, Upps. prakt. Ent. 20, 1910, p. 55—56, Fig. 4, 5.

[2]) Fletcher, U. S. Dept. Agric., Bull. 40, 1903, p. 81. — Chittenden and Titus, ibid., Bull. 54, 1905, p. 40—43, Fig. 15. — Webster, R. L., Journ. econ. Ent., Vol. 1, 1908, p. 310-311.

[3]) Richter von Binnenthal, Rosenfeinde aus dem Tierreiche, Stuttgart 1903, S. 121—133, Fig. 13.

[4]) Theobald, Rep. 1905/06, p. 54—58, Fig. 11, 12.

[5]) Lelièvre, Feuille jeun. Nat., Vol. 9, 1879, p. 91, 106. — Picard, Loiselle, Olivier, ibid., Vol. 41, 1911, p. 50—51, 65—66.

[6]) Chittenden, U. S. Dept. Agric., Bur. Ent., Circ. 105, 1908 p. 10—12, Fig. 5.

[7]) Rep. 1904/05, p. 16—18, Fig. 6.

Nach GOURY frafsen die Raupen von **E. tener Fall.** [1]) (s. oben) ein ganzes Beet von Viola odorata kahl und skelettierten die Blätter von Kohl; nachher bohrten sie sich in morsches Holz ein. — In Nordamerika frifst **E. pallipes** Prov. **(canadensis Kby.)**, the Violet Sawfly [2]), in Glashäusern an Veilchen und Pensées. Zur Eiablage durchbohrt das Weibchen das Blatt von oben und legt gerade über die untere Epidermis, die später kleine Blasen bildet, die Eier einzeln ab; die Larven bohren sich nach unten heraus. **E. tarsatus** Say und **versicolor** Nort. ebenda an Cornus-Arten [3]). Eiablage wie vorher, aber in Reihen die Mittel- oder eine Seitenrippe entlang. — **E. grossulariae** Klg. führt ihren Namen zu Unrecht; die Larve lebt an Eberesche und Weifsdorn.

Die Larven von **Poecilosoma candidata** Fall. fressen nach BRISCHKE frei an Birkenblättern; die vielfach gemachte Angabe, dafs sie sich vom Marke der Rosenstengel nähren sollen, wird daher wohl mit Recht von RICHTER (l. c. p. 107—8) bezweifelt. — **P. maculata** Nort. [4]) und **ignota** Nort. fressen in Nordamerika an Blättern von Erdbeeren. Zwei Bruten; Wespen in Anfang Mai, Ende Juli; Eiablage in Blätter. Puppen und überwinternde Larven in Erde. Streuen von Kalk (mit Schwefel), vor der Blüte spritzen mit Arsensalzen oder Nieswurz, nach derselben mit Petroleum-Emulsion.

Die Larven von **Eriocampa atripennis** F. (Monophadnus caryae Nort.), Nordamerika, normal an Carya squamosa, entblätterten in New Jersey Walnufsbäume [5]).

Strongylogaster Desbrochersi Knw. [6]). Tunis, an Korkeiche. Larven durchlöchern den Kork.

Die Larven von **Selandria morio** L. [7]) sollen im Juli und August das Laub der Ribes-Sträucher verzehren, selbst in jungen Pflaumen und Reineclauden bohren.

Athalia Leach.

Eier in die Blattränder eingeschoben; nach wenigen Tagen die Larven, die die Blätter vom Rande aus bis auf die stärkeren Rippen abweiden, seltener von unten her Löcher fressen. Puppen und überwinternde Larven in Erdkokons. Zwei, in wärmeren Klimaten drei Bruten. Feinde: hauptsächlich Raubwespen.

A. (colibri Christ) **spinarum** F., **Rübenblattwespe, Turnip Sawfly** [8]). Europa, Südafrika. Ihren wissenschaftlichen und deutschen Namen trägt die Wespe zu Unrecht, da die Larve („nigger") fast ausschliefslich an Kreuzblütlern, selten an Rüben (Beta) lebt; an ersteren aber in gröfseren Zwischenräumen sehr schädlich, namentlich die zweite, bzw. die dritte Generation. Je 200—300 Eier. Wespen in Mitteleuropa von Mai bis August. Bekämpfung: gegen erste Larvengeneration mit Arsenmitteln spritzen. Streuen von Rufs, Spritzen mit Petroleum-

---

[1]) Feuille jeun. Nat., Vol. 41, 1911, p. 118—119.
[2]) CHITTENDEN, l. c. Bull. 27, N. S., 1901, p. 26—34, Fig. 7, 8.
[3]) FELT, 26. Rep. N. York St. Ent. 1910, p. 59—61.
[4]) PETTIT, Michig. agr. Exp. Stat., Rep. 1898, p. 365—366.
[5]) SMITH, J. B, New Jersey agr. Exp. Stat., Rep. 1897, p. 404.
[6]) SEURAT, Rev. Cult. colon. 1901, No. 86, p. 197.
[7]) TASCHENBERG, Prakt. Insektenkunde, Bd. 2, S. 323.
[8]) CURTIS, Farm Insects, p. 37—62, Pl. B. — JACKY, Zeitschr. Pflanzenkr., Bd. 12, 1902, p. 107—109, — JABLONOWSKI, Tier. Feinde d. Zuckerrübe, S. 298—303, Fig. 60. — NOËL, Naturaliste, Ann. 31, 1909, p. 288.

Seifenemulsion. Abkehren mit Reiserbesen. Eintreiben von Geflügel.
— **A. proxima** Klg.[1]) ebenso in Indien; Larven halten Sommerschlaf. —
A. glabricollis Thoms. (**rosae** L.) lebt nicht auf Rosen, sondern auf
Unkräutern.

Die Larven der Gattungen **Fenusa** Leach, **Kaliosysphingia** Tischb.
und Verwandten minieren in Blättern von Bäumen und Sträuchern,
seltener von Kräutern, Platzminen, die oft von zwei Seitennerven eingeschlossen sind. Eiablage in das Blatt. Puppe flach in der Erde.
Während sie in Europa nicht als Schädlinge betrachtet werden, sind
die nach Nordamerika verschleppten Arten **K. ulmi** Sund. und **Dohrni**
Tischb. sehr schädlich geworden[2]), erstere an Ulme, letztere an Erle.
Erstere hat dort nur eine Generation — die Larven, bzw. Puppen ruhen
von Anfang Juni bis Anfang Mai —, letztere zwei bis drei. Bekämpfung:
Bodendecke der Baumscheibe 3—5 cm abheben und tiefer vergraben;
oder Baumscheibe mit Erde bedecken und walzen.

Monophadnus elongatulus Klg. Aufsteigender Rosentriebbohrer
(Röhrenwurm)[3]). Die von Mai bis Ende Juli fliegende Wespe legt
ihre Eier einzeln in die Basis von Blattstielen junger, saftiger
Rosentriebe. Über dem abgelegten Ei erhebt sich bald eine Pustel,
die nach dem Auskriechen der Larve verkorkt. Letztere bohrt sich in
den Trieb und in seinem Marke bis 12 cm aufwärts, wobei sie ihren
Kot aus dem Bohrloch entfernt. Nach 3 Wochen geht sie in die Erde;
Verpuppung erst im nächsten Frühjahr. Wohl nur eine Generation,
aber Larven von Ende Mai bis Mitte September. — **M. rubi** Harr.[4]),
Nordamerika. Wespe von Mitte Mai an, legt ihre Eier über die untere
Epidermis der Blätter von Him- und Brombeeren; die Bohrstelle färbt
sich auf der Blattoberseite gelblich, so daſs stark belegte Blätter gefleckt
werden. Die Larve friſst ungefähr 10 Tage auf dem Blatt und geht
dann in die Erde; Verpuppung wie oben.

Blennocampa pusilla Klg.[5]). Wespe von Mai an, legt je 1—3 Eier
in Ränder von Rosenblättern, die anschwellen und sich nach unten,
nach der Mittelrippe zu einrollen; in den Rollen die Larven, die etwa
im Juli in die Erde gehen und sich im nächsten Frühjahre verpuppen.
Auch an Him- und Brombeeren? — **Bl. geniculata** Steph.[6]). Eiablage
im Mai in Blattränder der Gartenerdbeeren. Die Larven verzehren
die Blätter von der Spitze aus und gehen Ende Juni in die Erde;
eine Generation. — **Bl. pygmaea** Say (**vitis** Harr.)[7]). Nordamerika.
Zwei Bruten, Wespen in Frühling, Ende Juli bis Anfang August. Eiablage in Häufchen an Unterseite der Endblätter der Reben; hier
fressen die Larven in Reih' und Glied zu 6—20; sie verzehren das
ganze Blatt vom Rande aus, auch seinen Stiel und schlieſslich selbst
den Stengel. Puppe in Erde, die der zweiten Brut überwintert.

---

[1]) Maxwell-Lefroy, Mem. Dpt. Agr. India, Vol. 1, 1907, p. 107. — id. a. Gosh,
l. c., 1908, p. 357—360, Pl. 20.

[2]) Slingerland, Cornell Univ. agr. Exp. Stat., Bull. 233, 1905, p. 49—62,
Fig. 22—29. — Felt, Mem. N. Y. St. Mus., Vol. 8, 1905, p. 162—163, Fig. 23.

[3]) v. Schlechtendal, Allg. Zeitschr. Ent., Bd. 6, 1901, S. 145—147. — Richter,
l. c. S. 138—150, Fig. 15.

[4]) Smith, J. B., l. c. Rep. 1892, p. 459—462. — Lowe, N. York agr. Exp. Stat.,
Bull. 150. — Pettit, l. c. Rep. 1899, p. 137.

[5]) Ritsema Bos, Tijdschr. Plantenz. 7, 1901, p. 126—128. — Theobald, Reports
1906/07 u. ff.

[6]) Tullgren, Upps. prakt. Ent. 14, 1904, p. 86—92.

[7]) Smith, J. B., Rep. 1889, p. 304—305.

Tomostethus (Bl.) **melanopygius** (a) Costa. In Sizilien der Manna-
kultur verderblich; Raupen fressen die Bäume kahl.

Ardis bipunctata Klg. Abwärtssteigender Rosentriebbohrer (Röhrenwurm). Wespe von Mitte April an bis in Juli, legt ihre Eier einzeln
in die Spitze zarter, vollsaftiger Rosentriebe ab. Die Larve bohrt in
deren Mark 3—4 cm tief hinab, wodurch die Triebspitze abgetötet
wird. Dann geht sie in die Erde und verspinnt sich hier; Verpuppung
erst im nächsten Frühjahre. Gegenmittel: rechtzeitiges Abschneiden
und Vernichten der befallenen Triebe. — Auch **A. plana** Klg. (rosarum
Brischke) lebt an Rosen (nicht an Eschen); jedoch frißt die Larve
äußerlich an Trieben und Knospen; sonst wie vorige.

Hoplocampa Hrtg. Sägewespen.

H. (minuta Christ) **fulvicornis** Klg., **Pflaumen-Sägewespe**[1]). Einer
der schlimmsten Feinde der Pflaumen- und Zwetschenzüchter. Die in
April und Mai fliegende Wespe legt ihre Eier einzeln in die noch uneröffneten Blütenknospen. Nach 1—2 Wochen die Larve, die sich sofort
in das Innere der jungen Frucht bohrt und den Kern ausfrißt. Das
tut sie so mit mehreren jungen Pflaumen; werden diese älter und wird
die Kernschale härter, so frißt die Larve im Fruchtfleisch um den
Kern herum. Sie ist gelbweiß, nach hinten zugespitzt, liegt etwas gekrümmt in der Frucht und riecht deutlich nach Wanzen. Im Juli geht
sie flach in die Erde und verspinnt sich hier. Verpuppung erst im
nächsten Frühjahre. Aus den befallenen Pflaumen tritt Harz heraus;
später fallen sie ab. Blütezeit und Witterung bedingen verschieden
starken Befall verschiedener Sorten. Bekämpfung: befallene Früchte
täglich abschütteln, aufsammeln und vernichten; Baumscheibe im Herbste
tief umgraben und mit ätzenden Stoffen versetzen. Spritzen mit Arsenmitteln würde die sich in ältere Früchte einbohrenden Larven töten.
— Ähnlich verhält sich die **Apfelsägewespe, H. testudinea** Htg.[2]),
die besonders in England und Schweden großen Schaden tut. Das
Einbohrloch in die Äpfel bleibt immer offen; in älteren Früchten
oft mehrere Larven, die darin eine große, schwarze, feuchte Höhle
ausfressen; nicht selten benagen Larven junge Äpfel auch in Streifen
von außen. Kokon 10 cm tief in der Erde. Nach THEOBALD vielleicht
zwei Bruten; dann Verpuppung Mitte Juni; Anfang Juli die Wespen,
deren Larven im Juli und August fressen, um dann zu überwintern.
— **H. brevis** Htg.[3]) in derselben Weise in Birnen, **H. chrysorrhoea**
Klg. in Stachelbeeren.

Eriocampoides Knw.

E. limacina Retz. (adumbrata Klg., Caliroa cerasi L.). **Kirschblattwespe,** Pear Slug.[4]) Europa, Amerika und Australien. Wespen
von Juni an; Eier einzeln in Blättern von Steinobst, Birnen, Birken,

---

[1]) v. SCHILLING, Prakt. Ratg. Obst-, Gartenbau 1891, S. 256, Fig. — TULLGREN,
l. c. 20. 1910, p. 56—58, Taf. 1 Fig. 1.
[2]) TULLGREN, l. c., p. 58—59, Taf. 1 Fig. 2. — S. ferner die Berichte der englischen Entomologen.
[3]) DEL GUERCIO, Bull. Soc. ent. Ital., Vol. 29, 1897.
[4]) MARLATT, U. S. Dept. Agric., Div. Ent., Circ. 26, 2d Ser., 1897. — FROGGATT,
Agr. Gaz. N. S. Wales, Vol. 12, 1901, p. 1063—1073, 4 Pls. — TULLGREN, l. c, p. 59—60,
Taf. 1 Fig. 3.

Eichen, Himbeeren. Nach 8—14 Tagen die Larven, die die Blätter vorwiegend von oben skelettieren; sie sind schneckenähnlich, grünlich gelb, oben mit glänzend schwarzem, nach Tinte riechendem Schleim bedeckt, der nach der letzten Häutung, Ende September, Anfang Oktober, fehlt, worauf die Larven sich in die Erde verkriechen und in Tönnchen aus solcher verspinnen; Verpuppung erst im nächsten Frühjahre. In England will THEOBALD zwei Bruten festgestellt haben (Wespen Ende Juli, August); in Amerika zwei bis drei Bruten. Auch in Neu-Seeland und Kapland. — Bei starkem Blattfraße können nicht nur die braun gewordenen Blattreste, sondern auch die Früchte vorzeitig abfallen, bzw. kann die Fruchtbildung des nächsten Jahres beeinträchtigt werden. Außer mehreren Hymenopteren-Parasiten stellen auch Sperlinge und andere Vögel den Larven nach. Gegenmittel: alle Staub- und Spritzmittel; Baumscheibe im Winter tief umgraben und festtreten. — **Er. cerasi** Peck [1]). Nordamerika. Larve skelettiert die Blätter von Kirschen, Birnen, Quitten, Pflaumen. Zwei Bruten; Wespen im Mai-Juni und im Juli; Eier in Blätter; Puppe in Erde; die der zweiten Brut überwintert. — In Louisiana **Er. amygdalina** Rohw. [2]) an Pfirsich- und Pflaumenbäumen, aber Larven an Blattunterseite; vier Generationen von je 20—30 Tagen Entwicklungsdauer. — Die mit grünlichem Schleim bedeckten Larven der Lindenblattwespe, **Er. annulipes** Klg, fressen an der Blattunterseite; Zahl der Generationen nicht festgestellt (2—4?). — Die Larven von **Er. aethiops** F., an Ober- und Unterseite der Rosenblätter, entbehren der Schleimhülle vollständig; eine Generation. Sie wird in Nordamerika von **E. rosae** Harr. [3]) vertreten, deren Larven ausschließlich oben auf den Blättern fressen.

Nematus Jur.

Diese alte, sehr große Gattung ist neuerdings in eine ganze Anzahl kleinerer Gattungen aufgelöst worden, deren Namen wir in Klammern bringen. — Fortpflanzung in der Hauptsache parthenogenetisch. — Zahlreiche Parasiten (besonders Schlupfwespen) und andere Feinde.

(Micro)nematus abbreviatus Htg. Schwarze Birnenblattwespe. Flugzeit Ende April, Mai. Eiablage an Birnenblättern. Larven nach 12—14 Tagen, fressen anfangs Löcher in die Blattspreiten, später vom Rande aus. Ende Juni, Anfang Juli gehen sie in die Erde. In einigen Gegenden Luxemburgs nach FERRANT sehr häufig, in manchen Jahren massenhaft; besonders schädlich an Spalieren.

N. (Pristiphora pallipes Lep.) **appendiculatus** Htg. Europa, Norddamerika. Schwarze Stachelbeerwespe; auch an Johannisbeeren; zwei Generationen; Larven im Juni und August; Puppen oft an den Büschen, an Zweigen oder Blättern. Sonst wie *N. ribesii*.

(Lygaeo)nematus Erichsonii Htg., **große Lärchen-Blattwespe**[4,5]). Mittleres und nördliches Europa bzw. Nordamerika. Flugzeit

<hr>

[1]) PECK, Massach. agr. Rep. 1799, p. 9—20, Tab.
[2]) CUSHMAN, U. S. Dept. Agric., Bur. Ent., Bull. 97, 1911, p. 91—102, Fig. 23 bis 25, Pl. 11.
[3]) CHITTENDEN, ibid., Circ. 105, 1908, p. 1—6, fig. 1—3.
[4]) KONOW löst diese Art in zwei auf, in **Holcocneme Erichsoni** Htg., Europa, und in **Lygaeonematus notabilis** Cress. in Nordamerika.
[5]) BOAS, Tidschr. Skovvaesen, Bd. 9, 1897, p. 52—64. — MAC DOUGALL, Journ. Board Agric. London, Vol. 13, 1906, p. 385—394, 1 Pl. — HEWITT, ibid., Vol. 15, 1908, p. 649—660, 4 Figs., 1 map. — DUNLOP, Zoologist (4) Vol. 16, 1912, p. 147—156. — S. ferner die Veröffentlichungen des Board of Agriculture of London, von denen

Ende April, Mai. Eiablage zu 20—40 in zwei alternierenden Reihen in die Jahrestriebe Nach 8—10 Tagen die grauen Larven, die nur die Nadeln vorjähriger und älterer Triebe, von aufsen nach der Achse des Baumes zu, fressen. Da die Wespen sehr ungleich ausschlüpfen, zieht sich die Frafszeit der Larven, trotzdem jede einzelne nur 3—4 Wochen lang frifst, von Ende Mai bis Ende Juli hin. Dann gehen sie in die Erde in Kokons, in denen sie sich 3 Wochen vor der Flugzeit verpuppen. Bei starkem Befalle Kahlfrafs mit Ausnahme der Jahrestriebe. Kennzeichen: Triebe welk, braun, nach der Seite der Eiablage gekrümmt. Mit dem Ende des vorigen Jahrhunderts begann für diese Art namentlich in England und Nordamerika (bis nach Süd-Canada) eine aufsergewöhnliche Vermehrung und damit Schädlichkeit. In Nordamerika hat sie seit 1880 in manchen Gegenden 80—100 % der Lärchen abgetötet, auch in England viele Tausende. Feinde: parasitische und Raubinsekten, insektenfressende Vögel, Fasane, Wühlmäuse, Pilze; der wichtigste Parasit in England, *Mesoleius tenthredinis* Morl. (Ichneumonide) ist von HEWITT mit Erfolg in Canada eingeführt worden. Regenschauer und heftige Winde werfen die älteren Larven von den Bäumen herab, dem man durch Abschütteln und Abklopfen nachhelfen kann; Leimringe verhindern sie dann am Aufbäumen. Spritzen mit Arsenmitteln. — In England ist die grofse Lärchenblattwespe unter die gesetzlich zu bekämpfenden Arten aufgenommen; jeder Befall ist bei 10 £ Strafe anzuzeigen. — In ähnlicher Weise, aber weniger schädlich **N. laricis** Htg., die kleine Lärchen-Blattwespe, mit grünen Larven.

(Lygaeo)nematus pini Retz. (**abietinus** Christ, abietum Htg.), **kleine Fichtenblattwespe**[1]). Flugzeit Ende April, Anfang Mai; Eiablage in die Nadeln der obersten Maitriebe, die die nadelgrünen Larven Ende Mai bis Mitte Juni erst benagen, dann abweiden; dann verspinnen sie sich in der Erde in Kokons; Verpuppung im April. Gewöhnlich bilden die befressenen Triebe neue, kräftige Knospen; oft entstehen Schopfbildungen; erst bei wiederholtem Frafse können die Triebe absterben. — Ähnlich **N. Saxesenii** Htg.[2]), **compressus** Htg. und **ambiguus** Fall. (parvus Htg.), die aber die Knospennadeln abweiden, so dafs die Triebe absterben.

(Pachy)nematus extensicornis Nort.[3]). Östliches Nordamerika, an Gräsern und Weizen, Blätter fressend, selten den Halm so benagend, dafs die Ähre abstirbt.

N. (Croesus) septentrionalis L.[4]). Europa; Larven von Juli bis September (3—4 Bruten?), die Blätter von Birken, Espen, Pappeln, Erlen, Weiden, Eschen, Ebereschen und Ribesarten vom Rande aus verzehrend.

N. (Pteronus) ribesii Scop. (ventricosus Latr.). **Gelbe Stachelbeerblattwespe**[5]). Mittleres und nördliches Europa, seit 1857 auch in Nordamerika; namentlich an Stachelbeere, häufig auch an roter, selten

---

namentlich die seit 1909 herausgegebenen Reports wertvolle Beiträge bieten, und die Reports of the entomological Society of Ontario.

[1]) HEIDRICH, Allg. Forst- u. Jagdzeitg., Bd. 80, 1904, S. 281—283. — SEDLACZEK, Zentralbl. ges. Forstwes. 1904, S. 481—492, 1 Fig. — LENK, Österr. Forst- u. Jagdzeitg., Jahrg. 26, 1908, S. 299—300.

[2]) Siehe die forstlichen Berichte von SCHÖYEN, 1904—1907.

[3]) RILEY and MARLATT, Ins. Life, Vol. 4, 1891, p. 174—177, Fig. 14. — MARLATT, Farm. Bull. 132, 1901, p. 37—38, Fig. 25.

[4]) FLORENTIN, Feuille jeun. Nat. T. 33, 1903, p. 105—107, 1 Fig.; p. 133. — THEOBALD, Reports 1906—1908.

[5]) LAMPA, Ent. Tidskr. Årg. 7, 1897, p. 76—80, 1 Taf.

an schwarzer Johannisbeere. Zwei und mehr Generationen: Larven von Mai bis in August. Das Weibchen legt zahlreiche Eier an die Unterseite der Blätter, die Rippen entlang, ab. Nach wenigen Tagen die Larven, die ihre Farbe während ihres Lebens mehrere Male ändern, in der Hauptsache aber grünlich, mit schwarzen Flecken und Warzen und gelben Stellen. Zuerst schaben sie gesellig die Oberhaut der Blattunterseite ab, später fressen sie Löcher in die Spreiten, zuletzt verzehren sie die Blätter vom Rande her vollständig bis auf die Rippen; an Stachelbeeren fallen ihnen auch die Früchte zum Opfer. Häufig Kahlfraſs, der Reifung der Früchte verhindert. Nach 3—4 Wochen gehen sie in oder an die Erde, spinnen sich einen pergamentartigen Kokon, in dem sich die erste Generation sofort verpuppt, um nach 10—20 Tagen die Wespen zu entlassen. Die Larven der letzten Generation gehen gewöhnlich tiefer in die Erde und überwintern hier; sie verpuppen sich erst im Frühjahre. — Bekämpfung: Erde der befallenen Quartiere im Winter 6—10 cm tief abheben, entweder brennen oder tief vergraben. Im Herbst Ätzkalk unter den Büschen eingraben. Erste, kleine Larven-Kolonien im Frühling absammeln. Spritzen mit Nieswurz oder Arsenmitteln, nicht später als 6 Wochen vor der Ernte. Auch alle Kontaktgifte (besonders in Staubform) wirksam, ferner 2 %ige Bordeläser Brühe. Die Larven lassen sich auch leicht abschütteln bzw. abklopfen und sind dann zu zertreten oder mit stärkeren Berührungsgiften zu töten. — An Stachelbeeren ferner noch **N. (Pt.) leucotrochus** Htg. (consobrinus Htg.) in Deutschland, England, Holland, Sibirien, mit nur einer Brut (Larven im Juni). — **N. (Pt.) salicis** L. an Weiden, mehrere Bruten, die Blätter vom Rande aus befressend.

N. (Pontania) (proxima Lep.) **gallicola** Steph. (capreae L., Vallisnerii Htg.)[1] läſst auf Weidenblättern die bekannten bohnenartigen, beiderseitigen Gallen entstehen; ernsterer Schaden wohl selten. Verpuppung zum Teil in den Gallen, zum Teil auſserhalb zwischen Blättern, in Rindenrissen usw. — **N. (P.) salicis** Christ (gallarum Htg., viminalis Vollenh.) erzeugt kugelige, dickwandige, unterseitige Gallen auf Weidenblättern.

Die Larven der Gattung **Cryptocampus** Htg. entwickeln sich in Weiden, die von **saliceti** F.[2] in den Knospen, die von ater Jur. (**angustatus** Htg.)[3] im Mark der Jahrestriebe, 1 Zoll lange Röhren fressend; um diese Röhren schwillt die Rute an und krümmt sich; bei stärkerem Befall stirbt die Spitze ab. Larven zu mehreren, aber voneinander getrennt, in einer Rute; eine Generation. **Cr. medullarius** Htg., (**amerinae** L.)[4] verursacht bis walnuſsgroſse, stark runzelige, rauhe oder glatte glänzende Mark- und Rindengallen an Jahrestrieben, besonders an S. pentandra; selten an anderen Weiden oder an Pappeln (hier *Cr. populi* genannt).

Priophorus (Cladius) **padi** L. (albipes Htg.)[5]. Wespe legt Ende April ihre Eier unten in die Mittelrippe von Blättern der groſsblättrigen Prunus-Arten, Ebereschen, Weiſsdorn, Him- und Brombeeren. Die

---

[1] Siehe vor allem die Arbeiten von BEYERINCK 1886—1888. — SCHRÖDER, Illustr. Wochenschr. Ent., Bd. 1, 1896, S. 524—527, 1 Fig. — LAMPA, Upps. prakt. Ent. 1897, p. 79, Taf. 1 Fig. 10—12. — TULLGREN, Stud. Jakttag. Skadeinsekt., 1905, p. 53—54.
[2] NIELSEN, Zeitschr. wiss. Ins.-Biol., Bd. 1, 1905, S. 383—384, 4 Fig.
[3] ibid. Bd. 2, 1906, S. 44—47, 2 Fig.
[4] BAER, Nat. Zeitschr. Land- u. Forstwirtsch., Jahrg. 8, 1910, S. 299--304, 1 Fig.
[5] THEOBALD, Rep. 1904/05, p. 18—21, Fig. 7. — RICHTER, Rosenfeinde, S. 170—171.

grünen, breiten Larven (Mai bis Oktober) skelettieren und durchbohren
zuerst die Blätter von unten, später verzehren sie sie ganz. Ende Mai
verspinnen sie sich in oder an der Erde in Kokons, in denen sie sich
bald verpuppen. Zweite Generation fliegt von Mitte Juni an, eine
dritte im September, Oktober, deren Larven in der Erde überwintern. —
In Schweden **P. tristis** Zadd.[1]) 1904 ähnlich an Himbeeren.

Die Larve von **P. acericaulis** Mac. G.[2]) bohrt in Nordamerika in
den Blattstielen von Zuckerahorn, so dafs die Blätter abfallen. Puppe
in Erde.

Trichiocampus viminalis Fall. Europa. Eiablage an Blattstiele
von Pappeln, Weiden und Eschen; der Blattstiel schwillt an und
biegt sich an jeder Seite der Eier so über diese, dafs sie verdeckt
werden. Larven in August und September an Blättern, besonders die
Unterseite skelettierend. Puppe in doppeltem Kokon unter loser Rinde
oder zwischen Blättern.

Cladius pectinicornis Fourc.[3]). Europa, Nordamerika; an Rosen.
Eier in Oberfläche der Blattstiele; Puppe der Sommergeneration an
Blattunterseite, Zweigen usw.; sonst wie vorige. — **Cl. difformis**
Panz. in gleicher Weise an Erdbeeren (und Rosen?).

Lophyrus Latr. Buschhorn-Blattwespen.

Fast ausschliefslich an Kiefern; nur ausnahmsweise an anderen Nadelhölzern. Mit Ausnahme von *L. rufus* zwei Generationen: Wespen in
April-Mai, Juli; Larven in Mai-Juni, August bis Oktober. Die Eier
werden zu 6—10, imGanzen bis 120, in ältere Nadeln gelegt. Larven
zuerst gesellig, fressen den Rand der Nadeln, so dafs nur die Mittelrippe fadenförmig übrig bleibt; später zerstreuen sie sich und verzehren
die Nadeln völlig bis auf die Scheide. Ausnahmsweise benagen sie
auch die Rinde. Die Sommergeneration verpuppt sich in braunen
Kokons auf dem Baume; die Herbstgeneration verspinnt sich in festeren
Kokons in der Bodenstreu und verpuppt sich erst im nächsten Frühjahre. Mehrjähriges Überliegen ist wiederholt beobachtet. Bevorzugt
werden ältere Nadeln, kränkelndes Material, lichte sonnige Stellen bzw.
Ränder. Nicht selten Kahlfrafs, der unter Umständen zum Tode der
Bäume führen kann, mindestens aber den Zuwachs ungünstig beeinflufst.
Zahlreiche Parasiten (s. Schöyen, Beretn. 1897). Gegenmittel: Raupen
zerquetschen, mit Berührungsgiften (besonders Tabakslauge und Anti-
nonnin 1:800 Teilen Wasser wirksam) spritzen; Bodenstreu zusammenrechen. Da die Larven von kahl gefressenen Bäumen massenhaft ab-
wandern, sind sie durch Gräben oder Leimstangen einzugrenzen. Abklopfen; Aufbäumen durch Leimringe verhindern.

Die wichtigsten Arten sind: **L. pini** L. (**similis** Htg.)[4]) an Kiefern,

[1]) Tullgren, l. c., p. 46—49, Fig. 12, 13.
[2]) Britton, Ent. News, Vol. 17, 1906, p. 313—321, 1 Pl., 1 Fig.
[3]) Richter, l. c. S. 165—170, Fig. 20. — Chittenden, l. c., Circ. 105, 1908, p. 6—10,
Fig. 3, 4.
[4]) Cobelli, Verh. zool.-bot. Ges. Wien, Bd. 50, 1900, S. 140—142. — Mieke,
Zeitschr. Forst-, Jagdwes., Jahrg. 34, 1902, S. 725—740, 1Taf. — Theobald, 2d Rep.
econ. Zool., 1903, p. 165—169, Fig. 24—26. — Baer, Nat. Zeitschr. Land- u. Forstwirtsch., Bd. 4, 1906, S. 84—92, Fig. — Noël, Naturaliste T. 28, 1907, p. 238; T. 32,
1910, p. 13, 14. — Fenner, Festschr. 100jähr. Besteh. Wetterau. nat. Ges. 1908,
S. 118—139. — Corlos, Bull. Soc. Etud. Sc. nat. Elbeuf, T. 27, 1909, p. 101—108.

Larven einzeln; L. (sertifer Geoffr.) **rufus** Latr. [1]) an Kiefern, Arve, Fichte; Wespe im Herbst, Eier überwintern, Larven im Mai und Juni (also einbrütig); L. **pallidus** Klg. an gemeiner Kiefer; L. **socius** Klg. an gemeiner und Bergkiefer. — Auch Nordamerika hat mehrere ebenso lebende L.-Arten, von denen aber nur L. **Abbotti** Leach und **Townsendi** Brun. von einiger Bedeutung sind.

Pterygophorus-Arten [2]) fressen in Australien die Blätter von Leptospermum; Verpuppung in totem Holze. — **Phylacteophaga eucalypti** Frogg. [2]) verursacht an Blättern von kleinen Eucalyptus-Bäumen Gallen, in denen auch die Puppe ruht.

Schizoceros geminatus Gmel. gelegentlich auf Rosen, Europa; **Sch. ebenus** Nort. vernichtete in Mississippi Kulturen von Bataten; **Sch. privatus** Nort. wurde in Virginia an Kartoffeln schädlich.

(Arge) **Hylotoma** [3]) **rosae** L., Rosen-Bürstenhorn-Wespe. Flugzeit Ende Mai, Anfang Juni; Eier zu 16—18 in einer Reihe hintereinander in junge, vollsaftige Rosentriebe abgelegt („Nähfliege" der Gärtner), die sich krümmen, verkümmern und ihre Knospen nicht zur Entfaltung bringen. Nach zehn Tagen die Larven, die die Blätter vom Rande aus befressen. Nach vier Wochen Verpuppung in der Erde, in doppeltem Kokon. Ende Juli, Anfang August die zweite Wespenbrut, deren Larven in den Kokons überwintern. In kälteren Gegenden nur eine, sich in die Länge ziehende Generation. Larven sehr gefräfsig, daher Schaden meist recht grofs. Bekämpfung: Eier durch scharfen Messerschnitt zerstören oder mit Tischlerleim zukleben; Larven absammeln oder bespritzen. — (A.) **H. enodis** L. u. **pagana** Panz. wie vorige; bei letzterer aber Eiablage in zwei Reihen. — (A.) **H. coerulescens** Geoffr. an Him- und Brombeeren sowie Rosen; (A.) **H. pullata** Zadd. an Birken; kann durch Kahlfrafs die Bäume töten.

(A.) **H. pectoralis** Leach [4]), Nordamerika an Weiden und weifser Birke. Wespe von Ende Mai bis Juli; Eiablage in die Blattränder. Larven vernichteten 1906/07 durch Kahlfrafs zahlreiche Weiden. Eine Generation; Larven überwintern in Erdkokons. Zahlreiche Parasiten. — (A.) **H. mali** Matsum. [5]), Japan, am Apfelbaum.

Perga-Arten [6]) in Australien an Eukalyptus; Raupen gesellig an den Blättern und jungen Trieben fressend; tagsüber in Haufen bis 50 und mehr Stück an den Zweigen sitzend. Kokons in der Erde. Sehr viele Parasiten. Am häufigsten **P. eucalypti** Benn. a. Scott [7]), **lewisi** Westw. und **dorsalis** Leach.

Verschiedene Arten der Gattung **Abia** Leach, wie **fasciata** L., **mutica** Thoms., **lonicerae** L. (nigricornis Leach), leben in Europa an Lonicera-Arten; A. **inflata** Nort. desgl. in Amerika, A. **cerasi** Fitch, hier in Kirschen.

---

[1]) Lampa, Ent. Tidskr. Årg. 13, 1902, p. 41—44, Fign. — Theobald, l. c. — Trägårdh, Ent. Tidskr. Årg. 31, 1910, p. 272—278, 3 Fign. — Schöyen, Tidskr. Skogbruk No. 4, 1911, 38 pp., Fig. 2—5.

[2]) Froggatt, Proc. Linn. Soc. N. S. Wales, Vol. 24, 1900, p. 130—134, Pl. 14; Austral. Insects, p. 72—73.

[3]) Richter, Rosenfeinde, S. 172—187, Fig. 21—22. — Hamster, Prakt. Ratg. Obst- u. Gartenbau 1891, S. 246—247, Fig.

[4]) Schwarz, Proc. ent. Soc. Washington, Vol. 11, 1909, p. 106—109, Pl. 7—9.

[5]) japan. Arbeit, 1906; s. Zeitschr. Pflanzenkr., Bd. 17, S. 53.

[6]) French, Destruct. Ins. Victoria, Vol. 3, 1900, p. 116—119, Pl. 52. — Froggatt, l. c. p. 71—72, Pl. 10 Fig. 3—5.

[7]) Bennett and Scott, Proc. zool. Soc. London Vol. 27, 1859, p. 209—212, Pl. 62.

Clavellaria (Cimbex) **amerinae** L., Flugzeit Mai, Juni; Larven von Ende Juni bis Ende August, an Weiden, Birken, namentlich in Weidenhegern durch Kahlfraß schädlich; fressen nachts, sitzen tags zusammengerollt an Blättern. Puppe in Kokon an der Pflanze. Gegenmittel: Abschütteln der Larven. — Ebenso **Trichiosoma lucorum** L. [1]) an Birken, Weiden und Erlen.

Cimbex (femorata L.) **variabilis** Klg. (silvarum F.) [2]). In zahlreichen Formen, deren Larven nach den Nährpflanzen (Birke, Buche, Weiden, Erlen, in Rußland auch Ulmen) variieren. Trotz gelegentlichem Kahlfraße nicht eigentlich schädlich. Wespen nagen im Mai und Juni an jungen Trieben von Buchen, Hainbuchen, Birken, Eschen, Aspen, Pappeln, Ebereschen bis 1 mm breite Ringel, deren Ränder später deutliche Überwallungswülste bilden. Larven überwintern in lockeren Kokons an Zweigen, verpuppen sich erst im Frühjahr.

C. quadrimaculata Müll. im Jahre 1905 in Bulgarien sehr schädlich an Mandeln [3]). Teerringe und Pariser Grün ergaben gute Erfolge; Ende Mai starben an den nicht gespritzten Bäumen die Larven an einer Pilzkrankheit.

C. americana Leach [4]), östl. Nordamerika, an Weiden, Erlen, Pappeln, Ulmen. Eiablage in die Blattspreite. Zahlreiche Eier- und Larvenparasiten.

Tremex columba L. [5]) Östl. Nordamerika; Larven bohren vorzugsweise in Ahorn und Ulmen, aber auch in Apfel-, Birnbäumen, Buchen, Eichen, Sykomoren, wohl nur in kranken oder absterbenden Bäumen.

Siriciden, Holzwespen [6]).

Wespen von Juni bis September. Mit ihrem langen, einziehbaren Legebohrer legen sie ihre Eier einzeln, aber dicht nebeneinander in den Splint von kränkelndem oder frisch gefälltem Nadelholz, selbst in Bretter. Die an einer hornartigen Spitze am Hinterende kenntlichen Larven, ohne Bauchfüße, fressen kreisrunde, allmählich an Weite zunehmende, bogige, mit Fraßmehl verstopfte Gänge im Holze. Nach einem scharfen Bogen erfolgt dann die Verpuppung dicht unter der Oberfläche. Die Wespen nagen sich geradewegs nach außen, nicht nur durch Holz, sondern auch durch Linoleum, Blech, Blei, Tuch usw. Generation zwei- bis mehrjährig. Schaden vorwiegend technisch; doch können Schädigungen aus anderen Ursachen durch die Holzwespen verstärkt und beschleunigt werden. Von den drei Arten lebt **S.** (**Xeris**) **spectrum** L. in Fichten und Tannen; **S. gigas** L. [7]) desgl., aber außerdem, seltener, in Kiefern und Lärchen. **S.** (**Paururus**) **juvencus** L. [8]) zieht Kiefern vor, befällt aber auch Fichte, gelegentlich selbst Tanne; auch auf Manila.

An Laubhölzern wird die Gattung *Sirex* vertreten durch *Tremex*

[1]) Rudow, Ent. Jahrb., Jahrg. 8, 1899, S. 225—230.
[2]) Löwe, Prakt. Blätt. Pflanzenbau, Bd. 7, 1909, S. 161—163.
[3]) Malkow, Jahresber. f. 1905; s. Zeitschr. wiss. Ins.-Biol., Bd. 4, S. 352.
[4]) Felt, Mem. N. York St. Mus. No. 8, Vol. 1, 1905, p. 155—158. — Severin, Trans. Wisconsin Acad. Arts Scs., Vol. 16, 1908, p. 61—70, Pl. 5.
[5]) Felt, l. c. p. 61—64, Fig. 5, 6.
[6]) Mac Dougall, Journ. Board Agric. London, Vol. 14, 1907, p. 98—104, 4 Fig.
[7]) Jablonowski, Rovart. Lapok, Vol. 4, 1897, p. 49—52.
[8]) Baer, Tharandt. forstl. Jahrb., Bd. 61, 1910, S. 95—96.

(s. oben) und **Xiphydrya**, von der **X.** (prolongata L.) **dromedaria F.** [1]) in Weiden Pappeln, Birken und Ulmen lebt.

Lydiden.

Legebohrer klein; Larven ohne Bauchfüfse, aber mit Nachschiebern.

Xyela minor Nort. [2]). Nordamerika; Larven in den Blüten der Kiefern; Puppen in der Erde.

Cephus Latr., Halmwespen.

C. pygmaeus L., **Getreide-Halmwespe**, Wheat saw-fly borer [3]). Europa, Nordamerika. Flugzeit Mai. Eiablage einzeln in das oberste Halmglied von Roggen oder Weizen, seltener von Gerste. Die deutlich gegliederte Larve schlüpft nach etwa zehn Tagen aus und bohrt sich im Halme abwärts, den Gang hinter sich mit Bohrmehl füllend. Bis zur Reife des Getreides ist sie ganz unten, dicht über der Wurzel, über oder unter der Erde angekommen. Ist der Halm zu dieser Zeit noch nicht reif, so scheint sie ihn verlassen und sich in einen anderen Halm einbohren zu können. Im Herbste verspinnt sie sich im untersten Ende des Frafsganges unter einem Pfropfen aus Nagsel, über dem sie einen Ring in den Halm genagt hat; sie verpuppt sich aber erst im nächsten Frühjahre. Der ausgefressene Halm bleibt kürzer, bleicht vorzeitig, ebenso die taub bleibende Ähre; er steht noch aufrecht, wenn die gesunden Halme sich schon neigen; bei starkem Winde oder Regen kann er an dem Nagering abbrechen. — Eine eigenartige Beschädigung beobachtete FRANK: an Roggen, der durch lange liegenden Schnee in der Entwicklung zurückgehalten war, trafen die Wespen bei der Eiablage noch keine hohlen Halmglieder, da die Ähre noch in der Scheide steckte. Bei der Suche nach solchen durchbohrten sie nun die Ährenspindel wiederholt mit ihrem Legebohrer; die Folge war, dafs die untere Ährenhälfte sich normal ausbildete, die obere federartig wurde. — Gegenmittel: Stoppeln auseggen und verbrennen oder tief unterpflügen. Parasit: *Pachymerus calcitrator* Grav. Die parasitierten Larven sterben gewöhnlich schon höher im Halme ab; die Parasiten bleiben so im Stroh und gehen darin in der Mehrzahl zugrunde, während die gesunden Larven, wenn nicht ausdrücklich bekämpft, am Leben bleiben.

Ähnliche Beschädigungen verursachen andere **Cephus-Arten** an Wiesengräsern in Europa [4]), **C. (cinctus** Nort.) **occidentalis** Ril. a. Marl. in Nordamerika [5]). — **C. pallipes** Klg. (Phylloecus phtisicus F.) [6]), Europa, in Rosentrieben.

Janus (Cephus) compressus F., **Birntriebwespe** [7]); Flugzeit

---

[1]) LEISEWITZ, Forstl. nat. Zeitschr., Bd. 6, 1897, S. 207—224, 13 Fig.

[2]) DYAR, Proc. ent. Soc. Washington, Vol. 4, 1898, p. 313.

[3]) KÖPPEN, Schädl. Ins. Rufslands. S. 302—310. — COMSTOCK, Cornell Univ. agr. Exp. Stat., Bull. 11, 1889, p. 127—142, 1 Pl., 3 Fig., 4 tabl. — FRANK, Kampfbuch, Berlin 1897, S. 102—104. — REHBERG, Schrift nat. Ges. Danzig, Bd 10, 1902, Heft 4, S. 76—78, Fig. 8. — NOËL, Naturaliste, Ann. 27, 1905. p. 187—188. — IHSSEN, Prakt. Blätt. Pflanzenbau, -schutz, Jahrg. 4, 1906, S. 101—105, 2 Fig. — WAHL, Flugbl. 16, k. k. Pflanzenschutz-Station Wien, 1907, 7 S., 1 Fig.

[4]) REUTER, E., Act. Soc. Fauna Flora fenn. XIX, 1900, No. 1, p. 88—89, 95—97.

[5]) WEBSTER and REEVES, U. S. Dept. Agric., Bur. Ent., Circ. 117, 1910, 6 pp., 1 Fig.

[6]) RICHTER VON BINNENTHAL, Rosenfeinde, S. 198—200.

[7]) LÜSTNER, Ber. Geisenheim 1901, S. 164—165, Fig. 23. — HOFER, 10.—12. Ber.

von Mitte Mai an. Eiablage einzeln in vorjährige Triebe der Birnbäume, auch des Weifsdorns, namentlich an die Stellen, an denen sie
entspitzt sind. Die Anfang Juni ausschlüpfende Larve bohrt sich
im Markkanal des Triebes abwärts, den Gang hinter sich mit feinkörnigem, braunen Kot füllend. Der Trieb stirbt ab, trocknet ein und
schwärzt sich. Im Herbst nagt die Larve das Flugloch vor und verspinnt sich im untersten Ende des Ganges; aber erst Mitte April nächsten
Jahres verpuppt sie sich. Schaden in Frankreich und der Schweiz
nicht unbeträchtlich, besonders da Leittriebe vorzugsweise befallen werden.
Abwehr: Trieb unterhalb Gang abschneiden und verbrennen. — Die
Larve von J. (C.) luteipes Lep. soll nach Konow in Zweigen und
Schöfslingen von Rosen leben [1]).

J. (C.) integer Nort. Currant Stem girdler [2]). Nordamerika. Flugzeit von Mitte Mai an. Eier einzeln an frischen Trieben von Johannisbeeren, Weiden und Pappeln. Etwa 2—4 cm darüber ringelt das
Weibchen den Trieb, indem es ihn ringsherum immer wieder mit seinem
Legebohrer ansticht, so dafs er hier umknickt. Die Larve bohrt etwa
10—12 cm im Triebe abwärts, überwintert hier im Gespinst und verpuppt sich im Frühjahre.

Adirus (Phylloecus) trimaculatus Say [3]), Nordamerika, in
Rubus-Trieben.

Syrista Parreyssi Spin. [4]), südl. Europa in Rosentrieben.

Pamphilius inanitus Vill. [5]), Europa, an Rosen; die Larve fertigt sich
eine Rolle aus sich dachziegelartig deckenden Blattstreifen. — P. per-
sicum Mac. G. [6]), Nordamerika, an Pfirsichen. Die Larve frifst die
Blätter vom Rande aus ein, rollt den Zipfel der Frafsstelle ein und
verbirgt sich in der Rolle; wiederholt Kahlfrafs. — Ceuidoptera (P.) multi-
signata (-us) Nort. [7]), Canada, an Ribes; Raupen in Gespinsten, fressen
die Blätter von der Unterseite her an. Spritzen mit Nieswurz-Abkochung
(gegen Schweinfurter Grün sind die Ribesblätter empfindlich).

Neurotoma (Lyda, Pamphilius) flaviventris Retz. (pyri Schrk).
Gesellige Birnblattwespe [8]). Europa, an Birnen, seltener an Pflaumen,
Weifsdorn oder Mispel. Flugzeit Mai, Juni. Das Weibchen legt etwa
200 Eier in Gruppen von 30—60 reihenweise an die Unter- (auch Ober-?)
seite der Blätter. Nach 7—10 Tagen, von Anfang Juni an, die Larven,
die sich ein gemeinsames lockeres, aber festfädiges Nest spinnen, das
bald schmutzig gelblichgrau bis braun und durch Kotballen verunreinigt
wird, in dem sie die eingesponnenen Blätter vom Rande aus abfressen. Sind
sie alle verzehrt, dann wird in der Nachbarschaft ein neues, gröfseres
Nest gebaut; eine Kolonie kann so nach Theobald sechs Nester bauen.
Gestört, lassen sie sich an einem Faden herab. Die gelben, speck-
glänzenden Larven sind nach fünf Wochen etwa erwachsen, von Ende

Wädenswil, 1902, S. 110—111. — Jablonowski, Rovart. Lapok, K. 11, 1901, p. 67—72,
83—94, 1 Fig. — van Rossem, Ent. Bericht. D. 2, 1907, p. 167—169.
[1]) Richter von Binnenthal, Rosenfeinde, S. 197—198.
[2]) Slingerland, Cornell Univ. agr. Exp. Stat., Bull. 126, 1897, p. 41—53, Pl. 3—4,
Fig 17, 19.
[3]) Smith, J. B., New Jersey agr. Exp. Stat., Rep. 1892, p. 464—466, Fig. 29—31.
[4]) Richter von Binnenthal, l. c. S. 198.
[5]) von Schilling, Prakt. Ratgeber Obst- u. Gartenbau, 1890, S. 491—492, Fig. —
Richter von Binnenthal, l. c. S. 191—196, Fig. 23.
[6]) Walden, U. S. Dept. Agric., Bur. Ent., Bull. 67, 1907, p. 85—87, Pl. 1.
[7]) Fletcher, Rep. 1899, p. 180—181.
[8]) Tullgren, Upps. prakt. Ent. 20, 1910, p. 51—55, Fig. 1—3.

Juni bis Anfang August; dann lassen sie sich an Fäden herab und verspinnen sich einzeln 6—12 cm tief in der Erde in Kokons. Hier ruhen sie bis nächstes, ja selbst übernächstes Frühjahr, um sich erst 14 Tage vor der Flugzeit der Wespen zu verpuppen. Sie werden von mehreren Schlupfwespen parasitiert. Schaden nur in mehrjährigen Zwischenräumen gröfser, dann oft Kahlfrafs. Gegenmittel: Ausschneiden und Abbrennen der Nester, Leimringe; im Herbst die Baumscheibe mit Ätzkalk versetzen. Eintreiben von Hühnern. — P. (L., N.) **nemoralis** L. Steinobst-Gespinstwespe [1]), ebenso, aber an Steinobst und etwas früher, Larve grün.

Lyda F., Nadelholz-Gespinst-Blattwespen.

Wie vorher; Gespinste entweder stark mit Kot durchsetzt, oder dieser in einem Bruchsack-ähnlichen Beutel unten am Neste (*Kotsackwespen*). Larven einzeln oder gesellig, dann aber jede in einer besonderen Gespinströhre. Puppe ohne Kokon in Erdhöhle. Generation ein-, oder durch Überliegen zwei- bis dreijährig. Gegenmittel: Schweineeintrieb, Bodenumbruch. An Kiefern: **L. stellata** Christ [pratensis F. [2])]. An 40—100jährigen Kiefern geringerer Bonität; Flugzeit von Ende April bis Ende Juni; Larven von Juni bis August, einzeln in lockeren Gespinsten; fressen von unten nach oben, beifsen Nadeln dicht über Scheide ab. Generation dreijährig. — **L. erythrocephala** L. [3]) ist früher als vorige. Flugzeit zweite Hälfte von April, Larven im Mai, an allen Kiefer-Arten und Arve, aber nur an jüngeren Pflanzen und Büschen, nur ältere Nadeln fressend, daher von oben nach unten fortschreitend. Larven gesellig, wenig Kot im Gespinst. Generation wahrscheinlich einjährig; Schaden gering. — L. (hieroglyphica Christ) **campestris** L. an drei- bis vierjährigen Bäumchen. Flugzeit Juni, Juli; Eier einzeln an Maitrieben. Larven einzeln an mittlerem Maitrieb, Kot später in grofsem Sacke unten am Gespinst —. An Fichten: (**Cephaleia**) L. (abietis L.) **hypotrophica** Htg. [4]). Flugzeit Mai, Juni; Eier zu 4—12 an Nadeln vorjähriger Triebe; Nest unterhalb, an Gabel älterer Zweige, etwa Eigrofs, sehr stark mit Kotballen durchsetzt. Hauptfrafszeit Juni, Juli; im August gehen die Larven in den Boden. Generation ein- bis dreijährig. Besonders in älteren Beständen, aber auch in jungen Kulturen; trotzdem der Befall bis zu Kahlfrafs steigen kann, ist der Schaden nicht entsprechend grofs. Gegenmittel: Leimringe, um die sehr flugträgen Weibchen vom Erklettern der Bäume abzuhalten. — (C.) L. **alpina** Klg. [lariciphila Wachtl] [5]) in den Alpen und den gebirgigen Gegenden Süddeutschlands ein schlimmer Feind der Lärchen.

Cynipiden, Gallwespen [6]).

Die an dem meist seitlich zusammengedrückten Hinterleibe kenntlichen Gallwespen legen gestielte Eier, wobei die Länge des Stieles

---

[1]) TULLGREN, l. c. p. 55. — SCHMIDT, Zeitschr. wiss. Ins.-Biol., Bd. 6, 1910, S. 17—27. 86—92, 1 Taf.

[2]) ECKSTEIN, Zool. Jahrbb, Abt. Syst., Bd. 5, 1890, S. 425—436, Taf. 35. — SAJÓ, Forstl. nat. Zeitschr., Bd. 7, 1898, S. 237—247, 1 Fig. — ALTUM, Zeitschr. Forst- u. Jagdwes., Jahrg. 31, S. 471—478. — TULLGREN, l. c. 13, 1903, p. 84—85.

[3]) SAJÓ, l. c.

[4]) LANG, Forstl. nat. Zeitschr., Bd. 2—6, 1893—1897.

[5]) WACHTL, Wien. ent. Zeitg., Jahr. 17, 1898, S. 93—95.

[6]) DALLA TORRE u. KIEFFER, Cynipidae, Das Tierreich Lfrg. 24, Berlin 1910; hier ist

der der Legeröhre des Weibchens entspricht. Die fußlosen, glatten, kahlen, zusammengekrümmt ruhenden Larven, die im Innern von Pflanzenteilen oder Insektenlarven leben, häuten sich nicht und geben auch keine feste Auswurfsstoffe von sich; erst nach der Verwandlung zur Puppe, die immer am Fraßorte ruht, geschieht dies. Biologisch unterscheidet man drei Gruppen: 1. Parasiten, deren Larven sich ähnlich denen der Schlupfwespen in denen anderer Insekten entwickeln. 2. Einmieter, die sich in den Gallen anderer Gallwespen oder von Gallmücken entwickeln, häufig deren Larven durch Nahrungsentzug zum Absterben bringen und dadurch die Gallen verändern. 3. Gallbildner, **Cynipinen.** Sie legen Eier in lebende Pflanzenteile; unter der Einwirkung der Larven entstehen nur an noch wachsenden oder mit Bildungsgewebe versehenen Pflanzenteilen ein- bis mehrkammerige, geschlossene Gallen. Die Eiablage kann erfolgen zwischen die unversehrt bleibenden Pflanzenteile, nach einer Verwundung, aber nicht in diese, sondern an eine unversehrt gebliebene Stelle, oder in das Gallen bildende Gewebe. Die Gallenbildung beginnt da, wo das Ei die Pflanzensubstanz berührt, aber erst, wenn in ersterem die Larvenbildung sich vollzogen hat, bzw. die Larve ausgekrochen ist; sie ist also nur Folge von Reizen (Ausscheidungen von Speichel oder der Malpighischen Gefäße), die von der Larve ausgehen (Scolaecocecidien, Larvengallen). Die Form der Gallen ist charakteristisch für jede Wespenart und Pflanze, im übrigen außerordentlich verschieden. Jede Galle besteht aus einer oder mehreren Larvenkammern mit dem Nährgewebe (Öle und Eiweiß), die von Rinden- oder Steinzellengewebe abgeschlossen werden; nach außen trägt sie ein mehr oder minder dickes, oft mit schützenden Chemikalien (Gerbsäure usw.) getränktes Schwammgewebe. Die Dauer der Gallen entspricht der der Larven und beträgt wenige Wochen bis mehrere Jahre. Reife Gallen fallen häufig ab. — Außer den Erzeugern können die Gallen noch vielerlei Einmieter und deren Parasiten aus den verschiedensten Insektenordnungen einschließen; so sind aus einer Galle von *Biorhiza pallida* 75 Insektenarten in 55 000 Stücken gezogen. Hierdurch wird die Gallen bildende Larve oft abgetötet und die Form der Galle verändert. — Die Bedeutung der Cynipiden-Gallen für die Wirtspflanze wird gewöhnlich sehr überschätzt; sie ist im allgemeinen sehr gering, größer nur bei Blüten-, Frucht- und Knospengallen. Büsche können mit Blattgallen ganz übersät sein, ohne irgendwie merkbaren Nachteil zu erleiden.

Die Fortpflanzung der Gallwespen erfolgt vielfach parthenogenetisch. Bei vielen Arten findet sogar ein regelmäßiger Generationswechsel statt zwischen sexuellen (zweigeschlechtlichen) Formen im Sommer und agamen (eingeschlechtlichen) Formen im Herbste; die Gallen der letzteren überwintern. Beide Formen erzeugen verschiedene Gallen an derselben Pflanze oder verschiedenen Teilen dieser.

Für uns kommen, wie gesagt, nur wenige Arten in Betracht.

Trigonaspis megaptera Panz. Die agame Generation (*Cynips renum* Htg.) erzeugt kleine, nierenförmige Gallen an der Unterseite von

auch die ganze Literatur bis dahin gegeben; aus der späteren Literatur ist hervorzuheben: WEIDEL, Beiträge z. Entwicklungsgeschichte u. vergleichenden Anatomie der Cynipidengallen der Eiche; Flora (2), Bd. 2, 1911, S. 279—334, Taf. 15, 49 Fign. — S. ferner die Gallen-Werke von MAYR, RIEDEL, DARBOUX et HOUARD, KÜSTER, ROSS u. RÜBSAAMEN.

Eichenblättern; sie reifen im Oktober und November, ergeben die Imagines aber erst im Oktober des nächsten Jahres. Diese erzeugen erbsengrofse, kugelige, einkammerige rote Knospengallen an einjährigen Sämlingen, Stockausschlägen, am Stamme älterer Bäume oder den Wurzeln; bei Massenauftreten schädlich.

Biorhiza pallida Ol. Die agame, ungeflügelte Form (*Cynips aptera* Bosc.) erzeugt Wurzelgallen an Eichen, die im Herbste reifen und von November an die Imagines ergeben. Diese (*Cynips terminalis* F.) stechen (meist End-) Knospen von Zweigen älterer Eichenbüsche oder -Bäume an und rufen bis Kartoffel-grofse, knollige, fleischige, vielkammerige Gallen hervor, die zahlreiche Einmieter, Parasiton usw. beherbergen; sie reifen im Juni und ergeben die Wespen im Juli. Bei Massenauftreten ebenfalls merkbar schädlich.

Besonders viele Knospen-, Blüten- und Wurzelgallen ruft die Gattung **Andricus** Htg. hervor, von der aber auch nur drei Arten wichtiger sind: **A. testaceipes** Htg. Sexuelle Generation: knotenförmige Anschwellungen an Blattstiel oder Mittelrippe von Eichenblättern. Agame Generation (*Cynips Sieboldi* Htg.): kegelförmige rote, fleischige, glatte Gallen an jungen Eichensträuchern, in Rindenrissen älterer Stämme, meist dicht gehäuft und gereiht, die Rinde durchbrechend. Im November reif; Wespe im April des dritten Jahres. Namentlich in Pflanzschulen öfters verderblich. — **A. foecundatrix** Htg. Sexuelle Generation (*A. pilosus* Adl.): 2 mm hohe, zugespitzte, weifs behaarte Gallen an den männlichen Blütenkätzchen von Eichen. Agame Generation: hopfenzapfenähnliche Knospengallen („Eichenrosen“); einkammerige Innengalle in der verdickten Knospenachse; im September und Oktober reif, worauf die Innengalle herausfällt; Imago im April des zweiten oder dritten Jahres. — **A. inflator** Htg. Sexuelle Generation: keulenförmige Anschwellungen mit verkürzten Internodien an den Spitzen junger Eichentriebe, auf denen anfangs noch verkrüppelte Blätter und Knospen stehen. Reife Mitte Juni; anfangs Juli die agame Generation (*Cynips globuli* Htg.), die erbsengrofse, kugelrunde, grüne Knospengallen hervorruft, die im Frühjahr des folgenden, dritten oder vierten Jahres die Imago entlassen.

Callirhytis glandium Gir. Sexuelle Generation unbekannt, agame lebt in den Eicheln von Quercus cerris, suber, ilex usw. in Südeuropa und England; mehrere Larven in getrennten, holzigen Kammern; hat schon die ganze Eichelernte zerstört[1]).

Von den Gallen der Gattung **Diastrophus** Htg.[2]), die keinen Generationswechsel hat, sind die auf Rubusarten hervorgerufenen nicht unwichtig. **D. rubi** Bché. erzeugt spindelförmige, vielkammerige, oft hakige Zweiganschwellungen mit geschlossener Rinde (im Gegensatze zu den Gallen von *Lasioptera picta* mit gesprengter Rinde); Imago im Mai und Juni des nächsten Jahres. — **D. nebulosus** O.-S., Nordamerika; dicke, unregelmäfsige, unebene, durch tiefe Längsfurchen in 4—5 Teile getrennte, lange, vielkammerige Anschwellungen an Zweigen von R. villosus und vitis idaca. — **D. radicum** Bass., Nordamerika, unregelmäfsige, erbsengrofse, mehrkammerige Gallen an Wurzeln oder unterirdischen Stengeln von R. villosus.

Aulax (Aylax) papaveris Perr.[3]) und **minor** Htg. verursachen

---

[1]) Warburton, Report for 1901, p. 14—15; for 1903, p. 13; je 3 figs.
[2]) Rudow, Ill. Wochenschr. Ent., Bd. 2, 1897, S. 210—212, Fig. 3—6.
[3]) Molliard, Rev. génér. Botan. T. 11, 1899, p. 209 -217.

Gallen an Papaver-Arten, erstere, indem die Samenkapseln anschwellen, markig werden, letztere, indem die Samen selbst anschwellen, weifslich bleiben.

Von den zahlreichen **Rhodites**-Gallen auf Rosen sind nur zwei zu erwähnen: der bekannte „Schlafapfel," die „Bedeguare" der Rosen, von **Rh. rosae** L., und die dicken, dornigen, dickwandigen, halbholzigen Gallen an Blättern, Kelch und Früchten, von **Rh. Mayri** Schlechtd., wozu Kieffer auch die Samengallen von **Rh. fructuum** Rübs. rechnen möchte.

Chalcididen, Zehrwespen.

Die Mehrzahl der über 5000 Arten dieser kleinen, oft metallisch glänzenden Wespen, deren Flügelgeäder auf die Randader beschränkt ist, lebt parasitisch in anderen Insekten; etwa 100 phytophage Arten sind in den letzten Jahrzehnten bekannt geworden; es ist wahrscheinlich, dafs deren Zahl noch gröfser ist.

Die beiden Unterfamilien der **Agaoninen** und **Toryminen** entwickeln sich zum Teil in Feigen, teils als Parasiten in den Samen, wie die ersteren, teils als deren Einmieter oder Parasiten; da sie aber als Befruchter der Feigen nützlich sind, brauchen wir sie hier nicht zu berücksichtigen. Doch liefert letztere eine Reihe Samenbewohner[1]).

Syntomaspis druparum Boh.[2]). Europa, Nordamerika (New York). Flugzeit: April bis Juni. Das Weibchen sticht junge Äpfel von etwa $1\frac{1}{2}$ cm Durchmesser an und legt seine Eier einzeln in die Kerne. In diesen entwickelt sich die Larve, indem sie das Innere vollständig verzehrt bis auf die unverletzt bleibende Samenhaut. Mitte Juli bis September wird sie reif, bleibt aber im Kerne; im nächsten Mai verpuppt sie sich darin. Nach Mokrzecki bleiben die befallenen Äpfel klein, fallen vorzeitig ab; die Kerne werden bereits in den unreifen Äpfeln braun. Crosby sah das nicht; aber bei manchen Sorten bleibt nach ihm die Anstichstelle als kleiner, schwarzer Fleck in einer Vertiefung sichtbar, von dem aus eine dünne Linie erhärteten Gewebes zum Kerngehäuse geht. In Pennsylvanien in manchen Obstgärten mindestens ein Drittel der Ernte vernichtet. In Ungarn schädlich geworden dadurch, dafs von 40 Pfd. Apfelsaat nur ein Teil aufging. Kleinfrüchtige Sorten bevorzugt; auch in Sorbus-Früchten.

Mehrere Arten der Gattung **Megastigmus** Dalm. entwickeln sich in derselben Weise in Samen, so in denen von Rosen **M. aculeatus** Swed.[3]) und **pictus** Först.[4]); von Sorbus: **M. brevicaudus** Ratz.; von Pistacien: **M. ballestrerii** Rond.[5]). Wichtiger werden nur die in Coniferen-Samen lebenden, wie **M. pinus** Parf.[6]) in Kiefern, **M. spermotrophus** Wachtl[7]) in Douglastanne, **M. strobilobius** Ratz.[8])

---

[1]) Eine Zusammenstellung der wichtigsten gibt Crosby. Cornell Univ. agr. Exp. Stat. Bull. 265, 1909, p. 367—388, fig. 67—98, 2 Pls.

[2]) Horvath, Rovart. Lapok, Bd. 3, 1886, p. 126, XVIII. — Mokrzecki, Zeitschr. wiss. Ins.-Biol., Bd. 2, 1906, S. 390—392, 2 Fig. — Nach Crosby nicht identisch mit *S. pubescens* Först. — Marlatt, Journ. econ. Ent., Vol. 5, 1912, p. 76—77.

[3]) Wachtl, Wien. ent. Zeitg., Bd. 3, 1884, S. 38—39 (*M. collaris* Wachtl.).

[4]) Wachtl, l. c. S. 214.

[5]) de Stefani-Perez, L'insetto dei frutti del Pistacchio, Palermo 1908, 63 pp., 18 figg.

[6]) Parfitt, Zoologist, Vol. 15, 1857, p 5543.

[7]) Wachtl, l. c. Bd. 12, 1893, S. 26—28, 1 Taf. — Mac Dougall, Journ. Board Agric. London, Vol. 12, 1906, p. 615—621, 4 figs.

[8]) Carpenter, Report 1909, p. 22, Pl. 2 fig. B.

in Weißtanne. Mit den Samen der Douglastanne ist die in ihnen lebende Art schon mehrfach nach Europa gekommen und hat sich hier in Schottland schon eingebürgert und merkbar geschadet. Als Gegenmittel dürfte Erhitzung der Samen auf 50 ° C und Verbrennen der bei der Reinigung ausgeblasenen leichten (befallenen) Samen sich empfehlen.

Wichtiger ist die Unterfamilie der **Eurytominen,** von der einige Arten sogar Gallen bilden, z. T. an wilden, z. T. an Kulturpflanzen [1]).

Isosoma Walk. [2]).

Wohl alle Arten dieser alt- und neuweltlichen Gattung sind phytophag; die Biologie ist aber erst von einigen bekannt. Die europäischen Arten erzeugen meist Gallen an Gräsern, ohne aber praktische Bedeutung zu gewinnen; von den amerikanischen Arten haben drei eine solche.

I. **tritici** Fitch, **Wheat joint-worm**[3]); im Weizenbecken östlich des Mississippi. Wespe von April bis Anfang Juni. Eiablage in den obersten Knoten oder in einen unteren, falls er nicht von der Blattscheide bedeckt ist, von Weizen oder Gräsern. Die Larven entwickeln sich zu 3—4, aber auch bis zu 25 in einem Gliede, jede in besonderer hartwandiger Zelle. Befallstelle häufig durch Knoten, Anschwellungen, leichte Verfärbung, Furchung, Lockerung usw. kenntlich; hier leicht Windbruch. Die Ähre bleibt klein und entwickelt wenige und schlechte Körner. Verpuppung im Herbst oder Frühjahr. Viele der überwinternden Puppen werden durch *Sporotrichum globuliferum* getötet. Beim Dreschen fallen die Larvenzellen mit heraus und geraten in das Korn; doch scheinen dabei die darin enthaltenen Larven und Puppen größtenteils getötet zu werden. Begegnung: Fruchtwechsel; Stoppeln verbrennen oder tief unterpflügen. — Ähnlich I. **hordei** Harr. in Gerste und Rye-Gras.

I. **grande** Ril., **Wheat straw-worm**[4]), im Weizenbecken westlich des Mississippi. Generationswechsel. Die erste Generation besteht fast nur aus kleinen, ungeflügelten, parthenogenetischen Weibchen; sie erscheint im April und legt ihre Eier einzeln in oder nahe an den Vegetationspunkt des jungen Winterweizens. Dadurch, daß die Larve im obersten Halmteile frißt, unterbleibt die Bildung der Ähre. Im Mai findet die Verpuppung am Fraßorte statt: nach einigen Tagen erscheint die zweite, größere, geflügelte, zweigeschlechtliche Generation. Deren Weibchen legt seine Eier einzeln unter den jüngsten, saftigsten Knoten, oder in einen älteren, falls er noch nicht von der Blattscheide bedeckt ist, die übrigens auch durchbohrt werden kann. Die Larve frißt die Knoten aus, ohne eine Galle zu bilden; häufig entwickeln sich noch mehrere Larven in der Halmwand. Mitte Oktober Verpuppung am Fraßorte. — Begegnung wie vorher.

I. **orchidearum** Westw., **Orchideenwespe**[5]). Heimat Brasilien und

[1]) Die ebenfalls im Samen lebenden behandelt Crosby, die in Gräsern lebenden Howard, U. S. Dept. Agric., Div. Ent., Techn. Ser., Bull. 2, 1896, 24 pp., 9 figs.

[2]) Webster, U. S. Dept. Agric., Div. Ent., Bull. 42, 1903, p. 9—40, fig. 3—13.

[3]) Webster, ibid., Circ. 66, rev. ed., 1908, 7 pp., 6 figs. — Houser, Ohio Stat. Bull. 226, 1911, p. 175—211, 19 fig.

[4]) Webster and Reeves, l. c. Circ. 106. 1909, 15 pp., 13 figs.

[5]) Westwood, Garden. Chronicle 1869, p. 230; Trans. ent. Soc. London 1882,

Mexiko. Bereits in den 60er Jahren des vorigen Jahrhunderts nach England verschleppt, von da später nach Frankreich, überall in Treibhäusern, besonders an Cattleya- und Laelia-Arten sehr schädlich geworden. Die Wespe legt ihre Eier zu 2—7 in junge Triebe und Knollen, besonders an die Basen der Augen. Nach 6—8 Tagen die Larven, die sich sofort ins Innere und hier allmählich gröfser werdende Gänge und Höhlungen fressen. Die austreibenden Augen, die ganzen Triebe und Knollen schwellen gewöhnlich stark an. Nach 27—30 Tagen Verpuppung am Frafsorte; nach 15—20 Tagen die Wespen. Es folgen sich etwa vier Generationen im Jahre. Die angegangenen Knollen gelangen nicht zur Blüte; sind alle Triebe einer Pflanze befallen, so geht diese ein. Gegenmittel: befallene Knollen verbrennen; Schwefelkohlenstoff, Benzin oder Chloroform einspritzen. Ein englischer Züchter hatte vollen Erfolg, indem er fünf Wochen lang jede Woche zweimal mit Tabak räucherte, um die ausgeschlüpften Wespen zu töten.

In den Samen amerikanischer Reben entwickeln sich zwei Arten: **Euoxysoma vitis** Saund.[1] und **Decatomidea Cooki** Howard[2]. Die von ersterer befallenen Beeren haben nur 1—2 stark vergröfserte Kerne, reifen vorzeitig oder schrumpfen.

Eurytoma Schreineri Mayr[3] sticht bei Astrachan die halbwüchsigen Pflaumen und Reineklauden an und legt je ein Ei in den Kern, der von der Larve völlig ausgefressen wird. Gegen Mitte Juli fallen die Früchte ab, verschrumpfen und verfaulen am Boden. Verpuppung erst im nächsten Frühjahre. — **E. rhois** Crosby[4] frifst ebenso die Samen von Rhus hirta in Nordamerika aus, **E. acaciae** Cam.[5] die von Akazien in Neu-Seeland.

Bruchophagus funebris How., Clover-seed Chalcis[6]. In Nordamerika ein sehr schlimmer Feind der Klee-, minder der Luzerne-Samenernte, von der er 20—80 % vernichten kann. Etwa drei Generationen; jede Larve kann mehrere Samen ausfressen. Überwinterung als Larve oder Puppe in den Samen. Befallene Kleeköpfe nicht zu erkennen. Die frei auflaufenden Kleepflanzen sind zu vernichten; frühe Mahd (Anfang Juni) verhindert die dritte Brut an der Eiablage.

Formiciden, Ameisen[7].

Die Verbreitung der Ameisen ist an die der Landpflanzen gebunden; wo solche vorkommen, gehören die Ameisen zu den herrschenden

p. 323, Pl. 13 fig. 1, 4. — Sorauer, Zeitschr. Pflanzenkr., Bd. 6, 1896, S. 114—116. — Decaux, Naturaliste, T. 19, 1897, p. 233—237, 1 Pl. — Del Guercio, Nouv. Giorn. bot. Ital. (2), T. 4, 1897, p. 192 ff.

[1] Crosby, l. c. p. 380—382, fig. 93—95.

[2] Howard, l. c. p. 23—24, fig. 10.

[3] Schreiner, Zeitschr. wiss. Ins.-Biol., Bd. 4, 1908, S. 26—28.

[4] Crosby, l. c. p. 385-388, Pl. 2, fig. 98; Canad. Ent. Vol. 41, 1909, p. 52—55, Pl. 3.

[5] Cameron, Entomologist, Vol. 43, 1910, p. 114—115.

[6] Titus, U. S. Dep. Agric., Div. Ent., Bull. 44, 1904, p. 77—80. — Webster, ibid., Circ. 69, 1906, p. 7—9. fig. 5—8. — Folsom. Illinois **agr.** Exp. Stat. Urbana, Bull 134, 1909.

[7] Escherich, Die Ameise. Schilderung ihrer Lebensweise, Braunschweig 1906. — Wheeler, Ants, their structure, development and behaviour, New York 1910. — Besonders vom forstl. Standpunkte behandelt sie Escherich, Tharandt. forstl. Jahrb, Bd. 60, 1909, S. 66—96, 2 Fig.

Insekten. Ihr Einfluſs auf die Pflanzen- und die Tierwelt kann kaum überschätzt werden. Er ist dabei so mannigfaltig, daſs der Mensch ihm nur schwer gerecht werden kann. Er ist unmöglich mit den einfachen Bezeichnungen schädlich oder nützlich abzutun. Wenn daher im folgenden in der Hauptsache nur vom Schaden gehandelt wird, soll damit nicht gesagt sein, daſs diesem nicht oft gröſserer Nutzen für die Pflanzenwelt gegenübersteht. Nur vom menschlichen Gesichtspunkte aus sind die Ameisen allerdings im allgemeinen als schädlich zu betrachten; Mensch und Ameisen sind Mitbewerber um die Herrschaft, die natürlich nur Einem zufallen darf.

Die Schäden, die von den Ameisen den Pflanzen zugefügt werden, können in zwei Gruppen geteilt werden, in direkte und indirekte.

Direkte Schäden: Die Nahrung der Ameisen besteht aus flüssigen und halbflüssigen Stoffen, die ihnen in der Hauptsache von zerfallenden Pflanzen und Tieren geliefert wird. In den Nektarien scheiden die Pflanzen aber auch solche Stoffe aus, die von den Süſsigkeiten ganz besonders liebenden Ameisen mit Vorliebe gesucht werden. Wo ihnen eine Pflanze den Zugang zu den Nektarien versperrt, wie namentlich bei vielen Blüten, wird er, wenn irgend möglich, mit Gewalt erzwungen, wobei die Blüten mehr oder minder, oft ganz zerstört werden. Ihre weichen, saftigen, an Eiweiſs oder Zucker reichen Teile selbst werden als Nahrung gern genommen. Ebenso bilden reife süſse Früchte eine Lieblingsnahrung vieler Ameisen; ferner alle grüne Teile (Blätter, Triebe) im jüngsten Alter (Keimlinge!). Ältere, selbst das Holz werden verwundet, bis Saft austritt. Knospen werden angebissen oder ausgefressen, Blüten und Fruchtstiele durchgenagt. Ganz besonders schlimm ist natürlich die Tätigkeit der Blattschneider-Ameisen, die von allen möglichen Gewächsen Stücke aus den Blättern ausschneiden und in ihre Nester tragen, um Pilze auf ihnen zu züchten. Die Ernte-Ameisen tragen Samen in ihre Nester ein und können dadurch den Ertrag von Körnerfrüchten oder Samenpflanzen ganz erheblich schmälern, bzw. ganze Aussaaten vernichten.

Nicht unbeträchtlich sind auch die Schädigungen durch den Nestbau. Ist der in der Erde, so wird diese dadurch ausgetrocknet. Die Wurzeln werden von ihr entblöſst. Oft wird das Nest an Baumstämmen angelegt oder Gänge werden an solchen empor geführt. Da hierzu immer Erde genommen wird, leidet die Rinde unter ihr, wird weich, zerfällt und wird schlieſslich von den Ameisen benagt, so daſs groſse, offene Wunden entstehen, die oft um den ganzen Stamm herumgreifen und ihn so abtöten. Viele Formen legen ihre Nester sogar in dem Holz des Stammes an; wenn hierzu auch meist totes, morsches Holz bevorzugt wird, so gibt es doch auch Arten, die in ganz gesundem Holze arbeiten. Andere Arten legen ihre Nester in Baumkronen, zwischen Blättern an, die zusammengesponnen oder -geklebt werden; die betreffenden Blattbüschel sterben natürlich ab.

Indirekte Schädigungen sind am gröſsten bei den zahlreichen Arten, die ihre Vorliebe für Süſsigkeiten dazu geführt hat, Pflanzenläuse, Cikaden, seltener Raupen zu züchten und als Melkkühe zu benutzen. Sie schützen diese vor ihren Feinden, scheinen sogar ihre Ausbreitung willkürlich zu fördern und regen sie vor allem zu stärkerem Saugen an, indem sie mit ihren Fühlern deren Hinterleib so lange beklopfen, bis sie einen Tropfen der begehrten Flüssigkeit austreten lassen. Handelt es sich um Wurzelläuse, so werden die

Wurzeln von Erde entblöfst, damit die Ameisen bequemer zu ihren
Melkkühen gelangen; oberirdische Läuse werden häufig mit Erdgängen
überdeckt, um sie gegen Feinde und die Wirkung der Atmosphärilien
zu schützen. — Infolge ihrer grofsen Bissigkeit halten die Ameisen
viele Blütenbefruchter von den von ihnen besuchten Pflanzen ab und
erschweren sehr häufig die Ernte durch den Menschen. — Hierher ist
auch zu rechnen, dafs Ameisennester in Bäumen, selbst wenn an sich
unschädlich, Spechte heranziehen, die nun grofse Löcher in die Stämme
hacken. Manche Ameisenhaufen, besonders die hohen, erschweren die
Bodenbearbeitung, auf Wiesen und Weiden das Mähen. — Schliefslich sollen Ameisen auch häufig Pilzsporen übertragen und geben ihnen
dann durch die von ihnen erzeugten Wunden besonders günstige
Angriffspunkte.

Ihre Hauptentwicklung erreichen die Ameisen in den Tropen, daher
hier auch ihre Schädlichkeit für den Menschen ungleich ausgesprochener
ist als in den kälteren Zonen.

Die Zahl der Feinde dieser wehrhaften Tiere ist nicht grofs. In
den wärmeren Gegenden spielen einige Säugetiere (Ameisenfresser,
Erdferkel usw.) und die verschiedenen Gruppen angehörigen „Ameisen-
vögel" eine in dieser Hinsicht nicht unbeträchtliche Rolle, mit der bei
uns höchstens die der Spechte, besonders des Grünspechtes, verglichen
werden kann. Andere Insekten werden ihnen nur seltener gefährlich;
ihre schlimmsten Feinde sind wiederum Ameisen, da sich fast alle
Arten gegenseitig bekriegen.

Die Bekämpfung der Ameisen ist eine sehr schwierige. Am
wirkungsvollsten ist immer die Zerstörung des Nestes, die um so
schwieriger wird, je gröfser dieses ist und natürlich nur dann Erfolg
haben kann, wenn möglichst alle Ameisen im Bau sind, wie bei
den meisten Arten nachts, bei sehr grofser Hitze oder bei Regen. Bei
kleineren Nestern genügt Eingiefsen von kochendem Wasser oder plötz-
liches Ausheben derselben, um sie sofort in kochendes Wasser zu werfen.
Zur Zerstörung gröfserer Nester ist am gebräuchlichsten Eingiefsen
von Schwefelkohlenstoff und sofortiges Verstopfen aller Öffnungen;
wirksamer ist noch, an dem letzten Loche den Schwefelkohlenstoff
anzuzünden und nachher erst auch dieses zu verschliefsen; selbstverständlich ist beim Anzünden grofse Vorsicht vonnöten. Am besten
hat sich bei Versuchen in Nordamerika Cyankalium bewährt, 28 gr
in $3^3/_4$ l Wasser gelöst und in, der Gröfse des Baues entsprechender
Menge in dessen Öffnung gegossen; auch gepulvert in diese oder auf
die Wege der Ameisen gestreut, wirkt es vorzüglich. Ebenso gute
Ergebnisse erzielt man mit den Arsensalzen: ein Teelöffel voll London-
Purpur oder Pariser Grün wird in die Hauptöffnung jedes Nestes gestreut; die Arbeiter schleppen das Gift unabsichtlich mit in den Bau;
es kommt in das Futter der Königin und der jungen Brut und vergiftet diese langsam, aber sicher. Auch durch Syrup, der mit $NaAsO_2$
vergiftet ist und in kleinen Schalen in das Nest verteilt wird, kann
man seine Insassen vergiften. Zucker und Borax oder Zucker und
Calomel (10 : 1) sind wirksame Gifte. Rascher, aber nicht so gründlich,
lassen sich kleinere Nester zerstören, indem man eine starke Lösung
von Eisenvitriol eingiefst, Chlorkalk auf das Nest streut und dann kräftig
giefst, oder die Nester mit Ätzkalk gut vermischt. Vertrieben werden
Ameisen durch Naphthalin oder Kampfer, durch die sie auch aus Mistbeeten
fern gehalten werden. Von Beeten, Wiesen usw. soll Kieler Poudrette

sie abhalten. Die verschiedenen Räucherapparate sollen sich nicht
bewährt haben, da die meisten Nester zu viele Ausgänge haben.
Cook und Horne empfohlen: das Nest öffnen, eine Lösung von 500 g
Chlorkalk in 8½ l Wasser eingiefsen; wenn die Lösung ordentlich
eingezogen ist, 240 g Schwefelsäure in 8½ l Wasser nachgiefsen. —
Einfachere, nur im kleinen verwendbare Mittel sind: die Ameisen mit
nicht völlig abgenagten (Mark-) Knochen, mit Speckschwarten,
Schwämmen, in deren Hohlräume Zucker gestreut ist, zu ködern und
diese dann rasch in kochendes Wasser zu werfen. Vom Erklettern der
Bäume sind sie durch Klebgürtel, Ringe von Baumwolle usw. ab-
zuhalten; ganz besonders wirksam soll ein mit nach unten gerichteten
Haaren umgebundenes (Kaninchen-)Fell sein.

Trotzdem die Ameisen besser bekannt sind, wie manche andere
Insektengruppen, redet die Mehrzahl der Berichte nur von „Ameisen“,
deren nähere Bezeichnung manchmal durch Beiworte wie „grofse“ oder
„kleine“, „gelbe“, „schwarze“ usw. versucht wird. Im folgenden sind
nun die wichtigsten Berichte über benannte Arten berücksichtigt.

Dorylus orientalis Westw.[1]). Orientalische Region. Fressen in
Indien Kohl, Blumenkohl, Artischoken und andere Gemüse dicht unter
der Erde ab.

Holcomyrmex scabricollis Mayr[2]). Trägt in Indien Samen von
Gräsern, Reis und Setaria italica ein.

Solenopsis geminata F.[3]) Hormiga brava, fire ant. Westindien,
Mittelamerika, südliches Nordamerika. Einer der schlimmsten Feinde
der Citrusbäume; ferner an Paradiesäpfeln, Kaffeebäumen, Cinchona,
Pflaumen, Pfirsichen, Eierpflanzen usw. Erdnester an der Basis der
betreffenden Bäume und an deren Stamm, oft um ihn herum in die
Höhe geführt. Unter der deckenden Erde wird die Rinde benagt;
jüngere Bäume werden öfters geringelt. Überall am Stamme, den Ästen,
den Trieben werden Wunden genagt, um den austretenden Saft zu
lecken. Knospen, Blüten, junge Früchte und Blätter, frische Triebe
werden benagt, in reife Früchte Löcher gefressen. An den Citrusbäumen
werden die Schildläuse und Aleurodiden von ihnen gepflegt. — Anderseits ist sie der wichtigste Feind des Baumwollkapselkäfers,

Cremastogaster scutellaris Ol.[4]) nistet in Tunis in der Rinde
der Korkeiche und zwar nicht nur im alten Korke, sondern auch in
dem nach dessen Entfernung entstehenden Jungfernkorke. In Italien
beschädigt sie die Rinde der Olivenbäume. — **Cr. Rogenhoferi** Mayr[5])
baut in Indien seine Erdnester um die Zweige von Teebüschen, besonders an Gabelungen; einerseits beschützt die Ameise die Blattlaus
Ceylonia theaecola, anderseits wird unter den Nestern die Rinde abgetötet, so dafs die distalen Zweigteile absterben. — **Cr. Dohrni** Mayr
ebenso an Tee, Kaffee und Cinchona auf Ceylon.

Die Ameisen der Gattung **Aphaenogaster** Mayr (besonders des

---

[1]) Maxwell-Lefroy. Mem. Dept. Agric. India, Vol. 1, 1907, p. 128, fig. 12.
[2]) ibid. p. 129.
[3]) Cook and Horne, Cuba agr. Exp. Stat., Bull. 9. 1908, p. 7—11, Pl. 4 fig.
11, 12. — Serre, Bull. Mus. Hist. nat. Paris 1909, p. 188—192. — Barret, Rev. Agric.
Republ. Dominica, Ann. 6, 1911, p. 255—257. — Tower, Porto Rico Exp. Stat. Bull.
10, 1911.
[4]) Seurat, Rev. Cult. colon. 1901. No. 86, p. 197.
[5]) Watt and Mann, Pests and blights of Tea plant, Calcutta 1903, 2ᵈ ed.,
p. 240—241, Pl. 13 fig. 1.

subg. **Messor** For.) sind die hauptsächlichsten Ernteameisen [1] der Mittelmeerländer, die nicht nur abgefallenen Samen auflesen, sondern auch die reifenden von den Pflanzen herabholen. Sie werden in der neuen Welt durch die Gattung **Pogonomyrmex** Mayr [2] vertreten (**P. barbatus molefaciens** Buckl. im Süden, **P. occidentalis** Cress. im Norden), die aber noch die weitere unangenehme Eigenschaft haben, einen grofsen, 10 Fufs und mehr im Durchmesser erreichenden Platz um ihre Nester frei von jedem Pflanzenwuchs zu halten. Allerdings wird der Schaden zum Teil wenigstens dadurch wieder ausgeglichen, dafs die Pflanzen um diesen Platz kaum besonders gut gedeihen, offenbar infolge der Bodendurchlüftung durch die Ameisen. Die Ernte wird aber immerhin um 5—10 % herabgemindert. Ihre Haufen erschweren das Mähen; die sehr empfindlich stechenden Ameisen überfallen aufserdem noch die Pferde.

Tetramorium caespitum L., die **Rasenameise**, lebt nach Jablonowski [3] auf dem Felde von Dünger. Ist dieser verwest, so überfällt sie junge Pflanzen und benagt die unterirdischen Teile, besonders die Wurzelkrone, so z. B. vom Tabak. Im Sommer und Herbst nagt sie auch Löcher in den oberen Teil der Zuckerrüben und frifst deren weiche Teile aus; die Rüben verfaulen. Gelegentlich trägt diese Ameise auch Körner ein, namentlich in Algier. Nach Nordamerika verschleppt, aber auf die Ostküste beschränkt [4]. — **T. aculeatum** Mayr baut bei Amani sein Nest zwischen zusammengesponnenen Blättern der Kaffeebäume; die Blattbüschel sterben ab.

Von den **Blattschneiderameisen**, parasol-ants, ist die Gattung **Atta** F. [5] die bekannteste. Im südlichen Nordamerika schadet namentlich **A. fervens** Say (**texana** Buckl.), in Mexiko **A. (Oecodoma) cephalotes** L., in Westindien **A. insularis** Guér. und in Brasilien **A. sexdens** L. Die Ameisen selbst scheinen Körnerfresser zu sein, die besonders dem Mais gefährlich werden; auch Früchte fressen sie an. Wichtiger ist aber ihr Schaden durch das Blattschneiden, dem namentlich eingeführte, bzw. angebaute Pflanzen zum Opfer fallen. Ganz besonders bedroht sind die Citrus-Arten. Bis zu gewissem Grade werden Eichen verschont, in Brasilien Kohl- und Salatarten, Leguminosen, Kartoffeln, Mais, Kürbisse, Bataten und einige Blumen. Kaffee gehört in Brasilien, Baumwolle in Texas zu den am meisten geschädigten Pflanzen. Da, wenigstens an Holzgewächsen, die Knospen im allgemeinen verschont bleiben, belauben sich die kahlgefressenen Pflanzen meist wieder. Fast gröfser noch ist der Schaden durch das Unterwühlen, das natürlich viele Pflanzen vernichtet.

Myrmicaria brunnea Saund. [6] frifst in Ceylon aus den keimenden Samen von Manihot piauhyensis die Kerne aus. Vaporite, bei der Bearbeitung des Bodens diesem beigemischt, verhindert den Schaden.

<hr>

[1] Sernander, Entwurf einer Monographie der europäischen Myrmekochoren, K. Svenska Vet. Akad. Handl., Bd. 41, No. 7, 1906, 410 pp., 11 Taf.

[2] Morrill, Arizona agr. Exp. Stat., Rep. 1910, p. 390 ff. — Hunter, U. S. Dept. Agric., Bur. Ent., Circ. 148, 1912, p. 4—7.

[3] Tier. Feinde der Zuckerrübe, S. 336—340, Fig. 69.

[4] Wheeler, Journ. econ. Ent., Vol. 1, 1908. p. 337.

[5] Jürgens, Prakt. Ratg. Obst- u. Gartenbau, 1896, S. 190—201, 210—212. — Reh, Illustr. Wochenschr. Ent., Bd. 2, 1897, S. 600—603, 612—614. — Ross, Nat. Wochenschr. N. F., Bd. 8, 1909, S. 822—830, Fign. — Cooke and Horne, Cuba agr. Exp. Stat. Bull. 9, 1908, p. 3—7. — Hunter, l. c. p. 2—4.

[6] Green, Trop. Agric., Vol. 33, N. S., 1909, p. 238.

Tapinosoma melanocephalum F.[1]) nistet in Indien in kleinen Kammern an der Basis junger Cajanus indicus-Pflanzen, deren Stämme an der Erdoberfläche ausgehöhlt und durchgebissen werden.

Iridomyrmex humilis Mayr[2]), Argentine ant, Heimat Argentinien, Brasilien; von da nach Nordamerika, Kapland, Europa verschleppt, sich hier überall sehr rasch zu einer der schädlichsten Ameisen entwickelnd, einmal dadurch, dafs sie in die Wohnungen, Gewächshäuser usw. eindringt, dann durch ihre ausgedehnte Pflege von Schild-, Blattläusen und Cikaden, die sich infolgedessen ungeheuer vermehren und sehr grofsen Schaden anrichten; ferner vertreibt sie nützliche Ameisen (z. B. *Solenopsis geminata*, die Feindin des Baumwollkapselkäfers); schliefslich schadet sie direkt an Pflanzen. So hat sie bei New Orleans die Blüten von Orangen- und Feigenbäumen vernichtet; Blumen werden ebenda so von ihr zerfressen, dafs sie die Zucht von Schnittblumen unmöglich macht. An den Stecklingen des Zuckerrohres zerstört sie die Knospen der unterirdischen Sprosse; aus den Salatbeeten holt sie die Samen, bevor sie keimen; Bedeckung der Aussaat mit Maismehl beugt hier vor.

Plagiolepis longipes Jerd.[3]) holt auf Java die ungekeimten Samen von den Tabaksfeldern.

Oecophylla smaragdina F. baut in der äthiopischen und orientalischen Region grofse Baumnester, indem sie durch ein Sekret der Larven ganze Blätterbüschel zusammenspinnt. Lästiger noch, als hierdurch schädlich, wird sie an Kulturpflanzen durch ihre heftigen Bisse, mit der sie die Arbeiter überfällt; am Teestrauche soll sie die Sporen der *Cephaleuros mycoidea* übertragen[4]).

Lasius flavus F. baut oft sehr hohe, in Kulturländereien lästige Erdnester an sonnigen, lichten Stellen; man findet sie besonders häufig in Saatkämpen, und hier sollen sie denn auch öfters recht schädigen, indem sie die jungen Sämlinge nahe der Erdoberfläche benagen und die Wurzeln entblöfsen[5]). Nach Escherich[6]) allerdings wären nicht sie die direkten Schädlinge, sondern die von ihnen gepflegten Wurzelläuse. — L. **fuliginosus** Latr.[7]) wurde in Schweden an Obstbäumen schädlich, L. **americanus** Em. in Nordamerika an verschiedenen Pflanzen durch Pflege der Wurzelschildläuse.

Formica fusca L.[8]) frafs in Holland Blütenknospen von Birnbäumen und Blüten von Pflaumenbäumen aus, in der Hauptsache aber erst, nachdem sie vom Frost beschädigt waren.

Camponotus ligniperdus Latr., **herculaneus** L.[9]) und, in Südeuropa, **pubescens** F. sind die bekannten grofsen **Holzameisen**, Car-

---

[1]) Maxwell-Lefroy, Indian Ins. Life, p. 229—230.

[2]) Carpenter, Rep. 1901, p. 155—157. — Titus, U. S. Dept. Agric., Bur. Ent., Bull. 52, 1905, p. 79—84. fig. 7. — Newell, Journ. ec. Ent., Vol. 1, 1908, p. 21—34; Vol. 2, 1909, p. 174—192, Pl. 5—7, fig. 1—4. — Martius, Broteria, Vol. 6, 1907, p. 101—102. — Lounsbury, Rep. 1909, p. 90.

[3]) Koningsberger, Med. Dept. Landbouw No. 6, 1908, p. 99.

[4]) Watt and Mann, l. c. p. 242.

[5]) Theobald, Report 1906/07, p. 133; 1908/09, p. 81—82.

[6]) Tharandt. forstl. Jahrb.. Bd. 60, 1909, S. 73—74.

[7]) Anderson, Ent. Tidskr. Årg. 22, 1901, p. 60—62.

[8]) Ritz. Bos, Inst. Phytopathol. Wageningen, Versl. 1907, p. 52. — Tijdschr. Plantenz. 13, 1907, p. 55—56.

[9]) Phicer, Biol. Bull. Woods Holl. Vol. 14, 1908, p. 177—213. 2 figs. — Felt, N. Y. St. Mus., Mem. 8, 1905, p. 90, Pl. 31; Rep. 1910, p. 57—58, Pl. 19, 20.

penter ants, die ihre bis 10 m hohen Nester derart im Innern von lebenden Bäumen, in erster Linie von Nadelhölzern, aber auch von Eichen, Linden und Akazien anlegen, daſs sie, namentlich nach der Baumachse zu, das weiche Sommerholz herausbeiſsen und nur die harten Holzteile stehen lassen. Der Schaden wird noch vergröſsert durch die Löcher des ihnen nachstellenden Schwarzspechtes, ist aber immerhin mehr technisch als physiologisch. — **C. brutus** For.[1]) wurde in Victoria, Kamerun, dadurch schädlich, daſs er die Stiele von Kakaofrüchten durchnagte.

Vespiden, Wespen.

Von den beiden Gruppen der solitären und sozialen Wespen sind nur die letzteren von praktischer Wichtigkeit. Die befruchteten Weibchen überwintern unter Steinen, Moos usw. Im Frühjahre legen sie ihre Nester in der Erde, in hohlen Baumstämmen, unter Dächern usw. an; zuerst entstehen nur Arbeiter, die das Nest vergröſsern helfen. Erst im Spätsommer werden Geschlechtstiere erzeugt, von denen die Männchen bald nach der Begattung sterben. Das Material zum Nestbau wird vorwiegend morschem Holz entnommen; nur die **Hornisse, Vespa crabro** L., schält dazu junge Stämmchen oder dünnere Äste von Eschen, Erlen und anderen Weichhölzern, aber auch von Eichen und wird hierdurch forstlich bemerkbar. Die Nahrung der Wespen besteht in erster Linie aus tierischen Stoffen: Insekten (Blattläusen?), Spinnen, toten Wirbeltieren, wodurch sie bis zu gewissem Grade nützlich werden können. Aber sie sind besonders versessen auf Süſsigkeiten und daher die gefährlichsten Feinde alles reifenden, süſsen Obstes, in das sie tiefe und groſse Löcher fressen; austretende süſse Pflanzensäfte saugen sie. Die Wespen können nicht eigentlich fressen; sie zerkauen nur die Nahrung, saugen den Saft und werfen die ausgepreſsten Rückstände fort. — Feinde haben die Wespen wenig; sie kommen auf jeden Fall praktisch nicht in Betracht. Das beste Gegenmittel ist Zerstören der Nester durch Ausräuchern mit Schwefel oder Schwefelkohlenstoff, Verbrennen usw. Sehr schwer ist dies bei den Erdnestern zu erreichen; hier dürfte vielleicht zu empfehlen sein (siehe „Praktischer Ratgeber" 1889, S. 530), heiſsen Steinkohlenteer in das Flugloch zu gieſsen: die Insassen gehen sofort zugrunde, die Anfliegenden verkleben sich ihre Flügel und müssen dann auch eingehen. Leimstangen, mit Kandiszucker oder Honig versehen, dürften nur im kleinen anwendbar sein. Um so mehr Erfolg versprechen dagegen die Fanggläser, die gewöhnlich mit Honig oder Sirup versehen werden. Da sich hierin aber auch viele Bienen fangen, sind solche mit Tröpfelbier oder verdünntem, wenig angesüſstem Essig, Spiritus oder Apfelwein vorzuziehen.

Eine eigentümliche, wohl zu beachtende Erfahrung wird im „Prakt. Ratgeber" 1905 S. 417 mitgeteilt, daſs nämlich Bryonia alba und Sicyos angulata die Wespen mit ihren Blüten so anziehen, daſs sie dadurch von benachbartem Obste ferngehalten werden.

Von der groſsen Familie der Wespen kommt für die erwähnten Schäden eigentlich nur die Gattung **Vespa** L. in Betracht.

---

[1]) Winkler, Zeitschr. Pflanzenkr., Bd. 15, 1905, S. 129—130, 134.

(Sphegiden) Crabroniden, Grabwespen.

Die Grabwespen sind im allgemeinen recht nützliche Tiere. Sie legen für ihre Brut Röhren an, in die sie Insekten als Nahrung für jene eintragen, und zwar recht oft schädliche (Pflanzenläuse, Raupen, Heuschrecken, Zikaden usw.). Einige Arten bohren zu diesem Zweck lebende Pflanzenstengel an, sie mehr oder weniger weit abtötend. Gewöhnlich wird hierbei von einer Schnittfläche aus das Mark herausgeholt, seltener wird ein eigenes Eingangsloch gebohrt. SAJÓ (Zeitschr. Pflanzenkr. Bd. 5, 1895, S. 279) berichtet, daſs **Cemonus unicolor F.** in Ungarn Weinreben ausgehöhlt hatte, 1½ % derselben waren befallen. Nach GAHAN (Journ. econ. Ent. Vol. 4, 1911; p. 431) bohrte **Xylocrabro stirpicola** Pack. in Amerika in Zweigen von Catalpa bungei, einen jungen Baum schwer schädigend.

Apiden, Bienen.

Die verschiedenen Gruppen der Bienen verhalten sich so verschieden, daſs es sich nicht lohnt, genauer auf sie einzugehen, zumal nur wenige und nur in mäſsigem Grade schädlich werden.

Ceratina cyanea Kby. macht Röhren in Pflanzenstengeln wie Grabwespen, und soll in Ungarn einmal 200 junge Maulbeerbäume hierdurch getötet haben (Zeitschr. Pflanzenkr. Bd. 4, 1894, S. 100).

Ähnliche Röhren, nur mehr in Erde, morschem Holz usw. legen die **Blattschneider-** oder **Tapezierbienen, Megachile** Latr., an; aber sie kleiden sie aus mit Blattstückchen, die sie von den verschiedensten Gewächsen ausschneiden. Es gibt deren in allen Erdteilen; auf Java wird z. B. eine Art namentlich an Tee und Kakao, an denen es bis zum „Kahlfraſs" kommt, schädlich [1]. In Deutsch-Südwestafrika trug eine Art die Blätter junger Maulbeerbäume, Robinien und Eukalypten ab [2]. In Mitteleuropa wird besonders **M. centuncularis L.** [3] genannt, die ihre Blattstücke mit Vorliebe Rosen und Syringen, aber auch noch manchen anderen unserer Ziersträucher entnimmt und auch manchmal „Kahlfraſs" verursacht.

Die **Hummeln, Bombus** Latr., sind als Bestäuber sehr nützlich; sie sind aber groſse Freunde von Blütennektar; und wenn sich Blüten nicht rasch genug öffnen, oder wenn, wie bei Röhrenblüten, ihnen der Zugang zu ihm verschlossen ist, beiſsen sie ohne weiteres ein Loch in die Blütenhülle. Da dieses Loch dann auch von anderen Insekten, auch den eigentlichen Bestäubern der betreffenden Blüte, benutzt wird, verhindern so die Hummeln indirekt die Bestäubung; der dadurch verursachte Ernteausfall kann manchmal, z. B. bei Feldbohnen, recht beträchtlich sein. Hierüber hat schon DARWIN ausführlich gehandelt [4]. Vielfach werden auch die **Honigbienen** für diese Löcher verantwortlich gemacht, vom zoologischen Standpunkte aus anscheinend unbegründet, da ihre Mundteile hierzu nicht kräftig genug zu sein scheinen. Wenn man anderseits aber den ungeheuren Umfang, in dem jene Beschädigung auftritt,

---

[1] DOCTERS VAN LEEUWEN, Med. Proefstat. Salatiga (2), No. 10 (1908), p. 169—173, 1 Taf.

[2] Jahr.-Ber. Entwick. Deutsch-S.-W.-Afrika 1906/07, S. 95.

[3] SAJÓ, Ill. Wochenschr. Ent., Bd. 1, 1896, S. 581—584, 2 Fig. — SCHENKLING, S., ibid. Bd. 4, 1899, S. 148—150. — RICHTER, Rosenfeinde, S. 217—218, Fig. 26.

[4] Kreuz- und Selbstbefruchtung, 2. Aufl. 1899, S. 408—417.

und zwar gerade an Bienenpflanzen, ferner die grofse Menge der Bienen und die verhältnismäfsig doch recht geringe der Hummeln berücksichtigt, so möchte man die Streitfrage doch nicht für ganz gelöst halten. So berichtet DARWIN unter anderem, dafs auf weiten Heideflächen nicht eine unversehrte Blüte zu finden war, und dafs alle diese Löcher innerhalb 14 Tagen gebissen worden sein mufsten. Ich selbst sah auf grofsen Pferdebohnenfeldern jede einzelne Blüte durchbohrt[1]); die Felder schwärmten von Bienen, während Hummeln nicht von mir bemerkt wurden.

. Dieselbe Streitfrage ist, ob Honigbienen unverletzte Früchte anbohren können. Von den Obstzüchtern wird es mit aller Entschiedenheit bejaht, von den Imkern und Apidologen ebenso verneint[2]); doch glaube ich, dafs letztere die Festigkeit einer reifen Obstschale sehr überschätzen. Mindestens aber saugen Bienen gierig irgendwie verletzte reife, süfse Früchte aus und können dadurch beträchtlich schaden.

TAYLOR[3]) beobachtete in Amerika, dafs Honigbienen die Bakterienkrankheit der Birnblüten, *Bacillus amylovorus* Burr. (siehe Bd. 2, S. 53 bis 54) übertrugen; Bedecken der Bäume mit Netzen vor der Öffnung der Blüten verhinderte den Ausbruch der Krankheit.

Rhynchoten, Schnabelkerfe.

Entwicklung unvollständig. Mundteile bilden einen als Stütze oder Führung dienenden Schnabel, in dem Stechborsten so gleiten, dafs zwei Rohre entstehen, eins zum Saugen, und eins, durch das Speichel in die Wunde geträufelt wird, der einen Entzündungsreiz ausübt. Dadurch wird zunächst der Saftzustrom zu der Wunde verstärkt; später entstehen aber Vergiftungen oder Gallen.

Heteropteren, Hemipteren, Halbflügler, Wanzen[4]).

Schnabel entspringt an der Spitze des Kopfes. Vier in der Ruhe flach aufliegende Flügel; die vordere Hälfte des ersten Paares ist lederartig. Unsere Kenntnisse der Biologie sind noch äufserst mangelhaft. Als Nahrung dienen andere Insekten oder Pflanzenteile, von letzteren fast ausschliefslich oberirdische und solche, bei denen die Wanzen leicht an saftführende Gefäfse gelangen können, wie junge Triebe, Knospen, saftige, weiche Früchte, noch weiche Samen, Blätter, Blatt-, Blüten-

---

[1]) Jahrb. Hamburg. wiss. Anst. 19, 1901, Beih. 3, S. 164—165.
[2]) S. die Diskussion darüber im Prakt. Ratgeber Obst- u. Gartenbau 1908.
[3]) Science N. S., Vol. 15, 1902, p. 990.
[4]) Europäische schädliche Wanzen behandelt LAMBERTIE (Act. Soc. Linn. Bordeaux T. 62, 1907, p. 423—430), indische MAXWELL-LEFROY (Ind. Ins. Life, p. 666—717, Pl. 72—77, fig. 435—492; Mem. Dept. Agric. India, Vol. 1, 1908, p. 231, fig. 74), javanische KONINGSBERGER (Med. s' Lands Plantent. 22, 1898, p. 7—11, und Meded. Dept. Landbouw Batavia, No. 6, 1908, p. 12—19), australische FROGGATT (Austral. Insects, Sydney 1907, p. 326—345, Pl. 31—32). KUHLGATZ (Mitt. zool. Mus. Berlin, Bd. 3, 1905, S. 29—115, Taf. 2—3) stellt die Baumwollwanzen im allgemeinen, MORRILL (U.S. Dept. Agric., Bur. Ent., Bull. 86, 1910) die amerikanischen, SCHOUTEDEN (Rev. zool. Afric., Vol. 1, 1911, p. 297—318, Pl. 15, 16, 10 figs.) die afrikanischen zusammen, WATT and MANN (Pests and blights of Tea plant, Calcutta 1903, 2^d ed., p. 247—286, Pl. 13, 14, fig. 29—33) die indischen Teewanzen, SCHOUTEDEN (l. c. p. 56—77, Pl. 1, 2; 8 figs.) die afrikanischen Kakaowanzen.

und Fruchtstiele. Nur wenige Arten saugen in Rindenritzen. Die Gewebe um die Stichstellen färben sich sehr häufig gelblich bis dunkel oder sterben ab, desgleichen dünne Organe, wie Triebe, Stiele. So werden Wachstums-, Ernährungs- und Fortpflanzungsorgane in gleicher Weise geschädigt. Da, wo Triebe oder Knospen abgetötet werden, suchen sich die Pflanzen häufig durch Bildung von Adventivknospen und -sprossen zu helfen, so dafs Besenbildung die Folge ist. Da aber diese neuen Triebe ebenfalls abgetötet werden, kommt es meist zur Erschöpfung und zum Tode der ganzen Pflanze. Mifsbildungen bzw. Gallen treten selten auf.

Während die Nymphen ziemlich sefshaft sind, laufen und fliegen die Imagines lebhaft umher und saugen an den verschiedensten Stellen. Sind sie sehr zahlreich, so macht sich ihre Tätigkeit dann natürlich besonders bemerkbar.

Die Mehrzahl der Wanzen besitzt Stinkdrüsen, mit deren Ausscheidungen sie namentlich Früchte ungeniefsbar machen können. Selbstverständlich sind diese auch ein guter Schutz gegen natürliche Feinde, von denen aber dennoch Parasiten, andere Insekten, besonders fleischsaugende Wanzen, und auch Vögel eine nicht unwesentliche Rolle spielen.

Die meisten Wanzen sind ausgeprägte Sonnen- und Wärmetiere. Abklopfen, -schütteln und -sammeln ist daher möglichst frühmorgens vorzunehmen. Die Eier sind, wo sie offen und gruppenweise abgelegt werden, abzusuchen. Spritzmittel sind in der Hauptsache auf die Nymphen zu beschränken. Besonders haben sich Tabaksextrakt, Seifenlösung, Petroleumseifenbrühe und Walölseife bewährt. Manche neuere Versuche scheinen zu zeigen, dafs gesüfste, also hygroskopische Arsenmittel in derselben Weise wirksam sind, wie gegen die Fruchtfliegen (*Trypetiden*).

Nur die Gruppe der

Gymnoceraten, Landwanzen,

kommt für uns in Betracht.

Pentatomiden, Schildwanzen.

In der Hauptsache räuberisch, aber auch einige plantisug. Eier grofs, perlmutterglänzend, aufrecht zylindrisch mit flachem Deckel, in Kuchen an Blättern oder Rinde. Junge anfangs gesellig, trennen sich bald. In den gemäfsigten Zonen im allgemeinen nur eine Generation, deren Nymphen überwintern, vorwiegend in der Bodendecke. Die Eier werden häufig von *Proctotrypiden* parasitiert, die älteren Nymphen und Imagines von *Tachiniden*. Die meisten Schildwanzen fliegen gerne nach Licht.

Auf Java schadet **Brachyplatys nigriventris** Westw. an verschiedenen zweit-angebauten Feldfrüchten, besonders aber an Leguminosen, an Blättern und reifenden Samen, und **Coptosoma atomaria** Germ. an Kartoffeln und anderen Solanum-Arten; die Nymphen sitzen in den Falten der jungen Blätter; durch das Saugen werden häufig die jungen Triebe getötet.

Corimelaena pulicaria Germ. [1] hat in Maryland junge Selleriebeete schwer geschädigt.

---

[1] Quaintance, U. S. Dept. Agr., Div. Ent., Bull. 40, 1903, p. 50.

Scutiphora (**Peltophora**) **pedicellata** Krby [1]), Cherry-bug, **Austra-lien**, an verschiedensten Früchten.

Tectocoris lineola F. **var. cyanipes** F. [2]) Indoaustralisches Gebiet mit Ausnahme von Vorderindien und Ceylon; an Malvaceen, besonders Hibiscus und Baumwolle; an letzterer auf Java schädlich. Eier in Ringen von 100—200 Stück um junge Zweige; die Nymphen saugen sich zuerst dicht dabei fest und töten so den besetzten Zweig. Erwachsene an den Blättern.

Poecilocoris Hardwickii Moore, Indien, im Schatten von Teepflanzen, saugt die unreifen Kirschen aus. — **Scutellera perplexa** Stoll [nobilis F. [3])], Indien, an Blättern und Beeren von Weinreben.

Calidea apicalis Schout. [nicht C. *rufopicta* Walk. [4])] in Ostafrika an Abassi-Baumwolle; an Blättern und Blüten.

Odontotarsus grammicus L. und **Eurygaster maurus** L. [5]) Süd-Europa; saugen die milchreifen Körner von Getreide und Mais aus.

Podops vermiculata Voll. Java, an Reis; saugt hauptsächlich an Stengeln und Blattscheiden, aber auch an Blättern; es entstehen längliche, braune Flecken.

Crocistethus Waltli Fieb. [6]) Algier, in Weinbergen schädlich.

Sehirus (Cydnus) **bicolor** L. Europa. Oft in Gruppen an Wurzeln von Gemüsepflanzen oder an jungen Trieben von Obstbäumen; an ersteren Holzasche streuen, letzteren mit Nikotin bespritzen (LAMBERTIE, l. c. p. 424).

Brochymena annulata F. [7]), Nordamerika, tötet an Obstbäumen Zweige. **B. obscura** H.-S. in New-Mexiko an jungen Pfirsich-Früchten.

Dalpada versicolor H.-S., Java, schädlich an (Liberia-)Kaffee, Kapok und wahrscheinlich noch anderen Pflanzen; es entstehen längliche, dunkle Streifen an den Zweigen; später werden sie ganz schwarz, welken und vertrocknen.

Palomena prasina L. [viridissima Poda [8])]. Süd-Frankreich und Italien, gemein, besonders in Gärten; an Reben. Melonen, Paradiesäpfeln, Bohnen, Gurken usw.; hat in Sardinien allein an Winterweizen 1900 die Ernte um 1000 hl vermindert. Gegen die Larven mit Nikotin-Seifenbrühe spritzen.

Pentatoma ligata Say. The **Conchuela** [9]). Südl. Nord- und Mittel-Amerika. Sehr polyphag, bevorzugt Früchte und Samen; ihren Hauptschaden tut sie an den Kapseln von Baumwolle. Die Ernte einer einzigen Pflanzung in Mexiko wurde 1903 um 1200—1500 Ballen vermindert. Gegenmittel u. a.: Einige Mesquite-(Prosopis)-Pflanzen im Frühjahre als Fangpflanzen benutzen; später aber diese Pflanze und Luzerne, die ebenfalls eine bevorzugte Nährpflanze ist, nicht in der Nähe der Baumwollfelder bauen. Drei bis fünf Generationen; Eierablage an Blätter; Imagines überwintern.

---

[1]) FROGGATT, Agric. Gaz. N. S. Wales. Vol. 8, 1897, p. 104, Fig. 4; Vol. 12, 1901, p. 1594, Fig. 3.
[2]) AULMANN, Fauna deutsch. Kolon., R. 5, Hft. 4, 1912, S. 124—127, Fig. 93.
[3]) DE NICÉVILLE, Ind. Mus. Not., Vol. 5. 1900, p. 119—120, Pl. 16 Fig. 3.
[4]) VOSSELER, Ber. Land- u. Forstwirtsch. D.-O.-Afrika, Bd. 2, S. 504.
[5]) SSOKOLOW, 1901 (russ. Arb.), Ausz.: Zeitschr. wiss. Ins.-Biol. Bd. 4, S. 108.
[6]) MARCHAL, Bull. Soc. ent. France 1897, p. 217.
[7]) Ins. Life Vol. 7. 1895, p. 47, fig. 17; p. 280. — PETTIT, Rep. 1898, p. 345, Fig. 4.
[8]) LEONARDI, Bol. Ent. agr. Vol. 8, 1901, p. 118—119.
[9]) MORRILL, U. S. Dept. Agric., Bur. Ent., Bull. 64, 1907, p. 1—14, Pl. 1, Fig. 1, 2.

P. Sayi Stål[1]). Ebendort an Getreide (besonders Weizen), Luzerne, Bohnen, Erbsen, seltener an den reifenden Samen von Baumwolle. — Ebenso **P.** (Lioderma) **Uhleri** Stål, in manchen Jahren überaus schädlich.

Dolycoris baccarum L. **Beerenwanze,** Faule Grete[2]). Europa; vielfach als nützlich angesehen, da sie zweifellos viel Ungeziefer vertilgt. Andererseits wird sie aber nicht nur dadurch lästig, dafs sie ihren widrigen Geruch den Beeren- und anderen Früchten, auf denen sie sich mit Vorliebe aufhält, mitteilt, sondern sie wird sehr schädlich, indem sie an diesen saugt, ihre Entwickelung verhindert oder die reifen Beeren vernichtet, ganz besonders aber auch dadurch, dafs sie saftige Triebe von Kräutern, Sträuchern und (Obst-)Bäumen aussaugt. — **D. indicus** Stål; Indien, saugt an Jute, Luzerne, Mais, Andropogon die reifen Samen aus.

Euschistus servus Say. Brown Cotton bug. Wie die Conchuelawanze, nur nicht so zahlreich, polyphag und wichtig. — **E.** (**variolarius** Pal. Beauv.) **punctipes** Say[3]) im südlichen Nordamerika bis Brasilien an Tabak usw., wenig schadend.

Aelia acuminata L. und andere Arten. Europa; nicht selten schädlich an den milchreichen Körnern von Getreide. — Desgl. **Ael. furcula** Fieb.[4]) in Südrufsland.

Thyantha custator F., Nordamerika, besonders in den Südstaaten, an Getreide, Cowpeas und Baumwolle beträchtlich schädlich. An letzterer sind die kleinen Wanzen derart in den Kelchblättern der Knospen und Kapseln versteckt, dafs sie kaum sichtbar sind und daher der Beobachtung gewöhnlich entgehen.

Agonoscelis puberula Stål[5]). Im Sudan wiederholt sehr schädlich an den milchreifen Körnern von Durrah. In manchen Provinzen mehrfach die ganze Ernte vernichtet. Auch gelegentlich an jungen Datteln. — **A. nubila** F., Indien; wie *Dolycoris indicus.*

Eurydema oleracea L., **ornata** L. und **festiva** L., **Kohlwanzen;** Europa; an Blättern von Cruciferen, besonders Kohl, Raps, Levkoyen usw. schädlich, aber auch an Spargel, Kopfsalat. Eiablage an Blatt-Unterseite. Spritzen mit Petroleum-Seifen-Emulsion oder mit 2—4 %igem Lysol, das nach zehn Minuten mit 4 %igem zu wiederholen ist[6]).

Murgantia histrionica Hahn. **Harlequin cabbage** oder terrapine **bug**[7]). Heimat Mexiko und Zentral-Amerika, von da nordwärts bis Erie-See gewandert, im Norden aber durch kalte Winter immer wieder vernichtet. Der schlimmste Feind des Kohlbaues in den Südstaaten; stark befallene Pflanzen welken und sterben ab, wie von Feuer versengt; daher auch „fire bug". Fünf bis sechs Wanzen können eine junge Kohlpflanze in ein bis zwei Tagen abtöten. Auch an anderen Kreuzblütlern. Die Wanzen überwintern in hohlen Kohlstrünken, am

[1]) Chittenden, ibid. Bull. 10. N. S., 1898, p. 94.
[2]) Reuter, E., Berätt. 1897. — Schöyen, Beretn. 1897, 1898. — Anon., Prakt. Ratg. Obst- u. Gartenbau 1886, S. 357—358.
[3]) d'Utra, Bol. Agric. S. Pauls 1903, 120—121.
[4]) Ssokolow, l. c. S. 104.
[5]) King, H. H., 3 d Rep. Gordon Mem. Coll., Karthoum 1903, p. 225—226, Pl. 28 fig. 11.
[6]) Lampa, Berätt. 1898.
[7]) Chittenden, U. S. Dept. Agric., Bur. Ent., Circ. 103, 1908, 10 pp., 1 fig. — Sanderson, Journ. ec. Ent, Vol. 1, 1908, p. 255—257. — Smith, R. J., ibid., Vol. 2, 1909, p. 108—114; Rep. N. Carolina agr. Exp. Stat. 1909, p. 90—99.

Boden usw. Sie erwachen sehr zeitig im Frühjahre und legen etwa
achtmal in Zwischenräumen von 4—12 Tagen je 12 Eier in einer
Doppelreihe ab. Nach 4—10 Tagen, je nach Klima, die Nymphen, die
wieder 3—9 Wochen leben; so folgen sich im ganzen drei bis sechs
Generationen; die Sommer-Generationen legen weniger Eier ab, als die
überwinterte. Sind im Herbste alle Kreuzblütler geerntet bzw. vernichtet, so gehen die Wanzen an die verschiedensten anderen saftigen
Pflanzen. Gegenmittel: gründliche Reinigung der Felder, tiefes Umpflügen im Herbste. Senf oder andere früh treibende Kreuzblütler im
Frühling als Fangpflanzen säen. Abfall-Häufchen zur Überwinterung
auslegen und dann verbrennen. Absuchen. Spritzen mit Petroleum-
Emulsion (10 %ig) oder Walölseife (2 Pfund auf 4 Gall. Wasser).

Strachia crucigera Hahn; malayischer Archipel, Indien, sehr
schädlich an Cruciferen.

Bagrada hilaris Stoll [1]) ist in Süd-Afrika ein schlimmer Feind
aller angebauter Cruciferen, besonders von Kohl, **B. picta** F. desgleichen in Indien.

Nezara hilaris Say, The Green Soldier-bug [2]). Nordamerika bis
Brasilien, sehr polyphag, von Kräutern bis zu Bäumen, an allen grünen
Teilen. Besonders schädlich an Kapseln von Baumwolle, deren Samen
sie aussaugen, so daſs erstere vertrocknen oder unreif aufspringen; auſserdem wird die Wolle beschädigt. Imagines überwintern.

N. viridula L. [smaragdula F., prasina Dall] [3]). Alte und Neue Welt.
In Frankreich an Maisähren; in Java an Reis und Mais, an Halmen
und Stengeln kleine, längliche Streifen verursachend. In Indien an
Kartoffeln, Rizinus, Hirse und Reis. Auf Mauritius saugt sie die Stengel
und Blütenknospen der Vanille aus. In Nordamerika schädlich an
Kartoffeln, Bataten, Orangen und Baumwolle, überall an den jungen
Trieben, die von der Spitze aus schwarz werden.

Antestia variegata Thunb. **var. lineaticollis** Stål. Ostafrika-
nische **Kaffeewanze** [4]), 8 mm lang, 5 mm breit, weiſs, schwarz und
gelbbraun gezeichnet. Ursprünglich wohl an Mais und Eleusine, geht
an Kaffee über, wenn dessen Pflanzungen einige Jahre alt sind. Die
Wanzen saugen die Kirschen, bzw. unreifen Bohnen aus, besonders um
den Stielansatz herum. Die Kirschen schwärzen sich, schrumpfen und
fallen ab. Namentlich zu Beginn der Ernte der Schaden sehr bedeutend,
bis 75 % Verlust; in einer Pflanzung 40 000 M. Schaden. Auſserdem
werden Triebe, Blätter und Knospen angestochen. Infolge Abtötens
der endständigen Laubknospen brechen an Stelle der Blüten seitliche
Laubtriebe hervor; der Blütenansatz unterbleibt: die Bäume bilden ein
dichtes Gewirr kleiner Triebe und Blätter. In gut beschatteten Pflanzungen soll sie fehlen. Eier in Häufchen zu zwölf an Blatt-Unterseite.
Spritzen mit Arsen-Zuckerlösungen hat sich gut bewährt. — **A. partita**
Walk. (**plebeja** Voll.) [5]), Java, ebenfalls an Kaffee, ferner an Fraxinus,

———

[1]) Lounsbury, Agric. Journ. Cape Good Hope Vol. 24, 1904, p. 14, 2 fig.
[2]) Franklin, U. S. Dept. Agric., Div. Ent., Bull. 4, 1884, p. 81—83. — Sanderson,
ibid., Bull. 57, 1906, p. 47—49, fig. 29.
[3]) Bordage, Compt. rend. 6 ᵐᵉ Congr. internat. Agric. Paris 1910, p. 316.
[4]) S. die Berichte von Zimmermann, Vosseler und Morstatt in den Veröffentlichungen der Station zu Amani.
[5]) Zimmermann, Teysmannia 1901, p. 442. Meded. s' Lands Plantent. 67, 1904,
p. 1—24, Pl. 1 Fig. 1—6, Textfig. 1—13. — Eichinger, Pflanzer, Jahrg. 8, 1912,
S. 312—316.

Morinda und Lantana. Schaden nur durch Saugen an den Zweigen, die dann wie Glas brechen. Die Blätter bleiben klein, krümmen sich wellig, sehen marmoriert aus, es entstehen ständig neue Knospen und schwächliche Triebe mit kränklichen Blättern. Wiederum besonders da, wo wenig oder kein Schatten. Entwicklung dauert 48 Tage; Weibchen aber erst einen Monat nach letzter Häutung geschlechtsreif; daher drei Generationen in einem Jahre. — **A. cruciata** F., Indien, an Kaffeebeeren, Gartenpflanzen und Obst.

Menida histrio F., Java; zeitweise in grofser Zahl an Blättern und Halmen von Reis, der im Wachstum zurückbleibt.

Bathycoelia thalassina H.-S.[1]) Kamerun. 16—17 mm lang, olivengrün mit schwarzer Zeichnung. An Kakaofrüchten, ohne grofse Bedeutung. Läfst sich bei geringster Störung zu Boden fallen.

Cuspicona simplex Wlk., Australien, an vielen Feldfrüchten, sehr schädlich an Kartoffeln.

Tropicoris rufipes L.[2]) In England beträchtlich schädlich an Kirschbäumen.

Rhoeocoris sulciventris Stål und **Stilida indecora** Stål, Australien; *Bronzy Orange bugs*. Haufenweise an der Basis der Fruchtstiele von Orangen, die dann abfallen. Räuchern mit Blausäure.

Pycanum rubens F.[3]) Beim Indragiri an der Ostküste Sumatras sehr schädlich an Uncaria gambir, tötet die Zweigspitzen ab.

Cyclopelta obscura Lep. et Serv. Java; Swarte Dadapwants; gemein und sehr schädlich an Dadap. Eier in breiten Bändern um die jungen Zweige; die jungen Nymphen saugen zuerst unmittelbar daneben und bringen so die Zweige zum Absterben, wandern dann an den nächsten Zweig usw.

Megarhynchus truncatus Hope und **rostratus** F., auf Java an den Stengeln von Reis, Mais und jungem Zuckerrohr.

Acanthosoma haemorrhoidalis L.[4]) in Norwegen schädlich durch massenhaftes Auftreten an Blütenstielen von Syringa josikaea, minder von S. vulgaris und chinensis.

Noch zahlreiche Arten in Indien und Australien mehr oder minder schädlich; siehe darüber die Faunen von MAXWELL-LEFROY und FROGGATT.

Coreiden, Randwanzen.

Vorwiegend plantisug. Düster gefärbt, oft modernden Pflanzenteilen ähnelnd. Eier oval, flach oder länglich, in unregelmäfsigen Reihen oder Kuchen an Nährpflanzen oder in Bodendecke. In den gemäfsigten Zonen eine Generation. Imagines überwintern.

Mictis longicornis Westw. (fulvicornis Hahn) auf Java an Leguminosen, besonders Bohnen schädlich. — **M. profana** F.[5]) in Australien an jungen Trieben von Akazien, Eucalyptus und Citrus-Bäumen. Bäume können bis auf das alte Holz abgetötet werden und sehen dann

[1]) Busse. Tropenpflanzer Beih. 7, 1906, S. 185. — Schouteden, Zeitschr. wiss. Ins.-Biol., Bd. 2, 1906, S. 82—88, 9 Fig. — Aulmann, l. c. p. 80, Fig. 50.
[2]) Theobald, Journ. Board Agric. London, Vol. 13, 1907, p. 717. — Rep. 1907, p. 47.
[3]) Koningsberger, Bull. Dépt. Agric. Ind. Néerland. No. 20, 1908, p. 4.
[4]) Schöyen, Beretn. 1897.
[5]) French, Destr. Ins. Victoria, Vol. 4, 1909, p. 69—71, Pl. 70.

wie verbrannt aus. Eiablage in Bodendecke, an alten Zäunen usw. Schwache Petroleumemulsion-Spritzungen dienen als gute Abschreckungsmittel. Feinde: eine Spinne und eine Asilide.

Anoplocnemis grossipes F., auf Java gemein an Leguminosen, besonders Bohnen, an Blättern und reifenden Früchten. — **A. phasianus** F. [1]) tötet auf Ceylon junge Triebe des Dadapbaumes ab.

Acanthocerus galeator F. [2]), Nordamerika, an Stengeln von Gartenbohnen, zarten Trieben von Apfelsämlingen (in Baumschule), Pflaumen, Him- und Brombeeren, auch an Rüben.

Leptoglossus oppositus Say, Northern leaf-footed Plant-bug [3]). Nordamerika, in erster Linie an Curcurbitaceen, dann an Obst und Tomaten, die Früchte aussaugend, aber polyphag, u. a. an Stengeln und milchreifen Körnern von Mais, an Baumwollkapseln usw. Die Wanzen überwintern; sie erscheinen erst anfangs Juli und legen dann ihre Eier in einfachen Reihen an den Rippen der Blätter entlang ab. Nach acht Tagen kriechen die Nymphen aus, Mitte September ist die Entwicklung abgeschlossen. Feinde: Tachiniden und die Chinch-Wanze. Gegenmittel u. a.: Gips mit Petroleum tränken und zwischen die Pflanzen auslegen. Feldreinigung nach der Ernte. — **L. phyllopus L.** Banded leaf-footed Plant-bug [4]). Die südliche Form, besonders an reifem Obst (Pfirsichen, Pflaumen, Erdbeeren), Tomaten, Baumwollkapseln usw.; auch an Melonen-Stengeln. Mit ihrer eigentlichen Nährpflanze: Carduus spinosissimus, läßt sie sich ködern. — Beide Arten sollen mit ihren verbreiterten Fußgliedern Pilzkrankheiten übertragen. — **L. zonatus** Dall, Mexiko; nach MORRILL an Luzerne, an Knospen und Kapseln von Baumwolle. — **L. membranaceus** F. [5]) wurde in den letzten Jahren plötzlich auf Ceylon schädlich an unreifem Obst, besonders Orangen; ferner an Cyphomandra betacea, Pfirsichen, Pflaumen, Physalis peruviana, Bohnen und Erbsen; die angestochenen Früchte fallen vorzeitig ab, die Hülsen schrumpfen und welken.

Anasa tristis DeG., **Squash bug** [6]). Nordamerika, an Cucurbitaceen. Wanzen überwintern in Verstecken nahe dem Boden. Sowie die Nährpflanzen zu treiben beginnen, erscheinen sie an Blättern und Trieben, später auch an Früchten. Eiablage in unregelmäßigen Reihen an Blattunterseite. Nach 8—14 Tagen die Nymphen, im August die fertigen Wanzen. Im Süden wahrscheinlich zwei bis drei Generationen. Tagsüber halten sie sich versteckt, saugen nur in der Dämmerung. Feinde: Kröten, Eidechsen, Chalcidier (Eierparasiten), Tachiniden, *Bacillus entomotoxica* Duggar. Gegenmittel u. a.: überwinterte Wanzen, Eierhäufchen und die zuerst gesellig lebenden Nymphen absuchen. Verstecke in der Nähe der befallenen Pflanzen anlegen, die jeden Morgen abgesucht werden müssen. Reinigung der Felder nach der Ernte. — Die Gurkenwanze ist auch stark entomophag, selbst kannibalisch. — **A. armigera** Say, Horned Squash bug [7]); wie vorige, aber später (Anfang August) minder zahlreich und schädlich.

[1]) GREEN, Trop. Agric, Vol. 36, 1911, p. 517.
[2]) CHITTENDEN, U. S. Dept. Agric., Div. Ent., Bull. 33, N. S., 1902, p. 105—106.
[3]) CHITTENDEN, l. c. p. 18—25, fig. 3—5.
[4]) CHITTENDEN, l. c. Bull. 19, N. S., 1899, p. 46—48, fig. 10.
[5]) GREEN, Trop. Agric., Vol. 38, 1912, p. 529—530, fig.
[6]) CHITTENDEN, l. c. p. 20—28, fig. 3—5; Circ 39, N. S., 1899, 5 pp., 3 figg.
[7]) CHITTENDEN, l. c. Bull. 19, p. 28—34, Fig. 6.

Syromastes marginatus L. [1]). In Frankreich an Brom- und Erdbeeren, in Finland an Apfeltrieben, in Norwegen an Rhabarber, zum
Teil sehr schädlich.

Clavigralla horrens Dohrn, Vorder- und Hinterindien, Ceylon,
an Cajanus indicus und Leguminosen.

Leptocorisa varicornis F., Rice bug. Orientalische Region;
geht von Gras und sonstigem dichten Pflanzenwuchs an Reis, Hirse und
anderes Getreide über. Saugt die blühenden Halme, an Reis auch die
milchreifen Körner aus, so daſs „Weiſsährigkeit“ entsteht. In der
guten Jahreszeit fünf Generationen; von März bis Juni Sommerschlaf.
Nur morgens und abends tätig, tagsüber in tiefem Schatten ruhend. —
Feinde: *Cicindela sexpunctata* L.; Eierparasit. Abfegen mit Fang-
rahmen. — **L. acuta** Thunb., „*Walang sangit*“ [2]); auf Java und Ceylon
eine der ernstlichsten Plagen an Reis; wie vorige. Sie wird von Eingeborenen in schwelende Feuer gelockt, in denen Blätter bestimmter
Pflanzenarten verbrannt werden.

Riptortus-Arten, besonders **R. linearis** F.[3]), in Indien an den
Hülsen von Leguminosen.

Serinetha (Leptocorisa) **trivittata** Say[4]). Nordamerika. Ganz
besonders an Acer negundo, aber auch an Obstbäumen, an Blättern,
zarten Trieben und selbst Früchten; im Winter manchmal sogar in
Treibhäusern. Eiablage in Rindenritzen. Gegen Herbst versammeln
sich die Wanzen in ungeheuren Mengen an den Stämmen ihrer Nährpflanzen, besonders des Ahorns. Überwinterung in Hecken, Zäunen,
Gebäuden usw. — **S. hexophthalma** Thunb., dem Hamburg. Kolonial-
institut von Kaffeelaub aus Ostafrika eingeschickt.

Lygaeiden, Langwanzen.

Kleine Formen. Lebensweise und Eiablage sehr verschieden.

Oncopeltus quadriguttatus F. (**sordidus** Dall), Cotton bug.
Australien. Eier in Ringen bis zu 100 Stück um die Baumwollzweige.
— **O. fasciatus** Dall, Mexiko, an Luzerne und an Knospen und
Kapseln von Baumwolle.

Nysius angustatus Uhl., False chinch bug, Nordamerika, omnivor,
besonders aber an Kreuzblütlern; seine Lieblingspflanze ist Portulak.
Auch an jungen Baumwollpflanzen. Oft in groſsen Mengen zusammen.
Warmes trockenes Wetter begünstigt ihn. Zwei bis drei Generationen.
Die Wanzen überwintern am Boden usw. — Ähnlich **N. minutus** Uhl.
— **N. californicus** Stål, an Salat schädlich geworden. — **N. minor**
Dist., Indien, an Tabak usw. — Viel schlimmer als die genannten Arten
ist der **Rutherglen bug, N. vinitor** Bergr.[5]), in Australien, an allen
Arten Obst (Früchte), Gemüse (saftige Stengel und Blätter), an Mais
und Weizen (an den sich bildenden Ähren). Bekämpfung am besten
durch Abschütteln von den Obstbäumen oder Räuchern dieser mit Blausäure. — **N. senecionis** Schill., Tunis, an Reben [6]), neuerdings Zeitungs-

---

[1]) Schöyen, Beretn. 1896. — Reutter, Berätt. 1898.

[2]) Green, Trop. Agric. Vol. 35, 1910, p. 311. — Simon, Tropenpflanzer Bd. 16,
1912, S. 542.

[3]) Kershaw and Kirkaldy, Trans. ent. Soc. London 1908, p. 59.

[4]) Howard, U. S. Dept. Agric., Div. Ent., Circ. 28, 2ᵈ Ser., 1898, 3 pp., 1 fig.

[5]) French, Destr. Ins. Victoria, Vol. 1, 1891. p. 105—110, Pl. 12 (*Rhyparochromus
sp.* genannt). — Froggatt, Agr. Gaz. N. S. Wales, Vol. 12, 1901, p. 352—355, Pl. 2.

[6]) Marchal, Bull. Soc. ent. France 1897, p. 217.

meldungen nach in den Weinpflanzungen der Narbonne verheerend aufgetreten; er soll zu Millionen die jungen amerikanischen Reben überfallen und sie in wenigen Tagen vernichten.

Blissus leucopterus Say, der **Chinch bug**[1]), ist eines der schädlichsten Insekten Nordamerikas, wo er von 1850—1909 für 350 Mill. $ Schaden verursacht hat. Er ist besonders in den zentralen und südlichen zentralen Gegenden heimisch und überfällt alle Arten Gräser, Getreide und besonders auch Mais. Die reifen Wanzen überwintern in Grasbüscheln, hohlen Maisstümpfen und ähnlichen Verstecken. Von Mitte April bis Anfang Juni legen die Weibchen je 150—200 Eier an die Wurzeln oder Halmbasis; nach 2—3 Wochen erscheinen die Nymphen, die im August, September wieder reife Wanzen ergeben, die ihre Eier an die unentfalteten Blätter von Mais legen. Hieraus kommen schon nach 10 Tagen die Nymphen; die aus ihnen hervorgehenden Wanzen überwintern. Während die Wanzen im Herbste zu den Überwinterungsplätzen und im Frühjahre von diesen zu den Weideplätzen fliegen, wandern sie im Sommer, wenn sie ein Feld vernichtet haben, zu Fufs nach dem benachbarten. Man kann daher unbefallene Felder bei trockenem Wetter durch Gräben, deren Grund mit Staub bedeckt ist, oder durch schmale Teerstreifen schützen. Andere Gegenmittel sind u. a.: Reinigung der Felder, Abbrennen alles dürren Grases im Herbst und Winter. Eine Pilzkrankheit (*Sporotrichum globuliferum*) tut um so bessere Wirkung, je feuchter die Witterung ist.

Colobathristes saccharicida Karsch[2]), auf Java an Zuckerrohr. an Blättern und Trieben; junge Pflanzen leiden sehr, ältere überwinden den Schaden.

Oxycarenus hyalinipennis Costa[3]). Mittelmeergebiet, ganz Afrika; an Baumwolle und anderen Malvaceen. Über den Schaden widersprechen sich die verschiedenen Beobachter. Angegeben wird, dafs die Wanzen die Blüten und unreifen Kapseln aussaugen sollen; in letztere sollen sie durch von anderen Insekten verursachte Wunden eindringen, den Saft der Wolle und unreifen Samen saugen; in offenen Kapseln verbergen sie sich gerne und können mit ihnen in die Maschinen kommen, beim Ginnen zerquetscht werden und so die Wolle färben. Kapseln vorm Ginnen einige Stunden in der Sonne trocknen, worauf sie von den Wanzen verlassen werden. Ähnlich **O. exitiosus** Dist. in Uganda, Nairobi, Kapkolonie, **O. gossypinus** Dist. und **Dudgeoni** Dist. in Uganda, **O. laetus** Kby[4]), in Indien. Eiablage in Wolle, nahe den Samen, an denen die Nymphen saugen. — **O. lavaterae** F.[5]) in Tunis an jungen Pfirsichen; ferner an Reben in Tlemcen (Algier).

---

[1]) Howard, U. S. Dept. Agric., Div. Ent.. Bull. 17, 1888, 48 pp., 10 figs. — Webster, ibid., Bull. 15, N. S., 1898, 82 pp., 19 figs,; Bull. 69, 1908, 95 pp., 18 figs.; Circ. 113, 1910, 27 pp., 8 figs. — Kelly and Parks, Bull. 95, Pt. 3, 1911, p. 23—52, 2 Pls., 5 fig. — Billings and Glenn, Bull. 107, 1911, 58 pp., 5 Pls.,4 figs. (Sporotrichum globuliferum).

[2]) van Deventer, Dierl. Vijand. Suikerriet, Amsterdam 1906, p. 166—167.

[3]) Schuyler, Ins. Life Vol. 3, 1890, p. 68. — Marchal, P., C. r. 25e Congr. Assoc. franç. Av. Sc., Carthage 1896, p. 493. — Busse, Beih. 7 Tropenpflanzer 1906, p. 211. — Vosseler, Ber. Land- u. Forstwirtsch. D.-O.-Afrika, Bd. 2, 1906, S. 504. — Stuhlmann, Pflanzer, Bd. 3, 1907, S. 217. — Zimmermann. Baumwolle, Berlin 1910, S. 121—123, Fig. 24. — Morstatt, Pflanzer, Bd. 7, 1911, S. 65. — Aulmann, l. c. p. 122—124, Fig. 91.

[4]) Maxwell-Lefroy, Occas. Bull. Dept. Agric. India, 2, 1909. p. 9—10. — Green, Trop. Agr., Vol. 33, 1909, p. 34, 319.

[5]) Marchal, Bull. Soc. ent. France 1897, p. 217. — Noël, Bull. Labor. rég. Ent. 1908, Ier Trim., p. 12.

Myodocha serripes Ol. [1]), Nordamerika, schädlich an Früchten von Erdbeeren in allen Reifestadien.

Aphanus-Arten sammeln in Indien beim Dreschen die trockenen Weizenkörner in solchen Massen auf und tragen sie in Verstecke, daß sie jeden Morgen wieder gesammelt werden müssen.

Pyrrhocoriden, Feuerwanzen.

Große, oft lebhaft gefärbte Formen, zum Teil mit verkümmerten Flügeln. Plantisug. Biologie meist unbekannt.

Dindymus versicolor H.-S. Harlequin fruit bug. [2]) Australien; beschädigt reifes Obst. Eiablage Ende Sommers in Rindenritzen, unter Bodengeniste, Steinen, in morsches Holz usw.

Dysdercus Am. et Serv., Rotwanzen [3]).

Tropen und zum Teil Subtropen. Einige Arten spielen als „r e d s t a i n e r s" eine wichtige Rolle bei der Baumwollkultur. Sie verhindern die Entwicklung von Blütenknospen und unreifen Kapseln und bringen sie zum Abfallen; in sich öffnende Kapseln dringen sie ein, um das Öl der Samen zu saugen. Besonders wichtig ist aber die auf sie zurückzuführende Gelb- und Rotfärbung der Wolle, die deren Wert um 50% verringern kann. Nach VOSSELER, MORRILL und GUPPY rührt sie in der Hauptsache vom Saugen an den unreifen Kapseln her; aus den Stichwunden, besonders denen der Samen, treten färbende Zellsäfte, namentlich Öl in die Wolle. Viel weniger von Bedeutung ist die Beschmutzung der Wolle durch die in den offenen Kapseln saugenden Wanzen oder durch deren Zerquetschen in den Ginnen, wiewohl man seither glaubte, hierauf den meisten Wert legen zu müssen.

Andere Nährpflanzen sind sonstige Malvaceen mit öligen Samen; gelegentlich werden auch Früchte anderer Pflanzen angegangen.

Die fast das ganze Jahr über vorhandenen Wanzen legen je etwa 100 Eier einzeln oder in lockeren Haufen an oder ganz flach in die Erde, seltener an Pflanzen. Ganze Entwicklung 42—93 Tage. Nymphen leuchtend rot; Imagines gelb oder gelbbraun.

Feinde in erster Linie Vögel; Oriolus melanocephalus ernährt sich in Indien von Januar bis Juni zu 50—70% von Dysdercus-Arten. Ferner Pentatomiden und Pyrrhocoriden.

Bekämpfung: Die sehr geselligen Wanzen lassen sich namentlich Anfangs des Jahres in Massen abklopfen. Ködern mit süfsen Früchten oder Säften. VOSSELER empfiehlt für Ostafrika, halbierte, noch nicht ganz reife Früchte des Affenbrotfruchtbaumes als Köder auszulegen. Hibiscus, zwischen die Baumwolle gesät, reift früher und kann daher als Fangpflanze für die überwinterten Wanzen dienen. Als Überwinterungsverstecke werden besonders Haufen alter Baumwollsaat bevorzugt, die dann rechtzeitig vernichtet werden müssen. *D. suturellus* kann mit Urena lobata geködert werden.

In der Verbreitung sind die meisten Arten mehr oder weniger be-

---

[1]) JOHNSON, U. S. Dept. Agric., Div. Ent., Bull. 20, N. S., 1899, p. 63; Bull. 22, N. S., 1900, p. 108.

[2]) FRENCH, Destr. Ins. Victoria, Vol. 1, 1891, p. 89—91, Pl. 9.

[3]) BALLOU, West Ind. Bull. Vol. 7, 1906, p. 64—85, 1 map. — ZIMMERMANN, l. c. p. 116—121, fig. 19. — S. auch S. 616 Anm. 4.

schränkt; Verschleppung scheint also, wenn überhaupt, nur in beschränktem Maße vorzukommen. Die wichtigsten Arten sind:

D. superstitiosus F., fasciatus Sign. und **nigrofasciatus** Stål, Afrika[1]) (auch in Früchten vom Kapokbaum); **D. cardinalis** Gerst., Ostafrika.

D. cingulatus F. Orientalische und australische Region (auf Java auch an Bohnen und Bataten).

D. sidae Montr. Neu-Guinea, Australien (auch an Mais).

D. suturellus H.-S.[2]) südl. Nordamerika (Florida, Georgia, Alabama, S.-Carolina; auch an Orangen, Eierpflanzen usw.), Westindien, (Süd-Amerika?). — **D. ruficollis** L. Mexiko, Brasilien, Peru. — **D. Andreae** L.[3]), **Delauneyi** Lcth. und **Howardi** Ballou[4]), Westindien.

Tingiden.

Kleine Formen mit blattförmig verbreiterter, netzförmig gegitterter Oberfläche; sitzen gewöhnlich gesellig an Blattunterseite; plantisug. Eiablage, soweit bekannt, in Pflanzengewebe oder Rindenritzen.

Piesma (Zosmenus) capitata (-us) Wolff[5]). Etwa seit 1903 in Schlesien, später auch in anderen Gebieten Ostdeutschlands an Runkel- und Zuckerrüben. Die überwinterten Wanzen befallen bereits im Mai die jungen Pflanzen und saugen an der Unterseite von Blättern und Blattstielen. Hier auch die Eier, aus denen Anfangs Juni die Nymphen auskriechen. Die Saugstellen werden weißfleckig, die Blätter kräuseln und krümmen sich, ähnlich wie bei Befall durch Blattläuse, nur viel stärker, und sterben meist ab, so daß zuletzt nur ein Schopf verkrümmter und verkümmerter junger Blätter übrig bleibt; der Rübenkopf wird kegelig; an den Wurzeln Zopfbildung. Insektenpulver, rein oder mit Schwefelblüte (2 : 1) gemischt, tötet die überwinterten alten Wanzen, 2%ige Seifenbrühe die Jungen. Beseitigung der wilden Chenopodien als der ursprünglichen Nährpflanzen.

Corythuca arcuata Say[6]), in den östlichen Vereinigten Staaten gemein an Weißdorn, aber auch an Apfel und Quitte; in Californien befällt sie die als Weihnachtspflanze dienende Heteromeles arbutifolia. Sie saugt an der Blattunterseite, die sich bräunt wie von der Sonne verbrannt, wozu die eintrocknenden Exkremente und die Exuvien beitragen. — **C. marmorata** Uhl. in den Vereinigten Staaten an Blattunterseite von Chrysanthemum.

---

[1]) Vosseler, Mitt. biol. landw. Inst. Amani 1904, Nr. 18 — Pflanzer, Jahrg. 1, 1905, S. 216—219, Jahrg. 2, 1906, S. 358—359; Ber. Land- u. Forstwirtsch. D.-O.-Afrika, Bd. 2, 1905/06, S. 243—244, 410—411, 523—524. — Busse, Beih. 7 Tropenpflanz., 1906, S. 208—211. — Lounsbury, Journ. Dept. Agric. Cape Good Hope, Vol. 35, 1909, p. 613—616. — Morstatt, Pflanzer, Jahrg. 7, 1911, S. 65. — Aulmann, Fauna deutsch. Kolon. R. 5, Hft. 4, S. 106—120, 122, Fig. 72—86.

[2]) Riley and Howard, Ins. Life, Vol. 1, 1889, p. 234—241, fig. 50—52. — Heilbeck, Tropenpflanzer, Bd. 7, 1903, S. 161—162. - - Hunter, U. S. Dept. Agric., Bur. Ent., Circ. 149, 1911, 5 pp., 2 figs.

[3]) de Barbil, ibid. Bull. 38, 1902, p. 106—107.

[4]) Guppy, Circ. 6, Board Agric. Trinidad Tobago, 1911; Agric. News Vol. 10, 1911, p. 394, fig. 15.

[5]) Grosser, Zeitschr. Landwirtschaftskammer Prov. Schlesien, Jahrg. 14, 1910, S. 914—916, 1 Fig. — König u. Schwartz, Mitt. K. biol. Anst. Land- u. Forstwirtsch., Hft. 11, 1911, S. 26; Hft. 12, 1912, S. 28.

[6]) Comstock, Rep. Commiss. Agric. 1879, p. 221—222, Pl. 4 fig. 2, 3. — Pemberton, Journ. ec. Ent. Vol. 4, 1911, p. 339—346, Pl. 12—14.

Froggattia olivina Horv. Olive bug. Australien, an Olivenblättern, die abfallen; häufig werden ganze Bäume entblättert.

Tingis pyri F.[1]). **Birnblatt-Wanze.** Südeuropa, auch Österreich, Süddeutschland; an Birnen-, Aprikosen-, Pfirsichen-, Pflaumen-, in Ungarn selbst auf Walnufsbäumen. Wanzen von Juli bis September. Eier in Rindenritzen. Erwachsene saugen an Unterseite der Blätter und an grünen Trieben; an den Saugstellen entstehen kleine Gallen. Da diese Wanzen gewöhnlich in Massen auftreten, vertrocknen die Blätter und sterben ab; oft werden ganze Bäume dadurch vorzeitig kahl. Besonders leiden warmstehende Spalierbäume. Gegenmittel: Räuchern der Bäume, Spritzen mit Kontaktgiften; im Winter Kalkanstrich.

Stephanitis rhododendri Horv.[2]) In Holland und England schädlich an Blättern von Rhododendren, offenbar aus Indien eingeschleppt. Eier im September-Oktober an Blätter gelegt.

Diplogomphus (Elasmognathus) Greeni Kby. saugt auf Ceylon an den Blättern von Piper nigrum; **D. capusi** Horv. desgleichen in Cochinchina[3]).

Aradiden.

Klein, flach, düster gefärbt. Unter Rinde, Steinen, abgefallenem Laube.

Aradus cinnamomeus Panz. **Kiefern-Rindenwanze**[4]). Europa, Nordamerika. Saugt unter der Rinde jüngerer, namentlich minderwertiger Kiefern, an Ästen und Nadeln; die Rinde springt in Längsrissen auf, die Endtriebe bleiben verkürzt, die Nadeln vergilben; schliefslich können die Bäume eingehen. Imagines überwintern unter Borke von Kiefern und anderen Bäumen. — Auch andere A.-Arten an Kiefern, aber weniger häufig.

Capsiden, Blindwanzen.

Kleine, düster gefärbte oder gröfsere, grüne oder bunte Formen. Besonders an Gras und niederen Pflanzen; Nahrung wechselnd. Weibchen mit Legebohrer, Eier einzeln in Pflanzengewebe eingesenkt, zum Teil mit langen, haarartigen Fortsätzen, die aus der Wunde herausragen. Hier die schädlichsten Arten:

Phytocoris militaris Westw. Orchideen-Wanze[5]). Wohl identisch mit *Tenthecoris bicolor* Scott (s. S. 632—633).

Calocoris fulvomaculatus De G.[6]). Als Hopfenwanze, zugleich mit einigen anderen Arten, in Böhmen und England wiederholt schädlich

---

[1]) Sajó, Zeitschr. Pflanzenkr., Bd. 4, 1894, S. 216—217. — Noël, Naturaliste, T. 27, 1905, p. 105.

[2]) Ritzema Bos, Tijdschr. Plantenz. 11. 1905, p. 44—45 (als *Tingis* spp. bezeichnet). — Horvath, Ann. Mus. Nation. Hungar. Vol. 3, 1905, p. 567. — Distant, Zoologist (4) Vol. 14, 1910, p. 395—396, fig.

[3]) Horvath, Bull. Soc. ent. France 1906, p. 295—297, Fig.

[4]) Sajó, l. c. Bd. 5, 1895, S. 133. — Eckstein, Zeitschr. Forst-, Jagdw. Jahrg. 37, 1905, S. 567—576, 3 Fign.

[5]) Journ. Board Agric. London, Vol. 12, 1897, p. 339. — Staës, Tijdschr. Plantenz. 4, 1898, p. 61—64, fig.

[6]) Theobald, Ent. monthl. Mag., (2) Vol. 7 (32), 1896, p. 60—62; Journ. Board Agric. London, Vol. 16, 1909, p. 568—570. — Palm, Jahresber. k. böhm. landw. Landesmittelschule, Kaaden 1900/1901, S. 1—13, 1 Taf. — Remisch, Soc. ent., Jahrg. 16, 1902, S. 153—155 (als *Rhyparochromus vulgaris* Schill. bezeichnet); Zeitschr. wiss. Ins.-Biol., Bd. 4, 1908, S. 365.

geworden. An den jüngsten und zartesten Trieben und Blütenansätzen; beeinträchtigt die Doldenbildung und erzeugt ein starkes Wachstum von Seitentrieben. Aus den Wunden Saftfluſs. Ende Mai erscheinen die ersten Nymphen, Ende Juni sind sie alle erwachsen. Überwinterung als Imagines (oder Eier? REH). Stangen im Winter einige Wochen in Wasser legen oder brennen; noch besser, sie durch Drahtanlagen ersetzen.

C. norvegicus Gmel. (**bipunctatus** F.)[1]). In Norwegen und Irland an Kartoffeln schädlich geworden, deren Kraut abstarb; bei Hamburg an Georginenblättern. Nach TASCHENBERG (Praktische Insektenkunde) bohren sie an Kreuzblütlern, besonders Kohl und Levkojen durch die Kelchblätter den Griffel an, so daſs Fruchtbildung unterbleibt; in Holland vernichteten sie Phaseolus-Blüten. Nach KIRCHNER in Württemberg an Hopfen schädlich, in derselben Weise wie die vorige; die ausgesaugten Stellen werden braun; an einmal angegriffenen Stöcken werden gewöhnlich alle Blütenstände zum Absterben gebracht. Schaden in einzelnen Gemeinden bis 60000 Mk., in einem ganzen Oberamte 170000 Mk. Eier an alten Zweigen und an Stangen, überwintern. Auch in Nordamerika. — **C. biclavatus** H.-S.[2]) bei Zürich an jungen Birnen von Haselnuſsgröſse, die verkrüppelt und steinig wurden. — **C. trivialis** Costa[3]) durchbohrt in Italien die Knospen des Ölbaumes, um die Zuckerstoffe der Antheren zu saugen. — **C. angustatus** Leth., Indien, an Ähren von Andropogon und Pennisetum.

C. rapidus Say. Cotton leaf-bug[4]). In allen Baumwolle bauenden Staaten Nordamerikas, an Blättern, jungen Trieben, Knospen und Kapseln. Saugstelle schwärzt sich und sinkt ein. Kapseln schrumpfen ein und fallen zum Teil ab. Auch an Weizenähren beobachtet. Mehrere Generationen im Jahre.

Leptoterna nicotianae Kon. Java, an Tabak, besonders an den jüngsten Blättern; verursacht zahlreiche kleine Flecke und Löcher.

Lygus Hhn.

Sehr charakteristisch und — nach meinen Erfahrungen — mit keinen anderen Insektenbeschädigungen zu verwechseln, sind die Saugstellen der Lygus-Arten und wohl auch anderer Capsiden an Blättern: unregelmäſsige, anfangs kleine, später aber zu gröſseren zusammenflieſsende Löcher mit nach oben aufgebogenem Rande. Das Zusammenflieſsen kann so weit gehen, daſs, zugleich mit dem Absterben und Ausfallen der von Löchern eingeschlossenen Blattfläche, von dieser schlieſslich kaum noch etwas übrigbleibt. Immer aber bleibt, durch die Unregelmäſsigkeit der Konturen, die verschiedene Gröſse der Löcher und hier und da sichtbar aufgebogene Ränder, die Lygus-Beschädigung unverkennbar (Fig. 296).

L. pabulinus L.[5]). Europa, China, nördliches Nordamerika. An

---

[1]) RITZEMA BOS, Zeitschr. Pflanzenkr., Bd. 5, 1895, S. 348. — SCHÖYEN, Beretn. 1895, 1909. — CARPENTER, Rep. 1896, p. 89—90, fig. 16. — REH, Jahrb. Hamburg. wiss. Anst. 19, 1902, S. 182. — KIRCHNER, Württemb. Wochenbl. Landwirtsch. 1903, No. 37.

[2]) HOFER, Zürcher Bauer, Jahrg. 38, 1907, No. 30, p. 358.

[3]) PETRI, Rend. Accad. Lincei Roma T. 19, 2° Sem., 1910, p. 671.

[4]) SANDERSON, U. S. Dept. Agric., Bur. Ent., Bull. 57, 1906, p. 44—46, fig. 26, 27.

[5]) v. SCHILLING, Prakt. Ratg. Obst- u. Gartenbau 1896, S. 246—247, Fig. 26. — REH, l. c. — HOFER, l. c. — RITZEMA BOS, Tijdschr. Plantenz. 13, 1907, p. 63—64. — TULLGREN, Upps. prakt. Ent. 21, 1911, p. 48—51, fig. 3, 4. — CARPENTER, Rep. 1911, p. 64—66, fig. 8.

Kartoffeln, Lupinen, Georginen, Fuchsien, Lantanen, Hortensien, Viburnum
tinus, Rosen; saugt besonders an den jüngsten Blättern und Trieben, die
im Wachstum zurückbleiben oder selbst absterben; an Fuchsien fielen
die Knospen zu Dutzenden ab. Auch an jungen Birnfrüchten mit
Calocoris biclavatus H.-S. zusammen.

L. pratensis L. und **var. campestris** Fall[1]). **Grüne Wiesen-
wanze, Tarnished plant bug.** Paläarktische, nearktische und neo-

Fig. 296. Kirschblätter mit Saugstellen von Lygus-Wanzen.

tropische Region, in Colorado bis zu 10 000 Fuſs Höhe. Innerhalb
der Phanerogamen fast omnivor, auch an allen weichen, saftigen,
oberirdischen Teilen. Von den beschädigten Kulturpflanzen seien
nur erwähnt: Luzerne, Rüben, Kartoffeln, Hopfen, Tabak, Kohl,
Gurken, Sellerie, Mais, Weizen, Obstbäume, Erdbeeren, Blumen. Sie
saugen an Blättern, Blüten und Blattstielen, frischen Trieben, Knospen
und jungen Früchten; die Saugstellen schwärzen sich meist; die befallenen Teile kümmern, bleiben lim Wachstum zurück, sterben ab,

¹) Theobald, Rep. 1904/05, p. 63—66, fig. 26—27. — Taylor, Journ. econ. Ent.,
Vol. 1, 1908, p. 370—375, Pl. 10, 11. — Chittenden and Marsh, ibid. Vol. 3, 1910,
p. 477—479. — Collinge, Journ. econ. Biol. Vol. 7, 1912, p. 64—65. — Back & Price,
Journ. ec. Ent., Vol. 5, 1912, p. 329—334. — S. ferner die Berichte von Schöyen.

ebenso natürlich an Achsenteilen alles Distale. Die angesaugten Früchte werden krüppelig, hart; an Erdbeeren ist die Erscheinung in manchen Teilen Amerikas so häufig, daß die Pflanzer sie als „buttoning" kennen. Die Zerstörung der Endknospen an Pfirsichen ruft dort die stop-back-Krankheit hervor. Biologie noch wenig bekannt; in der Hauptsache scheinen die Imagines zu überwintern, vielleicht auch Eier; fast den ganzen Sommer über trifft man die verschiedenen Stadien an; also wohl mehrere unregelmäßige Generationen. Die Eiablage erfolgt nach TAYLOR, CHITTENDEN und COLLINGE in Pflanzenteile, in Stengel, Blätter und Früchte; namentlich junge Äpfel fand ersterer zu 40 % mit je 1—5 Eiern belegt; die Stichstelle blieb als kleine, dunkle Grube lange erkennbar. Die Bekämpfung ist wegen der großen Lebhaftigkeit der Tiere überaus schwer; an niederen Pflanzen Streuen von Holzasche. — **L. invitus Say**, Nordamerika, schädlich an jungem Obst. — **L. Vosseleri Popp.** [1]), Ost- und Westafrika; in Deutsch-Ostafrika schädlich an Rizinus.

Poecilocapsus lineatus F. [2]), Four-lined leaf-bug. Nordamerika; eine der gemeinsten Blattwanzen. Sehr heterophag; besonders schädlich an jungem Laube von Ribes-Arten, Pastinak, Rosen und anderen Blumen; an Knospen und an den Blättern, die braune Flecke bekommen und abfallen. Eier zu sechs und mehr in Schlitze von Stengeln.

Lygidea mendax Reut. [3]). False red bug. Nordamerika; in New York an Äpfeln zusammen mit *Heterocordylus malinus* sehr schädlich geworden. Eier von Juli an paarweise in Lenticellen glatter 2 Jahre alter Zweige. Die Nymphen erscheinen etwa mit der Öffnung der Blüten; sie saugen zuerst an den eben entfalteten Blättern, deren Basalteil dadurch rot getüpfelt wird. Später werden die jungen Früchte angesaugt; das Gewebe um die Stichkanäle verfärbt und erhärtet sich; viele Äpfel fallen vorzeitig ab, andere vertrocknen am Baume, wieder andere bleiben hängen, verkrüppeln aber. Verlust in einzelnen Pflanzungen 25—100 % der Ernte, 300—1000 $. Bekämpfung: Spritzen mit Tabaksbrühe und Seife, zum ersten Male nach Erscheinen der Blätter, zum zweiten Male nach Abwerfen der Blütenblätter.

Plesiocoris rugicollis Fall. [4]). In Norwegen sehr schädlich an Apfelbäumen, durch Saugen an Blättern und Knospen. Die geschwächten Triebe leiden dann unter Frost und lassen die *„braakefötter"* genannten Mißbildungen entstehen. Ganz junge Nymphen bereits Anfang Mai zwischen den Blättchen der sich eben öffnenden Knospen; die Imagines am häufigsten im Juli, August, verschwinden nachher. Eiablage also offenbar an Zweige oder Knospen. Als Gegenmittel hat sich gut bewährt: Spritzen mit Tabak- oder Quassia-Abkochung mit grüner Seife, zuerst bei Laubausbruch, dann noch zwei- bis dreimal in Zwischenräumen von 4—6 Tagen; das Spritzen muß bei Sonnenschein und ruhiger Luft geschehen, wenn die jungen Nymphen am lebhaftesten und außerhalb ihrer Verstecke sind.

Lopus sulcatus Fieb. [5]). Als „grisette" oder „margotte" in

---

[1]) POPPIUS, Act. Soc. Sc. Fenn. T. 41, 1912, No. 3, p. 99—100.
[2]) SLINGERLAND, Cornell Univ. agr. Exp. Stat., Bull. 58, 1893, p. 207—239, 13 figs.
[3]) FELT, Rep. 1910, p. 43—45. — CROSBY, Canad. Ent. Vol. 43, 1911, p. 17—20; Cornell Univ. agr. Exp. Stat., Bull. 291, p. 213—225, fig. 81—102.
[4]) SCHÖYEN, Beretn. 1910, p. 18—25, 2 Fign.
[5]) MAYET, Insect. de la Vigne, 1890, p. 180—192, fig. 39—42. — NOËL, Naturaliste, T. 32, 1910, p. 253—254.

Frankreich ein ernstlicher Feind der Rebe. Eiablage im Juni in Risse des alten Rebholzes und der Pfähle. Im März oder April die Nymphe, zunächst an Unkräutern. Im Mai die Imagines, die nun die Gescheine des Weines aussaugen. Schaden in manchen Jahren mehr als 1 Mill. Fr.

Helopeltis Sign. [1]).

Altweltlich. Etwa ein halbes Dutzend Arten schädlich an Kulturpflanzen; die meisten Arten aber sehr polyphag, namentlich an vielen wilden Pflanzen vorkommend. Die wichtigsten Arten sind:

H. **Antonii** Sign. und **theïvora** Waterh., orientalische Region, an Tee, Kakao, Cinchona.

H. **Bergrothi** Reut., Ost- und Westafrika, an Kakao, Bixa orellana, Cinchona, Rizinus (gewöhnlich als *Disphinctus* bezeichnet).

H. **Schoutedeni** Reut., Belgischer Kongo, Goldküste; an Kakao.

Die Helopeltis-Arten sind besonders schlimm zur Regenzeit; die Trockenzeit über ruhen sie an feuchten Orten, in tieferen Lagen oder dichter Vegetation; die Überwinterung findet in Indien vorwiegend im Inneren der Teebüsche, an deren unteren Teilen, statt. Die Eiablage, bei jedem Weibchen etwa 30 Stück, geschieht bei Kakao in die Rinde oder Stiele der Früchte, an anderen Pflanzen in Zweige oder die Hauptnerven der Blätter, meist paarweise. Jedes Ei trägt an seinem einen Ende zwei lange, weiße Fäden, die aus dem betreffenden Pflanzenteile herausragen. Nach etwa 15—17 Tagen kriechen die Nymphen aus, die sich sehr rasch entwickeln; sie bleiben meist gesellig beieinander und sind träge; die Erwachsenen sind dagegen sehr lebhaft, fliegen viel umher, überall Pflanzenteile anstechend; sie sollen 60 bis 80 Stiche an einem Tage anlegen. — An Kakao werden vorwiegend die Fruchtschalen, Knospen, jungen Zweige und Blattstiele angestochen, an anderen Pflanzen auch die Blätter. Um die Stichstellen bilden sich dunkle, eingesunkene Flecke. Junge Früchte vertrocknen, ältere springen auf oder verkrüppeln; Blätter werden schwarz und unbrauchbar (Tee); Triebe und Knospen sterben ab. Die sich bildenden zahlreichen Wasserreiser werden allmählich auch abgetötet, so daß ganze Büsche absterben bzw. gekappt werden müssen. Schaden besonders groß an Tee (Mosquito blight, roest) und Kakao, von dem der dünnschalige Criollo mehr leidet als der dickschalige Forastero. Von natürlichen Feinden ist in Indien besonders eine Reduviide wichtig, deren Hegen von MANN empfohlen wird. EVERARD und PET wollen die Wanzen auf Kakao mit der Ameise *Dolichoderus bituberculatus* Mayr bekämpfen, deren Nester man in die bedrohten Büsche hängen soll. Die Ameisen lecken den Saft der auf den Früchten sitzenden Schildläuse (*Dactylopius crotonis* Green), verhindern durch ihren Besuch die Eiablage und die Entwicklung der Eier. Von Gegenmitteln soll sich vor allem wieder-

[1]) Die Berichte über diese Schädlinge nennen gewöhnlich nur die Gattung; es ist daher nicht immer festzustellen, welche Art gemeint ist. Die beste Auseinandersetzung der schädlichen Arten gibt SCHOUTEDEN, l. c. Betreffs der afrikanischen Arten siehe die Veröffentlichungen des Biolog. landwirtsch. Instituts zu Amani (hier *Disphinctus* sp. genannt) und DUDGEON, Bull. ent. Res. T. I. 1910, p. 59—60, Pl. 8 fig. 1—3; s. ferner v. FABER, Arb. Kais. biol. Anst. Land- u. Forstwirtsch., Bd. 7, 1909, S. 290—303, Taf. 23 Fig. 7—12, Textfig. 39—41. Über die asiatischen Arten siehe u. a. ZEHNTNER, Proefstat. Cacao Salatiga, Bull. 7, 1903, 22 pp., 1 Tab.; DE LANGE, Journ. Agric. trop., Ann. 10, 1910, p. 284; Aufsätze und Berichte von E. GREEN im Tropic. Agriculturist. S. auch S. 616 Anm. 4.

holtes Spritzen mit ½%iger Seifenlösung bewährt haben. An Kakao lassen sich die Wanzen leicht mit Fackeln absengen; an den anderen Pflanzen zerstört Beschneiden viele Gelege; die abgeschnittenen Zweige sind zu verbrennen, abgefallene Blätter unterzugraben. Mit Klebstoff bestrichene oder mit Spinngewebe überzogene Stäbe, in die Büsche gehängt, sollen viele Wanzen fangen. Auch Räuchern mit Schwefel, mittelst der „Räucherschlangen" von Fr. Suck (Hamburg 23), hat auf Teepflanzungen Javas nach dem „Preanger Boden" sehr gute Erfolge ergeben; es ist bei feuchter Witterung, wenn die Wanzen nicht fliegen und die Schwefeldämpfe in den Büschen hängen bleiben, vorzunehmen. — Neuerdings wurden wiederholt, in Asien und in Ostafrika, Helopeltis-Wanzen an Baumwolle gefunden.

Sahlbergella theobromae Dist. [1]), einfarbig schwarz, Goldküste und Aschanti-Land. **S. singularis** Hagl. [2]), aufserdem noch im ganzen Kongogebiet und in Kamerun; braun mit heller Zeichnung. **Kakao-Rindenwanzen.** Mit die schlimmsten Feinde der Kakaopflanzungen, besonders in denen der Eingeborenen und in solchen in der Nähe des Urwaldes. Bäume jeden Alters werden befallen, junge, ebenso wie an den älteren die jungen Zweige und Triebe aber bevorzugt. Eiablage offenbar in Rindenritzen; denn an älterem Holze treten die Nymphen zuerst auf; erst später findet man sie, vorwiegend die Imagines, an den jungen Trieben. Am älteren Holze wird die Rinde zuerst warzig, dann stark aufgetrieben, rissig, so dafs das tote Kambium zutage tritt; öfters heilt die Wunde durch schülferige Rinde wieder zu. An grünen Trieben entstehen allmählich gröfser werdende, erst braune, später schwarze eingesunkene Flecke; mit deren Zusammenfliefsen sterben die Triebe ganz ab. Auch an Früchten finden sich solche Saugstellen, die aber nie die Rinde durchdringen und später vernarben. Sehr gerne saugen die Wanzen ferner an den Blatt- und Fruchtstielen und bringen sie rasch zum Absterben. An Stelle der Endtriebe treiben zahlreiche Wasserschösse aus, die aber ebenfalls wieder abgetötet werden. So kann die Krone eines dreijährigen Baumes in 8—14 Tagen vollständig eingehen und Tausende von Bäumen fallen den Wanzen oft zum Opfer. Besonders schlimm sind sie zur Trocken- und darauffolgenden Übergangszeit, März bis Juni, September bis November. Gegenmittel: Absuchen oder Abbrennen der sich besonders in Gabelungen und unter Fruchtstielen ansammelnden Wanzen. Kappen stark befallener Bäume mit nachherigem Spritzen. Zur Trockenzeit Rinde mit frisch bereiteter Kalkmilch bestreichen, zum Abtöten der Brut und zur Heilung der Wunden. Schouteden empfiehlt Räucherung mit Blausäure. — Verschiedene Ameisen stellen den Wanzen nach, besonders *Oecophylla smaragdina* F. *var. longinoda* Latr. (nach Mitteilung von Dr. E. Fickendey).

Tenthecoris bicolor Scott[3]). In England und Deutschland in

---

[1]) Dudgeon, Bull. Imp. Inst., Vol. 8, 1910, p. 148; Bull. ent. Res., Vol. 1, 1910, p. 60—61.

[2]) S. verschiedene Aufsätze von Warburg, Zwingenberger, Preuss, Busse, Strunck im Tropenpflanz., Bd. 6, 1902 bis Bd. 10, 1906. — Kuhlgatz, Zool. Anz., Bd. 30, 1906, S. 28—35, 4 Fign. (als Deimatostages contumax bezeichnet). — Reuter, O. M.. ibid., Bd. 31, 1907, S. 102—105. — v. Faber, l. c. S. 304—310, Taf. 2/3 fig. 13—14; Textfig. 43—45. — La Baume, Fauna deutsch. Kolon. R. 5, Hft. 3, 1912, S. 75—78, Fig. 47, 48.

[3]) Reuter, Zeitschr. wiss. Ins.-Biol., Bd. 3, 1907, S. 251—254, Fig. — S. auch die Berichte der Station für Pflanzenschutz zu Hamburg.

Warmhäusern auf Orchideen und Farnen aus Süd- und Mittelamerika. Durch das Saugen der Wanzen entstehen bleiche Flecke an den Blättern, die, ebenso wie die Triebe, zuletzt absterben (s. auch *Phytocoris militaris*).

Pararculanus piperis Popp.[1]). Erzeugt in Deutsch-Ostafrika an Piper capensis ähnliche Flecke wie Helopeltis an Tee usw.

Dicyphus minimus Uhl.[2]). Suck fly. In den südlichen Vereinigten Staaten ein gefährlicher Feind des Tabaks; an den Blättern, die welken, sich krümmen oder brüchig werden. Da die Wanzen erst Anfang Juni auftreten, wird die erste Ernte selten ernstlich beschädigt, die zweite und späte Sorten werden oft vollständig vernichtet. Eier einzeln in die Blätter; nach 4 Tagen die Nymphen, nach weiteren 11 Tagen erwachsen. Also sehr rasche Vermehrung. Die Nymphen an Blattunterseite, die Imagines an beiden Seiten; letztere überwintern. Als bestes Gegenmittel hat sich merkwürdigerweise 5%iges Nikotinextrakt bewährt. Im Herbste sind die Tabaksfelder gründlich von allen Überresten, Unkräutern usw. zu reinigen. Auch an Tomaten.

Marshalliella pallidus Poppius (in litt). Deutsch-Ostafrika, schädlich an Crotalaria.

Halticus saltator Geoffr. **Rotköpfige Springwanze**[3]), tritt in geflügelter und flügelloser (*erythrocephalus* H.-S.) Form auf. Holland, Niederösterreich, Böhmen, Ungarn, Rumänien, Mittelmeerländer; hier aber nirgends als schädlich berichtet. In den 90er Jahren des vorigen Jahrhunderts in einer Gärtnerei bei Gotha sehr schädlich an Gurken in Mistbeeten, später auch bei Bamberg und Würzburg und in Mühlberg in Thüringen; an Gurken, Melonen, Wermuth, Astern, Sellerie, Majoran, Topflevkojen; fast ausschließlich in Mistbeeten, nur in deren Nachbarschaft gelegentlich im Freien. Kürbisse blieben nach GIARD[5]) verschont. Die Schädigung beginnt Anfangs Mai mit Vergilben der Blätter; die neuen Blätter bleiben kleiner; der Fruchtansatz unterbleibt, oder es bilden sich nur kümmerliche Früchte; später sterben die Blätter ganz ab, indem sie sich zusammenkrümmen oder verschrumpfen. Die Unterseite der Blätter, an der die Wanzen sich aufhalten, ist mit deren Exuvien und zahlreichen glänzend schwarzen Exkrementfleckchen bedeckt. An Althaea rosea erzeugt sie Mißbildungen. Als Gegenmittel empfiehlt THOMAS, die Mistbeetkästen im Winter ordentlich ausfrieren zu lassen, im Sommer dauernd zu lüften. — **H. apterus** L.[4]) schadet bei Paris an Erbsen. — **H. minutus** Reut.[5]), Cochinchina, an Erdnußs.

In Nordamerika ist **H. Uhleri Giard**[6]) in derselben Weise schädlich an Bohnen, Erbsen, Kartoffeln, Klee, Kohl, Smilax, Chrysanthemum, Ipomoea, Physalis usw. und findet sich auch an Gras und Unkräutern. Die Biologie ist noch unbekannt; da aber Anfangs Mai frisch ausgeschlüpfte Nymphen gefunden wurden, ist anzunehmen, daß die Eier

[1]) POPPIUS, l. c. p. 189—190.
[2]) QUAINTANCE, Florida agr. Exp. Stat., Bull. 43, 1898. — HOWARD, Yearb. U. S. Departm. Agric. f. 1898, p. 134—136, fig. 18.
[3]) THOMAS, Ent. Nachr., Jahrg. 22, 1896, S. 257—259; Zeitschr. Pflanzenkrankh., Bd. 6 1896, S. 270—275. — ECKARDT, Prakt. Blätt. Pflanzenbau, -schutz, Jahrg. 2, 1904, S. 119—120.
[4]) LUCAS, Bull. Soc. ent. France 1854, p. XXXI.
[5]) GIARD, C. r. Soc. Biol. T. 44, 1892, p. 79—82.
[6]) CHITTENDEN, U. S. Dept. Agric., Div. Ent., Bull. 19, N. S., p. 57—62, fig. 13; Bull. 33, 1902, p. 105, fig. 25.

überwintern. Bei Washington zwei, in Ohio fünf Generationen. Bekämpfung: möglichst früh im Jahre die Blätter von unten bespritzen.

Campyloneura virgula H.-S. [1]. Bei Rennes an den Blättern von Prunus lusitanica und laurocerasus; das Gewebe um die Saugstellen starb ab und fiel aus, so daß die Blätter löcherig wurden. Entgegen der sonstigen Wanzenart soll diese nächtlich gewesen sein und Schatten und Kühlung aufgesucht haben.

Periscopus mundulus Bredd. Auf Java unter den Blattscheiden des Zuckerrohres saugend. Schaden unbedeutend.

Cyrtorrhinus lividipennis Reut. [2]. In Cochinchina sehr schädlich an Reis.

Orthotylus nassatus F. [3] nach Bouché an den jungen vollsaftigen Trieben von Treibhausrosen, nach Schöyen an Zierpflanzen und in großer Zahl an den jüngsten Blättern von Johannisbeertrieben; die Blätter waren voller unregelmäßiger, durchscheinender Flecke und Löcher.

Heterocordylus malinus Reut. Red bug. Wie *Lygidea mendax*, nur etwa 8 Tage früher; Eier zu vieren in Schlitze kleiner, meist zweijähriger Zweige gelegt. — **H. flavipes** Mats., Japan, an Apfel und Birne; wie vorher.

Psallus crotalariae Popp. [4]. Deutsch-Ostafrika; verursacht im Oktober an den Blättern von Crotalaria gelbe Flecke, die bis zum Blattfall führen können. — **Ps. delicatus** Uhl. [5] in Texas an Blütenknospen der Baumwolle.

Campyloma verbasci H.-S. [6]. Deutschland, an Rinde und Blättern junger Apfeltriebe in Baumschulen. Offenbar zwei Generationen, Mai, Juli. Eiablage in Blattstiele und Blattrippen; die Blätter vertrocknen und fallen ab. Auch in Nordamerika.

Homopteren [7]

Flügel gleichartig, liegen winklig auf Abdomen; Kopf nach unten geneigt. Verwandlung unvollkommen.

Cicadoiden, Zirpen.

Fühler kurz, 3gliedrig; drittes Glied eine Borste. Vorderflügel lederig. Tarsen dreigliedrig. Hinterbeine Springbeine. Verwandlung einfach. Von den englisch sprechenden Völkern vielfach *„locusts"* genannt.

Cicadiden.

Imagines an Bäumen, an deren Rinde sie saugen, ohne im allgemeinen aber ernstlich zu schaden. Viel bedeutender ist der Schaden

---

[1] Vuillet, Feuille jeun. Nat. T. 38, 1908, p. 237—238.
[2] Horvath, Bull. Soc. ent. France 1906, p. 295.
[3] Richter von Binnenthal, Rosenfeinde, S. 315—316. — Schöyen, Beretn. 1907, p. 26—27.
[4] Morstatt, Pflanzer, Jahrg. 7, 1911, S. 67—68. — Aulmann, Mitt. zool. Mus. Berlin, Bd. 5, 1911, S. 271.
[5] Mitchell, U. S. Dept. Agric., Div. Ent., Bull. 18, N. S., 1898, p. 101.
[6] Zacher, Mitt. K. biol. Anst. Land- u. Forstwirtsch., Heft 12, 1912, S. 29—30.
[7] Betreffs der indisch-javanischen Arten siehe die genannten Werke von

durch die in junge Zweige erfolgende und sie oft abtötende Eiablage. Nymphen in der Erde an Wurzeln; vor der letzten Häutung verlassen sie die Erde und kriechen an senkrechten Gegenständen (Pflanzen, Pfosten, Mauern usw.) in die Höhe.

Cicada erratica Osb.[1]). Schon seit über 25 Jahren in manchen Teilen Louisianas sehr schädlich an Baumwolle, aber erst 1906 erkannt und beschrieben. Schaden nur durch Eiablage (wie unten). Besonders leiden junge Anpflanzungen, die manches Mal umgepflügt und neu bestellt werden müssen. Auch in die Schäfte der männlichen Maisblüte findet die Eiablage statt; da aber hierdurch nur ein Verlust von Pollen stattfindet, ist ein Schaden schwer erkennbar. Biologie unbekannt.

Carineta fasciculata Germ. und **Fidicina pullata** Bergr.[2]). Brasilien, an Kaffee, besonders da, wo die Plantagen auf gerodetem Urwaldboden angelegt sind. Die Larven zerstören die Wurzeln.

Cicada (Tibicina) septemdecim L.[3]). Nordamerika; eines der wichtigsten und interessantesten Insekten, mit 22 verschiedenen, über die ganzen Vereinigten Staaten verteilten Bruten, von denen bei 13 die Imagines in 17 jährigen Zwischenräumen auftreten, bei 7 in anscheinend 13 jährigen; erstere vorwiegend im Norden, letztere im Süden. In den Flugjahren erscheinen sie Ende Mai, Anfang Juni plötzlich in ungeheuren Schwärmen, die aber nur etwa 30 Tage leben. Sie können durch ihre Saugwunden starken Saftfluß an Bäumen verursachen. Die Weibchen schaden aber viel mehr dadurch, daß sie je 12—20 Eier in V-förmige Schlitze, in junge Triebe und Zweige an Bäume und Büsche, manchmal auch in Stengel von Kräutern legen. Durch die großen Wunden sterben alle distal davon gelegene Teile ab. An stark befallenen Bäumen können innerhalb weniger Tage alle Zweige verdorren, als sei Feuer darüber gefahren; besonders schädlich naturgemäß in Obstgärten und Baumschulen. Nach 7—8 Wochen kriechen die Nymphen aus, die sich zu Boden fallen lassen und in diesen eindringen. Hier leben sie nun 12—13 Jahre von weichen Teilen der Wurzeln, wohl auch von den nahrhaften Bestandteilen der Erde, bis 10 Fuß und mehr in die Tiefe dringend. Dann graben sie sich langsam nach oben, so daß sie im 15. und 16. Jahre dicht unter der Oberfläche sitzen; in Mai und Juni des letzten Jahres erscheinen sogar schon einige Imagines. Der Rest bohrt sich im April des 17. Jahres heraus, baut sogar manchmal 10—12 cm hohe Kamine über der Erdoberfläche. Abends im Mai verlassen sie dann ihre Erdgänge, kriechen an beliebigen senkrechten Gegenständen empor, häuten sich, und am nächsten Tage fliegen die Imagines herum. Die auskriechenden Nymphen fallen zahlreichen Raubtieren und auch einer Pilzkrankheit zum Opfer; die Imagines werden von einer Grabwespe in Mengen eingetragen. In Städten wird die Cikade besonders vom Sperling in Schach gehalten; am häufigsten ist sie auf unbebautem Boden; jede Kultur desselben verringert natürlich ihre Zahl. Als Gegenmittel kommt nur Eintrieb von Schweinen zur Zeit, wenn die Nymphen ganz oberflächlich liegen, in Betracht, und Abschneiden der mit Eiern belegten Triebe. Als Vorbeugung ist vor und in den Flug-

Maxwell-Lefroy und Koningsberger. Die japanischen Cikaden stellt Matsumura zusammen in: Annot. zool. Japan Vol. 6, 1907, p. 83—116; Vol. 8, 1912, p. 15—51.

[1]) Newell, U. S. Dept. Agric, Bur. Ent., Bull. 60, 1906, p. 52—58, 2 figs.

[2]) Bol. Agric. S Paulo 6ª Ser., 1905, p. 538—539: 9ª Ser., 1908, p. 350—365, 4 figs.

[3]) Von der umfangreichen Literatur sei nur das Hauptwerk Marlatts, U. S. Dept. Agric., Bur. Ent., Bull. 71, 1907, 181 pp., 7 Pls., 68 figs., erwähnt.

jahren in den Baumschulen weder zu pflanzen noch zu pfropfen; auch das Beschneiden in den Vorjahren ist zu unterlassen, damit möglichst wenig junges Holz vorhanden ist. — Mit Bordelaiser Brühe bespritzte Bäume blieben von Eiablagen verschont.

(Ueana) **Tibicen Dahlii** Kuhlg.[1]). Bismarck-Archipel. Larven u. a. auch in Baumwollefeldern, sollen durch Saugen an Wurzeln schädlich sein.

Cercopiden, Schaumzirpen.

Die Nymphen sitzen kopfabwärts an Pflanzenstengeln und saugen so lebhaft, daß ihre flüssigen Exkremente als „Pflanzentränen" herabtröpfeln oder durch Einpumpen von Luft einen Schaum bilden, der sie schützend umhüllt.

Cosmocarta formosana Mats., Japan; an Maulbeerbäumen manchmal sehr schädlich.

Tomaspis postica Wlk., Mexiko, und **T. varia** F., Westindien, **T. lepidior** Font., Panama, **Froghoppers**; Feinde des Zuckerrohres[2]). Eier einzeln an Rohr- oder Grasstengel dicht über oder unter der Erde, wobei *T. varia* merkwürdigerweise welkende vorzieht. Nach 12 bis 20 Tagen, bei feuchter Witterung, schlüpfen die Eier aus, die aber auch eine Trockenzeit von 4 Monaten überdauern können. Die Nymphen saugen an den Wurzeln von jungem Zuckerrohr, verschiedenen Gräsern, aber auch von Kräutern, in Schaum gehüllt. Nach 32—42 Tagen kriechen sie an den Pflanzen 1—2 Fuß hoch und verpuppen sich innerhalb einer Art Kammer in einem Schaumklumpen. Die auskriechenden Imagines verstecken sich tagsüber in Blattachseln oder Falten noch eingerollter Blätter. Infolge des langsamen Ablegens der Eier und der Abhängigkeit des Ausschlüpfens von der Witterung findet man das ganze Jahr über alle Stadien; am schlimmsten aber sind sie zur Regenzeit, wo sie die *„blight"*-Krankheit des Zuckerrohrs verursachen, bei der die Blätter vergilben und abfallen, das ganze Rohr im Wachstum stehen bleibt. Ein Pflanzer hatte in einem Jahre einen Verlust von 1500 Tonnen Zucker = £ 1800. Gegenmittel: gründliche Feldreinigung; Spritzen mit Petroleumemulsion oder Petroleum-Lysolemulsion, nach der Ernte und vor der Regenzeit; Abfangen der Imagines mit Netzen; Fruchtwechsel mit Leguminosen. Mit 48 Fanglampen wurden in einer Nacht auf einer Pflanzung 252559 Cikaden gefangen, von denen aber nach Gough 98—99 % Männchen waren. Große Hoffnung setzt man auf Infektion mit *Metharrhizium anisopliae* Sorok., dem im Freien zahlreiche Cikaden, Nymphen und Imagines zum Opfer fallen, zumal die Hauptzeit für die Cikaden die dem Pilz günstige Regenzeit ist.

Von den **Aphrophora**-Arten Europas treten **A. corticea** Germ. auf Kiefern und Tannen, **A. alni** Fall. auf Erlen, Weiden, Pappeln und Kiefern, **A. salicis** De G.[3]) auf Weiden und Pappeln und

---

[1]) Kuhlgatz, Mitt. zool. Mus. Berlin, Bd. 3, 1905, S. 33—36, Taf. 2 Fig. 1—16, Taf. 3 Fig. 9—11, 13. — La Baume, Fauna d. deutsch. Kolon. R. 5, Hft. 3, 1912, S. 80—81, Fig. 52. — Aulmann, ibid., Hft. 4, 1912, S. 132—137, Fig. 100—102.

[2]) Zahlreiche Arbeiten von Gough, Rorer und Urich in den Veröffentlichungen des Dep. of Agric. Trinidad und der Agric. Soc. Trinidad and Tobago 1910 u. 11, zum Teil wiedergegeben in der Agric. News Barbados. — Urich, Journ. ec. Ent., Vol. 4, 1911, p. 225—226.

[3]) Jacobi, Arb. biol. Abt. Kais. Gesundheitsamt Bd. 2, 1902, p. 513.

A. (Philaenus) spumaria(-us) L. auf den verschiedensten Kräutern (auch Zuckerrüben) auf, ohne daſs sie in den Schädlingsberichten genügend unterschieden werden. Die Eier überwintern in Rindenritzen, die Nymphen erscheinen Anfang April, die Imagines von Juni an. Von auſserforstlichen Kulturpflanzen findet man sie besonders an Erdbeeren, Georginen, Blumen, Klee, Rosen[1]), an Trieben von Johannisbeeren und gelegentlich auch auf Obstbäumen, ohne daſs sie aber merkbar schadeten. An Holunder rufen sie nach FRIEDERICHS[2]) eine Art Vergallung der Blätter, mit Kräuselung, Verkrümmung der Spreiten und Verkürzung der Stiele hervor. — Letztgenannte Art auch in Nordamerika. — In Dänemark Epidemien durch *Entomophthora aphrophorae* Rostr. beobachtet.

Membraciden.

Klein; Vorderbrust nach hinten in langen Fortsatz ausgezogen. Meist düster gefärbt. Eiablage häufig in zwei winkeligen Schnitten in Rinde von Zweigen.

Horiola arcuata F.[3]), Westindien, hier und da schädlich an Kakao.

Ceresa bubalus F. (Buffalo tree-hopper), **taurina** Fitch, **borealis** Fairm. und **Stictocephala inermis** F.[4]) schaden in Nordamerika an Obst- und anderen Bäumen, besonders in Baumschulen, namentlich die erst- und letztgenannte Art, die ihre Eier (bis zu je 200) unter die Rinde junger Zweige legen. Erstere macht hierzu zwei tief ins Cambium eingreifende Schlitze, zwischen denen die Rinde vertrocknet; es entstehen so mit den Jahren immer gröſser werdende trockene, offene Wunden. Die letztgenannte Art hebt durch vier bis fünf tangentiale Stiche die Rinde blasenförmig ab und macht darunter einen tiefen Schlitz ins Holz; es entstehen groſse, aber meist wieder verheilende Wunden. Die beiden anderen Arten legen ihre Eier unter Knospenschuppen; bei *C. taurina* ist auch solche unter die Haut eines Apfels beobachtet (WEBSTER). Die Eier überwintern. Die im nächsten Frühjahr auskriechenden Nymphen saugen zuerst an der Unterseite von Blättern oder an Trieben, die manchmal durch Stiche „geringelt" werden, so daſs sie oberhalb absterben. Später gehen die Nymphen von den Bäumen an saftige Kräuter, namentlich auch an Blumen. Gegenmittel: kräftige Düngung, Beschneiden, Beseitigung alles Unkrauts unter den Bäumen. — *Stictocephala festina* Say[5]), Nordamerika, an Klee, Luzerne, Limabohnen, Tomaten usw., tötet Stengel durch Ringeln.

Entilia sinuata F.[6]). Nordamerika, heterophag, öfters schädlich an Sonnenblumen, deren Blätter sie durch Eiablage in Mittelrippe und durch Saugen abtötet.

---

[1]) v. SCHILLING, Prakt. Ratg. Obst-Gartenbau 1895, S. 313, Fig.; 1896, S. 244—245, Fig. 21.

[2]) Zeitschr. wiss. Ins.-Biol. Bd. 5, 1909, S. 175—179, 2 Fign.

[3]) Board of Agric., Trinidad, Circ. 2, 1911.

[4]) MARLATT, U. S. Dept. Agric., Div. Ent., Circ. 23, 2d Ser., 1897, 4 pp., 4 figs. — HODGKISS, Techn. Bull. agr. Exp Stat. Genova No. 17, 1910, 32 pp., 8 Pls. — WEBSTER, F. L., Journ. ec. Ent. Vol. 2, 1909, p. 193.

[5]) OSBORN, Journ. ec. Ent. Vol. 4, 1911, p. 137—140.

[6]) HOWARD, U. S. Dept. Agric., Div. Ent., Bull. 30, N. S., 1902, p. 75—78, fig. 27—28.

Verschiedene **Centrotus**-Arten [1] saugen auf Java und Sumatra an allerlei Kulturpflanzen und können junge Pflanzenteile hierdurch, noch mehr aber durch ihre Eiablage zum Eingehen bringen.

Jassiden [2].

Die kleinsten Cikaden mit fast parallelen Seiten und dornigen Schienen. Eiablage in Pflanzenteile. Besonders zahlreich in Gras und niederem Pflanzenwuchse; dann gewöhnlich grünlich gefärbt.

Homalodisca triquetra F. und andere Arten [3] standen in Nordamerika im Verdacht, die Baumwollkapseln anzusaugen, so daſs kleine, schwarze Flecken an ihnen entstünden (*„sharpshooters"*) und sie abfielen. Nach neueren Untersuchungen sind sie aber hieran unschuldig, aber schädlich an Bananen, Sorghum, Sonnenblumen usw.

Oncometopia undata F. [4], Nordamerika, an Reben. Eiablage in Stämme, dadurch deren Wachstum hindernd; auch in Stiele der Trauben, so daſs diese abfallen. Desgleichen an Beerenobst; ferner an Zuckerrohr, Mais, Zuckerrüben, Sonnenblumen usw.

Tettigonia viridis L. [5]. In Bulgarien an Apfel-, Birn- und Zwetschenbäumen schädlich durch die Eiablage, die im Herbst zu je 7 bis 10 in 3 bis 4 mm lange Schlitze in die Triebe erfolgt. Die Triebe sterben zwar nicht ab, wachsen aber auch nicht mehr oder nur wenig und setzen keine oder nur selten Früchte an. Im Frühjahr gepfropfte Edelreiser besonders befallen. Auch an Weiden, Pappeln usw. In Japan sehr schädlich am Maulbeerbaum; desgleichen **T. ferruginea** F. — **T. guttigera** Uhl. [6], Japan; schädlich an Gerste usw.; Eiablage an Kiefernrinde. — **T. atropunctata** Sign. [7] ersetzt in den Küstengebieten Californiens *Typhl. comes*, ist aber nicht auf Reben beschränkt. — **Tettigoniella spectra** Dist. in Indien an Reis und Gräsern, manchmal schädlich.

Euacanthus interruptus L. [8] in England hier und da an Hopfen schädlich. Eiablage unbekannt, wahrscheinlich in Ritzen der Stangen. Nymphen im Mai und Juni, an beiden Seiten der Blätter, die vergilben und absterben, und an Zapfen. Die Geflügelten verlassen den Hopfen, um an wilde Umbelliferen zu fliegen.

Verschiedene **Idiocerus**-Arten saugen in Indien und Japan an Trieben und Blüten der Mangobäume und vernichten derart manchmal die ganze Ernte.

Mehrere **Agallia**-Arten [9] werden in Nordamerika schädlich an (Zucker-) Rüben, auch an Sonnenblumen, Obstbäumen, Kohl, Rübsen, Erdbeeren usw., **A. sanguinolenta** Prov. besonders auch an Rüben und Klee. Ihre Biologie ist insofern abweichend, als nicht wie sonst

---

[1] Rev. Cult. colon. No. 112, 1902, p. 281.
[2] Osborn, U. S. Dept. Agric., Bur. Ent. Bull. 108, 1912, 123 pp, 4 pls., 29 figs.
[3] Sanderson, U. S. Dept. Agric., Bur. Ent., Bull. 57, 1906, p. 49 ff., figs.
[4] Forbes, 21. Rep. nox. benef. Insects Illinois, 1900, p. 68—69, fig. 5.
[5] Malkow, Zeitschr. Pflanzenkr. Bd. 14. 1904, S. 40—43. Fig.
[6] Onuki, Imp. agr. Exp. Stat. Japan, Bull. 30. 1904: Abstr. p. 4.
[7] Woodworth, U. S. Dept. Agric., Div. Ent., Bull. 26, 1900, p. 93—94.
[8] Theobald, Rep. 1905/06, p. 76—78. — Journ. Board Agric. London, Vol. 16, 1909, p. 570, Pl. 1 Fig. 7.
[9] Forbes, l. c. p. 65—70, Fig. 5—7.

die Nymphen, sondern die Imagines überwintern. — **A. sinuata** M. Rey, Europa, gelegentlich an Roggen.

Penthimia nigra Goeze (**atra F.**)[1] saugt im mittleren und nördlichen Frankreich an den Blättern der Reben und bringt sie hier und da zum Absterben; merkbarer Schaden aber noch nicht berichtet. Neuerdings in zunehmender Zahl auch im Rheingau.

Deltocephalus striatus L.[2], in Ungarn seit 1883, vertritt hier *Cicadula 6-notata*. Zuweilen schon im Herbst, meist aber im Frühling, vom März an, befällt sie den Winterweizen, auch den Roggen, und richtet ihn so zu, dafs die Felder aussehen, wie vom Feuer versengt. Im Mai erreichen sie den Höhepunkt ihres Schadens. Nach der Ernte auf den emporwuchernden Gräsern. — In Japan zugleich mit **D. oryzae** Mats. sehr schädlich an Reis und Zuckerrohr. — **D. inimicus** Say und **nigrifrons** Forb.[3] in Nordamerika schädlich an Zuckerrüben, Gräsern, Getreide usw. Zwei Bruten; Eier überwintern.

Eutettix tenella Bak. Beet leafhopper[4]. In Utah und Colorado an Zuckerrüben; 1905 für 500000 $ Schaden. Ende Juni erscheinen die überwinterten Cikaden in den Rübenfeldern und legen ihre Eier in den Blattstiel und in die Blattnerven, die um jedes Ei herum anschwellen, wie wohl auch um die Saugstiche herum, die namentlich in die kleineren Nerven erfolgen; hierdurch wird das ganze Blatt unten rauh. Zugleich kräuseln sich die Blattränder und rollen sich nach oben ein. Nymphen von Mitte Juli bis September, Imagines wieder von Ende Juli an. Unter den erwähnten Krankheitserscheinungen, der *curly-leaf* oder *blight* der Rüben, hören diese auf zu wachsen und bilden zahlreiche Faserwurzeln. Besonders schlimm an spät gepflanzten Rüben und auf trockenem, sonnigem Boden. Spritzen mit Petroleumemulsion; Abfangen der Cikaden mit Hopper-dozers.

Nephotettix apicalis Motsch.[5] (*Solenocephalus cincticeps* Uhl.). Die von Marokko bis zu den Philippinen weit verbreitete Cikade in Cochinchina und Japan sehr schädlich an Reis, verursacht Stigmatose oder Verzwergung. Eier zu 10—20 an die Innenseite der Blattscheide; das darunter befindliche Blatt wird durch die Stiche gebräunt. Nymphen an Blättern und milchreifen Körnern. Imagines überwintern zwischen Gräsern usw. Das Wasser der Reisfelder mit dünner Schicht Petroleum überziehen und die Cikaden abfegen.

Thamnotettix fuscovenosus Fieb. in Südeuropa auf Oliven, bringt junge Triebe zum Absterben und Blütenknospen zum Abfallen.

Cicadula (Jassus) sexnotata(-us) Fall.[6], Zwergcikade. Obwohl

[1] MAYER, Ins. de la Vigne, p. 170—171, Fig. 38. — LÜSTNER, Ber. Kgl. Lehranstalt Geisenheim 1909, S. 131, Fig. 29.

[2] JABLONOWSKI, Köztelek 5, Nr. 85; Ausz.: Ill. Ztschr. Ent. Bd. 3, S. 379—380. — SAJÓ, Zeitschr. Pflanzenkr. Bd, 4, 1894, S. 150; Bd. 5, 1895, S. 359; Bd. 11, 1901, S. 30—31.

[3] FORBES, l. c. p. 74—75, figs.

[4] BALL, U. S. Dept. Agric., Bur. Ent., Bull. 66, 1909, p. 33—52, 4 Pls. — SPISAR, Zeitschr. Zuckerindustrie Böhmen, Jahrg. 34, 1910, S. 345 ff.

[5] U. S. Dept. Agric., Div. Ent., Bull. 40, 1903, p. 58, Pl. 1. — HORVATH, Bull. Soc. ent. France 1906, p. 295. — KRAUSS, Trop. Agric. Vol. 35, 1910. p. 506.

[6] LETZNER, Abh. schles. Ges. vaterl. Kultur, 1864, Abt. Naturk. Medicin, S. 14 bis 15. — COHN, ibid. 1869, S. 177. — FRANK, Zeitschr. Pflanzenkrankh., Bd. 3, 1893, S. 92—93. — SORAUER, ibid. S. 205—208, 306; Bd. 4, 1894, S 336—338. — MARCHAL, Bull. Soc. ent. France 1896, p. 259. — REMER, Ber. agrik. bot. Vers. Stat. landw. Ver. Breslau 1902/03, 1904. — JUNGNER, Arb. Deutsch. Landw.-Ges. Hft. 115, 1906, 50 S., 1 Taf., 2 Fign. — FULMEK, Wien. landw. Zeitg. 1910, Nr. 44. — MATSUMURA, l. c.

im ganzen paläarktischen Gebiete, auch in Nordamerika, verbreitet, ist sie in gröfserem Mafsstabe schädlich geworden nur in Ostdeutschland (1863 zum ersten Male beobachtet), Bayern, Schleswig-Holstein und (1896) in Frankreich (Dep. Allier). Die Biologie ist noch keineswegs völlig sichergestellt. Die Überwinterung geschieht auf Wiesen, Rainen, Winterroggen usw. in allen Stadien. Im Mai erscheinen sie auf den Feldern. Nach Junger folgen sich drei Generationen: eine Herbstgeneration vom 15. August bis 1. Oktober, eine Wintergeneration vom 1. Oktober bis 1. Juli und eine Sommergeneration vom 1. Juli bis 15. August, die aber natürlich vielfach ineinander übergehen. Remer fand von Mitte November an keine Insekten mehr, lebende Eier aber im November und März. Wenn Ende Frühling das Wintergetreide emporwächst, gehen die Cikaden an die Sommerung, besonders Hafer und Gerste, von diesen im Hochsommer auf Gräser usw. und dann wieder auf den Winterroggen. So werden die Felder immer vom Rande aus befallen, und man unterscheidet bald vier Zonen: die Randzone mit gelben, abgestorbenen Pflanzen, eine Zone mit rötlich gefärbten Blättern, eine solche mit noch grünen, aber schon gelb- oder rotfleckigen Blättern und das unberührte Getreide. Die Cikaden saugen vornehmlich im Schutze der unteren Blattscheiden; die Saugflecke werden zuerst gelb, dann rötlich, zuletzt violett, bis die Pflanzen völlig welken. In der dritten Zone, der gefleckten, erfolgt gewöhnlich die Eiablage; jedes Weibchen legt etwa 30 Stück, in Gruppen von (2—)4—6(—13) unter die Blattoberhaut; nach etwa 10 Tagen kriechen die Nymphen aus. Aufser an Gräsern und Getreide auch an Rüben, Kartoffeln, Lupinen, Serradella, an den verschiedensten Wiesenpflanzen aus den Familien der Papilionaceen, Cruciferen und Chenopodiaceen. Während die Nymphen einer gewissen Feuchtigkeit bedürfen, ist im allgemeinen Trockenheit ihnen bekömmlich, Nässe schädlich; daher die Beschränkung auf Ostdeutschland. So treten sie auch nur in gröfseren Unterbrechungen auf: 1863, 1869, 1876, 1885, 1892/94, 1899/1902. Der Schaden ist dann manchmal aufserordentlich, so 1901 auf einem Gute Posens etwa 50000 ℳ. — Vielfach erscheint sie im Gefolge oder in Begleitung anderer, durch Trockenheit begünstigter Getreidefeinde, wie Fritfliege, Blattläuse, Rost. Ihre Feinde aus dem Tierreiche sind zahlreich; *Empusa jassi* Cohn vernichtet sie in nassen Jahren. Bekämpfungsmafsregeln sind noch nicht zur Zufriedenheit gefunden: nach der Eiablage an die dritte Zone ist diese zu mähen und zu verfüttern; von ihr aus nach aufsen zu umpflügen; nachher mit Grünfutter bestellen. Breite Leinenstreifen sind einseitig mit Teer zu bestreichen und mit dieser Seite voran über das Feld zu ziehen. Jauche- und Mineraldünger schaden den Zirpen, kräftigen das Getreide. Spritzen mit Kontaktgiften. Abfangen mit Schmetterlingsnetzen. — In Japan sehr schädlich an Reis, desgleichen **D. fasciifrons** Stål.

C. exitiosa Uhl.[1]). Südliches Nordamerika; an der Basis der Mittelrippe der äufseren Blätter von Winterweizen und Timothygras; auch in milden Wintern sehr schädlich.

Chlorita flavescens F. (vitis Goethe, rosae H.-S.)[2]). Paläarktische

---

[1]) Comstock, Rep. Comm. Agric. 1879, p. 191—193, Pl. 1 fig. 4.
[2]) Mayet, l. c. p. 167—169, fig. 37. — Schulte im Hoff, Beih. Tropenpflanzer Bd. 2, 1901, p. 76. — Watt and Mann, Pests a. Blights of Tea plant, Calcutta 1903, p. 286—292. fig. 34, Pl. 15 Fig. 2. — Theobald, Journ. ec. Biol. Vol. 2, p. (14—25). Pls.

Schluſs.
Lieferung 26/27.   (Dritter Band, Bog. 41—49 u. Titelbogen.)   Preis: 6 Mark.

Handbuch

der

Pflanzenkrankheiten

von

Prof. Dr. Paul Sorauer.

Dritte vollständig neubearbeitete Auflage

in Gemeinschaft mit

Prof. Dr. G. Lindau,   und   **Dr. L. Reh,**

Privatdozent an der Universität Berlin   Assistent am Naturhistor. Museum in Hamburg

herausgegeben

von

Prof. Dr. P. Sorauer,

Berlin.

Mit zahlreichen Textabbildungen.

BERLIN

VERLAGSBUCHHANDLUNG PAUL PAREY

Verlag für Landwirtschaft, Gartenbau und Forstwesen

SW. 11, Hedemannstraße 10 u. 11

1913.

Region, Ostafrika, Indien, Ceylon, Nord- und Südamerika. Als „*green fly*“ in Indien und Ceylon bei starkem Befalle einer der schlimmsten Feinde des Tees, an Blättern und jungen Trieben saugend; erstere kräuseln sich, letztere hören auf zu wachsen; bei schwachem Befalle werden die Blätter infolge des langsamen Wachstums reicher an den das Aroma bedingenden adstringierenden Stoffen. — In Algier und Tunis sehr schädlich an Reben. In Europa an Laub- und Nadelhölzern (besonders Linden, Birnen. Traubenkirschen, Haselnufs), Reben, Clematis, Hopfen, Kartoffeln, Rüben und vielen krautartigen Pflanzen. Im allgemeinen werden die Blätter weifsfleckig; an Traubenkirsche nach E. Taschenberg bronzefarben, an Haselnufs nach Theobald durchlöchert wie bei *Lygus*-Frafs. Eiablage nach Ersterem in die jungen Triebe, deren Rinde nach dem Ausschlüpfen der Nymphen ganz rauh von den vernarbten Wundstellen werden kann; nach Letzterem an die untere Blattfläche; nach jenem überwintern die Eier, nach diesem und Giard die Imagines. Nach Theobald drei Bruten. Nymphen und Imagines hauptsächlich an Blattunterseite, aber auch an Trieben, sehr lebhaft, springen aber nicht. Parasit eine *Aphelobus*-Art (Proctotrupide), verursacht aus dem zweiten Hinterleibsring einen gallenartigen Auswuchs, Tylacie[1]). Gegenmittel (nach Theobald): gegen die Nymphen mit Petroleum-Emulsion spritzen; die Imagines zuerst mit schwacher Seifenlösung von den Pflanzen abspritzen und dann die betäubt am Boden liegenden mit Petroleum-Emulsion töten. — **Chl. viridula** Fall.[2]) in England schädlich an Bohnen- und Rosenblättern. — Von Kartoffeln werden zwei Arten beschrieben: **Chl. solani-tuberosi** Koll.[3]) und **Chl. solani** Curt.[4]). — In Deutsch-Ostafrika steht **Chl. facialis** Jac. schon lange im Verdacht, Urheber der Kräuselkrankheit[5]) der Baumwolle zu sein, was durch Kränzlin bestätigt wurde. Besonders schlimm auf sandigen, trockenen Höhen. Vosseler vertrieb die Cikade mit Markasol oder Seifenbrühe. Die Brüder Pentzel wollen sie dadurch beseitigt haben, dafs sie die Baumwolle in langen, schmalen Streifen anbauten, abwechselnd mit Brachestreifen. In letzteren nisteten sich Ameisen ein, die die Baumwollstauden ihrer Nektarien wegen besuchten und die Cikaden vertrieben.

Empoasca mali LeB. Apple-leaf hopper [6]). Nordamerika. Sehr polyphag an Kräutern und Laubbäumen. Dadurch, dafs die Zirpen an den Nerven der Blatt-Unterseite saugen, krümmen, kräuseln und verdrehen sich die Blätter, ähnlich wie bei Blattlaus-Befall. Schädlich namentlich an Kartoffeln und an jungen, bis drei- und fünfjährigen Apfelbäumen in Baumschulen, die vielfach infolge des Befalls erst ein Jahr

---

[1]) Giard, C. r. Acad. Sc. Paris. T. 109, 1889, p. 708—710.

[2]) Theobald, l. c. — Collinge. 2d Rep. econ. Biol.. 1912. p. 4.

[3]) Schneider u. Kollar, Sitz.-Ber. Akad. Wiss. Wien, math.-nat. Kl.. Bd. 9, 1852, S. 3—27, Taf. 1.

[4]) Curtis, Farm Insects, p. 437—439, Pl. O fig. 28—31.

[5]) S. mehrere Aufsätze von Vosseler und Morstatt in den Veröffentlichungen des Biolog. Instituts zu Amani; ferner Kränzlin, Pflanzer. Bd. 7, 1911. S. 327—329, Taf. 3—6. — Tropenpflanzer Bd. 16, 1912, S. 132. — Aulmann, Fauna deutsch. Kolon. R. 5 Hft. 4. 1912. S. 137—140, Fig. 103.

[6]) Forbes, l. c. p. 77—78, Pl. 2 fig. 3. — Washburn, Journ. ec. Ent. Vol.1, 1908, p. 142—145, fig. 5—6; Vol. 2, 1909, p. 54—59, Pl. 2; Vol. 3, 1910, p. 162—165; Agric. Exp. Stat. Minnesota, Bull. 112, 1909, p. 145 -164, 1 Pl., 14 figs. — Webster, R. L., Journ. ec. Ent. Vol. 1, 1908, p. 326—327; Vol. 3, 1910, p. 162—165; Agric. Exp. Stat. Jowa, Bull. 111. 32 pp., 13 figs.

später die zum Verkauf nötige Gröfse erreichen. 3—4 Generationen.
Sommer-Eier in Stengeln ihrer Nährpflanzen, besonders von Klee, Luzerne usw., am Apfel in Blattstielen und -nerven und in jungen Trieben,
in Schlitze. Wintereier in Taschen oder Pocken der Rinde 2—3-, bis
5 jähriger Triebe der älteren Apfelbäume oder in Stämmen junger;
auch überwintern Imagines am Boden. Gegenmittel: Boden der Baumschulen von Unkraut usw. frei halten. Spritzen mit Bordelaiser Brühe
als Abschreckungsmittel. Abklopfen der Frühjahrs-Generation der Zirpen
auf Klebfächer.

Eupteryx (atropunctata Goeze, picta Fall.) **carpini** Fourc. [1])
Kartoffelzikade. An den verschiedensten Pflanzen, auch an Rüben,
Getreide usw.; von August bis September besonders häufig an Kartoffel-
kraut; Schaden nicht bedeutend. Eiablage in Mittelnerv der Blätter.

Typhlocyba Germ.

Zahlreiche Arten dieser Gattung treten auf den verschiedensten
Kultur- und anderen Pflanzen auf, aber nur wenige und auch diese
nicht immer, schädlich, nur in Jahren, die ihre Vermehrung besonders
begünstigen. Die erwachsenen Zirpen überwintern am Boden unter
abgefallenem Laube, in Rindenritzen, unter Moos und Flechten, in Gras
oder anderer dichter Vegetation, besonders gern in Buschland oder
Waldrändern, daher die an solche grenzenden Ländereien meist stärker
von ihnen zu leiden haben. Selbst an warmen Wintertagen saugen diese
Zirpen an der ihnen gerade zur Verfügung stehenden Vegetation, um
aber doch im Frühjahre an bevorzugte Nährpflanzen überzusiedeln.
Hier saugen sie an der Blatt-Unterseite, und in diese legen sie nach
mehrwöchigem Fraße auch ihre Eier, einzeln, in kleinen Gruppen
oder Reihen, und hier entwickeln sich auch die Nymphen. Die Zahl
der Generationen ist gering, 1—3: die Vermehrung aber doch so grofs,
dafs die Geflügelten im August und September in oft ungeheuren
Mengen auftreten; zugleich sind sie aufserordentlich lebhaft, fliegen bei
der geringsten Störung auf und belästigen oft die arbeitenden Menschen
und Tiere, indem sie ihnen massenhaft in Augen, Ohren, Nase usw.
fliegen. Durch das Saugen der verschiedenen Stadien werden die
Blätter zuerst weifsfleckig, dann vergilben sie; zuletzt werden sie braun
und fallen ab. So werden namentlich die Fruchtentwicklung, die
Bildung und das Wachstum neuer Triebe sehr ungünstig beeinflufst.
Aufser der möglichsten Beseitigung der Überwinterungsplätze (Untergraben, Abbrennen!) mufs sich der Kampf in erster Linie gegen die
überwinterten Imagines richten, die mit Klebfächern oder -Rahmen abzufangen sind, dann gegen die jungen Nymphen, durch Spritzen mit
Petroleum-Emulsion, Walölseife, Nikotin.

Die wichtigste europäische, auch nach Nordamerika verschleppte
Art ist **T. rosae** L., die **Rosen - Zikade** [2]), die aufser auf Rosen aber
auch auf Apfelbäumen, Linden, Eichen usw. auftritt. Wahrscheinlich
nur eine Generation. Nach Taschenberg und Felt Eiablage im Herbste

[1]) Curtis, l. c. p. 439—440, Pl. O fig. 32. -- Jungner, Zeitschr. Pflanzenkrankh.
Bd. 14, 1894, S. 327—328.
[2]) Tullgren, Stud. Jaktt. Skadeinsekt; 1905, p. 26—27. — Theobald, Rep. 1908/09,
p. 82—83; 1909/10, p. 110. — Felt, Journ. ec. Ent. Vol. 3, 1910, p. 169; Vol. 4, 1911,
p. 413—414.

unter die Rinde der jungen Triebe, daher BETTEN vorschlägt, vor dem Austrieb im Frühjahre die Zweige mit einer Lösung von 125 g Schwefelkalium in 1 l Wasser zu bestreichen, was sich in der Praxis gut bewährt haben soll. oder mit einer Mischung von Kalkmilch, Blut und Seife, um das Ausschlüpfen der Nymphen zu verhindern. — **T. quercus** F.[1]) In England an Apfel, Pflaume, Mirabelle. — **T. viticola** Targ.[2]) auf Elba und Pianosa schädlich an Reben.

In Nord-Amerika gehört **T. comes** Say, der **Grape leaf-hopper**,[3]) zu den ernstlichsten Feinden der Rebe, der manchmal Verluste von Tausenden von Dollars bei einigen Rebenpflanzern hervorruft. Im Norden nur eine Brut, mit einer teilweise zweiten, deren Nymphen aber den ersten Frösten erliegen; im Süden zwei Bruten.

T. erythrinae Kon., Java, stellenweise sehr schädlich an Erythrina.

Fulgoriden.

Zirpen von verschiedener Größe, verschiedener Farbe und verschiedenem Verhalten. Starke Wachsausscheidung, mit der selbst die meist in Pflanzengewebe eingesenkten Eier bedeckt werden. Einige Arten unterirdisch an Wurzeln; sehr viele schädlich an Gramineen. Feinde: Schlupf- und Grabwespen.

Zahlreiche Arten in den verschiedenen Erdteilen schädlich an Zuckerrohr und anderen Gräsern, wo sie namentlich hinter den Blattscheiden, zum Teil aber auch frei an den Blättern sitzen. So in Indien und Ceylon[4]): **Phenice (Proutista) australis** Dist., **moesta** Westw. (dentata Buckt.), **Zamila (Pyrilla) lycoides** Kby[5]) und **aberrans** Walk., **Liburnia psylloides** Leth. (ferner auf Java, Hawaii, Viti und in Ostaustralien auch an Mais, Andropogon und Hafer), **Pundaloya simplicia** Dist. (Ceylon). — Auf Java[6]) **Phenice maculosa** Westw. und **Perkinsiella (Dicranotropis) vastatrix** Bredd. — In Australien: **Phenice lumholtzi** Kirk. — In Westindien[7]): **Stenocranus (Delphax) saccharivorus** Westw.

Die schädlichste, auch an Gräsern und Getreide vorkommende aller Zuckerrohr-Cikaden ist aber:

Perkinsiella saccharicida Kirk.[8]) Heimat Australien, hier unschädlich; Ende vorigen Jahrhunderts nach Hawai verschleppt, die Inselgruppe

---

[1]) THEOBALD, Journ. ec. Biol. Vol. 2, 1907, p. 16—17, Pl. 1 fig. 2, Pl. 2 fig. 1—3.

[2]) MAYET, l. c. p. 169—170.

[3]) WOODWORTH, Univ. Calif. agr. Exp. Stat., Bull. 116, 1897, 14 pp., figs. — SLINGERLAND, Cornell Univ. agr. Exp. Stat., Bull. 215, p. 83—102, 36 figs. — QUAYLE, Univ. Calif. agr. Exp. Stat., Bull. 198, 1908, p. 177—218, 23 figs.; Journ. ec. Ent. Vol. 1, 1908, p. 182—183. — HARTZELL, N. Y. St. agr. Exp. Stat., Bull. 331, 1910, p. 568—581, Pl. 13, 14; Bull. 344, 1912, p. 29—43, 4 Pls., 3 figs. — JOHNSON, U. S. Dept. Agr., Bur. Ent., Bull. 97, 1911, p. 1—12, 2 Pls., 5 figs.: Bull. 116, 1912, p. 1—13, 3 Pls., 3 figs.

[4]) LETHIERRY, Ind. Mus. Not. Vol. 3, No. 3, p. 105—106, Fig. — STEBBING, ibid. Vol. 5, 1900, p. 86—87.

[5]) Früher als *Dictyophora pallida* Don. bezeichnet.

[6]) BUSSE, Arb. Kais. biol. Anst. Land- u. Forstwirtsch. Bd. 4, 1905, S. 354—365, Fig. 5—7, Taf. 6 Fig. 5. — VAN DEVENTER, Dierl. Vijand. Suikerriet, 1906, p. 167—168.

[7]) BASSIÈRES, La Sucrerie indig. colon., Ann. 48 T. 79, 1912, p. 27—32. — URICH, West. Ind. Bull. Vol. 12, 1912, p. 390.

[8]) PERKINS, Hawai. Board Comm. Agric. Forestry Bull. 1, 1903, 38 pp. — VAN

sehr rasch überziehend; auch auf Java. Ausbreitung einmal durch Wanderschwärme Ende April, Anfang Mai, dann durch Schiffe und Eisenbahnen, da die Geflügelten sehr stark von Licht angezogen werden, besonders aber durch mit Eiern belegte Stecklinge des Zuckerrohrs. Eier an diesen zu durchschnittlich 4—6 unter der Epidermis der Mittelrippe der Blätter, der Internodien, bei jungem Rohre auch in untere Blattscheiden: die Wunde wird durch wachsähnliche Masse verschlossen; Ablage von Anfang März an. Nach durchschnittlich 19 Tagen kriechen die Nymphen aus, die gesellig an den Basen der Blätter, bzw. unter den Blattscheiden, besonders der unteren, sitzen; nach weiteren 37 Tagen die Erwachsenen. Die Stellen der Eiablage färben sich bald rot: das erste Anzeichen des Befalles. Mit dem Auskriechen vergröfsern die Nymphen die Wunden, durch die starke Verdunstung stattfindet, Krankheitskeime eindringen, die vielfach von den Cikaden selbst, bzw. von saugenden Fliegen übertragen werden. Den Hauptschaden tun aber die Nymphen. Die Blätter vergilben, vertrocknen bei starkem Befall; die Spreite fällt ab, während die Scheide sitzen bleibt; in dem durch die saugenden Insekten ausgeschiedenen Honigtau siedeln sich Rufstaupilze an, die Internodien bleiben kurz. Bei starkem Befall werden auch bald die oberen Blätter angegangen; sie entfalten sich nicht, die Endknospe stirbt ab, und zahlreiche austreibende Seitensprossen schwächen den Stamm. Verlust für 1903 auf 3 Mill. Doll., gleich 10% der Ernte, angegeben. Feinde: Coccinelliden, Chrysopiden, Wanzen, Forficuliden, Ameisen, Pipunculiden, Spinnen. — Der ungeheure, rasch zunehmende Schaden veranlafste die Zuckerrohr-Pflanzer auf Hawaii zu energischen, gemeinsamen Vorgehen; sie gründeten eine Versuchsstation, deren Arbeiten über diesen Schädling und seine Feinde zum Besten gehören, das die phytopathologische Entomologie bis jetzt hervorgebracht hat. Auch zahlreiche Feinde wurden eingeführt, mit welchem Erfolge, wird nicht berichtet. — Gegenmittel: sehr stark befallene Felder abbrennen; alle Rückstände nach Ernte verbrennen. Gute Kultur, besonders Fernhalten des Unkrauts. Entwässerung. Anbau widerstandsfähiger Sorten (Yellow Caledonia). — Im Winter tritt eine kurzflügelige, anscheinend fruchtbarere Form auf.

An Reis in Japan[1]) schädlich in erster Linie **Liburnia furcifera** Horv., neben ihr aber noch über 30 andere Zirpen, aus allen Familien. Hierüber berichtet Matsumura: „Die kleinen Cikadinen, die zu den schädlichsten Insekten Japans gehören, richten Jahr für Jahr unter den Reispflanzen viel Schaden an. Die Verheerungen waren sehr oft die Veranlassung zu entsetzlicher Hungersnot, wie das etwa schon 18mal in der japanischen Geschichte geschildert wird . . . „Unka", der in Japan für die Cikadinen gebräuchliche Name, ist ein sehr übel berüchtigtes Wort, das Wolke oder Nebel bedeutet; denn sie kommen manchmal in so kolossaler Menge vor, dafs sie im Fliegen die Sonne ganz verdecken können. Im Jahre 1897, wo sie wieder einmal als grofse Landplage auftraten, wurde nicht weniger als $\frac{1}{3}$—$\frac{1}{2}$ der Reis-

Dine, Hawaii agr. Exp. Stat., Bull. 5, 1904, 29 pp., 8 figs.; U. S. Dept. Agric., Bur. Ent., Bull. 93, 1911, p. 12—34, 1 fig., Pl. 2. — Perkins, Terry, Kirkaldy, Leaf-Hoppers and their natural enemies. Rep. Work Exp. Stat. Hawai. Sug. Plant. Assoc. Bull. 1, Pt. 1—10, Introduction, Honolulu 1905—1906.
   [1]) Matsumura, Ent. Nachr. Bd. 26, 1900, p. 262; Annot. zool. Japon. Vol. 6. 1907, p. 83 ff. — Horvath, Bull. Soc. ent. France 1906, p. 295.

felder ganz ruiniert. Der Verlust wurde damals auf 70 Millionen Yen geschätzt, was jedoch den wirklichen Wert bei weitem nicht erreicht. An Vertilgungsmitteln verwandte man damals über 250000 Kannen Petroleum, sowie auch eine große Menge anderer Insektenvertilgungsmittel, alles in allem etwa im Gesamtbetrage von nicht weniger als 5 Mill. Yen." — *L. furcifera* ist auch aus Cochinchina, Ceylon und Sizilien bekannt. — An Reis in Indien schadet **Ricania zebra** Dist. Von anderen schädlichen Arten seien noch genannt:

Prosops pedisequus Buckt.[1]). Australien; ursprünglich an Eucalyptus; tötet Äste und Zweige von Apfel- und anderen Bäumen durch die unter die Rinde erfolgende Eiablage ab. Spritzen mit Petroleumemulsion.

Hysteropterum grylloides F. und **Falcidius apterus** F.[2]), Mittelmeerländer, Schweiz, Kanarische Inseln; an Ölbaum, Maulbeere, Reben, Obst- und Feigenbäumen. Eier in zweireihigen Paketen, gewöhnlich deren 12—16 beieinander, an Zweigen. Nymphen von April an, an jungen Trieben, Blütenstielen und ganz jungen Früchten, auch an Blättern. An denen von Reben erzeugen sie „*roncet*"-ähnliche Erscheinungen, an denen von Maulbeere Querrunzeln, Auftreibungen nach oben, die unten stark behaart sind. Imagines im Herbste, sterben nach Eiablage.

Tettigometra obliqua Panz.[3]). Deutschland, an Wintergetreide. Eier im Herbste, in Häufchen an unterste Blattscheide, dicht über der Wurzel. Nymphen im Frühjahre, gesellig, am Grunde der Pflanzen, unter dem Schutze von *Formica cinerea* Mayr. Auch an Papaver, Centaurea, Allium, Apera. Von Ende Juni an die Imagines, die nach der Ernte an Gesträuch, Buchen, Kiefern usw. übergehen. Gelegentlich massenhaftes Auftreten, dann recht schädlich. — In Italien an Olive.

Ricania atrata F. und **fuliginosa** de H., Java, an grünen Trieben von Tee und Kampfer. — **R. japonica** Mel.[4]), Japan, sehr schädlich an Maulbeere.

(Acanalonia) Chlorochroa conica Say[5]), Nordamerika, an Mais, Hopfen, Rebe usw., in großen Klumpen am Grunde der Pflanzen.

Geisha (Poeciloptera) distinctissima Walk.[4]). Japan, sehr schädlich an Maulbeere, Pflaumenbäumen, Tee usw.

Ormenis pruinosa Say[6]), Nordamerika, sehr polyphag an Obstbäumen, Orangen, Reben, Ulmen, Ahorn, Kartoffeln, Rotklee, Mais, Hirse, Dahlien usw. Eiablage in junge Triebe von Obst- und anderen Bäumen.

Siphanta acuta Walk.[7]). Australien, Hawaii, Sandwich-Inseln; eine der gemeinsten Fulgoriden. Auf Hawaii schädlich an Kaffee, durch

---

[1]) FRENCH, Destr. Ins. Victoria, Vol. 4, 1909, p. 55—56, Pl. 67.
[2]) MAYET, l. c. p. 171—173. — RIBAGA, Redia T. 4, 1907, p. 329—333, Tav. 5. — DEL GUERCIO, ibid., p. 353—359, fig. 14—16.
[3]) v. DOBENECK, Ill. Zeitschr. Ent. Bd. 3, 1898, S. 369—370, 1 Taf. — SAJÓ, Zeitschr. Pflanzenkrankh., Bd. 11, 1901, S. 31. — TORKA, Zeitschr. wiss. Ins.-Biol. Bd. 1, 1905, S. 451—455, Fig. A—D.
[4]) MATSUMURA, Ent. Nachr. l. c. p. 211, 213; Annot., l. c. p. 90.
[5]) CHITTENDEN, U. S. Dept. Agric., Div. Ent., Bull. 22, N. S., 1900, p. 98—99. — FORBES, 23th Rep. nox. benef. Ins. Illinois, 1905, p. 203—204.
[6]) CHITTENDEN, l. c. — FORBES, l. c. p. 203, fig. 210—211, Pl. 8 fig. 2.
[7]) VAN DINE, Rep. Hawaii. agr. Exp. Stat. 1904, p. 375.

Saugen und durch Übertragung der Sporen von *Cercospora coffeicola*. Auch an Mango-, Orangen-, Birnbäumen.

Purohita arundinacea Dist.[1]), Indien, schädlich an Bambus.

Peregrinus (Delphax) maidis Ashm.[2]). Südliches Nordamerika, Westindien, sehr schädlich an jungem Mais, durch Saugen und durch Eiablage in regelmäfsigen Reihen in die Mittelrippe der Blätter. Ähre entwickelt sich spärlich; die Pflanzen vergilben, sterben selbst ab. Keine bestimmte Generationsfolge; Entwicklung dauert im Hochsommer einen Monat, im Winter zwei Monate.

Stenocranoïdes viridis Bak.[3]). Cuba, an Vigna unguiculata

Psylloïden.

Psylliden, Blattflöhe[4]).

Imagines mit dachartig liegenden Flügeln, die vorderen chitinisiert; Fühler bis 10gliedrig; Springbeine und Haftläppchen an den Krallen der 2gliedrigen Tarsen. Larven plattgedrückt, wanzenartig, mit wagerechten Flügelscheiden. Eier meist in Mehrzahl an Zweigen oder Blättern, an denen Larven und Imagines saugen, besonders an letzteren sehr häufig Gallen verursachend. Besonders zahlreich in Australien an Eucalyptus und Akazien; die Larven vieler Arten liegen unter schildartigen Bedeckungen, die namentlich an ersterem so dick sein können, dafs sie von den Eingeborenen als „Lerp" gesammelt und gegessen werden. Wollige Ausscheidungen sind sehr häufig; alle Arten sondern reichlichen Honigtau ab, dessen grofse Tropfen, oft von feinen Wachsteilchen bedeckt, sehr auffällig sind und stark von Ameisen gesucht werden. — Ökonomische Bedeutung im allgemeinen nicht sehr grofs.

Euphyllura olivina Costa (oleae B. de Fonsc.)[5]). Italien, am Ölbaum. Die Imagines überwintern an den kleinen Zweigen, dicht an der Basis der Blattknospen. Eiablage im Frühjahr an die inneren Blättchen der sich entfaltenden Endknospen oder an die Basis der Blütenstände. Larven setzen sich in letzteren fest und hüllen sich so dicht in Wachsausscheidung ein, dafs die Blüten oft ersticken. Die Knospen werden durch das Saugen der Larven an der Entwicklung bzw. Entfaltung gehindert. Wohl drei bis vier Generationen. Feinde: ein Chalcidier und eine Cynipide. Abschneiden der mit Larven besetzten Triebe; Spritzen mit Rubina (2—3 %) oder mit Tabak-Petroleumemulsion.

Rhinocola eucalypti Mats.[6]). Heimat Tasmanien; an Eucalyptus globulus und mit diesem nach Neuseeland, Neusüdwales und Südafrika verschleppt.

Phytolyma lata Scott[8]). Deutsch-Ostafrika; an Chlorophora excelsa,

—

[1]) Distant, Ent. monthl. Mag. (2) Vol. 18, 1907, p. 10—12. — Antram, Journ. Bombay nat. Hist. Soc. Vol. 17, 1907, p. 1024.

[2]) Van Dine, l. c. p. 376; Bull. 5, 1904, p. 17. — Forbes, l. c. p. 120—121, fig. 109.

[3]) Horne, 2ᵈ Rep. Estac. centr. agr. Cuba, 1909, p. 88.

[4]) Aulmann, G., Psyllidarum Catalogus. Berlin 1913.

[5]) Barbieri, Boll. Ent. agr. Ann. 5, 1898. — Grandi, Ent. agr., Portici 1911, p. 96—99, fig. 88—93. — de Seabra, Portugal Afric., Anno 22, 1911, p. 24—28, 4 fig.

[6]) Froggatt, Proc. Linn. Soc. N. S. Wales Vol. 28, 1903, p. 315.

[7]) Vosseler, Zeitschr. wiss. Ins.-Biol. Bd. 2, 1906, S. 276—285, 305—316, 20 Figg.; Pflanzer, Bd. 2, 1906, S. 57—63. — Busse, Beih. 7 Tropenpflanzer, 1906. S. 219—220.

vergallt die verschiedensten vegetativen Teile junger Pflanzen, Wurzel-
und Stockausschläge: Gallen kugelig, geschlossen. Junge Pflanzen
können dadurch jahrelang im Wachstum zurückgehalten werden. —
Vielleicht dieselbe Galle an der gleichen Pflanze in Togo.

Psyllopsis fraxini L.[1]). Europa, an Eschenblättern in nach unten
eingerollten, verdickten Blättern mit geröteten Adern. Auch nach
Amerika verschleppt.

Psylla Loew.

P. pyricola Foerst.[2]). Europa, Japan, wenig schädlich; etwa 1830
nach dem Osten Nordamerikas verschleppt, hier sehr schädlich, in
manchen Gegenden fast so schlimm wie die San José-Schildlaus. Nur
an Birnbäumen. Imagines überwintern in Rindenritzen usw. Ende
April, Anfang Mai werden die orangegelben, birnförmigen Eier einzeln
in Rindenritze, an Zweige, um die Knospen herum, oder in Blattnarben gelegt. Nach 2—3 Wochen die Larven, die an Blattstielen, in
den Blattachseln, an Blättern, jungen Früchten, zarten Trieben usw.
saugen. Sie scheiden so viel Honigtau ab, daß dieser nicht selten von
den Blättern herabtropft oder an der Rinde herabläuft und später alles
mit Rußtau bedeckt. Die jungen Früchte fallen ab, oft auch vorzeitig
die Blätter; die Bäume machen wenig Wachstum. Nach einem Monate
erscheinen die Imagines, die sich bald wieder fortpflanzen, so daß
sich 4—5 Generationen im Jahre folgen; die Sommergenerationen legen
ihre Eier an Blätter ab, in Reihen oder in Haufen. Bekämpfung: die
Bäume im Winter abkratzen und mit 10prozentiger Petroleum-Emulsion oder mit Kalkschwefelbrühe spritzen. Nächst wichtig ist Spritzen
im Frühjahre, wenn die Larven ausgekrochen sind, aber noch wenig
Honigtau abgesondert haben, ebenfalls mit Petroleum-Emulsion oder mit
Seifenbrühe. Auch im Sommer kann hiermit gespritzt werden, aber
nur nach Regenschauern, die viel Honigtau abwaschen.

Ps. pyrisuga Foerst. (piri Schmidb.)[3]). der **große Birnsauger**,
ist dagegen in Mitteleuropa und Japan sehr schädlich an Birnbäumen. Begattung im Frühling, von Anfang April bis Anfang Juni;
Eier einzeln oder in kleinen Häufchen im Filz der jungen Blätter
und Blütenstiele oder in Blattwinkeln, anfangs hellgrün, später hellgelb, ungestielt. Larven von Anfang Mai ab, dunkelgelb, mit Wachsausscheidung; wandern nach der ersten Häutung an den Grund der
Schosse oder auch an vorjähriges Holz. Vor der letzten Häutung
wandern sie wieder an die Blattunterseiten; von Anfang Juni ab die
Imagines an jungen Zweigen, anfangs hellgrün, dunkeln im Herbste

---

[1]) FELT, Rep. N. York St. Ent. 1910. p. 39—40, Pl. 15, 16 (irrtümlich Ps. fraxi-
nicola Först. genannt).

[2]) SLINGERLAND, Cornell Univ. agr. Exp. Stat., Bull. 44. 1892, p. 161—186, 8 figs.;
Bull. 108. 1896, p. 69—81. fig. 40—45. — SMITH, Rep. N. Jers. agr. Exp. Stat. 1893.
p. 460—465, fig. 3—5. — MARLATT, U. S. Dept. Agric., Div. Ent., Circ. 7, 2d Ser.,
1895, 8 pp., 6 figs. — FISHER, 35. ann. Rep. ent. Soc. Ontario. 1905, p. 108—109,
2 figs.; Canad. Ent. Vol. 37, 1905, p. 1—2. 2 figs. — PARROTT, West N. Y. hort. Soc.
Proc., Vol. 56. 1911, p. 73—82, 6 figs.

[3]) v. SCHILLING, Prakt. Ratg. Obst- u. Gartenbau 1889, S. 827—829, Figg. —
BÖRNER. Mitt. Kais. biol. Anst. Land- u. Forstwirtsch. Hft. 8, 1909, S. 48—49. —
(NOËL, P.). Le Naturaliste T. 32, 1910. p. 47—48. — SCHMIDBERGER, in: KOLLAR, Natur-
gesch. d. schädl. Ins., Wien 1837, S. 283—284.

beträchtlich, nach der unter Rindenschuppen usw. erfolgenden Überwinterung dunkelrotbraun; Augen rot. Junge Blätter werden beulig, verkrüppelt, rollen sich zusammen; die jungen Triebe werden abgetötet, ebenso die jungen Früchte, an denen die Insekten ebenfalls, wenn auch weniger häufig, saugen. Besonders an Formbäumen schädlich. Bekämpfung wie bei voriger; Tabaksbrühe (einprozentig) hat sich gegen die jungen Larven sehr bewährt. Sie fangen sich in Massen auf im Frühjahre fängig gehaltenen Klebgürteln. — **Ps. pyri** L. ist im allgemeinen viel zu selten, um schädlich sein zu können; ebenso **Ps. crataegi** Schr., an Weißdorn und Apfel.

Ps. mali Schmidb., **Apfelblattsauger**[1]). In Mitteleuropa und England vielfach ein sehr schlimmer, aber kaum beachteter Schädling des Apfelbaumes. Imago von Anfang Mai an bis in Herbst, grün, bunt gezeichnet; Augen weiß. Eiablage von September bis Anfang November; Eier anfangs weiß, zuletzt rostrot: am stumpfen Ende seitlich mit Stielchen, am spitzen in langen Faden ausgezogen; einzeln oder in Häufchen in Rindenrissen, an Knospen, Blattstielnarben, besonders aber an jungen, noch flaumhaarigen Trieben; über 100 Stück bei einem Weibchen. Von Anfang April an bis in Juni hinein kriechen die zuerst schmutzig gelben, dunkel gezeichneten, später hellgrünen Larven aus; anfangs zwängen sie sich zwischen die Knospenschuppen ein; später sitzen sie unter dichter Wachswolle und mit vielen Honigtau-Bläschen an Blättern, Blüten oder deren Stielen, besonders am Grunde oder im Inneren der Blütenstände. Zur letzten Häutung gehen sie wieder an die Blätter; Imagines mit Vorliebe an den Stielen der jungen Früchte. Befallene Blätter bleichen, krümmen und kräuseln sich; Triebe krümmen sich oder sterben ab; befallene Knospen öffnen sich überhaupt nicht oder geben nur unvollkommen entwickelte Blätter bzw. Blüten; durch das Saugen an den Stielen sterben und fallen die Blüten bzw. jungen Früchte ab. Namentlich hierdurch Schaden oft so groß, daß ganze Bäume ihre Blüten abwerfen. Feinde: besonders Milben und Wanzen; praktisch aber kaum wertvoll. Gegenmittel: im Herbste, nach der Ernte, starke Petroleum-Emulsion mit starkem Strahle in die Bäume spritzen, um die Imagines abzutöten; im Winter mit 500 l Petroleum, 98°/o Ätzsoda, 90 l Seife; oder mit 1—1½ Ztr. Kalk, 30—40 Pfd. Salz, 5 Pfd. Wasserglas und 500 l Wasser. Ätzsoda tötet die nahezu fertig entwickelten Embryonen in den Eiern. Im Sommer, gegen die Larven, wie bei den vorigen Arten. Gutes Zurückschneiden tötet die Hauptmasse der Eier, zumal sie an abgeschnittenen Trieben absterben. — Auch in Japan.

Ps. buxi Geoffr. an den Endtrieben des Buchses, dessen Blätter sich so krümmen, daß sie sich zu knospenähnlichen Gebilden zusammenschließen. — **Ps. alni** L., Europa, Japan. Larven im Frühjahre klumpenweise in den Blattachseln der jungen Erlentriebe, dicht in Wolle gehüllt und mit viel Honigtau, die Blätter krümmen sich und verkrüppeln zum Teil. — **Ps. pruni** Scop. oft in großen Gesellschaften um die Triebe der Steinobstbäume; unschädlich.

---

[1]) Schmidberger, l. c. p. 284—291. — Ormerod, Handbook etc., 1898. p. 42—45, fig. — Theobald, U. S. Dept. Agric.. Div. Ent., Bull. 44, 1904, p. 65—67. — Furley, 1907, Report on the Exp. spray. for the Apple Sucker etc., Worcester Educ. Comm., 26 pp., 8 Pls. — Carpenter, Rep. 1908, p. 595—599. fig. 2, 3. — S. ferner die Berichte von Collinge, Lampa. Schöyen, Theobald und zwei Mitteilungen im Prakt. Ratgeb. Obst- u. Gartenbau 1910, S. 256 u. 270—271.

Ps. elaeagni Kuw.[1]). Japan; sehr schädlich an Elaeagnus umbellata.
In Indien soll **Ps. isitis** Buckt. die Endtriebe und Blätter an Indigo derart kräuseln, dafs oft alles Wachstum aufhört und die Pflanzen eingehen. — **Ps. cistellata** Buckt. verursacht Gallen an Mango-Trieben (Maxwell-Lefroy). — **Ps. acaciae-baileyanae** Frogg.[2]) schwärmt in Neusüdwales auf ihrer Nährpflanze, ohne ihr zu schaden; bei Melbourne hat sie massenhaft ihre Blütenknospen abgetötet.

Mycopsylla fici Tryon[3]), Australien an Blättern von Ficusbäumen; aus den Stichwunden tritt so viel Milchsaft heraus, dafs er nicht nur die saugenden Larven bedeckt, sondern auch die Blätter so völlig inkrustiert, dafs sie abfallen.

Homotoma ficus Guér. Mittelmeerländer, Frankreich; an der Unterseite der Feigenblätter, die vertrocknen. Eier überwintern; Imagines in der zweiten Hälfte von Juni. Wahrscheinlich mehrere Generationen.

Mesohomotoma camphorae Mats.[4]) auf Formosa an Kampferbäumen sehr schädlich.

Anomoneura mori Schwarz[5]). Japan, am Maulbeerbaum oft sehr schädlich, die Seidenraupenzucht beeinträchtigend.

Trioza Foerst.

Tr. alacris Flor.[6]). Mediterran; in Mitteleuropa öfters in Gewächshäusern, seltener im Freien; an den jüngsten Trieben von Lorbeerbäumen; Imagines überwintern; Eiablage im Frühjahr auf Blattunterseite; hier auch die Larven unter starker, weifser, wachsartiger Wolle und mit viel Honigtau. Die Blätter rollen sich nach unten ein unter dreifacher Verdickung, Verfärbung und runzlige Ausstülpungen nach oben; immerhin mehr Schönheitsfehler als Schaden. — Neuerdings in Californien eingeschleppt.

Tr. viridula Zett.[7]). Verursacht an Mohrrüben in Rheinhessen, Dänemark und Nordschleswig und an Petersilie in Österreich Kräuselkrankheit, die die Pflanzen kümmern und oft eingehen läfst. Überwinterung vermutlich als Imago an Holzgewächsen (Fichte?). Eiablage in zweiter Hälfte von Juni an die jungen Mohrrüben. Larven von Anfang Juli an bis gegen Ende August, von strahlenförmigem Kranze von Wachsfäden umgeben. In Dänemark seit einigen Jahren bedrohlich. — Auch in Japan.

Tr. obsoleta Buckt.[8]) verursacht in Indien gelblichrote, rauhe Gallen auf den Blättern von Diospyros melanoxylon, die nach der Reife ausfallen und Löcher hinterlassen.

[1]) Kuwayama, Trans. Sapporo nat. Hist. Soc. Vol. 2, 1907/08, p. 164.
[2]) Froggatt, Proc. Linn. Soc. N. S. Wales Vol. 28, 1903, p. 315.
[3]) Froggatt, Austral. Ins. p. 365.
[4]) Kuwayama, l. c. p. 181, fig. 15, 20.
[5]) Kuwayama, l. c. Vol. 3, 1909, p. 63 64.
[6]) Thomas, Gartenflora, Jahrg. 40, 1891. — Crawford, Monthl. Bull. Comm. Hortic. Calif. Vol. 1, 1912, p. 86—87.
[7]) Rostrup, S., Ber. 1907/08 (als Alcyrodicus sp. bezeichnet). — Kornauth, Ber. f. 1909, S. 89. — Zacher, Mitt. Kais. biol. Anst. Land- u. Forstwirtsch. Hft. 12, 1912, p. 31, Fig.
[8]) Buckton, Ind. Mus. Not. Vol. 5, 1900, p. 35—36, Pl. 5 fig. 10—15. — Stebbing, Dept. Not. Ins. aff. Forestr., 1903, p. 130—131.

Tr. camphorae Sasaki [1]). Japan, Formosa, Südchina; am Kampferbaum. Die Imagines erscheinen von April an und legen ihre Eier meist an die Unterseite der Blätter. An den Stellen, an denen hier die Larven saugen, bildet sich eine anfangs gelbgrüne Ausbuchtung nach oben, die sich im Juni zu einer regelrechten, rundlichen, roten, von grünlichgelbem Hofe umgebenen, 2—3 mm grofsen Galle schliefst, in der die reife Larve überwintert. Stark besetzte Blätter fallen vorzeitig ab; durch derartige Entblätterung können namentlich junge Bäume abgetötet werden. Insekten oft so zahlreich, dafs sie beim Fluge Wolken bilden.

Tr. litseae Giard [2]). Auf Réunion an Litsea laurifolia, geht von ihr auf Vanille über und ist dort deren schlimmster Feind geworden. Sie sticht die Blütenknospen an; um den Stich Faulstelle; trifft er den Fruchtknoten, so wird keine Frucht gebildet.

Eine **Tr.-Art** [3]) rollt in Uganda die Blätter der Citrusbäume ein, beschädigt namentlich junge Bäume und junge Triebe älterer Bäume.

Phacosema Zimmermanni Aulm. [4]). Ostafrika und Togo an Khaja senegalensis: kugelige, auf beiden Blattspreiten hervorragende Gallen.

Aleurodiden [5]), Motten(Schild)läuse; snow oder white flies.

Eine verhältnismäfsig kleine Familie mit ziemlich einheitlicher Lebensweise. Imagines vierflügelig, meist weifs, mit weifsem Wachsstaube bepudert; Füfse mit Haftborsten. Sie sitzen gewöhnlich zu dreien (ein Weibchen und jederseits ein Männchen) auf der Unterseite eines Blattes und fliegen bei Störung aufspringend davon. Die Eiablage [6]) erfolgt fast ausschliefslich an die Unterseite junger Blätter; nur in Treibhäusern, auch gelegentlich an junge Stengelteile, Blattstiele usw. Auf glatten Blättern bleibt das Weibchen dabei häufig mit seinen Saugborsten fest verankert und dreht sich um sie wie um einen Pfeiler herum, so dafs die Eier in ein- bis mehrreihigen Kreisen angeordnet sind; sonst in unregelmäfsigen Haufen, in Reihen oder vereinzelt. Eier birnförmig, am stumpfen Ende kurz gestielt, meistens aufrecht, manchmal liegend; zuerst hell, später dunkelnd bis braunschwarz. Die frisch ausgekrochenen Larven haben grofse Ähnlichkeit mit denen der Schildläuse, bewegliche Beine, Fühler und laufen kurze Zeit, aber nicht weit, umher, bis sie einen zum Festsaugen

---

[1]) Sasaki, Journ. Coll. Agric. Imp. Univ. Tokyo Vol. 2, 1910, p. 277—286, 2 Pls.

[2]) Bordage, C. r. 6 me Congr. internat. Agric. Paris 1900.

[3]) Gowdey, Rep. Governm. Ent. Uganda Prot. 1909/10.

[4]) Vosseler, Ber. Land-, Forstwirtsch D.-O.-Afrika, Bd. 3, 1907, S. 113. — Aulmann, Mitt. zool. Mus. Berlin Bd. 5, 1911, S. 268—271; Ent. Rundschau Jahrg. 29, 1912, S. 123—125, 6 Fig.

[5]) Die grundlegende Arbeit über Aleurodiden ist Signoret, Essai monographique sur les Aleurodes, Ann. Soc. ent. France (4) T. 8, 1868, p. 369—402, Pl. 9, 10. — Später hat nur noch Maskell, Trans. N. Zeal. Inst. Vol. 28, 1896, p. 411—449, 12 Pls., eine Zusammenstellung aller Arten gegeben, Quaintance (U. S. Dept. Agr., Bur. Ent., Techn. Ser. Bull. 12, 1907, p. 89—94, Pl. 7, fig. 23, 24) eine Liste der schädlichen. — Seither sind zahlreiche faunistische Bearbeitungen erschienen, so von Peal (orientalische Arten), Kuwana (Japan), Kirkaldy (Hawaii), Quaintance (Amerika), Jarvis (Canada), Bemis (Californien), Cockerell (Mexiko), Gowdey (Westindien). Eine moderne Bearbeitung der europäischen Arten steht noch aus.

[6]) Über Eiablage und Larvenstadien s. Trägårdh, Zeitschr. wiss. Insekt.-Biol. Bd. 4, 1908, S. 294—301, 13 Fig.

passenden Ort, gewöhnlich auf Blattunter-, seltener -oberseite gefunden haben, an dem sie dann ihre ganze Entwicklung (drei Larven- und ein sogenanntes Puppenstadium) durchmachen. Sie werden bald unbeweglich, von starrer, meist gefärbter, durchscheinender Hülle eingeschlossen, die ringsum einen Kranz charakteristischer, spröder Wachsgebilde, manchmal noch auf dem Rücken lockere, wollige Wachsfäden trägt.

Aus ihrem dorsal gelegenen After (vasiform orifice) scheiden Larven und Imagines Honigtau ab, der die darunter befindlichen Blätter mit glänzender Schicht überzieht, auf der sich gewöhnlich Rufstau ansiedelt, der durch Unterbindung der Atmung die Blätter fast mehr schädigt, als dies die Läuse durch ihr Saugen tun. Ist der Befall sehr dicht, so kann, besonders in Treibhäusern, der Rufstau auch die Blattunterseite überziehen und die hier sitzenden Entwicklungsstadien der Läuse ersticken.

Im allgemeinen können die Mottenläuse kaum zu den schädlichen Insekten gerechnet werden; natürliche Feinde: Larven von Chrysopiden, Coccinelliden, Schlupfwespen, Pilze halten sie in Schach. Nur wenige, wie es scheint, verschleppte Arten, haben sich durch ungehinderte Vermehrung zu zum Teil sehr argen Schädlingen entwickelt.

Die Bekämpfung hat sich namentlich gegen die Entwicklungsstadien zu richten und erfolgt durch Spritzen mit Petroleum oder Fischölseife, Seifenwasser, Räucherung mit Blausäure oder Tabak, Entfernen der besetzten Blätter. In Florida werden verschiedene Pilzarten, unter dem ihnen günstigen Klima, mit Erfolg zur Bekämpfung verwandt, indem man infizierte Blätter in Wasser schüttelt und mit diesem Wasser die zu behandelnden Bäume spritzt (s. *Al. citri*).

Die schädlichsten Arten sind folgende:

Aleurodes vaporiarum Westw. [1]) Heimat vermutlich das tropische Amerika; jetzt auch in ganz Nordamerika, in Europa und Australien; überall, wo Winterfröste vorkommen, dauernd nur in Treibhäusern, im Sommer aber auch gelegentlich an Freilandpflanzen. Sehr polyphag, von über 60 Pflanzen bekannt; besonders schädlich in Nordamerika an Tomaten und Gurken in Treibhäusern, desgleichen an Erdbeeren. In Warmhäusern ununterbrochene Entwicklung. Die Imago lebt mindestens zwei Monate; während dieser Zeit legt das Weibchen täglich vier bis sechs hellgrüne, schwarz werdende Eier. Nach 11 Tagen die Larven; ganze Entwicklung fünf Wochen. Die Art des Befalls bringt es mit sich, daß die Blätter von unten her absterben; an den untersten vorwiegend Puppen und frisch ausgeschlüpfte Imagines, an den mittleren Larven bzw. Eier vor dem Ausschlüpfen, an den obersten Imagines und frisch abgelegte Eier. Schaden zum Teil sehr bedeutend, so in einer Tomatentreiberei Nordamerikas 4000 Dollars in einem Jahre. Gegen Räuchern mit Blausäure sind viele Treibhauspflanzen sehr empfindlich; sie darf nur bei völliger Dunkelheit, möglichst trockener Luft und geringer Wärme vorgenommen werden.

---

[1]) Britton, Bull. Connect. agr. Exp. Stat. No. 140, 1902, 17 pp., 4 pls., 5 figs. — Weed and Conradi, Bull. N. Hampsh. agr. Exp. Stat., No. 100, 1903. p. 47—52, 1 fig. — Morrill, Massach. agr. Exp. Stat., Techn. Bull. 1. 1903, 66 pp., 6 pls.; U. S. Dept. Agric., Bur. Ent., Circ. 57, 1905, 9 pp., 1 fig. — Warren and Voorhess, 27. Rep. N. Jersey agr. Exp. Stat. 1907. p. 292—293. 2 Pls. — Tower, Massachusetts agr. Exp. Stat., 22. Rep. 1910, p. 214—247.

Al. citri Ril. and How.[1]) Heimat Indien[2]), Japan und China, hier überall durch Parasiten in Schach gehalten. Seit 1878 in den Vereinigten Staaten festgestellt, und hier, besonders in Florida, einer der schlimmsten Feinde der Citrus-Kultur. Auch in Mittel- und Südamerika, bis Chile, hier sogar sehr schädlich. In Florida 3 Generationen; Imagines in März bis Mai, Juni bis August, September und Oktober. Larven und Puppen überwintern, nicht nur an Bäumen, sondern selbst an abgefallenen geschützt liegenden Blättern. Zahl der Nährpflanzen nicht grofs; aufser den Citrus-Arten namentlich Melia azedarach, Gardenia jasminoides, Ligustrum-Arten und Kaffee wichtig. Unter den Einflüssen des günstigen Klimas von Florida, und da natürliche Feinde ursprünglich fehlten, hat sie sich hier ungeheuer vermehrt; auf einem Blatte wurden bis 20 000 Eier gezählt; die Imagines fliegen manchmal in Wolken auf; sie setzen sich dann gerne an alles ihnen in den Weg kommende fest und werden so durch Personen, Wagen usw. leicht verschleppt, ebenso wie die jüngsten Larven durch Tiere, Vögel usw. Da nach Messungen 1 Mill. Larven in 48 Stunden 1 (amerik.) Pfund Honigtau abscheiden, in einem Jahre also 180 Pfund, läfst sich der Schaden ermessen; er wird durch den Rufstau (*Meliola camelliae* Sacc.) noch bedeutend vermehrt und beträgt in Florida jährlich $\frac{1}{2}$—$\frac{3}{4}$ Mill. Dollars. Die Bäume leiden allerdings direkt weniger; doch entwickeln sich die Läuse besonders auf anderweitig erkrankten Bäumen und schwächen diese noch mehr. Aber Säure- und Zuckergehalt der Früchte werden vermindert, so dafs diese geschmacklos werden; der sie bedeckende Rufstau verzögert ihre Reife und erschwert ihre Verkäuflichkeit.

Auf Citrus-Arten in Florida und Cuba treten noch **A. Howardi** Quaint.[3]) und **nubifera** Berg. in geringerem Mafse schädlich auf.

Diese drei Arten werden von sechs Pilzparasiten befallen, deren wichtigster der *Brown fungus, Aegerita Webberi* Fawc. und der *Red fungus, Aschersonia aleyrodis* Webb. sind. Die übrigen heifsen *Aschersonia flavo-citrina* P. Henn. (nur an Al. nubifera), *Microcera sp.* (an Imagines, besonders der letzten Art), *Verticillium heterocladium* Panz. und *Sphaerostilbe coccophila* Tal. Spritzungen mit diesen Pilzen sind besonders im Sommer, von Juni bis September, wirksam.

Auch Seifenbrühe ist im Sommer anzuwenden; am wichtigsten aber sind die Winterbespritzungen mit Petroleum-Emulsion, Fischölseife und einer Mischung von Wachs, Soda und Fischölseife. Räuchern mit Blausäure. Im Herbst ist ferner alles gefallene Laub zu vernichten. Aus infizierten Baumschulen dürfen keine belaubte Bäume bezogen werden. Die Larven vertragen eine Kälte von 7—8° C., sind also widerstandsfähiger als die Orangenbäume selbst.

Andere, an Citrus schädliche Arten sind: **Paraleyrodes perseae** Quaint.[4]) in Florida (auch auf Persea spp.) und auf Cuba; hier auch auf Psidium guayava; **A. Gillardi** Kot.[5]), Japan, an Orangen sehr

---

[1]) Siehe in erster Linie die Veröffentlichungen der Florida agric. Exp. Stat. seit 1903. — Morrill, U. S. Dept. Agric., Bur. Ent., Bull. 76, 1908, 73 pp., 7 pls., 11 figs.; Circ. 111, 1909, 12 pp., 4 figgs. — Morrill and Back, ibid., Bull. 92, 1911, 109 pp., 10 Pls., 19 figs. — Howard, Journ. ec. Ent., Vol. 4, 1911, p. 130—132.
[2]) Hier seither Al. eugeniae var. aurantii Mask. genannt.
[3]) Back, U. S. Dept. Agric., Bur. Ent., Bull. 64, 1910, p. 65—71, Pl. 4, fig. 19—22.
[4]) Quaintance, ibid., Techn. Ser., Bull. 12, 1909, p. 169—174, fig. 35, 36.
[5]) Kuwana, Pomona Coll. Journ. Ent. Vol. 3, 1911, p. 620.

schädlich; **A. horridus** Hemp.[1]), Brasilien, Barbados, in ersterem Orangenbäumen oft zugrunde richtend, auf kultivierten indianischen Birnbäumen dagegen verhältnismäfsig unschädlich.

An **Psidium guayava** im wärmeren Amerika[2]) schaden ferner noch: **A. goyabae** Göldi, **A. floridensis** Quaint. (auch an Persea, auf Barbados noch an Kakao, aber unschädlich), **Aleurodicus cardini** Back (Florida) und **cocois** Curt.[3]). Letztere Art kommt auch vielfach auf Kokospalmen vor und soll diese nach dem grofsen Wirbelsturme von 1831 auf Barbados derart geschädigt haben, dafs nicht nur Blüten, junge Nüsse und Blätter abstarben und abfielen, sondern schliefslich auch vielfach die Krone und damit die ganzen Bäume eingingen. Seither nicht mehr als schädlich beobachtet.

An **Zuckerrohr** auf Java[4]) schaden **A. Bergi** Sign., **longicornis** Zehntn. und **lactea** Zehntn., in Indien **A. barodensis** Mask.[5]), ernstlicher nur die letztgenannte Art. Die erste befällt vorwiegend geschwächte Pflanzen, die sie besonders durch Rufstau noch mehr schwächt, die zweite ruft gelbliche Streifen, die dritte rotbraune Flecke hervor.

Erdbeeren in Nordamerika leiden stellenweise sehr unter **Al. Packardi** Morr.[6]); die Blätter werden vom Rande aus schwarz; stark befallene Pflanzen sterben ganz oder fast ganz ab. Nicht alle Sorten gleich befallen. In Europa tritt **Al. fragariae** Walk.[7]) an Erdbeeren auf, aber ohne zu schaden.

An **Kohl** in Europa kommen **Al. brassicae** Walk.[8]) und **proletella** L.[9]) vor, aber nur gelegentlich ernstlich schädlich. In Brasilien überzieht **A. Youngi** Hemp.[10]) die Innenseite der Blätter mit vollständiger Schicht von Häuten, Eiern und Honigtau.

Von anderen Arten seien genannt: **A. olivinus** Silv.[11]), Italien, Spanien, Tunis, Smyrna am Ölbaum, merkwürdigerweise auf der Oberseite der Blätter; **Al. eugeniae** Mask.[12]), Indien, an Eugenia jambolana

)[1] Hempel, Bol. Agric. Est. S. Paulo 5ª Ser., 1904, p. 15—21. fig. 1—3.

[2]) Gowdey, West Ind. Bull. Vol. 9, 1909, p. 345 ff.

[3]) Riley and Howard, Ins. Life Vol. 5, 1893, p. 314—317, fig. 39—41. — Froggatt, Dept. Agric. N. S. Wales, Spec. Bull. 2, 2ᵈ ed., 1912, p. 30—31.

[4]) Zehntner, Arch. Java Suikerind., Afl. 19, 1896. Afl. 23, 1898. — van Deventer, l. c., p. 205—227, Pl. 28, 29. — Koningsberger, Med. Dept. Landbouw No. 6, 1908, p. 7.

[5]) Maskell, Ind. Mus. Not. Vol. 4, 1899, p. 143—144, Pl. 12 fig. 1. — Stebbing, ibid. Vol. 5, 1900, p. 87—88. — Maxwell-Lefroy, Mem. Dept. Agr. India, Vol. 1, 1907, p. 245.

[6]) Slingerland, Cornell Univ. agr. Exp. Stat., Bull. 190, 1901, p. 155—158, fig. 45. 46. — Morrill, Canad. Ent. Vol. 35, 1903, p. 25—35. Pl. 2; Massach. agr. Exp. Stat., Techn. Bull. No. 1, 1903. — Smith, N. Jers. agr. Exp. Stat., Bull. 225, 1909, p. 30.

[7]) Reh, Jahrb. Hamb. wiss. Anst. 19, 1902, S. 185—186. — Tullgren, Ark. Zool. Bd. 3, 1907, No. 26. p. 11—14. fig. 14—19. — Ferrant, Schädl. Insekt., 1911, S. 380.

[8]) Tullgren, l. c. p. 10—11. — Ferrant, l. c. S. 380. — Grandi, Ent. agraria, Portici 1911. p. 131—132.

[9]) Réaumur, Mém. etc., Vol. 2, p. 302 317, Pl. 25 fig. 1—7. — Schöyen, Beretn. 1898. — Goury et Guignon. Feuille jeun. Nat., T. 35, 1905, p. 106. — Tullgren, l. c. p. 1—10. fig. 1—13.

[10]) Hempel, l. c. 3ª Ser., 1902. p. 245—246.

[11]) Silvestri, Bol. Labor. Zool. gen. agr. Portici Vol. 5. 1911, p. 214—225, 13 figg.

[12]) Maskell, l. c. Vol. 4, 1895. p. 52—53, fig.

ernstlich schädlich; **Al. nubilans** Buckt. [1]) ebenda, an Betelnufspalme; **A. atriplex** Frogg. [2]), Australien, desgleichen an Atriplex; **A. variabilis** Quaint. [3]), Florida, Barbados, an Carica papaya.

An Acer platanoïdes und campestris kommt öfters **Aleurochiton aceris** Geoffr. [4]) vor, das an aus anderen Ursachen (zu viel Feuchtigkeit usw.) kränkelnden Bäumen stark überhand nehmen und ein vorzeitiges Absterben der Blätter herbeiführen kann.

Aphidoïden.

Aphididen. Blattläuse.

Bearbeitet von **Carl Börner**.

Die Pflanzenläuse sind den Schildläusen nächstverwandt und leben wie diese ausschliefslich von Pflanzensäften. Von den übrigen homopteren Rhynchoten unterscheiden sie sich gleich den Schildläusen insbesondere durch den Bau des Brustabschnittes. Die Hüften der drei Beinpaare sind einander ähnlich, diejenigen desselben Paares stehen stets deutlich auseinander, die Mittelhüften mehr als die Vorderhüften. Die Entwicklung der Flügel ist häufig unterdrückt. Der Thorax ist nie einheitlich chitinisiert, der Clypeus durch weiche Hautteile mit den übrigen Kopfteilen verbunden.

Von den Schildläusen unterscheiden sich die Pflanzenläuse durch doppelte Klauen und meist zweigliedrige Tarsen, durch regelmäfsige Heterogonie zwischen ein- und zweigeschlechtlichen Generationen. Die geflügelten Formen besitzen wohlentwickelte gröfsere Vorder- und kleinere Hinterflügel und reichfacettierte Seitenaugen, an deren Hinterrande drei gröfsere, bei Jugendstadien häufig allein vorhandene Facetten isoliert stehen.

Viele Formen besitzen wachsausscheidende Hautdrüsen, deren Bau und Verteilung von systematischer Bedeutung ist. Andere sind durch ein Paar sogenannter Siphonen (Rückenröhren, Honigröhren) ausgezeichnet, die seitlich auf dem Rücken des fünften Hinterleibsringes sitzen, gestaltlich sehr verschieden gebaut sein können und eine an der Luft rasch erstarrende, verschieden gefärbte Flüssigkeit ausspritzen, mit der die Mundteile der sie verfolgenden Raubinsekten verschmiert werden können. Die Exkremente der Pflanzenläuse werden (eine Ausnahme machen nur die Phylloxeren, deren Afteröffnung geschlossen ist) in Form kleiner Tröpfchen als Honigtau ausgeschieden, der häufig bedeutende Mengen zuckerartiger Stoffe enthält und verschiedenen Insekten zur Nahrung dient. Von den Bienen wird er bisweilen eingesammelt, wenn es ihnen an Blütenhonig mangelt, während viele Ameisen seinetwegen die von ihnen besuchten Blattläuse pflegen und gegen feindliche Angriffe verteidigen, bisweilen sogar die Wintereier der Blattläuse hüten, um im nächsten Jahre der Nutzniefsung ihrer „Honig-

---

[1]) Buckton, Ind. Mus. Not., Vol. 5, 1899, p. 36, 53, Pl. 5 fig. 7—9.
[2]) Froggatt, Agr. Gaz. N. S. Wales Vol. 22, 1911, p. 757—758, 6 figs.
[3]) Gowdey, l. c. p. 358—359, Pl. 1, fig. 5—6. — Back, Canad. Ent. Vol. 44, 1912, p. 147.
[4]) Tullgren, l. c. p. 14—18, fig. 20—27. — Wolff, Centralbl. Bakt. Parasitenkunde II. Abt., Bd. 26, 1910, S. 643—667, 2 Taf., 17 Fig.

kühe" gewifs zu sein. In grofsen Blattlauskolonien wird nicht selten soviel „Honigtau" produziert, dafs in ihrer Nähe die Pflanzenteile wie mit einem glänzenden, klebrigen Lack überzogen erscheinen; in anderen Fällen (wie in den kartoffelförmigen Ulmengallen von *Schizoneura lanuginosa*) können sich die Exkremente zu grofsen gummiartigen Klumpen ansammeln.

Fast alle Familien der Gefäfspflanzen (Pteridophyta, Gymnospermae, Angiospermae), angeblich sogar eine Pilzart[1]) sind den Angriffen von Pflanzenläusen ausgesetzt. Neben solchen Pflanzenläusen, die auf den verschiedensten Gewächsen zu leben vermögen, gibt es andere, die an ganz bestimmte Nährpflanzen gebunden sind und auf diesen Pflanzen auch oft nur bestimmte Organe besiedeln. Bevorzugen die Läuse im allgemeinen auch die im Wachstum befindlichen zarten ober- oder unterirdischen Pflanzenteile, so fehlt es doch nicht an Arten, die selbst an der oft rissigen, borkigen Rinde von Bäumen oder Sträuchern saugen, so dafs es kaum ein saftiges Pflanzenorgan gibt, an dem nicht Pflanzenläuse zu leben befähigt wären.

Die Saugtätigkeit der Läuse ist naturgemäfs stets von einem mehr oder weniger erheblichen Säfteverlust der besiedelten Pflanzen begleitet, der meist Ernährungsstörungen in den befallenen Pflanzenteilen und schliefslich vielfach deren Absterben verursacht. Nicht selten bleiben die von Läusen angestochenen Pflanzenteile gestaltlich unverändert. Häufiger ist es aber zu beobachten, dafs sie Umformungen erleiden, die sie bisweilen bis zur Unkenntlichkeit verändern. Wahrscheinlich reizt das mit den Stechborsten in das Pflanzengewebe eingedrungene Speichelsekret der Läuse die Zellen der Pflanze zu gesteigertem Wachstum und zur Gallenbildung an. Auf diese Weise entstehen die verschiedenartigsten Verkrümmungen. Falten- und Sackbildungen, Knickungen, Knoten und Beulen an Blättern, Blattstielen, Stengeln und Wurzeln, bisweilen bei gleichzeitiger Gliedstauchung beblätterter Triebe. Demgemäfs sind die Läuse bald frei sichtbar an der Oberfläche der von ihnen erzeugten Gallenbildungen (wie die Blutläuse und die Wurzelrebläuse), bald sind sie wenigstens zeitweise im Innern der Gallen versteckt. Je kleiner der von der jungen Laus angestochene Bezirk beispielsweise eines Blattes ist, desto mehr bleibt die Gallenbildung lokalisiert, um dann meist auch desto schärfer charakterisierte Formen anzunehmen. Da das Gewebe des Blattes an der vom Stich der Laus abgekehrten Seite regelmäfsig schneller zu wachsen pflegt, so bildet die von den Läusen besiedelte Blattfläche stets die Höhlung der Gallen, die Läuse selbst werden also vom Gallengewebe sozusagen umwachsen.

Die Lebensdauer der Gallengewebe ist erheblichen Schwankungen unterworfen. Es ist kaum auffällig, dafs das hypertrophierte Gewebe bei geringfügigen baulichen Abweichungen auch die Lebensdauer des normalen Gewebes ganz oder nahezu erreichen kann. Seltener beobachtet man dies bei histologisch höher spezialisierten Gallen, wie beispielsweise bei den Blattgallen der Reblaus, die nicht selten bis zum Blattfall ihre normale Struktur beibehalten, auch wenn sie seit langem nicht mehr besiedelt sind, oder wie bei den von der Blutlaus erzeugten

----

[1]) Patch, Edith M., Food plants catalogue of the Aphididae of the world, Part I, Maine Agric. Exp. Station, Bull. No. 202, 1912. p. 179—214.

Tuberositäten des Apfelbaums oder den von der Tannenrindenlaus hervorgebrachten Zweigknoten der Silbertanne (Abies nobilis), die nach mehrjährigem Wachstum eine beträchtliche Gröfse erreichen können. In der Regel aber stirbt das Gallengewebe ab, sobald es den Läusen nicht mehr als Nahrung dient. Verlassene Blatt- oder Rindengallen sehen wir meist bald nach der Abwanderung ihrer Insassen vertrocknen. Es mufs oft zur Vermeidung eines unnötigen Stoffverbrauches zweck- mäfsig erscheinen, wenn die Pflanze die Ernährung der Galle einstellt, sobald der durch das Speichelsekret der saugenden Läuse ausgelöste Reiz aufhört. In anderen Fällen hat aber das Absterben der Gallen- gewebe den Verlust gesunder Pflanzenteile im Gefolge, die während des Wachstums der Galle noch nicht gefährdet waren. So kann man z. B. oft beobachten, dafs die an ihrem Grunde mit einer Galle von *Chermes abietis* besetzten Fichtenzweige nach dem Vertrocknen der Galle in der Entwicklung zurückbleiben oder gleichfalls absterben. Ähnlich liegen die Verhältnisse bei den durch die Wurzelrebläuse her- vorgerufenen Geschwulsten der Rebenwurzeln. Obwohl dieselben bei gewissen amerikanischen Reben mit rasch- und starkwüchsigen Wurzeln am Leben bleiben und bei der Bildung neuer Rindenschichten ab- gestofsen werden können, ohne dafs das fernere Wachstum der Wurzel darunter leidet, sind sie im allgemeinen doch sehr der Fäulnis durch Mikroorganismen des Bodens ausgesetzt, die dann oft für gröfsere Wurzelteile verhängnisvoll wird.

Wird die Entwicklung einer Aphidengalle vorzeitig gestört, so kann das Gallengewebe entweder den Charakter des normalen Gewebes zurückerwerben oder es verliert die Fähigkeit zu weiterer normaler Entwicklung. Systematische Untersuchungen über diese Frage scheinen noch kaum ausgeführt zu sein. Von Chermiden weifs man, dafs die jungen Fichtengallen unentwickelt bleiben, wenn sie nicht von den Gallenläusen besiedelt werden, dafs aber das hypertrophierte Gewebe die Fähigkeit, auszuheilen, eingebüfst hat, wenn die Gallenmutterlaus bereits mit der Eiablage begonnen hat[1]. Wahrscheinlich wird auch hier in früheren Stadien der Gallenbildung noch eine Heilung möglich sein. So können z. B. junge Reblausgallen selbst nach der Entwick- lung der den Gallenmund umschliefsenden Randhaare noch weit- gehend rückgebildet werden, so dafs man ihr einstiges Vorhandensein an ausgewachsenen Blättern bisweilen nur noch an diesem dann stark erweiterten Haarkranz erkennen kann[2]. Daraus folgt, dafs die im Speichelsekret der Gallenläuse vorhandenen Enzyme die gereizten Pflanzenzellen nicht abtöten, dafs die Gallenbildung von einer ganz bestimmten Wechselwirkung zwischen dem Speichelsaft der Parasiten und dem Zellsaft der Wirtspflanze abhängig ist, und dafs das spätere Absterben der Gallengewebe anderen Ursachen, in erster Linie wohl der infolge hochgradiger Spezialisierung unmöglich gewordenen Rück- bildung oder Einschaltung desselben in den normalen Stoffwechsel der Pflanze, zuzuschreiben ist. Kommt die angenommene Wechselwirkung zwischen Tier und Pflanze nicht zustande, so unterbleibt nicht nur die Gallenbildung, sondern es können auch, wie bei Infektionen un- geeigneter Reben mit Gallenrebläusen, die angestochenen Gewebe be-

---

[1] Börner, Eine monographische Studie über die Chermiden. Arb. Kais. Biol. Anstalt, Bd. VI, Heft 2, 1908, S. 224—225.
[2] Siehe Mitt. Kais. Biol. Anstalt No. 12, 1912, S. 40.

reits nach wenigen Tagen absterben. Eine Entwicklung des Gallentieres unterbleibt in solchen Fällen in der Regel.

Auf gallenbildenden Pflanzen ist indessen das Gedeihen der Gallenlaus nicht immer unbedingt an das Vorhandensein der Gallen gebunden.

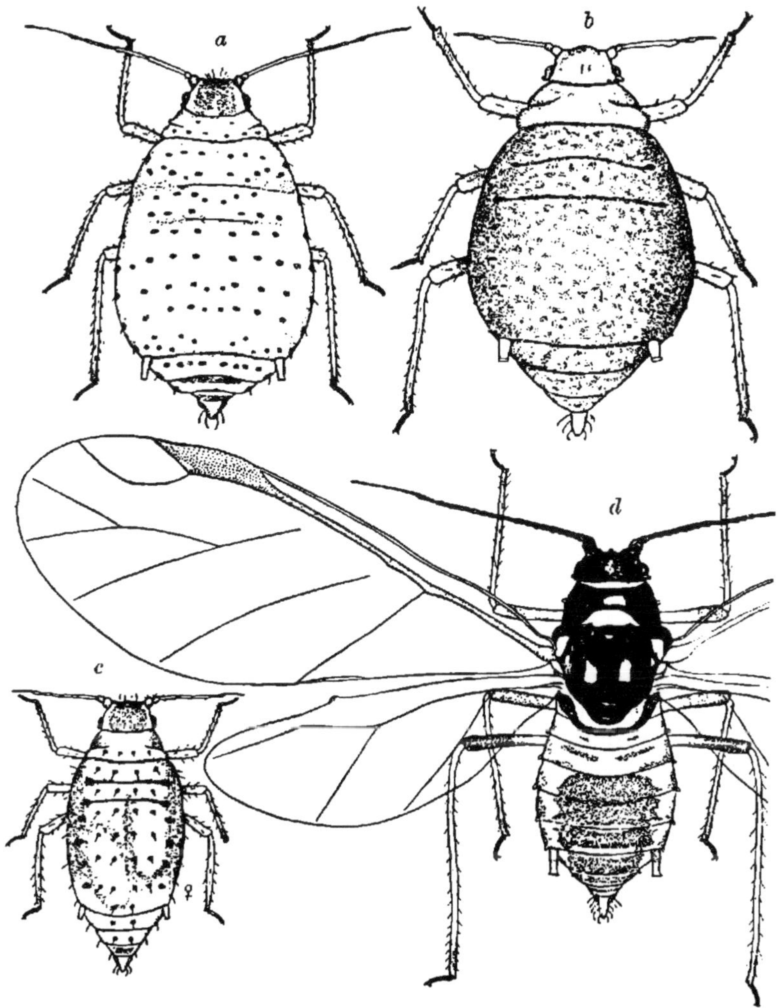

Fig. 297. *Aphis bakeri* Cowen, als Typus einer Aphidine (in Nordamerika auf Crataegus schmarotzend; nach C. P. GILLETTE, 1908). *a* ungeflügelte Virgo, *b* Fundatrix, *c* Sexualis-Weibchen, *d* geflügelte Virgo.

Verzögert man im Frühjahr eine rechtzeitige Infektion junger Ulmentriebe mit den Gallenmutterläusen der bekannten *Schizoneura*-Arten, oder versucht man, junge Gallenläuse der Chermiden auf ganz jugendlichen, aber von der Gallenmutterlaus nicht vorgereizten Fichtentrieben anzusiedeln, so unterbleibt die Gallenbildung und die Läuse gehen zugrunde. Umgekehrt kann man im Herbst auf den letzten schwächlichen Blättern eines ausgereiften Rebentriebes Gallenläuse, ohne daſs es zur Bildung

von Gallenwucherungen kommt, grofsziehen. Es folgt daraus, dafs die
Pflanzen nur an jungen, in der Entwicklung begriffenen Organen
Gallen bilden; so wenig eine ausgereifte Galle rückgebildet werden
kann, so wenig kann ein normal differenziertes ausgewachsenes Gewebe durch den Stich der Gallenlaus in Gallengewebe umgewandelt
werden.

Die Schädlichkeit der Pflanzenläuse beruht nicht allein auf
ihrem obligatorischen Phytoparasitismus, sie wird wesentlich erhöht
durch ihre aufsergewöhnliche Fruchtbarkeit, die in dem Vorherrschen
.parthenogenetischer Individuen ihren unmittelbaren Ausdruck
findet. In keiner anderen Tiergruppe ist die zweigeschlechtliche
Generation so sehr zurückgedrängt worden, haben die eingeschlechtlichen, parthenogenetischen Formen die gleiche Hauptrolle bei der
Vermehrung übernommen und eine gleich tiefgreifende Arbeitsteilung
bei gleich polymorpher Differenzierung erfahren. Die Biologie der
Pflanzenläuse zeigt im besonderen grofse Verschiedenheiten, deren
wichtigste Phasen im folgenden kurz dargestellt zu werden verdienen[1]).

Ausschiefslich amphigone (zweigeschlechtliche) Pflanzenläuse
sind seither nicht bekannt geworden, stets wechselt wenigstens eine
parthenogenetische mit einer amphigonen Generation ab: in der Regel
gehen aber der den ein- oder zweijährigen Zyklus der Heterogonie ab-
schliefsenden zweigeschlechtlichen Generation mehrere parthenogenetische vorauf.

Pflanzenläuse, deren sämtliche Generationsformen geflügelt
seien, sind ebenfalls noch unbekannt. Die amphigonen Formen sind
selten beide geflügelt, so bei *Phyllaphis coweni* Ckll. nach GILLETTE[2]);
meist entbehren die Weibchen (wie bei vielen *Aphididae*) oder beide Geschlechter (wie bei den übrigen Läusen) der Flügel. Die aus dem befruchteten „Winterei" entstandene „Fundatrix" ist bei den Callip-
terinae[3]) vielfach geflügelt, sonst angeblich stets flügellos. Im übrigen
pflegt der Besitz der Flügel auf die parthogenetisch entstandenen und
selbst parthenogenetischen Formen beschränkt zu sein.

Setzen wir nun die Fähigkeit der Parthenogenese und zur Entwicklung flügelloser Formen voraus, so ergeben sich selbst für die
ursprünglichsten Verhältnisse bereits vier verschiedene Grundtypen,
die sich teils ihrer Abstammung nach, teils durch ihre verschiedene
Gestalt und Fortpflanzungsart unterscheiden. Wir erhalten: 1. die
a priori gegebenen amphigonen Sexuales: 2. die amphigon entstandene,
in der Regel (ob stets?) auch morphologisch spezialisierte Fundatrix
als Kind der Sexuales; 3. die geflügelten und 4. die flügellosen parthenogenetisch entstandenen und selbst parthenogenetischen Virgines als

---

[1]) Man vergleiche hierzu u. a. folgende Aufsätze: MORDWILKO, Beiträge zur
Biologie der Pflanzenläuse, Aphididae PASSERINI. Die zyklische Fortpflanzung der
Pflanzenläuse. Biol. Zentralbl. Bd. 27, 1907, No. 17. 18, 23, 24: Bd. 29, 1909, No. 3, 6.
— NÜSSLIN. Zur Biologie der Gattung Chermes, II, ibidem, Bd. 28, 1908, No. 22, 23.
Zur Biologie der Gattung Mindarus Koch, ibidem, Bd. 30, 1910, Nr. 12, 13. Über
den Zusammenhang zwischen Pemphigus bumeliae Schrank und Pemphigus
(Holzneria) poschingeri Holzner, Zool. Anz. 1909, Bd. 33, No. 26, Bd. 34, Nr. 24, 25.
— BÖRNER, aufser der S. 675 zitierten Arbeit: Über Chermesiden. III. Zur Theorie
der Biologie der Chermiden, Zool. Anz. 1908, Bd. 33, No. 19. 20. Zur Biologie und
Systematik der Chermesiden. Biol. Zentralbl. 1909. Bd. 29. No. 4, 5. Untersuchungen über Chermesiden. Mitt. Kais. Biol. Anstalt 1909, Heft 8. p. 52—60.
[2]) The Canadian Entomologist. Vol. 41, No. 2, 1909, p. 41—45.
[3]) Bei *Drepanosiphum* ist die Fundatrix stets geflügelt, bei den anderen Gattungen bald geflügelt, bald ungeflügelt (nach BÖRNER 1913).

Kinder der Fundatrix. War anfangs die Fähigkeit, Sexuales zu erzeugen, noch allen parthenogenetischen Formen gemein, so sehen wir
sie doch vielfach auf besondere Virgo-Typen beschränkt, die dann oft
als 5. sogenannte s e x u p a r e Formen zu den vier erstgenannten hinzu-
treten. Umgekehrt können die eigentlichen Virgines unterdrückt werden:
es gibt t r i m o r p h e C y k l e n mit den Formen der Sexuales, Fundatrix
und Sexupara *(Mindarus, Phylloxerina)* und d i m o r p h e C y k l e n mit
den Formen der Sexuales und sexuparen Fundatrix *(Acanthochermes)*.
Die durch Unterdrückung der Heterogonie entstandenen rein parthenogenetischen Cyklen werden als T e i l c y k l e n weiter hinten Erwähnung
finden.

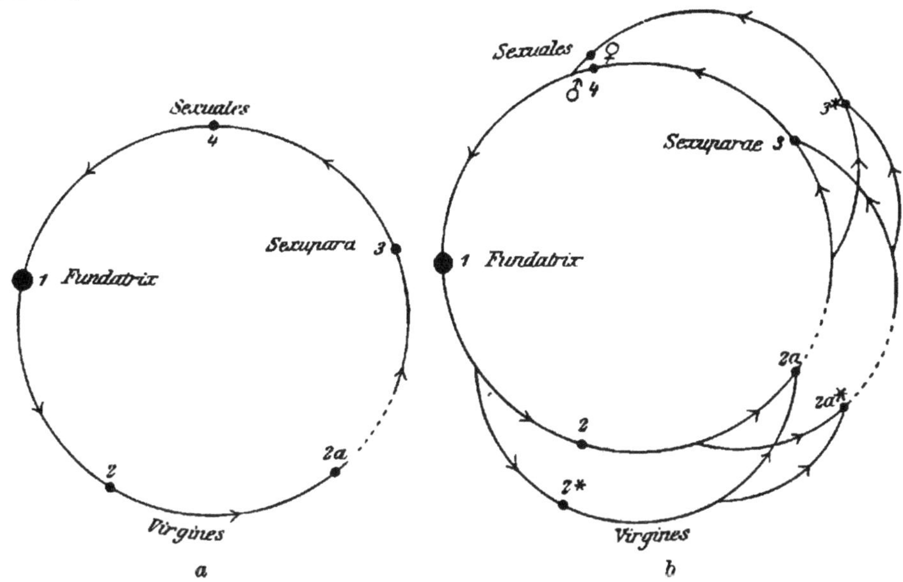

Fig. 298. Biologisches Schema einer n i c h t m i g r i e r e n d e n Aphidine. In Fig. *a*
ist jede Generation durch einen einfachen Punkt dargestellt, in Fig. *b* sind die
geflügelten (Zahl mit Stern) und ungeflügelten (Zahl ohne Stern) Formen jeder
Generation gesondet dargestellt worden. Die Pfeile deuten die Verbindungsrich-
tung der Generationen an. Die Sexuparen sind vielfach zugleich noch virginopar.

Pflanzenläuse, die ihren ganzen Cyklus auf derselben oder, wenn
polyphag, auf mehreren miteinander verwandten Pflanzen vollenden,
zeigen nie mehr als die genannten fünf verschiedenen Typen. Es verdient aber hervorgehoben zu werden, d a f s d i e s e f ü n f T y p e n d e r
A n l a g e n a c h a u f z w e i b i s d r e i z u r ü c k g e f ü h r t w e r d e n müssen.
Neuere Forschungen haben ergeben, dafs bei den ursprünglicheren Läusen
aus ein und derselben Junglarvenform sowohl die virginoparen wie die
sexuparen geflügelten und ungeflügelten Individuen entstehen können,
dafs sich die Unterschiede dieser (folglich nicht immer streng getrennten)
Typen erst p o s t e m b r y o n a l unter dem Einflufs äufserer Faktoren
(Ernährung, Temperatur, Feuchtigkeitsverhältnisse) differenzieren. Von
dieser virgalen, parthenogenetisch entstandenen Junglarvenform unterscheidet sich die amphigon entstandene Junglarve der Fundatrix, die
meist auch morphologisch spezialisiert ist, sich aber niemals zu einer
anderen Form als der Fundatrix entwickelt. Die dritte Junglarvenform

besitzen die Sexuales, deren Umwandlung in Virgines seither noch nicht beobachtet worden ist, obwohl sie bei den ursprünglichen Aphididen nicht ausgeschlossen erscheint.

Zwei wichtige Faktoren haben nun eine wesentliche Komplizierung dieser Verhältnisse herbeigeführt: einmal ein (meist durch ausgedehnte Polyphagie vorbereiteter) Wirtswechsel, zweitens die Fähigkeit der Virgines, neben den „Wintereiern" zu überwintern, um im nächsten Frühjahr mit der Gründung neuer Kolonien fortzufahren.

Die ausgedehnten Forschungen A. MORDWILKO's haben gezeigt, daß es Blattlausarten gibt [wie z. B. *Aphis rumicis* L. = *papaveris* Fabr., *Siphocoryne xylostei* und *capreae*, *Hyalopterus pruni* [1])], die zwar auf Holzgewächsen ihre Wintereier ablegen, auch dauernd auf denselben zu leben vermögen, aber in der zweiten Hälfte des Frühlings in der Regel auf verschiedene Krautpflanzen auswandern, um erst gegen Ende des Sommers auf ihre Holzgewächse zurückzukehren. Offenbar finden die Läuse auf jenen Kräutern zur Sommerszeit günstigere Ernährungsbedingungen als auf den Holzpflanzen. Bei anderen Blattläusen (z. B. der gefürchteten Hopfenlaus *Phorodon humuli* und bei *Rhopalosiphum ribis*)[2]) ist diese Auswanderung der sommerlichen Virgines obligatorisch geworden, da es nicht mehr gelingt, sie auf der Nährpflanze der Frühjahrsformen anzusiedeln. Sobald nun dieser Wirtswechsel ein notwendiger Faktor in der Biologie der Laus geworden ist, ist Hand in Hand mit einer gesteigerten Anpassung der verschiedenen Generationen an ihre beiden verschiedenen Wirtspflanzen eine morphologische Spezialisierung der biologisch getrennten Virgines unvermeidlich. In der Tat sehen wir sie sich in zwei Hauptlager sondern: die eine Gruppe der Virgines teilt mit der Fundatrix die Nährpflanze, die zweite Gruppe hat sich an andere Gewächse (oder an andere Organe derselben Pflanze) angepaßt, die man im Gegensatz zu der als „Hauptwirt" bezeichneten Nährpflanze der Fundatrix als „Zwischenwirt" aufzufassen pflegt. Wir bemerken zugleich, wie die Fähigkeit, Sexuales zu erzeugen, auf die Bewohner der Zwischenwirtspflanzen (die sogenannten Exsules, Emigranten oder Virginogenien) beschränkt wird. Die Verbindung beider Kolonien übernehmen in der Regel die geflügelten Tiere, selten (wie bei der Reblaus, deren Wanderungen sich auf den Wechsel zwischen Blatt und Wurzel derselben Pflanze beschränken) wandern die jungen Larven aus. Indessen sind nicht immer alle geflügelten Individuen zugleich heteroezisch; bei wandernden Aphidinen können bisweilen auf beiden Gruppen von Wirtspflanzen neben heteroezischen auch monoezische virginopare Fliegenformen auftreten[3]). Immer aber sehen wir die junglarvale Trimorphie der nicht wandernden einhäusigen Läuse zu einer junglarvalen Tetramorphie kompliziert, während fünf Reifestadien unterschieden bleiben. Der heterogenetische Cyklus kann in diesen Fällen ein oder zwei Vegetationsperioden umfassen (Beispiele bieten die Reblaus, die *Pineus*-Arten der Chermidengruppe und die Mehrzahl der heteroezischen Aphiden und Pemphigiden). Interessanterweise bilden die meisten Formen dieser biologischen Gruppe auf ihrem „Hauptwirt" Gallen. Die tiefgreifende Arbeitsteilung zwischen

---

[1]) Biol. Zentralblatt, Bd. 27, 1907, S. 807—810, 812—815.
[2]) Ibidem S. 796—797, 798—799.
[3]) Auf derartige Fälle ist vielleicht auch das Vorkommen monoezischer virginoparer Fliegenformen bei den Chermiden zurückzuführen, die bei *Cholodkovskya viridana* sogar allein erhalten geblieben zu sein scheinen.

den verschiedenen Generationen der fünfgliedrigen Heterogonie hat dieselben einander mehr und
mehr unähnlich gemacht,
so daß ihre biologische
Eigenart auch in der Morphologie mehr oder weniger auffällig ausgeprägt
worden ist. Dabei entspricht der Vorgang der
Differenzierung verschiedener Generationsformen
durchaus dem Prozesse
der Bildung neuer Arten,
von dem er sozusagen
eine vikariierende Erscheinung darstellt (Mordwilko).

In vielen Fällen sind
die sogen. Zwischenwirte
nur zur Sommerszeit besiedelt. Handelt es sich
um einjährige Kräuter, so
ist das ohne weiteres verständlich, und bei Arten, für
die sie allein als Zwischenwirtspflanzen in Betracht
kommen, wird die Überwinterung nur auf den Hauptgewächsen und zwar durch
amphigone Wintereier vermittelt. Dienen als Zwischengewächse aber mehrjährige, krautige oder holzige Pflanzen, so ist die
Möglichkeit der Überwinterung auch auf diesen Pflanzen vorhanden und in der
Tat auch bei vielen Pflanzenläusen erreicht worden. Besonders den an Wurzeln
lebenden Virginogenien (Exsules) vieler Pemphiginen
und der Reblaus scheint die
Möglichkeit der Überwinterung des geringeren Einflusses wegen, den die
winterliche Kälte auf die im
Boden lebende Tierwelt ausübt, kaum erschwert. Wir
vermissen hier aber, wie
auch bei anderen Läusen
dieser biologischen Stufe,

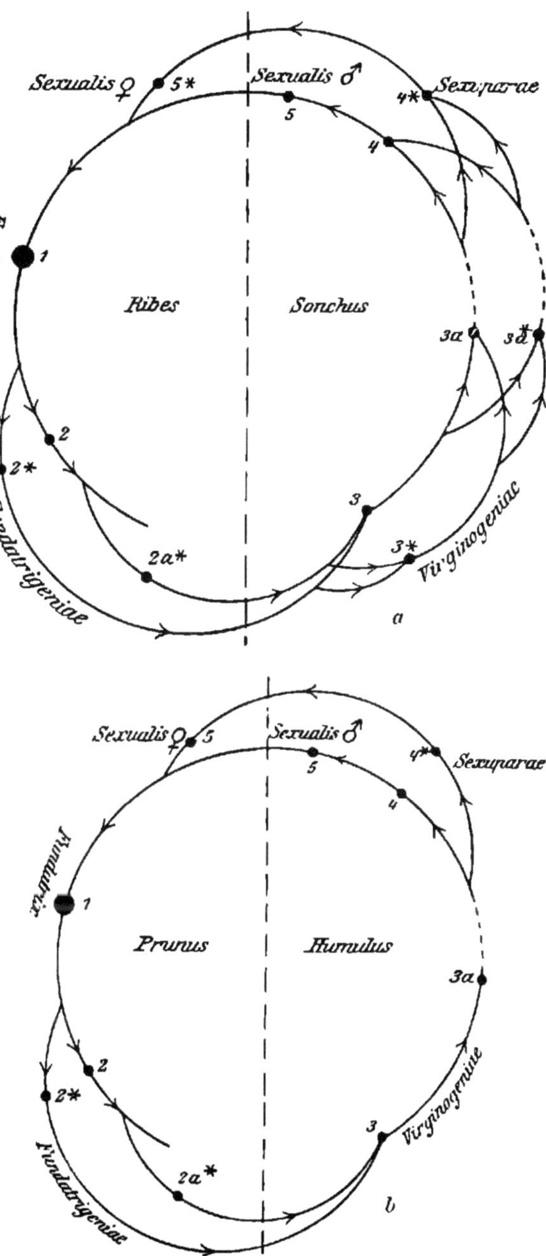

Fig. 290. Biologische Schemata zweier migrierender Aphidinen. *a) Rhopalosiphum lactucae* (= *ribis*).
Die Entwicklung der Virgines (Fundatri- und Virginogenien) gleicht im wesentlichen der in Fig. 298 b
dargestellten. Die geflügelten Fundatrigenien verlassen im Frühling sämtlich Ribes und gründen
auf Sonchus die Sommerkolonien. Die geflügelten
Sexualis-♂ wachsen auf Sonchus heran und fliegen
selbst auf Ribes zurück. — *b) Phorodon humuli.*
Zum Unterschiede von Fig. a fehlen in den
Sommerkolonien geflügelte virgopare Läuse.

jegliche Spezialisierung besonderer Winterformen. Die jugendliche Larve der Virginogenien ist noch omnipotent geblieben.

Anders bei gewissen Chermiden und Hormaphidinen *(Hamamelistes)*. Dort beobachten wir in den Kolonien der auf den „Zwischenwirten" lebenden Virginogenien aufser sommerlichen Formen (Aestivales) besondere stärker chitinisierte oder auch sonst abweichende Winterformen (Hiemales), welche im Gegensatz zu den ersteren meist allein befähigt sind, den Winter zu überdauern, dafür aber die Sexuparapotenz, die den jungen Aestivalislarven zukommt, eingebüfst haben. Bei diesen Läusen unterscheiden wir somit fünf differente Junglarvenformen, aus denen sich sechs verschiedene Reifestadien entwickeln können.

Soweit unsere Kenntnisse heute reichen, ist damit die höchste Stufe junglarvaler Polymorphie erreicht worden. Durch Spaltung der

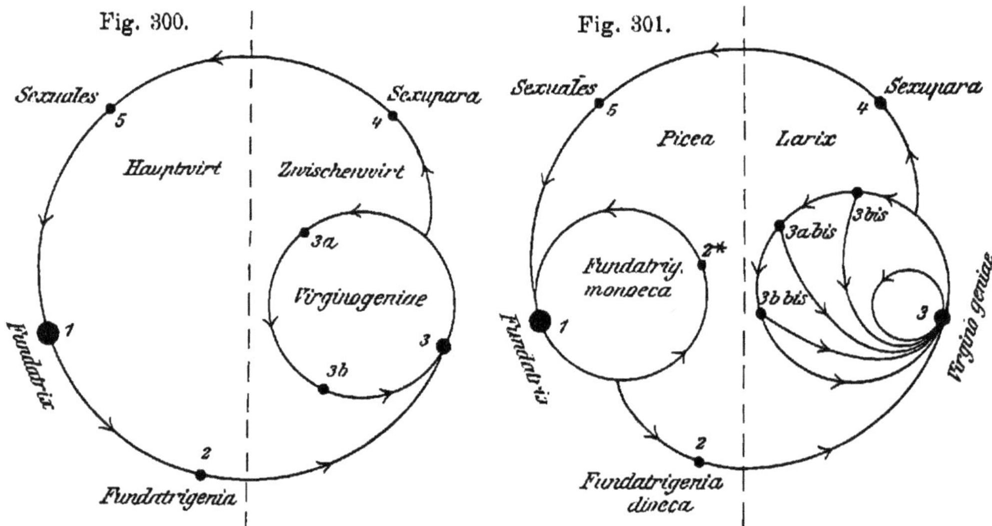

Fig. 300. Biologisches Schema einer migrierenden, auf dem Zwischenwirt überwinternden Pemphigide oder Chermide. Sexupara und Fundatrigenia sind geflügelt, die Virginogenien (oder Exsules) monomorph.

Fig. 301. Biologisches Schema von *Cnaphalodes strobilobius* mit 5 differenten Junglarven- und 7 differenten Reifeformen (nach Börner, 1908). Es überwintert auf Picea Generation 1 (Fundatrix), auf Larix Generation 3 (Virginogenia oder Exsul hiemalis). Die Generationen 3*bis* sind die Aestivales, deren erste Generation die Sexuparapotenz entfaltet. Die Fundatricen stammen sowohl von den Sexuales wie von der monoecischen Gallenfliege (Generation 2*) ab.

fundatrigenen Gallenläuse in zwei verschiedene Typen haben einige Chermiden *(Cnaphalodes)* sieben verschiedene Reifestadien zur Entwicklung gebracht, ohne die junglarvale Polymorphie weiter zu komplizieren. Die aus gleicher Anlage entstehenden Gallenläuse dieser Gruppe trennen sich nämlich (wie auch bei *Chermes*) in solche Fliegen, die von Picea auf Larix wandern und Virginogenien (Hiemales) erzeugen, und andere, die auf Picea zurückbleiben und Eier legen, aus denen junge Fundatricen ausschlüpfen, die von den amphigon entstandenen Fundatricen nicht zu unterscheiden sind.

Überall, wo die auf den „Zwischenwirten" lebenden Virginogenien (Exsules) einen in sich geschlossenen Jahreszyklus bilden, wird ihre parthenogenetische Vermehrung niemals durch Dazwischentreten einer amphigonen Generation unterbrochen, da die in den Kolonien der Virginogenien zur Entwicklung kommenden Sexuparen ihre Nachkommenschaft, die Sexuales, nur auf den Nährpflanzen der Fundatrix und Fundatrigenien mit Erfolg absetzen können. Ähnlich liegen die Verhältnisse bei dem zuletzt beschriebenen monoezischen Fichtenzyklus der Tannenläuse *Chermes* und *Cnaphalodes*, da hier die Sexuparen überhaupt fehlen. Diese monoezischen Zyklen heterogenetischer Arten sind vom heterogenetischen Hauptcyklus biologisch mehr oder weniger weitgehend unabhängig geworden, sie bilden Parallelreihen (DREYFUS[1]), welche die Verbreitung ihrer Arten auch in solchen Ländern ermöglichen konnten, wo aus irgendwelchen Gründen die heterogenetische Hauptreihe nur sehr selten oder überhaupt nicht zur Vollendung kommen kann. So vermissen wir in Deutschland die Gallengenerationen verschiedener Chermiden (*Pineus strobi* und *sibiricus*, *Dreyfusia piceae* und *nüsslini*, *Cholodkovskya viridana*), wie in den meisten Jahren wohl auch der Reblaus, obwohl die Virginogenien dieser Läuse überall sehr häufig und teilweise sehr gefürchtete Schädlinge sind. In einigen Fällen (*Dreyfusia piceae*) ist (vielleicht nur in unseren Breiten) sogar die Entwicklung der Sexuparen eine seltene Ausnahme oder (wie bei *Pineus var. pineoides* und *Cholodkovskya viridana*) vollständig unterdrückt worden. Eine nachteilige Wirkung der ausschließlich parthenogenetischen Vermehrung ist seither in allen diesen Fällen nicht nachgewiesen worden. Überall, wo im Verlauf mehrerer Generationen eine Abnahme der Größe und Fruchtbarkeit der Individuen einzutreten pflegt, hat man dieselbe auf ungünstigere Ernährungsverhältnisse zurückführen können; sobald man die Nachkommen solcher scheinbar degenerierten, in Wahrheit aber nur mangelhaft ernährten Läuse auf kräftig treibende Pflanzen

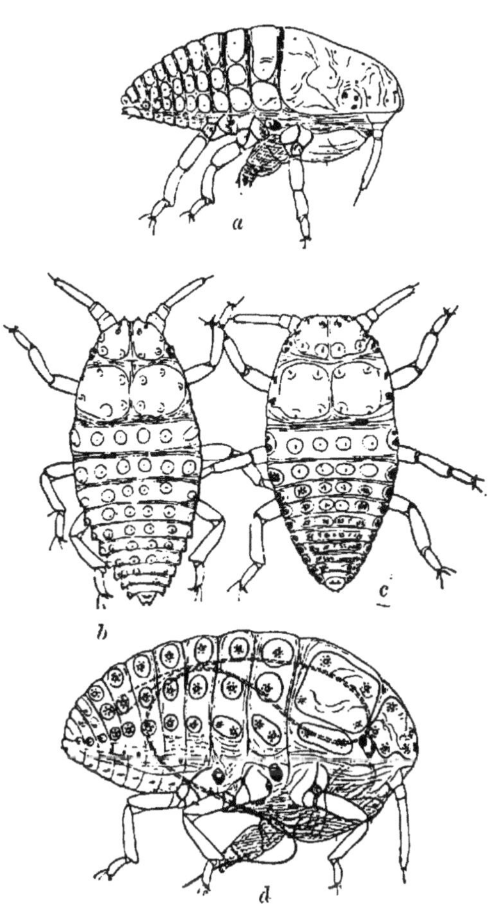

Fig. 302. Die 4 differenten parthenogenetischen Junglarvenformen von *Cnaphalodes strobilobius* (nach BÖRNER, 1908): *a* Virginogenia oder Exsul hiemalis, *b* Virginogenia oder Exsul aestivalis, *c* Fundatrigenia oder Cellaris oder Migrans alata, *d* Fundatrix. Den 5. Junglarventypus besitzen die Sexuales.

---

[1] DREYFUS. Über Phylloxeriden. Inauguraldissertation. 1889.

überträgt, gelingt es, ihnen die gröfsere Fruchtbarkeit der normalen Generationen zurückzugeben.

Systematik: In dem Mafse, wie alljährlich die Biologie besonders der migrierenden und dabei nicht selten paracyklischen (d. h. in Parallelreihen getrennten) Arten gelöst wird, hat die Art- und Gattungssystematik neue Überraschungen zu erwarten. Aber auch die gröfseren systematischen Einheiten sind in den letzten Jahren mehrfach umgewertet worden. Um das System der Pflanzenläuse haben sich besonders Th. Hartig (1841), Kaltenbach (1843), C. L. Koch (1857), Passerini (1863), Buckton (1876—1883), Dreyfus (1889), Mordwilko (1897—1908), del Guercio (1900—1909), Nüsslin (1910), Tullgren (1909) und Wilson (1910) verdient gemacht.

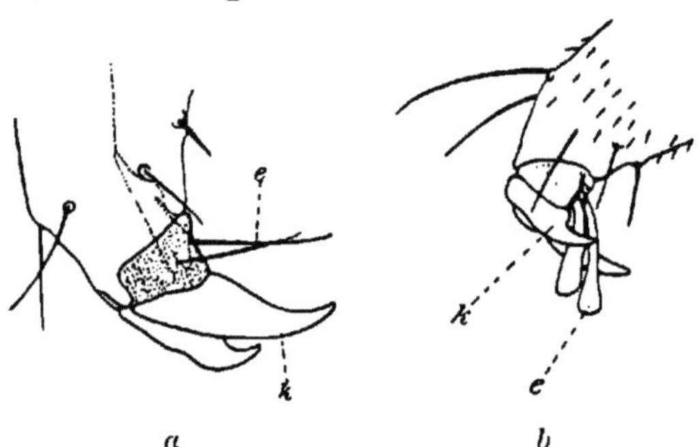

Fig. 303. Beinenden verschiedener Aphididen: a) *Melanoxanthus salicis* als Typus der Lachninen und Aphidinen; b) *Myzocallis carpini* als Typus der Callipterinen. *k* = Klauen, *e* = Empodialhaare.

Unter Zugrundelegung eigener Untersuchungen gelangen wir zu folgender Einteilung der Pflanzenläuse:

I. Vivi-ovipare Familien: Das amphigone ♀ ovipar, die Virgines vivipar. Antennen stets mit zwei primären Rhinarien (Sinnesorganen).

A. Seitenaugen allermeist mit mehr als 3 Facetten (eine Ausnahme machen die Junglarven der Traminen). Siphonen stets vorhanden, kahl oder behaart. Sexuales stets mit Stechborsten, die ♂ mit oder ohne, die ♀ meist ohne Flügel. Junglarven in 2—3 Typen auftretend. Vorderflügel mit einfach oder doppelt gegabelter Media. Fühler mit 3—6 Gliedern. Postembryonalentwicklung der Geflügelten archimetabol:

1. Familie **Aphididae.**

1. Klauen mit spatelförmig oder blattartig verbreiterten Empodialhaaren (Fig. 303 *b*). Siphonen sehr verschiedenartig, kahl. Behaarung der Junglarven wie bei den Aphidinae. — Die Mehrzahl der Arten lebt frei und monophag auf Holzgewächsen, nur wenige auf Krautpflanzen, sämtlich nicht migrierend:

1. Unterfamilie **Callipterinae.**

α) Wachsdrüsen fehlen oder doch ohne facettierte Porenfelder. Behaarung oft sehr auffällig. Fühlerendglied oft borstenförmig verlängert:

Tribus **Callipterini.**

* Untere Afterklappe mehr oder weniger ausgerandet bis zweilappig:

Gruppe **Callipteri.**

Hierher die Gattungen *Drepanosiphum*, *Drepanaphis*, *Calaphis*, *Myzocallis*, *Eucallipterus*, *Chromaphis*, *Callipterus*, *Monaphis* (= *Bradyaphis*), *Monellia*.

** Untere Afterklappe wie bei den folgenden Gruppen breit gestutzt oder gerundet:

Gruppe **Chaitophori.**

Hierher u. a. die Gattungen: *Arctaphis*, *Chaitophorus*, *Symydobius*, *Thomasia*, *Sipha*.

ß) Wachsdrüsen mit facettierten Porenfeldern vorhanden. Fühler wie bei den Lachniden. Behaarung zart:

Tribus Phyllaphidini.

Nur die Gattung *Phyllaphis.*

2. Klauen mit einfachen (bisweilen winzigen) Empodialhaaren (Fig. 303 *a*).

a) Fühler mit kurzem Endglied. Leibesrücken schon bei den Junglarven mit mehr als 6 Längsreihen von Haaren, Haarkleid später meist sehr dicht. Obere Afterklappe nicht schwanzartig verlängert, die untere breit gerundet. Mit oder ohne Wachsdrüsen. — Meist streng monophage Arten, teils von ansehnlicher Gröfse; meist auf Holzgewächsen und ohne Wirtswechsel:

2. Unterfamilie Lachninae.

α) Letztes Fühlerglied mit kurzem dicken Fortsatz. Siphonen warzen- oder kegelförmig. Empodialhaare kurz, bisweilen unscheinbar:

Tribus Lachnini.

* Tarsen aller drei Beinpaare ziemlich gleich lang; Lateralaugen stets multicorneal. Oberirdisch lebend:

Gruppe Lachni.

Hierher die Mehrzahl der Lachniden, u. a. *Lachnus, Tuberolachnus, Pterochlorus* (= *Dryobius*), *Stomaphis, Longistigma, Schizolachnus.*

** Tarsen der Hinterbeine auffallend verlängert. Lateralaugen der Junglarven mit 3 Facetten. Unterirdisch an Staudenwurzeln lebend:

Gruppe Tramae.

Nur die Gattung *Trama.*

ß) Letztes Fühlerglied bei den Erwachsenen mit einem schlanken Fortsatz, der etwa von der Länge der dickeren Grundhälfte des Gliedes ist. Siphonen zylindrisch oder flaschenförmig. Empodialhaare fast von Klauenlänge:

Tribus Pterocommini.

Nur die Gattungen *Pterocomma* und *Melanoxanthus.*

b) Fühlerendglied stets mit schlankem, mehr oder weniger verlängertem Fortsatz. Leibesrücken bei Junglarven mit höchstens 6 Längsreihen von Haaren, die nach der ersten Häutung vermehrt werden. Obere Afterklappe kurz oder schwanzartig verlängert. Untere Afterklappe breit gerundet. — Arten teils mono-, teils polyphag, viele auch mit Wirtswechsel; auf Holz- und Krautgewächsen:

3. Unterfamilie Aphidinae.

* Siphonen kahl, sehr verschiedenartig an Gröfse und Gestalt:

Tribus Aphidini.

Hierher die meisten Gattungen der Pflanzenläuse, u. a. *Aphis, Brachycolus, Cryptosiphum, Hyalopterus, Microsiphum, Macrosiphum* (= *Siphonophora*), *Myzus, Phorodon, Rhopalosiphum, Toxoptera.*

** Siphonen lang und borstenhaarig:

Tribus Trichosiphoni.

Nur die Gattungen *Trichosiphum* und *Greenidia* vom Malayischen Archipel.

B. Seitenaugen der Junglarven, nicht selten auch die der übrigen flügellosen Stadien nur mit 3 Facetten. Fühlerendglied stets kurz, 3—6 Fühlerglieder. Siphonen oft (in der Regel bei den Junglarven) fehlend. Junglarven in 3—5 Formen auftretend. Media des Vorderflügels nicht oder einfach gegabelt. Rückenbehaarung der Junglarven meist wie bei den Aphidinae. Sexuales flügellos. Postembryonalentwicklung der Geflügelten homometabol. — Teils monophage, teils migrierende, häufig gallenbildende Arten:

2. Familie **Pemphigidae.**

1. Siphonen bei allen Formen (aber nicht immer bereits bei den Junglarven) vorhanden. Sexuales mit Stechborsten. W a c h s d r ü s e n f e h l e n. Media der Vorderflügel einfach gegabelt:

Unterfamilie **Vacuninae.**

* Flügel mit dachförmiger Ruhehaltung. Erwachsene flügellose Formen mit Ausnahme der Fundatrix oder der Sexualis-♀ mit multicornealen Facettenaugen:

Tribus **Anoeciini.**

Nur die Gattung *Anoecia.*

** Flügel mit horizontaler Ruhehaltung. Erwachsene aptere Formen (immer?) mit larvalen Augen:

Tribus **Vacunini.**

Nur die Gattungen *Vacuna* und *Glyphina.*

2. Siphonen bei Junglarven stets, oft überhaupt fehlend. W a c h s d r ü s e n m e i s t v o r h a n d e n. Seitenaugen nur bei den Imagines und bei den Nymphen (und bei seltenen Zwischenformen zwischen flügellosen und geflügelten Virgines) mit zahlreichen, sonst stets nur mit 3 Facetten:

α) Sexuales mit Stechborsten. Vorderflügel mit (wenigstens am Grunde) verbundenen Cubitusästen und ungeteilter Media. Rudimente der Siphonen nur bei den Imagines vorhanden. Junglarven mit dreigliedrigen Antennen (immer?). Aptere Virginogenien von sehr eigenartiger Gestalt (Cocciden- oder Aleurodiden-ähnlich). Analplatte tief zweilappig:

Unterfamilie **Hormaphidinae.**

Gattungen *Hormaphis, Hamamelistes* und *Cerataphis.*

β) Sexuales mit Stechborsten. Vorderflügel mit getrennten Cubitusästen, (ungeteilter oder) geteilter Media. Junglarven mit (vier-? bis) fünfgliedrigen Fühlern. Analplatte nicht zweilappig. Gonapophysen fehlen. Siphonen fehlend oder undeutlich. Sekundäre Rhinarien wie bei den Pemphigini:

Unterfamilie **Mindarinae.**

Hierher mit Sicherheit nur die auf Nadelhölzern lebende Gattung *Mindarus*, vielleicht aber auch *Tychea* (= *Tullgrenia* van der Goot), im letzteren Falle beide als Vertreter getrennter Tribus aufzufassen.

γ) Sexuales ohne Stechborsten, sonst ähnlich wie *β*:

Unterfamilie **Pemphiginae.**

* Gonapophysen fehlen. Wachsdrüsenplatten mit sehr grofsen Porenfeldern (Facetten). Sekundäre Rhinarien schmal, die Fühlerglieder fast ganz umfassend (diese daher scheinbar geringelt):

Tribus **Schizoneurini.**

Hierher in erster Linie die auf Ulmen Gallen bildenden Gattungen *Tetraneura, Byrsocrypta, Colopha* und *Schizoneura*, ferner *Paracletus.*

** Gonapophysen vorhanden (jedoch rudimentär). Wachsdrüsenplatten mit meist kleinen Porenfeldern. Sekundäre Rhinarien meist weniger schmal als bei * und nur die Unterseite der Antennenglieder umspannend:

Tribus **Pemphigini.**

Hierher u. a. die Gattungen *Aploneura, Asiphum, Pachypappa, Prociphilus, Thecabius* und *Pemphigus.*

II. Ausschliefslich o v i p a r. Behaarung der Junglarven wie bei den Aphididae. Media der Vorderflügel stets ungeteilt. Siphonen stets fehlend. Sexuales stets ungeflügelt. Augen und Postembryonalentwicklung wie bei den Pemphigidae:

1. Antennen stets mit zwei primären Rhinarien. Flügel mit dachförmiger Ruhehaltung und getrennten Cubitusästen. Sexuales mit Stechborsten. Darmtraktus normal, flüssige Exkremente produzierend. — Nur auf Nadelhölzern:

3. Familie **Chermesidae.**

α) 6. Abdominalsegment ohne Stigmenpaar. Nymphen der Sexuparen mit halbseitig verbundenen Kopf- und Pronotumplatten. Besondere Winterlarvenformen sind nicht vorhanden:

Tribus **Pineini.**

Nur die Gattung *Pinëus.*

β) 6. Abdominalsegment mit einem Stigmenpaar. Nymphen stets mit getrennten cephalen und pronotalen Platten. Besondere Winterjunglarvenformen stets vorhanden:

Tribus **Chermesini.**

Gattungen *Chermes*, *Gillettea*, *Aphrastasia*, *Dreyfusia*, *Cnaphalodes* und *Cholodkovskya.*

2. Antennen stets nur mit einem primären Rhinarium. Flügel mit horizontaler Ruhehaltung und verbundenen Cubitusästen. Sexuales ohne Stechborsten. Anus geschlossen. Nur auf Laubhölzern:

4. Familie **Phylloxeridae.**

a) Mit Wachsdrüsen. Geflügelte Formen unbekannt. Sexuales mit sehr kurzen Extremitäten:

Unterfamilie **Phylloxerininae.**

Nur *Phylloxerina.*

b) Ohne Wachsdrüsen. Sexuales gut beweglich, mit normalen Extremitäten:

Unterfamilie **Phylloxerinae.**

α) Mit geflügelten virgino- oder sexuparen Formen und virginoparen Fundatricen. Sexualis ♀ ihr Winterei ablegend (immer?):

Tribus **Phylloxerini.**

Hierher die alte Sammelgattung *Phylloxera* u. *Moritziella.*

β) Ohne geflügelte Formen, mit sexuparer Fundatrix (dimorpher Jahreszyklus). Sexualis ♀ das Winterei nicht ablegend:

Tribus **Acanthochermesini.**

Nur *Acanthochermes.*

Obschon wohl alle Pflanzenläuse ihre Wirtspflanzen oder einzelne Organe derselben schädigen, wenn sie in Massen auftreten oder Gallenbildner sind, so können hier des sehr beschränkten Raumes wegen doch nur wenige der phytopathologisch wichtigsten Arten aus Europa und Nordamerika namentlich aufgeführt werden.

1. Nicht migrierende Arten,

die ihren Jahreszyklus auf der befallenen Pflanze ohne erhebliche Wanderungen vollenden können[1]).

Pterochlorus oder **Lachnus exsiccator** Altum[2]) lebt in Mitteleuropa an Zweigen und Stämmchen junger Buchen und erzeugt kambiale Wucherungen, die die Rinde in langen Streifen zum Bersten bringen. Nach wiederholtem Befall können Zweige und Triebspitzen vertrocknen.

Aphis brassicae L.[3]). Diese Art saugt an Blättern und Zweigen verschiedener Kreuzblütler (wie Kohl, Rübsen, Senf, Rettich), kommt aber auch an Spinat vor. Vom Frühjahr bis zum Herbst folgen ein-

---

[1]) Die aktive Verbreitung dieser Arten von der einen zur andern Wirtspflanze erfolgt durch geflügelte oder ungeflügelte Individuen und ist nicht zu verwechseln mit der fakultativen oder obligatorischen Migration zwischen artverschiedenen Wirtspflanzen, wie sie bei den migrierenden Läusen die Regel bildet.

[2]) Nesslin, Leitfaden der Insektenkunde, 1905. S. 406—407. 2. Auflage 1913, S. 60—61.

[3]) Buckton, Monograph of the British Aphides, II, p. 33—35. Taf. 46.

ander zahlreiche Generationen; die Überwinterung erfolgt durch Wintereier an den genannten Pflanzen. — **Aphis pomi** Degeer (= **mali** Fabr.) [1]. Die Kolonien dieser Art findet man vom Frühling bis in den Herbst hinein an den Triebspitzen und an jungen, sich infolge der Besiedelung verkrümmenden Blättern verschiedener Kernobstgewächse, besonders Arten der Gattungen Crataegus, Mespilus, Pirus, Malus, Cydonia. — **Aphis maidi-radicis** Forbes [2]. Eine sehr schädliche Art, die an den Wurzeln zahlreicher Pflanzen verschiedener Familien schmarotzt und junge Pflanzen töten kann. In Nordamerika hat sie wiederholt großen Schaden an Getreide, Mais und Baumwolle angerichtet. Ihre Wintereier werden häufig von Ameisen eingesammelt und gepflegt, wie Ameisen die Läuse auch oft von absterbenden zu gesunden Pflanzen geleiten.

Myzus cerasi (Fabr.) [3] lebt auf dem Kirschbaum, dessen Blätter sie unterseits besiedelt und, wenn sie jung befallen werden, verkrümmt und zusammenrollt. — **Myzus ribis** (L.) [4] befällt unter Bildung geröteter Beulen die Blätter der roten Johannisbeere (Ribes rubrum L.).

Siphonophora rosae (L.) [5] ist als Rosenblattlaus allgemein bekannt; sie besiedelt junge Triebe, Knospen und die Blattunterseite von Rosen, sowie die Stengel von Karden und Skabiosen. — **Siphonophora ulmariae** Schrk. (= **pisi** Kalt.) [6] lebt an verschiedenen Kraut- und Strauchpflanzen aus den Familien der Rosen- und Schmetterlingsblütler und auch auf Gurken.

Toxoptera graminum Rondani [7], eine zuerst in Italien entdeckte und mutmaßlich auch von Südeuropa nach Nordamerika verschleppte, auf verschiedenen Gräsern schmarotzende Laus hat hier wie dort wiederholt die Weizen- und Hafersaaten schwer geschädigt. Die Läuse saugen vornehmlich auf der Unterseite der Blätter, wodurch sie stärkere Pflanzen erheblich schwächen, junge aber abtöten können. Wahrscheinlich fliegen die in der zweiten Frühlingshälfte auftretenden geflügelten Läuse von den Kulturgräsern auf andere Gräser der Brachen, Wiesen und Sümpfe über, während von solchen Pflanzen aus im Herbst eine Neuinfektion der Wintersaaten stattfindet.

Phyllaphis fagi (L.) [8] saugt auf der Unterseite von Buchenblättern, befällt aber nicht selten auch Buchenkeimlinge und junge Buchenpflanzen, die bei starker Infektion im Wachstum zurückbleiben oder gar absterben können.

Mindarus abietinus Koch [9] saugt in Europa an den Maitrieben von Weißtannenarten (Abies pectinata, nordmanniana, balsamea), in Nordamerika angeblich auch an Pinus strobus und Tsuga canadensis,

---

[1]) Gillette, Journ. of Econ. Entom., Vol. 1, 1908, p. 303—306. Pl. 5, fig. 1—8. — Buckton, Monograph Brit. Aphides, Vol. II, p. 44—50, Pl. 50.

[2]) Vickery, Contributions to a knowledge of the Corn Root-Aphis (Aphis maidi-radicis Forbes). U. S. Dept. Agric., Bull. No. 85, part VI, 1910.

[3]) Gillette, Journ. of Econ. Entom. Vol. 1, 1908, p. 362—363. Pl. 8, fig. 1—3. — Buckton, Monograph Brit. Aphides, Vol. I, p. 174—176, Pl. 33.

[4]) Buckton, Monograph British Aphides. I, p. 180—182, Pl. 34.

[5]) ibidem, p. 103—111, Pl. 1, 2, 4. — Koch. Planzenläuse, 1857, S. 178—180, Fig. 245, 246.

[6]) ibidem, p. 134—137, Pl. 14. — Koch, l. c.. S. 190—191, Fig. 261, 262.

[7]) Pergande, The southern Grain Louse (Toxoptera graminum Rond.), U. S. Dept. Agric. Bull. 38.

[8]) Buckton, l. c., III, p. 37—39, Pl. 94. — Koch. l. c., S. 249—250, Fig. 325, 326. — Mordwilko, Biol. Zentralblatt 1908, S. 634.

[9]) Siehe die unter Nr. 1 S. 658 zitierte Arbeit Nüßlins über *Mindarus*.

wobei häufig die Unterseite der Nadeln nach oben verdreht wird und
die Nadeln mehr oder weniger verklebt erscheinen, seltener die zarten
Triebe ganz vernichtet werden. In der Regel entwickelt die Art nur
die drei Generationen der Fundatrix, der geflügelten Sexuparen und
der Sexuales, selten tritt außerdem eine Generation ungeflügelter Virgines auf, so daß der ganze Zyklus bereits im Juni vollendet zu sein
pflegt. — Auf Picea alba lebt eine verwandte Art **Mindarus obliquus**
Chldk.

Auch der Zyklus von **Pemphigus spirothecae** Pass., einer Art,
welche die schraubenartig gedrehten Blattstielgallen der Pappeln erzeugt, umfaßt nach den Untersuchungen TULLGRENS[1]) nur die drei
Generationen der Fundatrix, der geflügelten Sexuparen und der Sexuales,
von denen die beiden ersten sich in den Gallen entwickeln.

Ein Teil der nicht migrierenden, gallenbildenden Phylloxeriden
der Carya-(Hicorya-)Bäume Nordamerikas (vielleicht Arten der Gattung
Dactylosphaera) dürfte nach den Beobachtungen PERGANDES[2]) ebenfalls
nur diese drei Generationen entwickeln, während andere möglicherweise migrieren.

Auf Eichenblättern erzeugen mehrere **Phylloxera**-Arten gelbliche, später vertrocknende Stichflecke, an jungen Blättern auch Beulen
und Verkrümmungen, während die nahe dem Blattrande saugende
Fundatrix den Blattrand nach unten umfaltet[3]). — In Italien hat man
die an Eichenwurzeln lebende und an diesen den Nodositäten und
Tuberositäten der Reben ähnliche Wurzelerkrankungen hervorrufende
Phylloxera (Foaiella) danesii Grassi et Foà[4]) als Eichenschädling
beobachtet. — **Moritziella corticalis** (Kalt.)[5]) veranlaßt bei starker
Vermehrung die Rinde befallener Eichenzweige zu frühzeitiger Borken-
bildung, pflanzt sich übrigens in Mitteleuropa nur durch Virgines fort,
die als Junglarven, in den Furchen der Eichenrinde versteckt, überwintern; ob diese Laus migriert, ist noch nicht erwiesen, wenn auch
nicht unwahrscheinlich.

2. Migrierende Arten,

die in getrennten Kolonien auf verschiedenen Organen derselben Wirtspflanze
oder auf artverschiedenen Wirtspflanzen leben, zwischen denen in der Regel eine
regelmäßige Zu- und Abwanderung stattfindet. Viele solche Arten vermögen
sich als Virginogenien (Exsules) dauernd auf den sogenannten Zwischengewächsen
zu vermehren, ohne daß in diesen Kolonien Wintereier zur Entwicklung kommen;
von einigen solchen Arten sind zurzeit überhaupt nur die Virginogenien bekannt.

Aphis rumicis L. (= **papaveris** Fabr., **evonymi** Fabr.)[6]). Diese
Art ist unter ihrem zweiten hier angeführten Namen allgemein als
Schädling verschiedener Kulturkräuter (wie Bohnen, Erbsen, Möhren,
Mohn, Salat, Schwarzwurzeln, Spinat, Rüben, Ampfer, Spargel), unter
ihrem dritten Namen als Blattkräusler des Spindelbaums und Schnee-

---

[1]) TULLGREN, Aphidologische Studien, I. Arkiv för Zoologi, Bd. 5, No. 14, 1909.
[2]) PERGANDE, North American Phylloxerinae affecting Hichory (Carya) and other
Trees. Proceed. Davenport Acad. Sciences, Vol. IX, 1904, p. 185—273, 21 Taf.
[3]) GRASSI et FOA, GRANDORI, BONFIGLI, TOPI, Contributo alla Conoscenza della
Fillosserine etc., Roma 1912. — BÖRNER, Über Chermesiden, V. Zool. Anzeiger,
Bd. 34, 1909, S. 26 (Anmerkung).
[4]) GRASSI, l. c. p. 50—54.
[5]) GRASSI, l. c., p. 64—67. — BÖRNER, Mitt. Kais. Biol. Anstalt f. Land- u. Forstwirtsch. No. 11, 1911, S. 45.
[6]) BUCKTON, l. c., II, p. 72—73, 81—86, 91—92, Pl. 53, 54, 56, 59. — MORDWILKO,
Biol. Zentralblatt, 1907, S. 807—810.

ballstrauchs bekannt. Sie gehört zu den fakultativ wandernden Arten, bringt ihre Wintereier aber meist nur auf Evonymus und Viburnum zur Entwicklung, auf denen die Laus unter günstigen Verhältnissen auch den ganzen Sommer über leben kann. In der Regel findet aber im Frühling eine Abwanderung auf die genannten oder andere wildwachsende Krautgewächse statt, auf denen zahlreiche Generationen heranwachsen können, bis schließlich die Rückwanderung der Sexuparafliegen (welche die ungeflügelten bigamen ♀ gebären) und der geflügelten ♂ auf Evonymus und Viburnum die sommerlichen Wirtspflanzen von ihren Läusen befreit. — **Aphis pruni** Koch[1]), die an Pflaumen und Zwetschen Blattrollungen verursacht, verhält sich ähnlich und wandert im Frühling meist auf Kräuter, namentlich auf tubuliflore Kompositen aus (Börner 1913). — **Aphis avenae** Fabr. (= **padi** Kalt.)[2]). Im Frühling leben meist zwei bis drei Generationen dieser Art auf den Triebspitzen und unter den Blättern des Faulbaums (Prunus padus); von hier findet eine Abwanderung auf verschiedene Gräser (Arten von Avena, Triticum, Hordeum, Elymus, Bromus, Poa, Melica) statt, auf denen die Läuse Blattrollung verursachen. Von Mitte August an erfolgt der Rückgang auf den Faulbaum zwecks Ablage des Wintereies. — **Aphis piri** Koch (= **farfarae** Koch)[3]). Die Fundatrix dieser Laus saugt unter den Blättern von Birn- und Apfelbäumen, die davon gelb werden und sich zusammenfalten. Die Kinder der Fundatrix fliegen zum Huflattich (Tussilago farfara) über, auf dessen Wurzeln ihre Jungen neue Kolonien gründen. Im Herbst fliegen die geflügelten Mütter der amphigonen ♀ und die geflügelten ♂ auf die genannten Bäume zurück.

Rhopalosiphum lactucae Kalt. (= **ribis** Buckton, nicht L.)[4]). Durch ihr Saugen auf der Unterseite der Blätter der schwarzen Johannisbeere und verwandter Arten verursacht diese Art rötliche oder gelbliche Flecke; die Töchter und Enkelinnen der Fundatrix fliegen von Ribes auf Lampsana und Sonchus-Arten über, deren Triebspitzen ihre Nachkommen besiedeln, bis im Herbst die Rückwanderung auf Ribes eintritt. — **Rhopalosiphum dianthi** Schrk. (= **persicae** Sulzer, Passerini)[5]) ist eine bekannte Treibhauslaus, die sich das ganze Jahr hindurch parthenogenetisch an den verschiedensten, vornehmlich krautigen Gewächsen zu vermehren vermag. Im Freien aber überwintert sie als Winterei an den Zweigen des Pfirsichbaumes (Prunus persica), um im nächsten Frühling die Blätter dieses Baumes zu besiedeln, die durch ihr Saugen nach unten eingerollt werden. Der Wanderflug vom Pfirsich auf die Sommergewächse und zurück bietet im übrigen keinen Unterschied gegenüber den anderen bis jetzt besprochenen Arten. — **Rhopalosiphum lonicerae** Siebold[6]) erzeugt auf den Blättern von Lonicera (Xylosteum) alpigena, xylosteum und tartarica im jungen Frühling bleichgelbe oder rotfleckige Rollgallen, in denen die Fundatrix mit ihrer Tochtergeneration heranwächst. Die letztere besteht aus geflügelten Läusen, die auf Glyceria fluitans und andere Sumpf-

---

[1]) Koch, l. c., S. 68—70, Fig. 88—90. — Buckton, l. c. II, p. 64—67, Pl. 56.

[2]) Koch, l. c., S. 110—112, Fig. 147, 148. — Buckton, l. c., II, p. 61—62, Pl. 55. — Mordwilko, l. c. 1907, S. 801—803.

[3]) Koch, l. c., S. 54—55, Fig. 68, 69, und S. 60—61, Fig. 76, 77. — Mordwilko, l. c. 1907, p. 803—805.

[4]) Buckton, l. c., II, p. 9—12, Pl. 39, 40. — Mordwilko, l. c., 1907, p. 798.

[5]) Buckton, l. c., II, p. 15—21, Pl. 43. — Mordwilko, l. c., 1907, p. 799—800.

[6]) Koch, l. c., S. 38—39, Fig. 48, 49. — Mordwilko, l. c., 1907, p. 798—799.

pflanzen überfliegen, von denen sich im Herbst der Rückzug zum Geifsblatt wie bei den vorbesprochenen Arten vollzieht (Börner 1913).

Phorodon humuli Schrk. (= **pruni** Scop.)[1] lebt im Frühling in einigen Generationen ungeflügelter und geflügelter Läuse unter den Blättern verschiedener Pflaumenarten (Schlehe, Zwetsche, Reineclaude) und fliegt von hier von Mai bis Juli auf den Hopfen über, auf dessen jungen Trieben und Blättern sich mehrere Generationen ungeflügelter Individuen entwickeln; im August und September entstehen auf dem Hopfen geflügelte Sexuparen (Mütter der amphigonen ♀) und geflügelte ♂, die auf die genannten Pflaumen zurückfliegen. Die befallenen Hopfentriebe verkümmern, die Blätter welken und fallen vorzeitig ab, und die Entwicklung der Hopfentriebe wird mehr oder weniger erheblich beeinträchtigt.

Hyalopterus pruni Fabr. (= **arundinis** Fabr.)[2] saugt in den Frühjahrsgenerationen ebenfalls auf der Unterseite der Blätter von Pflaumenarten und Aprikosen, die er stark kräuselt. und wandert in der Regel von Juni bis Juli auf die Blätter des Schilfrohres (Phragmites) über, die er im Herbst wieder verläfst. Aber ähnlich wie Aphis rumicis vermag sich auch diese Laus dauernd auf ihren Hauptnährpflanzen fortzupflanzen, während die Ablage der Wintereier seither auf Phragmites nicht beobachtet worden ist.

Anoecia corni Fabr. (= **Schizoneura venusta** Pass.)[3] migriert von Hartriegelarten (aus der Verwandtschaft der Cornus sanguinea) auf Wurzeln von Gramineenarten der Gattungen Panicum, Setaria, Holcus, Avena, Eragrostis, Triticum, Lolium.

Mehrere Arten der Gattung **Tetraneura**, die als Fundatricen auf Ulmenblättern verschiedenartig gestaltete Gallen erzeugen, in denen auch die Kinder der Fundatrix zu geflügelten Wanderläusen heranwachsen, leben im Sommer an den Wurzeln von Gräsern (Coix, Zea, Sorghum, Panicum, Oryza, Avena, Aira, Cynodon, Lolium, Triticum, Agropyrum), von denen im Herbst die geflügelten Sexuparen auf die Ulmen zurückfliegen. so dafs der Zyklus noch im selben Jahre geschlossen wird. So gehört nach den Erfahrungen Mordwilko's[4] **Tetraneura caerulescens** Pass. als Sommerform zu **T. ulmi** Degeer, **T. zeae-maydis** Dufour (= **boyeri** Pass.) entsprechend zu **T. rubra** Lichtenstein.

Die Biologie anderer, auch auf Ulmen Gallen bildenden, Arten der Gattungen **Byrsocrypta** und **Schizoneura** ist noch nicht klargelegt; für **Byrsocrypta pallida** Haliday vermutet Lichtenstein[5] die Migration der geflügelten Fundatrigonien auf Wurzeln von Menthaarten, Mordwilko[6] ferner einen genetischen Zusammenhang von **Schizoneuri pyri** Goethe mit **Sch. lanuginosa** Htg.

Die Biologie der als Apfelbaumschädling allgemein sehr gefürchteten Blutlaus **Schizoneura lanigera** Hausmann (= **Sch. americana** Riley) ist erst kürzlich von Edith Patch[7] aufgeklärt worden, nachdem

---

[1] Buckton, l. c., I, p. 166—171, Pl. 30, 31. — Koch, l. c., p. 114—116, Fig. 152—154. — Mordwilko, l. c., 1907, p. 796—797.

[2] Buckton, l.c., II, p. 110—113, Pl. 75. — Mordwilko, l.c., 1907, p. 814—815.

[3] Mordwilko, l. c., 1907, p. 786—792.

[4] l. c. 1907, p. 779—785.

[5] Siehe Mordwilko, l. c., 1907, p. 779 oben.

[6] Biol. Zentralblatt 1909, p. 159.

[7] Elm leaf Curl and wholly apple Aphid. Maine Agricult. Exp. Stat. Orono, Bull. No. 203, August 1912. — Journ. econ. Entom. Vol. 5, 1912, p. 396—398, Pl. 10.

Börner[1]) schon 1909 eine Migration für diese Laus wahrscheinlich
gemacht hatte. Schädlich ist die Art mit ihren an Zweigen,
Stämmen und Wurzeln des Apfelbaumes und verwandter Kernobstgewächse lebenden Kolonien von Virginogenien. Diese Läuse ruten
durch ihren Stich kambiale Wucherungen hervor, die die Rinde zum
Bersten bringen und nach mehrjährigem Wachstum oft einen krebs-
artigen Charakter annehmen, wobei selbst daumesdicke Zweige abgetötet werden können. Sie überwintern in der Regel im junglarvalen
Stadium in Rindenritzen oder hinter Borkenstückchen oder im Boden

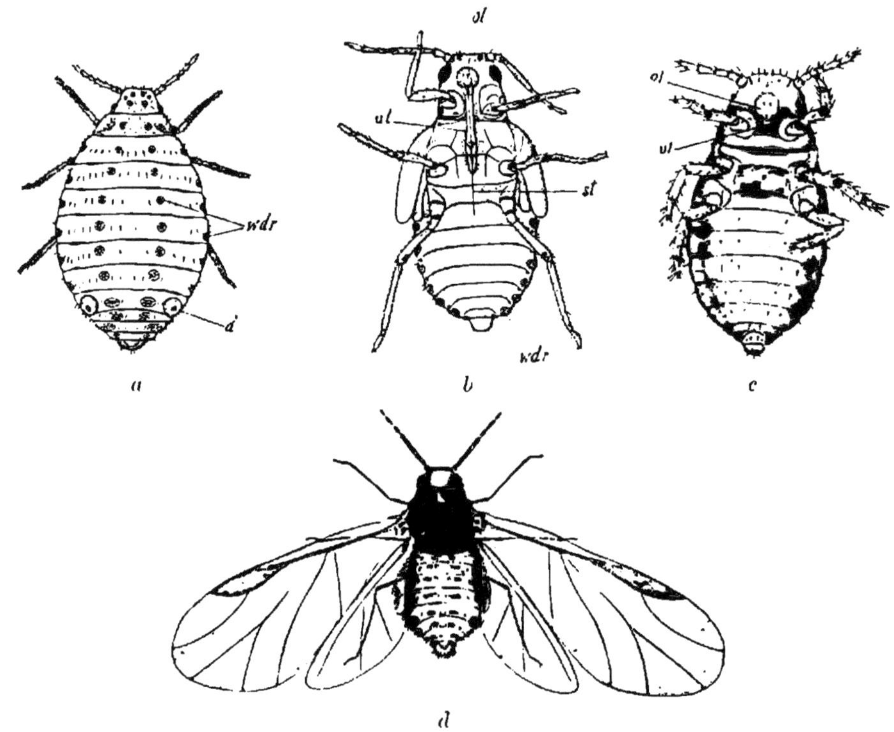

Fig. 304. *Schizoneura lanigera*, Blutlaus (nach Börner, 1906).
a) Erwachsene flügellose Virginogenia (Exsul). b) Sexuparanymphe, von unten
gesehen. c) Männliche Blutlaus, Bauchansicht. d) Sexuparafliege der Blutlaus.
d = Siphonen, ol = Oberlippe, ul = Unterlippe, st = Stechborsten, wdr = Wachsdrüsen.

versteckt. Die im Hochsommer oder Herbst auftretenden geflügelten
Sexuparen legen ihre Sexuales und diese ihr Winterei in Nordamerika
an Ulmus americana ab, an deren Blättern die Fundatrix sowie deren
Tochter- und Enkelgeneration im folgenden Jahre auffällige Rollgallen
erzeugen, die lebhaft an die Gallen unserer mitteleuropäischen **Schizoneura ulmi** L. erinnern. Offenbar sind beide genannten Arten nahe
miteinander verwandt; *ulmi* unterscheidet sich von *americana* aber dadurch, daß bei ihr nur die Fundatrix Blattgallen hervorruft, während
ihre in diesen Gallen heranwachsenden Tochterläuse Flügel erhalten

---

[1]) Mitt. Kais. Biol. Anst. f. Land- u. Forstwirtsch., Heft 8, April 1909, S. 49
bis 50.

und von der Ulme fortfliegen. — Nach Mordwilko (1909) ist die an Wurzeln von Ribes nigrum lebende *Schizoneura fodiens* Bckt. als Virgonogenia oder Übersiedlerform zu *Sch. ulmi* zu stellen [1]).

Die migrierenden **Pemphigus**-Arten der Pappeln leben als Virginogenien auf Kräutern oder anderen Holzgewächsen. Nach Mordwilko [2]) ist **P. filaginis** B. de Fonsc. (= **gnaphalii** Kalt.) die Sommerform von *P. ovato-oblongus* Kessler, dessen Fundatrix eine eiförmige oder elliptische Blattgalle mit unterseitiger Schlitzmündung auf Populus nigra, pyramidalis und canadensis erzeugt. Die, beutelförmige Stielgallen der Pappelblätter erzeugende Art **P. bursarius** L. lebt als Virginogenia auf den Wurzeln verschiedener milchsaftführender Kompositen wie Sonchus, Lampsana, Lactuca, wo sie oft auch überwintert, aber noch im selben Herbst die zur Pappel zurückfliegenden Sexuparen entwickelt. — Für die schwedische Art **P. borealis** Tullgren [3]), welche grofse sackartige Rindengallen an Maitrieben der Pappeln erzeugt und die Entwicklung der mutmafslich virginoparen Gallenfliegen in Schweden erst im Spätsommer vollendet, ist vielleicht ein zweijähriger Turnus anzunehmen, doch sind ihre Virginogenien noch unbekannt.

Im Gegensatz zu den bekannten *Pemphigus*-Arten, in deren Gallen nicht nur die Fundatrix, sondern auch ihre zu geflügelten Wanderfliegen heranwachsenden Kinder reifen, verlassen die letzteren bei **Thecabius affinis** Kalt. (= **ranunculi** Kalt.)[4]) die durch Umrollung des Blattrandes entstandene Muttergalle und bilden an jungen Pappelblättern durch Längsfaltung neue Gallen, aus denen die Fliegen bei Beginn des Sommers auf verschiedene Ranunculusarten ausschwärmen, um dort neue Kolonien zu gründen, in denen im Herbst die zur Pappel zurückfliegenden Sexuparen auftreten, während gleichzeitig flügellose Virginogenien für die Überwinterung ihrer Kolonien auf Ranunculus sorgen.

Als „Nestbildner" sind zwei auf der Esche lebende Arten der Gattung **Prociphilus** (Pemphigus) bekannt: **bumeliae** Schrk. und **nidificus** F. Löw. Nach Nüsslin[5]) erscheint *bumeliae* 2—3 Wochen früher als *nidificus* (im April) und saugt als Fundatrix an der vorjährigen Triebspitze, in der zweiten Generation auf den jungen Zweigen und Blättern, die er ähnlich deformiert wie der nur die Maitriebe befallende *nidificus*. Nüsslin verdanken wir auch den Nachweis, dafs die auf Tannenwurzeln schmarotzende und schädliche *Holzneria poschingeri* (Holzner) in den Entwicklungszyklus von *Prociphilus nidificus* gehört. Diese Tannenform vermag sich von Jahr zu Jahr parthenogenetisch fortzupflanzen, entwickelt alljährlich im Herbst die zur Esche überfliegenden Sexuparen und erhält im Frühling Zuzug von den auf der Esche geborenen geflügelten Fundatrigenien. Die Exsules von *P. bumeliae* sind noch nicht bekannt. — Der nordamerikanische **P. tesselatus** Fitch[6]), der als Fundatrix und Fundatrigenia (Migrans alata)

---

[1]) Mordwilko, l. c. 1909, p. 182.
[2]) Biol. Zentralblatt 1907, S. 772—774.
[3]) Tullgren, l. c. p. 142—148.
[4]) Mordwilko, l. c. 1907, p. 770—772.
[5]) Über den Zusammenhang zwischen *Pemphigus bumeliae* Schrank und *Pemphigus (Holzneria) poschingeri* Holzner: Zool. Anzeiger Bd. 33, Nr. 66, und Bd. 34, Nr. 24/25, 1909.
[6]) Pergande, The life history of the Alder Blight Aphis, U. S. Dept. of Agric. Technical Series No. 24, 1912.

auf den Blättern von Acer dasycarpum lebt, wandert von hier auf Alnusarten über, wo er die Zweige, Äste und Wurzeln besiedelt und sich biologisch ähnlich verhält wie die vorgenannte Tannenform von *P. nidificus*. — **Prociphilus xylostei** Degeer endlich geht nach TULL-GREN[1]) von Lonicera-Arten auf die Wurzeln von Fichten (Picea excelsa) über, ist also anscheinend identisch mit der schädlichen *Rhizomaria piceae* Hartig.

Die Biologie der ebenfalls zu den Pemphiginen gehörenden Arten der Gattungen **Asiphum** und **Pachypappa** ist noch ungeklärt; erwähnt sei von ihnen nur noch **Pachypappa (Schizoneura) reaumuri** Kalt., die bei massenhaftem Auftreten die befallenen Zweige von Linden spiralig drehen und die Blätter zu großen blasigen Gallen zusammenrollen kann.

Die auf Pistacia terebinthus und lentiscus in Südeuropa eigenartige Gallen erzeugenden Arten der Gattung **Aploneura** wandern nach den Forschungen von DERBÈS, LICHTENSTEIN und COURCHET[2]) wenigstens teilweise von Pistacia auf Gramineenwurzeln über. Da hier indessen in den Gallen erst die dritte Generation Flügel bekommt, findet der Abflug von der Pistazie erst von August bis Oktober statt, so daß die auf den Graswurzeln überwinternden Virginogenien (Exsules) erst im Mai des nächsten Jahres geflügelte, zur Pistazie zurückfliegende Sexuparen entwickeln. Die befruchteten amphigonen ♀ legen im Gegensatz zu den anderen Pemphigiden ihr Winterei nicht ab, sondern umhüllen es sterbend mit ihrer Körperhaut. Hier braucht also der Zyklus von fünf Generationen zwei Jahre zur Vollendung.

Die beiden bestbekannten Vertreter der Hormaphidinen **Hormaphis hamamelidis** Fitch und **Hamamelistes spinosus** Shimer verhalten sich biologisch nicht weniger verschieden[3]) als die besprochenen Vertreter der Gattungen *Pemphigus* und *Aploneura*. Beide Arten migrieren in Nordamerika zwischen Hamamelis und Betula, auf Hamamelis Gallen bildend; in Europa kennt man seither nur eine dem *Hamamelistes spinosus* ähnliche Art **H. betulae** Mordw. in den virginogenen Stadien. *Hormaphis hamamelidis* vollendet seinen heterogenetischen Zyklus im selben Jahre, anscheinend ohne auf der Birke Winterformen zurückzulassen. *Hamamelistes* dagegen braucht zwei Vegetationsperioden, um die Wanderung von Hamamelis zur Birke und zurück zu beschließen, und bleibt auf der Birke dank dem Besitze besonderer Winterlarven auch ohne Zuzug von seiten der Gallenläuse des Hamamelis-Strauches dauernd fortpflanzungsfähig.

Als Schädlinge der Forst- und Parkkulturen sind die **Chermiden** von besonderem Interesse. Biologisch haben sie in einigen Arten die höchste Stufe einer parazyklischen Heterogonie erreicht. Schädlich sind sie einerseits als Gallenbildner der Piceaarten, indem sie (besonders **Chermes abietis** L.) bei starkem Befall das normale Wachstum stören, Verkrüppelungen hervorrufen oder gar die Triebspitze vernichten; andererseits als Virginogenien oder Exsules auf Weißtannen und Kiefern, während die auf anderen Nadelhölzern (Lärche, Hemlocks-

[1]) Siehe bei MOROWILKO, l. c., 1909, p. 116 unten.
[2]) Siehe LICHTENSTEIN, Les pucerous du térébinthe, Feuille des Jeunes Naturalistes, 1880.
[3]) PERGANDE, The life of history of two specis of Plant-Lice inhabiting both the which-hazel and birch, U. S. Dept. Agric. Technical Series. No. 9. 1901.

tanne, Douglastanne) lebenden Arten als Schädlinge nur von geringer Bedeutung sind.

Unter den Chermiden der Kiefern ist die gefährlichste Art **Pineus strobi** Htg.[1]); als Virginogenia vermag sie alle oberirdischen Rindenteile der Weymouthskiefer (Pinus strobus) an Stämmen und Zweigen zu besiedeln und das Gedeihen der Kiefer schwer, bisweilen sogar bis zur Erschöpfung zu beeinträchtigen. Die Art lebt ausschliefslich auf der genannten Kiefer und ist von Nordamerika mit der Einfuhr derselben nach Europa vorgedrungen. Auf den jungen Maitrieben der Kiefer entwickelt sie neben flügellosen Virgines Sexuparafliegen, die in Nordamerika ihre Eier auf der Silberfichte (Picea alba) ablegen, auf der dort anscheinend auch die Sexuales und die Fundatrix zu gedeihen vermögen. In Europa hat man aber seither vergeblich nach den Gallen dieser Art gesucht, wenn es auch gelungen ist, die *strobi*-Fliegen auf Picea alba künstlich zur Eiablage zu bringen. — Eine mit *Pineus strobi* nahe verwandte Form var. **pineoides** Cholodk. lebt in Europa an der Rinde der Fichtenstämme und -äste (Picea excelsa) und ist seither nur als flügellose Virgo beobachtet worden.

Die Weifstannenarten Abies pectinata, nordmanniana und nobilis werden von den Arten **Dreyfusia piceae** (Ratz.) und **nüsslini** C.B.[2]) schwer heimgesucht. Der heterogenetische Hauptzyklus konnte bisher für keine der beiden Arten geschlossen werden, da die Arten in Mitteleuropa anscheinend keine Gallen zu erzeugen imstande sind. **Dreyfusia nüsslini** besiedelt in erster Linie die jungen Triebe von Abies nordmanniana und pectinata. Sie überwintert in einer besonderen Winterform in der Regel an der Rinde der jüngeren Zweige. Die Kinder dieser im Frühling heranreifenden Läuse befallen die zarten Maitriebe, deren Nadeln bei starkem Befall nach unten gekrümmt werden und wie die Triebe im Wachstum zurückbleiben. Aus den Eiern der überwinterten Läuse entstehen teils wieder zur Überwinterung bestimmte Jungläuse, teils abweichend gebaute Larven, die ihrerseits entweder zu flügellosen Virgines (sogen. „Aestivales") oder zu geflügelten Sexuparen heranwachsen; die ersteren erzeugen ausschliefslich wieder Winterformen, die letzteren sind dazu bestimmt, auf einer Fichte (vermutlich dient Picea orientalis als Gallenpflanze) ihre Sexuales abzulegen und damit die Entstehung der Fundatrix und Gallenläuse zu ermöglichen. Man nimmt an, dafs *Dreyfusia nüsslini* in der Krim und im Kaukasus eine normale Migration zwischen Picea orientalis und Abies nordmanniana ausführt, wie sie ähnlich bei **Dreyfusia abietis-piceae** Stebbing[3]) im Himalaya zwischen Picea morinda und Abies webbiana stattfinden dürfte. — **Dreyfusia piceae** weicht biologisch von *D. nüsslini* einmal durch ihre Vorliebe für die Rinde der stärkeren Äste und Stämme ab, an der auch die sommerlichen Generationen heranwachsen, sodann durch eine weniger strenge und vielleicht nicht einmal durchgreifende Trennung besonderer Winter- und Sommerläuse. Während bei *D. nüsslini* im Frühling nur eine Generation flügelloser Virgines auf den Maitrieben der Tanne in Erscheinung tritt, folgen bei der „Altrindenlaus" piceae einander 2—3 sommerliche

---

[1]) Siehe Börner, Monogr. Studie über die Chermides. Arbeiten aus der Kais. Biol. Anstalt f. Land- u. Forstwirtsch., Bd. 6, Heft 2, 1908, S. 183—187 u. 267—268.

[2]) Börner, Über Chermesiden IV. Zoolog. Anzeiger Bd. 33, 1908, S. 737—750, u. Monogr. Studie über d. Chermiden, S. 138—147, 253—257.

[3]) Siehe Börner, Monogr. Studie Chermiden, S. 211—212.

Generationen, und die Individuen der letzten Jahresgeneration können anscheinend auch neben eigentlichen Winterformen überwintern. Auf Nadeln der Maitriebe findet nur äufserst selten die Entwicklung von Sexuparafliegen statt, die sich durch kürzere Stechborsten schon als Junglarven von den sogen. Aestivalen unterscheiden. *Dreyfusia piceae* vermag bei starker Vermehrung selbst ältere Edel- und Nordmannstannen in wenigen Jahren abzutöten und erzeugt bisweilen auch kambiale Wucherungen, die an befallenen Abies nobilis nicht selten zu finden sind.

Zwischen Fichte und Lärche wandern in Europa die allgemein bekannten Arten **Chermes abietis** L. und **Cnaphalodes strobilobius** Kalt[1]). Auf der Fichte zeigen beide Arten ein ähnliches Verhalten. *Chermes abietis* saugt als Fundatrix an der Rinde der vorjährigen Triebe in der Nähe von Knospen und erzeugt grofse grüne oder gerötete Gallen, welche den Trieb meist nur einseitig deformieren; *Cnaphalodes strobilobius* sticht dagegen als Fundatrix die Knospen selbst (mit Vorliebe solche zarterer Seitenzweige) an, so dafs in der Regel der ganze Trieb zur Bildung der Galle aufgebraucht wird. Trotzdem ist die erstgenannte Art gefährlicher, weil sie die stärkeren Triebe der Fichte bevorzugt. Beide Arten entwickeln in ihren Gallen zweierlei Formen[2]) von geflügelten Läusen: einmal die auf Lärche migrierenden Fliegen, welche sich hier durch besondere Winterformen (Hiemales) fortpflanzen, zweitens Fliegen, die auf der Fichte verbleiben und Eier legen, aus denen junge Fundatricen ausschlüpfen, die sich von den amphigon entstandenen Fundatricen nicht unterscheiden. — Auf der Lärche verhalten sich aber die Nachkommen beider Arten sehr verschieden. *Chermes abietis* lebt als Winterform an der Stammrinde und entwickelt im Frühling aufser den zur Überwinterung bestimmten, ihren Müttern gleichenden Jungläusen nur geflügelte Sexuparen, die auf den Lärchennadeln aus besonderen Junglarvenformen heranwachsen und nach dem Rückflug auf der Fichte die Sexuales hervorbringen: flügellose Sommerformen fehlen bei dieser Art, doch nimmt man in Analogie zu der verwandten nordamerikanischen, zwischen Picea pungens und Pseudotsuga douglasi migrierenden **Gillettea cooleyi** Gillette[3]) an, dafs sie dieselben sekundär verloren hat. Bei *Cnaphalodes strobilobius* treten diese bei *Chermes abietis* fehlenden Sommerformen (Aestivales) als Nadelsauger in mehreren Generationen auf, die sich gerade so wie ihre überwinterte, fast wachsfreie Stammutter, die an der Rinde der jüngeren Zweige saugt, sowohl durch Junglarven, die wieder zur Überwinterung bestimmt sind, wie durch Sommerjunglarven fortpflanzen, wobei im ersten Frühling die letzteren, im Sommer und Herbst die ersteren überwiegen. Sexuparafliegen entstehen bei dieser Art nur in der ersten Generation des Frühlings, und zwar aus der gleichen Anlage wie die ersten, in Wachsbällchen gehüllten Aestivales (vgl. biologisches Schema Fig. 301).

[1]) Siehe Börner, Monogr. Studie über die Chermiden, S. 124—138, 153—167, 235—250.

[2]) Es sei hier indessen darauf hingewiesen, dafs Cholodkovsky diese beiden Fliegenformen als Vertreter getrennter Arten auffafst und die von Börner beobachtete Entstehung derselben unter der Nachkommenschaft einer einzigen Fundatrix auch neuerdings bestritten hat.

[3]) Börner, Über Chermesiden VI. Zoolog. Anzeiger. Bd. 34, 1909. S. 504—506. — Gillette, Chermes of Colorado Conifers. Proced. Acad. Nat. Sciences Philadelphia 1907, p. 3—14.

Die migrierenden **Phylloxeriden** sind wahrscheinlich erst zum kleinsten Teile bekannt. Zu ihnen gehört als gefährlichster tierischer Schädling aller weinbautreibenden Länder die Reblaus. Ob unter den zahlreichen, von RILEY und PERGANDE beschriebenen Phylloxeriden der Hikorynußbäume Nordamerikas[1]) auch migrierende Arten vorkommen, ist wohl nicht gerade unwahrscheinlich, doch wissen wir heute nichts Bestimmtes darüber. In Südeuropa migriert in der Regel die Eichenlaus **Phylloxera quercus** Boyer de Fonsc.[2]) und ihre Abart **florentina** Targ.-Tozz. zwischen verschiedenen Eichenarten; und zwar findet man in Südfrankreich die Fundatrix der dort heimischen Hauptform wohl ausschließlich auf Quercus coccifera, in Italien dagegen die Fundatrix der dort allein bekannten Abart florentina auf Quercus ilex, obwohl in beiden Ländern beide Eichenarten nebeneinander wachsen und beide Phylloxeren auf Quercus robur und pubescens migrieren. Hier vermitteln geflügelte Fundatrigenien (Migrantes alatae) und geflügelte Sexuparen die Verbindung der örtlich getrennten Kolonien.

Die Reblaus **Peritymbia vastatrix** Planchon (= **Phylloxera vastatrix** Planchon oder **Peritymbia vitifolii** Fitch oder **Viteus vastator** Grassi et Foà)[3]) unterscheidet sich biologisch in erster Linie durch das Fehlen virginoparer migrierender Fliegenformen. Da die Virginogenien oder Exsules der Reblaus an den unterirdischen Organen derselben Rebenpflanze leben, so bedarf es solcher Virgoparafliegen auch nicht; die jungen, zum Leben auf Rebenwurzeln bestimmten Exsules wandern selbst in die Erde hinab, während ihre Mütter in den Blattgallen der Rebe zurückbleiben und absterben. — Aus dem amphigon entstandenen Winterei der Reblaus schlüpft im Frühling die Fundatrix aus, welche die erste Blattgalle bildet und gestaltlich als Junglaus von den folgenden Gallengenerationen unbedeutend abweicht. Sie legt bei günstiger Ernährung eine grofse Zahl Eier in ihrer Galle ab, aus denen vornehmlich Jungläuse ausschlüpfen, die eine zweite Gallengeneration bilden, während aus den zuletzt abgelegten Eiern der Fundatrix die ersten an die Rebenwurzeln abwandernden Jungläuse werden. Die Gallenläuse der zweiten Generation pflanzen sich sodann in derselben Weise wie ihre Mütter fort, nur herrschen unter ihren Nachkommen gegen den Herbst hin die zum Leben an den Rebenwurzeln bestimmten Formen vor. In wärmeren Ländern können acht bis zwölf solcher Gallenlausgenerationen aufeinander folgen, im kühleren Klima Deutschlands konnten im freien Weinberg bisher nur vier Generationen grofsgezüchtet werden. Im Herbst erlischt mit dem Blattfall der Turnus der Gallenrebläuse, doch können die Gallenläuse in Warmhäusern künstlich jahrelang fortgezüchtet werden, wenn man ihnen frisch treibende Reben zur Verfügung stellt. Dafs im Freien Gallenrebläuse überwintert hätten, ist nicht festgestellt worden, die junge Gallenlaus besitzt jedenfalls nicht die Fähigkeit, in einem Ruhestadium zu verharren, wie es die Wurzelreblaus vermag; aber die Eier der Gallenläuse lassen sich künstlich

---

[1]) Vgl. die unter No. 2 S. 669 zitierte Abhandlung PERGANDES.
[2]) Siehe GRASSI (1912), l. c., p. 39—47, und BÖRNER, Über Chermesiden V. Zool. Anzeiger, Bd. 34, 1909, S. 25—27, Anmerkung.
[3]) Siehe in erster Linie das sub 3) S. 669 zitierte monumentale Werk GRASSIS, das auch ein reichhaltiges Literaturverzeichnis bringt, und die kurzen Notizen BÖRNERS in den Jahresberichten der Kaiserl. biolog. Anstalt zu Dahlem-Berlin 1907 bis 1912 (Mitt. aus d. Kaiserl. biol. Anstalt, Hefte 6, 8, 10, 11, 14).

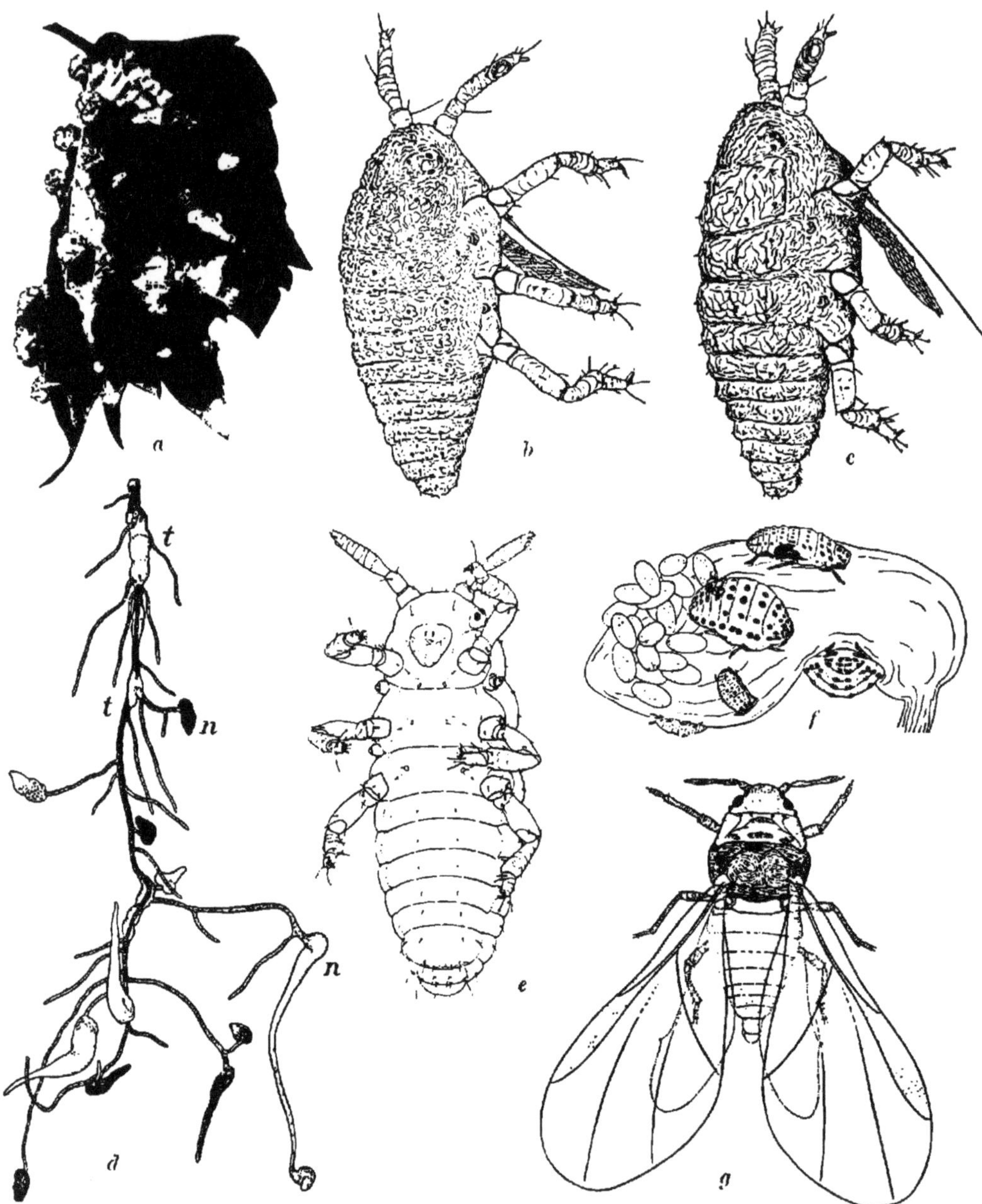

Fig. 305. *Phylloxera* oder *Peritymbia vastatrix*, Reblaus (nach Börner, 1909/11).
a) Blatt von Vitis rupestris mit Reblausgallen; b) Junge ungehäutete Gallenreblaus;
c) Junge, ungehäutete Wurzelreblaus; d) Stück einer Rebenwurzel mit Tuberositäten (t) und Nodositäten (n), die letzteren teilweise verfault; e) Sexualis-Weibchen
(Bauchansicht); f) Nodosität einer Rebenwurzel mit Wurzelrebläusen; g) Sexuparafliege. Alles aufser Fig. a, aber verschieden stark vergröfsert.

bei niedriger Temperatur (sie ertragen in den Gallen eine Aufsentemperatur bis zu — 8° C) mehrere Monate in der Entwicklung zurück halten.

Die in den Gallen geborenen jungen Wurzelläuse, die sich — nach den von FOA, GRANDORI und GRASSI[1]) gemachten, aber fast gleichzeitig und unabhängig von ihnen durch BÖRNER[2]) vorhergesagten

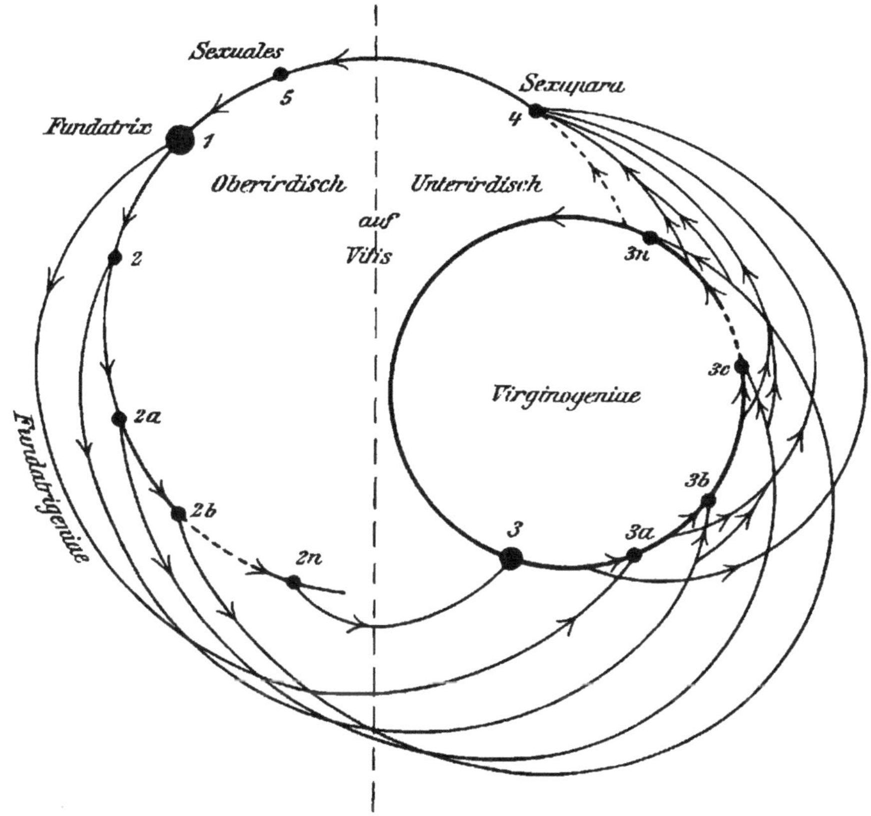

Fig. 306. Biologisches Schema der Reblaus. Fundatrix und Fundatrigenien sind Gallenläuse, die Virginogenien sind Wurzelrebläuse, von denen Generation 3 überwintert. n bedeutet bei den Formen 2 und 3 die letzte eierlegende Generation des Jahres. Sexuparen können aus den Junglarven aller Wurzelläuse mit Ausnahme der überwinterten (3) und der von der Fundatrix abstammenden Wurzelläuse (1 → 3n entstehen, treten im Freien aber meist nur in den sommerlichen Generationen auf Die Serie 2 endet wie in den Figuren 299 a und b blind.

Entdeckungen — von ihren Gallenlaussschwestern bereits unmittelbar nach der Geburt, also vor der Aufnahme von Nahrung, unterscheiden lassen, gründen an den Wurzeln der Rebe Kolonien von Wurzelläusen, die als Parallelreihe der Gallenläuse fortgesetzt neue

[1]) Studi sulla fillossera della vite. Differenze tra la fillossera gallicola e la fillosera radicicola. Rendiconti della R. Accadem. dei Lincei. Vol. 17, Ser. 5. Seduta del 1. Marzo 1908. p. 276—281.

[2]) Mitteilungen aus d. Kais. Biol. Anstalt f. Land- u. Forstwirtschaft, Heft 6, März 1908, S. 34.

Wurzelrebläuse erzeugen und nach und nach das ganze Wurzelwerk der Rebe infizieren. Diese Wurzelrebläuse entwickeln noch im selben Sommer geflügelte Sexuparen, welche die Erde verlassen und an oberirdischen Teilen der Rebe ihre verschieden grofsen Sexualis-Eier ablegen, während gleichzeitig andere, mit den Sexuparafliegen aus der gleichen Anlage entstandene flügellose Wurzelläuse für die Erhaltung der Wurzellauskolonie sorgen. Die aus den Sexualis-Eiern ausschlüpfenden Männchen und Weibchen schliefsen mit der Ablage des befruchteten Wintereies den heterogenetischen Hauptzyklus der Reblaus. während die Wurzelläuse als junge Larven zur Überwinterung schreiten, um neben jener Hauptreihe eine rein parthenogenetische, aus stets flügellosen Individuen bestehende Nebenreihe zu bilden, die alljährlich im Hochsommer und Herbst neue Sexuparen zur Erzeugung des Wintereies und der Gallenrebläuse abgibt.

Die Wurzelläuse sind die eigentlichen Hauptfeinde der Rebe. Sie verwandeln durch ihren Stich junge Rebenwurzeln in sogenannte „Nodositäten", d. h. knotige, birn- oder bohnenförmige, oft gekrümmte, massive Kambiumgallen, die später meist infolge sekundärer Infektion mit fäulniserregenden Bodenbakterien und -Pilzen abfaulen. An stärkeren Wurzeln bilden diese Kambiumgallen knotige Geschwulste, die ebenfalls abfaulen und die Tätigkeit der Wurzeln empfindlich stören oder gar lahmlegen können, so daß bei starkem Befall selbst gröfsere Wurzelstämme vernichtet werden. An ganz alten dicken Wurzeln oder Stammteilen leben die Wurzelrebläuse indessen, ohne derartige Geschwulste hervorzurufen. Andererseits können die Wurzelläuse im Herbst gelegentlich (in feuchtwarmen Treibhäusern) auch in oder an den Blattgallen oder an gallenfreien Rebenblättern zu flügellosen Virgines oder zu geflügelten Sexuparen heranwachsen; GRASSI und FOA berichten sogar von einer (im Frühjahr 1908 eingetretenen) spontanen Umwandlung typischer Wurzelläuse in Gallenläuse im Treibhause ihrer Phylloxerastation zu Fauglia bei Pisa.

Das Vorkommen der Reblausgallen ist — ähnlich wie dasjenige verschiedener Chermidengallen — teils vom Klima, teils vom Vorhandensein geeigneter gallenbildender Reben abhängig. In Südeuropa z. B., wo ähnlich wie in Nordamerika, der Heimat der Reblaus, aufser europäischen Reben (Vitis vinifera) meist auch gallenbildende Amerikanerreben (u. a. Vitis riparia, rupestris und viele Bastarde) zur Verfügung stehen, findet man alljährlich Reblausgallen auf den letztgenannten Reben. In Mitteleuropa aber, nördlich der Alpen und im Westen nordwärts von Dijon gehören Reblausgallen zu den gröfsten Seltenheiten und sind seither noch nicht unmittelbar zur Beobachtung gelangt. Nahm man früher an, dafs in diesen nördlicheren Breiten aus dem Winterei der Reblaus eine Wurzellaus ausschlüpfe, so wissen wir heute, dafs einmal die Entstehung einer Wurzellaus aus dem Winterei in der Natur n i c h t vorkommt (GRASSI), und dafs zweitens die Entwicklung der Sexuales und damit des Wintereies an ein beträchtliches Mafs von Wärme gebunden ist, denn bei den wiederholten Zuchtversuchen BÖRNERS konnten die Sexuales und die Wintereier im Warmhaus gewonnen werden, während die ersteren im Freien abstarben, ohne Wintereier abgelegt zu haben. Man wird demnach in Deutschland und Ländern mit ähnlichem Klima die Reblausgallen nur in Jahren nach ungewöhnlich heifsen, dabei aber nicht allzu trockenen Sommern erwarten dürfen, und in der Tat hat man wiederholt nach solchen

Sommern junge Neuinfektionen beobachtet, die nur bei Annahme einer
Verschleppung durch geflügelte Rebläuse, also bei gleichzeitiger Mitwirkung der Sexuales und der Gallenläuse, erklärbar erscheinen. Im
allgemeinen entwickeln sich aber in Deutschland die Sexuparen der Reblaus viel zu spät (von Mitte August ab), um ihre Brut noch erfolgreich
absetzen zu können. Dabei dürfte der Mangel geeigneter Amerikanerreben die Gallenbildung kaum wesentlich beeinträchtigen, da die von
BÖRNER bei Metz aus dortigen Wurzelrebläusen gezüchteten Gallenrebläuse mehrere im Süden gallenbildende Reben verschmähen, dafür
aber mit Erfolg auf der Europäerrebe und einigen mit ihr verwandten
amerikanischen (V. labrusca) und asiatischen Reben vermehrt worden
sind, auf denen auch die dortigen Sexuparafliegen ihre Eier lieber als
auf Amerikanerreben ablegen.

Die meist in volkreichen Kolonien lebenden Pflanzenläuse dienen
zahlreichen **insektenfressenden Tieren** als Hauptnahrungsquelle. An
erster Stelle sind hier die Coccinelliden zu nennen, von denen
Larven und Imagines mehrerer Arten verschiedener Gattungen als
Blattlausfresser bekannt sind. Nicht weniger gierig werden Blattläuse
von den Larven zahlreicher Syrphiden, gewisse Chermiden auch
von Agromyziden-Larven gefressen. Auch Vertreter der Neu-
ropteren-Gattungen *Chrysopa* und *Hemerobius* sind als Larven und
Imagines eifrige Blattlausfresser. Von Lepidopteren sind Lycaeniden-
raupen, von Panorpiden die Imagines von *Panorpa communis*, von
Dermapteren der gemeine Ohrwurm beim Blattlausfraſs beobachtet
worden; auch blutsaugende Hemipteren aus den Familien der Nabiden,
Capsiden und Anthocoriden stellen den Blattläusen nach, gelegentlich
wahrscheinlich auch andere von tierischer Nahrung lebende Insekten.
Zu den Feinden der Pflanzenläuse zählen auch Milben aus der Gattung
Trombidium und der Familie der Parasitiden (Gamasiden), und die geflügelten Läuse fallen oft in groſsen Scharen den netzbauenden
Araneen zum Opfer. Auſserdem schmarotzen mehrere Arten winziger
Chalcididen und Ichneumoniden als Larven im Leibesinnern
von Aphiden. Von insektenfressenden Vögeln sind besonders die
kleineren Meisen-Arten als Blattlausfresser zu erwähnen.

Über die Verbreitung von **Schmarotzerpilzen** unter den Pflanzenläusen ist erst sehr wenig bekannt geworden. BUCKTON erwähnt in
seiner Monographie das Vorkommen solcher Pilze für *Rhopalosiphum
lactucae* und *Siphonophora solani*, und neuerdings gibt LEMOULT an,
künstliche Kulturen von *Sporotrichum globuliferum*, *Isaria densa* und
Botrytis bassiana mit Erfolg gegen ober- und unterirdisch lebende Blutläuse (Schizoneura lanigera) angewandt zu haben.

Zur **direkten Bekämpfung** hat man sich seither, abgesehen von
den letzterwähnten Versuchen, kaum der natürlichen Feinde der
Pflanzenläuse bedient. Dagegen gibt es viele als Flüssigkeiten, Pulver
oder Gase wirkende Mittel, die im Kampfe gegen die Pflanzenläuse
von groſser Bedeutung geworden sind. Daſs die Wirkung dieser Mittel
wesentlich von dem richtigen Zeitpunkt ihrer Anwendung abhängig
ist, bedarf im Hinblick auf die wechselreiche Biologie der Läuse kaum
der Erwähnung. Besondere Berücksichtigung verdienen dabei die
Migrationen der Pflanzenläuse. So gelingt es in manchen Fällen durch
Bekämpfung der Frühjahrskolonien auf den Wirtspflanzen der Fundatrix
die schädlicheren Sommerformen zu unterdrücken, wofür *Phorodon*

humuli als Beispiel dienen mag. Eine Entfernung oder Nichtpflanzung der einen oder anderen Wirtspflanze einer schädlichen Pflanzenlaus wird man indessen in der Praxis kaum durchführen und auch schwerlich anraten können, da ja die auf den sogenannten Zwischenwirten lebenden schädlicheren Kolonien vielfach ohne Zuzug von seiten der Fundatrix-kolonien, oder diese letzteren (wie bei manchen Chermiden) ohne Zuzug von seiten der virginogenen oder Exsul-Kolonien existenzfähig sind. Im übrigen beachte man, dafs die Anwendung der Insektizide gegen die Pflanzenläuse im Gärtnereibetriebe leichter, in dem weit ausgedehnteren Betriebe der Landwirtschaft, des Obst- und Weinbaues nur selten mit Erfolg durchführbar ist.

Die wirksamen Bestandteile von **Spritzflüssigkeiten** sind in erster Linie T a b a k e x t r a k t e, S c h m i e r s e i f e, Q u a s s i a b r ü h e und d e n a t u r i e r t e r S p i r i t u s, die in verschiedenem Gemenge, zum Teil auch einzeln mit Wasser verdünnt werden. Auch P e t r o l e u m - e m u l s i o n liefert in 1—2 %igen Wasserlösungen brauchbare Resultate, wirkt aber leicht schädlich auf die bespritzten Pflanzenteile ein. — Das **Baden** ganzer Pflanzen findet vornehmlich beim Winter- und Frühjahrs-versand von Blind- und Wurzelreben statt und bezweckt die Abtötung der Wintereier und Wurzelläuse dieses Schädlings, wofür man sich im ersten Falle u. a. einer von Dufour ausgearbeiteten W a r m w a s s e r - methode, im zweiten neuerdings einer 3 %igen, mit 1 % schwarzer Seife vermischter K a l i u m s u l f o k a r b o n a t - Lösung und der 1 %igen S a - p r o s o l wasserlösung mit Erfolg bedient hat. — **Räucherungen** führt man gegen Pflanzenläuse einmal in Gewächshäusern, durch Verbrennung von Insektenpulver oder Tabakstaub oder durch Verdampfung von Tabak-extrakt aus, sodann vermittels S c h w e f e l k o h l e n s t o f f vornehmlich im Kampfe gegen die Reblaus, und zwar sowohl zur Desinfektion von Setzreben in besonderen Schwefelkohlenstoffkästen, wie zur Abtötung der im Boden lebenden Wurzelläuse nach dem Vernichtungs- oder nach dem Kulturalverfahren, wobei im ersten Falle soviel Schwefel-kohlenstoff in den Boden gebracht wird, dafs mit den Läusen auch alle Reben abgetötet werden. — Für kleinere Gärten und Gewächshäuser empfiehlt sich auch die **staubförmige** Anwendung von Insektenpulver oder Tabakstaub, während die zum Küchengebrauch bestimmten Gemüsepflanzen mit lauwarmem, mit etwas Essig und Kochsalz ver-setztem Wasser von daranhaftenden Läusen befreit werden können.

Die **indirekte Bekämpfung** wird in grofsem Mafsstabe in der Praxis bei der R e b e n v e r e d e l u n g zum Schutze gegen die Reblaus ausgeübt. Dieselbe beruht auf der Verwendung widerstandsfähiger Rebensorten als U n t e r l a g e für die zur Weinbereitung in erster Linie bevorzugten, aber durch die Wurzelreblaus ausnahmslos gefährdeten europäischen Kulturreben. Dem gleichen Zwecke dienen die Hybridisations-versuche zwischen den beiden genannten Rebengruppen, deren seither kaum erreichtes Ziel die Gewinnung von der Reblaus widerstehenden und zugleich zur Weinbereitung brauchbaren Reben ist. Für die Be-deutung dieser beiden Methoden der indirekten Bekämpfung spricht die rastlose Arbeit, die in allen gröfseren weinbautreibenden Ländern für sie geleistet wird und eine umfangreiche Literatur geschaffen hat. eine beredte Sprache. Hier sei zur ersten Orientierung auf die dritte Auflage des Handbuches des Weinbaues und der Kellerwirtschaft von Babo und Mach (1909) hingewiesen.

Der Vollständigkeit halber sei noch erwähnt, dafs gelegentlich ein-mal beim Verpflanzen mehrjähriger Fichten (Picea excelsa) die auf ihnen saugenden zahllosen *Chermes*-Fundatricen infolge der dadurch bedingten Verzögerung des Saftauftriebes abgetötet und die vorher alljährlich befallenen Fichten gallenfrei geworden sind (Beobachtung des Referenten aus dem Frühjahr 1908).

Cocciden, Schildläuse[1]).

Von Dr. L. Lindinger, Hamburg.

Tarsen eingliedrig, mit **einer** (*Ripersia falcifera* ♀ mit rudimentärer zweiten) Klaue. Hochgradige Verschiedenheit zwischen Männchen und Weibchen. — Männchen von normaler Insektengestalt, meist winzig, selten einige Millimeter lang, meist geflügelt. Nur Vorderflügel entwickelt, häutig, verhältnismäfsig grofs, mit grofser Längs- und kurzer Querader, in der Ruhe flach übereinander gelegt. Hinterflügel zu Schwingkölbchen (Halteren) umgewandelt. Mundwerkzeuge fehlend. Abdomen zugespitzt, in mehr oder minder langen Stylus auslaufend, mitunter mit zwei langen Schwanzfäden. Fühler lang, behaart, perlschnurartig, 10—(25?)gliedrig, ohne die Sinnesgrübchen der Aphididen. Augen meist einfach, bis zu 14 kranzförmig um den Kopf geordnet, bei einigen Unterfamilien in der Hauptsache durch ein Paar Fazettenaugen ersetzt. — Weibchen stets ungeflügelt, gröfser als das Männchen, selten insektenähnlich, meist mit mehr oder minder reichlichen Wachsausscheidungen, oft ohne Fühler und Beine, selten im erwachsenen Zustand auch ohne Mundwerkzeuge, vielfach völlig unsegmentiert. — Junglarven klein, eiförmig oder breitelliptisch, von oben nach unten abgeflacht, mit 4—6-gliederigen Fühlern.

Meist eierlegend. Männchen mit indirekter, Weibchen ohne Verwandlung. An Pflanzen saugend und oft sehr schädlich auftretend.

Etwa 1000 Arten; meist übersehen und durchschnittlich sehr ungenügend bekannt.

Die Schildläuse gehören zu den interessantesten Insektenformen. Infolge ihrer parasitischen Lebensweise haben sie weitgehende Umformungen und Anpassungen erfahren, so dafs sie in vielen Fällen sogar von Entomologen gar nicht als Insekten erkannt werden. (Das ist um so mehr zu bedauern, als nicht wenige Arten zu den allergefährlichsten Schädlingen zählen, die man überhaupt kennt.)

Die Entwicklung der Schildläuse ist bei Männchen und Weibchen verschieden. Reh[2]), dessen Ansicht ich mich in dieser Frage völlig anschliefse, ist zu folgenden Ergebnissen gelangt[3]): „Die männlichen

---

[1]) Aus der äufserst umfangreichen Coccidenliteratur seien nur die grundlegenden Werke angeführt: Signoret, Essai sur les Cochenilles ou Gallinsectes, Ann. Soc. ent. France 4. Sér. T. 8, 1868, bis 5. Sér. T. 6, 1876. — Newstead, Monograph of the Coccidae of the British Isles, London Vol. I, 1901; Vol. II, 1903. — Green, The Coccidae of Ceylon, London, Part. I, 1896; Part. II, 1899; Part. III, 1904; Part. IV, 1909. — Hempel, As Coccidas Brazileiras, Rev. Mus. Paul., Vol. 4, 1900, p. 365—537. — Fernald, A Catalogue of the Coccidae of the World, Amherst, Mass. 1903. — Marchal, Notes sur les Cochenilles de l'Europe et du Nord de l'Afrique, Ann. Soc. ent. France T. 77, 1908, p. 223—309. — Lindinger, Die Schildläuse (Coccidae) Europas, Nordafrikas und Vorderasiens, einschliefslich der Azoren, der Kanaren und Madeiras, Stuttgart 1912.

Vor allem durch ihre biologischen Angaben wertvoll ist die Arbeit von Reh, Zur Naturgeschichte der mittel- und nordeuropäischen Schildläuse, Allg. Zeitschr. Ent. Bd. 8, 1903, Nr. 16—24; Bd. 9, 1904, Nr. 1—2.

[2]) Reh, Allg. Zeitschr. Ent. Bd. 6, 1901, S. 51—54, 65—68, 85—89.

[3]) Derselbe, ebenda S. 88.

Schildläuse durchlaufen eine indirekte Verwandlung, sind also heteromorphe Insekten. Wir haben bei ihnen zu unterscheiden mindestens 2 Larven- und 1—2 Puppenstadien.

Die weiblichen Schildläuse durchlaufen überhaupt keine Verwandlung, sondern werden im Larvenstadium geschlechtsreif." Das ist allerdings nicht so aufzufassen. daß die Larve nunmehr ohne jede Veränderung zum geschlechtsreifen Weibchen heranwächst, denn das ist bei den Insekten aus hier nicht weiter zu erörternden Gründen unmöglich. Es finden auch beim Weibchen mehrere Häutungen statt (bei den Diaspinen nur zwei, bei den Margarodinen ziemlich viele [7?]). Die Organisation des Weibchens bleibt vielmehr während des ganzen Lebens des Tieres mindestens auf dem Larvenstadium stehen, in vielen Fällen (Diaspinen, Hemicoccinen z. B.) sinkt sie sogar darunter, indem die Fühler, die Beine und oft auch die Segmentgrenzen verloren gehen.

Die individuelle Entwicklung findet im Durchschnitt folgendermaßen statt. Das erwachsene Weibchen legt entweder Eier ab, die anfangs noch unentwickelt im Schutz der vom Weibchen abgesonderten Wachsausscheidungen oder des erhärtenden mütterlichen Körpers selbst die Entwicklung zur lebensfähigen Larve durchmachen; in diesem Fall verstreicht also zwischen der Eiablage und dem Ausschlüpfen der Larve eine gewisse, in den meisten Fällen erst noch festzustellende Zeit. Oder aber die Eier machen diese Vorentwicklung im mütterlichen Körper durch und die Larven schlüpfen gleich nach der Eiablage aus. Im ersten Fall nennt man die Arten ovipar, im zweiten ovovivipar. Vivipare Arten gibt es nicht; in den Fällen, in denen ein Lebendiggebären angegeben wird, handelt es sich stets um solche ovovivipare Arten, bei denen das Ausschlüpfen der Larven schon im mütterlichen Körper vor sich geht, die Larven verlassen ihn dann aber gleich, ohne in irgendeine weitere Beziehung zu ihm zu treten.

Die Zahl der in einem Jahr auftretenden Generationen ist verschieden. Bei manchen Arten findet sich nur eine. So zum Beispiel in Deutschland bei der bekannten Kommalaus. Andere Arten haben jährlich mindestens drei: das ist bei der San-José-Laus der Fall. Wieder andere machen jährlich wohl nur eine, aber nicht bei allen Individuen zu der gleichen Zeit, wie ich es bei Leucaspis löwi festgestellt habe. Dieser Fall kann auch bei solchen Arten auftreten, bei denen mehr als eine Generation nachgewiesen ist. Ein und dasselbe Weibchen legt aber. soweit bisher bekannt ist, nur einmal Eier ab und stirbt dann. Die Eiablage selbst findet häufig in einem kurzem Zeitraum statt, besonders bei Diaspinen mit mehreren Generationen; bei anderen Arten kann sie sich über einen ausgedehnten Zeitraum verteilen, indem zwar mehrere bis ziemlich viele Eier gebildet werden, jedesmal das Ei aber innerhalb des mütterlichen Körpers so weit entwickelt wird, bis es die fertige Larve umschließt; diesen Fall konnte ich bei mehreren kryptogynen Diaspinen beobachten.

Mit der Eizahl und der raschen Vermehrungsfähigkeit steigt die Schädlichkeit der einzelnen Schildlausarten. Begünstigt wird diese ferner durch das Klima: hohe Sommertemperatur und ein langer, warmer Herbst sind trotz eines etwa darauffolgenden strengen Winters der Vermehrung der Schildläuse günstiger als ein mehr gleichmäßiges Klima mit verhältnismäßig kühlem Sommer und mildem Winter. So treten beispielsweise in England schädliche Schildläuse kaum in nennenswerter Weise auf (siehe dazu später). Kommt zum heißen Sommer

ein milder Winter. so steigt die Zahl der schädlichen Arten und natürlich auch der Individuen. Im Küstengebiet der Kanarischen Inseln
wimmelt es an den geeigneten Orten förmlich davon, in Südtirol. an
der Riviera ist an diesen Plätzen kaum eine Pflanze zu finden, die nicht
die eine oder andere Art beherbergt, häufig in ungeheurer Zahl.

Zusammenhängend mit der Art des Klimas ist die Art der Örtlichkeit von Bedeutung für das Auftreten der Schildläuse. Warme, wind-
geschützte Plätze sind bevorzugte Brutstätten, windige Stellen werden
gemieden [1]).

Einige Arten bevorzugen etwas feuchtere, kühlere Plätze, die aber
auch mehr oder weniger windgeschützt sind; dazu gehört die in England vielleicht einzige schädliche Coccide, Cryptococcus fagi.

Die Schädlichkeit der Schildläuse steigt noch mit ihrer Verschleppbarkeit. Allerdings handelt es sich dabei eigentlich nur
um die Verschleppung durch den Menschen; eine andere Verbreitungsart, sei es durch den Wind oder durch Vögel, kann stets nur auf ganz
kleine Entfernungen in Betracht gezogen werden. Die Verschleppung
von Schildläusen über grofse Räume ist auch erst in verhältnismäfsig
neuer, um nicht zu sagen neuester Zeit erfolgt, so die Übertragung der
Mandelschildlaus, Aulacaspis pentagona, nach Europa und Amerika, der
San-José-Laus nach Australien, Neu-Seeland, Nord- und Südamerika, des
Chrysomphalus aurantii und der Parlatorea blanchardi nach Deutsch-
Südwestafrika, der Icerya purchasi nach dem Mittelmeergebiet, der
I. aegyptiaca nach Ägypten, des Pseudococcus nipae nach Nordafrika
usw. Einmal eingebürgert breiten sich die Arten, die als Schädlinge
auftreten können, also neben einer raschen Vermehrung grofse Anpassungs-
fähigkeit besitzen und in der Wahl der Nährpflanzen nicht heikel sind,
rasch aus. So findet sich die Mandelschildlaus an der Riviera und in
Südtirol auf Bäumen, Strauch- und Krautpflanzen (Beispiele: Morus,
Ribes, Ononis, Sedum reflexum, Phaseolus vulgaris.)

Die Möglichkeit, eine einheimische oder eingeschleppte schädliche
Schildlaus zu bekämpfen, ist sehr gering oder für den Einzelnen
wenigstens zu kostspielig. Zunächst kommt in einem Fall, wo eine Bekämpfung erforderlich geworden ist, die Untersuchung der Örtlichkeit
in Betracht. Es ist festzustellen, ob die schädliche Art aufser auf der
Kulturpflanze auch noch auf wildwachsenden Pflanzen lebt. In diesem
Fall sind letztere auszurotten. Weiter kann ein zu dichter Stand der
Kulturpflanzen günstig auf die Vermehrung der Läuse einwirken; es ist
also für ordentlichen Luftdurchzug zu sorgen. Auch eine Vermehrung
der natürlichen Feinde der Cocciden, sei es durch Züchtung einheimischer
Schmarotzerpilze und -insekten, sei es durch Einführung fremder, hat
sich vielfach als nützlich erwiesen. In vielen Fällen und besonders da,
wo es sich um kleine Pflanzen in geringer Zahl handelt, ist eine Bekämpfung der Läuse durch Spritzmittel, ja schon durch einfaches Abwaschen erfolgreich. Als Spritzmittel kommen Seifenbrühen mit Zusatz
von Tabak, Quassia, Petroleum, dann Schwefelkalkbrühe usw. in Betracht.
Für grofse Pflanzungen haben sie dagegen so gut wie keinen Wert, wenn
es sich um hohe Bäume handelt. In Amerika hat man die Bekämpfung
der San-José-Laus und der auf den Agrumen lebenden Arten vermittelst
Blausäure unternommen, wobei die (niedrigen) Bäume durch ein Zelt

--

[1]) Vgl. Lindinger, Jahrb. Hamburg. wiss. Anst. 28, 1910, 3. Beih., 1911. S. 4. —
Ders.. Abh. Hamb. Kolonialinst. Bd. 6, 1911, S. 97.

eingehüllt werden. Das Verfahren ist gut, wenn es wiederholt wird, ist aber zu teuer und meist nur unter Verwendung von Staats- oder Genossenschaftsmitteln ersprießlich. Am sichersten ist immer noch die Vorbeugung durch sachverständige Untersuchung des Pflanzenmaterials und der Pflanzungen (bei diesen haben natürlich die Untersuchungen öfters stattzufinden). Wird ein Herd der Schädlinge aufgefunden, dann sind die befallenen Gewächse am besten zu vernichten, wenn es sich um eine große Pflanzung handelt oder um hohe Bäume. In Gewächshäusern und bei einzelnen besonders wertvollen Pflanzen kann ja je nach den Umständen eine Bespritzung stattfinden; man muß aber bei der Anwendung von Spritzmitteln den Nachteil in Kauf nehmen, daß dabei auch die Feinde der Schildläuse vernichtet werden.

Asterolecaniinen.

Kleine, nur wenige Millimeter lange Tiere mit flacher Bauch- und gewölbter Rückenseite, fußlos, in mehr oder minder kapselartiger, fester, wachsartiger, undurchsichtiger, oder in hornartiger und durchscheinender Hülle. Mikroskopisch bemerkenswert durch die paarweise zusammenstehenden Drüsenöffnungen der Rückenhaut. Meist gallartige Verdickungen der befallenen Pflanzenteile verursachend.

Asterolecanium bambusae Boisd.[1]) und **A. miliaris** Boisd.[2]). Tropen und Subtropen der Alten und Neuen Welt. An Bambus, auf Blättern und besonders, oft in ungeheurer Zahl, auf den Stämmen unter den Blattscheiden. — **A. fimbriatum** (Fonsc.) Ckll.[3]). Im ganzen Mittelmeergebiet, dann in England, Frankreich, Westdeutschland, Österreich, Tirol und auf Madeira. Befällt mit Vorliebe krautige Pflanzenteile, die stark anschwellen und oft verkrüppeln. In Mitteleuropa besonders von Efeu bekannt. — **A. pustulans** Ckll.[4]). Westindien und tropisches Amerika. An Oleander und Ficus, weniger an Mango, Anona, Castilloa und anderen Nutz- und Zierpflanzen schädlich; befällt wie vorige junge Zweige und Blattstiele. Newstead und Theobald geben die Art auch aus Ägypten an, wo sie auf Ficus, Geranium und anderen Pflanzen leben soll[5]); es handelt sich hier aber wohl bestimmt um die vorige Art. — **A. variolosum** (Ratz.) Ckll. (quercicola Sign.)[6]). Europa, Nordafrika, Kleinasien, Persien, Japan, Nordamerika. Ausschließlich an Eichenarten, meist an jungen Zweigen und Stämmchen, doch auch an älteren glattrindigen Stämmen; tritt oft in solcher Zahl auf, daß die Bäume merklich leiden und einzelne Zweige sowie junge Pflanzen absterben. Bewirkt runde Vertiefungen mit angeschwollenen Rändern. In Südeuropa und Nordafrika lebt das Tier auch auf den Blättern immergrüner Eichen, bewirkt da aber keine merklichen Veränderungen.

Cerococcus hibisci Green[7]). In Indien an Baumwolle, nach Lefroy[8]) schädlich.

[1]) Green, a. a. O. Part. IV, 1909, p. 328.
[2]) ebenda p. 338.
[3]) Lindinger, Marcellia Vol. 11, 1912, p. 3.
[4]) Lefroy, The Scale insects of the Lesser Antilles, Part I, Imperial Dept. Agric. West Indies, Pamphlet Ser. No. 7, 1901, p. 38.
[5]) In: Theobald, Sec. Rep. econ. Zool. London, 1904 (Appendix), p. 188.
[6]) Newstead, a. a. O. Vol. 2, 1903, p. 156. — Lindinger, a. a. O. S. 280.
[7]) Green, Mem. Dept. Agric. India Vol. 2, 1908, p. 19.
[8]) Lefroy, ebenda p. 135.

Pollinia pollinii (Costa) Ckll. [1]). Zerstreut im Mittelmeergebiet. Lebt an dünnen Zweigen des Ölbaums, häufig in grofser Zahl, und verursacht oft Verdickungen und Platzen der Rinde. Schädlich am Gardasee und in Dalmatien aufgetreten.

Coccinen (Dactylopiinen aut.).

Tiere von sehr verschiedener Gröfse, die kleinsten ¹/₂, die gröfsten bis 6 mm lang, meist deutlich segmentiert und mehlig weifs bepudert. Mehr oder weniger frei beweglich, meist mit reichlichen Wachsausscheidungen, oft in mehr oder minder lockerer, weifser Hülle, verschiedentlich in grofser Individuenzahl auftretend und dann sehr schädlich.

Cryptococcus fagi (Bär.) Dougl. (*Chermes fagi* aut.) [2]). In Mitteleuropa und Grofsbritannien weit verbreitet, an älteren Buchenstämmen und dicken, freiliegenden Wurzeln oft derartig zahlreich auftretend, dafs die befallenen Teile wie mit einer weifsen Hülle überzogen sind. Die Entwicklung des Tieres wird durch geschlossenen Stand der Nährpflanze wesentlich begünstigt. Mitunter soll das Tier krebsartige Wucherungen verursachen [3]).

Eriococcus araucariae Mask. [4]). Neuseeland, Sandwichinseln, Kalifornien, Südafrika, Ceylon, Azoren, Kanaren, Nordafrika, Südeuropa, auch in Gewächshäusern in Belgien und England. Lebt ausschliefslich auf den benadelten Zweigen der Araucaria excelsa, deren Kurztriebe durch das Saugen des Tieres zum verfrühten Abfall gebracht werden. — **E. coriaceus** Mask. [5]). Heimat Australien. Lebt auf Eucalyptus. Trat vor einigen Jahren äufserst schädigend in Neuseeland auf, wurde aber durch den eingeführten Käfer *Rhizobius ventralis* wirksam bekämpft [6]). — **E. spurius** (Mod.) Ldgr. [7]) (**Gossyparia ulmi** Sign.). Ganz Europa, auch in Nordamerika und Japan, wo das meist an Ulmus-Arten lebende Tier schädlicher sein soll als in Europa.

Fonscolombea fraxini (Kalt.) Ckll. [8]). Mitteleuropa, an Eschen; Stamm und ältere, freiliegende Wurzeln befallend, durch dichten Stand der Bäume bzw. feuchte Luft begünstigt. Besonders jüngere Bäume leiden durch starken Befall merklich und bleiben erheblich im Dickenwachstum zurück.

Phenacoccus aceris (Sign.) Ckll. (**Dactylopius vagabundus** Schill.) [9]). Ganz Europa, an allen möglichen Holzpflanzen, mit Vorliebe in Rindenrissen und vernarbenden Wunden. Besonders schädlich an Weinrebe; zusammen mit dem südlichen *Pseudococcus citri* wurde er als *Dactylopius vitis* beschrieben. — **Ph. graminis** (Reut.) Ldgr. [10]). Finland, Italien und Rufsland. Nach Reuter ist diese Art in Finland

---

[1]) Lindinger, a. a. O. S. 232. — Targioni-Tozzetti, Annali di Agricoltura 1888, p. 425.

[2]) Newstead, a. a. O. Vol. 2, p. 215, Pl. LXX.

[3]) Hartig, Sitz.-Ber. Naturforsch.-Vers. München 1877.

[4]) Leonardi, Boll. Ent. agr. Vol. 6, 1899. p. 53, Fig.

[5]) Maskell, New Zeal. Trans. Vol. 25, 1892, p. 229.

[6]) Kirk, New Zeal. Dept. Agric., Ann. Rep. 16, 1908, p. 117; Ann. Rep. 17, 1909, p. 280. — Kirk & Cockayne, ebenda Bull. No. 13, 1909, 8 p.

[7]) Howard, Ins. Life Vol. 2, 1889, p. 34, Fig. — Leonardi, Gli Insetti nocivi, Vol. IV, Napoli 1901. p. 416. — Lindinger, a. a. O. S. 331.

[8]) Newstead, a. a. O. Vol. II, 1903, p. 210.

[9]) Newstead, a. a. O. Vol. 2, 1903, p. 176 (als *Pseudococcus*).

[10]) Lindinger, a. a. O. S. 245.

dadurch schädlich geworden, dafs sie bei Phleum und Poa Vergilben und Überhängen der Blütenstände bewirkt hat [1]).

Pseudococcus adonidum (L.) Westw. (**Dactylopius longispinus** [Targ.] Fern.)[2]). In den Tropen der Alten und Neuen Welt, an Nutz- und Zierpflanzen, in Ägypten, auf den Kanaren, in Europa im Freien nur in Sizilien, im südlichen Italien und Frankreich, jedoch nur gelegentlich. Schädlich besonders an Farnen, an Mango, Feigen und Guayaven. In Mitteleuropa und Nordamerika in Warmhäusern nicht selten. — **Ps. aridorum** Ldgr.[3]). Kanareninsel Tenerife, an trockenen Orten, als Parasit von Gräsern und Leguminosen Beachtung erheischend. — **Ps. calceolariae** (Mask.) Kirk[4]). Neuseeland, Sandwichinseln, Fidschi, Jamaica, Florida, besonders auf Monokotylen. Nach Garrett[5]) in den südlichen, warmen Teilen der Vereinigten Staaten ein ernster Schädling von Zuckerrohr und Sorghum-Arten, der hauptsächlich die eben austreibenden jungen Schosse vernichtet. — **Ps. citri** (Risso) Fern.[6]). Tropen und Subtropen, in Südeuropa vielfach im Freien, besonders auf Agrumen und Feigen, dann auf Kaffee, Tabak, Baumwolle, in Amani (Deutsch-Ostafrika) auch an Kartoffeln aufgetreten. In Gewächshäusern verbreitet und hier eine der gefährlichsten Arten, die auch in ziemlich kühlen Häusern noch gedeiht. — **Ps. filamentosus** Ckll.[7]). Japan, Sandwichinseln, Westindien, dann in Ägypten, auf Kaffee, Baumwolle, Allebäumen, besonders Leguminosen. Vor einigen Jahren in Kairo in Strafsen und Anlagen sehr stark auf Acacia- und Albizzia-Arten aufgetreten[8]). — **Ps. nipae** (Mask.) Fern.[9]). Heimat tropisches Amerika mit Westindien. Auf Palmen, besonders auf der Blattunterseite. Ist neuerdings aus belgischen Gewächshäusern nach Algerien verschleppt worden. Auch in der Schweiz (Wädenswil) auf Philodendron im Warmhaus aufgetreten. In Indien schädlich an Kartoffel, Hibiscus und Baumwolle[10]). — **Ps. sacchari** (Ckll.) Fern.[11]). Mexiko, Mauritius, Westindien, an Zuckerrohr. Ob von *Ps. calceolariae* verschieden? Vermutlich ist auch die von Matsumura aus Formosa unter dem Namen *Pulvinaria gasteralpha* beschriebene Pseudococcus-Art die gleiche[12]).

Ripersia (Rhizoccus) **falcifera** (Künck.) Ldgr.[13]). Algerien, Tunis, Sizilien, unterirdisch an den Wurzeln von Chamaerops humilis, Cistus, Convolvulus arvensis, auf die Weinrebe übergegangen und schädlich. In Paris in Warmhäusern auch auf Palmwurzeln.

---

[1]) Reuter, Landtsbruksstyrelsens Meddelanden Nr. 39. 1902, p. 15; 1903, p. 2.
[2]) Marchal, a. a. O. p. 226.
[3]) Lindinger, Jahrb. Hamburg. wiss. Anst. 28. 1910, 3. Beih. 1911, S. 7.
[4]) Maskell, New Zeal. Trans. Vol. 11, 1878, p. 218 (als *Dactylopius*).
[5]) Garrett, Agric. Exp. St. Louisiana St. Univ. Bull. Nr. 121, 1910, 19 pp.
[6]) Marchal, a. a. O. p. 233.
[7]) Lindinger, a. a. O. S. 52.
[8]) Newstead & Willcocks, Bull. ent. Res. Vol. 1, 1910, p. 138 (als *Dactylopius perniciosus*).
[9]) Marchal, a. a. O. p. 236.
[10]) Lefroy, Mem. Dept. Agric. India Vol. 2, 1908, p. 124.
[11]) Cockerell, Journ. Trinidad nat. Club., Vol. 2, 1895, p. 195.
[12]) Matsumura, Die schädlichen und nützlichen Insekten vom Zuckerrohr Formosas, Tokyo 1910, S. 12.
[13]) Künckel d'Herculais, Ann. Soc. ent. France, Ser. 5, T. 8, 1878, p. 150 — Lindinger, a. a. O. S. 339

Dactylopiinen.

Eine kleine, sehr verschiedenartige Formen umfassende Gruppe.

Dactylopius coccus Costa (**Coccus cacti** aut.)[1]. Heimat subtropisches und tropisches Amerika, eingebürgert in Indien, Süd- und Nordafrika, auf den Kanaren, auf Madeira, in Spanien, Südfrankreich und auf Malta. Lebt ausschließlich auf Opuntia-Arten. Da, wo die Art nicht zur Gewinnung ihres Farbstoffes gepflegt wird, ist sie mit verwandten, neuerdings von GREEN[2] beschriebenen Arten als Schädling der Feigendisteln zu betrachten.

Sphaerococcus marlatti (Ckll.) Newst.[3]. Heimat Ägypten, Algerien, Tripolis; einmal von Italien gemeldet. Nährpflanze ausschließlich Phoenix dactylifera. Das Tier lebt entweder frei auf der Oberseite des Blattgrundes oder in fast völlig geschlossenen Höhlungen der Blattrippen. Einmal ist der Schädling nach Nordamerika verschleppt worden, scheint dort aber nicht mehr vorhanden zu sein.

Diaspinen.

Kleine Tiere von höchstens 5 mm Länge oder 3 mm Durchmesser, von oben nach unten abgeflacht, ohne Fühler und Beine, mit einer aus chitinösen Wachsausscheidungen und den zwei abgeworfenen Larvenhäuten bestehenden, mit dem Körper nicht verbundenen Decke, dem Rückenschild, meist nur als Schild bezeichnet, dem eine meist nur sehr dünne, sehr selten derb entwickelte Decke, aus Wachsabsonderungen und manchmal den Bauchteilen der Larvenhäute bestehend, auf der Bauchseite entspricht, dem Bauchschild. Zahlreiche, infolge ihrer großen Vermehrungsfähigkeit und raschen Entwicklung ernste Schädlinge.

Aspidiotus britannicus Newst.[4]. Heimat Mittelmeergebiet, nach England und Nordamerika verschleppt und im Freien vorkommend, außerdem in Mitteleuropa in Kalthäusern lebend. Schmarotzt auf verschiedenen immergrünen Pflanzen, deren Blätter er besiedelt und durch gelbe Saugstellen entstellt, Handelspflanzen auf diese Weise unverkäuflich machend. — **A. destructor** Sign.[5]. Tropen der Alten und Neuen Welt. Polyphag an den Blättern immergrüner Holzpflanzen, aber auch auf denen von Musa[6]. Wurde einmal an Zweigen gefunden[7]. In neuerer Zeit als Feind der Kokospalme aus Togo, Yap[7] und Tahiti[8] gemeldet. — **A. hederae** (Vall.) Sign. (**nerii** Bché.)[9]. Heimat wohl das Mittelmeergebiet, jetzt überall in den Subtropen. Polyphag. Auch in Gewächshäusern und auf Zimmerpflanzen der gemäßigten Zone, sehr lästig und oft schädlich. — **A. ostreiformis** Curt.)[10]. Mittel- und höher gelegene Teile von Südeuropa, vermutlich

---

[1] SIGNORET, Ann. Soc. ent. France, 1875, p. 347. — LINDINGER, a. a. O. S. 235.
[2] GREEN, Journ. econ. Biol. Vol. 7, 1912, p. 79—92, Pl. I.
[3] LINDINGER, a. a. O. S. 248. — COCKERELL, Univ. Arizona agric. Exp. Stat., Bull. 56, 1907, p. 191—192, Pl. III—V, als *Phoenicococcus*.
[4] LINDINGER, Zeitschr. Pflanzenkrankheiten, Bd. 13, 1908, S. 324—328. — Ders. a. a. O. S. 196.
[5] LEONARDI, Riv. Pat. veg. Vol. 7, 1899, p. 62.
[6] GREEN, Trop. agriculturist Mag. Ceylon agric. Soc. Vol. 30, 1908, p. 18.
[7] Vergl. LINDINGER, Pflanzer, Jahrg. 3, 1907, S. 353—358. — SCHWARTZ, Tropenpflanzer, 13. Jahrg. 1909, Nr. 3, 16 S. — REH, ebenda Nr. 10, 6 S.
[8] DOANE, Journ. econ. Ent. Vol. 1, 1908, p. 341.
[9] NEWSTEAD, a. a. O. Vol. 1, 1901, p. 120.
[10] REH, Jahrb. Hamburg. wiss. Anst. 17, 1899, 3. Beih. 1900, S.-A. S. 6.

auch in Kleinasien. Polyphag auf Holzpflanzen, an deren Stammteilen
das Tier saugt. Schädlich auf Obstbäumen, besonders an Apfel, Birne
und Pflaume. Verschleppt nach Nordamerika. — **A. palmae** Morg. [1]).
Tropisches Amerika und Afrika, Azoren, Madeira. Nach schriftlicher
Mitteilung von Prof. Zimmermann-Amani in Deutsch-Ostafrika auf den
Blättern von Manihot glazioui lästig geworden. — **A. perniciosus**
Comst. [2]). Die berüchtigte S a n - J o s é - S c h i l d l a u s. Ursprünglich wohl
in China beheimatet, von da nach Japan verschleppt[3]), hat sich der
Schädling über Nordamerika[4]) und Kanada verbreitet, ist dann nach
Australien[5]), Hawaii, Argentinien[6]) und auch nach Neuseeland[7]) ge-
langt. (Die Angabe seines Vorkommens in Südafrika dürfte auf einer
Verwechslung mit **A. pectinatus** Ldgr. [8]) beruhen.) Das Tier ist polyphag, findet sich gelegentlich sogar auf der subtropischen Cycas revo-
luta, bevorzugt aber Pirus- und Prunus-Arten. Da, wo es sich einmal
eingenistet hat, erscheint eine Bekämpfung aussichtslos. Eine Verschleppung nach Europa, zu deren Verhinderung Einfuhrverbote und
-beschränkungen erlassen sind, ist bis jetzt noch nicht nachgewiesen.
— **A. piri** Licht., Reh[9]). Mittel- und Südeuropa, Kleinasien, auf
Esche, Weißdorn, Prunus-Arten, schädlich auf Äpfel und besonders
auf Birne, hier oft in dichten, krustigen Massen. — **A. rapax** Comst.
(**camelliae** Sign.) [10]). Überall in den Subtropen, auch in Südeuropa.
Schädlich auf Citrus, Olea, Ficus, in Indien an jungen Teepflanzen[11]).
— **A. uvae** Comst. [12]). Vereinigte Staaten von Nordamerika. Auf ver-
schiedenen Holzpflanzen, nach Zimmer ein Schädling des Weinstocks[13]).
[In Europa kommt das Tier nicht vor, die dafür gehaltene Art ist
A. labiatarum March. [14]).]

    Chrysomphalus aurantii (Mask.) Ckll. [15]). Tropen und Subtropen
der Alten und Neuen Welt. Auf den Blättern, seltener an Stammteilen
von Nutz- und Ziergehölzen. Vor allem schädigend auf Citrus in
Kalifornien[16]), neuerdings in Deutsch-Südwestafrika bemerkt[17]). In
Südeuropa und Nordafrika mehr im Osten. — **Chr. dictyospermi**
(Morg.) Leon. [18]). Wie vorige verbreitet, seit einer Reihe von Jahren
besonders im westlichen Mittelmeergebiet die Citrus-Kulturen be-

---

[1]) Lindinger, a. a. O. S. 205.
[2]) Die fast unübersehbare Literatur über die San-José-Laus findet sich bis 1903
sehr vollständig im Fernaldschen Catalogue zusammengestellt, so daß hier auf
nähere Angaben verzichtet werden kann.
[3]) Kuwana, The San Jose Scale in Japan, Nishigahara, Tokyo 1904.
[4]) Howard & Marlatt, U. S. Dept. Agric., Div. Ent., Bull. Nr. 3 (N. S.) 1896.
[5]) Vgl. Froggatt, Agric. Gaz. New South Wales 1901, p. 804.
[6]) Lahille, Bol. Minist. Agric. Buenos Aires, T. 13, 1911, p. 410.
[7]) Kirk, New Zeal. Dept. Agric., Ann. Rep. 17, 1909, p. 280.
[8]) Lindinger, Jahrb. Hamburg. wiss. Anst. 26, 1908, 3. Beih. 1909, S. 42—46.
[9]) Reh, Zool. Anz. Bd. 23, 1900, S. 497. — Lindinger, a. a. O. S. 260.
[10]) Lindinger, a. a. O. S. 92.
[11]) Mann, Mem. Dept. Agric. India. Ent. Ser. Vol. 1, 1907, p. 353.
[12]) Comstock, Rep. U. S. Dept. Agric. (1880), 1881, p. 309.
[13]) Zimmer, U. S. Dept. Agric. Bur. Ent. Bull. Nr. 97, Part. VII, 1912, p. 115
bis 124.
[14]) Lindinger, a. a. O. S. 341.
[15]) Lindinger, a. a. O. S. 108.
[16]) Day, Offic. Rep. 33d Fruit-Grower's Convention of the State of California,
1908, p, 108.
[17]) Newstead, in Schultze, Zool. u. anthropol. Ergebn. einer Forschungsreise im
westl. u. zentr. Südafrika, V, 1, 1912, S. 19.
[18]) Newstead, a. a. O. Vol. 1, 1901, p. 107 (als *Aspidiotus*).

drohend [1]). Sehr stark auch auf Palmen, vorzüglich Phoenix. — **Chr. ficus Ashmead.** [2]). Wie vorige verbreitet, stark schädigend neuerdings in Ägypten und Algerien [3]), hauptsächlich auf Citrus und Ficus. — **Chr. tenebricosus** (Comst.) Fern. [4]). Im südlichen Nordamerika beheimatet, tritt die Laus seit 1899 in Virginia als Schädling der Ahorn-Arten auf [5]).

Aulacaspis (Diaspis) pentagona (Targ.) Newst., **Mandelschildlaus** [6]). Heimat Ostasien, nunmehr fast überall in subtropischen, seltener tropischen Gebieten. In Europa besonders in Norditalien (auch an der Riviera) und in Südtirol und der Südschweiz. Lebt auf Holzpflanzen, richtet vorzüglich in den zwecks Seidenraupen-zucht unterhaltenen Morus-Kulturen grofsen Schaden an. Die Art gilt nächst der San-José-Laus für die gefährlichste Schildlaus, da sie bedeutende Vermehrungsfähigkeit und grofses Anpassungsver-mögen besitzt und innerhalb weiter Temperaturgrenzen zu gedeihen vermag. Sie geht leicht auf wildwachsende Pflanzen über und be-siedelt auch krautige Gewächse; so ist sie in Italien auf Phaseolus, Ononis und Urtica gefunden worden. In Louisiana sind die gesetz-lichen Bestimmungen gegen diesen Schädling die gleichen wie gegen die San-José-Laus [7]). Da die Möglichkeit, dafs sich die Art auch in milden Gegenden Deutschlands einnistet, nicht von der Hand zu weisen ist, so dürfte immerhin einige Vorsicht nicht unangebracht sein. — **A. rosae** (Bché.) Ckll. [8]). Von der gemäfsigten Zone bis in die Tropen, mit Sicherheit nur von Rosa und Rubus gemeldet; für ge-wöhnlich am Holz, in warmen Ländern und Gewächshäusern auch auf die Blätter übergehend, oft in so grofser Zahl auftretend, dafs die be-fallenen Pflanzen weifs gefärbt erscheinen.

Chionaspis citri Comst. [9]). Mittelamerika, Westindien, nach Froggatt auch in Syrien (?) [10]), sehr schädlich auf Citrus. — **Ch. euonymi** Comst. [11]). Nordamerika, südliches Europa, sehr verbreitet und stets in grofser Zahl auftretend, ausschliefslich auf Euonymus, besonders auf der als Heckenpflanze beliebten E. japonica [12]). — **Ch. salicis** (L.) Sign. [13]). Europa, Kleinasien, wahrscheinlich bis nach Nordchina. Auf zahlreichen Holzpflanzen, sowohl Bäumen als auch Halbsträuchern; auf Erlen und Weiden bisweilen durch örtliche Behinderung des Dicken-zuwachses lästig, ernstlich schädlich eigentlich nur auf Vaccinium myr-tillus, das bei starkem Befall durch die Laus häufig flächenweise ab-stirbt [14]).

[1]) Marchal, Bull. Soc. ent. France 1899, p. 290; ders., ebenda 1904, p. 246. — Trabut, La défense contre les Cochenilles et autres insectes fixés. Alger 1910, p. 25.

[2]) Newstead, a. a. O. Vol. 1, 1901, p. 104.

[3]) Froggatt, Journ. Dept. Agric. Victoria Vol. 6, 1908, p. 541. — Trabut, a. a. O. p. 35 (als *Chr. aonidium*).

[4]) Comstock, Rep. U. S. Dept. Agric. (1880) 1881, p. 308.

[5]) Philipps, Journ. econ. Ent. Vol. 1, 1908, p. 156.

[6]) Newstead, a. a. O. Vol. 1, 1901, p. 173.

[7]) Newell & Rosenfeld, Journ. econ. Ent. Vol. 1, 1908, p. 153.

[8]) Newstead, a. a. O. Vol. 1, 1901, p. 168.

[9]) Comstock, 2nd Rep. Dept. Ent. Corn. Univ. 1883, p. 109.

[10]) Froggatt, Journ. Dept. Agric. Victoria Vol. 6, 1908, p. 489.

[11]) Comstock, l. c. p. 101.

[12]) Sanders, U. S. Dept. Agric. Bur. Ent. Circ. Nr. 114, 1909. — v. Tubeuf, Nat. Zeitschr. Forst- u. Landwirtsch., 8. Jahrg., 1910, S. 50.

[13]) Newstead, a. a. O. Vol. 1, 1901, p. 181.

[14]) Lindinger, Zeitschr. wiss. Ins.-Biol. Bd. 7, 1911, S. 354.

Diaspis echinocacti (Bché.) Fern.[1]. In Amerika zu Hause, mit Kakteen, ihren ausschließlichen Nährpflanzen, über die ganze Erde verbreitet, meist mit Opuntia-Arten verschleppt, auch in Gewächshäusern auftretend, durch große Zahl stark nachteilig. — **D. visci** (Schr.) Löw (**D. juniperi** [Bché.] Sign.; **D. carueli** Targ.)[2]. Europa, Kleinasien, Nordafrika, auch auf Madeira und Teneriffe, verschleppt nach Nordamerika. Auf Viscum und Koniferen, meist Juniperus und Verwandte, selten auf Pinus. Bei starkem Befall Vergilben der Nadeln bewirkend.

Epidiaspis betulae (Bär.) Ldgr. (**Diaspis piri**, D. fallax, Epidiaspis piricola, E. leperei aut.)[3]. Mittel- und Südeuropa, nach Nordamerika verschleppt und besonders in Kalifornien häufiger auftretend. Auf verschiedenen Holzpflanzen, auch auf Olea, schädlich vor allem auf Apfel- und Birnbaum. Zweige und jüngere Stämme in dichten Krusten besiedelnd und Verkrüppelungen verursachend. — **E. gennadiosi** (Leon.) Ldgr.[4]. Südöstliches Europa, Kleinasien, auf Pistacia-Arten, vorzugsweise P. lentiscus befallend und durch Begünstigung von Rußtaupilzen schwärzend.

Fiorinia pellucida Sign.[5]. Überall in den Tropen und Subtropen, mit Vorliebe auf den Blättern zahlreicher Palmen; auch in Gewächshäusern. Gelbe Saugstellen verursachend[6].

Howardia biclavis (Comst.) Berl. et Leon.[7]. Heimat Mittelamerika und Westindien, außerdem aus Hawaii, Tahiti, Tongatabu, Japan, Ceylon und Mauritius bekannt. In Gewächshäusern in England, Irland, Belgien, Deutschland und Italien gefunden. Eine der größten und gefährlichsten Diaspinen, auf den Stammteilen dikotyler Holzpflanzen unter den oberflächlichen Rindenschichten (daher schwer zu finden!) saugend; Fruchtbäume, wie Anona- und Psidium-Arten bevorzugend. Vielfach wohl durch den Tauschverkehr der botanischen Gärten verschleppt.

Ischnaspis longirostris (Sign.) Ckll.[8]. Tropen der Neuen und der Alten Welt. Meist sehr zahlreich und schädlich auftretend, auf den Blättern von Palmen und dikotylen Holzgewächsen, z. B. von Kaffee- und Muskatnußbaum. In Gewächshäusern gemein und sehr lästig, dabei, weil ungemein festhaftend, sehr schwer zu vertilgen.

Lepidosaphes gloveri (Pack.) Kirk.[9]. Subtropen und Tropen. Stark schädigend auf Citrus, in Europa besonders in Spanien, Südfrankreich und Italien. **L. pinniformis** (Bché.) Kirk.[10]. Wie vorige, ebenfalls ein Hauptschädling der Citrus-Arten, außerdem auf vielen anderen Holzpflanzen, Stammteile und Früchte oft krustenartig überziehend. — **L. ulmi** (L.) Fern. (**Mytilaspis pomorum** aut.)[11], die bekannte Kommaschildlaus. Heimat Europa und Kleinasien, ver-

[1] Lindinger, a. a. O. S. 235.
[2] Ders., Nat. Zeitschr. Land- u. Forstwirtsch., Jahrg. 4, 1906, S. 480; a. a. O. S. 190.
[3] Lindinger, a. a. O. S. 259 und 388.
[4] Ders., ebenda S. 265.
[5] Newstead, a. a. O. Vol. 1, 1901, p. 134 (als F. fioriniae).
[6] Lindinger, Zeitschr. wiss. Ins.-Biol. Bd. 7, 1911, S. 358.
[7] Green, a. a. O. Part. II, 1899, p. 152 (als Chionaspis).
[8] Newstead, a. a. O. Vol. 1, 1901, p. 210.
[9] Lindinger, a. a. O. S. 106.
[10] Ders., ebenda S. 107.
[11] Newstead, a. a. O. Vol. 1, 1901, p. 194. — Lindinger, a. a. O. S. 212.

schleppt nach den gemäßigten Teilen von Nord- und Südamerika, Südafrika, Australien und Neuseeland. Auf allen möglichen Holzpflanzen, auch auf Koniferen, mitunter auch auf den Blättern von Quercus-Arten (Männchen darauf sehr zahlreich), schädlich auf Obst-, besonders jungen Apfelbäumen.

Pinnaspis (Chionaspis z. T.: Hemichionaspis) **aspidistrae** (Sign.) Ldgr. [1]) und **P. minor** (Mask.) Ldgr. [2]). Tropen und Subtropen der Alten und Neuen Welt, schädlich auf Agave und Baumwolle aufgetreten, die erstgenannte Art in Europa und Nordamerika auch auf Gewächshauspflanzen (Aspidistra, Nephrolepis) verbreitet. — **P. pandani** (Comst.) Ckll. [3]). Mittelamerika, Westindien, tropisches Afrika; dann häufig in europäischen und nordamerikanischen Gewächshäusern. Auf den Blättern von Monokotylen, z. B. von Araceen und Palmen, meist in ungeheuren Mengen vorhanden, infolge ihrer flachen Gestalt und unscheinbaren Farbe unentdeckt bleibend.

Pseudoparlatorea parlatoreoides (Comst.) Ckll. [4]). Tropisches Amerika und Afrika, auf verschiedenen Pflanzen, stets auf den Blättern. In deutschen Gewächshäusern auf Orchideen häufig und schädlich.

Aonidia lauri (Bché.) Sign. [5]). Heimat Südeuropa und Kleinasien, verschleppt nach Amerika, Japan und Neuseeland. Meist auf Laurus nobilis, aber auch auf Apollonias canariensis und Laurus canariensis gefunden; auf Blättern und Stammteilen, meist sehr zahlreich, an den Stammteilen oft krustig.

Furcaspis oceanica Ldgr. [6]). Ostkarolinen und Marshallinseln. Ursprünglich auf Nipa, auf die Kokospalme übergegangen und in ungeheuren Mengen deren Blätter, besonders die Rippen, und Früchte besiedelnd [7]). Alte Pflanzen scheinen nicht erheblich geschädigt zu werden, junge dagegen können eingehen. — **F.** (Aspidiotus, Chrysomphalus) **biformis** (Ckll.) Ldgr. [8]). Westindien und nördliches Südamerika, auf Orchideen, selbst auf den Wurzeln, auf den Blättern häufig seichte Vertiefungen verursachend und die Pflanze verunstaltend, aber selten direkt schädlich. Findet sich oft auf eingeführten Orchideen aus Columbia und Venezuela.

Leucaspis candida (Targ.) Sign. [9]). Mittel- und Südeuropa, Kleinasien, verschleppt nach Argentinien [10]). Auf Pinus. Ähnlich sind **L. löwi** (Šulci), **L. pusilla** und **L. signoreti** [11]); schädlich können besonders L. löwi und pusilla werden, indem sie Vergilben der Nadeln verursachen. — **L. cockerelli** (de Charm.) Green [12]), Ceylon, Mauritius, Madagaskar, Deutsch-Ostafrika, Brasilien, Venezuela, stets auf Monokotylen. In einem Gewächshaus in Hamburg auf der Orchidee Vanda

[1]) Newstead, a. a. O. Vol. 1, 1901, p. 187.
[2]) Lindinger, a. a. O. S. 58.
[3]) Newstead, a. a. O. Vol. 1, 1901, p. 207.
[4]) Hempel, a. a. O. p. 511.
[5]) Lindinger, Zeitschr. Pflanzenkrankh. Bd. 18, 1908, S. 328.
[6]) Ders., Zeitschr. wiss. Ins.-Biol. Bd. 5, 1909, S. 149.
[7]) Ders., ebenda Bd. 7, 1911, S. 176.
[8]) Leonardi, Riv. Pat. veg. Vol. 7, 1898, p. 60.
[9]) Lindinger, Jahrb. Hamb. wissensch. Anst. 23, 1905, 3. Beih. 1906, S. 28. — Ders., a. a. O. S. 253.
[10]) Autran, Bol. Minist. Agric. Buenos Aires 1907, S.-A. p. 10.
[11]) Lindinger, Jahrb. Hamb. wiss. Anst. 23, 1905, 3. Beih. 1906, S. 40, 44 u. 34. — Ders., a. a. O. S. 154 u. 255.
[12]) Ders., Jahrb. Hamb. wiss. Anst. 25, 1907, 3. Beih. 1908, S. 121.

kimballiana schädlich aufgetreten. — **L. japonica** Ckll.[1]). Japan, auf den Stammteilen dikotyler Holzpflanzen, oft sehr zahlreich. — **L. riccai** Targ.[2]). Hauptsächlich im östlichen Mittelmeergebiet Europas und Nordafrikas, auch auf Cypern und Kreta; auf Ephedra und Olea. Zahlreich auf der zweitgenannten Pflanze in Griechenland und Süditalien, Blatt und Frucht sowie die Zweige befallend.

Parlatorea blanchardi (Targ.) Leon.[3]). Sahara, auf den Blättern und Früchten der Dattelpalme, verschleppt nach Australien, Arizona und Deutsch-Südwestafrika. Tritt meist ungemein zahlreich auf. — **P. oleae** (Colv.) Ldgr.[4]) (calianthina Berl. et Leon.). Südeuropa, Nordafrika, Kleinasien, auch im Himalaya gefunden. Auf den Stammteilen, seltener **auf Blättern und Früchten** vieler Holzpflanzen, schädlich besonders auf Citrus, Pirus und Olea. — **P. pergandei** Comst.[5]) Subtropen und Tropen der Alten und Neuen Welt. Auf vielen Pflanzen, besonders auf Blättern und Früchten der Citrus-Arten. — **P. proteus** (Curt.) Sign.[6]). Wie vorige, in europäischen Gewächshäusern oft auf Orchideen schädlich, aber selten bemerkt. — **P. zizyphi** (Luc.) Sign.[7]). Südeuropa, Nordafrika, verschleppt nach China, Hawaii, Westaustralien. Lebt in grofser Zahl auf Citrus, besonders auf Mandarinen, deren Früchte durch die schwarzschildige Laus zum mindesten im Aussehen sehr leiden.

Hemicoccinen.

Eine Gattung. Meist grofse, mehr oder minder kugelige, glatte oder regelmäfsig gehöckerte Tiere, unsegmentiert oder nur mit Spuren von Segmentation. Körper meist lebhaft gefärbt, häufig zwei- oder dreifarbig, bis auf einen schmalen Spalt geschlossen und den Zweigen oder der Stammrinde der Nährpflanzen mit dem starken, mehr oder minder stielartig entwickelten Rostrum aufsitzend. Mit Sicherheit nur auf Arten der Gattung Quercus. Schädlich ist eine Art.

Kermes quercus (L.) Ckll.[8]). Mitteleuropa. In Rindenrissen und an Zweigen der Eichen, oft zu Tausenden beieinander sitzend und die Bäume schwer schädigend, dicke Bäume von 70 cm Durchmesser zum Absterben bringend. Verursacht Schleimflufs.

Lecaniinen (Coccinen aut.).

Meist ziemlich grofse Arten mit flacher Bauchseite und gewölbtem Rücken, seltener mehr oder minder flach, durchschnittlich nackt, seltener mit weifser, filzartiger Hülle, manche Arten mit dicker, gefelderter Wachsdecke. Die Eier werden von der erhärtenden Rückenhaut des absterbenden Weibchens wie von einer Schale bedeckt, bei einer Gattung

[1]) Lindinger, Jahrb. Hamb. wiss. Anst. 23. 1905, 3. Beih. 1906. S. 37.

[2]) Ders., ebenda S. 35, 138, 228. — Leonardi, Ann. R. Scuola sup. Agric. Portici Vol. 5, 1903, 19 pp. Tav. I.

[3]) Targioni-Tozzetti, Mém. Soc. zool. France 1892, p. 69—82 (als *Aonidia*). — Lindinger, a. a. O. S. 246.

[4]) Colvée, Ensayo sobre una nueva enfermedad del Olivo, Gaceta agric. Ministerio de Fomento, Madrid 1880 (als *Diaspis*). — Leonardi, Ann. R. Scuola sup. Agric. Portici, Vol. 5, 1903, p. 16 (als *P. calianthina*). — Lindinger, a. a. O. S. 111.

[5]) Newstead, a. a. O. Vol. 1, 1901, p. 143. — Lindinger, a. a. O. S. 112.

[6]) Newstead, a. a. O. p. 140. — Lindinger, a. a. O. S. 112.

[7]) Newstead, a. a. O. p. 142. — Lindinger, a. a. O. S. 108.

[8]) Newstead, a. a. O. Vol. 2. 1903. p. 142. — Reh, a. a. O. 1903, S. 355. — Lindinger, a. a. O. S. 285.

werden sie in eine weifse, kissenartige Wachsmasse am Hinterende des Tieres abgelegt. Allen Arten gemeinsam ist das mehr oder minder vollständige Verschwinden der Segmentation sowie ein ziemlich auffälliger Spalt im hinteren Rande des Körpers, an dessen Ende zwei dreieckige Lappen klappenartig die Analöffnung bedecken. Die Unterfamilie umfafst zahlreiche schädlich auftretende Arten, von denen viele äufserst polyphag sind.

Ceroplastes cerifer (Anderson) Sign.[1]. Tropen der Alten und Neuen Welt. In geringerem Grade schädlich an Kulturpflanzen, wie Tee, aufgetreten. — **C. cirripediformis** Comst.[2]. Westindien und Mittelamerika, mitunter auf Tropenobstpflanzen lästig. — **C. floridensis** Comst.[3]. Weit verbreitet in den Tropen, weniger in den Subtropen, der Alten und Neuen Welt. Schädlich auf Nutz- und Zierpflanzen. — **C. rusci** (L.) Sign.[4]. Südeuropa, Kleinasien, Nordafrika. Lebt auf zahlreichen Pflanzen, besonders auf den Zweigen und Früchten von Holzgewächsen, doch auch auf Blättern, und findet sich auch auf immergrünen Stauden, sogar auf einjährigen Pflanzen. Besonders schädlich tritt die Art auf Citrus, Ficus, Anona, Vitis auf. — **C. sinensis** Del Guercio[1]. Italien. Als Schädling der Agrumen gemeldet.

Filippia oleae (Costa) Sign.[5]. (**Lichtensia viburni** Sign.). Südeuropa, England, Algerien, Tunis. Auf den Blättern und Zweigen verschiedener Hartlaubgewächse; schädlich auf Olea.

Lecanium bituberculatum Targ.[6]. Europa. Weit verbreitet. An Weifsdorn, Apfel und Birne, eine der gröfsten deutschen Schildläuse, durch die beiden Rückenhöcker sehr leicht kenntlich. Oft zahlreich auftretend und dann jungen Pflanzen stark nachteilig. — **L. corni** Bché., Marchal[7]. (**L. persicae** aut., non Fab.). Ganz Europa, auch in Nordamerika. Eine der schädlichsten Arten, äufserst polyphag und je nach der Nährpflanze stark abändernd, daher lange verkannt und unter zahlreichen Namen beschrieben (*L. assimile, coryli, juglandis, mori, persicae coryli, persicae sarothamni, rehi, ribis, robiniae, robiniarum, rosarum, rubi, rugosum, sarothamni, vini, wistariae*). An Obstbäumen, Beerensträuchern, Weinrebe äufserst schädlich, geht die Art auch mit Leichtigkeit auf angepflanzte Ziersträucher und Bäume, wie Philadelphus, Spiraea, Symphoricarpus, Robinia, über und dringt auch in die Kalthäuser ein, wo sie mit Vorliebe Weinrebe und Pfirsich befällt. Die Larven sind verhältnismäfsig sehr beweglich und besiedeln in günstigen Jahren alle in der Nähe einer stark befallenen Nährpflanze wachsende Pflanzen, auch solche mit krautigen Vegetationsorganen, sowie an den Reben die Blätter, mit denen sie im Herbst massenhaft zugrunde gehen. — **L. hemisphaericum** Targ.[8]. Tropen und Subtropen, in Europa besonders im Südwesten. Aufserdem in den Warmhäusern sehr häufig und sehr schädlich. Auf vielen Nutz- und Zierpflanzen, mit Vorliebe auf Anona, Ficus, Malvaceen und Farnen. Be-

---

[1]) Green, a. a. O. Part 4, p. 270.
[2]) Lefroy, Imp. Dept. Agric. West Indies, Pamphlet Ser. Nr. 22, 1903, p. 31.
[3]) Green, a. a. O. p. 277.
[4]) Lindinger, a. a. O. S. 115.
[5]) Newstead, a. a. O. Vol. 2, 1903, p. 33 (als *Lichtensia viburni*). — Lindinger, a. a. O. S. 232.
[6]) Lindinger, a. a. O. S. 115.
[7]) Newstead, a. a. O. p. 101.
[8]) Marchal, Ann. Soc. ent. France Vol. 77, 1908, p. 164. — Lindinger, a. a. O. S. 121.

fällt auch Zimmerpflanzen, wie Oleander. — **L. hesperidum** (L.) Burm.[1]). Wie vor., besonders auf Oleander und Palmen, sehr schädlich auf Citrus, im Verein mit *Pseudococcus citri* die Rufstaubildung begünstigend. In Kalthäusern und an Zimmerpflanzen verbreitet. Eine der am längsten bekannten Schildläuse. — **L. nigrum** Nietner[2]). Tropen. Verbreitet an vielen Nutz- und Zierpflanzen, ein häufiger Schädling von Hevea, Baumwolle und Kaffee. — **L. oleae** (Bern.) Walk.[3]). Subtropen, seltener Tropen, der ganzen Welt. In Südeuropa verbreitet und besonders häufig in den östlichen Teilen des Mittelmeergebietes, hier auch viel gröfser als im Westen. Ein bekannter Schädling des Ölbaums; vielfach auf Zierpflanzen, besonders Farnen. Auch in Gewächshäusern, doch seltner als *L. hemisphaericum*. — **L. persicae** (Fab.) Löw, March.[4]). Südeuropa. Auf Obstbäumen, Weinrebe, Broussonetia, Morus. In Mitteleuropa nicht vorhanden. Besonders auf Pfirsich, Rebe und Maulbeere schädlich. — **L. pulchrum** March.[5]). Frankreich, südwestliches Deutschland, Schweiz, auf Castanea, Corylus, Quercus, in Frankreich nach Marchal sehr schädlich. — **L. tessellatum** Sign.[7]). Tropen der Alten und Neuen Welt, verschleppt in Italien und Algerien aufgetreten, auch in europäischen Gewächshäusern. Besonders auf Palmen. — **L. viride** Green[8]). Vor allem in Brasilien, dann in Indien, auf Ceylon und Mauritius. Auf Nutzbäumen, in erster Linie auf Kaffee, dann auf Tee, Agrumen. Psidium, Cinchona.

Physokermes coryli (L.) Ldgr.[9]) (**Lecanium capreae** (L.) Sign.) Europa. Auf Holzpflanzen, schädlich auf Obstbäumen, Ahorn und Ulmen. In der Gröfse sehr wechselnd, von 3—6½ mm Durchmesser. — **Ph. piceae** (Schr.) Fern.[10]). Mitteleuropa mit England. Auf Picea-Arten. Eine äufserst schädliche Art, die sehr leicht mit ihrer Nährpflanze verschleppt wird. Das Tier sitzt mit Vorliebe in Zweigwinkeln und schwankt je nach dem Alter der Nährpflanze zwischen 2 und 6 mm Gröfse. An den Zweigen alter Bäume bleibt es klein, der Schaden gering, an jungen, kräftigen Pflanzen erreicht es das angegebene Höchstmafs und schwächt besonders den Gipfeltrieb dermafsen, dafs sein Durchmesser über der Ansatzstelle der meist zu mehreren kranzförmig auftretenden Tiere oft um zwei Drittel der Dicke des unterhalb befindlichen Stammteils zurückbleibt; mitunter verkümmert der Gipfeltrieb völlig. — Eine dritte Art, **Ph. sericeus** Ldgr.[11]), die bis 10 mm Durchmesser erreicht, lebt auf der Tanne. Ob das noch ziemlich unbekannte Tier als Schädling zu betrachten ist, ist vorläufig noch unentschieden.

Protopulvinaria piriformis (Ckll.) Lefroy.[12]). Westindien, Madeira, Kanaren. Auf Mango, Psidium, Melia, Lauraceen, Lonicera. Auf den

[1]) Newstead, a. a. O. Vol. 2, p. 113. — Green, a. a. O. 3, p. 232. — Lindinger a. a. O. S. 128.

[2]) Newstead, a. a. O. p. 78. — Green, a. a. O. p. 188. — Lindinger, a. a. O. S. 114.

[3]) Newstead, a. a. O. p. 124. — Green, a. a. O. p. 229.

[4]) Newstead a. a. O. p. 126. — Green, a. a. O. p 227. — Lindinger, a. a. O. S. 231.

[5]) Marchal, a. a. O. p. 285. — Lindinger. a. a. O. S. 218.

[6]) Marchal, a. a. O. p. 304. — Lindinger, a. a. O. S. 96.

[7]) Green, a. a. O. p. 207. — Lefroy, a. a. O. p. 36. — Lindinger, a. a. O. S. 248.

[8]) Green, a. a. O. p. 199.

[9]) Newstead, a. a. O. Vol. 2, p. 105 (als *Lecanium capreae*). — Marchal, a. a. O. p. 295 (als *Lecanium coryli*). — Lindinger, a. a. O. S. 123.

[10]) Newstead, a. a. O. p. 132 (als *Ph. abietis*). — Lindinger, a. a. O. S. 251.

[11]) Lindinger, a. a. O. S. 49.

[12]) Lefroy, a. a. O. No. 7. 1907, p. 42. — Lindinger. a. a. O. S. 199.

Blättern. In der Alten Welt wohl eingeschleppt. Auf der Kanareninsel Palma in grofsen Mengen auf Laurus canariensis, schädlich[1]).

Pulvinaria betulae (L.) Sign. (*P. vitis aut.*, *P. innumerabilis* (Rath.) Putn.[2]) Europa, Nordafrika, Amerika, vermutlich auch in Kleinasien. Polyphag auf Bäumen und Sträuchern, massenhaft und infolgedessen sehr schädlich auf dem Weinstock auftretend. In der Gröfse sehr wechselnd und deshalb früher unter zahlreichen Namen in verschiedene Arten gespalten. — **P. floccifera** (Westw.) Green (*P. camellicola* Sign.)[3]). Südeuropa, südliches Nordamerika, Japan, Australien, Neuseeland, Indien, Kanareninsel Tenerife, in Europa im Freien noch in Südtirol, in der Gegend von Paris und in Boskoop (Holland) gefunden, aufserdem in den Warmhäusern von Europa und Nordamerika verbreitet. Polyphag, auf Blättern bevorzugt jedoch Camellia, Citrus, Euonymus japonica und einige breitnadelige Koniferen. In den Gewächshäusern sehr häufig schädlich auf Orchideen, so z. B. Lycaste und Stanhopea, aufserdem auf allen möglichen Gewächsen. — **P. psidii** Mask.[4]). Neuseeland, Hawaii, Formosa, Japan, China, Ceylon, Deutsch-Ostafrika, neuerdings in Algerien[5]). Auf den Blättern und grünen Teilen von Holzpflanzen, darunter vieler Nutzgewächse, wie Kaffee, Tee, Guayaven, Citrus, Cinchona, Alleebäume.

Margarodinen.

Ziemlich grofse, durch die Zahl der Häutungen (7?) und durch die Lebensweise auffallende Tiere. Schädlich sind nur zwei Arten.

Margarodes vitium Giard[6]). Unterirdisch an den Wurzeln der Weinrebe in Chile, Argentinien und Paraguay.

Xylococcus filifer Löw[7]). Österreich, Schweiz. Lebt im Innern der Nährpflanze, nämlich in kleinen Höhlungen von Innenrinde und Holz bis dreijähriger Zweige oder von Zweiggabelungen und vernarbender Wunden älterer Zweige. Ausschliefslich auf Linde, verursacht Verdickungen der befallenen Stellen, bis zu denen die betreffenden Zweige häufig vertrocknen.

Monophlebinen.

Grofse, dauernd freibewegliche Tiere mit reichlicher Wachsabsonderung, oft mit grofsem Eisack.

Icerya aegyptica (Dougl.) Ril. and How.[8]). Australien, Ceylon, Indien, Ostafrika, Ägypten. Auf Holzpflanzen, besonders Citrus und Ficus, auch auf Palmen. Ist als eine sehr schädliche Art zu bezeichnen. — **I. purchasi** Mask.[9]). Neuseeland, Australien, Hawaii, Fidschi,

---

[1]) Lindinger, Zeitschr. wiss. Ins.-Biol. Bd. 7, 1911, S. 382.

[2]) Newstead, a. a. O. Vol. 2, 1903, p. 51 als *P. vitis*, p. 55 als *P. vitis* var. *ribesiae.* — Sanders, Journ. econ. Ent. Vol. 2, 1909, p. 433. — Lindinger, a. a. O. S. 343.

[3]) Newstead, a. a. O. p. 71. — Lindinger, a. a. O. S. 92.

[4]) Green, a. a. O. Part. 4, 1909, p. 264. — Lindinger, a. a. O. S. 136.

[5]) Trabut, La défence contre les Cochinelles et autres insectes fixés. Alger 1910. p. 59.

[6]) Mayet. La cochenille du Chili, Montpellier 1897, S.-A. aus „Progrès agricole et viticole“. — Autran, Bol. Minist. Agric. Buenos Aires 1907, S.-A. p. 7.

[7]) Löw, Verh. zool.-bot. Ges. Wien 1882, S. 274. — Lindinger, a. a. O. S. 324.

[8]) Douglas, Ent. monthl. Mag. Vol. 26, 1890, p. 79 als *Crossotosoma.* -- Newstead, a. a. O. Vol. 2, 190?, p. 248. — Lindinger, a. a. O. S. 156.

[9]) Maskell, New Zeal. Trans. Vol. 11, 1878, p. 221. — Berlese e Leonardi, Riv. Pat. veg. Vol. 6, 1898, p, 293. — Lindinger, a. a. O. S. 51.

Südafrika, Ägypten (?), Kleinasien (?), Südeuropa, Azoren. Westindien, Mexiko und südliches Nordamerika. Eine ungemein polyphage und schädliche Art, die Bäume, Sträucher und Krautpflanzen befällt. In Europa findet sie sich in Portugal, Südfrankreich, Italien und Dalmatien. — **I. seychellarum** (Westw.) Mask.[1]). Madeira, Mauritius, Seychellen, Formosa, China, Neuseeland. Auf verschiedenen Pflanzen, beachtenswert auf Citrus und Guayaven, wird als Schädling des Zuckerrohrs angegeben.

Palaeococcus rosae (Ril. et How.) Ckll.[2]). Westindien und Mittelamerika, angeblich auch in Australien. Auf Palmen, Citrus, Rosa u. a.

Ortheziinen.

Tiere ähnlich denen der vorigen Unterfamilie; Wachsausscheidungen in Längs- und Querreihen angeordnet; Eisack vorhanden.

Orthezia insignis Dougl.[3]). In den Tropen und den wärmsten Teilen der Subtropen verbreitet und sehr schädlich. Äußerst polyphag, bevorzugt das Tier krautige Gewächse, auch wildwachsende, von denen aus es dann stets wieder Nutzpflanzen befallen kann. Auch in den europäischen und nordamerikanischen Gewächshäusern schädlich, besonders auf Coleus. — **O. urticae** (L.) Amyot et Serville[4]). Europa. Im allgemeinen ein unbeachtetes Insekt, das auf zahlreichen Krautpflanzen lebt, ist neuerdings einigemale als Schädling gemeldet worden, so von R. Kirchner an Wiesenpflanzen.

— —

Vertebrata, Wirbeltiere.
Aves, Vögel.[1])

Über die ökonomische Bedeutung der Vögel ist ganz außerordentlich viel geschrieben worden, von Berufenen und — noch mehr — von Unberufenen. Dennoch sind wir auch heute noch weit davon entfernt, uns sichere Urteile bilden zu können. Vor allem ist der Widerstreit der Interessen zu groß zwischen Natur-, besonders Vogelfreunden, Zier-

---

[1]) Westwood, Gardener's Chronicle 1885, p. 830. — Lindinger, a. a. O. S. 301.

[2]) Riley and Howard, Insect Life. Vol. 2. 1890, p. 333. — Lefroy, The Scale insects of the Lesser Antilles, Part 2, Imp. Dept. Agric. West Indies, Pamphlet Ser. Nr. 22, 1903, p. 21.

[3]) Newstead, a. a. O. Vol. 2. 1903, p. 236. — Lindinger, a. a. S. 118.

[4]) Newstead, a. a. O. p. 230. — Lindinger, a. a. O. S. 333. — Kirchner, O., Ber. üb. d. Tätigkeit d. K. Anst. f. Pflanzenschutz in Hohenheim im Jahre 1908, S. 12, S.-A. aus dem Wochenbl. f. Landwirthschaft, 1909, No. 20. — Kirchner, R., Jahreshefte Ver. vaterl. Naturk. Württemb., 68. Jahrg. 1912, 17 S. mit 17 Fig.

[5]) Schon die älteren Forstzoologen, wie Ratzeburg, Nördlinger, Borggreve, Schönuct, warnten vor der Überschätzung der Nützlichkeit der Vögel. Diese wollten später österreichische und italienische Ornithologen und Entomologen (Salvadori, Placzek, Griffini, Berlese) mehr oder weniger ganz in Abrede stellen. Eine vermittelnde Stellung nehmen neuere Zoologen und Ornithologen ein, z. B. Eckstein (Forstzoologie, Berlin 1897; Verhandl. d. 5. Internat. Zoolog. Kongreß, Berlin 1901, S. 512—520; und mehrere kleinere Veröffentlichungen), Hartert (Einige Worte über den Vogelschutz, Neudamm 1900), Bau (in seiner Einleitung zur 5. Aufl. von Friderichs Naturgeschichte der deutschen Vögel, Stuttgart 1905), Reh (Nat. Wochenschrift Bd. 6, N. F. 1907, S. 577—583, Fig.), Rörig (Tierwelt u. Landwirtschaft, Stuttgart 1906; Wild, Jagd und Bodenkultur, Neudamm 1912; und zahlreiche

und Nutzgartenbesitzer, Land-, Forstwirt, Jäger und allen möglichen
Anderen, die engere Interessen vertreten (Fischzüchter, Brieftauben-
züchter usw.). Die ästhetische Wertschätzung, namentlich der uns so
erfreuenden Singvögel, beeinflufst ganz unwillkürlich jedes Urteil.
Dann sind aber auch durch die grofse Vielseitigkeit und Flüchtigkeit
der Vögel, ihre Scheu vor dem Menschen, genaue Beobachtungen und
Feststellungen ungemein erschwert.

In bezug auf die Nahrung kann man im allgemeinen sagen,
dafs alle Vögel die Abwechselung sehr lieben. Unter ihnen sind mehr
omnivore Arten als unter irgend einer anderen Tiergruppe. Einzel-
beobachtungen sind daher, ganz abgesehen von den dabei unvermeid-
lichen Täuschungen, so gut wie wertlos für das allgemeine Urteil. Viel
weiter kommen wir schon mit den seit Jahren so umfassend vorgenommenen Magenuntersuchungen. Aber auch sie sind nur
mit äufserster Vorsicht zu verwerten. Einmal verdauen die Vögel
ganz aufserordentlich schnell und gründlich; Rörig hat festgestellt,
dafs weichhäutige Insekten schon in einer halben Stunde verdaut sein
können. Da aber wohl in den seltensten Fällen eine Magenuntersuchung
innerhalb dieser kurzen Frist nach dem Tode vorgenommen werden
kann, wird durch sie doch fast ausschliefslich der schwerer verdauliche
Teil der Nahrung festgestellt. Dann lehrt diese Untersuchung an sich
nichts über die Art der Nahrungsaufnahme; von Strafsen oder den
Feldern nach der Ernte aufgelesene Getreidekörner dürfen natürlich
nicht mit von stehendem oder in Garben gesetztem Getreide genommenen
verglichen werden, usw. Auch in Betreff der ökonomischen Bedeutung
der Nahrung lassen sie uns im Stiche. Ein Starenpaar, das in einer
grofsen Kirschenanlage nistet, wird, wenn es auch noch so viele Kirschen
frifst, nicht nennenswert schaden, um so mehr aber, wenn es etwa den
einzigen Kirschbaum in einem Privatgarten plündert. Dasselbe gilt
natürlich auch für Gewöll-Untersuchungen.

Fütterungsversuche gefangener Vögel sind vorzüglich geeignet,
mancherlei Nebenfragen zu beantworten; für die praktische Wertschätzung der Vögel sind sie aber so gut wie belanglos.

Der Hauptfehler, der seither immer begangen wurde, ist der, dafs
man das allgemein gewonnene theoretische oder akademische Urteil
über die ökonomische Bedeutung einer Vogelart ohne weiteres auf jeden
Einzelfall übertrug. So wichtig ein solches Urteil für die Wissenschaft
ist, so wertlos ist es für die Praxis; denn diese hat es nicht mit Vogelarten zu tun, sondern mit Individuen. Und da diese sich nach Zeit und Ort
ganz aufserordentlich verschieden verhalten, ist für die Praxis eben

<hr>

Arbeiten in den Veröffentl. der Kaiserl. Biol. Anst. Land- u. Forstwirtschaft, usw.),
Stummer (Der Obstzüchter 1913, No. 1). Auch K. Hennicke gibt in seinem Handbuche
des Vogelschutzes, Magdeburg 1912, auf S. 103—174 eine recht objektive Würdigung
der einheimischen Vögel. — Die ungarischen Ornithologen behandeln die Frage in
ihrer Zeitschrift „Aquila" allzusehr vom ornithophilen Standpunkte. — In England
haben besonders die Entomologen Collinge, Newstead, Theobald viel zur Aufklärung beigetragen. In Indien haben Mason und Maxwell-Lefroy (Mem. Dept.
Agric. India, Vol. 3, 1912) sehr wertvolle Untersuchungen geliefert. Für S.-Afrika
hat Roberts (Agric. Journ. Union S. Africa, Vol. 1, 1911, p. 352—369) eine recht
gute Übersicht gegeben. In Nordamerika beschäftigen sich schon seit vielen Jahren
die Ornithologen der Biolog. Survey des U. S. Departm. Agric. sehr eingehend mit
der Vogelfrage, wobei sich aber ihre Ansichten über die Wertschätzung der Vögel
nicht immer mit den in den dortigen entomologischen Publikationen gelegentlich
hervortretenden decken.

nur dieses individuelle Verhalten wichtig, nicht die allgemeine Beurteilung der Art. So gelten Meisen für ganz überwiegend nützlich; in England haben sie sich aber, begünstigt von strengen Vogelschutz-Gesetzen so sehr vermehrt, daß sie in hohem Maße schädlich geworden sind, wie übrigens auch sonst in vielen Fällen.

Wir dürfen also für die Beurteilung eines Vogels seine allgemeine Wertschätzung höchstens als Unterlage benutzen, müssen aber suchen, in jedem Einzelfalle seinen Einfluß auf die Nutzbarmachung und Nutznießung der Pflanzen seines Aufenthaltsgebietes durch den Menschen festzustellen [1]). Daß dies außerordentlich schwierig ist, daß Magenuntersuchungen und Fütterungsversuche hierbei von großem Nutzen sind, braucht kaum betont zu werden. Es ist der einzige Weg, aus dem Zwiespalt herauszukommen, in den uns theoretische Wertschätzung und praktische Erfahrung bringen. Daß wir hierbei wohl auch zu ganz anderen Urteilen über den Wert der Vögel als Insektenvertilger kommen werden, sei nur kurz angedeutet [2]).

Gänzlich unhaltbar ist die in den meisten populären, besonders ornithologischen Schriften immer wieder ausgesprochene Ansicht, daß die Vögel die Aufgabe hätten, das Gleichgewicht in der Natur aufrecht zu erhalten. Erstens hat kein Tier eine Aufgabe, als höchstens die, sich selbst zu erhalten und fortzupflanzen; dann gibt es ein erhaltbares Gleichgewicht in der Natur überhaupt nirgends, sondern nur einen unaufhörlichen Wechsel; und schließlich ist dieses sogenannte Gleichgewicht in allen Kulturländern durch den Menschen derart gestört, daß Vögel es am allerwenigsten wiederherstellen könnten.

Vielfach wird, wiederum gerade von Ornithologen, die Ansicht vertreten, daß an sich sonst nützliche Vögel schädlich werden, wenn sie sehr zahlreich würden. Es zeugt von eigentümlicher Rechenkunst, das Vielfache eines Plus in ein Minus zu verwandeln; die einzige Berechtigung hierzu, daß die natürliche Nahrung der zunehmenden Menge nicht genügte, so daß sie an andere Nahrung übergehen müßte, daß sich also zahlreiche neue Minus summierten, dürfte nur in den allerseltensten Fällen eintreten. Außerdem lehrt die tägliche Erfahrung, daß auch einzelne oder spärlich vorhandene, als nützlich geltende Vögel schädlich werden können. Die Erfahrung, die aber jener verkehrten Rechnung zweifellos zugrunde liegt, beruht eben darauf, daß die Minus erst fühlbar werden, wenn sie sich in größerer Menge summieren; es war also die Voraussetzung, der betreffende Vogel sei nützlich, wenigstens für den betreffenden Fall von vornherein nicht richtig.

Und hierin liegt, wie erwähnt, der Kernpunkt der Frage, daß näm-

---

[1]) Betont sei hier nur noch, daß aus diesen Gründen der Ornithologe am allerwenigsten geeignet erscheint, uns über die Bedeutung eines Vogels in einem vorliegenden Falle zu unterrichten; daß dies vielmehr Sache des zoologischen Phytopathologen, in Verbindung mit dem Pflanzenzüchter ist.

[2]) So berichtet Bear (Journ. Board Agric. London, Vol. 13, 1907, p. 665—671), daß gleichzeitig und in gleichem Maße mit der oben erwähnten starken Vermehrung der Kleinvögel in England auch die Insektenplagen zugenommen hätten. Theobald (Science Progress 1907, Nr. 6) weist darauf hin, daß es in Ländern, wo die Kleinvögel stark verfolgt werden und daher spärlich vorhanden sind, wie in Frankreich, Belgien und Italien, nicht so viele schädliche Insekten gäbe als in dem vogelreichen England. Snouckaert v. Schauburg (Nat. Cabinet, Jahrg. 22, 1910, S. 67—69 und in litt.) berichtet, daß in Holland ein großer Obstgarten völlig mit einem riesigen Käfig von engmaschigem Drahtnetz umgeben sei zur Abhaltung der Vögel. Der Garten liefert bessere Ernten wie die ungeschützten Nachbargärten.

lich für die Praxis nie von akademischen Erwägungen ausgegangen werden darf, sondern jeder Fall für sich betrachtet und beurteilt werden muſs.

Wenn im folgenden daher möglichst viel Angaben über schädliches Auftreten von Vögeln zusammengetragen werden, so soll damit keineswegs ein endgültiges Urteil über die aufgeführten Arten gefällt, sondern nur festgestellt werden, daſs die betreffenden Vögel unter Umständen schädlich werden können. Es werden daher auch die Angaben über Nützlichkeit weggelassen.

Aber selbst über zweifellos schädliche Vögel soll damit keineswegs der Stab gebrochen werden. Es gibt eben noch andere Werte als nur materieller Nutzen und Schaden; gerade die Vögel schneiden bei dieser anderen Bewertung besonders günstig ab. Es soll nur ebenso vor übertriebenem Vogelschutze wie vor seiner Beschränkung auf als nützlich abgestempelte Arten gewarnt werden. Wo aber das Vorhandensein einer Vogelart mit den menschlichen Kulturbestrebungen nicht vereinbart werden kann, bleibt nichts anderes übrig, als ihr den Krieg zu erklären.

Abwehr. Wenn nicht ernstliche Interessen in Frage stehen, sollte man sich mit der Verscheuchung oder Fernhaltung begnügen: durch aufgestellte Wachen, Vogelscheuchen, aufgestellte oder, besser, aufgehängte Säugetierbälge, aufgehängte Stückchen Spiegelglases, blanken Weiſsbleches, Papieres, ausgestopfte Vögel, Fahnen, Klappern, alte Salzheringe, die durch Anstrich mit stinkendem Tieröle noch wirksamer gemacht werden sollen, Bedecken mit Draht- oder alten Fischernetzen, Überspannen mit Fäden usw. Besonders soll die blaue Farbe abschreckend wirken. — Nur, wo nötig, sollte man zum Abschusse schreiten, oder zu Fallen, oder gar zum Auslegen von Giften, wodurch auch immer andere Vögel und Säugetiere als die beabsichtigten gefährdet werden.

Von den **Hühnervögeln, Gralliformes,** verzehren die **Waldhühner, Tetraoniden,** in erster Linie Knospen von Nadel- und Laubbäumen, dann Triebe, Nadeln, Blätter, Beeren. Die **Fasane, Phasianiden**[1]), (Fasane, Wachteln, Rephühner) fressen dagegen vorwiegend Sämereien, in Feld und Wald, dann allerlei Grünzeug usw. Letztere (**Perdix perdix L.**) fraſsen an jungem Kohlrabi die Herzen aus, im Winter die Knospen von Himbeeren ab, von diesen und Rosenwildlingen auch die Rinde, und verzehrten Spargelköpfe[2]). **Fasane, Phasianus** spp. haben in Deutschland in Weinbergen empfindlich geschadet[3]); in Nordamerika, als Jagdgeflügel eingeführt, haben sie sich so vermehrt, daſs ihr Schaden ihren Nutzen überwiegt[4]). Von den **Odontophoriden** überfällt **Lophortyx californicus** Shaw & Nodd.[5]) in Californien die Weinberge in Scharen von 500—1000 Stück, um Beeren zu fressen; in einer Rebanlage vernichteten sie jährlich 20 Tonnen Weinbeeren.

Die **Taubenvögel, Columbiformes,** verzehren vorwiegend Sämereien, die Feldtauben mehr von Unkräutern, die Waldtauben besonders von Nadelholz, beide aber auch von Feldfrüchten (Getreide und Gemüse), ferner Grünzeug, Blütenköpfe (z. B. vom Klee), auch Beeren; so fallen sie in England in Scharen über schwarze Johannis- und Stachelbeeren her (THEOBALD, l. c.). **Turteltauben (Turtur turtur L.)** verzehrten

[1]) JUDD, U. S. Dept. Agric., Biol. Survey, Bull. 24. 1905; 55 pp., 2 Pls.
[2]) Prakt. Ratg. Obst- u. Gartenbau, Jahrg. 1890, S. 432; 1891. S. 123—124, 280; 1898, S. 14.
[3]) Reblaus-Denkschrift 1898. S. 199.
[4]) BEAL, Yearb. U. S. Deptm. Agric. 1897, p. 352—353.
[5]) BEAL, ibid. 1904, p. 250.

nach Borggreve auf einem Gute Oberschlesiens jährlich für fast 2000 Mk. Kiefernsamen aus Saatbeeten. Die **Fruchttauben, Carpophagiden,** Indiens holen sich aus Pflanzungen Feigen, Palmnüsse, Wein- und andere Beeren.

Ralliformes. Das **Teichhuhn, Gallinula chloropus** L. [1]), hat schon wiederholt in der Nähe von Wasser belegene Obstgärten, besonders Apfelbäume und Steinobst, geplündert, selbst reife Tomaten angefressen.

Charadrii- und **Gruiformes. Trappen, Otiden,** und **Kraniche, Gruiden,** sind in Indien und Südafrika ernstliche Feinde des Getreidebaues, in Europa dürften sie hierzu meist zu selten sein.

Anseriformes. Die **Wildgänse (Anser)** und **-enten (Anas)** sind, namentlich im Herbste, sehr fühlbare Schädiger der Getreidefelder, und zwar sowohl der Wintersaaten als auch des noch in Garben stehenden Getreides, auch des Buchweizens, verzehren aber auch mancherlei Beeren, Knospen und Samen.

Die **Papageien, Psittaciformes,** gehören überall in den Tropen zu den schlimmsten Feinden der Früchte, von denen sie teils das Fleisch, z. B. **Cacatua galerita** Lath. auf Neu-Guinea an Kokosnüssen [2]), teils mehr noch die harten Samen fressen. Ferner verzehren sie Wurzeln, Blüten, Knospen, Blätter; sie klauben Maiskolben und die Ähren des in Garben stehenden Getreides aus, lesen das Saatgetreide auf und saufen aus selbstgebissenen Wunden den Saft von Kokos- und anderen Palmen. Mason (l. c. p. 188—190, 310) steht nicht an, **Palaeornis torquata** Bodd. für den schädlichsten Vogel Indiens zu erklären. Auch die **Nashornvögel (Coraciiformes, Bucerotiden),** und die **Capitoniden (Scansores)** in Indien und den Philippinen sind ernstliche Furchtfeinde.

Die Pisang- oder Bananenfresser Afrikas, **Coccyges, Musophagiden,** sind durch ihren Namen genügend gekennzeichnet.

Von den **Spechtvögeln, Piciformes,** verzehren die **Spechte, Pici** [3]), in großen Mengen forstlich wichtige Samen, ohne dadurch aber ernstlich zu schaden. Größer ist schon der Schaden, den sie durch das Anhacken der Bäume anrichten; die Frage, ob sie nur von Insekten befallene oder auch ganz gesunde Bäume anhacken, ist noch nicht ganz erklärt; aber selbst im ersteren Falle werden, namentlich bei tief sitzenden Insekten, die von den Spechten verursachten großen Wunden oft gefährlicher als die Insekten selbst. Da sie außer den Nist- auch noch Schlafhöhlen ausarbeiten, und zwar über Gebrauch, schaffen sie wiederum viele große Wunden. Manche Arten, besonders amerikanische, stellen sehr dem Obste nach, von Erdbeeren bis zu Orangen, ferner reifendem Maise, Erbsen usw. Zur bequemeren Gewinnung der Samen legen sie sich sogenannte „Schmieden“ an, das sind Rinnen in den

---

[1]) Prakt. Ratg. Obst- u. Gartenbau, Jahrg. 1911, S. 399—400, 472; 1912, S. 32.
[2]) Preuss, Tropenpflanzer, Jahrg. 15, 1911, S. 66—67.
[3]) Über europäische Spechte siehe: Altum, Unsere Spechte u. ihre forstl. Bedeutung', Berlin 1879; Homeyer, v., Die Spechte u. ihr Wert in forstl. Beziehung, Frankfurt a. M. 1879; Marshall, Die Spechte, Leipzig 1889; Nitsche, Forstl. nat. Zeitschr. Bd. 2, 1893, S. 16—20, 3 Fign.; Ritzema Bos, Tijdschr. Plantenz, D. 4, 1898, p. 154—157, Pl. 1, 2.: Ertl, Nat. Zeitschr. Land- und Forstwirtschaft, Bd. 2, 1904, S. 202—206; Fuchs, ibid. Bd. 3, 1905, S. 317—341, 1 Taf., 7 Fig.; v. Tubeuf, ibid., S. 511—512, 1 Fig.; Leisewitz, Verh. ornith. Ges. Bayern, Bd. 5, 1905, S. 64—76. — Über die amerikanischen Spechte siehe: Beal, U. S. Dept. Agric., Biol. Surv., Bull. 37, 1911, 64 pp., 6 Pls., 3 figs.; Mc Atee, ibid. Nr. 39, 1911, 99 pp., 12 Pls., 44 figs.

Stämmen, in die sie die aufzuhämmernden Zapfen usw. einzwängen; diese Rinnen werden allmählich zu grofsen Wunden ausgearbeitet.

Den schlimmsten, erst in neuester Zeit genügend aufgeklärten Schaden verursachen manche Arten durch Cambiumfrafs, der namentlich bei den nordamerikanischen **Sphyrapicus**-Arten, den „**sapsuckers**" ausgebildet ist, deren Zunge schon ihre Nahrung verrät, da sie kurz und am Ende mit steifem Haarpinsel versehen ist. Besonders im Frühjahre, wenn andere Nahrung spärlich ist und der Saft zu steigen beginnt, hacken die betreffenden Spechte die Rinde von Bäumen ab, um den aus dem Cambium austretenden Saft zu saugen bzw. das weiche, saftige Cambium selbst zu fressen. Hierdurch entstehen grofse, oberflächliche Wunden, die oft in Gestalt von spiraligen oder welligen Ringeln um den Stamm herumführen. In schlimmen, aber recht häufigen Fällen wird der ganze Baum oberhalb der Ringel abgetötet, mindestens aber entstehen grofse Wunden, die ebenso wie die vorher erwähnten, den Atmosphärilien, tierischen und pflanzlichen Wundparasiten Angriffspunkte gewähren, und bei genügender Tiefe nachträglich zu Stammfäule führen können.

Dendrocopus analis Horsf. und **Jyngipicus auritus** Gm. in Java[1]), und einige Arten in Amerika hacken das Zuckerrohr auf, um das süfse Mark auszufressen.

Passeriformes.

Von den **Schwalben, Hirundinen**, ruht **Tachycineta bicolor** Vieill.[2]) in Amerika auf ihrem Zuge auf den Büschen von Myrica aus und frifst dabei deren Beeren. — Die **Bulbuls, Pycnotoniden**, überfallen zu manchen Zeiten in Indien die Kaffeebüsche und verzehren deren Beeren.

Von den **Spottdrosseln, Mimiden**[3]), frifst **Galeoscoptes carolinensis** L. sehr viele Früchte, mit Vorliebe Maulbeeren; man kann daher andere, wertvollere, wie Erdbeeren, Kirschen usw. schützen, indem man in ihre Nähe fruchtbare Maulbeersorten pflanzt. In den Küstenstaaten, wo viele wilde Früchte und Beeren wachsen, ebenso in der Nähe von Wäldern und Gebüsch ist der Vogel, trotzdem er also hier begünstigt wird, weniger schädlich als in den Zentralstaaten und im freien Felde, wo jene fehlen. — **Oreoscoptes montanus** Towns. macht in Rebgärten Washingtons beträchtlichen Schaden.

Von den **Drosseln, Turdiden**, sind vor allem die verschiedenen **Turdus**-Arten in vielen Fällen recht bedeutsame Feinde jedes Beerenobstes, gelegentlich auch des feineren Baumobstes. Insbesondere die **Amsel, T. merula** L., hat sich in dem Mafse, als sie sich aus den Wäldern nach Gärten, Weinbergen usw. zog, stellenweise zu einem argen Schädlinge entwickelt. Sie hat sich hier ferner die Gewohnheit angeeignet, zu ihrem Nestbau die Rinde von Reben abzuziehen; wenn sie es hierbei auch vorwiegend auf die trockenen, abgestorbenen äufseren Rindenpartien abgesehen hat, verursacht sie doch nicht selten recht grofse, ausgedehnte Verwundungen der gesunden Rinde. In Gärten zerhackt sie nicht selten Kohlköpfe, wohl nicht nur, um darin fressende Raupen

---

[1]) van Deventer, Dierl. Vijand. Suikerriet', Amsterdam 1906, p. 11—12, Fig. 11.
[2]) Beal, Farm Bull. 54, 1897, p. 31.
[3]) Judd, Yearb. U. S. Dept. Agric. 1895, p. 405—418, fig. 106—109.

abzulesen, sondern auch um sich deren weichen, saftigen Inhalt zu Gemüte zu führen. — Auch in Australien und Neu-Seeland, wo sie eingeführt wurde, hat sie sich zu einem sehr schlimmen Schädling, besonders Obstfeind, entwickelt[1]). In Nord-Amerika verursachen die „robins“, **Turdus migratorius** L.[2]), besonders an Oliven, deren Früchte sie verzehren, ungeheueren Schaden. — Selbst **Rotkehlchen, Erithacus rubeculus** L., und **Nachtigall, E. luscinia** L. wurden mehrfach beim (Erd-)Beerendiebstahl erwischt.

Die **Grasmücken, Sylviiden**[3]), sind arge Feinde des Beeren- und Steinobstes, in England namentlich auch der Feigen, gelegentlich selbst der Erbsen. — Auch der **Seidenschwanz, Amp. garrula** L. (**Ampeliden**), ist, wie seine Verwandten, ein großer Liebhaber weichen, saftigen Obstes, plündert aber im Winter auf seinem Zuge auch die Knospen, ganz besonders die der Obstbäume.

Die **Meisen, Pariden**, werden in bezug auf ihre Schädlichkeit allgemein sehr unterschätzt; ist sie doch, namentlich bei **Blau-** und **Kohlmeise, Parus caeruleus** L. und **major** L.[4]) in vielen Fällen so groß, daß sie den oft überhaupt recht zweifelhaften Nutzen mehr als aufwiegt. Ganz besonders in England wird geklagt, daß sie sich unter dem modernen Vogelschutze so sehr vermehrt haben, daß sie stellenweise eine wahre Plage für den Obstzüchter geworden sind. Sie verzehren nicht nur Samen, sondern auch alles feinere Baum- und Beerenobst; auf größeres, wie Birnen, Äpfel, Aprikosen usw., setzen sie sich und hacken um den Stiel große Löcher in das Fruchtfleisch, so daß die Früchte abfallen bzw. faulen. Man kann diese wenigstens an Formobst dadurch schützen, daß man breite Pappscheiben über den Stiel schiebt. Harte Früchte, wie Nüsse, klemmen sie, ähnlich wie die Spechte, in Rindenritzen und hacken sie auf; im Taunus bezeichnet man dünnschalige Sorten, die ihnen besonders ausgesetzt sind, als „Meisennüsse“. Erbsen werden aus den Schoten gepickt, Mais- und Weizenkörner aus den Ähren. Schwellende Knospen werden im Frühjahre mit besonderer Vorliebe ausgefressen.

Die **Lerchen, Alaudiden**, sind vorwiegend Körnerfresser, doch nehmen sie auch Grünzeug (besonders keimendes Getreide, Kohl), haben auch schon an Erbsen und Erdbeeren geschadet. In Australien und Neu-Seeland eingeführt, sollen sie sich dort so vermehrt haben, daß sie in ersterem in Getreidefeldern ungeheuere Verwüstungen angerichtet, in letzterem die Rübsensamen-Ernte stark verringert haben. — Da die Lerchen die Samen z. T. ganz verschlucken, verbreiten sie vielfach Unkräuter. — Die amerikanischen **Schopflerchen, Otocoris** spp.[5]), gelten als überwiegend nützlich, mit Ausnahme von **O. alpestris actia** Oberholz., die in Californien namentlich an Winterweizen sehr arg schadet.

Die **Finken, Fringilliden**[6]), liefern ein stattliches Heer, z. T. sehr bedeutender Schädlinge. Insbesondere weiden sie im zeitigen Frühjahre die Knospen (mit Vorliebe die Blütenkn.) von Baum- und Beerenobst ab; sie können Sträucher völlig kahlfressen. Spritzen mit un-

---

[1]) S. auch Palmer, Yearb. U. S. Deptm. Agric. 1898, p. 106.
[2]) Beal, Yearb. U. S. Dept. Agric. 1904, p. 243, 252.
[3]) S. u. a.: Lindner, Ornithol. Monatsschr. 1899, S. 75.
[4]) S. auch Palmer, l. c. p. 104—105, fig. 5.
[5]) McAtee, U. S. Dept. Agric., Biol. Surv., Bull. 23, 1905, 37 pp., 2 Pls., 13 figs.
[6]) S. u. a.: McAtee, ibid., Bull. 32, 1908, 92 pp., 4 Pls., 40 figs.; Farm. Bull. 456, 1911, 14 pp., 3 figs.

gezuckerter Bordeläser Brühe, mit Schwefelkalkbrühe oder Karbolineum beugt dem vor. Dann lesen sie die Aussaaten in Feld und Garten auf, vorwiegend von Getreide, Salat und Brassica-Arten. Die keimenden Samen, besonders von Erbsen, hacken sie aus dem Boden aus, von den Keimlingen beifsen sie die Cotyledonen und die Sprofsspitzen ab. Saaten kann man durch Beizen mit Kreolin, Petroleum, Leim und Mennige oder mit einem Gemisch von Aloë und Ultramarinblau oder mit einem der hierfür käutlichen Färbemittel schützen. Im Garten sät man zweckmäfsig in Reihen und bedeckt diese mit dachförmigen Rahmen von Drahtnetzen, die man sich in Meter-Länge und entsprechender Zahl herstellt, so dafs sie immer gebrauchsfertig bzw. leicht wegzustellen sind. — Die **Kreuzschnäbel (Loxia)** verzehren vorwiegend Nadelholzsamen, -knospen und -blüten; der **Kernbeifser, Coccothraustes coccothraustes** L., schält von reifen Kirschen das Fruchtfleisch ab, um zu den Kernen zu gelangen, und plündert Erbsenschoten. Auch die meisten anderen Finken lieben reifes, weiches und süfses Obst. **Carpodacus mexicanus frontalis** Say, der *House-Finch* oder *linnet* der Amerikaner[1]), ist in Californien für das Obst der schädlichste Vogel, aber nur, wo er in grofsen Mengen und in kleinen Obstanlagen vorkommt. **Sperlinge (Passer)**[2]), **Ammern (Emberiza), Grünfink (Chloris chloris** L., auch in Neu-Seeland eingeführt und sehr schädlich), überfallen reifendes Getreide, um die Körner auszupicken; erstere oft in solchen Massen, dafs sie dabei die Halme umbrechen und die Ähren abreifsen. Besonders ist der **Haussperling, P. domesticus** L.[3]), der auch nach Nord-Amerika, Australien und Süd-Afrika eingeführt ist, überall, wo er in Mengen vorkommt, mit der schädlichste Vogel. Er beifst auch Blüten und Blumen ab und schadet in England mit dem Grünfink zusammen recht bedeutend durch Abfressen der Hopfenblüten. Für das Département La Seine supérieure wird sein jährlicher Schaden auf 1 200 000 Fr. angegeben[4]). In Amerika sucht man seiner durch Auslegen vergifteten Getreides, künstliche, leicht aushebbare Brutstätten usw. Herr zu werden. In Australien hat man gegen ihn den Steinkauz, *Athene noctua* Retz., eingeführt, der dann aber auch die einheimische Vogelwelt dezimiert hat.

Die **Tanagriden** der wärmeren Teile der Neuen Welt sind vorwiegend Fruchtfresser, die die Kulturländereien gerade zur Zeit der Fruchtreife häufig in grofsen Scharen aufsuchen.

Die **Webervögel** und **Siedelsperlinge** der Alten Welt, **Plocëiden**[5]), sind arge Schädlinge jeder Getreidekultur, indem sie die Körner aus den Ähren picken. Zu ihrem Nestbau zerfetzen sie Blätter von Bäumen, besonders Kokospalmen, Zuckerrohr usw.; die Nester selbst brechen oft durch ihre Schwere die Baumzweige oder das Zuckerrohr, an dem

---

[1]) Beal, Yearb. U. S. Dept. Agric. 1904, p. 246—247.
[2]) Judd, U. S. Dept. Agric., Div. biol. Surv., Bull. 15, 1901. 98 pp., 4 Pls., 19 figs.
[3]) Barrows, U. S. Dept. Agric., Div. econ. Ornithol., Bull. 1, 1889, 405 pp., 1 fig., 1 map. — Palmer, ibid., Yearb. 1898, p. 98—101, fig. 2. — Judd, ibid. 1900, p. 419 bis 422, fig. 53. — Dearborn, Farm. Bull. 383, 1910, 11 pp., 4 figs.; 493, 1912, 24 pp., 17 figs. — Für australische Region siehe: Kirk, Trans. N. Zeal. Inst. Vol. 23. 1891, p. 108—110. — Bathgate, ibid., Vol. 36, 1904, p. 67—69. — Musson, Agr. Gaz. N. S. Wales Vol. 18, 1907, p. 535—538, 914—917, 1 map; Vol. 19, 1908, p. 127—135. — Palmer, Yearb. U. S. Dept. Agric. 1898, p. 98—101.
[4]) Noël, Naturaliste, T. 23, 1901, p 84—85. 93—96.
[5]) Zehntner, Arch. Java-Suikerind. 1898, 15 pp., 3 Fig. — van Deventer, l. c. p. 12—21, Pl. 1—3. — Preuss, Tropenpflanzer, Bd. 15, 1911, S. 66.

sie aufgehängt sind, ab bzw. um. Gegenmittel: Abschiefsen, Zerstören der Nester, Fangen der Vögel mit Netzen, die abends über die Zuckerrohrfelder gezogen werden, Auslegen von Strychnin-Reis.

Die **blackbirds, Icteriden,**[1]) Amerikas sind, da sie meist in Massen vorkommen, oft schlimme Schädiger des Getreidebaues; so verursacht der **Reisvogel, Dolichonyx oryzivorus** L., in den Südstaaten jährlich an Reis für zwei Millionen Dollar Schaden. — Von den **Staren, Sturniden,** ist der **Star, Sturnus vulgaris** L.[2]), über die ganze paläarktische Region verbreitet, ferner in Süd-Afrika, Australien, Tasmanien, Neu-Seeland eingeführt. In seiner Heimat wird er namentlich dadurch schädlich, dafs er allerlei Beerenobst frifst, selbst gröfseres Obst anpickt; besonders in Kirschenpflanzungen und Weinbergen ist er ein gefürchteter Gast. Auf dem Zuge fallen die ungeheuren Scharen gern in Schilf ein und brechen es nieder, oder auf junge Fichten, deren Spitzen sie abbrechen. In Australien wird er auch dem keimenden Getreide recht gefährlich. — Der **Rosenstar, Pastor roseus** L., ist zwar von Südosteuropa bis Indien der Hauptfeind der Wanderheuschrecken, zu anderen Zeiten aber ein ganz aufserordentlicher Schädling an Getreide und Früchten; selbst junge Blätter weidet er ab. — **Aplonis (Sturnoïdes) atrifusca** Peale[3]) soll auf Samoa Kakaofrüchte anfressen.

Der **Pirol, Oriolus galbula** Naum. **(Orioliden)** kann die Kirschen- und die Weinernte recht empfindlich schädigen.

Von den **Rabenvögeln, Corviden,** sind Angehörige der Gattung **Corvus**[4]) in allen Erdteilen schädlich für den Feld und Obstbau. Sie lesen die Aussaat und picken die keimende Saat auf. (Schutzfärbung siehe unter Sperling), wobei sie sie sogar, ebenso wie Kartoffeln, ausgraben, stellen besonders dem milchreifen Getreide (auch Buchweizen) nach, und plündern schliefslich selbst das in Garben stehende. Obst jeder Art ist ihnen ein Leckerbissen. Erbsen berauben sie ihrer Schoten. Auf den Philippinen fressen sie junge Kokosnüsse an. Durch ihre Angewohnheit, sich auf die höchsten Spitzen der Bäume zu setzen, brechen sie zahlreiche Triebe ab, was besonders an jungen Obst- und Forstbäumen recht lästig werden kann. Indem man ihnen über den Wipfel hervorragende Sitzstangen darbietet, kann man diesen Schaden vermindern. Die gesellig lebenden Arten, wie namentlich die **Saatkrähe, C. frugilegus** L., kann allzusehr mit Nestern besetzte Baumäste abbrechen und durch ihre scharfen Exkremente die Horstbäume abtöten. — Die kleineren Rabenvögel, die **Dohlen, Elstern, Häher**[5]) verzehren mancherlei Obst und Feld- und Waldsämereien. Interessant ist, was

---

[1]) Beal, Yearb. U. S. Dept. Agric. 1895, p. 418—430. fig. 110, 111; Div. biol. Surv,, Bull. 13, 1900. 77 pp., 1 Pl., 6 Figs.

[2]) Riegler, Österr. Forst- und Jagdzeitg., Jahrg. 29, 1911, S. 263—264. — Palmer, l. c. p. 101—103, fig. 3. — Roberts, l. c. — Froggatt, Agr. Gaz. N. S. Wales Vol. 23, 1912. p. 610—616.

[3]) Tropenpflanzer Bd. 3, 1899, S. 127.

[4]) Siehe vor allem die Arbeiten Rörig's usw. in den Veröffentlichungen der Kaiserl. biol. Anstalt f. Land- u. Forstwirtschaft. Ferner: Hollrung, Landw. Jahrb. Bd. 35, 1906, S. 579—620, 1 Fig. — Jablonowski. Aquila, Bd. 8, 1901, S. 214—278, 1 Taf., 2 Fig. — Schilen, Arb. Deutsch. Landw.-Ges., Heft 91, 1904, 167 S. — Collinge, Journ. ec. Biol., Vol. 5. 1900, p. 49—67. — Betr. der amerikanischen Krähen: Barrows and Schwarz, U. S. Dept. Agric., Div. Ornith., Bull. 6, 1895, 44 pp., 1 Pl., 2 Figs.

[5]) Über die amerikanischen Häher, *Cyanocitta cristata* L., s. Beal, Yearb. U S. Dept. Agr. 1896, p. 197—206, fig. 40—42.

Knotek[1]) von dem Verhalten der **Elster, Pica pica** L., in Steiermark und Bosnien erzählt. In ersterer wird sie von den Gehöften ferngehalten, findet sich daher nur spärlich im Felde, tut aber trotzdem hier an den Maiskulturen viel Schaden; in letzterem nistet sie in Menge bei den Gehöften, findet aber auf diesen an Abfall usw. so viel Nahrung, dafs sie hier nicht schädlich wird. — **Struthidea cinerea** Gould[2]) ist im Busche Australiens zugleich mit dem Häher zeitweise der schlimmste Feind des Weizenbaues; er liest die frisch gesäeten und die gekeimten Körner auf und plündert das reife Getreide.

Mammalia, Säugetiere[a]).

Von den Säugetieren wird eine verhältnismäfsig geringe Zahl direkt den Kulturpflanzen schädlich. Theoretisch müfsten dies eigentlich alle Pflanzenfresser sein. In Kulturländern kommen aber nur wenige von ihnen, und diese meist nur in geringer Zahl, vor; sie spielen also nicht die Rolle, die ihnen gemäfs ihrer Gröfse eigentlich zukommen müfste. Die ungeheueren Herden von Huftieren, wie sie z. B. sich in Afrika noch finden, sind für den Pflanzenbau so gut wie belanglos, da sie meist fern von jeder Kultur leben. Aufserdem sind die meisten gröfseren Säugetiere so wichtig als Jagdtiere, dafs ihr unmittelbarer Schaden hierdurch nicht selten mehr als wieder gut gemacht wird. — In bezug auf ihre Nahrung sind die meisten Säugetiere viel einseitiger als die Vögel: viel entschiedener Pflanzen- oder Fleischfresser; indes verschmähen manche der letzteren nicht ganz Pflanzenkost, werden aber hierdurch selten ernstlich schädlich; umgekehrt werden manche Pflanzenfresser durch Verzehren von Insekten usw. manchmal nicht unbeträchlich nützlich.

In sehr vielen Fällen haben die Pflanzenfresser erst durch zu weitgehende Vertilgung des Raubzeuges so zugenommen, dafs sie ernstlich schädlich geworden sind.

Fast mehr noch als durch Fressen von Kräutern, Früchten werden Säugetiere durch Verbeifsen, Entrinden usw. von Bäumen schädlich. Allerdings suchen sich diese vielfach auf chemische oder mechanische Weise zu schützen[4]), immer aber nur mit beschränktem Erfolge.

Marsupialier, Beuteltiere.

Känguruhs, Macropodiden, haben in Australien seit seiner Besiedelung derart zugenommen, dafs sie eine schwere Last für die Vieh-

---

[1]) Nat. Zeitsch. Land- u. Forstw., Jahrg. 5, 1907, S. 273—275, 1 Fig.

[2]) Facey, Agric. Gaz. N. S. Wales, Vol. 23, 1912, p. 944.

[a]) Von allgemeineren Werken sei hingewiesen auf: Blasius, Naturgesch. der Säugetiere Deutschlands und der angrenzenden Länder Mitteleuropas, Braunschweig 1857. — Giebel, Landwirtsch. Zoologie, Glogau 1869. — Altum, Forstzoologie, Bd. 1, Berlin 1876. — Eckstein, Forstl. Zoologie, Berlin 1897; Technik des Forstschutzes gegen Tiere, Berlin 1904. — Keller, Forstzool. Exkursionsführer, Leipzig u. Wien 1897. — Hess, Forstschutz, 3. Aufl., Leipzig 1898—1900. — Rörig, Tierwelt u. Landwirtsch., Stuttgart 1905; Wild, Jagd und Bodenkultur, Neudamm 1912. — Trouessart, Conspectus Mammalium Europae, Berlin 1910. — Schäff, Die wildlebend. Säugetiere Deutschlands, Neudamm 1911. Betreffs der amerikanischen Säugetiere sind besonders die Veröffentlichungen der „Biol. Surv.", U. S. Dept. Agric. Washington, wichtig.

[4]) Räuber, Jena. Zeitschr. Naturw., Bd. 46, 1910, S. 1—76.

(besonders Schaf-) weiden bilden, und dafs einzelne Staaten Verordnungen zu ihrer Vertilgung erlassen und Prämien ausgesetzt haben. Solche wurden 1898 in Queensland für 1 365 539 Stück bezahlt.

Insectivoren, Insektenfresser.

Die **Maulwürfe, Talpiden,** machen sich recht oft durch ihr Wühlen in Mist- und Saatbeeten, durch ihre die junge Saat erstickenden und das Mähen erschwerenden Haufen in Getreidefeldern und Wiesen unliebsam bemerkbar. Selbst ältere Pflanzen vermögen sie durch Blofslegen der Wurzeln recht empfindlich zu schädigen, sogar zu töten. Die Hauptnahrung des europäischen **Maulwurfes, Talpa europaea** L.[1]), bilden die nützlichen Regenwürmer, die er Insekten und ihren Larven weit vorzieht. Dafs er pflanzliche Nahrung nicht ganz verschmähe, scheint aus zwei Berichten[2]) hervorzugehen, nach denen er Eicheln in seine Gänge gezogen und ausgefressen bzw. oberirdische Kohlrabi angenagt habe. Man fängt ihn mit den bewährten Zangen- oder anderen Maulwurfsfallen, vergiftet ihn mit Regenwürmern, die in 1%ige Strychninlösung eingetaucht oder mit Pulver von Brechnufs bestreut sind. Giefst man Petroleumwasser (1 : 2000) in seine Gänge, legt man mit Petroleum, Karbolsäure (2%), Heringslake, stinkendem Tieröl oder Ähnlichem getränkte Lappen in diese oder steckt Holunderzweige hinein, so kann man ihn vorübergehend vertreiben. Beim Aufwerfen seiner Haufen, das besonders zu bestimmten Tagesstunden geschehen soll, kann man ihn durch schnellen Spatenstich herausbefördern oder mit einem Engerlingseisen töten. Mistbeete schützt man, indem man ihren Boden mit engmaschigem Drahtgeflecht auslegt. — Die Gattungen **Scalops** Cuv.[3]) in Nordamerika, und **Chrysochloris** Cuv.[4]) in Südafrika verhalten sich ebenso.

Tupaja javanica Horsf. und **ferruginea** Raffl.[5]) verzehren auf Java mit besonderer Vorliebe das Fleisch der Kaffeebeeren.

Chiropteren, Fledermäuse.

Die Familie der **Flughunde, Pteropiden**[6]), mit den Gattungen **Pteropus** Geoffr., **Eonycteris** Dobs. und anderen in der australischen und orientalischen Region, und **Cynonycteris** Pets. in Afrika, gehört zu den schlimmsten Feinden aller tropischer weicher, saftiger Früchte. Aber sie verzehren auch junge Zweige, Triebe, Blätter und Blüten und können ganze Bäume kahl fressen. Ihre Schäden sind namentlich in der Nähe von Urwäldern oft sehr beträchtlich; auf Java bilden sie stellenweise eine wahre Landplage. Abschufs ist das einzige Gegenmittel, das aber durch ihre nächtliche Lebensweise erschwert wird. Wertvollere Früchte mufs man zum Schutze mit Korbgeflecht umgeben.

Auch die Insekten fressenden Fledermäuse der Neuen Welt ver-

---

[1]) Rörig, Flugbl. 24 Kais. biol. Anst. Land- u. Forstwirtsch., 1904. — Ritzema Bos, Tijdchr. Plantenz. Jaarg. 18, 1912, p. 114—131.
[2]) Moser, Österr. landw. Wochenbl. 1894, No. 24. — Salzmann, Prakt. Ratg. Obst- u. Gartenbau 1908, S. 141.
[3]) Scheffer, Kansas agr. Exp. Stat., Bull. 168, 1910, 30 pp., 12 figs.
[4]) Dreyer, Agr. Journ. Cape Good Hope Vol. 37, 1910, p. 695—696, Pl. fig. 1.
[5]) Koningsberger, Med. s'Lands Plantent. 54, 1902, p. 26—28.
[6]) Palmer, Yearb. U. S. Dept. Agric., 1898, p. 90. 96—98, fig. 6. — Koningsberger, l. c., Med. 14, 1901, p. 116; Med. 54, 1902, p. 34—36. — Bartels, Bull. Dépt. Agric. Ind. Néerl. No. 20, 1908, p. 12.

schmähen Früchte ebensowenig wie die meisten anderen Insekten
fressenden Tiere; selbst der Vampyr, **Vampyrus spectrum** L.[1]), macht
keine Ausnahme.

Rodentia, Nagetiere[2]).

Von dieser größten Ordnung der Säuger sind wohl alle Mitglieder
als Pflanzenschädlinge anzusehen; die Mehrzahl kommt aber, als in
freiester Wildnis lebend oder als zu selten **(Biber)**, für uns nicht in
Betracht. Der Rest birgt allerdings die schädlichsten Säugetiere und
mit die schädlichsten Tiere überhaupt.

Leporiden, Hasen.

Hase, Lepus timidus L., und **Kaninchen, L. cuniculus** L.[3]),
sind im ganzen paläarktischen Gebiete verbreitet, beide nach Südafrika,
letzteres auch nach Australien, Neu-Seeland und Tasmanien eingeführt.
Letzteres gehört zu den allerschlimmsten Schädlingen, nicht nur direkt
durch seinen Fraß, sondern fast noch mehr indirekt durch sein Wühlen,
zumal es sich überreichlich vermehrt und kaum einzuschränken ist.
Beide schaden mehr oder weniger auf Feldern, namentlich in jüngeren
Saaten. Schlimmer aber ist ihr Verbiß an Bäumen, der besonders im
Winter oft großen Umfang erreicht. Er ist kenntlich an den scharfen
Spuren der großen Nagezähne und bleibt immer über der Erde. Während
sich der Hase fast ausschließlich an Laubbäume hält, geht das Kaninchen
auch Nadelhölzer an. Akazien werden bevorzugt, demnächst Obstbäume.
Die Rinde wird in großen Plätzen abgeschält, auch abgezogen. Namentlich in Baumschulen und Forstkämpen oft verheerend. Ferner äsen sie
die Knospen und jungen Triebe von Sträuchern und jüngeren Bäumen
ab, wobei auch der Hase Fichten annimmt.

Hierher gehören wohl auch die „Bilmen"- oder „Durchschnitte",
die als 10—20 cm breite, gerade Gänge im Hochsommer durch das
reifende Getreide entstehen, und in denen die Halme 10—15 cm hoch
glatt abgebissen sind. Sie scheinen von älteren Hasen hervorgerufen
zu werden[4].

In Australien haben sich die Kaninchen, da natürliche Feinde fehlen,
bald in solchem Umfange vermehrt, daß sie die Landwirtschaft auf das

---

[1]) Martin, Illustr. Naturgesch. d. Tiere, Bd. 1, 1882, S. 79. — Brehm's Tierleb.,
3. Aufl., Bd. 1, 1890, S. 327, 375—376.

[2]) Die Nageschäden der mitteleuropäischen Nager sucht v. Schilling auseinander
zu halten: Prakt. Ratg. Obst- u. Gartenbau 1900, S. 197—199, 206—209, 216—217,
226—227, 37 Fign. — Eine recht gute Zusammenstellung gibt Wolff: Kais.-Wilh.-
Inst. Landwirtsch. Bromberg, Abt. Pflanzensch., Flugbl. 12—14, 1911.

[3]) Palmer, U. S. Dept. Agric., Div. Mammal. Ornith., Bull. 8, 1896, 88 pp.,
7 Pls., 3 figs. — Appel u. Jacobi, Kaiserl. biol. Anst. Land- u. Forstwirtsch.,
Flugbl. 7, 3 S.; ibid., Arbeiten, Bd. 2, 1901, S. 471—505, 6 Fign., 1 Karte. — Bruce,
Agr. Gaz. N. S. Wales Vol. 12, 1901, p. 751—769, 6 figs. — Faber, Monatschr. Ges.
Naturfrde. Luxemburg, N. F., Bd. 2, 1908, S. 250—258. — Friedericus, Nat. Zeitschr.
Land- u. Forstwirtsch. Bd. 6, 1908, S. 161—196, 2 Tafn., 1 Karte. — Lantz, Yearb.
U. S. Dept. Agric. 1907, p. 329—342, Pl. 37, 38, fig. 34. — Nelson, North Amer.
Fauna No. 29, 1910, 314 pp., 13 Pls., 19 figs. — Noël, Bull. Labor. région. Ent. agr.,
I er Trim. 1913, p. 1.

[4]) Marshall, Plaudereien und Vorträge, Bd. 2, Leipzig 1895, S. 144—151. —
Hiltner, Prakt. Blätter Pflanzenb., -schutz, Jahrg. 9, 1911, S. 114—116, 125—128. —
Zimmermann, ibid., S. 157—159. — Steffes, Nat. Zeitschr. Land-, Forstwirtschaft,
Jahrg. 10, 1912, S. 332—336.

ernstlichste bedrohten. Besonders nahmen sie dem Weidevieh die Nahrung weg und unterminierten den Boden in einer für Mensch und Vieh gefährlichen Weise.

Abwehr: Schutz der natürlichen Feinde, besonders des kleineren Raubzeuges. Abschuſs, Frettieren, Fallenstellen, Ausgraben. Im groſsen hat sich namentlich Schwefelkohlenstoff bewährt: man läſst je 50 ccm von Stücken Sackleinen aufsaugen und stöſst diese in die Baue, worauf die Öffnungen geschlossen werden. Die Amerikaner legen mit Strychninkristallen vergiftete Stücke von Äpfeln, Karotten, Bataten, Melonenrinde usw. aus. Noël berichtet, daſs er mit einem von Dr. Loir, Direktor des Bureau d'hygiène zu Havre geschickten *„virus cholériforme“* einen groſsen Friedhof in acht Tagen völlig von ihnen befreit habe. In Australien hat man der Ausbreitung der Kaninchen nach Westen durch drei, zusammen 3230 km lange Drahtzäune Einhalt zu bieten gesucht. Selbstverständlich sind auch kleine Grundstücke, besonders aber einzelne Bäume durch solche erfolgreich zu schützen; sie müssen etwa 50 cm tief in die Erde gehen und mindestens ebenso hoch über sie aufragen. Anstreichen mit Karbolineum, Schwefelkalkbrühe, verschiedenen Tierfetten schützt ebenfalls mehr oder weniger lange. — In Australien und benachbarten Inseln hat man Frettchen und Wiesel gegen sie eingeführt. Seit 1873 sind sie dort ein wertvoller Exportartikel geworden; von 1873—1898 hat Neu-Seeland über 200 Mill. Stück exportiert, in den letzten Jahren durchschnittlich jährlich über 15 Mill.

In Nordamerika unterscheidet man mehrere Gattungen, 30 Arten und 60 Unterarten von Leporiden. Sie sind nicht so fruchtbar wie das Kaninchen und graben auch weniger. Sie schaden besonders an Klee, Luzerne, an jungen Pflanzen und an Früchten von Gurkengewächsen und fressen im Herbste auch Äpfel.

Auch in unseren Kolonien werden Hasen schädlich, in Deutsch-Südwestafrika, wo sie junge Casuarinen, Prosopis und Dattelpalmen über dem Boden abnagen, in Kiautschou durch Verbeiſsen in Waldkulturen, besonders an Akazien und Eſskastanien.

Sciuriden, Hörnchen.

Flughörnchen, Pteromys spp. der Alten Welt verzehren Früchte, besonders Feigen; **Sciuropterus**-Arten fressen reifende Kokosnüsse aus, um sie als Niststätte zu benutzen[1].

Das gemeine **Eichhörnchen, Sciurus vulgaris** L.[2], friſst auſser Insekten usw. Wald- und Obstsamen und -früchte und kann namentlich an letzteren ganz beträchtliche Verluste herbeiführen. Viel schlimmer aber wird es dadurch, daſs es Knospen von Nadelhölzern, besonders Fichte, ausfriſst. Oft beiſst es zu diesen Zwecke den ganzen Endtrieb ab und wirft ihn, nach Entleeren der Knospen, zu Boden. Am meisten aber schadet es durch Schälen und Ringeln von Nadelholzbäumen, namentlich Lärchen, dann Fichten. Es geschieht nur, wo saftreicher Splint ohne dickere Borke vorhanden ist, beginnt also gewöhnlich etwas unter dem Wipfel und reicht, je nach Dicke der Bäume, verschieden weit herab. Nagespuren sind höchstens am Rande der Schälstellen zu sehen;

---

[1]) Koningsberger, l. c. p. 46—49.
[2]) S. zahlreiche Aufsätze in der Naturw. Zeitschr. f. Land- u. Forstwirtsch., von Eppner, Koch und v. Tubeuf (1905), Fuchs u. Vay (1906), Fabrizius (1908). — Frankhauser, Schweiz. Zeitschr. Forstwes., Jahrg. 62, 1911, S. 116—122.

diese sind meistens rechteckig begrenzt und färben sich mit der Zeit dunkel. Sie führen zu argen Entstellungen, selbst zum Absterben der Baumgipfel; mindestens aber entwerten sie das Holz technisch. Knospen- und Rindenbeschädignngen erfolgen wohl nur bei Mangel an tierischer Nahrung, daher nicht in jedem Jahre und lokal beschränkt, erstere horstweise im Winter und Vorfrühling, letztere an einzelnen Bäumen im letzteren und Frühsommer. — Auch in der Umgegend von Kapstadt, wo das Eichhörnchen eingeführt wurde, wird es schädlich an Kieferntrieben und Obst.

Die übrigen **Baumhörnchen**[1] leben ähnlich; doch wird eigentlich nur über Schaden an Früchten und Samen geklagt: an Kokosnüssen, Kakaofrüchten, Feigen, Bananen, Kaffeebeeron usw., wie z. B. bei **Sc. cepapi** A. Sm. in Deutsch-Ostafrika, **Sc. bicolor** Sparrm. und **notatus** Bodd. auf Java, Sumatra, Borneo, **Sc. trivittatus** auf Ceylon. **Sc. palliatus** Pets. frifst in Deutsch-Ostafrika unreife Samen von Baumwolle und zerstört dadurch sehr viele Kapseln. **Sc. carolinensis** Gm., Nordamerika, lebt grofsenteil von Ulmensamen und beifst, um zu ihnen zu gelangen, die Zweigspitzen ab, die manchmal die Baumscheibe völlig bedecken. Eine unbestimmte Art tötete nach mündlicher Mitteilung von Fr. Suck auf Borneo im Laufe eines Vierteljahres viele Tausende von Durriahbäumen, indem die Tiere Löcher in den Stamm nagten.

Die **Erdhörnchen**, die Gattungen **Spermophilus** Cuv. **(Ziesel)** in Südostouropa und Zentralasien, **Xerus** Hempr. et Ehrenb. in Afrika, **Tamias** Ill. **(chipmunks)**, **Citellus** Ok. **(ground squirrels**[2]**)** und **Cynomys** Raf. **(Prairie-Hunde)** in Nordamerika[3] bewohnen vorzugsweise trockene, warme, steppenähnliche Gebiete, wo sie sich bis mehrere Meter tiefe Gänge bzw. Bauten in die Erde graben, mit oder ohne Hügel, und ernähren sich vorzugsweise von Gräsern und ihren Samen. Werden ihre Wohngebiete oder an sie anstofsendes Land kultiviert, so ziehen diese Hörnchen namentlich das Getreide, aber auch Klee, Luzerne, Hülsenfrüchte, dann Wurzelgewächse vor, schaden ganz besonders auch in Obstgärten durch Abfressen der Knospen, Entrinden der Wurzeln und Stammbasis (in einem Obstgarten Montanas wurden in einem Jahre 45000 Bäume getötet) und vermehren sich ins Ungeheuere, um so mehr, als die vordringenden Farmer gewöhnlich nichts Eiligeres zu tun haben, als deren natürliche Feinde: Haar- und Federraubzeug, in Amerika besonders die Klapperschlangen, abzuschiefsen bzw. zu vernichten. So werden diese Nager zu mehr oder weniger empfindlichen Feinden der menschlichen Kulturen, deren Bearbeitung sie aufserdem durch ihr Mensch und Vieh bedrohendes Wühlen in hohem Mafse erschweren. In Nordamerika haben die Präriehunde gelegentlich selbst den Menschen verdrängt bzw. die Urbarmachung des Bodens verhindert. So ist in Texas ein Gebiet von etwa 25000 engl. Quadratmeilen von gegen 400 Mill. Präriehunden **(Cyn. ludovicianus** Ord)[4] bewohnt, das über 1½ Mill.

---

[1] Preuss, Tropenpflanzer, Bd. 15, 1911, S. 64. — Koningsberger, l. c. p. 49—53. — Britton, Science N. S., Vol. 15, 1902, p. 950. — Vosseler, Ber. Land- u. Forstwirtsch. D.-O.-Afrika, Bd. 2, 1905, S. 503; Pflanzer, Bd. 1, 1905, S. 251, 352. — Delacroix, Maladies des Caféiers, Paris 1900, p. 200. — v. Faber, Arb. Kais. biol. Anst. Land- u. Forstw., Bd. 7, 1909, S. 339.

[2] Bailey, U. S. Dept. Agric., Div. Ornith. Mammal., Bull. 4, 1893, 69 pp., 3 Pls., 4 maps.

[3] Birdseye, Farm Bull. 484, 1912, 46 pp., 34 figs.

[4] Merriam, Yearb. U. S. Dept. Agric. 1901, p. 257—270, 3 Pls., 2 figs. — Scheffer, Trans. Kansas Acad. Sc. Vol. 23/24, 1911, p. 115—118.

Stück Rindvieh ernähren könnte. In Columbien ist **Cit. colum-bianus** Ord, in den Südstaaten **C. Beecheyi** Rich. [1]) die schädlichste Art. In Europa dringt der **Ziesel, Sperm. citellus** L. [2]), vom Süd-osten her in Deutschland ein. — Als Gegenmittel sind Strychnin-Ge-treide (nur im Winter und Frühjahre) und Schwefelkohlenstoff (30 ccm bei den kleineren, 45 bei den gröfseren Arten auf jeden Bau) anzuwenden, von alten Lappen oder trockenem Pferdemiste aufgesaugt. — Die amerikanischen Arten sind, wie auch andere Erdnager, besonders als Überträger pestartiger Krankheiten gefürchtet.

Die **Poket gophers, Geomyiden** [3]), Nordamerikas und Mexikos sind an Zahl den Prärichunden keineswegs gleich, aber nicht minder schädlich. So verursacht **G. bursarius** Shaw in Kansas jährlich für 500 000 $ Schaden. Sie leben fast ganz unterirdisch, in sehr ausgedehnten, aber verhältnismäfsig flach (15—25 cm tief) verlaufenden Gängen und kommen nur in der Dämmerung gelegentlich nach oben. Ihre Nahrung besteht in erster Linie aus Wurzeln; sie ziehen natürlich die weichen, saftigen der Kulturgewächse, wie von Klee, Luzerne, Kohl, Rüben, Kartoffeln usw., denen der wilden Präriepflanzen vor. Aber auch in Getreide, besonders Weizen, schaden sie ganz ungemein, nicht minder an Obst- und anderen, einzeln stehenden Bäumen, deren Wurzeln sie bis an den Stamm abnagen; letzteren ringeln sie häufig am Grunde. Da dies vorwiegend im Winter geschieht, wird ihre Anwesenheit ge-wöhnlich erst im Frühjahre gemerkt, wenn es bereits zu spät ist. Be-sonders den Baumschulen werden sie verderblich, da sie den Reihen folgend, Stamm nach Stamm der Wurzeln berauben. Durch Wühl-arbeiten und aufgeworfene Haufen sind sie fast noch lästiger als andere Erdnager. Von natürlichen Feinden sind vorzugsweise Eulen, Wiesel, wildernde Katzen und Schlangen (*Pituophis*) wichtig. Schwefelkohlen-stoff ist wenig wirksam; besser sind Strychninköder und Fallen, von denen es eine ganze Anzahl besonderer „*gopher*"-Fallen gibt.

Von den **Anomuriden** schadet der **Springhase, Pedetes caffer** Pall. [4]), in Südafrika an Feldfrüchten durch Frafs und Wühlen; er ist durch mit Arsenik vergifteten Mais zu beseitigen.

Die **Schläfer, Myoxiden** [5]), sind nächtliche Busch- und Baumtiere, die gut die Hälfte des Jahres im Winterschlafe zubringen. Sie leben hauptsächlich von Baumfrüchten und Insekten. Im freien Walde schaden sie wenig, in Obstgärten aber desto mehr, zumal sie mehr verderben als sie verzehren, sei es, dafs sie nur die Kerne aus dem Obste heraus-holen, sei es, dafs sie es nur zum Schmecken anbeifsen. Von ihrer Heimat, Südost- und Südeuropa, dringen sie immer weiter nach Westen und Norden vor. In Frankreich ist namentlich der Gartenschläfer häufig, in Deutschland ist er noch auf den Südosten und Südwesten beschränkt.

---

[1]) Rucker, Journ. Amer. med. Assoc., Vol. 53, 1909, p. 1995—1999, fig. 1. — Merriam, U. S. Dept. Agric., Biol. Surv., Circ. 76, 1911, 15 pp., 4 figs.

[2]) Jacobi, Arb. Kais. biol. Anst. Land- u. Forstwirtsch., Bd. 2, 1902, S. 506—511, 1 Fig.; Arch. Naturg. 1902, Bd. 1, S. 199—238, 3 Fign.

[3]) Bailey, l. c., Bull. 5, 1895, 47 pp., 3 Pls., 1 map., 6 figs. — Merriam, N. Americ. Fauna No. 8, 1895, 258 pp., 20 Pls., 4 maps, 21 figs. — Lantz. Kansas agr. Exp. Stat., Bull. 116, 1903. p. 147—163, 8 figs.; Yearb. U. S. Dept. Agric. 1909, p. 209—218, Pl. 8—10, fig. 1. — Scheffer, Kansas agr. Exp. Stat., Bull. 152, 1908, p. 110—145, 13 figs.; Trans. Kansas Acad. Sc., Vol. 23/24, 1911, p. 109—114.

[4]) Agr. Journ. Union S. Africa, Vol. 3, 1912, p. 135—136.

[5]) Schollmeyer, Centralbl. ges. Forstwes., Jahrg. 24, 1898, S. 203—208, 4 Fign. — Fuchs. l. c.

Nur die **Haselmaus, Muscardinus avellanarius L.**[1]), geht auch in die Ebenen, der **Siebenschläfer** oder **Bilch, Myoxus glis L.**, und der **Gartenschläfer, Eliomys** (*quercinus* L.) **nitela Pall.**[2]), bleiben im Gebirge. Die erstgenannte Art steht im Verdachte, auch Nadelholztriebe zu verbeisfen und ihre Knospen auszufressen; der Bilch ringelt Nadelhölzer und Laubhölzer, ähnlich wie das Eichhörnchen, nur in engeren Spiralen.

Von den **Springmäusen. Dipodiden**, werden **Zapus hudsonius** Zimm. und **insignis** Mill. in Nordamerika nicht selten schädlich.

Muriden, Mäuse[3]).

Diese gröfste Familie der Säugetiere enthält nicht nur die meisten, sondern auch die schlimmsten Schädlinge in phytopathologischer Hinsicht und als Überträger von Krankheiten. Nahrung in erster Linie Sämereien, dann Wurzeln, Grünzeug, Früchte, Rinde, Holz usw. Die meisten Arten auch in mehr oder minderem Mafse karni- bzw. insektivor; der dadurch gelegentlich gestiftete Nutzen ist aber bei keiner Art grofs genug, um dem Schaden die Wage zu halten, und wird zum grofsen Teile schon dadurch aufgehoben, dafs die Mäuse die für die Befruchtung der Kleearten usw. so wichtigen Hummeln fressen. Der Nutzen, den die meisten Mäuse durch ihr Wühlen für die Bodenbearbeitung leisten, ist nicht allzu gering. Vielfach wird darüber geklagt, dafs Mäuse, wie überhaupt die meisten Pflanzenfresser, in den letzten Jahrzehnten überhand genommen hätten, als Folge der weitgehenden Vertilgung des Raubzeuges.

Murinen, Echte Mäuse.

Schnauze spitz, Ohren grofs, Schwanz lang. Mehrere Arten über die ganze Erde verschleppt und zu den schädlichsten Tieren überhaupt gehörend. In Europa nur wenige Arten im Freien. Am vielseitigsten ist die **Wald-** oder **Springmaus, Mus sylvaticus L.**[4]), in der Ebene und im Gebirge, im Wald und Feld, in die Häuser vordringend und hier vielfach die Hausmaus verdrängend. Im Walde namentlich die Mast beeinträchtigend, holt sie sich aber auch die reifen Samen aus der Krone. Im Felde an Getreide und Hülsenfrüchten manchmal bedeutend schädlich. Sie schält nie, verzehrt aber im Forste Keime und Knospen junger Pflänzchen. Die **Brandmaus, M. agrarius** Pall., lebt vorwiegend in lichten Gehölzen und im Gebüsche der Niederungen, geht aber auch in die Felder. Grofsenteils unterirdisch, daher besonders schädlich an Kartoffeln, Rüben, Saat usw., aber auch oberirdisch an Körnerfrüchten. Zur Erntezeit zieht sie sich in die Diemen, die sie vollständig zerwühlen kann; von hier aus gelangt sie auch vorübergehend in Gebäude. — Die oberirdisch in Niederungen lebende Zwerg-

---

[1]) Barras, Schweiz. Zeitschr. Forstwes., Jahrg. 47, 1896, S. 256—257.

[2]) v. Schilling, Prakt. Ratg. Obst- u. Gartenbau 1887, S. 453—454, Fign. — Dufaut, Bull. Soc. Hist. nat. Toulouse, T. 40, 1907, p. 18—20. — Ritzema Bos, Tijdschr. Plantenz., Jaarg. 17, 1911, p. 18—29. 1 Pl.

[3]) Poppe, S. A., Über die Mäuseplage im Gebiet zwischen Ems und Elbe und ihre Verhinderung, Bremerhaven. Ver. Naturk. Unterweser, 1902, 8°, 67 S. — Klunzinger, Jahresh. Verein vaterl. Naturk. Württemberg, Jahrg. 64, 1908, S. XXXI bis XXXVIII. — Teidoff, Zool. Beobacht., Jahrg. 49, 1908, S. 296—303. — Piper Yearb. U. S. Dept. Agric. 1908, p. 301—310, 5 Pls.

[4]) Ritzema Bos, l. c., Jaarg. 17, 1911, p. 61—79, Pl. 1—6.

maus, **M. minutus** Pall., frifst vorwiegend Sämereien, besonders Hafer; sie klettert an den Halmen in die Höhe, um teils die Körner aus den Ähren zu fressen, teils die Ähren abzubeifsen [1]).

Die **Wanderratte. M.** (*norvegicus* Erxl.) **decumanus** Pall.[2]), stammt aus Asien; 1727 überschwamm sie die Wolga; wenige Jahre später kam sie nach West- bzw. Mitteleuropa aus Indien über England und zugleich aus Rufsland. Auch heute noch auf fast allen Schiffen vorhanden. In Europa hat sie die einheimische Hausratte fast ganz verdrängt, kommt aber im Freien kaum vor. Namentlich in den Tropen besiedelt sie auch die Felder und ist z. B. auf Jamaica und Java der schlimmste Feind des Zuckerrohres geworden, auf S. Thomé des Kakaos. Auf Jamaica[3]) kostete sie bis 1872 jährlich an direktem Ernteverlust und durch Bekämpfungsmafsregeln 100000 £; dann führte man zu ihrer Beseitigung, wie auch auf Trinidad, Barbados, Portorico, Hawaii usw., Mungos, *Herpestes griseus* Geoffr., ein, die den Schaden nach 10 Jahren auf 45000 £ heruntergebracht hatten, sich dann aber für die einheimische Fauna verhängnisvoll erwiesen. - Auch in Nordamerika ist die „*brown rat*" im Felde ungeheuer schädlich; sie gräbt die Saat und die Keimpflänzchen aus, frifst das reifende, besonders aber das geerntete Getreide, Tomaten, Gurkenfrüchte, Beeren- und anderes Obst, das sie sich selbst von den Bäumen herunterholt. Besonders schädlich im Süden, an Mais, Reis, Zuckerrohr, Südfrüchten, einschliefslich Kokosnüssen. In den Warmhäusern frifst sie Blumenzwiebeln, mit Ausnahme von Hyazinthen, alle weiche saftige Pflanzenteile und Blüten. In den Tropen im Freien nicht selten in Gemeinschaft mit **M. rattus** L. und **alexandrinus** Is. Geoffr.[4]); erstere frifst in Australien verschiedene Früchte, hängende, abgefallene und geerntete, und Samen[5]). — **M. doriae** Trouess.[6]), holt sich in Neu-Guinea die Kokosnüsse aus den Kronen.

Cricetomys gambianus Waterh.[7]), Westafrika, stellenweise grofse Verheerungen an Kakao, geht ausgelegten Saatbohnen nach, frifst die tiefhängenden Früchte ab; auch an Ananasfrüchten.

Golunda Elliotti Gray[8]) überfällt auf Ceylon, wenn im Dschungel nicht genügend Nahrung vorhanden ist, die Kaffeepflanzungen und zerkauen die jungen Triebe, offenbar um ihren Saft zu saugen.

Arvicolinen, Wühlmäuse[9]).

Schnauze stumpf, Ohren klein, Schwanz kurz. Mehr Feld- und Waldbewohner als jene und hier weitaus schädlicher. Wie ihr Name sagt, leben sie fast ausschliefslich unter der Erde und schaden daher

---

[1]) Spiekermann, Prakt. Blätt. Pflanzenb.-, -schutz, Jahrg. 10, 1912, S. 53—54.
[2]) van Deventer, Dierl. Vijand. Suikerr., Amsterdam 1906, p. 6—10, fig. 7, 8. — Lantz, U. S. Dept. Agric., Farm. Bull. 369, 1909, 20 pp., 5 figs; Biol. Surv., Bull. 33, 54 pp., 3 Pls. — Boelter. The Rat problem, London 1910.
[3]) Duerden, Journ. Inst. Jamaica, Vol. 2, 1899, p. 288—291. — Labroy, Journ. Agr. trop. 1911, p. 525—529. — Palmer, Yearb. U. S. Dept. Agric. 1898, p. 93—96, Pl. 8.
[4]) Soskin, Tropenpflanzer, Jahrg. 8, 1904. S. 432—438.
[5]) Waite and Thomas, Proc. zool. Soc. London 1897, p. 857—860.
[6]) Preuss, Tropenpflanzer, Jahrg. 15, 1911, S. 65.
[7]) Preuss, ibid., Jahrg. 7, 1903, S. 349. — Busse, Beih. ibid., Lief. 7, 1906, S. 184
[8]) Delacroix, Maladies des Caféiers, p. 100.
[9]) Eckstein, Nat. Zeitschr. Land- u. Forstwirtsch., Jahrg. 2, 1904, S. 81—88, 1 Fig. — Rörig, Mitt. Kais. biol. Anst. Land- u. Forstwirtsch., Heft 12, 1912, S. 22 bis 25, Fig.

besonders durch Fraſs an Wurzeln. Viele altweltliche Arten halten einen mehr oder minder ausgeprägten Winterschlaf; um in seinen Unterbrechungen nicht ohne Nahrung zu sein, werden oft recht beträchtliche Wintervorräte angelegt, die natürlich einerseits das Schadenkonto vergröſsern, andererseits aber manchmal groſs genug sind, um von Menschen aufgesucht zu werden, als Bereicherung ihrer Nahrungsquellen. Nur die **Rötelmaus, Evotomys** (*Hypudaeus hercynicus* Mehl.) **glareolus** Schreb.[1]), Europa, Asien, macht in der Lebensweise eine Ausnahme. Sie bewohnt Wälder und Hecken auf bindigem, humosem Boden, in Ebene und Gebirge, ist vorwiegend karnivor, friſst aber auch Sämereien, entrindet Nadel- und Laubholz, besonders Lärche, bis in 4 m Höhe und beiſst an Fichte, seltener Tanne, Triebe ab und Knospen aus. — **Ev. Gapperi** Vigs. in Nordamerika schädlich; desgleichen **Synaptomys Cooperi** Baird[2]).

Arvicola (Microtus) arvalis Pall.[3]), die **Feldmaus** Mittel- und Südeuropas und Asiens, bewohnt alle Böden in Gebirge und Ebene, besonders aber die baumleeren, trockenen Kultur- (Getreide-) böden, wenn nur starker Gras- oder Krautwuchs vorhanden ist, in dem sie ihre oberirdischen offenen Laufgänge anlegen kann. Ihre Bauten legt sie unterirdisch an und wühlt auch ausgedehnte Gänge. Nach günstigen, d. h. milden Wintern und feuchten Sommern vermehrt sie sich oft plötzlich ins Ungemessene, um gewöhnlich schon im nächsten Jahre wieder zur normalen Zahl oder unter diese zurückzusinken, offenbar infolge von Krankheiten, die durch Nahrungsmangel, ungünstige Witterung usw. entstehen, und sich unter den ungeheueren Mengen rasch und leicht ausbreiten. Albinismus soll diese konstitutionelle Schwächung anzeigen, die besonders für die späteren Würfe des Jahres charakteristisch ist, so daſs schlieſslich nur die stärksten, bereits im Frühjahre geborenen Individuen überwintern. Die Durchwühlung des Bodens, das Verwesen der riesigen Mengen im Boden bedingen dann meistens, auf ein Mäusejahr folgend, 1—2 ungewöhnlich günstige Jahre, die den Schaden mehr oder weniger wieder ausgleichen. Schon in der Bibel wird über solche Plagen berichtet; sie wiederholen sich in unbestimmten Zwischenräumen, während etwa alle drei Jahre normal eine stärkere Vermehrung eintreten soll. Von kahl gefressenen Feldern wandern die Mäuse nicht selten in ungeheueren Scharen aus. — Die Feldmaus geht auch in den Wald, vorzugsweise in Lichtungen oder an Stellen voraufgegangenen groſsen Raupenfraſses, durch den hier dichteren Pflanzenwuchs, im letzteren Fall vielleicht auch durch die in der Erde liegenden Puppen angelockt. Sie benagt hier junge Stämmchen dicht über der Erde bis ins Holz und friſst von einjährigen Kiefern die Spitzen aus. — In Südeuropa (Thessalien!) wird sie vertreten durch **A. Hartingi** Barr. Hamilt.

Die nur flach wühlende **Erdmaus, A. agrestis** L.[4]), verursacht

---

[1]) Ritzema Bos, Tijdschr. Plantenz., Jaarg. 17, 1911, p. 80—95, Pls.

[2]) Brooks, W. Virginia agr. Exp. Stat. Bull. 113, 1908, p. 89—133. 9 Pls., 1 fig.

[3]) Bubák, Zeitschr. Zuckerind. Böhmen 1902, Heft 2, 7 S. — S. ferner besonders zahlreiche Aufsätze von Hiltner, Korff und Lang in den Prakt. Blätt. f. Pflanzenbau u. -schutz.

[4]) Harting, J. E., etc., Report of the Department Committee appointed by the Board of Agriculture to enquire into a plague of Field Voles in Scotland. London 1893, 98 pp., figs. — Perrier de la Bathie, Rev. Vitic. Ann. 12, T. 23, 1905, p. 44—48, 212—216, 238—240, 720—721, 9 figs. — Eckstein, Nat. Zeitschr. Land- u. Forstwirtsch., Bd. 7, 1909, S. 586—588, 2 Fign. — Hotter, Zeitschr. landw. Versuchswes. Österr.,

die Mäuseplagen in Nordeuropa und England; aber auch im übrigen
Europa überall, mit Vorliebe jedoch in feuchtem Boden, im Walde,
mindestens aber in der Nähe von Gebüsch, Gestrüpp oder Heide.
Sie schadet mehr als irgendeine andere Art an Bäumen. Kleinere
Stämmchen benagt sie oberirdisch bis zu 3—4 m Höhe tief ins Holz
hinein und beifst an Fichten und Kiefern die Endtriebe ab. Unterirdisch frifst sie bis daumensdicke Wurzeln von Obst- und Waldbäumen,
besonders von Apfel, Rose, Johannisbeere, Weinrebe vollständig durch;
aber selbst gröfste und stärkste Wurzeln entrindet sie. Im Winter
geht sie auch in Häuser.

Die **Wühl-** oder **Wasseratte**[1]), gewöhnlich **Wühl-, Moll-, Scheer-**
oder **Reutmaus** genannt, tritt in zwei Formen auf, die neuerdings
wieder zu selbständigen Arten erhoben werden. Die hellere Form,
A. terrestris L., lebt auf trockenem Boden, die dunklere, **A. amphibius** L., am bzw. im Wasser. Sie ist über ganz Europa verbreitet,
in der Ebene wie im Gebirge, und in jedem Boden, aber kultivierten
vorziehend, den Hochwald meidend. Sie wühlt ausgedehnte, ganz flache
und tiefer verlaufende Gänge und wirft unregelmäfsige, aus grofsen
Brocken bestehende, immer geschlofsene Haufen auf. Sie verzehrt mit
besonderer Vorliebe das Wurzelholz von Obst- (besonders Apfel-) und
Forstbäumen (besonders Ahorn, Eiche). An jüngeren Stämmchen nagt
sie die ganzen Wurzeln ab, ältere entrindet sie mehr dicht über der
Erde. Vor allem in Baumschulen verderblich, wo sie oft in kurzer
Zeit ganze Reihen entwurzelt. Getreidehalme schneidet sie dicht über
der Erde ab. Für den Winter trägt sie grofse Vorräte von Knollen,
Zwiebeln, Getreide usw. ein.

Die übrigen europäischen Wühlmäuse, wie **Arv. subterraneus** Sél.,
ratticeps Blas. und Keys.[2]), usw. treten in ihrer Bedeutung gegen die
genannten sehr zurück. — **Arv. oeconomus** Pall. in Sibirien wandert
ähnlich wie die Lemminge.

Auch Nordamerika[3]) hat zahlreiche Wühlmäuse (78 Arten),
von denen aber nur wenige (**A. pennsylvanicus** Ord = austerus Le C.,
ochrogaster Wagn., **pinetorum scalopsoides** Aud. and Bach) in
gröfserem Mafsstabe schädlich werden, und auch das erst in den
letzten 30 Jahren, seitdem die vorrückende Kultur ihnen günstigere
Lebensbedingungen geschaffen und ihre Feinde zurückgedrängt hat. Die
einzelnen Arten verhalten sich in bezug auf Lebensweise und Vorkommen
sehr verschieden; doch lieben sie alle dicht bewachsenen Boden. Sie
halten keinen Winterschlaf, tragen aber ebenfalls nicht selten Vorräte
ein. Am schlimmsten ist der Schaden im Winter. Auf Wiesen und
Weiden fressen sie unter der schützenden Schneedecke die Herzen der
Pflanzen aus, besonders z. B. auch der Erdbeeren, und ringeln sowohl

Jahrg. 12, 1909, S. 34—41, 1 Fig. — Löschnig u. Schechner, Die Wühlmaus, ihre
Lebensweise und Bekämpfung, Wien 1911, 15 S., 1 Taf., 13 Fign.
[1]) Eppner, Nat. Zeitschr. Land- u. Forstwirtsch., Jahrg. 1, 1903, S. 404—412,
3 Fign. — Reh, Zeitschr. Pflanzenkr., Bd, 18, 1908, S. 18—26, 4 Fign. — Korff,
Prakt. Blätt. Pflanzenbau u. -schutz. Jahrg. 6, 1908, S. 100—107, 3 Fign. — Hotter,
l. c. — Löschnig u. Schechner, l. c. — Ritzema Bos, Tijdschr. Plantenz.. Jaarg. 18,
1912, p. 16—20, 1 Pl.
[2]) Rörig, Mitt. Kais. biol. Anst. Land- u. Forstwirtsch., Heft 8, 1909, S. 29—33;
Arb. ders., Bd. 7, 1909, S. 429—472, 4 Tafn., 65 Fign. — Eckstein, Nat. Zeitschr.
Land- u. Forstwirtsch., Jahrg. 1911, S. 55—58, Fig.
[3]) Lantz, Yearb. U. S. Dept. Agric. 1905, p. 363—376, Pl. 38—41, fig. 89; Biol.
Surv., Bull. 31, 1907, 64 pp., 8 Pls., 3 figs. — Piper, Yearb. 1908. p. 301—310, 5 Pls.

die Ruten von Him- und Brombeeren wie junge Obstbäume; wie überhaupt der Schaden in Obstgärten mit am gröfsten ist. Vom Wintergetreide verzehren sie nur die grünen Blättchen; dagegen beifsen sie im Sommer die Getreidehalme durch, um zu den Ähren zu gelangen. Besonders gefährdet sind im Winter Heuschober und Getreidediemen, die nicht selten vollständig von ihnen zerstört werden. In Gärten fressen sie vor allem Wurzel-, Knollen- und Zwiebelgewächse, sowie überhaupt alles Weiche, Saftige. Man hat berechnet, dafs jede Wühlmaus im Jahre 24—36 (engl.) Pfund Nahrung gebraucht; der ganze von ihnen in den Vereinigten Staaten verursachte Schaden wird auf durchschnittlich 3 Millionen $ jährlich geschätzt. Ein Obstzücher verlor im Winter 1901/02 allein in seinen Baumschulen für 100 000 $ junge Bäumchen.

Die **Zibethratte**, muskrat, **Fiber zibethicus L.**[1]), wird in manchen Teilen Amerikas dem in Flufsniederungen angebauten Getreide, Reis, Gemüse und den Seerosen verderblich; im allgemeinen überwiegt aber ihr Nutzen als Jagd- (Pelz- und Speise-) wild. — Die ungeheuern Scharen von **Lemmingen**, (Lemnus) **Myodes lemnus L.**, wie sie sich von Zeit zu Zeit zu Wanderzügen vereinigen, vernichten natürlich die ihnen in den Weg kommenden Kulturpflanzen, treten aber doch nur selten auf und sind rasch vorübergehend.

Cricetinen, Hamster-ähnliche Nagetiere.

Der in Osteuropa heimische, von da nach Osten und Westen bzw. Norden sich ausbreitende **Hamster, Cricetus** (cricetus L.) **frumentarius Pall.**[2]), fehlt noch in ganz Südeuropa, südlich der Alpen, und in Nordeuropa und ist besonders über das mittlere Deutschland verbreitet. Er ist ein reines Steppentier, das sich am wohlsten in fruchtbarem, trockenem, festem Boden, also in Getreidefeldern, fühlt. Seine Hauptnahrung sind Körnerfrüchte; doch frifst er auch Knollen, Rüben, Wurzeln und Grünzeug. Schädlich wird er einmal durch seine starke Vermehrungsfähigkeit (1817 wurden bei Gotha 111817 Stück gefangen) und dann durch die grofsen, in seinen Backentaschen eingetragenen Wintervorräte, die bis zu $\frac{1}{4}$ hl Körnerfrüchte für einen Bau betragen können.

In Nordamerika[3]) sind ferner noch in ähnlicher Weise schädlich: **Peromyscus leucopus Rafin.** und **canadensis Mill.**, **Reithrodontomys lecontei impiger Bangs.** Die **Sigmodon-** und **Oryzomys**-Arten[4]) sind in den Südstaaten sehr gefährliche Feinde der Reis- und Zuckerrohrkulturen; ferner verzehren sie jede Art weicher, saftiger Früchte von Melonen, Tomaten, Beerenobst bis zu Baumobst, Südfrüchten und Kokosnüssen; erstere sind im Südwesten die schlimmsten Schädlinge der Dattelkultur. Sie leben mehr oberirdisch und klettern sehr gewandt.

Überaus zahlreich sind die Berichte über „Ratten", weniger die über „Mäuse", ohne weitere Bezeichnung. Bei ersteren dürfte es sich fraglos in vielen Fällen um die Wanderratte handeln, bei letzteren wohl meistens um Wühlmäuse.

---

[1]) Lantz, U. S. Dept. Agric., Farm. Bull. 396, 38 pp., 5 figs.
[2]) Sulzer, Versuch einer Naturgeschichte des Hamsters, Göttingen 1774. — Berge, Jahresber. Ver. Naturk. Zwickau 1895, S. 65 –68. — Jacobi, Kais. Gesundheitsamt, Biol. Abt., Flugbl. 10, 1901, 4 S., 1 Fig. — Schuster, L., Zool. Gart., Jhg. 44, 1903, S. 229—230. — Schuster, D., ibid. 46, 1905, S. 52. — Staës, Tijdschr. Plantenz. D. 4, 1898, p. 173—192, 3 Fign.
[3]) Brooks, l. c.
[4]) Lantz, U. S. Dept. Agric., Biol. Surv., Bull. 33, 1909, p. 21.

So schaden **Ratten**[1]) an Mais und Kakao in Togo, in Ost- und Westafrika an Castilloa, in Ostafrika an Baumwolle, indem sie die unreifen Samen aus den Baumwollkapseln fressen und dabei natürlich deren ganze Wolle verderben; auf Zanzibar sind sie so häufig, dafs 1910 52 136 Stück abgeliefert wurden. Ganz besonders schlimm hausen sie auf Samoa an Kokospalmen bzw. -nüssen und an Kakaofrüchten. Auf Trinidad, Martinique und Madagaskar sind sie die ärgsten Feinde des Zuckerrohres. Auf den Philippinen erklettern sie die Kokospalmen, um die Nüsse zu rauben; in Queensland schaden sie an Zuckerrohr, Bananen, Bataten usw.

Mäuse schaden besonders in Deutsch-Südwestafrika, wo sie den Feldern und Weiden arg zusetzen. Auch in Deutsch-Ostafrika wird verschiedentlich über Mäuseschaden geklagt; ganze Kulturen von Dividivi müssen mit Drahtnetzen eingeschlossen werden. In Peru fressen sie die Baumwollsamen aus den Kapseln aus. — Die verschiedenen Berichte über „Spitzmäuse"[2]), die z. B. in Deutsch-Ostafrika Saatbeete von Manihot, in Westafrika solche von Kakao ausfressen, dürften wohl auf echte Mäuse zurückzuführen sein.

Die Bekämpfung[3]) der Ratten und Mäuse ist keineswegs leicht, da einmal nicht alle Gifte gleich wirksam sind, an einige sich diese Nager sogar gewöhnen können; dann, weil sie mit ihrem feinen Witterungsvermögen sehr bald Verdacht schöpfen. In erster Linie ist immer die Hege ihrer natürlichen Feinde zu empfehlen; in Gebäuden, Gärten und deren nächster Nachbarschaft lassen gute Katzen eine Plage nie aufkommen. Ratten können geschossen werden. Zahlreiche Fallen sind gegen sie erfunden, die besonders gegen die grabenden Arten wirksam sind. Sehr gut sind die einfachen Zangenfallen, auch die Röhrenfallen. Die Zürnersche „Wühlmausfalle" (Gebr. Zürner, Marktleuthen im Fichtelgebirge, je 4,50 Mk.[4]) wird sehr gerühmt. Wasserratten fängt man mit Reusenfallen, die vor den unter Wasser befindlichen Ausgang ihres Baues gesetzt werden. Forstkämpe schützt man durch steilwandige Laufgräben, in die hie und da tiefe, glattwandige Töpfe (unten verschlossene Drainröhren) eingelassen sind. Die Anamiten[5])

---

[1]) Über Ratten im allgemeinen, auf S a m o a im besonderen, siehe: Soskin, Tropenpfl. Bd. 8, 1904, S. 432—438, über letzteres allein noch: ibid., Bd. 3, 1899, S. 127; Meyer-Delius, ibid.. Bd. 8, 1904, S. 688—689; Bd. 11, 1907, S. 327. — Betr. D e u t s c h - O s t - A f r i k a siehe die Berichte von Amani u. den „Pflanzer". — Betr. T o g o siehe Liebl, Tropenpfl. Bd. 13, 1909, S. 286. — Betr. D e u t s c h - S ü d - W e s t - A f r i k a : Gessert, ibid. Bd. 2, 1898, S. 63; Windhuk. Nachr. vom 17. Febr. 1909; Pflanzer Bd. 8, 1912, S. 159—160. — M a d a g a s k a r : Boname, Journ. Agr. trop, Ann. 3, 1903, p. 46—48. — P h i l i p p i n e n : Preuss, Tropenpfl. Bd. 15, 1911, S. 64—65. — Q u e e n s l a n d : Jodrell, Trop. Agric. Vol. 36, 1911, p. 426—428. — P e r u : Zimmermann, Baumwolle, S. 98.

[2]) Z. B. Preuss, Tropenpfl. Bd. 7, 1903, S. 349. — Ranniger, Pflanzer Bd. 3, 1907, S. 138.

[3]) Rörig u. Appel, Kais. Gesundheitsamt, Biol. Abt., Flugbl. 13, 1901, 4 S., 1 Fig. — Vosseler, Pflanzer Bd. 1, 1905, S. 28—30; Bd. 3, 1907, S. 63—64. — Kirchner, Anst. f. Pflanzensch. Hohenheim, Flugbl. 8, 1907, 3 S. — v. Tubeuf, Nat. Zeitschr. Land- u. Forstwirtsch. Bd. 5, 1907, S. 86—92. — Lantz, Yearb. U. S. Dept. Agric. 1908, p. 421—432; Farm. Bull. 369, 1909, 20 pp., 5 figs. — Gallagher, Federat. Malay Stat., Dept. Agr., Bull. 5, 1909, 9 pp. — Journ. Board Agric. London, Vol. 17, 1910, p. 731—736; Leafl. 244, 4 pp. — Fulmek, Wiener landw. Zeitg., Jahrg. 60, 1910, S. 304. — Labroy, Journ. Agric. trop. Ann. 11, 1911, p. 135—139. — S. auch: Hiltner, Pflanzenschutz nach Monaten geordnet, Stuttgart 1909, S. 401—408. — Birdseye, Farm. Bull. 484, 1912, 46 pp., 34 figs.

[4]) Zürner, Nat. Zeitschr. Forst- u. Landwirtsch. Bd. 1, 1903, S. 315—319, 4 Fign.

[5]) Vosseler, Pflanzer, Bd. 3, 1907, S. 63.

häufen in ihren Pflanzungen abwechselnd Schichten von Reisig und Stroh aufeinander, zwischen die sie als Köder Früchte und Krabben legen. Nach 14 Tagen werden sie mit engem, sechs Fuſs hohem Bambusgitter umstellt, die Haufen auseinandergezerrt und die herauskommenden Ratten erschlagen. Vielfach ist bei Feldmäusen auch üblich, Wasser in ihre Löcher zu gieſsen, wobei ebenfalls die herausflüchtenden Mäuse erschlagen werden, wie z. B. auch hinter dem Pfluge, usw. In Schottland (Harting, l. c.) erwies sich Abbrennen der Viehweiden und Heiden als recht wirksam.

Am meisten werden wohl G i f t e angewandt. Sie sind von gröſstem Erfolge von Herbst bis Frühjahr, wenn es an natürlicher Nahrung mangelt. Zweckmäſsig werden die Giftköder mit Witterung versehen, um den menschlichen Geruch zu unterdrücken und die Nager anzulocken; Anisöl ist hier von besonderer Wirkung. Auch die Art des Köders ist von Bedeutung; sie wechselt nach den betreffenden Arten und nach der Art des Giftes. Am sichersten wirkt Strychnin, als Giftgetreide, oder indem Klee, Luzerne usw. damit getränkt werden; gegen die Rindennager wird empfohlen, Apfelzweige in Strychninlösung zu tauchen und auf den Gängen auszulegen. Kartoffeln, Rüben, Bananen, Bataten werden längs auseinandergeschnitten, die Schnittflächen mit Strychnin, Arsenik oder Pariser Grün bestrichen, wieder aneinandergebunden und ausgelegt. Auch mit Arsensalzen vergiftete Luzerne, Weizen usw. sind sehr wirksam. Von besonderer Bedeutung ist das Baryumkarbonat in Form von Pillen oder Brotstückchen. Phosphor wird nicht immer gern genommen; er bedarf besonders guter Lockspeise und Witterung, ist dann aber auch sehr wirksam. Steckt man mit Phosphorbrei bestrichene Stöckchen in die Gänge, so schmieren die vorbeidrängenden Mäuse sich den Brei aufs Fell, wo er anfängt zu jucken; die Mäuse lecken ihn ab und vergiften sich. Namentlich gegen Ratten ist Meerzwiebel [1] in Form von Pfannkuchen sehr wirksam.

In neuerer Zeit werden immer mehr B a k t e r i e n - P r ä p a r a t e benützt, die aber anscheinend nur in Europa wirksam sind; schon in Nordamerika versagen sie vielfach, in den Tropen fast immer. Am günstigsten wirkt der Löfflersche Mäusebazillus [2] (Berlin, Schwarzlose u. S.; aber auch von den meisten landwirtschaftlichen Versuchsstationen zu erhalten), für den aber nur *Evot. glareolus, Arv. arvalis, agrestis, amphibius, Mus. silvaticus(?), minutus(?)* und *musculus* empfänglich sind. Der Danyszsche Virus [3] wirkt auch gegen die anderen Arten, hat öfters „geradezu phänomenale" Erfolge zu verzeichnen, manchmal aber auch versagt. Dasselbe gilt von Ratin [4] (Kopenhagen, Ratingesellschaft;

---

[1] Mitt. Deutsch. Landwirtsch.-Ges. 1907, S. 115—116, 156.

[2] Loeffler, Centralbl. Bakt. Parasitkde., I. Abt., Bd. 11, 1892, S. 129—141; Bd. 12, 1893, S. 1—17. Sempolowsky, Zeitschr. Pflanzenkr. Bd. 5, 1895, S. 233—235. — Hollrung, 7. Jahresber. Vers.-Stat. Pflanzensch. Halle 1896. — Dankelmann, Mitt. Deutsch. Landwirtsch.-Ges. 1898, S. 107. — Cugini e Manicardi, Staz. sperim. Ann. 37, 1904, p. 4—13. — Pfreimbtner, Hess. Landw. Zeitg. 1904, Nr. 11. — Raebiger u. Löffler, Mitt. Deutsch. Landwirtsch.-Ges. 1906, S. 192—194, 423—425; 1910, S. 262—263. — Königl. Bayr. agrik.-bot. Anst., Flugbl. 4; 6 S., 1 Fig.

[3] Danysz, C. r. Acad. Sc. Paris 1893, T. 2, p. 869—872. — Guéraud de Laharpe, Journ. Agric. prat. Ann. 68, 1904, p. 278—280. — Lapparent, Bull. Min. Agric. Paris, Ann. 3, 1904, p. 407—414.

[4] Raebiger, Mitt. Deutsch. Landw.-Ges. 1907, S. 55—57, 104—130, 389—390; 1908, S. 375—376; Landw. Wochenbl. Prov. Sachsen 1910, Nr. 13 (gegen Hamster). — Xylander, Arb. Kais. Gesundh.-Amt Bd. 28, 1908, S. 145—167.

Halle a. S., Landwirtschaftskammer der Prov. Sachsen), das auch gegen den Hamster mit Erfolg angewandt wurde. CUGINI und MANICARDI wollen mit den beiden ersteren bessere Erfolge durch subkutane Injektion erzielt haben.

Für alle diese Gifte gibt es zahlreiche Anwendungsvorschriften, die zum Teil den Präparaten mitgegeben werden, zum Teil auf den landwirtschaftlichen Versuchsstationen usw. zu erfahren sind. Wichtig ist nur immer, daß sie, ohne mit dem Menschen in direkte Berührung zu kommen, möglichst tief in die Gänge gebracht werden, letzteres auch aus dem Grunde, damit sie nicht anderen Tieren (Wild, Haustieren) gefährlich werden.

Von den zahlreichen Räuchermitteln und -apparaten hat sich eigentlich nur der Schwefelkohlenstoff bewährt, der entweder in der auf S. 710 angeführten Weise oder mit den von APPEL und JACOBI empfohlenen Kannen in die Gänge gegossen wird. — Der in Hamburg zur Ausräucherung von Schiffen verwandte „Regenerator-Apparat", in dem durch unvollständige Verbrennung von Koks Kohlenoxyd erzeugt wird, hat sich in für diesen Zweck umgebauter Form bei der Bekämpfung der Wühlratte auf der Insel Neuwerk ausgezeichnet bewährt.

In vielen Fällen sind Abhaltungsmaßregeln das einfachste, insbesondere engmaschige Drahtgitter, mit denen man ganze Felder bzw. Gärten, namentlich aber Bäume umgeben kann. Sie sind etwa 50 cm tief in die Erde einzulassen und müssen ebensoviel über sie hervorragen. Dornen, Glasscherben usw., als Schutz von Bäumen, sind nicht sehr empfehlenswert. Oberirdische Baumteile werden durch Anstrich mit Karbolineum oder Schwefelkalkbrühe geschützt; kletternde Nager sind durch glatte, genügend breite Blechstreifen um den Stamm abzuhalten.

Angenagte Bäume können, wenn der Fraß noch nicht zu weit gediehen ist, dadurch gerettet werden, daß Erde bis über die Nagewunden empor angehäufelt und dann festgetreten wird.

Spalaciden, Wurfmäuse.

(Tachyoryctes) **Rhizomys splendens** Rüpp.[1]). Am Kilimandjaro an jungen Kaffee- und Kautschukpflanzen durch Abfressen bzw. Schälen der Wurzeln sehr schädlich.

Bathyergiden, Mole rats[2]).

In Südafrika sind die **Blindmolle, Bathyergus maritimus** Gm. (vorwiegend in Sandboden), **Georhychus argenteo-cinereus** Pts. (in Ostafrika), **capensis** Pall. und **hottentotus** Less. (Mole rats) schädlich im Felde und in Gärten, dadurch daß sie Wurzeln und Knollen, auch Getreide in ihre Bauten eintragen; von den Knollen beißen sie, um sie am Keimen zu verhindern, die Augen aus. In einer Pflanzung Deutsch-Ostafrikas wurden von der zweiten Art in acht Monaten 440 Stück gefangen.

<hr>

[1]) VOSSELER, Pflanzer, Jahrg. 1, 1905, S. 351; Jahrg. 3, 1907, S. 269—272. — MORSTATT, ibid., Jahrg. 6, 1910, S. 217.
[2]) VOSSELER, l. c. — DREYER, Agric. Journ. Union S. Africa Vol. 37, 1910, p. 694 bis 698, 2 figs. — MORSTATT, Pflanzer, Jahrg. 8, 1912, S. 255.

Octodontiden, Rohrratten.

(Thryonomys) **Octodon swinderenianus** Temm. in Ostafrika; oberirdisch; oft sehr schädlich in Zuckerrohrfeldern.

Hystriciden, Stachelschweine.

Nächtlich; tags in Erdlöchern versteckt; so in Pflanzungen, besonders in Keimbeeten, durch Graben schädlich, ferner durch ihr Nagen. Die eigentlichen Stachelschweine, **Hystrix**[1]), werden in Westindien, Afrika, Ceylon, Java schädlich, indem sie Agavenwurzeln, Zuckerrohr, Stämme der Kokospalmen usw. benagen. Die Quastenstachler, **Atherura**[2]), fressen besonders die Früchte von Kakao und Ananas ab, soweit sie sie erreichen können, aber auch die jungen Pflänzchen selbst.

Carnivoren, Raubtiere.

Während die hauptsächlichste Bedeutung der Raubtiere für den Land- und Forstwirt usw. darin liegt, daß sie seinem Nutz- und Jagdwild nachstellen, sind sie andererseits doch auch von nicht zu unterschätzendem Werte als Feinde der schädlichen Nager und Huftiere; in dem Maße, als jene abnehmen, nehmen diese im allgemeinen zu.

In einigen wenigen Fällen bedrohen aber auch Raubtiere direkt Kulturpflanzen. Von

Hunden, Caniden,

sind besonders **Schakale**[3]) in der Regentschaft Madras in Indien schädlich; sie graben Erdnüsse aus, beißen Zuckerrohr unten durch und nagen es ein paar Zoll weit ab; merkwürdigerweise werden manche Sorten mehr oder minder verschmäht; am meisten leidet die Bonta-Sorte. Bedecken der Felder mit Schlamm aus den Stadtkanälen soll durch seinen Geruch die Schakale fernhalten. Im Nyanza-Protektorat überfallen sie die Maispflanzungen der Eingeborenen[4]); sie brechen die Stengel ab und verzehren die reifenden Kolben. Selbst dicke Dornenhecken schützten nicht, so daß sie mit Strychnin vergiftet werden mußten. — Die **Coyotes, Canis latrans** Say[5]) und verwandte Arten, fressen in Nordamerika, wenn tierische Nahrung knapp ist, auch allerlei Obst, Trauben, Melonen, usw.

Bären, Ursiden.

Kragenbären, Ursus malayanus Raffl., werden nach mündlicher Mitteilung von Herrn Fr. Suck auf Sumatra sehr schädlich dadurch, daß sie die Herzen der Kokospalmen ausfressen.

---

[1]) Vosseler, l. c., Jahrg. 3, 1907, S. 271. — van Deventer, l. c., p. 10, Fig. 10. — v. Faber, Arb. Kais. biol. Anst. Land- u. Forstwirtsch., Bd. 7, 1909, S. 340. — Preuss, Tropenpflanzer, Bd. 15, 1911, S. 65—66.

[2]) Preuss, Denkschr. Kamerun 1900/01, S. 3030; Tropenpflanzer Bd. 7, 1903, S. 352.

[3]) Barber, Dept. Land Rec. Agric., Madras, Vol. 3, Bull. 51, 1905, p. 10—11.

[4]) Dodds, Journ. East Africa and Uganda nat. Hist. Soc. Vol. 3, 1912, p. 62—63.

[5]) Lantz, Farm. Bull. 226, 1905, 23 pp., 1 fig.; Biol. Surv. Bull. 20, 1905, 28 pp.

Viverriden, Zibetkatzen.

Paradoxurus hermaphroditus Pall.[1]), **Palmroller**, Indien, Java;
verzehrt nicht nur Früchte (Ananas, Kaffee, Palmen usw.), sondern
auch Zuckerrohr, von dem er die zarten Sorten vorzieht. Er richtet
sich daran empor und zerbeißt das Rohr zwischen zwei Knoten,
so daß ihm der Saft ins Maul fließt. Man kann Pflanzungen bis zu
gewissem Grade schützen, indem man den Rand der Felder mit einer
besonders süßen und weichen Sorte bepflanzt, die die Tiere aufhält.
Auch **Viverricula malaccensis** Gmel. stellt Kaffeebeeren nach. — Alle
Viverriden geben die Kaffeebohnen unverdaut wieder von sich, die
dann den besten Kaffee liefern sollen.

Nach Perrot[2]) sollen in Deutsch-Ostafrika

Hyänen

die keimenden und durch Zersetzung des Kernes dabei „unerträglich“
stinkenden Kokosnüsse ausgraben und zerbeißen, um den Inhalt zu verzehren, wobei natürlich die junge Pflanze zugrunde geht. Preuss[3])
vermutet allerdings, daß die Eingeborenen selbst die Sünder seien und
nur die Schuld auf die Hyänen schöben.

Auch

Wildkatzen, Feliden,

sollen nach Barber in Madras eine besondere Vorliebe für Zuckerrohr
haben. Einen ganz eigenartigen Fall, in dem die **Hauskatze** ein
Pflanzenschädling wurde, erzählt D. Fairchild[4]): in einem Garten in
Boston fraßen sie sämtliche Pflanzen der aus China importierten Acti-
nidia polygama ab, offenbar durch den der Pflanze eigentümlichen Geruch angelockt, ähnlich, wie durch Baldrian.

Proboscidea, Rüsseltiere.

Elefanten[5]) sind naturgemäß allen Pflanzungen höchst gefährliche
Feinde. Am meisten stellen sie den Bananen nach, von denen sie in
erster Linie die Früchte, dann aber auch die Blätter und selbst den
Stamm verzehren. Da Bananen häufig in jungen Kakaopflanzungen
als Schattenbäume dienen, werden auf der Suche nach ihnen die
letzteren vollständig zertrampelt. Nach Busse sind sie die schlimmsten
Feinde der Kultur von Ficus elastica. Jentsch weist darauf hin, daß auch
im Wirtschaftswald Elefanten nicht zu dulden seien.

Perissodactyla, Unpaarhufer.

Während die eigentlichen **wilden Pferde**, als den Menschen zu
sehr meidend, kaum ernstlicher schädlich werden, sind **verwilderte
Pferde**[6]), wie in Nordamerika und Australien, stellenweise außerordentlich schädlich geworden und haben selbst gesetzlich angeordneten Ab-
schuß nötig gemacht.

---

[1]) van Deventer, Dierl. Vijand. Suikerriet, 1906, p. 2—5, Fig. 2—3. — Koningsberger, l. c. p. 17—18, 20—21, Fig. 3, 7.
[2]) Tropenpflanzer Bd. 2, 1898, S. 325.
[3]) ibid. Bd. 15, 1911, S. 62.
[4]) Science, N. S., Vol. 24, 1906, p. 498—499.
[5]) Eigen. Tropenpflanzer, Bd. 6, 1902, S. 34. — Preuss, ibid. Bd. 7, 1903, S. 349. —
Busse, ibid., Bd. 10, 1906, S. 99. — Jentsch, ibid., Beih., Jahrg. 12, 1911, S. 74.
[6]) Palmer, Yearb. U. S. Dept. Agric. 1898, p. 88.

Artiodactyla, Paarhufer.

Nilpferde, **Hippopotamus**[1]), brechen in Ostafrika nachts in Baumwoll-felder und junge Kokospflanzungen ein und verwüsten sehr viel; sie sollen indes vermeiden, auf junge Pflanzen zu treten.

Suiden, Schweine.

Flufs- und **Warzenschweine, Potamochoerus africanus** Schreb. und **Phacochoerus africanus Gm.**[1]) wurden in Deutsch-Ostafrika seit Anfang der 90 er Jahre des vorigen Jahrhunderts, anscheinend infolge Abschusses der Leoparden und Löwen, eine sehr schlimme Plage der Pflanzer. Am meisten wurden Mais und Manihot bedroht, von denen sie oft fast die Hälfte zerstörten, so dafs schliefslich die Felder mit Palisaden umgeben werden mufsten. Auch in Baumwolle- und Kokospflanzungen schadeten sie arg durch Wühlen und, indem sie die Stämme mit ihren Hauern zerbrachen. Fallen und Treibjagden hatten nicht genügenden Erfolg, so dafs schliefslich zu Gift gegriffen werden mufste. Unter die Hüll-blätter von Maiskolben wurde je $1^1/_2$ g Arsenik gestreut; aus Mango-pflaumen wurde der Kern ausgedrückt und an seine Stelle wieder Arsenik eingefüllt. Die Köder wurden abends ausgelegt, morgens wieder weg-genommen; der Erfolg war vorzüglich. — Auf Java[2]) sind **S. vittatus** Müll. und **verrucosus** Müll. und Schleg. in Pflanzungen, namentlich in solchen mit mehl-, öl- oder zuckerhaltigen Pflanzen, auch an jungem Kaffee und Tee, letztere Art auf den Philippinen[3]) noch besonders für die jungen, bis zwei Jahre alten Kokospalmen gefährlich; sie nützen aber auch durch Verzehren von Bodenungeziefer. — Bei Deli sind Wildschweine aufser dem Manihot besonders an jungen Heveapflanzen sehr schädlich.

Unser **Wildschwein, S. scrofa** L., dürfte im Walde überwiegend nützen, trotzdem es den Boden nach abgefallener oder gesäeter Mast aufbricht und dabei zahlreiche junge Pflanzen aushebt oder verletzt und junge Kieferntriebe mit den Zähnen zermalmt. In Dickungen bricht es vieles um; durch das „Malen" und „Wetzen" beschädigt es die Rinde älterer Stämme. Im Felde ist es aber mit das schädlichste aller Säuge-tiere, das vor allem Kartoffeln und Rüben auswühlt, Mais und Hülsen-früchte frifst und im Getreide mehr zerwühlt und zertrampelt, als es verzehrt.

Die Familien der

Traguliden[4]) und Antilopen

werden nur ganz gelegentlich einmal schädlich.

Cerviden, Hirsche[5]).

Die Hirsche sind sowohl in Feld wie in Wald arge Schädlinge, wenn auch ihre jagdliche Bedeutung überwiegt. Der **Elch, Alces alces** L.,

---

[1]) Vosseler, Ber. Land- u. Forstwirtsch. D.-O.-Afrika, Bd. 2, 1906, S. 413; Pflanzer Bd. 3, 1907, S. 292.

[2]) Koningsberger, l. c., p. 66—70, Fig. 24.

[3]) Worcester, Trop. Agric. (2), Vol. 37, 1911, p. 406.

[4]) Koningsberger, l. c. Med. 44, 1901, p. 115; Med. 54, 1902, p. 65—66. — van Deventer, l. c. p. 10—11.

[5]) Betr. des „Schälens" siehe aufser Räuber, l. c., noch: Die Mittel zum Schutze des Einzelstammes gegen die Schälbeschädigungen usw., herausg. vom Königl.

bedarf vor allem gerbstoffhaltiger Nahrung; er schält in erster Linie
Weiden, dann auch Erle, Eiche, Eberesche, Aspe, Kiefer, Fichte, im
Winter vorwiegend beide letztere. Viel schlimmer wird er aber dadurch,
dafs er die genannten Hölzer in hohem Mafse verbeifst, selbst stärkere
Zweige frifst. Um zu diesen zu gelangen, bricht er jüngeres Holz
nieder. Auch durch das Fegen und Schlagen mit seinem mächtigen
Geweih verdirbt er sehr viel. Auf Feldern stellt er besonders Bohnen,
Hafer, von dem er die ganzen Rispen abweidet, und Futtergemenge
nach, schadet aber immer mehr durch Zertreten und Umbrechen, als
durch Fressen. — Der **Edelhirsch, Cervus elaphus** L., schadet seit
etwa 150 Jahren in immer zunehmendem Mafse durch Schälen. In
erster Linie bevorzugt er hierbei die empfindliche Fichte, nimmt aber
auch andere Nadel- und Laubhölzer an. Im Sommer reifst er die
Rinde in langen, senkrechten Streifen los, so dafs das Cambium blofsgelegt wird, im Winter knabbert er die Rinde an den erreichbaren
Stammteilen und an freiliegenden grofsen Wurzeln ab. Die Ursache
dieser immer mehr zunehmenden „Unart" liegt noch nicht zutage.
Sie wird in der übertriebenen Forstkultur, besonders im Entfernen
alles Unterwuchses, in Degeneration und in der Kreuzung mit dem
Wapiti, C. canadensis Erxl., der in noch höheren Mafse schälen soll,
gesucht. Auf jeden Fall haben die Schälschäden so zugenommen, dafs
vielfach der Bestand stark verringert, zum Teil sogar ganz abgeschossen
werden mufste — Hiergegen treten die Verbifsschäden zurück, wenn
sie auch nicht gerade unbedeutend sind. Jede Holzart wird hierbei
genommen, lokal allerdings die eine bevorzugt, die andere verschmäht.
An älteren Pflanzen werden Knospen und Triebe abgebissen, jüngere
dabei ganz aus der Erde gezogen. Der durch das Schlagen verursachte
Schaden soll gröfser sein als der durch das Fegen. Beide betreffen vorwiegend eingesprengte Holzarten. Eichelsaaten werden, besonders im
Herbste, den Rillen folgend ausgescharrt. Im Felde schadet der Hirsch
ähnlich wie der Elch: an Hafer werden indes die einzelnen Ährchen
abgestreift; die Spindel bleibt stehen. — Das **Damwild, Dama dama**
L., verhält sich ähnlich, nur dafs es weniger schält. im Felde aber
durch seine Unruhe und die grofsen Rudel mehr verdirbt.

Das **Reh, Capreolus capreolus** L., schält nur Holunder, verbeifst
und schlägt alle Holzarten, zuerst aber immer eingesprengte. Gröfser
ist sein Schaden in Forstkämpen, geringer der in Feldern.

Auf Sumatra sind Hirsche[1]) die schlimmsten Feinde der Kultur
von Ficus elastica. Von den jungen Pflänzchen werden die noch in
der roten Hülle steckenden Blattsprosse abgefressen, zuerst der Haupt-
sprofs, dann die entstehenden neuen Seitensprosse, bis schliefslich die
ganzen Pflanzen vernichtet werden können. Über zwei Jahre alte
Pflänzchen sind nicht mehr gefährdet.

Als S c h u t z gegen die Schäden durch Hirsche kommt in erster Linie,
wo ausführbar, Einzäunung in Betracht. Triebe und Knospen sind mit
Anstrich von Kalk, Teer, Leim, Pikrofötidin usw. oder mit „Knospen-
schützern" zu versehen, mit Fegeschäden bedrohte Stämme mit Papier,
Draht usw. zu umbinden, mit Gittern oder mit Stangen mit nach unten
gerichteten Nägeln zu schützen.

Württemberg. Hofjagdamt, Stuttgart 1910. — Mortek, Verh. Forstwirte v. Mähren
u. Schlesien, Jahrg. 62, 1911, S. 248—249. — Seidt, Das Schälen des Rotwildes,
Berlin 1911, 8°, 64 S.

[1]) Busse, Tropenpflanzer Bd. 10, 1906, S. 99.

Cariacus nemorivagus Cuv. [1]) weidet auf Trinidad die jungen Kakaopflänzchen zu Tausenden ab.

Dafs das **Weidevieh** allen Kulturen verderblich wird, braucht kaum erwähnt zu werden. Namentlich in den Tropen, wo meist die nötige Aufsicht fehlt, können oft recht empfindliche Schädigungen herbeigeführt werden.

Ganz besonders berüchtigt ist die **Ziege,** die mit Waldkultur unverträglich ist. Sie benagt Rinde und verbeifst Triebe älteren Holzes und vernichtet sämtlichen Neuwuchs. Bekannt ist, wie sie auf St. Helena in drei Jahrhunderten den mächtigen Urwald völlig ausgerottet hat [2]).

Nicht unerwähnt dürfen die eigentümlichen Wuchsformen bleiben, die durch Wild, mehr aber durch Weidevieh an einzelnstehenden Bäumen herbeigeführt werden können. Dadurch, dafs alle nach oben strebende Triebe abgebissen werden, breitet sich die Pflanze zuerst in Buschform wagerecht aus. Ist ihr das soweit gelungen, dafs das Vieh nicht mehr bis zur Mitte reichen kann, dann erhebt sich hier ein Trieb, der allmählich zum Baume auswächst. Das Endergebnis ist ein Baum, der unten von einem dichten, halb verkrüppelten, ringförmigen Busche umgeben ist. Meist sind Baum und Busch derselben Art bzw. dasselbe Individuum; oft aber auch besteht letzterer aus einer anderen, dornigen oder wenig beliebten Holzart (Wacholder).

Primaten, Herrentiere.

Von den **Halbaffen** beifst eine **Galago-Art** [3]) an der Küste Deutsch-Ostafrikas halbreife Kokosnüsse auf, um die Milch zu trinken. Da die Tiere keine Nufs ganz austrinken, in einer Nacht aber oft mehr als zehn Nüsse öffnen, ist der Verlust nicht unbedeutend.

Affen [4]) fressen so ziemlich alles, mit Vorliebe aber Süfses, Saftiges, Weiches. Sie sind also überall, wo sie vorkommen, sehr schlimme Feinde der Pflanzungen. Sie holen sich die Früchte von den Bäumen, fressen die zarten Herzen und Knospen verschiedener Pflanzen (z. B. Sisalagaven) aus, graben Knollen und Rüben aus, zerkauen besonders gerne Zuckerrohr und lesen bei Kakao usw. die ausgelegte Saat auf. Insbesondere sind Mais, Kokos, Bananen, Kakao von ihnen bedroht. Am meisten schaden die **Hundsaffen, Paviane** und die **Meerkatzen, Cercopitheken.** Aber selbst die grofsen Menschenaffen, **Gorilla** und **Schimpanse,** sollen in Westafrika so schädlich sein, dafs die deutsche Regierung ihren Abschufs befürwortet. — Die kleineren Arten werden mit Maiskolben, die mit Zucker und Arsenik getränkt sind und tagsüber in den bedrohten Pflanzungen ausgelegt bzw. aufgehängt werden, vergiftet. Vom Erklettern glattrindiger Bäume hält man sie durch um die Stämme gelegte Blechringe ab.

---

[1]) Allen & Chapman, Bull. Amer. Mus. nat. Hist., Vol. 5, 1893, p. 228.
[2]) Wallace, Island Life, London 1880, p. 283—286.
[3]) Vosseler, Pflanzer, Bd. 3, 1907, S. 291.
[4]) Für Deutsch-Ost-Afrika siehe: Gerth, ibid. Bd. 2, 1906, S. 159; Vosseler, l. c.; Morstatt ibid. Bd. 7, 1911, S. 72. — Für West-Afrika siehe: Jentsch, Tropenpflanzer Bd. 12, 1908, S. 74. — Für Süd-Afrika: Journ. agric. Union S.-Africa, Vol. 3, 1912, p 570. — Für Java: Koningsberger, l. c. Med. 44, 1901, p. 116; Med. 54, 1902, p. 7—9; van Deventer, l. c. p. 1—2, Fig. 1. — Für die Philippinen: Worcester, Trop. Agric. (2), Vol. 37, 1911, p. 406.

Mittel und Maßnahmen zur Bekämpfung der schädlichen Tiere.

Von Dr. **Martin Schwartz**.

Die geringe Kenntnis von den Pflanzenfeinden, ihrer Natur und ihren Lebensgewohnheiten, ließ in früheren Zeiten nur ein unsicheres, mehr oder minder abergläubisches Tappen nach Mitteln der Vorbeugung, Abwehr oder Vertilgung zu. Erst der neuen Zeit, vor allem der Zukunft, blieb und bleibt es noch vorbehalten, auf Grund der fortschreitenden Kenntnis der Schädlingsbiologie systematisch Schädlingsmittel zu suchen und zu erproben. Wie überall, wo die Wissenschaft sich in den Dienst der Praxis stellt, hat auch die Wirtschaftszoologie hierbei erst durch das mühsame Werk der Aufklärung die Vorurteile und Bedenken der Laienkreise nach Möglichkeit zu zerstreuen, den Aberglauben und die Neigung zur Kurpfuscherei zu bekämpfen. Wenn diese gröbste Vorarbeit verrichtet sein wird, werden sich hoffentlich an das zwar schon viel bearbeitete, von der ernsten Wissenschaft aber noch arg vernachlässigte Gebiet der Schädlingsbekämpfung Spezialforscher der verschiedensten Richtungen, vor allen auch Physiologen, mehr als bisher heranwagen.

Die in der Schädlingsvertilgung bisher eingeschlagenen Wege sind im folgenden nur in allgemeinen Umrissen aufgezeichnet worden. Ihre Gangbarkeit läßt sich auf dem schwanken Boden der vorliegenden Literatur nur auf nicht lückenlosen Strecken verfolgen; sie können und sollen daher nur als vorläufige Richtlinien erscheinen.

Anmerkung der Redaktion (Sorauer):

Bei der Beschreibung der einzelnen tierischen Schädiger ist auf deren Bekämpfung genügend Rücksicht genommen worden. Aber man darf sich nicht verhehlen, daß viele der empfohlenen Mittel auf Einzelerfahrungen beruhen, die unter der Einwirkung bestimmter klimatischer Faktoren, bestimmter Bodenverhältnisse, bestimmter Entwicklungsphasen der Kulturpflanze sowie des tierischen Schädlings gemacht worden sind. Andere Kombinationen der genannten Faktoren können diese Resultate ändern; die beständig neu hinzutretenden Mittel und Methoden schaffen fortwährend neue Einzelergebnisse, welche die bisherigen Erfahrungen modifizieren.

Unter diesen Umständen kann es für ein Handbuch, das ein dauernder Berater sein soll, keinen Zweck haben, die zurzeit gebräuchlichen Rezepte anzuführen, sondern der Leser soll befähigt werden, die bisherigen und künftigen Bekämpfungsmittel und -methoden nach der Zulässigkeit ihrer Anwendung zu beurteilen. Er soll wissen, ob in einem gegebenen Falle direkte Bekämpfung oder Vorbeugungsmittel die meiste Aussicht auf Erfolg gewähren, und soll sich ein Urteil bilden, ob er mit chemischen oder mechanischen Mitteln unmittelbar eingreifen soll, oder den Weg der indirekten Bekämpfung beschreitet, indem er sich die Pflege der natürlichen Feinde seiner Schädlinge angelegen sein läßt. Somit erweist sich die Ausgestaltung einer „Theorie der Bekämpfung" als notwendig, für welche unser geschätzter Mitarbeiter die leitenden Gesichtspunkte entwickelt hat.

Mittel der direkten Bekämpfung.

Am nächsten liegend und sicher auch am längsten geübt sind die Bekämpfungsmethoden, bei denen man durch künstliche Maßnahmen die Schädlinge unmittelbar selbst zu treffen sucht. Sie bezwecken entweder die Fernhaltung der schädlichen Tiere von den Kulturpflanzen oder die Vertilgung einer möglichst großen Zahl der Pflanzenfeinde durch Fang und Abtötung. Im Gegensatz hierzu stehen die Methoden der mittelbaren Schädlingsbekämpfung, die eine Begünstigung der den Schädlingen gefährlichen natürlichen Einflüsse, insbesondere ihrer natürlichen Feinde aus der Tier- und Pflanzenwelt, bezwecken.

A. Mittel der Abwehr.

Überall dort, wo eine Tötung des Schädlings nicht möglich, nicht erforderlich oder nicht erwünscht erscheint, bedient man sich solcher Maßnahmen, die die Tiere nur von den zu schützenden Pflanzen oder Pflanzenteilen fernhalten.

Mechanische Abwehrvorrichtungen, die durch Schutzwehren das Eindringen der Tiere in die Pflanzungen verhindern, sind am längsten im Gebrauch. Umzäunungen, Drahtgitter halten oberirdisch Wild und Weidetiere, unterirdisch schädliche Nager ab. Wellblecheinfriedigungen verhindern das Eindringen der Wanderheuschrecken[1] im Hüpferstadium in die Felder, Schutzgräben isolieren die Kulturen gegen das Einwandern von Mäusen[2] und Maulwürfen[3], ebenso wie sie dem Einfall von wandernden Raupenmassen[4] und Rüsselkäfern und der Ausbreitung von Nematoden[5] vorbeugen. Leimklebringe verhindern das Aufbaumen der Raupen (besonders der Kiefernspinner und Nonnen) und der Weibchen der Frostspanner. Saatbeete werden durch Überdecken mit Gazestoffen[6] vor Insekten und Vögeln behütet. Besonders wertvolle Früchte und Fruchtstände werden einzeln in Gaze- oder Papierbeutel eingebunden. Setzlinge erhalten durch Einpflanzen in Düten aus Pappe[7] oder widerstandsfähigen Pflanzenblättern[8] Schutz gegen Fraß von Erdinsekten. Junge Saaten sucht man durch Überspannen mit Schnuren und Drähten gegen das Einfallen von Vögeln[9] zu schützen, und zum Schutze der Forstgehölze gegen Wildverbiß und Fegeschaden sind zahlreiche einfachere und kompliziertere Vorrichtungen ersonnen worden[10]. Hierher gehören auch die Wildvergrämer und Vogelscheuchen, die oft nicht nur durch ihren Anblick (ihre Gestalt und die Bewegung loser Teile im Winde), sondern auch durch rasselnde und klingende Geräusche die Tiere fernhalten sollen. Schreckgeräusche, die von Wachtposten mit Klappern oder durch Schüsse hervorgerufen werden, finden gleichfalls zur Abwehr von Säugetieren und Vögeln Verwendung.

---

[1] Gassner, Süd- und Mittelamerika, Berlin, 1909, S. 29 ff.
[2] Eckstein, Technik des Forstschutzes, Berlin 1904.
[3] Rörig, Flugblatt No. 24 der Kaiserl. biol. Anstalt.
[4] Peters und Schwartz, Mitteil. der Kaiserl. biol. Anstalt, Heft 13, 1912, S. 109.
[5] Kühn, Flugblatt No. 11 der Kaiserl. biol. Anstalt.
[6] Chittenden, U. S. Dept. Agric., Div. Ent., Circ. 31, und Schoene, State of New York, 30. ann. Rep. No. 20, 1912, S. 205.
[7] Rörig, Forstwissenschaftl. Zentralbl., Jahrg. 47. S. 556.
[8] J. van Leenhoff, Porto Rico agric. Exp. Station Bull. 5, 1905.
[9] Eckstein, l. c.
[10] Rörig, Wild, Jagd und Bodenkultur, Neudamm 1912.

Chemische Schreck- oder Abwehrmittel scheint man schon im Altertum gegen Pflanzenschädlinge versucht zu haben. Wirklich brauchbare Präparate dieser Art sind aber bis heute noch nicht gefunden. Demokritos empfiehlt, alle Samen vor der Aussaat mit dem Safte von Sempervivum tectorum zu behandeln [1]). Andere giftige oder schlechtschmeckende Stoffe werden noch heute zum Einbeizen des Saatgutes gegen Mäuse oder Vogelfraß verwendet, z. B. Bleimennige, Teer, Teerseife, Petroleum, Schwefelverbindungen, Bitterstoffe, Aloe [2,3]), Strychnin. Die gleichzeitige Anwendung von Farbstoffen [2,3]), die den Samen ein ungewöhnliches Aussehen verleihen, scheint die Wirkung solcher chemischer Schreckmittel in manchen Fällen zu erhöhen. Gegen Schneckenfraß sollen die Samen gleichfalls mit Hilfe von Beizmitteln geschützt werden können. Eine Abkochung von Schafkot, Jauche und Asa foetida wird hierfür empfohlen [4]). Zur Abwehr von Insekten werden vielfach Spritzungen mit Geschmackstoffen, wie Gerbsäure und Alaun, als Mittel angegeben. Erfolge wurden jedoch damit nie erzielt. Brauchbarer scheinen Spritzflüssigkeiten, wie die kalifornische Schwefelkalkbrühe [5]), Kupferkalkbrühe [6]), und ähnlich zusammengesetzte Präparate zu sein. Auch die trockene Anwendung von Schwefelpulver mit Kalk gemischt soll auf gewisse Heuschrecken (Ephippigera vitium, E. biterrensis) fraßabschreckend wirken [7]). Auf den Geschmackssinn wirken auch zahlreiche Mittel gegen Wildverbiß, deren wirksame Bestandteile meist in Fett, Harz, Petroleum, Teer, Teerölen, Schwefelverbindungen [8,9]) bestehen.

Durch starkriechende Stoffe hat man oft versucht, die Schädlinge abzuschrecken oder die die Tiere anlockenden natürlichen Gerüche der Pflanzen zu verdecken. Das Umgeben junger Pflanzen mit petroleumgetränktem Torfmull oder Rizinusmehl soll die Tausendfüßer fernhalten. Gegen unterirdisch lebende Schädlinge wie Maulwurfsgrillen und Maulwürfe wird das Einbringen von Lappen mit Petroleum, Terpentin und ähnlichen Stoffen in die Erde empfohlen. Mit Wasser vermischtes Petroleum soll als Aufguß auf den Erdboden Maulwürfe und Ameisen vertreiben. Für die Wurzeln von Setzlingen dient Tabakspulver als Schutzmittel gegen Engerling- und Drahtwurmfraß. — Schreck- und Deckgerüche zum Schutze der oberirdischen Pflanzenteile sind noch nicht gefunden. Versuche mit Naphtalin [10]), Pyridin, Eugenol haben nicht den gewünschten Erfolg gehabt. TASCHENBERG glaubt indessen, daß Schwefelung der Obstbäume nach der Blüte den Obstwickler von der Eiablage abhalte. Gegen den Knospenfraß der Vögel an Obstbäumen hat REH mit Karbolineumbespritzungen im Winter Erfolg erzielt.

Kulturmaßnahmen können gleichfalls eine Fernhaltung der

---

[1]) PLINIUS, Naturgeschichte Bd. 18, K. 45 (nach HOLLRUNG).

[2]) SCHWARTZ, Arb. aus der Kaiserl. biol. Anst. Bd. VI, Heft 4, S. 445—486, und Mitteil. aus der K. b. A. Heft 8, 1909, S. 35—41.

[3]) RÖRIG, Mitteil. aus der K. b. A. Heft 12, 1912, S. 25.

[4]) RITZEMA Bos, Tierische Schädlinge, S. 699.

[5]) SCHWARTZ, Arb. a. d. K. b. A., Bd. VII, Heft 4, 1909, S. 521 ff. — SCOTT and SIEGLER, U. S. Dept. Agric., Bur. Ent., Bull. 116, Part IV, 1913.

[6]) MOLZ, Deutsche Obstbauzeitung 1911, Heft 26.

[7]) BOURCART, Les maladies des plantes, Paris, Dain 1910, S. 173.

[8]) ECKSTEIN l. c.

[9]) RÖRIG, Mitteil. a. der Kaiserl. biol. Anst., Heft 6, 1908, S. 36—38.

[10]) Yearbook of the Department of Agriculture 1895, S. 585

Schädlinge erzielen. Die zeitweise Ausschaltung der von den zu bekämpfenden Schädlingen bevorzugten Nutzpflanzen aus der Fruchtfolge ist hier an erster Stelle zu erwähnen. Ferner ist die Beseitigung ihrer wilden Nährpflanzen aus der Nachbarschaft der Kulturpflanzen vielfach von Wichtigkeit, wenn dadurch den Tieren die Gelegenheit genommen werden kann, die Zeit der Ackerruhe oder des Fruchtwechsels zu überdauern. Durch geeignete Wahl der Saat- oder Pflanzzeiten [1]) kann mitunter das am meisten gefährdete Entwicklungstadium der Pflanzen vor oder nach der Zeit des Massenauftretens seiner Feinde erzielt und so dem Befall durch die Schmarotzer ausgewichen werden [z. B. bei der Bekämpfung der Getreidefliegen [2])]. Den gleichen Erfolg kann auch die Wahl solcher Pflanzenarten hervorbringen, die durch langsameres oder schnelleres Wachstum hinter den Perioden der Massenentwicklung ihrer Schädlinge zurückbleiben oder sie überholen [z. B. bei der Bekämpfung von Euthrips piri [3]) oder Isosoma tritici [4])].

B. Mittel der Vertilgung.

Den Mitteln, die auf eine möglichst weitgehende Vernichtung der schädlichen Tierarten abzielen, wird im allgemeinen eine größere Bedeutung beigemessen, als den Maßnahmen der bloßen Abwehr. Überall, wo man der Schädlinge nur habhaft werden kann, und wo keine besonderen Gründe für ihre Erhaltung vorliegen, sucht man ihre Zahl durch Tötung möglichst zu verringern. Für die Wirksamkeit dieser Art von Bekämpfungsmaßnahmen ist das planmäßige gemeinsame Vorgehen aller Pflanzenbauer des ganzen von der Schädlingsplage heimgesuchten Gebietes von der größten Bedeutung. In den meisten Kulturländern ist daher auch schon durch die Gesetzgebung für eine etwaige zwangsweise Durchführung solcher gemeinsamer Bekämpfungsmaßnahmen Vorsorge getroffen worden. In Preußen wird im Wege der Jagdgesetzgebung und durch Gewährung von Abschußprämien der übermäßigen Vermehrung der schädlichen jagdbaren Tiere entgegengewirkt. Die Bekämpfung schädlicher Insekten, kleiner Nagetiere usw., kann auf Grund des Feld- und Forstpolizeigesetzes mit Hilfe von Polizeiverordnungen erzwungen werden. Solche Verordnungen sind bereits zur Bekämpfung der Blutläuse, Heuschrecken, Maikäfer, Raupen, Feldmäuse und Hamster erlassen worden. Wo ein gesetzlicher Zwang nicht besteht, bemühen sich häufig Fachverbände und Vereinigungen, die planmäßige gemeinsame Ausführung von Bekämpfungsmaßnahmen durchzusetzen. So sucht man z. B. in England durch Bildung von Sperlings- und Rattenklubs [5]) zur eifrigen Vertilgung der Sperlinge und Ratten anzuregen. Die guten Erfolge solcher nach gemeinsamem Plane auf weiten Gebieten durchgeführter Bekämpfungsarbeiten sind unverkennbar. Sie haben sich vor allem schon auf dem Gebiete der Maikäferbekämpfung deutlich gezeigt [6]).

---

[1]) Chittenden, U. S. Dept. Agric., Div. Ent., Circ. 31.
[2]) Rörig, Flugblatt No. 9 der Kaiserl. biol. Anstalt.
[3]) Moulton, U. S. Dept. Agric., Bur. Ent. Bull, 80, Part IV.
[4]) Webster, U. S. Dept. Agric., Bur. Ent.. Circ. 66.
[5]) Board of Agriculture, Leaflet No 84, S. 3.
[6]) Boas, J. E. V., Oldenborrernes Optraeden og Udbredelse i Danmark 1887—1903 Kopenhagen 1904.

1. Physikalische Mittel.

Das Absammeln, d. h. das Ergreifen und Töten der Schädlinge, stellt wohl die einfachste und älteste Bekämpfungsmethode vor. Sie findet auch noch heutzutage überall dort Anwendung, wo es sich um leicht auffindbare und mit der Hand ergreifbare Schädlinge handelt, wie Schnecken, Eier von Vögeln, Insekten, Larven aller Art (Engerlinge, Schmetterlingsraupen, Afterraupen von Blattwespen), Käfer, Falter. Ausreichendes und billiges Material an Arbeitskräften ist die einzige, leider oft nur schwer erfüllbare Vorbedingung für dieses Verfahren. Beim Absammeln schwerer erreichbarer Tiere bedient man sich verschiedenartiger Hilfsmittel und Werkzeuge. Kleinere Insekten und Larven werden mit Pincetten oder mit Leimruten abgelesen, in Bohrgängen hausende Schmarotzer holt man, wie die Larve des Nashornkäfers[1]), mit widerhakenähnlich zugespitzten Drähten aus ihren Löchern, oder man schneidet sie aus dem Holze heraus.

Leben die Schädlinge in größeren Massen zusammen, so sucht man das Wegfangen und Töten sich auf mancherlei Weise zu vereinfachen. Haustiere, Geflügel oder Schweine können in vielen Fällen als Hilfstruppen gegen Insekten auf die Felder gebracht werden. Auf Bäumen lebende Insekten, wie Rüsselkäfer, schüttelt man in untergebreitete Tücher oder untergehaltene Schirme. Bei Sträuchern bedient man sich des Fangtrichters, in den man die Schmarotzer abklopft. Sehr verschiedenartige Fangmaschinen für verschiedene Schädlingsarten sind gebaut worden und hier und da im Gebrauch. Der Rapsglanzkäfer, die Rübenblattwespe, die Erbsenblattlaus[2]), die Heuschrecken kann man mit besonderen Maschinen von den Kulturen abschütteln, abfegen oder sammeln und sie gleichzeitig auf leimbestrichenen Holz- oder Papierflächen oder in Petroleumgefäßen auffangen. Bei Reihenkulturen ist es möglich, die durch die Fangmaschinen auf den Boden gefegten Schmarotzer sofort mit dem Kultivator unterzupflügen. Fliegende Insekten, wie die Falter der Weißlinge und der Traubenwickler usw., fängt man mit Netzen, Kätschern und Klebfächern. Durch Abkratzen oder Abbürsten der Baumstämme beseitigt und tötet man viele Rindenschädlinge, wie Schildläuse, Käfer, Raupen, Puppen usw. Das Sandstrahlgebläse hat man denselben Zwecken dienstbar zu machen gesucht. Häufiges scharfes Abspritzen der Pflanzen mit kaltem Wasser beseitigt mancherlei Schädlinge und soll das Obst gegen Befall durch Obstmaden schützen[3]). Durch Absieben kann das Weizensaatgut von den Gallen des Weizenälchens (Radekörnern) gesäubert werden. Durch gleichzeitige Vernichtung der die Schädlinge enthaltenden Pflanzenteile wird mitunter der sicherste Erfolg erzielt. Mit Baumscheren, Messern, Sägen entfernt man Raupennester, stark blutlauskrebsige Apfelzweige und Äste, die von Holzbohrern zerfressen sind. Durch Abmähen oder Ausreißen und darauffolgendes Unterpflügen oder Verbrennen aller Pflanzenteile vernichtet man auf den befallenen Feldern die Schädlinge unter Aufopferung aller Pflanzen (Zwergzikaden, Getreidefliegen, Halmwespen, Kartoffelkäfer, Nematoden). Pflügen, Eggen, Walzen wird auch an sich vielfach zur Abtötung von Bodenschädlingen angewendet. Die Beseitigung

---

[1]) Jepson, Fiji Dept. Agric. Bull. 3.
[2]) Chittenden, U. S. Dept. Agric., Div. Ent., Circ. 43.
[3]) Cordel, Das deutsche Landhaus, 1905, Heft 3, S. 63; 1907, Heft 3, S. 119.

aller Pflanzenreste nach der Ernte, ebenso wie die baldige Vernichtung des Fallobstes, das rechtzeitige Abpflücken der von der Birngallmücke verunstalteten jungen Birnenfrüchte und das Abbeeren der Sauerwurmtrauben sind als mechanische Maßnahmen hier gleichfalls zu erwähnen.

In vielen Fällen bedient man sich des **Feuers**, um die erst mechanisch gesammelten oder aber auf den Pflanzen und Feldern stellenweise angehäuften Schädlinge abzutöten. Stoppeln werden abgebrannt, Feldstücke, auf denen Wanderheuschrecken im Hüpferstadium eingefallen sind, werden ebenso wie Saatbeete, in denen sich allerlei Bodenschädlinge angereichert haben, mit Holz, Stroh oder anderem brennbarem Material bedeckt und abgebrannt. Blumenerde wird zur Desinfektion in Kesseln erhitzt. — Oft bedarf man gar nicht des offenen Feuers und höherer Hitzegrade, um die Abtötung von Schädlingen zu erreichen. **Wasserdampf**[1]) wird zur Erhitzung von Saatbeeten gegen Nematoden benützt. Demselben Zwecke dient häufiges, rasch wiederholtes Begießen mit **kochendem Wasser**[1]), durch das auch andere Bodenbewohner (Enchytraeiden, Fliegenlarven, Käferlarven, Erdraupen) abgetötet werden. Der geerntete Tabak soll durch Dampfbehandlung bei der Verarbeitung gegen den Zigarrenkäfer geschützt werden können[2]). Aber auch lebende Pflanzen sucht man, ohne sie selbst zu schädigen, durch Hitze von ihren Schädlingen zu befreien. Am bekanntesten ist der Gebrauch der Raupenfackel zur Vernichtung von Raupennestern und Raupenspiegeln. Ähnliche Fackeln und Lampen kommen zur Bekämpfung der *Helopeltis* an Kakao[3]) und verwandter Schädlinge zur Anwendung. Verschiedene Arten der Heißwasserbehandlung lebender Pflanzen bezwecken gleichfalls die Vernichtung von Schädlingen durch Wärmewirkung.

Zur Abtötung der überwinterten Räupchen des Springwurmwicklers werden in Frankreich die Reben im Frühjahr mit heißem Wasser begossen oder gespritzt[4]). Spritzungen mit heißem Wasser werden auch gegen Kohlraupen und Kohlwanzen angewendet, während heiße Bäder die amerikanischen Schnittreben gegen Rebläuse sicher desinfizieren sollen[5]). Die in Farnen, Begonien, Gloxinien usw. wohnenden Blattnematoden (*Aphelenchus olesistus*) werden durch Baden der Pflanzen in Wasser von 50° C abgetötet[6]).

Nach Bourcart sind alle in Sämereien lebenden Insekten durch Erwärmung auf Temperaturen, die noch unter 100° liegen können, leicht abzutöten. *Bruchus*-Arten sterben bei 60° nach 5 Minuten. Kornkäfer (*Sitophilus*) halten einer Temperatur von 50° nicht stand. Raupen sterben bei Begießen mit Wasser von 50—80° ab. Viele Käferarten erweisen sich widerstandsfähiger; sie ertragen aber niemals Siedetemperatur. Schildläuse sind nach Reh gegen höhere Temperaturen empfindlich und sterben in Wasser von 54° nach 40 Minuten, in

---

[1]) Peters und Schwartz, Mitteil. aus der Kaiserl. biol. Anst., Heft 13, 1912, S. 17—21 und S. 79.

[2]) Howard, L. O., U. S. Dept. Agric., Farmes, Bull. 120, 1900.

[3]) v. Faber, Arbeiten aus der Kaiserl. biol. Anstalt, Bd. VII, S. 193.

[4]) Dewitz, Landw. Jahrbücher, 36, 1907.

[5]) Bolle, Mitteil. des Deutschen Weinbau-Vereins 1912, No. 5, S. 170. Vgl. auch Moritz, Arb. aus der Kaiserl. biol. Anstalt, Bd. VI, Heft 5, 1908.

[6]) Marcinowski, Arb. aus der Kaiserl. biol. Anstalt, VII. Bd., 1. Heft, 1909, S. 144 ff.

Wasser von 55° nach 22 Minuten. Nach MARCHAL werden *Aspidiotus ostreaeformis* und *Diaspis piricola* durch Temperaturen von 60—65° abgetötet. *Tetranychus telarius* kann im Winter durch Heißwasserbehandlung unter der Baumrinde abgetötet werden, während Mehlmilben erst bei einer Erhitzung über 100° absterben[1]).

Die Anwendung von **Kälte** zur Abtötung schädlicher Insekten ist erst bei der Vertilgung von Speicherschädlingen, der im gestapelten Tabak lebenden Zigarrenkäfer (*Lasioderma serricorne*) versucht worden[2]). Die Kornkäfer, insbesondere *Sitophilus oryzae*, scheinen durch häufiges Umschaufeln der Kornhaufen im Winter wenigstens in der Vermehrung gehemmt, wenn nicht abgetötet zu werden.

Fangapparate, Fallen.

Durch Anwendung selbsttätig wirkender Fangvorrichtungen sucht man sich besonders den Fang von versteckt lebenden Schädlingen zu erleichtern. Dabei macht man sich die verschiedenen Triebrichtungen der Schädlinge zunutze.

Dem Streben vieler Tiere, sich zu gewissen Zeiten in besonders geartete Schlupfwinkel zurückzuziehen, kommt man durch Darbietung geeigneter künstlicher Unterschlupfe entgegen, in denen man die Schädlinge leicht vernichten kann. Schnecken, Asseln, Erdraupen fängt man unter ausgelegten hohlliegenden Brettern, Ziegeln oder großen Blättern, Ohrwürmer in ausgelegten oder an den zu schützenden Pflanzen aufgehängten Rohrstengeln, zwischen dem Flechtwerk alter Körbe usw. Obstbauminsekten, die sich zur Überwinterung in Verstecke zurückziehen, wie die Obstmaden, Apfelblütenstecher, bietet man durch Umlegen von Heu- oder Strohseilen oder von Gürteln aus Wellpappe (Madenfallen)[3]) um die Stämme geeignete Unterschlupfe, mit denen sie später verbrannt werden. Fanggruben, die mit Abfällen von Kokosnüssen gefüllt sind, locken die Nashornkäfer zur Eiablage an; ebenso hat man empfohlen, die Maikäfer an besonders hergerichteten lockeren Erdplätzen zur Eiablage zu veranlassen.

Der Sperlingsplage sucht man durch Aufhängen künstlicher Nisthöhlen abzuhelfen, aus denen später die ganze Brut entfernt wird[4]).

Den Trieb vieler Schädlinge, zu ihrer weiteren Verbreitung Wanderungen anzutreten, nützt man durch die Anlage von **Fanggräben** aus. In ihnen fängt man Mäuse, Raupen, Rüsselkäfer. Vielfach werden auch nur einzelne große Fanglöcher ausgehoben, zu denen man die wandernden Tiere durch aufgestellte Wegsperrungen (Wellblechwände usw.) hinleitet [Heuschreckenbekämpfung in Südamerika[5]), Nordafrika, Cypern, Ungarn; Maulwurfsgrillenfallen]. In unterirdischen Gängen wandernde Tiere werden durch besondere, in die Erde eingebrachte Fallenvorrichtungen gefangen (Maulwürfe, Maulwurfsgrillen).

Am gebräuchlichsten sind die auf den Nahrungstrieb berechneten Fallen, zu denen ein **Nahrungsköder** die Tiere heranlockt. Hierher

---

[1]) MÜLLER, W., Die kleinen Feinde an den Vorräten des Landwirts. Neumann, Neudamm 1900.

[2]) POOK, S., Fachl. Mitt. d. Österr. Tabakregie XI, S. 105.

[3]) BÖRNER, Arb. a. d. Kaiserl. biol. Anst. Bd. 5, 1906, Heft 3, S. 142—147, und Flugbl. a. d. Kaiserl. biol. Anst. No. 40.

[4]) RÖRIG, Deutsche Landw. Presse 1912.

[5]) GASSNER, Süd- u. Mittelamerika, 1909, S. 29 ff.

gehören die zahlreichen Fallenkonstruktionen für Mäuse und andere
Nagetiere. Aber auch Insekten sucht man mit Hilfe von Nahrungsködern zu fangen. Die einfachsten derartigen Insektenfallen bestehen
in flaschen- oder büchsenförmigen Gefäfsen [1]. die zur Hälfte mit
süfsen, schwach alkoholischen, möglichst kleberigen Flüssigkeiten gefüllt sind, wie mit in Wasser verrührten Fruchtgelees, gesüfstem Apfelwein, gesüfstem und verdünntem Alkohol, gezuckertem Essigwasser,
Honigwasser, Bierresten [1]. Fliegende Insekten, insbesondere Wespen,
Fliegen und Falter, fangen sich in derartigen Köderfallen. Besonders
konstruierte Fallen („Kiosks") mit besonders gemischten Köderflüssigkeiten werden zur Bekämpfung gewisser Eulenfalter (*Prodenia littoralis*,
Agrotis ypsilon) in den Handel gebracht [2].

Ätherische Öle werden zum Fange von Fruchtfliegen [3] angewendet.
So wird in Indien das Citronellöl, in Australien Petroleum verwendet.

Auch der Nashornkäfer (*Oryctes rhinoceros*) [4] soll sich durch derartige Köder anlocken lassen. Gefäfse mit weiter Öffnung werden
zu diesem Zwecke in Indien mit einer gärenden Mischung von Senf-
oder Rapskuchen mit Wasser in der Nähe der Kokospalmen aufgestellt.

Aaskäfer (*Silpha spec.*) sollen durch eingegrabene Schüsseln mit
Fleischabfällen angelockt werden.

Auch Schnecken lassen sich angeblich mit Ködern anlocken; mit
Küchenabfällen angefüllte und in den Boden eingesteckte Drainröhren
werden ebenso wie eingegrabene, mit Bier gefüllte Blumenuntersätze
für den Schneckenfang empfohlen.

Zu den Vorkehrungen des Fanges mit Hilfe von Nahrungsködern
ist auch die Methode der Anwendung von Fangpflanzen zu zählen.
Bei ihr sucht man durch Auslegen, Aussäen oder Anpflanzen solcher
Gewächse, die von den Schädlingen besonders bevorzugt werden, die
Schmarotzer anzulocken, anzusammeln und mit oder an den Pflanzen
zu vernichten.

Drahtwürmer werden auf Gartenbeeten an ausgelegten Kartoffel-
stücken oder ausgepflanzten Salatstauden gefangen. Auf Affenbrot-
früchten, die in den Baumwollplantagen ausgelegt werden, sammeln
sich die Rotwanzen an, so dafs sie leicht abgelesen und vernichtet
werden können [5].

Heliothis armiger Hübn. wird durch die Aussaat von Mais zwischen
den Baumwollkulturen zur Eiablage an den Maisstengeln veranlafst [6].

Die Getreideblumenfliege (*Hylemyia coarctata*) verlockt man im
Herbst zur Eiablage an Fangstreifen von Wintersaat, die man einige
Zeit vor der eigentlichen Aussaat aussät und später unterpflügt.

Zur Bekämpfung der Rübennematoden (*Heterodera schachti*) finden
Fangpflanzensaaten von Sommerrübsen oder noch besser von Pflanzen
derselben Art statt, die auf den verseuchten Äckern zuletzt unter den

---

[1] Reh, Prakt. Ratgeber im Obst- u. Gartenbau 1909, No. 20, S. 188.
[2] Zervudacchi, G. S., Note sur le ver du cotonnier et sur le moyen de le dé-
truire. Alexandrie 1910. — Woodhouse and Fletcher, Agric. Journ. of India Vol. VII
Part. IV, Okt. 1912, S. 342.
[3] Zacher, Tropenpflanzer 1912, No. 5, S. 236.
[4] Ghosh, C. C., Memoirs of the Dept. of Agric. in India, Dez. 1911, Entom. Ser.
Vol. II, No. 20, S. 194.
[5] Vosseler, Pflanzer, 1905, S. 216.
[6] Howard, U. S. D. Office of Experiment Stations Bull. 33, 1896, S. 317 ff.;
The Agricultural News, Vol. X, No. 240, S. 215, Barbados 1911.

Älchen gelitten hat. Nach Einwanderung der Nematoden werden die
Pflanzen vernichtet[1]). Ebenso wird gegen *Tylenchus dipsaci* verfahren, für dessen Bekämpfung Fangpflanzensaaten von Buchweizen,
vor allem aber von Roggen und Klee empfohlen werden. Gegen
Heterodera radicicola empfiehlt Frank[2]) Klee und Salat als Fangpflanzen.

Der den meisten Insekten eigene Trieb, Lichtquellen zuzustreben,
wurde bei der Konstruktion der Fanglaternen oder Lichtfallen aus-
genützt. Diese hat man in den verschiedensten einfachsten bis kom-
pliziertesten Bauarten ausgeführt; der mit ihnen erzielte Erfolg ist
jedoch bisher bei der einfachen, innen geteerten und mit einem Rüböl-
lämpchen erleuchteten Tonne ebenso wenig zufriedenstellend gewesen,
wie bei den turmhoch aufgestellten Riesenscheinwerfern, deren grelle
Lichtkegel von elektrischen Flammenbögen hervorgebracht und von
starken Luftsaugern beherrscht wurden, die alle in den Lichtbereich
taumelnden Insekten in ihren Wind rissen und glühenden Drahtrosten
zuführten[3,4,5]). Solche Lichtfallen werden namentlich gegen Nachtschmetterlinge, Traubenwickler[6]), Nonnen[3,4,5]) und andere Spinner-
falter, Eulenfalter[7]), aber auch gegen Schnaken[8]) zur Anwendung gebracht. Durch Zusatz fluoreszierender Stoffe zu Insektenleim sucht man
gleichfalls fliegende Insekten an Leimringe und besonders konstruierte
Klebeglocken[9]) anzulocken. Der Erfolg ist noch geringer als bei der
Anwendung von Fanglampen.

2. Chemische Mittel.

Von der Anwendung chemischer Bekämpfungsmittel verspricht man
sich im Gegensatz zur Benutzung physikalischer Abwehr- und Fang-
methoden rascheren und sichereren Erfolg und Ersparnis an Zeit und
Arbeitskräften. An Versuchen, die Gifte der Schädlingsvertilgung
nutzbar zu machen, hat es daher nie gefehlt. Brauchbare Erfolge
mufsten jedoch hierbei ausbleiben, solange ohne Kenntnis der Eigenart
und Lebensweise der zu vertilgenden Schädlinge und ohne Erkenntnis
der Beschaffenheit der Gifte und ihrer Wirkung auf die einzelnen Ent-
wicklungsstände der einzelnen Schädlingsarten willkürlich herum-
probiert wurde. Das drängende Verlangen der Praxis nach sofort an-
wendbaren Mitteln, das weder Zeit noch Gelegenheit bot, die Zuverlässigkeit der nach wissenschaftlicher Erkenntnis in Frage kommenden Mittel zu erproben, führte zu einem Pfuschertum, das noch jetzt
aufser die Sache selbst auch den Ruf der wissenschaftlichen Phytopathologie schädigt. Die Industrie, die ihre Abfallprodukte zu verwerten sucht, bringt noch heute täglich neue fertige Pflanzenschutz-

---

[1]) Flugbl. No. 11 a. d. Kaiserl. biol. Anst. — Marcinowski, Arb. a. d. Kaiserl.
biol. Anst., VII. Bd., 1. Heft 1909.
[2]) Frank, Landw. Jahrb. XIV, 1885, S. 149—176.
[3]) Deutscher Reichsanzeiger No. 109, 6. Mai 1907.
[4]) Amtl. Ber. über die 48. Gesamtsitzung des sächs. Landeskulturrats 14/15,
16. Okt, 1908.
[5]) Friedrich, Zentralbl. f. d. gesamte Forstwesen, 33. Jahrg. 1904, S. 4999.
[6]) Dewitz, Landw. Jahrb. 36, 1907, S. 964.
[7]) König, Deutsche landw. Prosse, 24. Jahrg., S. 453. — Howard, U. S. D. Office
of Exp. Stat., Bull. 33, 1896, S. 317.
[8]) Kaiserl, Patentamt, Patentschrift No. 190308, Klasse 45k, Gruppe 1.
[9]) Patentschrift No. 254871, Klasse 45k, Gruppe 2, 18. Dez. 1912.

mittel auf den Markt, für die nur noch die Schädlinge gesucht zu werden brauchen, die sich damit vertilgen lassen.

Leider herrscht gerade in den dabei am meisten interessierten Kreisen der Praktiker noch vielfach die abergläubische Neigung, derartigen Geheimpräparaten oder den meist völlig aus der Luft gegriffenen, angeblich bewährten alten „Hausmitteln“ einer gewissen populären Literatur mehr Vertrauen zu schenken als den nüchternen Vorschriften auf wissenschaftlicher Grundlage. Diese Umstände haben auch auf die Fachliteratur einen unheilvollen Einfluſs ausgeübt und sie mit einem Wust von Veröffentlichungen überschwemmt, deren Quelle, wenn nicht in Geschäftsreklame, so in dem Irrtum von Versuchsanstellern zu suchen ist, denen die für die Ausführung und Beurteilung solcher Versuche nötige Vorbildung fehlt. Zu der Verwirrung tragen namentlich die Publikationen solcher Schädlingsforscher nicht wenig bei, die ihre Untersuchungen auf die Morphologie und die systematische Stellung der schädlichen Tierarten beschränken und die zur Abhilfe der Schädigungen zu empfehlenden Maſsnahmen nur der theoretisch sehr schwer zu beurteilenden Literatur entnehmen.

Das groſse Verdienst, den ersten gangbaren Weg durch das Labyrinth der Literatur über chemische Schädlingsmittel gebahnt zu haben, gebührt Hollrung[1]), dem neuerdings Bourcart[2]) mit einer neueren umfangreicheren Veröffentlichung gefolgt ist. Aber auch dieser Bücher vermag sich mit Nutzen nur der Sachverständige zu bedienen, der auf Grund seiner Kenntnis der Schädlinge, ihrer Lebensweise, der Wirtspflanzen und deren Eigenart sowie der Bekämpfungsmittel und ihrer Wirkungsweise auf Tiere und Pflanzen die dort gebotenen Hinweise aus der Literatur kritisch zu würdigen versteht. Systematische Forschung, bei der die Physiologie die Wirkung der Gifte auf die Schädlinge und die Nutzpflanzen prüft, die Zoologie den für die Bekämpfungsmaſsnahmen günstigsten Zeitpunkt der Schädlingsentwicklung, die Botanik die für die Pflanze beste Zeit auswählt, die Chemie die beste Art der Herstellung der Mittel und die Landwirtschaft die vorteilhafteste Methode ihrer Anwendung feststellt, kann hier allein Wandel schaffen[3]).

Die bisher zur Schädlingsvertilgung verwendeten Mittel kann man je nach der Art ihrer Wirkungsweise als Hautgifte, Atmungsgifte und Magengifte unterscheiden. Zwischen den beiden erstgenannten Gruppen läſst sich diese Trennung allerdings nicht immer ganz streng durchführen, da manche die Haut angreifende Stoffe, wie Seifenlösungen usw., bei den Insekten auch die Atemöffnungen verstopfen und so auf die Atmungsorgane einwirken können, während andererseits manche Atemgifte, wie Nikotindampf, auſser einer Schädigung durch die Atmungsorgane auch eine Ätzung der Körperhaut herbeizuführen vermögen.

Je nach der Körperbeschaffenheit und der Lebensweise werden nicht nur die Bekämpfungsmittel aus diesen drei Gruppen, sondern auch die besten Formen ihrer Anwendung ausgewählt. Die Gifte können in

---

[1]) Hollrung, Handbuch der chemischen Mittel, Berlin 1898.
[2]) Bourcart, Les Maladies des Plantes, leur traitement raisonné et efficace en agriculture et horticulture, Paris, Doin, 1910.
[3]) Populäre Zusammenstellungen der wichtigeren Pflanzenschutzmittel: C. Andresen, Die Vertilgung schädlicher Tiere und Pflanzen, Trowitzsch & Sohn, Berlin. — Flugbl. No. 46 der kaiserl. Biol. Anst. — Texas Department of Agric., Bull. 9, new series 1911. — S. auch Lodeman, The Spraying of Plants, New York 1902.

festem, flüssigem und gasförmigem Zustande verwendet werden. Sollen
sie als Hautgifte wirken, so werden sie nur selten als feste Körper,
und zwar in Pulverform (als Streumittel, z. B. Ätzkalk gegen Schnecken,
Blattwespenlarven), niemals als Gase, sondern meist als Flüssigkeiten
angewendet. Die Flüssigkeiten können an die Schädlinge und die von
ihnen bewohnten Pflanzen als Anstrich mit Hilfe eines Pinsels oder
Schwammes, als Bad, in dem die befallenen Pflanzen oder Pflanzenteile einige Zeit belassen werden, als Guſs mit Hilfe einer Kanne oder
als Spritzmittel mit Hilfe einer Spritze gebracht werden.

Zum Anstrich bedient man sich gewöhlicher Maler- oder Maurer-
pinsel, die je nach der gewünschten Wirkung mit starren oder weichen,
langen oder kurzen Borsten gewählt werden; für manche Zwecke sind
auch Schwämme recht geeignet. Das Bad kommt meist nur bei
kleineren, wertvolleren Gewächshauspflanzen oder bei einzelnen Teilen
gröſserer Gewächse in Anwendung; es kann in jedem geeigneten Ge-
fäſs vollzogen werden. Zum Gieſsen der Mittel verwendet man gewöhnliche Gieſskannen mit oder ohne Brause und in bestimmten Fällen
besonders gebaute Vorrichtungen [z. B. bei der Petroleumbehandlung
der Eierschwämme des Schwammspinners[1]), bei der Nikotinbehandlung
der Traubenwickler mit Hilfe eines Maschinenölers]. Für die Spritzungen
bedient man sich gewöhnlicher Gartenspritzen mit starkem, schwachem,
einfachem, geteiltem Strahl oder besonderer Pflanzenspritzen mit nebel-
artiger Verteilung des Spritzmittels. Solchen Nebelspritzen ist in den
meisten Fällen der Vorzug zu geben, da sie bei sparsamem Verbrauch
der Spritzflüssigkeiten eine ausreichend gleichmäſsige Benetzung der
Tiere und Pflanzen ermöglichen. Die staubartige Versprühung bringt die
Mittel selbst an sehr glatten und fettigen Körpern zum haften. Geeignete Pflanzenspritzen sehr verschiedenartiger Konstruktionen werden
von zahlreichen leistungsfähigen Fabriken in den Handel gebracht. Je
nach den besonderen Zwecken ihrer Verwendung sind sie tragbar oder
fahrbar, zum Bespritzen hoher oder niedriger, einzelner oder mehrerer
Pflanzen gleichzeitig eingerichtet.

In fester Form werden die Mittel als Hautgifte und als Atmungsgifte auf die Tiere aufgestäubt. Als Magengifte kommen sie gleichfalls
meist durch Aufstäubung auf die zu schützenden Pflanzenteile in Anwendung, zum Teil werden sie aber auch in Substanz mit Ködern ausgelegt (z. B. Giftbrocken gegen Nagetiere, Vögel, Erdinsekten). Das
Verstäuben der Pulver geschieht entweder durch Aussäen mit der
Hand oder durch Verteilung mit landwirtschaftlichen Maschinen, wie
Kleestreuern, oder durch Verblasen mit Blasebälgen oder besonderen
Pulverbläsern, die aus mit Pulverbehältern verbundenen Blasebälgen
bestehen. Im Kleinbetriebe genügen oft auch gewöhnliche Gummi-
bälle mit Ausblaserohr oder pinselartige Zerstäubervorrichtungen.
Mit Siebdeckeln verschlossene Blechschachteln genügen auch in vielen
Fällen.

Die gasförmigen Mittel werden als Atmungsgifte, und zwar meist
nur in geschlossenen Räumen oder im Erdboden angewendet. Sie
werden entweder in den zu durchräuchernden Räumen selbst entwickelt
oder von auſsen her eingeleitet. Besondere Apparate, die die Gase
oder die zu ihrer Erzeugung dienenden Flüssigkeiten in die Erdgänge

---

[1]) Flugbl. No. 6 der Kaiserl. biol. Anst.

oder in den Erdboden unter Druck einpressen, ebenso wie Vorrichtungen zur Erleichterung der Dosierung kommen dabei vielfach zur Anwendung.

Hautgifte in fester Form.

Tabakpulver, insbesondere der Staub aus Tabakfabriken, wird zur Bekämpfung von Blattläusen und Wurzelläusen, z. B. auch der Blutläuse [1]) am Wurzelhals, mit Erfolg angewendet.

Schwefelpulver, die sogen. Schwefelblüte, hat sich als Staubmittel gegen die Larven der Kirschblattwespe [2]) (*Eriocampa adumbrata*), gegen Milbenspinnen (*Tetranychus bioculatus*) [3]) und Gallmilben [4]) (*Eriophyes vitis, E. malinus, E. piri, Phyllocoptes schlechtendali*) bewährt. Gegen *Haltica ampelophaga* wird gleichfalls Schwefelung empfohlen.

Ätzkalk, der frisch gelöscht und zu Pulver zerfallen ist, eignet sich vorzüglich zur Abtötung von Nacktschnecken, wenn er in Zwischenräumen von 30 Minuten zweimal auf die Felder gestreut wird. Die Afterraupen der Kirschblattwespe und die Larven des Spargelhähnchens sind gleichfalls durch Aufstäuben von Ätzkalkpulver abzutöten. Die Rüben-Nematoden werden durch inniges Vermischen der sie enthaltenden Erde mit Ätzkalk (1 Teil Kalk : 6 Teilen Erde) vernichtet [5]).

Gemische von Ätzkalk mit Tabakpulver wurden gegen Stachelbeerblattwespenlarven [6]) und gegen Erdflöhe [7]) erfolgreich angewendet. Gegen *Haltica ampelophaga* soll Tabakpulver mit Schwefelblüte oder Schwefelblüte mit Ätzkalk gemischt wirksam sein [8]).

Hautgifte in flüssiger Form.

Die Grundlage fast aller zu Güssen, Anstrichen, Bädern oder Spritzungen angewandten Hautgifte bildet das Wasser als Lösungs- oder Verdünnungsmittel.

Es stellt jedoch auch an sich, ohne jederlei Beimengung, ein wichtiges Bekämpfungsmittel vor. Am nächsten liegend war von jeher seine Verwendung im Kampfe gegen Bodeninsekten.

Zur Behandlung kleinerer Feldstücke, namentlich von Saatbeeten, Topferde wird vielfach heifses Wasser verwendet. [*Heterodera radicicola* [9]), Enchytraeiden, Dipterenlarven, Käferlarven, Erdraupen, Ameisen.]

Auch die oberirdischen Pflanzenteile werden zur Befreiung von Schädlingen mit kaltem oder warmem Wasser behandelt, und zwar darin gebadet oder damit bespritzt. Gegen *Aphelenchus olesistus* Ritz. Bos in den Blättern der Farne, Begonien, Gloxinien werden Bäder von 5 Minuten Dauer in Wasser von 50° C empfohlen [10]). Die Nematoden

---

[1]) Flugbl. No. 33 und 46 der Kaiserl. biol. Anst.
[2]) GOETHE, Ber. d. Kgl. Lehranstalt f. Obst- u. Weinbau Geisenheim 1893, S. 32.
[3]) PLAYFAIR, Indian Museum Notes 3, 46 (nach HOLLRUNG).
[4]) BOURCART, Les Maladies des Plantes Paris, S. 74.
[5]) KÜHN, Ber. aus dem physiol. Lab. u. der Versuchsanst. des landwirtsch. Instituts der Universität Halle, 1881, Heft 3, S. 99.
[6]) FIROR, Insect Life 1, 17.
[7]) ORMEROD, Report of Observations of injurious Insects 1893, 95. — Whitehead, Journal of the Royal Agricultural Society of England, 3. Ser., Bd. 2, T. 2, S. 231.
[8]) BOURCART, l. c. S. 73.
[9]) BREDA DE HAAN, S' Lands Plantentuin, Bull. de l'Inst. bot. de Buitenzorg, No. IV, S. 1—10.
[10]) MARCINOWSKI, Arb. a. d. Kaiserl. biol. Anst., VII. Bd., 1909, S. 145.

werden bei dieser Behandlung durch die Wärme abgetötet, während
die Pflanzen nur geringe Beschädigungen erleiden. Aus vereinzelten
kostbaren Pflanzen können durch Bäder in Wasser von 18—20⁰ C die
Blatt-Nematoden ausgetrieben werden, wenn die Bäder auf die Zeit
von täglich einer Stunde ausgedehnt und während einer ganzen Woche
täglich wiederholt werden [1]. — Für die Desinfektion amerikanischer
Schnittreben gegen Rebläuse werden gleichfalls warme Bäder empfohlen.
Die Reben werden in einem besonderen Apparat erst 5 Minuten lang
mit Wasser von 35—40⁰ C und dann 5 Minuten mit Wasser von 56⁰
behandelt. Durch das Verfahren, das im Frühjahr vorgenommen werden
soll, werden angeblich die Rebläuse sicher getötet, ohne daß die Pflanzen
nennenswerte Schädigungen erleiden [2].

Zur Befreiung geernteter Früchte und Samen von Schmarotzern
finden Wasserbäder gleichfalls Anwendung. Die Kirschmaden (*Spilographa cerasi*) verlassen die von ihnen bewohnten Früchte, wenn man
diese 1—2 Stunden in Wasser legt. Zur Abtötung von *Bruchus pisi*
in Erbsen wird empfohlen, diese mit heißem Wasser zu überschütten,
in das dann kaltes Wasser nachgegossen wird. Die Erbsen sollen
24 Stunden in dem Wasser verbleiben [3].

Als Spritzmittel wirkt kaltes Wasser bei möglichst täglicher Anwendung auf die Vermehrung der Spinnmilben (*Tetranychus spec.*) am
Laub der Bäume und der *Bryobia ribis* an Stachelbeeren hemmend ein.
Bewährt hat sich vielfach das abendliche Abspritzen mit kaltem Wasser
bei Zimmer- und Gartenpflanzen, die von Blattläusen heimgesucht
worden sind (SORAUER).

Heißes Wasser wird gleichfalls gegen verschiedene Schädlingsarten als Spritzmittel empfohlen. Kohlraupen (*Pieris rapae*) sollen
durch Wasser von 55⁰ C abgetötet werden [4], und Wasser von 65,5⁰ C
soll die Kohlwanze *Murgantia histrionica* Hahn vertilgen [5], ohne den
Pflanzen schwerere Schädigungen zuzufügen.

In Frankreich wird heißes Wasser gegen die unter der Borke der
Rebe überwinterten Räupchen der Springwurmmotte (*Tortrix pilleriana*)
angewendet. Die Reben werden im Frühjahr (März) entweder mit Hilfe
von Blechkannen mit dem heißen Wasser begossen oder aus heizbaren
Spritzen bespritzt [6].

Außer der Verdünnung mit Wasser erhalten viele flüssige Bekämpfungsmittel Zusätze von gewissen Chemikalien, die an sich keine
oder nur geringe Giftwirkung haben und nur durch Erhöhung der
Haftfähigkeit der Flüssigkeiten an den zu bespritzenden Tieren oder
Pflanzen die Wirkung der eigentlichen giftigen Bestandteile fördern sollen.

Solche Stoffe sind: Zucker, Dextrin, Wasserglas, Soda, Aluminium-
acetat, tierischer Leim, verdünnte Seifenlösungen. Nach VERMOREL und
DAUBOUY ist die Vorbedingung für die Benetzung eines Körpers durch
eine Flüssigkeit, daß die Kohäsion der Moleküle der Flüssigkeit kleiner
ist, als das Doppelte ihrer Adhäsionskraft für den festen Körper [7].

---

[1] SCHWARTZ. M., Arb. a. d. Kaiserl. biol. Anst.. Bd. VIII. Heft 2, 1911.
[2] BOLLE, Die Desinfektion von amerikanischen Schnittreben. Mitteil. des
Deutschen Weinbau-Vereins 7. Jahrg. 1912, S. 170. — S. auch BOURCART S. 52.
[3] FLETCHER, Evidence on Agriculture Colonization 1892, S. 11 (nach HOLLRUNG).
[4] RILEY, U. S. Dept. Div. Ent. Bull. 14, 1887, S. 11.
[5] MURTFELDT, U. S. Dept. Div. Ent. Bull. 26, S. 38.
[6] DEWITZ, Landwirtschaftl. Jahrb. 36, 1907, S. 989.
[7] VERMOREL et DAUBOUY, C. r. Ac. Sciences Paris, Bd. 151, 1910, S. 1144—1146.

Unter den für Anwendung in flüssiger Form bestimmten Hautgiften nehmen die Tierfette und Tieröle eine bevorzugte Stelle ein. Ihre Wirkung beruht auf einer die Tiere schädigenden Veränderung der äufseren Körperhaut der Schädlinge, zu der meist ein mechanischer Verschlufs der Atemöffnungen hinzukommt, weshalb sie in gewisser Beziehung auch zu den Atmungsgiften zu zählen wären. Meist werden die Fette und Öle erst durch Vermengung mit anderen Stoffen völlig gebrauchsfertig gemacht. Ihre Anwendung erfolgt dann als Streich- oder Schmiermittel oder in spritzfähigen Verdünnungen als Spritzmittel.

Zur Verwendung kommen Fischöl (durch Ausschmelzen des Herings *Clupeus menhadden* erhalten), Wallfischtran, Schweinespeck, Pferdefett. Während das letztere in FUHRMANNS Fettmischung mit Schmiertran [1]) und vergälltem Weingeist vermischt zum Bestreichen der Blutlauskolonien Verwendung findet, werden die übrigen Tierfette meist nur als Seifen in wässeriger Lösung oder in Emulsionen mit Seifenlösungen angewendet [2]).

Ähnliche Dienste leisten Pflanzenfette. Rüböl, Leinöl, Baumöl, Palmöl werden entweder rein als Streichmittel, verseift oder mit Seifenlösungen emulgiert als Spritzmittel zur Bekämpfung von Pflanzenläusen, Käferlarven, Ameisen benutzt. Gegen ähnliche Schädlinge werden auch verschiedene Harzseifen, oft auch in Kombination mit Ölseifen angewendet.

An Stelle der nach zahlreichen Vorschriften für Pflanzenschutzzwecke besonders hergestellten Öl-, Fett- und Harzseifen kann man sich auch der meisten fertig käuflichen Waschseifen allein oder mit Zusatz anderer Insektengifte als Bekämpfungsmittel bedienen. Schwache Seifenlösungen von 0,5—1 % Seifengehalt werden von den meisten Pflanzenarten gut vertragen und wirken auf viele Schädlinge mit weicher Körperhaut, namentlich auf gewisse Pflanzenlausarten, tötlich. Vielen Pflanzen kann man noch stärkere Seifenlösungen als Spritzmittel bieten. In den meisten Fällen wird man jedoch den Seifengehalt der Lösungen nicht über 2 % erhöhen, wenn man die Spritzungen auf alle grünen Pflanzenteile während der Vegetationsperiode ausdehnt. Stammteile kann man zur Abtötung von Insekteneiern, überwinternden Milben usw. ohne Schaden für die Pflanzen mit 10 % igen Seifenlösungen waschen und abbürsten.

Eine Steigerung der Wirkung versuchte man vielfach durch Zusatz von Holzteer zu den Seifenlösungen zu erzielen.

Als eines der wirksamsten aus dem Pflanzenreiche stammenden Berührungsgifte ist sicherlich das Nikotin anzusehen, das in Gestalt der Tabakslaugen zur Anwendung kommt. Die Herstellung der Laugen kann man unter Benutzung von minderwertigen Tabaken und Abfällen der Tabakindustrie auf kaltem und warmem Wege mit Wasser selbst vornehmen. Man überläfst sie aber besser den Laugenfabriken, da die Wirkung der Laugen auf die Schädlinge lediglich von ihrem Gehalt an Nikotinsalzen oder reinem Nikotin abhängt, und der Laie bei der ihm allein möglichen primitiven Art der Herstellung der Laugen ein

---

[1]) BÖRNER, Flugbl. 33 d. Kaiserl. biol. Anstalt.
[2]) HOLLRUNG, Handb. der chem. Mittel, Berlin 1898. — BOURCART, Les Maladies des Plantes. Paris 1910. — MOULTON, U. S. Dept. Agric., Bur. Ent., Bull. 80, Part IV. — JONES, P. R., U. S. Dept. Agric., Bur. Ent., Bull. 80, Part VIII 1910.

gleichmäfsiges Präparat von bestimmter Beschaffenheit nie erzielen kann [1]).

Die Giftwirkung der Tabaklaugen auf die Insekten scheint nicht beeinträchtigt zu werden, wenn das Nikotin in diesen nicht rein, sondern an Säuren gebunden in der Form von Salzen vorhanden ist. Jedenfalls genügen Spritzmittel von 0,1 % Nikotingehalt für die Abtötung der meisten Pflanzenläuse und nackter, weichhäutiger anderer Insekten schon völlig [2]). Zur Unterstützung dieser Giftwirkung ist die Erleichterung des Festhaftens der Spritzflüssigkeit an den Tierkörpern von grofser Wichtigkeit. Deshalb kommt die Tabaklauge allein in wässeriger Verdünnung nur bei den leichter benetzbaren Tierarten zur Verwendung. Schwerer benetzbare Tiere werden besser mit Kombinationen von Tabaklaugenlösungen mit Fett-, Öl- und Harzseifen behandelt [3]).

Ein den Tabaklaugen in der Giftwirkung ähnlicher, gleichfalls dem Pflanzenreiche entstammender Stoff ist der Extrakt des Quassiaholzes. Er enthält das als Hautgift wirkende Quassin und wird wie die Tabaklauge in wässeriger Lösung allein oder in Verbindung mit Seifen verwendet. Dem Nikotin scheint das Quassin an Giftigkeit etwas nachzustehen. Der Vorzug gröfserer Billigkeit läfst jedoch in vielen Fällen die Anwendung des wässerigen Quassiaauszuges vorteilhafter als die Verwendung von Tabaklaugen erscheinen. Er leistet bei Bekämpfung vieler Pflanzenläuse, aber auch mancher nackter Raupen und Afterraupen gute Dienste.

Ähnliche Verwendung finden auch Auszüge des dalmatinischen Insektenpulvers, von denen das DUFOURsche Mittel am besten bekannt geworden ist. Es wird aus anderthalb Teilen dalmatinischem Insektenpulver, drei Teilen Schmierseife und hundert Teilen Wasser hergestellt und soll besonders gegen kleine Raupen (namentlich gegen die Traubenwickler) verwendet werden. Blattläuse und Blattwespenlarven werden durch das Mittel getötet. Auch mit Alkohol oder mit Alkohol und Ammoniak hergestellte Insektenpulverextrakte werden vielfach als Berührungsgifte gegen schädliche Insekten versucht.

Andere Pflanzenstoffe: Wallnufs-, Tomaten-, Rofskastanien-, Myrthen-, Lorbeer-, Rainfarnblätter, Aloëpech, Sabadillsamen, Wurmfarnwurzeln wurden des öfteren zur Herstellung von Extrakten für die Anwendung als Berührungsgifte benutzt. Die damit erzielten Erfolge sind aber nach den vorliegenden Nachrichten kaum mit den guten Wirkungen des Nikotins und des Quassins zu vergleichen.

Unter den Stoffen mineralischer Herkunft ist der Ätzkalk wohl das populärste der gegen schädliche Insekten angewandten Berührungsgifte. Den während der Vegetationsruhe angewandten Anstrichen der Bäume wird vielfach abtötende Wirkung auf Insekteneier, Puppen und Larven zugeschrieben.

Auch als Spritzmittel findet die Kalkmilch häufig Verwendung [4]). Einwandfrei nachgewiesen ist ihre Wirkung auf die Larven und

---

[1]) MOREAU, L., et VINET, E., Revue de Viticulture, 16. Jahrg., Bd. 31, 1909, S. 488—400. — SCHWANGART, Mitteil. des Deutschen Weinbau-Vereins 1909.

[2]) SCHWARTZ, Mitteil. a. d. Kaiserl. biol. Anst., Heft 12, 1912, S. 29. — JOHNSON, U. S. Agric. Bur. Ent., Bull. 97, Part I.

[3]) Vgl. Flugbl. 46 der Kaiserl. biol. Anst. — SCHWARTZ, Arb. a. d. Kaiserl. biol. Anst., Bd. VI, Heft 4, 1908, S. 493 ff.

[4]) MORRIS, L., Agr. Exp. Sta. California, Bull. 228, Sacramento 1912.

Weibchen der Rübennematoden, bei dem von HOLLRUNG gefundenen Verfahren der Desinfektion der Rübenschwemmwässer.

In Verbindung mit Schwefel kommt der Kalk in Gestalt der Schwefelkalkbrühen als Spritzmittel gegen Schildläuse, Spinnmilben, Gallmilben und mancherlei andere Schädlinge in Anwendung. Für diese unter dem Namen der Oregon- oder Californischen Schwefel-kalkbrühe bekannten Gemische, in denen Schwefelcalcium als der wirksamste Bestandteil anzusehen ist, sind zahlreiche Vorschriften[1] ausgearbeitet und veröffentlicht worden, unter denen die von der Vereinigung Deutscher Schwefelproduzenten in Hamburg bekannt gegebene Herstellungsanweisung am wirtschaftlichsten erscheint[2].

Schwefelkalium (Schwefelleber) wird vielfach gleichfalls in wässeriger Brühe gegen weichhäutige Insekten: Wicklerräupchen, Blattläuse, ja selbst gegen Heuschrecken empfohlen.

Das beste aller unter den mineralischen Stoffen bisher bekannten Berührungsgifte ist das Petroleum. Unverdünnt kann es jedoch nur in Ausnahmefällen, d. h. zur Behandlung einzelner Pflanzenteile, besonders an den Stämmen der Bäume, verwendet werden, da es grüne Pflanzenteile leicht schädigt. Bei der Abtötung der Schwammspinner-Eigelege leistet es in reinem Zustande gute Dienste[3]. Zum Abtöten von gefangenen oder abgesammelten schädlichen Insekten ist es gleichfalls sehr geeignet. Oft genügt es, die Schädlinge in ein mit Wasser gefülltes Gefäfs zu werfen, das auf dem Wasserspiegel nur eine geringe Petroleumschicht trägt.

Als Spritzmittel kommt Petroleum in wässeriger Verdünnung gegen die verschiedenartigsten Schädlinge zur Anwendung. Aus Rücksicht auf seine immerhin beträchtliche Giftigkeit für die lebenden Pflanzen mufs es jedoch stets mit einiger Vorsicht und nur in solchen Gemischen gebraucht werden, in denen das Petroleum dauernd gleichmäfsig verteilt bleibt. Daher sind die mit Hilfe besonderer Apparate hergestellten mechanischen Mischungen kleiner Petroleummengen mit Wasser wegen ihrer Unbeständigkeit am wenigsten für die Bespritzung lebender Pflanzen geeignet.

Besser sind schon die Verbutterungen von Petroleum mit Milch, die eine gute Verdünnung mit Wasser gestatten und besonders gegen Zikaden, Pflanzenläuse, Psylliden, Käferlarven empfohlen werden.

Emulsionen von Petroleum mit Seifenlösungen können nach zahlreichen Rezepten bereitet werden und dienen als Spritzmittel gegen Pflanzenläuse, Wanzen, Zikaden, Blattwespenlarven, Schmetterlingsraupen, Käferlarven, Erdflohkäfer usw. Sie sollen auch mit Erfolg gegen Erdinsekten als Güsse verwendet werden.

Für die Reblausdesinfektion hat sich Petroleum als unzureichend erwiesen[4].

In ähnlicher Weise wie Petroleum lassen sich Benzin und Paraffin[5] in Seifenemulsionen zu Spritzungen verwenden.

Noch stärkere Pflanzengifte als Petroleum, Benzin und Paraffin

---

[1] STEWART, Exp. Sta. Pennsylvania, Bull. 92. — PARROTT, Exp. Sta. New York, Bull. 320, 1909. — VAN SLYKE, HEDGES and BOSWORTH, Exp. Sta. New York, Bull. 319, 1909, S. 383—418.
[2] Vgl. Flugbl. No. 46 d. Kaiserl. biol. Anst., 6. Aufl.
[3] ibid. No. 6.
[4] MORITZ, Arb. aus der Kaiserl. biol. Anst., Bd. VI, Heft 5, 1908.
[5] THEOBALD, Insect pests of fruit. Wye Court, Wye 1909, S. 516.

stellen die K a r b o l s ä u r e, das K r e s o l und das L y s o l vor. Sie sind
in Verbindung mit Seifenlösungen während der Vegetationsperiode an
oberirdischen Pflanzenteilen nur in Verdünnung von nicht über $^1/_4 — ^1/_2 \,^0/_0$
Gehalt anzuwenden, wenn sie nicht oft beträchtliche Pflanzenschä-
digungen hervorrufen sollen. Daher sind sie auch nur zur Bekämpfung
einiger weniger Pflanzenlausarten brauchbar, die diesen stark ver-
dünnten Mitteln erliegen [1]). Die meisten Schädlingsarten bleiben bei
der Behandlung mit diesen schwachen Phenol- oder Kresolseifenbrühen
am Leben.

Ähnlich verhält es sich mit den in groſser Zahl auf den Markt
gebrachten C a r b o l i n e u m p r ä p a r a t e n [2]). die von sehr komplizierter
und wechselnder chemischer Zusammensetzung sind und unter anderem
auch Kresole und Phenole enthalten. Sie stellen wegen ihrer ungleich-
mäſsigen und schwankenden Beschaffenheit nur recht unzuverlässige
Bekämpfungsmittel vor, die günstigstenfalls ebenso wie stärkere (etwa
10 %ige) Lösungen reinen Lysols nur bei der Winterbehandlung der
Obstbäume gegen einige wenige Schädlingsarten, besonders Schildläuse, empfohlen werden können. Vorsicht ist bei ihrer Anwendung
jedenfalls stets dringend geboten [3]).

Bei der Desinfektion der Rebwurzeln gegen Rebläuse wurden mit
Lösungen von Lysol und Kresolseife gute Resultate erzielt [4]).

A t m u n g s g i f t e.

Durch Einwirkung auf die Atmungsorgane sucht man viele Schädlinge zu bekämpfen, indem man ihnen die Luftzufuhr abschneidet oder
mit der Atemluft Gift zuführt. K ü n s t l i c h e Ü b e r s c h w e m m u n g
der Äcker, Wiesen [5]) und Wälder wird zur Erstickung von Feldmäusen,
Engerlingen, Drahtwürmern, Maulwurfsgrillen. Forstschädlingen [6]) (Kiefer-
spannern, Kiefernculen, Kiefernspinnern. Blattwespen, *Hylobius abietis* L.
und verschiedenen Hylesinusarten), Baumwollinsekten. Wurzelnematoden
[*Heterodera radicicola* [7])] und vor allem der Reblaus [8]) angewendet. Manche
der unter den Hautgiften erwähnten Streich- und Spritzmittel wirken
gleichzeitig als Erstickungsmittel. da sie die Atemöffnungen der damit
behandelten Insekten verschlieſsen. Die eigentlichen Atmungsgifte werden
jedoch in der Weise in Anwendung gebracht. daſs man sie in Pulver-
oder Gasform in der die Tiere umgebenden Atemluft fein verteilt.

Das volkstümlichste dieser Mittel stellt das I n s e k t e n p u l v e r dar,
das durch Zermahlen der getrockneten Blüten verschiedener Arten aus der
Korbblütlergattung Pyrethrum hergestellt wird. Am wirksamsten
scheint das dalmatinische Insektenpulver zu sein, das von Pyrethrum
cinerariaefolium stammt.

----

[1]) Wahl u. Zimmermann, Zeitschr. f. d. landwirtsch. Versuchswesen in Österreich, 1909.

[2]) Schwartz. Arb. a. d. Kaiserl. biol. Anst.. Bd. VI, Heft 4, 1903.

[3]) Netopil, Fulmék, Wahl, Zimmermann, Zeitschr. f. d. landwirtsch. Versuchswesen
in Österreich, 1909, S. 513—544.

[4]) Moritz, Arb. a. d. Kaiserl. biol. Anst.. Bd. VI, Heft 5, 1903.

[5]) Adduco, L'Italia agricola. 31, S. 318—320.

[6]) Anderlind, Österreichische Forst- u. Jagdzeitung 1896. S. 145.

[7]) Breda de Haan, S' Lands Plantentuin, Bull. de l'Inst. bot. de Buitenzorg.
No. IV, S. 1—10.

[8]) Hollrung, Handbuch der chem. Mittel, S. 25. — Bourcart, Les Maladies des
Plantes, S. 36.

Rein oder auch mit Schwefelblüte verdünnt (zwei Teile Insektenpulver und ein Teil Schwefelblüte) [1] wirkt es bei feiner Verstäubung
auf den Pflanzen und Feldern auf viele Insekten tötlich, besonders auf
Blattläuse, manche Wanzenarten, Rüsselkäfer (*Sitones*), Glanzkäfer
(*Meligethes*). Erdflöhe, Fliegen und Raupen.

Auf Papier verbrannt leistet es in Gewächshäusern als Räuchermittel gute Dienste, da der von ihm entwickelte Rauch Blattläuse,
Thysanopteren, Dactylopiusarten und in gewissem Umfange auch Spinnmilben abzutöten vermag.

Ähnlich wirken Räucherungen mit T a b a k p u l v e r oder mit T a b a k -
e x t r a k t e n. Die letzteren werden entweder auf eisernen Schalen in
den Warmhäusern verdampft oder durch Verbrennen von Papierstreifen,
die mit den Extrakten getränkt wurden, zum Verqualmen gebracht. Die
letztgenannte Anwendungsweise hat den Vorzug, daſs sie keine groſsen
Vorbereitungen erfordert und zudem eine leichte Dosierung ermöglicht [2].

S c h w e f e l kommt wegen der groſsen pflanzentötenden Kraft des
bei seiner Verbrennung entstehenden Schwefeldioxyds nur bei der Bekämpfung der im Boden lebenden Nager sowie der Ameisen und
Termiten als Räuchermittel in Betracht. Er wird mit Hilfe besonderer blasebalgartiger Apparate auf glühenden Kohlen zur Verbrennung gebracht, wobei das entwickelte Gas gleichzeitig in die unterirdischen Gänge der Tiere gepreſst wird. In der Wirkung scheint
jedoch die schweflige Säure bei der Nagetierbekämpfung dem Schwefelkohlenstoff unterlegen zu sein [3].

Der S c h w e f e l k o h l e n s t o f f, der als flüssiges, überaus flüchtiges
Mittel überall da leicht angewendet werden kann, wo weder Feuer noch
künstliches Licht eine Explosionsgefahr befürchten läſst, wird bei der
Nagetierbekämpfung in die unterirdischen Bauten der Mäuse und Hamster
eingegossen. Nach dem Zutreten der Öffnung verbreitet sich das sich
entwickelnde schwere Gas in diesen und tötet die Schädlinge ab. Bei
einer anderen, häufig empfohlenen Anwendungsweise wird der Schwefelkohlenstoff nach dem Einbringen in die Nagetierbauten entflammt. Er
wirkt dann in seinen beiden Verbrennungsprodukten, schwefliger Säure
und Kohlensäure, die bei der Entzündung des mit Luft gemischten
Schwefelkohlenstoffgases oft mit explosiver Gewalt in die unterirdischen
Gänge gedrückt werden. Auch zur Bodendesinfektion gegen Insekten
findet Schwefelkohlenstoff Anwendung, so z. B. gegen die Reblaus,
gegen Engerlinge, Drahtwürmer, aber auch zur Behandlung kleinerer
von Nematoden heimgesuchter Ackerstellen [4].

Bei der Abtötung von Speicherinsekten leistet der Schwefelkohlenstoff gleichfalls gute Dienste. Getreiderüſsler (*Sitophilus*), Samenkäfer
(*Bruchus*), Zigarrenkäfer, Speckkäfer, Kornmotten, Mehlmotten können
mit seiner Hilfe leicht vertilgt werden.

T e t r a c h l o r k o h l e n s t o f f [5] wird zu denselben Zwecken verwendet.
Er steht jedoch an Wirkung nach und wäre dem zudem billigeren

---

[1] Vgl. Flugbl. No. 46 der Kaiserl. biol. Anst. — Schwartz, Arb. a. d. Kaiserl.
biol. Anst. Bd. VII, 1909, Heft 4. S. 521.
[2] Russell, H. M., U. S. Dept. Agric., Bur. Ent., Bull. 64, Part VI.
[3] Korff, Prakt. Blätter für Pflanzenschutz 1912, S. 157.
[4] Flugbl. No. 11 der Kaiserl. biol. Anst.
[5] Chittenden and Popenoe, U. S. Dept. Agric., Bur. Ent., Bull. 96, Part IV, 1911

Schwefelkohlenstoff nur deshalb vorzuziehen, weil er nicht feuergefährlich ist wie dieser.

Versuche durch Emulgierung des Schwefelkohlenstoffes ebenso wie des Tetrachlorkohlenstoffes mit Seifenlösungen die Mittel in Wasser verteilbar und so auch zur Bekämpfung frei an den Pflanzen sitzender schädlicher Insekten verwendbar zu machen, sind wohl als gescheitert anzusehen. Die allzu flüchtigen Mittel vermögen in freier Luft nicht die gewünschte Giftwirkung auf die Atmungsorgane der Insekten hervorzubringen.

Blausäuregas, das durch die Einwirkung von Schwefelsäure auf Cyankalium entwickelt wird, spielt in Amerika und Australien eine große Rolle als Schädlingsgift. Es wird vor allem zur Bekämpfung von Schildläusen und Mottenschildläusen [1] angewendet, wobei die zu behandelnden Bäume mit gasdichten Zelten [2] oder Planen bedeckt werden. Außerdem findet es auch in geschlossenen Räumen zur Abtötung verschiedenartiger Insekten [3], z. B. auch des im Tabak lebenden *Lasioderma*, Verwendung. Absolute Zuverlässigkeit scheint man auch diesem Verfahren nicht zusprechen zu können. Dieser Umstand im Verein mit seiner großen, Menschen und Nutztiere gefährdenden Giftigkeit hat seiner Einbürgerung in den europäischen Ländern bisher im Wege gestanden.

Magengifte.

Die Magengifte kommen in weitem Umfange bei der Vertilgung schädlicher Säugetiere und Vögel zur Anwendung. Insbesondere sind sie als Mittel der Mäusebekämpfung weit bekannt. Strychnin [4], Phosphor, Arsen werden mit den verschiedenartigsten Ködern gegen Nagetiere, aber auch gegen Krähen, Sperlinge usw. ausgelegt. Die freie Verwendung solcher heftig wirkender Gifte birgt schwere Gefahren für Menschen und Nutztiere und wird deshalb mit Recht von den Behörden der Kulturstaaten nach Möglichkeit einzuschränken gesucht.

Dasselbe gilt in gewissem Grade von der Verwendung der schwer giftigen Arsenverbindungen zur Bekämpfung schädlicher Insekten.

Magengifte erweisen sich nur solchen Insekten gegenüber wirksam, denen der Besitz geeigneter Mundwerkzeuge die Aufnahme größerer Mengen des auf ihren Nährsubstraten künstlich angebrachten Giftstoffes ermöglicht. Vor allem sind alle mit Kauwerkzeugen ausgerüsteten Käfer, Larven, Raupen für Magengifte zugänglich; unter den mit saugenden Mundteilen versehenen Kerfen kommen nur solche, wie gewisse Schmetterlinge und Fruchtfliegen, in Betracht, denen das Gift mit dem Nektar der Blüten oder mit gesüßten Köderflüssigkeiten beigebracht werden kann.

Die auf die höheren Tiere am heftigsten wirkenden Giftstoffe erwiesen sich auch diesen Insektenarten gegenüber am wirksamsten. Be-

---

[1] Morrill., U. S. Dept. Agric., Bur. Ent., Bull. 76, 1908. — Woglum, U. S. Dept. Agric., Bur. Ent., Bull. 79, 1909, Bull. 90, Part I, 1911; Part II, 1911. — Mc Donnell, U. S. Dept. Agric., Bur. Ent., Bull. 90, Part III, 1911. — Johnson, Fumigation methods. New York, 1902.
[2] Johnson, U. S. Dept. Agric., Div. Ent., Bull. 20 N. S. 1899. — Scherpe, Arb. a. d. Kaiserl. biol. Anst., Bd. V, Heft 6, 1907, S. 351 ff.
[3] Quaintance U. S. Dept. Agric., Bur. Ent., Bull. 84, 1909.
[4] Birdseye, U. S. Dept. Agric. Farm., Bull. 484, 1912.

sonders geeignet erscheinen die Arsenverbindungen. Sie finden
in allen Staaten, deren Gesetzgebung einen freieren Verkehr mit diesen
Giften zuläfst[1]), in aufserordentlichem Mafse als Pflanzenschutzmittel
Verwendung[2]).

Die Arsenverbindungen werden entweder als trockene Pulver auf
die zu schützenden Pflanzen aufgestäubt oder in wässerigen Brühen ver-
spritzt oder mit besonderen Ködern verarbeitet ausgelegt.

Als trockene Pulver werden die Arsenpräparate entweder rein oder
in Verdünnung mit Strafsenstaub, Mehl und ähnlichen geeigneten Stoffen
verwendet. Bei der Verwendung von Arsenbrühen ist man darauf be-
dacht, die Lösung der Arsensalze in den zur Verdünnung dienenden
Flüssigkeiten nach Möglichkeit zu verhindern, da lösliche Arsensalze
das Blattwerk der Pflanzen stark verbrennen. Deshalb wird den Brühen
meist Kalk zugesetzt, der die gelösten Arsenate in unlösliche, für die
Pflanzen also unschädliche Verbindungen überführt.

In dieser Weise werden benutzt: weifser Arsenik, Schweinfurter
Grün, Londoner Purpur, Arsenigsaures Kupferoxyd und Arsensaures
Blei[3]). Dem letztgenannten wird besonders wegen seiner Ungefährlich-
keit für die Pflanzen vielfach der Vorzug gegeben.

Für Menschen und Nutztiere weniger gefährlich ist das Chlorbarium, das in 2—4 %iger Lösung namentlich bei der Bekämpfung von
Rüben- und Forstschädlingen als Ersatz für Arsenverbindungen Anwendung findet. Andere Magengifte für Insekten sind in gewissem
Grade die Kupferkalkbrühe[4]), die Schwefelkalkbrühe[5]),
Niefswurzbrühe[5]) und die nikotinhaltigen Spritzmittel.
Sie scheinen auf Insekten mit beifsenden Mundteilen zum mindesten
frafsabschreckend oder frafsvermindernd einzuwirken und eignen sich
daher in vielen Fällen, die Arsenbrühen zu ersetzen[6]).

Mittel der indirekten Bekämpfung.

Der Gedanke, die natürlichen Feinde der Schädlinge der Bekämpfung dieser in irgend einer Weise dienstbar zu machen, ist sehr
alt. Er hat unter den Vertretern der angewandten Zoologie stets An-
hänger wie Gegner gefunden, und zahlreiche Versuche sind gemacht
worden, die Möglichkeit einer Einschränkung schädlicher Tiere durch
Begünstigung und künstliche Vermehrung der ihnen feindlichen Organismen zu beweisen oder zu widerlegen. Eine Entscheidung dieses
Streites der Meinungen konnte jedoch bis auf den heutigen Tag nicht
gefällt werden.

Die Nutzbarmachung der natürlichen Schädlingsfeinde für die
Schädlingsbekämpfung kann auf verschiedenen Wegen erfolgen. Am
leichtesten durchführbar erscheint die Schonung der den Schädlingen

<hr>

[1]) Cazeneuve, Revue de Viticulture, 16. Jahrg., Bd. 31, 1909. — Degrully, L.,
Progrès agricole et viticole, 26. Jahrg., Bd. 51, 1909, S. 65, 66, 131—133.
[2]) Shutt, Canada Exp. Farms, Report for the Year ending March 31, 1909,
Ottawa 1909, S. 178—190. — Quaintance, Jeune, Scott, Braucher, U. S. Dept. Agric.,
Bur. Ent., Bull. 80, Part. VII, 1910, und Bull. 115, Part. II. — Marsh, ibid. Bull. 109,
Part. I, 1911; Part. VI, 1912. — Johnson, ibid., Bull. 97, Part. III, 1911.
[3]) Johnson, U. S. Dept. Agric., Bur. Ent., Bull. 109, Part V, 1912.
[4]) Goethe, Ber. d. Kgl. Lehranstalt f. Obst- u. Weinbau in Geisenheim 1889/90,
1892/93. — Molz. Deutsche Obstbauzeitung 1911, Heft 26.
[5]) Schwartz. Arb. d. Kaiserl. biol. Anst., Bd. VII, Heft 4, 1909, S. 521 ff.
[6]) Rabaté, Progrès agricole et viticole, 26. Jahrg., Bd. 51, 1909, S. 480—483.

nachstellenden Tierarten, namentlich soweit diese zu den auffallenderen Vertretern der höheren Tierwelt, der Säugetiere, Vögel, Reptilien und Amphibien, gehören. Aufklärung der Bevölkerung ist hierfür die wichtigste Vorbedingung. Nötigenfalls finden solche Schutzbestrebungen durch die Gesetzgebung den nötigen Nachdruck. Am weitesten ist man hierbei hinsichtlich des Schutzes der der Landwirtschaft nütz - lichen Vögel gelangt, der auf Grund der im Jahre 1902 in Paris getroffenen internationalen Vereinbarung in den dieser angeschlossenen europäischen Kulturstaaten durch entsprechende Gesetze verordnet und durchgeführt wird.

Durch das Studium der Lebensgewohnheiten dieser Vogelarten sind nicht nur Grundlagen für ihre Wertschätzung in wirtschaftlicher Hinsicht [1]) gefunden worden, man hat auch die ihr Fortkommen und ihre Vermehrung begünstigenden Verhältnisse kennen gelernt. Infolgedessen ist man imstande, der Mehrzahl von ihnen durch Darbietung von Nistgelegenheiten [2]) und Fütterung während der Zeiten des Futtermangels den Kampf um das Dasein zu erleichtern, sie an bestimmte Gegenden zu fesseln und in ihrer Zahl zu vermehren.

Diese günstigen Vorbedingungen fehlen für den Schutz der insekten - vertilgenden Insekten völlig. Trotzdem ist man seit Jahrhunderten bemüht, die insektenfeindlichen Eigenschaften der zahlreichen Raub- und Schmarotzerinsekten für die Vertilgung von Pflanzenschädlingen praktisch auszunützen. Einen guten Überblick über die Geschichte dieser Forschungen bieten Howard und Fiske in ihrer 1911 erschienenen Veröffentlichung [3]) der bisherigen Ergebnisse der Arbeiten des Parasitenlaboratoriums in Melrose Highlands, Mass. Dieses Laboratorium arbeitet seit 1905 daran, europäische und asiatische Schmarotzer- und Raubinsekten des Schwammspinners und Goldafters in New England zur Bekämpfung der beiden dort eingeschleppten äufserst bedrohlich auftretenden Forstschädlinge einzubürgern. Die dort in gröfstem Mafsstabe und auf streng wissenschaftlicher Grundlage vorgenommenen und bis jetzt ausgeführten Arbeiten stellen zugleich den gröfsten der bisher unternommenen Versuche vor, die Möglichkeit der praktischen Verwendung insektenfeindlicher Insekten bei der Schädlingsbekämpfung überhaupt darzutun.

Unter allen Aufgaben der künstlichen Nutzbarmachung natürlicher Schädlingsfeinde hat der den Arbeiten des amerikanischen Parasitenlaboratoriums zugrunde gelegte Plan die meiste Aussicht auf Erfolg. Er bezweckt die Ergänzung der durch die Einschleppung der beiden schädlichen Lepidopteren einseitig bereicherten amerikanischen Fauna durch die Einführung der natürlichen Feinde der Schädlinge aus deren ursprünglicher Heimat. Dabei wird von der Annahme ausgegangen,

---

[1]) Rörig, Mitteil. a. d. Kaiserl. biol. Anst., Heft 9. — Beal, F. E. L., U. S. Dept. Agric. biological Survey, Bull. 44. 1912. — Theobald, Science Progress No. 6, Oktober 1907.

[2]) Hennicke, C. R., Handbuch des Vogelschutzes, Magdeburg 1912. — Berlepsch, H. Freiherr v., Jahrb. der D. Landw. Gesellsch., Bd. 22, 1907.

[3]) Howard and Fiske, U. S. Dept. Agric., Bur. Ent., Bull. 91, 1911; ferner: Technical Results from the Gipsy Moth Parasite Laboratory U. S. Dept. Agric. Bur. Ent. Techn. Ser. No. 19 Part I—VI. — Zimmermann, Centralbl. f. Bakt. Abt. II, Bd. 5, 1899, S. 840. — Burgess, A. F., U. S. Dept. Agric. Bur. Ent., Bull. 101. 1911. — Webster, F. M., Yearbook of U. S. D. Agric. 1907. Washington 1908. — Marchal, P., Utilisation des insectes auxiliaires entomophages dans la Lutte contre les Insectes nuisibles à l'Agriculture. Annales de l'Institut agronomique. 2. Folge, Bd. 6, 1908. — Pierce, Cushman and Hood, U. S. Dept. Agric., Bur. Ent., Bull. 100. 1912.

daſs diese natürlichen Feinde den Schädlingen in ihrem Stammlande so stark Abbruch tun, daſs der von diesen angerichtete Schaden dort ohne gröſsere wirtschaftliche Bedeutung bleibt.

Ein anderes, weniger Erfolg verheiſsendes Ziel der künstlichen Begünstigung natürlicher Insektenfeinde aus der Tierwelt ist deren dauernde Anreicherung in bestimmten Gegenden.

Das Gesetz der Abhängigkeit der Vermehrungsziffer eines Tieres von der Vermehrungsziffer seiner Nahrung zwingt auch die schädlingsvertilgenden Insekten in ein Abhängigkeitsverhältnis ihren Beute- oder Wirtstieren gegenüber. Infolgedessen wird nie ein dauerndes Übergewicht der sogenannten nützlichen Insekten in der freien Natur erzielt werden können. Es wird sich vielmehr bald ein Zustand des Ausgleiches herausbilden, der, wenn auch in den Grenzen gewisser, mehr oder weniger regelmäſsiger Schwankungen, im Laufe der Zeiten sich im Grunde gleichbleiben wird. Ob dieser „Gleichgewichtszustand" zwischen der Vermehrung des Schädlings und der seiner Feinde dem vom menschlich-wirtschaftlichen Standpunkte gewünschten Grade der Schädlingseinschränkung in allen Fällen entsprechen wird, scheint wenigstens zweifelhaft.

Solche Erwägungen und der bisherige Mangel an wirtschaftlichen Erfolgen der auf die Nutzbarmachung der natürlichen Schädlingsvertilger abzielenden Arbeiten lassen die Gegner dieser Richtung der Schädlingsvertilgung nicht aussterben [1]).

Die mit pflanzlichen Schmarotzern schädlicher Tiere bisher erreichten Resultate sind kaum günstiger zu nennen. Abgesehen von den zur Bekämpfung schädlicher Nagetiere verwendeten Infektionskrankheiten, die durch Ansteckung mit Kulturen verschiedener Bakterien der Typhusgruppe künstlich verbreitet werden, wurden in dieser Richtung wirtschaftlich wertvolle Fortschritte bisher nicht getan. Die Versuche, Engerlinge, Reblänse, Heuschrecken mit Hilfe von Pilzkrankheiten zu bekämpfen, haben bisher nur zu irrtümlichen Erfolgen geführt. Selbst die unermüdlich fortgesetzen gründlichen Arbeiten, die auf eine praktische Verwertung gewisser Pilzkrankheiten zur Bekämpfung amerikanischer Aleyrodes [2]) und gewisser Wanzenarten [3]) abzielen, sind von wirtschaftlichen Erfolgen noch ungekrönt.

Auch die viel umstrittene, in bezug auf ihre Erreger noch immer rätselhafte Polyederkrankheit der Nonnenraupen scheint sich nach den bisherigen Ergebnissen der Forschung für die praktische Verwertung im Kampfe gegen die Nonnenkalamitäten nicht zu eignen [4]).

---

[1]) Froggatt, Report on parasitic and injurious Insects 1907–1908; New South Wales Dept. of Agric. 1909. — Schwartz, Zur Bekämpfung der Kokospalmenschildlaus, Tropenpflanzer 1909, No. 3.

[2]) Morrill, A. W., and Back, E. A. U. S. Dept. Agric. Bur. Ent., Bull. 102, 1912. — Berger, E. W., Exp. Sta. Flor., Bull. 97, 1909.

[3]) Billings and Glenn, U. S., Dept. Bur. Ent., Bull. 107. 1911. — Webster, ibid. Bull. 69, 1907.

[4]) Wahl, Bruno, Über die Polyederkrankheit der Nonne. Zentralbl. für das ges. Forstwesen 1908/1912.

Register.

Bekämpfungsmittel der schädlichen Tiere.